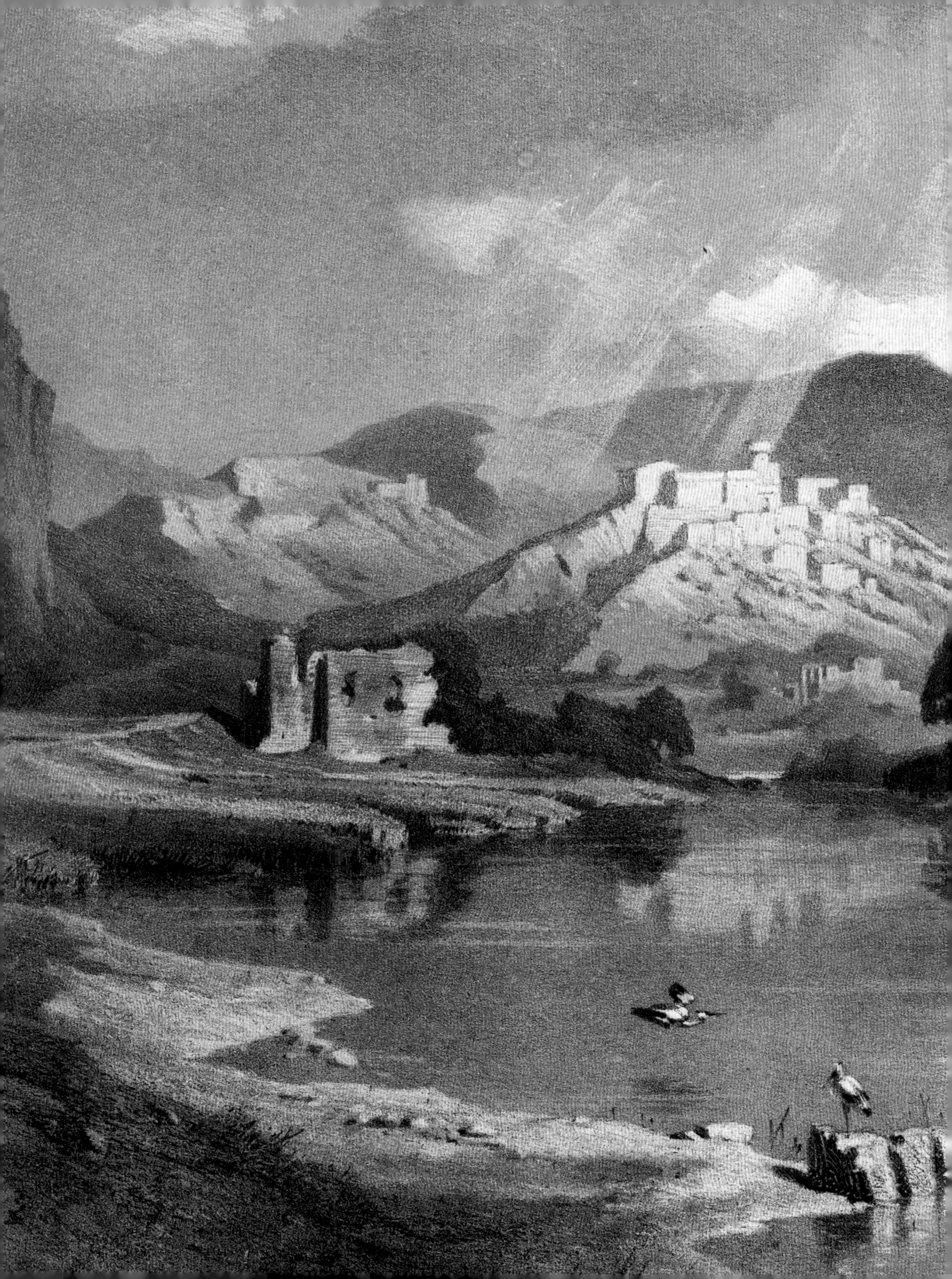

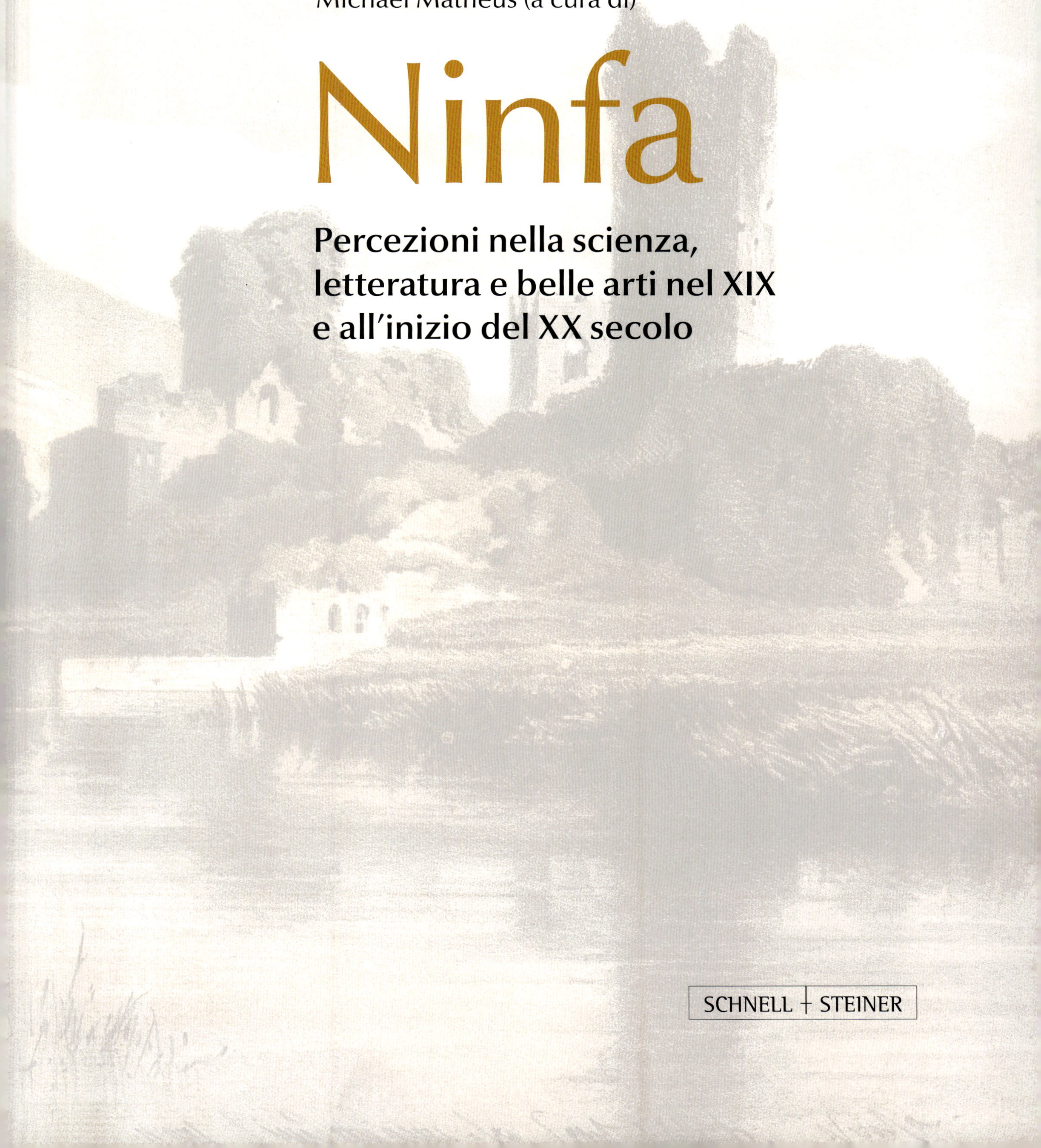

Michael Matheus (a cura di)

Ninfa

Percezioni nella scienza, letteratura e belle arti nel XIX e all'inizio del XX secolo

SCHNELL + STEINER

Indice

TOMMASO AGNONI / MASSIMO AMODIO

7 — **Indirizzo di saluto**

MICHAEL MATHEUS

9 — **Premessa**

MICHAEL MATHEUS

13 — **Ninfa**
Percezioni nella scienza, letteratura e belle arti
tra il secolo XIX e l'inizio del XX

MARCO GRAZIOSI

165 — **Prima di Gregorovius**
Edward Lear, i Caetani e Ninfa

GOLO MAURER

193 — **Dipingere quello che non si vede**
Le Paludi Pontine nella ricezione dei viaggiatori
e pittori tedeschi della prima metà dell'Ottocento

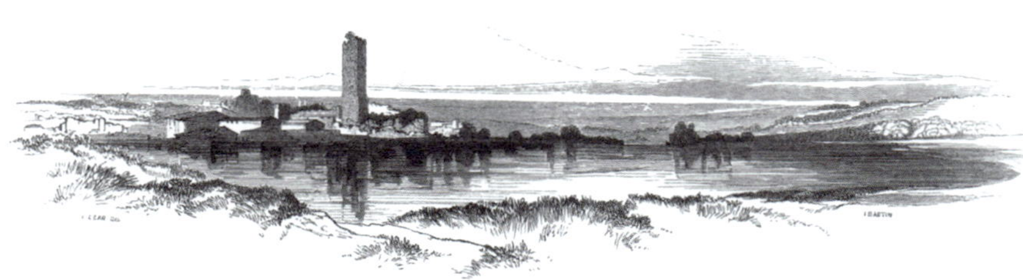

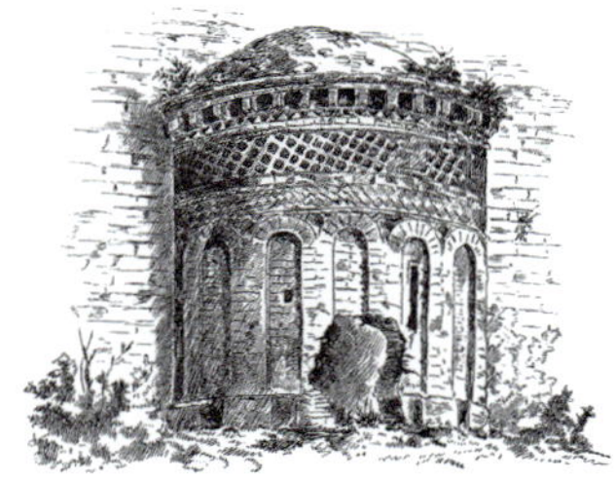

NORBERT MILLER

199 — **La storia dischiusa dalla poesia**
Le *Passeggiate per l'Italia* di Ferdinand Gregorovius
e la sua poesia sul giardino di Ninfa

ANGELA STEINSIEK

215 — **Ferdinand Gregorovius e la famiglia Caetani**

AXEL BEHNE

231 — **"Romam pervagantibus facem praetulit"**
Hermann Allmers a Ninfa nel 1859. In appendice
i libri sull'Italia nel lascito di Allmers

CHRISTIANE BAUMANN

259 — **Ninfa**
Luogo del desiderio nostalgico, del peccato e della morte

ALMUT GOLDHAHN

277 — **Ninfa in Posa**
La scoperta della città "addormentata" attraverso
la fotografia di fine Ottocento/inizio Novecento

MICHAEL SCHULTE

325 — **Sul pulvis jesuiticus e la lotta contro l'epidemia
di malaria nell'Agro Pontino fino all'inizio del XX secolo**

TOMMASO AGNONI / MASSIMO AMODIO

Indirizzo di saluto

In questo volume vengono pubblicati gli Atti del Convegno tenutosi il giorno 23 ottobre 2020 nel Municipio di Ninfa che aveva come tema "Dalla Pompei dei Medioevo ai Giardini di Ninfa".

Il Convegno, dopo una lunga preparazione, si venne a collocare nel bel mezzo della pandemia da Covid 19 e quindi in un momento difficile, ma fu importante la decisione, che prendemmo con gli organizzatori, di tenerlo ugualmente anche se in modalità da remoto.

Le relazioni sono state seguite online da centinaia di persone e, alla data odierna, sulla pagina Youtube della Fondazione Roffredo Caetani sono state viste da oltre 1.300 visitatori.

Possiamo dunque dire che, pur essendo capitato in un periodo sfavorevole, il Convegno ha avuto un successo e una diffusione importante che sicuramente avrà nuovo impulso dalla pubblicazione degli atti.

Vogliamo innanzitutto ringraziare il Prof. Matheus per l'impegno profuso nella organizzazione del Convegno e nel coordinare un gruppo di Relatori di grande competenza e professionalità, che hanno dato luogo a un momento importantissimo di conoscenza e riflessione sul sito di Ninfa e sui luoghi che la Fondazione Roffredo Caetani gestisce.

L'occasione è stata importante anche perché è avvenuta in occasione del centenario dell'avvio della realizzazione del Giardino di Ninfa che fu promosso da Gelasio Caetani, insieme con il restauro del Municipio e dei ruderi, nell'anno 1920 come riportato nella lapide da lui apposta all'interno dell'edificio (*"Nell'anno MCMXX io Gelasio Caetani feci piantare gli alberi in Ninfa e restaurare questa sala che minacciava rovina"*).

Il Convegno, quindi, è stato una importantissima occasione per ricostruire la storia di questo luogo speciale che come amministratori della Fondazione Roffedo Caetani ci troviamo a gestire.

Infatti, a differenza di quanto molte persone credono, influenzate da racconti poco documentati, i ruderi di Ninfa e la vegetazione in essi presente, anconchè in quel periodo spontanea e non curata, furono oggetto di visita, rappresentazione e racconto ben prima dell'opera di Gelasio.

Il Convegno organizzato dal Prof. Matheus ha consentito pertanto di osservare attraverso la ricca documentazione presentata dai Relatori (riproduzione di stampe e pitture, "scovate" grazie ad un approfondito lavoro di ricerca) e con la lettura di testi di cronaca o poetici, come l'intreccio tra natura e quel che restava dell'opera dell'uomo, sia come costruttore che come distruttore, aveva già cominciato a svilupparsi.

E così comprendiamo il perché della unicità di questo luogo che ogni visitatore coglie e dalla quale rimane non solo affascinato ma colpito intimamente: l'essere un luogo che si è venuto a creare attraverso un processo unico e uno speciale intreccio di relazioni tra natura, storia e intervento dell'uomo.

Il tutto senza un disegno progettuale, come quasi sempre avviene, ma attraverso una percorso unico, fatto di consapevolezza della storia dei luoghi, di rispetto della natura e delle sue vocazioni e di scelte frutto della frequentazione di grandi artisti.

Tutto questo fino ad ora era una sensazione intuitiva, che coloro che hanno la fortuna di frequentare questi luoghi spesso provano ma non razionalizzano: ora grazie al Convegno e questi atti, ne abbiamo la dimostrazione storica e scientifica.

Tommaso Agnoni
Presidente

Massimo Amodio
Vicepresidente
Fondazione Roffredo Caetani Onlus

MICHAEL MATHEUS

Premessa

Ammirai per la prima volta il lago ed il castello di Ninfa negli anni ’70, ancora studente, durante una gita nel Lazio meridionale. Dietro un cancello chiuso si scorgevano le rovine della città medievale di un tempo, disseminate tra piante ed alberi. Allora non sapevo che dal 1966 quella città di rovine, trasformata in giardino, poteva essere visitata in certi giorni da gruppi guidati.[1] Rendere accessibile la residenza estiva dei Caetani ad un pubblico numericamente limitato fu una decisione adottata consapevolmente dagli ultimi proprietari, membri di quella famiglia, pochi anni prima che Lelia Caetani, nel 1972, costituisse la Fondazione Roffredo Caetani. Da allora tale Fondazione si è occupata per mezzo secolo di Ninfa e degli altri possedimenti e edifici un tempo posseduti dagli antichi duchi di Sermoneta. Quella decisione non fu frutto di considerazioni economiche, ma del desiderio di rendere accessibile la bellezza unica di questo luogo ad un numero di persone ben più ampio dei membri della famiglia e dei loro amici.[2]

Il panorama col lago ed il castello, spesso riprodotto dai mezzi visivi, rimase impresso nella mia mente e, dagli anni ’90, ad ogni visita scoprii nuovi aspetti di questo sito suggestivo, di questo complesso così poliedrico. La sua posizione in un luogo ricco d’acqua, ai piedi della catena montuosa dei Lepini che lo proteggono, e lo specifico microclima predominante entro le mura cittadine, favoriscono la singolare simbiosi tra rovine e piante, tra corsi d’acqua ed animali rari, creata o resa possibile dall’uomo. L’occhio coglie affascinanti interazioni e contrasti tra rovine e piante unite ad esse, talvolta anche strettamente, dovuti a giochi di luci e colori perennemente cangianti.

Nella mia funzione di direttore dell’Istituto Storico Germanico di Roma ebbi dal 2002 numerose occasioni di visitare Ninfa. Nel 2013 ebbi l’onore di essere chiamato a far parte del Consiglio generale della Fondazione Roffredo Caetani, alla cui attività prendo parte ormai da molti anni, tanto più che molto spesso mi trovo nella mia casa di Sezze Romano. Così mi fu possibile avviare un progetto interdisciplinare su diversi aspetti di questa città delle rovine a Sud di Roma, trasformata in giardino. Alla storia di Ninfa, conosciuta e studiata nelle sue grandi linee, alla sua genesi e decadenza la ricerca storica ha aggiunto nuove sfaccettature, nuove conoscenze. Non è un’impresa semplice, mancando a Ninfa un archivio comunale, come anche in altri centri urbani abbandonati. L’Archivio di Stato di Latina conserva tuttavia alcune fonti, tra le quali sono atti notarili, il cui studio sistematico ha consentito di acquisire conoscenze interessanti. Rudolf Hüls ha iniziato a esaminare e utilizzare tali atti ed a rintracciare in altri archivi fonti rilevanti per la storia di Ninfa. I primi

1 Lauro Marchetti, Gestione e fruizione del giardino di Ninfa, in: Luigi Fiorani (a cura di), Ninfa. Una città, un giardino. Atti del Colloquio della Fondazione Camillo Caetani. Roma, Sermoneta, Ninfa, 7–9 ottobre 1988, (Pubblicazioni della Fondazione Camillo Caetani, Studi e documenti d’archivio 2), Roma 1990, pp. 377–380: p. 377.

2 Ivi.

3 https://vergleichendelandesgeschichte.geschichte.uni-mainz.de/files/2018/05/01_Huls1.pdf https://vergleichendelandesgeschichte.geschichte.uni-mainz.de/files/2020/09/02-Huels-I-quaterni-Latium-36-2019-vers-fin.pdf https://vergleichendelandesgeschichte.geschichte.uni-mainz.de/files/2021/10/Huls-37-2020.pdf

esiti di queste ricerche sono stati pubblicati negli ultimi anni, altri seguiranno.[3] Tra 2011 e 2012 la maggior parte delle rovine di Ninfa è stata fotografata con un *laser scanner* 3–D terrestre e aviotrasportato. Sulla base dei dati rilevati da tali scansioni è stata possibile una ricostruzione virtuale degli edifici.[4] Tali dati sono preziosi non solo per studi storico-artistici e di storia dell'architettura, bensì anche per intenti di conservazione e tutela dei monumenti.[5]

Attualmente, però, il progetto di ricerca è concentrato sulla storia di Ninfa nel lungo secolo XIX (1780 c.-1914). Fino ad ora prevaleva l'opinione che la città – a parte qualche eccezione come Ferdinand Gregorovius – fosse stata percepita in una misura degna di nota solo a partire dagli anni '20 del Novecento, vale a dire dalla sua trasformazione nell'odierno giardino. I risultati di recenti ricerche dimostrano il contrario e sono pubblicati nel presente volume. Fino allo scoppio della Prima Guerra Mondiale Ninfa fu mèta di visitatori da numerosi paesi, e per definirla costoro ricorsero a metafore quali "Pompei del Medioevo", "castello della Bella Addormentata", "città incantata", "città fiabesca" ecc. Assieme alla collega ed amica Anna Maria Voci ed alla mia compagna di vita Gabriele Turban-Lang lavoro da qualche anno alla ricerca e trascrizione di testi che contengono descrizioni di Ninfa e risalgono al periodo tra la fine del Settecento ed i primi anni del Novecento: finora ne abbiamo rintracciati un gran numero, quasi tutti sconosciuti. Essi mostrano in modo impressionante in qual modo la città delle rovine, già prima della sua trasformazione in giardino, sia stata avvertita, in Europa e altrove, come un luogo magico. Tali testimonianze verranno pubblicate nei prossimi anni.

Dagli amanti dei giardini Ninfa è attualmente definita per lo più come un "garden in the English garden style". Ciò dipende in gran parte dal fatto che la genesi dell'impianto attuale è dovuta a tre donne di origine o di cultura anglo-sassone: Ada Bootle-Wilbraham, Marguerite Gilbert Caetani e Lelia Caetani. Tuttavia, a mio parere simili caratterizzazioni non rendono giustizia al complesso nel suo insieme. Colui il quale visita Ninfa nelle diverse stagioni e nel mutevole splendore dei colori della sua flora avverte una delle differenze. E infatti nei giardini inglesi, così popolari in Europa e negli Stati Uniti d'America dal secolo XVIII in poi, le piante da fiore non sono quasi presenti. Inoltre, a differenza dei giardini di tutto il mondo, di creazione ben più recente, la storia più che bimillenaria del luogo, il nome, il fiume, il lago e i resti di edifici, nonché la maggior parte della sostanza edilizia archeologica ancora da studiare, sono intrecciati tra loro e formano un piccolo *Gesamtkunstwerk*, ricco di sfaccettature. Questa storia è iscritta in forma simbiotica, anzi ibrida, anche in quei modelli di ricezione che nacquero soprattutto nel secolo XIX, e anche ciò costituisce una parte del fascino di quel sito.

Nonostante la pandemia, al Convegno dell'ottobre 2020 fu possibile presentare i primi esiti delle ricerche. Ringrazio tutti coloro, e in particolare Lutz Klinkhammer, che hanno reso possibile tale Convegno in presenza, pur se in forma ridotta e osservando le necessarie misure di sicurezza. Le relazioni lette al Convegno poterono essere seguite da remoto grazie a collegamenti on-line. A conclusione dell'evento fu presentato un *video work* di Christoph Brech, artista e fotografo di fama internazionale. Per molti anni egli ha visitato Ninfa documentando quel sito con il suo sguardo creativo. Egli lo ha fotografato non solo come un parco romantico nel volgere dei diversi momenti del giorno e delle stagioni, ma soprattutto ne ha ricavato soggetti specifici grazie ad un'attenta osservazione. Ad esempio egli ha contrapposto motivi e strutture creati dalla natura a quelli realizzati dalla mano dell'uomo. In tal modo, alcune piante, fotografate in autunno o d'inverno, sembrano esse stesse proprio delle rovine.[6] Alcune di queste fotografie saranno pubblicate il prossimo anno in un libro apposito.

Il presente volume raccoglie anche i contributi di coloro che non poterono essere presenti a Ninfa

4 Su un modello poligono di Santa Maria Maggiore a Ninfa cfr. p 21.

5 https://vergleichendelandesgeschichte.geschichte.uni-mainz.de/ninfa-virtuale/

6 https://www.youtube.com/watch?v=LtH00Qw-4xU

nel 2020. L'interdisciplinarietà del progetto si manifesta grazie alla partecipazione di esponenti di varie discipline storico-culturali, e cioè storici, storici dell'arte, della fotografia, specialisti di storia della letteratura e della storia della farmacia e medicina.[7]

La pandemia, che da due anni ci ha colpito, ha rallentato i ritmi di lavoro e di vita. Ma proprio l'abbandono di Ninfa e il giardino, così strettamente legato alla storia di questa città, che nel corso dei secoli fu strappato con coraggio, energia e creatività alla malaria pericolosissima e spesso letale, rappresentano un segnale tutto particolare di speranza e di fiducia. E proprio ciò costituisce uno degli aspetti dell'unicità di tale luogo. Frammenti del passato, presenti nelle rovine, ma anche in altre numerose testimonianze, come gli affreschi, sono indissolubilmente uniti all'insieme di piante provenienti da tutto il mondo e piantate a Ninfa, dove sempre rifioriscono e appassiscono. Ho acquisito una consapevolezza tutta particolare di ciò durante il Convegno dell'ottobre 2020 svoltosi nel contesto dell'attuale pandemia. La città fu strappata alla palude, che per un millennio e mezzo l'aveva minacciata, e ciò nonostante dal secolo XIV in poi ridivenne parte di quelle paludi. Diversi tentativi di ripopolare il sito fallirono. Tuttavia, e probabilmente proprio per questo, la città delle rovine, ricoperta di vegetazione, dall'inizio del secolo XIX si trasformò in un luogo magico, oggetto di desideri nostalgici, che a partire dagli anni '20 del Novecento fu trasformato nel complesso attuale. Al mondo vi sono pochi luoghi nei quali si può percepire una simile successione di trasformazioni in maniera così imponente e affascinante dal punto di vista estetico.

La storia della città delle rovine racconta anche dei destini di numerosi esseri umani che soffrirono di malattie contagiose e spesso ne morirono. Il morbo causato da parassiti unicellulari e trasmesso dalla zanzara anofele, la cosiddetta zanzara della malaria, imperversa ancora oggi in tutto il mondo in regioni tropicali e subtropicali, soprattutto in Africa. Ogni anno circa duecento milioni di persone si ammalano di malaria, delle quali circa seicentomila muoiono. Il morbo colpisce soprattutto i bambini. Dovremmo avere una ben maggiore consapevolezza del fatto che le malattie contagiose e la lotta ad esse sono sempre state, e sempre saranno parte della storia dell'umanità. Fino ad oggi non esiste un vaccino efficace contro la malaria; forse tra qualche anno sarà disponibile. Nella regione pontina a Sud di Roma la malaria poté essere debellata solo grazie alla bonifica effettuata nel secolo XX su una vasta superficie. Purtuttavia prima di questa epoca i visitatori di quel luogo magico seppero proteggersi dal contagio ricorrendo a mezzi più o meno efficaci. Di solito si visitava la città delle rovine durante il giorno. La zanzara della malaria, identificata soltanto negli anni '80 dell'Ottocento come portatrice del morbo, è attiva solo durante il tramonto e di notte, e pertanto i contagi avvengono per lo più mediante una puntura nelle ore serali o notturne. Il confronto con la situazione attuale ha fatto nascere in me un grande senso di gratitudine nei confronti di coloro che, grazie alla rapida produzione di vaccini, hanno dato un contributo decisivo a che l'attuale pandemia venga, forse presto, superata. Il fatto che già durante l'esplosione di un'ondata epidemica sia stato possibile disporre così presto di uno strumento per combatterla, per quanto in misura ancora alquanto insufficiente su scala mondiale, rappresenta un evento unico nella storia delle pandemie. E anche a tutto ciò rinvia indirettamente la storia di Ninfa e della regione pontina.

È per me motivo di particolare gioia il fatto che il volume degli atti del Convegno possa essere pubblicato quest'anno, nel quale la Fondazione Roffredo Caetani compie cinquanta anni, anche in considerazione delle amiche e degli amici della Fondazione Caetani e della regione a Sud di Roma, per la quale provo un affetto speciale. Desidero ringraziare tutte le colleghe ed i colleghi per i loro contributi a questa pubblicazione. Ringrazio inoltre coloro che hanno reso possibile questa pubblicazione con sovven-

---

7 Sugli artisti Heinrich Bürkel e Karl Lindemann Frommel erano previsti due contributi, ai quali però si è dovuto poi rinunciare.

zioni finanziarie: Anton F. Börner, l'Associazione degli Amici dell'Istituto Storico Germanico di Roma (*Verein der Freunde des Deutschen Historischen Instituts in Rom*), e non da ultimo la Fondazione Roffredo Caetani. Per la cura professionale della stampa sono grato a Isabell Schlott della casa editrice Schnell und Steiner, e all'editore Albrecht Weiland, amico e collega da molti anni.

Dato che si metterà a disposizione dei lettori una versione elettronica di questo volume, che renderà possibile la ricerca di ogni lemma, non si è ritenuto necessario compilare l'indice dei nomi di persona e geografici.

Magonza, Sezze Romano, 27 marzo 2022

MICHAEL MATHEUS

Ninfa

Percezioni nella scienza, letteratura e belle arti tra il secolo XIX e l'inizio del XX

La percezione che si ha oggi di Ninfa è dominata dalla creazione del parco, o del giardino, della quale nel 2020 è ricorso il centenario.[1] Un documentario dal titolo "Il giardino di Ninfa", trasmesso per la prima volta nel 2016 dall'emittente franco-tedesca ARTE all'interno della serie televisiva "Giardini magici",[2] ha sottolineato il ruolo che nella realizzazione del giardino hanno avuto tre donne della famiglia Caetani, tutte e tre di origine anglo-sassone: Ada (Ayda) Bootle-Wilbraham, Marguerite Gilbert Caetani e Lelia Caetani.[3] (Fig. 1)[4] Quando, il 7 settembre 2018, nel castello di Nordkirchen venne assegnato il premio europeo per il miglior giardino, il "Giardino di Ninfa" fu tra i primi tre finalisti della sezione "Il patrimonio culturale europeo dei giardini e del giardinaggio".[5] (Fig. 2)[6] Esso fu premiato assieme ai *Kew Gardens* di Londra, che vantano una storia lunga 250 anni, e al giardino di *Tirsbæk Manor* in Danimarca, alcuni frammenti del quale risalgono fino al Rinascimento. (Fig. 3)[7] I membri della delegazione della Fondazione Roffredo Caetani furono lieti e grati di ricevere il premio nel magnifico e vasto ambiente del castello di Nordkirchen, detto anche la "Versailles della Vestfalia."

Ivi si fece esplicita menzione del ruolo avuto nell'allestimento del giardino dalla madre inglese di Gelasio Caetani, Ada Bootle-Wilbraham, mentre in un articolo recente di Wikipedia si fa il nome del solo Gelasio quale creatore del "Garden of Ninfa in the English garden style".[8] Anche al confronto con altri giardini si mette più volte in evidenza, e giustamente, il ruolo delle donne nella genesi del giardino. Ad esempio, l'esperta di giardini e saggista Rae Spencer-Jones nel suo libro "1001 giardini che dovreste vedere prima di morire" constata:[9] "Transforming the ruined town was the work of three women over ninety years."[10] Nella percezione di Christopher Woodward, esperto di giardini e direttore del *Garden*

1 https://www.youtube.com/watch?v=LtH00Qw-4xU

2 https://programm.ard.de/TV/Themenschwerpunkte/Musik-und-Kultur/Alle-Kultursendungen/Startseite/?sendung=2872496620426 trasmissione ripetuta il 13.07.2020 https://programm.ard.de/TV/Programm/Alle-Sender/?sendung=287243199198315

3 Nel documentario si afferma: "Solo nel XX secolo tre donne appartenenti a tre generazioni della famiglia Caetani – Ada, Marguerite e Lelia – riscoprirono la bellezza di questo luogo e crearono un giardino idilliaco sulle rovine medievali della città. Oltre ai cipressi, esse piantarono querce, pioppi e cedri, e anche molte specie esotiche, quali aceri palmati, bambù cinesi o magnolie americane." Cfr. nt. 1.

4 Frontespizio European Garden Award.

5 https://wp.eghn.org/wp-content/uploads/2019/03/Sharing-Heritage-Magazin-gesamt.pdf (consultato il 12. 9. 2020)

6 Pagina: Il Giardino di Ninfa).

7 Delegazione della Fondazione Roffredo Caetani a Nordkirchen.

8 https://en.wikipedia.org/wiki/Gelasio_Caetani (consultato il 12. 9. 2020). Cfr. però Soprani, 1990, pp. 364 sgg.

9 Spencer-Jones (a cura di), 2007, p. 685. Seconda edizione: 2012. Edizioni tedesche: 2008, 2018. Non risulta esservi una traduzione italiana.

10 Ada Wilbraham, Marguerite Chapin, Lelia Caetani-Howard.

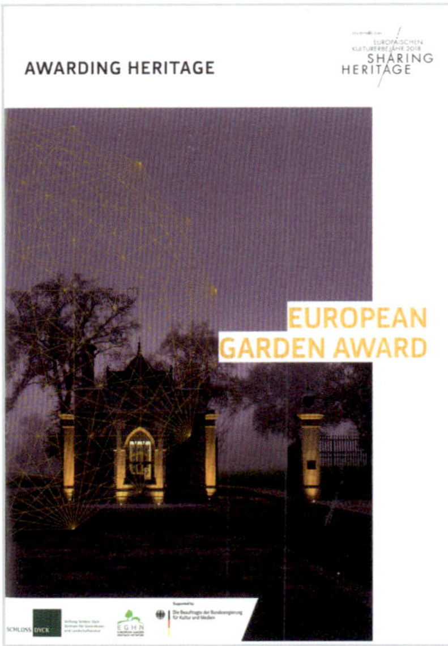

1 Frontespizio European Garden Award.

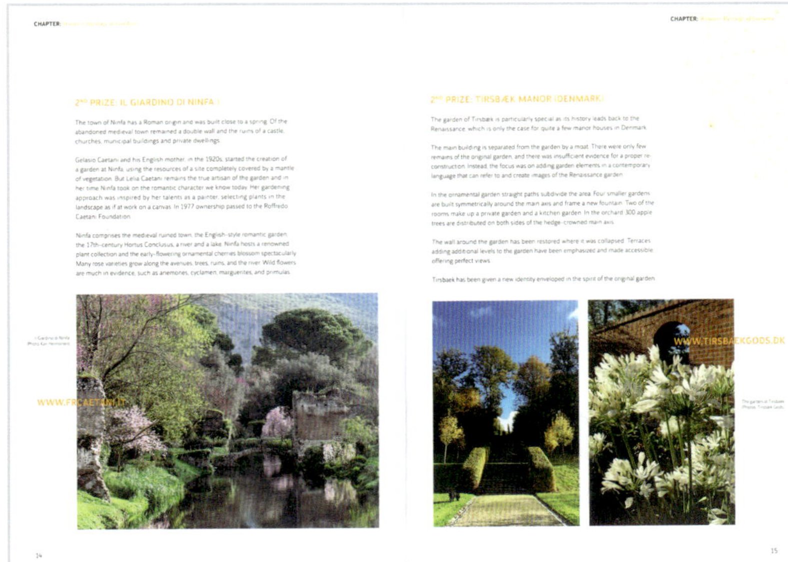

CHAPTER:

2ND PRIZE: IL GIARDINO DI NINFA

The town of Ninfa has a Roman origin and was built close to a spring. Of the abandoned medieval town remained a double wall and the ruins of a castle, churches, municipal buildings and private dwellings.

Gelasio Caetani and his English mother, in the 1920s, started the creation of a garden at Ninfa, using the resources of a site completely covered by a mantle of vegetation. But Lelia Caetani remains the true artisan of the garden and in her time Ninfa took on the romantic character we know today. Her gardening approach was inspired by her talents as a painter, selecting plants in the landscape as if at work on a canvas. In 1977 ownership passed to the Roffredo Caetani Foundation.

Ninfa comprises the medieval ruined town, the English-style romantic garden, the 17th-century Hortus Conclusus, a river and a lake. Ninfa hosts a renowned plant collection and the early-flowering ornamental cherries blossom spectacularly. Many rose varieties grow along the avenues, trees, ruins, and the river. Wild flowers are much in evidence, such as anemones, cyclamen, marguerites, and primulas.

2ND PRIZE: TIRSBÆK MANOR (DENMARK)

The garden of Tirsbæk is particularly special as its history leads back to the Renaissance, which is only the case for quite a few manor houses in Denmark.

The main building is separated from the garden by a moat. There were only few remains of the original garden, and there was insufficient evidence for a proper reconstruction. Instead, the focus was on adding garden elements in a contemporary language that can refer to and create images of the Renaissance garden.

In the ornamental garden straight paths subdivide the area. Four smaller gardens are built symmetrically around the main axis and frame a new fountain. Two of the rooms make up a private garden and a kitchen garden. In the orchard 300 apple trees are distributed on both sides of the hedge-crowned main axis.

The wall around the garden has been restored where it was collapsed. Terraces adding additional levels to the garden have been emphasized and made accessible, offering perfect views.

Tirsbaek has been given a new identity enveloped in the spirit of the original garden.

14 15

2 pagina: Il Giardino di Ninfa, vedi nota 5.

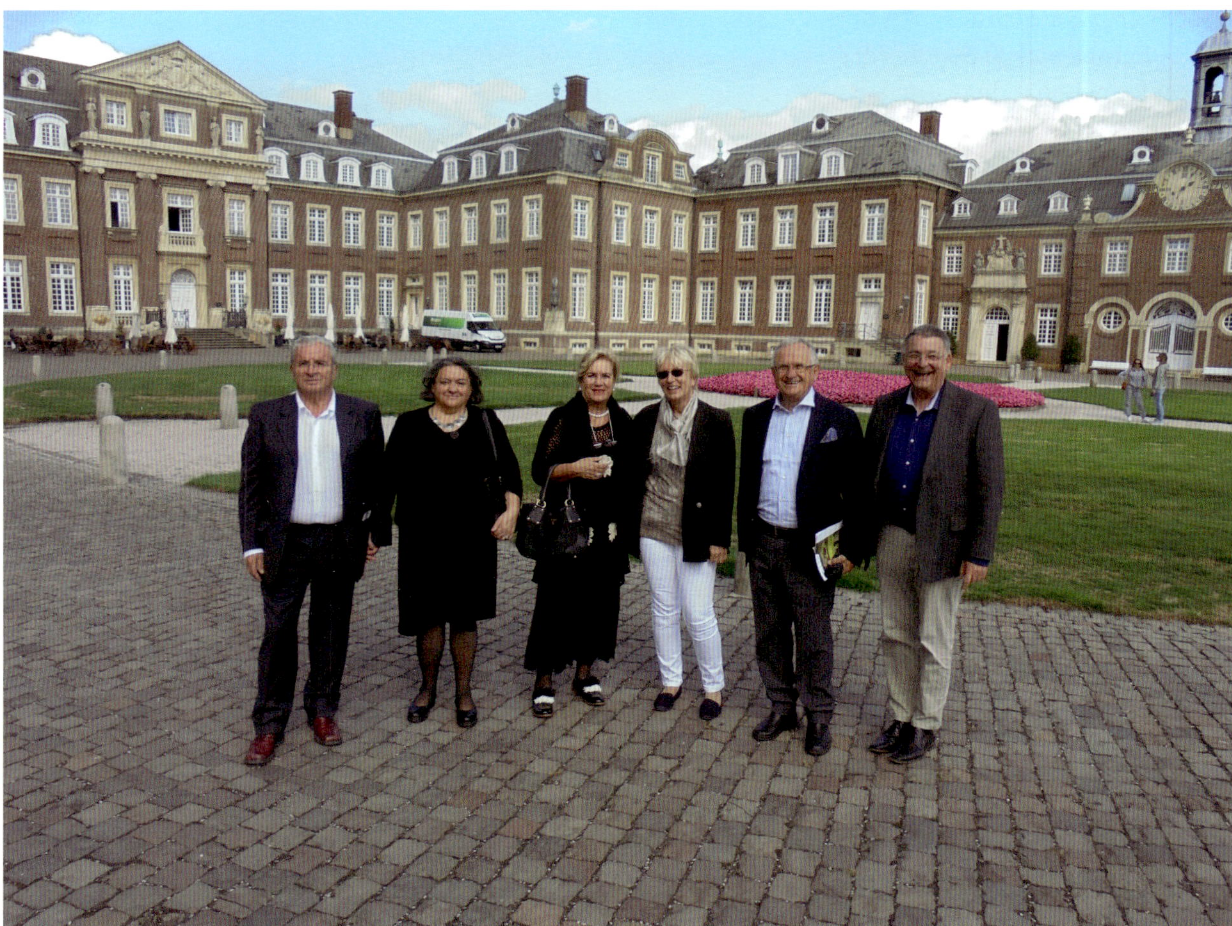

3 Delegazione della Fondazione Caetani a Nordkirchen.

Museum di Londra, fu Ada Bootle-Wilbraham colei che iniziò a trasformare Ninfa in un "informal 'English-Style' garden in the ruins".[11]

Queste opinioni non tengono conto delle esperienze fatte dalla famiglia Caetani già prima della riprogettazione di Ninfa, quando creò l'orto botanico di Fogliano, con il suo particolare profilo di giardino artistico che guardava oltre l'Europa.[12] La realizzazione di questo giardino a Fogliano rientra indubbiamente – come può essere solo brevemente rilevato qui – nella preistoria della nuova creazione a Ninfa, cui si cominciò a lavorare a partire dagli anni venti del primo Novecento.

Di solito il giardino di Ninfa è ritenuto un giardino all'inglese.[13] Questa è peraltro solo una delle caratteristiche, e certamente non la principale e più pertinente, di questo giardino incomparabile. Chi visita Ninfa e ne ammira le splendide e variopinte fioriture nelle diverse stagioni, percepisce una delle differenze rispetto ai giardini all'inglese che si diffusero in tutta Europa e negli Stati Uniti d'America sin dal Settecento, nei quali le piante a fioritura hanno un ruolo piuttosto limitato.[14] Secondo Cesare De Seta, storico dell'architettura e saggista, il parco d Ninfa rientra solo in parte nella categoria del giardino all'inglese. "Ninfa non è un pezzo d'Inghilterra trasferito in Italia, è anche questo, ma è qualcosa di più e di più complesso."[15] Egli sottolineò soprattutto una differenza.[16] Mentre negli *ensembles* artistici dei giardini all'inglese furono spesso collocate rovine artificiali, conformemente ai principî estetici della pittura di paesaggi ideali,[17] a Ninfa sono integrate rovine risalenti per la maggior parte ad epoca medievale.

Il complesso di Ninfa è qualcosa di più del "miracolo",[18] del "Gesamtkunstwerk" compiuto negli anni '20 del secolo ventesimo dalla passione, l'intelligenza e la creatività dei Caetani. Né la sua storia inizia nel secolo ventesimo, e con ciò giungo al tema del mio contributo e del Convegno. Quando ed in quali contesti storico-culturali – questo è il quesito centrale – Ninfa divenne oggetto d'interesse per l'arte, la letteratura, la scienza e la curiosità dei turisti?

È nostro dovere nei confronti dell'odierno stato della ricerca dare una risposta, pur se iniziale e parziale, a questa domanda. La creazione del giardino con le sue rovine, avviata negli anni venti del Novecento, fu preceduta da un *ensemble* cui diversi interventi degli uomini diedero una forma, e che al tempo stesso crebbe nel corso degli anni senza quasi essere toccato. Ciò è documentato da numerose testimonianze scritte e iconografiche, e – questa è una delle tesi del mio saggio e del volume – non si tratta solo di una preistoria del giardino attuale.

---

11 Woodward, 2001, p. 81.

12 Cecere,1989. Cecchetti, Francescato, Mastrobuoni, 2011. Trabucco, 2019, p. 106.

13 Solo per fare qualche esempio: Schinz, Littlefield, 1985, p. 224: "It is essentially a *jardin anglais* designed around the towers and ruins of a Italian medieval town." Hadermann-Misguich, 1989, p. 297: "un des plus beaux jardins anglais d'Europe." Qualche altro esempio: "The garden was created by Gelasio Caetani, beginning in 1921, in the English garden style" https://en.wikipedia.org/wiki/Garden_of_Ninfa (consultato il 22. 9. 2020). "Im 19. Jahrhundert (sic!) wurde von Ada Bootle Wilbraham, der Ehefrau von Onorato Caetani und deren Kindern ein Garten im englischen Stil errichtet." http://www.italia.it/de/reisetipps/natur-und-landschaft/der-garten-von-ninfa.html (consultato il 22. 9. 2020). "Es ist ein typisch englischer Garten, der 1921 von Gelasio Caetani in der Gegend der verschwundenen mittelalterlichen Stadt Ninfa gegründet wurde." https://www.isolaverdecamping.it/DE/umbegund-camping-rome/garten-ninfa-campingplatz-rom.php (consultato il 22. 9. 2020). Erroneamente l'impianto del "giardino inglese" di Ninfa viene datato al secolo XVI nei lavori del fotografo Elger Esser: "Im 16. Jahrhundert ließ schließlich die Adelsfamilie Caetani einen englischen Garten rund um diese fruchtbare Ruinenlandschaft anlegen." https://www.galerie-schoettle.de/en/ausstellungen/ElgerEsser--Ninfa--14-11-2014--31-01-2015/ (consultato il 12. 9. 2020).

14 Mi limito a rinviare a: Hennebo, Hoffmann, 1962–1965. Hoffmann, 1963. Tagliolini 1991. Thacker, 1979. Hunt, 1979, 2003. Walter, 2006. Siegmund, 2006, 2011.Schweizer, Winter (a cura di), 2012. Lauterbach 2017.

15 De Seta, 1990, p. 349. Cfr. anche Soprani, 1990, p. 361: "Esso (Ninfa) è stato definito un giardino all'inglese, ma questa definizione è insufficiente a chiarirne l'unicità." Con questa definizione del giardino di Ninfa come "un *unicum* a livello mondiale" l'autrice si limita a paragonarlo ai giardini del secolo XX. Non tiene alcun conto della storia di Ninfa che si manifesta soprattutto, ma non solo, nelle rovine.

16 De Seta, 1990, p. 350.

17 Hartmann, 1981. Zimmermann, 1989, 2002. Siegmund, 2002, 2001. Sulla correlata estetica delle rovine e del paesaggio cfr. anche p. 36 sgg.

18 De Seta, 1990, p. 352.

Congiunta al giardino: sfaccettature di una storia più che bimillenaria.

A differenza degli altri giardini in tutto il mondo, quasi tutti molto più recenti, la storia più che bimillenaria di quel luogo, il suo nome, il fiume, il lago e i resti degli edifici, nonché la sostanza edilizia, ancora da studiare da parte degli archeologi, sono intrecciati e formano un piccolo e multiforme "Gesamtkunstwerk". Questa storia è iscritta in forma simbiotica, anzi ibrida, anche in quei modelli di percezione nati soprattutto nell'Ottocento, e a ciò è dovuto in parte il fascino di questo luogo. Quanto poco oggi si abbia consapevolezza di questa storia risulta con chiarezza quando si parla erroneamente di Ninfa come di un insediamento antico o di una città antica.[19] Per secoli si è speculato sul Ninfeo, che si suppone esistesse in quella località e che le avrebbe dato il nome. Non mi soffermerò qui su tale discussione, né sull'esame delle testimonianze archeologiche di epoca romana.[20] Nel mio schizzo della storia di questo sito dal primo Medioevo fino all'epoca intorno al 1800 tratterò soprattutto aspetti rilevanti per i processi di ricezione e percezione di Ninfa durante il lungo secolo XIX.

Dall'azienda agricola alla città deserta.

Al più tardi nel secolo ottavo esisteva a Ninfa un complesso agricolo di grandi dimensioni. Fino a questo periodo tale latifondo, denominato *massa*, era stato un possedimento dell'imperatore bizantino, al pari di quello di Norma (*massae iuris existentes publici*), e nel 745 passò in proprietà al vescovo di Roma.[21] Può darsi che la storia di questo latifondo risalga all'Antichità; è, questa, un'ipotesi che solo indagini archeologiche potranno confermare.[22] Comunque, grandi blocchi di pietra risalenti all'Antichità e rinvenuti a Ninfa non devono necessariamente essere messi in relazione con un Ninfeo. Solo scavi archeologici potrebbero confermare l'ipotesi che la chiesa di San Pietro fuori le mura, attestata per la prima volta nel 1169 come posta fuori della città di Ninfa, fosse il centro di culto della tenuta agricola.[23] Il rifornimento di Roma con gli alimenti essenziali fu messo in pericolo a partire dall'VIII secolo, perché le strutture di approvvigionamento tradizionali, soprattutto quelle meridionali, non erano più disponibili. A lungo il grano siciliano aveva avuto un'importanza fondamentale per nutrire la popolazione romana e per l'assistenza prestata dalla Chiesa ai poveri. A partire dal pontificato di papa Zaccaria (741–752) i successori di Pietro iniziarono a creare ed a gestire vaste aziende agricole chiamate *domuscultae*.[24] L'approvvigionamento dei principali prodotti alimentari, che si basava soprattutto su importazioni, fu riorganizzato ricorrendo ampiamente a derrate provenienti dalla campagna attorno a Roma. Tali vaste proprietà servivano inoltre ai papi per esercitare il loro dominio e per un controllo amministrativo.

Su possibili differenze tra *domusculta* e *massa* si possono solo formulare ipotesi. Forse singole *massae*, dopo essere state rilevate dal papa, divenivano una *domusculta* (ampia azienda agricola con un centro

19 Cito solo qualche esempio: "Schon in der Antike florierte die südlich von Rom gelegene Stadt Ninfa." (2016) https://programm.ard.de/TV/Programm/Sender/?sendung=2872496620426 (consultato il 12.9.2020) "Die Stadt Ninfa wurde von den Römern in der Nähe einer Quelle gegründet." (2018) https://wp.eghn.org/wp-content/uploads/2019/03/Sharing-Heritage-Magazin-gesamt.pdf, S. 14 (consultato il 12.9.2020). "Die antike Stadt Ninfa befand sich genau auf dem Weg, der von Rom nach Neapel führt." https://www.freeontour.com/de/articles/erlebnisberichte/der-bezaubernde-garten-der-nymphen (consultato il 22. 9. 2020).

20 Mi limito a rinviare a: Tomassetti, 1910, p. 394. Stoob, 1972, S. 92f. Cancellieri, De Rossi, 1990. Pavia, 1994a e 1994b. Gnoli, 2009/2020, pp. 153 sgg. Spiccia, 2012, pp. 6 sgg. Gnoli, 2015. Cfr. anche il saggio di Marco Graziosi in questo volume.

21 Duchesne, Vogel (a cura di), vol. 1, 1886, p. 433.

22 Bertolini, 1952, pp. 695 sgg. Delogu, 1990, pp. 19–20. Marazzi, 1990. Marazzi, 1998, pp. 186, 250, 274–275, 277. Marazzi 2003. Marazzi, 2012, p. 269.

23 Fabbri, 2009, pp. 34 sgg. Fabbri, Irace, Pugliese, 2009. Spiccia, 2012, pp. 9–10.

24 Rinvio a: Bertolini, 1941, pp. 509 sgg. Partner, 1966. Coste, 1984. Noble, 1984, in particolare pp. 231sgg. Delogu, 1988, p. 37. Noble, 2000. Marazzi, 2003. Hartmann, 2006, pp. 49 sgg., 68. Delogu, 2007. Hartmann, 2009.

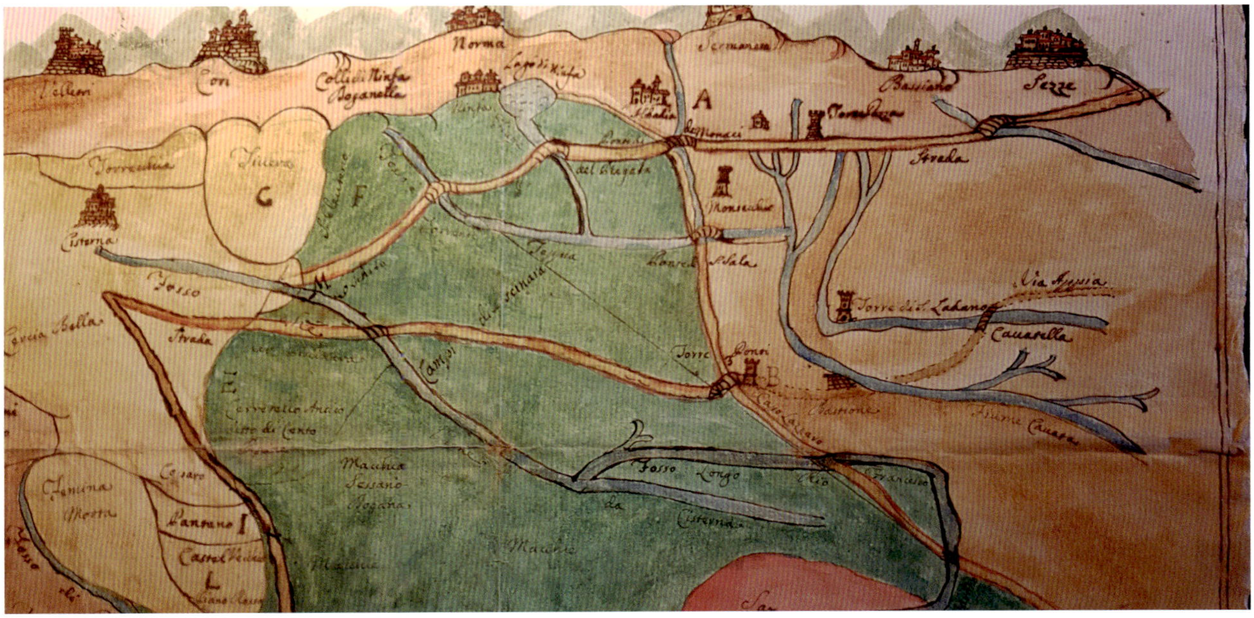

4 Carta del territorio di Ninfa, secolo XVIII, vedi nota 30.

di culto) ed erano soggette quindi al divieto di alienazione ecclesiastico.[25] Una *massa*, però, non era affatto una tenuta agricola di dimensioni più modeste rispetto alla *domusculta*.[26] Per lo più si suppone che i latifondi siano stati coltivati direttamente, ma non abbiamo prove di questa congettura. A differenza della *domusculta Capracorum*, i cui prodotti (grano, vino, verdure e carne)[27] erano destinati soprattutto ai poveri di Roma, non sappiamo nulla sulle merci che, in questo periodo di tempo, da Ninfa erano trasportate e consegnate alla città sul Tevere. Si può tuttavia ritenere probabile che i pesci, di cui si aveva bisogno a Roma, e non solo durante la Quaresima, non siano stati importati dall'Agro Pontino solo dopo l'anno Mille.[28] La produzione agricola nei possedimenti della Fondazione Roffredo Caetani si colloca dunque entro una tradizione documentata più che millenaria. Le basi del vasto territorio di Ninfa, percepito ancora nei secoli seguenti come connotato da una sua specificità, furono poste al più tardi durante il primo Medioevo.[29] (Fig. 4).[30]

L'importanza delle due *massae* di Ninfa e Norma, assieme alle due *domuscultae* di Anzio e Formia,[31] è indubbiamente notevole.[32] Inoltre fu riattivata la

---

25 Ringrazio Florian Hartmann per avermi comunicato questa riflessione.

26 Sul vasto complesso di possedimenti della Massa Cesana a Nord di Roma cfr. Cola, 2006, pp. 38–39.

27 Cola, 2006, p. 31.

28 Mi limito a rinviare a: Vendittelli, 1990. Caciorgna, 1993. Palermo, 2003. Caciorgna, 2007. Caciorgna, 2008. Palermo, 2010. Rao, 2020.

29 La considerevole estensione del territorio di Ninfa, basato sostanzialmente sulla *massa* e rimasto inalterato fino al sec. XVIII, è attestata tra l'altro da un documento del 1290. Caetani, Regesta chartarum, 1922, vol. 1, p. 163. Il 30 aprile 1432 i confini di questo territorio sono così descritti: *dictum castrum Ninfe situm est iuxta territorium terre Core, iuxta territorium Tiberie, iuxta territorium Cisterne et iuxta territoria Sermineti et Normarum.* In precedenza si trova scritto sul territorio di Ninfa: *terminans, ut fertur, usque ad Portum Paule et iuxta mare.* Caetani, Regesta chartarum, 1922, vol. 4, pp. 122–123. Dell'anno 1453 è la breve indicazione: *civitas nostra vocata Ninpha, dirupta, amplium habens territorium...* Caetani, 1936, pp. 172–173. Nella percezione dell'americana Tryphosa Bates Batcheller (1876–1952) il territorio di Ninfa è "one of the largest in the whole of Latium." Bates Batscheller, 1911, p. 428. Su di lei cfr. p. 89.

30 AC FPM S02 046. Sulla carta si trova indicato in verde: territorio di Ninfa, particolare. Questa carta risale probabilmente al sec. XVIII. Ringrazio Rudolf Hüls per questa cortese informazione.

31 Duchesne, Vogel (a cura di), vol. 1, 1886, p. 435.

32 Sulla rilevanza di questi possedimenti papali, che comprendevano anche le *domuscultae* di Anzio e Formia, cfr. Marazzi, 1998, soprattutto pp. 128 e 250.

dismessa sede vescovile di *Tres Tabernae*, che rimase in funzione fino alla seconda metà del secolo IX.[33] Ricerche interdisciplinari su Santa Cornelia e sulla *domusculta Capracorum* hanno dato importanti chiarimenti sulla struttura ed il funzionamento di complessi simili nei dintorni di Roma, che possono essere interessanti anche per Ninfa.[34] Pur se le dimensioni delle proprietà della Chiesa in quei luoghi furono a lungo parecchio sopravvalutate,[35] sia le *domuscultae* che le *massae* erano certamente vaste aziende agricole. Mentre la *massa* di Ninfa deriva da una proprietà del fisco imperiale, la *domusculta Capracorum* si basa su diverse aziende agrarie più antiche, tra le quali era un fondo omonimo ereditato dal papa Adriano.[36] Su questa proprietà di famiglia egli fece edificare una basilica a tre navate con abside, dedicata al principe degli Apostoli (16 x 14,5 mt.), nella quale furono traslate le reliquie di tre papi martiri. I resti mortali più antichi e illustri erano quelli di papa Cornelio (252–253), che pare fosse molto venerato ed il cui nome nel corso del tempo soppiantò il patrocinio di san Pietro.[37] Come la chiesa del principe degli Apostoli rappresentava il centro religioso della *domusculta* a Nord di Roma, allo stesso modo la chiesa di San Pietro a Ninfa potrebbe essere stata il centro di culto del locale latifondo. Essa, inoltre, era situata nelle immediate vicinanze della Via Pedemontana, che col suo tracciato riprendeva in parte vie di comunicazione più antiche[38] e nel Medioevo subentrò alla Via Appia, non più utilizzabile, divenendo la strada principale che collegava Roma a Terracina e Napoli.[39] Anche i reperti archeologici di Santa Cornelia potrebbero essere interessanti per future ricerche su San Pietro a Ninfa.[40]

A partire dai secoli XI e XII in questa località di Ninfa, importante dal punto di vista strategico e della geografia dei trasporti e delle comunicazioni, dal latifondo del primo Medioevo si sviluppò una città, la cui storia è in parte ben studiata; ricerche attuali integrano le nostre conoscenze.[41] La città fiorì grazie alla protezione di papi, di diverse famiglie nobili romane,[42] infine soprattutto dei Caetani.[43] Dopo che, nei secoli XII e XIII la signoria su Ninfa era stata esercitata dai Frangipani, dai Conti e dai Colonna, essa passò durevolmente in proprietà ai Caetani. Con l'appoggio dello zio, il papa Bonifacio VIII, Pietro II Caetani pose Ninfa sotto il suo controllo inducendo i suoi cittadini a vendergli tutte le loro proprietà.[44]

Lo sviluppo di Ninfa rappresenta però anche un capitolo della storia della bonifica dell'Agro Pontino.[45] Dopo l'anno Mille, grazie a condizioni favorevoli dal punto di vista demografico e climatico, fu possibile creare qualche insediamento umano ai margini delle paludi che si erano espanse durante la prima età medievale. Nelle vicinanze di Ninfa, nella valle dell'Amaseno, furono intraprese ulteriori misure di bonifica. Allorché monaci cistercensi, all'inizio del secolo XIII, rimisero a cultura le terre di Fossanova, prosciugate in età romana e poi bonificate di nuovo da Benedettini,[46] si servirono in parte dell'infrastruttura creata durante l'Antichità e dai loro predecessori monastici e, al tempo stesso, si fecero carico di una nuova bonifica. La genesi di Ninfa e le bonifiche nella valle dell'Amaseno rientrano in un capitolo del prosciugamento parziale delle paludi in età post antica, che non si può illustrare in questo contesto.[47] Esse erano minacciose e pericolose per gli uomini e la loro salute, ma il loro sfruttamento

33 Bertolini, 1952, pp. 695 sgg. Delogu, 1990, pp. 19–20.
34 Christie (a cura di), 1991. Christie, 1992. Christie, 1995. Cola, 2006.
35 Così ancora, basandosi su Tomassetti, ha fatto Partner, 1966, pp. 68 e 74 sgg.
36 Duchesne, 1881, vol. 1, pp. 501 sgg.
37 Sul ruolo rilevante delle reliquie di Cornelio a Nord delle Alpi rinvio a Zender, 1986.
38 Zaccheo, 1994.
39 Della vasta letteratura cito: Pavan, 1974, pp. 629 sgg. Delogu, 1990, p. 20. Coste, 1996. Coste, 1999. Parziale, 2014. Cfr. anche pp. 36, 42, 45.
40 Tra la fine del sec. X, l'inizio dell'XI e durante il XII l'edificio venne ricostruito ed ampliato. Dopo il Mille, sul complesso della *domusculta* fu fondato un monastero. Cola, 2006, pp. 41 sgg. Sui reperti archeologici finora acquisiti in relazione a San Pietro di Ninfa cfr. Fabbri, 2009.
41 Hüls, 2017. Hüls, 2019. Hüls, 2020.
42 Stoob, 1972, pp. 93 sgg. Delogu, 1990. Caciorgna, 1990.
43 Falco, 1928. Cortonesi, 1990. Pavan, 1990. Cortonesi, 1995. Carbonetti, Vendittelli, 1998. Spiccia, 2012, pp. 11 sgg. Bevilacqua, 2017, pp. 66–67.
44 Caetani, Regesta chartarum, vol. 1, pp. 126 sgg.
45 Sulle bonifiche fino al sec. XVI mi limito a rinviare a Passigli, 1999. Bevilacqua, 2017, soprattutto pp. 126 sgg.
46 Caciorgna, 2002, pp. 99 sgg.
47 Tra questi interventi vi è anche la costruzione di un canale navi-

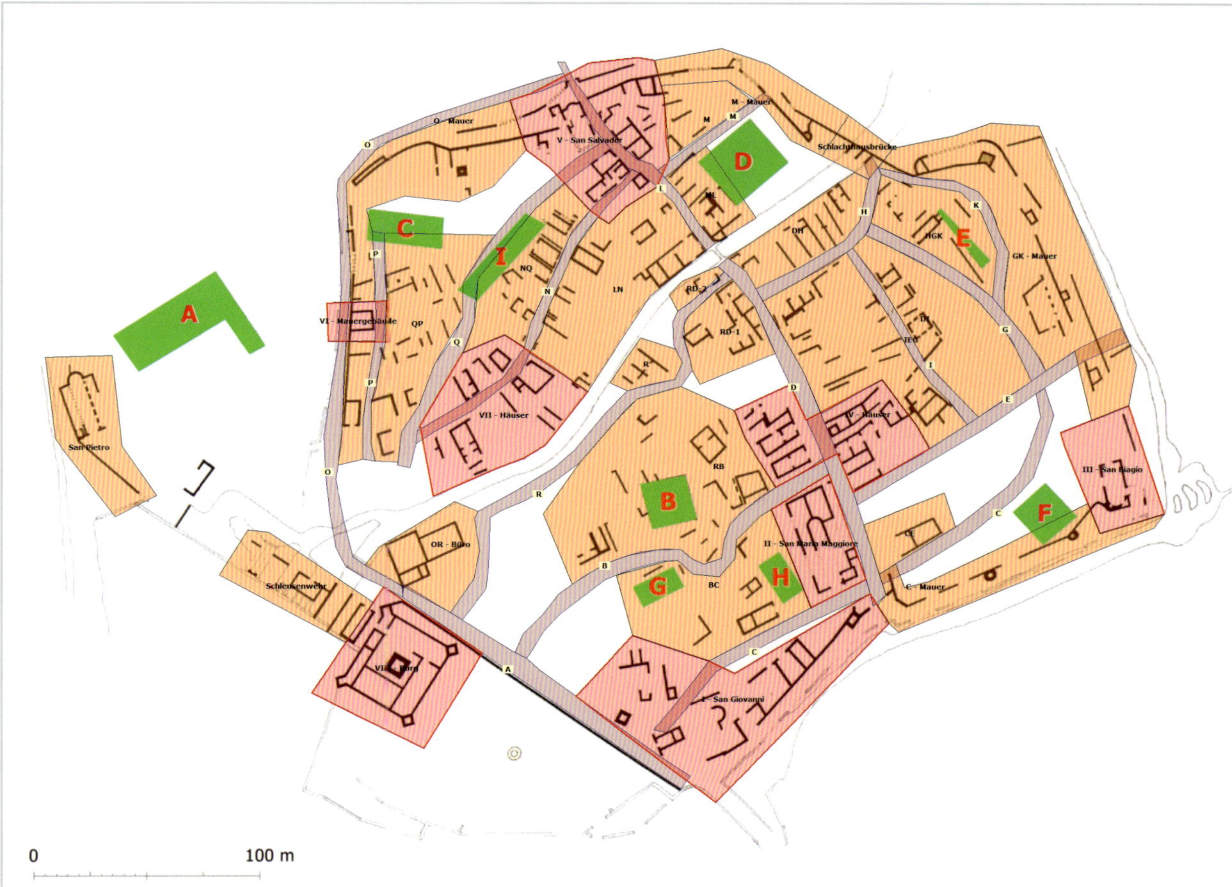

5 Mappa di Ninfa 2011, vedi nota 49.

economico costituì al tempo stesso anche la base del sostentamento economico di molte generazioni di abitanti.[48] Questa fu anche una delle principali ragioni delle resistenze ripetute contro i numerosi tentativi di bonifica.

(Fig. 5)[49] Sino all'abbandono della città tra la fine del secolo XIV e l'inizio del XV, Ninfa si era sviluppata tanto da divenire un cospicuo centro urbano di medie dimensioni. Nelle sue vicinanze era anche un'importante dogana.[50] A tale periodo allude anche il titolo del volume del 1990: "Ninfa, una città, un giardino", che raccoglie gli atti di un convegno e rimane fino ad oggi il principale contributo su Ninfa.[51] L'archivio comunale è andato perduto, ma in nume-

gabile nel territorio di Piperno. Fabbri, 2009, in particolare pp. 5 e 7.

48 Palermo, Strangio, Vaquero Piñeiro (a cura di), 2007. Palermo, 2013.

49 Mappa di Ninfa 2011. Le superfici segnate in rosso indicano le zone che nel 2011, su incarico dell'Istituto Storico Germanico di Roma (DHI), furono scansionate dalla ditta ArcTron 3D GmbH, con alta priorità e precisione. Le superfici in marrone chiaro furono misurate in una modo meno prioritario, completo e dispendioso. I risultati di tale misurazione sono nell'Archivio della Fondazione Roffredo Caetani e sul server della Johannes Gutenberg-Universität di Magonza, e restano a disposizione per ulteriori ricerche. Le lettere A-I in verde furono esaminate dal punto di vista geofisico da David Jordan, esperto di geofisica. Cfr. anche Stoob, 1972, p. 96.

50 Cfr. Enlart, 1920, p. 72. Esposito, 1990, pp. 97–98. Ninfa, però, non fu mai sede vescovile, né Santa Maria Maggiore chiesa cattedrale. "Ninfa had been a bishopric in the tenth century and its cathedral was the church now known as Santa Maria Maggiore..." Quest-Ritson 2009, p. 13.

51 Fiorani (a cura di), 1990. Molto importante anche Fiorani (a cura di), 1999.

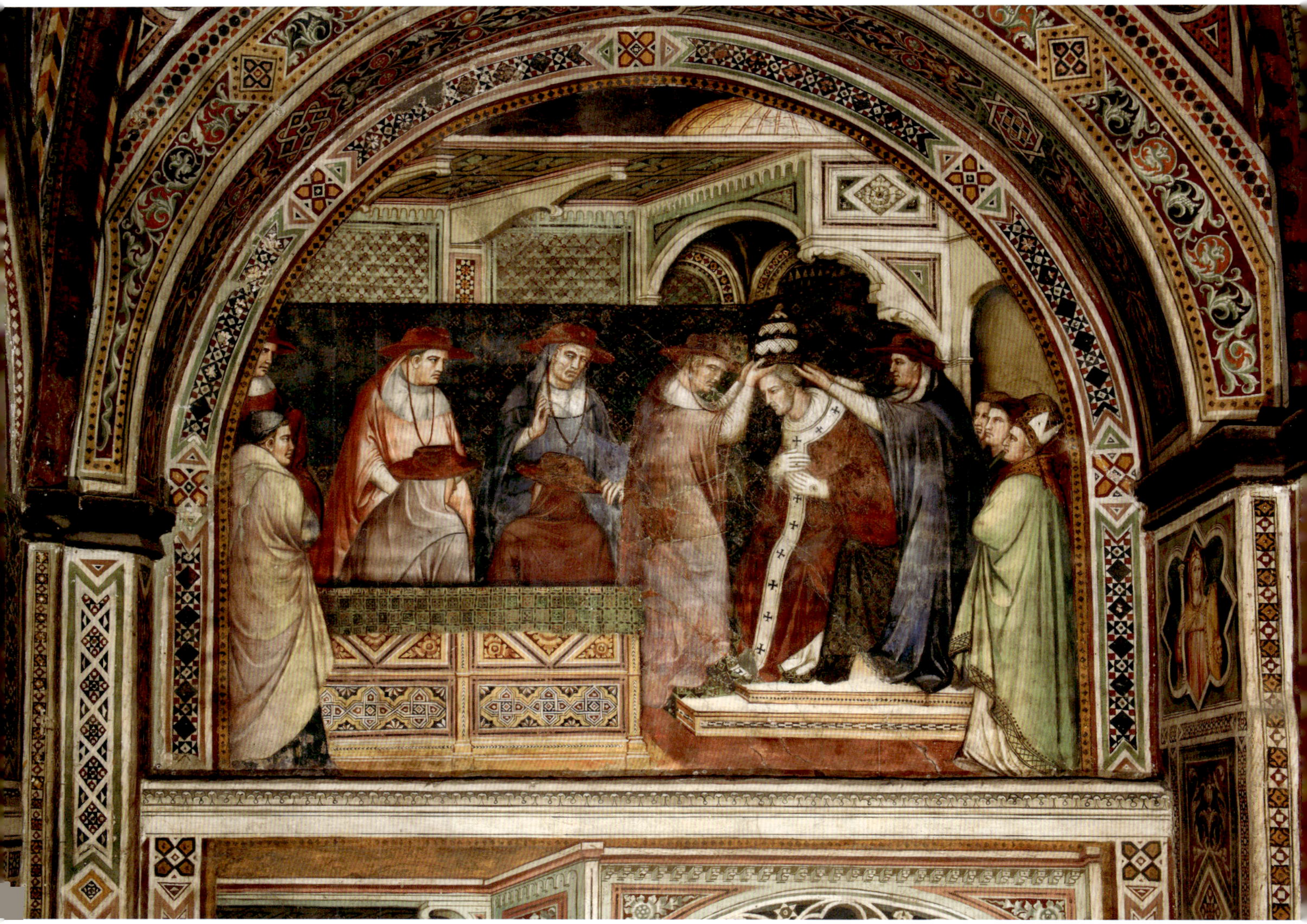

6 Incoronazione di Alessandro III, vedi nota 56.

rosi altri archivi si sono conservati documenti scritti relativi a singole persone, famiglie e soprattutto ai signori e proprietari nobili che vissero qui per molte generazioni. Abbiamo anche molte informazioni sugli edifici principali della città,[52] la sua cinta muraria,[53] il castello dei suoi signori,[54] le chiese, gli ospizî, le case-torri delle prime famiglie, i mulini e molto altro.[55]

(Fig. 6)[56] Nel 1159 Ninfa fu teatro della politica europea quando Ubaldo, cardinale vescovo di Ostia,

52 Cerone, 2014.
53 Mancini, Rossana, 1998.
54 Marchetti Longhi, 1964. Pennacchia, 2016.
55 Grégoire, 1990. Carbonara, 1990. De Sanctis, 1990. Sulle chiese ed i loro affreschi, nonché sulla topografia sono ancora fondamentali i lavori di: Enlart, 1920. Cfr. anche Pavan, 1974, p. 637. Carbonara, 1990, pp. 230 sgg. Spiccia, 2012, pp. 23 sgg. Rudolf Hüls lavora ad uno studio sulle chiese ed i chierici di Ninfa e Sermoneta nel sec. XV.
56 Spinello Aretino (1346–1410), Palazzo Pubblico Siena, Incoronazione di papa Alessandro III. Foto di Gabriella Piccinni.

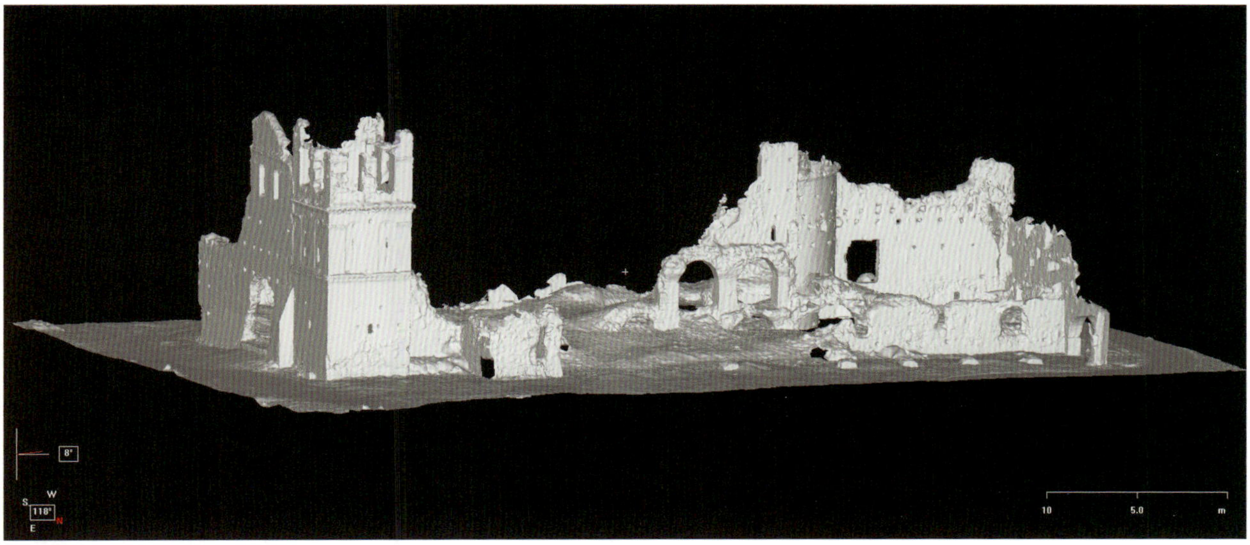

7 Modello poligonale di Santa Maria Maggiore. Ricostruzione, vedi nota 57.

vi consacrò papa Alessandro III, l'avversario dell'imperatore svevo Federico Barbarossa. Ninfa divenne così uno dei palcoscenici nelle lotte secolari tra Papato e Impero. Nessun giardino inglese può vantarsi di essere un luogo della memoria di rilevanza europea al pari di Ninfa, con la sua chiesa di Santa Maria Maggiore. (Fig. 7)[57] In essa – l'immagine mostra un modello poligonale della sostanza edilizia superstite – assurse al soglio pontificio Rolando Bandinelli, discendente di una nobile famiglia senese.[58] E in nessun altro giardino sono conservati affreschi di età medievale dai complessi programmi iconografici di contenuto teologico e devozionale, talvolta alludenti ad aspetti politici che vanno ben al di là di Ninfa, quali quelli della chiesa di Santa Maria Maggiore e di altri edifici sacri.[59] (Fig. 8).[60]

Mi soffermerò su uno dei frammenti degli affreschi conservati nell'abside di questa chiesa in rovina. Si tratta di un documento iconografico che allude ad eventi locali, regionali ed europei durante l'ultima fase della storia della città prima del suo abbandono. Esso serve a dimostrare come relitti del passato, spesso giunti a noi sotto forma di frammenti, possano ancora oggi comunicare contesti storici ai visitatori del giardino.[61] Che il papa Urbano V (1362–1370) sia riprodotto nell'abside di Santa Maria Maggiore può ritenersi certo, tenuto conto di un particolare tipico della sua iconografia, le reliquie, ovvero i reliquiari delle due teste degli apostoli Pietro e Paolo.[62] Guillaume de Grimoard, discendente da una famiglia nobile della Francia meridionale, già con la scelta del nome da assumere una volta asceso al soglio pontificio nel 1362 aveva segnalato la sua volontà di porre fine all' "esilio" in Avignone, che durava dal 1309, e l'intenzione di tornare a Roma. Dopo essere entrato solennemente nell'Urbe nel 1367, assieme all'imperatore Carlo IV, la 'riscoperta' e la traslazione, nel 1368, delle teste

57 Modello poligonale di Santa Maria Maggiore. Ricostruzione. Lanzinger, 2014.

58 Sprenger., 2012, pp. 218, 238, 243 e 432–433.

59 Hadermann-Misguich, 1982. Hadermann-Misguich, 1986. Sansterre, 1987. Failler, 1988. Velmans, 1988. Hadermann-Misguich, 1989, 1990, 2005. Pantalfini, 2012, p. 103.

60 Affreschi di Santa Maria Maggiore. Foto di Rudolf Hüls.

61 Di contro Thacker, 1979, p. 281: "The garden covers the site of a long-abandoned medieval town, of which little remains beyond two towers and a few walls."

62 Sulla storia della scoperta dell'affresco cfr. p. 108 sgg. I due affreschi occupano anche un posto prominente nel film di Christoph Brech sulle fotografie da lui scattate nel 2020: Dalla Pompei del Medioevo ai Giardini di Ninfa - YouTube

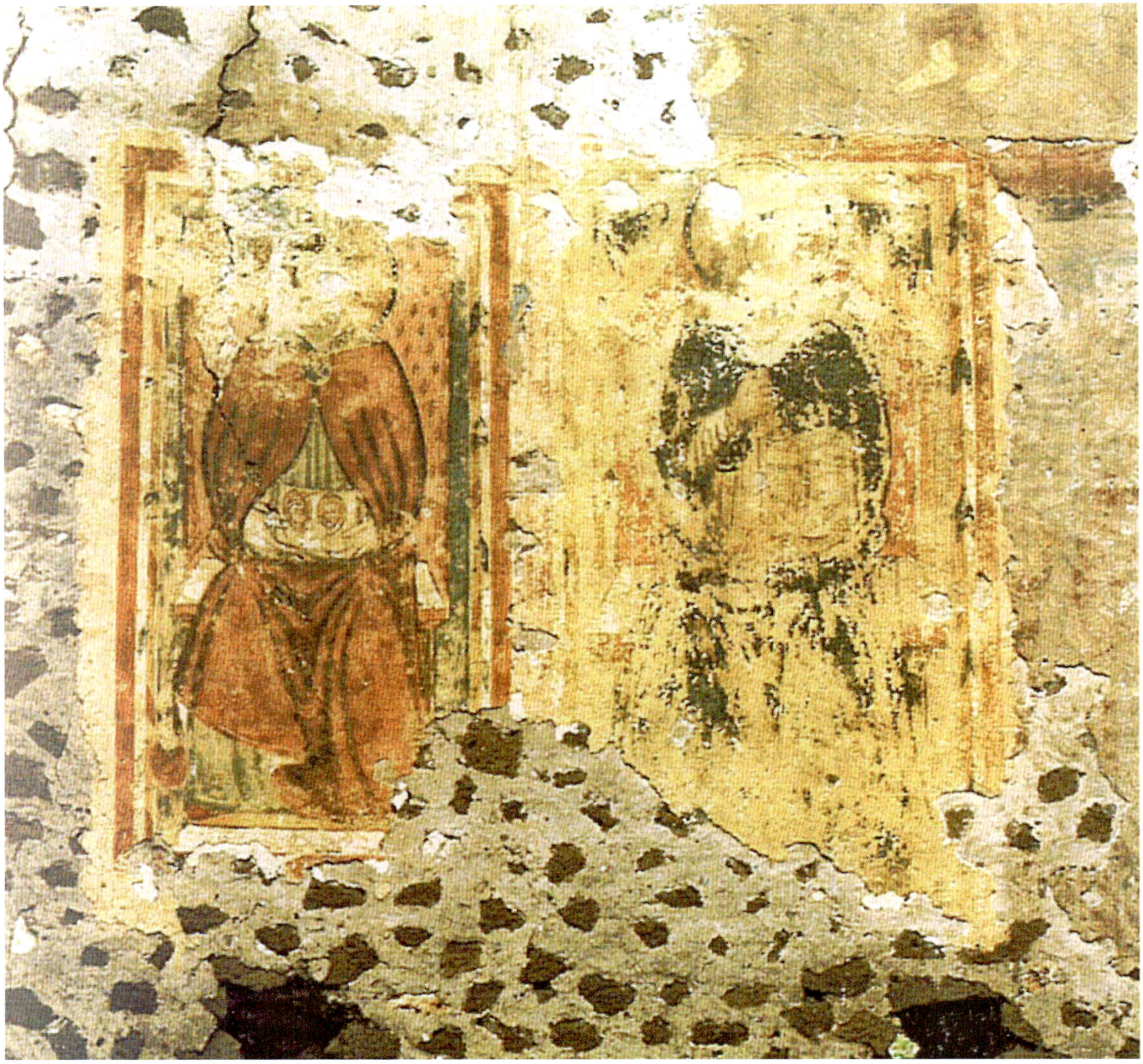

8 Affreschi di Santa Maria Maggiore, vedi nota 60.

dei principi degli Apostoli, Pietro e Paolo, dalla cappella *Sancta sanctorum* al ciborio della basilica e la loro conservazione in preziosi reliquiari rappresentarono un atto di grande valore simbolico, che in seguito venne abbinato alla sua persona nell'iconografia di questo pontefice.[63] Sembrava fondata la speranza che, nell'interazione tra sacerdozio ed impero, il Papato potesse tornare stabilmente a Roma e che la città sarebbe divenuta il centro di una Cristianità riformata e riunita alla Chiesa orientale.[64] Aspettative analoghe erano nutrite non solo da famosi contemporanei, come il poeta Giovanni Boccaccio, santa Brigida di Svezia e Francesco Petrarca.[65] Tuttavia, il soggiorno di Urbano a Roma non durò a

63 Vones, 1998, pp. 451–452.
64 Vones, 1998, pp. 446 sgg.
65 Vones, 1998, pp. 6 sgg.

lungo. Dopo aver trascorso tre anni in Italia e a Roma egli tornò ad Avignone dove morì poco dopo.[66]

Con ogni probabilità l'affresco nella chiesa principale di Ninfa risale, analogamente a quello vicino, raffigurante probabilmente san Tommaso d'Aquino,[67] agli anni successivi alla traslazione dei resti mortali del Papa a Saint Victor a Marsiglia (1372),[68] e antecedenti agli eventi dei primi anni ottanta, in seguito ai quali il sito iniziò ad essere abbandonato.[69] Si può pensare, pur non avendo prove, ad una traslazione a Santa Maria Maggiore di particelle di reliquie dei due santi raffigurati negli affreschi in posizione prominente. Il culto di Urbano fu intenso negli anni settanta e all'inizio degli anni ottanta del secolo XIV, e nel 1381 fu iniziato un processo di canonizzazione mai portato a termine.[70] Soprattutto nella Francia meridionale ed in Italia si diffuse un culto ad ampio raggio con implicazioni politiche, peraltro di breve durata.[71] Purtuttavia, per nessun altro pontefice dei secoli XIII e XIV abbiamo attestazioni di una venerazione paragonabile, della quale una prova sono appunto i resti dell'affresco nella chiesa principale di Ninfa. Urbano V, della cui vita esemplare ci sono pervenute testimonianze di contemporanei,[72] fu l'unico dei papi avignonesi ad essere beatificato nel 1870, ma non canonizzato.[73]

Gli affreschi di Urbano V e dell'Aquinate furono gli ultimi ad essere eseguiti nelle chiese di Ninfa durante il Medioevo e simboleggiano in un certo senso la fine della sua florida vita urbana. Il cosiddetto Grande Scisma d'Occidente, che dal 1378 per decenni scosse l'intera Chiesa latina, fu una causa importante degli eventi catastrofici che seguirono. La famiglia Caetani, molto ramificata, si scisse in due campi. Mentre i Caetani-Palatini si schierarono con Urbano VI (1378–1389), i Caetani di Fondi presero posizione a favore di Clemente VII (1378–1394), che nel 1378 fu eletto antipapa a Fondi sotto la protezione di Onorato I Caetani.[74] Nel corso degli eventi turbolenti degli anni successivi, sui quali non ci si può soffermare in questa sede, si giunse ai noti saccheggi ed alle distruzioni a Ninfa.[75]

Abbandono della città, il mulino, giardino rinascimentale e tentativi di un ripopolamento.

Sin dalla fine del secolo XIV la città si spopolò a poco a poco. Dopo gli eventi bellici del 1380/82 e le distruzioni seguite, gli abitanti superstiti, anche con l'appoggio di personalità di Sermoneta, Bassiano e Sezze, si trasferirono soprattutto a Sermoneta, trasformata dai Caetani in uno dei loro centri di potere, e in altri luoghi vicini.[76] Questo processo di concentrazione della popolazione potrebbe essere stato favorito anche dalle perdite demografiche causate dalla cosiddetta Peste nera, una delle maggiori pandemie della storia europea; tuttavia, lo stato carente delle fonti non consente precise ricerche locali e regionali.[77] Un indizio della scarsa densità di insediamento e di popolazione può essere l'importanza, crescente anche

66 Vones, 1998, p. 5.

67 Sul dottore della Chiesa Tommaso d'Aquino, morto nell'abbazia di Fossanova, e la sua raffigurazione cfr. Hadermann -Misguich, 1989, pp. 302 sgg. Sulla traslazione a Tolosa dei suoi resti mortali ed il ruolo svolto da Onorato I Caetani cfr. Mews, 2009 e 2017.

68 Ivi il Papa defunto era stato abate. Rusconi, 2012, p 43. Rusconi, 2014.

69 Forse entrambi gli affreschi furono eseguiti dopo la rioccupazione di Ninfa da parte di Onorato I Caetani nel 1380/81: cfr. Hadermann-Misguich, 1986, pp. 129 sgg. Rimane aperta la questione se ciò sia avvenuto prima o dopo il processo di canonizzazione avviato nel 1381 da papa Clemente VII. Rusconi, 2009, p. 489. Rusconi, 2012, pp. 45sgg. Cfr. anche Hadermann-Misguich, 1989, p. 306, che propone una datazione intorno al 1380.

70 Vones 1998, pp. 16 sgg. Rusconi 2012, pp. 45 sgg.

71 Rusconi 2009, pp. 489–490. Sulla diffusione di questa venerazione per Urbano V cfr. inoltre Andergassen, 2005. Wolf, 2007, con ulteriori indicazioni bibliografiche.

72 Vones, 1998, p. 5.

73 Rusconi, 2012, pp. 42 sgg. e 99.

74 Su Onorato I e Onorato II Caetani, conte di Fondi rinvio a: Delle Donne, Giovanni Pesiri (a cura di), 2020. Su Onorato II cfr. da ultimo Pesiri, 2021.

75 Stoob, 1972, pp. 101 sgg. Esposito, 1990, pp. 98–99. Spiccia, 2012, pp. 53 sgg.

76 Caetani, Domus, 1927, vol. 1, parte 1, pp 304 sgg. Pavan, 1974, pp. 637 sgg. Vaquero Piñeiro, 2013.

77 Pantanelli, 1911, p. 407.

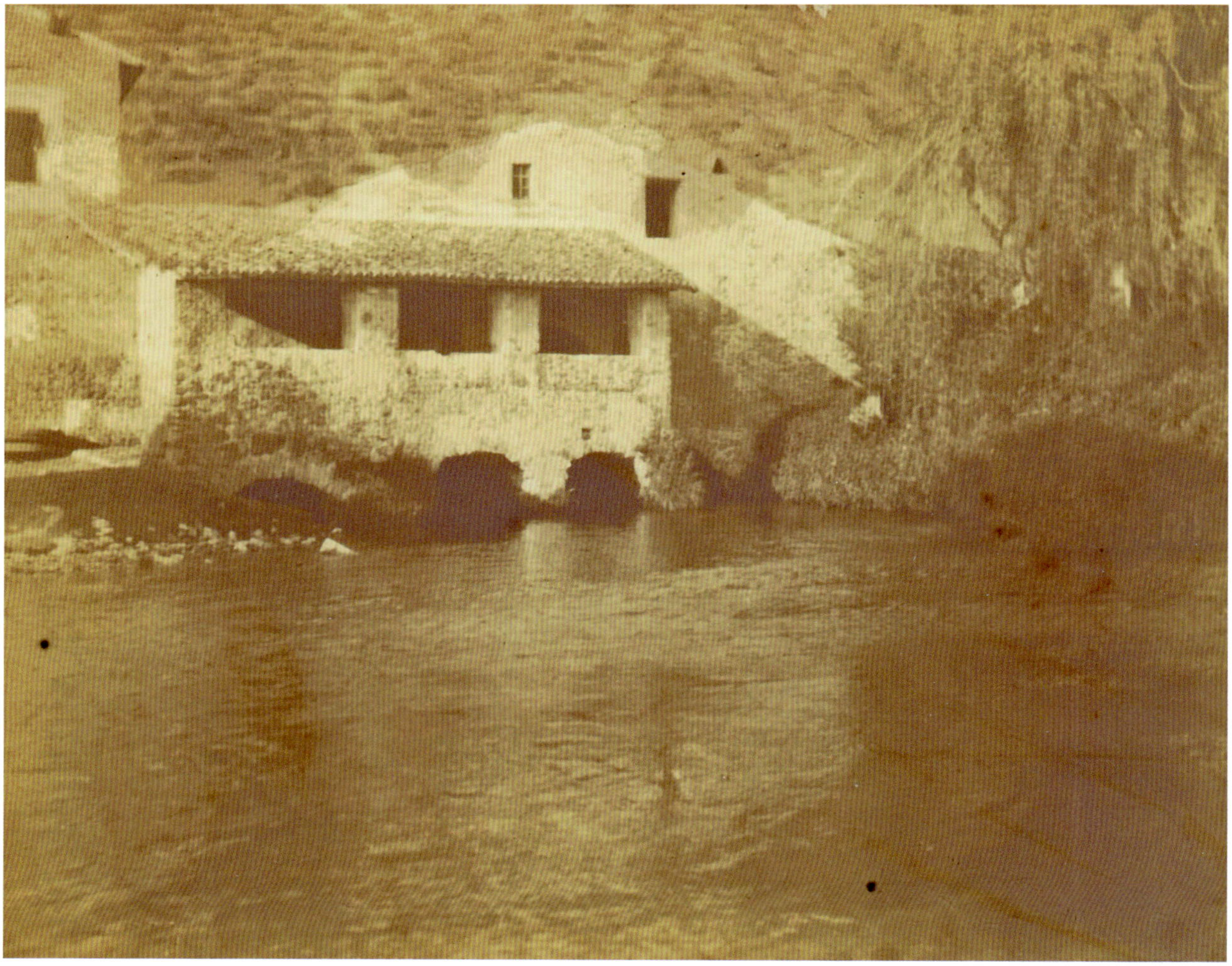

9 Mulino di Ninfa su una fotografia del 1900 circa, proveniente da un lascito a Praga, vedi nota 82.

in diverse parti del Lazio, della transumanza orientata al mercato.[78]

La città di Ninfa, percepita già nel secolo XV come *civitas dirupta*,[79] ed il suo esteso territorio mantennero tuttavia una certa importanza come centro economico. Anche dopo le turbolenze belliche del 1380/82 Ninfa, la cui sostanza edilizia e i cui oggetti di arredo furono riutilizzati in parte dagli abitanti di comunità limitrofe, come Sermoneta,[80] non fu mai completamente spopolata.[81] (Fig. 10).[82] Pertanto dopo il 1382 non si può parlare di una *lost city*, nel senso di "absence of human life".[83] Soprattutto i mulini, in funzione dentro la città e nei suoi dintorni, ebbero una certa importanza fino al secolo ventesimo. Erano infatti indispensabili in quanto macchine motrici utili a generare energia.[84] I pochi resti a noi

78 Cortonesi, 2006. Cortonesi, 2011.

79 Esposito, 1990, p. 97.

80 Enlart, 1920, p. 80.

81 Fiorani (a cura di), 1990. Quest-Ritson, 2009, pp. 20 sgg.

82 Mulino di Ninfa su una fotografia del 1900 circa. Si tratta di una di sette fotografie acquistate nel 2017 presso un antiquario praghese. Provengono da un lascito privato, del quale non abbiamo alcuna informazione, e documentano un viaggio in Italia. Quattro di queste fotografie furono scattate a Ninfa. Si può supporre che intorno al 1900 una persona di Praga o dei dintorni abbia visitato Ninfa nel corso di un viaggio al Sud. La fotografia è proprietà di un privato.

83 Woodward, 2001, p. 78.

84 Pavan, 1990, pp. 142 sgg. Esposito, 1990, pp. 99 sgg., soprattutto

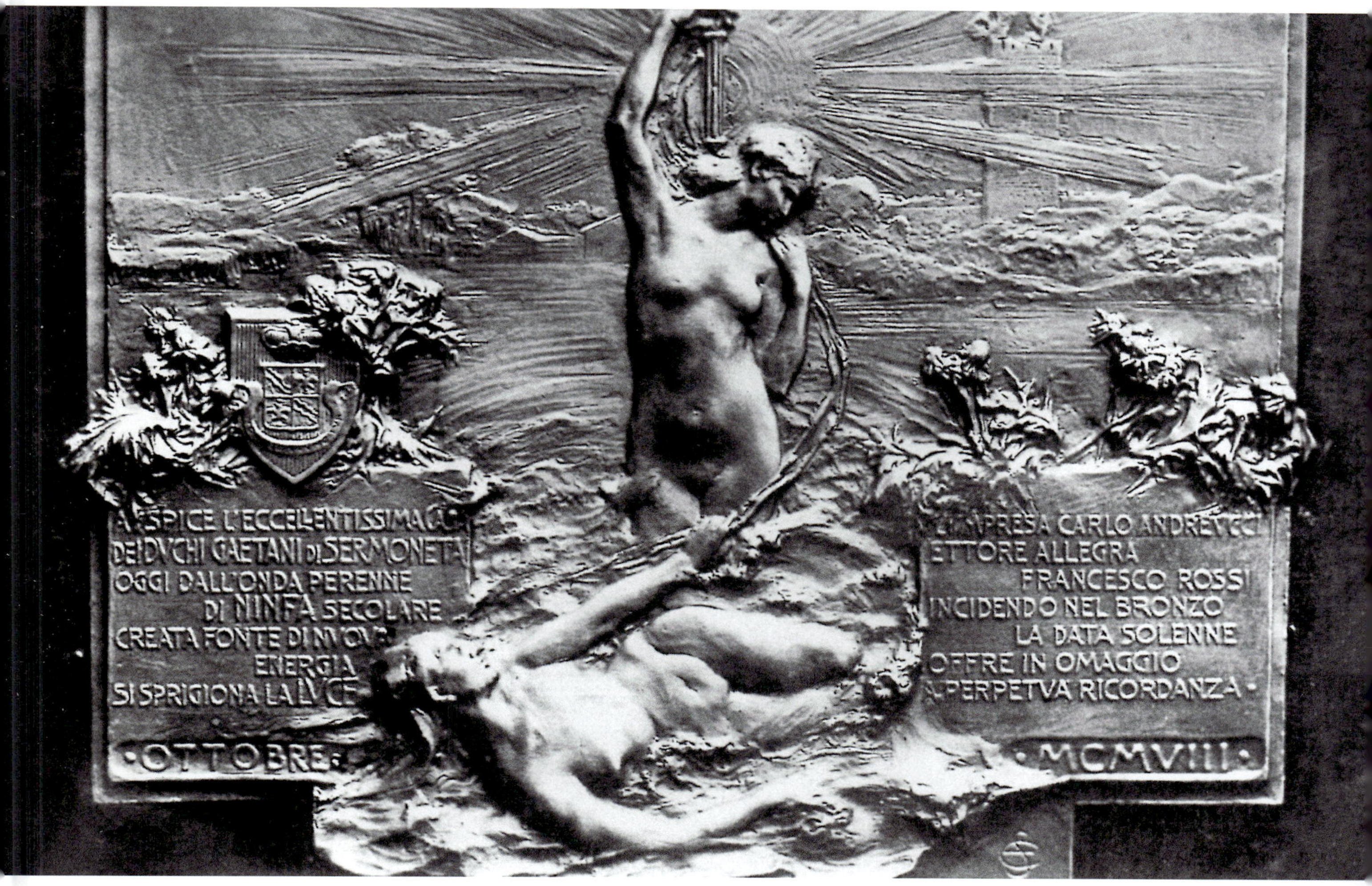

10 Targa, vedi nota 85.

giunti, come quelli della centrale elettrica costruita fino al 1908, costituiscono alcune delle numerose sfaccettature di quel sito così ricco d'acqua (Fig. 9).[85]

Un utilizzo più effettivo della forza idraulica potè realizzarsi al più tardi nel secolo XII e nel XIII grazie alla costruzione di dighe per la raccolta ed il ristagno dell'acqua.[86] Un altro importante gruppo di mulini si trovava inoltre nella zona delle *sette mole*, vicino all'odierna stazione ferroviaria di Latina. Su carte del XX secolo dell'Istituto Geografico Militare (IGM) questo territorio è segnato assieme al corrispondente microtoponimo. Ciò è un indizio del fatto che qui erano temporaneamente in funzione sette ruote di mulini.[87]

p. 101. Per un'opinione opposta: "By the 18th century the last mill was abandoned." cfr.: https://en.wikipedia.org/wiki/Garden_of_Ninfa (consultato il 22.9.2020).

85 Sulla targa di bronzo applicata nell'ottobre del 1908 in occasione del completamento della centrale elettrica cfr. Trabucco, 2019, pp. 52 sgg. Locarini, 2020/21, p. 111. Per mettere in funzione la centrale Gelasio Caetani acquistò, probabilmente nel 1895, due turbine gemelle J.M. Voith St. Pölten n. 8640 del tipo Francis, di seconda mano. Queste turbine erano state prodotte probabilmente intorno al 1865 e, nella centrale, avrebbero dovuto essere sistemate in parallelo, con una potenza teorica di 185 cavalli, corrispondente a circa 138 kw. Devo questa informazione a Massimo Amodio, che ringrazio.

86 Gnoli, 2015.

87 Rudolf Hüls sta preparando uno studio a tale riguardo.

Anche nel periodo di spopolamento della città, a partire dagli anni '50 del 1400, oltre ai tradizionali mulini per i cereali e alle gualchiere vennero installate una ferriera ed una conceria, creando in tal modo un piccolo centro industriale, che peraltro sussistette solo per pochi decenni.[88] Probabilmente si dovette di nuovo aumentare il livello dell'acqua onde ottenere un migliore sfruttamento dell'energia. Ciò fu, tra l'altro, reso possibile grazie ad un *reparium* temporaneo di legno.[89] Un allevamento ittico installato sul territorio di Ninfa dovette essere dismesso.[90] All'inizio del secolo XVI Guglielmo Caetani (1465–1519) progettò non solo il restauro del municipio distrutto della città, ma anche migliorie ai mulini. Inoltre, un utilizzo più intenso della forza idraulica doveva servire alla produzione di ferro, lana e corda.[91]

Se nel secolo XV, come una ristrutturazione del tetto di Santa Maria Maggiore negli anni '40 del 1400 ed altri indizi fanno pensare, almeno alcune delle chiese di Ninfa vennero di tanto in tanto ancora usate a scopi liturgici,[92] non più tardi a partire dal XVI secolo la sola cappella di Santa Maria di Loreto fu sufficiente per le esigenze di culto dei pochi abitanti, residenti e visitatori.[93] A giudicare dal racconto di un visitatore del 1873 questa cappella si trovava vicino Santa Maria Maggiore, in prossimità dell'ingresso principale in città, attraverso il quale dal 2019 anche gli odierni visitatori entrano nel giardino.[94] "Nella chiesa vicina all'ingresso, sistemata provvisoriamente a cappella, non si celebrava messa; il servizio liturgico ha luogo una sola volta all'anno. Il coro della chiesa medievale è isolato, senza alcun raccordo con la facciata, i muri di collegamento sono crollati; affreschi scoloriti sono ancora visibili sull'intonaco di calce ancora in parte conservato."[95]

Su iniziativa del cardinale Niccolò Caetani di Sermoneta (1526–1585), un cugino di Alessandro Farnese, che salì sul trono pontificio col nome di Paolo III,[96] fu creato a Ninfa un giardino, del quale alcuni resti esistono ancor oggi.[97] All'allestimento di questo giardino (*hortus conclusus*), sulla cui genesi si sa poco, partecipò l'architetto e scultore Francesco Capriani da Volterra (1535–1594),[98]che dal 1578 fu attivo a Ninfa ed eseguì anche altri progetti per i Caetani.[99] Nel "giardino all'italiana", confinante col castello e circondato da un muro,[100] furono piantati, tra l'altro, degli aranci, fu costruito un pozzo e vennero edificate vasche d'acqua per una rara specie di trota locale, ancora oggi nota e allora molto apprezzata a Roma.[101]

Il duca Francesco Caetani, in carica dal 1614, fece ogni sforzo per attivare, ovvero rivitalizzare le risorse del suo Ducato, tra l'altro mediante il popolamento o il ripopolamento di luoghi come Ninfa e San Felice. A Ninfa dovevano insediarsi dapprima abitanti di San Felice, poi una colonia di Albanesi.[102] Negli anni seguenti, dopo i tentativi falliti di bonifica durante il pontificato di Sisto V,[103] si fecero di nuovo considerevoli sforzi per bonificare territori dei comuni di Sezze e Sermoneta.[104]

Questi e altri progetti non furono coronati da successo. Data la situazione della famiglia Caetani, sempre più precaria a partire dal XVI secolo, negli anni venti del secolo XVII furono fatte serie riflessioni sull'opportunità di alienare il Ducato di Sermoneta e fondare al suo posto un'ampia signoria nel Regno di Napoli, soggetto al dominio spagnolo. In tal modo,

---

88 Pavan, 1974, p. 663. Spiccia, 2012, p. 58.
89 Stoob, 1972, p. 105. Esposito, 1990, pp. 99 sgg., in particolare p. 101. Pavan, 1990, pp. 142 sgg.
90 Stoob, 1972, p. 104. Sulla "tenuta" di Ninfa cfr. Pavan, 1974, p. 641.
91 Caetani, Domus, 1933, vol. 2, p. 11. Spiccia, 2012, p. 64.
92 Stoob, 1972, p. 104. Pavan, 1990, pp. 142–143. Spiccia, 2012, pp. 60–61. Hüls, 2017, p. 16. Hüls 2019, pp. 53–54 e 56.
93 Fiorani, 1990, pp. 172–173.
94 https://www.latinatoday.it/attualita/scoperto-antico-ingresso-ninfa.html (consultato il 30. 1. 2021)
95 Regensburger Morgenblatt 26, n. 278, 5. Dicembre1873, p. 1015.
96 Caetani, Domus, 1933, vol. 2, pp. 164 sgg. De Caro, 1973. Gardi, 1985. Ferretti, AKL.
97 Quest-Ritson, 2009, pp. 14 e 20–21.
98 Tafuri, 1976.
99 Marcucci, 1999, pp. 502–503 e fig. 21–23.
100 Marcucci, 1999, p. 517.
101 Sul giardino cfr. Caetani, Domus, 1933, vol. 2, pp. 168–169. Spiccia, 2012, pp. 66–67. Sulle trote Pavan, 1974, p. 636. Sugli eccellenti frutti del giardino ed i *nobiles pisces* cfr. Fiorani, 1990, p. 171.
102 Bevilacqua, 2017, p. 231.
103 Bevilacqua, 2017, pp. 178 sgg.
104 Bevilacqua, 2017, pp. 217 sgg.

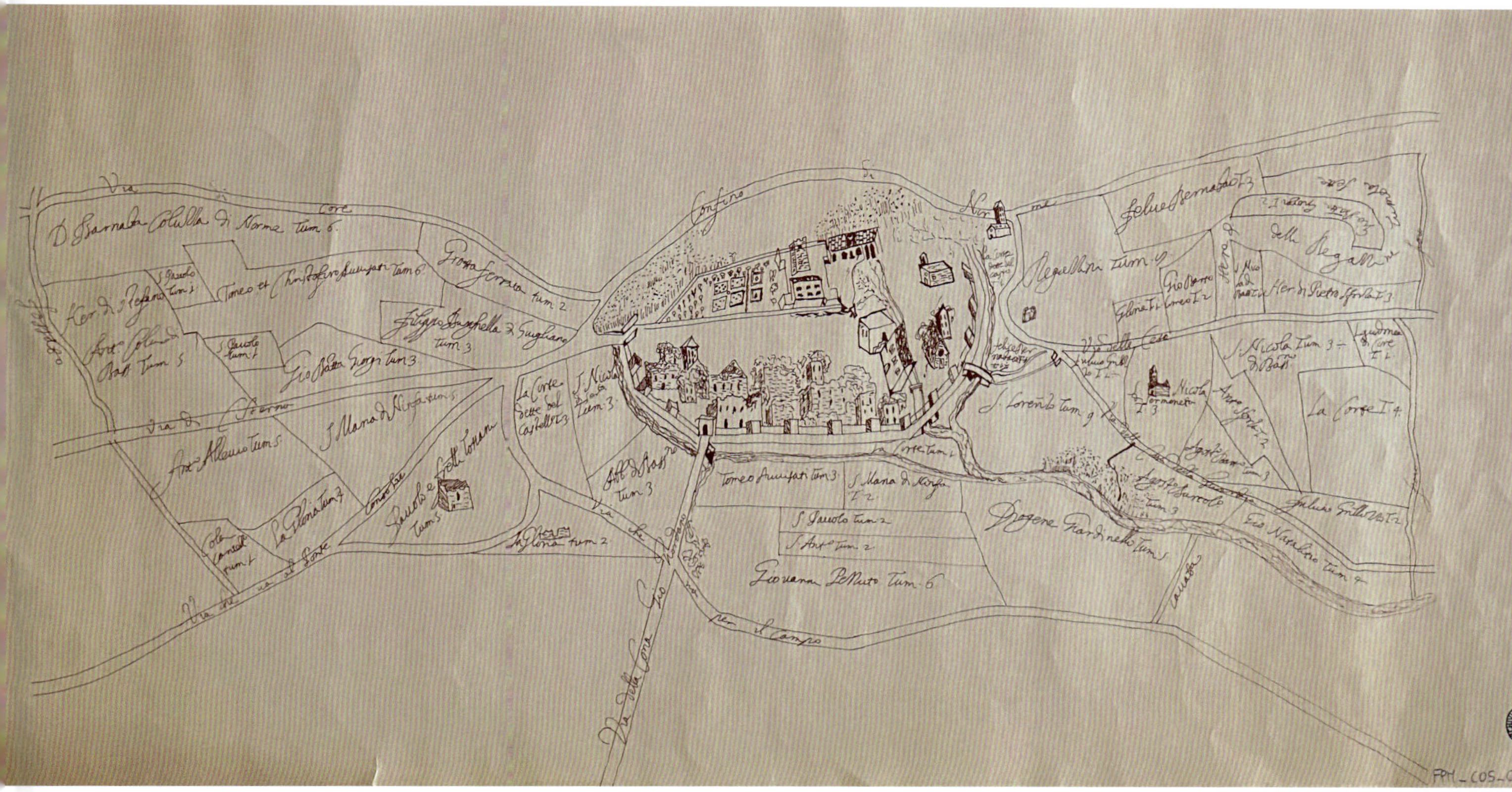

11 Ninfa 1631, vedi nota 106.

però, i duchi di Sermoneta sarebbero finiti sotto il diretto controllo della Corona spagnola e avrebbero perduto le loro connessioni con la Curia ed il Papato, e le possibilità di carriera ad essi collegate. Fu probabilmente soprattutto il timore della perdita di prestigio, che sarebbe seguito a tale passo, a indurli a rinunciare a quel piano. Inoltre i Caetani non avrebbero più disposto delle tradizionali facoltà legate ad una funzione di mediazione tra lo Stato della Chiesa, il Papato e le famiglie baronali romane, da un lato, ed il Regno meridionale, e dunque la Spagna, dall'altro.[105] Tuttavia, gli sforzi di ripopolamento della città in gran parte abbandonata proseguirono (Fig. 11).[106] Nel 1630 un gruppo di Fiamminghi avrebbe dovuto insediarsi a Ninfa.[107] Si tratta in un certo senso di un preludio alle misura di bonifica intraprese da Nicolaus de Wit ed altri ingegneri idraulici dei Paesi Bassi a partire dal 1637.[108] In questo contesto di rivitalizzazione dell'insediamento rientra anche il decreto concesso nel 1635 a Santa Maria Maggiore dal futuro cardinale Giovanni Battista Altieri (1589–1654), fratello di Clemente X, nel quale si dispose di dotare la chiesa di ventitré benefici. Di ciò dà conto il cardinale Carlo Bartolomeo Piazza (1632–1713), che visitò il luogo e

105 Visceglia, 2001.

106 Pianta conservata nell'Archivio Caetani (AC) della Fondazione Camillo Caetani. Essa risale al periodo del reinsediamento e dei tentativi di bonifica e accenna all'*hortus conclusus* e a edifici esistenti o progettati. Inoltre delinea chiaramente tre corsi d'acqua passanti per Ninfa, due lungo le mura cittadine e uno attraversante la città. Allora non esisteva ancora il lago nella sua forma odierna. AC, Fondo piante e mappe, Serie Proprietà Caetani nella Campagna, Sottoserie Ninfa, FPM C05 002 "Ninfa 1631." Su questa pianta cfr. Soprani, 1990, fig. 3. Caracciolo, Pietromarchi, Agnelli, 1995, p. 134.

107 Fiorani, 1990, pp. 171 e 179. Bevilacqua, 2017, p. 231.

108 Linoli, 2005, p. 34. Bevilacqua, 2017, pp. 323 sgg. Sul numero molto ridotto di abitanti a Ninfa nel 1636 cfr. Fiorani, 1990, p. 170.

trovò la chiesa in uno stato rovinoso: "sepolta quasi tra le boscaglie, spineti, ed erbaggi, poco meno che inculta, desolata e cadente."[109]

Forse questi tentativi di bonifica sono connessi al fatto che in quel momento a Roma, grazie alla rete di contatti dei Gesuiti, si produceva dalla corteccia di china una gran quantità di un rimedio efficace contro la malaria, che godette lì di grande popolarità negli anni quaranta del 1600, ma sulla cui efficacia si discusse a lungo.[110] Peraltro, ad oggi nulla sappiamo su un possibile utilizzo di questo prodotto nella pianura pontina o di speranze ad esso legate.

Diversi autori del XIX secolo e dell'inizio del XX si sono soffermati su altri tentativi, esperiti negli anni sessanta e settanta del Settecento, ma falliti, di rivitalizzare Ninfa, tra l'altro mediante la ristrutturazione dei mulini ed il rifacimento parziale di quello che fino all'inizio del secolo XX fu il più grande mulino.[111] Secondo un'iscrizione, nel 1765 fu messo in funzione un nuovo mulino, a quanto pare in sostituzione almeno parziale di uno più antico.[112] Nel secolo XIX taluni visitatori di Ninfa ricordano più volte questo mulino, nonché il mugnaio ed il suo personale. Ad esempio Johann Heinrich Westphal descrisse negli anni venti il Ninfeo "che proprio all'inizio del suo corso alimenta un mulino, assai necessario all'intera zona, data la totale assenza di mulini a vento", e segna questo mulino anche sulla pianta allegata alla sua opera sulla Campagna romana.[113]

Alla fine di questo *excursus* possiamo affermare che Ninfa non è una delle "lost cities" che, come Pompei, fu ridotta per così dire in un attimo ad un cumulo di macerie a causa di un evento naturale distruttivo. Essa rientra invece nella categoria delle città rimaste a lungo in rovina, nonostante ripetuti tentativi di rivitalizzazione.[114]

Percezione di Ninfa fino al 1800 circa

Mi limiterò solo a qualche cenno sui modi in cui Ninfa fu rappresentata su carte o in testi antiquari fino al Settecento. (Fig. 12: Particolare da Leonardo da Vinci). Una raffigurazione particolarmente originale, e al tempo stesso la più antica a noi nota, è opera niente meno che di Leonardo da Vinci. Sulla mappa delle Paludi Pontine, rielaborata intorno al 1515, egli immortalò Ninfa. Ivi il lago e un edificio, probabilmente la torre del Castello Caetani, sono raffigurati come elementi caratteristici del sito. In tal modo già allora furono scelti i due elementi distintivi che contrassegnarono in maniera tutta particolare le illustrazioni di Ninfa a partire dal secolo XIX.[115] Prima del 1800 Ninfa è documentata su numerose altre carte, disegnate e stampate. Dobbiamo indicazioni piuttosto precise sulle rovine di Ninfa ai lavori di bonifica che iniziarono negli anni settanta del Settecento. (Fig. 13) Su uno schizzo risalente alla fase iniziale dei lavori di prosciugamento delle paludi al tempo di Pio VI (1777) vediamo riprodotti con precisione i caratteri peculiari del complesso:

109 Piazza, 1703, pp. 50–51. Enlart, 1920, p. 72. Sui benefici a Ninfa si sofferma Fiorani, 1990, pp. 171sgg. Su talune attività produttive a Ninfa esistenti ancora intorno al 1640 cfr. Caetani, Domus, 1933, vol. 2, p. 169, nt.

110 Cfr. il contributo di Michael Schulte in questo volume.

111 Mi limito a rinviare a: Marocco, 1835, pp. 72–73. Hare, 1873, p. 610. Hare, 1875, p. 236: "An inscription on the mill tells that it was built by the Caetani lord of the place in 1765. The town must have been inhabited then, yet none can tell now the story of its desertion." Enlart, 1920, p. 73. Questo mulino sarà oggetto di uno studio particolare. Sallares, 2002, pp. 57, 59 e 282 non tiene conto dei tentativi di ripopolamento, ricordati qui nel testo.

112 "Presso il castello è pure un mulino, eretto su di un edificio di stile gotico-romano, colle finestre a colonette. Un'iscrizione, sulla porta, insegna che il mulino e la strada che vi mena furono opera di Francesco Caetani, duca di Sermoneta e signore di Ninfa, nel 1765": Strafforello, 1894, p. 575. Sui lavori di allora cfr. Cassoni, 1918, p. 185. L'iscrizione è menzionata, tra gli altri, anche da Borsari, 1904, pp. 398–390. Stoob, 1972, p. 106. Spiccia, 2012, p. 68. Quest-Ritson, 2009, p. 21.

113 Westphal, Die römische Kampagne, 1829, p. 45. Su di lui cfr. p. 40 sgg.

114 Sulla differenza tra "rovine momentanee" e "rovine durature" cfr. Baum 2013, 2019.

115 Royal Collection Trust / © Her Majesty Queen Elizabeth II 2020. L'origine della pianta è da collegare ai piani di bonifica allora progettati. Solmi, 1911. Caetani, Domus, 1933, vol. 2, pp. 332–333. Frutaz (a cura di), 1972, vol. 1, p. 17, (tav. XI). Linoli, 2005, pp. 32–33. Parolini, 2012a, p. 114. Bevilacqua, 2017, pp. 131–132, 154 e 475. Trabucco, 2019, p. 13.

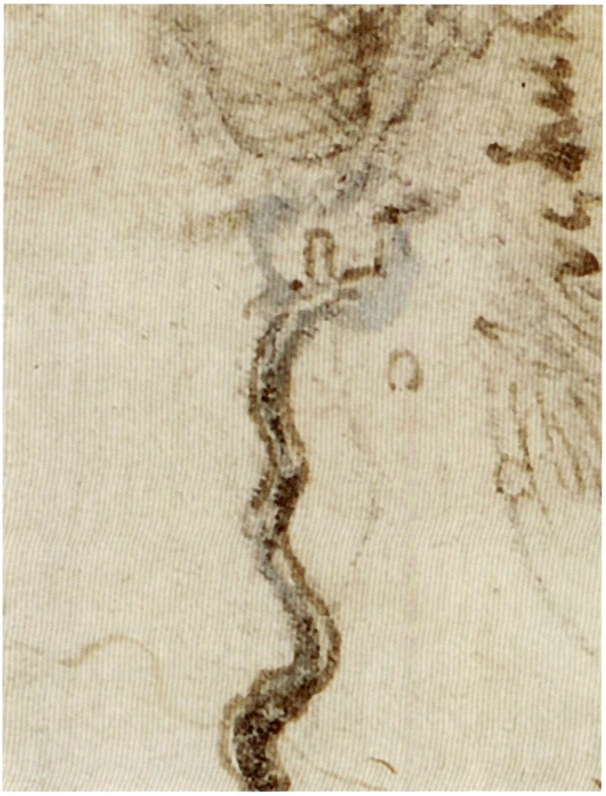

12 Particolare da Leonardo da Vinci, edi nota 115.

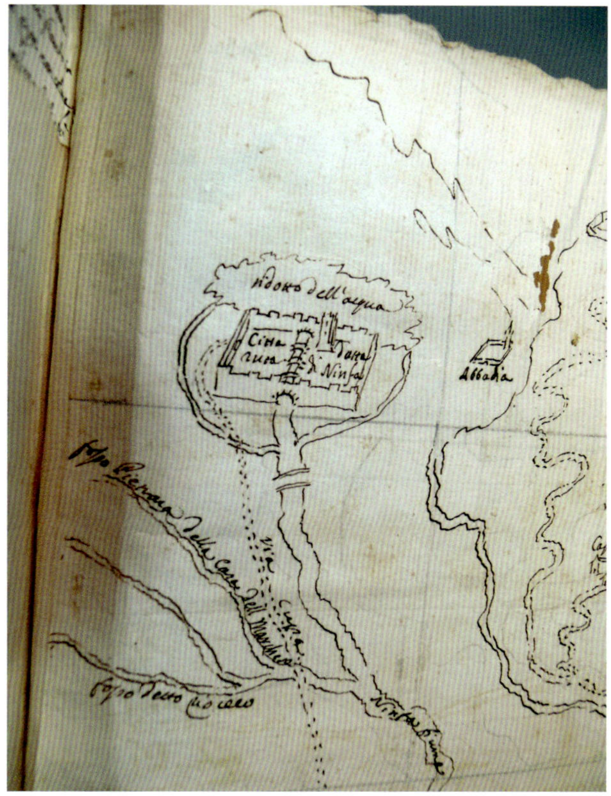

13 Ninfa, schizzo, pianta della città, ASR, vedi nota 116.

la superficie d'insediamento divisa in due parti dal fiume Ninfa, la torre del castello ed il lago di Ninfa.[116]

Anche a Nord delle Alpi le rovine di quel luogo non erano del tutto sconosciute. Dopo la fine della sua promettente carriera militare, Anne-Claude-Philippe, conte di Caylus (1692–1765), discendente da una famiglia dell'alta aristocrazia francese, attivo e noto come scrittore, incisore e collezionista di antichità, si mise a viaggiare.[117] Dapprima si recò in Italia, dove rimase per dodici mesi tra 1714 e 1715.[118] Questo conte, elogiato tra gli altri da Goethe, osservò durante il suo viaggio non solo siti di scavi archeologici, monumenti antichi e opere d'arte dei maestri italiani. Da Roma a Terracina percorse la Via Appia, in gran parte abbandonata, che fino a Cisterna trovò in buono stato. Anche la strada per Sermoneta era – a prescindere dal brutto lastricato moderno – intatta. Scorse i bufali e si accorse della scarsità della popolazione, ma notò anche, soprattutto nei dintorni di Sermoneta, una pianura intensamente coltivata. Poco prima di Sermoneta questo viaggiatore passò per "un petit ruisseau nommé La "Ninfa" et on voit sur la gauche des ruines d'un reste de villages. Elles sont assez loin et je ne sais trop si elles sont antiques."[119] Comunque, egli comprese che non si trattava di rovine di un Ninfeo, ma di avanzi di un insediamento che quel dotto francese, conoscitore anche della letteratura medievale, non fu tuttavia in grado di attribuire al Medioevo.[120]

116 ASR, Camerale II, Paludi Pontine, busta 16. Ringrazio Ricarda Matheus per avermi segnalato questo schizzo.

117 Hausmann, 1979. Rees, 2007. Stähli, 2012.

118 de Caylus, 1914.

119 de Caylus, 1914, p. 194.

120 Nel 1919 furono apprezzate le qualità di questo racconto di viaggio, tra l'altro facendo riferimento a questo passo su Ninfa. L'opera del conte Caylus si sarebbe distinta anche perché egli

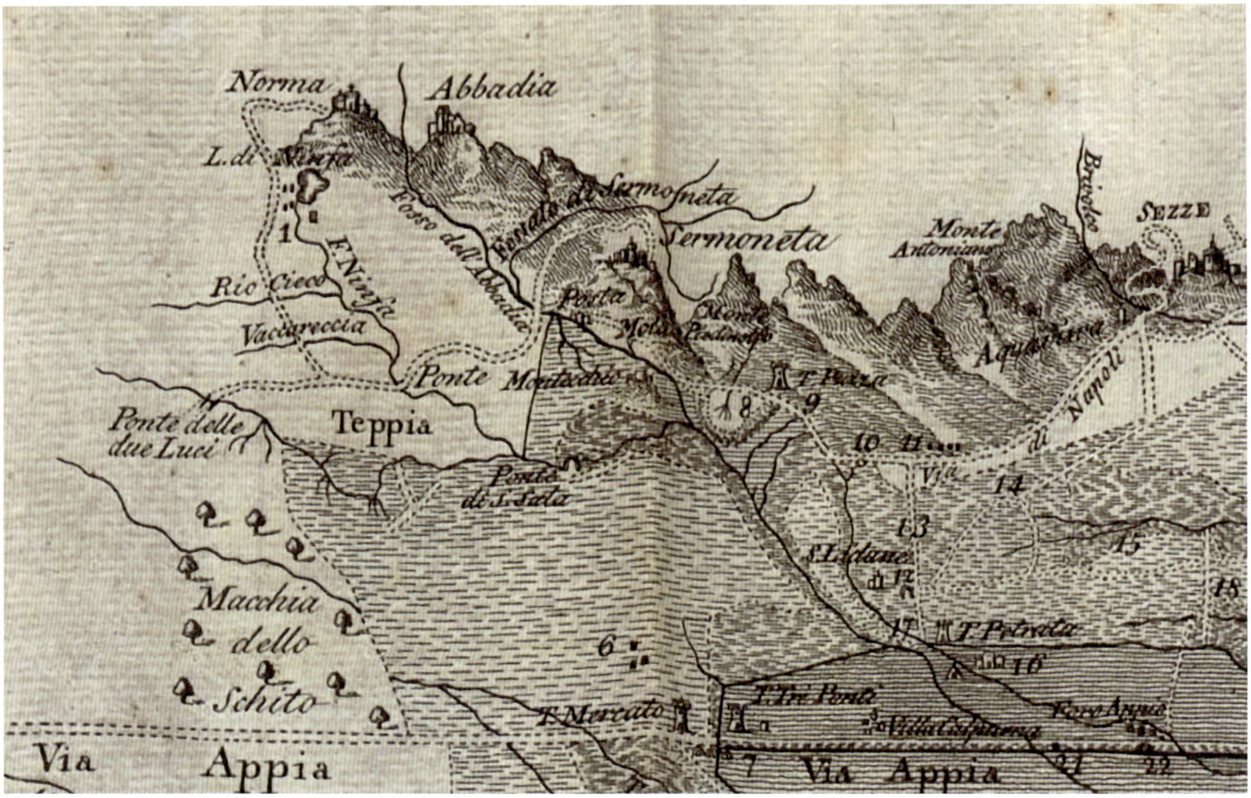

14 Adler, particolare della carta, vedi nota 123.

L'insigne matematico e astronomo francese Joseph Jérôme Lefrançais de Lalande (1732–1807), che per decenni fu professore di astronomia al *Collège Royal*, nel 1765–66 fece un viaggio in Italia. Ricevuto dal Papa, questo illuminista e massone lo pregò inutilmente di cancellare le opere di Galilei e Niccolò Copernico dall'Indice dei libri proibiti. Lalande, che durante la Rivoluzione francese rinunciò al predicato nobiliare "de", pubblicò nel 1769 un'ampia relazione sul suo viaggio italiano, che venne poi ripubblicata in due edizioni successive.[121] Nella premessa egli descrive l'itinerario da Napoli a Sezze passando per Terracina: "De Sezze on fait des incursions à Norba, à Ninfa, ou sont les ruines dune ancienne ville, & à Sermoneta."[122] (Fig. 14). Nel 1783 il teologo e predicatore protestante Georg Christian Adler (1724–1804) pubblicò l'opera "Nachricht von den Pomtinischen Sümpfen und deren Austrocknung" ("Notizia sulle Paludi Pontine ed il loro prosciugamento").[123] All'edizione della sua opera stampata ad Amburgo l'autore allegò una carta incisa da Franz Nikolaus Rolffsen (1719c.–1802) con commenti in lingua tedesca. L'originale di tale carta, ben più ampio, era stato fatto approntare da Giambattista Chigi e venne consegnato a Pio VI nel febbraio del 1778: in esso "egli non solo aveva annotato i vecchi e deteriorati canali, le città, le

avrebbe osservato e descritto i diversi corsi d'acqua, anche taluni secondari, e dettagli topografici. Il passo sulle rovine di Ninfa viene citato e si aggiunge infine: "Nous avons ici une preuve de la perspicacité prudente du voyaguer. Cest, en effet, au XIIIe siècle que la ville de Ninfa fut abandonée par ses habitants, décimés par la malaria;" in: Revue d'Histoire littéraire de la France (RHLF) 26, 1919, pp. 319–320.

121 Lalande, 1769, 1786, 1790.

122 Lalande, 1786, p. LXI. (seconda edizione).

123 Adler, 1783. Sull'autore cfr. von Urlichs, 1875. https://de.wikipedia.org/wiki/Georg_Christian_Adler (consultato il 21 aprile 2020).

rovine, le paludi e i luoghi, ma aveva anche indicato i nuovi lavori che avrebbero dovuto essere eseguiti secondo il progetto di Pio VI." Per desiderio del Papa, però, la carta non doveva essere pubblicata prima del termine dei lavori di bonifica. Il figlio di Adler pare abbia ricevuto questa "vera rarità" durante il suo soggiorno romano.[124] Le "rovine di Ninfa" sono segnate sulla carta e menzionate nella sua leggenda, ma non sono oggetto di ulteriore commento. (Fig. 15)[125]. Questi esempi dimostrano che prima del 1800 anche taluni dotti delle regioni transalpine sapevano dell'esistenza e dell'ubicazione di queste rovine.

L'esplorazione e la percezione di Ninfa nel lungo Ottocento

Qui di seguito tratteggerò la storia della percezione di Ninfa durante il lungo secolo diciannovesimo. Innanzitutto farò qualche osservazione sullo stato attuale degli studi su Ninfa; passerò poi a presentare alcuni dei suoi visitatori e illustrerò i compiti delle ricerche in corso e future.

Sin dall'epoca dell'Umanesimo rinascimentale acquistò enorme importanza il *Grand Tour*, il viaggio intrapreso da rampolli di famiglie aristocratiche europee e, in misura crescente, anche da figli di borghesi abbienti, allo scopo di perfezionare la propria istruzione e formazione.[126] La visita di talune città, regioni e monumenti italiani era considerata obbligatoria. Ninfa, la città delle rovine, non era tra le destinazioni di questo canone educativo, e pertanto non viene menzionata nella letteratura di viaggio e nelle guide del *Grand Tour*.[127] E, secondo lo stato attuale della ricerca storico-culturale, essa rimase al di fuori dell'itinerario del *Grand Tour* anche nell'Ottocento. "Anche la pianura pontina e la striscia costiera ad essa adiacente non erano attraversate volentieri, anzi le si evitava", e ciò malgrado i "lavori di prosciugamento di Pio VI siano molto ben riusciti". "Si attraversava velocemente la pianura percorrendo la nuova Via Appia, ma senza fermarsi", a parte alcune poche e spiegabili eccezioni, dovendo cioè svolgervi taluni compiti. La malaria e i briganti spaventavano i pittori, e in generale i viaggiatori. "I pittori preferivano guardare da lontano la pianura, ancora impantanata."[128] Dal 1780 circa fu attiva a Roma una nuova generazione di artisti inglesi, francesi, scandinavi e,

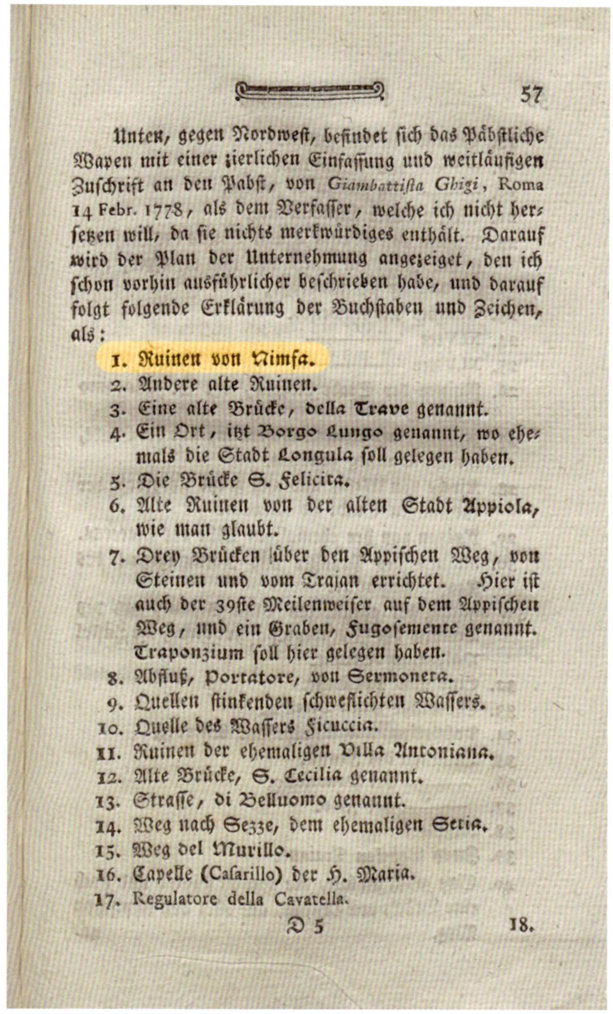
57

Unten, gegen Nordwest, befindet sich das Päbstliche Wapen mit einer zierlichen Einfassung und weitläufigen Zuschrift an den Pabst, von *Giambattista Ghigi*, Roma 14 Febr. 1778, als dem Verfasser, welche ich nicht hersetzen will, da sie nichts merkwürdiges enthält. Darauf wird der Plan der Unternehmung angezeiget, den ich schon vorhin ausführlicher beschrieben habe, und darauf folgt folgende Erklärung der Buchstaben und Zeichen, als:

1. Ruinen von Nimfa.
2. Andere alte Ruinen.
3. Eine alte Brücke, della Trave genannt.
4. Ein Ort, itzt Borgo Lungo genannt, wo ehemals die Stadt Longula soll gelegen haben.
5. Die Brücke S. Felicita.
6. Alte Ruinen von der alten Stadt Appiola, wie man glaubt.
7. Drey Brücken über den Appischen Weg, von Steinen und vom Trajan errichtet. Hier ist auch der 39ste Meilenweiser auf dem Appischen Weg, und ein Graben, Fugosemente genannt. Traponzium soll hier gelegen haben.
8. Abfluß, Portatore, von Sermoneta.
9. Quellen stinkenden schweflichten Wassers.
10. Quelle des Wassers Ficuccia.
11. Ruinen der ehemaligen Villa Antoniana.
12. Alte Brücke, S. Cecilia genannt.
13. Strasse, di Belluomo genannt.
14. Weg nach Sezze, dem ehemaligen Setia.
15. Weg del Murillo.
16. Capelle (Casarillo) der H. Maria.
17. Regulatore della Cavatella.

D 5 18.

15 Adler, leggenda della carta, p. 57.

124 Adler, 1783, pp. 2–3.
125 Adler, 1783, leggenda della carta, p. 57.
126 Tresoldi, 1975, 1977. Brilli, 1990. 2012. 2017. Black, 2003. 2011. Leibetseder, 2004. Freller, 2007.
127 Formica (a cura di), 2009. Mammucari, 2009. Maurer, 2015. Di contro: Spiccia, 2012, p. 69.
128 Esch, 2018, p. 148. Sui briganti cfr. de Caprio, Mammuccari (a cura di), 2015. Tatasciore, 2022.

non da ultimo, di lingua tedesca.[129] Ai tradizionali motivi del vedutismo opposero nuove percezioni di paesaggi, monumenti, persone, piante, animali e fenomeni naturali, espressioni di una sensibilità e di un'affezione nuove verso la natura e l'ambiente meridionali. Ma anche questa nuova generazione di artisti non si interessò di Ninfa, città di rovine. Secondo l'attuale stato della ricerca, il raggio d'azione degli artisti interessati al paesaggio ed alla Campagna continuava a ignorare la città delle rovine nella pianura pontina.[130]

Un esame della guida turistica tedesca allora più in uso, quella di Johann Jacob Volkmann (1732–1803), risalente alla seconda metà del Settecento, conferma questa constatazione, almeno per quel periodo. L'opera di Volkmann, "Historisch-kritische Nachrichten von Italien" ("Notizie storico-critiche sull'Italia") venne stampata a Lipsia nel 1770–71 e nel 1777–78 uscì in una seconda edizione.[131] Per molti, tra i quali Johann Wolfgang Goethe e Gotthold Ephraim Lessing, il Volkmann fu un compagno di viaggio indispensabile.[132] (Fig. 16) La carta mostra quei luoghi nei dintorni di Roma che Volkmann raccomanda di visitare. Ninfa non è tra questi.[133]

Wilhelm Waiblinger (1804–1830), poeta e scrittore, nato a Heilbronn, amico di Friedrich Hölderlin e Eduard Mörike, si mise in viaggio per l'Italia nell'autunno del 1826, e si stabilì a Roma.[134] Ivi, questo poeta, considerato dai contemporanei un "giovane trasgressivo", visse dal 1827 assieme ad una ragazza romana, Nena Cerlenza. Tornato a Roma da un viaggio in Sicilia, si ammalò di polmonite, morì a 25 anni e fu sepolto nel Cimitero acattolico di Roma.[135] Egli scrisse tra le altre cose un'opera intitolata "Skizze eines Wegweisers durch die Umgebungen Roms..." ("Breve guida dei dintorni di Roma").[136] Solo "da circa un decennio", egli scrive, i viaggiatori si sarebbero "avventurati nelle montagne", andando al di là delle destinazioni preferite, quali Tivoli e Albano. "In un primo tempo furono alcuni paesaggisti tedeschi a soggiornare per qualche periodo a Subiaco, Civitella e Olevano e, nel comunicare ad altri i loro studi, ad attrarre lì altre persone che furono accolte molto gentilmente e cortesemente in case private. E così numerosi stranieri, soprattutto artisti, andarono sui Monti Sabini ed Ernici...".[137] "I mesi migliori per visitare i Monti Sabini, come in genere tutta quella zona, sono aprile, maggio, settembre e ottobre, per il Lazio anche novembre." Waiblinger fece queste gite tra il 1826 e la sua morte prematura il 17 gennaio 1830, viaggiando su un carro, a dorso di cavallo o di asino, e a piedi.[138] (Fig. 17)[139] Ai suoi lettori egli consigliava sei diversi itinerari: un viaggio di venti giorni, uno di dieci, uno di nove, uno di sei, uno di cinque ed uno di quattro giorni.[140] "Le destinazioni adatte ad una famiglia del ceto alto sono solo Tivoli, Frascati, Castel Gandolfo, Albano, Ariccia e Genzano. Le persone distinte amano soprattutto andare a Frascati e ad Albano."[141] Cori, che da Velletri egli consigliava di raggiungere a cavallo, è da lui elogiata per la sua "vegetazione autenticamente meridionale" e per le "incantevoli vedute". Consiglia anche una visita a

129 Esch, 1996. Ottani Cavina (a cura di), 2001. Maurer, 2015. Esch, 2018, pp. 129 sgg. Nel 1795 il teorico d'arte, studioso delle letterature romanze e bibliotecario a Weimar Carl Ludwig Fernow (1763–1808) stimava il numero degli artisti di lingua tedesca a Roma a circa 50. Dingerdissen, 2020, p. 13. Su alcuni artisti inglesi cfr. il saggio di Marco Graziosi nel presente volume.

130 Cfr. anche la carta in Esch 2018, p. 138.

131 Volkmann, 1770. Meier, 1992.

132 Mammucari, Sagnelli, 2003. Siegfried Müller, 2005, pp. 332, 334 e 336.

133 Per ragioni pratiche si rinuncia in queste sede ad una classificazione delle descrizioni di viaggio, qui esaminate, secondo categorie idealtipiche (viaggio di formazione, viaggio di informazione, viaggio di ispirazione, viaggio sentimentale, viaggio turistico) con i loro diversi scopi. Cfr. Aurnhammer, 2003. Fritzon, 2004, pp. 26 sgg.

134 Karhof, Köhne, 2007, pp. 113 sgg.

135 http://www.cemeteryrome.it/infopoint/EnScheda.asp (consultato il 31. 12. 2020).

136 Waiblinger, 1840, pp. 282–312. Königer (a cura di), 1988, pp. 429 sgg.

137 Waiblinger, 1840, pp. 283–284. Su questo "processo di scoperta nella natura incontaminata" che prese avvio nel sec. XVIII cfr. Windholz, 2017.

138 "Chi è a piedi, viene subito ritenuto un pittore tedesco, e trattato con poco riguardo, almeno sulle strade che percorre." Waiblinger, 1840, p. 289.

139 Itinerari delle gite di Waiblinger.

140 Waiblinger, 1840, S. 301 sgg.

141 Waiblinger, 1840, p. 297.

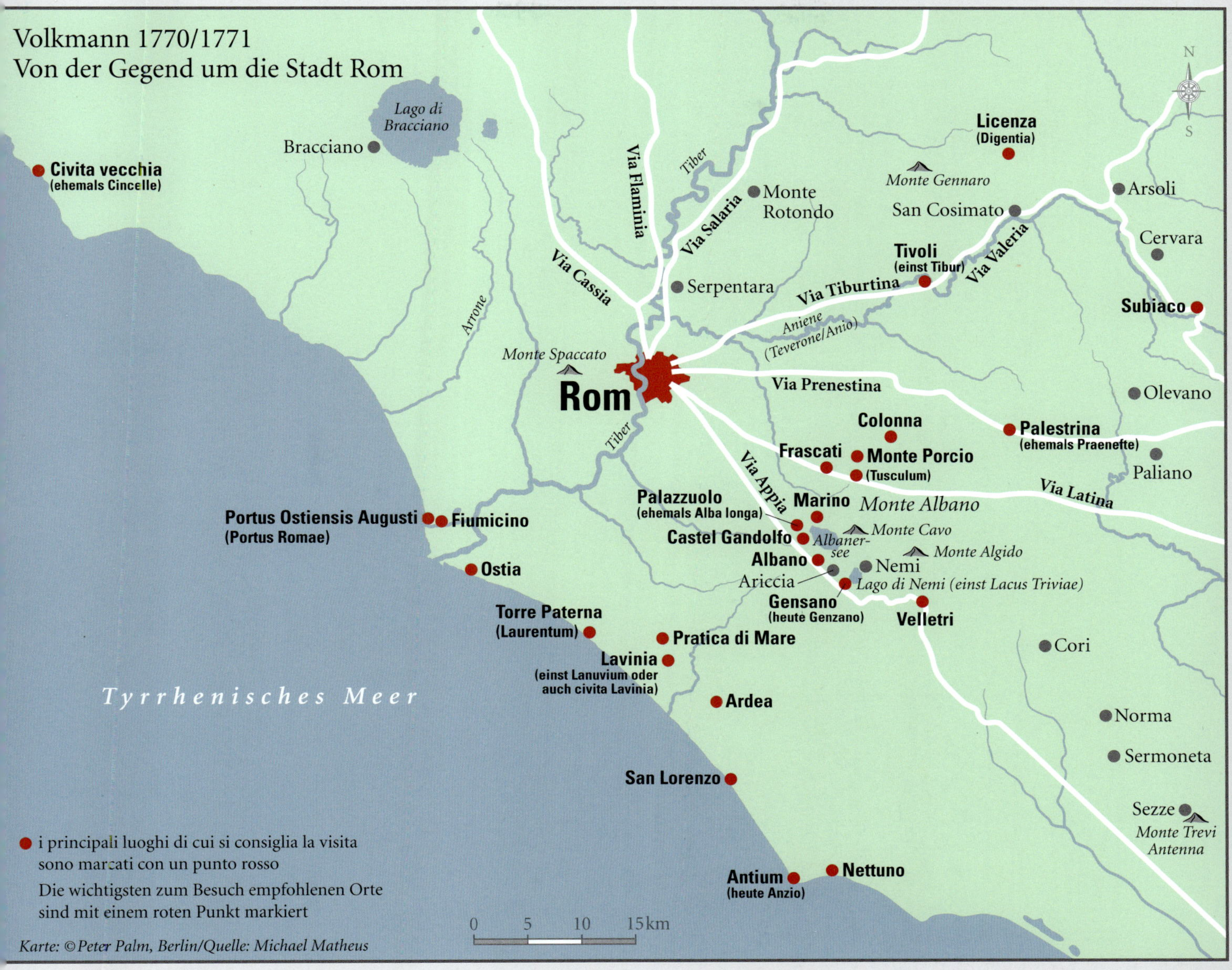

16 Carta Volkmann, vedi nota 139.

Norba, ma non menziona Ninfa.[142] Pur essendo vero anche il resoconto di Waiblinger, apparentemente genuino, sia "stilizzato e ampiamente modellato in qualche descrizione ed episodio", tuttavia la sua perlustrazione del paese e lo studio della gente, anche fuori Roma, riesce a comunicare al lettore nuove dimensioni dell'esperienza italiana.[143] I potentissimi paradigmi del "Viaggio in Italia" di Goethe, pubbli-

142 Waibinger, 1840, pp. 289, 292 e 300.

143 Oswald 1985, in particolare pp. 128 sgg.

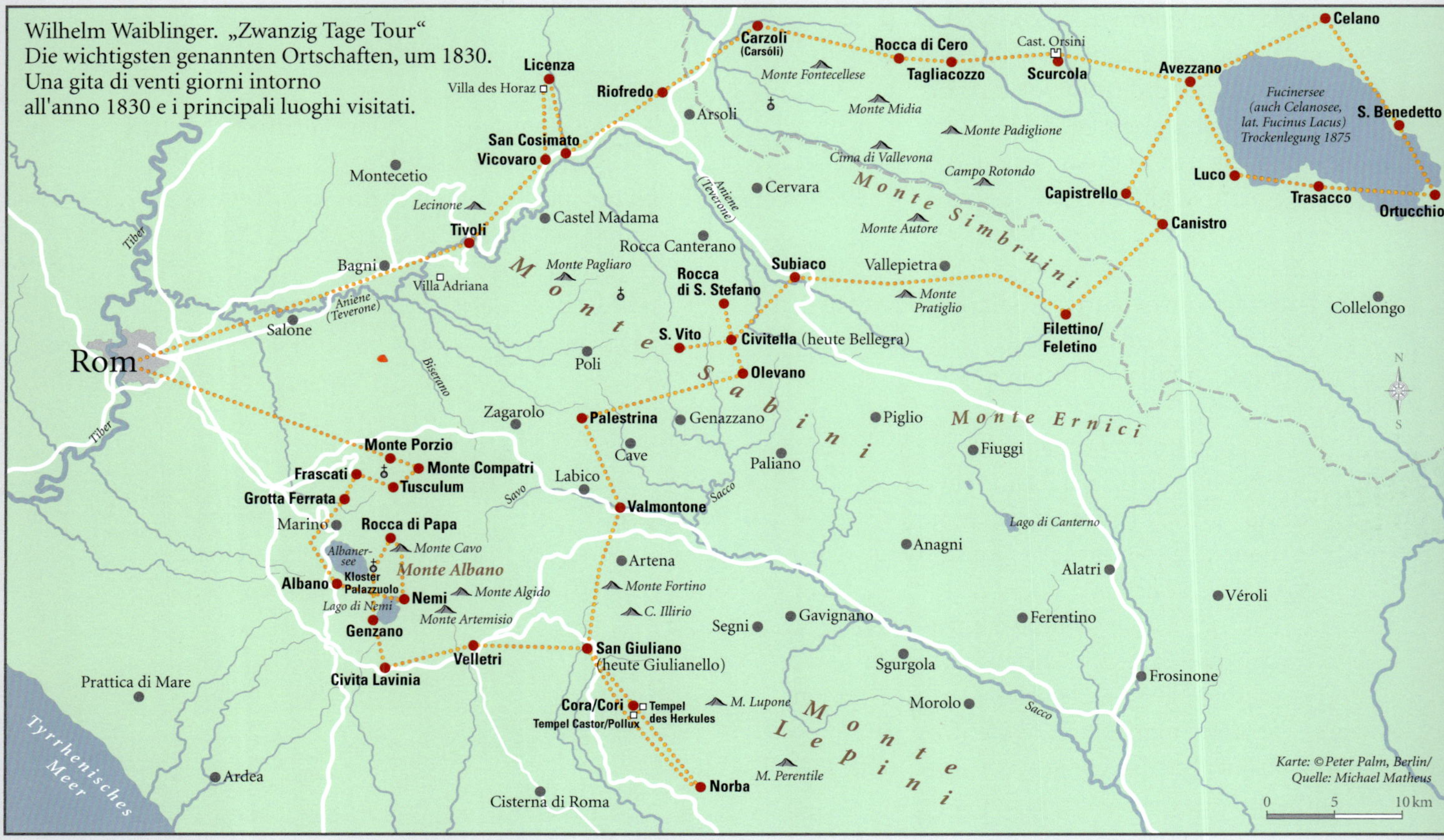

17 Itinerari delle gite di Waiblinger, vedi nota 140.

cato circa trenta anni dopo il soggiorno italiano del poeta,[144] influenzarono profondamente e ancora a lungo sensazioni e modi di vedere dei viaggiatori in Italia, soprattutto di quelli provenienti dai paesi di lingua tedesca.[145] Considerevole rimase il numero di coloro che visitavano le terre meridionali, oggetto di un desiderio nostalgico, portando nel loro bagaglio solo o quasi solo quell'opera di Goethe. Di solito, nel mettere per iscritto le loro impressioni, non comunicano nulla su Ninfa. Giustamente Erika Vorbusch, una giornalista attiva a Roma all'inizio del secolo XX, osservava: "Di tutti i turisti, artisti ed eruditi, che nella nuova Italia, quando visitano siti dell'antichità classica, si abbandonano ai loro sogni della grandezza antica, quasi nessuno si reca sulla collina cimiteriale di Ninfa, coperta da prati."[146] Ma proprio perché la maggior parte di essi percorrevano le terre sognate del Sud con un bagaglio di percezioni plasmate in quel modo e difficili da superare, appare di particolare interesse quel gruppo, via via crescente, di viaggiatori che dopo il 1800 si proposero di visitare la Penisola e la percepirono non più solo come il

144 Beyer, Miller, 1992.

145 Mi limito a rinviare a: Miller, 1988. Sprengel, 1988. Miller, 2002. Aurnhammer, 2003. Fitzon, 2004, p. 17. Matheus, 2012. Piper, 2014. Maurer, 2018. Maurer 2021.

146 Vorbusch, 1911.

paese di un'antichità classica idealizzata. Per ciò che riguarda i viaggiatori di lingua tedesca, a lungo gli studi si sono concentrati su un numero ristretto di personalità ritenute prominenti, limitandosi inoltre all'esame di un numero esiguo di testi.[147] Anche per questo Ninfa non fu quasi oggetto di interesse, non solo da parte degli studiosi, bensì anche nella percezione del pubblico, per quanto dopo il 1800 ci si sia emancipati dall'influenza di Goethe per ciò che riguarda il tesoro di motivi letterari e iconografici di paesaggi noti, ovvero di destinazioni, e la loro appropriazione si sia fatta del tutto individuale e produttiva.[148]

Ma le paludi, e Ninfa quale parte di esse, rimasero *terrae incognitae* nella percezione dell'Italia anche nel secolo diciannovesimo? È possibile rispondere a questa domanda solo in maniera approssimativa. La quantità di testi e di materiale iconografico da esaminare è enorme, e ci vorrà tempo e perseveranza per esaminarli attentamente. Che numerosi pittori si interessassero delle paludi è stato rilevato in particolare dagli anni ottanta del Novecento in una serie di lavori su quegli artisti che si occuparono delle Paludi Pontine e della malaria che vi imperversava.[149]

Lo stato attuale della ricerca è illustrato dai seguenti pareri. Nell'importante volume di atti del Convegno su Ninfa del 1990, citato sopra, Alberto Forni diede questo giudizio riassuntivo: "Per le Paludi – e non per Ninfa – i viaggiatori ottocenteschi avevano mostrato interesse."[150] Più recentemente Ferruccio Pantalfini ha constatato: "Con l'unica eccezione del Gregorovius, l'attenzione dei viaggiatori è dedicata più che a Ninfa alle Paludi pontine."[151] Tali giudizi sorprendono, dato che sono state segnalate numerose immagini di Ninfa del secolo diciannovesimo,[152] da ultimo da parte di Marcello Trabucco.[153] Pertanto risulta particolarmente allettante occuparsi di coloro che affrontarono le fatiche del viaggio a Ninfa e dell'esplorazione della città, soprattutto fino al 1892, quando quel sito fu collegato alla rete ferroviaria. Finora sono state rintracciate diverse centinaia di persone che visitarono le rovine della città e/o se ne occuparono in testi e immagini, ovvero in immagini o testi. La cornice temporale scelta si riferisce al cosiddetto lungo secolo diciannovesimo, che va dal 1780 circa fino all'inizio della Prima Guerra Mondiale. Appare ragionevole distinguere tre fasi nel processo di esplorazione e percezione della città, e di inquadrare al tempo stesso tale processo nel contesto di altre esplorazioni nelle catene montuose a Sud di Roma e nell'Agro Pontino. Al tempo stesso, considerati i parametri menzionati, occorre tenere sempre conto anche di passaggi scorrevoli e fluidi e di processi ambivalenti della simultaneità del disuguale.

Ninfa ignorata. Sulla Via Appia verso il Sud.

All'inizio di questo periodo del lungo Ottocento è il rinnovamento della Via Appia a partire dagli anni settanta del Settecento. Esso va inserito nell'ambito delle costose misure di bonifica dell'Agro Pontino.[154] Pio VI le iniziò e le promosse, convinto che si trattasse anche di un progetto che avrebbe dato prestigio al suo pontificato. Le principali guide turistiche della prima metà del secolo diciannovesimo consigliano l'itinerario sulla Via Appia ripristinata, ma senza un pernottamento, e ciò per via delle esalazioni che si pensava causassero la malaria. Questo rettilineo che

147 Fitzon, 2004, pp. 15 sgg.
148 Baum, 2012.
149 Ne elenco una scelta: Orsolini Cencelli, 1934. D' Erme, Mammucari, Trastulli, 1984. Mammucari, Langella, 1999.
150 Forni, 1990, p. 319. Entsprechend De Seta, 1990, p. 352.
151 Pantalfini, 2012, p. 105. Di questo parere anche Quest-Ritson, 2009, p. 21. Woodward, 2001, pp. 78 sgg. definisce Gregorovius l'unico visitatore di Ninfa "at the end of the nineteenth century".
152 Mammucari, Langella, 1999, p. 179.
153 Mammucari, 1991, 1997. Mammucari, Langella, 1999, in particolare pp. 161 sgg. Mammucari, 2007, 2017. Trabucco, 2019.
154 Rimane fondamentale l'opera legata soprattutto al nome di Nicola Maria Nicolai: De' bonificamenti delle terre pontine, 1800. Cfr. anche Testa, 1794. Rocci (a cura di), 1995. Su Pius VI: Caffiero, 2015.

attraversava l'Agro Pontino fu percorso anche da Goethe, il cui interesse era soprattutto rivolto ai monumenti classici ed alla classicità,[155] e dal suo amico, il pittore Johann Heinrich Wilhelm Tischbein (1751–1829), che dipinse ad acquarello una stazione della posta lungo l'Appia (Fig. 18).[156] A seguito della riattivazione della Via Appia, la strada pedemontana, o Via di Napoli, che passava nelle vicinanze di Sermoneta e Ninfa, venne usata sempre meno e in parte decadde. Per secoli migliaia di viaggiatori erano passati per questa via, diretti al Sud, senza però fare caso alla città ridotta in rovine.[157]

Le cose cambiano nel periodo che va fino agli anni '50 del secolo diciannovesimo, e questa è la seconda delle tre fasi cui ho accennato sopra. È vero che finora si ha conoscenza certa solo di un numero relativamente circoscritto di persone e gruppi che visitarono Ninfa nei primi decenni dell'Ottocento. Costoro erano in primo luogo interessati ai monumenti antichi, ovvero alle testimonianze preromane, e registrarono i resti della città in pianura piuttosto marginalmente. Dagli anni novanta del Settecento gli studi e le tesi del francese Louis François Petit-Radel (1740–1818) sull'origine delle presunte mura ciclopiche di età preromana nell'area mediterranea avevano indirizzato l'attenzione soprattutto verso l'antica Norba.[158] Tale sito, ed altri con resti di costruzioni simili, divennero sempre più oggetto di interesse artistico e scientifico, e anche di intense discussioni scientifiche, non da ultimo per via della disciplina dell'archeologia, che veniva formandosi anche e soprattutto grazie alla fondazione, nel 1829 a Roma, dell'Instituto di Corrispondenza Archeologica, un centro di studi e ricerche a carattere internazionale.[159] In questo contesto anche le rovine giacenti in pianura cominciarono ad essere percepite non più solo come il sito del Ninfeo antico, che si supponeva fosse ivi esistito.

I primi viaggiatori che pubblicarono una descrizione di Ninfa, o una sua immagine o una mappa, provenivano prevalentemente dall'area culturale inglese, francese e tedesca. Si tratta di persone che infransero, o si proponevano di infrangere modelli di percezione del canone educativo europeo. Essi fanno parte anche di quel numero crescente di viaggiatori che percorsero non solo l'Italia, ma anche paesi extra-europei e l'Oriente. Studi recenti hanno giustamente collocato la storia europea del lungo secolo diciannovesimo in un contesto globale.[160] L'espansione dell'Europa verso il resto del mondo, che non cominciò allora, ma si realizzò con criteri qualitativi nuovi e, da parte tedesca, è legata soprattutto ai nomi di Alexander von Humboldt e Georg Forster, fu accompagnata da metodi innovativi dell'esplorazione scientifica e da nuove forme artistiche di espressione e appropriazione.

Ninfa, situata quasi al punto di giunzione tra Monti Volsci e Paludi Pontine, è un esempio illuminante di come nel corso del secolo XIX vennero a poco a poco scoperti e conquistati non solo vasti territori del mondo extra-europeo, bensì anche paesaggi culturali europei fino ad allora quasi inesplorati. Inoltre, dal secolo XVIII l'esplorazione di territori pittoreschi divenne sempre più popolare.[161] Con il pittoresco come categoria estetica, natura e cultura si fusero in una simbiosi ritenuta degna di essere raffigurata. Si diffuse sempre più l'uso di integrare in giardini e parchi rovine autentiche o ricostruite, in diversi stadi di decadimento e provenienti da diverse epoche storiche.[162] Una nuova qualità dell'estetica, che aspirava e rendeva possibile un'esperienza carica di emozioni, ma anche meditati processi di percezione, si concentrò in particolar modo sulle rovine sparse nel paesaggio. Al pari dei secoli precedenti, le rovine continuarono ad essere considerate come segni di caducità, manifestazioni di costellazioni e

155 Aurnhammer, 2003, pp. 81 sgg.
156 Klassik Stiftung Weimar, Bestand Museen, GHz/Sch.I.292,0708
157 Sul suo percorso cfr. la carta in Frandsen, 2006, p. 30 e in questo volume pp. 18, 42, 45.
158 Pinon, 2007, pp. 268 sgg. Cifarelli, 2012.
159 Rinvio soltanto a: Rodenwaldt, 1929. Deichmann, 1986. Maurer, 2005.
160 Osterhammel, (2009) 2020. Evans, 2016. Charle, Roche (a cura di), 2018. Paulmann, 2019. Steinmetz, 2019.
161 Büttner, 2005, soprattutto pp. 20 sgg. Walter, 2006. Sigmund, 2011, pp. 276 sgg. Owens, 2020, pp. 152 sgg. Sull'uso del concetto di pittoresco in Edward Lear cfr. il saggio di Marco Graziosi in questo volume.
162 Zimmermann, 1989, 2002.

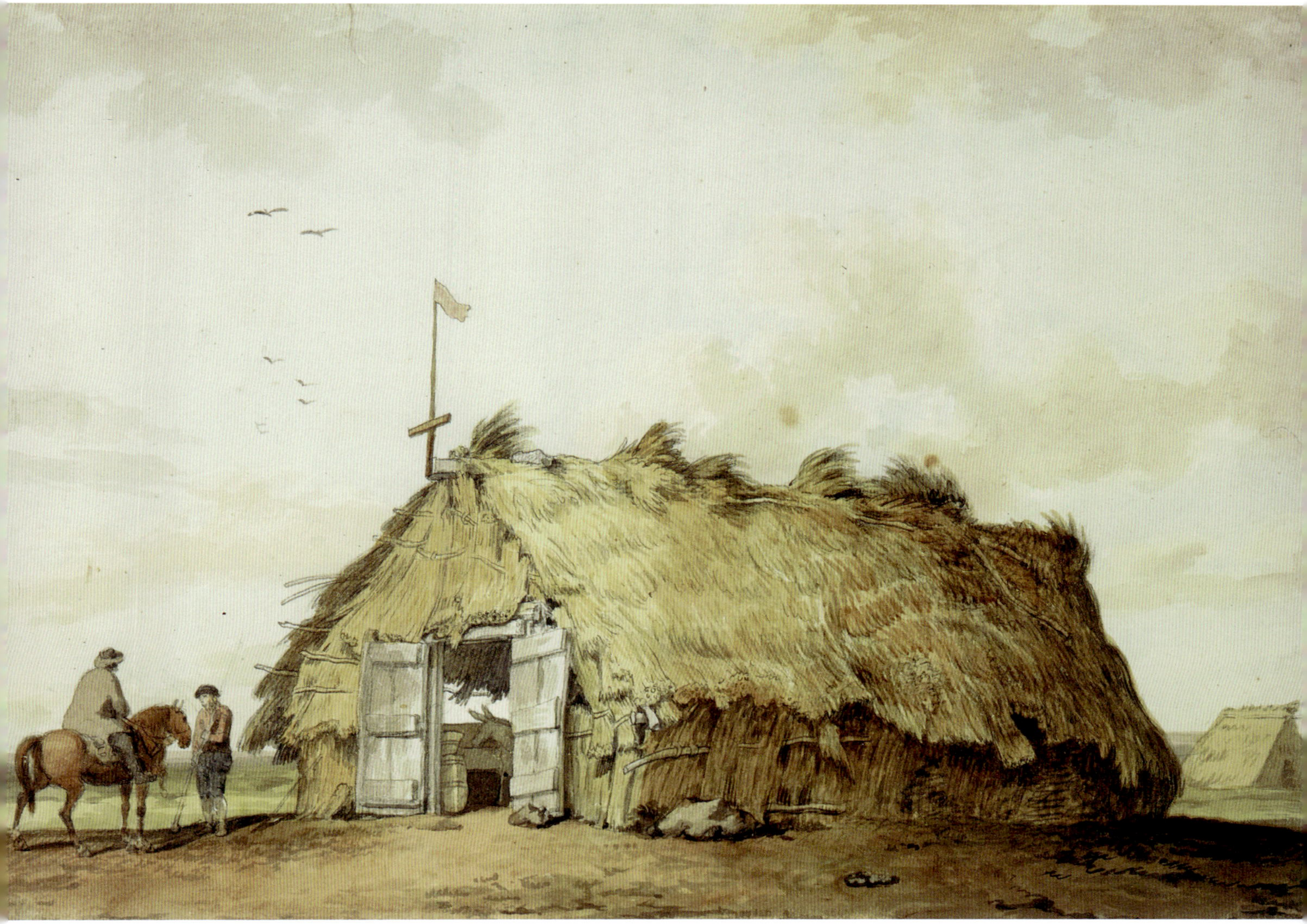

18 Stazione della posta. Tischbein, vedi nota 156.

circostanze storiche specifiche; nel secolo XIX, però, vennero percepite anche come un richiamo alla tradizione e all'antichità di *ensembles* nuovi, volti al futuro.[163] Più ancora che un artefatto, creato intenzionalmente dall'uomo, l'architettura originaria trasformatasi in una rovina, divenne la cifra marcata, la testimonianza di un'estetica della decadenza, e, nel contesto di un presente avvertito come minaccioso, manifestazione di un passato idealizzato e, al tempo stesso, punto di avvio per uno spazio di creazione poetica.[164] Nell'Ottocento anche la Campagna romana fu percorsa, scoperta e riprodotta dagli artisti come una "rovina nel paesaggio".[165] La pienezza dei sensi, tipica dei paesi mediterranei e favorita dal clima, con i suoi profumi, colori ed effetti di luce ispiratori, con la sua aria, il caldo e la vegetazione, non aveva mancato già prima di ammaliare generazioni di viaggiatori, soprattutto del Nord. Ma la percezione roman-

163 Siegmund, 2002, 2011.
164 Hartmann, 1981. Böhme, 1989. Baum, 2013, 2019.
165 Maurer, 2015, pp. 221 sgg.

tica portò ora, nel secolo XIX, ad una stilizzazione ancora più accentuata, esaltata, espressiva, estetica, ed alla creazione di nuovi paradigmi di percezione ed appropriazione.

Nel contesto del *revival* del gotico, e, con esso, di immagini idealizzate del Medioevo, crebbe inoltre nell'arte, nella letteratura e nell'architettura, anche fuori d'Europa, l'interesse per talune forme artistiche medievali.[166] Pur essendo vero che a Ninfa, città medievale ridotta in rovine, non vi fossero esempi di architettura gotica degni di nota,[167] tuttavia la "Pompei del Medioevo" poteva essere percepita come "una città semisepolta a carattere romantico-gotico".[168] Inoltre, Fossanova, poco distante da essa, offriva un punto di riferimento primario per rintracciare altri esempi di edifici gotici. Gli studi fondamentali di storia dell'arte e dell'architettura furono tuttavia pubblicati solo verso la fine del secolo XIX da parte dell'americano Arthur Lincoln Frothingham (1859–1923) e del francese Camille Enlart (1862–1927).[169]

Visitatori e visitatrici della città delle rovine nel lungo Ottocento.

Qui di seguito passerò in rassegna alcuni visitatori di Ninfa dopo il 1800 e mi soffermerò sulla loro ricezione o presentazione di quel sito e dei suoi dintorni in opere letterarie, figurative e scientifiche. Pur se l'autore dell'opera "Grecian Remains in Italy",[170] uscita nel 1812, non si propone esplicitamente di offrire una descrizione del suo viaggio,[171] estese parti di essa, soprattutto dal quinto capitolo in poi, contengono raccomandazioni per effettuare escursioni nei dintorni di Roma e conducono il lettore da Roma ad Albano, Nemi, Velletri, Cori, Norba, Ninfa, Segni, Alatri, Ferentino, Valmontone e, al ritorno, a Palestrina. All'interno del capitolo sull'itinerario per Norba, Ninfa e le Paludi Pontine ("Road to Norba, by Nympha and the Pontine Marshes")[172] si trovano descritti (come anche in altre guide) due percorsi da Cori a Norba e Ninfa.[173]

John Izard Middleton: "one of the first American archeologists and watercolorists ..."

Allo stato attuale delle conoscenze, si tratta del primo autore che abbia raffigurato Ninfa con una veduta accompagnata da un breve testo. John Izard Middleton (1785–1849), nato nella Carolina del Sud da Mary e Arthur Middleton, proveniva da una famiglia benestante e politicamente influente.[174] Il padre era stato tra i firmatari della dichiarazione d'indipendenza, e dunque tra i padri fondatori degli Stati Uniti d'America. Testo e disegni sono generalmente attribuiti a Middleton, ritenuto "one of the first American archaeologists and watercolorists, collector of paintings and books, amateur architect and occasional botanist and writer."[175] Tuttavia egli dichiara che cinque delle ventidue opere grafiche si basano su disegni di Edward Dodwell (1767–1832), antichista, artista, scrittore e collezionista irlandese, proveniente da una ricca famiglia di Dublino, e che altre cinque sono lavori di Filippo Giuntotardi (1767–1831), paesaggista, incisore, acquafortista e scultore romano, eseguiti sotto la supervisione di Middleton.[176] Negli anni 1808 e 1809 Dodwell ac-

166 Eastlake, 1872. Addison, 1967. Brooks, 1999. Brittain-Catlin, De Maeyer, Bressani (a cura di), 2016.
167 Enlart, 1920, pp. 79–80.
168 Von Werther, 1904, p. 1. Joanne, 1893, p. 534 segnala il mulino di Ninfa, "installé dans une ancienne construction de style romano-gothique." Sulla percezione di "rovine di finestre gotiche" a Ninfa, "avvolte dalla vegetazione" cfr. anche Leipziger Zeitung, 1886, p. 287.
169 Bernacchio, 2012. Su Enlart cfr. p. 89.
170 Middleton, 1812. Mack, Robertson, 1997. Attenni, 2019.
171 Middleton, 1812, p. 4.
172 Middleton, 1812, pp. 33 sgg.
173 "I have travelled them both", Middleton, 1812, p. 33.
174 Forni, 1990, p. 314. Mack, Robertson, 1997. Trabucco, 2019, pp. 31–32.
175 Ricci Stebbins, 1999, p. 65.
176 Su Edward Dodwell cfr. Bisesell, AKL. Su Filippo Giuntotardi cfr. De Rosa, AKL.

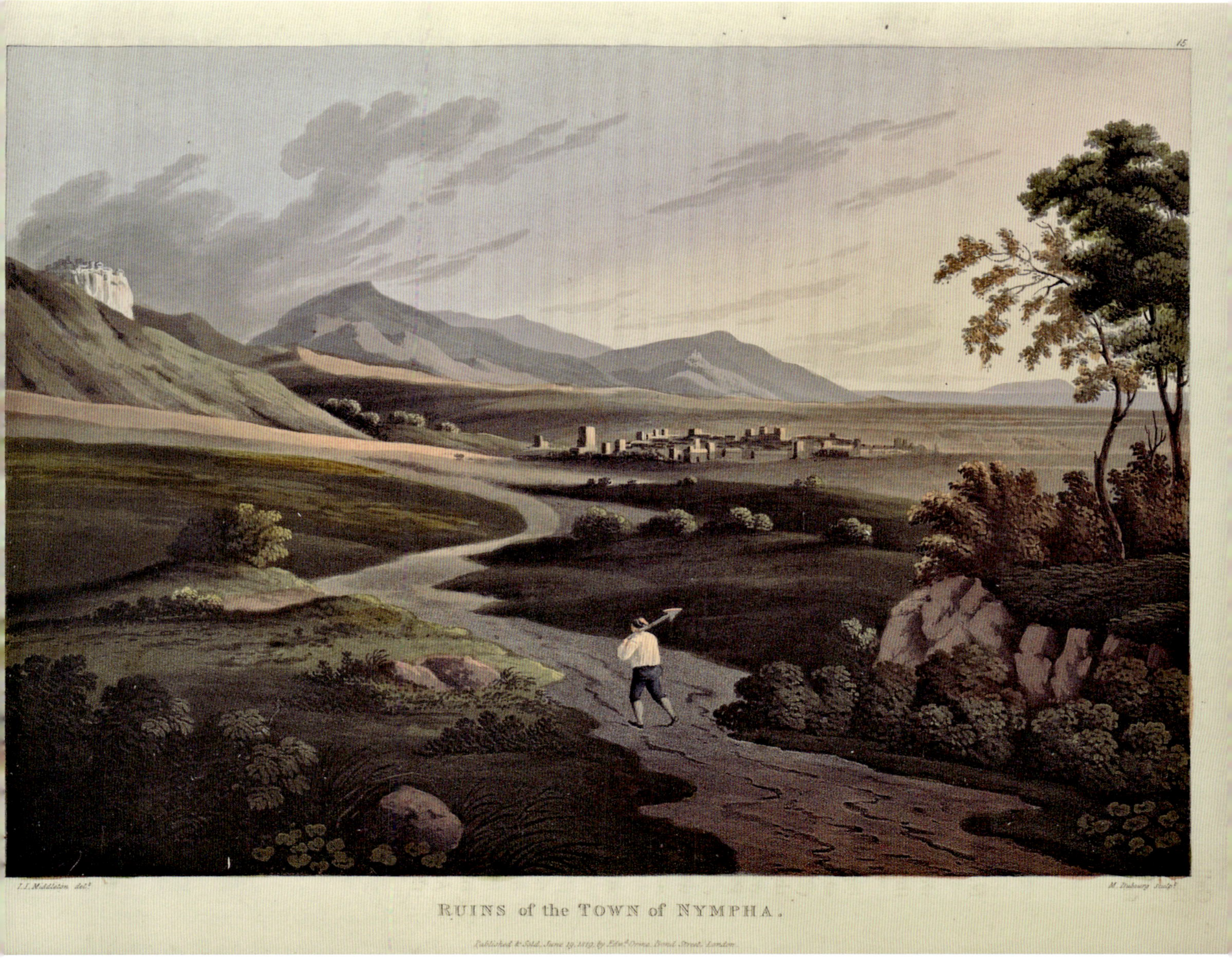

19 Ninfa, Middleton.

compagnò Middleton, assieme ad un altro inglese del quale non si fa il nome, nelle loro escursioni a Sud di Roma, mentre Giuntotardi non si fece convincere ad andare oltre il Lago di Nemi. A questo artista Middleton fu debitore anche degli schizzi originali della maggior parte delle figure in costume che sono raffigurate sulle tavole del suo libro. Queste ultime sono pertanto in gran parte opere collettive, che non sono state ancora oggetto di un esame accurato degli storici dell'arte.

(Fig. 19) Nella veduta intitolata "Ruins of the town of Ninfa" si distinguono bene ampie parti delle rovine, in particolare la cinta muraria e la torre del castello Caetani. L'opera si base prevalentemente su schizzi di Middleton, e tuttavia occorre pensare che non solo i suoi disegni costituirono la base per le raffigurazioni del libro: "non ci fu tempo per entrare in quell'insediamento abbandonato, ma sfruttammo gli ultimi raggi del sole al tramonto per eseguire questo schizzo ("sketch")." Tale formulazione fa pensare che anche nel caso della veduta di Ninfa si sia trattato di un lavoro di gruppo. Il contadino con i suoi strumenti di lavoro, raffigurato in primo piano sulla strada che porta a Ninfa, potrebbe ad esempio basarsi su un modello di Filippo Giuntotardi.

Il testo dedicato alle "Rovine di Ninfa" fa riferimento ad un noto passo di Plinio, e ha ad oggetto soprattutto il "famoso" lago sito nelle vicinanze, che alimenta il fiume omonimo. Viene però percepito da Middleton soltanto come "una vaschetta coperta di erbacce". Le donne di Ninfa ("la Norba moderna"), dalla pelle scura – le "Dee del luogo" – gli fanno visita quotidianamente per lavare, dato che non possono procurarsi l'acqua in altro modo. Middleton tratta poi soprattutto dell'"antico tempio delle Ninfe", che si supponeva si ergesse appunto a Ninfa, sul cui posto sarebbe poi stato edificato un monastero in seguito distrutto.

L'attribuzione del tempio all'epoca degli Arcadi e dei Pelasgi non gli sembra dimostrata se, afferma, lo si paragona al Ninfeo del Lago di Albano, raffigurato nel libro alla illustrazione n. 9. Bisognerebbe tuttavia supporre, egli prosegue, che il tempio fosse dedicato alle Ninfe ed alle Driadi e, a tale proposito, cita tre iscrizioni. Infine egli descrive la particolare atmosfera del sito con la frase pregnante: "Il luogo stesso ha un aspetto molto malinconico, e ci è stato detto che fu abbandonato a causa dell'aria cattiva nella pianura, prevalente durante l'estate."[177]

Johann Heinrich Westphal: topografo, geodeta, studioso della Campagna Romana

Alla percezione di Ninfa e dei suoi dintorni contribuirono durevolmente i lavori di Johann Heinrich Westphal (1794–1831), nato a Schwerin, uno scienziato finora poco noto e poco considerato dagli studiosi.[178] In origine fu matematico ed astronomo, allievo del matematico ed astronomo Carl Friedrich Gauss (1777–1855), noto in tutto il mondo. Nel 1821 prese la decisione di recarsi a Roma.[179] Contrariamente a quanto si è supposto finora, egli si stabilì a Roma e, ad eccezione dei periodi in cui fu in viaggio per l'Italia, la Germania e l'Africa settentrionale, a Roma rimase fino alla sua morte prematura, avvenuta a 37 anni. A Roma e durante i suoi viaggi, seguendo il modello dei suoi maestri Gauß e Christian Ludwig Gerling (1788–1864), si specializzò nella produzione di carte topografiche, servendosi degli strumenti scientifici allora più moderni per la rilevazione delle altimetrie e la misurazione delle distanze. Mi limiterò a qualche cenno sull'alta qualità delle sue esplorazioni geografiche, topografiche e storico-culturali della Campagna romana, alle quali finora non si è quasi prestato attenzione, in particolare in relazione all'Agro Pontino, ai Monti Volsci ed a Ninfa. Una versione italiana della sua "Guida per la campagna di Roma" uscì nel 1827 e fu ristampata nel 1854. In essa si trova già menzione della "diruta città di Ninfa".[180] La "Carta topografica della parte più interessante della Campagna di Roma", ad essa allegata, non comprende però ancora la zona di Ninfa.[181]

177 "The place itself has a most melancholy appearance, and we were told that it had been abandoned on account of the bad air which prevails on the plain during the summer." Middleton, 1812, p. 35.

178 Lindner, 1827. Brüssow, 1833. Poggendorff, 1863. Günther, 1897. Küssner, 1981. Grewolls, Westphal, Johann Heinrich, 1995. Parolini, 2012a, p. 200. Goren, Schelhaas, 2015. Universitätsarchiv Göttingen (UniA GÖ), Phil. Fak. 100, Nr. 43–44. Universitätsarchiv Marburg (UniA MR) 307d Nr. 56.

179 Gustav Parthey ad ignoto, 23.3.1829, DLA Marbach, Bestand Cotta:Briefe.

180 Westphal, Guida 1827, p. 22: "Da Cori a Norba, Norma e Ninfa. A cinque miglia di Cori verso mezzogiorno esistono i ruderi dell'antica Città di Norba: mura ciclopee molto estese ed alcune altre fabbriche quasi affatto dirute. Due strade conducono da Cori alla moderna Norma, la quale è succeduta, benchè in un sito un poco diverso, all'antica Norba: l'una, la più corta, per le montagne, l'altra più lunga ma più commoda per la pianura, passando presso la diruta Città di Ninfa."

181 Westphal, Carta, 1827.

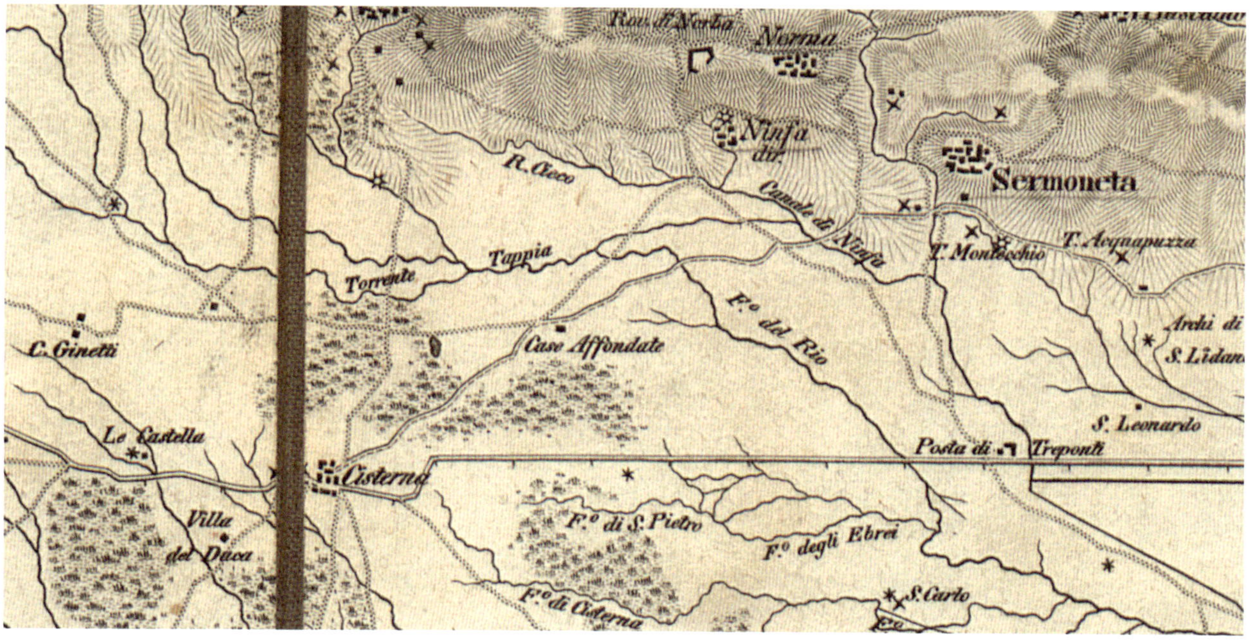

20 Westphal, Contorni di Roma, Sezione della mappa (1829).

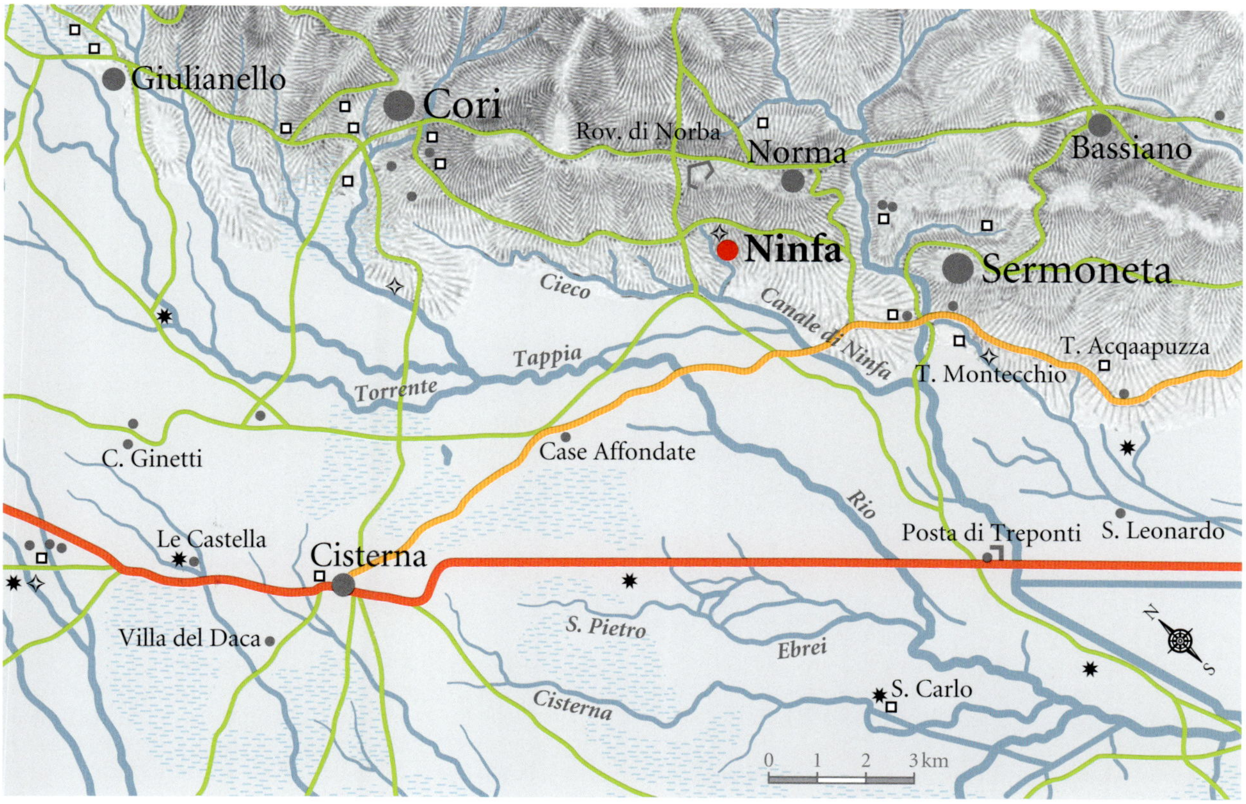

21 Carta moderna basata sulla mappa di Westphal.

Nel 1828 Westphal pubblicò la "Carta de' contorni di Napoli per uso de' forestieri e viaggiatori", corredata di un commento.[182] In quest'opera Westphal dava informazioni ai viaggiatori sulle diverse strade che univano Roma a Napoli. Oltre al collegamento diretto lungo la Via Appia, vi è descritto anche il percorso della Via Pedemontana. In tale contesto l'autore menziona anche la "ville de Ninfa abandonnée depuis plusieurs siècles", situata nella pianura sottostante Norma.

Nel 1829 uscì a Berlino il lavoro di Westphal intitolato "Die römische Kampagne in topographischer und antiquarischer Hinsicht" ("La Campagna romana sotto il profilo topografico ed antiquario"). Esso comprende, oltre ad una carta dell'antica Roma e dei suoi dintorni, un'altra carta di particolare interesse per noi, pubblicata anch'essa nel 1829, a Berlino, con il titolo "Contorni di Roma moderna".[183] (Fig. 20) L'ampia descrizione che accompagna questa pianta, finora non pubblicata in italiano,[184] contiene una moltitudine di osservazioni geografico-geologiche, topografiche e storico-culturali. Il testo e la carta offrono una descrizione del paesaggio, esaminato da più prospettive. Essi hanno una qualità fino ad allora sconosciuta e sono indirizzati esplicitamente anche ai viaggiatori. Non si tratta più di percezioni eclettiche e tradizionali del paesaggio e di taluni monumenti scelti, bensì del rilevamento sistematico e scientifico della "Campagna romana". Tenuto conto dei metodi delle scienze naturali e culturali allora a disposizione, questo lavoro di Westphal corregge, o mette in dubbio interpretazioni allora correnti, come già taluni contemporanei osservarono.[185]

(Fig. 21) Il rilevamento del sistema viario presenta – come mostra la carta moderna dell'Agro Pontino eseguita sulla base di Westphal – tre tipi di strade o vie: la strada postale, la strada carrozzabile ed il sentiero. L'autore spiega con precisione ai viaggiatori come possono raggiungere Ninfa. Da Cori a Norma Westphal descrive (ripetendo quanto si trova anche in guide più antiche) due itinerari: "uno, più breve, ma più faticoso, in alto, lungo il versante della montagna; l'altro, più lungo di due o tre miglia, ai piedi della stessa, in pianura." ... "Sulla strada inferiore si prosegue per un certo tratto fra vigne e uliveti; poi si giunge ad un campo libero e il sentiero poco battuto procede lungo il pendio delle montagne." "Dopo sei o sette miglia si giunge a Ninfa, una cittadina medievale abbandonata, da dove nasce un ruscello, il Ninfeo o Nymphaeus, che aziona un mulino, oltremodo necessario in tutta la zona, data la totale assenza di mulini a vento, e che poi si riversa presso Treponti nella Linea Pia, il grande canale delle paludi, lungo la Via Appia. Questo luogo è singolare; ancora oggi si può girare per le sue strade, tra le case diroccate e tra le vecchie mura coperte di edera; la chiesa è perfino in un discreto stato. (Fig. 22).[186] Pochi resti di un muro antico sono attribuiti ad un tempio delle Ninfe."[187] Queste concise osservazioni sono integrate da altre cui accenneremo qui di seguito. L'antica Norba interessa Westphal più della medievale Ninfa. Ma egli pone la storia di Norba, della quale egli, a quanto pare, sa essere stata sede vescovile nel secolo X,[188] in rapporto con la genesi e la decadenza di Ninfa. Egli scrive che ad un certo punto, non sappiamo precisamente quando, Norba fu abbandonata e al suo posto sorse Ninfa in pianura. "Tuttavia, trattandosi di un luogo scarsamente fortificato e non adatto ad affrontare le turbolenze di quell'epoca, gli abitanti si spostarono sul sito dell'odierna Norma,

---

182 Westphal, Carta, 1827. Il commento fu pubblicato con il titolo *Guide Pour Accompagner La Carte Des Environs De Naples*. Questa pubblicazione fu ristampata più volte, in parte in versioni corrette ed ampliate: Roma 1832, 1833; Napoli 1832, 1847, 1868, 1880, 1889. In rete è accessibile l'edizione del 1880: https://iiif.arthistoricum.net/mirador/proxy/fotothek/df_dk_0011834/

183 Frutaz (a cura di), 1972, S. 123. Parolini, Westphal, 2012b.

184 È in programma una traduzione commentata.

185 Cfr. von Gaudy, p. 51 sgg.

186 Dovrebbe trattarsi di Santa Maria Maggiore, o forse della piccola chiesa dedicata alla Madonna, edificata nel sec. XVIII, che è riprodotta in talune fonti iconografiche del sec. XIX. Stoob, 1972, pp. 96 e 106. Ad es. fu disegnata nel 1870 da Edmund Kanoldt. Skizzenbuch Norma-Ninfa, Fig. 23, a destra, Kunsthalle Bremen – Der Kunstverein in Bremen, Inv.-Nr. 1968/73, Foto: Marcus Meyer.

187 Westphal, Die römische Kampagne, 1829, pp. 44 sgg

188 Su questa diocesi non più esistente cfr. Kehr, 1907, p. 110. Abelen, 1843 sostenne che tale sede vescovile sarebbe stata traslata a Ninfa, ma non si ha alcuna testimonianza al riguardo. Su Ninfa e sul santuario di san Michele sopra Ninfa cfr. Kehr, 1907, pp. 109–110.

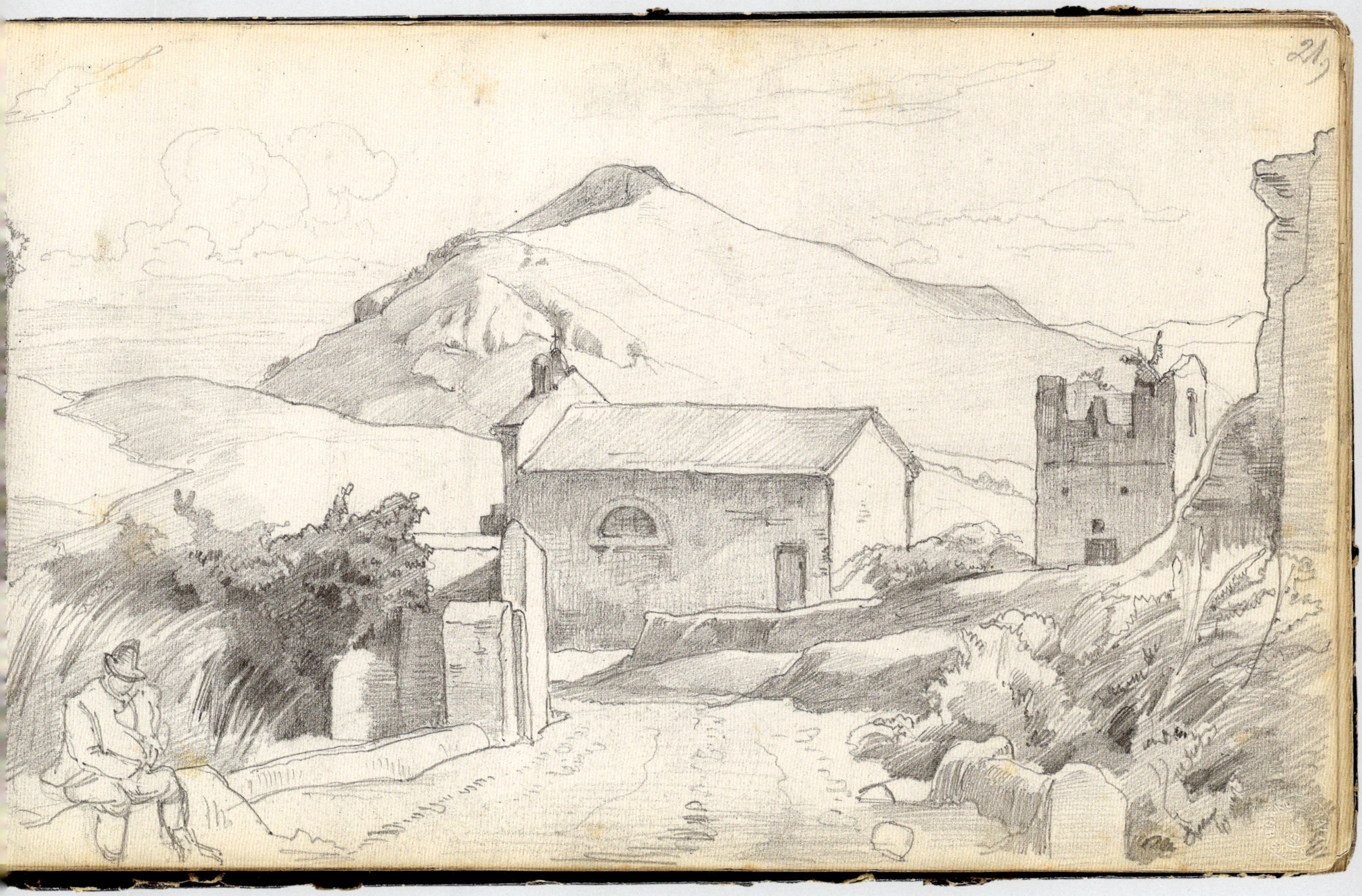

22 Kanoldt, Chiesa, a Ninfa, vedi nota 186.

dove si sentivano abbastanza sicuri di potersi difendere da attacchi dall'esterno." Tali osservazioni sulla storia di questi insediamenti sono notevoli sotto più punti di vista. A differenza della maggior parte delle descrizioni ottocentesche e del primo Novecento della Ninfa medievale, Westphal pone il suo processo di desertificazione non in rapporto alla malaria ed alle paludi, bensì ad eventi bellici ed all'esigenza di sicurezza che ne derivava. Tali osservazioni sono degne di nota perché corrispondono agli esiti della ricerca storica su Ninfa condotta solo decenni dopo. Certamente, Westphal non poteva sapere che non Norba o Norma, bensì Sermoneta, città che i Caetani ampliarono a partire dagli anni ottanta del Trecento facendola il centro della loro signoria, divenne il nuovo luogo di insediamento per la maggior parte degli abitanti di Ninfa.[189] Prendendo l'esempio di Norma/Norba e di Ninfa, già negli anni venti del secolo XIX Westphal descrisse importanti processi di insediamento umano. Muovendo da una prospettiva

189 Cfr. p. 23.

interdisciplinare e riferita soprattutto all'Italia, ma non solo ad essa, tali processi sono stati individuati e descritti dalle scienze storiche e culturali solo nel corso del secolo XX, coniando concetti come "incastellamento" e "decastellamento" quali tappe fondamentali della storia degli insediamenti medievali.[190] Notevole appare anche il riserbo dell'autore nei confronti di interpretazioni allora correnti, che mettevano talune rovine di Ninfa in collegamento con il supposto Ninfeo. Nei decenni seguenti numerosi viaggiatori di lingua tedesca si servirono della descrizione dei dintorni di Roma di Wetsphal. Ancora nel 1910 Bruno Schrader raccomandava ai lettori della sua Campagna romana il "libro classico" di Westphal sulla "Campagna romana", definendolo indispensabile.[191]

La notevole qualità delle osservazioni di Westphal su Ninfa ed i suoi dintorni risulta anche da un confronto con opere topografiche coeve di autori ben più noti, allora ed oggi. L'archeologo britannico Sir William Gell (1777–1836), che aveva studiato all'Università di Cambridge, visse dal 1820 a Roma e Napoli. In Italia si fece un nome anche come pittore, in particolare come disegnatore di rovine antiche, monumenti e località. Era *fellow* della *Royal Society* e della *Society of Antiquaries of London*, e divenne inoltre socio dell'*Institut de France* e della *Königlich-Preußische Akademie der Wissenschaften* (Accademia delle Scienze del Regno di Prussia). Lavorò a stretto contatto con l'archeologo, topografo e professore universitario Antonio Nibby (1792–1839).[192] Nella sua opera "Topography of Rome and its Vicinity with Map", uscita nel 1834 e nel 1846 in un'edizione postuma e ampliata, dedicò poche righe a Ninfa e la menzionò solo accidentalmente nel capitolo su Norma e Norba, oggetto di ben più lunghe descrizioni. "Sotto Norma, nel Medioevo, era una città chiamata Nympha o Ninfa, della quale rimangono numerose vestigia ed una torre. Il nome deriva dalla fonte del fiume Ninfa (Fluvius Nymphaeus), che nasce in una bella fontana sul luogo, vicino ad una torre alta."[193]

August Kopisch: un ingegno versatile e il suo quadro "Paludi Pontine al tramonto", un diorama storico

Alla metà degli anni venti dell'Ottocento anche August Kopisch (1799–1853), uomo dai molti talenti, visse e lavorò per qualche tempo a Roma.[194] È probabile che Westphal e Kopisch si conoscessero, pur se non abbiamo certezza al riguardo. Kopisch, valente pittore, poeta, musicista e inventore, figura tra gli artisti più creativi della sua epoca; fino al secolo XX fu un personaggio noto e popolare. Era considerato da alcuni (non da tutti) un paesaggista innovativo, audace, dello stesso livello di un Carl Blechen o di un Caspar David Friedrich. Dopo essere quasi caduto in oblìo, da diversi anni si registra la rinascita di un certo interesse per questo artista.[195] In Italia il suo nome è legato soprattutto alla riscoperta della Grotta Azzurra di Capri nel 1826.[196] (Fig. 23) Un altro dei suoi pochi capolavori a noi giunti è il quadro "Le Paludi Pontine al tramonto", che invece in Italia è quasi sconosciuto. Per le sue composizioni, nelle quali predominavano i toni di rosso e blu, Kopisch fu criticato, ma anche elogiato. Il dipinto delle Paludi Pontine, immerse in un "fastoso rosso del tramonto", suscitò

190 Mi limito a rinviare a: Toubert, 1973. Maire Vigueur, 1976/77. Settia, 1984. Toubert, 1997. Augenti, 2016, pp. 145 sgg. Cfr. anche le riflessione fatte già da Nisse, 1902, p. 645. Su alcuni processi di smantellamento, riduzione e trasferimento di insediamenti, citando gli esempi di Norba, Ninfa, Norma e Sermoneta, scrisse già Stoob, 1972.

191 Schrader, 1910, pp. 4 e 33. Su Schrader cfr. p. 87.

192 Le Mura di Roma 1820. Gell, Nibby, 1827.

193 "Below Norba, in the middle ages, stood a town called Nympha, or Ninfa, of which many vestiges and a tower remain. The name was derived from the source of the river Ninfa (Fluvius Nymphaeus), which rises in a beautiful fountain on the spot, near a lofty tower." Gell, 1834, vol. 2, p. 126. Stesso testo in Gell, 1846, pp. 332–333. Nella Analisi storico-topografico-antiquaria 1837, p. 508, si parla solo del "castello abbandonato di Ninfa" Su Gell rinvio a Clay (a cura di), 1976.

194 Karhof, Köhne, 2007, pp. 115–116. Łukaszewicz, 2009. Richter, Dichter, 2016. Richter, Briefe, 2016.

195 Kittelmann, Verwiebe (a cura di), 2016.

196 Richter, 1995, 1997. Karhof, Köhne, 2007, pp. 118 sgg.

aspre critiche negli ambienti dei difensori del classicismo; altri, invece, reagirono con giudizi entusiasti.

Di questo quadro esistevano forse più versioni rispetto alle tre che a lungo sono state note.[197] In questa sede ci interessa soprattutto la versione che l'artista eseguì nel 1848 per il console Johann Heinrich Wilhelm Wagener (1782–1861), la cui raccolta di quadri, tra i quali era anche questo dipinto di Kopisch, andò a formare il nucleo originario della *Alte Nationalgalerie* di Berlino.[198] Il caso ha voluto che si conservassero tre scritti, che l'artista inviò a Wagener in relazione a tale quadro, tra i quali è una descrizione delle Paludi Pontine sia in prosa, sia in esametri. La poesia inizia con i seguenti versi: "Sempre più in alto saliamo sull'edificio romano, tra i cirri d'edera! – / Le macerie ci fanno da gradini: in su, raggiungiamo / Adesso i merli della torre! – Qui riposati e godi della vista! /".[199]

Oggetto di questi testi e del dipinto non è la città con le sue rovine. La prospettiva scelta dall'artista mostra però, almeno a giudicare dal titolo dato dall'*Alte Nationalgalerie* di Berlino al quadro del 1848, esposto al pubblico dal 2011, una "veduta da un'altura (a Ninfa) su un ampio panorama".[200] Possiamo pertanto ritenere che questa altura sia il piano più alto della torre del castello, dal quale Kopisch disegnò le Paludi Pontine durante il suo soggiorno a Roma nel 1825–26? Allo stato delle nostre conoscenze, egli sarebbe allora il primo ad essere salito in cima a questa fortificazione e l'unico tra gli artisti tedeschi residenti a Roma negli anni venti (i cosiddetti "Deutschrömer") ad essersi recato sui Monti Volsci e nell'Agro Pontino ed a scegliere tale motivo iconografico. Tale iniziativa sarebbe peraltro consona alla sua personalità. In un necrologio, nel quale il dipinto delle Paludi Pontine (nella loro prima versione del 1839) è considerato la sua opera migliore, si rileva che il tratto caratteristico di Kopisch fosse "l'aspirazione a ciò che è straordinario, fuori del comune".[201]

Probabilmente, però, l'artista non si posizionò sul castello di Ninfa per dipingere, in quanto la prospettiva verso l'Agro Pontino da lui scelta non può essere quella dalla torre di Ninfa. Ispezioni del territorio, compiute da me assieme a Massimo Amodio, hanno indotto a trarre una conclusione diversa. Percorrendo la strada Pedemontana e alcuni antichi sentieri posti più in alto, si giunge a punti di osservazione tra Sermoneta e Sezze, dai quali si ha una buona veduta di molti degli elementi raffigurati nel dipinto. In questo senso possono intendersi anche talune descrizioni del quadro risalenti al secolo XIX.[202] Di particolare interesse è la descrizione che del dipinto diede Max Jordan, storico dell'arte e a lungo direttore della *Nationalgalerie* di Berlino, il quale visitò Ninfa in compagnia di altre persone:[203] "Veduta delle Paludi Pontine al tramonto, da Ninfa: a sinistra, in lontananza, il Capo Circeo (secondo la saga l'isola di Circe), al centro il fiume Ninfeo, attraversato a nuoto da bufali; in primo piano a destra una rovina medievale."[204]

Peraltro il quadro e le sue descrizioni offrono più di quello che finora è stato loro attribuito, cioè una "visione apocalittica di tramonto e decadenza",[205] e più che un "paesaggio deserto" e una "palude escatologica".[206] Ancora oggi si possono ammirare, soprattutto in primavera ed autunno, grandiosi tramonti, e

197 Una di queste, datata al 1845 e firmata, fu venduta il 22 settembre 2021 dalla casa d'aste di Monaco Neumeister. https://www.neumeister.com/kunstwerksuche/kunstdatenbank/ergebnis/493-272/August-Kopisch/ dove si rinvia alle versioni note, ovvero a noi giunte. Quella che probabilmente fu la prima versione, presentata nel 1839 all'esposizione dell'Accademia di Berlino, venne acquistata dal Re di Prussia.

198 Roters, 1993. Bartoschek, Martin Vogtherr (a cura di), 2004, p. 277. Kittelmann, Verwiebe, Wesenberg (a cura di), 2011.

199 Staatliche Museen zu Berlin, Zentralarchiv (SMB-ZA), IV), NL. Wagener, Künstlerbriefe Bd. IV, 1846–1856, fol. 56. Kittelmann, Verwiebe (a cura di), 2016, p. 239. Cfr. anche Matheus, Anthologie, che uscirà nel 2024.

200 https://www.bildindex.de/document/obj02510517 (consultato il 12.4.2020).

201 Deutsches Kunstblatt 1853, n. 19, pp. 159–160.

202 Von Boetticher, 1891, vol. 1, p. 742: "Veduta delle Paludi Pontine da Ninfa...".

203 Cfr. p. 45.

204 Jordan, 1876, p. 115. In una forma leggermente abbreviata questa descrizione venne ripresa anche nei cataloghi della *Königliche Nationalgalerie* (Regia Galleria nazionale) di Berlino, redatti da Jordan e continuamente rielaborati e ristampati. Cfr. ad es. Jordan, 1903, p. 70 (15a edizione).

205 Verwiebe, 2016, p. 20.

206 Woeller, 2016.

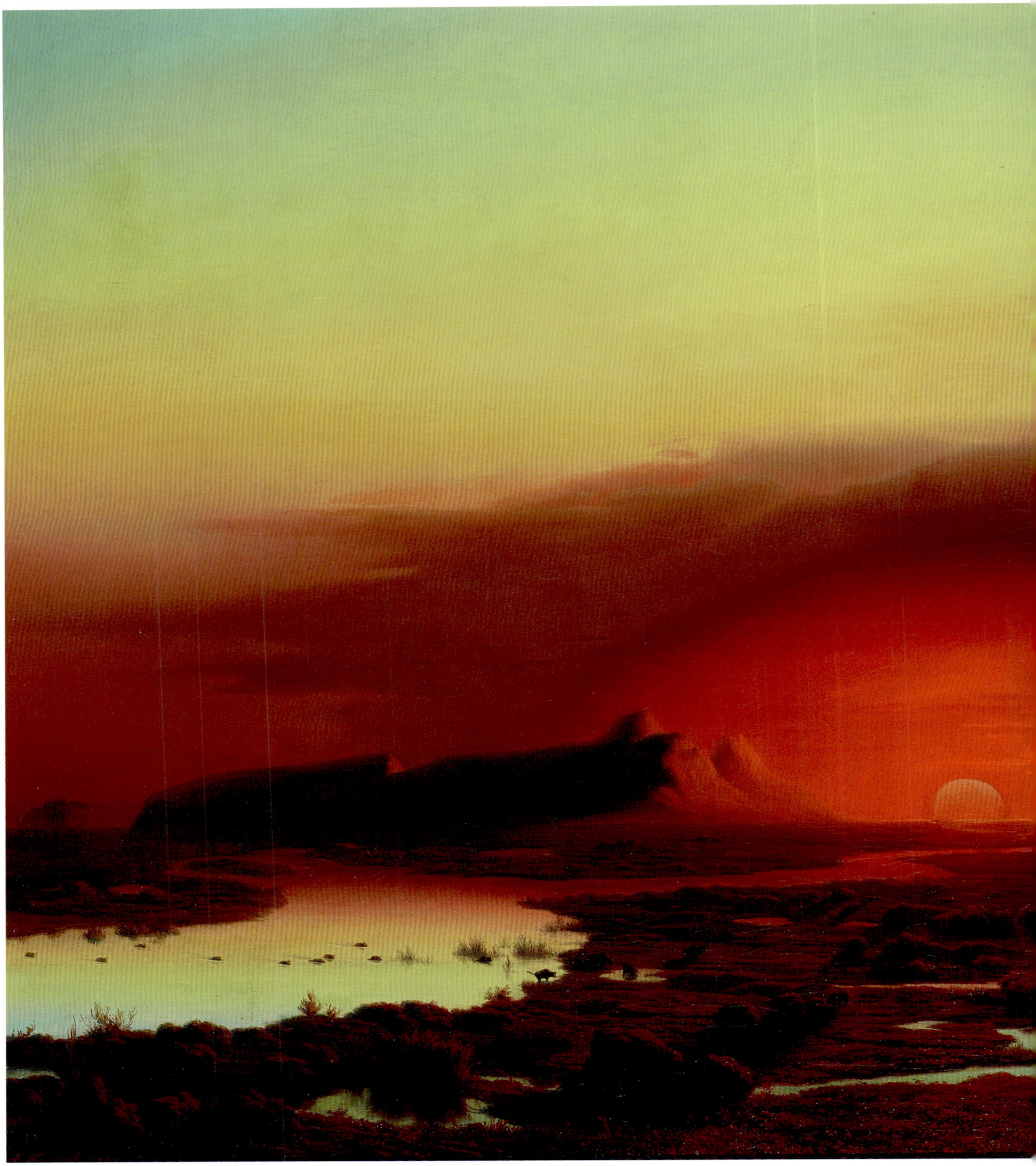

23 Kopisch, *"Paludi Pontine al tramonto"*, vedi nota 197, 198.

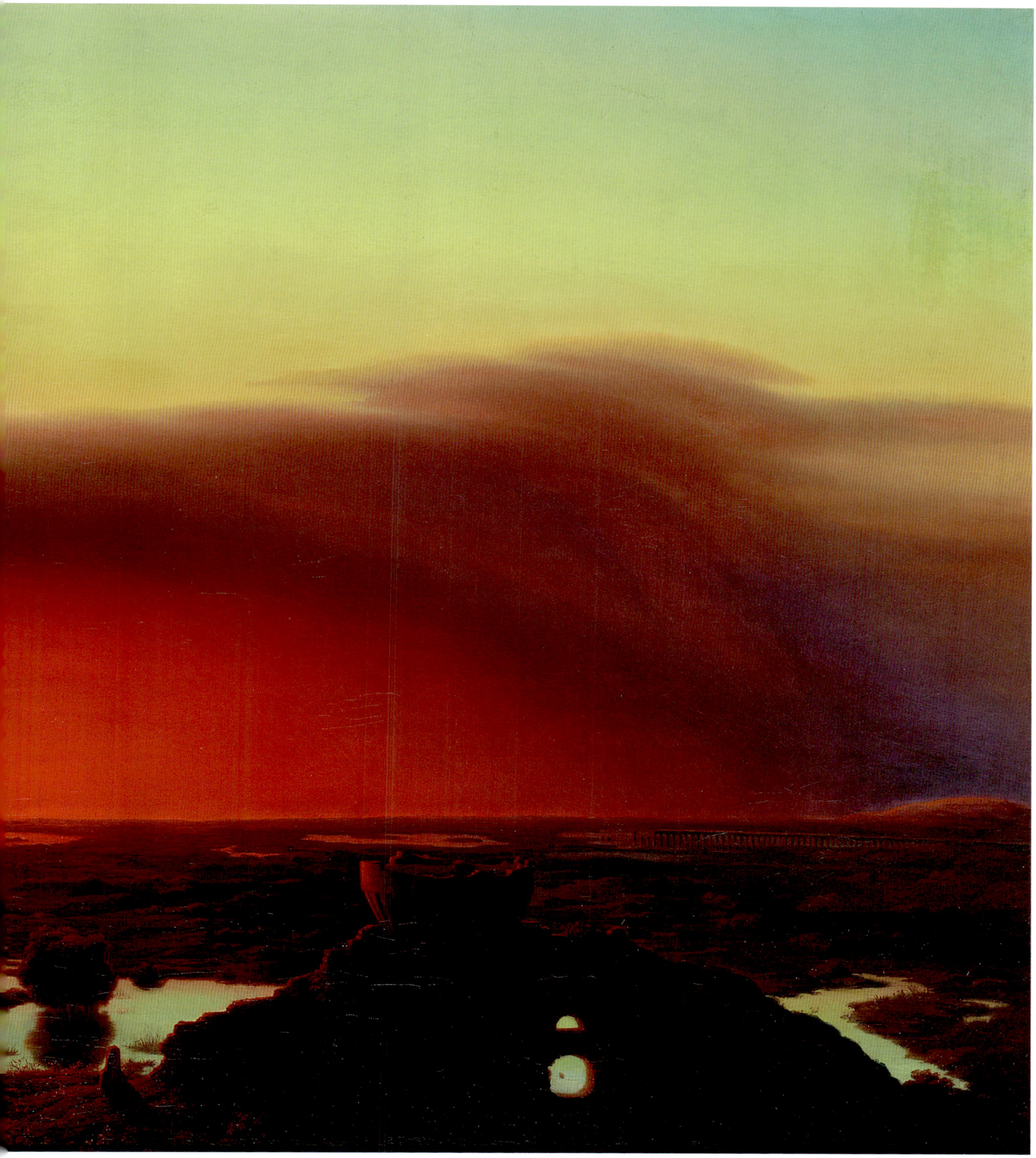

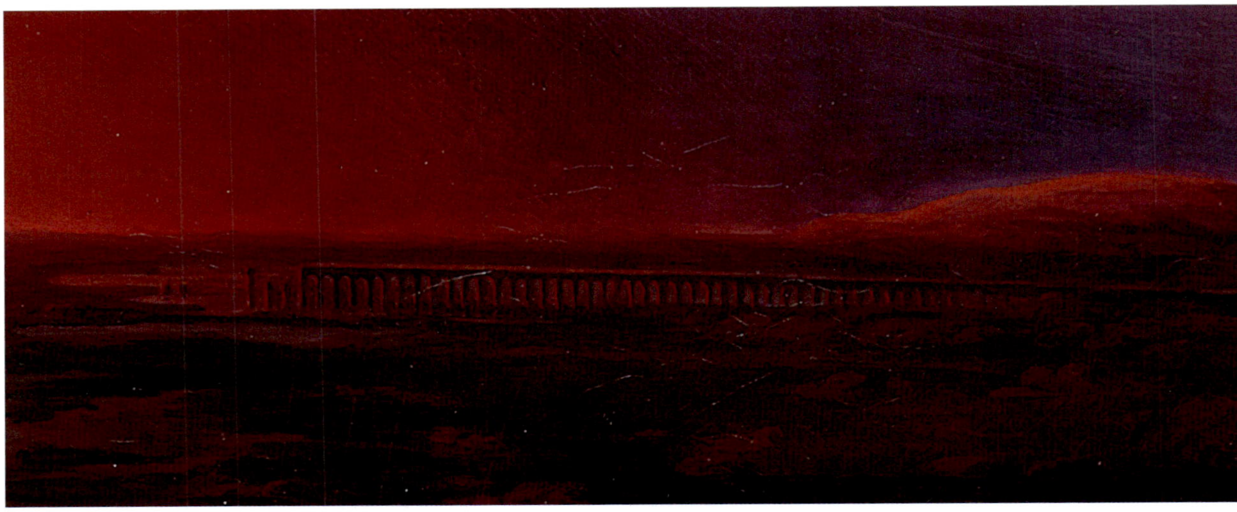

24 Kopisch, Particolare dell'acquedotto.

dunque anche il "disco del sole" che affonda nel mare e il "cielo di scirocco, rosso porpora."[207] Le bonifiche del secolo XX hanno posto fine solo alle immagini riflesse nell'"acqua alta" e nel "Nymphaeus". Tuttora si può assistere agli imponenti spettacoli naturali commentati dai testi di Kopisch e illustrati nel suo dipinto: "tra le onde scompare il sole fiammeggiante."[208]

In questa composizione trovarono posto più elementi in grado di soddisfare anche interessi storico-culturali. Kopisch si impossessò di quel paesaggio non come un topografo; pertanto occorre tenere conto di adattamenti che non sempre rendono possibile una concreta localizzazione topografica. I fiumi che scaturiscono dai Monti Volsci, come il Cavata e l'Ufente, vennero da lui ricondotti per così dire nella cifra del Nymphaeus. Probabilmente, però, i soggetti furono scelti a seguito di una certa riflessione e toccano più fasi della complessa vicenda storica dell'Agro Pontino, ricca di alterne vicende. Il pittore dirige lo sguardo su una delle Isole Pontine, in particolare sul "promontorio del Monte Circeo, un tempo isola di Circe". Rammenta al tempo stesso che in questa "isola dei prodigi", "cinta dall'acqua", con il "bel palazzo" della "maga", abitarono per un anno il "ramingo" Ulisse e i suoi compagni. Oltre a questo racconto, tratto dalla mitologia greca, si evocano anche le fiorenti città della pianura, menzionate da Plinio,[209] che già prima dell'epoca imperiale romana erano cadute in preda alle paludi. (Fig. 24) Inoltre Kopisch situa nella pianura "un acquedotto in rovina dei tempi dei Cesari". Certamente nell'Agro Pontino non esisteva un simile "acquedotto di Nerone". Esso tuttavia serviva a soddisfare determinate aspettative del pubblico, che si aspettava di trovare appunto un acquedotto quando si raffiguravano rovine dell'antichità romana. Osservatori competenti dovrebbero inoltre aver notato le alte arcate che si snodano più o meno lungo il percorso della Via Appia, rinnovata nel secolo XVIII. Nel manuale di viaggio per l'Italia di Ferdinand Neigebaur, molto letto negli anni venti e trenta, si legge: "La più splendida strada d'arte, che in parte riprende il tracciato dell'antica Via Appia ed è ornata di piante ombrose, attraversa in linea retta questa pianura, che, venendo da Roma, è delimitata a destra dal Capo Circeo, visibile all'orizzonte del cielo

207 SMB-ZA, IV NL. Wagener, Künstlerbriefe vol. IV, 1846–1856, fol. 57. Kittelmann, Verwiebe (a cura di), 2016, p. 239.

208 SMB-ZA, IV NL. Wagener, Künstlerbriefe vol. IV, 1846–1856, fol. 56. Kittelmann, Verwiebe (cura di), 2016, p. 239.

209 Cfr. p. 83.

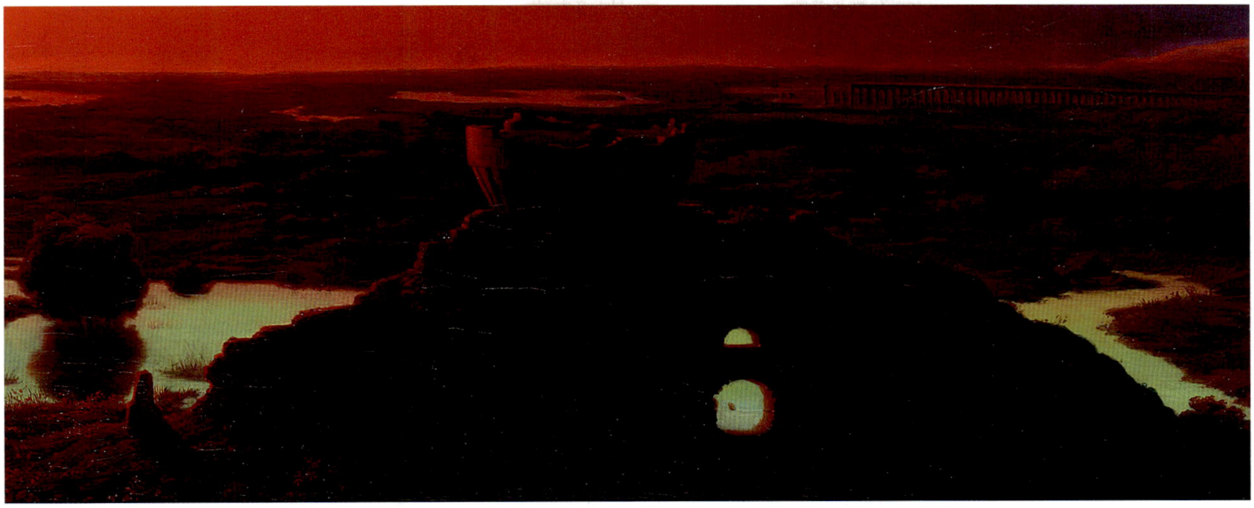

25 Kopisch, Particolare con torre circolare.

azzurro."[210] La maggior parte dei viaggiatori da Roma a Napoli, e tra di loro anche Kopisch, utilizzarono questa "strada d'arte" per i loro viaggi al Sud. Inoltre, potrebbe essere stata ripresa da una comunicazione orale, in seguito messa per iscritto, un'indicazione che Westphal riporta nella sua "Campagna romana" del 1829: presso Cisterna, situata lungo la Via Appia, sarebbero esistite "ancora oggi" "due cisterne romane, e tracce di un acquedotto verso Anzio, che io però non ho visto; dal suo orientamento verso Anzio, un luogo che Nerone cercò in ogni modo di incrementare, si potrebbe supporre con un certo grado di probabilità che quelle cisterne siano del tempo di Nerone, cosa che spiegherebbe il nome dato a quella località."[211]

(Fig. 25)[212] Sia il dipinto che le sue descrizioni trascendono la storia greca e romana e indirizzano lo sguardo "in primo piano" ad "una rovina di un castello con torre rotonda, metà romana, metà medievale".[213] Pertanto il pittore non volge l'attenzione solo all'Antichità, dato che, secondo l'attuale stato delle nostre conoscenze, questa rovina, che occupa un posto di tutto rilievo nel quadro, potrebbe essere il castello e la torre di Acquapuzza, l'unico edificio a pianta rotonda di tale tipo in questa zona, (Fig. 26)[214] mentre altre fortificazioni, quali la Torre Normanna a Montecchio e la torre di Ninfa presentano una pianta quadrata. Sulla carta di Westphal del 1829 si trovano segnate sia la torre di Montecchio, sia quella di Aquapuzza insieme al relativo castello. Con questo monumento, situato nelle vicinanze di Ninfa, anche l'epoca medievale è coinvolta nella composizione. Infine, nelle descrizioni che Kopisch ci ha lasciato del suo quadro troviamo anche riferimenti al presente. Secondo lui, infatti, la pianura è "poco abitata" e dalla palude lì vicina si sprigionano "esalazioni nocive", "febbre e peste". Agli esseri umani, però, sarebbe possibile vivervi, pur se in ristrettezze. "Ivi sono ora città abitate dagli uomini, vi è anche una strada che vi porta." Nella sua opera sui dipinti del secolo XIX, pubblicata intorno alla fine dell'Ottocento, sembrò a Friedrich von Boetticher che del quadro di Kopisch fosse degno di nota soprattutto "il fiume Nymfeo, attraversato a nuoto dalle bufa-

210 Neigebaur, 1826, p. 415.
211 Westphal, Die römische Kampagne, 1829.
212 Kopisch, Particolare con torre circolare.
213 SMB-ZA, IV NL. Wagener, Künstlerbriefe vol. IV, 1846–1856, fol. 56. Kittelmann, Verwiebe (a cura di), 2016, p. 239.
214 Questa torre, situata in un punto di importanza strategica, fu a lungo sotto il controllo della Chiesa di Roma. Caetani, Domus, 1927, vol. 1, parte 2, pp. 55 sgg. Su una sua raffigurazione intorno al 1927 (Fig. 26) cfr. ibid. p. 59. Aquapuzza (*clavis quodammodo Marittime*) finì nel 1411 sotto il controllo dei Caetani. Pavan, 1974, p. 627, nt. 2, inoltre pp. 630, 646 e 649.

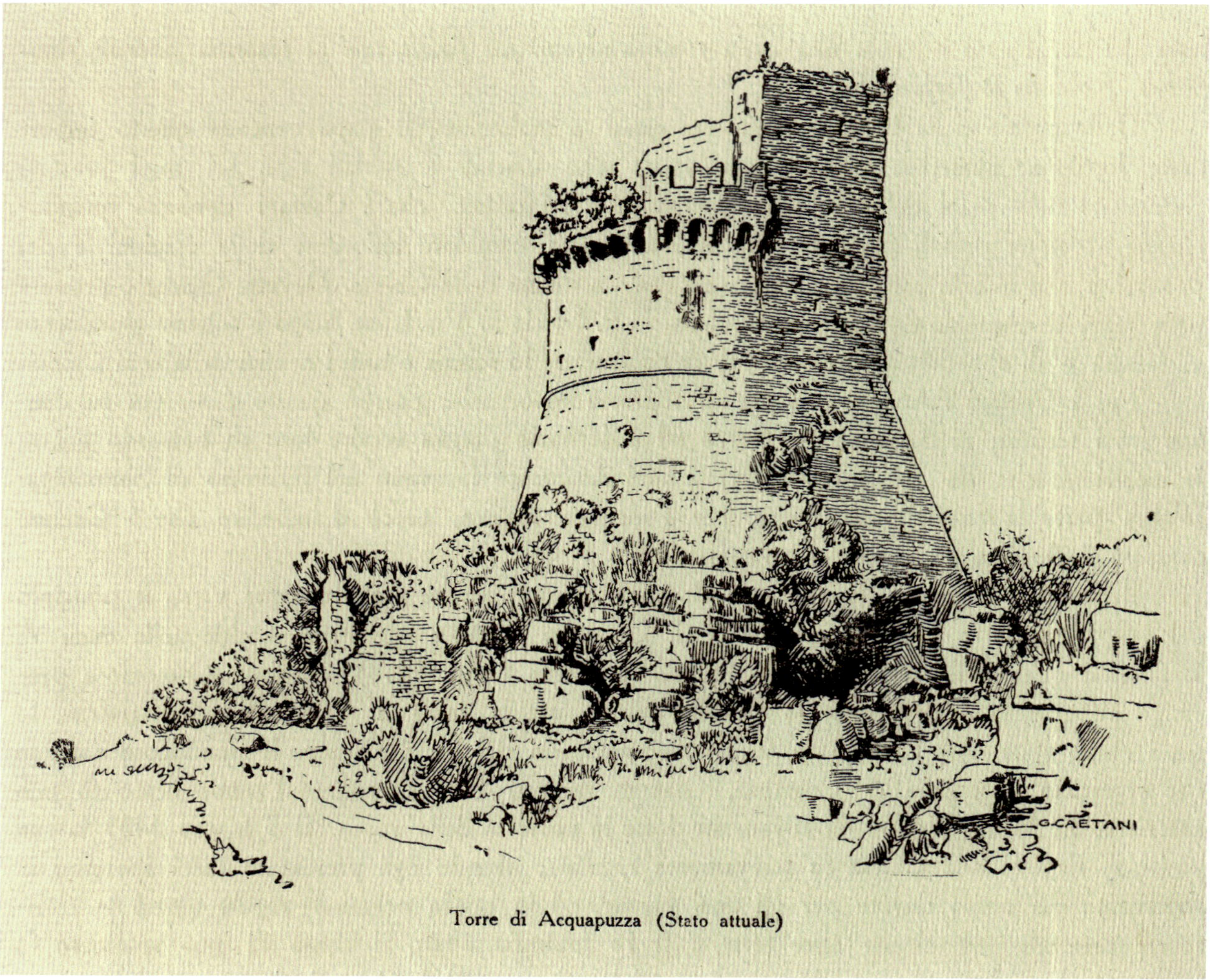

26 Torre di Aquapuzza intorno al 1927, vedi nota 214.

li."[215] Per Kopisch le "mandrie di bufali selvagge, che nuotano da una riva all'altra" era un semplice elemento accessorio. Come risulta con particolare evidenza dalla sua descrizione in prosa, elementi tratti dalla mitologia greca, dall'epoca imperiale romana, dal Medioevo e dal presente vengono per così dire iscritti nella composizione pittorica del paesaggio paludoso.[216] Gli esempi di Westphal e Kopisch dimostrano il modo straordinario col quale, negli anni venti dell'Ottocento, Ninfa e l'Agro Pontino furono scoperti e recepiti dal punto di vista scientifico e artistico.

215 Von Boetticher, 1891, vol. 1, seconda parte, p. 774.

216 Per un'analisi storico-artistica dell'opera di Kopisch cfr. il contributo di Golo Maurer in questo volume. A Berlino Kopisch non era affatto l'unico ad essere affascinato dalle paludi dell'Agro Pontino. Quanto questo soggetto fosse popolare è indicato dal fatto che alle esposizioni dell'Accademia berlinese tra 1828 e 1848 vedute delle Paludi Pontine siano state esposte almeno otto volte. Von Boetticher, 1891, vol. 1, p. 20. 1828, n. 201; 1834, nn. 166 e 524; 1839, nn. 134 e 437 (quest'ultimo è la prima versione del quadro di Kopischs); 1844, n. 270; 1846, n. 230; 1848, n. 4. https://www.bildindex.de/document/obj02510517 (consultato il 12.4.2020). Sarebbe auspicabile uno studio storico-artistico su tali vedute, in parte andate perdute o disperse.

La città delle rovine, ensemble pittoresco e romantico.

Sin dagli anni trenta e quaranta dell'Ottocento Ninfa viene sempre più percepita come un complesso pittoresco e romantico.[217] Testimonianza ne è un racconto del 1830. In aprile di quell'anno un gruppo di persone si mise in viaggio da Roma a Napoli. Tra esse era l'architetto viennese Eduard Bischoff,[218] l'architetto e pittore di Dresda Hans Woldemar Hermann (1807–1878)[219] e l'architetto Christoph Robert August Roller (1805–1858), originario del Württemberg.[220] Di Robert Roller ci sono pervenuti diarî e schizzi[221] che risalgono agli anni del suo soggiorno italiano, il 1829 e il 1830, e riferiscono di quel viaggio.[222] Figlio di un parroco protestante, prima del suo viaggio in Italia aveva lavorato presso diversi architetti a Francoforte sul Meno e a Stoccarda. Tra l'altro fu ispettore edile sotto la direzione dell'architetto Giovanni Battista Salucci (1769–1845), originario di Firenze, il quale costruì per la Corte regia del Württemberg, tra le altre cose, il castello di Rosenstein presso Kannstein. Dopo il suo ritorno dall'Italia Roller fu attivo come architetto a Burgdorf (Svizzera), dove costruì diversi edifici.

Durante la prima parte della loro escursione i viaggiatori camminarono per i monti Albani e Volsci, visitarono tra l'altro Albano, Genzano, Velletri, Ariccia e Cori, e giunsero infine, il 15 aprile, a Ninfa.[223] Per orientarsi disponevano di una carta (forse quella di Westphal), il cui autore tuttavia non viene comunicato.[224] Da lontano Roller avvertì la città come un "luogo estremamente pittoresco e situato in mezzo a tanto verde". Quanto più vi si avvicinavano, "tanto più sorprendente ci apparve la sua fisionomia; a stento riuscivamo a distinguere qua e là tra la folta vegetazione un luccichio di pietra giallastra nel fulgore del sole mattutino, e tuttavia le masse dei verdi cespugli avevano la forma di edifici. Perciò la nostra meraviglia fu grande allorché, giunti alfine sul 'luogo', vedemmo solo vicoli desolati e abbandonati, edifici medievali vuoti e distrutti, e alcune rovina di epoca preistorica, il tutto ricoperto da una fitta vegetazione di edera ed altri rampicanti! Che spettacolo singolare, queste case d'edera, avvolte da un silenzio di tomba, dalle cui finestrelle faceva capolino l'occhio azzurro del cielo e le cui porte conducevano ad un disordinato cumulo di pietre!" La vista di quegli "edifici fatati, trasformati in edera", ispirò loro una grande malinconia.

Pochi anni dopo Franz Freiherr von Gaudy, discendente da una famiglia scozzese, visitò la città delle rovine. Dopo essersi congedato dal servizio militare nell'esercito prussiano, svolse attività di traduttore e soprattutto di scrittore di successo, poeta e giornalista, con uno spiccato interesse per la storia. Peraltro, Franz von Gaudy e il già ricordato August Kopisch si conoscevano bene in quanto frequentavano entrambi la cosiddetta "Mittwochgesellschaft" ("Società del Mercoledì") di Berlino.[225] (Fig. 27)[226] Già nel 1835 Gaudy era arrivato fino a Velletri;[227] nel maggio del 1839 intraprese una lunga escursione per i monti a Sud di Roma. Come guida portò con sé la

217 Durante il suo soggiorno in Italia, in particolare a Roma nel 1830/31, lo scozzese John Stuart Blackie (1809–1895), grecista, poeta, scrittore, in seguito a lungo professore all'Università di Edimburgo, fece assieme ad un artista lunghe escursioni a Velletri, Cori, Norba, Ninfa e Segni, sulle quali non è possibile soffermarsi in questa sede. Stoddart, 1895, vol. 1, p. 108.

218 Roller, 1963, p. 85

219 Roller 1963, pp. 85 e 125, nt. 82. Hermann, 2006. Hermann eseguì numerosi schizzi durante i suoi viaggi; non ho potuto trovare finora alcuna raffigurazione di Ninfa. Su una scelta dei suoi schizzi ed acquarelli cfr. Schleinitz, 2004.

220 L'editore die suoi diarî (Alfred G. Roth) gli attribuisce il nome di Christian, che è sbagliato. Si chiamava Christoph. Per questa segnalazione ringrazio Trudi Aeschlimann. Su Roller rinvio a Schweizer, 2012.

221 Nel suo taccuino di schizzi furono incollati molti disegni, ad es. di Cori e Norba. Non disegnò Ninfa, bensì la "strada tra Cori ed il mulino sotto Sezze." Sullo sfondo si scorgono a sinistra i Monti Albani con Velletri, poi la catena dei Volsci e infine Norba e Sermoneta, con il castello dei Caetani. Roller, 1963, pp. 132–133.

222 Roller, 1962–1964.

223 Roller 1963, pp. 91 sgg. Sull'intero testo, nel quale si narra anche di un incontro dei viaggiatori con il mugnaio di Ninfa, e con i suoi aiutanti, cfr. Matheus, Anthologie, 2024.

224 Roller, 1963, S. 91.

225 Berbig, 1998.

226 Carta con l'itinerario di Gaudy.

227 Von Gaudy, 1839, p. 1034.

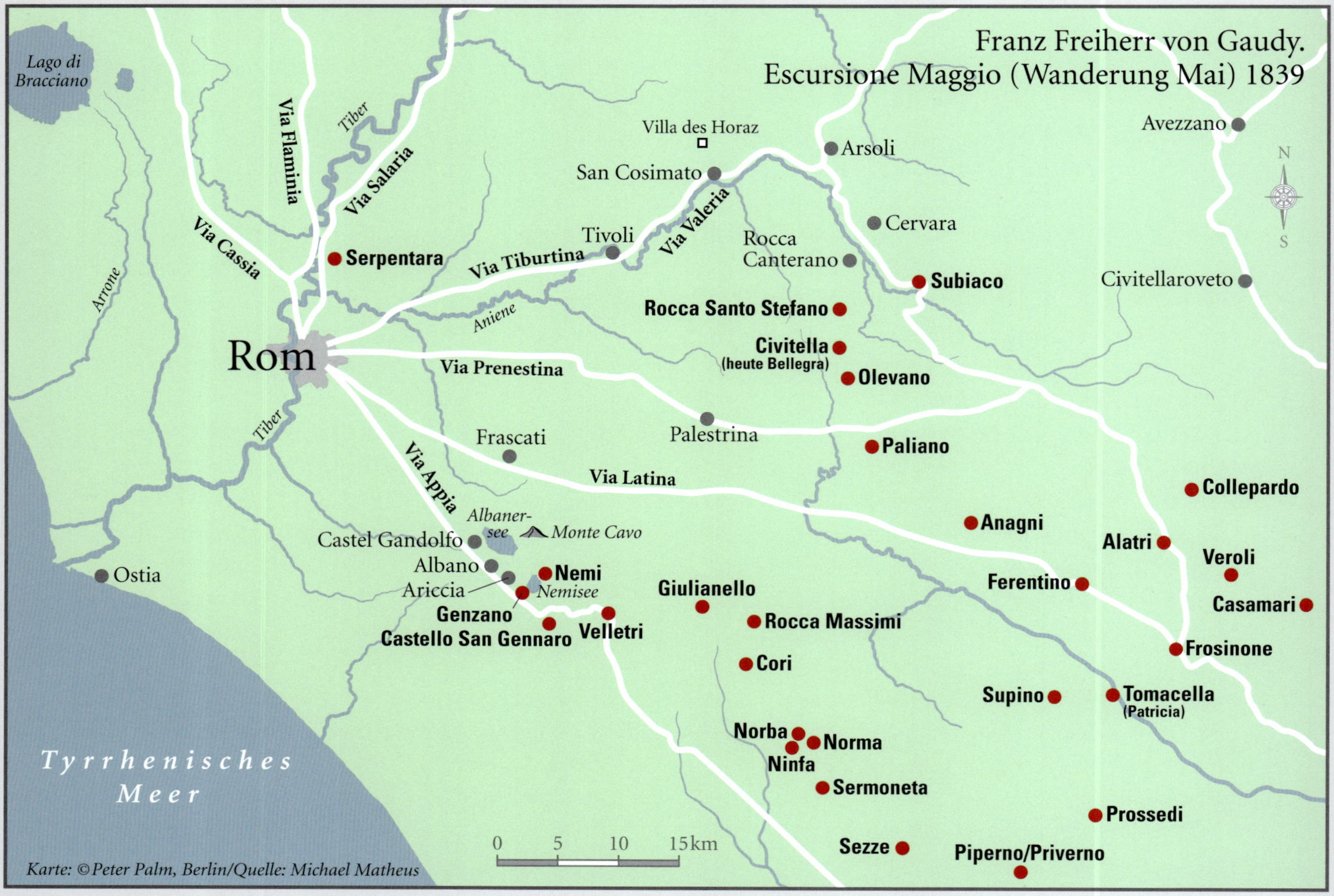

27 Carta con l'itinerario di Gaudy.

"Campagna Romana" di Westphal, secondo lui l'unica "utile" tra le guide turistiche allora disponibili. Come altri prima di lui, anch'egli fu affascinato dagli "avanzi colossali" dell'antica Norba, e soprattutto dalle sue "mura ciclopiche".

Ma egli non descrisse solo i monumenti di Norba, bensì anche in frasi brevi e pregnanti la città delle rovine in pianura. "Una rovina di altro genere è Ninfa, situata proprio sotto Norba, in pianura, una città abbandonata già nel Medioevo, della quale rimangono ancora le mura di cinta, la cella di una chiesa e alcune case. Tutto è ricoperto da una fitta edera, da erbacce e cespugli. Ninfa sta a Norba come il Romanticismo sta all'Antichità."[228]

Theobald Reinhold Freiherr von Oër (1807–1885), pittore di genere, di paesaggi, di soggetti storici, nonché illustratore, nato a Stromberg, in Vestfalia, e formatosi alle Accademie d'arte di Dresda e di Düsseldorf, soggiornò a Roma dal marzo del 1837 fino al 1839 e dipinse un'opera in formato grande,

228 Von Gaudy, 1839, p. 1038.

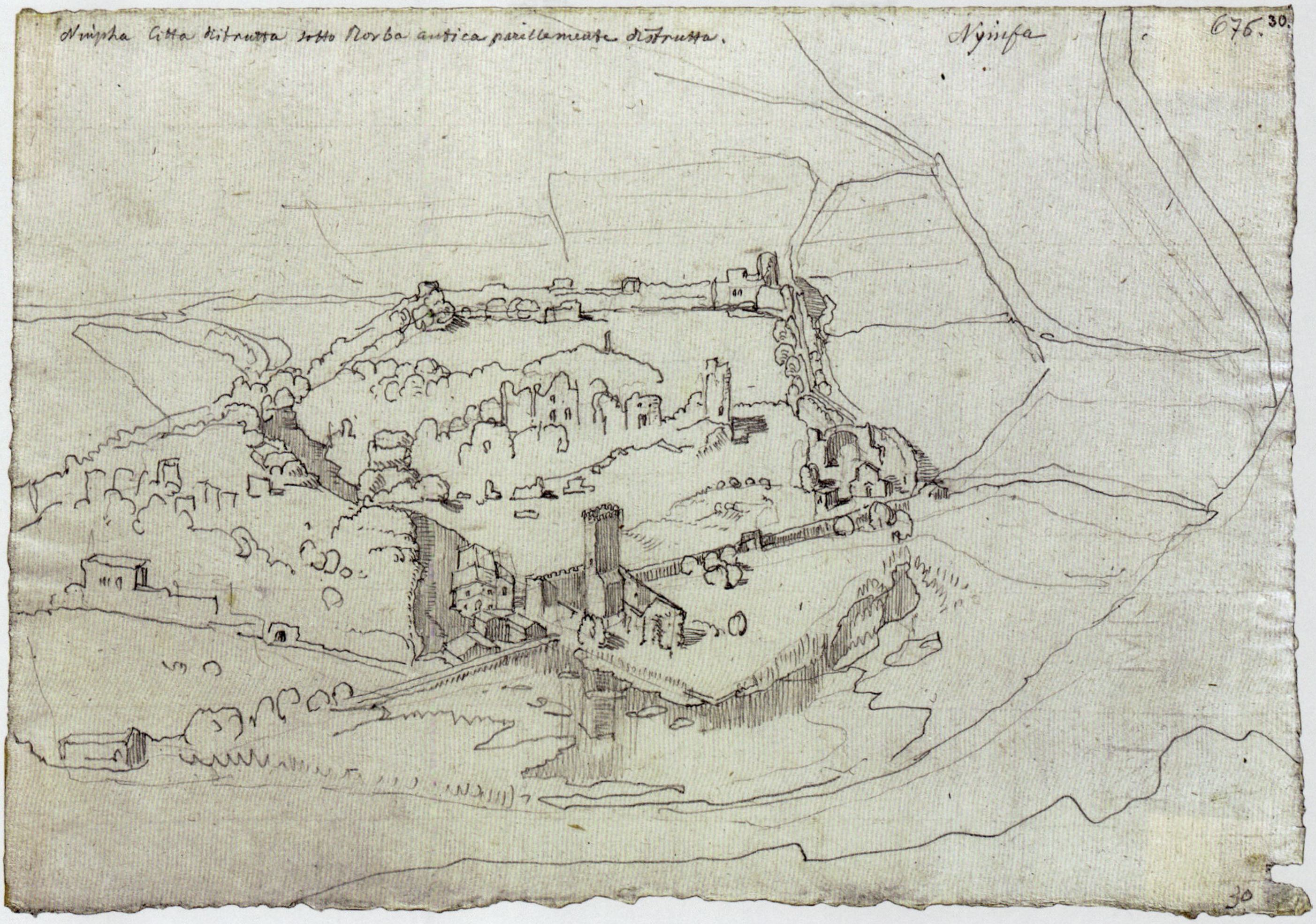

28 Ninfa. Disegno di Ramboux, vedi nota 232.

molto richiesta anche alle esposizioni d'arte: "Rovine di Ninfa vicino Cori, immersa nelle Paludi Pontine."[229] A Ninfa lavorò anche Johann Anton Ramboux (1790–1866), nato a Treviri, pittore, disegnatore, litografo, restauratore e dal 1844 curatore della raccolta Wallraff a Colonia, conservatore di monumenti e soprattutto esecutore di copie di opere d'arte italiane dal primo Medioevo fino al secolo XVI.[230] Ebbe la sua formazione artistica nella sua città natale, poi a Florenville (Lussemburgo) e dal 1809 soprattutto a Parigi, in particolare da Jacques-Louis David (1748–1825). Nel 1816, passando per la Svizzera, si recò in Italia assieme all'incisore svizzero Samuel Amsler (1791–1849).[231] A Roma frequentò assiduamente artisti ed eruditi e, fino al suo ritorno a Treviri nel 1822, disegnò e produsse acquarelli di vedute e di paesaggi

229 Su tale dipinto rinvio allo studio in preparazione sulle raffigurazioni di Ninfa andate perdute o disperse. Sull'artista cfr. Vogel, AKL.

230 Partsch, AKL.

231 Fino a Firenze andarono a piedi, poi con il vetturino (carrozza) fino a Roma. Ueber das Leben, 1850, p. 7.

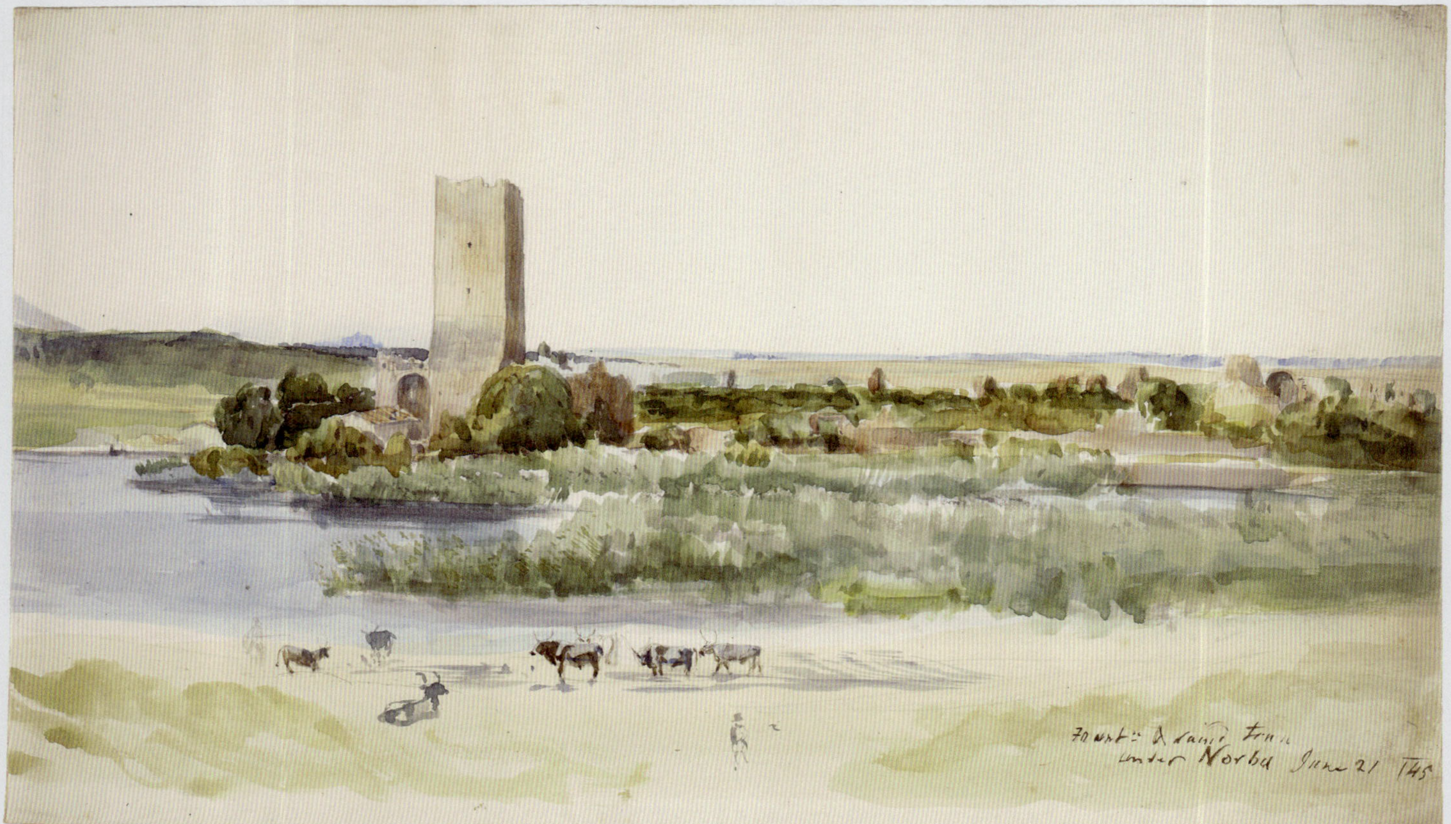

29 Ninfa. Acquarello di Francis Cranmer Penrose, vedi nota 234.

ammirati durante comuni escursioni nell'Italia centrale e meridionale. In tutto fu autore, anche nel corso di altri soggiorni in Italia (1832, 1833–1842), di oltre 200 disegni e ricalchi. Ramboux fu anche a Ninfa prima del 1842, come è documentato da due disegni a noi giunti (Fig. 28).[232]

Nel 1844 fu esposto al *Kunstverein* di Monaco un dipinto a olio del pittore, incisore e xilografo Ludwig Richter (1803–1884): "Rovine della città di Ninfa nelle Paludi Pontine."[233] Verso la metà degli anni quaranta anche l'architetto, pittore, archeologo, astronomo e pubblicista britannico Francis Cranmer

232 Städel Museum, Francoforte sul Meno, https://sammlung.staedelmuseum.de/de/werk/der-garten-von-ninfa
Johann Anton Ramboux, Der Garten von Ninfa (Il giardino di Ninfa), 1818–1843. 203 x 290 mm, matita su carta vergata, numero d'inventario: Bib. 2472, numero del pezzo: Bib. 2472 I 32B. In alto, a matita: "Ninpha Citta distrutta sotto Norba antica parellemente [*sic*] distrutta. // Nymfa." Di Ramboux si è conservato inoltre un disegno a matita : "La conversione di san Paolo, secondo frammenti di affreschi in una basilica distrutta negli odierni giardini di Ninfa." Su questi ed altri disegni è in preparazione uno studio. Tra i "più di 30 luoghi della sua [di Ramboux] attività di esecutore di copie di opere d'arte in Italia, Schulze, 2016, pp. 25 e 33, non menziona Ninfa ed altre località sui Monti Volsci, nelle quali si hanno testimonianze che Ramboux eseguì disegni. Su Ramboux cfr. anche Schulze 2011. Sölter, 2016.

233 Baierscher Eilbote 1844, p. 362. Nulla sappiamo finora sulla datazione di questo quadro. Dovrebbe risalire al soggiorno triennale a Roma di Richter durante gli anni venti. Probabilmente fu dipinto dopo il suo ritorno in Germania sulla base di disegni. A Roma Richter fu aiutato da Joseph Anton Koch, Philipp Veit

Penrose (1817–1903) visitò la città delle rovine e traspose le sue impressioni in un acquarello (Fig. 29).[234] (Fig. 30).[235]

Vi sono poi due disegni hanno la data del 7 maggio 1848; anche un terzo schizzo, privo di data, dovrebbe essere stato eseguito lo stesso giorno. Il primo di essi, uno studio di paesaggio, realizzato in fretta, è una veduta del lago di Ninfa con una persuasiva composizione del complesso delle rovine e, sullo sfondo, Sermoneta. (Fig. 31).[236] Sugli altri due disegni sono raffigurate rovine lungo le strade della città medievale e, sullo sfondo, Norma. (Fig. 32).[237] Questi tre lavori sono di Carl Peter Burnitz (1824–1886), nato a Francoforte sul Meno, che fu disegnatore, paesaggista e giurista.[238] Terminati gli studi giuridici con il dottorato conseguito nel 1847 all'Università di Heidelberg, dall'estate di quell'anno viaggiò per l'Italia e i paesi mediterranei. Nel 1852 tornò nella sua città natale, fu in seguito attivo soprattutto come artista e divenne una delle personalità eminenti della cosiddetta colonia di artisti di Kronberg, vicino Francoforte. La sua produzione tarda è influenzata dai maestri della pittura francese. Dei suoi viaggi si sono conservati più libri di schizzi. L'esemplare con le tre raffigurazioni di Ninfa documenta una gita fatta probabilmente tra il gennaio ed il luglio 1848; i disegni a matita trasmettono le impressioni raccolte dall'artista durante le sue escursioni nel Lazio, dove, tra le altre località, visitò Cori, Norma, Ninfa, Cisterna, Genazzano, Segni e Valmontone.

Nell'estate del 1843 il pittore anglo-tedesco Rudolf Lehmann (1819–1905) visitò, durante un lungo soggiorno a Roma, dove si trattenne dal 1839 al 1846, "i Monti Volsci, poco frequentati." Nei suoi ricordi, pubblicati molti anni dopo, negli anni novanta dell'Ottocento, prima in inglese, poi in tedesco, egli descrive una gita da Sezze a Ninfa, "la città un tempo fiorente", "una fiaba incantevole, un sogno." Ninfa, "una Pompei del Medioevo",[239] offriva secondo lui "un quadro altamente romantico, unico."[240] Ben prima di lui anche Edward Lear (1812–1888), pittore e scrittore britannico, un altro pioniere del processo di esplorazione e scoperta della città delle rovine, aveva pubblicato un resoconto di viaggio in cui rilevava anch'egli orizzonti di esperienza e percezione in via di trasformazione e al tempo stesso nuovi. Nei suoi "Illustrated Excursions in Italy", usciti in due volumi nel 1846, egli descrive Ninfa come "one of the most romantic and striking scenes in Italy."[241]

La pubblicazione di Lear attirò sui Monti Volsci l'attenzione non solo del mondo anglofono. Il secondo volume della sua opera, nel quale è la descrizione di Ninfa, fu recensito da un anonimo nel 1848 sulla "Allgemeine Zeitung". Costui aveva già recensito il primo volume ed era con ogni probabilità lo storico e diplomatico Alfred von Reumont (1808–1887).[242] Grazie ai suoi numerosi viaggi e missioni diplomatiche, Reumont conosceva bene l'Italia e ottenne la cittadinanza onoraria di Roma e Firenze. I suoi scritti, tra i quali una storia di Roma in tre volumi, contribuirono in modo rilevante a plasmare l'immagine dell'Italia nell'area di lingua tedesca durante il secolo XIX. Reumont è uno dei principali mediatori culturali tra le *élites* tedesche e le *élites* italiane.[243] A partire dagli anni quaranta lavorò, tra l'altro, per l'"Allgemeine Zeitung" di

---

e Julius Schnorr von Carolsfeld. Egli disegnò nei dintorni della città e da Roma, passando per Terracina, si recò fino a Paestum. Su Richter cfr. Maurer, 2015, in particolare pp. 234 sgg. e passim. Ehling, AKL. Tre opere di Richter sui dintorni di Roma sono riprodotte in Noack, 1910, Figg. 1, 94 e 96.

234 British Museum di Londra, n. d'inventario: 1959,0221.10. Penrose, AKL.

235 Städel Museum, Francoforte sul Meno, Taccuino di schizzi, inventario: SG 2361, https://sammlung.staedelmuseum.de/de/werk/skizzenbuch-46 Bl. 5v: datata; in basso a destra: "Nimfa d. 7 Mai."

236 Ibid. fol. 13r. In basso a destra: "Nimfa 7. Mai." ("Ninfa, 7 maggio").

237 Ibid. fol. 14r: Veduta di due case di Ninfa, in parte diroccate. In basso a destra: "Ninfa".

238 Boskamp-Priever, AKL

239 In tal modo riprende nei suoi ricordi la metafora utilizzata per primo da Gregorovius, che nel frattempo si era imposta.

240 Lehmann 1894. Lehmann 1896, pp. 60–61

241 Lear, 1846. Kronthaler, AKL. Su di lui rinvio al saggio di Marco Graziosi in questo volume.

242 Allgemeine Zeitung 1848, pp. 2461–2462. Questo recensore anonimo si definisce come l'autore delle "Lettere romane di un Fiorentino". Cfr. von Reumont, 1840, 1844.

243 Rinvio a Forni, 1985. Clemens, 2006. Pohle (a cura di), 2015. Schumacher, 2019. Tutti questi studi contengono ulteriori riferimenti bibliografici.

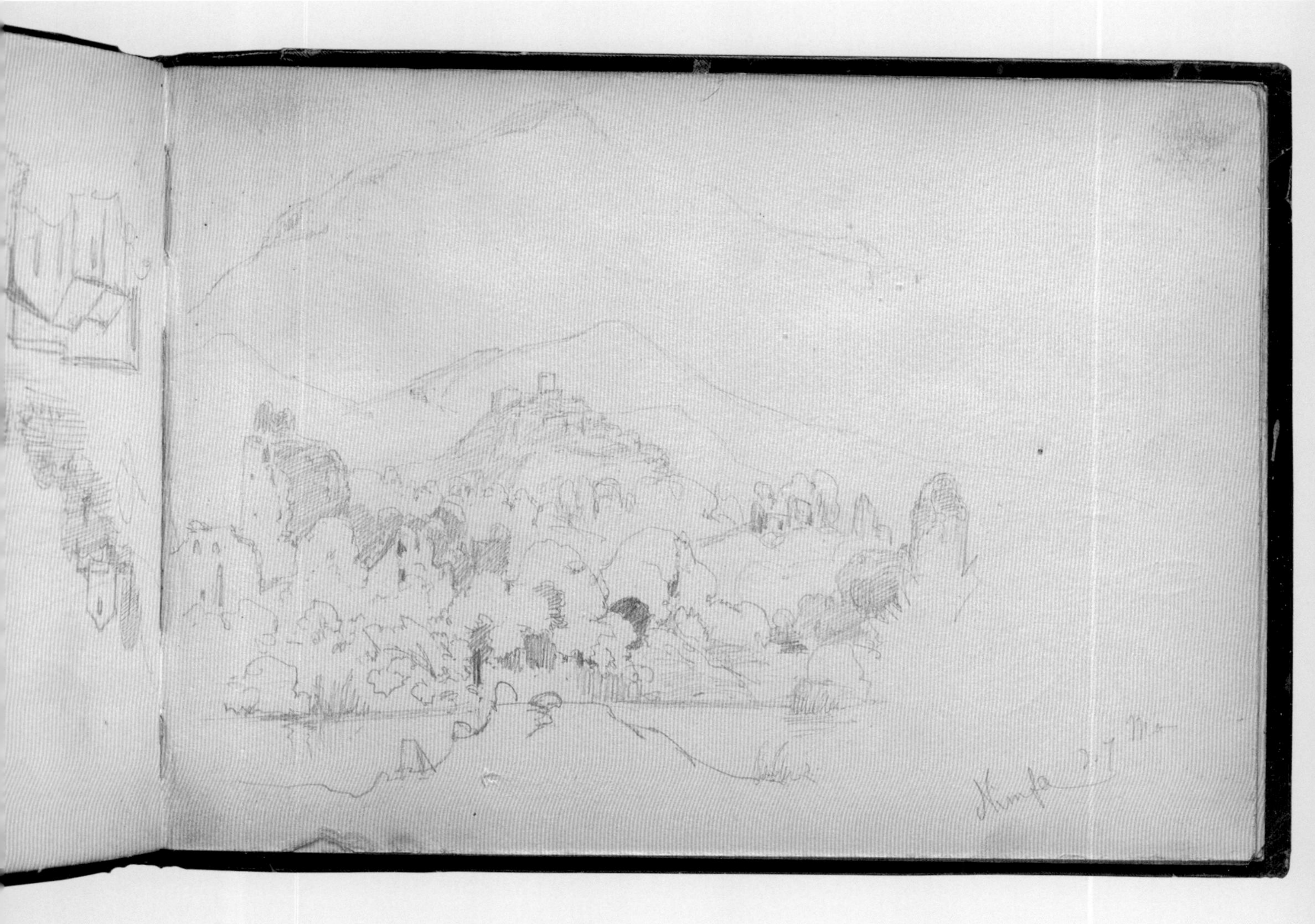

30 Burnitz, Sermoneta e Ninfa, vedi nota 235.

Augusta. Il secondo volume delle "interessanti descrizioni" di Lear è, secondo Reumont, "non meno ricco (del primo) di passi singolari e pittoreschi e, come il primo, apre spesso prospettive sconosciute sia a colui che ha percorso in Italia solo le grandi vie di comunicazione, sia alla maggior parte dei soliti libri su questo paese." Mentre il primo volume tratta di escursioni per i "Monti Sabini fino all'Abruzzo", il secondo conduce il lettore "sul versante meridionale della grande catena montuosa", "per lo più attraversando luoghi classici, dove ad ogni passo ci parlano le memorie dell'Antichità e del Medioevo – località nelle quali la civiltà moderna ancora non è penetrata... facendo deperire il godimento di natura ed arte." Reumont enumera i diversi scenari descritti da Lear nei suoi testi e con le immagini, tra i quali è anche Ninfa, della quale i lettori di quel rinomato giornale quotidiano apprendono così l'esistenza.

Nel 1848 Henrietta Horatia Maria Feilding (1810–1851), la futura Horatia Geisford, visitò la città delle rovine. In una lettera al fratellastro, Henry Fox Talbot (1800–1877), uno dei pionieri della fotografia, gli racconta di una gita sui Monti Volsci e a Ninfa: "Arrivammo in un posto curioso chiamato Ninfa, dove sono alcuni resti antichi che non fummo in

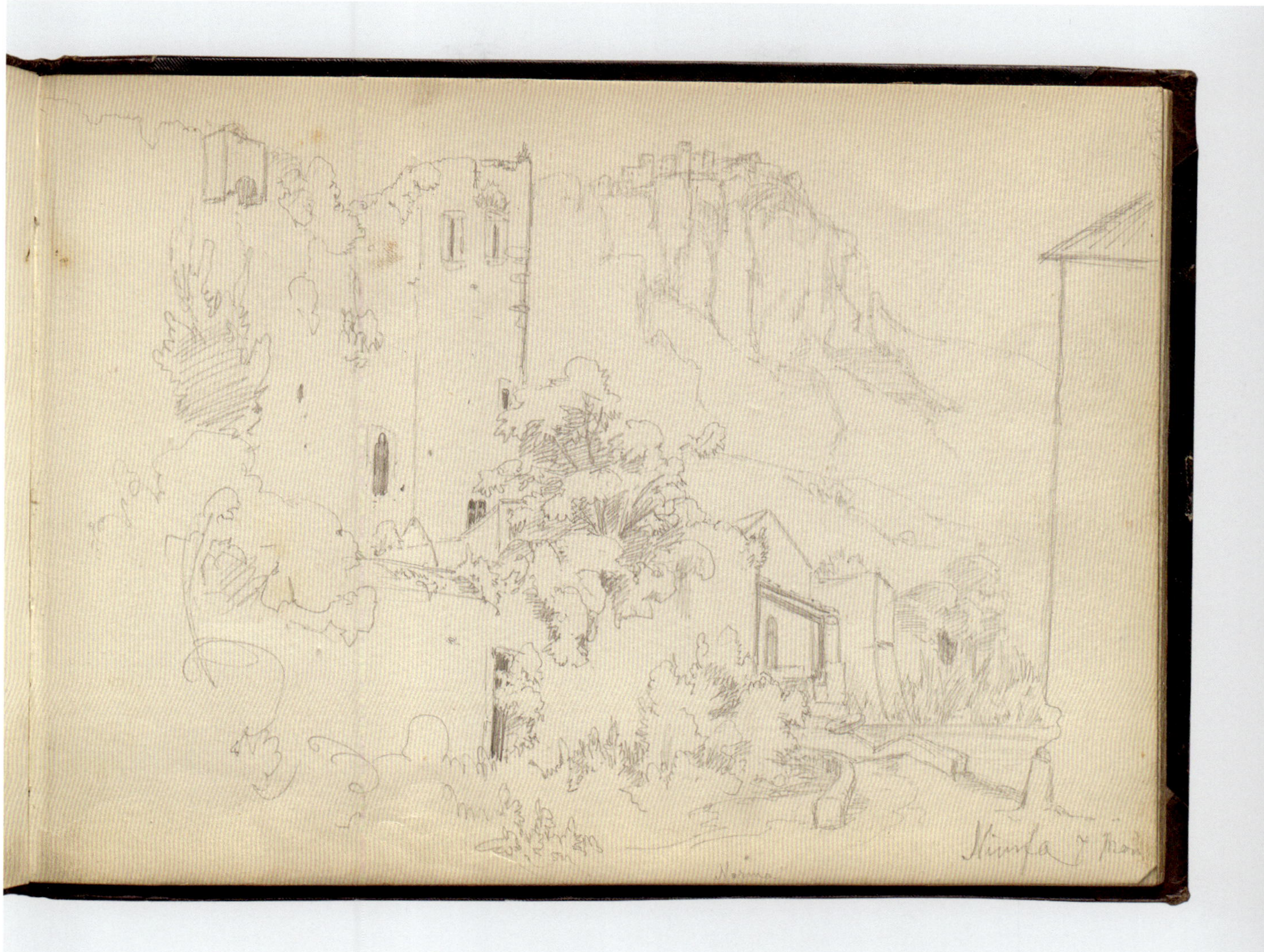

31 Burnitz, Ninfa, vedi nota 236.

grado di scorgere bene, e mura e torri molto pittoresche dei bassi tempi [*in italiano nel testo originale*], coperte di edera, ed un laghetto alimentato da numerose sorgenti cristalline."[244]

Molti visitatori di Ninfa non si limitarono a trasmettere ai loro lettori una percezione delle rovine mediante testi e immagini. Un altro oggetto d'interesse fu l'esplorazione e la descrizione di fauna e flora. Tale aspetto, che potrebbe costituire un tema per future ricerche, fu rilevato dallo storico e topografo italiano Giuseppe Marocco nella sua descrizione di Ninfa del 1834. Egli menziona anche par-

244 "We came to a curious place called Ninfa, where are some remains of antiquity which we could not well make out & very picturesque walls & towers of the bassi tempi covered with ivy & a little lake fed by several springs as clear as crystal." Quest-Ritson, 2009, S. 21 f. http://kmd-s.dmu.ac.uk/letters/transcriptName.php?bcode=Talb-WH&pageNumber=5563&pageTotal=10048&referringPage=278 (consultato il 6.1.2021). La lettera è del 12 ottobre 1848: "We have just made an expedition that made us think of you for it was just exactly what you would have enjoyed so much." Vi si trovano menzionati anche il mulino ed il mugnaio di Ninfa. Cfr. anche il saggio di Marco Graziosi in questo volume.

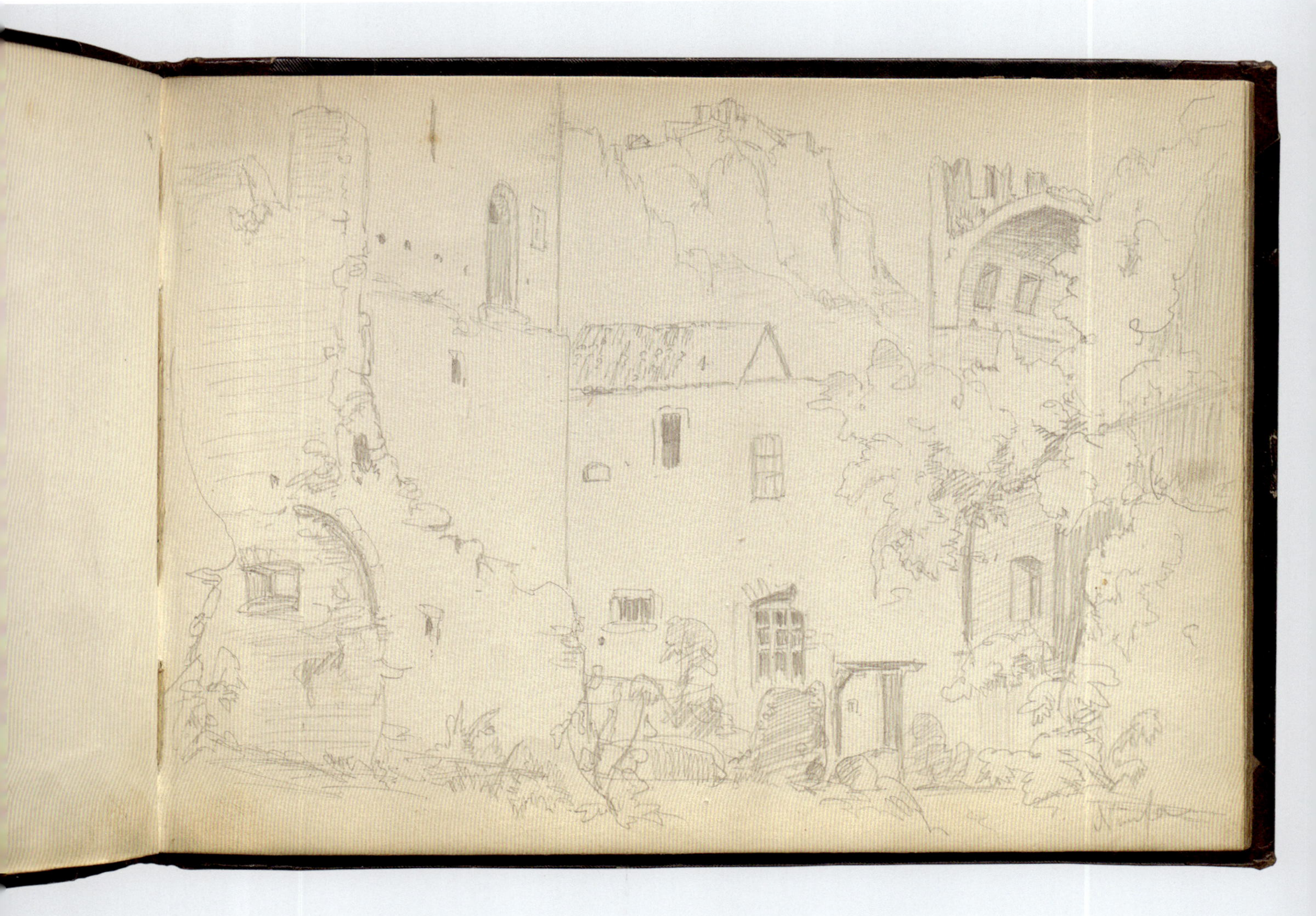

32 Burnitz, Ninfa, vedi nota 237.

ticolari aspetti del paesaggio lungo il fiume Ninfa, e segnala la "caccia di anatre selvatiche, e di altri volatili",[245] nonché talune "utilissime erbe botaniche".[246] Il pittore Heinrich Bürkel (1802–1869), oriundo di Pirmasens, negli anni trenta soggiornò più volte e a lungo a Roma, ivi espose alcuni suoi quadri, ne esplorò i dintorni e visitò anche Ninfa.[247] Al 4 febbraio 1838 è datato un disegno eseguito nella città delle rovine (Fig. 33).[248] (Figg. 34 e 35)[249] Su un dipinto, che venne apprezzato alle mostre e dalla cri-

245 Sulla storia della caccia a Ninfa e nelle Paludi Pontine cfr. Pavan, 1974, p. 635.

246 Marocco, 1834, vol. 5, pp. 72–73. Rinvio inoltre alla trattazione esauriente di Moroni, 1858. Cfr. anche il saggio di Marco Graziosi in questo volume.

247 Wipfler, 2018, soprattutto pp. 41 sgg., con ulteriori indicazioni bibliografiche.

248 Stadtarchiv Pirmasens (Archivio municipale di Pirmasens), num. d'inventario: HBZ 577. Nuova segnatura archivistica: 1816 BUR ZE 508.

249 Heinrich Bürkel. Disegno intero; particolare con animali.

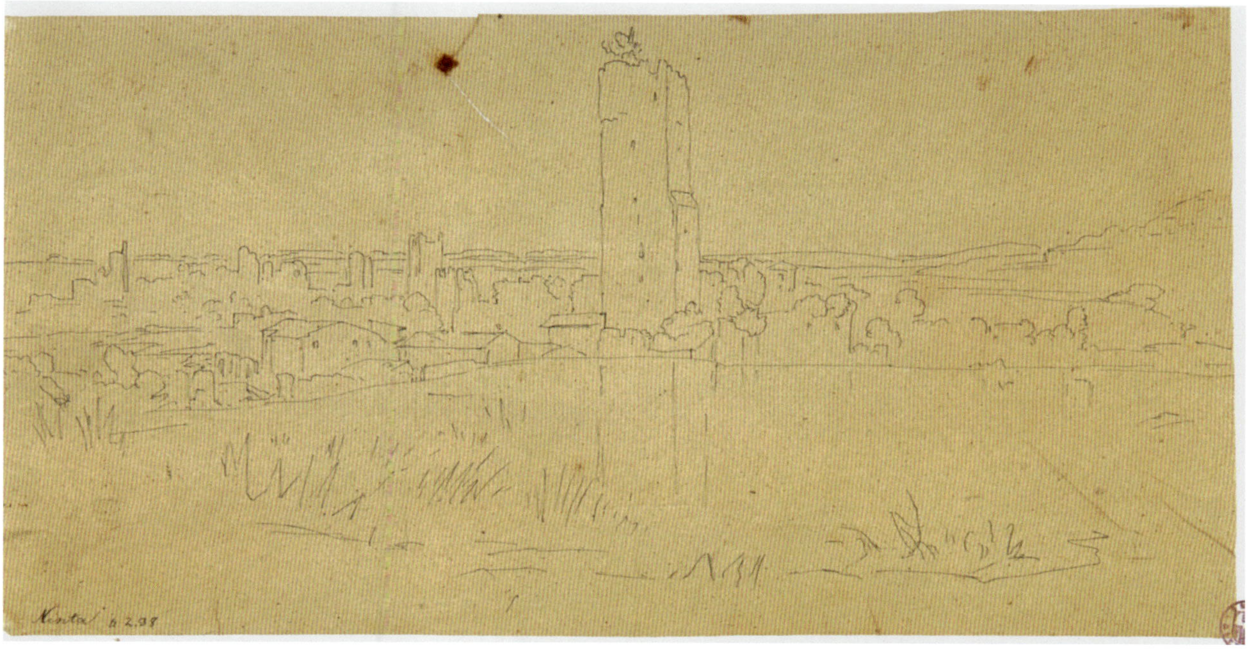

33 Bürkel, Ninfa, vedi nota 248.

tica d'arte, Bürkel raffigurò in modo particolarmente regnante la fauna delle paludi nell'ambiente di Ninfa con le sue rovine.[250] In ogni caso, il "dialogo tra natura e ruderi" inizia già allora e non solo con l'inglese Ada Bootle-Wilbraham (1846–1934), ovvero con suo figlio Gelasio Caetani (1877–1934), e con la trasformazione dell'insieme di rovine e giardino a partire dagli anni venti del Novecento.[251]

Escursioni a piedi nella *terra incognita*

Un elemento unisce i pionieri dell'esplorazione di Ninfa menzionati finora. Pur essendo vero che nel moderno turismo di massa singoli viaggiatori aspirano a distinguersi dalla massa dei turisti, tuttavia i viaggiatori moderni percorrono di solito "sentieri

34 Bürkel. Ninfa, vedi nota 250.

250 Il 17. 11. 2017 questo dipinto fu venduto dalla casa d'aste VAN HAM. https://www.van-ham.com/de/objekte/heinrich-buerkel-campagnalandschaft-mit-wasserbueffeln.html (consultato il 18. 12. 2021). Bühler, Krückl, 1989, pp. 157 e 177. Ringrazio questa casa d'aste per avermi dato il permesso di riprodurre il dipinto di Bürkel. Esso fu esposto ad alcune mostre, ad es. nel 1840 a Vienna, e venne ben accolto dalla critica d'arte. "Un terzo quadro, le Paludi Pontine al tramonto, qui e là rovine della città abbandonata di Ninfa, catene di monti in lontananza avvolti da vapori nebbiosi, attesta la provata e versatile fantasia del maestro. Qui Bürkel si è compiaciuto di trattare il suo tema in modo un po' ardito, ma questa libertà è piena di spirito e il quadro è provvisto di figure accessorie di animali. È indubbiamente una delle prove più interessanti di Bürkel in questi ultimi tempi." Der Bayerische Volksfreund. Münchener Unterhaltungsblatt 17, 1840, pp. 133–134. Cfr. anche: "la veduta in sommo grado interessante della città abbandonata di Ninfa nelle Paludi Pontine." Der Bayerische Landbote 16, 1840, p. 455. In questo volume era previsto un saggio storico-artistico su Bürkel, ma a causa della pandemia non è stato possibile prepararlo.

251 Quest-Ritson, 2009, pp. 26 sgg.

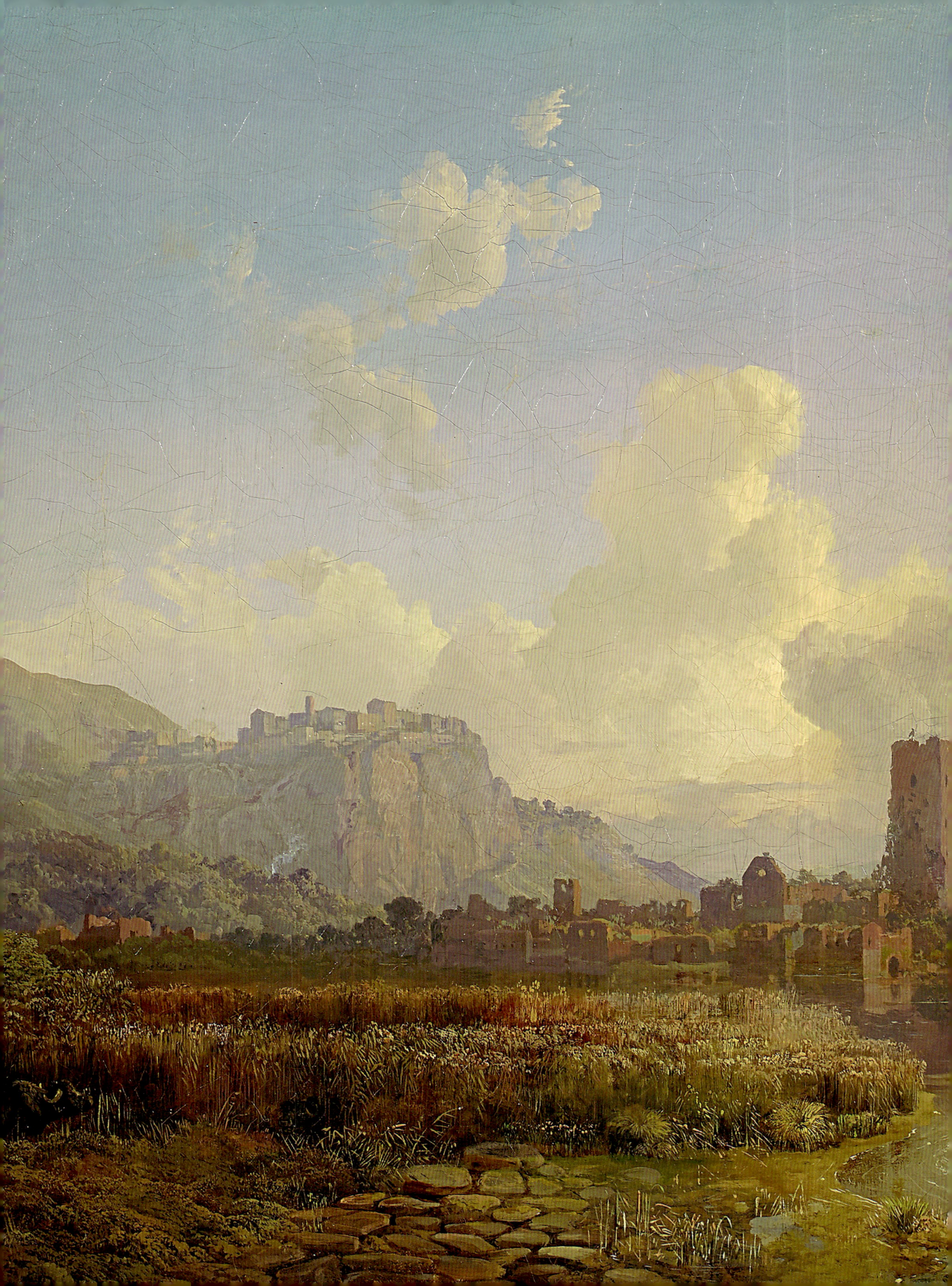

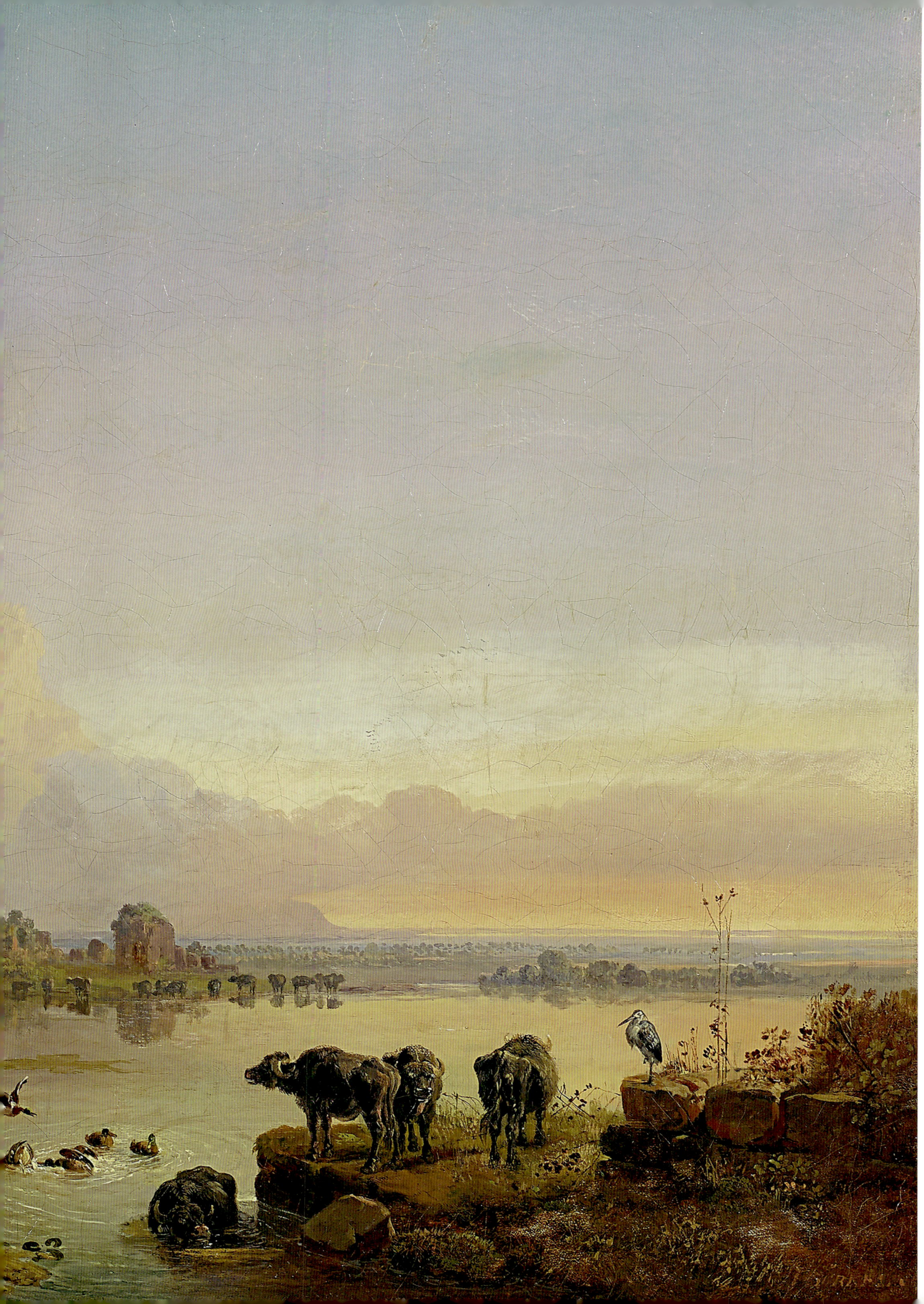

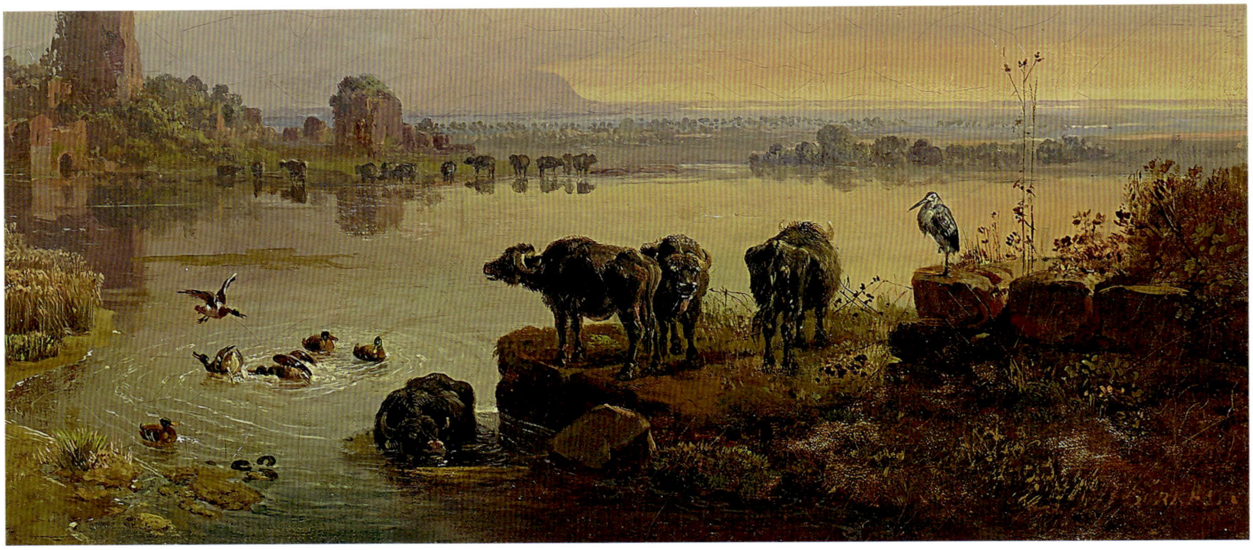

35 Bürkel; particolare con animali.

ampiamente battuti".[252] Durante la prima metà del secolo XIX, però, vi erano ancora molti luoghi da scoprire e quasi sconosciuti in un paese così spesso visitato come era l'Italia. Che fosse guidata da un interesse scientifico o artistico e/o dai paradigmi del pittoresco-romantico, la prima generazione dei visitatori di Ninfa non voleva percorrere i "sentieri battuti" dai molti, ma andare alla scoperta di vie, paesaggi, monumenti, bellezze naturali e modi di vita umana, di cui fino ad allora non ci si era accorti o che si conoscevano molto poco. Sceglievano pertanto percorsi diversi da quelli in gran misura standardizzati del *Grand Tour*[253], né percorrevano solo quegli itinerari che si aprirono nel secolo XIX con l'avvento di nuovi mezzi di trasporto e venivano consigliati da una nuova generazione di guide turistiche.[254]

Franz von Gaudy formulò in modo addirittura programmatico tale esigenza, che andava di pari passo con un certo qual protagonismo individualista. A differenza della massa dei viaggiatori in Italia, egli voleva scoprire la "terra incognita" del paese. Pur sembrando "che lì non vi fosse più alcuno spazio, ancorché piccolo, che non fosse stato già percorso e descritto da autori che si deliziavano a scrivere, ciò nonostante non vi è un paese che sia più sconosciuto e al tempo stesso una miniera più ricca per l'osservatore, non appena costui disdegna di mettersi sulle strade battute da altri e di seguirli nelle cacce ai campanili loro prescritte. Quasi nessuno di questi racconti di viaggio offre più di una descrizione delle strade principali." "La maggior parte dei visitatori si sente schiacciata dalla sovrabbondanza dei tesori d'arte accumulatisi nelle città; costoro sono contenti di aver visto ciò che la guida turistica ritiene indispensabile vedere, di averlo più o meno compreso e non ci pensano proprio a cercare ciò che è ignoto, a sottoporsi a nuove fatiche alla ricerca di qualcosa di vago e incerto...". "La maggior parte di coloro che fanno viaggi rapidi si accontenta di ammirare da lontano la meravigliosa bellezza delle catene montuose, dai nomi diversi, che, simili a giganteschi guardiani, circondano Roma, oppure limita le escursioni alle località più prossime e facilmente accessibili delle montagne, situate lungo le strade principali: persino tra gli artisti sono quasi soltanto i paesaggisti a fermarsi a lungo sui monti ed a percorrerli con cura."[255]

Non solo von Gaudy, ma anche molti viaggiatori della prima metà dell'Ottocento si recarono a

252 Culler, 1981.
253 Schudt, 1959, pp. 145 sgg.
254 Knoll, 1991.
255 Von Gaudy, 1839, p. 1029.

Ninfa non più a dorso di cavallo o in carrozza, ma scelsero consapevolmente il viaggio a piedi, che dalla fine del secolo fu reinventato, divenendo un nuovo modello di esperienza.[256] Un esempio di tali imprese si legge nel testo di Johann Gottfried Seumes (1763–1810) "Spaziergang nach Syrakus im Jahre 1802" ("Passeggiata a Siracusa nel 1802"), un resoconto di viaggio che è paradigmatico, anche perché soggettivo, critico e provocante, e che fu spesso recepito in seguito.[257] Non solo tale marcia forzata di circa 6.000 kilometri, fatta a piedi, ma anche escursioni più brevi erano di solito faticose ed esposte a imponderabilità, appagavano tuttavia la curiosità e il desiderio di avventura. Intraprese non per necessità, a differenza di coloro che emigravano in cerca di un lavoro, tali escursioni in un paese culturalmente e geograficamente straniero divennero dopo il 1800 un modello di mobilità sempre più in voga. Questa tecnica di cultura doveva servire all'apprendimento, all'esperienza dei sensi, alla scoperta di se stessi; essa offriva inoltre la possibilità di sperimentare nuove abitudini visive. Al tempo stesso uscì un profluvio di pubblicazioni su temi studiati con criteri scientifici e su conoscenze relative alla storia, alla geografia e ai costumi locali. Soprattutto la letteratura di viaggio, in continua crescita e diversificazione, invogliava all'imitazione con testi e immagini.

Nuove dimensioni della percezione della città delle rovine

La seconda fase dell'esplorazione e percezione della città delle rovine, che inizia attorno alla metà del secolo XIX, è correlata a modifiche sostanziali nel sistema dei trasporti e, in particolare, ai nuovi mezzi di locomozione, il piroscafo e la ferrovia. Numero e composizione sociale dei viaggiatori toccarono nuove dimensioni anche in Italia, la terra per tradizione oggetto di "Sehnsucht", di desiderio nostalgico. Grazie all'apertura della galleria del Moncenisio nel 1871 e al completamento del tunnel ferroviario del Gottardo nel 1882 crebbe costantemente il flusso dei turisti che prendevano il treno per recarsi al Sud: "an ever increasing swarm of invaders in Italy."[258]

Nel 1856 Charles Hamilton Aidé[259] (1826–1906), poeta, compositore, disegnatore e scrittore di novelle, pubblicò la sua prima raccolta di poesie.[260] Egli era figlio di un mercante armeno e nacque a Parigi. Dopo la morte del padre si trasferì in Inghilterra con la madre, figlia di un ammiraglio britannico, e divenne una personalità prominente della società letteraria londinese. La sua raccolta di poesie contiene un componimento intitolato "Norba and Ninfa", nel quale egli rielabora poeticamente una gita nei Monti Volsci e la vista delle Paludi Pontine, abbandonate dagli uomini perché letali. Il poeta fu affascinato non solo dai "polygonal blocks" di Norba, le rovine di strutture create da architetti ignoti, ma anche dalla "deserted Ninfa" con il complesso delle sue rovine risalenti all'Antichità ed al Medioevo e con l'associazione, propria di quel sito, di rovine e rigogliosa, florida vegetazione.[261]

Pochi anni dopo si raggiunge una nuova qualità della percezione di Ninfa grazie alla descrizione di Ferdinand Gregorovius ed a quella di Hermann Allmers; quest'ultima è rimasta finora sconosciuta ai più e resta ancora da studiare la sua influenza nell'area di lingua tedesca.[262] Dopo il pioniere John Izard Middleton[263] e i numerosi artisti degli anni trenta, quali Penry Williams,[264] Heinrich Bürkel,[265] Theo-

256 Kaschuba, 1991. Maurer, 2015, in particolare pp. 57 sgg. con ulteriori indicazioni bibliografiche.

257 Seume, 1803.

258 Sully, 1912, p. 66.

259 Aidé o Aïdé. Su di lui cfr.: https://en.m.wikisource.org/wiki/Dictionary_of_National_Biography,_1912_supplement/Aid%C3%A9,_Charles_Hamilton (consultato il 9. 1. 2021)

260 Hamilton, 1856. Aidé, AKL.

261 Hamilton, 1865, pp. 153 sgg.

262 Nella sua visita a Ninfa nel 1859 Gregorovius fu accompagnato non da Gustav Müller (come sostiene Miller, 2016, p. 390), bensì dal paesaggista ed acquarellista di Basilea Rudolf Müller (1802–1885). Gregorovius, 1881, p. 440. Di Rudolf Müller non ci sono note, fino ad oggi, raffigurazioni di Ninfa.

263 Cfr. p. 38 sgg.

264 Schneider, AKL. Cfr. il saggio di Marco Graziosi in questo volume.

265 Cfr.p. 59 sgg.

bald Reinhold Freiherr von Oër,[266] sui quali non è possibile soffermarsi in questo volume, a partire dagli anni quaranta altri artisti, come Edward Lear,[267] Ludwig Richter,[268] Francis Cranmer Penrose, Jean-Achille Benouville (1815–1891),[269] Charles-Édouard Audiffred (Audiffret) (1818 c.–1861),[270] Carl Ferdinand Sprosse (1819–1874)[271] (Figg. 36 e 37), Karl Lindemann Frommel (1819–1891) (Fig. 38),[272] e Carl Friedrich Werner (1808–1894),[273] (Fig. 39) raffigurarono Ninfa non solo in disegni, ma anche in dipinti[274] e, assieme a scienziati e letterati, prepararono il terreno per nuove percezioni. Al tempo stesso, però, occorre tenere presente che in quel gruppo crescente di artisti di lingua tedesca soggiornanti a Roma nella prima metà del secolo XIX[275] erano anche gli esponenti dell'indirizzo romantico-religioso detti Nazareni, attivi nell'Urbe sin dall'inizio del secolo e la cui influenza andava ben oltre i confini della città: per costoro Ninfa non costituì di solito un soggetto degno di essere raffigurato.[276]

Gregorovius descrisse Ninfa non solo nel testo su "I Monti Volsci", che ebbe un'ampia ricezione, ma compose anche una poesia su Ninfa, finora poco nota, e in Italia ancora del tutto sconosciuta.[277] Dopo Hamilton e Gregorovius la città delle rovine ispirò creazioni liriche anche ad altri poeti e poetesse, come l'inglese George Browning (1813?–1878), il romano Francesco Massi (1804–1884), Franz Alfred Muth (1839–1890), un sacerdote cattolico, scrittore e poeta che pubblicò sotto lo pseudonimo di Franz vom Rheine, e la nota storica della musica e giornalista Marie Lipsius (1837–1927), quest'ultima sotto lo pseudonimo di "La Mara".[278]

I "Römische Schlendertage" ("Passeggiate romane") di Hermann Allmers, che ebbero un grande successo di pubblico, contengono un capitolo sulla "città dimenticata" ("Die vergessene Stadt").[279] Questa descrizione di Ninfa fu pubblicata nel 1860 nella "Weser-Zeitung" di Brema. Estratti di stampa circolarono nell'intera area di lingua tedesca e in Italia, ed

266 Cfr. p. 53 sgg.
267 Cfr. il contributo di Marco Graziosi in questo volume.
268 Cfr. p. 53.
269 Mammucari, Langella, 1998, p. 176. Stolpe, AKL.
270 1845 *Vue de Ninfa dans les marais Pontins*. Ritter, AKL.
271 Von Boetticher, 1898, vol. 2, p. 793. Carl Ferdinand Sprosse, AKL. Sulle sue incisioni di Santa Maria Maggiore e San Pietro cfr. anche Trabucco, 2019, pp. 36–37. Su un acquarello di Ninfa di Sprosse cfr. Matheus, Anthologie, 2024.
272 La litografia è del settembre 1846. "Skizzen und Bilder aus Rom und der Umgegend," ("Schizzi e immagini di Roma e dintorni") Nr. 42, Stoccarda 1855. Forse esiste un'altra edizione, cfr. Freude, 1997, pp. 247 sgg., p. 446 (n. 105). Sul foglio, in alto, sul margine sinistro: "Aus dem Volsker-Gebirge." ("Dai Monti Volsci"). Titolo: "*Sermoneta* e Ninfa nelle palude pontine." Su disegni di Ninfa di questo artista cfr. Freude, 1997, pp. 260 e 267 (n. 235). Kasten, Karl Lindemann-Frommel, AKL, che lo ritiene "uno degli ultimi rinomati artisti tedeschi a Roma". Un saggio su Lindemann-Frommel, che era stato promesso, non ha potuto essere stampato.
273 Casa d'aste Karl&Faber, asta dell'11. 11. 2016, 272, lotto 297. Su carta velina, 7,5 x 50,5 cm. datato (1851) e firmato. Ringrazio la casa d'aste e l'attuale proprietario per avermi dato il permesso di riprodurre il acquerello. Per un'altra versione cfr. Carl Werner, In den Pontinischen Sümpfen–1851, acquarello su matita, circa 29 x 52 cm. Questo acquarello è parte di una raccolta del notaio e a lungo presidente del Gemeinnütziger Theater- und Konzertverein di Erlangen e. V. Dr. Ruprecht Kamlah, che lo donò alla Friedrich-Alexander-Universität di Erlangen. Hofmann-Randall, Silva, 2021, n. 42, pp. 77–78. Su Werner cfr. Lier 1897. Von Boetticher, vol. 2, 1898, pp. 1005–1008. Kasten, Werner, Carl Friedrich Heinrich, AKL. Su Werner, Ninfa e i Monti Volsci è in programma una monografia.
274 E probabilmente anche altri artisti finora non rintracciati.
275 Maurer, 2015. pp. 97 sgg. 279 sgg. Maurer, 2018.
276 Oswald, 1988. Steinle, Hollein, 2005.
277 Cfr. Miller, 2016, ed il suo saggio in questo volume. Su Gregorovius e la famiglia Caetani cfr. il contributo di Angela Steinsiek in questo volume. Sulla poesia ed il testo cfr. Matheus, Anthologie, 2024.
278 Browning, 1871, zweite Auflage 1872. Browning, 1877. Siehe auch Sindici, 1907. Trabucco, 2019, S. 43f., 57 La Mara, 1901, pp. 109–110. Marie Lipsius visitò Ninfa probabilmente assieme ad un'amica, la scrittrice Similde Gerhard (1830–1903). Su queste ed altre poesie cfr. Matheus Anthologie 2024. Su una poesia su Ninfa di Hermi(o)ne von Preuschen cfr. il saggio di Christiane Baumann in questo volume.
279 Su Allmers cfr. Siebs, 1915. Behne (a cura di), 2008. Behne (a cura di) 2017. Behne, Steimer (a cura di), 2019, e il contributo di Axel Behne in questo volume. Otto Speyer, in una benevola recensione dei "Römische Schlendertage" nei "Blätter für literarische Unterhaltung" (26 gennaio 1871), p. 76, osserva: "Nella stesura dell'ultimo articolo "Die vergessene Stadt" (Ninfa ai piedi dei Monti Volsci) sembra che all'autore sia ignota la splendida e dettagliata descrizione di queste meravigliose rovine, avvolte da fiori, fatta da Gregorovius." Il capitolo di Allmers su Ninfa verrà pubblicato in italiano in: Matheus, Anthologie, 2024. Sull'amico di Allmers e suo compagno di viaggio in Italia, il medico e zoologo Ernst Haeckel (1834–1919), cfr. il contributo di Axel Behne in questo volume. Sulla visita di Haeckel a Ninfa nel 1904 (per la quale trasse ispirazione da Allmers), cfr. Matheus, Anthologie, 2024.

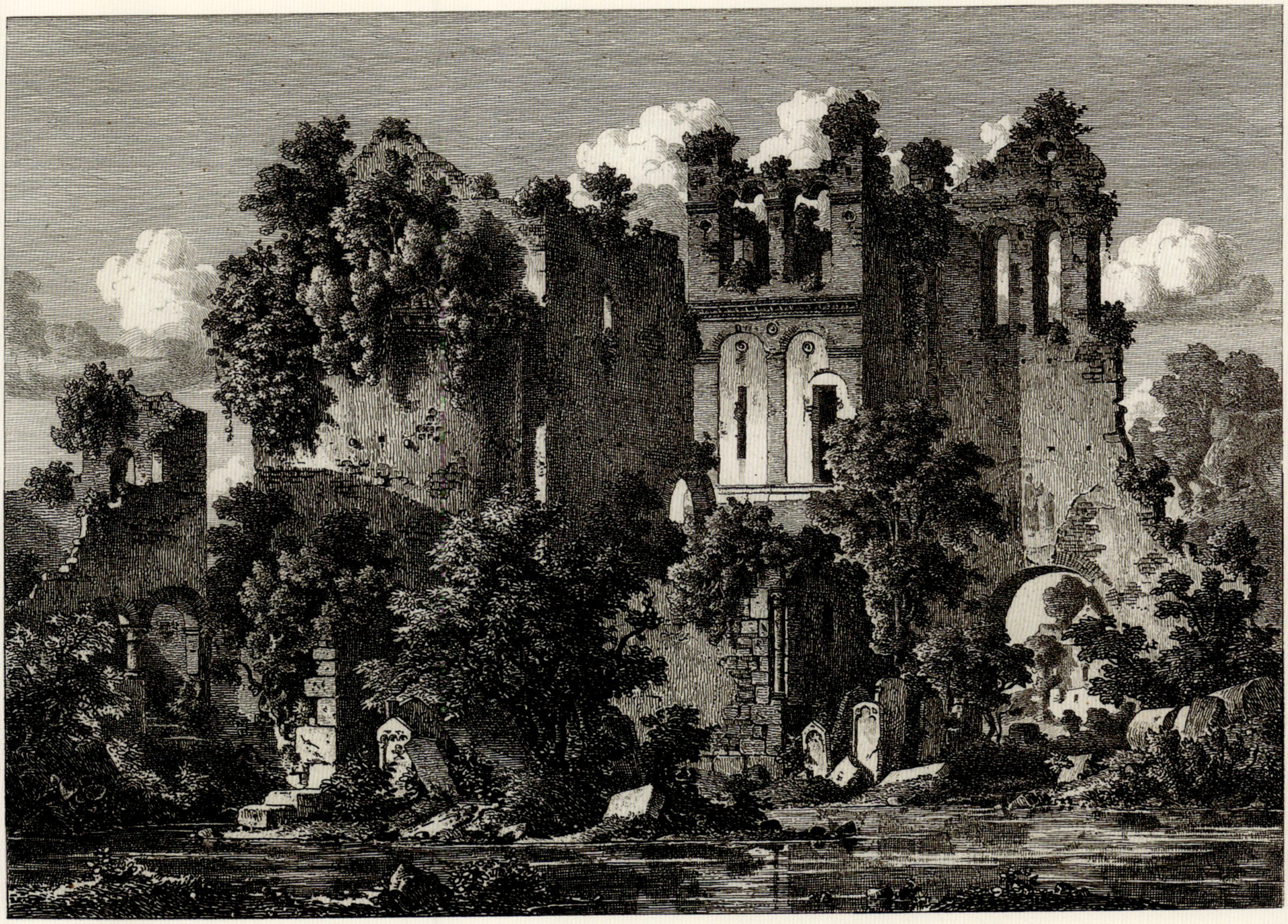

36 Sprosse, Ninfa, vedi nota 271.

ispirarono amici dello scrittore ed i loro conoscenti a visitare la città delle rovine. Gregorovius e Allmers, che visitarono Ninfa a poca distanza l'uno dall'altro, quasi come se fossero impegnati in una gara, si servirono entrambi della metafora, ancor oggi in uso, di Ninfa Pompei del Medioevo, la cui paternità è tuttavia da attribuire a Gregorovius. Non furono però Gregorovius ed Allmers, con il loro richiamo a Pompei, i primi a mettere in relazione le rovine con scenari di decadenza. Da secoli, infatti, la loro percezione aveva evocato in alcuni osservatori stati d'animo elegiaci.[280] Inoltre, per diversi altri complessi edilizi e di rovine fu usata, anche da Gregorovius, la metafora di Pompei. Essa implicava ed implica una

280 Esch, 2018, pp. 13 sgg.

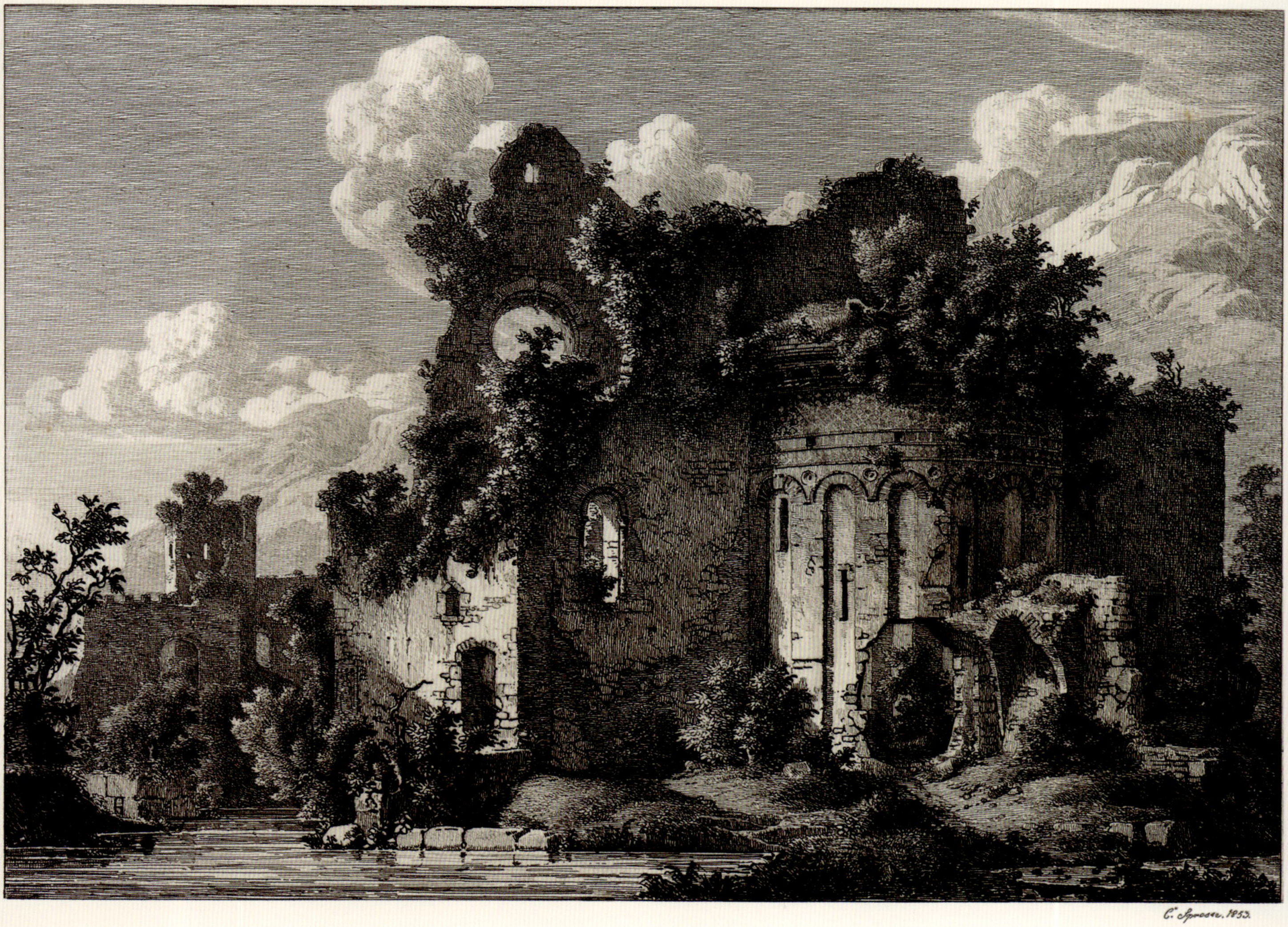

37 Sprosse, Ninfa, vedi nota 271.

prospettiva comparativa interepocale su processi di abbandono di centri urbani.[281]

Comunque, Gregorovius fu recepito in maniera più intensa che Allmers, il quale dopo la fine della Prima Guerra Mondiale e dagli anni venti del Novecento fu letto sempre meno e in Italia è ancor oggi quasi sconosciuto; né le sue opere, né la descrizione della città delle rovine sono state finora tradotte in italiano, a differenza di quelle di Gregorovius. Ai testi ed ai disegni di entrambi questi autori è legata in primo luogo una percezione poetica di Ninfa. Contemporaneamente, nelle descrizioni di Ninfa del poeta e studioso Gregorovius confluiscono però anche quelle conoscenze scientifiche da lui acquisite durante i lunghi anni di ricerche sulla storia di Roma nel Medioevo.

281 Su tale tema è in preparazione uno studio.

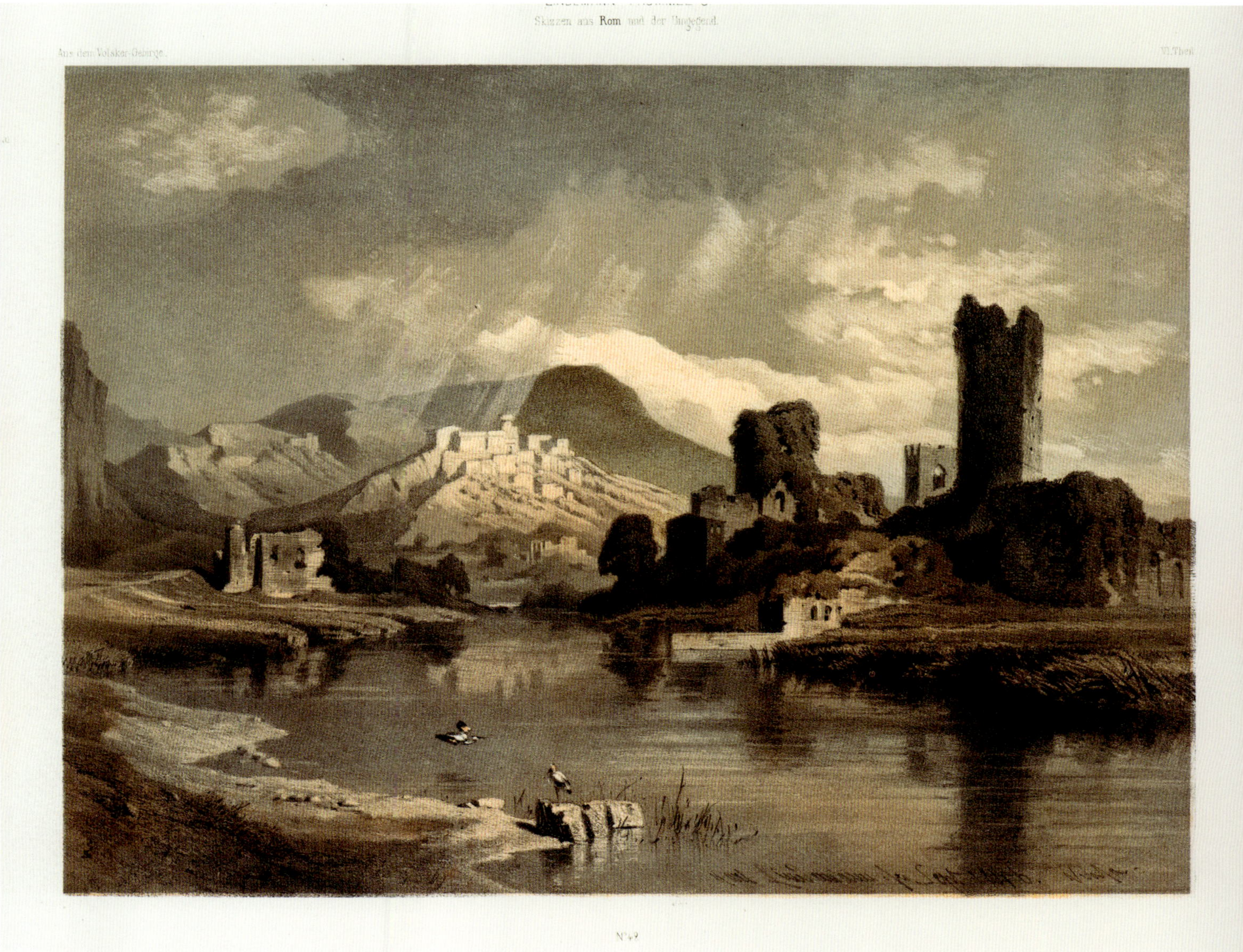

38 Frommel, *"Sermoneta e Ninfa nelle palude pontine"*, vedi nota 272

Intorno al 1860, peraltro, non furono solo Gregorovius ed Allmers a visitare Ninfa. Durante un viaggio di studio in Italia nel 1861 lo storico di Dresda e aspirante storico dell'arte Max Jordan (1837–1906), in seguito per molti anni direttore della Galleria nazionale di Berlino, fece assieme allo storico dell'arte Hermann Lücke (1837–1907), futuro professore di storia dell'arte all'Accademia d'arte ed al Politecnico di Dresda, alcune gite partendo da Roma. Costoro visitarono la città delle rovine insieme a due artisti, Friedrich Preller il Giovane (1838–1901) e Theodor Grosse (1829–1891), che allora lavoravano a Roma.[282] "Una delle gite più belle ci portò fino al confine delle Paludi Pontine. Visitammo Piperno, nei Monti Volsci,

282 Che si trattasse con molta probabilità di questi due artisti si ricava dall'accenno di Max Jordan: "A parte Preller, eravamo in tre di Dresda." Jordan (a cura di), 1904, p. 82. Jordan aveva conosciuto Preller e Grosse a Roma.

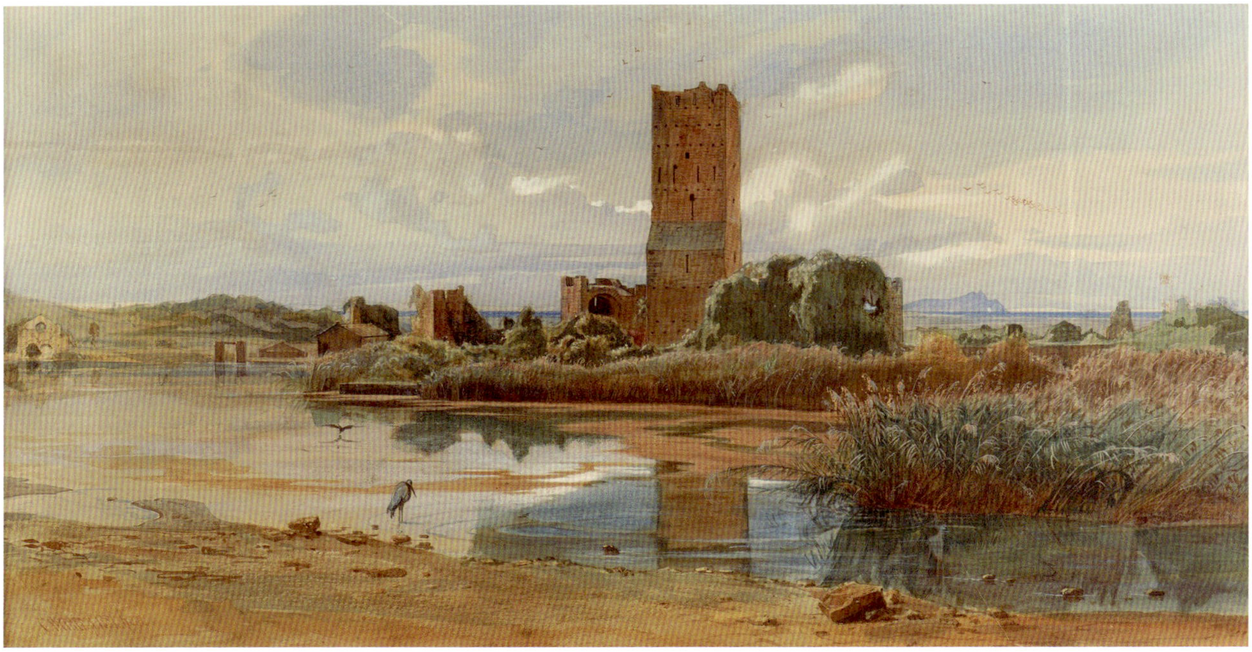

39 Werner, Ninfa, vedi nota 273.

con i suoi interessanti edifici *en miniature*, e Ninfa, una Pompei medievale; solo che non fu coperta di cenere, bensì è soffocata dall'edera. Sotto le gigantesche volte di questi rampicanti, che a tratti non fanno passare i raggi del sole, si cammina e si striscia lungo passaggi stretti, percorribili di solito solo da lucertole e serpenti, e in questa città incantata si attraversano aule claustrali e cappelle quasi in rovina, con pitture vaghe – impressioni uniche. Dopo una sosta che fu breve, dato che non ci si può soffermare a lungo in quel luogo per via della malaria che vi imperversa – salimmo a Norma antica per un sentiero quasi rettilineo e faticoso"."[283] Poco dopo, intorno al 1863, lo scozzese Robert Macpherson (1814/15–1872) fece la prima fotografia di Ninfa a noi nota.[284]

In un articolo di giornale del 1872 la città delle rovine è descritta come un luogo visitato in quel periodo soprattutto da poeti ed artisti.[285] "Le rovine di antichi insediamenti nelle Paludi Pontine sono in gran parte ricoperte da rampicanti di ogni tipo. A tale riguardo, quelle che più affascinano il visitatore sono le rovine dell'antica città di Ninfa nelle vicinanze del fiume omonimo. Questa città fu abbandonata durante il Medioevo e, da allora, non è più stata ripopolata. Vi sono ancora chiese, strade e case. Qui e là vi è l'acqua, ma tutto è ricoperto, da sotto a sopra, dentro e fuori, di edera ed altri rigogliosi rampicanti. Si immagini questa città abbandonata, avvolta da un silenzio di morte, nella luce abbagliante e all'ombra intensa del sole italiano di mezzogiorno! Schl..., che da Norma visitò spesso queste rovine, le descrisse come un fenomeno in mezzo alle paludi, veramente incomparabile.[286] Solo pastori e mandrie, e pittori e poeti immersi nelle loro contemplazioni, formano talvolta le figure accessorie in questo mondo morto."

283 Jordan (a cura di), 1904, pp. 81–82.
284 Cfr. il saggio di Almut Goldhahn in questo volume.
285 Zwischen Rom und Neapel, in: Beilage zur Allgemeinen Zeitung, 1872, pp. 1209–1210.
286 Potrebbe trattarsi dell'artista Eduard Schleich il Vecchio (1812–1874) che nel 1871 soggiornava a Roma e nella Campagna. Pecht, 1874. Noack, 1927, vol. 2, p. 523. Finora, però, non ci sono note raffigurazioni di Ninfa di Schleich. Ringrazio Elisabeth Boser e Annika Janßen-Keilholz per questa gentile informazione.

Tra questi pittori figurava all'inizio degli anni settanta l'artista George Inness (1825–1894), talvolta, quando era in vita, chiamato "the American Turner.[287] I suoi lavori furono inizialmente influenzati dallo stile dei pittori della *Hudson River School*, poi, dagli anni cinquanta, grazie ad un viaggio in Europa ed una sosta a Parigi, da artisti della scuola francese di Barbizon. Inness sviluppò uno stile proprio, affascinante, che ricorda posteriori lavori dell'Impressionismo. Egli appartiene all'avanguardia della pittura paesaggistica americana del suo tempo.[288] Nella primavera del 1870 tornò in Europa, visse anche a Roma e da lì fece alcune gite nei dintorni, ad esempio ai laghi di Nemi e di Albano.[289] (Abb. 40: The After Glow) Di lui ci sono giunti almeno due lavori risalenti al suo soggiorno a Ninfa. Il quadro "The After Glow" (c. 1873) mostra lago e castello di Ninfa alla luce soffusa del sole al tramonto.[290]

Al più tardi all'inizio degli anni settanta lavorava a Ninfa anche il paesaggista danese Harald Jerichau (1851–1878), nato a Copenhagen. Dopo aver ricevuto la prima educazione artistica nella sua città natale, fu allievo di Jean Achille Benouville all'*Académie de France* a Roma e dipinse vedute dei dintorni della città.[291] La scrittrice britannica Mary Howitt (1799–1888), morta a Roma, dove dal 1871 in poi trascorreva di solito i mesi invernali, scriveva di Ninfa nel 1873: "Pochi la visitano, neanche gli archeologi, poiché andarvi nella calura estiva sarebbe quasi morte certa. Talvolta, ma molto raramente, durante i bei mesi di aprile e maggio forse uno straniero avventuroso o un poeta che gira a piedi può recarsi lì e, tornando con qualche storia meravigliosa su quanto ha visto, è a stento creduto da qualcuno. In questo momento, comunque, il signor Harold Jerichau, il figlio dotato di talento di una madre altrettanto dotata,[292] ha messo a rischio la sua vita a Ninfa nella speranza di dipingere su tela la strana bellezza fiabesca di quel luogo e di trasmettere al contempo la sensazione della sua misteriosa stranezza e silenziosa desolazione. Se mai la mano di un artista avesse il potere di farlo, questo giovane pittore, bravo e dotato di sensibilità poetica, vi riuscirà."[293]

Anche gli studiosi eruditi, che continuavano ad interessarsi soprattutto dei monumenti antichi e della Campagna, cominciarono in questo periodo ad accorgersi della città delle rovine e la visitarono. Ciò vale ad esempio per Franz Xaver von Reber (1834–1919), uno storico dell'arte i cui interessi si concentravano soprattutto sull'arte e l'architettura dell'Antichità. Nel 1869 divenne professore di storia dell'arte ed estetica al Politecnico di Monaco, nel 1875 assunse ivi la direzione delle Gallerie statali, nel 1881 venne nobilitato e nel 1890 fu accolto nell'Accademia Bavarese delle Scienze come membro ordinario.[294] Nella sua opera "Die Ruinen Roms und der Campagna" ("Le rovine di Roma e della Campagna"), uscita nel 1863 e in seguito più volte ristampata,[295] egli tratta soprattutto dei monumenti antichi. "Cori, con le sue rovine, è tra le città più interessanti dell'Italia centrale."[296] Visitò però anche "l'interessante città medievale di Ninfa, in rovina, la cui descrizione

287 Cikovsky, 1993, S. 69,

288 Werner, 1977, S. 16ff.

289 Cikovsky, 1985, S. 28ff., 30f. Cikovsky, 1993, S. 61ff. Bell, 2003, bes. 32f., 90ff. L'artista descrisse il quadro "Lago di Nemi" del 1872 come "one of my very best", ebd. S. 32. Bell 2006, S. 21f., 30. Quick, AKL.

290 Ireland, 1965, p. 154, no. 631 (ca. 1873), ca 36 x 51 cm. Firmato G. Inness. A quanto pare, sono esistite diverse versioni di questa immagine. Ireland, 1965, S. 409. Cikovsky, 1993, S. 74. Per un altro dipinto di Inness cfr. vgl. Ireland, 1965, p. 155, no. 632: "Pontine Marshes, Rome." Datato e firmato: G. Inness 1873, raffigurante uccelli che volano bassi sul lago di Ninfa, e sullo sfondo il castello e rovine tra le piante.

291 Jerichau, AKL.

292 Harald Jerichau era il figlio della coppia di artisti Jens Adolf Jerichau ed Elisabeth Jerichau-Baumann.

293 "Few people visit it, not even archeologists, for in the heat of summer it would be almost certain death to go there. Occasionally, but very rarely, during the beautiful months of April and May, an adventurous stranger, a pedestrian poet, perhaps, may make his way thither, and returning with some wonderful story of what he has seen is scarcely believed by anyone. At the present moment, however, Mr. Harold Jerichau, the gifted son of a most gifted mother, has adventured his life at Nympha in the hope of depicting on canvas the strange fairyland beauty of the place and giving at the same time the sentiment of its weirdness and silent desolation, and if it be in the power of the artist's hand to do it, this clever and poetical young painter will succeed." Howitt, 1873.

294 Wesche, Kostial-Gürtler, 1997, n. 58, p. 76.

295 Von Reber, 1863, 1879, 1883, 1991.

296 Von Reber, 1863, p. 586.

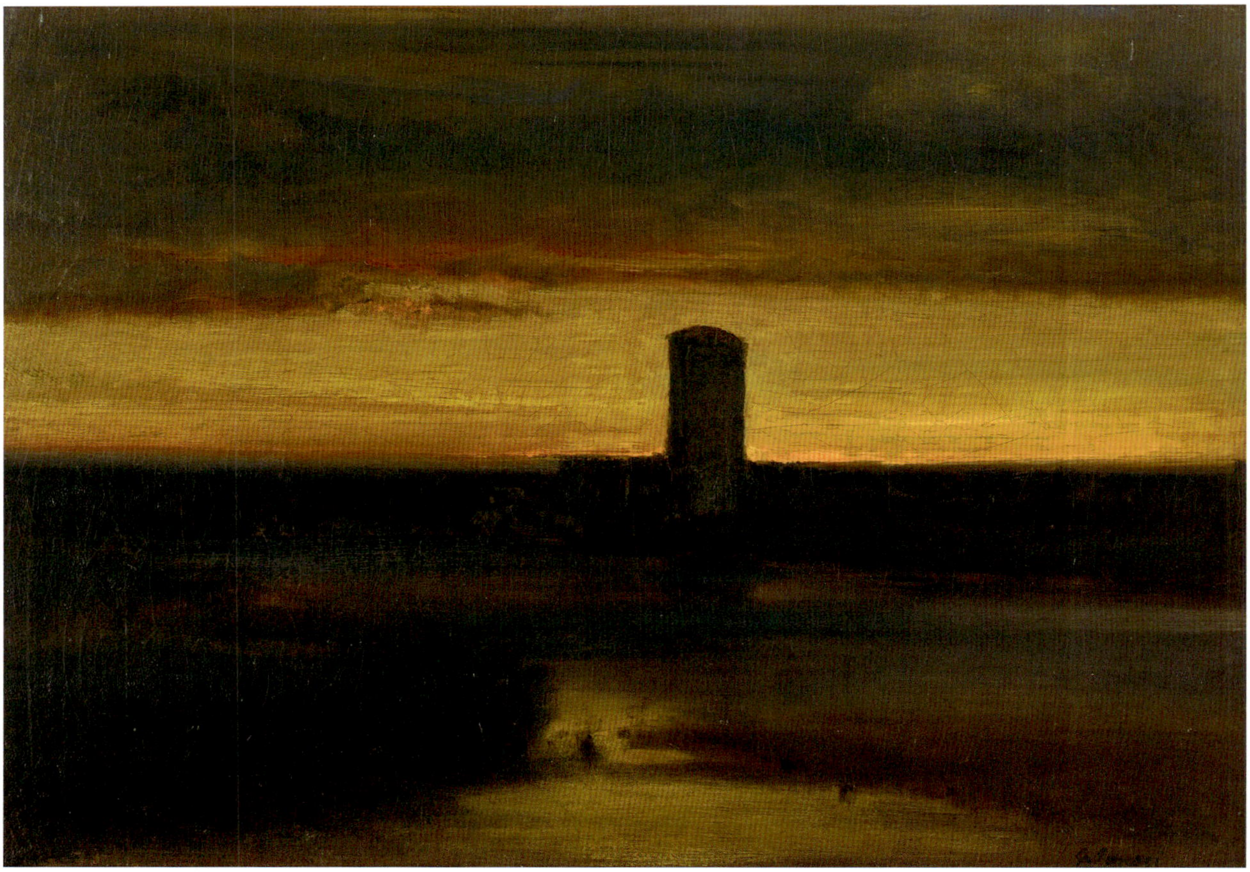

40 Innes, *"The After Glow"*, vedi nota 290.

tuttavia non rientra nell'oggetto di questo libro."[297] Allo stesso tempo si esalta alla vista "indimenticabile", "che si offre dall'alto del ciglio di Norma in un giorno sereno, seguìto ad uno piovoso e pertanto privo di foschia." Attorno allo spettatore soffia "a quell'altezza un'aria fresca, immune dal pesante alito febbrile delle paludi, un'aria che non potrebbe essere più salutare e squisita, e di questo incomparabile pregio ci rammentiamo non appena volgiamo uno sguardo a Ninfa, giacente ai piedi di Norma, una città oggi completamente abbandonata e decaduta, con interessanti rovine medievali, la quale, distante neanche un miglio, declinò perché si trovava in una zona insalubre."[298]

Compito di future ricerche sarà inquadrare in maniera più approfondita i modelli di percezione di Ninfa, trasmessi mediante testi e immagini, nella cornice del generale entusiasmo per il Medioevo, che fu tipico del movimento romantico, e delle sue concezioni di fondo spesso in contrasto con la modernità. Metafore quali Ninfa città dell'edera,[299] armeria d'edera dell'Italia,[300] città dei fiori,[301] castello della Bella Addormentata nel Bosco,[302] città delle rovine, perduta al mondo,[303] città dei morti,[304] città della

297 von Reber, 1863, p. 585.
298 Von Reber, 1863, p. 583.
299 Die Epheustadt, 1871.
300 Gregorovius, 1860.
301 La Mara, 1901, pp. 109–110.
302 "[...] e giù sullacqua sparsa di cespugli e ciuffi di canne, la torretta di Ninfa, tra ruderi minori sembra un'abitazione non morta bensì assopita; ma da anni e anni, da cento, come la Bella addormentata del Bosco, lei è la Bella malata della Palude." Fleres, 1904, p. 52. Su questo motivo cfr. anche il saggio di Alex Behne in questo volume.
303 Grabein 1906, p. 184.

palude,[305] città fiabesca, città incantata, città magica sprofondata e fiaba incantata,[306] Vineta italiana,[307] Pompei delle paludi,[308] "scheletro di una città distrutta dalla malaria,"[309] e "palude di malaria",[310] rimandano a molteplici processi di appropriazione dell'immaginazione romantica.

Che ormai l'interesse non fosse rivolto solo alle mura ciclopiche dell'antica Norba, ma in misura crescente anche alla città medievale delle rovine, si ricava anche da una recensione del libro di Augustus J.C. Hare (1834–1903), "Days near Rome" del 1875.[311] Norma, "che si erge sulle sue enormi rocce, e Ninfa, che Gregorovius chiamò la 'Pompei del Medioevo', sono entrambi, a loro modo, incomparabilmente belle e di grandissimo interesse. Ninfa soprattutto, essendo una delle città perdute, la cui desolazione si è trasformata in una bellezza toccante."[312] Hare, che tra le altre cose scrisse numerosi resoconti di viaggio,[313] rammenta nella sua biografia la gita per i Monti Volsci ed a Ninfa, fatta nel 1873 con alcuni compagni. "A Pasqua fummo a Velletri e il lunedì andammo a Cori attraversando la campagna in fiore. Da Cori, dopo aver visto il bel tempio, cavalcammo lungo il bordo di stupendi precipizi e arrivammo a Norba ed alla città di Ninfa, deserta, fiabesca e coperta di fiori...".[314]

Anche lo scrittore Alexander Baron von Roberts (1845–1896), nato nel Lussemburgo, dovrebbe aver conosciuto la città delle rovine durante i suoi viaggi in Italia ed a Roma negli anni settanta e ottanta. Espresse apprezzamento per i tentativi dello Stato italiano, esperiti dal 1878, di bonificare le Paludi Pontine, per il "meritevole lavoro pionieristico" di Richard Voß con il suo romanzo "Die neuen Römer" ("I nuovi Romani"),[315] e inoltre descrisse la "Pompei del Medioevo" con le metafore che divenivano sempre più consuete. "A causa della malaria, nel secolo XIV fu completamente abbandonata dai suoi abitanti; oggi, con le sue chiese e case ricoperte da una rigogliosa vegetazione, le strade abbandonate e i ponti, riposa sognante come una Bella addormentata nel grembo della bruna Campagna."[316]

Ninfa in studi sulla storia dei Papi

Anche in studi sulla storia dei Papi cominciano in quel tempo a comparire simili modelli di percezione. In tali lavori si faceva breve menzione di Ninfa soprattutto in relazione allo scisma iniziato nel 1159.[317] In una storia dei conclavi il giornalista, scrittore e politico italiano Ferdinando Petruccelli della Gattina (1815–1890) spiegava: "Il papa legittimo fu liberato di prigione da Oddone Frangipani, fuggì da Roma e si fece consacrare in tutta fretta nella chiesa parrocchiale di Ninfa, una cittadina nelle Paludi Pontine, che è caduta in un meraviglioso oblìo, è rimasta senza un abitante, ricoperta dalla vegetazione lussureggiante e parassita di questa zona pestilenziale. I suoi campanili, le case scure, i muri ornati si riflettono nello specchio delle

304 Gregorovius, 1860.
305 Allmers, 1869, p. 347.
306 Echo der Gegenwart 33, 6. 4. 1881. Kaden, 1884, p. 2. Voß, 1888, p. 320. Zacher, 1903, p. 188. Grabein, 1906, p. 184.
307 Vorbusch, 1911. Su Vineta, la città alla foce dell'Oder, sprofondata nel mare, mi limito a rinviare a: Wiechmann, 2003. Goldmann, Wermusch, 1999. Wermusch, 2011. Krüger, 2016. Cfr. anche il contributo di Norbert Miller in questo volume.
308 Cervesato, 1913, pp. 305, 310 e 338.
309 Hermanin, 1904, p. 376.
310 Macaulay, 1953, p. 299.
311 Hare, 1875.
312 "Norma, rising from its tremendous rock-precipices, and Ninfa, called by Gregorovius 'the Pompei of the Middle Ages,' are both in their different ways matchless in beauty and weird interest; Ninfa especially, as being one of the 'lost cities' whose very desolation has turned to transporting loveliness." Dublin review. A quarterly and critical journal, London, 1875, pp. 447 e 568.
313 Barnes, 1985.
314 "For Easter we were at Velletri, and on Monday drove through the blooming country to Cori, where, after seeing the beautiful temple, we rode along the edge of stupendous precipices to Norba, and the man-deserted flower-possessed fairy-like town of Ninfa [...]" Hare, The Story of my Life, vol. 4, 1900, pp. 104–105. Trabucco, 2019, pp. 44–45. Sulla ricezione della leggenda della "bella Ninfa" in Hare cfr. il saggio di Marco Graziosi in questo volume.
315 A tale riguardo cfr. il saggio di Christiane Baumann in questo volume.
316 Von Roberts, 1885.
317 Sprenger, 2012.

sue acque, ombre silenziose e pietrificate della vita dei baroni medievali."[318]

Nella sua "History of Mediaeval Christianity and Sacred Art" in due volumi, lo storico inglese ed archeologo Charles Isidore Hemans (1817–1876) unì l'esposizione dell'elezione di Alessandro III ad una abbastanza accurata descrizione, sulla quale non possiamo soffermarci in questa sede, della "now totally ruinous and deserted town."[319] Quando era giovane, Roma fu per Hemans una patria d'elezione. Era il direttore responsabile del settimanale "Roman Advertiser", fondato nel 1846, il primo periodico in lingua inglese pubblicato a Roma, che uscì, con interruzioni, fino al 1849.[320] Hemans fu un apprezzato Cicerone per gli inglesi residenti a Roma e per i viaggiatori britannici che visitavano la città e i suoi dintorni. Nella sua descrizione di Ninfa egli rielaborò probabilmente anche alcune osservazioni sue, dato che già prima del 1869 aveva visitato la città delle rovine (forse più volte) e anche insieme ad altri.[321]

In uno studio sulla elezione scismatica del 1159 il pubblicista e scrittore Wilhelm Lang (1832–1915) spiegava che gli avversari di Vittore IV si sarebbero trasferiti da Roma "a Ninfa, nella Campagna", "oggi un agglomerato di rovine coperte di edera, dove Rolando il 20 settembre venne consacrato e incoronato papa col nome di Alessandro III."[322] Una recensione collettiva su studi sulla storia delle elezioni pontificie, pubblicata in una delle più note riviste britanniche del XIX secolo, traccia in poche parole un quadro dello stato di Ninfa a quel tempo. Alessandro III, costretto a fuggire da Roma "fu consacrato in fretta nella chiesa parrocchiale di Ninfa – quella città dimenticata, che si rispecchia nelle acque trasparenti di un silenzioso pantano che sta nelle Paludi Pontine."[323]

Achille Luchaire (1846–1908), storico medievista, professore alla Sorbona, nel suo lavoro su Innocenzo III osserva brevemente: "Ninfa, aujourd'hui déserte et empestée de malaria, une Pompéi du moyen âge."[324] Trattando delle contese tra Barbarossa ed Alessandro III nella sua storia dei Papi in più volumi, il sacerdote inglese, pedagogo e storico dei Papi Horace K. Mann (1859–1928)[325] dedicò una descrizione particolarmente viva al luogo nel quale Alessandro "had been consacrated by the waters of Nympha." "E lì, dove la malaria oggi domina assoluta, dove nelle case non riecheggia mai il suono della voce umana, e dove strade e chiese sono ricoperte di erba e rampicanti, si tenne la splendida cerimonia della consacrazione e incoronazione [...] Questa cerimonia ebbe luogo nella chiesa di Santa Maria Maggiore, in cui è ancora visibile parte di un affresco di san Cesario, nel cui oratorio sul Palatino usavano essere collocate le immagini degli imperatori."[326] Il testo era illustrato da due fotografie, una veduta intera di Ninfa ed un dettaglio di Santa Maria Maggiore con gli affreschi absidali, che allora erano

---

318 Petruccelli della Gattina, 1867, vol. 1, p. 288. "Le pape légitime, tiré de prison par Odo Frangipani, s'enfuit de Rome et se fit consacrer en toute hâte dans l'église paroissiale de Ninfa, petite villes des marais Pontins qui est tombée dans un merveilleux oubli, sans un seul habitant, envahie par la végétation luxuriante et parasite de cette région pestilentielle, reflétant dans le miroir des eaux ses clochers, ses sombres maisons, ses murailles crénelées, ombres silencieuse et pétrifiée de la vie des barons du moyen-âge." Ancora nessun accenno a Ninfa in: Petruccelli della Gattina, 1864–66.

319 Hemans, 1869, pp. 223–224. Cfr. Matheus, Anthologie, 2024.

320 Pantazzi , 1980, soprattutto pp. 120 sgg.

321 Hemans 1869, p. 223.

322 Lang, 1873, p. 940. Su di lui rinvio a Theiner, 1982.

323 "[...] and was hastily consecrated in the parish church of Ninfa – that forgotten town, mirrored in the transparent waters of e hushed mire, which stands in the Pontine Marshes." The Quarterly Review 184, 1896, pp. 505 – 531: p. 511.

324 Luchaire, 1904, p. 78

325 Raymond H. Schmandt, Mann, Horace Kinder, in: https://www.encyclopedia.com/religion/encyclopedias-almanacs-transcripts-and-maps/mann-horace-kinder (consultato il 22. 12. 2020).

326 „[...] had been consecrated by the waters of Nympha." "And there, where now the malaria holds absolute sway, where the houses never echo to sound of a human voice, and where streets and churches are overgrown with grass and creepers, the splendid ceremony of the consecration and coronation was held. ... The ceremony took place in the Church of St. Mary Major, of which a part is still standing, and in the apse of which may still be seen a fresco of the St. Cesarius in whose oratory on the Palatine the images of the emperors used to be placed." Mann, 1914, p. 23. Così anche nella seconda edizione del 1925. Su Ninfa cfr. ibid. e anche p. 49. Sulla iscrizione S. CESARIUS cfr. Hadermann-Misguic, 1986, pp. 130–131.

meglio conservati di oggi. L'autore aveva ripreso queste fotografie dall'opera sulla Campagna romana di Giuseppe Tomassetti, pubblicata in prima edizione nel 1910.[327] Sempre più spesso fu ripreso in quel periodo un racconto, risalente almeno fino al secolo XVIII, per il quale Federico Barbarossa fece saccheggiare, mettere a fuoco e distruggere Ninfa durante lo scisma.[328] Tale finzione serviva ad alimentare l'immagine dello Svevo come un sovrano straniero, barbaro e tirannico, e nemico dei diritti del papa.[329] Racconti analoghi si trovano ancora nella letteratura e pubblicistica scientifica recente.[330]

Ninfa. Sulla crescente percezione mediatica di un luogo oggetto di desiderio

Il grado di notorietà di Ninfa crebbe anche grazie al fatto che ne vennero pubblicate descrizioni non solo in libri, ma anche in giornali quotidiani e riviste. Lo scrittore inglese già menzionato Augustus J.C. Hare non aveva fornito solo nel 1875 con i suoi "Days near Rome", più volte ristampati fino all'inizio del Novecento, una dettagliata descrizione della città delle rovine.[331] Già prima di quella data egli aveva fatto riferimento in una rivista a Ninfa, "dove la flora tiene la sua corte, dove gli unici abitanti sono le rose e i gigli e tutte le migliaia di fiori che crescono abbondantemente nelle strade deserte [...]."[332] Nei "Days near Rome" egli riportò inoltre per esteso la descrizione di Ninfa di Gregorovius, diffondendo in tal modo questo testo e le sue metafore sulla città anche nel mondo anglofono.[333] Inoltre passi della descrizione di Hare vennero più volte ristampati in periodici.[334] Carl Freiherr du Prel (1839–1899), scrittore, filosofo ed uno dei primi occultisti nell'area di lingua tedesca,[335] descrisse Ninfa soprattutto come un "malinconico campo di macerie". Il capitolo dedicato ad essa è intitolato "Una città abbandonata" e fu pubblicato non solo nel suo libro "Unter Tannen und Pinien" ("All'ombra di abeti e pini"),[336] uscito nel 1875, bensì anche in giornali quotidiani come la "Dortmunder Zeitung".[337] L'anno prima questo testo era stato già pubblicato nella "Deutsche Roman-Zeitung" con il titolo "Ninfa",[338] e una sua versione abbreviata era uscita nel 1873 in "Siesta. Feuilleton des Frankfurter Beobachters" ("Siesta, Feuilleton dell'osservatore di Francoforte").[339] Nel 1876 tale brano fu di nuovo stampato nel supplemento di intrattenimento letterario del quotidiano "Frankfurter Journal".[340]

Già nel 1860 la descrizione di Ninfa di Hermann Allmers era stata pubblicata nella "Weser-Zeitung" di Brema, suscitando un vivo interesse.[341] E già prima che nel 1869 uscisse la prima delle dodici edizioni dei suoi "Römische Schlendertage" ("Passeggiate romane"), ampie parti del capitolo su Ninfa vennero pubblicate, quasi una sorta di annuncio del libro, nella rivista "Europa. Chronik der gebildeten Welt"

327 Cfr. p. 110.
328 In Filippo Lombardini, ad esempio, si trova tra i pochi cenni a Ninfa l'informazione che Cisterna e Ninfa sarebbero state messe a fuoco e devastate dalle truppe dell'arcivescovo di Magonza su ordine dello Svevo. Lombardini, 1876 p. 40.
329 Per una trattazione generale di questo tema rinvio a: Schmitz-Esser, 2014.
330 Woodward, 2001, p. 77. Bianchini, Viscogliosi, Cicinelli, Gallo, 2020. Su tale aspetto è in preparazione uno studio.
331 Hare, 1875, pp. 235 sgg.
332 "[...] where Flora holds her court, where the only inhabitants are the roses and lilies and all the thousand flowers which grow so abundantly in the deserted streets [...]". Hare, 1873, S. 610.
333 Nelle pubblicazioni inglesi si rinvia ripetutamente alla descrizione di Ninfa di Gregorovius. Cfr. ad es,. Frothingham, 1910, pp. 83–84: "Gregorovius vividly described in his *Journal* the gorgeous colors of the flowers and vines that almost conceal the masses of its ruined unroofed churches and monasteries, walls and towers."
334 The Christian Observer, London 1875, pp. 270–271.
335 Su di lui cfr. Kaiser, 2008, con ulteriori indicazioni bibliografiche. Sommer, AK. GSA, Collezione Joseph Kürschner, GSA 55/BS 1021. Non datato. Sono grato a Tomas Kaiser per questa informazione. È in preparazione uno studio sul viaggio italiano di du Prel e la sua percezione di Ninfa.
336 Du Prel, 1875a.
337 Dortmunder Zeitung. 28.6.1875.
338 Du Prel, 1874.
339 Du Prel, 1873.
340 Du Prel, 1876. Una diversa e interessante versione della descrizione di Ninfa di du Prel apparve in: Deutsche Zeitung n. 473, 25. April 1873.
341 Cfr. p. 64 sgg.

("Europa. Cronaca del mondo colto").[342] Anche recensioni di pubblicazioni su Ninfa attirarono l'attenzione sulla città delle rovine.[343]

Sin dagli anni cinquanta e sessanta dell'Ottocento le guide turistiche pubblicate in numerose lingue europee, come il "Manuale" ("Handbook") di Murray, il Baedeker o il Meyer, menzionano Ninfa e ne consigliano la visita nell'ambito di un'escursione sui Monti Volsci.[344] Nei decenni seguenti apparvero altre raffigurazioni e descrizioni di artisti, letterati, scienziati di diverse discipline e giornalisti, che mostrarono un interesse crescente per quella città medievale con le sue rovine.

Quanto l'esistenza di Ninfa fosse nota negli anni settanta, almeno tra le persone colte, è dimostrato da un rapido paragone tra due città cadute in rovina, fatto dal noto storico britannico, politico e pubblicista Edward Augustus Freeman (1823–1892), che dal 1884 insegnò storia moderna all'Università di Oxford. Uno dei suoi numerosi viaggi lo portò sulla costa orientale del Mare Adriatico, a Bar, in Montenegro. Questa importante città portuale, chiamata Antivari in italiano, era stata cannoneggiata nel 1877 dai Montenegrini e in gran parte distrutta. "Antivari è un insieme di rovine e non ha null'altro se non rovine, come Ninfa ai piedi dei Monti Volsci, dalla quale si ammirano le imponenti mura di Norba. Ninfa, però, fu abbandonata molto tempo fa, I suoi abitanti fuggirono dall'insalubrità del luogo e lasciarono che le loro case, le chiese e le fortificazioni militari andassero in rovina. Ad Antivari, invece, vediamo l'opera di distruzione del nostro tempo, anzi quasi del momento presente."[345]

Pur se Roma perse a poco a poco la propria forza di attrazione come luogo di soggiorno per gli artisti europei,[346] Ninfa continuò ad essere raffigurata. (Fig. 41) Fino ad oggi ci sono noti due acquarelli di Ninfa del pittore inglese Arthur Glennie (1803–1890), che visse a Roma dal 1855.[347] Soprattutto le stampe, che furono tirate in numerosi esemplari, o vennero più volte prodotte, e fino ad oggi sono offerte in vendita da antiquari, diffusero la percezione di Ninfa. Il già menzionato Edward Lear pubblicò nei suoi due volumi "Excursions in Italy" non solo una litografia a pagina intera della città delle rovine e dei suoi dintorni, bensì anche una vignetta (Fig. 42),[348] sulla quale sono riprodotti, ma da un'altra prospettiva, il lago ed il complesso delle rovine con l'alta torre del castello. Tale raffigurazione a tutta pagina venne ripubblicata in varie edizioni delle "Letters of Edward Lear" uscite all'inizio del XX secolo.[349] Anche nei già ricordati "Days near Rome" di Augustus J.C. Hare, più volte ristampati dal 1875, fu pubblicata un'immagine del lago, del castello e del complesso di rovine ad illustrazione dell'accurata descrizione di Ninfa.[350] Gustav Conz (1832–1914) fu un pittore e disegnatore nato a Tubinga, che si formò alle scuole d'arte di Stoccarda, Monaco e a Düsseldorf, dove fu

342 Eine vergessene Stadt 1868. Lo stesso si fece con i testi di romanzi e novelle nei quali si parla di Ninfa. Cfr. l'esempio di Richard Voß ed il saggio di Christiane Baumann in questo volume.

343 Cito tre esempi: Nella recensione agli "Schlendertage" di Allmers apparsa nel periodico "Münchener Propyläen: Wochenschrift für Literatur, Theater Musik und bildende Kunst", 15 gennaio 1869, pp. 55 sgg. si legge: "Forse, se si darà l'occasione, pubblicheremo il testo di una gita avventurosa ad una città dimenticata, situata nei Monti Volsci. Questa seconda Pompei, nel suo genere – una città che nel primo Medioevo fu improvvisamente abbandonata dai suoi abitanti per via della febbre malarica e ancora oggi, inalterata, giace sepolta sotto una massa di vegetazione. Si chiama Ninfa e contava un tempo diecimila abitanti. Da questo dato se ne può calcolare l'estensione." Il recensore dei "Schlendertage" nella "Allgemeine Zeitung" del 16 gennaio 1869, n. 16, p. 240, osserva: "Una descrizione particolarmente affascinante è contenuta nel capitolo "Una città dimenticata", dove si dà una descrizione vivace, altamente poetica di Ninfa, città poco visitata, una 'Pompei del Medioevo'." Si aggiunge poi: "Un'altra descrizione avvincente è quella di Gaudy." Dalla descrizione di Ninfa di Allmers si cita per esteso nel "Literaturblatt" del 9 gennaio 1869, pp. 9–12.

344 Su tale tema è in preparazione uno studio.

345 "Antivari is as strictly a collection of ruins, and of nothing but ruins, as Ninfa at the foot of the Volscian hills, looking up at the mighty walls of Norba. But Ninfa was simply forsaken some ages back. Its inhabitants fled from an unhealthy site, and left their houses, churches, and military defences, to crumble away. But at Antivari we see the work of destruction in our own day, almost at the present moment." Freeman, 1881, S. 389.

346 Siegfried Müller, 2005, p. 337.

347 Quest-Ritson, 2009, p. 24. Entrambi gli acquarelli sono di proprietà di un privato. Sull'artista cfr. Rohrschneider, AKL.

348 Lear, 1846, vol. 2, p. 21.

349 Strachey (a cura di), 1907, inserita tra p. 122 e p. 123. Quarta edizione: London 1909.

350 Hare, 1875, p. 235. Trabucco, 2019, p. 44.

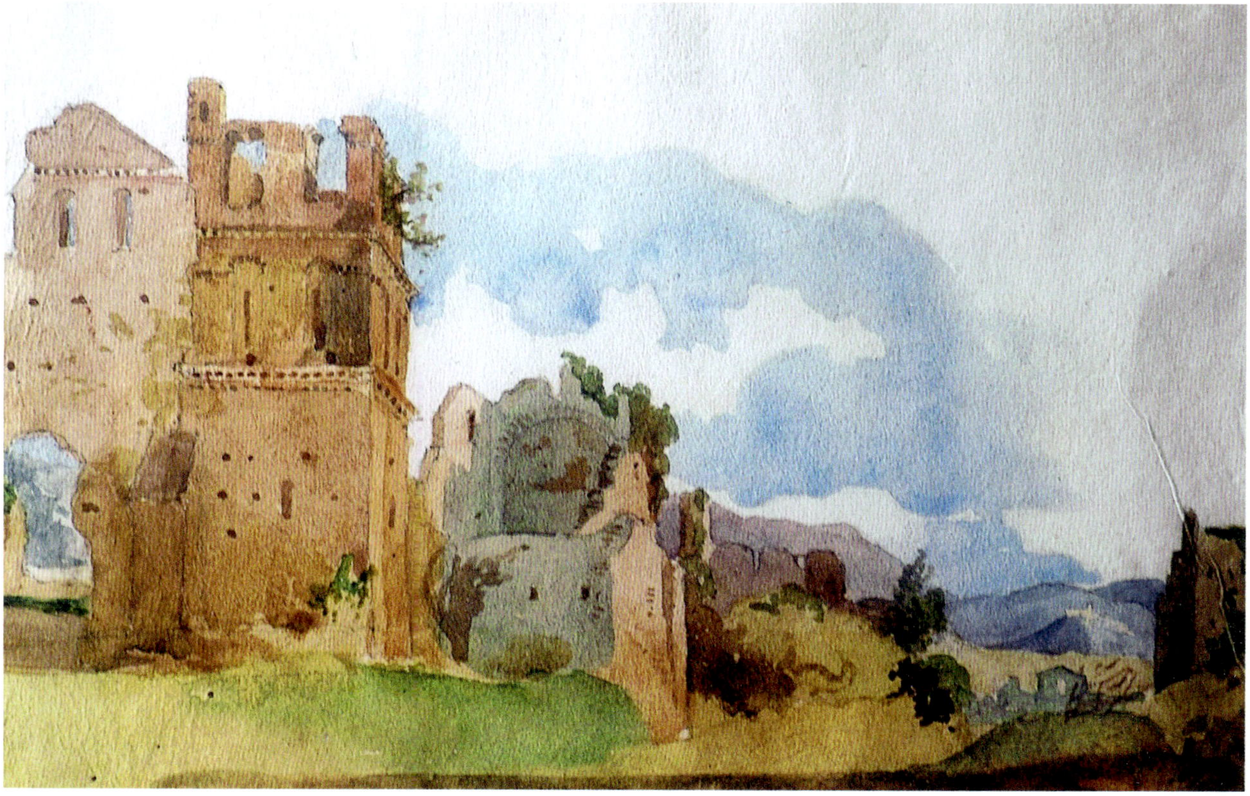

41 Glennie, Ninfa, vedi nota 347.

allievo privato di Oswald Achenbach (1827–1905).[351] Nel 1862 il futuro professore al "Königin-Katharina-Stift" di Stoccarda andò in Italia e a Roma si associò al locale "Deutscher Künstlerverein" ("Circolo degli artisti tedeschi").[352] Produsse numerose vedute dei dintorni di Roma, ad esempio la costa di Terracina, una veduta di Ariccia, una gita ad Olevano ed una stampa dal titolo "Basilica a Ninfa".[353]

Anche artisti sassoni trassero ispirazione dalla città delle rovine. Ad esempio il pittore e scrittore Moritz Meurer (1839–1916), nato a Waldenburg (Sassonia), che studiò alla Regia Accademia delle arti figurative di Dresda (Accademia d'arte), dove fu allievo di Julius Schnorr von Carolsfeld (1794–1872) e di Ludwig Richter (1803–1884), e inoltre all'Accademia d'arte di Monaco.[354] Egli fu il promotore di un movimento di riforma delle arti applicate. Lo studio immediato della natura e soprattutto una sistematica analisi delle piante dovevano costituire la base e la misura dell'insegnamento nelle principali scuole di arti applicate del suo tempo, al posto della riproduzione di modelli ornamentali tradizionali. Egli fu professore alla scuola del Museo Regio di arti applicate di Berlino e lavorò inoltre come artista in quella città, ad esempio dipinse su alcuni spazi interni all'edificio del Ministero degli Esteri. Dal 1884 si trasferì a Roma, sposò un'italiana, Giselda Mona Meurer (1872–1942) e rimase a Roma fino al 1914.[355] Col sostegno finan-

351 Von Boetticher, 1891, vol. 1, p. 177. Beringer, 1912, p. 344. Roth, 1998.

352 Noack, 1927, vol. 2, p. 130.

353 Nel libro di Trabucco, 2019, p. 38, è stampata una parte dell'incisione di Conz, priva però dell'identificazione del suo autore.

354 Pollak, 1994, 77, pp. 83–84. Tanneberger, 2004. Nemeckova, Nikolai, 2018.

355 Dal 1893 presiedeva il "Deutscher Künstlerverein" a Roma e divenne membro del "Kaiserliches Deutsches Archäologisches Institut" (l'odierno Istituto Archeologico Germanico di Roma)

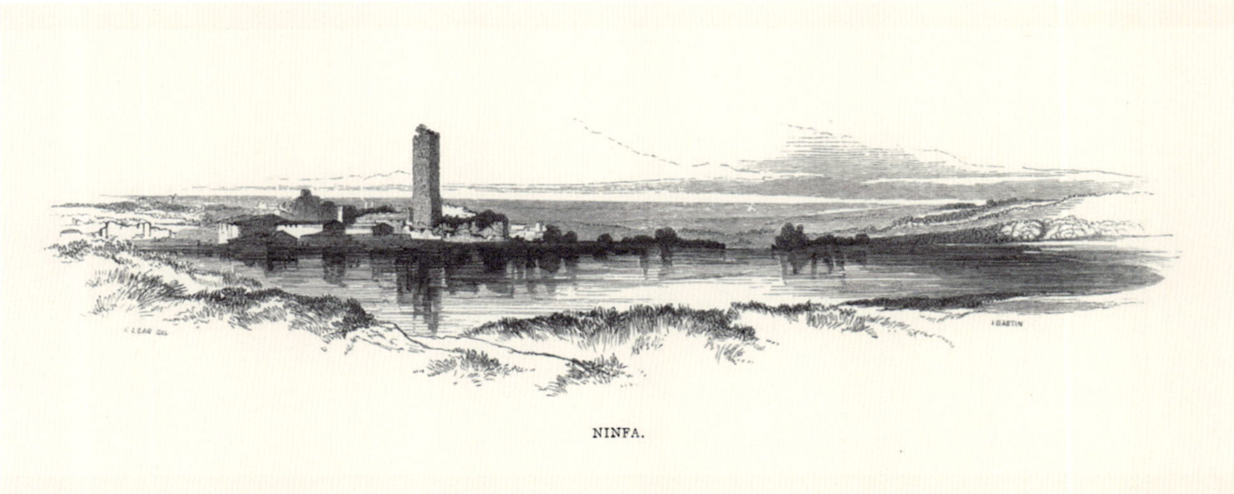

42 Lear, Ninfa, vedi nota 348.

ziario del Governo prussiano insegnò per un periodo pedagogia dell'arte alla scuola del Museo Regio di arti applicate, e anche quando visse a Roma continuò a formare borsisti di questa scuola.[356] Dal 1892 tra costoro fu Karl Blossfeldt (1865–1932), fotografo e scultore, che nel Novecento acquistò notorietà internazionale per i suoi modelli di piante e soprattutto per le fotografie, rigorosamente formali, di piante.[357] Meurer pubblicò numerosi articoli nella rivista "Der Bazar. Illustrirte Damenzeitung" ("Il Bazar. Giornale illustrato per signore"), fondata nel 1854. È questa la prima rivista di moda, o rivista femminile, in lingua tedesca, pubblicata settimanalmente, che ebbe un considerevole successo di pubblico. Continuò ad uscire fino al 1932. Ad essa era allegato un foglio d'intrattenimento culturale, nel quale venivano pubblicati testi di noti scrittori.[358] Nel 1874 vi uscì una serie di "Lettere di viaggio dall'Italia con illustrazioni", scritte da Meurer, delle quali in questa sede interessano soprattutto le immagini ed i testi sui Monti Volsci e su Ninfa, Norma e Norba Alla sua descrizione della "città più singolare che ci si possa immaginare" egli unì un'illustrazione degna di nota (Fig. 43). In essa vengono raffigurate fauna e flora con un particolare spirito di osservazione e sensibilità.[359] Il fatto che l'artista nel disegno che è alla base dell'illustrazione abbia raffigurato quattro capre dando loro un particolare rilievo, attesta la sua capacità di osservazione. Le capre infatti amavano cibarsi della ginestra spagnola, che cresceva ovunque rigogliosa a Ninfa.[360] Già prima del suo trasferimento a Roma sembra che Meurer avesse un pronunciato interesse per lo studio della natura, per il quale sviluppò nel suo atelier romano nuovi metodi d'insegnamento.

nonché delle Accademie d'arte di Venezia, Bologna e Urbino. Conformemente ai suoi desideri, Meurer venne sepolto nel Cimitero acattolico di Roma. http://www.cemeteryrome.it/infopoint/EnScheda.asp (consultato il 31. 12. 2020).

356 Tra i suoi allievi a Roma figurano anche allievi dell'eminente architetto e designer Peter Behrens (1868–1940), direttore della Scuola di arti applicate di Düsseldorfer. Tanneberger, 2004, p. 13.

357 Hammers, 2012.

358 Van Remoortel, 2017.

359 Der Bazar, a. 20, n. 30, agosto 1874, pp. 241 -243. 24 agosto 1874, pp. 255–256. Trabucco, 2019, p. 45. Cfr. Matheus, Anthologie, 2024. A causa della pandemia non ho potuto prendere visione del lascito artistico ed archivistico di Meurer nello "Heimatmuseum" di Waldenburg, che contiene 600 disegni, 800 fotografie, 70 cartelle di lavoro e numerosi studi a olio.

360 In relazione a questo tipo di ginestra Sprenger, 1913, p. 214, osserva: "Per i cavalli e i bovini è dura e poco saporita; asini, pecore, capre e lepri la mangiano volentieri." Sulle conseguenze ecologiche del "predominio delle capre" nell'area mediterranea dal punto di vista della scienza del suolo e dell'agricoltura cfr. Orth, 1904, p. 749.

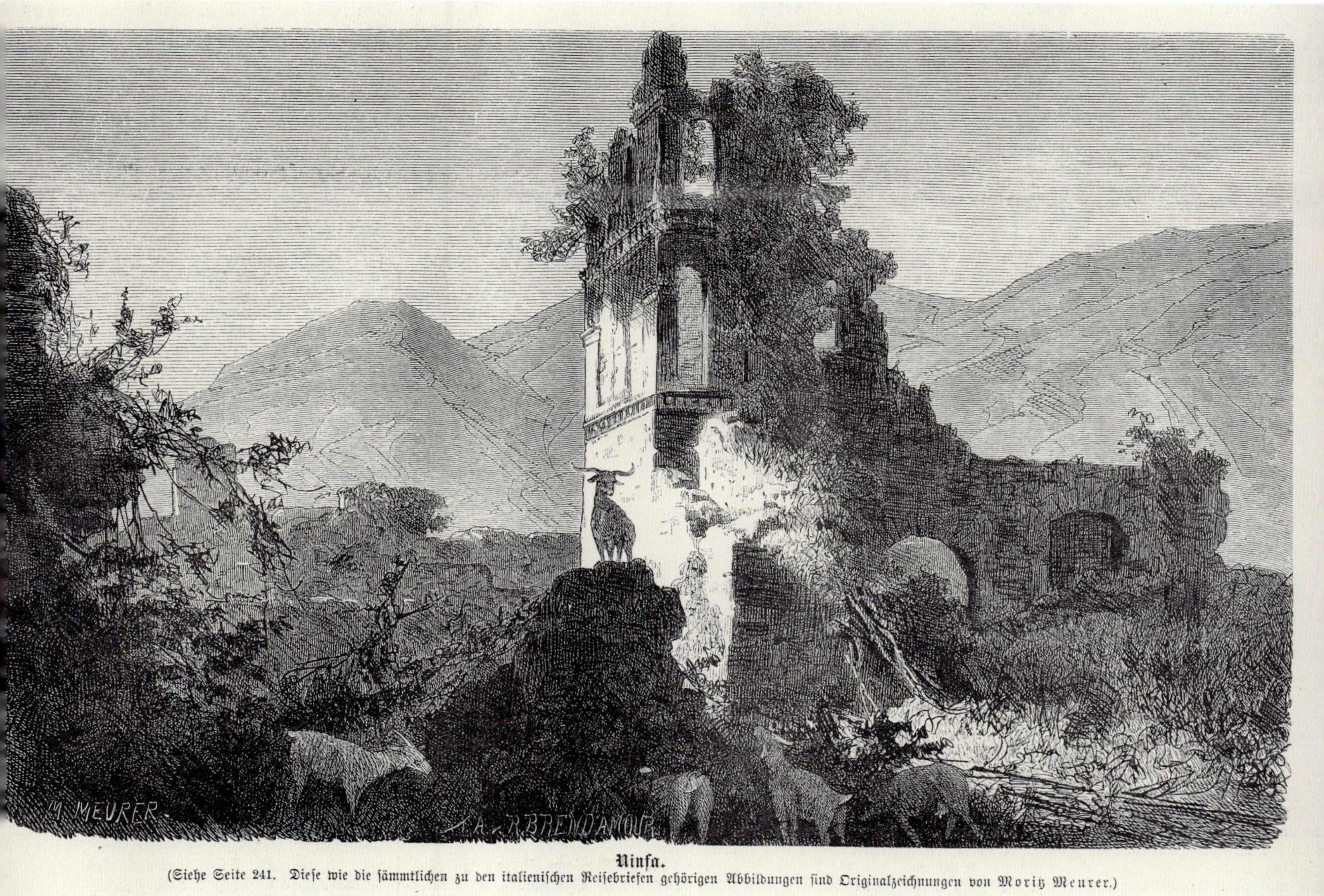

43 Meurer, Ninfa, vedi nota 359.

(Fig. 44) Un'altra immagine di Ninfa fu pubblicata nel 1884[361] nella "Illustrirte Zeitung", una rivista fondata nel 1843, che rimase in vita per un periodo di cento anni ed ebbe grande popolarità. Fu il primo settimanale tedesco illustrato e concepito sul modello di analoghe pubblicazioni inglesi e francesi.[362] L'illustrazione è di Ludwig Theodor Choulant (1827–1900), pittore e architetto di Dresda.[363] Figlio di un medico affermato di origine francese, egli si formò alla Regia Accademia delle arti figurative della sua città natale e divenne un architetto ed un pittore di architetture. Allievo dell'architetto e teorico d'arte Gottfried Semper (1803–1879), morto a Roma durante un viaggio,[364] nel 1850/51 fece il suo primo viaggio di studio in Italia. Ne seguirono molti altri e un soggiorno prolungato a Roma. Choulant, pittore

361 Stampata in: "Illustrirte Zeitung", 16 febbraio 1884, p. 129
362 Weber, 2003.
363 Von Boetticher 1891, vol. 1, pp. 169–170. Cfr. Lebensbilder, 1878, pp. 19–20. Neidhardt, AKL
364 Fu sepolto nel Cimitero acattolico di Roma. http://www.cemeteryrome.it/infopoint/EnRisultati.asp?Tipo=0 (consultato l'11. 12. 2020).

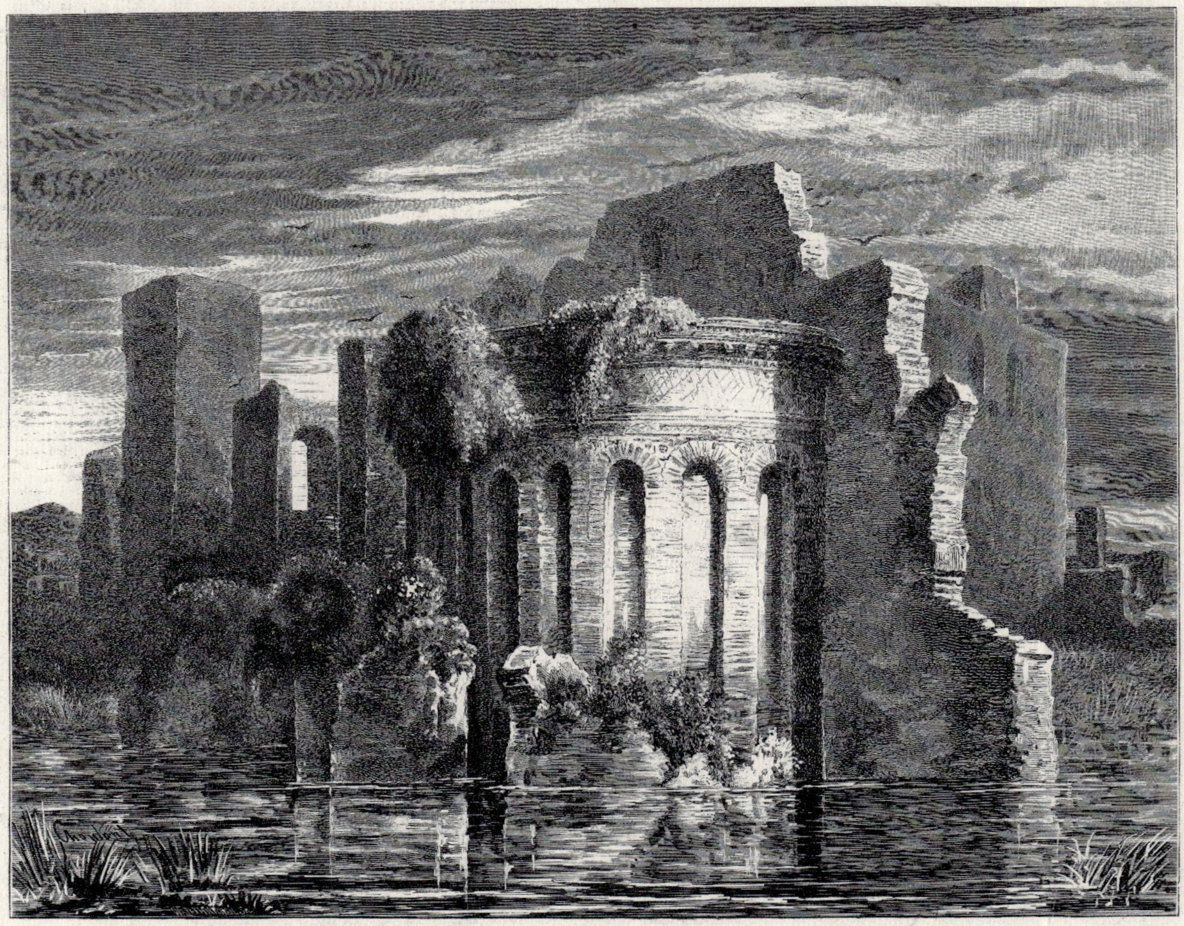

Bilder aus Italien: Ninfa, das Vineta der Volskerberge. Nach der Natur gezeichnet von Th. Choulant.

44 Choulant, Ninfa, vedi nota 361.

della Corte di Dresda, fu, come il suo maestro, professore alla locale Accademia d'arte. La sua raffigurazione di Ninfa si concentra soprattutto sulle forme architettoniche delle rovine.

La "Gartenlaube. Illustrirtes Familienblatt" ("La Pergola. Rivista illustrata per la famiglia"), la principale rivista del secolo XIX rivolta alle famiglie, che, dalla sua nascita nel 1853 fino agli anni ottanta vendette un enorme numero di copie, pubblicò nel 1890 un'altra illustrazione della città delle rovine (Fig. 45).[365] Questo periodico, che dagli anni settanta era letto in famiglia, veniva messo a disposizione dei clienti nei bar, degli studiosi nelle biblioteche, era diffuso nell'intera area di lingua tedesca e aveva centinaia di migliaia di lettori. Dalla metà degli anni settanta Franz Schreyer (1858–1938), il figlio di un intagliatore che era nato a Reudnitz, vicino Lipsia, fornì alla "Gartenlaube" numerose illustrazioni.[366] Aveva studiato arte a Lipsia, poi fu allievo di Friedrich Preller il Giovane all'Accademia d'arte di Dresda.[367] Fece

365 Stockinger, 2018.
366 Landschaftsmaler, 1902. Schreyer, Franz (1858), AKL.
367 Brunner, Preller, AKL. Wozel, 2016. Wozel, 2019.

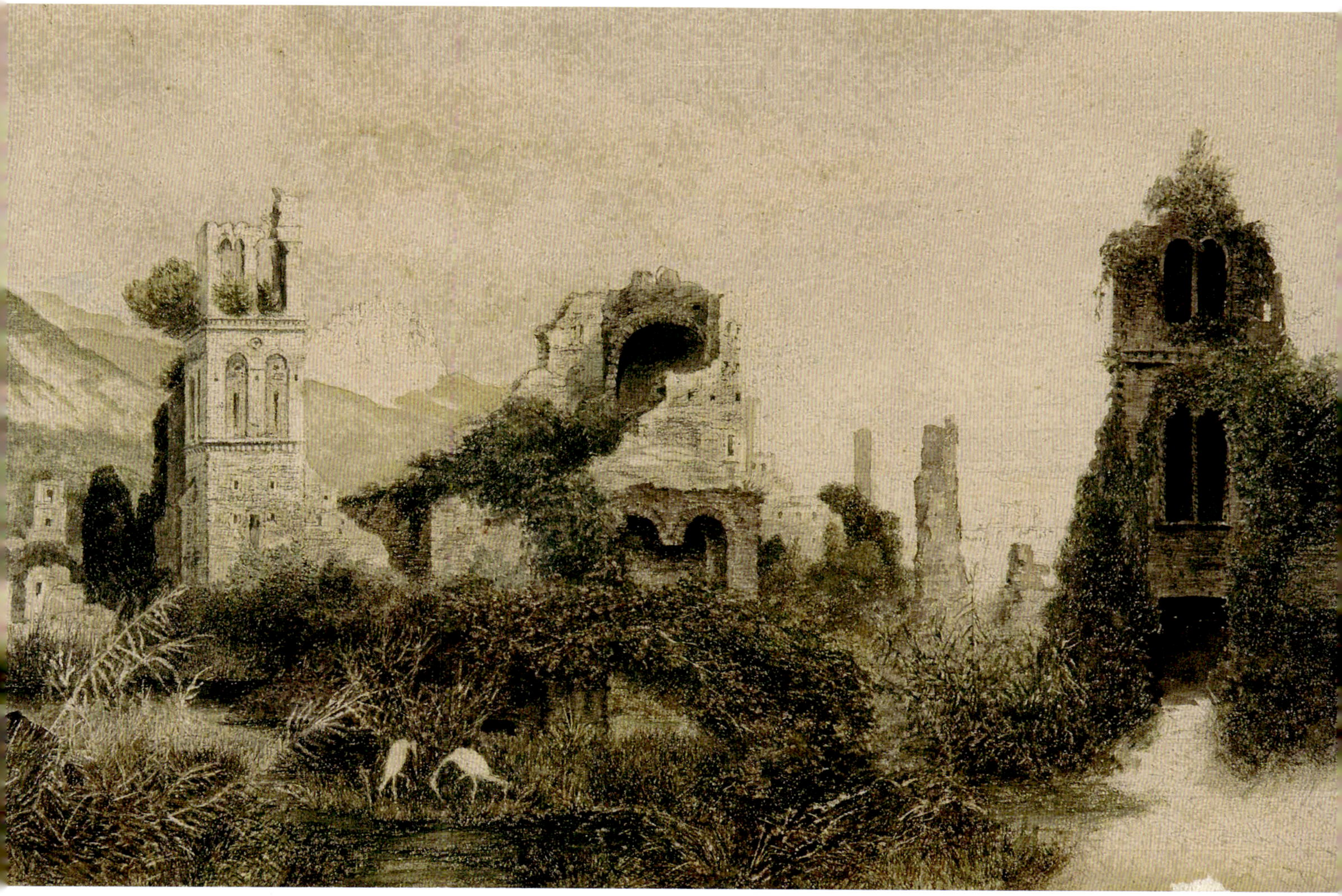

45 Schreyer, Ninfa, vedi nota 368.

un viaggio in Italia col suo maestro Preller e ivi pose le basi per i suoi lavori sui monumenti ed i paesaggi della Campagna romana, di Napoli e della Sicilia. Nel 1890 una sua raffigurazione di Ninfa, affascinante anche per il complesso gioco di luci e ombre, fu pubblicata nella "Gartenlaube" a illustrazione di un articolo di Woldemar Kaden (1838–1907) intitolato "In den pontinischen Sümpfen" ("Nelle Paludi Pontine").[368] (Fig. 46: Schreyer Ninfa: acquarello su matita).

Tra le immagini pervase di Romanticismo e pubblicate dai mezzi di stampa vi fu un'incisione che influenzò in modo particolare la percezione di Ninfa a partire dagli anni settanta dell'Ottocento (Fig. 47) Si tratta di una composizione suggestiva e poetica, raffigurante Norma e Ninfa in controluce, in una notte di

368 Die Gartenlaube, 1890, pp. 145 e 247–248. Trabucco, 2019, p. 126. Matheus, Anthologie, 2024. A quanto pare, di Schreyer esistevano diverse raffigurazioni di Ninfa: von Boetticher, 1898, vol. 2, pp. 654 sgg., su Ninfa ibid. p. 655, n. 18. Si è conservato un acquarello di Schreyer "su matita, in parte raschiato, su carta da disegno giallognola, in seguito applicato su cartone," c. 21,5 X 29 cm. Con il titolo "Rovine e cicogne in un paesaggio meridionale" questo lavoro è stato venduto all'asta il 3 dicembre 2010 da Karl & Faber, Alte Meister. Kunst des 19. Jahrhunderts 234, numero di catalogo, 205.

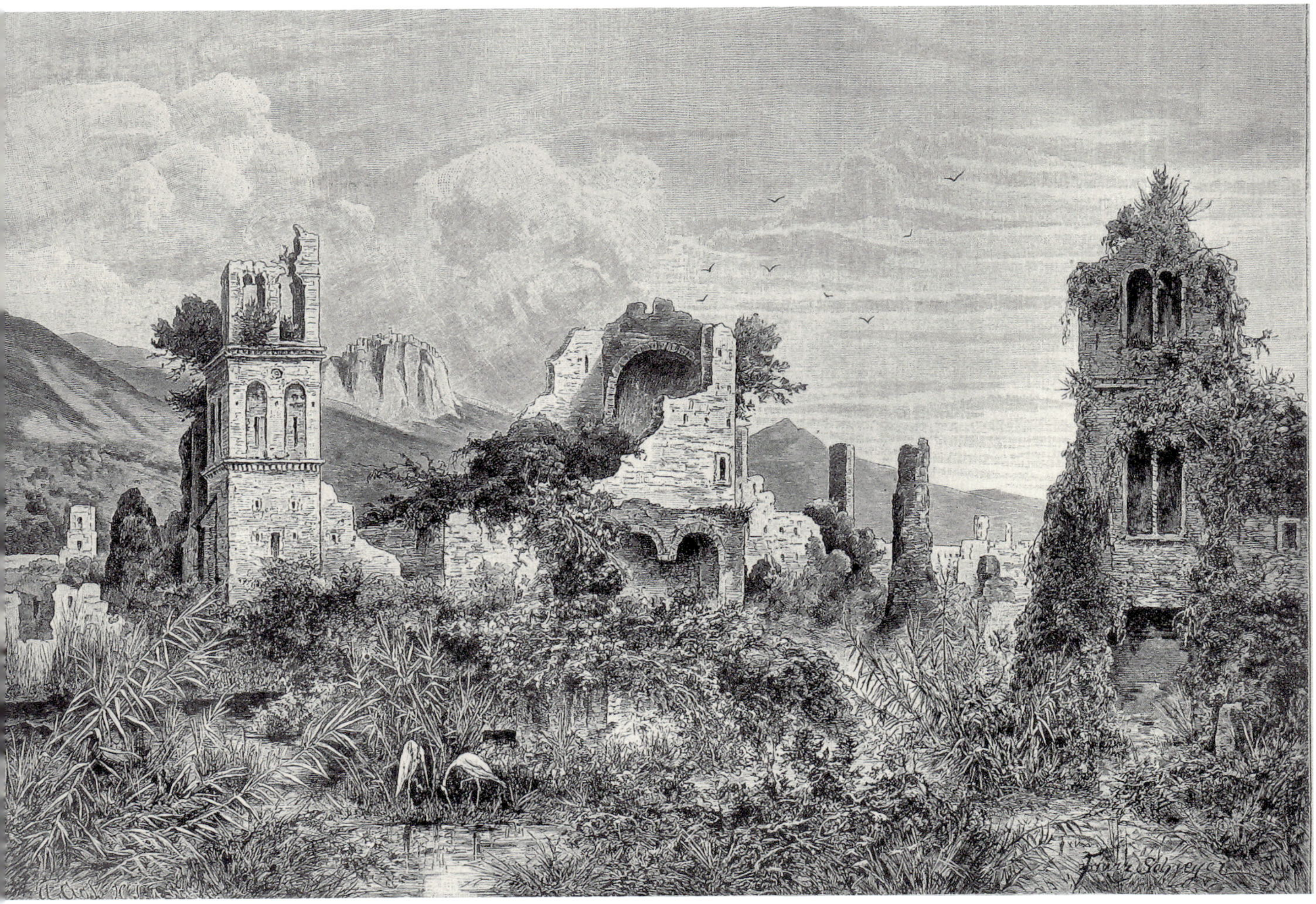

46 Schreyer, Ninfa, acquarello, vedi nota 368.

luna piena. Vi si scorgono, tra l'altro, le rovine di una chiesa avvolte di edera, una torre ed un castello sul lago, sulla cui sponda giacciono disseminati alcuni frammenti architettonici.[369] Tale illustrazione fu stampata in guide turistiche tedesche, inglesi, francesi, svedesi e danesi, la maggior parte delle quali conobbe numerose ristampe.[370] L'incisione con Ninfa fu pubblicata nel 1876 e poi nel 1880 in due edizioni di lusso in formato grande del volume "Italien. Eine Wanderung von den Alpen bis zum Aetna" ("L'Italia. Dalle Alpi all'Etna"), provvisto di numerose illustrazioni e messo sul mercato dalla casa editrice J. Engelhorn di Stoccarda.[371] Una traduzione italiana uscì nel 1876 e fu più volte ristampata.[372] Nel 1877 testo e illustrazioni furono pubblicati in diverse traduzioni inglesi, uscite a Londra ed a New York.[373] Dal 1877 te-

369 Müller-Scherf, 1992, p. 357. Alla base di questa composizione furono diversi disegni eseguiti sul posto. Cfr. ibid. p. 420 e fig. 43.

370 Questa incisione venne inoltre pubblicata in: Alte und neue Welt. Illustriertes katholisches Familienblatt für Unterhaltung und Belehrung 19, 1881, p. 19. Ad essa fecero inoltre riferimento i quotidiani Echo der Gegenwart (33, 6. 4. 1881) e Luxemburger Wort (11. 2. 1881). Cfr. Matheus, Anthologie, 2024.

371 Italien. Eine Wanderung von den Alpen bis zum Aetna, 1876. 1880.

372 Italia. Viaggio pittoresco dall'Alpi all'Etna, 1876. 1885. 1890. Finora non si è potuto rintracciare l'anno di pubblicazione della seconda edizione. Ristampa 1982. 1987.

373 Italy from the Alps to Mount Etna, 1877. 1880. 1886. 1890. 1903.

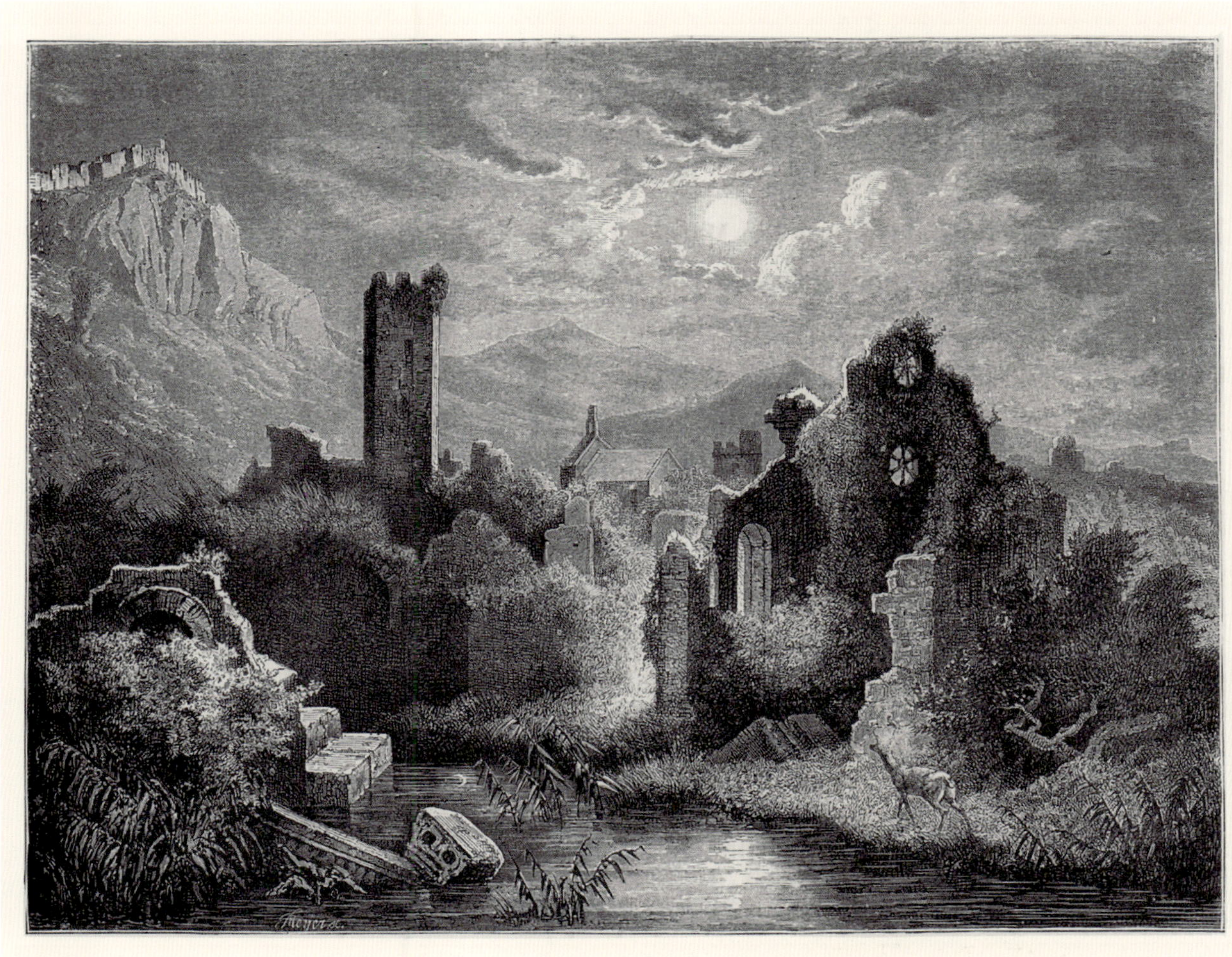

47 Kanoldt, Norba e Ninfa, vedi nota 370 sgg.

sto e immagini vennero messi a disposizione anche in lingua danese e svedese.[374]

Un particolare di questa incisione di Ninfa fu pubblicato con il titolo "Ninfa et Norba" in un testo sulla città delle rovine ed i suoi dintorni di una guida dell'Italia in lingua francese uscita nel 1883.[375] Autore ne era Jules Gourdault (1838–1912), noto come autore di diversi resoconti di viaggi in Italia[376] e in altri paesi europei.[377] Oltre a ciò, Gourdault fu autore di studi storici (ad es. su Jean-Baptiste Colbert, lo statista francese e ministro), di opere belletristiche e fu traduttore.[378] La sua opera "L'Italie pittoresque", provvista di numerose illustrazioni, uscì in prima edizione nel 1883. Nel 1910 aveva raggiunto l'ottava edizione.[379] Tutte queste edizioni in nemmeno trenta anni contribuirono a diffondere la conoscenza di Ninfa nei paesi francofoni.

374 Italien. En vandring från Aperna till Aetna, 1877. Italien. En Rejse fra Alperne til Ætna 1877

375 Cfr. Matheus, Anthologie, 2024.

376 Gourdault, 1877, 1883, 1885, 1886, 1888, 1889.

377 Gourdault, 1875, 1879, 1892a, 1892b, 1893.

378 https://gallica.bnf.fr/services/engine/search/sru?operation=searchRetrieve&version=1.2&query=%28gallica%20all%20%22gourdault%2C%20jules%22%29&lang=de&suggest=0

379 Gourdault, 1883. (316 pagine, numerose illustrazioni, formato 25 o 26 cm; in cataloghi italiani definito: in 4° piccolo, ottava edizione, 1910, (320 pp., 27 cm.). Ulteriori edizioni: 1886, 1891, 1895, 1897, 1903, 1905

Più volte questa incisione venne attribuita a Ernesto (Enry) Meyer.[380] Essa è invece di Edmund Friedrich Kanoldt (1845–1904). A differenza del figlio Alexander, costui cadde in oblìo ben presto dopo la sua morte. Kanoldt senior aveva appreso da Friedrich Preller il Vecchio (1804–1878), il creatore di paesaggi eroici, le nozioni fondamentali della pittura paesaggistica.[381] Ricevette diversi impulsi nel periodo dal 1869 al 1875 in cui visse prevalentemente in Italia. A Roma si muoveva negli ambienti di artisti quali Viktor Paul Mohn (1842–1911), Friedrich Preller il Giovane e Eduard Cohen (1838–1910). Tutti costoro sentivano un forte interesse per la Campagna romana e le zone montuose a Sud e ad Est di Roma.[382] Secondo il parere del figlio, il padre fu "l'ultimo vero paesaggista tra gli artisti tedeschi residenti a Roma, i cosiddetti 'Deutsch-Römer'", nel solco della tradizione di un Joseph Anton Koch (1768–1839) o di un Friedrich Preller il Vecchio[383] Edmund Kanoldt visitò Ninfa almeno due volte, una volta in compagnia di altri artisti o persone. Su tali gite sappiamo ancora poco.[384] Oltre all'incisione di Ninfa, spesso offerta in vendita dagli antiquari, finora ci sono noti altri tre suoi disegni di quella città, tra i quali una raffigurazione di notevole qualità delle rovine di Santa Maria Maggiore, eseguita nel 1882 (Fig. 48).[385] L'immagine che Kanoldt dà della città delle rovine trasferisce l'effetto di un dipinto in un'incisione, nella quale l'atmosfera romantica è resa ricorrendo soltanto a toni di bianco e nero. Il successo e l'enorme diffusione di questa veduta sono dovuti probabilmente anche ad un pubblico internazionale, il cui gusto era in grande misura influenzato da motivi e immagini romantiche.

Ninfa: Simbolo della necessità di bonifica e della lotta alla malaria[386]

Le spiegazioni dell'abbandono e decadenza della città come un processo causato dall'avanzare delle paludi e dai loro effetti esiziali per la vita degli uomini, assursero da un lato ad una sorta di segno premonitore di una civiltà umana minacciata e distrutta, dall'altro resero Ninfa (al pari delle 24 città dell'Agro Pontino ricordate da Plinio)[387] un monumento commemorativo di un'opera di civiltà nazionale ed europea, richiesta in modo sempre più pressante nel contesto di idee e misure di lotta alla malaria e di una progressiva bonifica.[388]

Nel racconto "Malaria", pubblicato nel 1895 da Konrad Telmann, il protagonista, il pittore Georg, propaga l'idea che la bonifica delle paludi sia un progetto importante a carattere sociale. "Se si prosciugasse questa palude se ne dovrebbe poter ricavare una regione fertile per la popolazione povera di queste zone e Ninfa potrebbe risuscitare dal suo

380 Cfr. ad es. Spiccia, 2012, p. 69, Trabucco, 2019, p. 42.

381 Heise, AKL. Hellwig, 2016, in particolare p. 48.

382 Vi erano legami, ancora da studiare, tra la famiglia Kanoldt e Hermann Allmers. Devo questa informazione alla cortesia di Axel Behne.

383 Hellwig, 2016, p. 57. Merkel (a cura di), 1994. Su Kanoldt ed il recupero della Villa Serpentara ad Olevano cfr. Windholz, 2017, soprattutto pp. 130 sgg.

384 È in progetto uno studio su raffigurazioni perdute di Ninfa. Come una serie di altre raffigurazioni, anche la seguente non ha potuto essere rintracciata: "Ninfa è un possedimento del Duca di Sermoneta della casata dei Caetani, alla quale appartenne l'ultimo papa che aspirava alla monarchia mondiale, Bonifacio VIII; lo stesso dicasi di Sermoneta, che si vede in lontananza troneggiare su una collina. E nel salotto della sorella del Duca, la gentile e dotta archeologa contessa Ersilia Caetani-Lovatelli, è appeso un quadro di Ninfa, e delle altre tre città di questa famiglia." Von Kupfer, 1901. Su Ersilia cfr. il saggio di Angela Steinsiek in questo volume.

385 Venduto dalla casa d'aste Dorotheum nel giugno 2016 sotto il titolo: "Resti di edifici antichi e medievali sotto una roccaforte" firmato in basso a destra: Edmund Kanoldt, con la scritta: "Ninfa", datato: 20 ottobre (18)82, matita su carta, foglio di c. 18 x 32 cm. Raccolta privata.

386 Cfr. anche il saggio Michael Schulte in questo volume.

387 Caius Plinius Secundus (Plinio il Vecchio), Naturalis historia, libro 3, 59, 64, 68. A tale passo ci si riferisce più volte nei progetti di bonifica. Von Donat, 1898, p. 3. Il numero degli insediamenti, che si asserisce siano stati abbandonati a causa della malaria, oscilla. Reclus, 1876, parla di 23 città. Zacher, 1903, p. 189, menziona "trentatré città." Maurel, 1913, p. 240, parla di 24 "villes." Cervesato, 1913, p. 305: "twenty cities". Döring, 1925, p. 168, "trentatré località." Voß, 1885, 1904, p. 150: "ventiquattro fiorenti città."

388 Du Prel, 1875b, pp. 127 sgg. Gourdault, 1883.

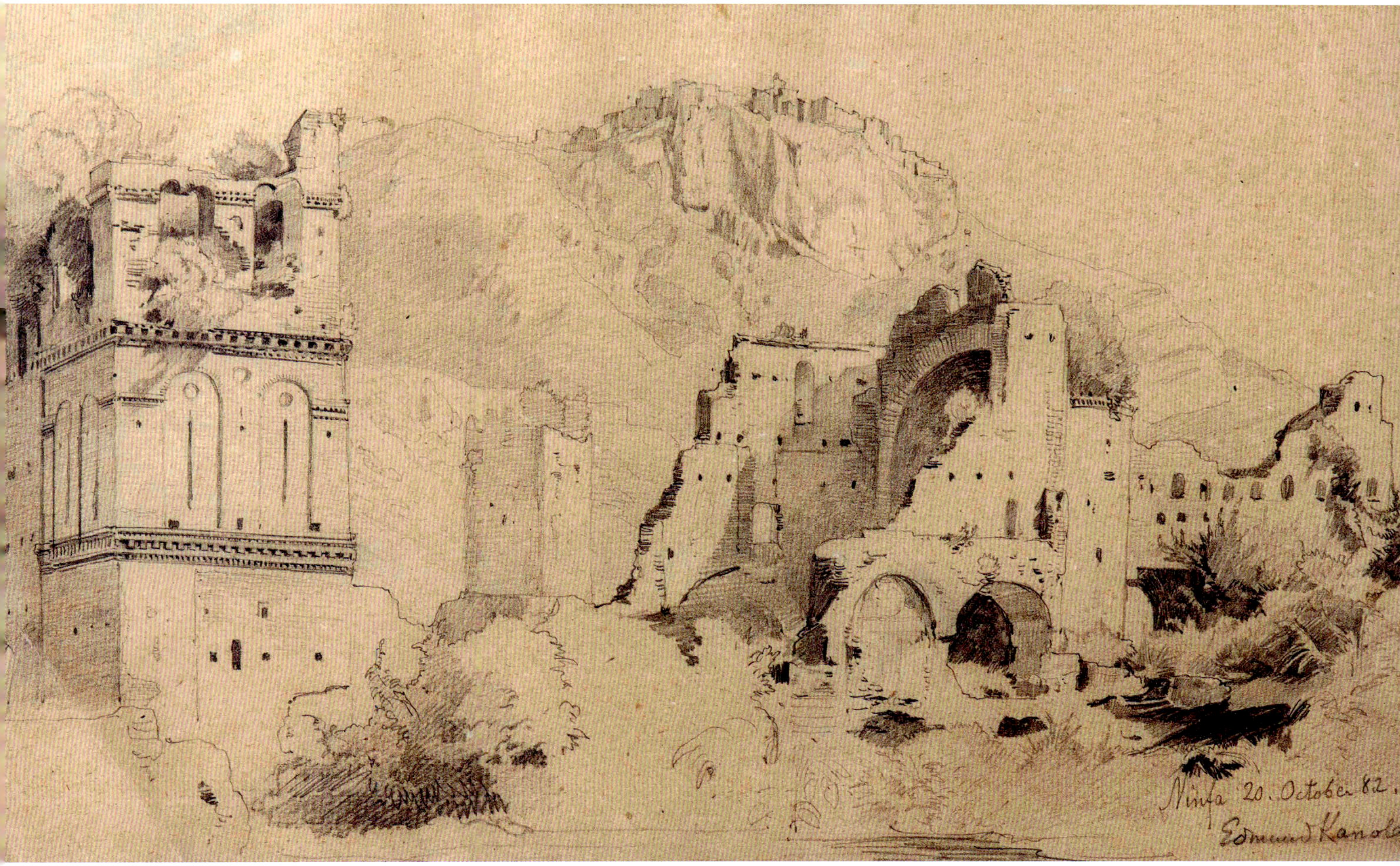

48 Kanoldt, Santa Maria Maggiore, vedi nota 385.

sonno di morte ed essere restituita alla vita ed al lavoro."[389]

In tale contesto Ninfa fu ripetutamente citata, anzi invocata come esempio di tentativi di bonifica falliti. Louis Madelin (1871–1956), storico francese e membro dell'*Académie française*, nella sua opera sulla Roma napoleonica, più volte ristampata, ricordava i numerosi tentativi di prosciugamento delle Paludi Pontine, e soprattutto quelli dell'Imperatore francese e dei suoi ingegneri, tra i quali era l'eminente ingegnere idraulico Gaspard de Prony (1755–1839). "Quelli di noi che sono andati in giro per le paludi ed hanno abbattuto le canne di Ninfa, la città lentamente assorbita dal fango, sono consapevoli della grandezza di questo compito."[390]

In diversi esponenti delle discipline naturalistiche crebbe la consapevolezza della necessità della bonifica. L'inglese William North si dedicò negli anni novanta allo studio della malaria e delle sue conseguenze in Italia, e visitò le Paludi Pontine. Descrisse Ninfa come un lugubre esempio della situazione disastrosa nella pianura sottostante i Monti Lepini. "In pianura, sotto Norma, vi è come un monumento della disfatta dell'uomo nella sua lotta contro la mi-

389 Ninfa. Drei Novellen, 1895, pp. 149–150.
390 "Ceux dentre nous qui ont parcouru les Marais et battu les roseaux de Ninfa, la ville lentement mangée par la vase, se rendent compte de la grandeur de la tâche." Madelin 1906, p. 548.

seria e la malattia. Questo monumento è Ninfa, nella quale sono ancora conservati i muri delle case e la maggior parte di una chiesa, ma le strade sono ricoperte d'erba e tutto è silenzioso e desolato."[391]

L'esperto di scienza del suolo e di agraria Albert Orth (1835–1915) constatò a Berlino, nel 1903, al quinto Congresso internazionale di chimica applicata: "Le numerose rovine della città abbandonata di Ninfa, che giacciono in pianura su un terreno fertilissimo, sono un ammonimento affinché si affrontino quei compiti importanti che la cultura impone all'umanità."[392]

Ninfa fu oggetto di studio anche di medici e scienziati distintisi per le loro ricerche sulla malaria e la lotta ad essa. Edwin Klebs (1834–1913), un patologo e microbiologo svizzero-tedesco, allievo del celebre patologo Rudolf Virchow (1821–1902), insegnò alle Università di Berna, Würzburg, Praga e Zurigo e ad Ashville (Carolina del Nord) e Chicago.[393] Assieme a Corrado Tommasi Crudeli fece alcuni studi nelle Paludi Pontine, tra l'altro a Ninfa e Fogliano.[394] Nel suo manuale di patologia generale, che uscì nel 1887 ed ebbe una grande influenza, gli studenti ed i medici appresero di centri di diffusione della malaria a Sud di Roma. "Nella Campagna romana, soprattutto nella zona delle città di Ninfa e Cisterna, si vedono molte di queste persone malate lavorare nei campi."[395]

Corrado Tommasi Crudeli (1834–1900), medico e uomo politico, che fu tra l'altro allievo a Berlino di Rudolf Virchow e poi professore all'Università di Roma, in uno studio pubblicato in inglese e italiano descrisse la situazione sanitaria e le condizioni igieniche in alcuni centri dei Monti Lepini, come Norma, Sermoneta e Sezze. Norma, egli scrive, era stata completamente risparmiata dalla malaria, nonostante stesse "sopra a Ninfa, che è uno dei più pestiferi luoghi delle Paludi Pontine."[396]

Angelo Celli (1857–1914) studiò medicina alla Sapienza di Roma ed all'Università di Berlino. Professore universitario prima a Palermo e, dal 1887, a Roma, studiò assieme al medico Ettore Marchiafava (1847–1935) l'agente patogeno della malaria, scoperto nel 1880 da Alphonse Laveran (1845–1922), insignito in seguito del Premio Nobel in medicina e fisiologia. Celli si impegnò a lungo a combattere quella malattia mediante la somministrazione del chinino e, da deputato al Parlamento, stese il progetto della "Legge sul chinino di Stato", approvata dal Parlamento italiano nel 1900. Nel 1899 pubblicò in italiano uno studio sulla malaria, del quale l'anno successivo fu stampata una seconda edizione, tradotta poi in tedesco e in inglese.[397] "Sotto Norma è Ninfa, un tempo una città fiorente e nel Medioevo sede di concistori papali."[398] "Di questa città nulla è rimasto se non rovine ed una casa isolata con un mulino. Le persone che lavorano lì sono talmente soggette alle febbri che devono essere sostituite ogni settimana durante i mesi più pericolosi."[399] Al più tardi intorno al 1900 si raccomandava caldamente anche ai visitatori di Ninfa di assumere chinino per proteggersi dalla malaria.[400]

391 "On the plain below Norma, stands a sort of monument to the defeat of man in his struggle against misery and disease in the ruins of Ninfa, the walls of the houses of which still remain, and the grater part of a church, but the streets are overgrown with grass, and all is silent and deserted." North, 1896, p. 84. Egli fa esplicita menzione del saggio "Estati latine" di Gregorovius.

392 Orth, 1904, p. 743. Su di lui cfr. anche p. 86 Non tutti i visitatori avvertirono il pericolo incombente della malaria. Durante le sue ricerche a Priverno l'archeologo e pedagogo americano Henry H. Amstrong constatò, riferendosi a Ninfa: "I have not observed that the climate is especially unhealthy," Armstrong, 1911, p. 192.

393 Köhler, 2005.

394 Klebs, Tommasi Crudeli, 1879. Cfr. anche di Mattei, 1895, p. 240.

395 Klebs, 1887, p. 155

396 Tommasi-Crudeli, 1886, p. 137. Tommasi-Crudeli 1892, p. 139.

397 Celli, 1899, 1900. Nel 1900 il libro uscì anche in una versione tedesca e inglese. Postuma fu pubblicata la sua storia della malaria: Celli, 1925. Cfr. anche Celli, 1929.

398 "Under Norma lies Ninfa, once a flourishing town, and in the Middle Ages the seat of Papal consistories." Questa affermazione, storicamente errata, era intesa probabilmente a mostrare al lettore l'importanza della città e le conseguenze della malaria. Mediante essa l'autore allude forse agli eventi occorsi durante l'elezione e l'incoronazione di Alessandro III.

399 "Of that town nothing remains but the ruins and a solitary house with a mill. The people who work there are so subject to the fevers that they are obliged to be changed every week during the most dangerous months." Cfr. nt. 388: Celli, 1900 (edizione inglese), p. 85.

400 Von Werher, 1904, p. 1.

Il medico, zoologo e parassitologo Giovanni Battista Grassi (1854–1925) si fece un nome grazie ai suoi lavori pionieristici sulla parassitologia e, nell'ambito delle sue ricerche sulle cause della malaria, compì anche, coi suoi collaboratori, studi nell'Agro Pontino. Dopo aver studiato medicina all'Università di Pavia e all'Istituto di anatomia di Heidelberg, dal 1883 fu professore di zoologia e anatomia comparata a Catania e, dal 1896, di anatomia comparata a Roma. Coniugato con Maria Koenen, sostenitrice dei diritti delle donne, divenne membro dell'Accademia dei Lincei e nel 1908 senatore del Regno d'Italia. Assieme ad Angelo Celli, Amico Bignami (1882–1929), Giuseppe Bastianelli (1862–1959) ed Ettore Marchiafava fece ricerche, anche nei dintorni di Roma, sulla malaria e sui modi di combatterla. Nel 1898, assieme ai colleghi Amico Bignami e Giuseppe Bastianelli dimostrò che le zanzare femmine della specie delle anopheles erano responsabili della trasmissione della malaria agli esseri umani.[401] E tuttavia non fu lui, bensì il medico militare britannico Ronald Ross, che aveva scoperto la trasmissione di parassiti della malaria negli uccelli, a ricevere nel 1902 il Premio Nobel per la fisiologia e la medicina. Grassi, che assieme ai suoi collaboratori aveva dimostrato come la malattia si trasmettesse agli esseri umani e identificato nell'anopheles claviger la specie di zanzare responsabile di questa trasmissione, rimase a mani vuote. Ciò diede luogo a lunghe controversie.[402] Gli studi di Grassi furono recepiti in tutto il mondo. Ad esempio George H.F. Nuttall (1862–1937), un biologo britannico studioso di parassitologia e igiene, riferì che il ricercatore italiano aveva trovato spesso l'anopheles nelle città di Sezze e Sermoneta, rivolte verso le paludi, ma raramente a Norma. I pochi esemplari ivi rinvenuti sarebbero stati "importati" da Ninfa.[403]

Speranze di un ripopolamento di Ninfa: il tentativo fallito di bonifica di Fedor von Donat

La Via Fedor von Donat a Pontinia, intitolata alla memoria di un maggiore prussiano, richiama alla mente uno dei più ambiziosi progetti di prosciugamento delle paludi concepiti alla fine dell'Ottocento. Von Donat (1847–1919), che vide le paludi per la prima volta nel gennaio del 1883,[404] negli anni novanta si congedò dall'esercito e si trasferì a Roma con la famiglia. Il suo grandioso piano di bonifica era inteso a sterminare la malaria, a risparmiare l'emigrazione a migliaia di Italiani ed a consentire loro di mettere a coltivazione fertili superfici. Reclamizzò il suo ardito progetto con pubblicazioni in italiano e in tedesco e prospettò il ripopolamento della città delle rovine.[405] "Norma e Ninfa sono del tutto spopolate; Sezze e Sermoneta soffrono, nonostante siano situate ad una certa altezza, perché sono esposte ai soffi dell'aria cattiva."[406] Tra coloro che esaminarono il piano di Donat ed espressero parere favorevole alla sua messa in esecuzione figurano Ludwig Franzius (1832–1903), uno stimato ingegnere idraulico e sovrintendente all'edilizia di Brema, che, tra l'altro, si fece un nome per via della cosiddetta "correzione" del fiume Weser, e Max Grantz (1854–1945), professore di ingegneria idraulica e di economia idraulica

401 Alippi Cappelletti, 2002.

402 De Kruif, 1926a. Cito dall'edizione tedesca de Kruif, 1926b.

403 Nuttall, 1907, p. 331.

404 Von Donat, 1886, p. 4. Sul suo progetto cfr. von Graevenitz, 1898, pp. 597 sgg. Ruhemann, 1900, pp. 154, 166 e 179–184. von Hutten-Czapski, 1936, in particolare pp. 421 sgg. Il progetto di von Donat non è menzionato da Clerici, 1922. Menasse, 1965. Linoli, 2005. Su taluni progressi nella bonifica dell'Agro Pontinpo negli anni novanta dell'Ottocento cfr. Linoli, 2005, pp. 38–39.

405 Von Donat 1886; von Donat 1892; von Donat 1898. "Di recente, v. Donat ha pubblicato un progetto di prosciugamento del territorio, nel quale, tra le altre cose, raccomanda soprattutto lo scavo di fosse periferiche al fine di deviare le acque e convogliarle al mare, il trattenimento dell'acqua piovana sulle montagne, la costruzione di dighe e operazioni di pompaggio. Attualmente un consorzio tedesco, dopo aver stipulato contratti con le comunità interessate, sta mettendo in esecuzione un ampio piano di drenaggio e di messa a coltura." Pontinische Sümpfe, 1908, pp. 150–151.

406 Von Donat, 1892, p. 187.

al Regio Politecnico di Berlino.[407] Albert Orth, uno scienziato del suolo, eseguì nel 1897, durante la fase di progettazione del piano di von Donat, "i primi precisi rilievi del terreno nelle Paludi Pontine."[408] "Campioni del suolo pontino" furono esaminati alla "Kaiserliche Moorversuchsstation" ("Imperiale Stazione di esperimenti sulle torbiere"), fondata nel 1877 a Brema, con "risultati sorprendenti."[409] Nel progetto venne coinvolto anche Otto Intze (1843–1904), professore di ingegneria idraulica, ingegneria edile e scienza dei materiali da costruzione.[410]

A Terracina von Donat prese in locazione 240 ettari di palude[411] e impiantò una tenuta agricola, un podere modello su un terreno prosciugato.[412] Lavorò assieme a Gustavo Pittaluga (1876–1956), un giovane specialista della malaria, finché quest'ultimo si trasferì in Spagna,[413] e fece somministrare dosi giornaliere di chinino ai suoi lavoratori. Ciò fu possibile anche perché nel corso del secolo XIX il prezzo di tale preparato, prodotto in quantità industriali, divenne sempre più conveniente.[414]

Il maggiore von Donat dimostrò che l'eccellente qualità del suolo rendeva possibili più raccolti ogni anno. Del suo progetto di prosciugamento delle paludi venne riferito ampiamente nella stampa nazionale ed internazionale.[415] Grazie ad un "caso fortuito" i turisti Otto Julius Bierbaum e sua moglie[416] conobbero von Donat nel 1902 durante un viaggio in automobile. "Il suo progetto non è il piano di un sognatore, ma un lavoro approfondito, basato su uno studio molto scrupoloso ed una riflessione accurata; esso offre non solo la probabilità, ma la garanzia che, se lo si porrà in esecuzione in modo abile ed efficace, la grande opera della bonifica delle Paludi Pontine potrà essere realizzata."[417] Da parte tedesca vi erano un sentimento di orgoglio nazionale e la consapevolezza di una superiorità tecnica, economica e culturale. Questo progetto transnazionale di bonifica, nel quale fu coinvolta anche la Banca Commerciale Italiana,[418] fallì per ragioni sulle quali non è possibile soffermarsi in questa sede. Nel suo libro "Die römische Campagna", pubblicato nel 1910, Friedrich Noack constatò che "i lavori iniziati dal maggiore Donat facevano sperare bene; ma sembra che in parte la lentezza miope del Governo, in parte l'indifferenza e l'egoismo dei grandi proprietari abbiano frapposto tali difficoltà a quella grande operazione di civiltà, da costringere persino la più tenace energia di quel soldato tedesco (cioè von Donat) ad indietreggiare."[419] Ninfa rimase un paesaggio di rovine coperte di piante. Von Donat tornò in Germania. La società a responsabilità limitata "Pontinische Syndikats", fondata nel 1900 da Emil Rathenau, direttore generale della AEG ("Allgemeine Elektricitäts-Gesellschaft", "Società Generale dell'Elettricità") di Berlino e da alcuni finanzieri ed industriali, fu sciolta nel 1914.[420]

---

407 Ruhemann, 1900, p. 180.

408 Orth, 1904, p. 743. Su di lui cfr. anche p. 84. Dei lavori di von Donat e di Orth si riferì anche nella stampa, ad es. nella rivista "Die Nation. Wochenschrift für Politik, Volkswirtschaft und Litteratur." Gagliardi 1897/98, pp. 423 sgg. Cfr. anche von Graevenitz, 1898, p. 600. Vi erano contatti tra Albert Orth e Herrmann Allmers. Ringrazio Axel Behne per questa cortese informazione.

409 Aachener Anzeiger, 1. 10. 1896.

410 Kölnische Zeitung 7. 4. 1899. Rhein- und Ruhrzeitung 13. 4. 1899. von Hutten-Czapski, 1936, pp. 427 e 429.

411 "Ca. 600 Acres": Indiana Tribüne, 28. 10. 1902, p. 6.

412 Von Hutten-Czapski, 1936, p. 427.

413 Bierbaum, 1903.

414 Cfr. il saggio di Martin Schulte in questo volume.

415 Cfr. ad es.: Aachener Anzeiger, 16. 8. 1896; 1. 10. 1896; 23. 2. 1898; 18. 5. 1898; 27. 11. 1898; 7. 4. 1899; 26. 5. 1899; 15. 7. 1899; 21. 9. 1899. 16. 1. 1901. Arnsberger Zeitung, 1. 12. 1898; 9. 4. 1899; 24. 5. 190: 23 16. 1. 1901. Dortmunder Zeitung, 14. 1. 1901. Echo der Gegenwart 50, 18. 5. 1898; 6. 4. 1899; 13. 11. 1901; 7. 9. 1904. General-Anzeiger 22. 2. 1896; 18. 8. 1896; 25. 5. 1898; 9. 4. 1899. 15. 1. 1901. Kölnische Zeitung, 7. 4. 1899. Rhein- und Ruhrzeitung, 19. 5. 1903; 24. 12. 1904. Westfälische Zeitung, 5.12.1896; 7. 7. 1898; 9. 11. 1901. 14. 1. 1901. 15. 1. 1901. 16. 1.1901. Indiana Tribüne, 28 ottobre 1902; 1 agosto 1903; 4 aprile 1904; 4 agosto 1905; Scranton Wochenblatt, 6 agosto 1903. Schweizerische Bauzeitung, 31/32, 28 maggio 1898, p. 163.

416 Cfr. p. 101 sgg.

417 Bierbaum, 1903.

418 Hertner, Banken, 1978, soprattutto pp. 474 sgg.

419 Noack, 1910, pp. 57–58. Su Noack cfr. p. 87, 90.

420 Sulla vendita all'asta della Tenuta di Ponte Maggiore cfr. Gazzetta Ufficiale del Regno d' Italia n. 168, 20 luglio 1909, pp. 1952 e 2281.

Visite a Ninfa: solo "al tempo delle rose"

Il giornalista e scrittore Albert Zacher (1861–1911), che dal 1895 viveva a Roma come corrispondente della "Frankfurter Zeitung", nel descrivere la città delle rovine informava i lettori che chi visitava la "Pompei delle paludi... non al tempo delle rose" di solito rimaneva deluso alla vista del "lago malinconico che lo guardava fisso." La visita di Ninfa era consigliata "solo al tempo della fioritura (da aprile a maggio). D'estate domina la malaria."[421] L'"incanto della Campagna", evocato da Bruno Schrader (1861–1929) nel suo libro sulla Campagna romana, si poteva avvertire solo in primavera e in autunno. "Chi ha visto lo splendore dei suoi fiori in aprile o il suo secondo abito primaverile dopo i primi giorni autunnali, la descriverà in modo diverso da colui al quale essa ha mostrato durante la stagione delle febbri il suo vestito sbiadito."[422]

Anche le grandi aspettative dell'illustratore e disegnatore di Amburgo Hans Speckter (1848–1888) non furono appagate, quando il 13 aprile 1877 visitò Ninfa con altre persone. Al momento di tale visita non trovò affatto una città di rovine coperte di piante fiorite, e inoltre i visitatori soffrirono per la pioggia battente ed il vento freddo. "A Roma avevo udito così spesso della città sommersa di Ninfa, la 'Pompei del Medioevo', che la realtà in certo qual modo mi deluse. Anche gli altri lo furono. Tuttavia è interessante vedere quel complesso di rovine, invase di spine, ginestra e grovigli di rovi, entro il quale è ben difficile penetrare persino in primavera, quando le foglie giovani sono ancora piccole e non vi sono ancora i germogli nuovi; ma la mia fantasia si era aspettata un castello della bella addormentata nel mezzo della solitudine silenziosa dei boschi, e di ciò non vi è traccia."[423] Piuttosto deluso dalla visita alla città delle rovine fu anche l'eminente storico dell'arte svizzero Heinrich Wölfflin (1864–1945), studioso dell'arte del Rinascimento e del Barocco. All'inizio di marzo del 1887 visitò i Monti Volsci e Ninfa con l'archeologo Franz Studniczka (1860–1929), che in seguito sarebbe divenuto professore di archeologia classica all'Università di Lipsia. "Questo viaggio per i monti" non sarebbe stato "così meraviglioso, come lo descrive Gregorovius, e neanche Ninfa lo è, la Pompei del Medioevo, la città gotica sprofondata. Al posto della palude vi è oggi un ruscello dalle acque chiare e fresche, la maggior parte dei rampicanti è stata eliminata, nelle antiche chiese, tra affreschi mezzi scoloriti e delicate finestre, si coltiva il terreno. Purtuttavia, queste rovine in mezzo al paesaggio pontino paludoso, con i suoi colori pesanti e opachi, e le montagne rocciose costellate di ulivi sullo sfondo, formano un insieme dall'effetto unico."[424] L'ufficiale bavarese Gustav Schollwök (1848–1914) scelse, a quanto pare, una stagione migliore per la sua visita a Ninfa (una "città trasformata in un cimitero"). Nel suo resoconto di viaggio, pubblicato nel 1878, egli rammenta che "tutto intorno era verde e fiorito e profumato."[425] Dagli anni ottanta il Baedeker sconsigliava esplicitamente la visita di Ninfa nei mesi estivi. "A causa della malaria non è raccomandabile visitare Ninfa d'estate. Inoltre in quel tempo il territorio della città è ricoperto di prodotti agricoli[426] e scomodo da visitare." Non tutti seguivano questo consiglio. Nel 1892, ad esempio, nonostante il caldo di luglio e "a dispetto delle raccomandazioni del fedele Baedeker", proprio in quel mese un gruppo

421 Zacher, 1903, pp. 193–194. Su di lui cfr.: Pollak, 1994, pp. 76 e 12.

422 Schrader, 1910, p. 2. In relazione a Ninfa anche ibid., p. 242. Bruno Schrader, allievo di Franz Liszt ed Ernst Nauman, fu attivo come pianista, compositore, insegnante universitario, giornalista e scrittore. Dal 1908 visse a Berlino, dove Bruno Henze fu tra i suoi allievi. Egli scrisse numerosi studi storico-musicali e di storia dell'arte. Il suo libro contiene anche due fotografie di Ninfa; "G. Plüschow in Rom." Si tratta del fotografo, attivo a Napoli e Roma, Wilhelm (Guglielmo) Plüschow (1852–1930). Nello scrivere il suo libro Schrader fu aiutato, tra gli altri, da Georg Leyh, bibliotecario al "Königlich-Preußisches Historisches Institut in Rom", l'odierno Istituto Storico Germanico di Roma. Cfr. ibid. p. 245.

423 Schapire (a cura di), 1910, p. 199. Su Speckter cfr. Speckter, Hans, AKL. Sul testo e su un disegno eseguito a Ninfa cfr. Matheus, Anthologie, 2024.

424 Gantner, 1984, p. 43.

425 Schollwöck, 1878. Matheus, Anthologie, 2024.

426 Baedecker, 1886 D 382, p. 385.

visitò la città delle rovine e la "zona attorno alla città sparita".[427] Ina, la pittrice della novella "Perniciosa" di Hermi(o)ne von Preuschen, che presenta certi tratti dell'autrice, si recò nel luglio del 1890 nelle paludi ed a Ninfa, "contravvenendo alla raccomandazione di Gregorovius di visitarla all'inizio di maggio, per via della malaria."[428]

Percezioni collettive, individuali e ambivalenti della "città magica"

La maggior parte dei visitatori di Ninfa della seconda metà dell'Ottocento visitarono la città delle rovine pieni di aspettative. Prima del loro viaggio ne avevano visto qualche immagine o avevano letto testi su di essa, e nella loro mente se la rappresentavano come una "Pompei del Medioevo". L'incontro reale con la "città magica" rispecchia spesso modelli di percezione collettivi, condizionati da metafore diffuse, ma anche percezioni individuali e senz'altro differenziate. Molti si fecero ispirare da alcuni testi che avevano letto, e questi ultimi influenzarono sensazioni e osservazioni. Un corrispondente dell'influente quotidiano "Allgemeine Zeitung" visitò all'inizio di maggio 1861 i Monti Volsci e descrisse Ninfa come "una deliziosa rovina con le sue mura e torri ben costruite e conservate, le sue dimore normanne e le basiliche abbandonate – uno spettacolo pittoresco e ben raro. Sembra che l'aria malsana proveniente dalle Paludi Pontine abbia spinto la popolazione ad abbandonare ad un tratto la bella cittadina per cercare luoghi più salubri. Tale fatto ci ha serbato, affatto inalterata, una città normanna, una Pompei medievale, che ha conservato perfino alcune pitture paleocristiane sui muri delle basiliche, i cui tetti da tempo sono crollati."[429]

"Confesso" – così l'autore di un resoconto di viaggio del 1886 – "che mi avvicinai a questa mèta (Ninfa) non del tutto privo di preconcetti. Avere di fronte uno sconosciuto, essendosi fatto di lui un'idea già prima di conoscerlo, è sempre inopportuno – e chi non dovrebbe essersi fatto un'idea precisa di Ninfa, se ha letto la meravigliosa descrizione di Gregorovius?" Questo visitatore, finora non identificato, durante il suo giro per la "Pompei medievale si perde corpo e animo in questo meraviglioso labirinto di muri e fiori, opere umane andate in rovina e natura germogliante, preistoria misteriosa e presente sorridente. L'immagine, che la fantasia si è creata leggendo quella descrizione, si trasforma in una realtà effettiva che ci sta davanti. Nessuna aspettativa resta inappagata!"[430]

Anche altri, già prima di visitare la città delle rovine, avevano in mente il testo di Gregorovius, ad esempio alcuni viaggiatori inglesi. George Boardman Taylor (1832–1907) fu uno dei pastori battisti americani, che dopo il 1860 si propose di evangelizzare gli Italiani, liberati dalla "schiavitù mentale".[431] Nel suo libro "Italy and the Italians"[432] descrive con entusiasmo alcune gite da lui fatte partendo da Roma.[433] Visitò Ninfa probabilmente prima della costruzione della ferrovia. Cavalcò da Cori a Norba a dorso di cavallo, accompagnato da una guida ("the ruins of the lofty fortress of Norba") e visitò poi la "Pompei of the Middle Ages". Cita un breve passo dalla descrizione di Gregorovius e conclude riassumendo così le sue impressioni: "Lo stagno con i gigli bianchi che la circonda, e nel quale si rispecchiano chiesa, mulino e torre, rende questa città favolosa ancor più bella."[434]

427 Beilage Zur Allgemeinen Zeitung 1892 n. 294, p. 3.
428 Ninfa. Drei Novellen 1895, p. 57. Su Hermi(o)ne von Preuschen cfr. p. 99 sgg. ed il saggio di Christiane Baumann in questo volume.
429 Allgemeine Zeitung, n. 146, 26 maggio 1861, p. 2378. In nota l'autore non menziona Gregorovius, bensì osserva: "Una vivida descrizione di Ninfa si trova in Gaudy."
430 Leipziger Zeitung 1886, p. 287.
431 Dal 1873 Taylor visse in Italia, a Roma, fu per alcuni anni il direttore del primo periodico dei missionari americani "Il Seminatore" e fu uno dei fondatori del Seminario teologico battista a Roma, presso il quale insegnò. Rubboli, 2011, pp. 61 sgg.
432 Taylor, 1898.
433 What other city offers so many interesting and easily accessible excursions?", Taylor, 1898, p. 243.
434 "The beauty of this fairy town is enhanced by the pool, white with lilies, which surrounds it and reflects church and mill and castle tower." Taylor, 1898, p. 245.

Parecchi visitatori avvertirono l'interazione tra rovine e vegetazione come la principale caratteristica di questo luogo. Hermann Allmers fu colpito dal "mondo vegetale" che cresceva "dal suolo paludoso con uno splendido rigoglio" e sottolineò un aspetto che segna ancor oggi la percezione di molti visitatori, pur se le condizioni sono affatto diverse. Riferendosi alle "case comuni" del complesso di rovine ("tutte piccole e prive di un qualsiasi ornamento architettonico"), riassunse le sue impressioni in questa osservazione: "Certamente la cosa più stupenda era e rimaneva l'incanto sempre nuovo della vista deliziosa offerta dall'unione tra la vegetazione abbondante e le rovine dei muri."[435]

Per lo storico dell'arte francese Camille Enlart (1862–1927) quel paesaggio di rovine era "un panorama vraiment saisissant."[436] Egli fu affascinato dalla miriade di fiori che nei mesi primaverili coprivano le rovine.[437] Anche André Maurel (1863–1943), un giornalista francese autore di libri di viaggio, fu profondamente colpito da Ninfa e le dedicò un'accurata descrizione nel primo volume dei suoi "Paysages d'Italie". Conosceva la descrizione di Gregorovius e a tal proposito osservò: "Ninfa lo ispirò a scrivere una delle rare pagine artistiche della sua opera."[438] "Questo miracolo è lì, e turba ogni essere un po' sensibile." ... "Si dovrebbe essere molto rozzi per non sentirsi trasportato da esso."[439]

La *salonnière* Tryphosa Bates-Batcheller (1876–1952), appartenente ad una ricca famiglia di Boston, era una cantante dotata di scarso talento che visse a lungo a Parigi col marito, un ricco produttore di scarpe. Di una visita a Ninfa assieme ad alcuni accompagnatori[440] ella ricorda "La Principessa di Teano[441] mi aveva gentilmente procurato il permesso di visitare il vasto castello di Sermoneta, ma noi fummo così incantati dalle rovine delle torri di Ninfa, che si ergono in mezzo ad un pantano, che quasi potrebbe chiamarsi un lago, che decidemmo di fare colazione lì, dove far festeggiare occhi e soddisfare l'appetito."... "Le rovine dell'alta torre, che è avvolta di edera e si eleva in mezzo ad una grande palude, è forse un'immagine di gran lunga più bella del severo castello di un tempo."[442] Un gruppo di turisti, che visitarono Ninfa nel mese di luglio del 1892, non si trovò davanti un panorama di rovine coperte di fiori profumati. Il resoconto di questa gita, poi pubblicato, dà tuttavia voce in modo pregnante e in una prospettiva comparata, al fascino di quel paesaggio di rovine, coperto di piante selvatiche: "La più fervida fantasia non può immaginarsi uno spettacolo più singolare. Muri, case, chiese del Medioevo, tutto chiaramente riconoscibile, ma non solo in rovina, bensì riempito e ricoperto da una vegetazione di una ricchezza tropicale, nella quale a stento si riesce a penetrare e che si espande anche su quelle che un tempo erano state le strade. Città abbandonate dell'Asia o dell'America, di epoche culturali dimenticate e inabissatesi, offrono forse uno spettacolo simile; in Europa non vi è probabilmente nulla che sia paragonabile a Ninfa."[443]

Al più tardi intorno al 1900, tra le escursioni nei dintorni di Roma la visita a Ninfa era divenuta un'abitudine per i "tedeschi-romani" ("Deutschrömer"), i tedeschi che risiedevano a Roma. Un esempio ne è il giornalista e storico della cultura Friedrich Noack

435 Allmers, 1869, p. 352. Eine vergessene Stadt 1868, pp. 162–163. Matheus, Anthologie, 2024
436 Enlart, 1920, p. 74.
437 Enlart, 1920, p. 81.
438 "Ninfa lui a inspiré une des rares pages dartiste de son oeuvre," Maurel, 1913, p. 241. Su tale descrizione cfr. Matheus, Anthologie, 2024.
439 "Ce miracle est là, à faire bondir tout être sensible un peu ..." "C'est qu'il faudrait être bien sauvage pour ne pas se sentir transporté." Maurel, 1913, pp. 241–242.
440 La visita avvenne in aprile, come si ricava da una lettera a sua madre, che venne poi pubblicata. Non è chiaro in quale anno visitò Ninfa. Bates Batcheller, 1911, pp. 426 sgg.
441 Vittoria Colonna (1880–1954), principessa di Teano e duchessa di Sermoneta, moglie di Leone Caetani (1869–1935).
442 Princess Teano had kindly provided me with permits for the great castle of Sermoneta, but we were so enchanted with the ruins of the towers of Ninfa, that rise amidst a watery marsh, which might almost be called a lake, that we determined to have luncheon where we could feast our eyes as well as satisfy our appetites." ... "The tall ruined tower clothed with ivy, standing up boldly in the midst of a great marsh, is probably a far more beautiful picture than the austere castle of former days." Bates-Batcheller, 1911, p. 428.
443 Beilage zur Allgemeinen Zeitung 1892, n. 294, p. 3.

(1858–1930). Egli fu anche scultore e compilò raccolte di fonti, ancor oggi indispensabili, nonché lavori sulla presenza di artisti tedeschi nell'Urbe.[444] Dal 1891 lavorava a Roma come corrispondente della "Kölnische Zeitung" e ivi rimase fino al 1915. Nei suoi ricordi riferisce di una gita di più giorni sui Monti Volsci, da lui fatta con tre "tedeschi-romani". "Visitammo prima il sito romantico di rovine della città di Ninfa, sul confine delle Paludi Pontine, abbandonata alcuni secoli fa a causa della malaria, che, come un castello della bella addormentata, è sprofondata tra l'acqua ed una vegetazione straordinariamente rigogliosa. Per la sua selvaggia bellezza tale città oltrepassa qualsiasi cosa che la facoltà di immaginazione possa raffigurarsi."[445] Nel suo libro pubblicato nel 1910 "Die römische Campagna" egli definisce Ninfa "un castello incantato delle fiabe" e menziona "il quieto lago, nel quale si rispecchiano le rovine coperte di edera e rose selvatiche." "Un silenzio di morte sovrasta la città affondata nella palude, il cui fascino magico ricorda le poesie di Lenau."[446]

Che tali visite di gruppi fossero divenute una buona prassi per coloro che si trattenevano lunghi periodi a Roma si ricava da un romanzo, stampato a puntate anche in giornali quotidiani, dell'educatrice e scrittrice Christiane Gmeiner (1839–1912), nata a Würzburg. Questa autrice, che fu per molti anni attiva a Roma come pedagoga, nel suo romanzo "St. Peter in Sicht" ("In vista di San Pietro"), pubblicato sotto lo pseudonimo di Cary Groß, descrive una gita sui Monti Volsci intrapresa da Roma col tempo cattivo e nonostante il temuto pericolo dei briganti. Del gruppo di tedeschi e italiani, che comincia il viaggio prendendo il treno per Velletri, fanno parte due signori e tre signore. I due signori tentano di raggiungere Ninfa attraversando la pianura a dorso di cavallo, le tre signore con una carrozza (*char-à-bancs*) del loro padrone di casa di Velletri.[447] Il regista e autore teatrale Julius von Werther (1838–1910) informava i suoi lettori e le sue lettrici: "Chi trascorre un lungo periodo a Roma si sarà certamente sentito porre la domanda: 'Ha già visto Ninfa?" Quando egli la visitò, incontrò "due signori ed una signora." Non chiese i loro nomi e commentò brevemente: "Gli Inglesi, che sono dappertutto."[448]

Una precisa e originale descrizione della città delle rovine si trova nell'opera del saggista e romanziere, originario dello Staffordshire, Richard Bagot (1860–1921) "My Italian Year", pubblicata nel 1911 e più volte ristampata. Per lui la "cittadina abbandonata di Ninfa" era "uno dei siti più affascinanti dell'intera regione pontina."[449] Questo autore, insignito in Italia di diversi onori, si fece un nome soprattutto con i suoi articoli e recensioni sull'arte e la letteratura italiane. Egli ed un amico toscano si procurarono due *ponies* e andarono per una settimana in giro per le Paludi Pontine e le città dei Monti Volsci. A Ninfa rimasero per alcune ore al tramonto e non seguirono il consiglio del mugnaio e dei suoi aiutanti, che a causa della malaria lasciavano ogni giorno il loro posto di lavoro prima del tramonto. "Ma la bellezza ed il fascino di Ninfa, crescenti via via che quel giorno estivo andava terminando, e il desiderio di rimanervi per vedere l'effetto della luna quasi piena che già si affacciava sulle montagne furono una tentazione troppo grande."[450] ... "Vi era qualcosa di soprannaturale nella bellezza che ci circondava. L'aria calda, immobile, era carica del profumo di fiori, e vi

444 Noack, 1907, 1912, 1927. Sull'ampio schedario di Noack, con più di 11.000 schede su artisti attivi a Roma cfr. Schede Noack: Künstler in Rom: http://db.biblhertz.it/noack/noack.xml Su di lui cfr. Pollak, 1994, pp. 86 e 122–123.

445 Noack, Lebenserinnerungen, 1927, capitolo XI.

446 Noack, 1910, pp. 58–59. Due fotografie danno un'idea della città delle rovine (ibid. pp. 56 e 169): una veduta di Ninfa e una foto dal titolo: "Rovine di Ninfa." Il rinvio è all'eminente poeta austriaco Nikolaus Lenau (1802–1850).

447 Groß, 1893, pp. 238 sgg. e 246 sgg. Grazer Volksblatt 17, n. 125, 31 maggio 1884. Sull'autrice cfr. Pataky, 1898, pp. 262–263.

448 Von Werther, 1904, pp. 1 sgg.

449 Bagot, 1911, 1912, in particolare p. 208 – 212. "One of the most fascinating spots in the whole of the Pontine district is the deserted, little town of Ninfa." Tra le pagine 210 e 211 si trova una veduta di Ninfa. La fotografia fu scattata dallo Stabilimento Fotografico Brogi; cfr. il saggio di Almut Goldhahn in questo volume.

450 "But the ever-increasing beauty and fascination of Ninfa at the close of a summer day, and the longing to remain to see the effects of a nearly full moon which was already showing itself above the mountains, proved too great a temptation."

risuonavano il canto degli usignoli, il lamento dei gufi ed i suoni simili ad una campanella delle rane verdi; mentre la luce lunare avvolgeva l'intera scena in una foschia argentea e luccicante, che era ancor più bella perché più misteriosa dello spettacolo dal quale eravamo stati circondati tutto il giorno. Invece che mezz'ora rimanemmo per quasi due ore, prima di poterci staccare. Non credo che uno di noi due sarebbe stato sorpreso di trovarsi circondato da ninfe e fauni, elfi e fate."[451]

L'insieme delle rovine ricoperte di piante selvatiche, ogni anno rifiorenti e profumate, e le immagini che quello spettacolo evocava alla fantasia erano tuttavia e per molti versi in un rapporto teso ed ambivalente con le esperienze fatte sul posto, e taluni modelli di percezione, soprattutto la stilizzazione di Ninfa come Pompei medievale, non erano condivisi da tutti. Così ad esempio il giornalista e storico francese Jean-Baptiste Guiraud (1866–1953), che dal 1889 al 1892 fu membro dell'*École française* di Roma e divenne un buon conoscitore di Roma e dell'Italia, nel 1894 elogiò entusiasticamente un lavoro dello storico e bibliotecario Cesare Pinzi (1842–1917) sugli ospizi medievali di Viterbo, uscito poco prima.[452] Secondo Guiraud, Pinzi avrebbe ricostruito e descritto minuziosamente quella città medievale, la sua topografia e le sue principali famiglie, e "grazie a tutti questi dettagli la nostra immaginazione può ora ricostruire questa città che, ben più di Ninfa, merita l'appellativo di Pompei del Medioevo...".[453]

Il già ricordato Carl du Prel vide la città delle rovine soprattutto come un luogo di cupa malinconia. "In pochi luoghi al mondo una scena così lugubre guarda fissamente il spettatore." Ivi egli riusciva a scorgere solo "un malinconico campo di macerie, sul quale la natura vegetativa ha conseguito un potere assoluto" e constatava "l'avanzamento incessante di questo silenzioso processo di distruzione, al quale Ninfa è stata abbandonata."[454]

Il fascino di Ninfa ("the deserted mediaeval village"), visitata durante uno dei suoi viaggi in Italia, suscitò anche nella filologa classica e docente universitaria Elizabeth Hazelton Haight (1872–1964) sensazioni contrastanti e ambivalenti. Il suo interesse era rivolto soprattutto a diversi generi ed epoche della letteratura antica ed alla Roma antica. Ai suoi lettori consiglia una gita a Norma e Norba con un'escursione di un'ora per gli uliveti della pianura: "... proverete il desiderio di camminare per quel borgo malinconico, coperto d'edera, e cogliere come ricordo una foglia d'edera, un bocciolo di rosa ed una violetta, mentre ascoltate il gorgoglio della fontana e gli uccelli. Ninfa medievale era per me ancor più morta della preistorica Norba. Non so per quale motivo, a meno che non sia perché il fatto di essere situata in pianura, dove la vista è preclusa, la taglia fuori da ogni bellezza che non sia la sua, e il fascino dei suoi muri grigi, avvolti di edera, appartiene così completamente al passato."[455]

Dal punto di vista del filosofo e psicologo inglese James Sully (1842–1923), che insegnò allo University College di Londra, le rovine medievali di Ninfa erano tra le "overlooked Italian gems".[456] Anch'egli, peraltro, ne raccomandava la visita assieme a quella di

451 "There was something altogether unearthly in the loveliness all around us. The warm, still air was heavy with the scent of flowers, and ringing with the notes of the nightingales, the plaintive cry of owls, and the bell-like sounds made by the green frogs; while the light of the moon enveloped the whole scene in silver, shimmering haze even more beautiful, because more mysterious, than the pageantry by which we had been surrounded throughout the day. That half -hour prolonged itself into nearly two hours before we could tear ourselves away. I do not think that either of us would have been the least surprised to find ourselves surrounded by nymphs and fauns, by elves and fairies."

452 Pinzi, 1893. Su di lui cfr. Quattranni (a cura di), 2017.

453 "Avec tous ces détails, notre imagination peut reconstituer cette cité, qui mieux que Ninfa, mérite le nom de Pompeï du moyen-âge ...". Recenzione nella Revue Historique 55, 1894, pp. 464–465.

454 Du Prel, 1873, 1874, 1875a, 1875b.

455 "... you will wish to walk through the melancholy ivy-draped hamlet and pick as a ricordo an ivy leaf, a rosebud and a violet as you listen to the fountain and the birds. Mediaeval Ninfa was more dead to me than prehistoric Norba. I know not why, unless its flatness on the plain which cuts off all views isolates it more from all beauty but its own, and the charm of its gray ivy-draped walls is so completely of the past." Hazelton Haight, 1922, pp. 28–29.

456 Sully, 1912, p. 58.

Norba e Cori. "Another kind of charm belongs to the ruins of Ninfa." Con uno stile piuttosto asciutto egli informa i lettori sull'origine del nome di quell'insediamento, derivato da un luogo di culto di età romana dedicato ad una delle Ninfe. Brevemente descrive il processo di abbandono degli edifici cittadini, risalenti in prevalenza ai secoli XII e XIII, e ne attribuisce le cause all'espansione delle paludi ed alla malaria. Elementi di un entusiasmo romantico per le rovine si riscontrano in lui al massimo quando descrive il fascino (ancor oggi avvertito) del tramonto del sole. "Il sito è ancora oggi insalubre e nei mesi estivi il capostazione della piccola stazione ferroviaria è costretto a dormire in una zona più alta. A colui che ha appena visitato Norma ed altri villaggi in collina sembra quasi come se vi fosse scivolato accidentalmente dal sicuro rifugio in montagna. Oggi Ninfa è solo un guscio rovinato di un luogo come Pompei. Monastero e chiesa, palazzo e castello baronale sono ridotti ad una rovina pittoresca. E tuttavia, per quanto il suo aspetto sia patetico, questa città abbandonata e sgretolata non è priva di momenti in cui rivive l'antica gloria, quando, la sera, il sole basso illumina le mura e la torre di un rosso purpureo."[457]

Ninfa, un bene culturale tutelato dallo Stato?

Quando visitò la città delle rovine Hermann Allmers non registrò ancora alcuna forma di attività agricola al suo interno. Dall'alto di Norba egli volse lo sguardo alla sua mèta, "Ninfa, abbandonata dagli uomini," e descrisse ciò che poté vedere da una prospettiva a volo d'uccello. "Campi e pascoli circondavano il tutto."[458] Nella sua descrizione di quanto egli trovò entro le mura cittadine non si parla di campi e giardini. Nella settima edizione dello "Handbook for Travellers in Southern Italy" di John Murray si danno informazioni ai viaggiatori, come si era fatto nelle precedenti edizioni, sulle rovine della città medievale di Ninfa e sul suo castello in rovina ed il monastero. In questa settima edizione, tuttavia, essi apprendono inoltre che quegli edifici sarebbero stati da poco restaurati dalla famiglia Caetani.[459]

Al più tardi negli anni ottanta dell'Ottocento il suolo entro la città di Ninfa venne sfruttato a scopi agricoli. Dalla sua edizione del 1886 in poi il Baedeker sconsiglia la visita della città delle rovine nei mesi estivi, tra l'altro per questo motivo: "E inoltre in quel periodo dentro la città vi sono colture, e pertanto è scomodo visitarla."[460] In un resoconto di viaggio del 1886 si lamenta la scarsa accessibilità di parti del complesso di rovine, perché "ovunque si trovi anche un minuscolo spazio libero, sono piantate aiuole e campetti, spesso recintati da siepi spinose, per ottenere prodotti agricoli." L'autore è dell'opinione che si debba rinunciare a questi "esperimenti non belli e inappropriati." "Forse si è pensato di porre l'intero sito sotto la tutela e la sorveglianza del Governo, come ad esempio si è fatto per la Villa Adriana, se non che a tale idea si assocerebbero gli spettri delle guide ufficiali e dell'apertura di strade, che distruggerebbero la solennità del luogo."[461] In occasione della sua visita del 1887 lo storico dell'arte svizzero Heinrich Wölfflin constatò, deluso, il completo prosciugamento delle paludi e lo sfruttamento agricolo

457 "The site is still an unhealthy one, and the master of the little railway station has, during the summer months, to sleep on higher ground. To one who has just visited Norma and other hill towns it looks as if it had accidentally slipped down from the safe retreat of the mountain. To-day it is just a battered shell of a place like Pompei, monastery and church, palace and baronial castle, reduced to a picturesque ruin. Yet, pathetic as is its aspect, the deserted and crumbling town is not without its momentary revivals of glory when, in the evening, the low sun throws upon wall and tower a rich crimson glow." Sully, 1912, p. 196. L'autore rinvia il lettore alle osservazioni su Ninfa di Tomassetti, 1910.

458 Allmers, 1869, pp. 346–347. Cfr. anche Eine vergessene Stadt, 1868, p. 1626 e Matheus, Anthologie, 2024.

459 "dismantled castle and monastery, recently restored by the Caetani family." Murray, 1868, p. 8. Questa osservazione manca nella quinta edizione del 1865, p. 7. Anche la guida di Paul Joanne accenna a questi restauri di una parte delle rovine. Joanne, 1893, p. 534. Resta da compiere una ricerca su questi restauri nell'archivio dei Caetani.

460 Baedeker, 1886 D 382, p. 385.

461 Leipziger Zeitung 1886 (wissenschaftliche Beilage), pp. 287–288. Cfr. Matheus, Anthologie, 2024.

del terreno del luogo.[462] Johann Graus registrò nel 1888, nelle vicinanze del castello, una "coltivazione di granturco", e in prossimità della rovina di San Biagio un campo di mais.[463]

E tuttavia ancora negli anni novanta ciò che di Ninfa più affascinò Ernesto Gagliardi fu l'associazione tra le rovine e la vegetazione spontanea e incontrollata. "Libera dall'intervento di qualsiasi mano umana, la vegetazione si abbandona a vere e proprie orge, supera ogni immaginazione. Su tutti gli edifici quasi illesi di Ninfa, così duramente colpita dal destino, è steso un sudario regale di edera più che centenaria."[464]

Anche lo scrittore francese Élisée Reclus ed il giurista, scrittore e politico Attilio Brunialti (1849–1920), nella loro ampia opera in due volumi "L'Italia nella natura, nella storia, negli abitanti, nell'arte e nella vita presente", menzionano non solo "le magiche rovine di Ninfa, la Pompei medioevale", bensì anche il "pittoresco lago di Ninfa, dove fra i ruderi dell'antica città crescono rigogliose piante acquatiche tropicali."[465]

L'architetto e storico dell'arte e dell'architettura Oscar Mothes (1828– 1903), che aveva più volte raccomandato di compiere ricerche accurate su Ninfa e i suoi dintorni, rilevò tuttavia con soddisfazione che quel sito era ancora intatto, non essendo stato oggetto di "cosiddetti restauri." Al tempo stesso ne constatò il processo di distruzione causato dalle piante che vi crescevano in maniera incontrollata: "Quando visitai la città delle rovine gli unici abitanti erano alcuni pastori di bufali ed un fabbro, che usava il campanile come ciminiera. A quel tempo torri, case, botteghe, magazzini, ponti, capannoni, cimiteri, chiese e cappelle erano in uno stato discreto di conservazione; ma già alcune strutture minacciavano di crollare, poiché i rampicanti, soprattutto i rigogliosi tralci d'edera, espandevano le radici tra le crepe e le spaccavano."[466]

Oltre che al rapporto conflittuale tra Romanticismo delle rovine, rovine in via di sgretolamento e sfruttamento agricolo Karl (Carl, Carlo, Charles) Ludwig Sprenger (1846–1917), originario di Güstrow (Meclemburgo), in una sua pubblicazione dedicò particolare attenzione alla questione della tutela della natura e della vegetazione in combinazione con taluni aspetti della tutela dei monumenti.[467] Non sappiamo quando costui visitò Ninfa. Aveva frequentato una scuola di giardinaggio, al termine della quale aveva lavorato come giardiniere nel castello di Herrenhausen (Hannover). In Carinzia gestì poi un vivaio assieme al fratello e prese in gestione a Graz un negozio di sementi ed un'azienda per la vendita e la consegna a domicilio di fiori. Dal 1877 problemi di salute lo indussero a trasferirsi in paesi più caldi. Viaggiò soprattutto per l'Italia e, in seguito, per la Spagna. Lavorò nelle isole Borromee (Lago Maggiore). Ai piedi del Vesuvio produsse verdura ed elicrisi per l'esportazione e realizzò sulla collina del Vomero, a Napoli, un orto botanico. Dal 1907 ebbe la responsabilità del riassetto del giardino della villa estiva (l'*Achilleion*) dell'imperatore Guglielmo II sull'isola greca di Corfù. Grazie ai suoi successi nella coltivazione delle piante strinse contatti con numerosi colleghi, come i botanici americani David Grandison Fairchild (1869–1954) e William Trelease (1857–1945). Da lui presero il nome l'*Asparagus Sprengeri* e la *Magnolia Sprengeri*.[468]

Nel nostro contesto è di particolare interesse una pubblicazione di Sprenger sulla ginestra spagnola. In resoconti di viaggio si legge spesso come d'estate Ninfa si trasformi in un mare di fiori e profumi. Il giardiniere e botanico Sprenger individua una delle cause di quelle nuvole di fragranze nel periodo che va da fine aprile a fine giugno, nel quale (a seconda della posizione e del posto) compaiono le "corolle papilionacee gialle oro, arancioni o gialle zolfo."[469] Sprenger è estasiato da questa pianta ("la più ricca

462 Cfr. p. 87.
463 Graus, 1891, pp. 52 e 55. Su Graus cfr. p. 108.
464 Gagliardi, 1897/98, p. 423.
465 Reclus, Brunialti, 1904, pp. 76, 83 e 160.
466 Mothes, 1884, vol. 2, p. 681.
467 Hofrat Sprenger, Nachruf Karl Sprenger †, in: Mitteilungen der Deutschen Dendrologischen Gesellschaft 27, 1918, pp. 354–356. Burkhardt, 2018, parte 1, p. 85.parte 2, p. 36.
468 Anche la *Sprengeria Greene*, della famiglia delle *brassicaceae* ebbe da lui il nome. Burkhardt, 2018, vol. 1, p. 85. S.
469 Sprenger, 1913, p. 214. Gregorovius parla di una "ginestra tutta piena d'oro." Gregorovius, 1860, p. 850. Ancor oggi si è affasci-

e certamente la più utile di tutte le specie di ginestre"), anche per via del suo profumo aleggiante, inebriante, abbondante. Contrariamente a quanto suggerirebbe il suo nome ("ginestra spagnola"), egli rileva che essa sarebbe più frequente in Italia (dove è chiamata volgarmente ginestra) che in Spagna. Tale ginestra aromatizza l'aria "con fragranze olimpiche" e avvolge "di profumi d'ambrosia" i luoghi nei quali si sviluppa in gran copia.[470]

Secondo Sprenger quella pianta è "per eccellenza una pianta che cresce tra cumuli di macerie e rovine e si impossessa subito di città decadute con le loro mura e rovine, i tetti e i campanili, coprendo gentilmente con il suo abbraccio fiorito i lamenti dell'umanità." Secondo Sprenger, un caso esemplare è la città delle rovine a Sud di Roma. Il botanico critica aspramente i progetti ivi discussi, e in parte realizzati, di liberare i monumenti delle piante che crescono libere e incontrollate. "Solo il moderno e recentissimo fanatismo degli uomini, lo scavo e l'eccessiva ripulitura delle rovine da ogni vegetazione offuscano l'antica magia e procurano sconforto e dolore a colui che ama la natura. Ginestre in fiore, liane ed erbe coprono ancora Ninfa, città sommersa, e la Campagna romana o gli antichi campi flegrei,[471] descritti così bene da Gregorovius, ma già si alzano voci favorevoli a ripulire a fondo quella bella addormentata medievale che sonnecchia e riposa tra le braccia fiorite della flora più bella. Ciò equivarrebbe ad un moderno delitto."[472] Il saggio di Sprenger fu pubblicato nel 1913 nelle "Mitteilungen der Dendrologischen Gesellschaft" ("Bollettino della Società di Dendrologia"), alla quale l'autore apparteneva e nel cui organo egli pubblicò più volte. A tale associazione, fondata nel 1892, sono fino ad oggi affiliate persone cui stanno particolarmente a cuore la conservazione, la piantagione e la diffusione di alberi e arbusti. Nel 1913 i 2875 soci, leggendo la rivista della "Società" di cui erano membri,[473] poterono apprendere di Ninfa, sito singolare da proteggere, nel quale le rovine e le piante spontanee erano in simbiosi. Sprenger non visse così a lungo da assistere alla trasformazione di quel complesso nel Giardino di Ninfa.

Intorno al 1913 anche il giornalista francese André Maurel espresse un parere molto negativo sui piani della famiglia Caetani di ripulire le rovine dalla vegetazione. "Mi si comunica che, nel momento in cui scrivo queste righe, la Principessa Caetani, credendo di fare cosa giusta, voglia offrire il suo aiuto agli archeologi e sia sul punto di dare ordine ai suoi contadini di estirpare edera e liane. Ciò è senza dubbio un delitto. Ninfa non lo può tollerare."[474] La giornalista Erika Vorbusch, sopra già menzionata, era entusiasta della "Pompei del Medioevo", che doveva essere protetta; tuttavia non ne escludeva categoricamente uno sfruttamento ed una valorizzazione a fini turistici. "Pur augurando all'antica città un'industria turistica à la Pompei, non me la sento di affermare che i suoi dintorni siano asettici e privi di bacilli. Chi ha già sentito parlare almeno una volta delle Paludi Pontine mi capisce...".[475]

Per ciò che riguarda le trasformazioni della città delle rovine durante i primi quindici anni del Novecento, il giudizio espresso dal monaco cistercense Mauro Cassoni (1877–1952), nato a Norma,[476] suona a prima vista ambivalente: "L'aspetto generale di Ninfa, se da una parte può dirsi oggi assai migliorato per la piccola stazione ferroviaria omonima, per l'impianto di una officina elettrica e soprattutto per le cure sapienti che ne ha l'Eccellentissima Casa Gae-

---

nati dalla fragranza dolce, simile al gelsomino, emanante dai suoi grandi fiori gialli durante i primi giorni d'estate. È una pianta profumata di prima qualità, che veniva usata anche per le funi e corde intrecciate.

470 Sprenger, 1913, pp. 212 sgg.

471 I Campi Flegrei, la regione vulcanica a circa 20 km a ovest del Vesuvio sono un'allusione al luogo in cui Sprenger allora risiedeva. Palazzo Pavoncelli, Scoglio di Frisio, Posillipo, Neapel. Mitteilungen der Deutschen Dendrologischen Gesellschaft 21, 1912, p. 463.

472 Sprenger, 1913, p. 216.

473 Mitteilungen der Deutschen Dendrologischen Gesellschaft 21, 1912, pp. 417 sgg.

474 "On m' écrit, au moment où je rédige ceci, que la princesse Caetani, croyant bien faire, rendre service aux archéoloques, vient de donner l'ordre à son fermier d'arracher ces lierres et ces lianes. C'est un meurtre sans doute, et Ninfa n'a rien à apprendre à personne." Maurel, 1913, p. 244.

475 Vorbusch, 1911.

476 Parlangèli, 1952.

tani, deve dirsi, dall'altra, di molto deteriorato, tanto le rovine sono diminuite e ridotte quasi ai minimi termini, che lungi non andrà che potrà dirsi di esse – *etiam periere ruinae*!"[477] La citazione erudita fatta da questo monaco cistercense, persona legata alla famiglia Caetani, era diretta ai lettori colti e rimanda all'epos incompiuto del poeta romano Marco Anneo Lucano (39–65) sulla guerra civile tra Cesare e Pompeo.[478] Tale accenno ad una fase della storia romana segnata da assurdità, brutalità e crudeltà poteva, però, e può essere inteso solo come una critica acuta al modo in cui venivano trattate le rovine.

Tutte queste opinioni, in parte moderate e differenziate, in parte aspramente polemiche, sugli interventi programmati o posti in esecuzione dalla famiglia Caetani a Ninfa dopo il 1900, sono da collocare nel contesto dei primi movimenti a favore della tutela dell'ambiente naturale, che allora andavano formandosi in parecchi Stati europei e negli Stati Uniti d'America (ivi ad esempio con l'idea dei parchi nazionali).[479] A seguito dell'industrializzazione e dell'urbanizzazione, e delle distruzioni da queste provocate, sorsero numerose associazioni e società scientifiche, e infine si giunse anche a regolamentazioni legislative ed alla nascita di istituzioni statali. Le loro finalità, in parte rifacentisi alle tradizioni romantiche, furono straordinariamente diversificate e andavano dalla conservazione dei monumenti e dalla protezione di flora e fauna alla cura delle feste popolari ed alla tutela estetica del paesaggio.[480] Così, ad esempio, nel 1906 fu istituito in Prussia un ufficio statale per la conservazione dei monumenti naturali, il cui compito era di restituire alla natura almeno una parte di quell'incanto che gli estesi interventi dell'uomo le avevano sottratto.[481] L'obiettivo era il ripristino di paesaggi ideali e oggetto di desiderio nostalgico, rifugi simbolici e reali, tenendo allo stesso tempo ben conto del valore del paesaggio protetto per promuovere il turismo. In Germania, nel periodo del cosiddetto "Kaiserreich" (il "Secondo Impero") si formò un movimento all'insegna dei concetti della tutela di natura e patria, propagati da Ernst Rudorff (1840–1916), il cui obiettivo era soprattutto la protezione di quella che si avvertiva come la genuina patria tedesca. La "Lega per la tutela del patrimonio artistico e naturale" ("Bund Heimatschutz"), fondata nel 1904, era un movimento associativo e un ente che riuniva tutte le associazioni attive nel campo della protezione della natura.[482] Tra i campi di attività di tale organizzazione rientravano la "tutela del paesaggio, comprese le rovine" e la "salvaguardia della flora e fauna locali."[483] Obiettivi analoghi perseguiva in Italia la "Lega nazionale per la protezione dei monumenti naturali", fondata nel 1913 e influenzata soprattutto da correnti liberal-democratiche dei centri urbani.[484] Testimonianza degli sforzi di comunicazione e cooperazione nel tutelare la natura a livello globale, superando le questioni, le specificità ed i confini nazionali, sono i congressi internazionali di Parigi (1909), Stoccarda (1912) e Berna (1913). Pur in condizioni di scarsa omogeneità, taluni movimenti, che, motivati da istanze di critica culturale, furono impegnati nella conservazione del paesaggio e della cultura, collaborarono con associazioni e istituzioni che chiedevano la protezione della natura basandosi piuttosto su argomenti scientifici.[485] Da quanto sopra esposto risulta chiaro che dalla seconda metà del secolo XIX tra i visitatori di Ninfa vi furono anche persone che erano vicine alle idee, varie e talvolta contraddittorie, dei primi movimenti di tutela dell'ambiente naturale. Come il già ricordato Karl Ludwig Sprenger, al complesso di rovine, fauna e flora costoro associavano idee e propositi.

477 Cassoni, 1918, p. 182. Il testo di Cassoni è accompagnato da dodici fotografie di Ninfa, delle quali almeno una è di Alinari.
478 Sulla citazione da Lucano ("anche le rovine sono scomparse") cfr. Spencer, 2005, p. 52.
479 Cronon, 1996.
480 Mi limito a rinviare a: Dominik, 1992. Brüggemeier, Rommelspacher, 1987. Saba, Mayer, 2001. de Steiguer, 2006, pp. 5 sgg. Uekötter, 2007. Della Valentina, 2011, pp. 24 sgg. e 43 sgg.
481 Schmoll, 2004, pp. 104–105.
482 Schmoll, 2004, pp. 391 sgg.
483 Schmoll, 2004, p. 401.
484 Della Valentina, 2011, pp. 66 sgg.
485 Henke, 1990. Schmoll, 2004, pp. 171 sgg. de Steiguer, 2006, soprattutto pp. 4 sgg. Schmoll, 2018. Kupper, 2021, pp. 140–141.

Il frantoio di Ninfa

Abbiamo già fatto riferimento al mulino eretto a Ninfa, su un sostrato più antico, nel XVIII secolo e rimasto in funzione fino al XX. Gli estesi uliveti presenti nella zona vengono menzionati da Heinrich Wölfflin, Elizabeth Hazelton e da molti altri.[486] In un resoconto di viaggio del 1886 è riportato che ai piedi dei Monti Volsci si estende "una fitta corona di uliveti."[487] Ed infatti, all'epoca, a Ninfa il manufatto era utilizzato principalmente come frantoio ed era assiduamente frequentato. Chi, coerentemente con l'estetica delle rovine presente sin dal XVIII secolo, intendesse fare esperienza di Ninfa, città di rovine, per levare dolenti elegie sulla transitorietà delle cose e farne la sede di melancoliche meditazioni, lasciandovi al contempo spaziare un'immaginazione capace di aprire universi poetico-onirici,[488] doveva poter godere di una visita possibilmente libera da interferenze e di una permanenza perlopiù solitaria. Il frenetico affaccendarsi intorno al frantoio e i rumori della nuova ferrovia potevano essere senz'altro percepiti come elementi di disturbo.

Alcune piuttosto diffuse descrizioni di Ninfa suggerivano agli aspiranti visitatori che si trattasse di un luogo abbandonato ed immerso nel silenzio. Gregorovius, il cui scritto su Ninfa nella seconda metà del XIX secolo era disponibile in tedesco, italiano, inglese e francese, ad esempio riferiva entusiasta delle sue peregrinazioni in questo luogo, "dove il vento scherza tra le foglie. Non un rumore turba la sua pace, all'infuori del grido del corvo che ha posto dimora sulla torre del castello, del mormorio delle limpide acque del Ninfeo, del sussurro dei giunchi in riva allo stagno e del canto melodioso e dolce delle erbe, agitate dalla brezza."[489] Anche Hermann Allmers parlava di Ninfa come d'una "città dimenticata delle Paludi Pontine, immersa in un silenzio sepolcrale", "abbandonata dagli uomini": "Al più un pastore, taciturno fanciullo dagli occhi scuri, custodiva il suo gregge su quella che fu un tempo la piazza del mercato, o un biondo viandante venuto dal Nord osservava solitario quel luogo meravigliosamente silente, perso in profonde meditazioni, contagiato anch'egli dal meraviglioso silenzio che lo circondava, forse memore di una fiaba quasi dimenticata udita nei lontani anni della gioventù, il grazioso racconto della Bella Addormentata nel Bosco."[490]

Hans Speckter di Amburgo[491] visitò Ninfa nel 1877 vedendovi "ad un capo, quello rivolto verso le montagne, un grande frantoio, con stalle ed edifici secondari, che intrattiene vivaci traffici con le case sparse lungo il pendio. Perlomeno oggi qui c'era un gran viavai: muli andavano avanti e indietro con il loro carico e sotto la grande tettoia, al riparo dalla pioggerella che cadeva leggera, v'era sempre un gran numero di persone in attesa. Nei pressi del frantoio e in mezzo alle rovine s'aggiravano numerosi capre, maiali, polli e oche e non v'era traccia alcuna di un'isolata solitudine."[492]

Quando rivolse la propria attenzione a quella "distesa di rovine", Gustav Schollwöck[493] notò "con disappunto un nuovo edificio, un mulino. Pensando al suo invadente rumoreggiare, temevo già che andasse perduta l'impressione di pura solitudine. Ma per fortuna lo trovai fermo."[494] Nel 1873 un visitatore (chissà se consapevole) mise piede nella città delle rovine durante un giorno festivo "e così nessun'attività meccanica turbò il silenzio con il suo fracasso; non si percepiva altro che il mormorio del torrente che, in repentina caduta, scorreva rapido a guisa d'una freccia tra i fitti cespugli."[495] Anche altri viaggiatori godettero indisturbati, nelle "myste-

486 Cfr. ad esempio B. Gravis, 1883, p. 176: "belles et grandes cultures d'oliviers." Lanzi, 1899/1900, p. 145. Sulla tradizione della coltivazione dell'ulivo cfr. Pavan, 1974, p. 634.

487 Leipziger Zeitung 1886, p. 285: il sentiero che parte da Cori scende in pianura "attraversando un bosco d'antichi ulivi". Inoltre vengono menzionati i "magnifici ulivi carichi di frutti che fanno da corona ai piedi della collina". Ibidem p. 286.

488 Baum, 2013.

489 Gregorovius, 1860, p. 849.

490 Allmers, 1869, pp. 340, 346, 349

491 Cfr. p. 87

492 Schapire (a cura di), 1910, p. 199.

493 Cfr. p. 88

494 Schollwöck, 1878.

495 Regensburger Morgenblatt 26, n. 278, 5 dicembre 1873, p. 1015.

rious ruins of Ninfa", della solitudine e degli splendidi fiori. Tra gli altri vi si recò lo storico britannico Mandell Creighton (1843–1901), specialista di Storia del Papato nel Rinascimento e primo titolare della cattedra Dixie di Storia della Chiesa presso l'Università di Cambridge. Egli apparteneva inoltre all'alta gerarchia ecclesiastica della Church of England, arrivando a ricoprire la carica di vescovo di Peterborough e quella di vescovo di Londra. Grazie a "Life and Letters", opera redatta dalla moglie Louise dopo la dipartita di Creighton, abbiamo notizia dei molti viaggi in Italia intrapresi dalla coppia che, nel 1882, partendo da Cori a piedi e senza guida, visitò anche la città delle rovine. Da Norba/Norma la coppia poté godere della vista meravigliosa ("wondrous view") sui monti e sulla pianura. E, ai piedi di Norba, ecco la città di Ninfa che, riportano, venne abbandonata nel X secolo a causa della malaria: "Là sorgono le mura delle case, i campanili pericolanti, i ruderi delle basiliche ormai distrutte, ricoperti di fiori selvatici e di rampicanti, attraversati dal rapido scrosciare d'un fiume che nasce ai piedi della montagna. Oltre ad un pastore smarritosi sul pendio, in tutta questa lunga giornata non incontrammo anima viva."[496]

Questi commenti di chi s'era recato o voleva recarsi in visita all'idilliaca città delle rovine, immersa nel silenzio e nella solitudine, possono essere meglio interpretati se inseriti nel contesto di una crescente sensibilità all'inquinamento acustico prodotto dalle macchine, e non soltanto nelle città. Il progresso tecnico con i suoi sviluppi – il continuo martellare e rombare dei macchinari, dei motori e dei sempre più numerosi segnali elettrici – aveva fatto sì che diversi gruppi di persone in Europa e negli USA cominciassero a reclamare il "diritto al silenzio". Mentre a New York, nel 1906, Julia Barnett Rice (1860–1929) fondò la "Society for the Suppression of Unnecessary Noise", nel 1908 Theodor Lessing (1872–1933), filosofo, scrittore e pubblicista ebreo tedesco, apriva ad Hannover gli uffici della "associazione antirumore" dichiarando guerra al "demone del frastuono" e diventando, grazie all'attenzione che i media riservavano al bollettino dell'associazione, un protagonista di quel movimento internazionale contro l'inquinamento acustico che si era radicato soprattutto negli ambienti della borghesia liberale.[497]

E però non per tutti i visitatori di Ninfa l'attività del mulino costituiva un elemento di disturbo. L'autore di un resoconto di viaggio dato alle stampe nel 1886, ad esempio, annotò che, una volta penetrato più a fondo nelle rovine, "la dignità silenziosa del luogo venne interrotta da un allegro vociare e da un'industriosa attività. Ben presto mi ritrovai di fronte, stupito, un quadro ricco di carattere. Affianco al castello, tra gli alberi vetusti, le onde rapide e spumeggianti del torrente, fluendo via dal laghetto, irrompono nella cinta muraria, sospingendo le pale d'un mulino costruito proprio sulle antiche mura cittadine e attraversando poi uno spazio piuttosto vuoto, disordinatamente ricoperto d'erba rigogliosa e di rovi carichi di fiori e contornati da rovine con finestre ad arco gotico, anch'esse ricoperte di vegetazione incolta, e dalle turrite mura cittadine."[498] Anche un altro visitatore, a Ninfa nel maggio 1909, non si sentì turbato dal fracasso del "mulino ad acqua, (..) ultimo rifugio dell'attività umana prima di Ninfa" né dalle donne di Norma, che ogni giorno scendevano a fare il bucato nel "laghetto" di quel "cumulo di macerie". "Ecco laggiù un treno che rumoroso oltrepassa la fermata: questo saluto da un altro mondo, nuovo, rende ancor più profonda ed opprimente la solitudine. E, non appena svanito lo sferragliare dei vagoni, ecco che il silenzio delle paludi, come una fiera, assale l'inerme viandante gettandolo in terra. Eppure la voluttà di soffermarsi in questa verde città morta è tale che io mi reimmergo sempre di nuovo nella natura selvaggia ..."[499]

---

496 "There stand the walls of the houses, the crumbling campaniles, the shells of the ruined basilicas covered with wild flowers and creeping plants, and through them rushes a swift river sprung from the foot of the mountain. Except a stray shepherd on the mountain side, we met no one all that long day." Life and Letters, 1904, vol. 1, p. 213.

497 Sullo stato dell'arte della ricerca e sul modello viennese si veda Payer, 2018, p. 15ss. Lessing, 2021.

498 Leipziger Zeitung, 1886, p. 287.

499 Eine tote Stadt, 1909.

Ninfa nei romanzi e nelle novelle[500]

In che modo già prima delle descrizioni di Gregorovius, Allmers e Hares, nell'ambiente cattolico internazionale Ninfa sia divenuta un soggetto letterario nella cornice d'una visione poetica delle rovine ce lo testimonia l'esempio del gesuita Antonio Bresciani (1798–1862), autore di novelle senza molte pretese letterarie, che però godevano di grande popolarità e nelle quali egli esprimeva posizioni antisemite, reazionarie e conservatrici sui movimenti liberali e su quelli del Risorgimento[501] – si veda ad esempio *L' Ebreo di Verona* del 1850. Nel 1857, sulla rivista "La Civiltà cattolica", Bresciani pubblicò la novella "La Contessa Matilda da Canossa e Iolanda di Groninga" descrivendovi il viaggio di tal abate Dauferio nei territori imperiali transalpini e servendosi dell'immagine d'una Ninfa medievale in stato d'abbandono quale termine di paragone utile a descrivere un'immaginaria città transalpina chiamata Rottenstein. Evidentemente Bresciani aveva visitato di persona la città delle rovine dell'Agro Pontino. Dopo il 1857 la novella approdò sul mercato editoriale, totalizzando sette ristampe in italiano, cinque della traduzione inglese, stampate a New York, tre della traduzione tedesca e una di quella francese.[502]

Nel romanzo "Die neue Circe. Eine italienische Dorfgeschichte" (La nuova Circe. Storia di un villaggio italiano) pubblicato per la prima volta nel 1885 su una rivista, uno dei protagonisti, che poi è l'autore stesso che si cela nei panni del poeta Wilibald Stein, riferisce alla moglie del suo amico di gioventù Fritz Schulz, diventato professore ordinario di archeologia, che lo ascolta rapita, le proprie osservazioni sulle Paludi Pontine e sulla città delle rovine: "questa 'Pompei medievale' giace sepolta d'edera e fiori."[503] Si tratta del secondo romanzo italiano dello scrittore Richard Voss (Voß) (1850–1918) e costituisce una parziale elaborazione letteraria del suo primo lungo viaggio in Italia,[504] nella quale l'autore "polemizzò con quell'immagine dell'Italia gravida di cliché e proclamò la sua predilezione per le descrizioni naturalistiche degli ambienti sociali sul modello di Zola."[505] Con la moglie Mélanie, divorziata dal primo marito, Voss si stabilì poi a Roma e a Frascati, che divennero una seconda patria per la coppia. La loro residenza, Villa Falconieri a Frascati, dal 1880 fu un luogo d'incontro e confronto culturale cosmopolita, ben noto pure in ambiente transalpino; anche nel XX secolo, quando Voss e consorte avevano dovuto ormai lasciarla, la Villa continuò ad essere considerata un'attrazione turistica.[506]

In merito al romanzo, lo scrittore Konrad Telmann, che in seguito visse anch'egli a Roma, ebbe ad osservare che "il libro è pervaso da un umorismo così genuino e innocentemente frizzante che la maggior parte dei lettori non si sarebbe aspettata da un poeta di tragedie tanto ricche di pathos (Voss). ... E poi questi quadri di paesaggi dai colori vivaci, talvolta forse troppo elaborati per la cornice narrativa, ma sempre avvincenti: Voss dimostra di saper dipingere con la penna come pochi altri."[507]

Tra i quadri di paesaggi tracciati nel romanzo vi sono le paludi a sud di Roma. Le paure che il protagonista (e con lui, probabilmente, l'autore) aveva prima del viaggio si rivelano ampiamente infondate. Egli rimane "terribilmente deluso; non soltanto attraversò fertili campi coltivati, ma persino viali di pioppi e gelsi bianchi, proprio come nella regione del delta dell'Oder. Quella zona tristemente famosa riconquistò almeno in parte il suo rispetto solo quando ne vide gli abitanti aggirarsi febbricitanti e furtivi come "ombre" e anche grazie al fatto che parte del bosco

500 In questa sede non possiamo dedicarci ad un'approfondita analisi tematica e storico-letteraria delle opere di seguito menzionate.

501 Dickie, 2017.

502 Cfr. Bresciani, 1857, 1858, 1859,

503 Voß, 1885, p. 303. Il romanzo fu più volte ristampato, ad esempio Voß, 1904. Su Voß in generale cfr. Forni 1990, p. 321. Baumann, 2018a.

504 Sulle escursioni di Voß nelle campagne a sud di Roma nel 1873 e nel 1875 cfr. Baumann, 2018a.

505 Baumann 2018 b, p. 290.

506 Baumann 2018 b, p. 298ss.

507 Das Magazin für die Literatur des In- und Auslandes 1886, n. 31, p. 494. Su Telmann cfr. p. 83

di Ninfa presso Cisterna, un tempo noto per gli assalti alle carrozze postali, fosse stato abbattuto per proteggere i viaggiatori da eventuali imboscate. Ecco un po' di romanticismo."[508] Ancora dopo la Seconda guerra mondiale su Richard Voß gravò il marchio di "controverso autore di letteratura di intrattenimento" – non da ultimo, probabilmente, a causa della sua omosessualità e del suo ruolo di oppositore nel Secondo Reich.[509] Ormai però l'opera di uno "dei più prolifici autori (di lingua tedesca) della seconda metà del XIX secolo", "acclamato sceneggiatore" e "tra gli autori più letti a cavallo del secolo" è tornata ad essere apprezzata.[510] Ad influenzare l'immagine che Voß ebbe dell'Italia, e con tutta probabilità anche la sua percezione di Ninfa, non ultimi furono i lavori di Ferdinand Gregorovius e Hermann Allmers.[511] Il fatto che egli abbia menzionato la città delle rovine nel romanzo "Die neue Circe" e poi ripetutamente in testi di matrice autobiografica indica che il nostro si occupò intensamente del sito e che dava per scontato che al lettore risultasse familiare "l'antica città fiabesca di Ninfa, sepolta d'edera e fiori".[512]

La città delle rovine, però, non fu soltanto una scenografia menzionata en passant in romanzi e novelle bensì divenne soggetto letterario in sé. Nel 1895 furono pubblicate tre novelle di Ida Boy Ed (1852–1928), di Hermine (Hermione) von Preuschen (1854–1918) e di Konrad Telmann (1854–1897), marito di quest'ultima.[513] Il terzetto affermò che "Ninfa, fiabesca città di rovine" situata a sud di Roma tra il mare e i monti Volsci, abbandonata a causa dei letali miasmi e immersa nella sua singolare esistenza di "Pompei del Medioevo", avrebbe ispirato loro quelle opere e l'idea di pubblicarle congiuntamente. "Il racconto "Die Letzten" (Gli ultimi) della signora Boy Ed si svolge all'epoca del tramonto di Ninfa, mentre Hermine von Preuschen e K. Telemann hanno ambientato nella città fiabesca intrecci moderni (rispettivamente "Perniciosa" e "Malaria"). Dal punto di vista artistico, quello più riuscito è probabilmente l'ultimo dei contributi citati – che occupa oltre metà del volume – ove convivono la forza devastante della natura ed un intreccio psicologicamente raffinato."[514]

Nelle tre novelle in questione, come anche nelle opere di Richard Voß, Ninfa diviene anelata meta bifronte per donne e uomini che rifuggono le costrizioni sociali e vedono nell'isolamento e nella "selvaggia" solitudine di Ninfa il luogo dove ricercare la propria identità. Nella "Perniciosa", novella di von Preuschen, pittrice, scrittrice e attivista per i diritti delle donne, vediamo la pittrice Ina, che dell'autrice possiede qualche tratto biografico, che a luglio, mese delle febbri, incontra nella città delle rovine il grande amore, Cino, che lavora alla costruzione del tracciato ferroviario come geometra. La vicenda è ambientata nel 1890, due anni prima dell'inaugurazione della linea ferroviaria che passando a ridosso di Ninfa andava a Terracina. Con la ferrovia, che Ina percepisce come una minaccia poiché "sottrae al luogo tutta la sua atmosfera," una modernità distruttrice, dominata dalla tecnica, irrompe nel ritiro della città delle rovine, fino ad allora fonte d'ispirazione artistico-letteraria.[515]

508 Voß, 1885, p. 152. Sulla feroce critica di Voß alle condizioni igieniche e sociali dell'Agro Romano si veda anche Baumann, 2018 b, p. 293s. L'autore si è occupato approfonditamente delle condizioni delle paludi pontine pubblicando due romanzi dedicati all'argomento: Voß, Die neuen Römer, 1885, con il suggestivo sottotitolo "Roman aus der römischen Wildniß" e Voß, Der Sohn der Volskerin, 1886. Il romanzo "Die neuen Römer" conobbe svariate ristampe (cfr. Baumann 2018a).

509 Kindermann, Dietrich 1958.

510 Baumann, 2019, p. 343.

511 Baumann, 2019, p. 344ss., 351.

512 Voß, 1888, p. 320.

513 Ninfa. Drei Novellen, 1895.

514 Österreichisches Literaturblatt 6, 1897, p. 280s. In una recensione ospitata nell'inserto della Allgemeine Zeitung, 1895, n. 322, p. 4 si legge tra l'altro che "Tre poeti, Ida Boy-Ed, Hermine von Preuschen e Konrad Telmann, visitarono assieme Ninfa, fiabesca e cupa città in rovina. Si ripromisero allora di scrivere su Ninfa tre novelle..." Sulle tre novelle e sui testi di Richard Voß (1850–1918) su Ninfa si veda il contributo di Christiane Baumann al presente volume.

515 Cfr. il contributo di Christiane Baumann al presente volume. Nel suo romanzo "Das Hausbrod des Lebens", sul quale non possiamo qui dilungarci, Emmi Lewald (1866–1946), scrittrice e attivista per i diritti delle donne nata ad Oldenburg e attiva soprattutto a Berlino, descrive una visita nella "città incantata" nel corso d'uno dei suoi viaggi in Italia. Cfr. Lewald, 1908, p. 33ss. Nell'ambito del presente volume non possiamo dedicarci neppure a sei tra novelle e romanzi fin qui individuati in cui autori ed autrici inglesi ed americani misero a tema Ninfa.

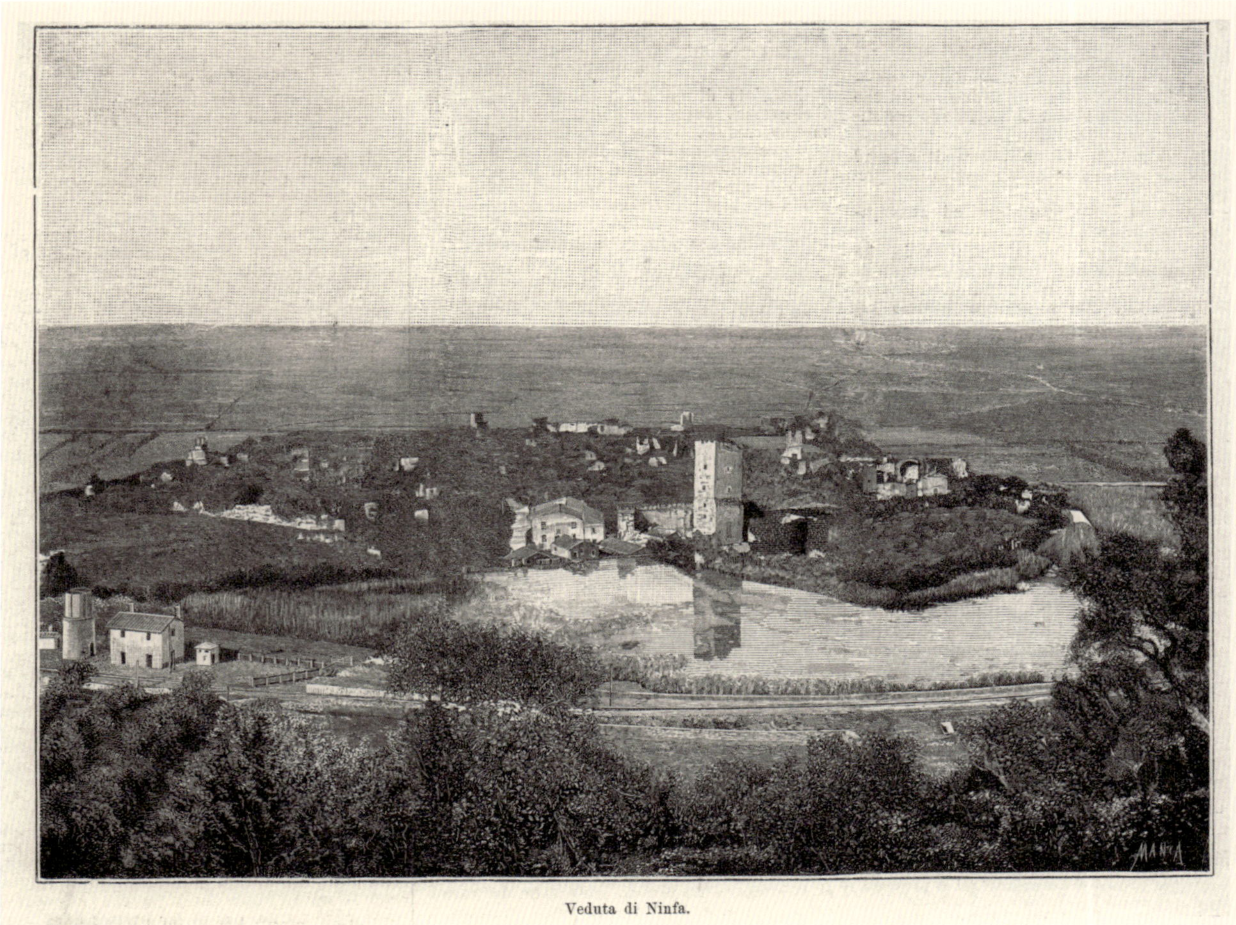

49 Ninfa ca. 1893, vedi nota 516.

A Ninfa in treno, in bicicletta e in automobile

Come già accennato più volte, nella terza fase, a partire dal 1892, divenne possibile raggiungere Ninfa anche in treno. Sul posto non c'era una stazione vera e propria, ma una fermata. In uno dei settimanali più letti d'Italia, "L'Illustrazione Italiana," nel 1893 si descrive la nuova ferrovia: 79 chilometri da Velletri a Terracina, otto stazioni e due fermate, una delle quali è appunto quella di Ninfa.[516] (Fig. 49) L'articolo è corredato di due immagini, una raffigurante l'abbazia di Fossanova e l'altra una veduta panoramica di Ninfa.[517] "Che prospettiva deliziosa quella di Ninfa! La torre medievale si specchia nel laghetto, e così le poche case linde sulle quali ride il sole, e, per dirla coll'Aleardi,[518] ride *La maestà dell'etere latino.*" (Fig. 50 e fig. 51)[519] Al più tardi dagli anni novanta del XIX

516 "La nuova ferrovia Velletri-Terracina", in: L'Illustrazione Italiana, fascicolo 9, 26 febbraio 1893, p. 143. La fotografia risale quindi al 1892 o all'inizio del 1893. Nel 1913 Ninfa è descritta anche nella "Guida regionale illustrata Ferrovie". Trabucco, 2019, p. 65.

517 Su rappresentazioni e contesto si veda il contributo di Almut Goldhahn al presente volume.

518 Aleardo Aleardi 1812–1878.

519 Ciclisti, 1900 circa. Due manifesti pubblicitari di NSU, azienda tedesca produttrice di biciclette, motociclette, automobili e ci-

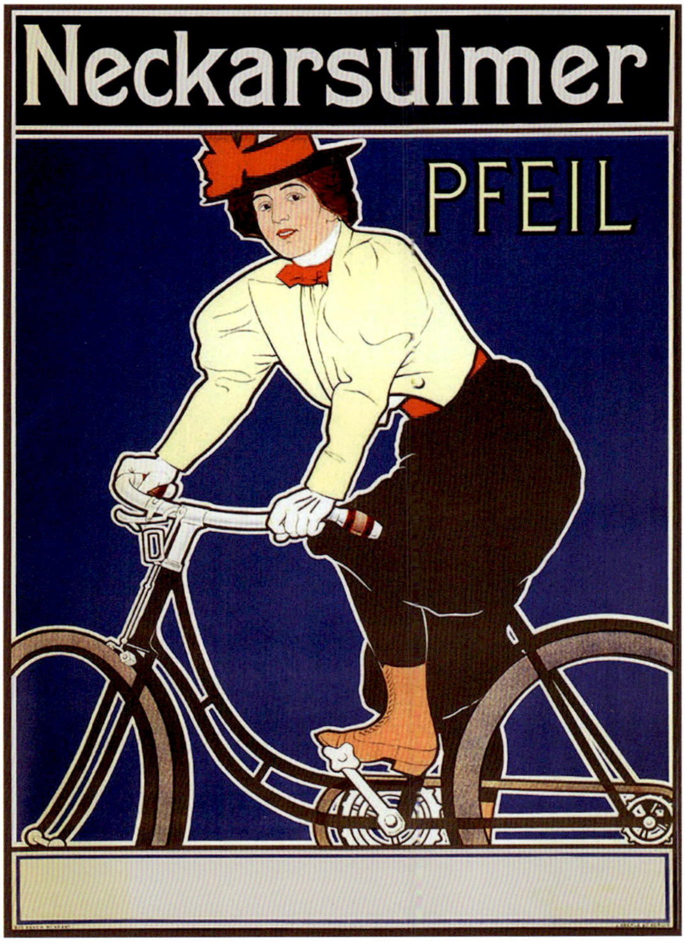

50 vedi nota 519.

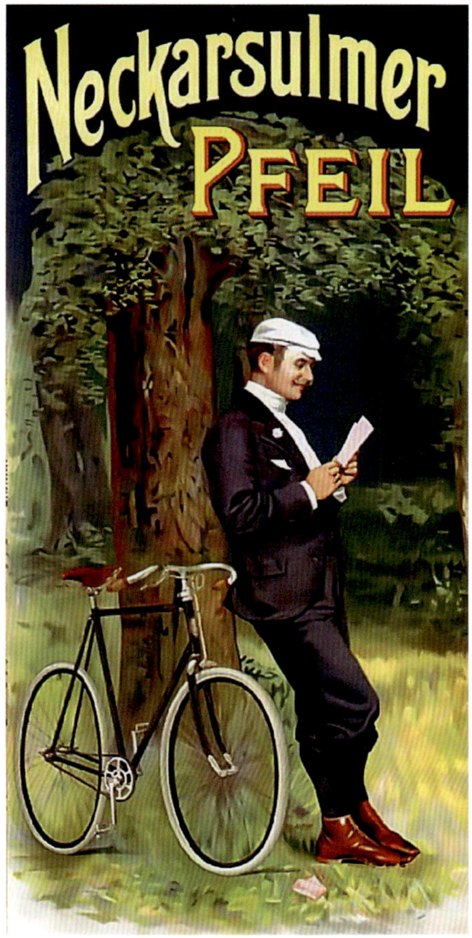

51 vedi nota 519.

secolo arrivarono in visita alla città delle rovine anche i ciclisti.[520] Nel 1897 il Touring Club Ciclistico Italiano, fondato nel 1894 a Milano, pubblicò una guida che consigliava un percorso dall'Appia alla "antica distrutta città di Ninfa" e a Sermoneta.[521] Nei dintorni di Ninfa si svolgevano anche gare ciclistiche e il 12 marzo del 1911 Karl Wittig (1890–1958), berlinese, campione tedesco di ciclismo su strada del 1910, vinse il "Giro del Lazio" (296,5 km) in sella ad una bici da corsa su strada della NSU.[522]

Nel 1904 Federico Hermanin comunicava a lettori e lettrici che "artisti e poeti si sono sempre recati in questo luogo, ma oltre a loro ben pochi si sono spinti sin qui."[523] Con tutta probabilità, dando questa "informazione" all'inizio dell'articolo Hermanin mirava ad aumentare la curiosità e ad invogliare alla lettura del resoconto, ricco d'illustrazioni, della visita a Ninfa. Da un'osservazione del già citato Ernesto Gagliardi[524] possiamo dedurre che, al più tardi dagli anni novanta del XIX secolo, la città delle rovine

clomotori. 1900 circa (proprietà privata). L'azienda fu fondata nel 1873 e trasferita a Neckarsulm nel 1880. A partire dal 1886 avviò la produzione di biciclette. Krach, 2001.

520 Sull'entusiasmo per il ciclismo della gioventù romana cfr. James, 1909, p. 225.

521 Trabucco, 2019, p. 47s. In generale cfr.: Della Valentina, 2011, p. 57s.

522 Krach, 2001, p. 67.

523 Hermanin, 1904, p. 376. Su di lui cfr. p. 121.

524 Cfr. p. 93.

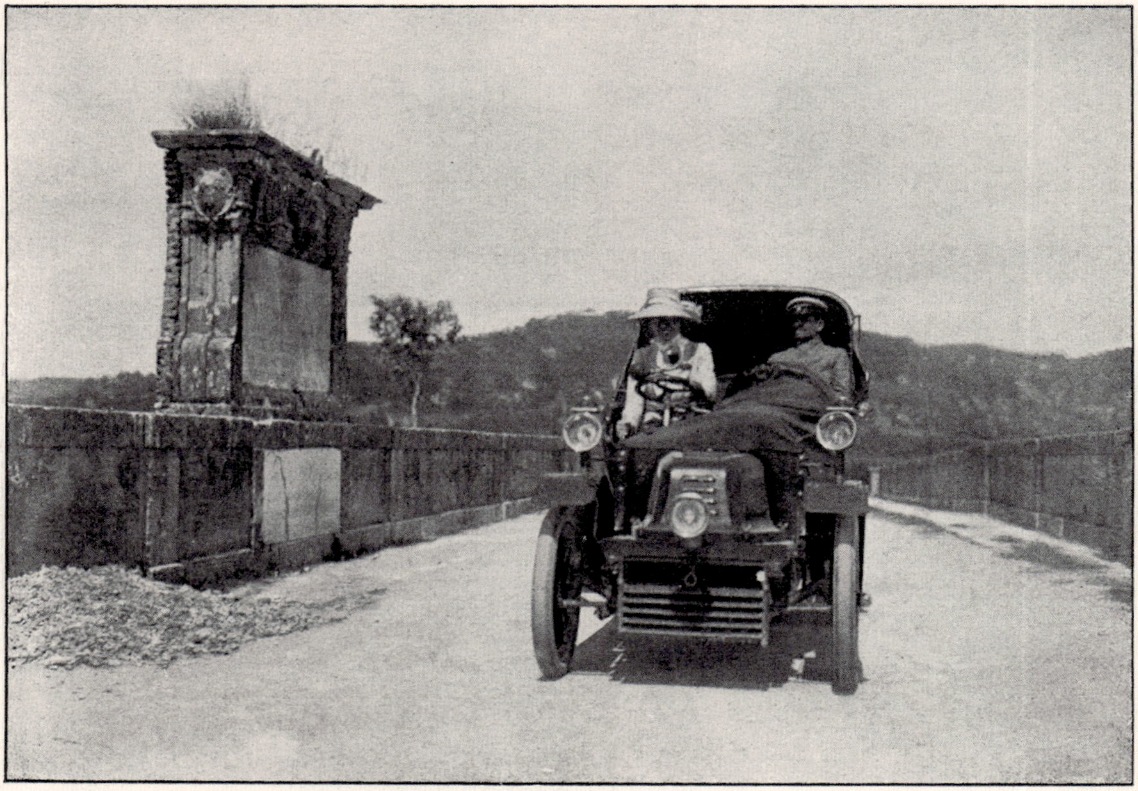

Das Automobil auf der antiken Tiberbrücke hinter Otricoli

52 vedi nota 527.

venisse visitata, se non da chissà quali masse, perlomeno da un numero considerevole di turisti. "Gregorovius, che ebbe l'invidiabile privilegio di ammirare la zona prima che divenisse accessibile al gregge dei turisti di giornata, a pieno diritto la chiamò riserva d'edera di tutta Italia."[525]

Anche per quanto riguarda il turismo automobilistico, che si andava sviluppando attorno al 1900, Ninfa entrò a far parte delle tappe del viaggio in Italia.[526] Inizialmente esclusivo, ma ben presto accessibile ad un numero crescente di persone, il nuovo mezzo di trasporto favorì la libertà di movimento e si rivelò superiore ad ogni altro veicolo per i viaggi d'esplorazione, favorendo la libertà di movimento individuale e un considerevole risparmio di tempo. (Fig. 52)[527] Nel 1902, in compagnia della fiorentina Gemma Prunetti, sposata in seconde nozze nel 1901, Otto Julius Bierbaum (1865–1910), nato a Grünberg in Slesia, passando da Praga e Vienna arrivò in Italia a bordo di una Cabrio della casa automobilistica Adler. Egli documentò il suo viaggio in Italia in un libro epistolare del 1903 ("Eine empfindsame Reise im Automobil von Berlin nach Sorrent und zurück an den Rhein" – "Da Berlino a Sorrento. Viaggio sentimen-

525 Gagliardi, 1897/98, p. 423.

526 Sui tentativi di favorire il turismo automobilistico nella Campagna Romana e ai "Castelli" cfr. L' Italia, San Francisco, 29 dicembre 1902, p. 1.

527 La fotografia è pubblicata in: Bierbaum, 1903: "Das Automobil auf der antiken Tiberbrücke hinter Otricoli." ("L'automobile sull'antico ponte tiberino dopo Otricoli")

tale in automobile"), che è considerato (perlomeno dal suo autore, che così lo presentò) il primo diario mai pubblicato in lingua tedesca di un viaggio in automobile.[528] Bierbaum e consorte, indubbiamente pionieri del turismo automobilistico in Italia, non prestarono attenzione alcuna a Ninfa. Con la Cabrio messa a disposizione gratuitamente dall'editore e guidata da Louis Riegel, da Francoforte andarono a Velletri passando per Marino, Castel Gandolfo, Albano, Genzano e Civita Lavinia: "un percorso meraviglioso, con tutte le bellezze dei dolci rilievi rigogliosi del meridione." Come nessun'altra, questa zona "invoglia (..) a viaggiare in automobile. È vero che le strade vanno su e giù di continuo, ma la pendenza non è mai tale da imporre un rallentamento e poi sono ampie e molto ben tenute. La nostra Adler, che ne ha viste tante, procedeva fluidamente, a ritmo regolare, rendendo piacevole il tragitto stesso." Anche il Re d'Italia prediligeva questa zona per i suoi lunghi viaggi in macchina.[529] Nonostante la paura della malaria, alla coppia le paludi pontine piacquero "moltissimo". Al di là della "straordinaria bellezza del paesaggio", "a chiunque viaggi a bordo di un automobile" le paludi dovevano necessariamente "risultare simpatiche" poiché attraversate, per tutta la loro lunghezza, da una strada drittissima, perfettamente piana e quasi completamente priva di traffico. "Andrebbero organizzate qui le gare automobilistiche!" Nel contesto di tali orizzonti percettivi di certo non v'era spazio per Ninfa.[530]

Tra coloro che visitarono Ninfa a bordo del nuovo mezzo di trasporto c'era anche Dan Fellows Platt (1873–1937), archeologo, scrittore, collezionista e politico americano formatosi tra l'Università di Princeton e l'American School of Classical Studies di Roma, fondata nel 1895.[531] Già da studente esplorò a fondo l'Italia e forse visitò anche Ninfa.[532] Specialista di fama per quanto riguarda la pittura rinascimentale italiana e senese in particolare, nel 1906/07 Platt intraprese un giro in Italia "with Car and Camera" a bordo di una Fiat noleggiata e guidata da un autista italiano.[533] Lo accompagnava la moglie Ethel Bliss (1881–1971), anche lei collezionista, che nel 1906 aveva vinto il doppio femminile nel campionato di tennis statunitense in coppia con Ann Burdette Coe.[534] Platt e consorte visitarono anche Norba, Norma e Ninfa: "la città medievale di Ninfa, con l'antica torre, il mulino e tutta la zona infestata dalla malaria."[535] Il resoconto di viaggio uscì corredato da duecento illustrazioni dei laboratori fotografici Fratelli Alinari (Firenze) e Anderson (Roma).[536] Tuttavia il volume non contiene alcun'immagine di Ninfa.[537]

Con l'automobile, negli USA simbolo di successo già negli anni immediatamente successivi al passaggio del secolo,[538] si recò a Ninfa, in compagnia, anche Frances Kinsley Hutchinson (1857–1936), rampolla di un'abbiente famiglia di Chicago sposata con Charles Lawrence Hutchinson (1854–1924), figlio di un banchiere sempre di Chicago e per molti anni uno dei maggiori industriali della trasformazione della carne degli Stati Uniti. Hutchinson si fece un nome anche come filantropo e, come sua moglie, fu un mecenate che fondò e presiedette per molti anni l'Art Institute of Chicago. La coppia intraprese numerosi viaggi in Europa, Italia compresa. Ad uno di questi viaggi Frances Hutchinson dedicò un resoconto pubblicato per la prima volta nel 1909.[539] Dopo tre settimane di vacanze invernali a Nizza, i viaggiatori

---

528 Sul poeta, romanziere, fondatore e editore di riviste, autore e direttore di cabaret si vedano a scelta Baum, 2014; Weyand, Zegowitz (a cura di), 2018; Weyand, 2018.

529 Bierbaum, 1903.

530 Sulla questione dei turisti in automobile, con particolare attenzione per il costoso approvvigionamento di benzina, ottenibile quasi esclusivamente in farmacia a causa dello scarso numero di distributori ("Serbatoi di benzina"), cfr. Bierbaum, 1903.

531 Nel 1913 si fuse con la American School of Architecture di Roma fondata nel 1894, dando vita alla American Academy in Rome.

532 Platt, 1908, p. 432.

533 Platt, 1908, p. 1. Brilli, 1999, p. 118.

534 Lord, 1998. Ross, 2000.

535 "The medieval town of Ninfa, with its old tower, its mill, and its malarial surroundings." Platt, 1908, p. 1.

536 Platt, 1908, p. V. Platt, 2003.

537 Quel che invece contiene sono fotografie dei "Pelasgic remains" di Norba e Alatri, con la motivazione che raramente i viaggiatori in Italia ne prendevano nota. Platt, 1908, p. 437.

538 Brilli, 1999, p. 36ss.

539 Hutchinson, 1909. Ristampato nel 1910. "Mrs. Hutchinson is a vivacious writer, with e keen eye for the novel and the picturesque." Bulletin of the American Geographical Society 42, n. 9, 1910, p. 695.

si diressero in automobile a Pisa, Siena e Viterbo per arrivare infine a Roma, che già avevano visitato più volte. Prima di dirigersi verso la meta ultima – la Dalmazia e altri Paesi n balcanici – partendo dalla città sul Tevere fecero alcune escursioni di una giornata: Cori, Ninfa, Segni, Palestrina, San Cosimato (presso Vicovaro), Tivoli e i colli Albani.[540] Il fatto che in questo come in altri casi Ninfa fosse una tappa obbligata del programma è dovuto, probabilmente, anche al Baedeker ("our faithful Baedeker").[541]

Richard Bagot, già citato romanziere e saggista inglese, parlando del nascente turismo automobilistico osservò tra l'altro che: "Nella nostra epoca automobilistica innumerevoli zone, fino a qualche tempo fa raggiungibili solo a costo d'un grande dispendio di tempo e sopportando scomodità e disagi, ora invece sono diventate facili mete per chi può permettersi questo modo di viaggiare. Certamente è comodo essere indipendenti dai treni, quelli italiani in particolare, e poter pianificare gli itinerari in modo da raggiungere, all'imbrunire, un centro più grande ove si possa alloggiare in una locanda rispettabile. Ma vi sono anche molte ragioni per prediligere il cavallo, in un certo senso passato di moda, soprattutto se l'idea è quella di esplorare non soltanto le strade principali d'Italia, ma anche quelle secondarie, e questo soprattutto intorno e a sud di Roma."[542] Al viaggiatore che abbia a disposizione poco tempo, l'autore, che più volte si era recato in visita alla città delle rovine, consiglia "un viaggio di tre o quattro giorni nelle paludi pontine su di un *Baroccino*[543] leggero, in un momento qualsiasi tra l'inizio di maggio e la fine di giugno; è una delle esperienze più belle che si possano fare in Italia."[544]

Tra i turisti in automobile che visitarono la città delle rovine c'è anche Gustave Schlumberger (1844–1929), nato in Alsazia. Medico di formazione, si dedicò principalmente a numismatica e sfragistica, visitando frequentemente l'Europa e il Medio Oriente. Importante bizantinista e fine conoscitore della storia delle crociate, cavaliere della Legion d'Onore e membro di diverse società scientifiche in Francia, Germania e Russia, nel maggio 1914, poche settimane prima che scoppiasse la Prima Guerra Mondiale, Schlumberger partì da Roma per fare un giro in macchina in Abbruzzo e Puglia: era il mese più adatto ai viaggi.[545] A stabilire l'itinerario era stato quello che Schlumberger riteneva il miglior conoscitore di queste zone, ovvero lo storico dell'arte francese Émile Bertaux (1869–1917). Come sottolinea Schlumberger, lui e i suoi accompagnatori furono tra i primi a percorrere tale itinerario alla scoperta di straordinari monumenti e meravigliosi paesaggi montani. Durante il viaggio incontrarono meno di dieci automobili.[546] Sulla via del ritorno pernottarono a Frosinone e visitarono le abbazie cistercensi di Casamari e Fossanova. L'ultimo giorno invece visitarono Terracina nonché le romantiche rovine di Ninfa e Cori con il suo tempio ("les romantiques ruines de Ninfa, Cori et son temple antique ...").[547]

Nel 1920 Camille Enlart (1862–1927), storico dell'arte già brevemente menzionato, a lungo diret-

540 Rispetto alle mete citate, l'autrice annota: "my enthusiastic description must wait." Hutchinson, 1909, p. 20s.

541 Hutchinson, 1909, p. 21.

542 "In these days of motor-cars countless districts until recently only accessible at the cost of much time, inconvenience, and discomfort, are now easily visited by tose who can afford this mode of travelling. It is certainly pleasant to be independent of railways, especially of Italian railways, and to be able so to plan one's expeditions as to arrive by night-fall at one of the larger towns which offer decent accommodation in the way of inns. But there is much to be said, too, in favour of the out-of-date horse, more particulary if the object of such expeditions is to explore not only the highways, but also the byways of Italy. Especially is this the case in the country around and south of Rom." Bagot, 1911, p. 202

543 Un leggero tiro a due pensato per due persone.

544 "To make o three or four days' driving-tour in a light baroccino through the Pontine Marshes any time from the beginning of May till the end of June is one of the most delightfull experiences that can fall to any one's lot in Italy." Bagot, 1911, p. 205.

545 Viaggiavano su una "voiture puissante" (40 HP). Schlumberger, 1916 a, p. 631. Queste indicazioni non consentono di identificare con certezza il veicolo, poiché nel 1914 esistevano già numerosi modelli con 40 HP o CV. Considerando l'origine di Schlumberger si potrebbe trattare di una Peugeot, pubblicizzata anche come "40 HP Sport", il che coincide con le caratteristiche indicate. Per gentile indicazione di Lukas Breitwieser.

546 Schlumberger, 1916a, p. 631, 633.

547 Schlumberger 1916a, p. 642. Schlumberger 1916b, p. 59.

tore del Musée des Monuments français di Parigi, cavaliere della Legion d'Onore e membro della Académie des inscriptions et belles-lettres, ricordava le sue ripetute visite, trent'anni prima, alla città delle rovine: egli vi si era recato a cavallo e a piedi, ma ormai quella città disabitata era provvista di una fermata del treno e di una centrale elettrica ed era diventato possibile raggiungerla sia in automobile che in treno.[548] Visitò Ninfa in automobile anche André Maurel, concittadino di Enlart.[549] La città di Ninfa non viene menzionata invece nel resoconto di chi, come l'autrice americana Edith Wharton (1862–1937), a bordo del nuovo mezzo di locomozione si dedicò principalmente ad esplorare paesaggi umbro-toscani e veneti alla volta delle opere di Perugino, Giovanni Bellini e Giorgione.[550]

Sembra che tra i visitatori di Ninfa vi sia stato anche lo scrittore britannico Aldous Huxley (1894–1963), noto soprattutto per saggi e romanzi. Huxley ottenne fama mondiale con il romanzo "Il mondo nuovo" (1932). Con la moglie e il giovane figlio si recò più volte in Italia nel corso degli anni Venti del Novecento. In "Along the Road", libro di viaggi ristampato più volte a partire dal 1922,[551] racconta di aver visitato, in diversi paesi, varie località e città di rovine risalenti ad epoche diverse. Racconta inoltre che queste visite – prima tra tutte quella alla città di Mantova in Italia –, lo avevano reso malinconico. Dopo Stonehenge, Ansedonia e Ostia nel suo elenco figura la città medievale di Ninfa ove, con tutta probabilità, si recò a bordo non di una veloce 40 CV, come gli automobilisti fin qui citati, bensì di una piccola Citroën con 10 CV, al confronto economica ma affidabile.[552] È evidente che questo insieme di rovine a sud di Roma non lo commosse più di tanto, anche a causa della metamorfosi che all'epoca stava subendo per via della trasformazione nell'attuale giardino. Il duca di Sermoneta era alacremente intento a rendere quella città medievale una sorta di ben curato parco suburbano[553] e, in effetti, già nel liberare le rovine da gran parte delle ginestre odorose, dell'edera, delle liane, dei cespugli di more e di altre piante selvatiche, aveva sottratto a Ninfa quelle peculiarità che ne avevano fatto un luogo percepito come fiabesco: il castello della Bella Addormentata nel Bosco che fiorisce e profuma in primavera, la città incantata, la Pompei del Medioevo. (Fig. 53,[554] Fig. 54[555])

Soprattutto con la ferrovia, Ninfa diventò una meta alla portata di molti, benché sempre e soltanto per chi poteva o voleva permettersi viaggi del genere. Vi era poi chi viveva le profonde trasformazioni delle infrastrutture di viaggio e del turismo come una perdita. Max Jordan, già menzionato storico dell'arte che visitò la città in rovina a inizio Novecento, nel 1861 descriveva così il suo viaggio in Italia: "I giovani d'oggi non sono più in grado di capire il significato che ancora aveva, allora, il viaggio in Italia. A quei tempi non si viaggiava come adesso, lasciandosi trasportare di stazione in stazione con tappa principale a Roma – è già intollerabile la sola idea di fare una "tappa a Roma"! – ma bisognava ancora combattere con tutta una serie di difficoltà. In compenso, però, si vedevano ben più cose, facendo conoscenza del paese e dei suoi abitanti. ... Quanti pericoli bisognava affrontare quando ci si rapportava agli osti nelle locande, ai vetturini e al personale di servizio con l'aspetto da filibustiere e l'animo gentile. Inoltre, v'erano condizioni politiche ancora instabili, che attiravano noi giovani ma che tenevano lontani molti altri. Viaggiare allora era un passatempo da aristocratici, ben più caro di adesso. Perciò, da viaggiatore, non eri un semplice numero in un albergo o una goccia nel mare dei turisti. Lungo i percorsi si incontrava quasi esclusivamente gente colta ed imbattersi

548 Enlart, 1920, p. 74.
549 Maurel, 1913, p. 244. Su di lui cfr. p. 89.
550 Wharton. 1905. Brilli, 1999, p. 141.
551 Huxley, 1922, p. 116s.
552 Brilli, 1999, p. 136.
553 Huxley, 1922, p. 116: "mediaeval Ninfa, which the duke of Sermoneta is busily turning into the likeness of e neat suburban park."
554 ÖNB Wien Bildarchiv L 21435B: rovine ricoperte di piante a Santa Maria Maggiore;
555 Foto Alinari: il rudere di Santa Maria Maggiore "liberato" dalle piante; fotografia di proprietà privata. Su Alinari e sulle fotografie delle rovine libere dalla vegetazione incolta cfr. il contributo di Almut Goldhahn al presente volume.

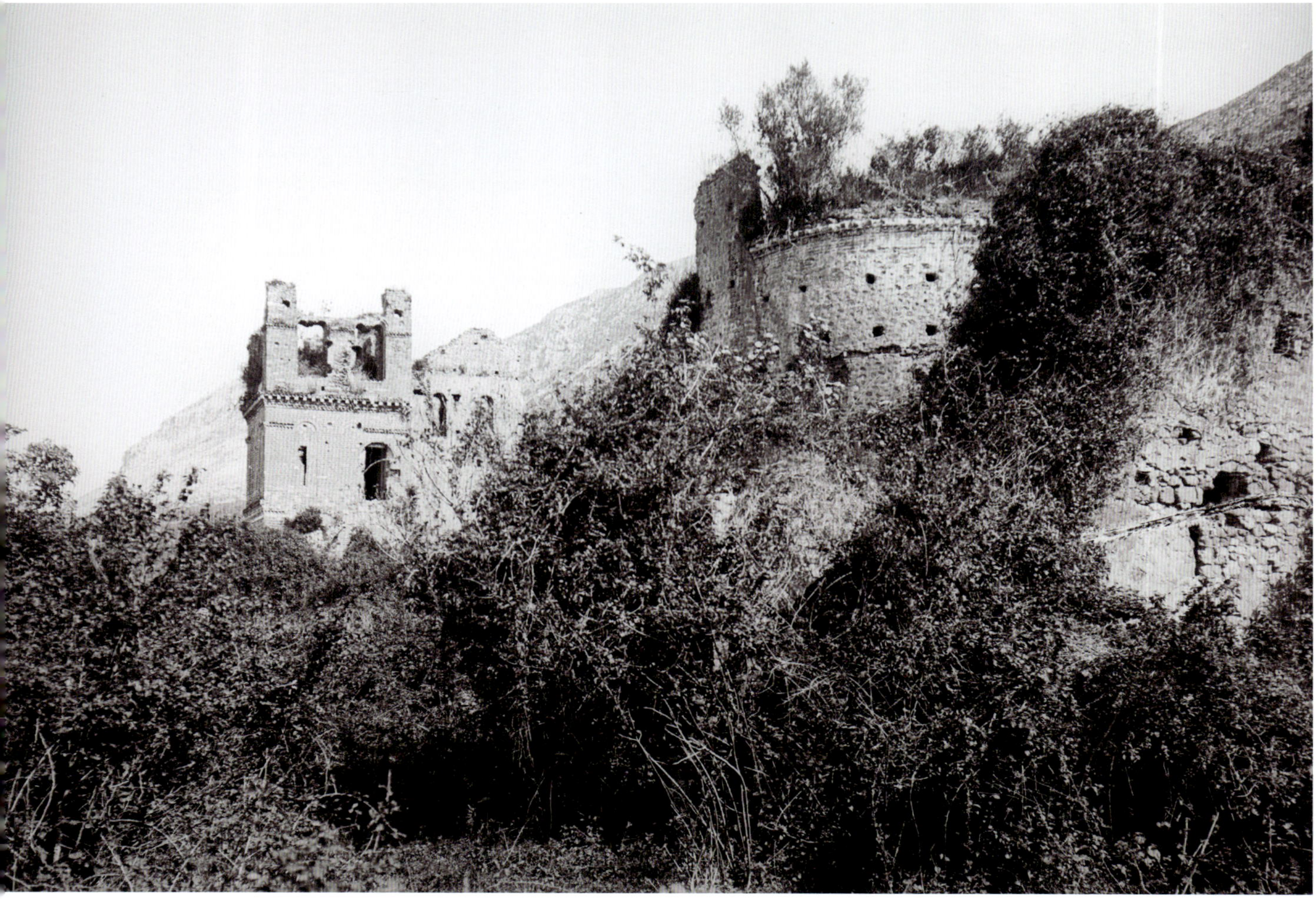

53 Ninfa, Santa Maria Maggiore, vedi nota 554.

in dei connazionali non era, come è perlopiù oggi, una disgrazia, ma una gioia."[556] A riflettere sull'evoluzione del viaggio e a confrontare i faticosi viaggi d'un tempo con le nuove e più comode possibilità non era soltanto Jordan: il sociologo Georg Simmel esaminò questi sviluppi prendendo ad esempio il turismo alpino ("l'industria del godimento della natura"), ma rifiutò, al contrario dello storico dell'arte, di abbandonarsi ad una trasfigurazione romantico-nostalgica delle precedenti forme del viaggio ("cattive strade, cibo preistorico e letti duri") e non poté "non riconoscere i vantaggi, tutto sommato prevalenti, di questa industria socializzata."[557]

Studi storico-culturali sulla città delle rovine

Dalla metà del XIX secolo le ricerche sulla città di Ninfa nell'ambito dei cultural studies, basate almeno in parte su precedenti lavori preparatori, si intensificarono e con esse l'attività editoriale. Di particolare rilievo per la storiografia e la storia dell'arte fu un soggiorno a Ninfa di Xavier Barbier de Montault (1830–1901), storico della chiesa e archeologo francese, di cui per ora abbiamo soltanto notizie indirette. Barbier de Montault aveva studiato a Roma già negli

556 Jordan (a cura di), 1904, p. 69s.

557 Simmel, 1895.

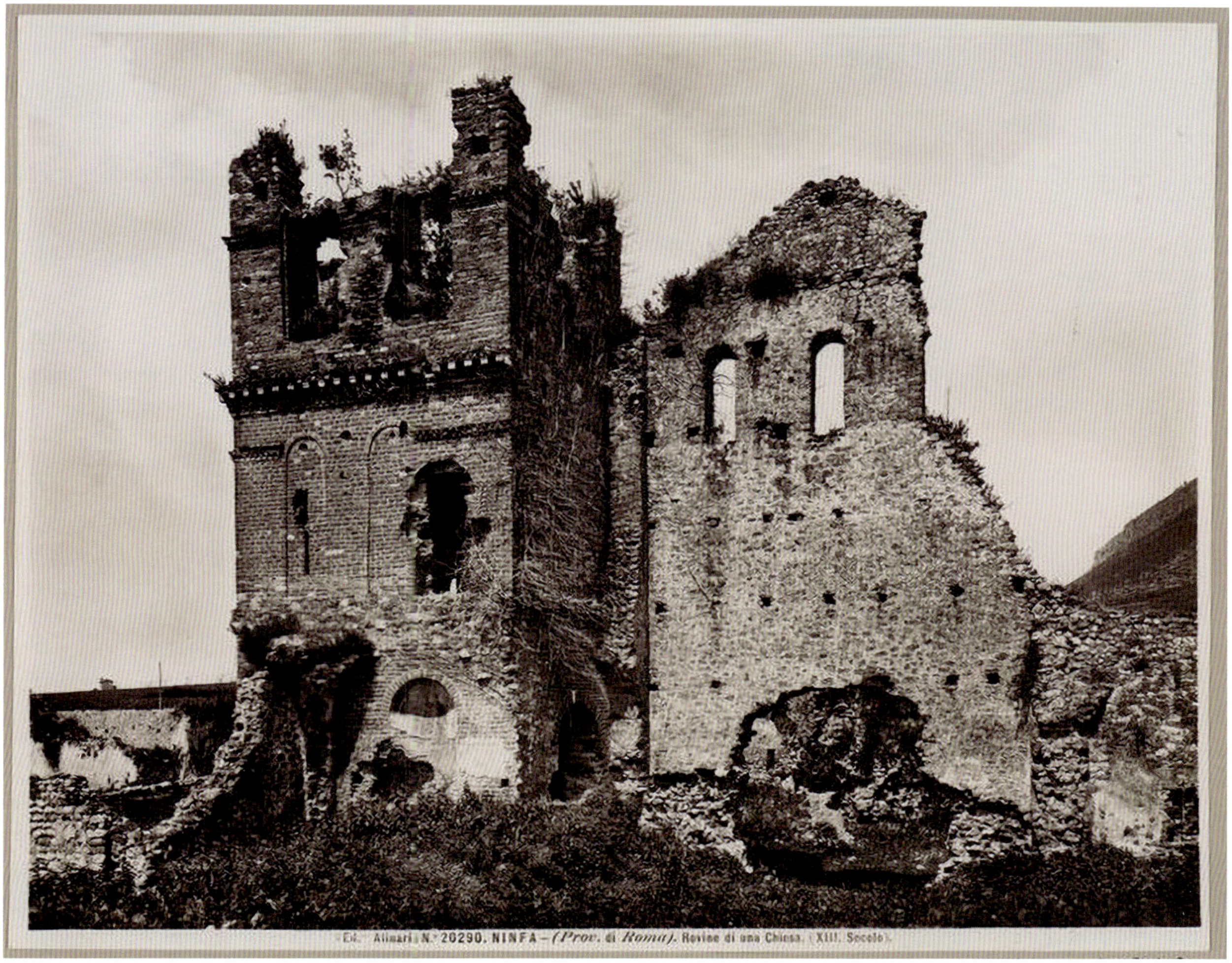

54 Ninfa, Santa Maria Maggiore, vedi nota 555.

anni cinquanta dell'Ottocento e tra il 1861 e il 1875 vi condusse ricerche principalmente in campo liturgico e archeologico.[558] Sembra che all'epoca abbia anche visitato la città delle rovine contemplandone gli affreschi. È in ogni caso a lui che Eugène Müntz (1845–1902), storico dell'arte francese, in seguito professore e bibliotecario presso l'École des Beaux-Arts di Parigi, deve la segnalazione di un affresco di Urbano V a Santa Maria Maggiore.[559] A partire dal 1857, Müntz studiò presso l'École française de Rome di recentissima fondazione e può ben darsi che abbia visitato personalmente Ninfa benché non ve ne siano prove certe. Sia come sia, negli anni ottanta dell'Ottocento egli segnalò quella raffigurazione e la sua indicazione, benché recepita a livello internazionale, fu a lungo ignorata a livello locale e regionale.[560] (fig. 55)[561]

558 Maere, 1911.

559 Sullo stato di conservazione degli affreschi originali nel castello di Sermoneta cfr. Hadermann-Misguich, 1989, p. 298. Philippot, 1990. Sull'affresco cfr. anche p. 21

560 Müntz, 1884, p. 103. Su quella che sembra essere la prima identificazione e scoperta nel 1926 cfr.: Barosso, 1926. Caetani, Domus Caietana, 1927, vol. 1, 1, p. 118; Hadermann-Misguich, 1986, p. 128ss; Hadermann-Misguich, 1989. Si veda però anche Andergassen, 2005, p. 111. Sulla ricezione internazionale cfr. Mann, 1920, p. 20. Sulla fotografia del 1921 di un acquarello realizzato da Maria Barosso e a quanto pare perduto cfr. Hadermann-Misguich,1986, p. 129s. e fig. 17. Hadermann-Misguich, 1989.

561 Fotografia di un acquarello di Maria Barosso, AC. Se la "santa" sia "santa Cecilia" non è ad oggi possibile stabilirlo, 1891, p. 55.

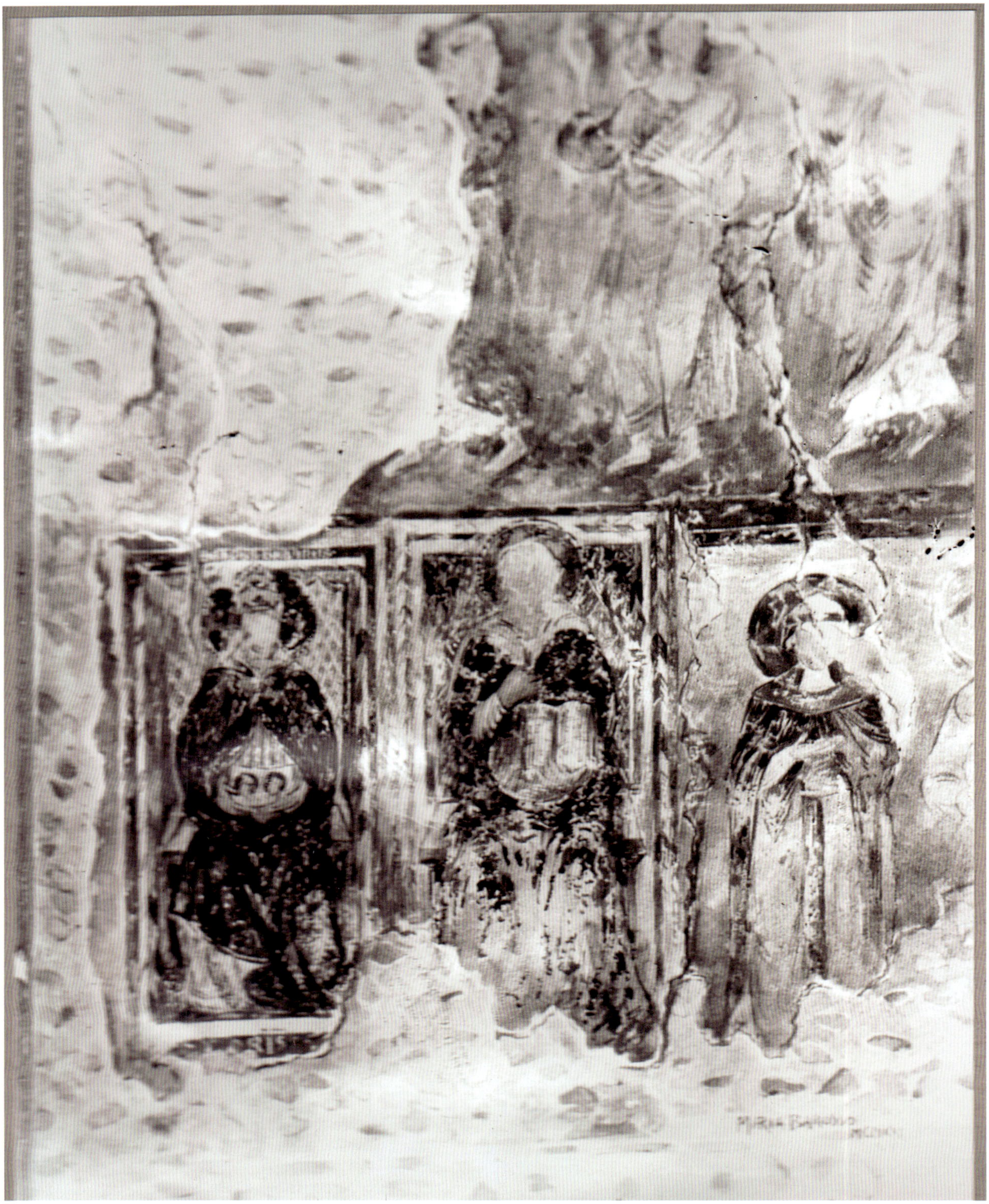

55 affreschi Santa Marria Maggiore, vedi nota 561.

Negli anni ottanta dell'Ottocento, in "Die Baukunst des Mittelalters in Italien" (Architettura medievale in Italia), Oscar Mothes, storico dell'arte e dell'architettura tedesco nato a Lipsia, riservò un'ampia descrizione alla città delle rovine,[562] a suo parere abbandonata nel corso del Medioevo in ragione del processo di impaludamento. "E quella che per la città fu una disgrazia per l'archeologia si rivelò una fortuna, purtroppo non ancora debitamente sfruttata; per metà sommerse dalle acque e ricoperte dai rampicanti, le rovine di un'intera città tardoromanica, mai violate da cosiddetti restauri, offrono al pittore un'abbondanza di affascinantissimi motivi, d'una bellezza assai romantica, e allo studioso una fonte semplicemente inesauribile di ritrovamenti. (...) Speriamo che si trovi finalmente chi desideri studiare davvero a fondo questa città e alcune altre località dei dintorni che versano in condizioni simili."[563]

Ispirato dalla descrizione che ne fece Ferdinand Gregorovius, Johann Graus (1836–1921), prete cattolico e storico dell'arte austriaco, docente presso la facoltà di teologia dell'università di Graz, attivo nella sovrintendenza alla conservazione dei monumenti storici e pubblicista, visitò "la città delle rovine nelle paludi pontine, la Pompei del Medioevo" il 25 e il 26 settembre del 1888. Tra le attività principali di Graus vi era la documentazione fotografica dei monumenti medievali e barocchi della Stiria.[564] Graus visitò spesso la penisola e durante il suo "tredicesimo viaggio in Italia" si sobbarcò "la faticosissima seccatura di una marcia a piedi nella calura del Meridione" allo scopo di raggiungere Ninfa, di cui descrisse le quattro chiese con la loro struttura architettonica e gli affreschi ancora intatti. Scattò inoltre varie fotografie, prese le misure della pianta e di una sezione della navata principale di San Pietro e realizzò due disegni.[565]

È notevolissima l'importanza delle informazioni relative agli insediamenti sui monti Volsci riportate da un manuale di geografia molto apprezzato che continuò ad essere rivisto e edito in diverse versioni anche dopo la morte del suo autore, Hermann Adalbert Daniel (1812–1871), per molti anni professore presso le Franckesche Stiftungen di Halle. Molte sue opere furono tradotte in più lingue, tra cui lo spagnolo e il greco moderno. A partire dal 1877 del suo manuale di geografia in più volumi furono pubblicati separatamente e più volte ristampati vari estratti (anche illustrati). "Appena superata Terracina si entra in territorio napoletano. Nelle paludi e lungo la costa non vi sono, comprensibilmente, centri abitati di grandi dimensioni, ma sui monti ad est e anche ai margini della zona collinare sorgono Anagni, Ferentino, Frosinone, Ceprano, Alatri, Veroli. Sul versante occidentale dei monti Lepini troviamo invece Cori, Norma, Piperno e, presso le paludi, Sezze. Quasi tutte queste città sono interessanti per la presenza di vestigia antiche, in particolare ciclopici resti murari. Non lontana da Norma, la città di Ninfa, Pompei del medioevo, lascia, con le sue mura, torri, chiese, monasteri e case mezzo sommersi nella palude e sepolti sotto fittissima edera, un'impressione indimenticabile. Un tempo essa contava 10.000 abitanti."[566]

Di Ninfa si occupò anche Gustavo Strafforello (1820–1903), prolifico letterato, scrittore e traduttore dedito principalmente alla divulgazione in ogni campo della cultura e della scienza. Era amico di Giuseppe Pomba (1795–1876), fondatore dell'Unione Tipografico Editrice (UTE, in seguito UTET), per il quale redasse alcuni volumi dell'ambizioso progetto "La Patria. Geografia dell'Italia.", che ne contava ben

562 Mothes, 1884, vol. 2, p. 680s. Nel 1851 e nel 1852 egli intraprese viaggi di studio in Italia e Spagna. "Preferiva erigere edifici di stile gotico, ma occasionalmente utilizzò anche elementi formali romanici" Flügel, Mai, 1997, p. 224s.

563 Mothes, 1884, vol. 2, p. 681. L'autore offre anche una descrizione della chiesa principale (probabilmente Santa Maria Maggiore), interessante dal punto di vista della storia dell'architettura. "L'annesso cimitero ospita molte lapidi di stile romanico." Mothes rimanda inoltre alle due rappresentazioni di Ninfa nella pubblicazione di Sprosse, 1853, tavole 29 e 30. Su Mothes cfr. anche p. 93.

564 Graus, 1957. Sul suo lascito cfr. Buchinger, Mittendorfer, 1997.

565 Graus, 1891. È in preparazione uno studio dedicato nello specifico all'argomento.

566 Daniels kleineres Handbuch der Geographie 1892, p. 578. In "Paludi Pontine" di Tito Berti, Ninfa è citata soltanto alla fine e la descrizione non è al livello delle ricerche precedenti. Berti, 1884, p. 70, 74, 83, 86, 100, 230.

trentadue. È nell'ambito di questo progetto che Strafforello realizzò un breve schizzo della storia di Ninfa, "Pompei medievale", "magica città", "una cerchia di collinette, tutte ricoperte da fiori e verdura." Il testo, con alcuni esempi, rimanda esplicitamente al cospicuo archivio della famiglia dei Caetani, oltre a citare un passo di Gregorovius con la descrizione delle rovine.[567]

Durante i lavori di costruzione della centrale elettrica, ultimati nel 1908 e che trasformarono il complesso di rovine, si recò a Ninfa Thomas Ashby (1874–1931), archeologo britannico che aveva ricoperto la carica di vicedirettore della British School at Rome dal 1903 al 1906 e poi quella di direttore fino al 1925. A documentarne la visita vi sono fotografie e reperti archeologici scoperti in quell'occasione.[568]

Finalmente, nell'ambito d'una storia monumentale e tuttora imprescindibile della Campagna romana, nel 1910 Giuseppe Tomassetti, giurista, filologo e archeologo particolarmente interessato al Medioevo, realizzò la ricerca scientifica fino ad allora più esaustiva sulla città delle rovine.[569] Lui e l'archeologo Rodolfo Lanciani (1845–1929) si erano dedicati, a partire dagli anni Settanta dell'Ottocento, ad una graduale e sistematica esplorazione dei dintorni di Roma.[570] L'architettura delle chiese di Ninfa è poi considerata anche in "Histoire de l'art. Depuis les premiers temps chrétiens jusqu'à nos jours", opera in più volumi edita dallo storico dell'arte francese André Michel (1853–1925), e in altri studi.[571]

Botanici alla scoperta della flora dei Monti Volsci e delle Paludi Pontine

All'inizio degli anni ottanta dell'Ottocento, August Gravis (1857–1937),[572] botanico, fisiologo e docente presso l'Università di Liegi, operava presso uno degli istituti di ricerca biologica più antichi del mondo, la Stazione Zoologica di Napoli, fondata e inaugurata nel 1872 dallo zoologo tedesco Anton Dohrn (1840–1909).[573] Da lì Gravis, nella primavera del 1882, partì alla volta delle Paludi Pontine, essendosi prefisso tra l'altro di studiare e classificare sistematicamente la fauna locale. Fino ad allora la zona era stata visitata soltanto da pochi turisti e praticamente da nessun botanico, così osservò lo scienziato. A parer suo, la ragione era da ricercarsi nelle due piaghe che affliggevano questa regione sfortunata: i briganti e la malaria. Se il primo dei due mali da alcuni anni poteva ritenersi scomparso, il secondo continuava a dispiegare terribili effetti, ma soltanto nel periodo della calura estiva. In altre stagioni invece, per attraversare le paludi bastava prendere alcune precauzioni.[574]

Prima di dedicarsi all'esplorazione delle paludi, Gravis aveva intrapreso un viaggio sui Monti Volsci con il collega tedesco, Hermann Conte di Solms-Laubach (1842–1915) nativo di Laubach presso Gießen, che nel 1879 era stato chiamato a ricoprire la cattedra di botanica all'Università di Gottinga dirigendone pertanto anche il giardino botanico.[575] Entrambi i botanici diedero importanti contributi sia alla botanica sistematica che allo studio di singole tipologie di piante. Inoltre, Gravis esercitò anche un'importante influenza sui metodi d'insegnamento della biologia. I due furono tra i pionieri dello studio della flora a sud di Roma secondo i sistemi di classificazione botanica dell'epoca.

567 Strafforello 1894, p. 574s. Su di lui cfr. Soresina, 2019.
568 Carlo Pavia, 1994a e 1994b. Trabucco, 2019, p. 58s. Cfr. anche il contributo di Almut Goldhahn al presente volume.
569 Tomassetti, 1910.
570 In proposito cfr. il contributo di Almut Goldhahn al presente volume.
571 Enlart, 1905, p. 545. Baumstark, 1904, p. 421.
572 Martens, 1979.
573 Martens, 1979, p. 5. Gravis, in seguito Rettore dell'Università di Liegi, non è menzionato da Partsch, 1980.
574 Gravis, 1883, p. 174. Sui briganti cfr. Richter, 2002. Brilli, 2003. de Caprio, Mammuccari (a cura di), 2015. Tatasciatore, 2022.
575 Grau, 2010.

Il 6 aprile del 1882 Gravis e Solms-Laubach si incontrarono a Velletri per poi dirigersi verso Cori e Norma ed infine visitare la città delle rovine, che lasciò un'impressione indelebile nel botanico belga: "Norma, come una corona, poggia su un monte che precipita ripido verso la pianura. Di lì un sentiero dai molti tornanti porta a Ninfa, alle rovine di una cittadina di fondazione medioevale, abbandonata a causa delle epidemie che vi imperversavano. Una cinta muraria ben conservata, strade ancora riconoscibili, case cui talvolta non mancano che il tetto e il mobilio, orti lungo le strade e tra le mura delle case e a ricoprire le rovine una ricca vegetazione di piante spontanee. Nel bel mezzo di questa città ricoperta di vegetazione incolta scorre un fiume scavalcato da un antico ponte, poi la torre di un'antica fortezza e il coro di una chiesa con gli affreschi non ancora scoloriti – ecco la curiosa immagine che si offre agli occhi sbalorditi del visitatore. Ai piedi della roccia nascono abbondanti sorgenti, le cui acque, prima di giungere in pianura, muovono la ruota di un mulino posto all'ingresso di Ninfa. L'unico abitante della città abbandonata è appunto il mugnaio, costretto a condurvi una vita segnata dal tormento della malattia."[576]

Dopo la visita a Ninfa, i due scienziati fecero ritorno a Velletri passando da Cori e, lungo il tragitto, presero nota delle piante, soprattutto di quelle che il botanico belga non conosceva, e un anno dopo ne pubblicarono l'elenco.[577] Da Velletri, Hermann Conte di Solms-Laubach tornò a Roma, mentre Gravis partì da Cisterna alla volta delle paludi.[578] Facendo base principalmente a Terracina ne esplorò la flora e le formazioni geologiche, pubblicando poi le sue scoperte e le sue riflessioni sulla lotta alla malaria.[579]

Ninfa e il secondo Congresso internazionale di scienze storiche a Roma

A dimostrare l'accresciuto interesse provato dagli accademici per Ninfa e la sua storia è il programma di convegni ed escursioni nell'ambito del secondo Congresso internazionale di scienze storiche, tenutosi a Roma nel 1903.[580] (Fig. 56).[581] Per il sabato 11 aprile era in programma una gita di un giorno a Ninfa, Norba e Norma, alla quale parteciparono circa 250 congressisti.[582] Gli atti del congresso, pubblicati nel corso degli anni successivi, comprendevano anche resoconti della gita e della visita alle "poetiche rovine della *Pompei medioevale*". Vennero inserite anche quattro fotografie a tutta pagina, due di Ninfa e due di Norba,[583] la cui notorietà si diffuse[584] anche al di là della cerchia degli oltre duemila congressisti.[585] A questo grande evento e alla gita a Ninfa partecipò anche Hans Lamer (1873–1939), filologo classico e docente presso il liceo König-Albert di Lipsia, di cui

576 Gravis, 1883, p. 177s.

577 Gravis, 1883, p. 176s.

578 In queste esplorazioni si rivelò collega interessato e ospite generoso un giovane romano, il dottor E. Manni, condotto dalla sua passione per la caccia nella Pontina meridionale, dove mise assieme ricche collezioni ornitologiche e concologiche. Gravis ebbe inoltre il sostegno del Barone Ottavio Giacchetti e di sua moglie. Gravis, 1883, p. 196.

579 Gravis, 1883, 1884.

580 Erdmann, 1987, p. 38ss. Erdmann. 2005, p. 22ss.

581 Allgemeine Zeitung, 1903, n. 70, p. 560: riferimento al programma del Congresso internazionale di scienze storiche di Roma e alla gita di un giorno, sabato 11 aprile, a Ninfa, Norma, Norba.

582 Atti, 1907, vol. 1, p. 144ss. Secondo un articolo della Agramer Zeitung 78, n. 93, del 24 aprile 1903, p. 1ss., stando agli elenchi dei partecipanti, i congressisti furono complessivamente 2400. Segue un'esaustiva descrizione dell'escursione che oltre 200 di questi congressisti fecero, recandosi, a bordo di un treno speciale, "alla 'Pompei Medievale,' la città in rovina di Ninfa al margine delle Paludi Pontine" nonché "alla vera meta della gita," i resti dell'antica Norba ...".

583 Sulla rivista Neue Philologische Rundschau 1908, pp. 249 – 251 non solo si riferiva esaustivamente del congresso, ma si rimandava anche esplicitamente alle quattro fotografie delle rovine di Ninfa e Norma. Stando agli Atti, le fotografie furono messe a disposizione da Andrea Vochieri. Su di lui cfr. il contributo di Almut Goldhahn al presente volume.

584 Atti, 1907, vol. 1, p. 144ss. Sulle fotografie e sul fotografo Andrea Vochieri cfr. il contributo di Almut Goldhahn al presente volume.

585 Lamer, 1903, p. 374, parla di 2600 iscrizioni, mentre il "Badisches Museum" scrive: "probabilmente più di tremila e cinquecento interessati da ogni parte del mondo civilizzato." Rom und die internationale Geschichtslehrer-Versammlung, 1903. Erdmann, 1987, p. 42, nomina oltre 2000 iscritti "principalmente di 18 paesi." Erdmann, 2005, p. 25.

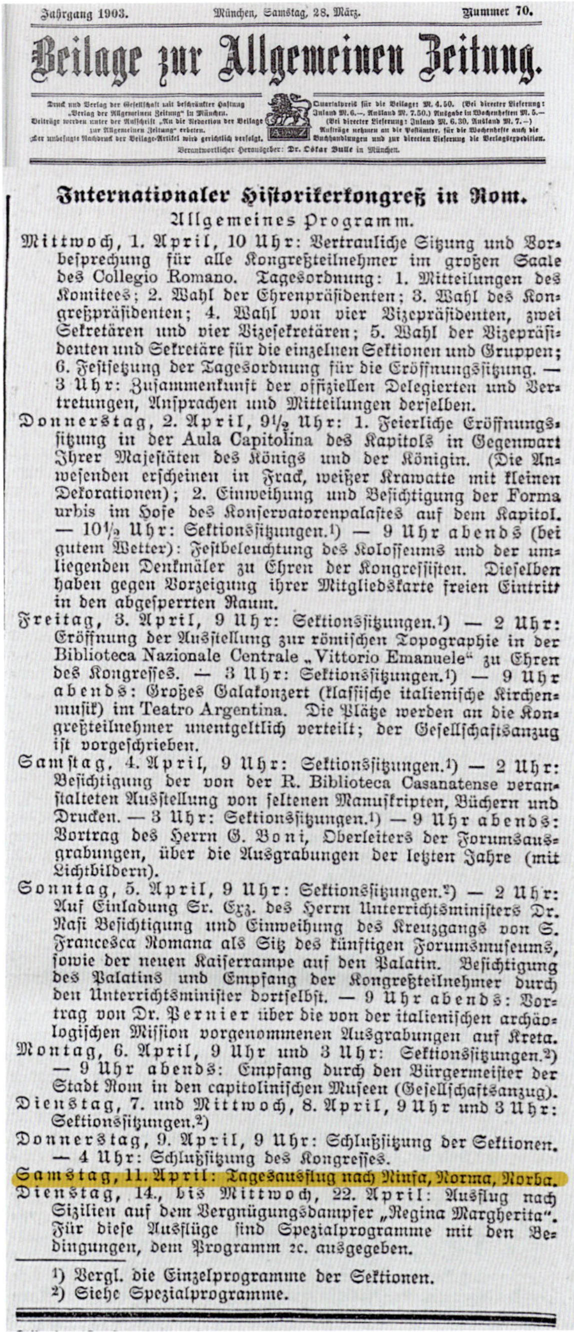

Jahrgang 1903. München, Samstag, 28. März. Nummer 70.

Beilage zur Allgemeinen Zeitung.

Druck und Verlag der Gesellschaft mit beschränkter Haftung „Verlag der Allgemeinen Zeitung" in München. Beiträge werden unter der Aufschrift „An die Redaction der Beilage zur Allgemeinen Zeitung" erbeten. Der unbefugte Nachdruck der Beilage-Artikel wird gerichtlich verfolgt.

Quartalpreis für die Beilage: M. 4.50. (Bei directer Lieferung: Inland M. 6.—, Ausland M. 7.50.) Ausgabe in Wochenheften M. 5.— (Bei directer Lieferung: Inland M. 6.30, Ausland M. 7.—) Aufträge nehmen an die Postämter, für die Wochenhefte auch die Buchhandlungen und zur directen Lieferung die Verlagsexpedition.

Verantwortlicher Herausgeber: Dr. Oskar Bulle in München.

Internationaler Historikerkongreß in Rom.

Allgemeines Programm.

Mittwoch, 1. April, 10 Uhr: Vertrauliche Sitzung und Vorbesprechung für alle Kongreßteilnehmer im großen Saale des Collegio Romano. Tagesordnung: 1. Mitteilungen des Komitees; 2. Wahl der Ehrenpräsidenten; 3. Wahl des Kongreßpräsidenten; 4. Wahl von vier Vizepräsidenten, zwei Sekretären und vier Vizesekretären; 5. Wahl der Vizepräsidenten und Sekretäre für die einzelnen Sektionen und Gruppen; 6. Festsetzung der Tagesordnung für die Eröffnungssitzung. — 3 Uhr: Zusammenkunft der offiziellen Delegierten und Vertretungen, Ansprachen und Mitteilungen derselben.

Donnerstag, 2. April, 9½ Uhr: 1. Feierliche Eröffnungssitzung in der Aula Capitolina des Kapitols in Gegenwart Ihrer Majestäten des Königs und der Königin. (Die Anwesenden erscheinen in Frack, weißer Krawatte mit kleinen Dekorationen); 2. Einweihung und Besichtigung der Forma urbis im Hofe des Konservatorenpalastes auf dem Kapitol. — 10½ Uhr: Sektionssitzungen.1) — 9 Uhr abends (bei gutem Wetter): Festbeleuchtung des Kolosseums und der umliegenden Denkmäler zu Ehren der Kongressisten. Dieselben haben gegen Vorzeigung ihrer Mitgliedskarte freien Eintritt in den abgesperrten Raum.

Freitag, 3. April, 9 Uhr: Sektionssitzungen.1) — 2 Uhr: Eröffnung der Ausstellung zur römischen Topographie in der Biblioteca Nazionale Centrale „Vittorio Emanuele" zu Ehren des Kongresses. — 3 Uhr: Sektionssitzungen.1) — 9 Uhr abends: Großes Galakonzert (klassische italienische Kirchenmusik) im Teatro Argentina. Die Plätze werden an die Kongreßteilnehmer unentgeltlich verteilt; der Gesellschaftsanzug ist vorgeschrieben.

Samstag, 4. April, 9 Uhr: Sektionssitzungen.1) — 2 Uhr: Besichtigung der von der R. Biblioteca Casanatense veranstalteten Ausstellung von seltenen Manuskripten, Büchern und Drucken. — 3 Uhr: Sektionssitzungen.1) — 9 Uhr abends: Vortrag des Herrn G. Boni, Oberleiters der Forumsausgrabungen, über die Ausgrabungen der letzten Jahre (mit Lichtbildern).

Sonntag, 5. April, 9 Uhr: Sektionssitzungen.2) — 2 Uhr: Auf Einladung Sr. Exz. des Herrn Unterrichtsministers Dr. Nasi Besichtigung und Einweihung des Kreuzgangs von S. Francesca Romana als Sitz des künftigen Forumsmuseums, sowie der neuen Kaiserrampe auf den Palatin. Besichtigung des Palatins und Empfang der Kongreßteilnehmer durch den Unterrichtsminister dortselbst. — 9 Uhr abends: Vortrag von Dr. Pernier über die von der italienischen archäologischen Mission vorgenommenen Ausgrabungen auf Kreta.

Montag, 6. April, 9 Uhr und 3 Uhr: Sektionssitzungen.2) — 9 Uhr abends: Empfang durch den Bürgermeister der Stadt Rom in den capitolinischen Museen (Gesellschaftsanzug).

Dienstag, 7. und Mittwoch, 8. April, 9 Uhr und 3 Uhr: Sektionssitzungen.2)

Donnerstag, 9. April, 9 Uhr: Schlußsitzung der Sektionen. — 4 Uhr: Schlußsitzung des Kongresses.

Samstag, 11. April: Tagesausflug nach Ninfa, Norma, Norba.

Dienstag, 14., bis Mittwoch, 22. April: Ausflug nach Sizilien auf dem Vergnügungsdampfer „Regina Margherita". Für diese Ausflüge sind Spezialprogramme mit den Bedingungen, dem Programm 2c. ausgegeben.

1) Vergl. die Einzelprogramme der Sektionen.
2) Siehe Spezialprogramme.

56 vedi nota 581.

fu anche preside per alcuni anni. Da saggista prolifico che si occupò di molte tematiche relative alla storia antica, Lamer aveva visitato numerosi siti archeologici anche al di fuori dei confini europei.[586] Della manifestazione e delle escursioni proposte ai partecipanti parlò con entusiasmo, menzionando in particolare la gita "alle rovine ricoperte d'edera di Ninfa, città abbandonata dopo il XIII secolo a causa della malaria."[587] Dell'evento di Roma riportarono approfonditi resoconti alcuni periodici, ad esempio la Revue historique, autorevole rivista fondata nel 1876: "Infine fu organizzata una bellissima escursione archeologica alle rovine di Ninfa e Norba."[588]

La notizia di quest'escursione alla città delle rovine arrivò anche ai circoli storici transalpini. Durante la seduta del sette maggio 1904, i membri del Consiglio, presenti insieme ad altri 25 membri circa della Società di Storia e Archeologia Lotaringia, furono informati su come si era svolto il Congresso romano, sulla "escursione archeologica" in Sicilia, programmata ma mai effettuata, e sulla "escursione nella Campagna Romana che si tenne in sua vece: visitammo la città delle rovine, Ninfa, non lontana da Torre Astura, prossima alla costa ai piedi dei Monti Volsci e confinante con le Paludi Pontine. Da Ninfa si risalì alla pittoresca Norma, 472 metri di altitudine e una vista incantevole sulla piana e sul mare. Poi, a circa mezz'ora di strada, visitammo le rovine di Norba, distrutta ai tempi di Silla: sul pianoro si vedono i resti di una gigantesca cinta muraria dal perimetro di 2470m. La via del ritorno ci portò alla fermata di Sermoneta-Norma. Attraverso disegni, piantine e illustrazione l'oratore provvide a vivacizzare quanto andava raccontando ..."[589] Sembra plausibile che ai membri della società di storia siano state mostrate anche alcune fotografie delle rovine di Norba e Ninfa.[590] Possiamo inoltre ipotizzare che

586 Bux, Lamer, 1942. von Hagen, 1939.
587 Lamer, 1903, p. 375s.
588 "Enfin, une très belle excursion archéologiques a été organisées aux ruines de Ninfa et de Norba.", in: Revue Historique 82, 1903, p. 364. Della visita dei congressisti "agli scavi di Ninfa" riferì anche il giornale Badisches Museum, n. 34, 29/04/1903, p. 1.
589 Jahrbuch der Gesellschaft für lothringische Geschichte und Altertumskunde 16, 1904, p. 502ss. Finora non è stato possibile avere notizie sul relatore, l'alto funzionario dottor Bruch. Nell'elenco dei partecipanti è menzionato tra i soci aderenti come "Bruch (dott.) Metz". Atti, 1907, vol. 1, p. 37. Per quanto riguarda Ninfa potrebbe rivelarsi molto proficuo analizzare eventuali lasciti dei congressisti e di chi partecipò all'escursione.
590 Matheus, Anthologie, 2024.

professori di liceo impegnati, come Hans Lamer a Lipsia e Adam Bützler a Düsseldorf,[591] abbiano provveduto a trasmettere ai propri alunni quanto appreso. Anche gli studenti delle High School americane potevano sentir parlare della città delle rovine: nel novembre 1922 presso l'Università dell'Illinois si tenne un congresso dedicato all'insegnamento del latino, del quale furono successivamente pubblicati gli atti. Helen Pence riferì al congresso dell'opportunità per gli aspiranti professori di latino di frequentare per un anno la American Academy di Roma come "visiting students", seguendo un programma che non soltanto dava particolare risalto allo studio della topografia di Roma antica e prevedeva un viaggio in Grecia, ma offriva escursioni settimanali: al di là delle mete principali, a marzo c'era stata anche una camminata piuttosto impegnativa tra Cori, Norba, Ninfa e il Monte Gennaro.[592]

Saturno Riva: uno scolaro di Norma fa da guida turistica a Ninfa.

Come le precedenti, l'edizione del 1908 della guida Baedeker, pubblicata per la prima volta nel 1866 e poi tradotta in molte lingue, nel volume dedicato all'Italia Centrale e a Roma dava ai viaggiatori i seguenti consigli: "Essendo abbastanza pratici della lingua e sapendosi adattare alle usanze locali, si eviterà, perlopiù, di essere imbrogliati, a patto di trattare in anticipo sul prezzo nelle locande e nei negozi, nonché con vetturini, gondolieri e guide. Un fare calmo e sicuro, senza modi bruschi, porta lontano; con una battuta innocua o una critica benevola al paese e ai suoi abitanti gli animi si conquistano rapidamente. Con gli stranieri – signore soprattutto – l'italiano è molto premuroso." E a proposito dell'elemosina "da tempo immemore" ritenuta "fonte di guadagno": "La cosa migliore è non dare nulla e respingere chi insiste con un breve gesto della mano o con un "niente". Se però si vuol dar qualcosa, sarà meglio scegliere la moneta di minor valore e limitarsi agli infermi. Particolarmente riprovevole è, poi, fare la carità ai bambini."[593]

Nel suo viaggio in Italia, Marianne Schrutka von Rechtenstamm (1855–1947), filantropa e scrittrice nata a Praga, pioniera dell'importanza dell'igiene dei neonati,[594] ignorò del tutto questi consigli.[595] In un articolo dedicato ai "giovani di strada italiani", ristampato più volte e sul quale in questa sede non possiamo soffermarci come meriterebbe, von Rechtenstamm descrive una "banda molesta di mendicanti che fanno la ruota, ci si mettono alle calcagna, ci sbarrano l'ingresso di chiese e musei ....". Al contrario di tanti altri, però, verso questi giovani che si incontrano soprattutto nei siti turistici più gettonati, lei prova una certa empatia. "Eppure non posso fare a meno di questa scenografia, non riesco proprio ad immaginare l'Italia senza di loro. Anche dal rapporto con questi giovani impertinenti si possono trarre gioia e godimento. (...) Come guide i bambini italiani mi piacciono molto. È carino vederli identificarsi con la gloria patria, con la città dove è nato un grande connazionale. A piedi nudi, tremanti e vestiti di stracci si considerano i padroni di casa e mostrano magnanimi i loro tesori ai barbari visitatori. ...".

"Di Ninfa, città incantata immersa nella Campagna romana, insieme di rovine ricoperte d'edera e di rovi fioriti che Gregorovius chiama Pompei medievale, conosce ogni anfratto Saturno Riva, scolaro dodicenne di Norma, paese che sorge ben più in alto di questo luogo fatato dove è di casa la malaria. È Saturno a condurmi a vedere gli affreschi originali che forse, visto lo stato di completo abbandono in cui versano le rovine, svaniranno già con il prossimo inverno. Saturno mi chiede di Vienna e della sua cattedrale e si compiace del fatto che si chiami Santo

591 Cfr. p. 112, 123.
592 Pence, 1924, p. 16.
593 Baedeker, 1908, XIV ristampa. D 388, p. XXIIs.
594 Hillbrand-Grill, 1998.
595 Schrutka von Rechtenstamm, 1912, p. 101ss.

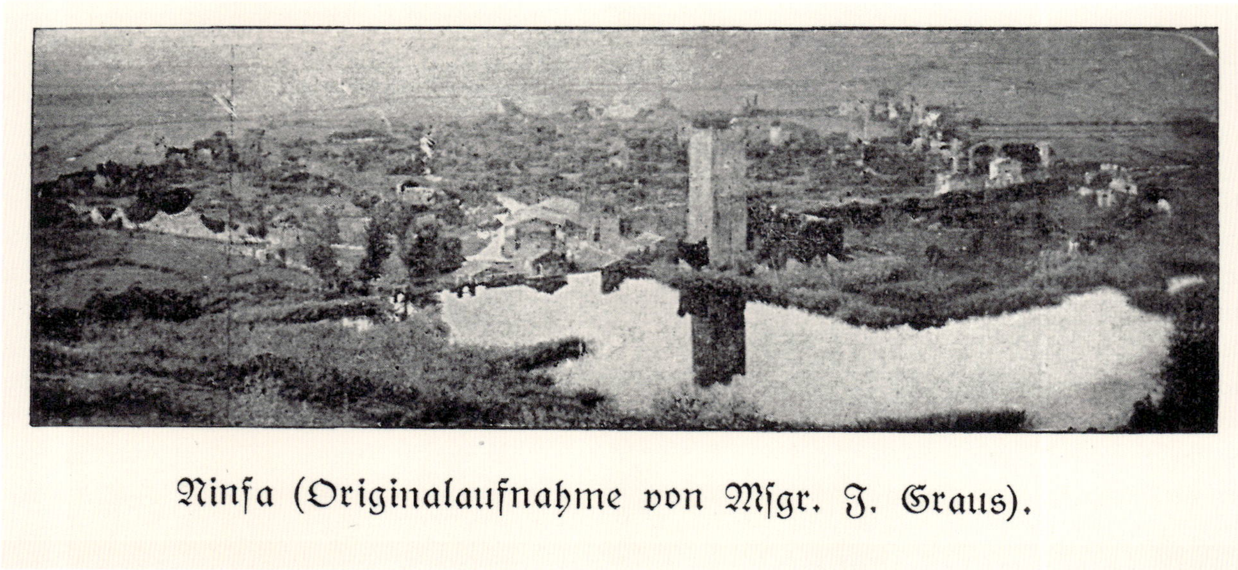

57 Graus, Ninfa, vedi nota 597.

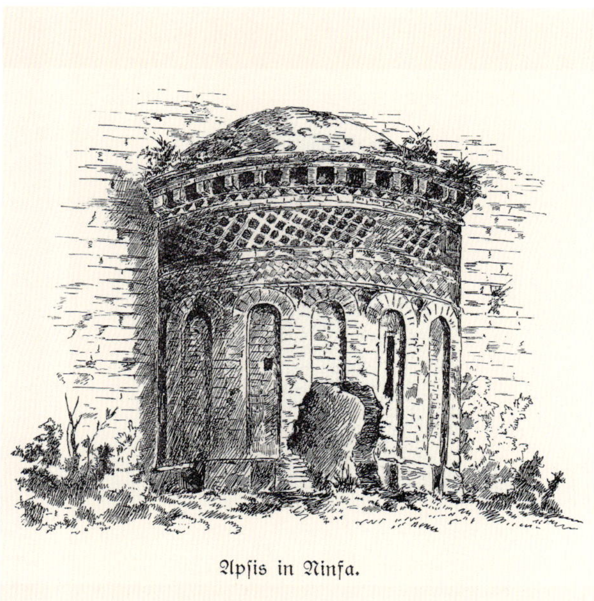

Stefano – proprio come suo padre. Ovviamente gli ho mandato la cartolina promessa ...".[596] (Fig. 57) Il testo, andato in stampa nel 1912, è corredato dalla fotografia di una veduta panoramica di Ninfa. (Fig. 58) Come la seconda foto alla fine del saggio, che mostra invece un disegno dell'abside di San Pietro fuori le mura,[597] anche questa era stata scattata da Johann Graus, prete cattolico e storico dell'arte che abbiamo già menzionato.[598]

58 Graus, Abside di San Pietro, vedi nota 598.

596 Schrutka von Rechtenstamm, 1909. Schrutka, 1912. Quando "dall'affascinante Ninfa" salì "all'antica Norma sui Monti Volsci", anche Gregorovius era accompagnato da un "fanciullo", Gregorovius, 1859, p. 1156.

597 Schrutka von Rechtenstamm, 1912, p. 101, 111. Cfr. anche un disegno dell'abside degli anni Venti del Novecento di Maria Barosso in Hadermann-Misguich, 1986, p. 85. Sulle condizioni attuali cfr. Fabbri, 2009, Tav. 33, 34.

598 Su di lui cfr. p. 108.

Concorrenza e convergenza dei media: Ninfa in immagini - fotografie, diapositive e dipinti

Nelle ultime decadi del XIX secolo e ancor di più con l'inizio del nuovo secolo sono state scattate varie fotografie di Ninfa (Fig. 59) tra scatti privati (qui un esempio tratto da un lascito praghese)[599] e professionali.[600] (Fig. 60)[601] Considerando le diverse tipologie di immagini possiamo registrare non soltanto rapporti di concorrenza, esclusione o sostituzione, ma anche rapporti di convergenza e coesistenza.[602] Ettore Roesler Franz, ad esempio, artista di famiglia boema e romano di nascita, di Ninfa realizzò sia acquarelli (fig. 61)[603] che fotografie. (fig. 62 e 63)[604] Lo stesso Hermann Allmers realizzò a Ninfa alcuni disegni, uno dei quali entrato a far parte delle numerose edizioni delle sue "Passeggiate romane".[605] Egli possedeva inoltre almeno due fotografie di Ninfa comprese tra quelle foto che, stampate su quattro cartoline, Johannes Schubert nel giugno del 1901 gli aveva inviato da Friedrichshagen presso Berlino "come piccolo segno della mia gratitudine per gli spunti stimolanti delle sue Passeggiate romane". (Fig. 64 e 65)[606] Due dei quattro scatti mostrano "le rovine di Ninfa, da Lei così magistralmente descritte e che, senza il Suo libro, di certo non avrei mai visto."[607] Per ritrovare questo genere di scatti privati bisogna essere fortunati: la loro conservazione è del tutto affidata al caso.

Ma che non si tratti di un caso isolato ce lo dimostra una pubblicazione della casa editrice fondata da Karl Robert Langewiesche (1874–1931) a Düsseldorf nel 1902 e tuttora attiva. Langewiesche si proponeva di "mettere i suoi lavori al servizio delle grandi masse della nazione, comunemente considerate ignoranti."[608] Quest'azienda innovativa e di grande successo, nel 1909 stampò circa 30.000 esemplari del volume "Bilder aus Italien. Landschaft, Baukunst, Leben" ("Fotografie dall'Italia. Paesaggi, architetture, vita") per il quale circa "200 fotografi amatoriali tedeschi" misero a disposizione della casa editrice gli scatti realizzati in Italia: su quasi 4000 ne furono selezionati 174, tra cui anche una veduta panoramica di Ninfa. (Fig. 66)[609]

Le rappresentazioni di Ninfa raggiunsero anche il mondo anglofono con "The Roman Campagna",[610] opera del 1913 di Arnaldo Cervesato, torinese (1872–1944),[611] storico dell'arte, scrittore, traduttore, gior-

599 San Paolo a Ninfa, fotografia, proprietà privata, Praga. Su questa ed altre fotografie cfr. p. 24.

600 Solo pochi dei negativi di Ninfa su lastra di vetro e su carta conservati nell'archivio della Fondazione Camillo Caetani sono stati finora pubblicati. Antonelli, 1990. Inoltre, in ambito accademico questi fotografi non sono stati per ora studiati a fondo. Molti scatti sono stati probabilmente realizzati da familiari, come Leone, Gelasio e Roffredo, che anche in altre occasioni erano soliti scattare fotografie. Sagaria Rossi, 2019. Altre sono opera di fotografi professionisti invitati a realizzare lavori fotografici. Cfr. in merito e su Ninfa nella storia della fotografia il contributo di Almut Goldhahn nel presente volume.

601 Ninfa, Alinari. Fotografia privata.

602 Jenkins, 2006. Nightingale, Dwyer (a cura di), 2007. Füssel (a cura di), 2012. Per una prospettiva storica: Wilke, 2020. Sulla concorrenza cfr. il contributo di Almut Goldhahn nel presente volume.

603 Acquerello su carta, cm 15,5 x 24,5 proprietà privata. Su altri tre acquerelli dell'artista di Ninfa cfr. Trabucco, 2019, p. 116s.

604 Bernoni, Brizzi (a cura di), 1987, p. 180s. Roesler Franz, Ettore, AKL. Su un motivo paragonabile in una foto finora priva di attribuzione cfr. fig. 56, ÖNB Wien Bildarchiv L 21584B. Cfr. in proposito il contributo di Almut Goldhahn al presente volume.

605 Cfr. il contributo di Axel Behne al presente volume.

606 Archiv des Landkreises Cuxhaven, NHA 2200. Su Johannes Schubert, cofondatore e presidente della "Kunstgemeinde Friedrichshagen", fondata nel 1910, cfr. Keil 2021. Keil, Vierock, 2021. "Nella fiorente università popolare di Danzica" Schubert tenne conferenze con diapositive su "Roma nel mutare dei secoli, con 120 splendide diapositive della Pöttnersche Diapositivfabrik di Berlino." Per le indicazioni in merito ringrazio Axel Behne, Lars-Broder Keil e Gerd-Hermann Susen.

607 Si tratta – secondo Schubert - di "stampe ottenute dalle lastre che ho portato con me". Sembrerebbe che nella sua visita a Ninfa e durante l'intero suo viaggio in Italia, Johannes Schubert abbia scattato personalmente le fotografie. Qui fa riferimento alle lastre di vetro dei negativi – attorno al 1900 il vetro continuava ad essere il materiale comunemente utilizzato su cui apporre le emulsioni per l'esposizione alla luce – e lastra era il termine in uso per riferirsi ai negativi. Per gentile indicazione di Almut Goldhahn.

608 Köster, 1982.

609 Radenberg (a cura di), 2009, p. 75a. Sul volume e sul fotografo Karl Prechter, Roma, cfr. il contributo di Almut Goldahn al presente volume.

610 Edizione italiana: Cervesato, 1910. Edizione inglese: Cervesato, 1913.

611 Merola, 1980.

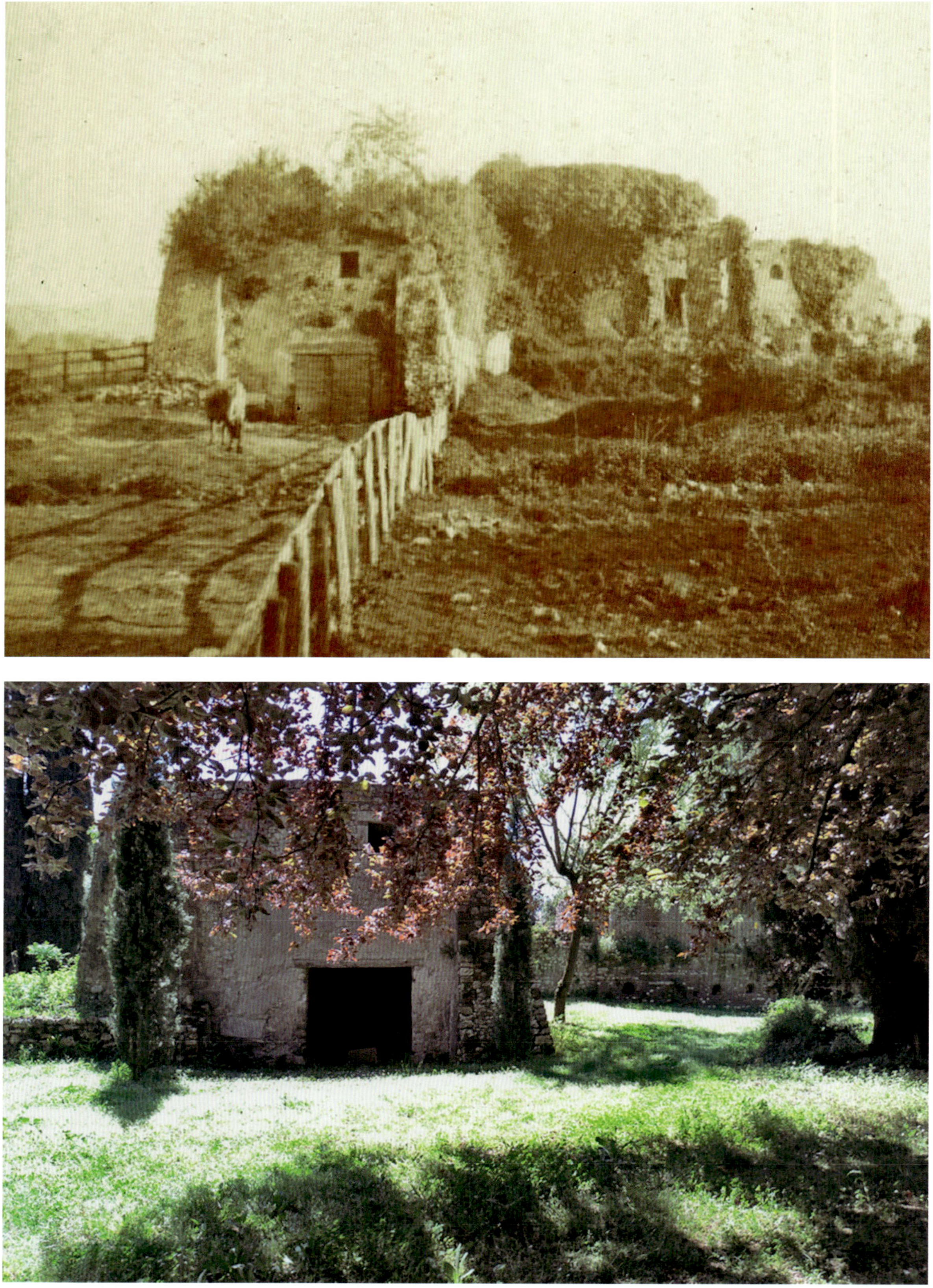

59 San Paolo a Ninfa, (sopra), intorno al 1960, vedi nota 599. Sotto: San Paolo oggi, fotografia di Tommaso Agnoni.

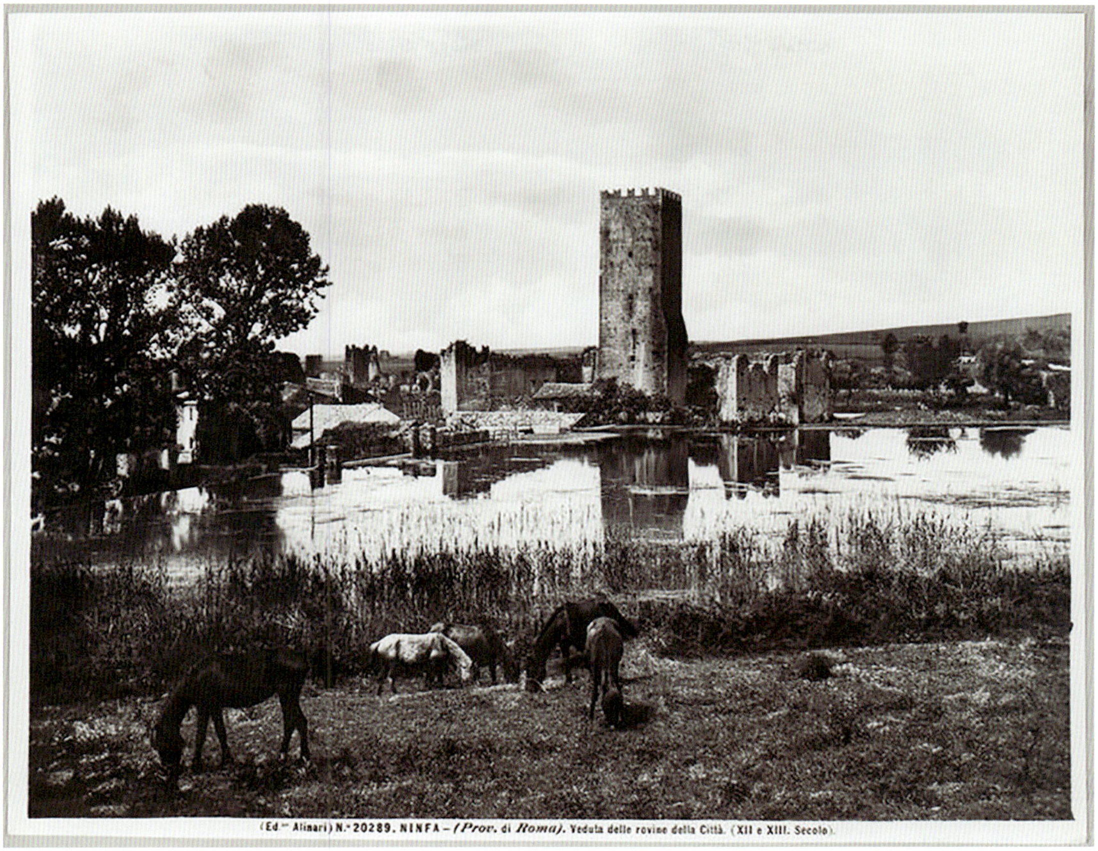

60 Ninfa, vedi nota 601.

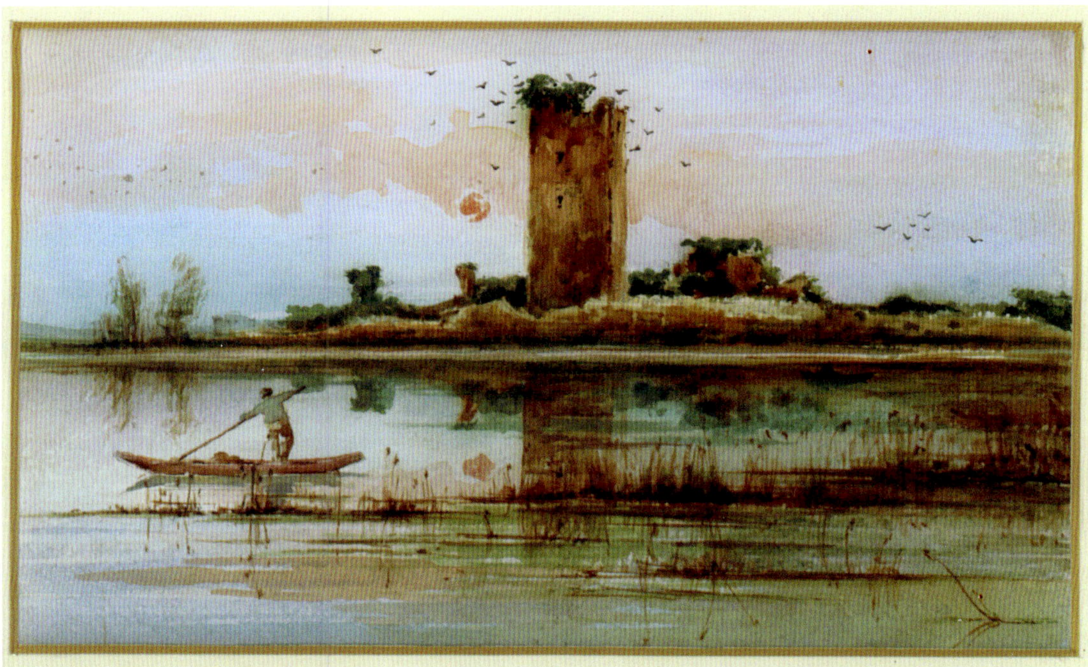

61 Roesler Franz, Ninfa, vedi nota 603.

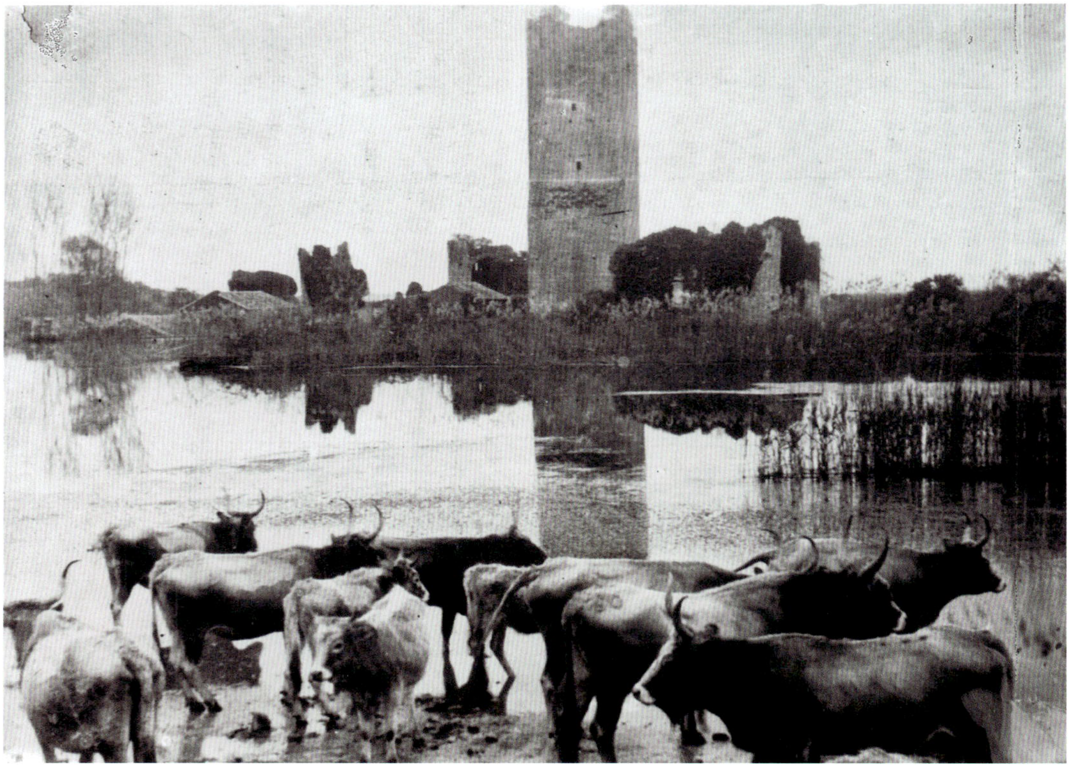

62 Roesler Franz, Ninfa, vedi nota 604.

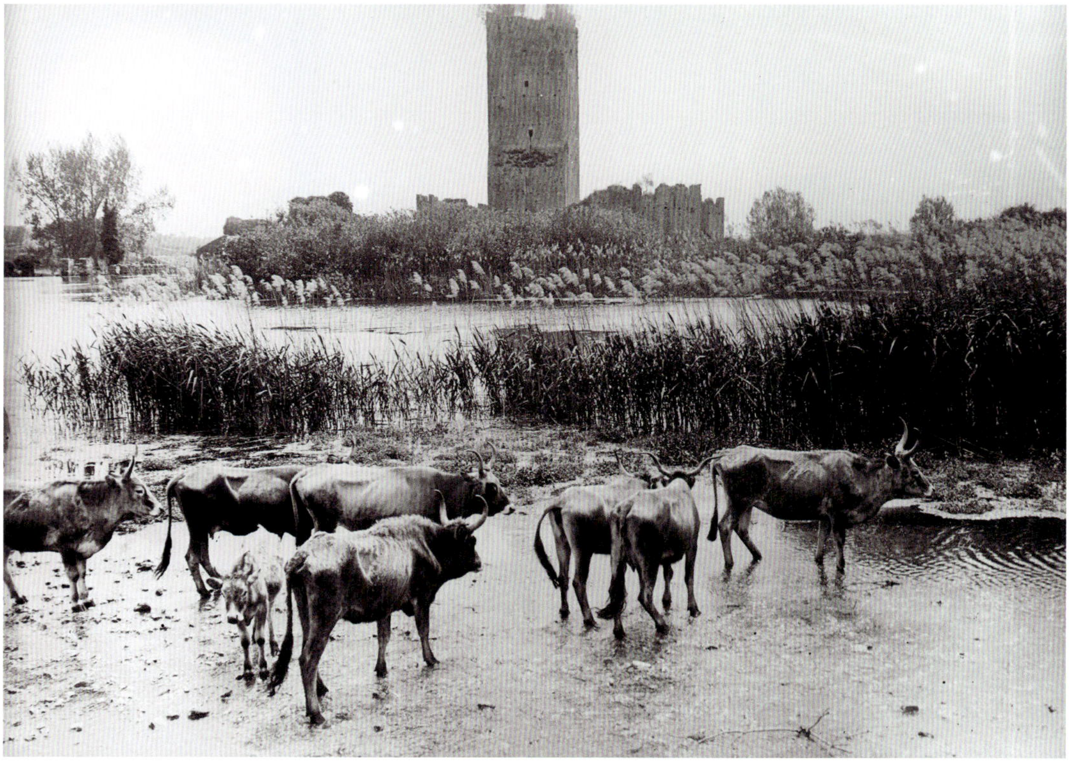

63 Foto Ninfa, ÖNB, vedi nota 604.

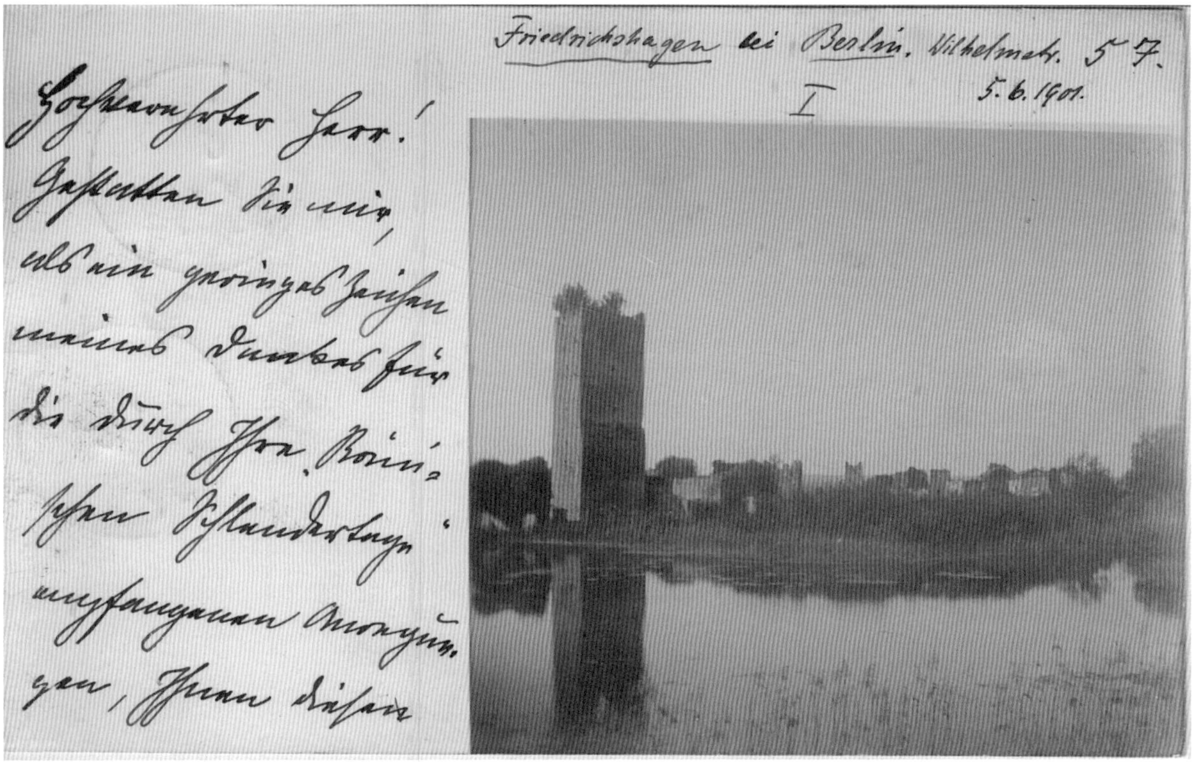
Friedrichshagen bei Berlin. Wilhelmstr. 57.
I
5.6.1901.
Hochverehrter Herr!
Gestatten Sie mir,
als ein geringes Zeichen
meines Dankes für
die durch Ihre Römi-
schen Schlendertagen
empfangenen Anregun-
gen, Ihnen diese

64 Fotografia di Ninfa, vedi note 606, 607.

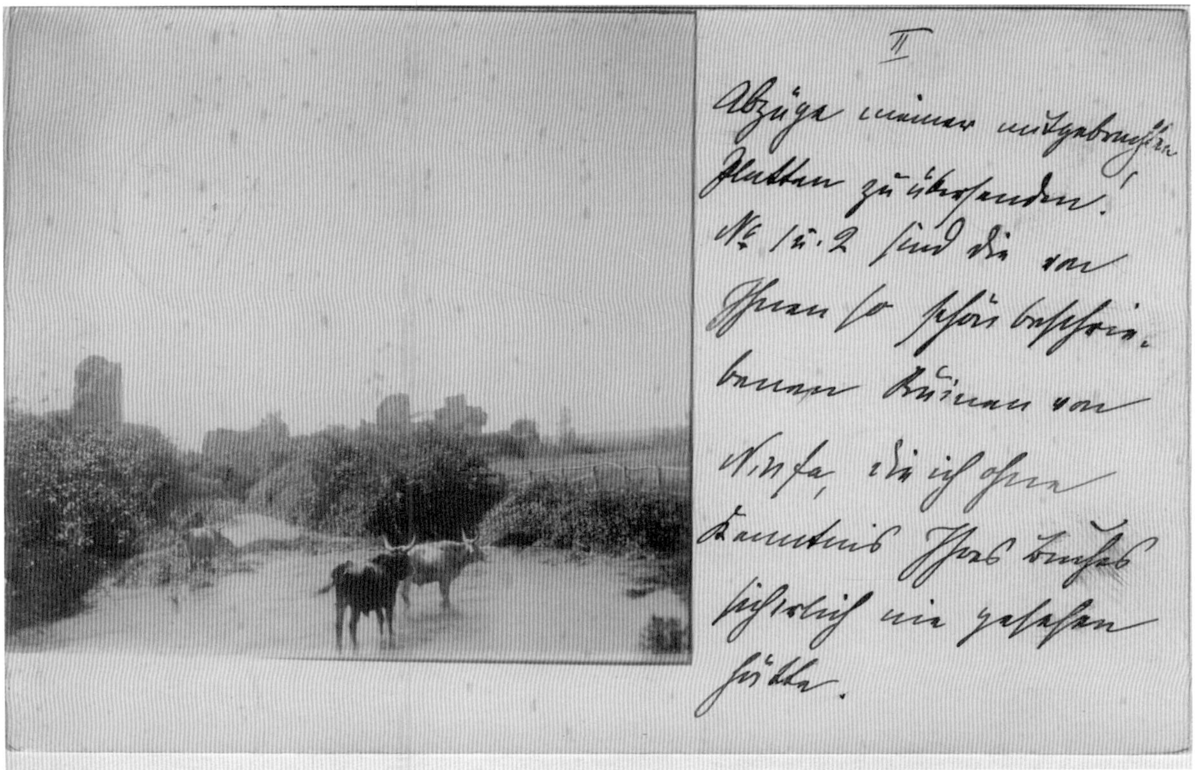
II
Abzüge meiner mitgebrachten
Platten zu übersenden.
No 1 u. 2 sind die von
Ihnen so schön beschrie-
benen Ruinen von
Ninfa, die ich ohne
Kenntnis Ihres Buches
sicherlich nie gesehen
hätte.

65 Fotografia di Ninfa, vedi note 606, 607.

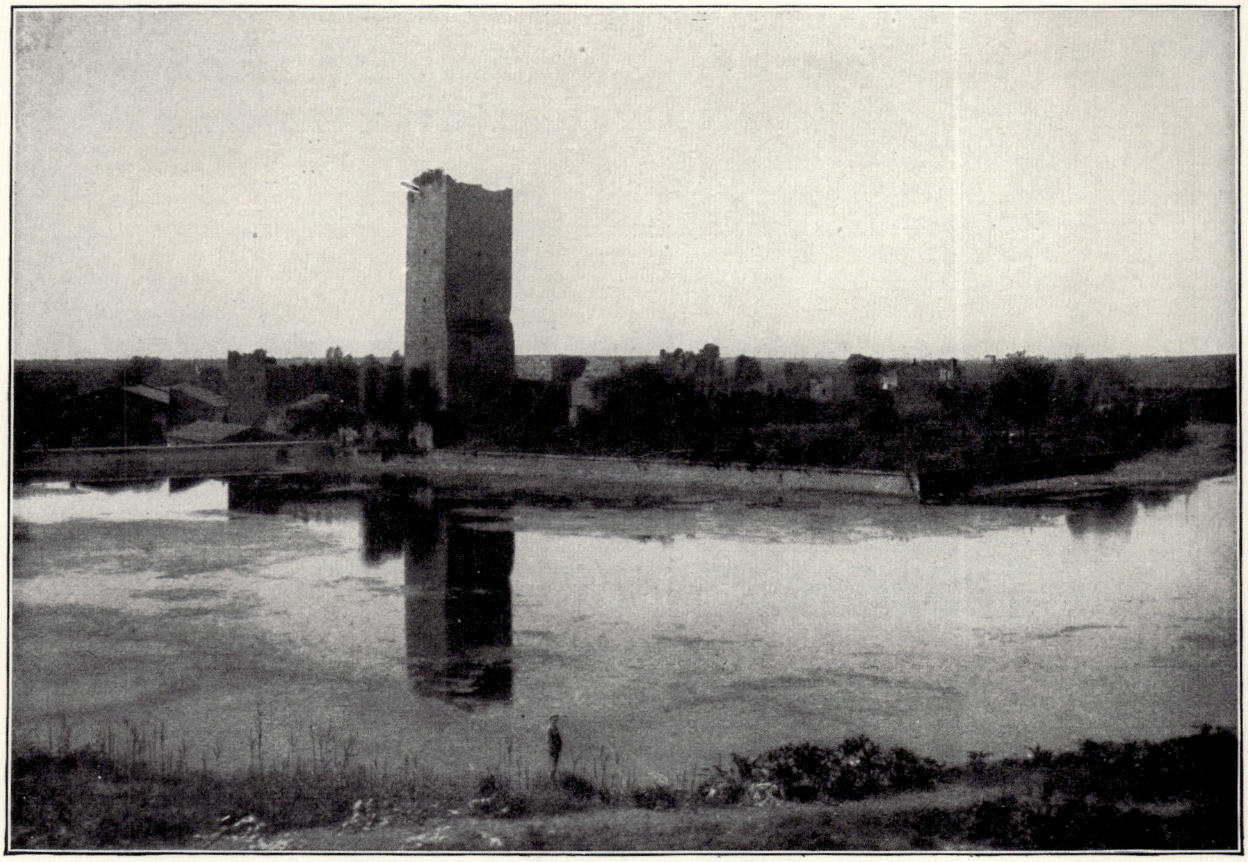
NINFA.

66 Fotografia di Ninfa, vedi nota 609.

nalista e saggista di respiro internazionale. Tra le 407 illustrazioni presenti nel volume le più numerose erano le fotografie, ma vi figuravano anche le opere di alcuni artisti, in prevalenza paesaggi. Nell'introduzione si citano, in ordine probabilmente non casuale: Aristide Sartorio (1860–1932), Enrico (Henry) Coleman (1846–1911), Onorato Carlandi (1848–1939), Enrico Serra (1859–1918) e Duilio Cambellotti (1876–1960).[612] Ben 13 illustrazioni mostrano Ninfa e dintorni.

In storia dell'arte, disciplina accademica piuttosto giovane, come anche nel lavoro di divulgazione degli artefatti storico-culturali, si andarono progressivamente imponendo pratiche di ibridazione tra media diversi.[613] (Fig. 67)[614] Anche la maggior parte delle pubblicazioni giornalistiche e accademiche su Ninfa, prima e soprattutto dopo il 1900, comprendono fotografie o illustrazioni della città delle rovine basate su fotografie. Tra le pubblicazioni in questione vi sono ad esempio quelle di Ugo Fleres

612 Cervesato, 1913, p. 9. Della maggior parte degli artisti menzionati sono note rappresentazioni della città delle rovine. Sulle altre pubblicazioni di Cervesato e su esempi di convergenza mediale cfr. Trabucco, 2019, p. 65ss.

613 Hamber, 1996, in part. p. 35ss. Reichle, 2005.

614 Foto: Strada a Ninfa. Grabein, 1906. 1907.

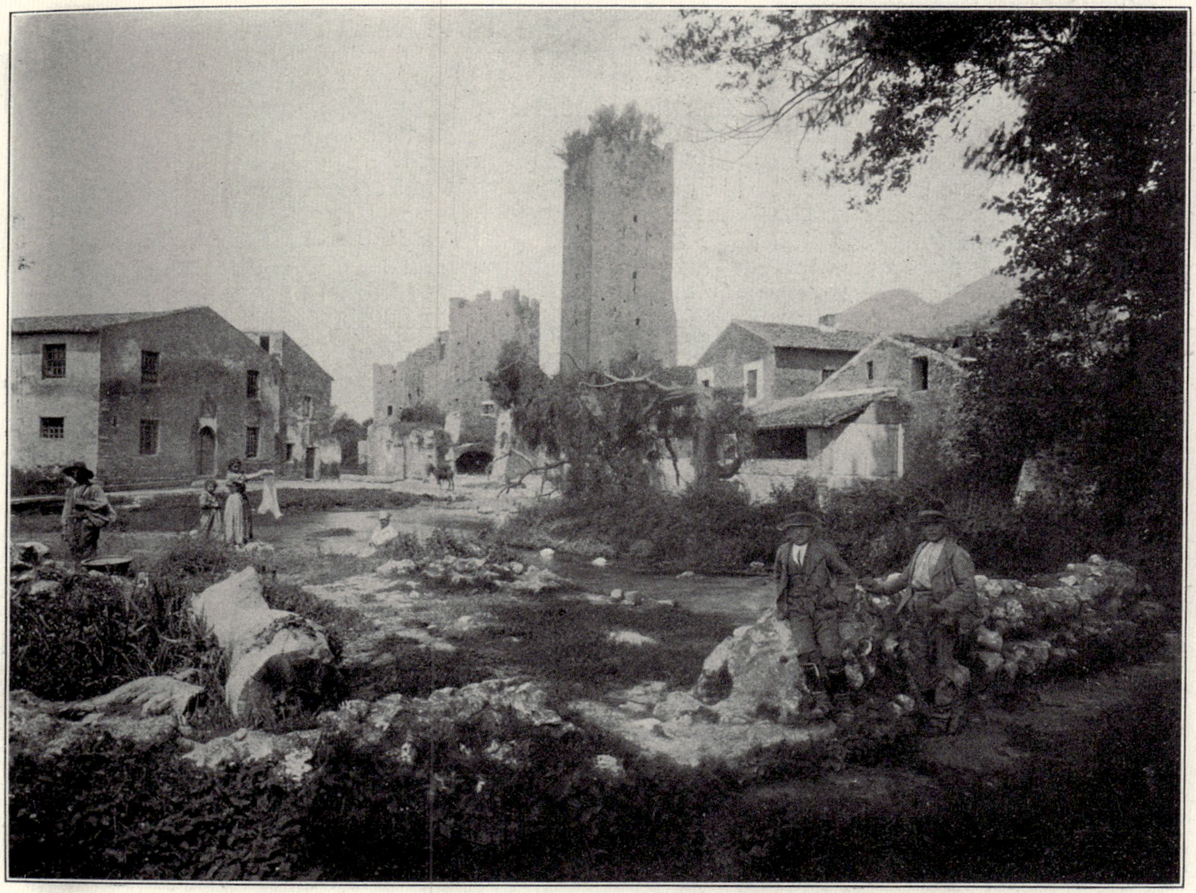

In den Straßen von Ninfa

67 Grabein, Ninfa, vedi nota 614.

(1857–1939),[615] pedagogista dell'arte, direttore museale, scrittore e saggista; di Paul Grabein (1869–1945), giornalista e scrittore nato a Poznań; di Julius von Pflugk-Harttung (1848–1919), storico, diplomatico e archivista prussiano; di Hugo Webinger (1878–1944), pubblicista e scrittore austriaco; di Richard Bagot (1860–1921),[616] novellista e saggista inglese; di George Edward Thompson (1845–1924),[617] fotografo e scrittore di viaggi inglese; e infine di Arthur Lincoln Frothingham, Jr. (1859–1923),[618] archeologo e storico dell'arte americano docente presso l'università di Princeton. Vi è poi l'articolo su Ninfa di Friedrich (Federico) Hermanin (1868–1953), storico dell'arte nato a Bari da genitori austro-tedeschi, le cui illustrazioni erano esclusivamente fotografiche. Hermanin svolse per decenni un ruolo chiave nella vita artistica ita-

615 Fleres, 1904, p. 51ss. Cfr. su di lui Cirone, 1997 e il contributo di Almut Goldhahn al presente volume.

616 Cfr. p. 90 sgg.

617 Sui testi di alcuni dei personaggi menzionati cfr. Matheus, Anthologie 2024. Per le indicazioni su George E. Thompson ringrazio la Birkenhead History Society.

618 Frothingham, 1908, ristampa del 1925, p. 130s., 372s. Aveva studiato a Roma dal 1868 al 1881 e nell'anno accademico 1895/96 fu *associate director* presso la American School of Classical Studies di Roma. Cfr. de Puma, 1996.

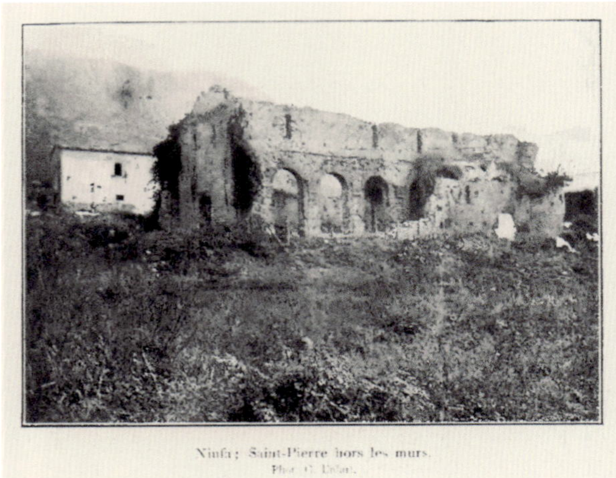

68 Enlart, San Peitro, vedi nota 621.

liana in generale e romana in particolare e, da fondatore e presidente del "Gruppo Romano Incisori Artisti" (GRIA), fondato nel 1921, sostenne moltissimi artisti che raffigurarono la città delle rovine.[619] Camille Enlart (1862–1927), storico dell'arte che abbiamo menzionato già più volte, aveva cominciato molto presto a fotografare opere architettoniche e, al suo ampio studio su Ninfa, una delle "Villes mortes du Moyen âge" cui si dedicò, allegò anche dieci fotografie realizzate nella città delle rovine.[620] Come mostra l'esempio di San Pietro fuori le mura (fig. 68)[621] le sue fotografie di edifici oggi non più conservati e le relative osservazioni rappresentano fonti di un certo interesse per la storia dell'architettura.[622] È interessante anche notare come Enlart lamentasse perdite già verificatesi nel XVIII secolo a causa di interventi sul complesso di rovine: i monumenti, minacciati, si trovavano ad essere sempre più in secondo piano rispetto ai giardini in via di costruzione.

La città delle rovine, però, non si trovò ad essere rappresentata solo in foto ma anche con il nuovo mezzo della diapositiva: nella seconda metà del XIX secolo a produrre i necessari proiettori erano soprattutto aziende americane e tedesche; dagli anni settanta se ne avviò anche la produzione su larga scala. Tra le aziende in questione c'erano l'americana L. J. Marcy e la tedesca Eduard Liesegang. Quest'ultima, che dal 1873 ebbe sede a Düsseldorf, fu fondata da uno scultore-disegnatore ed inizialmente distribuiva i propri apparecchi principalmente sul mercato americano, poi dagli anni novanta sempre di più anche su quello tedesco.[623] Negli anni settanta la Liesegang era considerata la più grande azienda "di produzione e commercializzazione di articoli fotografici d'Europa."[624] Attorno al 1900 il profilo aziendale era caratterizzato dalla vendita di diapositive e proiettori. La Liesegang offriva sessanta diapositive nella rubrica "Campagna Romana"[625] che però includeva immagini di Orvieto, Viterbo e Carrara da un lato e di Sorrento e Monte Cassino dall'altro. Per quanto riguarda i dintorni di Roma c'erano due diapositive di Villa Adriana e due della città delle rovine (rispettivamente "Ninfa" e "rovine di Ninfa"), il che evidenzia la grande notorietà di cui godeva allora il sito.

Relativamente al caso Ninfa, per capire come fossero impiegate le diapositive nella divulgazione degli artefatti storico-culturali un buon esempio è costituito da una breve nota contenuta nei "Beiträge zur Geschichte des Niederrheins" ("Contributi alla storia del Basso Reno"), l'annuario del 1905 del Düsseldorfer Geschichtsverein (Associazione di studi storici di Düsseldorf), e ripresa nei "Bonner Jahrbücher" ("Annuari di Bonn"). La nota riporta che il 17 gennaio di quello stesso anno Adam Bützler (1859–1939)[626] aveva tenuto una conferenza sugli "Scavi di Ninfa e Norma in Italia (illustrati con dia-

619 Sconci, 1988a. Pollak, 1994, p. 110. Cfr. Matheus, Anthologie, 2024.

620 Enlart, 1919. Enlart 1920, p. 69ss. Forni, 1990, p. 320.

621 Enlart, 1920: San Pietro fuori le mura, Ninfa.

622 Cfr. anche le riflessioni di Enlart, 1920, p. 74s. sulle rovine e sulle perdite subite dalle stesse nel XVIII secolo. Sugli affreschi rappresentanti la decapitazione di Giovanni Battista, ancora relativamente ben conservati nel 1860, e sulle relative osservazioni di Hermann Allmers cfr. il contributo di Axel Behne al presente volume.

623 Reichle, 2005, p. 175.

624 Ed. Liesegang, 1926, p. 12.

625 Liesegangs Glasphotogramme, 1903, p. 21.

626 Nell'elenco dei membri dell'associazione il suo nome è riportato con la dicitura di professore di liceo, negli annuari di Bonn invece con il titolo ufficiale di insegnante di scuola superiore. Bericht, 1907, p. 59s. Zum Gedächtnis von Professor Adam Bützler, in: Der Kasten. Zeitschrift des Hohenzollern-Gymnasiums (Düsseldorf). A cura dell'associazione di ex-alunni e della scuola. Quaderno 17, luglio 1939, p. 6s. Qui si trova anche un

positive)."[627] Sembra plausibile che per illustrare gli scavi e i dintorni siano state utilizzate le due diapositive della città delle rovine che aveva in catalogo l'azienda Liesegang, sita praticamente a due passi dalla scuola. È in ogni caso evidente come fosse dato per scontato che i lettori delle riviste specializzate di storia ed archeologia di Bonn e Düsseldorf conoscessero l'esistenza e la collocazione della città delle rovine. Nel 1913 il giornale di Linz "Tages-Post" riferì di una conferenza con diapositive tenutasi nella locale "Associazione dei fotografi amatoriali." Il relatore, il primo consigliere distrettuale Dott. Karl Schack, "eccezionale fotografo amatoriale" con "un occhio particolarmente attento ai paesaggi più suggestivi" mostrò molti scatti dei suoi viaggi, tra l'altro di Venezia, Roma e Tivoli, "oltre ad interessantissime immagini di Ninfa, città delle rovine."[628]

Ninfa nel cinema

(Fig. 69, 70, 71: tre immagini tratte dalla sequenza dedicata a Ninfa) Dopo la presentazione del cinematografo dei fratelli Lumière nel 1895, a Parigi si tenne la prima proiezione pubblica di Francia. Ben presto la nuova tecnica raggiunse anche la penisola: nel 1905 a Roma fu proiettato il film "La presa di Roma", "primo vero film a soggetto della produzione cinematografica italiana."[629] Nel 1901 uno dei due fratelli Lumière accompagnò Juliana Romani (1869–1923), modella e ritrattista di fama a Parigi, in visita alla sua nativa Velletri e, con l'occasione, regalò alla città un "apparecchio cinematografico," ossia, probabilmente, un apparecchio per riprendere, stampare e proiettare immagini.[630] Nel 1908, principalmente su spinta di un gruppo di insegnanti del locale istituto tecnico, venne fondata la Helios Film, società di produzione cinematografica di cui fu presidente e al contempo uno dei maggiori finanziatori il Principe Francesco Caracciolo Ginnetti di Avellino (1860–1932). La Helios Film era una delle moltissime società di produzione cinematografica, fondate all'epoca in Italia, prevalentemente di piccole dimensioni, che producevano soprattutto film su opere, personaggi e avvenimenti famosi della letteratura, dell'arte, della storia e del teatro oppure su personalità di fama della cultura dell'epoca.[631] Considerato il contesto appena delineato è da notare come nell'inverno 1908/1909 sia stato girato un documentario[632] sulle Paludi Pontine ("Paludi pontine", appunto)[633] diretto dal regista Armando Brunnero.[634] Nel 1909 il documentario venne proiettato non soltanto in Italia ma anche in una serie di paesi europei e negli Stati Uniti.[635] Il film fu acquistato dalla giovane imprenditrice Frieda Klug e, soprattutto grazie alla vasta rete di distribuzione da lei messa in piedi in Italia e all'estero, trovò ampia diffusione.[636]

riferimento a numerosi racconti che Bützler faceva durante le lezioni sui suoi viaggi in Italia e a Roma.

627 Beiträge, 1906, p. 402, 414.

628 Tages-Post, n. 48, 27 febbraio 1913, p. 5.

629 Brunetta, 2008, p. 34.

630 Sull'apparecchio cfr. Zaccagnini, (2009) 2019, p. 4.

631 Brunetta, 2008, p. 36ss., 49ss. In quegli anni (dal 1912 al 1918) a Velletri c'era anche una seconda casa di produzione, "La Volsca Film", cfr. Zaccagnini, (2009) 2019, p. 43ss.

632 L'indicazione sul film la devo a Giuseppe Lattanzi, che ce lo mostrò nell'ambito di una suggestiva visita al "suo" Museo Terre di Confine a Sonnino. Sul film è in preparazione uno studio di storia del cinema.

633 Durata: otto minuti.

634 Il direttore tecnico era Ferdinando Politi, Zaccagnini, (2009) 2019, p. 6s. Su di lui cfr. anche Benni, 2014, p. 53.

635 Sulle due versioni "Pontine Marshes, near Rome" e "Pontine Marshes, Italy" cfr. https://it.wikipedia.org/wiki/Paludi_pontine_(film) (ultima visita 4/12/2021) e https://it.wikipedia.org/wiki/Helios_Film (ultima visita 3/12/2021). Una versione del film con sottotitoli inglesi è conservata nel British Film Institute di Londra.

636 Così riporta Zaccagnini, (2009) 2019, p. 7 (senza riferimenti bibliografici). Cfr. anche Benni, 2004, p. 51, 53, 68. Resta da verificare se le proiezioni a tema "Paludi Pontine" in molti cinema in zone di lingua tedesca fossero effettivamente proiezioni del film della Helios e non piuttosto proiezioni di diapositive. Ecco una selezione di alcune indicazioni in merito: l'annuncio del cinema Phönix a Vienna dal 16 al 18 giugno 1913 era: "Pontinische Sümpfe. Naturaufnahme," in: Illustriertes Familienblatt. Häuslicher Ratgeber für Österreichs Frauen, 36, 1913. Per un cartellone simile nel cinema cittadino di Judenburg (Stiria) il 6 e il 7 giugno 1914 cfr. Murtaler Zeitung, Anno 3, n. 23, 7 giugno 1914, p. 3. "Landschaften in den Pontinischen Sümpfen" furono mostrate al Biotophon - Theater di Bielefeld. Westfälische Zeitung 103, 1913, 5/09/1913. Al "Bavaria-Kinema" di Acquisgrana dal 6 all'8 luglio 1915 venne proiettato "In den pontinischen Sümpfen. Naturaufnahme", cfr. Aachener Anzeiger 37, 1915, 7/07/1915.

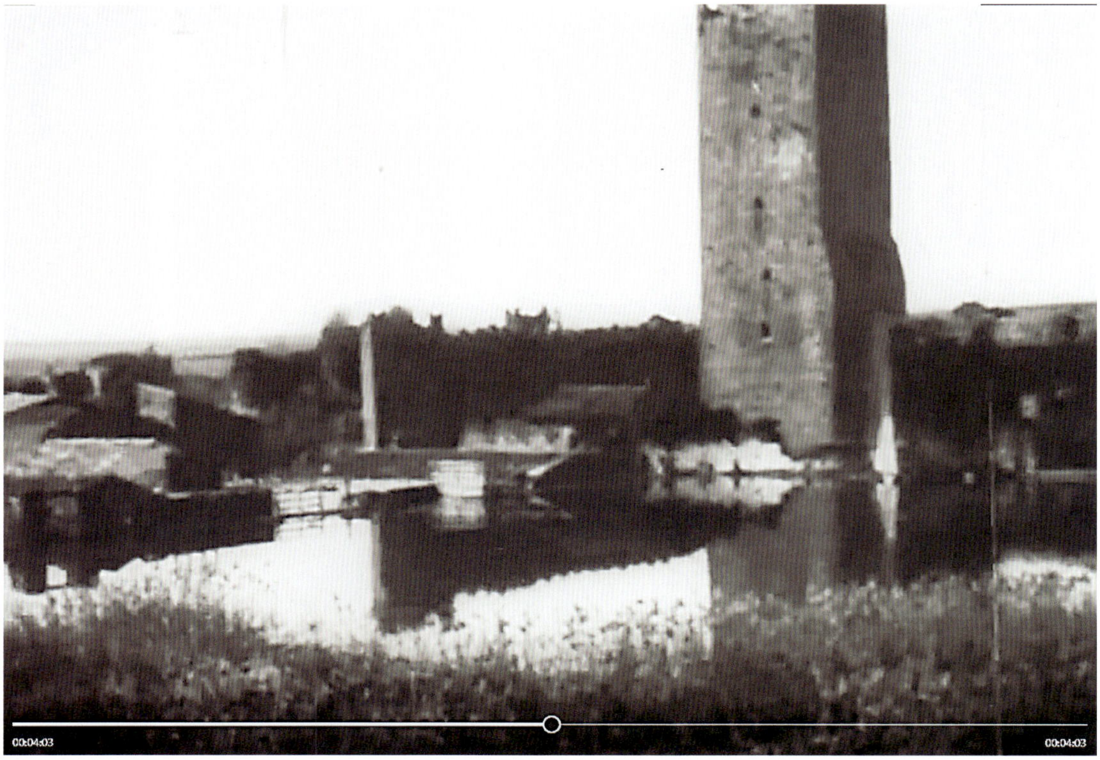

69 Helios Film, 1909, vedi nota 635.

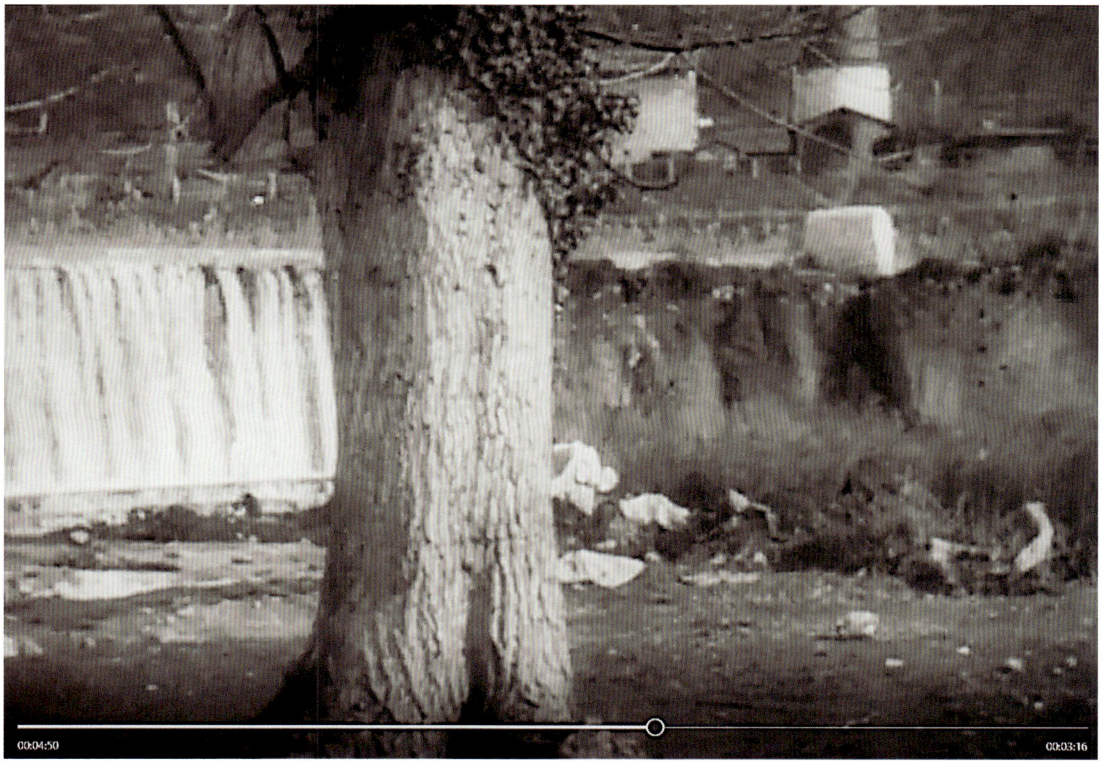

70 Helios Film, 1909, vedi nota 635.

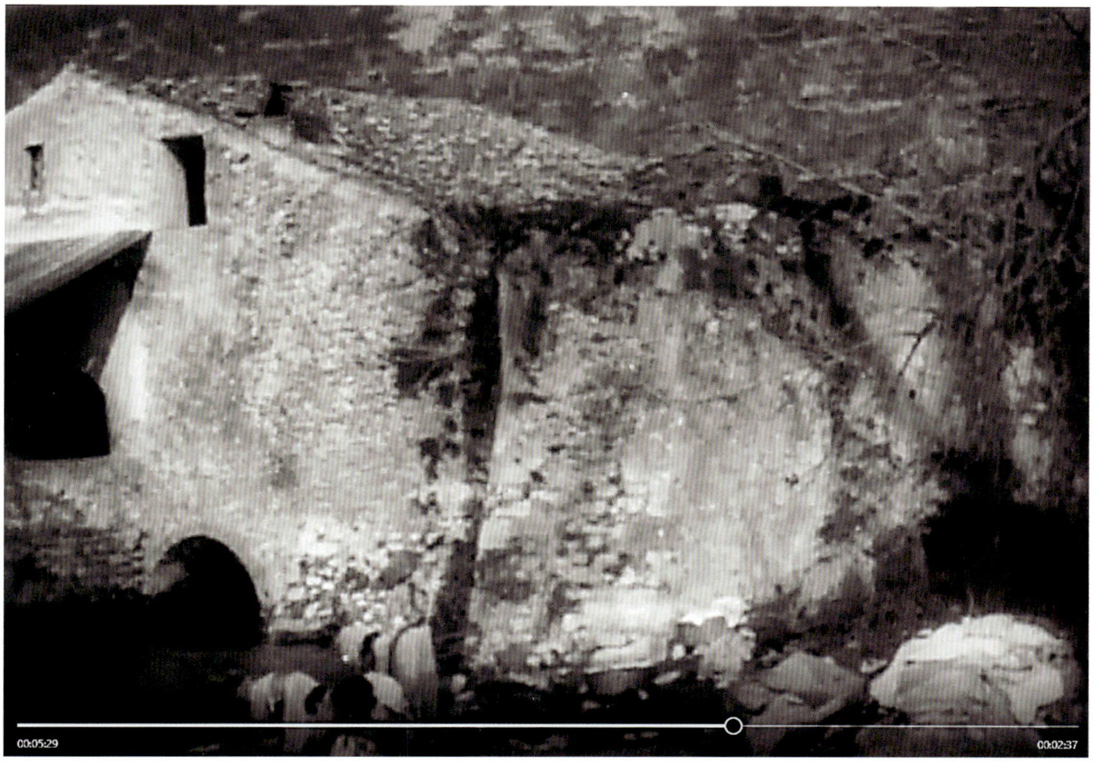

71 Helios Film, 1909, vedi nota 635.

Con l'accompagnamento di un pianoforte, le prime scene mostrano alcune località delle Paludi Pontine: Terracina, Sonnino e Fossanova. Poi seguono riprese della vita nelle paludi: mandrie di bufale e capre con i loro pastori. Una sequenza è dedicata alle rovine di Ninfa ("Ruins of the ancient town of Ninfa"), ma ormai, alla Pompei medievale, percepita e descritta da molti come il castello della Bella Addormentata nel Bosco, era dedicato meno spazio che alle immagini selezionate ed estetizzanti della località e di coloro che la abitavano e vi lavoravano a seguito della profonda riorganizzazione operata dalla famiglia Caetani. Una parte della vegetazione incolta che prima ricopriva le rovine era già stata eliminata. Il film veicola anche un altro motivo molto amato e diffuso in quel periodo anche da altri media: le lavandaie al lavoro nella località così ricca d'acqua.

Una ripresa mostra sullo sfondo una cascata, il cui scrosciare risuona nella musica di sottofondo: nascendo dal nuovo lago sopra la diga di sbarramento e muovendo le due turbine della nuova centrale elettrica, la cascata evoca le profonde trasformazioni subite da quel luogo, un tempo percepito come fiabesco, e, al contempo, le conquiste della modernità.[637] Ad un pubblico americano dovevano risultare particolarmente interessanti quei momenti in cui irrompono sulla scena un cavallo ed un toro ("breaking in a horse and a bull"). A chiusura del film vi sono poi alcune riprese dei giardini dei Caetani presso il lago di Fogliano e di un tramonto ricco di atmosfera.[638]

637 Cfr. p. 24 sgg.

638 Non è stato possibile identificare le persone nella sequenza.

Ninfa nella pittura a partire dalla fine del XIX secolo

Il fenomeno della convergenza o coesistenza di media diversi si rivela in modo esemplare in una fotografia che mostra un pittore al lavoro a Ninfa circondato da abitanti del luogo (fig. 72).[639] Sembrerebbe che la foto sia stata scattata prima del 1908 nel corso delle profonde ristrutturazioni occorse in occasione della costruzione della centrale elettrica. Il pittore nella foto potrebbe essere un membro dei cosiddetti "Venticinque della Campagna Romana", un circolo di artisti italiani costituitosi nel 1904 e poi sciolto dai fascisti. Tra i suoi membri – che aumentarono nel corso del tempo fino a superare il numero di 25 –,[640] figuravano, tra gli altri, Ettore Ferrari (1845–1929),[641] Enrico Coleman (1846–1911),[642] Onorato Carlandi (1848–1939),[643] Napoleone Parisani (1854 –1932),[644] Giulio Aristide Sartorio (1860–1932),[645] Edoardo Gioja (1862–1937),[646] Pompeo Fabri (1874–1959),[647] Filippo Anivitti (1876–1955),[648] Dante Ricci (1879–1957)[649] e Giuseppe Carosi (1883–1965).[650] Tutti costoro hanno rappresentato Ninfa, qualcuno addirittura più di una volta.[651] Sarebbe auspicabile analizzare sistematicamente quali di questi artisti siano riusciti ad esporre fuori dai confini italiani i lavori realizzati nell'ambito di questo circolo. Per quanto riguarda le rappresentazioni della città delle rovine, ad esservi riusciti sono Aristide Sartorio,[652] uno dei promotori dei "Venticinque della Campagna Romana", Giuseppe Carosi,[653] e di certo anche altri. I lavori di Sartorio furono recepiti ben oltre la penisola:[654] negli anni novanta dell'Ottocento i suoi quadri furono esposti non soltanto a Roma e Venezia ma anche a Parigi, Londra e Berlino. Fu anche grazie ai rapporti che intratteneva con lo scrittore Richard Voß[655] che in questo periodo Sartorio riuscì ad intessere relazioni anche nelle zone di lingua tedesca, insegnando per un certo periodo presso la Großherzogliche Kunstschule zu Weimar.[656] Tra gli allievi di questa "scuola di pittura di Weimar" figurava anche Max Liebermann (1847–1935), uno dei principali esponenti dell'impressionismo tedesco. A Weimar si sviluppò una pittura paesaggistica che seppe svincolarsi dai tradizionali lavori in atelier influenzati da prescrizioni neoclassiciste per passare ad una pittura en plein air dalle caratteristiche innovative.[657]

Oltre alle rappresentazioni di Ninfa fin qui citate ne sono note altre, ad opera di altri artisti di questo stesso periodo. Fu attivo nell'ambiente dei XXV della Campagna Romana anche Angelo Rossini (1871–1939),[658] pittore e incisore romano, che si dedicò a queste due attività dopo gli studi d'architettura

639 Bernoni, Brizzi (a cura di), 1987, p. 10s.
640 Mammucari, 1991, p. 9ss. Venticinque, in: https://www.treccani.it/enciclopedia/venticinque/
641 Mammucari, 1991, p. 139. Treviri, AKL.
642 Coleman, Enrico, 1955. Mammucari, 1991, p. 138. Machleidt, AKL.
643 Stolzenburg, Carlandi, AKL. Per un'esposizione dei suoi acquarelli a San Francisco cfr. L'Italia, San Francisco, 2 luglio 1918, p. 5.
644 Mammucari, 1991, p. 143. Parisani, AKL.
645 Sartorio, Giulio Aristide, 1955. Forni, 1990, p. 320. Mammucari, 1991, S. Pollak, 1994, p. 87. Pierini, AKL. Trabucco, 2019, p. 128ss.
646 Mammucari, 1991, p. 141. Meißner, Gioja, AKL.
647 Mammucari, 1991, p. 139. Wiedmann, AKL.
648 Mammucari, 1991, p. 134. Meißner, Anivitti, AKL http://www.artnet.com/artists/filippo-anivitti/ninfa-lago-artificiale-fDdvaacavzmzN72dImPuRA2
649 Fig. 73, Ricci Dante, acquarello, propietà privata. Sconci, 1988b. Ricci, Dante, AKL. Mammucari, 1991, p. 144.
650 Stolzenburg, Carosi, AKL.
651 Trabucco, 2019, p. 119 ss.
652 The Catalogue of the ... annual exhibition at the Carnegie Institute, Pittsburgh, Pa. 1900, n. 246: Giulio Aristide Sartorio: Ninfa; Roman Campagna. Su di lui cfr. anche p.
653 International Panama-Pacific exhibition San Francisco California, 1915. Italian fine art section. Compiler of the catalogue: Arduino Colasanti, Rom [1915?], p. 16: Giuseppe Carosi: The ruins of Ninfa. Su di lui cfr. anche un dipinto ad olio: Ninfa, 1930, 199 x 97 cm. Proprietà privata. L'opera venne esposta alla "I Quadriennale romana" nel 1931. http://www.quadriennalediroma.org/arbiq_web/index.php%3Fsezione%3Dquadriennali%26id%3D1%26ricerca%3D
654 Giulio Aristide Sartorio, Veduta di Ninfa, Dipinto, 1890, Olio su Tela, cm 29x71, Roma, Galleria d'Arte Moderna di Roma Capitale, Inventario: AM 733. Cfr. anche Trabucco, 2019, p. 128ss. e il contributo di Almut Goldhahn al presente volume.
655 Cfr. p. 72 nonché Baumann, 1993, 2018a, 2018b, 2019, ed inoltre il contributo di Christiane Baumann al presente volume.
656 Pezzo, 2017. Baumann, 2018a, p. 305.
657 Scheidig, 1991.
658 Rossini, Angelo, 1955, p. 712s. Bernini, Pezzini, 1988. Rossini, AKL.

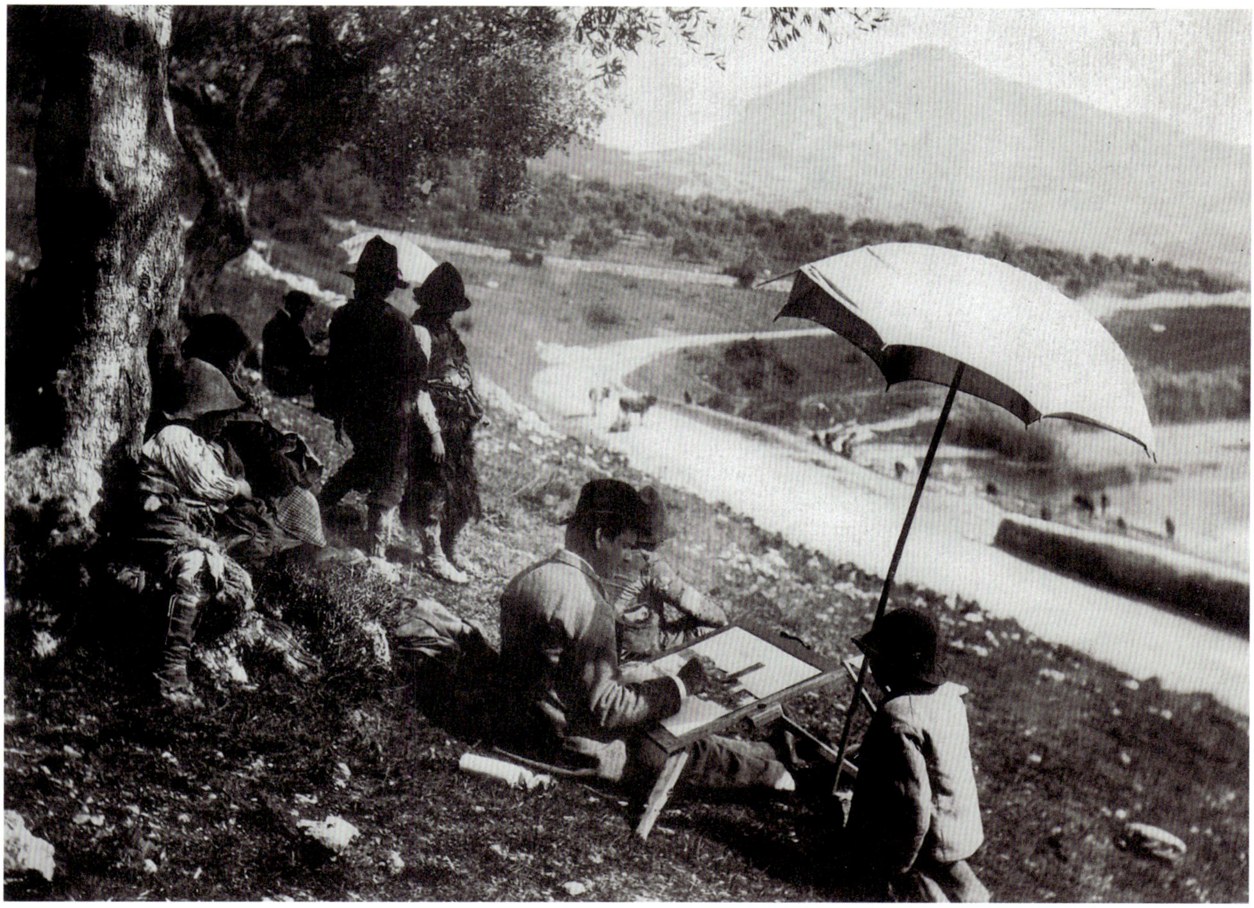

72 Foto: pittore al lavoro a Ninfa, vedi nota 639.

presso l'Università La Sapienza di Roma, ispirato dalle opere del suo avo Luigi Rossini (1790–1857), importante emulo di Piranesi noto per le sue acqueforti di architetture di epoca classica di Roma e del Lazio. Luigi Rossini esercitò una durevole influenza su artisti, autori e amanti dell'arte. All'attività di incisore di Angelo Rossini diede importanti stimoli l'accademia d'arte di Karlsruhe. (fig. 74) Un buon esempio della sua particolare predilezione per le vedute notturne illuminate dalla luna e per i giochi di luce sulle superfici d'acqua dai forti chiaroscuri è costituito da una linoleografia del 1911 del lago e del castello di Ninfa.

(Fig. 75) Tra coloro che scelsero di raffigurare Ninfa c'è anche Federico Schianchi (1858–1918), nato a Modena e autore di dipinti ad olio ed acquarelli raffiguranti edifici e paesaggi romani e italiani.[659] Erano inoltre particolarmente apprezzate le opere di Hermann (Ermanno) David Salomon Corrodi (1844–1905),[660] nato a Frascati da padre sviz-

659 Acquarello 29x19cm. Proprietà privata. Schianchi, AKL È nota anche una rappresentazione di Ninfa del 1905 (olio su tela 65x38cm) del paesaggista romano Pietro Barucci (1845–1917), allievo di Achille Vertunni (1826–1897). https://auctions.bertolamifinearts.com/de/lot/76973/pietro-baruccirome-1845-1917nymph-1905oil-on-/ (ultima visita: 1/02/2021). Su Barucci cfr. De Gubernatis, 1889, p. 38s. Le opere di Barucci erano note anche nelle zone di lingua tedesca: Ueber Land und Meer 71, 1894, p. 8. "Un paesaggio decisamente suggestivo delle Paludi Pontine" di Vertunni fu esibito all'esposizione universale di Parigi del 1878. Becker, 1878.

660 von Boetticher, 1891, vol. 1, p. 191. Pollak, 1994, p. 42, 66, 83, Mammucari, Langella, 1999, p. 182. Stolzenburg, Corrodi, AKL. Una rappresentazione di Ninfa in Trabucco, 2019, p. 115.

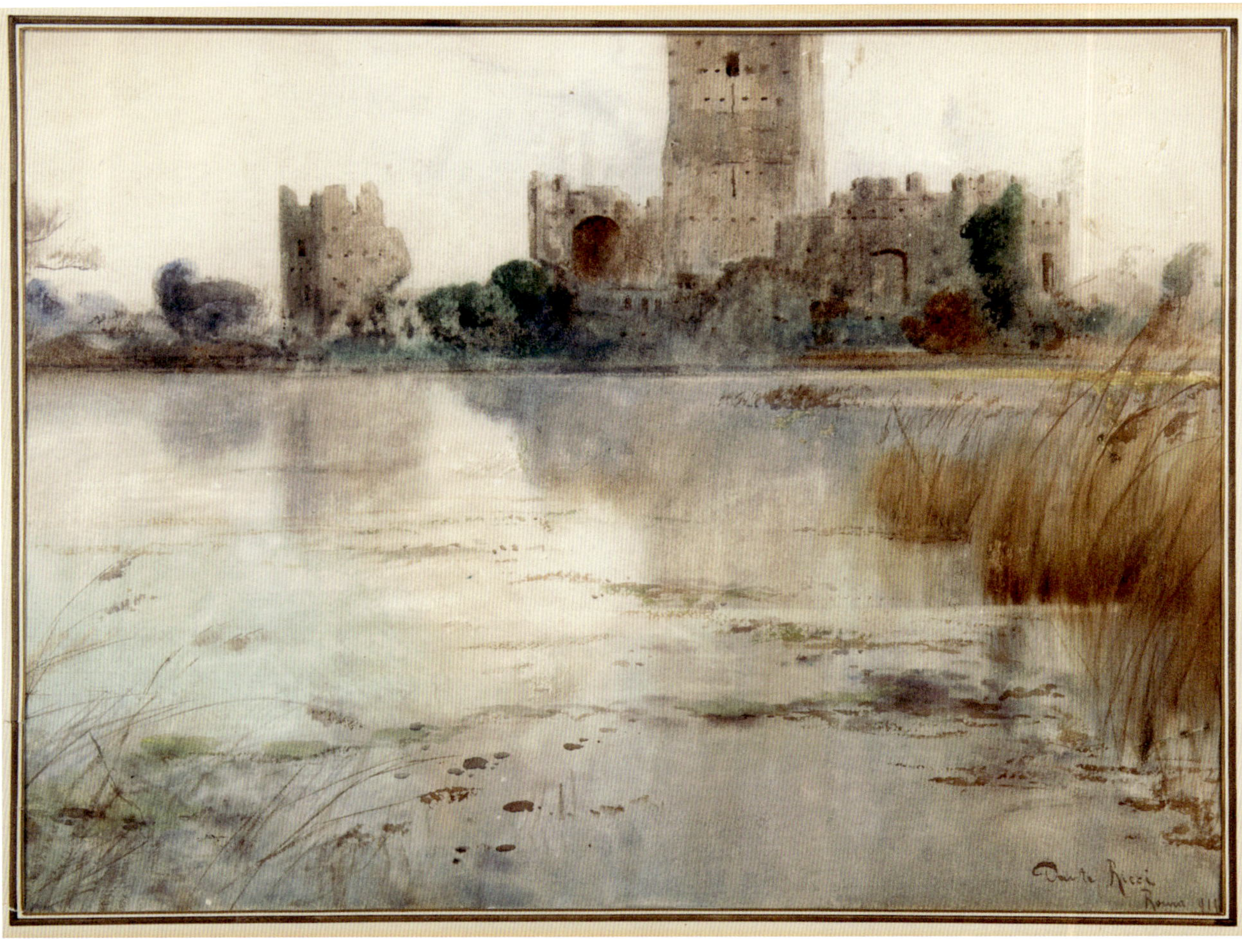

73 Dante, Ninfa, vedi nota 649.

zero, il pittore e disegnatore Salomon. Padre e figlio insegnarono entrambi all'Accademia di San Luca. I paesaggi di David Salomon Corrodi riscossero successo innanzitutto presso la famiglia reale italiana e poi presso altre dinastie europee nonché presso la nobiltà tedesca; l'artista lavorava durante i suoi numerosi viaggi nei paesi del Mediterraneo e dell' Estremo Oriente. A stimarne il lavoro non era soltanto Ferdinand Gregorovius.[661] Albert Zacher, giornalista e scrittore che abbiamo menzionato in precedenza, visitò "l'incantata città sommersa," la "Pompei delle paludi" e la descrisse nel libro che dedicò alla Campagna romana. "Le torri della fiabesca città abbandonata," scriveva, "hanno suscitato l'entusiasmo di moltissimi poeti e pittori, tra questi ultimi soprattutto quello di H. Corrodi e Enrique Serra 'l'apostolo delle paludi'."[662] Nella sua enciclopedia "Leben und Werke der berühmtesten bildenden Künstler" (Vita e opere dei principali artisti visivi) Hermann Alexander citava tra i sei "quadri più importanti" di Corrodi "Ninfa nelle paludi pontine".[663] In ambiente transalpino godeva di popolarità anche l'artista ligure Gerolamo Varese (1860–1935), le cui opere furono esposte tra l'altro ad Amburgo, Brema, Francoforte sul Meno

661 Gregorovius, 1881, p. 440
662 Zacher, 1903, p. 193.
663 Müller, 1895, p. 286.

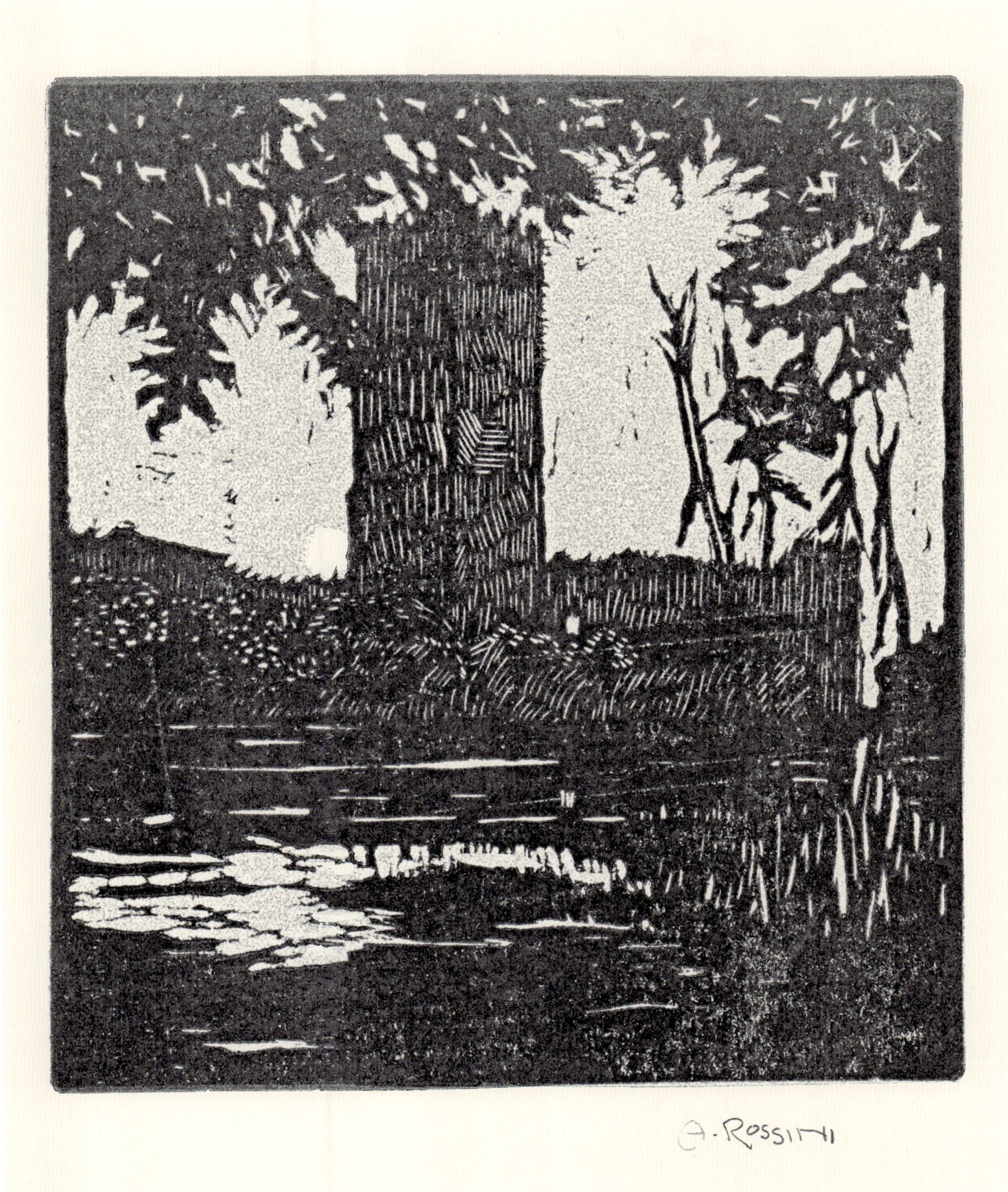

74 Rossini, Ninfa, vedi nota 658.

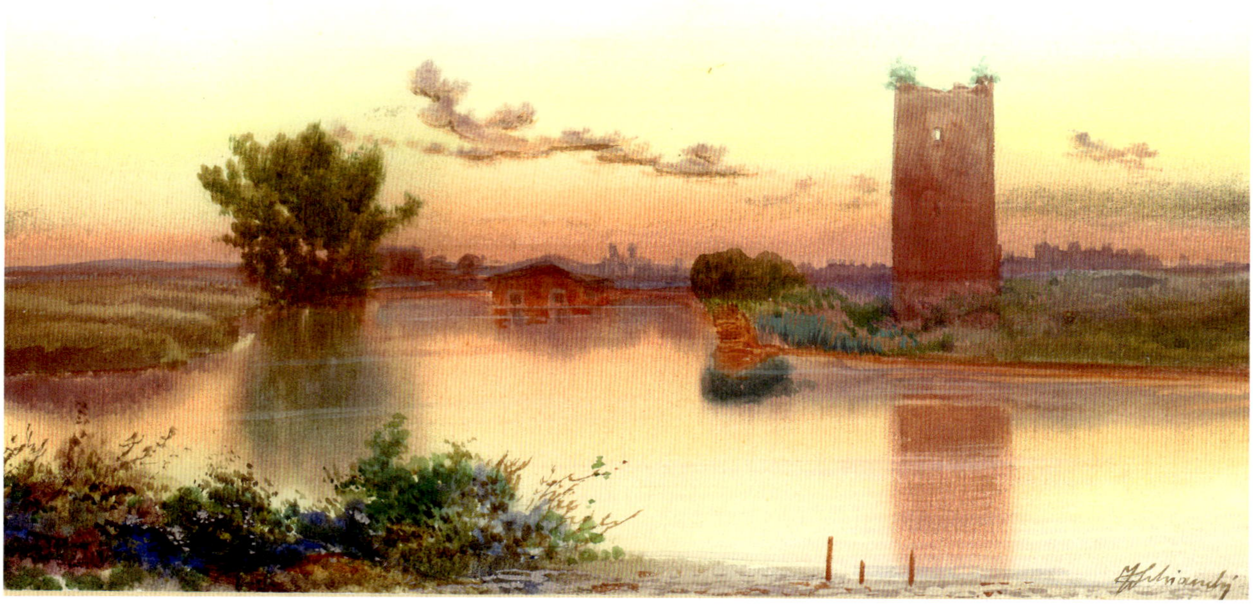

75 Schianchi, Ninfa, vedi nota 659.

e Stoccarda e che a Monaco coltivava contatti con artisti come Franz von Lenbach (1836–1904). Nel 1900, nel museo di Suermondt di Aquisgrana (oggi Suermondt-Ludwig-Museum), fondato nel 1883, furono esposti 42 suoi lavori tra cui anche dipinti raffiguranti le Paludi pontine e due opere intitolate rispettivamente "Rovine di Ninfa" e "Sera a Ninfa."[664]

(Fig. 76)[665] Raffigurazioni molto dettagliate delle Paludi pontine sono quelle realizzate da Enrique Serra Auqué (1859–1918),[666] paesaggista, mosaicista e illustratore catalano, formatosi artisticamente presso la Escola de la Llotja nella sua natale Barcellona, dove studiò con Ramón Martí y Alsina (1826–1894), apripista del realismo nelle arti figurative catalane, e con lo scultore catalano Domènec Talarn y Ribot (1812–1902). A 18 anni un "Prix de Rome" con annessa borsa di studio lo portò a soggiornare presso l'accademia spagnola di Roma e la città sul Tevere, nella quale si affermò come artista di successo, divenne il fulcro della sua attività artistica. Membro dal 1883 dell'Accademia di S. Luca a Roma, gli affidarono incarichi papa Leone XIII, il re d'Italia, il re di Baviera e l'imperatore tedesco. Alcuni suoi quadri arrivarono persino all'accademia d'arte di San Pietroburgo. Nel 1895 aprì un atelier a Parigi, sua seconda residenza, che finì per essere soprattutto un punto di ritrovo per gli artisti spagnoli. I suoi quadri delle paludi pontine raffigurano suggestivi paesaggi simbolici che giocano con gli effetti di luce. I resti di edifici e sculture, sommersi quasi completamente

664 Varese, AKL. Aachener Anzeiger 22, 1 dicembre 1900. Kölnische Zeitung 3/12/1900. Cfr. anche: Aachener Anzeiger 27/10/1901.

665 Il dipinto ad olio di Serra qui riprodotto è stato venduto nel 2003: Kunstauktionshaus Schloss Ahlden, asta nr. 123, catalogo, p. 296. Firmato e datato1912. "Tramonto sulle Paludi Pontine," olio su tela, 43 x 97 cm. Il testo di accompagnamento recita tra l'altro: "Veduta di un acquitrino, sulla riva salici, canneti e rovine romane, immerse nella luce rossastra del sole al tramonto." Il quadro allude al lago circondato dal canneto e alla torre medievale del castello di Ninfa.

666 von Boetticher, 1898, vol. 2, p. 742, nr. 34: "Ninfa nelle Paludi Pontine." Margaux, 1910. Geraci, 1918. Gabriele Saure, Serra y Auque, AKL. Per numerosi esempi si veda: http://www.artnet.de/k%C3%BCnstler/enrique-serra-y-auque/ (ultima visita: 14/12/2021). Grazie alle stampe (anche su cartolina), le opere di questo artista trovarono ampia diffusione anche al di là dell'esempio citato da Cervesato, 1913. Tre dipinti di Serra con motivi delle Paludi pontine sono stampati in von Graevenitz, 1898, fig. 6, 7, 8.

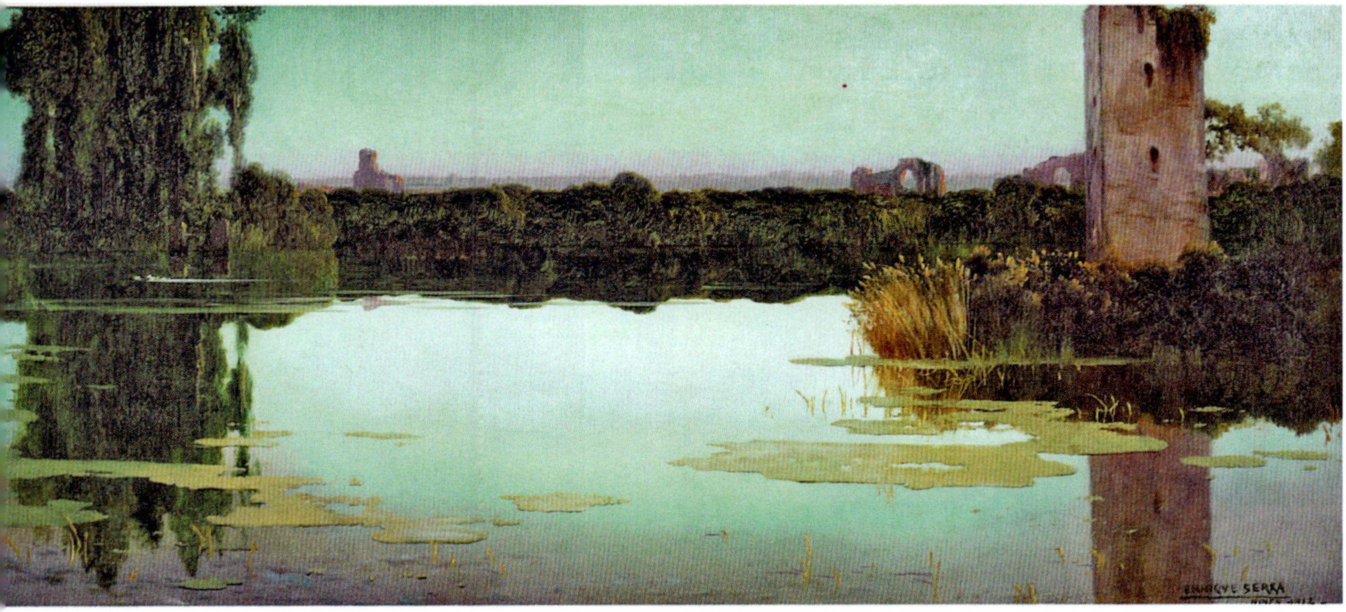

76 Serra, Ninfa, vedi nota 665.

nella palude e ricoperti da fitta vegetazione, davano vita a quell'atmosfera, caratteristica del suo modo di percepire le rovine, che evocava l'idea di una cultura scomparsa. A questi motivi si opponevano raffigurazioni delle aree bonificate e allestite a giardino: così l'artista, oltre al declino, tematizzava anche la rinascita.[667]

La città delle rovine sulle cartoline e nella pubblicità commerciale

Il motivo del lago e del rudere del castello fece la sua prima comparsa in cartolina già prima della Prima guerra mondiale ma rimase predominante nei media per immagini anche successivamente. (fig. 77) Una cartolina con il lago e la torre del castello di Ninfa reca un timbro postale del 6 maggio 1908.[668] La mittente, autrice anche del breve testo sulla cartolina stessa, è Hermine Finck (1872–1932), soprano e maestra di canto di Baden-Baden nonché scrittrice nota anche con il nome di Hermine d'Albert, che aveva visitato la città delle rovine in compagnia del marito. Dal 1895 fino al divorzio, avvenuto nel 1911, fu la terza moglie di Eugen d'Albert (1864–1932) compositore e pianista anglo-elvetico d'origine anglo-francese e allievo di Franz Liszt.[669] Ma siamo a conoscenza del fatto che, oltre ad Hermine Finck, che aveva scattato la foto attorno al 1900, anche altre donne si recavano in visita alla città delle rovine. (fig. 78).[670]

Dopo la Seconda guerra mondiale il soggetto Ninfa viene ripreso da pubblicità commerciali dif-

667 Le opere di Serra dedicate alle paludi pontine sono state esposte anche in zone di lingua tedesca. Kölnische Zeitung, 15/04/1899. Düsseldorfer Volksblatt nr. 124, 9/05/1892. General Anzeiger für Duisburg, Ruhrort und Umgegend, 20, 3/04/1901. Kölner Lokal-Anzeiger, 20/12/1903. Kölnische Zeitung, 14/3/1904.

668 Stadtgeschichtliches Museum Leipzig. Sammlung Autographe Stadtgeschichtliches Museum, A/2401/2010. La cartolina è indirizzata alla contralto Klara Segnitz a Lipsia; sulla cartolina leggiamo "nei pressi di Roma", probabilmente in riferimento alla collocazione di Ninfa. L'immagine mostra tra l'altro la centrale elettrica che, evidentemente, all'epoca era già quasi completa.

669 Su questa ed altre cartoline e rispettive case editrici cfr. il contributo di Almut Goldhahn al presente volume.

670 ÖNB, Wien Bildarchiv L 24.468–B

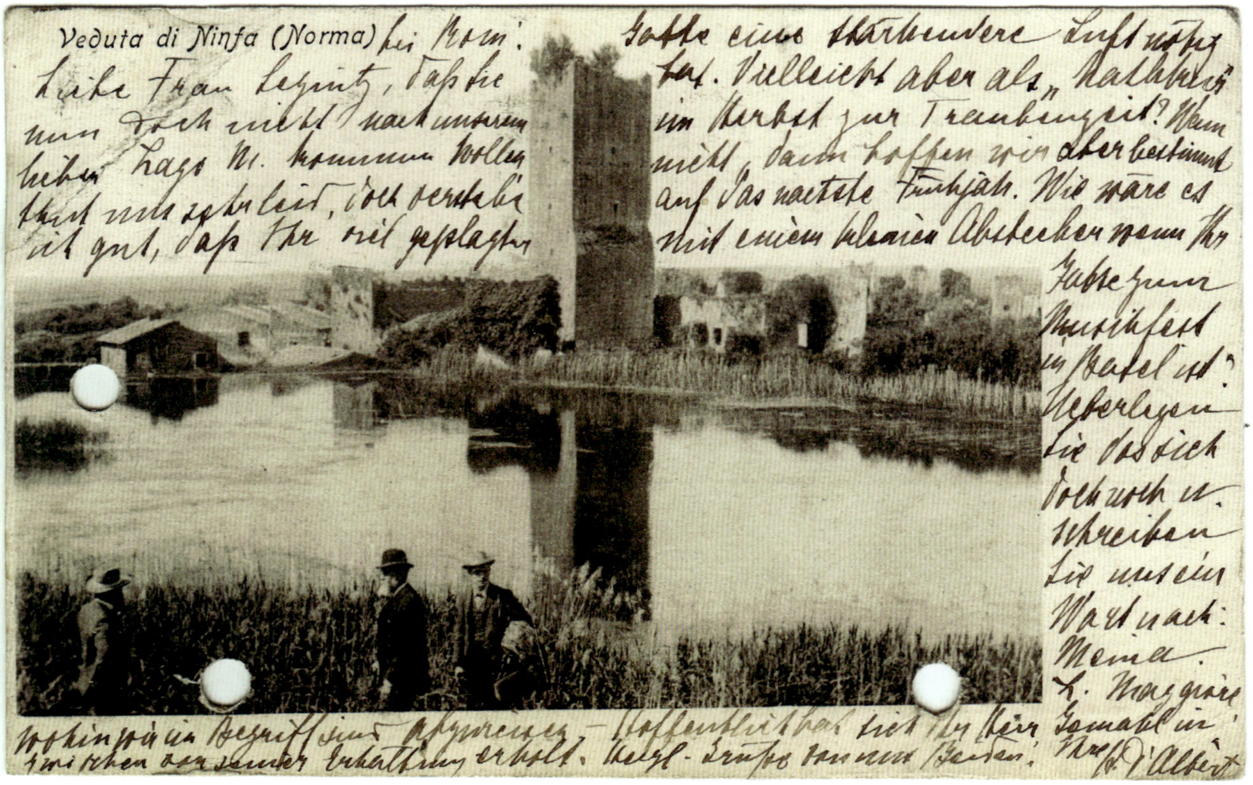

77 Cartolina con il lago e la torre di Ninfa, vedi nota 668.

fuse a livello internazionale. Nell'ambito delle sue raffinate campagne pubblicitarie – ad esempio gli albi che a partire dal 1890 circa raccoglievano sistematicamente diverse serie di fotografie – la Liebig, azienda che dall'Uruguay si dedicava all'esportazione su vasta scala di estratto di carne, arrivando in alcuni periodi a dominare il mercato mondiale, fece propri moltissimi temi e motivi di carattere geografico, naturalistico e storico.[671] Nel 1922/23 la Liebig pubblicò, in versione italiana, franco-belga e tedesca, una serie di sei immagini dal titolo "Località famose della Campagna romana" o anche "La Campagna Romana".[672] (figg. 79 e 80).[673] Richiamandosi al poeta italiano Aleardo Aleardi (1812–1878), la didascalia definisce "sconsolate" le "venefiche paludi pontine, famose in tutto il mondo." Unici esseri viventi nel paesaggio paludoso sono gli aironi e i cinghiali selvatici: evidentemente, si riteneva che per il pubblico tedesco e francese due "cinghiali che fanno il bagno nel canneto" fossero elementi iconografici più adatti degli altrimenti consueti bufali d'acqua. Un sole rosso fiammante tinge il cielo che sovrasta un argenteo specchio d'acqua; in alcuni punti ne emerge un fitto canneto. La città in rovina fa capolino soltanto nell'angolo destro dell'immagine, dove svetta la torre del castello. Ad una certa distanza dalla torre l'artista ha collocato un edificio più grande che poteva ricordare un rifugio alpino. Il paesaggio non

671 Sull'azienda Liebig cfr. Teuteberg, 1990. Finlay, 1995.
672 Sulle serie fotografiche cfr. Sanguinetti, 1990, p. 232, nr. 1136, p. 355, 370. Jussen, 2008. Sul fronte versione italiana cfr. Trabucco, 2019, p. 83, che non menziona le versioni tedesca e francese.
673 Fronte versione francese e retro versione italiana. Proprietà privata.

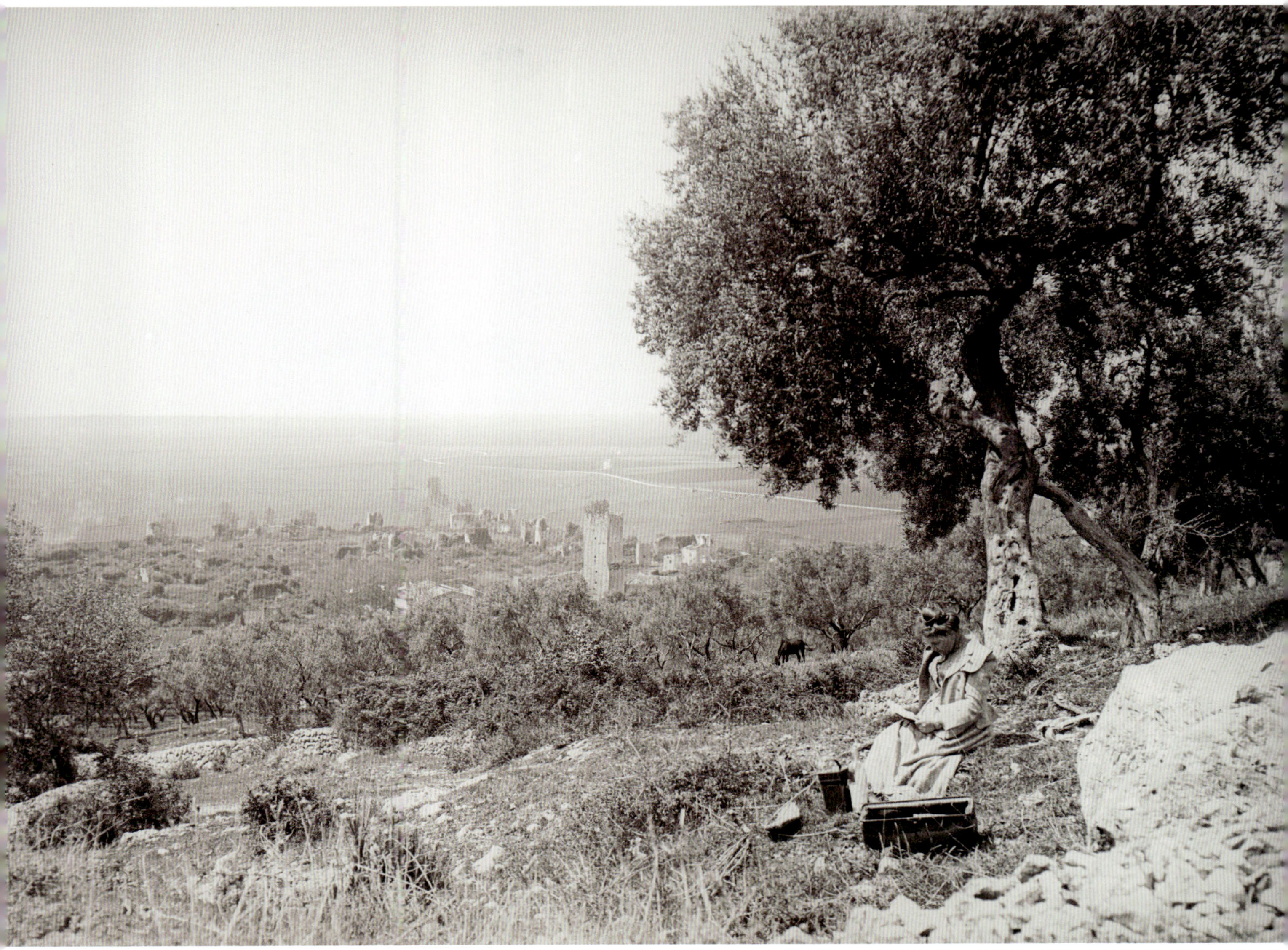

78 Foto di Ninfa, vedi nota 670.

appare né sconsolato né pericoloso: è probabile che l'ignoto artista si conformasse a commesse e aspettative del pubblico. "Eppure questo regno della febbre fa, alla fantasia degli artisti che vi si recano in pellegrinaggio, un'impressione incantevole e suggestiva." (fig. 81)[674] La strategia della Liebig fu imitata da altre aziende, tra cui la Olleschau, azienda con sede principale a Praga che dal XIX secolo produceva carta sottile e in particolare cartine da sigarette. La Olleschau pubblicò una raccolta di immagini a colori e vi incluse quelle della città delle rovine con tanto di brevi didascalie contenenti informazioni sulle paludi.[675] (fig. 82)[676]

674 Sammelbild Olleschau: Ninfa, fronte, proprietà privata.
675 Die Sehenswürdigkeiten der Erde, 1933.
676 Sammelbild Olleschau, Ninfa, retro, proprietà privata.

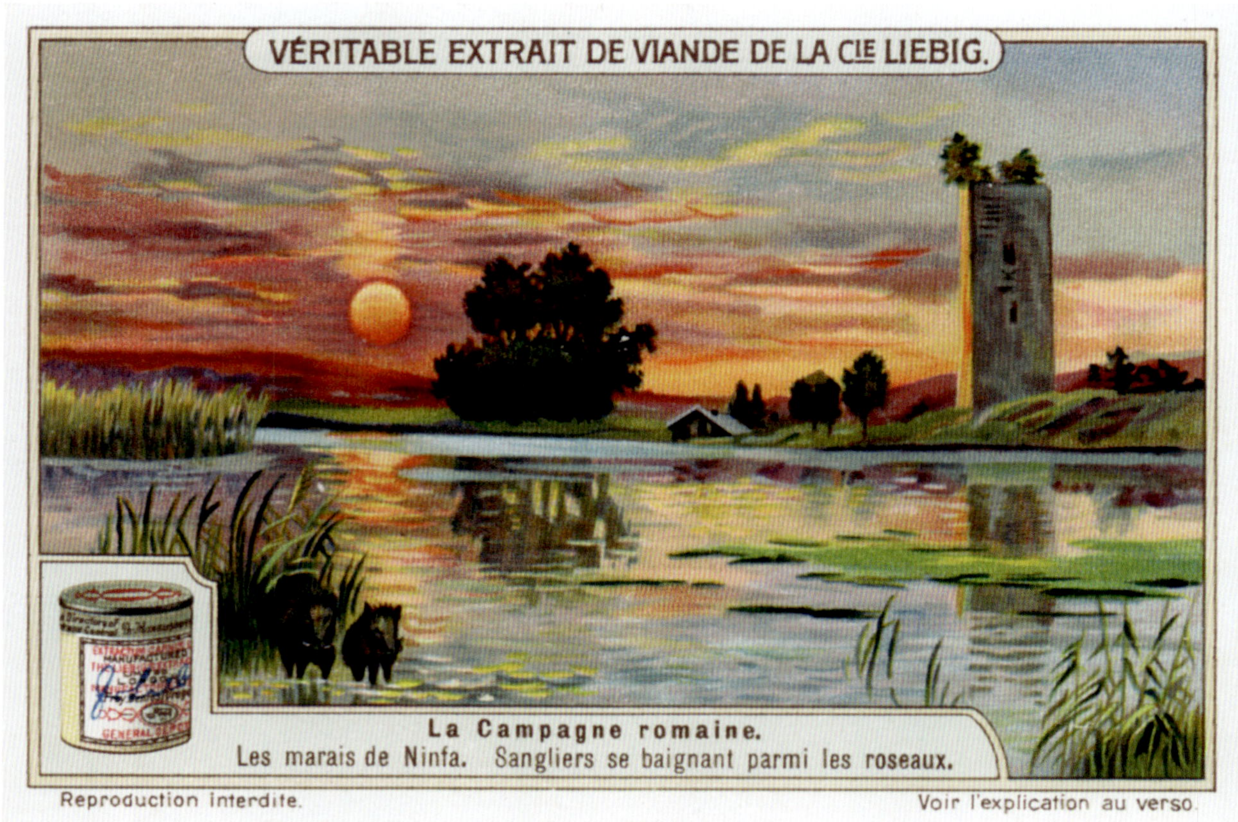

79 Liebig, Ninfa, vedi nota 673.

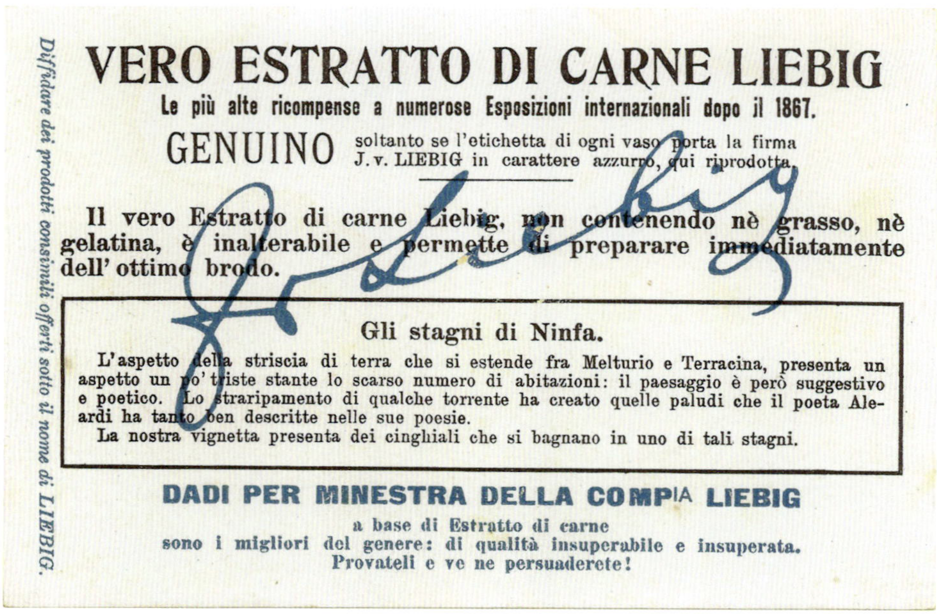

VERO ESTRATTO DI CARNE LIEBIG

Le più alte ricompense a numerose Esposizioni internazionali dopo il 1867.

GENUINO soltanto se l'etichetta di ogni vaso porta la firma J. v. LIEBIG in carattere azzurro, qui riprodotta.

Il vero Estratto di carne Liebig, non contenendo nè grasso, nè gelatina, è inalterabile e permette di preparare immediatamente dell' ottimo brodo.

Gli stagni di Ninfa.

L'aspetto della striscia di terra che si estende fra Melturio e Terracina, presenta un aspetto un po' triste stante lo scarso numero di abitazioni: il paesaggio è però suggestivo e poetico. Lo straripamento di qualche torrente ha creato quelle paludi che il poeta Aleardi ha tanto ben descritte nelle sue poesie.

La nostra vignetta presenta dei cinghiali che si bagnano in uno di tali stagni.

DADI PER MINESTRA DELLA COMPIA LIEBIG

a base di Estratto di carne sono i migliori del genere: di qualità insuperabile e insuperata. Provateli e ve ne persuaderete!

Diffidare dei prodotti consimili offerti sotto il nome di LIEBIG.

80 Liebig, Ninfa, vedi nota 673.

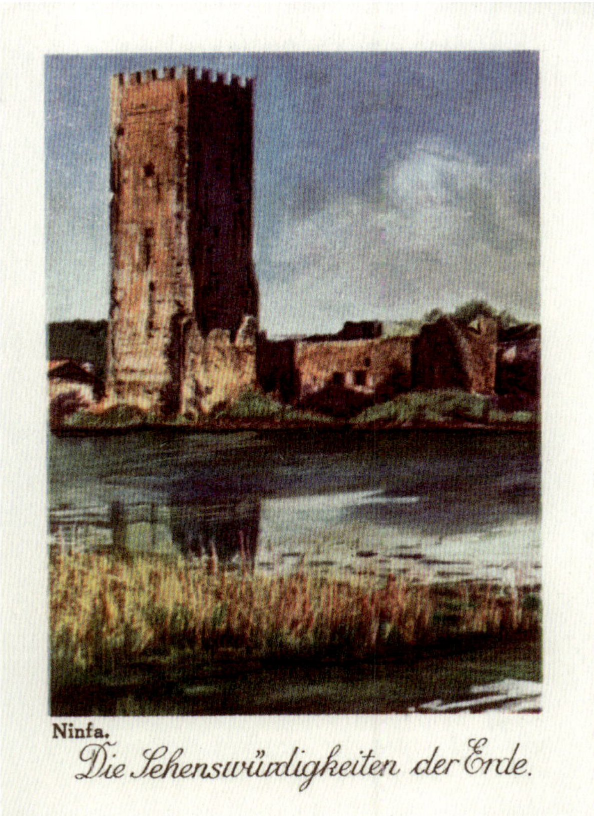

81 Olleschau, Ninfa, fronte, vedi nota 674.

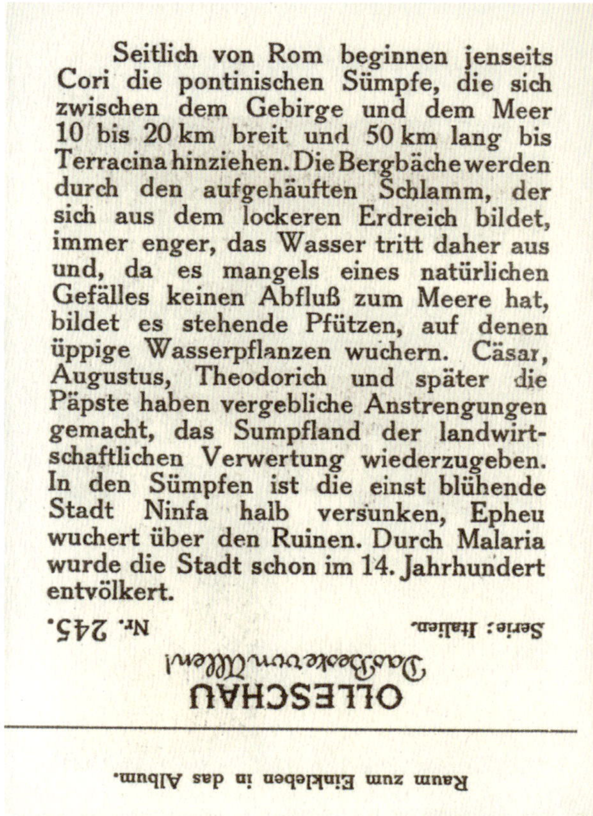

Seitlich von Rom beginnen jenseits Cori die pontinischen Sümpfe, die sich zwischen dem Gebirge und dem Meer 10 bis 20 km breit und 50 km lang bis Terracina hinziehen. Die Bergbäche werden durch den aufgehäuften Schlamm, der sich aus dem lockeren Erdreich bildet, immer enger, das Wasser tritt daher aus und, da es mangels eines natürlichen Gefälles keinen Abfluß zum Meere hat, bildet es stehende Pfützen, auf denen üppige Wasserpflanzen wuchern. Cäsar, Augustus, Theodorich und später die Päpste haben vergebliche Anstrengungen gemacht, das Sumpfland der landwirtschaftlichen Verwertung wiederzugeben. In den Sümpfen ist die einst blühende Stadt Ninfa halb versunken, Epheu wuchert über den Ruinen. Durch Malaria wurde die Stadt schon im 14. Jahrhundert entvölkert.

Nr. 245. Serie: Italien.

Das Beste von Allem

OLLESCHAU

Raum zum Einkleben in das Album.

82 Olleschau, Ninfa, retro, vedi nota 676.

Prospettive

Allo scoppio della Seconda guerra mondiale, Ninfa si era ormai affermata sia in quanto anelata meta romantica, sia in quanto oggetto di ricerca scientifica. Con la costruzione della centrale elettrica, ultimata nel 1908, si erano avute significative trasformazioni nell'architettura delle rovine nonché nella fauna e nella flora, mentre le attività di bonifica su vasta scala degli anni venti e trenta del Novecento – atte a dimostrare efficienza e potenza del sistema fascista – crearono le condizioni perché nella zona potessero vivere migliaia di immigrati, provenienti soprattutto dalle popolose regioni del Norditalia.[677] Al contempo però la bonifica segnò la fine delle tradizionali forme di economia della palude e della possibilità di proiettare su quel luogo fantasie ambivalenti. Scomparvero i miasmi febbrili con il loro portato di morte e distruzione, scomparvero i fiori coloratissimi che in alcune stagioni ricoprivano le paludi come un tappeto e scomparvero i maestosi bufali con il loro fascino di macchine da lavoro ed emblemi di una forma di vita e di un sistema economico arcaico. Di conseguenza scomparvero anche i presupposti per

677 Una selezione: Skoneczny, 1983. Spiegel, 2009, 2010. Capotti, 2007. Proprio la bonifica delle paludi pontine e la battaglia del grano consentirono al regime fascista di mettere in scena sui mass media la sua "lotta" per il pane e per la terra fornendo anche così una legittimazione alla conquista dell'Abissinia. Caprotti, Kaïka, 2008. Sull'immigrazione soprattutto dal Veneto (50 percento dei migranti) nelle paludi Pontine bonificate cfr. Gaspari, 1985. 2016. In prospettiva comparativa: Uekötter, 2020, p. 487ss.

gli idilliaci dipinti delle paludi di un Enrique Serra y Auque (1859–1918), (fig. 76) di un Nicolau (Nicolás) Raurich Petre (1871–1945) (fig. 83),[678] di un Giacomo Varese (1815–1892) e quelli dell'immaginario relativo alla palude di un Georg Kolbe. (fig. 84).[679]

Con le trasformazioni che la famiglia Caetani avviò nella città delle rovine e con la creazione del Giardino di Ninfa si svilupparono nuove interazioni tra il paesaggio di rovine e la vegetazione adesso curata; sorse così un sito idilliaco, incantato e finalmente libero dalla malaria che per secoli lo aveva infestato. Almeno in parte i giardini furono progettati tenendo conto dell'entusiasmo suscitato a partire dal XVIII secolo dall'inserimento di rovine nei giardini all'inglese. Ciononostante l'unicum rappresentato dall'interazione tra città delle rovine, vegetazione e fauna del luogo scomparve con gli interventi del XX secolo. Per i visitatori che non siano preda di stereotipi tradizionali divenne sempre più difficile immaginare Ninfa come "città dell'edera" e "castello della Bella Addormentata nel Bosco".[680] Tuttavia i modelli percettivi, ben radicati, attraverso i quali era filtrata l'esperienza del castello e delle rovine sul lago, continuarono ad essere trasmessi, con testi ed immagini, anche oltre la Prima guerra mondiale e la creazione dei giardini.[681] Eufemia von Adlersfeld-Ballestrem (1854–1941), autrice di bestseller – gialli e popolari romanzi d'amore e per famiglie – nata a Ratibor in Slesia, pubblicò il suo romanzo "Ave" nel 1917.[682] Negli anni ottanta dell'Ottocento, von Adlersfeld-Ballestrem aveva viaggiato per l'Italia in compagnia della madre, mentre dopo il 1907 trascorse un lungo periodo a Roma, dove venne ammessa all'Accademia dell'Arcadia.[683] I protagonisti del suo romanzo visitano Ninfa, "città turrita", in automobile: dal "castello della Bella Addormentata nel Bosco ... la poesia tesse un'incantevole tela di fiori e piante altrove impossibile."[684] Ristampato più volte (fino al 1955) "Ave" catturò l'attenzione di lettrici e lettori anche per merito della pubblicazione di un estratto sul quotidiano viennese "Die Neue Zeitung".[685] Nel 1924 Johann(es) Triebl, prete cattolico, pedagogista e pubblicista nato a Oberndorf bei Raabs in Bassa Austria, che per la sua opposizione al regime del terrore nazionalsocialista perse il lavoro presso quello che attualmente è il liceo Schiller di St. Pölten (Bassa Austria), continuava a definire Ninfa "città morta," "città incantata, "Vineta ricoperta di fiori," "Pompei cristiana" e "gigantesco monumento romantico al medioevo."[686] Nel 1939 Gustav Wilhelm Eberlein (1888–1976), drammaturgo, poeta e giornalista, scrisse anche lui da Ninfa e su Ninfa: "(...) Una Bella Addormentata che dorme senza potersi svegliare, una città morta, sommersa, dimenticata. In una sola parola: Ninfa."[687]

Quanto la trasmissione di alcuni motivi iconografici canonici sia stata tenace lo dimostrano le già citate immagini da collezione a colori delle aziende Liebig e Olleschau, ma anche i popolarissimi libri fotografici, ai quali possiamo dedicare soltanto poco

---

678 Saure, Raurich Petre, 2009. Il dipinto ad olio su tela riportato è intitolato "Ruinas De Ninfa.". Del 1896 (148.5 x 199 cm), è firmato dal pittore catalano Nicolaus Raurich Y Petre. Questo dipinto o un dipinto analogo fu acquistato all'epoca dal capo di governo Antonio Cánovas del Castillo, 25/10/2017, Barcellona, n. 1468.

679 Georg Kolbe, Nudo femminile, paludi Pontine. Acquerello, 1899, ca. 51,0 x 33,0 cm. In basso a sinistra sono riportati data e sigla: "Gg. K. 99 Rom,“ collezione A. Mewes, Lipsia. Sull'artista cfr.: Kolbe, AKL. Brunner, Kolbe, AKL. Più in generale si veda: Mammucari, 1991. Mammucari, Langella, 1999.

680 Cfr. invece: "If Gregorovius returned today he would find his 'green kingdom of spirits' as lush and mysterious as ever." Woodward, 2001, p. 81.

681 Una selezione: Frothingham, 1908, 1925, p. 131, 372s., con una foto: "Ninfa, Ruins of the Medieval Town and Monasteries." Gilbert Bagnani italo-canadese, archeologo e storico dell'antichità, parlava, con un certo distacco, di Ninfa come "the mediaeval Pompei, as ist was called with some exageration by Gregorovius." Bagnani, 1929, p. 93. Orientandosi con la descrizione di Ninfa di Gregorovius e utilizzando citazioni, Schmid, 1944 parla di Ninfa come "affascinante fiaba". Anche Macaulay, 1953, p. 299, con riferimento esplicito a Gregorovius.

682 von Adlersfeld-Ballestrem, 1917. Ristampa del 1922, 1930. Rosenheim 1955. Sul romanzo, "una caricatura del classico principe azzurro,“ cfr. Bonter, 2005, p. 166s.

683 Bonter, 2005, p. 115ss. Rottensteiner, 2013.

684 von Adlersfeld-Ballestrem, (1917) 1955, p. 139.

685 Su Ninfa cfr. "Die Neue Zeitung,“ 17 marzo 1922, p. 6.

686 Triebl, 1924.

687 Eberlein, 1939.

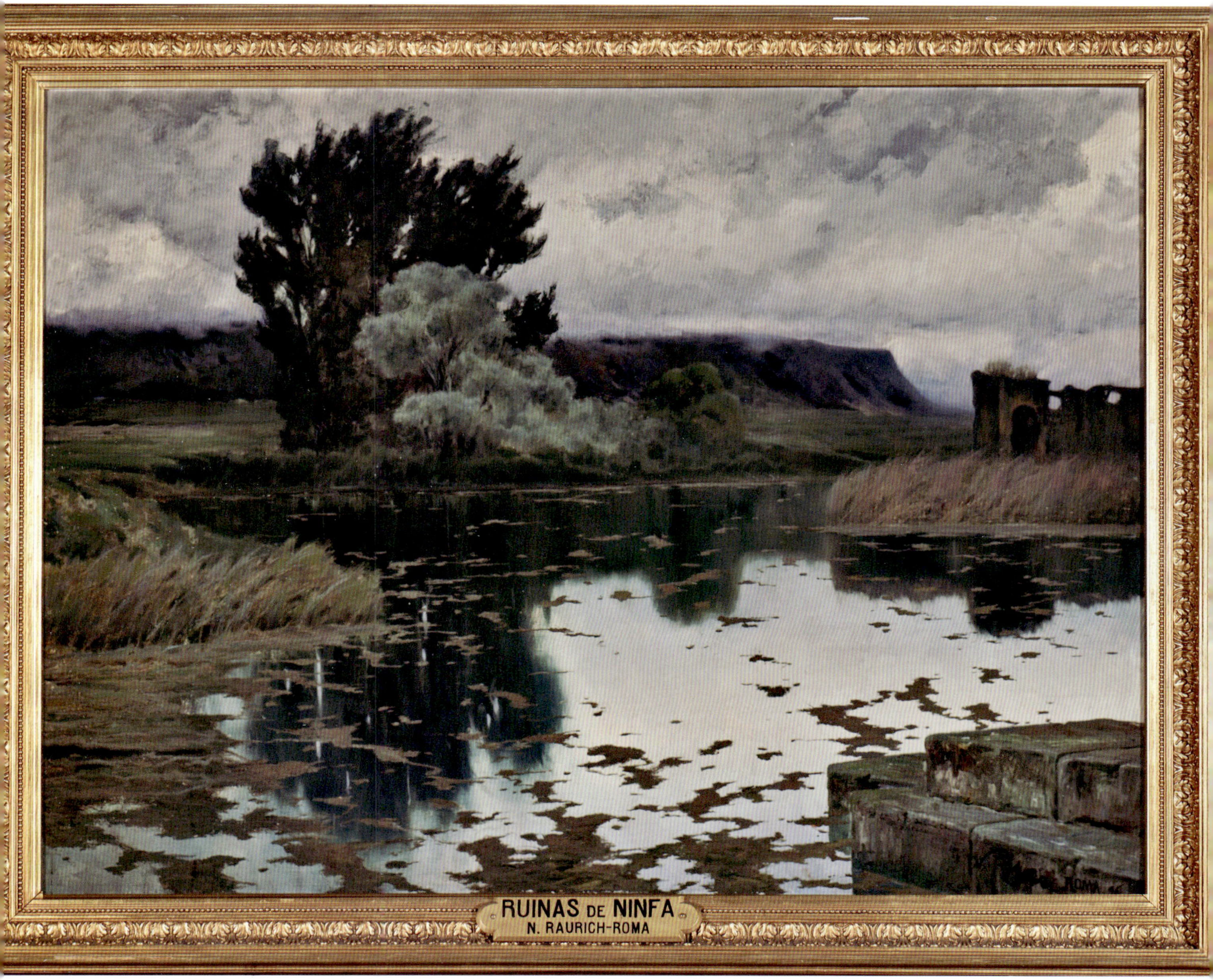

83 Raurich Petre, *"Ruinas De Ninfa"*, vedi nota 678.

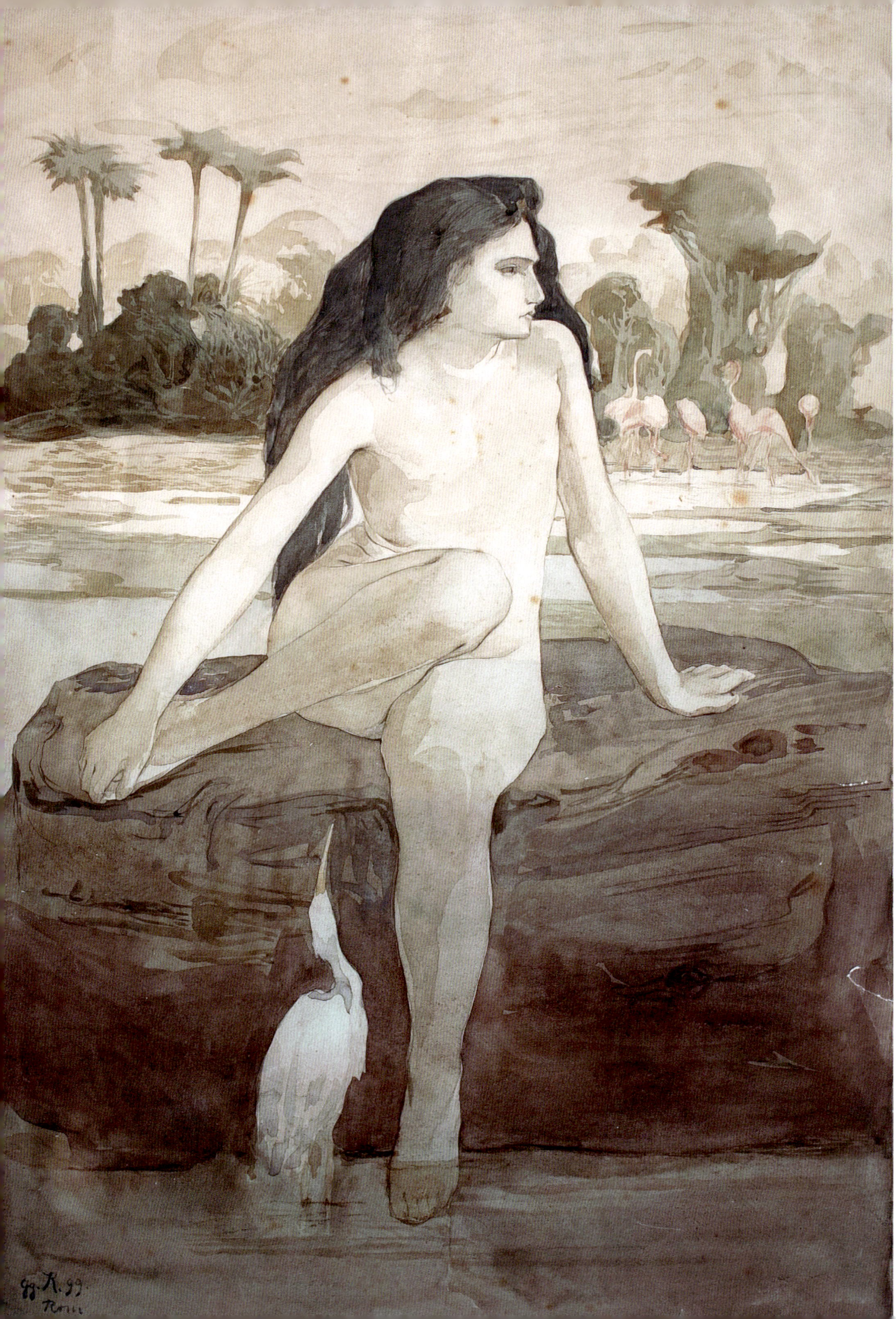

spazio, di Kurt Hielscher (1881–1948), uno dei maggiori protagonisti del genere dei libri di viaggio illustrati nel periodo tra le due guerre.[688] Durante un "viaggio di lavoro" di un anno nel 1924, Hielscher realizzò oltre 4200 scatti[689] che assieme a quelli risalenti ad altri suoi viaggi alla scoperta dell'Italia gli consentirono di pubblicare, dal 1925 in poi, tre volumi illustrati ristampati più volte dedicati all'Italia in generale e a Roma in particolare.[690] Le quattro fotografie di Ninfa con didascalie in italiano, francese, tedesco, inglese e spagnolo perpetuano un modello tradizionale: il romanticismo idilliaco delle rovine. Grazie all'utilizzo consapevole della rotocalcografia con i suoi suggestivi e caratterizzanti chiaroscuri, in questi come in altri volumi Hielscher riuscì a rispondere al "gusto e ai desideri di un vasto pubblico."[691] (fig. 85–88)

Concludiamo con un interrogativo: al di là di stereotipi nati nel XIX secolo e sopravvissuti ben oltre, Ninfa è diventata davvero un "ben curato parco suburbano", come temeva Aldous Huxley? In "Gepflegte Wildnis" (Una ben curata natura selvaggia) breve componimento del 1954, la scrittrice Marie Luise Kaschnitz (1901–1974) richiamava esplicitamente la descrizione suggestiva, ma a parer suo "un po' sdolcinata" che della città delle rovine fece Gregrovius, ma al contempo ne sottolineava aspetti nuovi e capaci di rendere giustizia alle trasformazioni subìte dal complesso di Ninfa: "Adesso le zanzare sono state sterminate e la campagna bonificata; oltre le mura cittadine crescono le pesche, mentre dentro le mura il decadimento è sospeso: bella transitorietà anziché caos, silenziosa minaccia, selvaggia rapina della natura." Per questa poetessa e scrittrice, Ninfa era "un paradiso del XX secolo, che mescola fedeltà alle origini e un'altissima arte paesaggistica, abbandono e cura minuziosa."[692] Anche oggi il sito mantiene la sua unicità d'insieme di rovine, flora e fauna costantemente bisognoso di essere curato e al contempo allestito con sensibilità ed attenzione.

Da tempo questo nuovo Gesamtkunstwerk, in via d'allestimento sin dagli anni 20 del Novecento, con le sue accurate composizioni di rovine e piante, ispira anche artisti contemporanei di fama internazionale, come ad esempio Christoph Brech. (fig. 89) Ninfa, né in passato né oggi, è mai stata una tappa obbligata ed iconica per le masse di turisti che visitano Roma e l'Italia; di certo lo si deve anche alla famiglia Caetani e queste dovrebbero essere anche le intenzioni della fondazione Roffredo Caetani.[693]

84 Kolbe, Acquarello, 1899, vedi nota 679.

688 Jaeger, 2014, apprezza i volumi dal punto di vista della storia della fotografia. Ne parla invece come di "album fotografici privi di aspirazioni artistiche" Schieder, 2013, p. 113.

689 Altri 5000 scatti Hilscher li realizzò durante un viaggio in Italia di quattro mesi nel 1938, durante il quale fu ricevuto da Mussolini in persona che "mi garantì il più vasto sostegno da parte del governo italiano per il completamento del mio lavoro." Hielscher, Unbekanntes Italien, 1939, p. VIIs. Questo volume, pubblicato per la prima volta nel 1939 (con due foto di Ninfa, p. 146, 149) fu dedicato a "Benito Mussolini, con reverenza"." Su Hielscher e Mussolini cfr. Schieder, 2013, p. 101, 113s, 371, 373.

690 Hielscher, Italien, 1925 (con due fotografie di Ninfa, p. 167, 168). Fino al 1939 di questo volume erano state vendute 60 000 copie. Il libro uscì anche presso editori inglesi, francesi, italiani e americani. Hielscher, Die ewige Stadt, 1925. Hielscher, Unbekanntes Italien, 1939. Jaeger, 2014, p. 200s.

691 Jaeger, 2014, p. 195s., 212.

692 Kaschnitz, 1955, p. 232ss. cfr. Larcati, 2016, p. 40.

693 Le fig. 89 e p. 349 sono due lavori fotografici di Christoph Brech tratti da un libro in via di pubblicazione. Per la traduzione del testo ringrazio Anna Maria Voci e Susanna Kàràsz. Per riferimenti e consigli oltre ad autrici e autori del presente volume ringrazio soprattutto Anna Maria Voci e Gabriele Turban-Lang, inoltre Tommaso Agnoni, Trudi Aeschlimann, Massimo Amodio, Klaus Bergdolt, Michaela Böhringer, Valeria Capobianco, Lukas Clemens, Pier Andrea De Rosa, Caterina Fiorani, Regina Freyberger, Christina Gallo, Silke Geiring, Kate e Andreas Gestrich, Stefan Hörter, Thomas Hofmann, Rudolf Hüls, Tomas Kaiser, Lutz Klinkhammer, Monika Kruse, Richard Lanskoy, Giuseppe Lattanzi, Uwe Leyendecker, Lauro Marchetti, Ricarda Matheus, Helmuth Mojem, Matthias Müller, Angelika Müller-Scherf, Claudia Nordhoff, Gabriele Panizzi, Peter Prange, Katja Richter, Carolin Schäfer, Gudrun Scholler, Marcello Soffritti, Pier Giacomo Sottoriva, Anke e Kai Sprenger, Hanna Sophie Stegemann, Fanny Stoye e Vanessa Wolf.

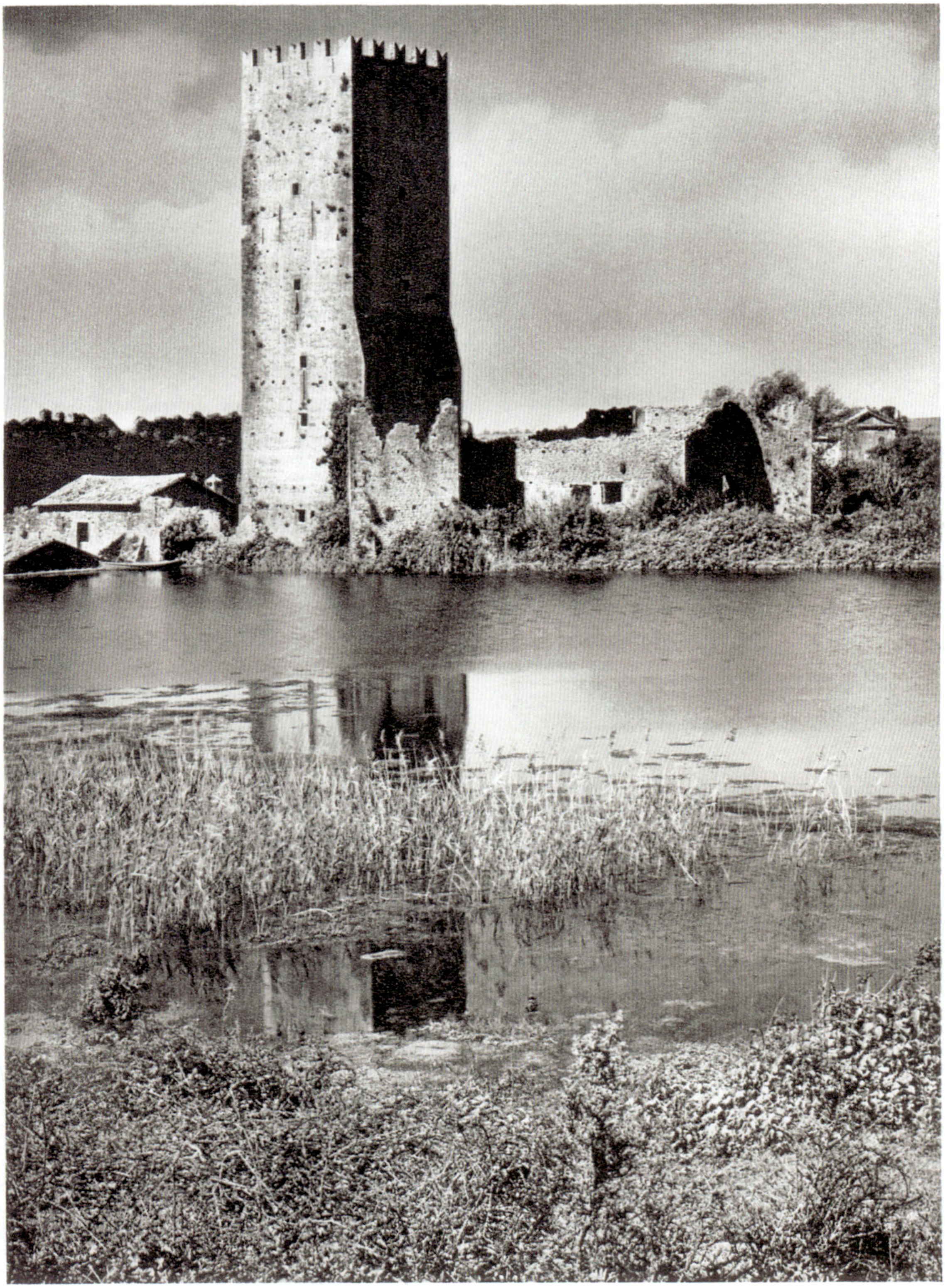

Ninfa

85 Hilscher, foto, vedi nota 689, 690.

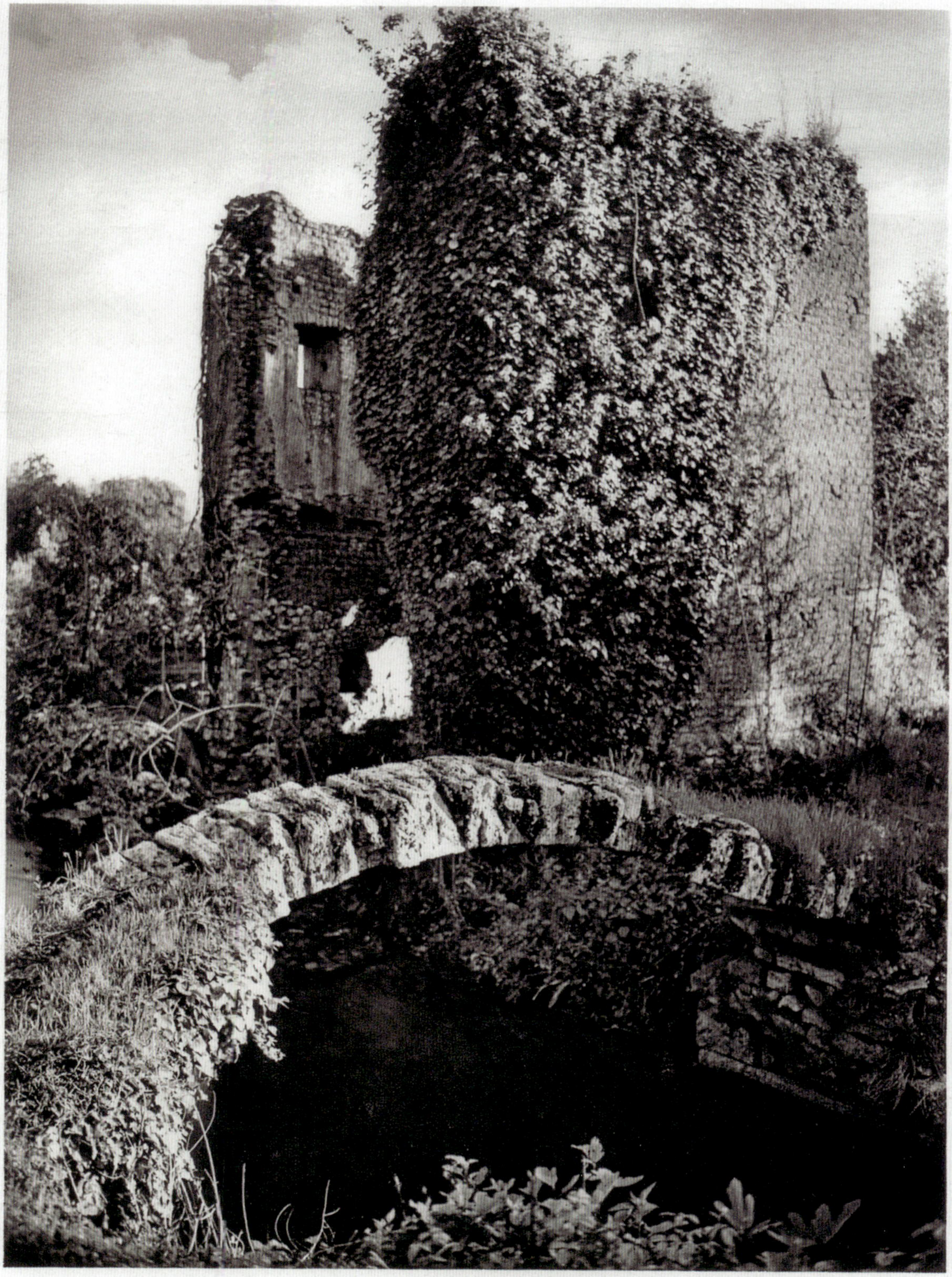

Ninfa

86 Hilscher, foto, vedi nota 689, 690.

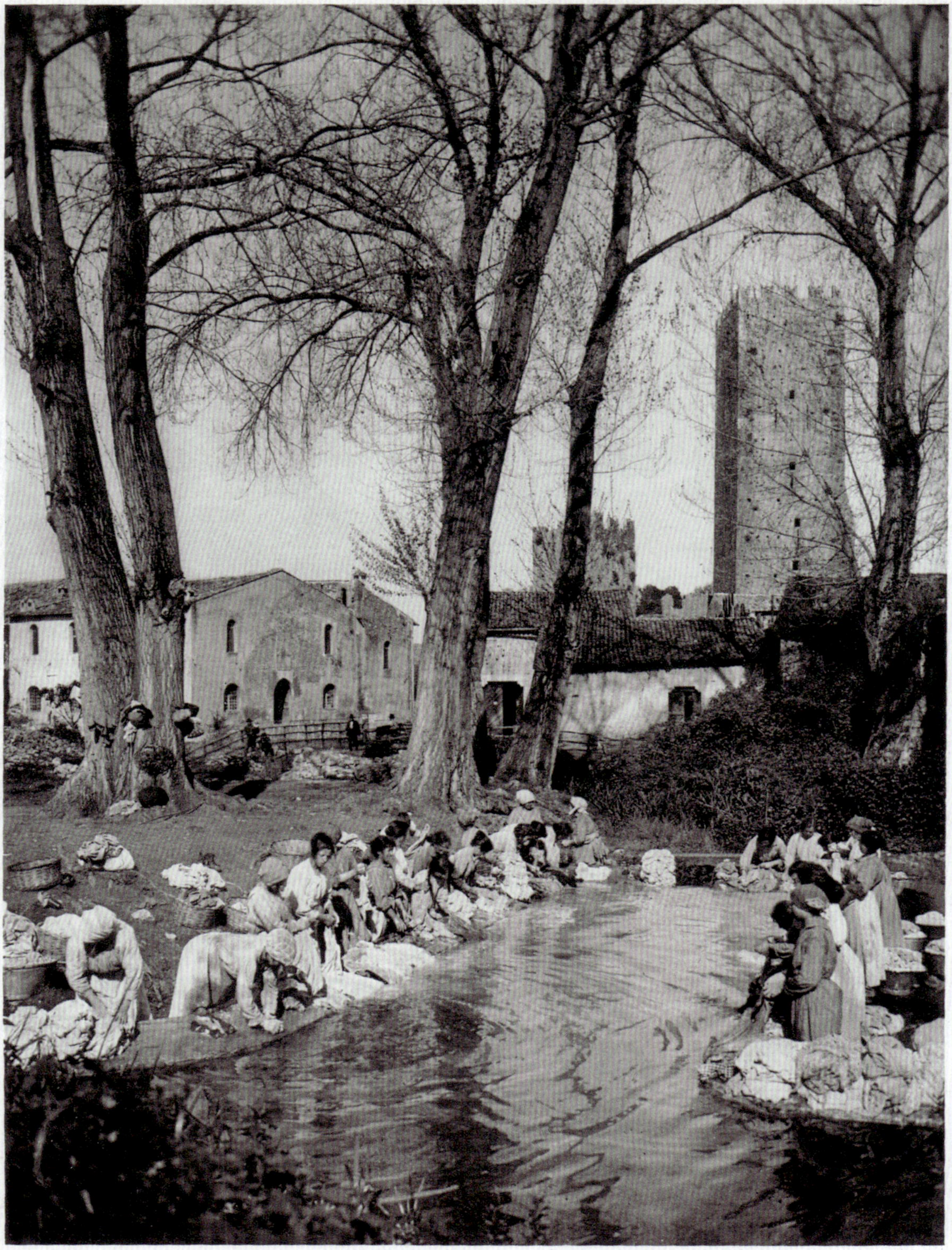

Lavandaie
Lavandières

Ninfa
Wäscherinnen

Washerwomen
Lavanderas

87 Hilscher, foto, vedi nota 689, 690.

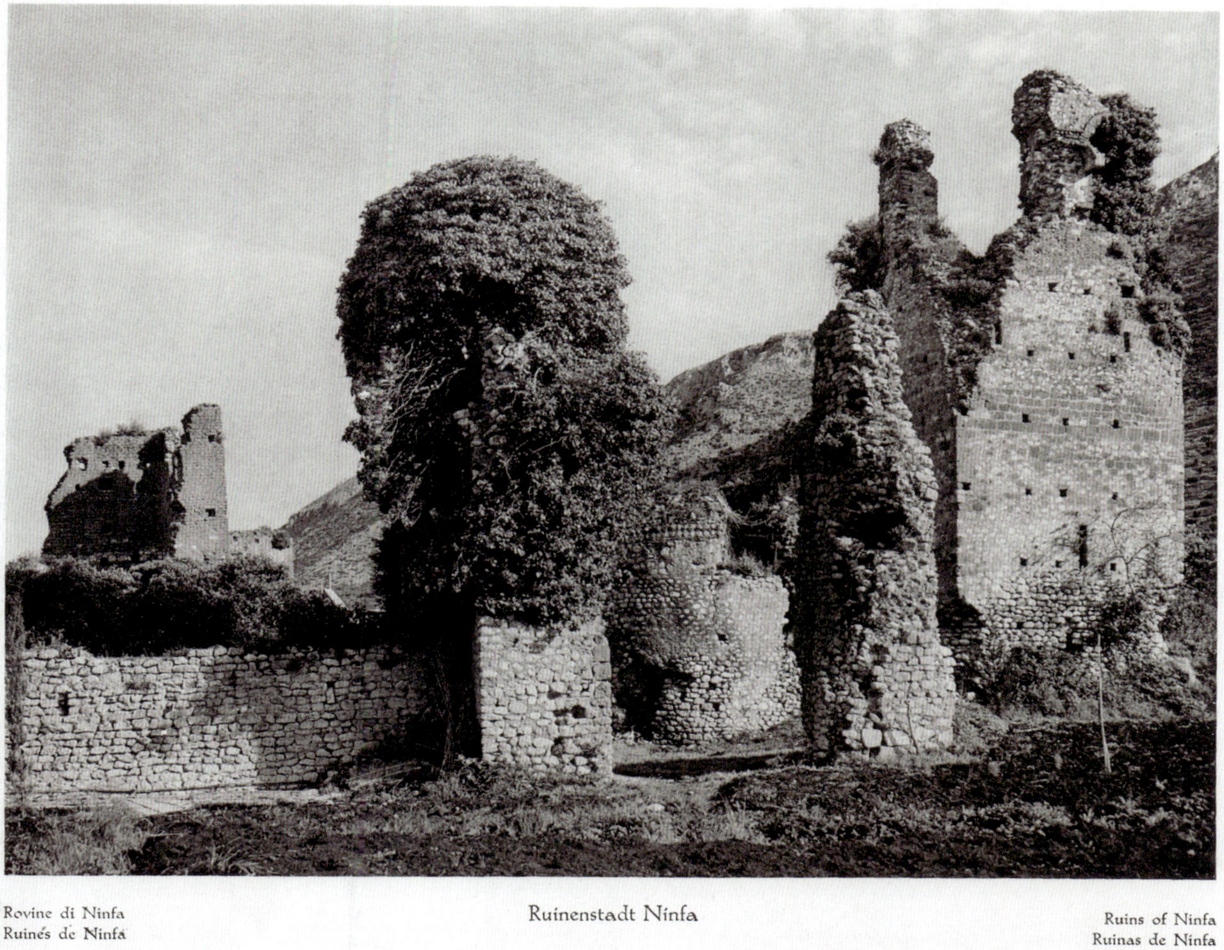

88 Hilscher, foto, vedi nota 689, 690.

89 Brech, Ninfa, Salici rossi, 2010, vedi nota 693. © VG Bild-Kunst

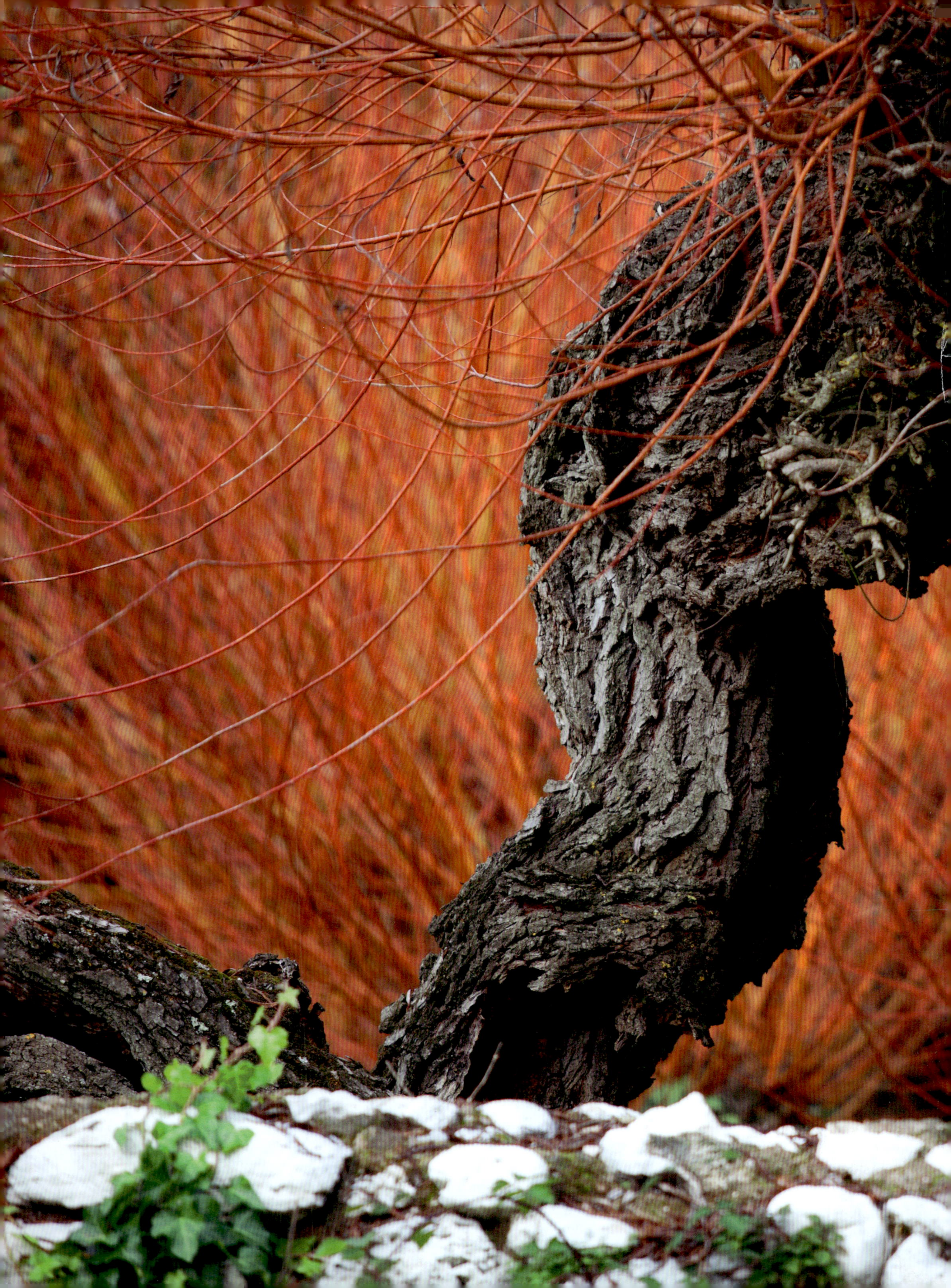

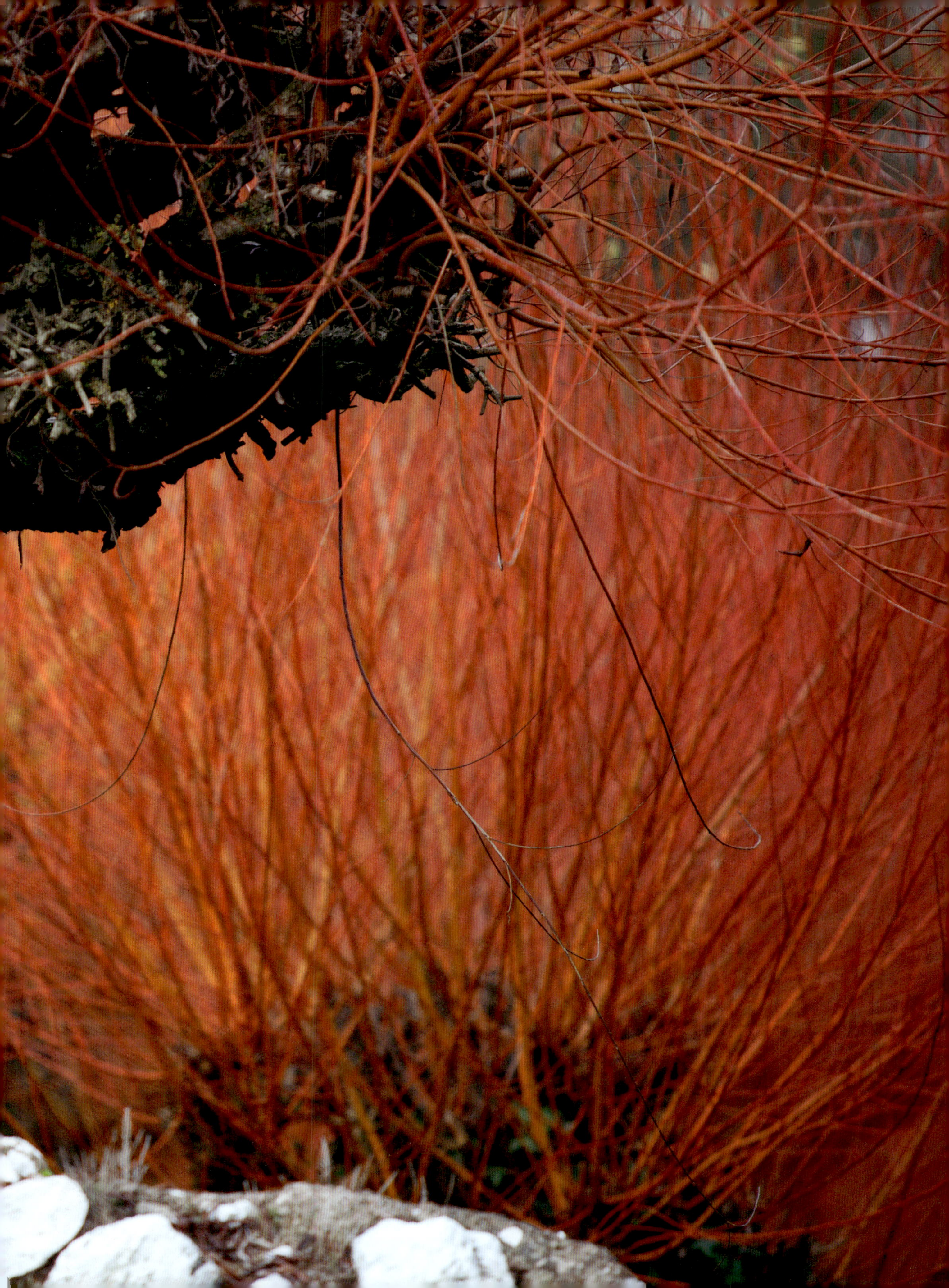

Abbreviazioni

AC	Archivio Caetani
ADB	Allgemeine Deutsche Biographie (Biografia tedesca generale)
AKL	Allgemeines Künstlerlexikon – Internationale Künstlerdatenbank (Dizionario generale degli artisti) – Online: Allgemeines Künstlerlexikon Online / Artists of the World Online, a cura di Andreas Beyer, Bénédicte Savoy, Wolf Tegethoff, Berlino, New York 2009. https://doi.org/10.1515/AKL
ASR	Archivio di Stato di Roma
BBKL	Biographisch-Bibliographisches Kirchenlexikon (Dizionario biografico-bibliografico della Chiesa)
DBI	Dizionario Biografico degli Italiani
DAI	Deutsches Archäologisches Institut in Rom (Istituto archeologico germanico di Roma)
DHI	Deutsches Historisches Institut in Rom (Istituto storico germanico di Roma)
DLA	Marbach Deutsches Literaturarchiv Marbach (Archivio letterario tedesco di Marbach)
GSA	Goethe- und Schiller-Archiv Weimar (Archivio di Goethe e Schiller di Weimar)
HStAS	Hauptstaatsarchiv Stuttgart (Archivio statale centrale di Stoccarda)
NDB	Neue Deutsche Biographie (Nuova biografia tedesca)
ÖBL	Österreichisches Biographisches Lexikon 1815–1950 (Dizionario biografico austriaco1815–1950)
ÖNB	Österreichische Nationalbibliothek (Biblioteca nazionale austriaca)
UniA GÖ	Universitätsarchiv Göttingen (Archivio universitario di Gottinga)
UniA MR	Universitätsarchiv Marburg (Archivio universitario di Marburgo)
SMB-ZA	Zentralarchiv der Staatlichen Museen zu Berlin (Archivio centrale dei musei statali di Berlino)

Bibliografia

Wilhelm Abeken, *Mittelitalien vor den Zeiten römischer Herrschaft nach seinen Denkmalen dargestellt,* Stuttgart 1843.

Agnes E. Addison, *Romanticism and the Gothic Revival,* New York 1967.

Georg Christian Adler, *Nachricht von den Pomtinischen* Sümpfen und deren Austrocknung. Mit einer genauen Charte derselben, Hamburg 1783.

Eufemia von Adlersfeld-Ballestrem, *»Ave.« Roman,* Dresden 1917; rist.: 1922, 1928, 1930; Rosenheim 1955.

Hamilton Aidé, in: AKL https://www.degruyter.com/database/AKL/entry/_10090525/html (consultato il 5. 1. 2022).

Maurizia Alippi Cappelletti, *Grassi, Giovanni Battista,* in: DBI, 58, 2002. https://www.treccani.it/enciclopedia/giovanni-battista-grassi_(Dizionario-Biografico)/

Hermann Allmers, *Römische Schlendertage. Mit einem Titelbild in Holzschnitt nach einer Zeichnung des Verfassers,* Oldenburg 1869.

Analisi storico-topografico-antiquaria della carta de' dintorni di Roma secondo le osservazione di Sir William Gell e del professore Antonio Nibby, Roma 1837; [2]1848.

Leo Andergassen, *"Santo subito." Spätmittelalterliche Kanonisationspropaganda am Beispiel des Papstes Urbans V. (1362–1370) in Italien,* in: Werner Telesko-Leo Andergassen (a cura di), *Iconographia christiana. Festschrift für Pater Gregor Martin Lechner OSB zum 65. Geburtstag,* Regensburg 2005, pp. 103–123.

Gabriele Annibale, *Reminiscenze medievali di Norma e Ninfa,* in: Renato Lefevre (a cura di), *Fatti e figure del Lazio medievale,* Roma 1978.

Chiara Antonelli, *Fotografie di Ninfa (1905–1980),* in: Luigi Fiorani (a cura di), *Ninfa. Una città, un giardino. Atti del Colloquio della Fondazione Camillo Caetani.* Roma, Sermoneta, Ninfa, 7–9 ottobre 1988, Roma 1990 (Pubblicazioni della Fondazione Camillo Caetani. Studi e documenti d'archivio 2), pp. 383–384.

Henry H. Armstrong, *Privernum I, II, III. Roman Remains in the Territory of the Roman Colony,* in: "American Journal of Archaeology" 15 (1911), pp. 44–59, 170–194, 386–403.

Luca Attenni, *John I. Middleton, un viaggiatore alla scoperta delle città pelasgiche del Lazio meridionale,* in: "Forma Urbis", a. XXIV, fasc.10-11-12 (ottobre-novembre-dicembre 2019), pp. 5–12.

Atti del Congresso Internazionale di Scienze Storiche (Roma, 1–9 aprile 1903), vol. 1, Roma 1907.

Andrea Augenti, *Archeologia dell'Italia medievale,* Roma 2016.

Achim Aurnhammer, *Goethes "Italienische Reise" im Kontext der deutschen Italienreisen,* in: "Goethe-Jahrbuch" 120 (2003), pp. 72–86.

Karl Baedeker, *Italien. Handbuch für Reisende.* Zweiter Theil: Mittel-Italien und Rom, Coblenz 1866; 8a edizione 1886. (Hinrichsen, 1991: D 382).

Karl Baedeker, *Italien. Handbuch für Reisende.* Zweiter Theil: Mittel-Italien und Rom Coblenz 1866; 14a edizione 1908. ((Hinrichsen, 1991: D 388).

Gilbert Bagnani, *The Roman Campagna and its Treasures*, London 1929.

Richard Bagot, *My Italian Year*, London 1911; [2]London 1911; Leipzig 1912.

Malcolm Barnes, *Augustus Hare. Victorian Gentleman*, London 1985.

Maria Barosso, *Un ignoto affresco di Papa Urbano V*, in: "Bollettino della Associazione Archeologica Romana" 16 (1926), pp. 4–5.

Gerd Bartoschek / Christoph Martin Vogtherr (a cura di), *Zerstört. Entführt. Verschollen, Verluste der preußischen Schlösser im Zweiten Weltkrieg. Gemälde*, Bd. 1, Potsdam 2004.

Tryphosa Bates Batcheller, *Italian Castles and Country Seats*, London-Norwood, Mass. 1911.

Constanze Baum, *Landschaft lesen. Italienische Erinnerungslandschaften als Palimpseste der Reiseliteratur des 18. und 19. Jahrhunderts*, in: Martin Huber-Christine Lubkoll-Steffen Martus-Yvonne Wübben (a cura di.), *Literarische Räume. AKL Architekturen – Ordnungen – Medien*, Berlin 2012, pp. 143–156.

Constanze Baum, *Ruinenlandschaften, Spielräume der Einbildungskraft in Reiseliteratur und bildkünstlerischen Werken über Italien im 18. und frühen 19. Jahrhundert*, Heidelberg 2013.

Constanze Baum, *"Also nach Italien?" – Banausen und Automobilisten auf Reisen. Julius Stindes "Buchholzen's in Italien" (1883) und Otto Julius Bierbaums "Eine empfindsame Reise im Automobil" (1903) als triviale Garanten von Wissenshorizonten der Jahrhundertwende*, in: Alessandra Lombardi-Lucia Mor-Nikola Roßbach (a cura di), *Reiseziel Italien. Moderne Konstruktionen kulturellen Wissens in Literatur – Sprache*, Frankfurt am Main 2014, pp. 23–48.

Constanze Baum, *Ruinen – Bedeutungshorizonte einer Architekturform des Zerfalls. Eine Bestandsaufnahme*, in: *Modell und Ruine*, a cura di Werkleitz Gesellschaft e. V., Halle (Saale) 2019, pp. 9–13.

Christiane Baumann, *Richard Voss (1851–1918). Leben, Wirken, Nachlaß*, in: "Jahrbuch der Deutschen Schillergesellschaft" 37 (1993), pp. 463–485.

Christiane Baumann, *Richard Voß 1850–1918. Revoluzzer, Männerfreund, Bestsellerautor*, Paderborn 2018 (citato: Baumann 2018a)

Christiane Baumann, *"La perduta gente". Richard Voß' (1850–1918) naturalistische Italienbilder und der Einfluss des Historikers und Essayisten Ferdinand Gregorovius*, in: "Quellen und Forschungen aus italienischen Archiven und Bibliotheken" 99 (2019), pp. 340–366.

Anton Baumstark, recensione di: Joseph Strzygowski, *Kleinasien. Ein Neuland der Kunstgeschichte. Unter Benutzung einiger Ergebnisse der Expedition nach der asiatischen Türkei des kais. Legationsrates Dr. Max Freiherrn von Oppenheim, der isaurischen Expedition der Gesellschaft zur Förderung deutscher Wissenschaft, Kunst und Literatur in Böhmen, mit Beiträgen von Bruno Keil, Otto Puchstein, Adolf Wilhelm et al.*, in: "Oriens Christianus" 4 (1904), pp. 414–422.

Hermann Bausinger / Klaus Beyrer / Gottfried Korff (a cura di), *Reisekultur. Von der Pilgerfahrt zum modernen Tourismus*, [2]München 1999.

Adrienne Baxter Bell, *George Inness and the Visionary Landscape*, New York 2003, rist.: New York 2015.

Adrienne Baxter Bell, *George Inness. Writings and Reflections on Art and Philosophy*, New York 2006.

Hermann Becker, *Die Kunst auf der Weltausstellung in Paris*, in: *Kölnische Zeitung*, 12. 11. 1878.

Axel Behne (a cura di), *Innen und Aussen. Heimat und Fremde. Hermann Allmers als Modell. Beiträge einer Tagung aus Anlass des 125. Jubiläums der Männer vom Morgenstern*, Bremerhaven 2008.

Axel Behne (ed.), *Repertorium zum Bestand "Nachlass Hermann Allmers" (Archiv des Landkreises Cuxhaven)*, s. l., August 2017. http://hermann-allmers.de/fileadmin/downloads/NHA.pdf

Axel Behne / Hans Gerhard Steimer (edd.) *Hermann Allmers Briefwechsel mit Freunden in der Ferne 1880–1901*, Bremen 2019.

Beiträge zur Geschichte des Niederrheins, in: "Jahrbuch des Düsseldorfer Geschichtsvereins" 20 (1905), Düsseldorf 1906.

Vittoria Colonnese Benni, *The Helios-Psiche Dante Trilogy*, in: Amilcare A. Iannucci (a cura di), *Dante, Cinema and Television*, Toronto-Buffalo-London 2004, pp. 52–73.

Roland Berbig, *Mittwochsgesellschaft (Berlin)*, in: Wulf Wülfing-Karin Bruns-Rolf Parr (a cura di), *Handbuch literarisch-kultureller Vereine, Gruppen und Bünde 1825–1933*, Stuttgart 1998, pp. 326–332.

Bericht über die Tätigkeit der Altertums- und Geschichtsvereine und über die Vermehrung der städtischen und Vereinssammlungen in der Rheinprovinz, in: "Bonner Jahrbücher" 116 (1907), pp. 256–290.

Joseph August Beringer, *Conz, Gustav*, in: Ulrich Thieme (a cura di), *Allgemeines Lexikon der Bildenden Künstler von der Antike bis zur Gegenwart*. Vol. 7: *Cioffi–Cousyns*, Leipzig 1912, p. 344.

Grazia Bernini Pezzini, *Angelo Rossini (Roma 1871–1939)*, in: *Gruppo Romano Incisori Artisti 1921. Catalogo della mostra. 8 Aprile – 8 Maggio 1988*, Roma, (Museo di) Palazzo Venezia, Roma 1988, pp. 108–112.

Carlo Bernoni / Bruno Brizzi (a cura di), *Roma. Paesaggi, figure nelle fotografie inedite di Ettore Roesler Franz*, Roma 1987.

Tito Berti, *Paludi Pontine*, Roma 1884.

Ottorino Bertolini, *Roma di fronte a Bisanzio e ai Longobardi*, Bologna 1941.

Ottorino Bertolini, *La ricomparsa della sede episcopale di "Tres Tabernae" nella seconda metà del sec. VIII e l'istituzione delle "domuscultae"*, in: "Archivio della Società Romana di storia patria" 75 (1952), pp.103–110. Rist. in: Ottorino Bertolini, *Scritti scelti di storia medioevale*, a cura di Ottavio Banti, 2 voll., Livorno 1968 (Università degli Studi di Pisa. Pubblicazioni dell'Istituto di Storia della Facoltà di Lettere 3), pp. 695–701.

Irene Bevilacqua, *I papi e le acque. Bonifiche, peschiere e comunità nelle paludi pontine dal XVI al XVII secolo*, Bologna 2017 (Istituto italiano per gli studi storici 70).

Andreas Beyer / Norbert Miller, *Johann Wolfgang Goethe. Die italienische Reise*, München-Wien 1992 (Münchner Goethe-Ausgabe, Bd. 15).

Carlo Bianchini / Alessandro Viscogliosi / Francesca Cicinelli / Andrea Gallo, *La costruzione scientifica della memoria: il caso*

della nuova antica città di Ninfa / The Scientific Construction of Memory: the Case of the New Ancient City of Ninfa, in: Adriana Arena-Marinella Arena-Rosario Giovanni Brandolino-Daniele Colistra-Gaetano Ginex-Domenico Mediati-Sebastiano Nucifora-Paola Raffa (a cura di), *Connettere=Connecting. Un disegno per annodare e tessere / Drawing for Weaving Relationships. 42° Convegno Internazionale dei Docenti delle Discipline della Rappresentazione. Atti*, Milano 2020, pp. 1760–1777.

Otto Julius Bierbaum, *Eine empfindsame Reise im Automobil von Berlin nach Sorrent und zurück an den Rhein, in Briefen an Freunde geschildert; mit vierzig Abbildungen teils nach der Natur und teils nach Kunstwerken*, Berlin 1903.

Gerhard Bissell, *Dodwell, Edward*, in: AKL https://www.degruyter.com/database/AKL/entry/_10191257/html (consultato il 26. 1. 2022)

Jeremy Black, *The British Abroad. The Grand Tour in the Eighteenth Century*, Stroud 2003.

Jeremy Black, *The British and the Grand Tour*, London 1985.

Hartmut Böhme, *Die Ästhetik der Ruinen*, in: Dietmar Kamper-Christoph Wulf (a cura di), *Der Schein des Schönen*, Göttingen 1989, pp. 287- 304.

Friedrich von Boetticher, *Malerwerke des neunzehnten Jahrhunderts. Beitrag zur Kunstgeschichte*, 2 voll., Dresden 1891–1898.

Urszula Bonter, *Der Populärroman in der Nachfolge von E. Marlitt. Wilhelmine Heimburg, Valeska Gräfin Bethusy-Huc, Eufemia von Adlersfeld-Ballestrem*, Würzburg 2005.

Luigi Borsari, *Campagna Romana. Ninfa*, in: "La lettura. Rivista mensile del Corriere della Sera", 4 mag., 1, fasc. 5 (1904), pp. 397–400.

Katrin Boskamp-Priever, *Burnitz, Peter*, in: AKL https://www.degruyter.com/database/AKL/entry/_10147423/html (consultato il 1. 2. 2022).

Antonio Bresciani, *L'Abate Dauferio*, in: *La contessa Matilde di Canossa e Isabella di Groninga*, in: "La Civiltà Cattolica" 1857, pp. 689–704; rist.: Milano 1858, pp. 94–113, e successive ristampe: Napoli 1859, Milano 1861, 1864, 1867, 1876, 1882.

Attilio Brilli, *Reisen in Italien. Die Kulturgeschichte der klassischen Italienreise vom 16. bis 19. Jahrhundert*, trad. tedesca, [2]Köln 1990.

Attilio Brilli, *La vita che corre. Mitologia dell'automobile*, Bologna 1999.

Attilio Brilli, *Un paese di romantici briganti. Gli italiani nell'immaginario del Grand Tour*, Bologna 2003.

Attilio Brilli, *Als Reisen eine Kunst war. Vom Beginn des modernen Tourismus: Die "Grand Tour"*, trad. tedesca, 4a ed., Berlin 2012.

Attilio Brilli, *Quando viaggiare era un'arte. Il romanzo del Grand Tour*, Bologna 2017.

Timothy Brittain / Catlin-Jan De Maeyer / Martin Bressani (a cura di), *Gothic Revival Worldwide. A.W.N. Pugin's global influence*, Leuven 2016.

George Browning, *Nympha. City Now in Ruins, by the Pontine Marshes*, in: *Footprints. Poems*, translated and original, London 1871; [2]London 1872, pp. 47–49.

George Browning, *The Art Revival in Italy. A Lecture Delivered Before the Royal Historical Society, on 27th of April, 1874, and a Descriptive Poem Entitled Nympha*, London 1874.

George Browning, *Pontine Marshes. Nympha, a City Now in Ruins*, in: Henry Wadsworth Longfellow (a cura di), *Poems of Places*. An Anthology in 31 Volumes. Vol. 11–13: *Italy*, London 1877. https://www.bartleby.com/270/5/214.html

Franz-Josef Brüggemeier / Thomas Rommelspacher (a cura di), *Besiegte Natur. Geschichte der Umwelt im 19. und 20. Jahrhundert*, München 1987.

Friedrich Brüssow, *Westphal, Johann Heinrich Christoph*, in: *Neuer Nekrolog der Deutschen*. 9. Jahrgang, 2. Theil, Ilmenau 1833, pp. 852–855.

Anette Brunner, *Preller, Friedrich d.J.*, in: AKL https://www.degruyter.com/database/AKL/entry/_00136573/html (consultato il 5. 1. 2022).

Anette Brunner, *Kolbe, Georg*, in: AKL https://www.degruyter.com/database/AKL/entry/_00101889/html. (consultato il 9. 1. 2022).

Wilma Buchinger / Konstanze Mittendorfer, *Handbuch der historischen Buchbestände in Österreich*, Bd. 4: *Steiermark, Tirol, Vorarlberg*, Hildesheim 1997.

Hans-Peter Bühler / Albrecht Krückl, *Heinrich Bürkel. Mit Werkverzeichnis der Gemälde*, München 1989.

Frank Büttner, *Italien und die Landschaftsmalerei. »In diesen Gegenden muß man zum Künstler werden«* in: Frank Büttner-Herbert W. Rott (a cura di), *Kennst Du das Land. Italienbilder der Goethezeit*, Köln 2005, pp. 11–43.

Lotte Burkhardt, *Verzeichnis eponymischer Pflanzennamen*, Berlin 2018.

Ernst Bux, *Hans Lamer*, in: "Jahresbericht über die Fortschritte der klassischen Altertumswissenschaft" 68 (1942), pp. 1–24.

Maria Teresa Caciorgna, *Ninfa prima dei Caetani (secoli XII e X*, in: Luigi Fiorani (a cura di), *Ninfa. Una città, un giardino. Atti del Colloquio della Fondazione Camillo Caetani*. Roma, Sermoneta, Ninfa, 7–9 ottobre 1988, Roma 1990 (Pubblicazioni della Fondazione Camillo Caetani. Studi e documenti d'archivio 2), pp. 39–63.

Maria Teresa Caciorgna, *Acque e pesca in territorio pontino*, in: "Archivio della Società Romana di storia patria" 116 (1993), pp. 121–152.

Maria Teresa Caciorgna, *L'abbazia di Fossanova. Vicende e problemi di un'abbazia tra Stato della Chiesa e Regno (secolo XII–XIII)*, in: *Il monachesimo cistercense nella Marittima medievale. Storia e arte. Atti del Convegno*. Abbazie di Fossanova e Valvisciolo, 24–25 settembre 1999, Casamari 2002 (Bibliotheca Casaemariensis 5), pp. 91–128.

Maria Teresa Caciorgna, *La palude da paesaggio naturale ad ambiente produttivo: le paludi Pontine nel Medioevo. Spunti e problemi*, in: Luciano Palermo-Donatella Strangio-Manuel Vaquero Piñeiro (a cura di), *La pesca nel Lazio. Storia economia problemi regionali a confronto. Atti del III Convegno Nazionale di Storia della Pesca*. Roma, 26–27 settembre 2003, Napoli, 2007, pp. 95–108.

Maria Teresa Caciorgna, *Una città di frontiera. Terracina nei secoli XI–XIV*, Roma 2008 (I libri di Viella 87).

Gelasio Caetani, *Regesta chartarum = Regesto delle pergamene dell' archivio Caetani*. Vol. 1, Perugia, 1922; vol. 2, Sancasciano Val di Pesa 1926; vol. 3, ibid. 1926; vol. 4, ibid. 1929; vol. 5, ibid.

1930; vol. 6, ibid. 1932. Online: https://www.fondazionecamillocaetani.it/biblioteca-digitale/

Gelasio Caetani, *Domus Caietana, Storia documentata della famiglia Caetani.* Vol. 1 in due parti: *Il Medioevo,* Sancasciano Val di Pesa 1927; vol. 2 in quattro parti: *Il Cinquecento,* Sancasciano Val di Pesa 1933. Online https://www.fondazionecamillocaetani.it/biblioteca-digitale/

Gelasio Caetani, *Varia. Raccolta delle carte più antiche dell'Archivio Caetani e regesto delle pergamene del Fondo pisano,* Perugia 1936 (Documenti dell'Archivio Caetani 5).

Marina Caffiero, *Pio VI, papa,* in: DBI, 84, 2015. http://www.treccani.it/enciclopedia/papa-pio-vi_%28Dizionario-Biografico%29/

Margherita Cancellieri / Giovanni Maria De Rossi, *L'organizzazione antica del territorio di Ninfa,* in: Luigi Fiorani (a cura di), *Ninfa, una città, un giardino. Atti del Colloquio della Fondazione Camillo Caetani.* Roma, Sermoneta, Ninfa, 7–9 ottobre 1988, Roma 1990 (Pubblicazioni della Fondazione Camillo Caetani. Studi e documenti d'archivio 2) pp. 33–38.

Federico Caprotti / Maria Kaïka, *Producing the Ideal Fascist Landscape. Nature, Materiality and the Cinematic Representation of Land Reclamation in the Pontine Marshes,* in: "Social and Cultural Geography", vol. 9. n. 6 (2008), pp. 613–634.

Marella Caracciolo, *Giuppi Pietromarchi, Il giardino di Ninfa.* Fotografie di Marella Agnelli, Torino 1995

Giovanni Carbonara, *Edilizia e urbanistica di Ninfa,* in: Luigi Fiorani (a cura di), *Ninfa, una città, un giardino. Atti del Colloquio della Fondazione Camillo Caetani.* Roma, Sermoneta, Ninfa, 7–9 ottobre 1988, Roma 1990 (Pubblicazioni della Fondazione Camillo Caetani. Studi e documenti d'archivio 2), pp. 223–245.

Cristina Carbonetti / Marco Vendittelli (edd.), *Ninfa 1298. Testimonianze sull'acquisizione di Ninfa da parte di Pietro II Caetani. Raccolte ed illustrate in occasione del settimo centenario,* Roma 1998.

Mauro Cassoni, *Ninfa nei Volsci. Poesia delle sue rovine. Sua storia,* in: "Rivista mensile del Touring-Club Italiano", Settembre-Ottobre 1918, Milano 1918, pp. 181–186.

Massimo Cecchetti / Samantha Francescato / Giovanni Mastrobuoni, *Il Giardino Botanico di Villa Fogliano – The Botanic Garden in Villa Fogliano,* Latina 2011.

Carlo Cecere, *La villa Caetani a Fogliano. Il luogo, l'architettura, la storia,* Roma 1989.

Angelo Celli, *La malaria secondo le nuove ricerche,* Roma 1899; [2]Roma 1900.

Angelo Celli, *Die Malaria nach den neuesten Forschungen,* trad. tedesca, Berlin 1900.

Angelo Celli, *Malaria According to the New Researches.* Translated from the 2nd Italian ed. by John Joseph Eyre, London-New York 1900.

Angelo Celli, *Storia della malaria nell'Agro romano,* Città di Castello 1925.

Angelo Celli, *Die Malaria in ihrer Bedeutung für die Geschichte Roms und der römischen Campagna. Eine kulturhistorische Studie,* hrsg. von Anna Celli-Fraentzel. Mit einem Geleitwort von Henry E. Sigerist, Leipzig 1929.

Roberta Cerone, *Il palazzo del Comune in Marittima. Priverno e i casi di Terracina, Sezze, Ninfa e Velletri,* in: Marina Righetti (a cura di), *Una strada nel Medioevo. La via Appia da Roma a Terracina,* Roma 2014, pp. 151–173.

Arnaldo Cervesato, *Latina tellus. La campagna romana,* Roma 1910.

Arnaldo Cervesato, *The Roman Campagna.* Translated by Louise Caico and Mary Dove, London-Leipzig 1913.

Christophe Charle / Daniel Roche (a cura di), *L'Europe. Encyclopédie historique,* Arles 2018.

Neil J. Christie (a cura di), *Three South Etrurian Churches: Santa Cornelia, Santa Rufina and San Liberato,* London 1991 (Archaeological Monographs of the British School at Rome 4).

Neil J. Christie, *Papal Farms and Pilgrim Shrines. The Role of the Domusculta Capracorum (Santa Cornelia),* in: *Religion and Belief,* York 1992 (Pre-printed Papers. Medieval Europe 1992, 6), pp. 157–162.

Neil J. Christie, *Popes, Pilgrims and Peasants. The Role of the Domusculta Capracorum (Santa Cornelia, Rome),* in: Ernst Dassmann-Josef Engemann (a cura di), *Akten des XII. Internationalen Kongresses für christliche Archäologie,* Bonn, 22.-28. September 1991, 2 voll., Münster 1995 (Studi di antichità cristiana 52; Jahrbuch für Antike und Christentum. Ergänzungsband 20, 1), pp. 650–657.

Franceso Maria Cifarelli, *Tra Rivoluzione e Restaurazione: Petit-Radel e la riscoperta delle città "pelasgiche",* in: Margherita Cancellieri-Francesco Maria Cifarelli-Domenico Palombi-Stefania Quilici Gigli (a cura di), *Tra memoria dell'antico e identità culturale. Tempi e protagonisti della scoperta dei Monti Lepini,* Roma 2012, pp. 32–47.

Nicolai Cikovsky, *The Civilized Landscape,* in: Nicolai Cikovsky-Michael Quick, *George Inness. Catalogue of an exhibition organized by the Los Angeles County Museum of Art, and held at the Metropolitan Museum of Art,* New York, April 1–June 9, 1985, Los Angeles 1985, pp. 11–43.

Nicolai Cikovsky, *George Inness,* New York 1993.

Giovanni Cirone, *Fleres, Ugo,* in: DBI, 48, 1997, https://www.treccani.it/enciclopedia/ugo-fleres_(Dizionario-Biografico)/

Gabriele Clemens, *... essere a noi come anello di comunicazione con la Germania – Alfred von Reumont als Vermittler zwischen deutscher und italienischer Historiographie,* in: *Italien in Preußen – Preußen in Italien,* Stendal 2006 (Schriften der Winckelmann-Gesellschaft 25), pp. 213–226.

Edith Clay (a cura di), *Sir William Gell in Italy. Letters to the Society of Dilettanti, 1831–1835,* London 1976.

Gino Clerici, *L'amélioration foncière des Marais Pontins,* Roma 1922.

Carlo Cola, *Dalla domusculta Capracorum alla chiesa di S. Cornelio,* in: Armando Finodi (a cura di), *Il parco di Veio. L'identità storica di un territorio,* Roma 2006, pp. 27–52.

Coleman, Enrico, in: Luigi Servolini, *Dizionario illustrato degli incisori italiani moderni e contemporanei,* Milano 1955.

Alfio Cortonesi, *Ninfa e i Caetani. Affermazione della signoria e assetto del territorio (sec. XIII-XIV),* in: Luigi Fiorani (a cura di), *Ninfa, una città, un giardino. Atti del Colloquio della Fondazione Camillo Caetani.* Roma, Sermoneta, Ninfa, 7–9 ottobre 1988,

Roma 1990 (Pubblicazioni della Fondazione Camillo Caetani. Studi e documenti d'archivio 2), pp. 65–96.

Alfio Cortonesi, *Una signoria tirrenica. Ninfa e i Caetani,* in: Alfio Cortonesi, *Ruralia. Economia e paesaggi del medioevo italiano,* Roma 1995 (Pagine della memoria 2), pp. 171–208.

Alfio Cortonesi, *L'allevamento nella Campagna Romana alla fine del Medioevo,* in: Biagio Saitta (a cura di), *Città e vita cittadina nei Paesi dell'area mediterranea: secoli XI-XV. Atti del convegno in onore di Salvatore Tramontana.* Adrano, Bronte, Catania, Palermo 18 -22 novembre 2003, Roma 2006, pp. 207–247.

Alfio Cortonesi, *Pascoli, allevamenti e soccide fra Campagna romana e Lazio meridionale,* in: Antonello Mattone-Pinuccia Franca Simbula (a cura di), *La pastorizia mediterranea: storia e diritto, secoli XI-XX,* Roma 2011 (Collana del Dipartimento di storia dell'Università di Sassari, NS 41), pp. 474–485.

Jean Coste, *La Domusculta Sanctae Caeciliae.* Méthode et portée d'une localis*ation,* in: "Mélanges de l'Ecole française de Rome. Moyen Âge, temps modernes" 96 (1984), pp. 727–775.

William Cronon, *Uncommon ground. Rethinking the human place in nature,* New York-London 1996.

Jonathan Culler, *Semiotics of Tourism,* in: "The American Journal of Semiotics" 1 (1981), pp. 127–140.

Daniels kleineres Handbuch der Geographie. Auszüge aus dem vierbändigen Werke von Prof. Dr. Hermann Adalbert Daniel, 5. Aufl. umgearb. von Wilhelm Wolkenhauer, Leipzig 1892.

De' bonificamenti delle terre pontine libri IV. Opera storica, critica, legale, economica, idrostatica (Autori: Nicola Maria Nicolai; Giovanni Torlonia; Serafino Salvati; Gaetano Astolfi; Giovanni Battista Dasori), Roma 1800.

Anne Claude Philippe Comte de Caylus, *Voyage d'Italie 1714–1715.* Première éd. du code autographe ann. et préc. d'un essai sur le Cte de Caylus par Amilda-A. Pons, Paris 1914.

Angelo De Gubernatis (a cura di), *Dizionario degli artisti italiani viventi, pittori, scultori e architetti* (in collaborazione con Ugo Matini), Firenze 1889.

Friedrich Wilhelm Deichmann, *Vom internationalen Privatverein zur preussischen Staatsanstalt. Zur Geschichte des Instituto di Corrispondenza Archeologica,* Mainz 1986.

Gianluigi Della Valentina, *Storia dell'ambientalismo in Italia. Lo sviluppo insostenibile,* Milano 2011.

Vittorio D'Erme / Renato Mammucari / Paolo Emilio Trastulli, *Le Paludi Pontine. Un mondo scomparso. Un affascinante racconto per immagini attraverso i dipinti degli artisti che ne lasciarono memoria prima della radicale trasformazione dell'ambiente e del territorio operata dalla bonifica,* Roma 1984.

Paolo Delogu, *The Rebirth of Rome in the 8th and 9th Centuries,* in: Richard Hodges- Brian Hobley (a cura di), *The Rebirth of Towns in the West AD 700–1050,* London 1988 (CBA research report 68), pp. 32–42.

Paolo Delogu, *Territorio e dominio della regione Pontina nel Medioevo,* in: Luigi Fiorani (a cura di), *Ninfa, una città, un giardino. Atti del Colloquio della Fondazione Camillo Caetani.* Roma, Sermoneta, Ninfa, 7–9 ottobre 1988, Roma 1990 (Pubblicazioni della Fondazione Camillo Caetani. Studi e documenti d'archivio 2), pp. 17 -32.

Paolo Delogu, *Rome in the Ninth Century. The Economic System,* in: Joachim Henning (a cura di), *Post-Roman Towns, Trade and Settlement in Europe and Byzantium,* 2 voll., Berlin 2007(Millennium-Studien, 5, 1–2), vol. 1, pp. 105–122.

Richard Daniel de Puma, *Frothingham, Arthur Lincoln, Jr.,* in: Nancy Thomson de Grummond (a cura di), *Encyclopedia of the History of Classical Archaeology,* Westport CT 1996, vol. 1, p. 471.

Cesare De Seta, *Le memorie di Ninfa,* in: Luigi Fiorani (a cura di), *Ninfa. Una città, un giardino. Atti del Colloquio della Fondazione Camillo Caetani.* Roma, Sermoneta, Ninfa, 7–9 ottobre 1988, Roma 1990 (Pubblicazioni della Fondazione Camillo Caetani. Studi e documenti d'archivio 2), pp. 349–354.

Fulvio Delle Donne / Giovanni Pesiri (a cura di), *Principi e corti nel Rinascimento meridionale. I Caetani e le altre signorie nel Regno di Napoli,* Roma 2020.

John Dickie, *Antonio Bresciani and the sects. Conspiracy myths in an intransigent Catholic response to the Risorgimento,* in: "Modern Italy" 22, 1 (2017), pp. 19–34.

Vincenzo de Caprio / Renato Mammuccari (a cura di), *Briganti Laziali. Testimonianze incise di un'immagine,* Città di Castello 2015.

Pier Andrea De Rosa, *Giuntotardi, Filippo Maria,* in: AKL https://www.degruyter.com/database/AKL/entry/_00071739/html (consultato il 26. 1. 2022)

Eugenio di Mattei, *Beitrag zum Studium der experimentellen malarischen Infection am Menschen und an Tieren,* in: "Archiv für Hygiene" 22, 1895, pp. 191–300.

Ulf Dingerdissen, *"Ehe Carstens nach Rom kam, hatte fast kein hiesiger Künstler ein Buch ..." – Zur Geschichte der deutschen Künstlerbibliotheken in Rom zwischen 1795–1915 / «Prima che Carstens giungesse a Roma, quasi nessuno degli artisti in loco possedeva un libro ...» – Sulla Storia delle biblioteche di artisti a Roma tra il 1795 e il 1915,* in: Ulf Dingerdissen-Maria Gazzetti-Michael Thimann (a cura di), *Quellen der Inspiration. Deutsche Künstlerbibliotheken in Rom 1795–1915 / Fonti d'Ispirazione. Biblioteche degli artisti tedeschi a Roma 1795–1915* (Ausst.-Kat. Rom, Museum Casa di Goethe, 28. Februar – 20. September 2020), Bonn 2020, pp. 11–49.

Gaspare De Caro, *Caetani, Nicola,* in: DBI, 16, 1973. https://www.treccani.it/enciclopedia/nicola-caetani_%28Dizionario-Biografico%29/

Paul de Kruif, *Ross gegen Grassi. Der Kampf gegen die Malaria,* in: Paul de Kruif, *Mikrobenjäger,* New York 1926. Zürich-Leipzig 1927. 8a ed.: ibid, pp. 268–300 (citato: de Kruif 1926a)

Paul de Kruif, *Ross vs. Grassi. Malaria,* in: Paul De Kruif, *Microbe Hunters,* New York 1926, pp. 271–302 (citato: de Kruif 1926b).

Joseph Edward de Steiguer, *The Origins of Modern Environmental Thought,* Tucson (Arizona) 2006.

Franz Döring, *Die Pontinischen Sümpfe,* in: "Bibliothek der Unterhaltung und des Wissens" 12 (1925), pp. 167–184.

Raymond H. Dominick, *The Environmental Movement in Germany. Prophets & Pioneers 1871–1971,* Bloomington (Indianapolis) 1992.

Fedor Maria von Donat, *Le Paludi Pontine e il loro completo prosciugamento e risanamento,* Roma 1886.

Fedor Maria von Donat, *Über die Pontinischen Sümpfe,* in: "Verhandlungen. Gesellschaft für Erdkunde zu Berlin" 19 (1892), pp. 186–202.

Fedor Maria von Donat, *Die Pontinischen Sümpfe. Ein Vorschlag zur Trockenlegung,* in: "Abhandlungen und Berichte des Vereins für Naturkunde Kassel" 43, 1, Kassel 1898.

Louis Duchesne / Cyrille Vogel (a cura di), *Le liber pontificalis. Texte, introduction et commentaire,* 4 voll. Paris 1886–1957 (Bibliothèque des Écoles Françaises d'Athènes et de Rome 2, 3),

Carl du Prel, *Eine verlassene Stadt,* in: *Siesta. Feuilleton des Frankfurter Beobachters* n. 130, 6. Juni 1873.

Carl du Prel, *Ninfa,* in: "Deutsche Roman-Zeitung" 11, 1874, 1, pp. 70–72.

Carl du Prel, *Eine verlassene Stadt,* in: *Unter Tannen und Pinien. Wanderungen in den Alpen, Italien, Dalmatien und Montenegro,* Berlin 1875, pp. 203–207 (citato: du Prel 1875a).

Carl du Prel, *Rom,* in: *Unter Tannen und Pinien Wanderungen in den Alpen, Italien, Dalmatien und Montenegro,* Berlin 1875, pp. 127–130 (citato: du Prel 1875b).

Carl du Prel, *Eine verlassene Stadt,* in: *Didaskalia* 10. Mai 1876.

Charles Locke Eastlake, *A History of the Gothic Revival. An attempt to show how the taste for mediaeval architecture which lingered in England during the two last centuries has since been encouraged and developed,* London 1872.

Gustav Wilhelm Eberlein, *Ninfa. Hellenische Schönheit in den pontinischen* Sümpfen, in: *Badische Presse und Handels-Zeitung,* 55, n. 17, 17.1.1939, *Unterhaltungsblatt,* p. 3.

Eine vergessene Stadt, in: "Europa. Chronik der gebildeten Welt" 1868 (2), pp. 1623–1630.

Kay Ehling, *Richter, Ludwig,* in AKL https://www.degruyter.com/database/AKL/entry/_00167463/html (consultato il 21. 1. 2022)

Camille Enlart, *Ninfa la ville empoisonnée,* in: « La renaissance de l'art francais et des industries de luxe » 103, a. 2, n. 4 (apr. 1919), p. 157–162.

Camille Enlart, *Villes mortes du Moyen âge,* Paris 1920.

Die Epheustadt im Volskerland, in: *Erzähler zum Fürther Tagblatt* 1871, n. 39, pp. 155–156; n. 40, pp. 159–160.

Karl Dietrich Erdmann, *Die Ökumene der Historiker. Geschichte der Internationalen Historikerkongresse und des Comité International des Sciences Historiques,* Göttingen 1987 (Abhandlungen der Akademie der Wissenschaften in Göttingen: Philologisch-Historische Klasse, 3. Folge 158); trad. inglese: *Toward a Global Community of Historians. The International Historical Congresses and the International Committee of Historical Sciences, 1898–2000,* New York et al. 2005.

Arnold Esch, *Zur Identifizierung von italienischen Veduten des 19. Jahrhunderts,* in: Victoria v. Flemming-Sebastian Schütze (a cura di), *Ars naturam adiuvans. Festschrift für Matthias Winner zum 11. März 1996,* Mainz 1996, pp. 645–661.

Arnold Esch, *Historische Landschaften Italiens. Wanderungen zwischen Venedig und Syrakus,* München 2018; trad. ital.: *Viaggio nei paesaggi storici italiani,* Gorizia 2020.

Anna Esposito, *Economia e società a Ninfa alla fine del Medioevo: popolamento e attività produttive,* in: Luigi Fiorani (a cura di), *Ninfa. Una città, un giardino. Atti del Colloquio della Fondazione Camillo Caetani.* Roma. Sermoneta, Ninfa, 7–9 ottobre 1988, Roma 1990 (Pubblicazioni della Fondazione Camillo Caetani. Studi e documenti d'archivio 2), pp. 97–111.

Richard J. Evans, *The Pursuit of Power. Europe 1815–1914,* London 2016 (The Penguin history of Europe 7).

Maria Cristina Fabbri, *Problematiche interpretative e di conservazione di edifici storici. La lettura multidisciplinare. Il caso della chiesa di S. Pietro fuori le mura a Ninfa.* Tesi di dottorato, Sapienza Università di Roma 2009.

Maria Cristina Fabbri / Giuliana Irace-Raffaele Pugliese, *L'analisi delle tecniche murarie della chiesa di S. Pietro a Ninfa,* in: Claudio Varagnoli (a cura di), *Muri parlanti. Prospettive per l'analisi e la conservazione dell'edilizia storica,* Firenze 2009, pp. 179–190.

Albert Failler, recensione a: Lydie Hadermann-Misguich, *Images de Ninfa. Peintures médiévales dans une ville ruinée du Latium,* in: "Revue des études byzantines" 46 (1988), pp. 282–283.

Giorgio Falco, *Sulla formazione e costituzione della signoria dei Caetani,* in: "Rivista storica italiana" 45, 1928, pp. 225–278.

Patrizia Ferretti, *Capriani, Francesco,* in: AKL https://www.degruyter.com/database/AKL/entry/_10152685/html. (consultato il 16. 2. 2022).

Mark R. Finlay, *Early Marketing of the Theory of Nutrition. The Science and Culture of Liebig's Extract of Meat,* in: Harmke Kamminga-Andrew Cunningham (a cura di), *The Science and Culture of Nutrition, 1840–1940,* Amsterdam et al. 1995, pp. 48–74.

Luigi Fiorani (a cura di), *Ninfa. Una città, un giardino. Atti del Colloquio della Fondazione Camillo Caetani.* Roma, Sermoneta, Ninfa, 7–9 ottobre 1988, Roma 1990 (Pubblicazioni della Fondazione Camillo Caetani. Studi e documenti d'archivio 2).

Luigi Fiorani, *La vita religiosa a Ninfa nelle visite pastorali post tridentine,* in: Luigi Fiorani (a cura di), *Ninfa. Una città, un giardino. Atti del Colloquio della Fondazione Camillo Caetani.* Roma, Sermoneta, Ninfa, 7–9 ottobre 1988, Roma 1990 (Pubblicazioni della Fondazione Camillo Caetani. Studi e documenti d'archivio 2), pp. 167 -184.

Luigi Fiorani (a cura di), *Sermoneta e i Caetani. Dinamiche politiche, sociali e culturali di un territorio tra medioevo e età moderna. Atti del Convegno della Fondazione Camillo Caetani.* Roma, Sermoneta, 16–19 giugno 1993, Roma 1999 (Pubblicazioni della Fondazione Camillo Caetani. Studi e documenti d'archivio 9).

Thorsten Fitzon, *Reisen in das befremdliche Pompei. Antiklassizistische Antikenwahrnehmung deutscher Italienreisender 1750–1870,* Berlin-New York 2004. (Quellen und Forschungen zur Literatur- und Kulturgeschichte 29).

Ugo Fleres, *La Campagna Romana,* Bergamo 1904; ²1910; ³1930.

Katharina Flügel-Hartmut Mai, *Mothes, Oscar,* in: NDB 18, 1997, pp. 224–225 [versione Online]; URL: https://www.deutsche-biographie.de/pnd116941685.html#ndbcontent

Marina Formica (a cura di), *Roma e la Campagna romana nel Grand Tour. Atti del convegno interdisciplinare.* Monte Porzio Catone, Roma, 17–18 maggio 2008, Roma et al. 2009 (Percorsi 119).

Alberto Forni, *La questione di Roma medievale. Una polemica tra Gregorovius e Reumont,* Roma 1985.

Alberto Forni, *Il mito di Ninfa nei viaggiatori stranieri dell'Ottocento e Novecento*, in: Luigi Fiorani (a cura di), *Ninfa. Una città, un giardino. Atti del Colloquio della Fondazione Camillo Caetani.* Roma, Sermoneta, Ninfa, 7–9 ottobre 1988, Roma 1990 (Pubblicazioni della Fondazione Camillo Caetani. Studi e documenti d'archivio 2), pp. 313–323.

Bo Frandsen, *Syd for Rom. Kampen mod de Pontinske Sumpe*, Århus 2006.

Edward Augustus Freeman, *A History of Archi*tecture, London 1849.

Edward Augustus Freeman, *Studies of Travel. Italy*, New York 1893.

Thomas Freller, *Adlige auf Tour. Die Erfindung der Bildungsreise*, Ostfildern 2007.

Peter K. W. Freude, *Karl Lindemann-Frommel (1819–1891). Ein Malerleben in Rom. Monographie und Werkverzeichnis seines graphischen und malerischen Schaffens*, Murnau am Staffelsee 1997.

Arthur Lincoln Frothingham, *The Monuments of Christian Rome from Constantine to the Renaissance*, New York 1908; rist.: New York 1925.

Arthur Lincoln Frothingham, *Roman Cities in Italy and Dalmatia*, New York 1910.

Amato Pietro Frutaz (a cura di), *Le carte del Lazio*, 3 voll., Roma 1972.

Stephan Füssel (a cura di), *Medienkonvergenz – Transdisziplinär*, Berlin-Boston 2012.

Ernesto Gagliardi, *Eine Frühlingsfahrt nach den pontinischen Suempfen*, in: "Die Nation. Wochenschrift für Politik, Volkswirtschaft und Litteratur" 15 (1897/98), pp. 423–425.

Joseph Gantner (a cura di), *Heinrich Wölfflin, 1864–1945. Autobiographie, Tagebücher und Briefe*, [2]Basel-Stuttgart 1984.

Andrea Gardi, *Il cardinale Enrico Caetani e la legazione di Bologna 1586–1587*, Roma 1985 (Quaderni della Fondazione Camillo Caetani 6).

Oscar Gaspari, *L'emigrazione veneta nell'Agro pontino durante il periodo fascista*, Brescia 1985.

Oscar Gaspari, *Dall'immensa pianura impaludata e deserta ai nuovi enti locali dell'agro pontino*, in: Francesco Bonini-Luigi Blanco-Simona Mori-Floriana Galluccio (a cura di), *Orizzonti di cittadinanza. Per una storia delle circoscrizioni amministrative dell'Italia unita*, Soveria Mannelli 2016, pp. 289–323.

Franz von Gaudy, *Streifereien durch die Volsker-, Aequer- und Hernikergebirge im Mai 1839*, in: "Das Ausland" 1839, Nr. 258–263, pp. 1029–1030, 1034–1035, 1038–1039, 1042–1043, 1046–1047, 1049–1050.

William Gell, *The Topography of Rome and its Vicinity with Map*, 2 voll., London 1834. New Edition, Revised and Enlarged by Edward Herbert Bunbury, London 1846.

William Gell,-Antonio Nibby, *Carta de'dintorni di Roma secondo le osservazioni di Sir William Gell e del Prof. Ant. Nibby* (Engraver Filippo Troiani), Roma 1827.

Francesco Geraci, *Artisti che scompaiono: Enrique Serra*, in: "Emporium" 47, 1918, pp. 275–278.

Fabiola Gnoli, *Il ruolo di Ninfa nel paesaggio Lepino-Pontino.* Corso di Laurea Magistrale in scienze dell' archeologia e metodologia della ricerca storico-archeologica, Università degl studi Roma Tre, Facoltà di Lettere e Filosofia, Roma 2009/2010.

Fabiola Gnoli, *Acqua. La Sacra Ninfa? (25. febbraio 2015)* https://www.iluoghideicaetani.it/2015/02/25/acqua-la-sacra-ninfa/

Klaus Goldmann-Günter Wermusch, *Vineta. Die Wiederentdeckung einer versunkenen Stadt*, Bergisch Gladbach 1999.

Haim Goren-Bruno Schelhaas, *An Early Measuring of the Holy City, Forgotten For Over a Century: Westphal's Jerusalem Map of 1825*, in: "Die Erde. Zeitschrift der Gesellschaft für Erdkunde zu Berlin" 146 (2015), pp. 63–78.

Jules Gourdault, *Voyage au pôle Nord des navires "La Hansa" et la "Germania" rédigé d'après les relations officielles allemandes*, Paris 1875.

Jules Gourdault, *L' Italie illustrée*, Paris 1877.

Jules Gourdault, *La Suisse. Etudes et voyages a travers les 22 cantons*, Paris 1879.

Jules Gourdault, *L' Italie pittoresque*, Paris 1883, 8a ed.: 1910.

Jules Gourdault, *Rome et la Campagne romaine*, Paris 1885.

Jules Gourdault, *Venise et la Vénétie*, Paris 1886.

Jules Gourdault, *Les villes de la Toscane*, Paris 1888.

Jules Gourdault, *Naples et la Sicile*, Paris 1889.

Jules Gourdault, *Europe pittoresque. Pays du Nord*, Paris 1892a.

Jules Gourdault, *La Suisse pittoresque*, Paris 1892b.

Jules Gourdault, *La France pittoresque*, Paris 1893.

Paul Grabein, *Auf verlorenen Wegen. Streifzüge durch die Pontinischen Sümpfe*, in: "Ueber Land und Meer", Oktav – Ausgabe 23, 7 (1906), pp. 181–187.

Paul Grabein, *Streifzüge in der Campagna*, in: "Westermanns Monatshefte" 607, (April 1907), pp. 71–82.

George von Graevenitz, *Die Pontinischen Sümpfe und ihre Urbarmachung nach deutschem Plan. Mit zwölf Abbildungen*, in: "Velhagen & Klasings Monatshefte", 12, 2 (1898), pp. 591–600.

Jürke Grau, *Hermann Maximilian Carl Ludwig Friedrich Graf zu Solms-Laubach*, in: NDB 24, Berlin 2010, pp. 556–557 https://daten.digitale-sammlungen.de/0008/bsb00085893/images/index.html?seite=580

Johann Graus, *Von italienischen Wanderungen.* 15. *Ninfa*, in: "Der Kirchenschmuck. Blätter des Christlichen Kunstvereines der Diöcese Seckau" 22, 1891, pp. 49–57.

Graus, Johann (1836–1921), Kunsthistoriker, in: ÖBL, Bd. 2, Wien 1957, pp. 50–51.

Auguste Gravis, *Une herborisation dans les marais Pontins*, in: "Bulletin de la Société Royale de Botanique de Belgique" / "Bulletin van de Koninklijke Belgische Botanische Vereniging" 22, 1883, Gent 1884, pp. 174–207.

Réginald Grégoire, *Presenze religiose e monastiche a Ninfa nel Medioevo*, in: Luigi Fiorani (a cura di), *Ninfa. Una città, un giardino. Atti del Colloquio della Fondazione Camillo Caetani.* Roma, Sermoneta, Ninfa, 7–9 ottobre 1988, Roma 1990 (Pubblicazioni della Fondazione Camillo Caetani. Studi e documenti d'archivio 2), pp. 153–166.

Ferdinand Gregorovius, *Die sicilianischen Volkslieder I*, in: "Morgenblatt für gebildete Leser", n. 49, 4. Dezember 1859, pp. 1153 sgg.

Ferdinand Gregorovius, *Aus den Bergen der Volsker*, in: "Das Ausland. Eine Wochenschrift für Kunde des geistigen und sittlichen Lebens der Völker" 33, n. 34, Stuttgart-Augsburg 1860, pp. 793–796; 822–826; 847–850; 870–872.

Ferdinand Gregorovius, *Der Bildhauer Eduard Mayer. Erinnerungen aus der deutsch-römischen Künstlerwelt*, in: "Die Gegenwart. Wochenschrift für Literatur, Kunst und öffentliches Leben" 20. n. 53, Berlin 1881, pp. 437–441.

Grete Grewolls, *Westphal, Johann Heinrich*, in: Grete Grewolls, *Wer war wer in Mecklenburg-Vorpommern? Ein Personenlexikon*, Bremen-Rostock 1995, p. 464.

Cary Groß, *St. Peter in Sicht*, Münster 1893.

Siegmund Günther, *Johann Heinrich Westphal*, in: ADB 42, Leipzig 1897, pp. 202–203.

Lydie Hadermann-Misguich, *Influence stylistique de Byzance sur les peintures médiévales de Ninfa (Latium)*, in: "Jahrbuch der österreichischen Byzantinistik" 32, 1982, pp. 291–299.

Lydie Hadermann-Misguich, *Images de Ninfa. Peintures médiévales dans une ville ruinée du Latium*, Roma 1986 (Quaderni della Fondazione Camillo Caetani 7).

Lydie Hadermann-Misguich, *Images jumelles d'Urbain V et de Thomas d'Aquin (?) à Santa Maria Maggiore di Ninfa*, in: *Studi in memoria di Giuseppe Bovini*, Ravenna 1989 (Felix Ravenna, Biblioteca 6), pp. 297-306.

Lydie Hadermann-Misguich, *La peinture monumentale des sanctuaires de Ninfa*, in: Luigi Fiorani (a cura di), *Ninfa. Una città, un giardino. Atti del Colloquio della Fondazione Camillo Caetani.* Roma, Sermoneta, Ninfa, 7–9 ottobre 1988, Roma 1990 (Pubblicazioni della Fondazione Camillo Caetani. Studi e documenti d'archivio 2), pp. 247–257.

Lydie Hadermann-Misguich, *Influence stylistique de Byzance sur les peintures médiévales de Ninfa (Latium)*, in: Lydie Hadermann-Misguich et al. (a cura di), *Le temps des Anges. Recueil d'études sur la peinture byzantine du XIIe siècle ses antécédents, son rayonnement*, Bruxelles 2005, pp. 131-139.

Anthony J. Hamber, *"A Higher Branch of the Art." Photographing the Fine Arts in England, 1839–1880*, Amsterdam et al. 1996.

Charles Hamilton Aïdé, *Eleonore and other poems*, London 1856.

Birgit Hammers, *Faszination Pflanze. Die Fotobücher von Karl Blossfeldt*, in: Manfred Heiting-Roland Jaeger (a cura di), *Autopsie. Deutschsprachige Fotobücher 1918 bis 1945*, Göttingen 2012, Bd. 1, pp. 188–201.

Augustus J. S. Hare, *The Volscian Hills. Pictures of Italian Life.* IV, in: *Good Words*, London 1873, pp. 606–611.

Augustus J. C. Hare, *Days near Rome*, 2 voll., London 1875, Philadelphia 1875. Rist.: London 1884, 1906, 1907. New York 1895, 1902.

Augustus J. C. Hare, *Days near Rome*, 2 voll., London 1875. Recensione in: "Dublin Review. A Quarterly and Critical Journal", London 1875, pp. 438–454.

Augustus J. C. Hare, *The story of my life*, 6 Vol., London 1896–1900.

Florian Hartmann, Hadrian I. (772–795). Frühmittelalterliches Adelspapsttum und die Lösung Roms vom byzantinischen Kaiser, Stuttgart 2006 (Päpste und Papsttum 34).

Florian Hartmann, *L'"Adelspapsttum" nel secolo VIII*, in: "Rivista di storia della chiesa in Italia" 63, 2009, pp. 363–377.

Günter Hartmann, *Die Ruine im Landschaftsgarten. Ihre Bedeutung für den frühen Historismus und die Landschaftsmalerei der Romantik*, Worms 1981.

Franz Josef Hausmann, *Eine vergessene Berühmtheit des 18. Jahrhunderts. Der Graf Caylus, Gelehrter und Literat*, in: "Deutsche Vierteljahresschrift für Literaturwissenschaft und Geistesgeschichte" 53, 1979, pp. 191–209. https://www.digizeitschriften.de/dms/img/?PID=GDZPPN002972077&physid=phys213#navi

Elizabeth Hazelton Haight, *Italy Old and New*, New York 1922.

Ulla Heise, *Kanoldt, Edmund Friedrich*, in: AKL https://www.degruyter.com/database/AKL/entry/_00085793/html (consultato il 7. 1. 2022).

Karin Hellwig, *Zwei Deutschrömer. Edmund und Alexander Kanoldt*, in: *Väter & Söhne. Konfrontation und Gleichklang: Marc, Kanoldt, Jawlensky, Feininger, Geiger*, Miesbach 2016, pp. 46–59.

Charles Isidore Hemans, *A History of Mediaeval Christianity and Sacred Art in Italy (A.D. 900–1450. In Rome from 1350 to 1500)*, 2 voll., Florence-London 1869–1872.

Hanno Henke, *Grundzüge der geschichtlichen Entwicklung des internationalen Naturschutzes*, in: "Natur und Landschaft" 65 (1990), pp. 106–112.

Dieter Hennebo / Alfred Hoffmann, *Geschichte der deutschen Gartenkunst*, 3 voll., Hamburg 1962–1965; rist.: Königstein 1981.

Federico Hermanin, *Ninfa. Das mittelalterliche Pompei der römischen Kampagna*, in: "Vom Fels zum Meer. Die weite Welt. Illustrierte-Zeitung" 24, Heft 6 (1904), pp. 376–380.

Woldemar Hermann, *Tagebuch meines Wirkungskreises in der Architektur*, hrsg. von Eckhart Schleinitz und Michael Schleinitz, Radebeul 2006.

Peter Hertner, *Banken und Kapitalbildung in der Giolitti-Ära*, in: "Quellen und Forschungen aus italienischen Archiven und Bibliotheken" 58 (1978), pp. 466–565.

Kurt Hielscher, *Italien. Baukunst und Landschaft*, Berlin 1925.

Kurt Hielscher, *Die ewige Stadt. Erinnerungen an Rom*, Berlin 1925.

Kurt Hielscher, *Unbekanntes Italien*, Leipzig 1939; ²1941.

Friederike Hillbrand-Grill, *Schrutka von Rechtenstamm, Marianne*, in: ÖBL, Bd. 11, 1998, p. 267. http://www.biographien.ac.at/oebl/oebl_S/Schrutka- Rechtenstamm_Marianne_1855_1947.xml

Alex W. Hinrichsen, Baedeker's Reisehandbücher: 1832–1990. Bibliographie 1832–1944. Verzeichnis 1948–1990. Verlagsgeschichte, Bevern ²1991.

Christina Hofmann / Randall-Samuel Silva, *Italiensehnsucht. Zeichnungen und Aquarelle aus der Sammlung Dr. Ruprecht Kamlah. Ausstellung in der Universitätsbibliothek Erlangen-Nürnberg. 27.10. bis 17.11. 2021*, Erlangen 2021.

Alfred Hoffmann, *Der Landschaftsgarten*, Hamburg 1963 (Geschichte der deutschen Gartenkunst 3).

Mary Howitt, *Lost Cities of the Campagna.* II. *Nympha*, in: "The Leisure Hours. A Family Journal of Instruction and Recreation", n. 1119 (7. June 1873), pp. 365–368.

Rudolf Hüls, *Paulus Gaytanus da Marmossolio (ca. 1400–ca. 1450). Un abate produttore di vino, commerciante di bestiame, prestatore*

di denaro e padre di famiglia, ma senza monaci, in: "Latium" 34 (2017), pp. 5–16. https://vergleichendelandesgeschichte.geschichte.uni-mainz.de/forschung-schwerpunkte-und-projekte/italien-und-rom/ninfa-das-pompeji-des-mittelalters/

Rudolf Hüls, *I quaterni del notaio Antonio di Mastro Pietro alias Tuzi (sec. XIV): una fonte straordinaria sulla vita politica, sociale, economica e culturale nell'area di Sermoneta e Ninfa*, in: "Latium" 36 (2019), pp. 29–74. https://vergleichendelandesgeschichte.geschichte.uni-mainz.de/forschung-schwerpunkte-und-projekte/italien-und-rom/ninfa-das-pompeji-des-mittelalters/

Rudolf Hüls, *Descrizione dei Quaterni del notaio Tuzi di Sermoneta*, in: "Latium" 37 (2020), pp. 47–82. https://vergleichendelandesgeschichte.geschichte.uni-mainz.de/files/2021/10/Huls-37-2020.pdf

John Dixon Hunt, *The Genius of the Place. The English Landscape Garden 1620–1820*, London 1979.

John Dixon Hunt, *The Picturesque Garden in Europe*, London 2003.

Bogdan Graf von Hutten-Czapski, *Sechzig Jahre Politik und Gesellschaft*, Bd. 1, Berlin 1936.

Frances Kinsley Hutchinson, *Motoring in the Balkans. Along the Highways of Dalmatia, Montenegro, the Herzegovina and Bosnia*, Chicago 1909; [2]London-Chicago 1910.

Aldous Huxley, *Along the Road. Notes and Essays of a Tourist*, London 1922.

LeRoy Ireland, *The Works of George Inness. An Illustrated Catalogue Raisonné*, Austin, Texas 1965.

Italia. Viaggio pittoresco dalle Alpi all'Etna. Carl Stieler, Eduard Paulus, Woldemar Kaden, Milano 1876; [3]1885; 4° ed.:1890; rist.: Courmayeur 1982 e Segrate 1987.

Italien. Eine Wanderung von den Alpen bis zum Aetna. In Schilderungen von Karl Stieler, Eduard Paulus, Woldemar Kaden, Stuttgart 1876; [2]1880.

Italien. En Rejse fra Alperne til Ætna, Karl Stieler, Eduard Paulus, Woldemar Kaden, København 1877.

Italien. En vandring från Aperna till Aetna, Karl Stieler, Carl Rupert Nyblom, Stockholm 1877.

Italy from the Alps to Mount Etna. Karl Stieler, Eduard Paulus, Woldemar Kaden. Translated by Frances Eleanor Trollope. Edited by Thomas Adolphus Trollope, London 1877; New York 1880; London 1886, 1890, 1903.

Roland Jaeger, *Pionier der Reisebildbände. Die Fotobücher des 'Bildrhapsoden' Kurt Hielscher*, in: Manfred Heiting-Roland Jaeger (a cura di), *Autopsie*. Bd. 2*: Deutschsprachige Fotobücher 1918 bis 1945*, Göttingen 2014, pp. 194–217.

Henry James, *Italian Hours*, New York-London 1909.

Henry Jenkins, *Convergence Culture. Where Old and New Media Collide*, New York 2006.

Jerichau, Harald, in: AKL https://www.degruyter.com/database/AKL/entry/_00091663/html (consultato il 25. 1. 2022).

Paul Joanne, *Italie*. Vol. 2: *Italie du centre. Bologne, Florence et Rome*, Paris 1893.

Max Jordan, *Beschreibendes Verzeichniss der Kunstwerke in der königlichen National Nationalgalerie zu Berlin*, Berlino 1876.

Max Jordan, *Katalog der Königlichen Nationalgalerie zu Berlin, Beschreibung des Gebäudes. Geschichte der Sammlung, Verzeichniss sämmtlicher Kunstwerke*, 8a ed., Berlin 1888.

Max Jordan (a cura di), *Friedrich Preller der Jüngere. Tagebücher des Künstlers*, München 1904.

Bernhard Jussen (a cura di), *Liebig's Sammelbilder. Vollständige Ausgabe der Serien 1 bis 1138*. 6900 Abbildungen, Berlin 2008 (Atlas des historischen Bildwissens 1).

Woldemar Kaden, Bilder aus Italien, Ninfa, das Vineta der Volskerberge, in: "Illustrirte Zeitung" 82, n. 2120, 16. Februar 1884, pp. 129–130.

Tomas H. Kaiser, *Zwischen Philosophie und Spiritismus. Annäherungen an Leben und Werk von Carl du Prel*, Saarbrücken 2008.

Günter Karhof-Willi Köhne, *Mythos Italien. Reise-Erinnerungen von Italienreisenden aus 250 Jahren*, Bochum 2007.

Marie Luise Kaschnitz, *Engelsbrücke. Römische Betrachtungen*, Hamburg 1955.

Wolfgang Kaschuba, *Die Fußreise – Von der Arbeitswanderung zur bürgerlichen Bildungsbewegung*, in: Hermann Bausinger-Klaus Beyrer-Gottfried Korff (a cura di), *Reisekultur. Von der Pilgerfahrt zum modernen Tourismus*, München 1991, pp. 165–173.

Eberhard Kasten, *Karl Lindemann-Frommel*, in: AKL https://www.degruyter.com/database/AKL/entry/_00114274/html (consultato il 1. 5. 2022).

Eberhard Kasten, *Werner, Carl Friedrich Heinrich*, in: AKL https://www.degruyter.com/database/AKL/entry/_00180572/html. (consultato il 5. 1. 2022).

Paul Fridolin Kehr, *Italia pontificia sive repertorium privilegiorum et litterarum a Romanis pontificibus ante annum MCLXXXXVIII Italiae ecclesiis, monasteriis, civitatibus singulisque personis concessorum*. Vol. 2: *Latium*, Berlin 1907.

Lars-Broder Keil, *Die "Dreiecksbeziehung" Bölsche-Haeckel-Allmers*, in: *Hinter der Weltstadt. Mitteilungen des Kulturhistorischen Vereins Friedrichshagen e.V.*, 33, Berlin 2021, pp. 63–69.

Lars-Broder Keil / Ronald Vierock, *Die Hauptsache ist mir doch, dass Dich das Ganze gefesselt hat. Zweiter Teil der Spurensuche nach Johannes Schubert aus Friedrichshagen bringt seine Freundschaft mit Wilhelm Bölsche ans Licht*, in: *Hinter der Weltstadt. Mitteilungen des Kulturhistorischen Vereins Friedrichshagen e. V.*, 34, Berlin 2021, pp. 47–54.

Heinz Kindermann / Margret Dietrich, *Taschenlexikon der deutschen Literatur*. Neuausgabe übers., bearbeitet, ergänzt und vermehrt von Ernst Johann, München 1958.

Udo Kittelmann / Birgit Verwiebe / Angelika Wesenberg (a cura di), *Die Sammlung des Bankiers Wagener. Die Gründung der Nationalgalerie*, Leipzig 2011.

Udo Kittelmann / Birgit Verwiebe (a cura di), *August Kopisch. Maler, Dichter, Entdecker, Erfinder*, Dresden 2016.

Udo Kittelmann, *Fliegt Geister, fliegt, erregt die Luft... Wer bitte? August Kopisch?*, in: Udo Kittelmann-Birgit Verwiebe (a cura di), *August Kopisch. Maler, Dichter, Entdecker, Erfinder*, Dresden 2016, pp. 13–17.

Edwin Klebs, *Die allgemeine Pathologie oder die Lehre von den Ursachen und dem Wesen der Krankheitsprocesse. Ein Handbuch für Studierende und Aerzte*. Theil 1: *Die Krankheitsursachen, allgemeine pathologische Aetiologie*, Jena 1887

Edwin Klebs, *Corrado Tommasi Crudeli. Studi sulla natura della malaria*, Roma 1879.

Gabriele M. Knoll, *Reisen als Geschäft. Die Anfänge des organisierten Tourismus*, in: Hermann Bausinger-Klaus Beyrer-Gottfried Korff (a cura di), *Reisekultur. Von der Pilgerfahrt zum modernen Tourismus*, München 1991, pp. 336–343.

Werner Köhler, *Klebs, Theodor Albrecht Edwin*, in: Werner E. Gerabek-Bernhard D. Haage-Gundolf Keil-Wolfgang Wegner (a cura di), *Enzyklopädie Medizingeschichte*, Berlin-New York 2005, pp. 755–756.

Hans Königer (a cura di), *Wilhelm Waiblingers Werke und Briefe*. Bd. 4: *Reisebilder aus Italien*, Stuttgart 1988 (Veröffentlichungen der Deutschen Schillergesellschaft 37), pp. 429–452.

Hans Köster, *Langewiesche, Karl Robert*, in: NDB, 13, Berlin 1982, pp. 594–595 https://daten.digitale-sammlungen.de/0001/bsb00016330/images/index.html?seite=610

Georg Kolbe, in: AKL https://www.degruyter.com/database/AKL/entry/_20010012/html. (consultato il 9. 1. 2022).

Martin Krach, *Sehr viel Geld und Zeit dazu spart, wer als Rad fährt NSU. Ein fahrradgeschichtlicher Rückblick der Firma NSU 1886–1963*, ²Heilbronn 2001.

Helmut Kronthaler, *Lear, Edward*, in: AKL https://www.degruyter.com/database/AKL/entry/_00116541/html (consultato il 1. 5. 2022).

Martina Krüger, *Vineta. Trugbilder. Suche in Chroniken und Sagen, mit Spaten und Pinsel, in der Literatur und auf dem Theater*, Anklam 2016.

Martha Küssner, *Der Gaußschüler Johann Heinrich Westphal (1794–1831). Astronom, Topograph*, in: Gauss-Gesellschaft e.V. Göttingen, *Mitteilungen* 18 (1981), pp. 29–48.

E. von Kupfer, *Zwei todte Städte*, in: *Der Deutsche Correspondent*, Baltimore Maryland, 7. Juli 1901, *Der Sonntags-Correspondent*.

Patrick Kupper, *Umweltgeschichte*, Göttingen 2021.

Joseph Jérôme Le Français (de) Lalande, *Voyage D' Un François En Italie. Fait Dans Les Années 1765 & 1766. Contenant l'Histoire & les Anecdotes les plus singulières de l'Italie, & sa description; les Moeurs, les Usages, le Gouvernement, le Commerce, la Littérature, les Arts, l'Histoire Naturelle, & les Antiquités; avec des jugemens sur les Ouvrages de Peinture, Sculpture & Architecture, & les Plans de toutes les grandes villes d'Italie*, 8 voll., Venezia et al. 1769. Seconda edizione con il titolo: *Voyage en Italie*, 9 voll., Paris 1786. Terza edizione in 7 voll.: Genève 1790.

La Mara, *Im Lande der Sehnsucht. Cicerone durch italische Kunst und Natur*, Leipzig 1901.

Wilhelm Lang, *Die Papstwahl von 1159 und ihre Folgen*, in: "Im neuen Reich. Wochenschrift für das Leben des deutschen Volkes in Staat, Wissenschaft und Kunst" 3,1 (1873), pp. 937–942.

Landschaftsmaler F. Schreyer, in: "Die Gartenlaube" 1902, p. 904.

Matteo Lanzi, *Diatomee del lago di Cotronia*, in: *Atti della pontificia accademia romana dei nuovi Lincei* 55, Roma 1901/1902, pp. 145–147.

Elisabeth Lanzinger, *Konzeptentwicklung und Erstellung eines fotorealistischen dreidimensionalen Modells mittelalterlicher Ruinen aus terrestrischen Laserscan- und Photogrammetriedaten.* Bachelor of Engineering, University of Applied Sciences München 2014.

Hans Lamer, *Congresso Internazionale di Scienze Storiche*, in: "Neue Jahrbücher für das klassische Altertum, Geschichte und deutsche Literatur und für Pädagogik" 12, 1903, pp. 374–376.

Arturo Larcati, *Ingeborg Bachmanns italienische Korrespondenz. Vorbemerkungen zu einem Editionsprojekt*, in: Fabrizio Cambi-Arturo Larcati-Giuliano Lozzi-Isolde Schiffermüller (a cura di), *Ingeborg Bachmann in aktueller Sicht. Perspektiven der Forschung*, Roma 2016, pp. 33–57.

Iris Lauterbach, *The European Landscape Garden, ca. 1710–1800* (Published: 2017-07-03). http://ieg-ego.eu/en/threads/models-and-stereotypes/anglophilia/iris-lauterbach-the-european-landscape-garden-ca-1710-1800?set_language=en&-C=

Edward Lear, *Illustrated Excursions in Italy*, 2 voll., London 1846.

Lebensbilder aus der Dresdner Künstlerwelt: Th. L. Choulant , in: *Fünfte Beilage zu n. 174 des Dresdner Anzeigers*, 23. Juni 1878, pp. 19–20.

Rudolf Lehmann, *An Artist's Reminiscences*, London 1894.

Rudolf Lehmann, *Erinnerungen eines Künstlers*, Berlin 1896.

Mathis Leibetseder, *Die Kavalierstour. Adlige Erziehungsreisen im 17. und 18. Jahrhundert*, Köln et al. 2004 (Beihefte zum Archiv für Kulturgeschichte 56).

Theodor Lessing, *Kultur und Nerven. Kleine Schriften 1908–1909*, hrsg. von Rainer Marwedel, Bd. 1: *Texte*, Göttingen 2021.

Emmi Lewald, *Das Hausbrod des Lebens*, Berlin 1908.

Hermann Arthur Lier, *Werner, Karl Friedrich Heinrich*, in: ADB 42, Leipzig 1897, pp. 61–63. https://de.wikisource.org/wiki/ADB:Werner,_Carl

Ed. Liesegang, *Fabrik für Projektions-Apparate, Kinematographen und Lichtbilder; gegründet 1854 Düsseldorf*, Charlottenburg 1926 (Industrie und Handel 19).

Liesegang's Glasphotogramme für Lichtbildapparate, Düsseldorf 1899.

Life and Letters of Mandell Creighton. By his wife. In 2 Volumes. With Portraits and Other Illustrations, 2 voll., London et al. 1904; ²London et al. 1918.

Johann Wilhelm Sigismund Lindner (ed.), *Westphal (Johann Heinrich)*, in: *Das gelehrte Teutschland oder Lexikon der jetzt lebenden teutschen Schriftsteller*. Angefangen von Georg Christoph Hamberger, fortgesetzt von Johann Georg Meusel. Bd. 21, hrsg. von Johann Samuel Ersch, Lemgo 1827, p. 517.

Antonio Linoli, *Twenty-Six Centuries of Reclamation and Agricultural Improvement on the Pontine Marshes*, in: Christoph Ohlig (a cura di), *Integrated Land and Water Resources Management in History. Proceedings of the Special Session on History*, May 16th, 2005, ICID 21. European Regional Conference 2005, 15–19 May 2005, Frankfurt (Oder), Germany and Słubice (Poland), Siegburg 2005 (Schriften der Deutschen Wasserhistorischen Gesellschaft (DWhG) e.V. Sonderband 2), pp. 27–56.

Valeria Locarini, *Integrazione di un impianto idroelettrico nel Monumento Naturale Giardino di Ninfa*. Tesi magistrale in Ingegneria Civile, Sapienza Università di Roma, 2020/21.

Filippo Lombardini, *Della istoria di Sezze*, Velletri 1876.

James Lord, *A Gift for Admiration. Further Memoirs*, New York 1998.

Achille Luchaire, *Innocent III. Rome et l'Italie*, Paris 1904.

Piotr Łukaszewicz, Kopisch, August, in: AKL https://www.degruyter.com/database/AKL/entry/_00102177/html (consultato il 7. 1. 2022).

Rose Macaulay, *Pleasure of Ruins*, London 1953.

Karoline Machleidt, *Coleman, Enrico*, in: AKL https://www.degruyter.com/database/AKL/entry/_10167916/html (consultato l'8. 1. 2022).

Charles R. Mack / Lynn Robertson, *John Izard Middleton. His Life and Art*, in: Charles R. Mack-Lynn Robertson (a cura di), *John Izard Middleton, The Roman Remains. John Izard Middleton's Visual Souvenirs of 1820–1823. With Additional Views in Italy, France, and Switzerland*, Columbia, SC 1997, pp. 3–16.

Louis Madelin, *La Rome de Napoleon. La domination francaise à Rome de 1809 a 1814*, Paris 1906 ; 4a ed.: Paris 1927.

René Maere, *Xavier Barbier de Montault*, in: Charles Herbermann (a cura di), *Catholic Encyclopedia*, vol. 10, New York 1911. https://en.wikisource.org/wiki/Catholic_Encyclopedia_(1913)/Xavier_Barbier_de_Montault

Jean-Claude Maire Vigueur, *La thèse de Pierre Toubert: un essai d'histoire totale*, in: "Bullettino dell'Istituto storico italiano per il medio evo" 86, 1976/77, pp. 217–234.

Renato Mammucari, *La Campagna romana. Immagini dal passato. Un affascinante viaggio ideale attraverso i dipinti dei "XXV della Campagna romana" che la conobbero, l'amarono e l'immortalarono prima della recente trasformazione dell'ambiente e del territorio*, Roma 1991.

Renato Mammucari, *Viaggio a Roma e nella sua Campagna. Pittori e letterati alla scoperta del paesaggio e alla ricerca delle magiche atmosfere di un mondo perduto dalla mitica stagione del Grand Tour agli inizi del nostro secolo*, Roma 1997.

Renato Mammucari, *Viaggio a Roma e nella sua Campagna. Pittori e letterati alla scoperta del paesaggio e delle magiche atmosfere di un mondo perduto*, Roma 2007.

Renato Mammucari, *Il Grand Tour e "lo spirito della storia". Testimonianze e memorie di viaggio (dal XVI al XIX secolo)*, in: Marina Formica (a cura di), *Roma e la Campagna romana nel Grand Tour. Atti del convegno interdisciplinare*. Monte Porzio Catone, Roma, 17–18 maggio 2008, Roma et al. 2009 (Percorsi 119), pp. 89–104.

Renato Mammucari, *Velletri. Da metà del viaggio nello spazio a mito dell'anima nel tempo*, Città di Castello 2017.

Renato Mammucari / Rigel Langella, *I pittori della Malaria dalla Campagna romana alle Paludi pontine. Vedute e costumi dell'Agro attraverso i dipinti degli artisti italiani e stranieri che ne lasciarono memoria prima della radicale trasformazione dell'ambiente e del territorio*, Roma 1999.

Renato Mammucari / Michela Sagnelli / Barbara Todini (a cura di), *Viaggio da Roma alle Paludi con Goethe per "Volkmann". Da mèta a mito dell'anima. Roma, campagna, castelli, paludi, costume*, Velletri 2003.

Rosaria Mancini / Cristina Rossana, *La cinta muraria della città di Ninfa*, in: "Quaderni dell'Istituto di Storia dell'Architettura", N.S. 31 (1998), pp. 75–80.

Horace Mann, *The Lives of the Popes in the Early Middle Ages*. Vol. 10: *1159–1198*, London 1914; [2]London 1925.

Horace Mann, *The Portraits of the Popes*, in: "Papers of the British School at Rome" 9 (1920), pp. 159–204.

Federico.Marazzi, *Il Patrimonium Appiae: beni fondiari della Chiesa Romana nel territorio suburbano della via Appia fra IV e IX secolo*, in: Stefania Quilici Gigli (a cura di), *La Via Appia. Decimo incontro di studio del Comitato per l'Archeologia Laziale*, Roma 1990, pp. 117–126.

Federico.Marazzi, *I "Patrimonia Sanctae Romanae Ecclesiae" nel Lazio (secoli 4–10). Struttura amministrativa e prassi gestionali*, Roma 1998 (Istituto Storico Italiano per il Medioevo. Nuovi Studi Storici 37).

Federico.Marazzi, *Il Liber Pontificalis e la fondazione delle Domuscultae*, in: Hermann Geertman (a cura di), *Atti del Colloquio Internazionale Il Liber Pontificalis e la storia materiale*, Roma 2003 (Mededelingen van het Nederlands Instituut te Rome 60–61), pp. 167–188.

Federico.Marazzi, *La configurazione istituzionale del potere pontificio nel quadro del processo di territorializzazione dei "Patrimonia Sancti Petri" (VIII-IX secolo)*, in: Jean-Marie Martin-Annick Peters Custot-Vivien Prigent (a cura di), *L'heritage byzantin en Italie (VIIIe–XIIe siècle)*. Vol. 2: *Les cadres juridiques et sociaux et les institutions publiques*, Roma 2012 (Collection de l'École Française de Rome 461).

Giuseppe Marchetti Longhi, *Castelli italiani. Ninfa nella regione pontina*, in: "Palladio", NS, 14 (1964), pp. 3–27.

Laura Marcucci, *Il Vignola, Francesco da Volterra e la committenza Caetani nella seconda metà del Cinquecento*, in: Luigi Fiorani (a cura di), *Sermoneta e i Caetani. Dinamiche politiche, sociali e culturali di un territorio tra medioevo e età moderna. Atti del Convegno della Fondazione Camillo Caetani*. Roma, Sermoneta, 16–19 giugno 1993, Roma 1999 (Pubblicazioni della Fondazione Camillo Caetani. Studi e documenti d'archivio 9), pp. 501–532.

Adrian Margaux, *The Paintings of Enrique Serra*, in: "Studio" 49 (1910), pp. 297–300.

Giuseppe Marocco, *Monumenti dello Stato pontificio e relazione topografica di ogni paese opera*, 14 voll., Roma 1833–1836.

Giuseppe Marocco, *Monumenti dello Stato Pontificio e relazione topografica di ogni paese*. Vol. 5: *Lazio e sue memorie*, Roma 1834.

Giuseppe Marocco, *Monumenti dello Stato Pontificio e relazione topografica di ogni paese*. Vol. 13: *Religione, antichità, costumi, e prodotti*, Roma 1836.

Pierre Martens, *Auguste Gravis*, in "Annuaire de l'Académie Royale des Sciences, des Lettres et des Beaux-Arts de Belgique", 1979, pp. 2–32.

Michael Matheus, *Rom*, in: Pim den Boer-Heinz Duchhardt-Georg Kreis-Wolfgang Schmale (a cura di), *Europäische Erinnerungsorte*. Bd. 2: *Das Haus Europa*, München 2012, pp. 263–279.

Michael Matheus (con la collaborazione di Anna Maria Voci e Gabriele Turban-Lang), *Die Ruinenstadt Ninfa. Eine Anthologie*. Pubblicazione prevista per il 2024.

André Maurel, *Paysages d'Italie*. Vol. 1: *De Florence à Naples*, Paris 1913.

Golo Maurer, *Preußen am Tarpejischen Felsen. Chronik eines absehbaren Sturzes. Die Geschichte des deutschen Kapitols 1817–1918,* Regensburg 2005.

Golo Maurer, *Rom wie es war – und wie es wirklich ist. Rombilder von Wilhelm v. Humboldt bis Gustav Nicolai,* in: Martin Wallraff-Michael Matheus-Jörg Lauster (a cura di), *Rombilder im deutschsprachigen Protestantismus. Begegnungen mit der Stadt im "langen 19. Jahrhundert",* Tübingen 2011, pp. 203–222.

Golo Maurer, *Viaggiatori e pittori tedeschi in Italia nell'Ottocento,* in: Isabella Salvagni-Margherita Fratarcangeli (a cura di), *Oltre Roma. Nei Colli Albani e Prenestini al tempo del Grand Tour,* Roma 2012, pp. 223–231.

Golo Maurer, *Italien als Erlebnis und Vorstellung. Landschaftswahrnehmung deutscher Künstler und Reisender 1760–1870,* Regensburg 2015.

Golo Maurer, *"Rom-Angst." The Difficult Lives of German Artists in Nineteenth-Century Rome,* in: Ariane Varela Braga-Thomas-Leo True (a cura di), *Roma e gli artisti stranieri. Integrazione, reti e identità (XVI-XX s.)* Roma 2018, pp. 211- 220.

Golo Maurer, *Arkadien? Italiensehnsucht – Facetten einer deutschen Fixierung,* Frankfurt am Main 2019.

Golo Maurer, *Heimreisen. Goethe, Italien und die Suche der Deutschen nach sich selbst,* Hamburg 2021.

Michael Maurer, *Italienreisen. Kunst und Konfession,* in: Hermann Bausinger-Klaus Beyrer-Gottfried Korff (a cura di), *Reisekultur. Von der Pilgerfahrt zum modernen Tourismus,* München 1991, pp. 221–229.

Albert Meier, *Volkmann,* in: Walther Killy (a cura di), *Literatur Lexikon,* vol. 12, Gütersloh, Monaco 1992, pp. 56–57.

Günter Meißner, Anivitti, Filippo, in: AKL https://www.degruyter.com/database/AKL/entry/_10072533/html. (consultato l'8. 1. 2022).

Günter Meißner, *Gioja, Edoardo,* in: AKL https://www.degruyter.com/database/AKL/entry/_00070135T/html (consultato il 1. 8. 2022).

Lionello Menasse, *La bonificazione pontina.* Prefazione di Carlo Masini, Latina 1965.

Ursula Merkel (redazione), *Edmund Kanoldt. Landschaft als Abbild der Sehnsucht. Katalog der Ausstellung in der Städtischen Galerie im Prinz Max Palais Karlsruhe 10. Dezember 1994 bis 19. Februar 1995,* Karlsruhe 1994.

Nicola Merola, *Cervesato, Arnaldo,* in: DBI, 24, 1980. https://www.treccani.it/enciclopedia/arnaldo-cervesato_(Dizionario-Biografico)/

Constant J. Mews, *Celebrating a Holy Theft. The translation of the relics of St Thomas Aquinas from Italy to France and the "Poissy Antiphonal",* in: Gregory C. Kratzmann (a cura di), *Imagination, Books and Community in Medieval Europe.* Papers of a Conference Held at the State Library of Victoria, Melbourne, Australia, 29–31 may, 2008, in Conjunction with an Exhibition "The Medieval Imagination", 28 March–15 June 2008, South Yarra 2009, pp. 241–245.

Constant J. Mews, *Remembering the Translation of Thomas Aquinas from Italy to France on the Eve of the Great Schism,* in: Danielle Buschinger-Roy S. Rosenstein (a cura di), *De Christine de Pizan à Hans Robert Jauss: études offertes à Earl Jeffrey Richards par ses collègues et amis à l'occasion de son soixante-cinquième anniversaire,* Amiens 2017 (Médiévales 63), pp. 243–250.

John Izard Middleton, *Grecian Remains in Italy. A Description of Cyclopean Walls, and of Roman Antiquities. With Topographical and Picturesque Views of Ancient Latium,* London 1812.

Norbert Miller, *Rom. Einleitende Bemerkungen,* in: Conrad Wiedemann (a cura di), *Rom – Paris – London,* Stuttgart 1988 (Germanistische Symposien. Berichtsbände 8), pp. 197–202.

Norbert Miller, *Der Wanderer Goethe in Italien,* München 2002.

Norbert Miller, *Poetisch erschlossene Geschichte. Ferdinand Gregorovius' "Wanderjahre in Italien" und seine Dichtung über den Garten von Ninfa,* in: "Quellen und Forschungen aus italienischen Archiven und Bibliotheken" 96 (2016), pp. 389–411.

Gaetano Moroni, *Dizionario di erudizione storico-ecclesiastica da S. Pietro sino ai nostri giorni; specialmente intorno ai principali santi, beati, martiri, padri, ai sommi pontefici, cardinali e più celebri scrittori ecclesiastici, ai varii gradi della gerarchia della chiesa cattolica, alle cittá patriarcali, arcivescovoli e vescovili, agli scismi, alle eresie, ai concilii, alle feste più solenni, ai riti, alle ceremonie sacre, alle cappelle papali, cardinalizie e prelatizie, agli ordini religiosi, militari, equestri ed ospitalieri, non che Alla corte Romana ed alla famiglia pontificia.* Vol. 89, Venezia 1858.

Oscar Mothes, *Die Baukunst des Mittelalters in Italien von der ersten Entwicklung bis zu ihrer höchsten Blüthe,* 2 Bde., Jena 1884.

Hermann Alexander Müller, *Allgemeines Künstler-Lexicon. Leben und Werke der berühmtesten bildenden Künstler,* hrsg. von Hans Wolfgang Singer, Bd. 1, Frankfurt am Main 1895.

Siegfried Müller, *Zur Kulturgeschichte des Reisens. Deutsche Künstler in Rom und Umgebung im 18. und 19. Jahrhundert,* in: Brigitte Flug-Michael Matheus-Andreas Rehberg (a cura di), *Kurie und Region. Festschrift für Brigide Schwarz zum 65. Geburtstag,* Stuttgart 2005, pp, 325–337.

Angelika Müller-Scherf, *Edmund Kanoldt. Leben und Werk,* Pfaffenweiler 1992 (Kunstgeschichte 1).

Eugène Müntz, *La statue du pape Urban V au musée d'Avignon,* in: "Gazette archéologique" 9 (1884), pp. 98–104.

Le Mura di Roma disegnate da Sir William Gell, illustrate con testo e note da Antonio Nibby, Roma 1820.

Maria Rita Murgia, *Ernesto Gagliardi mediatore di cultura tra Italia e Germania a fine Ottocento,* in: Giuseppe Marci (a cura di), *Minori e minoranze tra Otto e Novecento.* Convegno di studi nel centenario della morte di Enrico Costa, 1841–1909) (Centro di studi filologici sardi 3), Cagliari 2009, pp. 289–296.

John Murray, *A Handbook of Rome and its Environs,* 5 ed.: London 1865 (Murray's foreign handbooks).

John Murray, *A Handbook of Rome and its environs,* ²London 1868 (Murray's Foreign Handbooks).

Johann Daniel Ferdinand Neigebaur, *Handbuch für Reisende in Italien,* Leipzig 1826.

Hans Joachim Neidhardt, Choulant, Ludwig Theodor, in: AKL https://www.degruyter.com/database/AKL/entry/_10163110/html (consultato il 5. 1. 2022).

Klara Nemeckova / Angela Nikolai, *Die Pflanzenwelt von Moritz Meurer und der Dresdener Disput um das Naturstudium,* in: Andreas Dehmer (Hrsg), *Im Reich der Flora,* in: "Dresdener Kunstblätter" 62 (2018/2), pp. 46–55.

Paola Nicita, *Hermanin, Federico,* in: DBI, 61, 2003. https://www.treccani.it/enciclopedia/federico-hermanin_%28Dizionario-Biografico%29/

Virginia Nightingale / Tim Dwyer (a cura di), *New Media Worlds. Challenges for Convergence,* South Melbourne et al. 2007.

Ninfa. Drei Novellen von Ida Boy-Ed, Hermine von Preuschen, Konrad Telmann, Dresden 1895.

Heinrich Nissen, *Italische Landeskunde.* Bd. 2/2: *Die Städte,* Berlin 1902.

Friedrich Noack, *Deutsches Leben in Rom 1700 bis 1900,* Stuttgart 1907.

Friedrich Noack, *Die römische Campagna,* Roma 1910.

Friedrich Noack, *Das Deutsche Rom,* Roma 1912.

Friedrich Noack, *Das Deutschtum in Rom seit dem Ausgang des Mittelalters,* 2 Bde., Stuttgart et al. 1927.

Friedrich Noack, *Lebenserinnerungen,* Freiburg 1927 (manoscritto inedito in mani private).

Thomas F. X. Noble, *The Republic of St. Peter. The Birth of the Papal State. 680 -825,* Philadelphia, Pa. 1984.

Thomas F. X. Noble, *Paradoxes and Possibilities in the Sources for Roman Society in the Early Middle Ages,* in: Julia Mary Howard Smith (a cura di), *Early Medieval Rome and the Christian West. Essays in Honour of Donald A. Bullough,* Leiden et al. 2000 (The medieval Mediterranean 28), pp. 55–83.

William North, *Roman Fever. The results of an inquiry during three years' residence on the spot into the origin, history, distribution and nature of the malarial fevers of the Roman campagna with especial reference to their supposed connection with pathogenic organisms,* London 1896

George F. H. Nuttall, *Forschungen über die Rolle der Mosquitos bei der Verbreitung der Malaria (Schluß),* in: "Centralblatt für Bakteriologie, Parasitenkunde und Infektionskrankheiten", Erste Abteilung 27 (1900), pp. 328–340.

Valentino Orsolini Cencelli, *Le paludi Pontine nella preistoria, nel mito, nella leggenda, nella storia, nella letteratura, nell'arte e nelle scienza,* Roma 1934.

Albert Orth, *Der Boden der pontinischen Sümpfe,* in: Otto N. Witt-Georg Pulvermacher (a cura di), *5. Internationaler Kongress für angewandte Chemie.* Berlin 2.-8. Juni 1903, Bd. 3, Berlino 1904, pp. 741–745.

Hanns-Josef Ortheil, *Faustinas Küsse,* München 2000.

Anno Ortmeier, *Taste und Imagination. Untersuchungen zur Literaturtheorie Joseph Addisons,* Frankfurt am Main et al. 1982 (Arbeiten zur Aesthetik, Didaktik, Literatur- und Sprachwissenschaft 8).

Jürgen Osterhammel, *Die Verwandlung der Welt. Eine Geschichte des 19. Jahrhunderts,* München 2009; 6a ed.: München 2020.

Stefan Oswald, *Italienbilder. Beiträge zur Wandlung der deutschen Italienauffassung 1770–1840,* Heidelberg 1985 (Germanisch-romanische Monatsschrift Beiheft 6).

Stefan Oswald, *Deutsche Künstler in Rom. Künstlerrepublik und christlicher Kunstverein,* in: Conrad Wiedemann (a cura di), *Rom – Paris – London,* Stuttgart 1988(Germanistische Symposien, Berichtsbände 8), pp. 260–273.

Anna Ottani Cavina (a cura di), *Un paese incantato. Italia dipinta. Da Thomas Jones a Corot,* Milano 2001.

Susan Owens, *Spirit of Place. Artists, Writers & the British Landscape,* London 2020.

Luciano Palermo, *La pesca nella palude. Le peschiere del territorio Pontino e la bonifica del XVIII secolo,* in: Giuseppe Doneddu-Alessandro Fiori (a cura di), *La pesca in Italia tra età moderna e contemporanea. Produzione, mercato, consumo,* Sassari 2003, pp. 335–376.

Luciano Palermo, *Pesca, peschiere e conflitti economici nell'area Pontina in età moderna,* in: Valdo D'Arienzo-Biagio Di Salvia (a cura di), *Pesci, barche, pescatori nell'area mediterranea dal Medioevo all'età contemporanea. Atti del quarto Convegno internazionale di studi sulla storia della pesca.* Fisciano, Vietri sul Mare, Cetara, 3–6 ottobre 2007, Milano 2010, pp. 333–354.

Luciano Palermo, *Sezze e le altre comunità pontine di fronte alla bonifica: progetti economici e conflitti di interessi nella prima età moderna,* in: Anna Esposito-Heidrun Ochs et al. (a cura di), *Trier – Mainz – Rom. Stationen, Wirkungsfelder, Netzwerke. Festschrift für Michael Matheus zum 60. Geburtstag,* Regensburg 2013, pp. 311–338.

Luciano Palermo / Donatella Strangio / Manuel Vaquero Piñeiro (a cura di), *La pesca nel Lazio. Storia economia problemi regionali a confronto. Atti del III Convegno Nazionale di Storia della Pesca.* Roma, 26–27 settembre 2003, Napoli 2007.

Ferruccio Pantalfini, *Patrimonio religioso dei Lepini. Un ideale itinerario storico-artistico,* in: Margherita Cancellieri-Francesco Maria Cifarelli-Domenico Palombi-Stefania Quilici Gigli (a cura di), *Tra memoria dell'antico e identità culturale. Tempi e protagonisti della scoperta dei Monti Lepini,* Roma 2012, pp. 100 -111.

Pietro Pantanelli, *Notizie storiche della terra di Sermoneta,* vol. 1, Roma 1911.

Sybille Pantazzi, *The Roman Advertiser, 1846–1849,* in: "Victorian Periodicals Review" 13 (1980), pp. 119–124.

Parisani, Napoleone, in: AKL https://www.degruyter.com/database/AKL/entry/_00100157/html (consultato l'8. 1. 2022).

Oronzo Parlangèli, *Dom Mauro Cassoni et son Oeuvre,* in: "Byzantion" 22 (1952), pp. 289–295.

Cecilia Parolini, *Contributo alla conoscenza della cartografia storica dei Monti Lepini,* in: Margherita Cancellieri-Francesco Maria Cifarelli-Domenico Palombi-Stefania Quilici Gigli (a cura di), *Tra memoria dell'antico e identità culturale. Tempi e protagonisti della scoperta dei Monti Lepini,* Roma 2012, pp. 112–117. (citato: Parolini 2012a)

Cecilia Parolini, *Johann Heinrich Westphal. Contorni di Roma Moderna (1829),* in: Margherita Cancellieri-Francesco Maria Cifarelli-Domenico Palombi-Stefania Quilici Gigli (a cura di), *Tra memoria dell'antico e identità culturale. Tempi e protagonisti della scoperta dei Monti Lepini,* Roma 2012, p. 200 (citato: Parolini 2012b)

Peter D. Partner, *Notes on the Lands of the Roman Church in the Early Middle Ages,* in: "Papers of the British School at Rome" 34 (1966), pp. 68–78.

Karl Josef Partsch, *Die Zoologische Station in Neapel. Modell internationaler Wissenschaftszusammenarbeit,* Göttingen 1980.

Elisa Parziale, *Insediamenti e viabilità nel Medioevo tra Velletri e Terracina. La via Appia, la via Pedemontana e le vie secondarie nel tratto pontino*, in: Marina Righetti (a cura di), *Una strada nel Medioevo. La via Appia da Roma a Terracina*, Roma 2014, pp. 69–138.

Susanna Passigli, *Fonti e documenti per la storia del territorio di Sermoneta*, in: Luigi Fiorani (a cura di), *Sermoneta e i Caetani. Dinamiche politiche, sociali e culturali di un territorio tra medioevo e età moderna. Atti del Convegno della Fondazione Camillo Caetani.* Roma, Sermoneta, 16–19 giugno 1993, Roma 1999 (Pubblicazioni della Fondazione Camillo Caetani. Studi e documenti d'archivio 9), pp. 35–40.

Sophie Pataky, *Lexikon deutscher Frauen der Feder*, Bd. 1, Berlin 1898.

Johannes Paulmann, *Globale Vorherrschaft und Fortschrittsglaube. Europa 1850–1914*, München 2019.

Paola Pavan, *Onorato III Caetani: un tentativo fallito di espansione territoriale*, in: *Studi sul Medioevo cristiano. Offerti a Raffaello Morghen per il 90. anniversario dell'Istituto Storico Italiano (1883–1973)*, 2 voll., Roma 1974 (Istituto Storico Italiano per il Medioevo. Studi storici 83–92): vol. 2, pp. 627 -667.

Paola Pavan, *Ninfa e i Caetani nel Quattrocento*, in: Luigi Fiorani (a cura di), *Ninfa. Una città, un giardino. Atti del Colloquio della Fondazione Camillo Caetani.* Roma, Sermoneta, Ninfa, 7–9 ottobre 1988, Roma 1990 (Pubblicazioni della Fondazione Camillo Caetani. Studi e documenti d'archivio 2), pp. 139–152.

Carlo Pavia, *Ninfa, il lago e il tempio*, in: "Lazio ieri e oggi" 30 (1994), pp. 334–336 (citato: Pavia 1994a)

Carlo Pavia, *Nel lago di Ninfa. Acque interne del Lazio*, in: "Archeologia viva" 45, (maggio/giugno 1994), pp. 31–34 (citato: Pavia 1994b).

Peter Payer, *Klang der Großstadt. Eine Geschichte des Hörens. Wien 1850–1914*, Wien et al. 2018.

Friedrich Pecht, *Eduard Schleich*, in: *Beilage zur Allgemeinen Zeitung*, Nr. 16, Freitag 16. Januar 1874, pp. 225–226.

Helen Pence, *The American Academy in Rome*, in: Herbert Jewett Barton et al., *Notes on the Teaching of Latin in High Schools*, Urbana, University of Illinois 1924, pp. 13–18.

Laura Pennacchia, *Il castello di Ninfa. Vicende storiche, tecniche costruttive ed evoluzione dei sistemi difensivi*, in: Giorgio Verdiani (a cura di), *Defensive Architecture of the Mediterranean. XV to XVIII Centuries*, vol. 4, Firenze 2016, pp. 53–60.

Penrose, Francis Cranmer, in: AKL https://www.degruyter.com/database/AKL/entry/_00120104/html (consultato il 1.6. 2021).

Giovanni Pesiri, Il quaderno delle spese del conte Onorato II Caetani per S. Maria di Fondi, S. Francesco di Traetto e per il monumento funebre in S. Francesco di Fondi (1487–1491), in: Annali del Lazio meridionale 21, 2021, pp. 15–34.

Ferdinando Petruccelli della Gattina, Les conclaves, in: Revue britannique. Revue internationale reproduisant les articles des meilleurs écrits périodiques de la Grande-Bretagne et de l'Amérique. Bruxelles 1867, vol. 1, pp. 281–294.

Ferdinando Petruccelli della Gattina, Histoire diplomatique des conclaves, 4 vol., Paris 1864–66.

Annalisa Pezzo, *Sartorio, Giulio Aristide*, in: DBI, 90, 2017. https://www.treccani.it/enciclopedia/giulio-aristide-sartorio_(Dizionario-Biografico)/

Paul Philippot, *La conservazione degli affreschi di Ninfa*, in: Luigi Fiorani (a cura di), *Ninfa. Una città, un giardino. Atti del Colloquio della Fondazione Camillo Caetani.* Roma, Sermoneta, Ninfa, 7–9 ottobre 1988, Roma 1990 (Pubblicazioni della Fondazione Camillo Caetani. Studi e documenti d'archivio 2), pp. 281–284.

Carlo Bartolomeo Piazza, *La Gerarchia Cardinalizia*, Roma 1703.

Marco Pierini, *Sartorio, Giulio Aristide*, in: AKL https://www.degruyter.com/database/AKL/entry/_00122072T/html (consultato il 17. 2. 2022)

Pierre Pinon, *Pierre-Adrien Pâris (1745–1819). Architecte, et les monuments antiques de Rome et de la Campanie*, Roma 2007 (Collection de l'École Française de Rome 378).

Cesare Pinzi, *Gli ospizi medioevali e l'ospedal-grande di Viterbo. Memorie storiche*, Viterbo 1893.

Jana Piper, *Ein Italienmythos im Wandel der Zeit? Goethes »Italienische Reise« im Film*, in: Alessandra Lombard- Lucia Mor-Nikola Roßbach (a cura di), *Reiseziel Italien. Moderne Konstruktionen kulturellen Wissens in Literatur – Sprache*, Frankfurt am Main 2014, pp. 173–190.

Dan Platt, *Through Italy with Car and Camera*, London 1908.

Dan Platt, *Viaggio di un collezionista in Italia con l'automobile e la macchina fotografica*. Introd. di Attilio Brilli, Bologna 2003.

Johann Christian Poggendorff, *Westphal, Johann Heinrich*, in: *Biographisch-Literarisches Handwörterbuch der exakten Naturwissenschaften*. Bd. 2, Leipzig 1863, col. 1306.

Frank Pohle (a cura di), *Alfred von Reumont (1808–1887). Ein Diplomat als kultureller Mittler*, Berlin 2015.

Ludwig Pollak, *Römische Memoiren. Künstler, Kunstliebhaber und Gelehrte 1893–1943*, a cura di Margarete Merkel Guldan, Roma 1994 (Studia archaeologica 72).

Pontinische Sümpfe, in: *Meyers Großes Konversations-Lexikon*. Bd. 16, Leipzig 1908, pp. 150–151 http://www.zeno.org/nid/20007274238

Antonio Quattranni (a cura di), *Cesare Pinzi, Viterbo e la sua storia. Lettere (1886–1916)*, Viterbo 2017.

Charles Quest-Ritson, *Ninfa. The Most Romantic Garden in the World*, London 2009.

Michael Quick, *Inness, George*, in: AKL https://www.degruyter.com/database/AKL/entry/_00082901/html (consultato il 7. 1. 2022).

Wilhelm Radenberg (a cura di), *Bilder aus Italien. Landschaft, Baukunst, Leben*, Düsseldorf-Leipzig 1909.

Riccardo Rao, *La gestione delle peschiere comunitarie nelle lagune. Un confronto fra l'area veneto-emiliana e quella laziale nel basso Medioevo*, in: Ivana Ait, Anna Esposito (a cura di), *Agricoltura, lavoro, società. Studi sul Medioevo per Alfio Cortonesi*, Bologna 2020, pp. 589–599.

Franz von Reber, *Die Ruinen Roms und der Campagna*, Leipzig 1863; [2]Leipzig 1879; rist.: Essen 1991.

Élisee Reclus, *Nouvelle géographie universelle. La terre et les hommes*. Vol. 1: *L'Europe méridionale (Grèce, Turquie, Roumanie, Serbie, Italie, Espagne et Portugal)*, Paris 1876.

Élisée Reclus, Attilio Brunialti, *L' Italia nella natura, nella storia, negli abitanti, nell'arte e nella vita presente*, vol. 2, Milano 1904.

Joachim Rees, *Die Kultur des Amateurs. Studien zu Leben und Werk von Anne Claude Philippe de Thubières, Comte de Caylus (1692–1765)*, Weimar 2007.

Ingeborg Reichle, *Fotografie und Lichtbild. Die 'unsichtbaren' Bildmedien in der Kunstgeschichte*, in: Anja Zimmermann (a cura di), *Sichtbarkeit und Medium. Austausch, Verknüpfung und Differenz naturwissenschaftlicher und ästhetischer Bildstrategien*, Hamburg 2005, pp. 169–181.

Marianne van Remoortel, *Women Editors and the Rise of the Illustrated Fashion Press in the Nineteenth Century*, in: "Nineteenth-Century Contexts", 39, 4 (2017), pp. 269–295.

Alfred von Reumont, *Römische Briefe von einem Florentiner 1837–1838*, Theil 1 und 2, Leipzig 1840; Teil 3 und 4, Leipzig 1844: *Neue Römische Briefe*, Teil 1 und 2.

Ricci, Dante, in: Luigi Servolini, *Dizionario illustrato degli incisori italiani moderni e contemporanei*, Milano 1955.

Ricci, Dante (1879), in: AKL. https://www.degruyter.com/database/AKL/entry/_00170684/html. (consultato l'8. 1. 2022.)

Susan Ricci Stebbins, *John Izard Middleton. Talent Enough to Be One of the First Men in America*, in: Maurie D. McInnis (a cura di), *In Pursuit of Refinement. Charlestonians Abroad, 1740–1860*, Columbia (South Carolina) 1999, pp. 65–86.

Dieter Richter, *Il mito della Grotta Azzurra. La nascita di un luogo romantico tra folklore, letteratura e viaggio*, Napoli 1995.

Dieter Richter (a cura di), *August Kopisch, Entdeckung der Blauen Grotte auf der Insel Capri*, Berlin 1997.

Dieter Richter, *Briganten am Wege. Deutsche Reisende und das Abenteuer Italien*, Frankfurt am Main-Leipzig 2002.

Dieter Richter, *Dichter Künstler, Lebenskünstler – August Kopischs romantische Existenz*, in: Udo Kittelmann, Birgit Verwiebe (a cura di), August Kopisch. Maler, Dichter, Entdecker, Erfinder, Dresda 2016, pp. 31–45 (citato: Richter, 2016a)

Dieter Richter (a cura di), *August Kopisch – Unbekannte Briefe von 1827 bis 1852*, in: Udo Kittelmann-Birgit Verwiebe (a cura di), *August Kopisch. Maler, Dichter, Entdecker, Erfinder*, Dresden 2016, pp. 204–230 (citato: Richter 2016b).

Marina Righetti (a cura di), *Una strada nel Medioevo. La via Appia da Roma a Terracina*, Roma 2014.

Catrin Ritter, *Audiffred, Charles-Édouard*, in: AKL https://www.degruyter.com/database/AKL/entry/_10097145/html (consultato il 1. 3. 2022).

Alexander Baron von Roberts, *Vom "historischen Kirchhof"*, in: *Neue Freie Presse* (Wien). *Morgenblatt*, Nr. 7505, 22. Juli 1885, pp. 1–3.

Gerhart Rodenwaldt, *Archäologisches Institut des Deutschen Reiches 1829–1929*, Berlin 1929

Roesler Franz, Ettore, in: AKL https://www.degruyter.com/database/AKL/entry/_00163435/html (consultato il 7. 1. 2022).

Christine Rohrschneider, *Glennie, Arthur*, in: AKL https://www.degruyter.com/database/AKL/entry/_00071922/html (consultato il 18. 1. 2022)

Christian August Robert Roller, *Das Tagebuch einer italienischen Reise*, hrsg. von Alfred G. Roth, in: "Burgdorfer Jahrbuch" 29 (1962), pp. 21–103; 30 (1963), pp. 13–134; 31 (1964), pp. 14–104.

Rom und die internationale Geschichtslehrer-Versammlung, in: *Badisches Museum. Beilage der Badischen Landeszeitung*, n. 34, 29. April 1903.

Giovanni Rosario Rocci (a cura di), *Pio VI, le paludi pontine, Terracina. Catalogo della mostra*, Terracina 1995.

Barbara T. Ross, *A Prime Teaching Collection at Princeton. The Platt and Mather Drawings*, in: "Master Drawings" 38/3 (2000), pp. 303–310.

Rossini, Angelo, in: Luigi Servolini, *Dizionario illustrato degli incisori italiani moderni e contemporanei*, Milano 1955, pp. 712–713.

Rossini, Angelo, in: AKL https://www.degruyter.com/database/AKL/entry/_00054943/html. (consultato l'8. 1. 2022).

Eberhard Roters, *Die Nationalgalerie und ihre Stifter. Mäzenatentum und staatliche Förderung in Dialog und Widerspruch*, in: Günter Braun (a cura di), *Mäzenatentum in Berlin*, Berlin et al. 1993, pp. 73–98.

Carsten Roth, *Conz, Gustav*, in: AKL https://www.degruyter.com/database/AKL/entry/_10170380/html (consultato il 7. 1. 2022).

Franz Rottensteiner, *Die gespenstische Eufemia Adlersfeld-Ballestrem*, in: Franz Rottensteiner, *Im Labor der Visionen. Anmerkungen zur phantastischen Literatur*, Lüneburg 2013, pp. 221–235.

Massimo Rubboli, *I Battisti. Un profilo storico-teologico dalle origini a oggi*, Torino 2011.

Alfred Ruhemann, *Die Pontinischen Sümpfe. Ihre Geschichte, ihre Zukunft; nebst einer Orientierungskarte*, Leipzig 1900 (Kennst du das Land? 15).

Roberto Rusconi, *Il papa santo negli ultimi secoli del Medioevo: tra Gregorio VII e Urbano V*, in: Franz J. Felten-Annette Kehnel-Stefan Weinfurter (a cura di), *Institution und Charisma. Festschrift für Gert Melville*, Köln et al. 2009, pp. 481–490.

Roberto Rusconi, *La gloria degli altari. I papi santi nella storia della Chiesa*, Milano 2012.

Roberto Rusconi, *Papi santi*, Brescia 2014.

Andrea Filippo Saba / Edgar H. Mayer (a cura di), *Storia ambientale. Una nuova frontiera storiografica. Atti del convegno tenuto presso la Fondazione Giangiacomo Feltrinelli*. Milano, 17–18 aprile 1997, Milano 2001.

Valentina Sagaria Rossi, *Un principe nel deserto. Leone Caetani nel Sinai e nel Sahara. I diari, le lettere, le fotografie (1888–1890)*, Roma 2019.

Robert Sallares, *Malaria and Rome. A History of Malaria in Ancient Italy*, Oxford et al. 2002.

Orlando e Oscar Sanguinetti, *Figurine e menu Liebig. Guida illustrata*, 11a ed., Milano 1990.

Jean Marie Sansterre, recensione a: Lydie Hadermann-Misguich, *Images de Ninfa. Peintures médiévales dans une ville ruinée du Latium*, in: "Byzantion" 57 (1987), pp. 546–549.

Sartorio, Giulio Aristide, in: Luigi Servolini, *Dizionario illustrato degli incisori italiani moderni e contemporanei*, Milano 1955, pp. 735–736.

Gabriele Saure, *Raurich Petre, Nicolau*, in: AKL https://www.degruyter.com/database/AKL/entry/_00173233/html (consultato il 3. 1. 2022).

Gabriele Saure, *Serra y Auque, Enrique*, in: AKL https://www.degruyter.com/database/AKL/entry/_00166092/html. (consultato il 9. 1. 2022).

Rosa Schapire (a cura di), *Hans Speckters Briefe aus Italien*, Hamburg et al. 1910.

Walther Scheidig, *Die Weimarer Malerschule: 1860–1900*, hrsg. von Renate Müller-Krumbach, Leipzig 1991.

Schianchi, Federico, in: AKL https://www.degruyter.com/database/AKL/entry/_9c4d1862-8984-48da-bc4a-1c86e04d4ed2/html (consultato l'8. 1. 2022).

Wolfgang Schieder, *Mythos Mussolini. Deutsche in Audienz beim Duce*, München 2013.

Marina Schinz / Susan Littlefield, *Visions of Paradise. Themes and Variations on the Garden*, London 1985,

Walther Schleinitz, *Aus Jugendtagen des romdeutschen Baumeisters und Malers Woldemar Hermann (1807–1878)*, Radebeul 2004.

Gustave Schlumberger, *Voyage dans les Abruzzes et les Pouilles (3.–17. mai 1914)*, in: "Revue des deux Mondes" 31 (1916), pp. 631–642 (citato: Schlumberger 1916a)

Gustave Schlumberger, *Voyage dans les Abruzzes et les Pouilles (3–17 mai 1914).* Avec gravures dans le Texte, Paris 1916 (citato: Schlumberger 1916b)

Ernst Schmid, *Die Pontinischen Sümpfe*, in: *Der Bund* 95, Nr. 97, 27. Februar 1944, p. 9.

Romedio Schmitz-Esser, *Italienische Barbarossabilder seit dem 19. Jahrhundert*, in: Knut Görich-Romedio Schmitz-Esser (a cura di), *Barbarossa Bilder. Entstehungskontexte, Erwartungshorizonte, Verwendungszusammenhänge*, Regensburg 2014, pp. 336–348.

Friedemann Schmoll, *Erinnerungen an die Natur. Die Geschichte des Naturschutzes im Kaiserreich*, Frankfurt am Main 2004 (Geschichte des Natur- und Umweltschutzes 2).

Friedemann Schmoll, *Natura selvaggia, paesaggio, relitti. Culture nazionali nella tutela della natura internazionale*, in: "Ricerche di storia politica" 1 (2018), pp. 19–34.

Ulrich Schneider, *Williams, Penry*, in: AKL https://www.degruyter.com/database/AKL/entry/_00160038/html (consultato il 4. 1. 2002).

Gustav Schollwöck, *Im Volskerland. Eine Reiseerinnerung aus Italien*, in: *Didaskalia*, Nr. 19 (19. Januar 1878); Nr. 20 (20. Januar 1878); Nr. 23 (23. Januar 1878); Nr. 25 (25. Januar 1878).

Bruno Schrader, *Die Römische Campagna*, Leipzig 1910 (Berühmte Kunststätten 49).

Schreyer, Franz (1858), in: AKL https://www.degruyter.com/database/AKL/entry/_00164549/html (consultato il 7. 1. 2022).

Marianne Schrutka, *Zwei italienische Skizzen. Den Genossen der 4. Wiener Universitätsreise 1.–20. April 1912 zu freundlicher Erinnerung*, Wien 1912.

Marianne Schrutka von Rechtenstamm, *Italienische Straßenjugend*, in: *Neue Freie Presse* (Wien), Nr. 16124, 12. April 1909, pp. 1–2.

Marianne Schrutka von Rechtenstamm, *»Kennst du das Land?« Blätter aus einem italischen Skizzenbuch*, Jena 1912.

Ludwig Schudt, *Italienreisen im 17. und 18. Jahrhundert*, Wien-München 1959 (Römische Forschungen der Bibliotheca Hertziana 15).

Christina Angela Schulze, *"Museum Ramboux.« Eine italienische Stilgeschichte in Kopien von Johann Anton Ramboux (1790–1866) an der Königlichen Kunstakademie Düsseldorf (1841–1918)*, 2 Bde., Diss. Università di Vienna 2011. http://othes.univie.ac.at/15740/1/2011-02-02_0848350.pdf.

Christina Angela Schulze, *Johann Anton Ramboux und Italien*, in: Ulf Sölter (a cura di), *Italien so nah. Johann Anton Ramboux (1790–1866)*, Köln 2016, pp. 12–33.

Felix Schumacher, *Der preußische Diplomat und Historiker Alfred von Reumont (1808–1887). Ein Katholik in Diensten Preußens und der deutsch-italienischen Kulturbeziehungen*, Berlin 2019 (Historische Forschungen 121).

Jürg Schweizer, *Robert Roller*, in: *Historisches Lexikon der Schweiz* (Versione del: 11. 09. 2012), https://hls-dhs-dss.ch/de/articles/019920/2012-09-11/ (consultato il 9.4. 2020).

Stefan Schweizer / Sascha Winter (a cura di), *Gartenkunst in Deutschland. Von der Frühen Neuzeit bis zur Gegenwart. Geschichte – Themen – Perspektiven*, Regensburg 2012.

Maria Selene Sconci, *Il gruppo romano incisori artisti nella cultura romana degli inizi del sec. XX*, in: *Gruppo Romano Incisori Artisti 1921. Catalogo della mostra. 8 Aprile – 8 Maggio 1988*, Roma, (Museo di) Palazzo Venezia, Roma 1988, pp. 9–13 (citato: Sconci 1988a)

Maria Selene Sconci, *Dante Ricci (Serra San Quirico 1879 – Roma 1957)*, in: *Gruppo Romano Incisori Artisti 1921. Catalogo della mostra. 8 Aprile – 8 Maggio 1988*, Roma, (Museo di) Palazzo Venezia, Roma 1988, pp. 96–99 (citato: Sconci 1988b)

Die Sehenswürdigkeiten der Erde. Serie 3. *Italien*, hrsg. von der Olleschauer Zigarettenpapierfabrik, Wien 1933.

Luigi Servolini, *Dizionario illustrato degli incisori italiani moderni e contemporanei*, Milano 1955.

Aldo A. Settia, *Castelli e villaggi dell'Italia padana*, Napoli 1984.

Johann Gottfried Seume, *Spaziergang nach Syrakus im Jahre 1802*, Braunschweig- Leipzig 1803.

Theodor Siebs, *Hermann Allmers. Sein Leben und Dichten mit Benutzung seines Nachlasses dargestellt*, Berlin 1915.

Andrea Siegmund, *Die romantische Ruine im Landschaftsgarten. Ein Beitrag zum Verhältnis der Romantik zu Barock und Klassik*, Würzburg 2002 (Stiftung für Romantikforschung 22).

Andrea Siegmund, *Der Landschaftsgarten als Gegenwelt. Ein Beitrag zur Theorie der Landschaft im Spannungsfeld von Aufklärung, Empfindsamkeit, Romantik und Gegenaufklärung*, Würzburg 2011.

Georg Simmel, *Alpenreisen*, in: "Die Zeit. Wiener Wochenschrift für Politik, Volkswirtschaft, Wissenschaft und Kunst" 4 (1895), pp. 22–24.

Augusto Sindici, *La Fata di Ninfa. Leggenda*, in: "Nuova Antologia", 42 (1907), pp. 436–441.

Ingo Skoneczny, *Regionalplanung im faschistischen Italien. Die Besiedlung der pontinischen Sümpfe*, Berlin 1983 (Arbeitshefte des Instituts für Stadt- und Regionalplanung der Technischen Universität Berlin 25).

Ulf Sölter (a cura di), *Italien so nah. Johann Anton Ramboux (1790–1866)*, Köln 2016.

Edmondo Solmi, *Leonardo da Vinci ed i lavori di prosciugamento delle Paludi Pontine ai tempi di Leone 10. (1514–1516)*, in: "Archivio storico Lombardo. Giornale della Società storica lombarda" 38, fasc. 29 (1911), pp. 65–101.

Andreas Sommer, *From Astronomy to Transcendental Darwinism. Carl du Prel (1839–1899)*, in: "Journal of Scientific Exploration" 23, 2009, pp. 59–68.

Lidia Soprani, *La singolarità del giardino di Ninfa*, in: Luigi Fiorani (a cura di), *Ninfa. Una città, un giardino. Atti del Colloquio della Fondazione Camillo Caetani.* Roma, Sermoneta, Ninfa, 7–9 ottobre 1988, Roma 1990 (Pubblicazioni della Fondazione Camillo Caetani. Studi e documenti d'archivio 2), pp. 361–368.

Marco Soresina, *Strafforello, Gustavo*, in: DBI, 94, 2019. http://www.treccani.it/enciclopedia/gustavo-strafforello_%28Dizionario-Biografico%29/

Pier Giacomo Sottoriva, *Il giardino fantasma. Ninfa*, in: "FMR". Edizione italiana 14 (1995), pp. 53–63.

Speckter, Hans, in: AKL https://www.degruyter.com/database/AKL/entry/_00207502/html (consultato il 7. 1. 2022).

Diana Spencer, *Lucan's Follies. Memory and Ruin in a Civil-War Landscape*, in: "Greece & Rome" 52 (2005), pp. 46–69.

Rae Spencer-Jones (a cura di), *1001 Gärten die Sie sehen sollten, bevor das Leben vorbei ist*, trad. tedesca, Zürich 2008; [2]Zürich 2018.

Lucio Spiccia, *Ninfa. Una storia millenaria*, [3]Latina 2012.

Daniela Spiegel, *Die neuen Städte in den Pontinischen Sümpfen*, in: Aram Mattioli-Gerald Steinacher (a cura di), *Für den Faschismus bauen. Architektur und Städtebau im Italien Mussolinis*, Zürich 2009, pp. 111–139.

Daniela Spiegel, *Die Città Nuove des Agro Pontino im Rahmen der faschistischen Staatsarchitektur*, Petersberg 2010.

Peter Sprengel, *Deutsche Geselligkeit in Rom als konstitutives Element des deutschen Rom-Erlebnisses – nicht nur bei Goethe*, in: Conrad Wiedemann (a cura di), *Rom – Paris – London*, Stuttgart 1988 (Germanistische Symposien, Berichtsbände 8), pp. 247–259.

Kai Michael Sprenger, *Zwischen den Stühlen. Studien zur Wahrnehmung des Alexandrinischen Schismas in Reichsitalien (1159–1177)*, Berlin et al. 2012 (Bibliothek des Deutschen Historischen Instituts in Rom 125).

Karl Sprenger, *Der spanische Ginster*, in: "Mitteilungen der Deutschen Dendrologischen Gesellschaft" 22 (1913), pp. 212–218.

Carl Ferdinand Sprosse, *Rom. 32 Originalradierungen*, Leipzig 1853.

Sprosse, Carl Ferdinand, in: AKL https://www.degruyter.com/database/AKL/entry/_00207973/html (consultato il 4. 1. 2022).

Adrian Stähli, *Caylus, Anne-Claude-Philippe, Comte de*, in: Peter Kuhlmann-Helmuth Schneider (a cura di), *Geschichte der Altertumswissenschaften. Biographisches Lexikon*, Stuttgart-Weimar 2012, coll. 207–210. (Der Neue Pauly. Supplemente, vol. 6).

Christa Steinle-Max Hollein, *Religion Macht Kunst. Die Nazarener. Katalog zur Ausstellung in der Schirn Kunsthalle*, Frankfurt am Main-Köln 2005.

Willibald Steinmetz, *Europa im 19. Jahrhundert*, Frankfurt am Main 2019.

Claudia Stockinger, *An den Ursprüngen populärer Serialität. Das Familienblatt "Die Gartenlaube"*, Göttingen 2018.

Anna M. Stoddart, *John Stuart Blackie. A Biography*, 2 voll., London 1895.

Elmar Stolpe, *Benouville, Jean-Achille*, in: AKL https://www.degruyter.com/database/AKL/entry/_10117145/html (consultato il 5. 1. 2022).

Andreas Stolzenburg, *Carlandi, Onorato*, in: AKL https://www.degruyter.com/database/AKL/entry/_10153493/html (consultato l'8. 1. 2022).

Andreas Stolzenburg, *Carosi, Giuseppe*, in: AKL https://www.degruyter.com/database/AKL/entry/_10154153/html (consultato il 1. 8. 2022).

Heinz Stoob, *Norba, Ninfa, Norma, Sermoneta. Latinische Modelle zu Problemen von Fortdauer und Abbruch städtischen Lebens*, in: Werner Besch (a cura di), *Die Stadt in der europäischen Geschichte. Festschrift für Edith Ennen*, Bonn 1972, pp. 91–107.

Jane Maria Strachey (Lady Strachey) (a cura di), *Letters of Edward Lear.* London 1907; [3]London 1908; 4° ed.: London 1909.

Gustavo Strafforello, *La patria. Geografia dell'Italia.* Vol. 8: *Provincia di Roma*, Torino 1894.

Renata Tacus, *Ninfa. Una città, un giardino* (recensione), in: "Collectanea Francescana" 62 (1992), pp. 448–449.

Eduard Theiner, *Lang, Wilhelm*, in: NDB 13, Berlin 1982, p. 527 URL: https://www.deutsche-biographie.de/pnd11669470X.html#ndbcontent

Manfredo Tafuri, *Capriani, Francesco, detto Francesco da Volterra*, in: DBI, 19, 1976. https://www.treccani.it/enciclopedia/capriani-francesco-detto-francesco-da-volterra_%28Dizionario-Biografico%29/

Alessandro Tagliolini, *Storia del giardino italiano. Gli artisti, l'invenzione, le forme dall'antichità al XIX secolo*, [2]Firenze 1991.

Nancy Tanneberger, *Von Waldenburg nach Rom. Der Maler und Kunstschulreformer Moritz Meurer*, in: *Zwischen Residenz und Töpferscheibe. 750 Jahre Waldenburg*, Waldenburg 2004, pp. 117–129.

Giulio Tatasciore, *Briganti d'Italia. Storia di un immaginario romantico*, Roma 2022.

George Boardman Taylor, *Italy and the Italians*, Philadelphia 1898.

Domenico Testa, *Lettere pontine*, Roma 1794.

Hans-Jürgen Teuteberg, *Die Rolle des Fleischextrakts für die Ernährungswissenschaften und den Aufstieg der Suppenindustrie. Kleine Geschichte der Fleischbrühe*, Stuttgart 1990.

Christopher Thacker, *The History of Gardens*, London 1979. Trad. tedesca: *Die Geschichte der Gärten*, Zürich 1979.

Giuseppe Tomassetti, *La Campagna Romana antica, medioevale e moderna.* Vol. 2: *Via Appia, Ardeatina ed Aurelia*, Roma 1910, pp. 393–406.

Giuseppe Tomassetti, *La campagna romana antica, medioevale e moderna.* Vol. 2: *Via Appia, Ardeatina ed Aurelia*, nuova edizione aggiornata, a cura di Luisa Chiumenti, Fernando Bilancia, Firenze 1979, pp. 459–475.

Corrado Tommasi-Crudeli, *Il clima di Roma. Conferenze fatte*

nella primavera del 1885 inaugurando l'Istituto d'Igiene Sperimentale della R. Università di Roma. Con una carta topografica e geologica dell'Agro romano e 5 tavole illustrative, Roma et al. 1886.

Corrado Tommasi-Crudeli, *The Climate of Rome and the Roman Malaria*, trad. inglese, London 1892; rist.: Norderstedt 2017.

Eine tote Stadt, in: *Kärtner Tagblatt* 16, Nr. 191, 22. August 1909, pp. 10–11; anche in: *Kärtner Landbote* 26, Nr. 35, 28. August 1909, pp. 2–3.

Pierre Toubert, *Les structures du Latium médiéval. Le Latium méridional et la Sabine du IX. siècle à la fin du XII. siècle*, 2 voll., Roma 1973.

Pierre Toubert, *Dalla terra ai castelli. Paesaggi, agricoltura e poteri nell'Italia medievale*, Torino 1997.

Marcello Trabucco, *Ninfa nella campagna romana. Da città dei ruderi a splendido giardino*, Roma 2019.

Lucia Tresoldi, *Viaggiatori tedeschi in Italia. 1452–1870*, 2 voll., Roma 1975, 1977.

Johann Triebl, *Die tote Stadt. Eine Reiseerinnerung aus der Campagna*, in: *Reichspost* 31, Nr. 305, 5. November 1924, pp. 1–2.

Dankmar Trier, *Ferrari, Ettore*, in: AKL https://www.degruyter.com/database/AKL/entry/_00076167/html (consultato l'8. 1. 2022).

Ueber das Leben und die Werke Samuel Amsler, Kupferstecher, in: "Neujahrsblatt der Künstlergesellschaft in Zürich", NF 10, 1850.

Frank Uekötter, *Umweltgeschichte im 19. und 20. Jahrhundert*, München 2007 (Enzyklopädie deutscher Geschichte 81).

Frank Uekötter, *Im Strudel. Eine Umweltgeschichte der modernen Welt*, Frankfurt am Main-New York 2020.

Ludwig von Urlichs, *Adler, Georg Christian*, in: ADB, 1, Leipzig 1875, p. 85.

Manuel Vaquero Piñeiro, *Sermoneta e Ninfa tra Medioevo ed età moderna. Linee di ricerca sulle signorie laziali*, in: Caterina Fiorani-Domenico Rocciolo (a cura di), *Luigi Fiorani storico di Roma religiosa e dei Caetani di Sermoneta*, Roma 2013 (Atti e rendiconti 1), pp. 253–265.

Varese, Gerolamo, in: AKL https://www.degruyter.com/database/AKL/entry/_00328564/html (consultato il 1. 2. 2022).

Tania Velmans, recensione a: Lydie Hadermann-Misguich, *Images de Ninfa. Peintures médiévales dans une ville ruinée di Latium*, in: "Cahiers archéologiques" 36 (1988), p. 165.

Marco Vendittelli, *La pesca nelle acque interne del territorio ninfesino nel Medioevo. Tecniche di sfruttamento ed interessi di gestione*, in: Luigi Fiorani (a cura di), *Ninfa. Una città, un giardino. Atti del Colloquio della Fondazione Camillo Caetani*. Roma, Sermoneta, Ninfa, 7–9 ottobre 1988, (Pubblicazioni della Fondazione Camillo Caetani. Studi e documenti d'archivio; 2), Roma 1990, pp. 113–137.

Birgit Verwiebe, *Farbmagie – Der Maler August Kopisch*, in: Udo Kittelmann-Birgit Verwiebe (a cura di), *August Kopisch. Maler, Dichter, Entdecker, Erfinder*, Dresden 2016, pp. 19–29.

Maria Antonietta Visceglia, *"Non si ha da equiparare l'utile quando vi fosse l'honore." Scelte economiche e reputazione; intorno alla vendita dello stato feudale dei Caetani (1627)*, in: Maria Antonietta Visceglia (a cura di), *La nobiltà romana in età moderna. Profili istituzionali e pratiche sociali*, Roma 2001 (Ricerche. Università degli Studi Roma Tre. Dipartimento di Studi Storici, Geografici, Antropologici 3), pp. 203 -223.

Fabrizio Vistoli, *Tomassetti, Giuseppe*, in: DBI, 96, 2019. http://www.treccani.it/enciclopedia/giuseppe-tomassetti_%28Dizionario-Biografico%29/

Gerd-Helge Vogel, *Oër, Theobald Reinhold von (Freiherr)*, in: AKL https://www.degruyter.com/database/AKL/entry/_00152562/html (consultato il 21. 1. 2022)

Johann Jacob Volkmann, *Historisch-kritische Nachrichten von Italien, welche eine genaue Beschreibung dieses Landes, der Sitten und Gebräuche, der Regierungsform, Handlung, Oekonomie, des Zustandes der Wissenschaften, und insonderheit der Werke der Kunst nebst einer Beurtheilung derselben enthalten*, Leipzig 1770; [2]1777/78.

Ludwig Vones, *Urban V. (1362–1370). Kirchenreform zwischen Kardinalkollegium, Kurie und Klientel*, Stuttgart 1998 (Päpste und Papsttum 28).

Erika Vorbusch, *Das Pompei der Sümpfe*, in: *Berliner Tagblatt*, Nr. 173, 4. Beiblatt, 4. April 1911; anche in: *Tägliches Cincinnatier Volksblatt*, 14. April 1911.

Richard Voß, Die neue Circe. Eine italienische Dorfgeschichte, in: "Westermanns Illustrierte Deutsche Monatshefte" 58 (1885), pp. 1–28, 145–171, 282–308.

Richard Voß, *Die neue Circe. Eine italienische Dorfgeschichte*, Berlin s.a.

Richard Voß, *Die neue Circe*, Stuttgart 1904 (Engelhorns Allgemeine Roman-Bibliothek, Jg. 20, Bd. 23).

Richard Voß, *Die neuen Römer. Roman aus der römischen Wildniß*, Dresden- Leipzig 1885.

Richard Voß, *Der Sohn der Volskerin*, Stuttgart 1886.

Richard Voß, *Erlebtes und Geschautes. Bilder aus Italien*, Jena 1888.

Wilhelm Waiblinger, *Skizze eines Wegweisers durch die Umgebungen Roms, die Gebirge der Latiner, Volsker, Sabiner, Aequer, Herniker und Marsen bis in die Abruzzen*, in: *Wilh. Waiblinger's Gesammelte Werke mit des Dichters Leben*, hrsg. von Hermann von Canitz. Bd. 8, Hamburg 1840, pp. 282–312.

Kerstin Walter, *Das Pittoreske. Die Theorie des englischen Landschaftsgartens als Baustein zum Verständnis von Kunst der Gegenwart*, Worms 2006 (Benrather Schriften 2).

Wolfgang Weber, *Johann Jakob Weber. Der Begründer der illustrierten Presse in Deutschland*, Leipzig 2003. Edizione rivista di: Johann Jakob Weber, *Ein Beitrag zur Familiengeschichte*, Leipzig 1928.

Alfred Werner, *Inness Landscapes*, New York 1977.

Julius von Werther, *Ein Abenteuer*, in: *Neues Wiener Tagblatt* 38, Nr. 294, 23. Oktober 1904, pp. 1 sgg.

Markus Wesche / Michaela Kostial-Gürtler, *Die Bayerische Akademie der Wissenschaften und ihre Mitglieder im Spiegel von Medaillen und Plaketten. Ausstellung vom 17. Dezember 1997 bis zum 1. Februar 1998 in der Staatlichen Münzsammlung München*, München 1997.

Giovanni Enrico Westphal, *Guida per la campagna di Roma, con una carta della parte piú interessante della campagna medesima*, Roma 1827; rist.: Roma 1854 (citato: Westphal, Guida, 1827)

Johann Heinrich Westphal, *Die römische Kampagne in topo-*

graphischer und antiquarischer Hinsicht dargestellt; nebst einer Karte der römischen Kampagne und einer Wegekarte des alten Lazium, Berlin-Stettin 1829.

Björn Weyand, *Schrecklich amüsante Kreuzfahrten. Otto Julius Bierbaum und David Foster Wallace erproben den (post-)modernen Tourismus*, in: Uta Schaffers-Stefan Neuhaus-Hajo Diekmannshenke (a cura di), *(Off) the beaten track? (Film – Medium – Diskurs 78)*, Würzburg 2018, pp. 429–442.

Björn Weyand / Bernd Zegowitz (a cura di), *Otto Julius Bierbaum – Akteur im Netzwerk der literarischen Moderne*, Berlin 2018.

Edith Wharton, *Italian Backgrounds*, New York 1905.

Ralf Wiechmann, *Vineta und Rungholt – Mythos und Realität*, in: Gisela Jaacks-Gregor Rohmann-Ivana Paonessa (a cura di), *Der Traum von der Stadt am Meer. Hafenstädte aus aller Welt*, Hamburg 2003, pp. 34–51.

Gerhard Wiedmann, *Fabri, Pompeo*, in: AKL https://www.degruyter.com/database/AKL/entry/_00010450/html (consultato l'8. 1. 2022.)

Jürgen Wilke, *Medienkonvergenz avant la lettre – Zur historischen Vorgeschichte eines aktuellen Trends*, in: Christoph Reske (a cura di), *Kontext Buch. Festschrift für Stephan Füssel*, Wiesbaden 2020, pp. 83–100.

Angela Windholz, *Olevano, die erste Künstlerkolonie Europas*, in: Joachim Blüher (a cura di), *Olevano: Casa Baldi, Villa Serpentara, Deutsche Akademie*, Roma 2017, pp. 95–157.

Muriel Wipfler, *Heinrich Bürkel (1802–1869). Repräsentative Edition seiner Korrespondenz und analytische Auswertung*, München 2018 (Beiträge zur Kunstwissenschaft 97).

Marcus Woeller, *Der Mann, der Capris blaue Grotte erschwamm*, in: *Welt am Sonntag* 20.03.2016. https://www.welt.de/153503904

Gerhard Wolf, *Il corpo del papa e il volto di Cristo. Un affresco di Urbano V in San Francesco a Terni*, in: "Iconographica" 6 (2007), pp. 109–114.

Christopher Woodward, *In Ruins. A Journey Through History, Art and Literature*, London 2001.

Heidrun Wozel, *Der Dresdner Maler Franz Schreyer (1858–1938) und seine Einblattdrucke mit Landschaftsdarstellungen der Sächsischen Schweiz*, in: Konrad Vanja-Detlef Lorenz-Anna Mańko Matysiak-Irene Ziehe (a cura di), *Arbeitskreis Bild Druck Papier*, Münster et al. 2017 (Tagungsband Breslau 2016; Wrocław – Europäische Kulturhauptstadt 2016), pp. 76–84.

Heidrun Wozel, *Verbunden mit der sächsischen Landschaft. Der Blasewitzer Maler Franz Schreyer (1858–1938)*, in: "Elbhang-Kurier" 2019, 2, pp. 16–17.

Roberto Zaccagnini, *Il cinema muto a Velletri. La storia e le storie*, Velletri 2009; 4a ed.: Velletri 2019.

Albert Zacher, *Was die Campagna erzählt*, Frankfurt am Main 1903.

Matthias Zender, *Cornelius (Papst). 2. Kultverbreitung*, in: *Lexikon des Mittelalters*, vol. 9, München et al. 1980–1998, vol. 3, 1986, col. 243.

Reinhard Zimmermann, *Künstliche Ruinen, Studien zu ihrer Bedeutung und Form*, Wiesbaden 1989.

Reinhard Zimmermann, *Künstliche Ruinen. Studien zu ihrer Bedeutung und Form*, in: *Der neue Pauly*. 15,2: *Rezeptions- und Wissenschaftsgeschichte*, Stuttgart et al. 2002, pp. 991–998.

MARCO GRAZIOSI

Prima di Gregorovius

Edward Lear, i Caetani e Ninfa

A Edward Lear (1812–1888) spetta senz'altro un posto d'onore fra gli eccentrici inglesi del diciannovesimo secolo in quanto artista e scrittore tra i più poliedrici e dotati dell'epoca.[1] Il maggior titolo a una fama duratura gli deriva dall'essere stato l'iniziatore della letteratura Nonsense dell'età vittoriana con la pubblicazione, nel 1846, del *Book of Nonsense*, una raccolta di limerick, brevi componimenti narrativi di cinque versi sempre accompagnati da un'illustrazione apparentemente infantile che raccontano le avventure, o più spesso le disavventure, di personaggi strambi.[2] Instancabile viaggiatore, frequentò tutti i paesi che si affacciano sul Mediterraneo centrale e orientale spingendosi, in età avanzata, fino all'India; da queste esperienze trasse una serie di libri di viaggio illustrati da litografie da lui stesso realizzate: si tratta di una sorta di diari nei quali, oltre a descrivere i luoghi, Lear racconta numerosi episodi, spesso divertenti, che lo hanno coinvolto direttamente.[3] Tra le aree da lui più assiduamente frequentate nel corso dei dieci anni in cui ebbe Roma come domicilio principale ci fu l'Italia centrale, alla quale sono dedicati i suoi primi due libri di illustrazioni paesaggistiche litografate. In una lunga serie di escursioni, Lear visitò tutta la Campagna romana, inclusi luoghi spesso trascurati dagli artisti che lo avevano preceduto; tra questi territori poco frequentati merita particolare attenzione la "scoperta" di Ninfa e di un'area tra i Monti Lepini e le Paludi Pontine che fino ad allora non aveva esercitato una particolare attrazione sugli artisti o i visitatori in generale. In una lettera a Margaret Knight Caetani, Duchessa di Sermoneta, scritta nei primi anni Settanta dell'Ottocento, Lear parla del progetto di scrivere un libro sulla Campagna che avrebbe sicuramente discusso anche questo territorio, un'idea alla quale purtroppo non diede seguito.[4]

Tutte le attività di Lear sono accomunate, oltre che da una profonda passione per la narrazione, da un'istintiva sintonia con l'immaginario visivo vittoriano, che egli seppe interpretare in chiave personale in tutte le sue varianti.[5] Iniziò, giovanissimo, con la pubblicazione a dispense di *The Family of Psittacidae, or Parrots* (1830–1832) la prima opera di illustrazioni ornitologiche dedicate a una sola famiglia di uccelli, rappresentati con estrema precisione e sempre mostrati, nelle loro dimensioni naturali, in pose che ne mettevano in risalto la vivacità. Questa pubblicazione gli procurò una notevole fama negli ambienti zoologici, ma gli diede ben poche soddisfazioni eco-

1 Non a caso Lear è stato oggetto di numerose biografie, almeno sei delle quali sono tuttora facilmente accessibili. Le migliori, a mio avviso, sono Noakes, 2004, e Uglow, 2017. Per una panoramica generale delle sue numerose attività è ancora utile il catalogo della mostra della Royal Academy of Arts, Noakes, 1985.

2 Il *Book of Nonsense* non è mai stato fuori commercio dalla terza edizione del 1861; nei successivi libri di componimenti nonsense Lear introdusse anche racconti e canzoni dal tono sentimentale e malinconico che narrano le avventure di coppie di animali apparentemente incompatibili. Lear, 1846–1861, 1871, 1872, 1877. Sul Nonsense si possono consultare Williams / Bevis, 2016, Williams, 2018 e Lodge, 2018.

3 Lear, 1841, 1846, 1851, 1852, 1863, 1870.

4 Si veda la prima delle lettere riportate in Appendice.

5 Maxwell, 2010.

nomiche, tanto da costringerlo ad accettare di lavorare per John Gould, il principale autore di libri ornitologici dell'era vittoriana, in una condizione di subordinazione che non gli era congeniale e nella quale si sentiva sfruttato.[6] Fu così che agli inizi del 1837 Lear decise di lasciarsi alle spalle la carriera di illustratore zoologico per dedicarsi alla pittura paesaggistica. L'esperienza in campo ornitologico gli aveva fruttato l'amicizia del tredicesimo duca di Derby, che aveva raccolto un gran numero di animali e uccelli esotici nella vasta tenuta che circondava il palazzo di famiglia, Knowsley Hall, nei pressi di Liverpool. Lear vi aveva trascorso lunghi periodi tra il 1830 e il 1837 ed era stato introdotto nella buona società nobiliare dell'epoca. Saranno proprio le persone incontrate in questo ambiente, insieme allo stesso duca, a finanziare i primi anni in Italia e molte delle spedizioni successive. L'attività di "disegnatore topografico", come amava definirsi, divenne da questo momento il suo mestiere principale, sebbene non riuscisse mai, in vita, ad ottenere i riconoscimenti che desiderava e riteneva di meritare. Egli rimase sempre, almeno in parte, dipendente da una ristretta cerchia di committenti, amicizie influenti formate negli anni di Knowsley e nel corso degli incessanti viaggi; da questo punto di vista la sua carriera, come del resto per certi aspetti la sua prassi pittorica, risultano arcaiche nel contesto di un'arte vittoriana sempre più slegata dal mecenatismo dei secoli precedenti.[7]

A indurre Lear a questo cambio di rotta fu con ogni probabilità la crescente ammirazione per l'opera del maggiore pittore dell'epoca, J.M.W. Turner, e per alcuni vedutisti inglesi della seconda metà del diciottesimo secolo che avevano introdotto importanti innovazioni nell'approccio al paesaggio, in particolare John "Warwick" Smith, considerato da alcuni l'iniziatore della pittura ad acquerello in Inghilterra.[8] Si trattava di un gruppo informale di pittori le cui vite ed esperienze artistiche si erano incrociate in Italia, dove avevano operato nella stessa area, tra Roma e Napoli, nella quale si muoverà Lear nei primi anni italiani. Ne facevano parte, oltre a Smith,[9] John Robert Cozens,[10] William Pars, Francis Towne[11] e, soprattutto, Thomas Jones, il cui diario, pubblicato solo nel 1949, ci fornisce molti dettagli della loro attività nell'ultimo quarto del diciottesimo secolo.[12] Temperando le teorie del sublime e del pittoresco che venivano elaborate in quel periodo in Inghilterra con la tendenza razionalistica alla semplificazione portata in area centroitaliana dagli artisti francesi contemporanei,[13] essi si erano generalmente limitati a una registrazione topograficamente corretta dei paesaggi. La loro era, almeno in parte, una pittura *en plein air*, che prediligeva il bozzetto eseguito all'acquerello o, più di rado, all'olio, quasi sempre su carta e con minimi interventi successivi: esattamente la prassi seguita da Lear durante tutta la sua carriera.[14]

I loro dipinti e gli spostamenti nell'Italia centrale fra il 1775 e il 1781 ci forniscono un primo indizio su quanto poco interessante fosse considerata l'area di Ninfa, Norma e Sermoneta ancora sul finire del diciottesimo secolo: tra le centinaia di paesaggi eseguiti da questo gruppo di artisti è stato possibile rintracciare un solo *Sermoneta* di "Warwick" Smith, in realtà un acquerello raffigurante la Torre di Acqua Puzza con Sermoneta sulla cima del monte che fa da sfondo, un "soggetto non comune" al tempo, come è definito nel catalogo online del British Museum.[15] Sempre di Smith ci rimangono due acquerelli intitolati entrambi *Pontine Marshes*, uno dei quali mostra

6 Per quanto riguarda la sua attività di illustratore zoologico si veda Peck, 2016.

7 Wilcox, 2000, p. 32; per un'analisi degli elementi arcaicizzanti della prassi pittorica di Lear si vedano le pp. 28–29.

8 Pieragostini, 2014.

9 Long, 1927. Si veda Smith et al., 1792–1796, le cui stampe furono copiate in un album di schizzi da Turner in preparazione del suo primo viaggio in Italia del 1819–1820, disponibili online sul sito della Tate Gallery, Londra: http://bit.ly/TurnerTate1819 (24 dicembre 2020).

10 Bell / Girtin, 1934–1935.

11 Richard Stephens, A Catalogue Raisonné of Francis Towne (1739–1816), online: http://francistowne.ac.uk/ (2 dicembre 2020).

12 Jones, 1946–1948, 2003.

13 Ottani Cavina, 1994.

14 Per la tecnica di Thomas Jones si veda Lowry, 2003, in particolare pp. 97–98.

15 John "Warwick" Smith, *Sermoneta; a traveller on horseback with a figure and dog on either side*, British Museum, 1879,0712.293, online: http://bit.ly/WarwickSmithBM (24 dicembre 2020).

in primo piano due personaggi armati che potrebbero essere briganti, un tipico soggetto pittoresco,[16] e l'altro sottotitolato *Via Appia*,[17] che mostra come ai tempi questa fosse ancora circondata dalle paludi. Sono proprio questi due elementi a rendere questo territorio pittoresco ma pericoloso e quindi frequentato solo per necessità e attraversato in grande fretta. Oltre alla presenza di briganti, ai quali fa spesso riferimento il diario di Thomas Jones, il motivo principale per non fare tappa nell'area era certamente la scarsa salubrità dell'aria. Scrive Jones nella nota relativa al 12 settembre 1778, mentre viaggia da Roma a Napoli:

> Partimmo da Velletri verso le quattro del pomeriggio, accompagnati da un soldato che ci lasciò appena fuori la porta della città. Bella campagna fertile coperta di vigneti per diverse miglia, poi una grande pianura a grano, boschi, strada eccellente; alle dieci eravamo alla stazione di posta di Sermoneta, vicino alle Paludi Pontine. Volevamo fermarci due o tre ore per rinfrescarci e far riposare i muli, ma le esalazioni della palude erano così pestilenziali che fummo costretti ad andarcene alle undici e mezza, dopo aver avuto giusto il tempo di mandar giù un uovo sodo. Per circa sei miglia la strada costeggiava la palude, da cui proveniva un intollerabile puzzo di zolfo – ci avvertirono che addormentarci poteva essere pericoloso e tutti resistemmo, anche se eravamo stanchi morti.[18]

Nel viaggio di ritorno, forse anche grazie al freddo invernale che riduce le esalazioni delle paludi e rende possibile viaggiare in pieno giorno, Jones sembra avere un'impressione diversa:

> Martedì 26 gennaio [1779]. Abbiamo pranzato alla stazione di posta vicino a Sermoneta. Nel viaggio di andata verso Napoli non avevo notato la bellezza del paesaggio, perché gli spostamenti avevano avuto luogo quasi sempre di notte, ma ora mi sforzavo di compensare questa perdita cogliendo ogni occasione per abbozzare scene e panorami interessanti. Raggiungemmo Velletri di sera…[19]

Di questi panorami abbozzati da Jones non c'è purtroppo traccia nei cataloghi delle gallerie o delle case d'asta, né nei taccuini di abbozzi che ci sono pervenuti;[20] probabilmente non utilizzò gli schizzi realizzati in quell'occasione per quadri destinati alla vendita; un'ulteriore conferma, se ve ne fosse bisogno, della scarsa attrattività dell'area.

Questo evidente disinteresse per l'area di Ninfa era anche l'esito di una lunga tradizione: a parte l'attenzione che viene dedicata con una certa costanza al torrente omonimo e ai suoi effetti sulle Paludi Pontine, la stragrande maggioranza delle menzioni della cittadina nella seconda metà del Settecento si trova nelle relazioni sulle visite pastorali, che di solito si concentravano sui numerosi benefici ecclesiastici di cui godevano le molte chiese e lamentavano lo stato di crescente abbandono dei luoghi di culto.[21] Per il resto la letteratura che la riguardava era prodotta per la maggior parte da storici, spesso locali, e non faceva che ripetere gli stessi temi: l'esistenza in età classica di un tempio dedicato alle ninfe dal quale sarebbe derivato il nome del luogo e i riferimenti da parte di Plinio il Vecchio alle "isole danzanti" (N.H. II.209) e alle "pietre fiammeggianti" (N.H. II.240) che si presumeva vi si trovassero,[22] oltre ai rimandi agli avvenimenti storici riguardanti il papato durante il periodo

---

16 Smith, *Pontine Marshes*, MutualArt, online: http://bit.ly/WarwickSmithGuns (24 dicembre 2020).

17 Smith, *Pontine Marshes: The Via Appia*, Abbott and Holder, London, online: http://bit.ly/WarwickSmithAppia (24 dicembre 2020).

18 Jones, 1946–1948, 2003, p. 143.

19 Jones, 1946–1948, 2003, p. 152.

20 Disponiamo di tre album di schizzi, due si trovano al British Museum e coprono gli anni 1776–1777 (1981,0516.17 e 1981,0516.18.1), e uno al National Museum & Galleries of Wales (NMW A 2528, online: http://bit.ly/JonesWalesSketch, 7 giugno 2021) che copre gli anni 1777–1778 e conferma la mancanza di schizzi per l'area che qui ci interessa durante il viaggio di andata per Napoli, la pagina 75 riporta un disegno "On Monte Mario" datato 17 aprile 1778, lo schizzo successivo, nella pagina 77, fu effettuato "at Naples" il 24 settembre 1778.

21 Fiorani, 1990.

22 "Ce ne sono di piccole [isole] nel Ninfeo, dette Saliari, perché al suono di una musica esse si muovono secondo le battute dei piedi che segnano il tempo"; "Nel Ninfeo sbuca dalla roccia una fiamma, che viene attizzata dalla pioggia", Plinio, 1984, pp. 341 e 363. Va detto che la critica moderna non è unanimemente

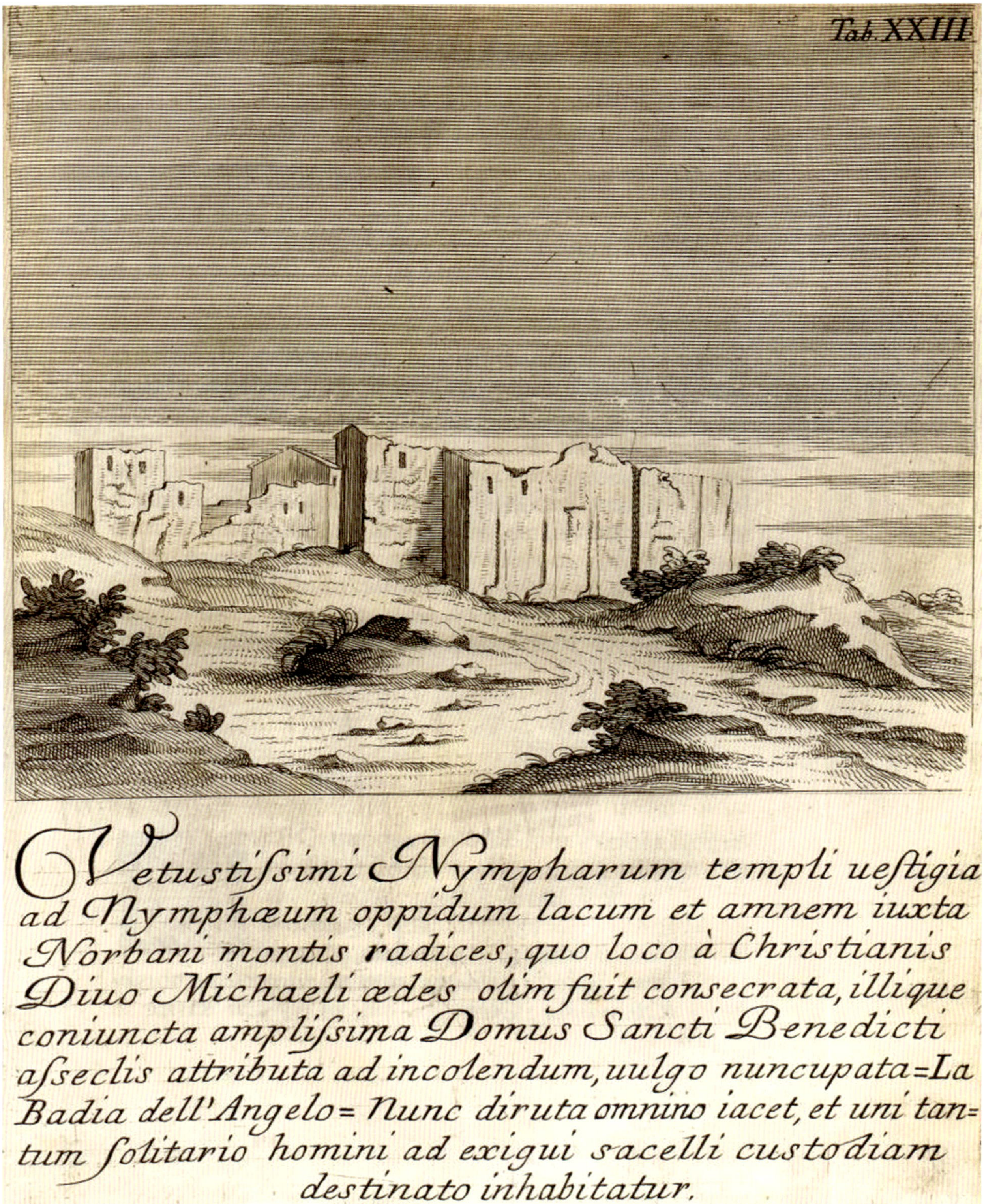

1 Vulpio, 1726, tavola XXIII.

di massimo splendore della cittadina nel medioevo, la sua distruzione e l'abbandono.

Per quanto riguarda le immagini, le prime rappresentazioni di un certo interesse compaiono nella mappa delle Paludi Pontine realizzata nel 1515 da Leonardo da Vinci, nella quale Ninfa è raffigurata con una piccola torre medievale che domina un lago di colore azzurro intenso, l'immagine che diventerà la più caratteristica del luogo,[23] e in una bella carta topografica del percorso della *Strada fuori Porta San Giovanni verso Marino... sino alle Case nuove* realizzata da Francesco Contini per il Catasto Alessandrino,[24] nella quale a fungere da caratteristica distintiva di Ninfa sono le mura inframmezzate da torri; queste sono evidentemente ancora intatte, come confermato anche da una precedente mappa catastale del 1631 realizzata allo scopo di identificare i proprietari dei terreni circostanti.[25] Agli inizi del diciottesimo secolo nel terzo volume del *Vetus Latium profanum & sacrum* di Padre Volpi si trova un'immagine del presunto antico tempio dedicato alle ninfe, allora ritenuto inglobato in un'abbazia benedettina in rovina (Ill. 1).[26]

Sempre in un contesto preminentemente classico, le "Rovine della cittadina di NYMPHA" compaiono, nel 1812, in *Grecian Remains in Italy* di Middleton, in una illustrazione a colori che non rivela quasi nulla del luogo ma che sembra indicare un abitato non completamente abbandonato; nel testo l'autore si limita a riportare quanto Volpi dice del tempio e delle relative iscrizioni. Middleton, tuttavia, sotto l'influenza delle teorie estetiche relative al pittoresco sembra apprezzare "l'aspetto estremamente malinconico" del luogo, sebbene non abbastanza da indurlo a visitare le rovine:

> Non vi fu tempo per entrare in questo villaggio disabitato, bensì sfruttammo la luce degli ultimi raggi del sole al tramonto per eseguire lo schizzo che ho qui presentato.[27]

La mancanza di curiosità per ciò che si celava tra le rovine della cittadina medievale si protrae fino alla metà del secolo: ancora nel 1848 Horatia Gaisford scrive al fratellastro William Henry Fox Talbot, dopo aver visitato le mura ciclopiche di Cori:

> Questo, tuttavia, non fu nulla in confronto al giorno successivo, quando ci dirigemmo a Norba, un luogo che non avevo mai sentito nominare e che mi meraviglio che sia così poco visitato. Andammo prima a Cisterna e abbandonammo la strada per Napoli fino a giungere a un luogo curioso chiamato Ninfa, dove sono alcuni resti dell'antichità che non riuscimmo a individuare con certezza, e mura e torri assai pittoresche dei "tempi bassi", coperte di edera e un laghetto alimentato da numerose sorgenti di una limpidezza cristallina. Qui la carrozza si fermò e vedemmo Norba arroccata sopra le nostre teste...[28]

---

concorde nel ritenere che queste citazioni si riferiscano al medesimo ninfeo né che alcuna di esse riguardi il luogo dove oggi sorge il giardino di Ninfa.

23 The Royal Collection, RCIN 912684. Disponibile online: https://bit.ly/LeonardoMap (23 settembre 2019). Sul contesto nel quale fu realizzata cfr. Ramella / Viganò, 2020. Il dettaglio qui rilevante compare nell'intervento di Michael Matheus nel presente volume, illustrazione 12, p. 25.

24 Contini, 1659, vol. 429, n. 23; online su Imago, il sito dell'Archivio di Stato di Roma: http://bit.ly/Contini1659 (23 dicembre 2020).

25 Archivio Caetani, Fondo piante e mappe, Serie Proprietà Caetani nella Campagna, Sottoserie Ninfa, FPM_C05_002 "Ninfa 1631". La pianta è riprodotta come illustrazione 11 nel contributo di Michael Matheus nel presente volume, p. 23.

26 Vulpio, 1726, tavola XXIII. Resti di età classica erano ancora visibili nel 1800, come si ricava da Nicolai, 1800, p. 48: "Il Ninfeo, antichissimo tempio dedicato alle Ninfe, innalzavasi sulla costa della montagna di Norba, e a chi ne considera i ruderi, che fino a' giorni nostri sussistono, dimostra la magnificenza della sua architettura". Il sito del tempio originale è stato recentemente localizzato sul fondo del lago, cfr. Pavia, 1994, pp. 31–34; per ulteriori notizie si veda Gnoli, 2009–2010, pp. 153–162. È quindi probabile che solo alcune delle pietre del tempio fossero usate per la costruzione dell'abbazia.

27 Middleton, 1812, pp. 35–36 (se non diversamente indicato, tutte le traduzioni sono dell'autore). L'immagine compare come illustrazione 19 nel contributo di Michael Matheus nel presente volume, p. 39. Middleton riteneva che le mura poligonali ciclopiche dei Lepini fossero state erette dai mitici Pelasgi. Tale teoria, che ebbe numerosi sostenitori nel diciannovesimo secolo, ebbe come effetto di attirare l'attenzione di studiosi e artisti sull'area circostante Ninfa, si vedano Attenni, 2009 e 2019. Anche la famiglia Caetani ebbe un ruolo nel favorire la riscoperta dell'area, cfr. Cifarelli, 2012, pp. 37–38.

28 The Correspondence of William Henry Fox Talbot, De Montfort University, Leicester, University of Glasgow; Lettera di Henrietta Horatia Gaisford a Talbot da Albano, 12 ottobre 1848, online: https://bit.ly/HoratiaFoxTalbot.

La diffusa indifferenza per il borgo medievale di Ninfa, il ricorso alla sua rappresentazione grafica in chiave essenzialmente utilitaristica e la sua comparsa, sempre di sfuggita e in modo ambiguo, in contesti focalizzati sui resti delle antichità romane non dovrebbero stupire se, come sostiene Susan Stewart in un recente studio, le rovine per antonomasia furono, a partire dalla prima metà del Cinquecento, quelle della classicità greca e romana. Solo nella seconda parte del Settecento, e soprattutto nell'Europa settentrionale, emerge un certo interesse per le rovine medievali, testimoniato anche dallo sviluppo di una letteratura "gotica" che ha come ambientazione castelli, torri e abbazie, spesso in rovina e quasi sempre situate in Italia:

> Le rovine diventano un'allusione a se stesse, frammenti e souvenir di una nozione amorfa del passato che venne gradualmente a includere ciò che il neoclassicismo aveva inizialmente escluso: il Gotico. Alla fine del diciottesimo secolo, i dipinti e le stampe di rovine si fecero ancor più specializzate: le *vedute essate* dovevano registrare le effettive caratteristiche e dimensioni di rovine esistenti; le *vedute ideate* presentavano edifici riconoscibili e rovine in uno scenario pittoresco, spesso inserendovi altre strutture e monumenti in modo da giustapporre il contesto presente alle forme antiche; infine le *vedute di fantasia* erano basate su un trattamento libero degli edifici esistenti con l'inserimento di forme immaginarie, spesso mescolando elementi da siti differenti. L'esistenza stessa di una tale varietà di approcci alla rappresentazione indica i numerosi ruoli che le immagini di rovine potevano rivestire nell'ambito della cultura.[29]

Ninfa, così vasta e allo stesso tempo isolata, forse anche poco visibile in quanto ormai ricoperta di edera ed erbacce,[30] evidentemente non si prestava a nessuna di queste categorie di rappresentazione, almeno fino allo sviluppo di tecniche specifiche del pittoresco che proprio in quegli anni veniva definito, in aggiunta se non in contrapposizione al sublime burkiano, del quale rappresentava una versione addomesticata, soprattutto da William Gilpin e Richard Payne Knight. Si trattava di un nuovo modo di intendere l'ambiente che favorì un mutato atteggiamento nei confronti dei ruderi, visti come elemento essenziale per la creazione di uno stato d'animo meditativo e spesso malinconico nell'osservatore: modo di intendere il paesaggio che contagia anche chi, come Middleton, è essenzialmente interessato ai monumenti classici o presunti preclassici. Un atteggiamento che si insinua addirittura negli scritti di carattere topografico-descrittivo come, ad esempio, la descrizione di Giuseppe Marocco del 1834, nella quale, oltre a maltrattare l'ortografia e la sintassi italiane, l'autore attribuisce a Ninfa una "veduta veramente pittoria":

> Son tre li fiumi principali che vi scorrono per mezzo, senza regola però indirizzati, e presso che tutti per lunghissima via, ed una sola foce al mar toscano dove scaricano le acque. Si appellano questi il fiume longo che è di poca portata, le sole acque piovane raccogliendo, il cavata in cui si unison molte acque del cuzza, e del Ninfa, avendo il primo origine alle radici del monte di Sermoneta, il secondo in vicinanza a Ninfa, castello distrutto da Caetani, dal quale ne prese il nome, alle falde del monte di Norma formando un bel laghetto, nella sua sorgente, di veduta veramente pittoria. Alcuni sono stati di parere che le acque del Ninfa scaturissero dalle montagne di Cori, e facciano bocca, e capo a Ninfa ove perennemente scaricano in abbondanza, e ciò si è anche dedotto per i grandi condotti di piombo trovati appunto nelle montagne corane, che sono i lepini, e territorio, e ne sia accaduto lo smarrimento per le molte guerre accadute, e per le distruzioni reiterate degli edifizi, e

29 Stewart, 2020, pp. 210–211.

30 Anna Ottani Cavina scrive, a proposito dei pittori neoclassici della seconda metà del Settecento, di una "rimozione della natura, nella sua componente vegetale e organica", 1994, p. 38; un'idea destinata a durare per buona parte del secolo successivo, fino a trovare espressione nella messa al bando del "végétal irrégulier" dal "Rêve parisien" di Baudelaire.

> de' condotti. Certo si è che varie sorgenti piccole si veggono pullulare orgogliosette alle radici della montagna di Cori sotto ai macigni a lato della pubblica via che guida a Ninfa, i di cui ruderi sono di prospetto poco distanti...[31]

Qualche anno dopo il fiume Ninfa compare nel *Viaggio pittoresco da Roma a Napoli* di Luigi Rossini: ancora una volta il testo si occupa soprattutto delle origini classiche del luogo e menziona lo stato, apparentemente buono al tempo, della via Appia.[32]

Nel contesto dei "contorni" di Roma e più in generale dell'Italia centrale, invece che sui monumenti "gotici" sui quali insiste Gilpin,[33] che pure non mancano, l'attenzione degli artisti rimane chiaramente più a lungo focalizzata sui resti della civiltà classica e la ricerca del pittoresco si risolve piuttosto, seguendo le indicazioni di Richard Payne Knight, in un'attenta osservazione e rappresentazione degli elementi pittoreschi della vita, dei costumi e delle attività degli abitanti della Campagna romana, spesso sullo sfondo delle rovine antiche:

> Gli zotici di Ostade, i contadini di Gainsborough e i pastori di Berghem sono pittoreschi; ma altrettanto lo sono i guerrieri di Salvator Rosa, gli apostoli di Raffaello e gli orgiasti di Poussin: né la quercia gigante di Ruysdael o il pino e il leccio enormi di Claude lo sono meno della pianta cimata ridotta a un ceppo in disfacimento di Rubens o Rembrandt: e neppure l'ispido ronzino sfinito o il cavallo da tiro di Morland o Asselyn lo sono più del viziato cavallo da battaglia dalla criniera sfavillante e dalla coda fluente che giustamente ammiriamo nei quadri di Wovermans. Gli abiti imbrattati e a brandelli, i capelli arruffati e l'aspetto selvatico degli zingari e delle fanciulle mendicanti sono spesso pittoreschi: ma i riccioli fluenti, gli scialli raffinati e le vesti di fine mussola che formano le semplici pieghe negligenti e giocose di antichi tendaggi con una grazia cesellata e un'eleganza raffinata, lo sono ancor di più.[34]

Tra i temi più spesso trattati, insieme alle scene di vita quotidiana, spiccano le raffigurazioni dell'animale pittoresco per antonomasia, il bufalo, e l'immancabile figura romantica del brigante, grande protagonista dei romanzi gotici inglesi dei decenni a cavallo tra Sette e Ottocento. Il patriarca della comunità artistica inglese a Roma, Penry Williams, nella Città Eterna fin dagli anni Venti dell'Ottocento, aveva ottenuto un buon successo con *A Ferry on the Ninfa, Sermoneta in the distance – a scene in the Pontine Marshes, near Rome*, un dipinto di cui ci rimangono almeno tre versioni: mostra una famiglia che si sta facendo traghettare sul fiume Ninfa su un sandalo, la caratteristica imbarcazione delle Paludi Pontine (Ill. 2).[35]

Proprio Williams, "il primo pittore inglese a Roma",[36] fu uno degli artisti che Edward Lear conobbe appena arrivato in città agli inizi di dicembre del 1837, dopo un lungo e tortuoso viaggio attraverso l'Europa e un soggiorno a Firenze, nell'autunno di quell'anno, per evitare l'epidemia di colera che imperversava a Roma. Trasferitosi finalmente nella città eterna e sistematosi, come molti altri artisti, in via del Babuino, nei pressi di Piazza di Spagna, si diede da fare per intessere relazioni con possibili acquirenti e con allievi per le sue lezioni di disegno, oltre a entrare in contatto con i numerosi artisti stra-

31 Marocco, 1834, pp. 58–59. Riporto fedelmente il testo come compare nell'edizione citata.

32 Rossini, 1839, tavola XXXVII: "Tor trè Ponti. Il ponte è di Trajano, il fiume si chiama Ninfa che passa sotto la città di Norma che si vede in distanza".

33 "Tra tutti gli oggetti dell'arte, l'occhio pittoresco cerca forse soprattutto le eleganti reliquie dell'architettura antica; la torre in rovina, l'arco gotico, i resti di castelli e abbazie", Gilpin, 1792, 1808, p. 46.

34 Knight, 1806, pp. 155–156.

35 Lo studio originale per il quadro, datato 1831 e intitolato *The Italian Family: Ferry on the River Ninfa* si trova ora a Hospitalfields House, Arbroath, Scozia (http://bit.ly/ninfa1831); una versione del 1834 con lo stesso titolo è alla National Gallery of Victoria, Melbourne (http://bit.ly/ninfa1834), mentre la versione finale del 1838 col titolo riportato nel testo è stata venduta all'asta presso Bonhams Londra, 19th Century Paintings, 29 settembre 2010, lotto 90. Mammucari, 2007, p. 66, riproduce anche un acquerello pressocché identico del 1835, che intitola *Trasporto in palude*.

36 Edward Lear, lettera inedita alla sorella Ann, 11 ottobre 1838.

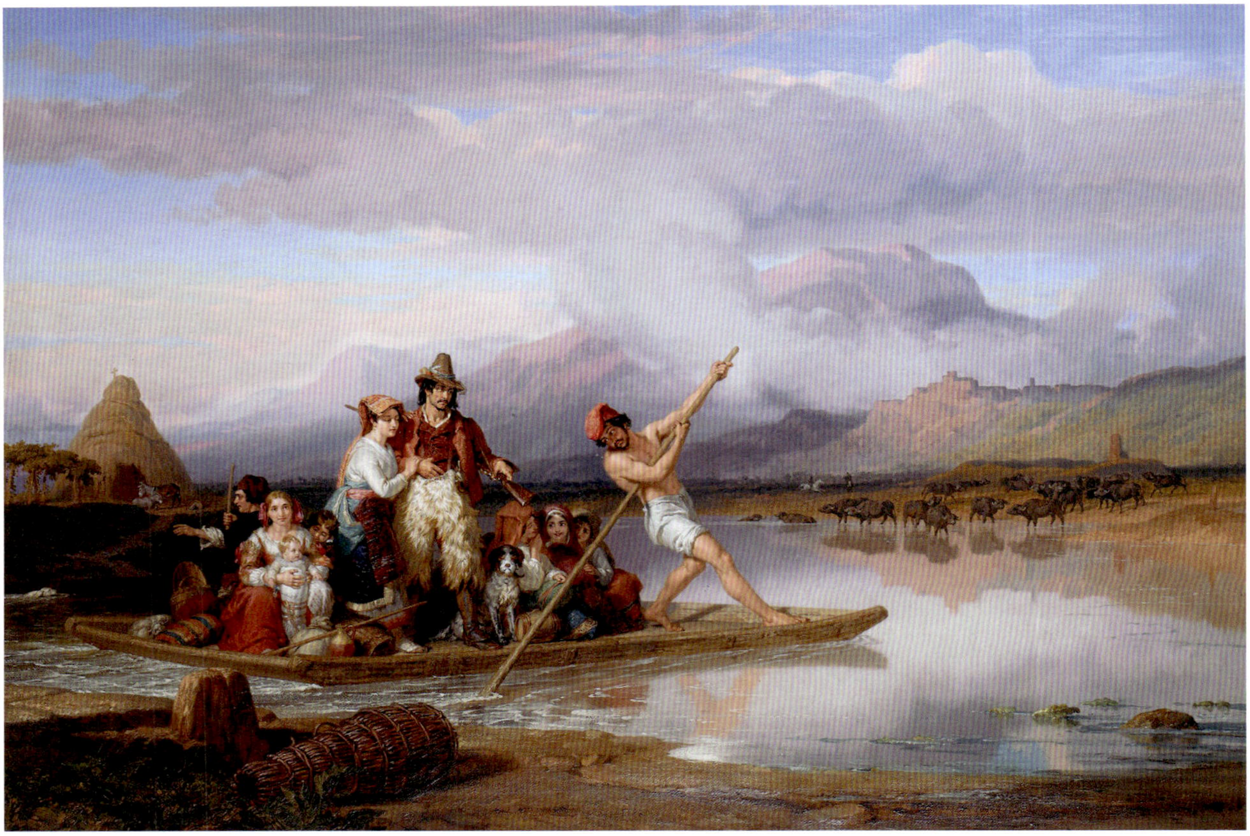

2 Penry Williams, A Ferry on the Ninfa, Sermoneta in the distance – a scene in the Pontine Marshes, near Rome, 1838.

nieri in città:[37] oltre a Williams, con il quale formò un'amicizia destinata a durare tutta la vita, un altro espatriato che sicuramente incontrò fu Charles Coleman,[38] che più di chiunque altro dedicò la propria attività alla raffigurazione della vita pittoresca degli abitanti e degli animali della Campagna romana e il cui *Spurgo del canale*, o *Buffaloes treading down weeds in the Pontine Marshes*, mostra sullo sfondo Sermoneta e forse un'approssimativa rappresentazione di Ninfa.[39]

Con un terzo artista che Lear menziona spesso, James Uwins, nipote di Thomas Uwins, un famoso pittore specializzato nella pittura di scene pittoresche nell'area di Napoli, Lear compì, nella primavera-estate del 1838, la sua prima escursione italiana, a Napoli, Amalfi e La Cava.[40] Nel viaggio di andata i due amici non seguirono il percorso della via Appia consigliato da Luigi Rossini, forse considerato troppo pericoloso a causa della malaria o dei briganti;[41] scelsero piuttosto di camminare lungo i sentieri dei Monti Prenestini per poi scendere lungo la Valle Latina a est dei Monti Lepini. Al ritorno, tuttavia, poiché Uwins aveva fretta, percorsero la via Appia,

37 "Veramente, le visite e i biglietti da visita sono già altrettanto fastidiosi che a Londra". Lear, lettera inedita alla sorella Ann, 14 dicembre 1837.

38 "Tutti gli altri qui sono gentilissimi e simpaticissimi – specialmente gli artisti sono un gruppo incantevole – Gibson, Wyatt e Theed, Williams, Coleman e Uwins in particolare". Lear, lettera inedita alla sorella Ann, 29 marzo 1838.

39 Coleman, 1850, Tavola 28, online: https://bit.ly/buffaloes1850 (2 dicembre 2020). Coleman aveva già dipinto un olio dello stesso soggetto nel 1847, si veda Mammucari / Trastulli, 1981, sovracoperta.

40 Per questa "vacanza" e l'attività di Thomas Uwins si veda Camelia / Graziosi / Guida, 2018.

41 Nella lettera inedita del 3 maggio 1838 alla sorella Ann nella quale annuncia l'intenzione di recarsi a Napoli, Lear scrive: "Non prenderemo 'la via delle rapine'". Per una testimonianza di poco anteriore ai viaggi nell'Italia centrale di Lear nella zona si veda Brockedon, 1835, p. 187: "Partendo da Velletri la strada

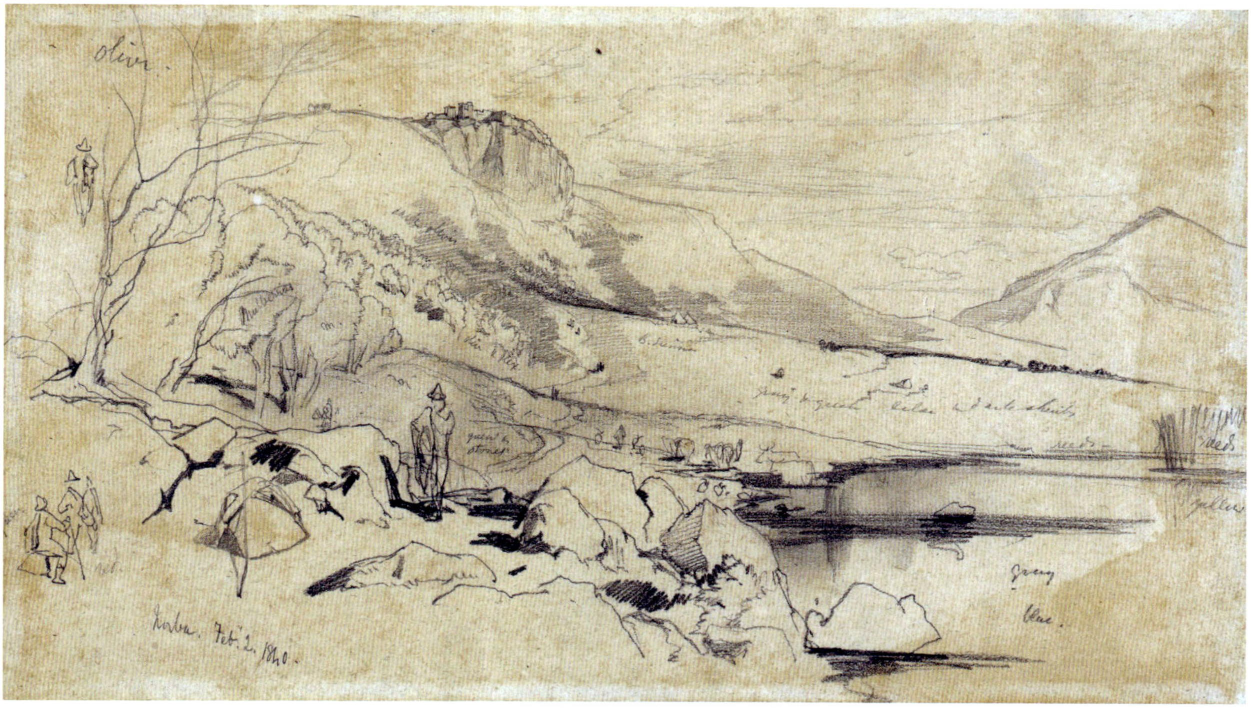

3 Edward Lear, Norba, Feb. 2, 1840. Houghton Library, Harvard University, MS Typ. 55.26.175.

che trovarono in ottime condizioni,[42] e trascorsero la notte del 29 agosto a Cisterna, "una piccola, stupida cittadina, a 10 miglia dalla quale avvengono al giorno d'oggi tutte le rapine; per fortuna noi siamo arrivati sani e salvi".[43] Forse videro Norma e Sermoneta in distanza, ma probabilmente non prestarono loro molta attenzione: in fin dei conti le località non compaiono o sono menzionate solo di sfuggita nella maggior parte delle guide turistiche del tempo, né sono citate nei volumi dedicati alle attrazioni dei dintorni di Roma.

Sebbene avesse evitato l'area nel 1838, Lear sicuramente visitò Norba[44] e Sermoneta, e quasi certamente anche Ninfa, durante un'escursione nella prima metà di febbraio del 1840. Disegnò Norba dalle sponde del lago di Ninfa il 2 febbraio e da questo schizzo (Ill. 3), con qualche inserto teso a enfatizzarne l'aspetto pittoresco, trasse la litografia poi pubblicata l'anno successivo come Tavola 11 di *Views in Rome and Its Environs* col titolo "Norba, una Cittadina al confine con le Paludi Pontine" (Ill. 4). È indicativo il fatto che ancora a questa altezza di tempo e, come abbiamo visto, seguendo l'esempio di altri viaggiatori contemporanei, Lear non menzioni né, apparentemente, visiti la cittadina di Ninfa che pure era lì vicino e che avrebbe poi raffigurato il giorno dopo. Il 3

scende da un'erta collina verso la Foresta di Cisterna dove, circa sedici anni fa, si sono svolte alcune delle imprese del famigerato brigante *Barbone*, del quale ancora si narrano cento storie romantiche. La foresta, su entrambi i lati della strada principale, è stata sfoltita per due o trecento iarde, per impedire ai banditi di nascondersi". Per un certo numero di dipinti sui costumi pittoreschi dei briganti si veda de Caprio / Mammucari, 2015.

42 "Appena si parte da Terracina – iniziano le Paludi Pontine – in altre parole – parte di quell'enorme pianura vicino a Roma chiamata – 'Campagna'. Queste paludi – non più paludi ormai – poiché sono state ormai completamente prosciugate – sono inabitabili in estate a causa della Malaria – ovvero febbri ricorrenti: – e in effetti, dopo piogge copiose, sono tuttora intransitabili a causa dei canali che straripano – Per parte mia, non avrei mai creduto che si trattasse di paludi...". Lear, lettera inedita alla sorella Ann, 26 settembre 1838.

43 Lear, ibid.

44 Lear, come del resto quasi tutti gli autori precedenti e contemporanei, non menziona mai Norma: anche quando si tratta evidentemente di una veduta dell'abitato moderno usa sempre il nome classico.

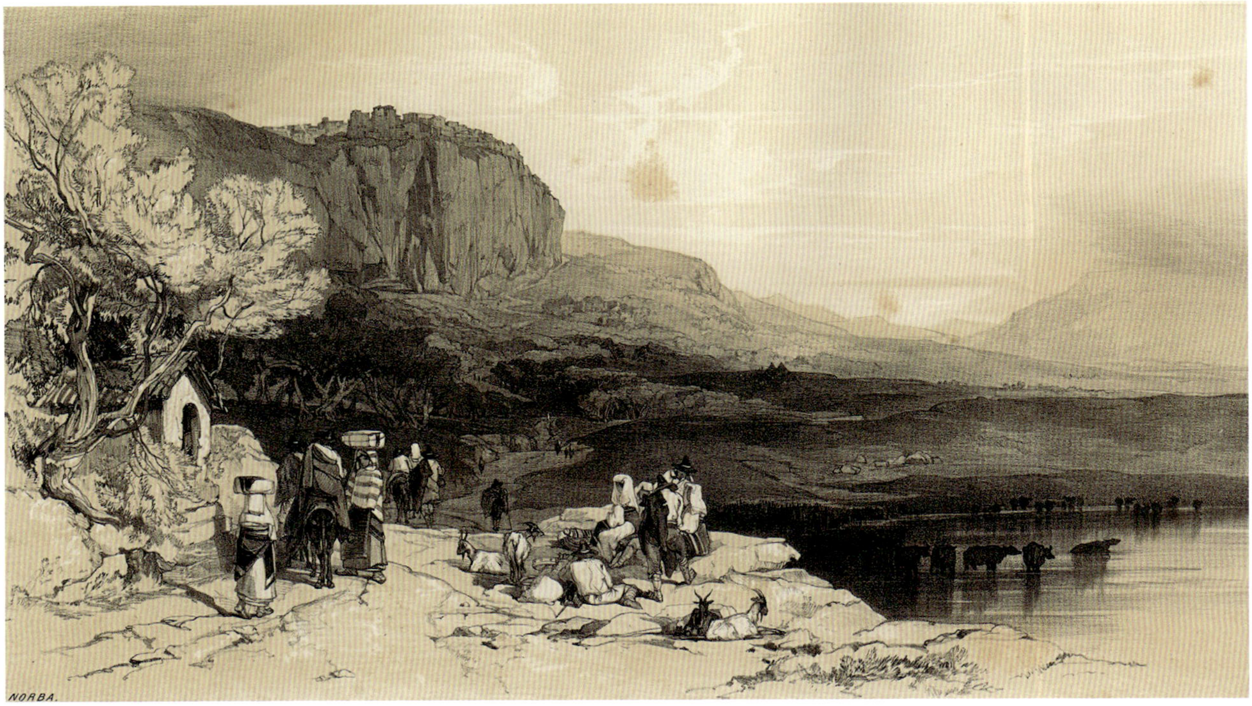

4 Edward Lear, Norba, in Views in Rome and Its Environs, Table 11.

febbraio, infatti, in uno schizzo che, come vedremo, avrebbe utilizzato fino agli anni Settanta del diciannovesimo secolo, disegnò Sermoneta con Ninfa ben visibile sullo sfondo (Ill. 5),[45] un abbozzo che, rivisto scegliendo un punto di vista leggermente più elevato che consente al pittore di eliminare lo schermo formato dagli alberi, sarebbe diventato la Tavola IX del secondo volume di *Illustrated Excursions in Italy* (1846), nella quale Ninfa sarebbe risultata assai più chiaramente delineata (Ill. 6).

Nel 1840 con ogni probabilità Lear non conosceva ancora Michelangelo Caetani, ma aveva assai probabilmente già incontrato i membri della famiglia Knight, tramite i quali avrebbe conosciuto il futuro duca di Sermoneta.[46] Sebbene il primo riferimento a loro si trovi in una lettera alla sorella Ann del 1844, quando ne parla come di vecchi amici,[47] sappiamo con certezza che il 26 luglio 1842 si recò a Frascati con Charles Knight, dove questi gli insegnò a cavalcare prima che i due partissero insieme per il primo di tre viaggi negli Abruzzi che Lear avrebbe descritto e illustrato nel primo volume delle *Illustrated Excursions in Italy*.[48] Certamente conosceva già almeno due delle sorelle: Isabella Jane e Margaret. Aveva stretto una forte amicizia con la prima, perfetta incarnazione della perenne invalida dell'età vit-

45 Andato all'asta il 6 luglio 2010, Old Masters & British Drawings, Sotheby's, Londra, lotto 260.

46 Si dà di solito per scontato che Lear abbia incontrato i Knight, strettamente imparentati con il Richard Payne Knight teorico del pittoresco, appena arrivato a Roma, ma ciò è impossibile visto che questi non si trasferirono in Italia prima del 1839, come precisa Rob Wilson-North, 2017, p. 30. Wilson-North riporta anche l'affermazione di C.S. Orwin, 1970, p. 32, secondo la quale a Roma la famiglia si stabilì a Palazzo Bracci, in via Rasella, dove risiedeva anche lo scultore Frederick Thrupp, un altro artista legato da amicizia con Lear.

47 "Sono davvero felice che i Knight tornino – il 5". Lear, lettera inedita alla sorella Ann, 24 settembre 1844; non ci sono pervenute lettere alla sorella tra il 22 novembre 1838, quindi sicuramente prima dell'incontro con i Knight, e il 27 agosto 1844: possiamo però essere certi che li aveva già menzionati più volte visto che Ann gli aveva chiesto informazioni sulla salute di Isabella.

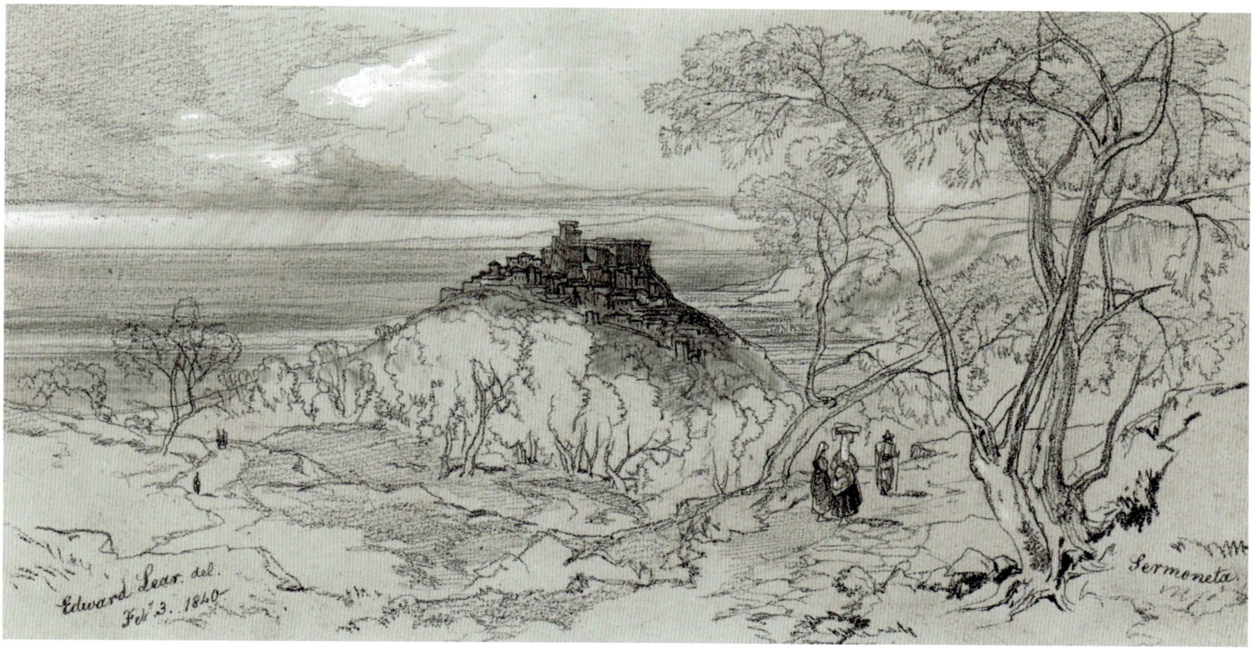

5 Edward Lear, View of Sermoneta, Italy, Feb. 3, 1840, Sotheby's 2010.

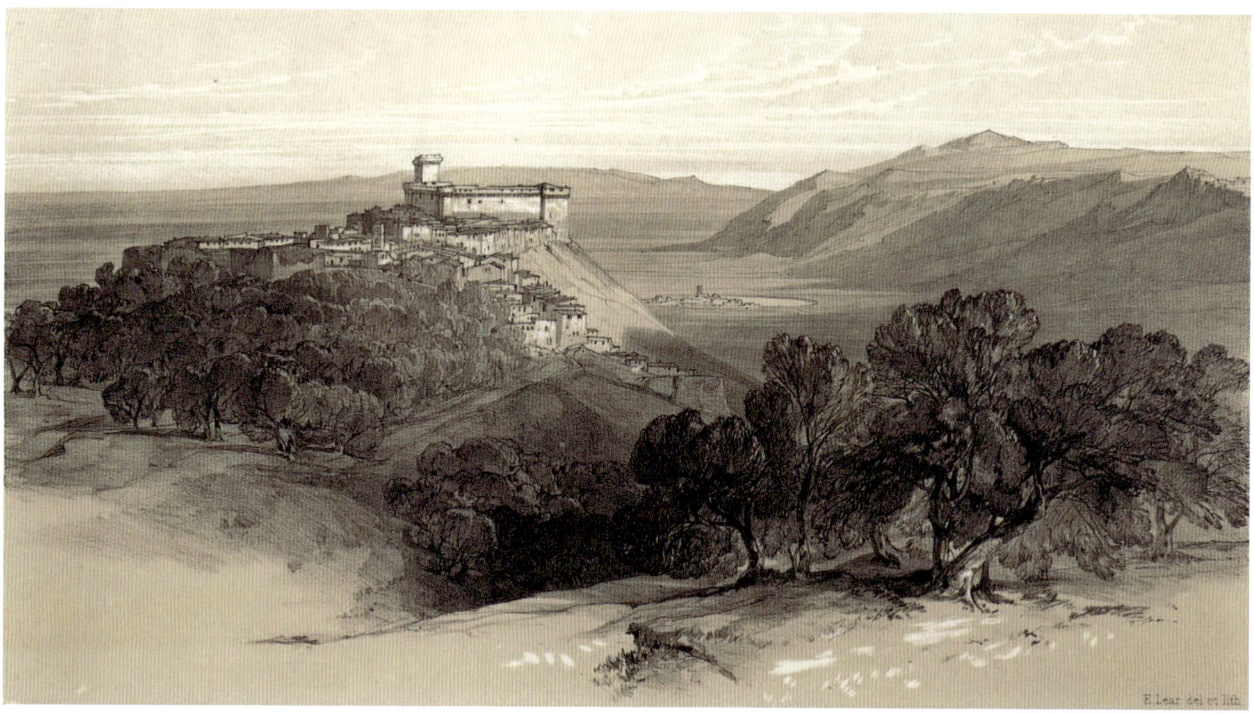

6 Edward Lear, Sermoneta, in Illustrated Excursions in Italy, Table IX.

48 Noakes, 2004, p. 49. Di queste lezioni di equitazione, che si svolsero a Villa Taverna, ci rimane una divertente sequenza di caricature di Lear, British Museum, Prints and Drawings 1970, 0411.24–44; si vedano Graziosi, 2018 e 2019. Sui viaggi negli Abruzzi e il primo volume delle *Illustrated Excursions* si veda Antinucci, 2012–2013.

toriana, che raccolse in un album un gran numero di illustrazioni e alcune poesie di Lear;[49] a lei l'artista scrisse numerose lettere con buffe autocaricature e storielle illustrate sugli episodi più divertenti dei suoi viaggi oltre a non mancare occasione per farle visita. La maggiore, Margaret, per la salute della quale era molto preoccupato nel 1847,[50] sarebbe poi diventata, nel 1854, la seconda moglie di Michelangelo Caetani. Fu sicuramente per tramite della famiglia Knight che Lear ottenne l'accesso all'Archivio Caetani nei primi anni Quaranta e sviluppò un interesse per le vaste proprietà della casata nella Campagna romana.[51]

Ulteriore conferma dei contatti tra Lear e "Don Michele" ci sono forniti dalla seconda di due lettere ad Angelo Maria Ricci riguardanti un progetto di illustrazione dei luoghi menzionati nel Libro VII dell'*Eneide* che l'artista aveva avviato nel 1844 con l'aiuto del poeta ed erudito abruzzese. Evidentemente in questo primo periodo da vedutista Lear avverte ancora il bisogno di trovare agganci al mondo della classicità per i suoi quadri, e in effetti questi anni romani lo vedono eseguire una serie di dipinti ad olio di stampo piuttosto tradizionale.[52] Questo orientamento ai riferimenti classici è reso esplicito da Lear nella "Prefazione" alla "seconda serie" delle *Illustrated Excursions in Italy*, che rappresenta ciò che rimane del mai realizzato progetto sull'*Eneide*:

> La maggior parte di queste Illustrazioni deriva il proprio interesse dalle associazioni classiche e storiche dei luoghi almeno quanto dalla bellezza del paesaggio rappresentato.[53]

Il 22 marzo 1845, dunque, Lear si reca presso l'abitazione di Ricci ma, non trovandolo in casa, per ringraziarlo dell'aiuto per il progetto virgiliano gli lascia una copia di *Views in Rome and Its Environs* e una nota nella quale elenca una serie di località che lo stesso Ricci gli ha suggerito e che ha intenzione di vistare:

> Voleva dunque pregarla di accettare quella opera litografica illustrativa dei contorni di Roma, – in segno della mia riconoscenza per la lettera da lei scritta con tanta bontâ e cortesia sopra il 7° libro di Virgilio. ...
> Pensai di fare un viaggio per Norcia in Ascoli – ma non sarà possibile quest'anno, e così, la povera "Nursia" andrà senz'esser illustrata. Piuttosto faro una scappata a Monte Circeo, Piperno, ed al Monasterio di Fossa Nuova, – e se ella potrebbe indirizzarmi a qualchi autori ove fanno menzione di quel luogo interessante [(cioè Fossanuova)] mi farebbe un gran piacere. Per la vicinanza di Sermonetta, Norba etc. – avrò ricordo al P. di Teano, che m'ha promesso il suo aijuto.[54]

Nel 1845 il principe di Teano era appunto Michelangelo Caetani, che avrebbe assunto il titolo di duca di Sermoneta alla morte del padre nel 1850.

Di lì a pochi giorni le località elencate nella nota saranno oggetto di un viaggio nel corso del quale

49 British Museum, Prints and Drawings, 1938,0514.1.1–41.

50 "Alla maggiore delle Miss Knight si è rotto un vaso sanguigno una decina di giorni fa e nonostante al momento stia migliorando si trova ancora in uno stato assai precario". Lear, lettera inedita alla sorella Ann, 13 marzo 1847. E qualche settimana dopo: "Temo che la povera Miss Knight stia rapidamente morendo". Lettera inedita alla sorella Ann, 11 luglio 1847. Questa è probabilmente la "malattia gravissima" di cui parla Enrichetta, la terza moglie di Michelangelo, che finì per favorire il matrimonio: "il medico non dava alcuna speranza, ed allora, credendo vicina la sua fine, gli confessò l'affetto che aveva avuto per lui. Guarì quasi per miracolo, ma vi era poi l'ostacolo della religione; il quale poté peraltro esser superato, poiché, dopo aver studiato a fondo la questione, essa si decise di farsi cattolica, essendo sinceramente convinta. Non vi fu perciò più alcuna difficoltà, ed il matrimonio ebbe luogo", Enrichetta Caetani, 1904, p. 202.

51 Secondo Susan Chitty, 1988, p. 63, nel 1842 "Lear strinse un'amicizia intima con una delle più importanti famiglie. Il Ducato di Sermoneta era il più antico degli Stati Pontifici. La presentazione di Lear ai Sermoneta avvenne probabilmente per il tramite di Charles Knight".

52 Si vedano tra i tanti possibili esempi i due dipinti all'asta presso Sotheby's, Londra, Important British Paintings, 6 giugno 2007, lotto 85; Graziosi, 2020.

53 Lear, 1846, volume II, "Preface". Il secondo volume delle *Illustrated Excursions in Italy* non contiene, come il primo, un racconto di viaggio, ma si limita a brevi annotazioni sui luoghi raffigurati nelle venticinque tavole.

54 Edward Lear, lettera a A.M. Ricci del 22 marzo 1845, Biblioteca comunale di Rieti, Fondo Ricci, F=1=16/212; per il testo completo delle lettere a Ricci, scritte nell'italiano un po' stentato di Lear, si veda Graziosi, 2013a–c.

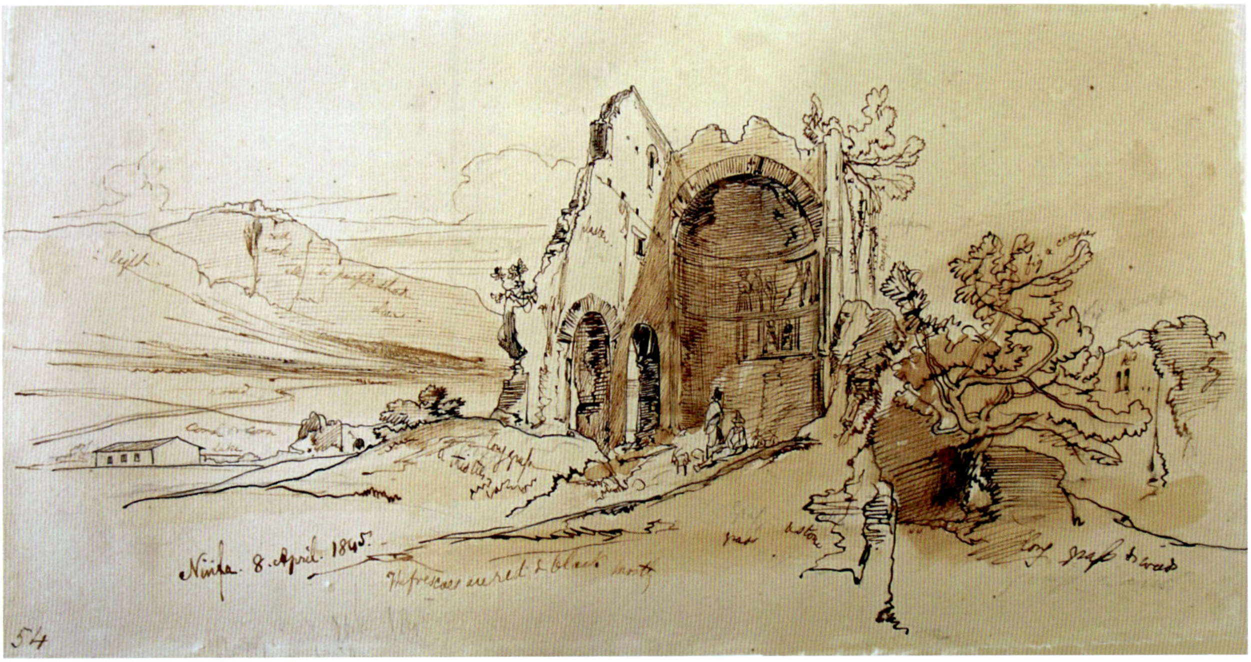

7 Edward Lear, Ninfa. 8 April. 1845 n. 54, Liverpool Central Library.

Lear entrerà nella cinta muraria di Ninfa e realizzerà, primo artista a farlo, una serie di disegni dei principali edifici della città. Questi schizzi, ancora inediti, sono oggi conservati alla Liverpool Central Library, rilegati insieme alle pagine del secondo volume di *Illustrated Excursions* per volere di un importante amico di Lear, Lord Northbrook, che li aveva ricevuti in dono dall'artista. Poco dopo il viaggio a Norba e Sermoneta del febbraio 1840 Lear aveva preso l'abitudine di numerare progressivamente i disegni eseguiti durante ogni escursione, il che ci consente di ricostruire abbastanza dettagliatamente la cronologia dei suoi movimenti: la numerazione dei disegni è indicata tra parentesi quadre, quelli conservati alla Liverpool Central Library[55] sono stati integrati con altri disponibili sul sito della Houghton Library di Harvard.[56]

Sappiamo che partì il 31 marzo 1845 da Civita Lavinia (Lanuvio) [1] e Velletri [3–6]; poi Giulianello [7–8], Cori [9–13] e infine Cisterna [14–15] il 1° aprile. Visita quindi l'area del Circeo tra il 2 e il 3 aprile [21–28] e arriva a Terracina il 4 [30], il 5 visita l'Abbazia di Fossanova [34–39] e il 6 è a Sonnino [41] e poi a Priverno [43, più uno non numerato], passa per Sezze il 7 [44] e infine si sposta a Sermoneta [45 e uno non numerato], dove pernotta. Finalmente l'8 aprile, scendendo la collina, esegue tre disegni di Norba, con Ninfa appena accennata alla base del dirupo [48–49 e un terzo non numerato]. Arriva infine a Ninfa, dove disegna S. Maria Maggiore da due

55 Mi baso su un elenco fornitomi da Stephen Duckworth, 2020. Come detto, i disegni sono stati rilegati in sei volumi insieme ad alcuni libri di viaggio di Lear, quello che interessa qui è il volume IV, *Illustrated Excursions in Italy (States of the Church)*, volume II; contiene i disegni numerati 1, 3, 21–24, 26, 28, 34, 38–41, 43–45, 48–49, 54, 56–57, 59–61, più alcuni non numerati ma datati.

56 "Edward Lear Landscape Drawings", MS Typ 55.11, MS Typ 55.26, TypDr 805.L513, Houghton Library, Harvard; online: https://bit.ly/36w6EHV (2 dicembre 2020). In questo enorme database di dipinti si trovano tutti gli altri numeri citati nel testo. La gran parte dei disegni qui menzionati sono disponibili nella presentazione usata per la conferenza "Dalla Pompei del medioevo ai giardini di Ninfa", Ninfa, 23 ottobre 2020, online: https://bit.ly/NinfaPresentation (10 agosto 2021).

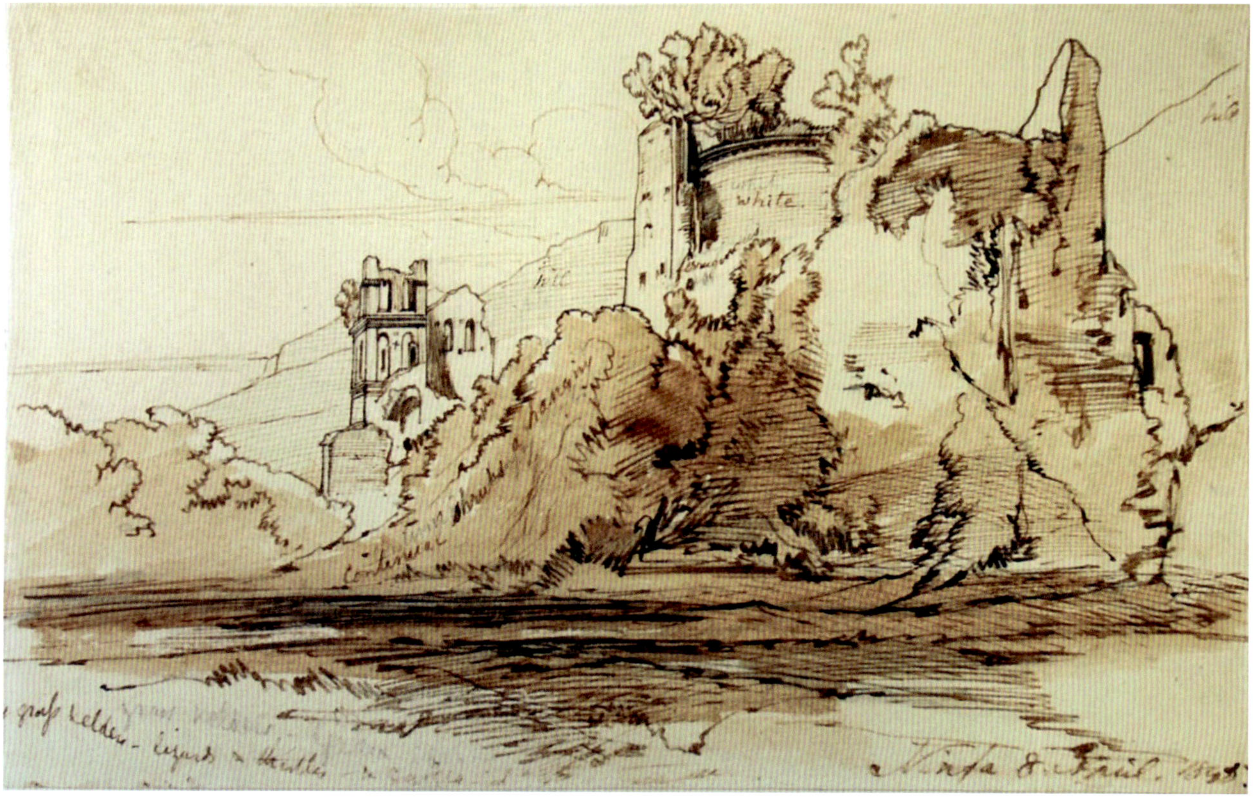

8 Edward Lear, Ninfa. 8 April. 1845, Liverpool Central Library.

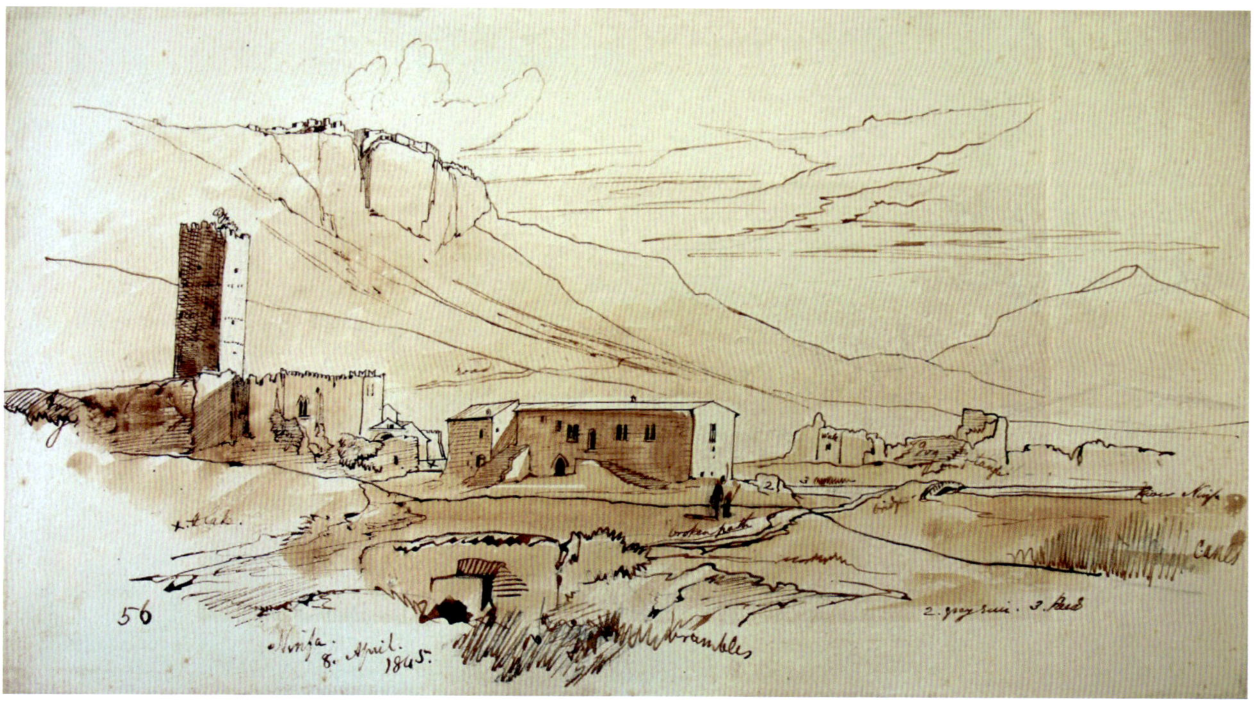

9 Edward Lear, Ninfa. 8 April. 1845 n. 56, Liverpool Central Library.

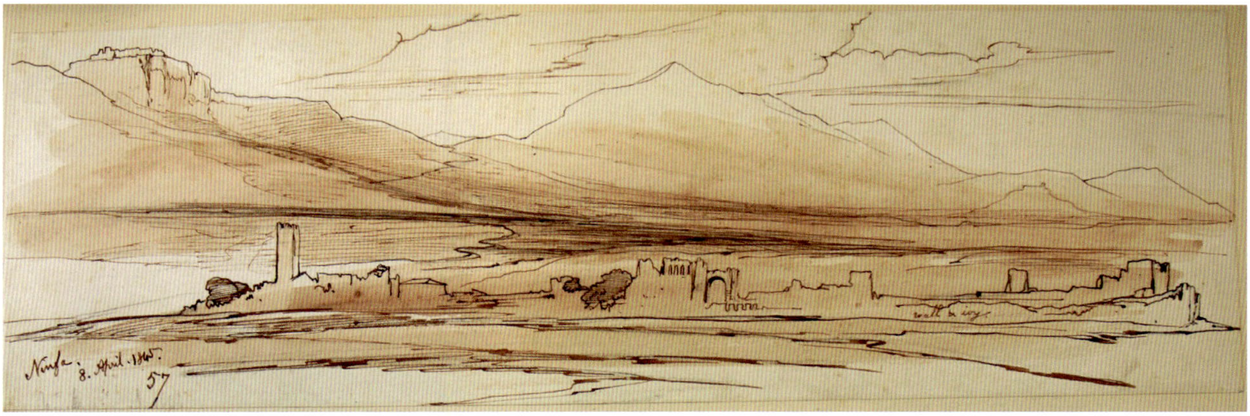

10 Edward Lear, Ninfa. 8 April. 1845 n. 57, Liverpool Central Library.

punti di vista diversi, uno numerato 54 (Ill. 7) e l'altro senza numerazione (Ill. 8). Come si vede, ci sono almeno quattro disegni mancanti dalla sequenza, dal 50 al 53, alcuni dei quali potrebbero essere stati eseguiti a Ninfa. Un altro disegno ritrae la caratteristica torre e il palazzo comunale sovrastati da Norma [56] (Ill. 9) e infine una veduta generale di Ninfa [57] (Ill. 10), quella che userà poi per la tavola XI di *Illustrated Excursions*. Lear raggiunge poi Norba [59–61 più altri non numerati] dove rimane fino al giorno successivo, 9 aprile, e quindi si sposta a Galera, dove perdiamo le sue tracce. Sappiamo comunque che il 15 aprile è di nuovo a Roma, perché è in quel giorno che Chichester Fortescue, futuro Barone Carlingford, da quel momento uno dei più fedeli amici di Lear, visita per la prima volta il suo studio e ne scrive nel diario.[57]

Nelle *Illustrated Excursions*, la nota relativa a Ninfa, "una delle vedute più romantiche e straordinarie d'Italia", fa riferimento sia alla letteratura precedente sia ai "Caetani Archives" per quanto riguarda la donazione fatta da "Pipino, padre di Carlomagno, alla Chiesa di Roma" e conclude quindi ricordando che "questa pittoresca cittadina era dotata un tempo di cinque chiese collegiate, i cui muri sono ancora visibili, ricoperti di vegetazione".[58] Contraddicendo dunque in parte quanto sostenuto nella prefazione Lear ignora quasi completamente i riferimenti classici, cosa che del resto accade per molti dei luoghi raffigurati nel volume, per concentrarsi, come poi farà Gregorovius, sulle vicende medievali a partire appunto dalla donazione e fino alla distruzione "ad opera di Federico Barbarossa nel dodicesimo secolo, e di nuovo da parte di Alfonso d'Aragona nel 1441".[59] Di particolare interesse il riferimento al libro di Antonio Ricchi, *La reggia de' Volsci*, la cui descrizione di Ninfa mette in rilievo l'atmosfera di malinconica solitudine e irrevocabile abbandono che emana dal luogo e sembra anticipare i temi della poesia cimiteriale inglese della seconda metà del diciottesimo secolo:

> ... quest'antica Terra del Regno de' Volsci esclama co' Passegieri contro l'empietà di Federico Barbarossa... Si fa vedere con muta favella, palesando a quelli la sua caduta nella mostra, che fa de' suoi

---

57 Carlingford Diaries, vol. XI, 1 Feb.–11 Sept. 1845, British Library, Add MS 63664.

58 Sull'uso che Lear fa delle categorie estetiche dominanti ai suoi tempi, bello sublime e pittoresco, si veda Antinucci, 2012–2013, pp. 174–180. Lear usa spesso la parola "pittoresco" sia nei libri di viaggio sia nei diari, anche se in molti casi come semplice sinonimo di "bello"; sulla sua concezione del pittoresco si vedano Olson, 1993 ("Lear usa assai di rado il termine 'sublime'. Nell'intero diario corsicano usa questo termine solo cinque volte, in contrasto con le centinaia di volte che usa la parola 'pittoresco'", p. 352) e Wong, 2016 ("Lear usa ripetutamente 'pittoresco' per indicare la bellezza in riferimento a qualsiasi cosa, dalle persone ai costumi, agli animali e alla vegetazione", p. 83).

59 Lear, 1846, volume II, p. 21.

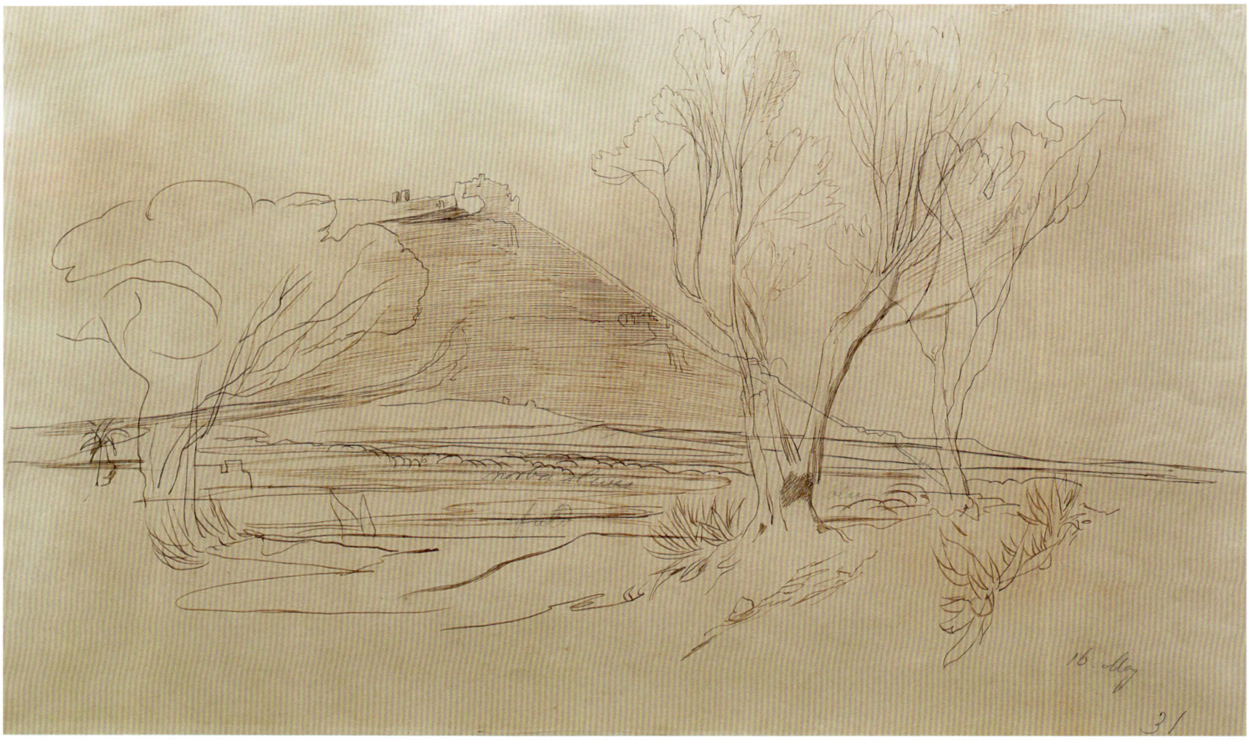

11 Edward Lear, senza titolo (norba olives), 16. May, Abbott & Holder, London.

> diroccati Palagi; delle case sepolte, ingombrate di macchie, di massi rovinosi scossi dall'edere, di Torioni smembrati ricettacoli di augelli notturni, seminario di sterpi inabitabile, e deserta, la cui miserabile ossatura oggi forma un deplorabile scheltro di civil abbitazione, ed un compassionevole embrione della sua antica magnificenza. Rimane sol dritta un altissima Torre per memoria funesta delle sue perdute speranze. Vien chiamata quest'ombra d'antica Terra, co'l nome erudito di Ninfa fra gl'Oratori, piena di favole tra Poeti, i quali celebrano questo ricco fonte di natura, chiamato dal nome delle sue chiarissime acque, il Fiume Ninfeo...[60]

Lear eseguì un altro schizzo di Norba dalle rive del lago di Ninfa il 16 maggio di un anno non indicato nell'immagine (Ill. 11): stilisticamente e per i materiali usati sembra appartenere allo stesso 1845, ma sicuramente fu eseguito nel corso di un'altra escursione. D'altra parte, stando al diario di Chichester Fortescue, egli partì per l'Inghilterra l'11 maggio 1845 e non fece ritorno a Roma fino al dicembre del 1846, nel 1847 fu in Sicilia dalla fine di aprile fino agli inizi di ottobre e poi, a partire dal 9 aprile 1848 egli lasciò l'Italia per parecchi anni e, a parte l'inverno 1859–1860 trascorso a Roma, non risultano viaggi nello Stato Pontificio né dalle lettere né dai diari fino agli anni Settanta dell'Ottocento. Il paesaggio potrebbe quindi essere stato eseguito prima del tour del 1845, durante un secondo viaggio a Napoli nel 1844, dove si trovava il 6 giugno, ma purtroppo non ci sono testimonianze relative al percorso o ai mezzi usati in alcuna delle lettere pervenuteci.

Lear rimase sempre in contatto con la famiglia Knight, in particolare con Isabella, ma anche con Margaret e il marito il rapporto rimase saldo. Il 13

60 Ricchi, 1713, p. 73, il testo è riportato fedelmente. Vale la pena di notare come questa descrizione in qualche modo anticipi quella di Gregorovius, 1872, volume 2, p. 68, riportata nella nota 76. Lear cita inoltre le opere di Cramer, 1826, e Piazza, 1703.

aprile 1860, dopo avere trascorso l'inverno a Roma, Lear scrive nel diario:

> Ho fatto i bagagli, più o meno fino alle 6, quando, uscendo per andare da Cholmondeley, ecco! "Margaret Sermoneta" e il Duca sotto casa. La buona e gentile M. Knight! Mi aveva comprato due gemelli d'oro, bellissimi! Come *ricordo*: e per fortuna ho potuto accettarli con la coscienza a posto, visto che avevo regalato un disegno di Masada a Isabella, oltre ad altri due del Mar Morto e S. Sabbas. Il povero Duca sembrava molto triste e abbattuto.[61]

Una decina di anni dopo, il 25 ottobre 1870, Lear scrive nel diario che Penry Wiliams, in una lettera, "parla di Isabella Knight come se non fosse viva?", e riceve conferma dallo stesso artista qualche settimana dopo che "*Isabella Knight è davvero morta*".[62] Chiaramente si era già messo in contatto con la sorella maggiore, poiché pochi giorni dopo annota: "*Una lunga e assai cortese lettera di Margaret Sermoneta. Davvero Isabella è morta, il 17 luglio:* – nessuno della famiglia era con lei... Charly è ancora molto malato".[63]

Questo scambio segna l'inizio di una nuova serie di lettere, cinque delle quali ci sono state preservate nell'Archivio Caetani,[64] le prime due delle quali preludono a una visita a Frascati dal 23 al 26 luglio 1871: in questa occasione Lear incontrò i duchi di Sermoneta (Michelangelo e Margaret) e i principi di Teano, il figlio di Michelangelo, Onorato, e la moglie inglese, Ada Bootle-Wilbraham, oltre alla figlia Ersilia con il marito, conte Lovatelli. Dalla descrizione nel diario degli incontri e dei colloqui con il duca e la sua famiglia si direbbe che i rapporti fossero assai confidenziali:

> 23 luglio 1871 [domenica]
> Alzato prima delle 5 ... Caffè e via, alla Stazione ... attraverso la vecchia Campagna – indistinta e nebbiosa – fino alla stazione di Frascati, dalla quale ho raggiunto lentamente la città ... A casa dei Sermoneta – hanno comprato la casa accanto a quella nella quale abitai – ho scoperto che il Duca si era recato in città questa mattina! E quindi sono venuto qui ad aspettare le 10, cioè nella vecchia Villa Conti-Bracciano ... Figure del passato – Gibson, Wyatt, Newbolt, Dessonlangs, Thrupp – Uwins, Coleman – mi sembrano a volte ancora qui: – questi luoghi sono pieni di ricordi per me, ma appartengono letteralmente al passato, senza alcun legame con il presente o il futuro ...
> Alle 9 dai Sermoneta, dove c'era la Contessa Lovatelli: la Duchessa è arrivata subito, più anziana, ma non molto diversa e gentile come sempre. Abbiamo parlato a lungo di Isabella, Helen, Charley ecc. Abbiamo pranzato all'una ... una calura tremenda: dormito e parlato ... mangiato gelati e dipinto porcellana fino alle 5, quando siamo andati, su due carrozze, alla Stazione ... Alla stazione abbiamo trovato il Duca e il Conte Lovatelli – saluti – e invito ad andare a dormire da loro martedì, cosa che ho promesso di fare...
>
> 25 luglio 1871 [martedì]
> In piedi alle 6 ... Colazione alle 9.30 – poi alla Stazione, dove ho dovuto attendere, infastidito dal vento e dalla polvere – fino alle 11.30. A Frascati ho ingaggiato un ragazzino per portarmi la borsa ... Dalla Duchessa, ben presto ora di pranzo – Duca e Duchessa – Principe di Teano – Conte e Contessa Lovatelli, & Maestro di Casa, & Bergerer ... Poi conversazione e quiete ...
> Un giro in carrozza col Duca e la Duchessa & Bergerer poi fino a Marino: gli splendidi paesaggi di R. di Papa, e dei Monti Albani...
> Al ritorno – seduto col Duca Caetani – parlato di Greco – che – come me – ha imparato solo in età avanzata. Anche la Contessa Ersilia Lovatelli lo studia! – fino a una deliziosa cena.
> Tra il pranzo e il giro in carrozza ho camminato su fino alla [Villa] Taverna, e oltre fin sotto la [Villa] Mondragone. Tutto è cambiato e odioso. I Borghese

61 I 30 volumi dei diari di Lear che ci sono pervenuti coprono gli anni dal 1858 alla sua morte. Edward Lear Diaries, Houghton Library, Harvard, MS Eng 797.3, 13 aprile 1860; trascrizione "Friday, 13 April 1860", http://bit.ly/Diary1860 (3 febbraio 2021).

62 Edward Lear Diaries, 11 novembre 1870.

63 Edward Lear Diaries, 21 novembre 1870.

64 Queste sono presentate, in traduzione, nell'Appendice. Il testo originale si trova su Blog of Bosh: https://bit.ly/Caetani.

vivono nella prima, e l'hanno tutta circondata con un muro e una ringhiera: – il recinto nel quale lo sventurato Charley mi ha insegnato a cavalcare non c'è più...

26 luglio 1871 [mercoledì]
Alzato alle 5 ... Colazione con il P. di Teano. Salutato il Duca e la Duchessa – povero Duca! Carrozza per la Stazione – treno fino a Roma, salutato P. di Teano – e carrozza fino all'Hotel.[65]

Il fatto che i rapporti con il duca siano evidentemente piuttosto informali non dovrebbe stupire visto che i loro caratteri sembrano essere stati piuttosto simili: Lear amava i giochi di parole e le battute umoristiche, ma Michelangelo Caetani non era da meno poiché, stando alla descrizione di Raffaele De Cesare, "inesauribile era la vena dei suoi epigrammi ... spesso erano bisticci di parole, ma di significante comicità".[66]

Nel corso di questa visita Lear deve aver promesso di inviare un acquerello come tardivo regalo di nozze ai principi di Teano visto che il 12 febbraio 1872 scrive nel diario di star lavorando a un "piccolo Sermoneta" per Ada, la cui spedizione sarà annunciata qualche settimana dopo, il 1° marzo, con una lettera.[67] Si tratta con ogni probabilità del quadro venduto all'asta come *Sermoneta* da Bonhams a Londra il 7 giugno 2005 (Fine British and Continental Watercolours and Drawings, lotto 75)[68] e di nuovo col titolo *View of the Castello Caetani and the Hill-town of Sermoneta, Lazio, Italy* da Christie's a Londra il 5 giugno 2007 (British Art on Paper, lotto 133),[69] chiaramente una versione rielaborata e colorata dell'immagine che Lear aveva pubblicato nel secondo volume di *Illustrated Excursions in Italy* nel 1846. Riporta una doppia data, quella del compimento del lavoro e quella dell'immagine originale dalla quale il quadro è tratto: "Edward Lear. del. 1872. (Feb. 3. 1840)". Fu probabilmente l'ultima volta che Lear si occupò di Ninfa e dell'area circostante. Quando scrisse nuovamente a Margaret Caetani, il 21 novembre 1872, lei era già morta; ci fu almeno un'altra lettera alla principessa di Teano il 16 dicembre 1872 per chiedere informazioni sugli ultimi giorni di vita di Margaret e poi non risultano altri contatti con la famiglia Caetani né riferimenti a Ninfa da parte sua.

Edward Lear fu dunque il primo artista a dimostrare un apprezzamento per Ninfa in quanto insieme di ruderi medievali che fornivano "una delle vedute più romantiche e straordinarie d'Italia" piuttosto che come mero palcoscenico di avvenimenti storici o sito di improbabili meraviglie registrate dagli autori classici. Fu anche l'unico a offrire dei resti una rappresentazione realistica che ben documenta lo stato degli edifici, rifuggendo da ogni tentativo di sottolineare in maniera più o meno fantasiosa il potenziale pittoresco e quasi lugubre del luogo.

Nel settembre del 1859[70] il passaggio di Gregorovius con il conseguente peana per la "Pompei del Cristianesimo"[71] segna quindi la fine piuttosto che l'inizio della breve stagione di attenzione per i resti della "città diruta". D'altra parte, il modo stesso in cui lo storico presenta la sua reazione quando per la prima volta vede la "città magica in rovina"[72] risulta leggermente contraddittorio: era evidentemente a conoscenza dell'esistenza e della posizione di Ninfa visto che frequentava regolarmente Michelangelo Caetani che, come per Edward Lear, gli aveva concesso di accedere all'Archivio;[73] inoltre, ne aveva già trattato nel secondo volume della *Storia della Città di Roma nel medioevo* e aveva quindi già fatto ricerche sulla sua

65 Edward Lear Diaries, 23–26 luglio 1871.
66 De Cesare, 1975, p. 81.
67 Lettera 3 nell'Appendice.
68 http://bit.ly/sermoneta1872 (2 gennaio 2021).
69 Il quadro è stato nuovamente messo in vendita con il titolo *View of the Castello Caetani and the hill-town of Sermoneta, Lazio, Italy* presso Christie's, Old Master and British Works on Paper: Drawings, Watercolours and Prints 1500–1900, Londra, 5 luglio 2022, lotto 127, https://bit.ly/Castello1872-1840 (22 giugno 2022).
70 "Addì 11 [settembre 1859] feci una cavalcata col pittore [Rudolf] Müller a Segni; il 13 da Norma a Cori. Alle 8 di sera riedemmo a Roma". Gregorovius, 1895, p. 78.
71 Gregorovius, 1873, p. 645.
72 Gregorovius, 1872, volume 2, p. 65.
73 "Il 29 dicembre [1857] fui presso il duca di Sermoneta, che ha messo il suo archivio a mia disposizione". Gregorovius, 1895, p. 47.

storia, che sarebbe stata sviluppata nei volumi 4 e 5. È dunque senz'altro frutto di esagerazione retrospettiva e di licenza poetica la reazione che descrive quando, "attonito", chiede all'oste "cosa fossero quella cerchia grandiosa, quelle collinette tutte di fiori e di verzura" che vede dalla finestra della sua stanza in una locanda di Norma poi, ricevuta la risposta, esclama: "Questa era pertanto Ninfa; la Pompei del medio evo, la città perduta nelle paludi pontine".[74]

Questo primo periodo di relativo interesse per i ruderi di Ninfa che copre i pochi anni a cavallo della metà dell'Ottocento, tra la visita di Edward Lear e quella di Ferdinand Gregorovius, si chiuse quando a partire dalla seconda metà del secolo giunse a compimento una trasformazione del paradigma interpretativo del paesaggio che portò molti artisti e scrittori, che erano ormai assuefatti alla vita in città, ad attribuire alla natura incontaminata una "dimensione sinistra",[75] che come si è visto era sempre stata presente nelle descrizioni di Ninfa,[76] quasi che il fascino stesso del paesaggio celasse una minaccia incombente e i racconti popolari fossero indice della estraneità e ostilità della natura, dimora ideale per i fantasmi di un passato ancora in agguato, e certamente Ninfa non poteva che favorire la nascita di leggende che offrivano una spiegazione del male che l'aveva ridotta alla condizione di città fantasma:

> Ancora ai giorni nostri, vuole il popolo che al tramonto emerga dalle acque una malefica fata che alcuni chiamano Ninfa, che altri dicono Malaria, e che Augusto Sindici ha ricordato con i versi:
>
> Vive Ella a Ninfa nel fondo roccioso
> del verde lago in fra l'erba malsana,
> tessendo lo suo manto velenoso,
> e con le sue grida assorda queste piana;
> erra la notte senza mai riposo,
> e torna a giorno ne la oscura tana,
> e se col nero ammanto ti carezza
> la bella gioventù muta in vecchiezza.[77]

Già nel 1875 Augustus Hare, che pure cita lungamente il Gregorovius sullo splendore fiorito della città, per introdurre il tema della maledizione aleggiante sul luogo aveva fatto riferimento alla leggenda della "bella Ninfa" che

> disobbedì ai genitori e si gettò nel lago per evitare di diventare la *sposina* del *partito* non amato che essi avevano scelto per lei, e da quel momento il nome della cittadina ne ha mantenuto vivo il ricordo. E sia, sebbene gli etimologi suggeriscano piuttosto che il padrino ne sia il ruscello Nymphæus. Le ninfe acquatiche vendicano ogni insulto per mezzo dei vapori portatori di febbri che salgono dal loro lago. Ninfa non potrà mai essere ricostruita. Nemmeno i pastori osano trascorrervi la notte. La morte, per quanto inghirlandata di fiori, è pur sempre la morte.[78]

In questo contesto l'antico terrore per la malaria ritorna in primo piano e si pone al centro della scena: gli artisti non dipingono più butteri a cavallo che si prendono cura degli animali e dei canali o famiglie che guadano gli acquitrini per fare ritorno a casa, ma abitanti sfiancati dalle febbri pronti a esalare l'ultimo respiro. Esemplari da questo punto di vista *La Mal'aria*, dipinto già nel 1848–49 da Ernest Hébert,[79] tragica parodia del *Ferry on the Ninfa* di Penry Wil-

74 Gregorovius, 1872, volume 2, p. 60.

75 Owens, 2020, pp. 224–229 e 252–257. Jessica Howell, 2019, pp. 49ss, a proposito della malaria nelle Paludi Pontine, parla di "pestiferous picturesque" e di "nostalgic malarial picturesque". Cfr. il contributo di Michael Schulte nel presente volume.

76 Nemmeno Gregorovius, 1872, volume 2, p. 68, si sottrae a questo sentimento quando, poche pagine dopo la sorpresa per la visione dall'alto delle rovine e una descrizione delle meraviglie floreali che le ricoprono non può fare a meno di aggiungere sfumature più tetre: "Sorge il castello vicino ad uno stagno di discreta ampiezza, che si scorge, quasi palude stigia, all'ingresso di questa città dei morti, e sulle acque quiete di quello, si stendono le ombre della torre e delle altre rovine. Giunchi altissimi circondano la palude, e quando sibila fra questi il vento, si direbbe essere nel regno delle ombre di Enea o di Ulisse".

77 Gelasio Caetani, 1927, p. 309. Si veda p. 307 per le leggende riguardanti la "misteriosa città morta". I versi citati sono tratti da Sindici, 1907, pp. 438–439.

78 Hare, 1875, volume 1, p. 236. Le parole in corsivo sono in italiano nel testo.

79 Musée d'Orsay, Parigi, 20417, online: https://bit.ly/hebertMalaria (26 agosto 2021).

liams di pochi anni precedente, e *Malaria* (1883) di Giulio Aristide Sartorio,[80] visioni crepuscolari di disfacimento naturale e sociale insieme. Il sublime e il pittoresco paesaggistico lasciano ormai il passo alla diffidenza per l'ignoto; la natura, pur sempre affascinante, nasconde oscure minacce pronte a rivelarsi a chi incautamente vi si avventura e osa disturbarla. Da questo momento, e fino alla creazione del giardino, nei quadri di Ettore Roesler Franz, Francesco Vitalini e dello stesso Sartorio, Ninfa non sarà che uno dei paesaggi più rappresentativi della desolazione delle Paludi Pontine.

Appendice

Cinque lettere di Edward Lear alla duchessa di Sermoneta e alla principessa di Teano

Lettera 1.

Risposto.[81]

Villa Emily.[82] *San Remo.* 16 aprile 1871.
["Emily" è la figlia della figlia di mia sorella Sarah – mia pronipote]

Gentile Duchessa di Sermoneta,

So bene che la Sua lettera del 13 gennaio avrebbe dovuto ricevere una risposta assai più sollecita, ma credo che non sia necessario scusarsi troppo nei confronti di qualcuno che ~~forse ha considerato la mia mancanza~~ sono certo non attribuirà la mia mancanza a negligenza. Tuttavia, dirò che – (come si dice della stagione – o delle Terme,) "questo è stato un anno eccezionale" – e pare che non abbia avuto altro da fare che scrivere lettere, a 408 delle quali ho applicato francobolli italiani lo scorso anno, – non sono dunque un buon suddito italiano? (A proposito, ieri una signora tedesca o Tedonna[83] è entrata dal Tabaccaio dove li compro e ha detto "*Datemi un Franco bollito e subito!*"[84] –) Inoltre, il continuo trasferirmi dall'alloggio alla nuova casa e, in terzo luogo, la mia attesa di un libro che voglio inviare a Charley –– tutto ciò, in aggiunta alla pittura necessaria per tenermi a galla, – costituiscono una quantità sufficiente di scuse, se anche Lei ne avesse bisogno. (E non ho menzionato il trasloco e la sistemazione della nuova casa).

80 Museo Nacional de Bellas Artes, Buenos Aires, 5529, online: http://bit.ly/Sartorio1883 (27 dicembre 2020).

81 In una calligrafia diversa, evidentemente un appunto di Margaret Knight Caetani.

82 L'abitazione di Lear a Sanremo.

83 Lear non sopportava i tedeschi, che definiva sprezzantemente "Germen" e "Gerwomen".

84 In italiano nel testo.

Charles mi scritto una lettera, datata 2 gennaio, che mi ha fatto molto piacere: – prima di riceverla non avevo la minima idea di quanto fosse malato e desidero ora che Lei mi scriva per dirmi se si trova ancora a Ginevra e mi comunichi il suo indirizzo esatto – perché, benedetto ragazzo, non lo ha proprio indicato nella sua lettera. Il mio *Nonsense Prose, Poetry, & Alphabets*[85] è appena stato pubblicato e vorrei che i suoi figli lo avessero. Ma non sono sicuro che si trovi ancora a Ginevra né, se anche sapessi che è lì, saprei come inviarglielo. Vorrei poterne inviare una copia anche a Lei, ma non ne ho, né traggo un profitto sufficiente dal libro da consentirmi di averne delle copie – poiché nonostante abbia venduto 3000 copie in tre mesi e sia stato recensito in tutti i modi possibili, le spese di produzione, delle incisioni su legno ecc., si mangiano tutti i profitti e già sono fortunato a non incorrere in un debito. (Un recensore mi definisce "un assoluto benefattore della razza umana", un altro dice – "per puro e semplice umorismo, Mr. Lear occupa la vetta dell'umanità". – (Proverbio adeguato, – "le belle parole non rendono nulla"[86]) – Potrebbe, se scrive a Charley, dirgli che non ho risposto alla sua lettera per queste due ragioni; innanzitutto, non c'era il suo indirizzo e io ho perso o smarrito quello che Lei mi ha dato; in secondo luogo, ero in attesa del libro. E porga i miei più cordiali saluti a lui e alla signora. Gli scriverò non appena avrò notizie da Lei. – Ho saputo che un'altra vecchia amica romana se ne è andata: Mrs. Caldwell. Credo che a Lei e Isabella piacesse – e può darsi che fosse una persona di buon cuore: ma a me è sempre sembrata fredda e *antipatica*.[87] Provo pena per il povero colonnello Caldwell: dopotutto non sono certo io la persona giusta per giudicare la signora C. visto che sono sempre stato un bestione volubile e irascibile e quindi non si capisce perché, senza alcun motivo, avrebbe dovuto mostrarsi affabile con me. Suppongo che siano alquanto papalini: ma non riesco a credere che non li vediate spesso se sono ancora lì, visto che a loro voi tutti piacevate molto, e in particolare Isabella, della cui morte non riesco ancora a rendermi completamente conto, tanto era vivida l'impressione che la sua personalità faceva a tutti coloro che la conoscevano. Quando inizio a scriverLe, così tanto "affiora" alla memoria (per usare un'espressione geologica) che vado avanti senza sosta e magari dimentico ciò che più vorrei dire. Vorrei incontrare di nuovo Lei e Don Michele. I suoi sforzi, alla sua età, e fragile come è di salute, lo renderanno caro agli italiani: immagino che la sua salute generale sia piuttosto buona, altrimenti non potrebbe darsi tanto da fare. Sono dispiaciuto di apprendere dalla Sua lettera che Lei soffre di tanti acciacchi. C'è tuttavia un aspetto positivo, le costituzioni di questo tipo vivono spesso una vita lunghissima: e se così sarà, ciò costituirà un grande conforto per tutti coloro che La circondano, sempre supponendo che Lei soffra meno rispetto a ora negli anni a venire. Sarei lieto di sapere dove si trova Mme Kanitz, Miss Helen prima che si sposasse.[88] È orribile pensare quanto solitari e sparpagliati siano gli amici di un tempo: Lei, credo, è tra i più fortunati, visto che è circondata da tante persone che ama. Spero che i bambini di Charley lo rendano felice. Per quanto mi riguarda, sono un Pellicano in una landa desolata o un Gufo nel deserto o, come ho sentito dire una volta da un chierico del Devonshire: "Sono diventato un *Pellegrino* in una landa desolata, con *Tartufo* per *Dessert*".[89]

Ha incontrato un certo Mr Montrith a Roma? Mi ha fatto visita qui con una presentazione del Professor Lushington ed è amico di molti miei amici, A. Tennyson ecc. ecc. Ma è estremamente pro-papa e quindi sebbene sia ben noto in certe cerchie a Roma può in fin dei conti darsi che voi non lo conosciate. Non posso che sperare che tutto questo venir meno del potere francese abbia a lungo andare un effetto positivo per l'Italia. E in ogni caso, anche i nemici

85 *Nonsense Songs, Stories, Botany and Alphabets*, London 1871.

86 "Fine words butter no parsnips" in inglese.

87 In italiano nel testo.

88 La più giovane delle sorelle Knight, che nel 1860 aveva sposato Karl Friedrich Ernst von Canitz und Dallwitz, inviato prussiano a Napoli.

89 Una parodia di Salmi 102.7: "Sono come la civetta nel deserto, / sono come il gufo nelle rovine". In inglese: "I am become as a *Pilgrim* in the wilderness, with *Oil* for his *Dessert*", parodia della versione di Re Giacomo: "I am like a pelican of the wilderness: I am like an owl of the desert".

devono (o dovrebbero) ammettere che gli italiani si sono comportati in modo corretto e saggio in questi orribili ultimi dodici, o sei, mesi. Sono ora molto più consapevole delle difficoltà della politica italo-romana, e confesso di essermi precipitato dove gli angeli ecc.

Ho lasciato poco spazio per me stesso e le mie faccende: meglio. Ho traslocato nella mia nuova casa, che è bella da vedere e davvero ben costruita, ma grande per le mie necessità; ho però dovuto pensare a cosa sarebbe risultato vendibile in caso non fossi riuscito a viverci. La stanza dedicata alla pittura è perfetta e immagino unica, e dipingervi è un vero piacere, tanto è buona la luce e ampio lo spazio. Oltre a fare un quadro di Corfù per Lord Derby e uno più piccolo per Lushington, sto lavorando a un dipinto della Campagna vista da Cervara[90] e penso quotidianamente a quei luoghi: sui pendii delle colline raffiguro le Ville di Poli, le alture di Guadagnolo, le scarpate e le peculiarità di Tivoli; nella pianura, le torri nei pressi dell'Anio,[91] Lunghezza ecc. ecc. *Devo* assolutamente cercare di produrre un piccolo libro sulla Campagna prima di andarmene da questo mondo, perché nessuno, vivo o morto, ha raccolto tale materiale.[92] Sto anche procedendo con 112 (!!!) illustrazioni delle poesie di Tennyson: tutti paesaggi descrittivi e poetici. Quindi vede che a quasi 59 anni mi rimane ancora una buona dose di energia se non di buon senso.

Nel frattempo, il vecchio servitore che è stato con me quasi 16 anni mi rende la vita decentemente confortevole e fino ad ora non ho dovuto cibarmi di topi e lumache. Più avanti confido di fare un viaggio più a sud in Italia, ma il tutto è piuttosto incerto. La prego di porgere i miei saluti al Duca, sperando di avere presto vostre notizie e l'indirizzo di Charley, porgo,

Gentilissima Duchessa di Sermoneta,
i miei più cordiali omaggi.
Edward Lear.

Sarebbe bello vivere a Roma se non fosse per il clima disumano. Sì, insisto, *DISUMANO*, perché lo è davvero. Qui, a parte due mesi di cattivo tempo, siamo sempre stati bene.

Lettera 2.

Villa Emily. *San Remo*
12 maggio 1871
(compio 59 anni oggi.)

Gentile Duchessa di Sermoneta,

Intendevo scrivere più di quanto non possa in questo momento in risposta alla Sua del 30 aprile – ma ho proprio ora saputo da Guidi, il fotografo, che sta per inviare una copia della sua splendida fotografia Flora di San Remo a una Istituzione pubblica a Firenze e che provvederà gentilmente a farLe consegnare il mio libriccino.

L'ho quindi spedito, indirizzandolo al Duca, e La prego di scrivere al povero Charley, – oppure di inviarglielo quando può. Siccome questa occasione si è presentata all'improvviso, ho pensato che fosse una buona idea approfittarne subito, – piuttosto che aspettare che Lei mi mandi l'indirizzo di Charley. Sarò felicissimo di sapere dove si trova: quali gravi problemi assillano la sua famiglia –– il tutto *in aggiunta* al suo terribile stato di salute. Spero proprio che la bambina stia meglio e Le sarò molto grato per le notizie che mi potrà dare. Grazie per l'indirizzo di Miss Helen.

Condivido in pieno quanto scrive di Mrs. Caldwell. Se ci toccasse vivere una seconda vita (e sono grato che le cose non stiano così) ci si augurerebbe di incrociare lo sguardo di persone più affabili.

90 Questo olio, *The Campagna di Roma taken from Cervara*, è recentemente andato all'asta presso Bonhams, Londra, 19th Century and British Impressionist Art, 22 settembre 2021, in coppia con *The Campagna di Roma*, lotti 11 e 12, cfr. Marco Graziosi, Two Paintings of the Campagna by Edward Lear, in: *Blog of Bosh*, online https://bit.ly/Cervara (10 agosto 2022).

91 Il fiume Aniene.

92 È forse pensando a questa opera mai realizzata che il 12 settembre 1868 Lear aveva scritto nel diario: "Ho riletto gli appunti da Gregorovius – ma oggi ho imballato tutti i disegni".

Don Michele *è di grande utilità* al suo Paese. Cieco, e non più giovane, egli è un esempio per coloro che godono della giovinezza e sono nel pieno delle loro facoltà, e possono vedere che la posizione sociale non è esente da doveri, né questi possono essere accantonati senza produrre un danno all'intero meccanismo.

Immagino che il bambino di cui mi parla sia il figlio del P. di Teano e della moglie, un tempo Miss Wilbraham – o forse intende il figlio di Mme Lovatelli.

Godo per la delusione della delegazione della C.R.[93] per non essere stata presa a sassate! Perché non hanno assoldato qualche monello per farsi assalire da destra e manca per poi poter dire che sono stati i nostri rompiscatole.

Noi (*noi esperti agricoltori!*) qui discutiamo di quello che dovete piantare in tutta la Campagna.

Pepe –
    Ricino –
        Grano –
            fagioli –
                Tabacco –
                    Riso –
    (e per quanto ne so io arbusti di uva spina.)

La prego di farmi sapere dove trascorrerà l'estate. Avete delle stanze a V. Taverna? Come vorrei che Charles potesse unirsi a voi.

Scrivo in gran fretta e devo andare a lavorare al quadro per Lord Derby.

Inoltre qualcuno ha aperto la porta ed è entrato un moscone azzurro, il che mi costringe a salutarLa,

Cordialmente

Edward Lear.

La prego di leggere *tutto* il mio libro: e di leggere quello che più Le piace al Duca se ha tempo da dedicare alle sciocchezze.[94]

La prego anche di farmi sapere (come disse l'Irlandese,) se *non* riceve il libro o questa lettera.

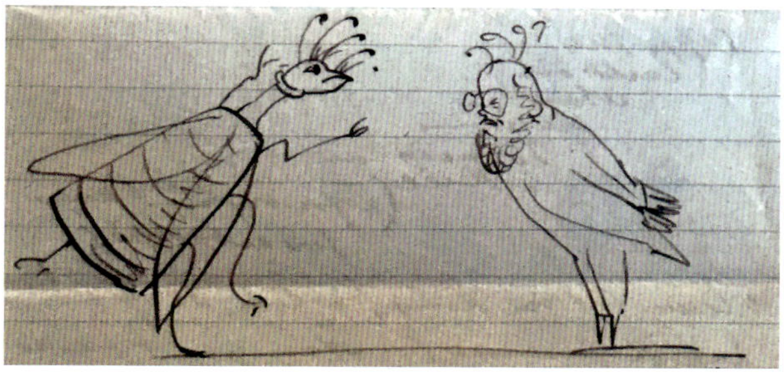

(esatte proporzioni dei mosconi azzurri di San Remo.)

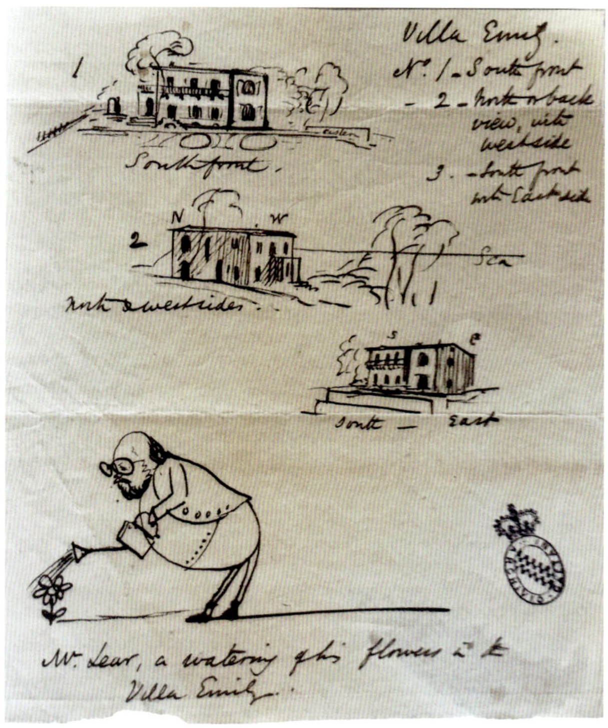

Villa Emily.

N° 1 – Facciata che guarda a sud

– 2 – Vista settentrionale, posteriore, con il lato occidentale

3. – Facciata a sud con il lato orientale

Mr. Lear che innaffia i suoi fiori a Villa Emily.

93 Presumibilmente una delegazione della Curia Romana incaricata di esaminare la "legge delle guarentigie" che sarebbe stata approvata dallo Stato italiano il 13 maggio 1871.

94 "Nonsense" nel testo inglese.

Lettera 3.

Villa Emily. *San Remo.*
1 marzo 1872

Gentile Principessa di Teano,

Mr. e Mrs. Miles, che da qui si recheranno a Roma nel giro di qualche giorno, si sono gentilmente offerti di portarLe il mio piccolo disegno del Castello di Sermoneta. È piuttosto in ritardo come dono di nozze per Lei e il Principe di Teano, ma il proverbio dice, meglio tardi che mai. Lo schizzo è grossolano e un po' approssimativo, ma poiché può essere utile a richiamare la posizione di Sermoneta e di Ninfa e Norba, confido che possa considerarlo degno di essere accettato e forse anche inserito in una cornice dorata con vetro in modo da essere appeso da qualche parte.

Spero che il Principe di Teano e Lei stessa stiate bene, come pure i vostri bambini, e che il Duca e la Duchessa con il Conte e la Contessa Lovatelli siano anch'essi in buona salute: – sarei felice di potervi vedere tutti a Roma, ma non credo che potrò quest'anno.

Credo che Lei abbia incontrato Mr. e Mrs. Miles da qualche parte in Inghilterra: – forse dal Colonnello Northey, che so essere un conoscente di Mr. Miles. Mrs. Miles è una delle figlie di Sir William Napier e sorella di Mrs. Henry Bruce e di Lady Arran. Rafforza senz'altro la probabilità che la teoria del principe di Teano sia corretta – cioè – che le donne inglesi sono le più attraenti al mondo.

La prego di salutarmi il Principe e rimango
Sinceramente Suo,
Edward Lear.

Lettera 4.

Villa Emily.
Sanremo.

21 novembre 1872

Gentile Duchessa di Sermoneta,

Avrei dovuto rispondere da molto tempo alla Sua lettera dello scorso agosto – scritta dopo che le avevo parlato della mia visita a Charley, ma non sono mai riuscito a trovare un momento mentre mi trovavo a Londra, e poi sono stato costantemente impegnato a preparare il viaggio in India – (le ho detto che Lord Northbrook[95] mi ha invitato là) o viaggiando per fare visite ecc. (A proposito, ho di poco mancato i Bertie M. a Guy's Cliffe[96] —– che gioia sarebbe stata!) Poi in settembre sono partito per sistemare le cose qui in vista di un'assenza di 18 mesi – e poi sono partito per l'India – dopo essere andato a prendere il mio vecchio servitore a Corfù. Ma a Suez è sembrato essere destino che non partissi – due vaporetti erano al completo – (in quella stagione c'è ovunque una gran folla) e il terzo l'ho perso: e poi, gli effetti di una brutta botta dovuta a una caduta in Inghilterra si sono fatti sentire, – e infine ho pensato che fosse meglio tornare indietro – nonostante il disturbo che avevo causato per ottenere presentazioni e il tempo e il denaro che avevo sprecato. Sono arrivato di nuovo qui il 6 novembre – dopo un viaggio reso difficile dalle inondazioni ecc.: e immagino che qui rimarrò tutto l'inverno. A 60 anni – è quasi sciocco rimpiangere qualcosa – così mi sforzo di pensare a tutta la questione il meno possibile.[97]

Spero che riuscirà a rispondermi entro breve, oppure che mi farà scrivere da qualcuno, perché vorrei sapere come state Lei e il Duca e tutti gli altri. Sono stato *assai felice* di ricevere la fotografia della Principessa di Teano, e La ringrazio infinitamente per averla mandata. Il suo viso è davvero vivace e l'ho sistemata sul caminetto qui in modo da poterla

95 Amico di vecchia data di Lear e al tempo (1872–1876) viceré dell'India. Fu lui a far rilegare i disegni di Ninfa eseguiti da Lear nel 1845 nei volumi alla Liverpool Central Library.

96 Un villaggio sul fiume Avon tra Warwick e Leek Wootton nel Warwickshire.

97 Lear sarebbe poi andato in India nel 1873–1875.

guardare in qualunque momento. – Sarei lieto di sapere come sta Charley e devo proprio scrivergli presto. Non fosse stato per le ferrovie interrotte e la difficoltà di procedere sarei tornato qui passando da Napoli e Roma e quindi avrei potuto vedervi. L'altro giorno Glennie e la sua signora sono passati di qui ma credevano che io fossi in India e "sono passati dall'altro lato". Se mi consiglia un modo sicuro per inviare i Libri da qui a Roma Le spedirò quello sulla Corsica[98] e i due Nonsense.[99] Il primo costa 30fr. E gli altri due 15fr. ciascuno – così che potrebbe facilmente pagarli con un ordine postale sul mio ufficio postale qui. Avessi saputo che Glennie passava! Gio. Batt. Fornari è quello che ha tutti i libri qui, e gli chiederò di spedirveli. Quello sulla Corsica piacerà a Lei e gli altri delizieranno i piccoli.

Ho appena ricevuto delle lettere dai figli di Lord Northbrook, da Brindisi, dispiaciuti per la mia mancata partenza, e quindi ora sono dispiaciuto di aver deciso di andare e poi non averlo fatto: adesso non riuscirò a pensare ad altro per tutto il giorno.

Vorrei che fossimo un po' più *tranquilli* nella nostra Italia. Ho scoperto che molte eminenti persone razionali in Inghilterra ritengono che se il vostro vicino del V.[100] e le sue azioni atroci non vengono fermate definitivamente ci saranno prima o poi conseguenze catastrofiche. Finché abbiamo un nemico così manifesto al centro della nostra esistenza e tale che non si fermerebbe davanti a nulla pur di riconquistare il potere siamo ben lungi dall'essere al sicuro. E il peggio è che la fiducia della maggior parte delle madri italiane è riposta in lui e nei suoi satelliti e quindi viene tramandata ai figli, – così che ci sarà abbondanza di moventi per una grave reazione appena se ne presenta l'occasione. E quel partito pensa di essere stato scalzato solo temporaneamente e dicono: – le fondamenta del nostro potere non sono mai state distrutte – solo i muri sono stati abbattuti. Naturalmente la difficoltà di scegliere una via diversa è immensa – ma se non viene percorsa con coraggio sono assai preoccupato per questo paese.

Porga i miei cordiali saluti al Duca – al Principe e alla Principessa di Teano e mi creda, gentile Duchessa di Sermoneta,

sempre sinceramente Suo,
Edward Lear.

Lettera 5.

Villa Emily. *Sanremo.*

16 dicembre 1872.

Gentile Principessa di Teano,

Ho scritto una lettera alla cara Duchessa il 21 del mese scorso, – per ringraziarla di avermi spedito una Sua fotografia e per spiegarle perché non avevo risposto con maggior sollecitudine alla sua lettera, ––– non avrei mai immaginato che non fosse più di questo mondo.

La tragica notizia della sua scomparsa mi è appena stata comunicata da Charles Knight e signora – ma non fanno altro che un riferimento alla sua morte: – e se Lei fosse così gentile da scrivermi qualche riga per dirmi *quando* e *come* sia successo Le sarei davvero riconoscente! – Sono certo che voi tutti l'avete amata, come tutti coloro che l'hanno conosciuta, e so che Lei e il Principe dovete sentire profondamente la sua mancanza: ma forse non sarà per Lei un peso raccontare a un vecchio amico come me qualcosa della sua malattia finale e della sua morte. Il motivo per il quale non l'ho saputo fino ad ora è che da un anno stavo preparandomi per un viaggio in India, invitato da Lord Northbrook, ma il destino non mi ha consentito di spingermi più in là di Suez, donde sono tornato qui solo agli inizi di novembre.

Sono felicissimo di essermi recato a Roma lo scorso anno – per lo meno l'ho vista un'ultima volta.

La prego di farmi sapere come sta il Duca ––– pensare a lui mi rattrista, e tuttavia lo sarei ancora

98 *Journal of a Landscape Painter in Corsica*, London 1870.
99 *Nonsense Songs, Stories, Botany and Alphabets*, London, 1871, e *More Nonsense, Pictures, Rhymes, Botany, etc.*, London 1872.
100 Vaticano.

di più se voi tutti, Lei e suo figlio e Mme Lovatelli e il marito, non foste con lui, come spero.

La prego di porgere i miei più cari saluti al Duca, – e a tutti quelli che si ricordano di me; se il mio cordoglio appare di poco conto, La prego di tenere presente che le mie richieste sono il frutto di un forte sentimento e rispecchiano il modo in cui vorrei che gli altri si comportassero nei miei confronti.

Ho scritto anche al Principe di Teano perché qualcuno mi ha detto che Lei non era a Roma e nella convinzione che, essendo lui un Deputato, la lettera sarebbe stata certamente consegnata.

Spero che Charley venga a trovarmi: la moglie scrive che è molto addolorato e triste, – e penso che un cambiamento gli farebbe bene. Poiché non gli importano i lussi potrei offrirgli una sistemazione comoda qui, dove, con tutto il rispetto per *Vossignoria Romana*,[101] abbiamo un clima invernale migliore – di qualsiasi altro posto in tutta Italia: – *vero*,[102] – (tranne forse a Taranto.)

Spero che i vostri bambini siano in buona salute e anche il Colonnello e Mrs. Wilbraham.[103] Difficilmente si ricorderanno di me – o Le chiederei di fare loro i miei migliori auguri di buon Natale, che porgo a Lei e a tutta la famiglia del Duca.

Mi creda,
Gentile Principessa di Teano
Con la massima cordialità, Suo
Edward Lear.

101 In italiano nel testo.
102 In italiano nel testo.
103 I genitori di Ada, principessa di Teano.

Riferimenti bibliografici

Raffaella Antinucci, "... in those bright (Abruzzi) days": Edward Lear's Landscaping Gaze and the Discovery of Abruzzo, in: RSV. Rivista di studi vittoriani, XVII-XVIII.34–35 (luglio 2012 – gennaio 2013), pp. 159–188.

Luca Attenni, I viaggiatori di scoperta e l'"invenzione" delle mura pelasgiche, in: Forma Urbis XIV.9 (settembre 2009), pp. 4–9.

Luca Attenni, John I. Middleton, un viaggiatore alla scoperta delle città pelasgiche del Lazio meridionale, in: Forma Urbis XXIV.10–11–12 (ottobre-novembre-dicembre 2019), pp. 5–12.

C.F. Bell / Thomas Girtin, The Drawings and Sketches of John Robert Cozens. A Catalogue with an Historical Introductions, in: The Twenty-Third Volume of the Walpole Society 1934–1935 (1969 reprint).

Richard Bridgens, Sketches Illustrative of the Manners and Costumes of France, Switzerland, and Italy, London 1821.

William Brockedon, Traveller's Guide to Italy; or, Road-book from London to Naples, Paris 1835.

Enrichetta Caetani, duchessa di Sermoneta, Alcuni ricordi di Michelangelo Caetani, duca di Sermoneta, 1904, Roma 2005.

Gelasio Caetani, Domus Caietana. Storia documentata della famiglia Caetani, volume I, parte prima, Medio evo, San Casciano Val di Pesa 1927.

Giovanni Camelia / Marco Graziosi / Federico Guida, Edward Lear. Visioni inedite della Costa di Amalfi, Amalfi 2018.

Vincenzo de Caprio / Renato Mammucari, a cura di, Briganti Laziali. Testimonianze incise di un'immagine, Città di Castello 2015.

Susan Chitty, That Singular Person Called Lear. A Biography of Edward Lear, Artist, Traveller, and Prince of Nonsense, New York 1988.

Francesco Maria Cifarelli, Tra rivoluzione e restaurazione. Petit-Radel e la riscoperta delle città pelasgiche, in: M. Cancellieri et alii, a cura di, Tra memoria dell'antico e identità culturale. Tempi e protagonisti della scoperta dei Monti Lepini, Roma 2012, pp. 33–47.

Charles Coleman, A Series of Subjects Peculiar to The Campagna of Rome and Pontine Marshes, Designed and Etched by C. Coleman, Rome 1850.

Francesco Contini, Strada fuori di Porta San Giovanni verso Marino... sino alle Case nuove, Catasto Alessandrino, Roma, dicembre 1659, vol. 429, n. 23.

J.A. Cramer, A Geographical and Historical Description of Ancient Italy, 2 voll., Oxford 1826.

Raffaele De Cesare, Roma e lo stato del papa: Dal ritorno di Pio IX al XX settembre (1850/1870), 1907, Roma 1975.

Stephen Duckworth, Lear's Topographical Works in Liverpool Library, in: Blog of Bosh, online: https://bit.ly/Duckworth2 (10 agosto 2022).

Filippo Ferrari, Costumi N°. XXX. di Roma e di altri paesi dello Stato Pontificio. Disegnati ed incisi all'acqua forte da Filippo Ferrari, Roma [si vendono in via del Babuino N° 38] 1835.

Luigi Fiorani, La vita religiosa a Ninfa nelle visite pastorali post

tridentine, in: Luigi Fiorani, a cura di, Ninfa. Una città, un giardino, Roma 1990, pp. 167–181.
William Gilpin, Three Essays on Picturesque Beauty; on Picturesque Travel; and on Sketching Landscape..., 1792, London 1808.
Fabiola Gnoli, Il ruolo di Ninfa nel paesaggio lepino-pontino, tesi di laurea, Università degli Studi Roma Tre, a.a. 2009–2010.
Marco Graziosi, Edward Lear's Letters in Italian 1: 18 December 1844 to A.M. Ricci, in: Blog of Bosh, 2013a, online: https://bit.ly/Ricci1 (10 agosto 2022).
Marco Graziosi, Edward Lear's Letters in Italian 2: 22 March 1845 to A.M. Ricci, in: Blog of Bosh, 2013b, online: https://bit.ly/Ricci2 (10 agosto 2022).
Marco Graziosi, More on Edward Lear's *Aeneid* Project, in: Blog of Bosh, 2013c, online: https://bit.ly/Ricci3 (10 agosto 2022).
Marco Graziosi, Edward Lear Learns to Ride, in: Blog of Bosh, 2018, online: https://bit.ly/ELhorse1 (10 agosto 2022).
Marco Graziosi, Edward Lear and Thomas Rowlandson, in: Blog of Bosh, 2019, online: https://bit.ly/ELhorse2 (10 agosto 2022).
Marco Graziosi, Edward Lear, Two Paintings of the Roman Campagna, 1842, in: Blog of Bosh, 2020, online: https://bit.ly/Cervara (10 agosto 2022).
Ferdinand Gregorovius, Ricordi storici e pittorici d'Italia, 2 volumi, Milano 1872.
Ferdinand Gregorovius, Storia della città di Roma nel medio evo dal secolo V al XVI. Prima traduzione italiana sulla seconda edizione tedesca dell'Avv. Renato Manzato, 4 volumi, Venezia 1873.
Ferdinand Gregorovius, Diari romani. Con prefazione di Federico Althaus e tradotti da Romeo Lovera, Milano 1895.
Augustus John Cuthbert Hare, Days Near Rome, London 1875.
Jessica Howell, Malaria & Vctorian Fictions of Empire, Cambridge 2019.
Thomas Jones, Memoirs of Thomas Jones. Penkerrig Radnorshire 1803, in: The Volume of the Walpole Society 32, 1946–1948, pp. 1–143; tr. it. Viaggio d'artista nell'Italia del Settecento. Il diario di Thomas Jones, Milano 2003.
Richard Payne Knight, An Analytical Inquiry into the Principles of Taste, third edition, London 1806.
Edward Lear, Views in Rome and Its Environs, London 1841.
Edward Lear, Illustrated Excursions in Italy, 2 volumi., London 1846.
Edward Lear, A Book of Nonsense, London 1846, 1855, 1861.
Edward Lear, Journals of a Landscape Painter in Greece and Albania, & c., London 1851.
Edward Lear, Journals of a Landscape Painter in Southern Calabria, & c., London 1852.
Edward Lear, Views in the Seven Ionian Isles, London 1863.
Edward Lear, Journal of a Landscape Painter in Corsica, London 1870.
Edward Lear, Nonsense Songs, Stories, Botany and Alphabets, London 1871.
Edward Lear, More Nonsense, Pictures, Rhymes, Botany, etc., London 1872.
Edward Lear, Laughable Lyrics. A Fourth Book of Nonsense Poems, Songs, Botany, Music, & c., London 1877.
Edward Lear Diaries, 1858–1888, Houghton Library, Harvard University, MS Eng 797.3, 1859–1860. Trascrizione dei volumi 1858–1865 sul sito Edward Lear's Diaries, a cura di Marco Graziosi: http://bit.ly/LearDiaries (3 febbraio 2021).
Basil S. Long, John (Warwick) Smith (1749–1831), in: Walker's Quarterly 24 (1927).
Sara Lodge, Inventing Edward Lear, Cambridge (Mass.) and London 2018.
Kate Lowry, Thomas Jones, A Technical Study of His Oil Painting, in: Ann Sumner / Greg Smith, a cura di, Thomas Jones (1842–1803). An Artist Rediscovered, New Haven and London 2003, pp. 89–99.
Renato Mammucari, Viaggio a Roma e nella sua campagna. Pittori e letterati alla scoperta del paesaggio e delle magiche atmosfere di un mondo perduto, Roma, 2007.
Renato Mammucari / Paolo E. Trastulli, Immagini delle Paludi Pontine, Velletri 1981.
Giuseppe Marocco, Monumenti dello Stato Pontificio e relazione topografica di ogni paese. Lazio e sue memorie. Tomo IV. Roma, 1834.
Richard Maxwell, Palms and Temples. Edward Lear's Topographies, in: Victorian Poetry 48 (2010), pp. 73–94.
John Izard Middleton, Grecian Remains in Italy. A Description of Cyclopean Walls, and of Roman Antiquities. With Topographical and Picturesque Views of Ancient Latium, London 1812.
Nicola Maria Nicolai, De' bonificamenti delle Terre Pontine libri IV. Opera storica, critica, legale, economica, idrostatica, Roma 1800.
Vivien Noakes, a cura di, Edward Lear 1812–1888, London 1985.
Vivien Noakes, Edward Lear. The Life of a Wanderer, 1969, Stroud 2004.
Kirby Olson, Edward Lear. Deleuzian Landscape Painter, in: Victorian Poetry 31 (1993), pp. 347–362.
C.S. Orwin, Reclamation of Exmoor Forest, 1929, Exeter 1970.
Anna Ottani Cavina, I paesaggi della ragione. La città neoclassica da David a Humbert de Superville, Torino, 1994.
Susan Owens, Spirit of Place. Artists, Writers & the British Landscape, London 2020.
Carlo Pavia, Nel lago di Ninfa. Acque interne del Lazio, in: Archeologia viva 45 (maggio/giugno 1994), pp. 31–34.
Robert McCracken Peck, The Natural History of Edward Lear, Boston 2016.
Carlo Bartolomeo Piazza, La gerarchia cardinalizia, Roma 1703.
Elania Pieragostini, "It may in truth be said, that with this artist the first epoch of painting in water colours originated". Gli acquerelli di John "Warwick" Smith al British Museum, in: Studi sul Settecento Romano 33 (2017), pp. 141–164.
Gaio Plinio Secondo, Storia naturale: Libri 1–6. Cosmologia e geografia, Torino 1984.
Roberta Ramella / Marino Viganò, Cartografia, scultura, studi. Un quinquennio tra Milano e Roma (1510–1515), in: Pietro C. Marani, a cura di, L'ultimo Leonardo, 1510 –1519. Leonardo tra Milano, Roma e Amboise: committenze, progetti, studi fra arte, architettura e scienza, Busto Arsizio 2020, pp. 109–129.
Antonio Ricchi, La reggia de' Volsci... ove si tratta dell'origine,

stato antico, e moderno delle citta, terre, e castella del Regno de Volsci nel Lazio, Napoli 1713.

Luigi Rossini, Viaggio pittoresco da Roma a Napoli colle principali vedute di ambedue le città, delle campagne e dei paesi frapposti. Disegnate dal vero da Luigi Rossini Architetto, Roma 1839.

Augusto Sindici, "La Fata di Ninfa" – Leggenda in versi, in: Nuova Antologia 851 (1907), pp. 436–441.

John "Warwick" Smith / William Byrne / John Emes, Select Views in Italy, with Topographical and Historical Descriptions, in English and French, London 1792–1796.

Susan Stewart, The Ruins Lesson. Meaning and Material in Western Culture, Chicago and London 2020.

Jenny Uglow, Mr. Lear. A Life of Art and Nonsense, London 2017.

Vulpio, Vetus Latium profanum & sacrum, auctore Petro Marcellino Corradino, Tomus Tertius, in quo agitur de Antiatibus et Norbanis, auctore Josepho Rocco Vulpio, Patavii 1726.

Scott Wilcox, Edward Lear and the Art of Travel, New Haven, 2000.

James Williams / Matthew Bevis, a cura di, Edward Lear & the Play of Poetry, Oxford 2016.

James Williams, Edward Lear (Writers and their Work), Liverpool 2018.

Rob Wilson-North, John Knight of Wolverley and Simonsbath. An Outline Biography (Exmoor National Park. Historic Environment Report Series 25), 2017, online: https://bit.ly/3mEtXrB (1 dicembre 2019).

Mou-Lan Wong, The Subline as the Beautiful. Dis-placements in Edward Lear's Landscapes and Limericks, in: Simon C. Estok, Jonathan White e I-Chun Wang, a cura di, Landscape, Seascape, and the Eco-Spatial Imagination, London 2016, pp. 82–102.

GOLO MAURER

Dipingere quello che non si vede

Le Paludi Pontine nella ricezione dei viaggiatori e pittori tedeschi della prima metà dell'Ottocento

"L'Italia dei nostri antenati è diventata, come sappiamo, uno dei paesi più sconosciuti d'Europa da quando le ferrovie l'hanno *chiusa* al traffico".[1] Rudolf Borchardt inizia il suo saggio epocale "Villa" del 1907 con questo paradosso della "chiusura" al traffico dei mezzi di trasporto moderni. Quello che intendeva dire è ovvio: fino agli anni 1860 – e in parte fino agli anni 1870 – di solito si viaggiava attraverso l'Italia in diligenza o in vetturino, e anche se si chiudeva il finestrino della carrozza, cosa non rara a causa della polvere e del caldo, si esperiva comunque l'Italia come una fitta serie di stazioni postali dove si cambiava carrozza, si riposava o addirittura si pernottava. Naturalmente, la conoscenza del paese che si poteva acquisire in questo modo era lineare e raramente andava oltre il vedere le stesse strade e le stesse catene di posti. Di regola, sono state descritte solo le tappe in cui c'era ufficialmente qualcosa da vedere, cioè dove la guida segnalava i luoghi da vedere. Il resto non lo era, e di regola non è stato descritto.[2] Così, paradossalmente, in tempi in cui i viaggiatori passavano giorni e settimane attraversando il paese a passo di lumaca da una stazione postale all'altra, si scrivevano diari di viaggio che si leggevano come se avessero viaggiato in treno notturno. Infatti, sebbene le diligenze, in particolare, viaggiassero anche di notte, si viaggiava principalmente in pieno giorno, in carrozze aperte o con finestre, nelle quali non si poteva fare altro che guardare il paesaggio attraverso il quale si stava viaggiando – un paesaggio sulle cui rese agricole e peculiarità geologiche i viaggiatori erano informati in singoli casi, ma sul cui aspetto più preciso non spendevano quasi mai una parola scritta che non fosse già stata letta in altre descrizioni. Il sospetto è che semplicemente non ci fossero istruzioni utili per una vera osservazione del paesaggio, né per vedere, né per scrivere, né per dipingere. In breve, mancava un modello di ricezione, e ciò che non si hanno istruzioni per vedere, non si vede.

Così, nell'opera di Volkmann, come in quella di Archenholz, le città stipate di monumenti da vedere appaiono come isole fertili su una mappa altrimenti completamente astratta e scarsamente disegnata. "L'Italia" era quindi uno dei "paesi più sconosciuti d'Europa" anche prima dell'introduzione della ferrovia.

La pittura italiana, e specialmente la pittura di paesaggio tedesca, riflette questa situazione. Se si

1 Borchardt 1920 [1907], p. 7.

2 Sulla percezione del paesaggio italiano dei viaggiatori e artisti tedeschi fra 1780 e 1870 vedi: Büttner, Rott (a cura di), 2005. Maurer, 2015. Maurer 2019.

esamina la pittura di paesaggio tedesca in Italia dai suoi inizi alla fine del XVIII secolo, non si ha inizialmente l'impressione di incontrare una particolare gioia nella sperimentazione o addirittura nell'innovazione artistica. Che si tratti di disegni, schizzi a olio o dipinti, sembra sempre di imbattersi in quelli che sembrano essere gli stessi 5 ½ motivi, che sono anche per lo più gli stessi. Questa mancanza di varietà non può essere dovuta a una mancanza quantitativa. Friedrich Noack ha contato più di 1200 artisti tedeschi in Italia, soprattutto a Roma, solo nei 35 anni tra le guerre di liberazione e il 1848.[3] Per i decenni prima e dopo, Noack non specifica i numeri, ma sulla base delle sue spiegazioni per gli anni tra il 1760 e il 1870 e con l'aiuto del suo schedario scritto a mano, si può supporre il doppio di questo numero.[4] Anche se ipotizziamo solo 10 opere compiute per ognuno di questi speranzosi, arriviamo a un numero di vedute dell'Italia a cinque cifre, una massa orgogliosa e critica sotto ogni punto di vista, dalla quale – siamo onesti – al massimo una manciata si distingue in modo da poter essere paragonata alle opere contemporanee dei pittori francesi. Significativamente, si tratta di opere di pittori come Carl Blechen, che avevano stretti contatti con colleghi francesi come Camille Corot, o che, come Rottmann, Böcklin o Feuerbach, erano esotici solitari fin dall'inizio.

Ma il resto? La qualità è certamente presente, una qualità molto buona in alcuni casi, ma quasi da nessuna parte ciò che si potrebbe chiamare un'opera "iconica". Nel migliore dei casi, le opere sono iconiche come gruppi: vedute di Olevano, vedute di Napoli, immagini di Campagna. Tutti abbiamo davanti agli occhi l'Olevano dipinto, il Golfo di Napoli con la Montagna di Fuoco, l'Agro Romano e simili, come se ci fosse una sola immagine. Ma raramente pensiamo a un solo dipinto concreto, e se lo facciamo, è perché ci capita di conoscerlo meglio di altri, raramente perché si distinguerebbe tra gli altri in modo indimenticabile. Si potrebbe chiamare questa pittura "iconografia senza icone", un'arte che ha difficoltà a farsi spazio in una cultura museale basata su punti salienti. Niente *Zattera della Medusa*, niente *Giuramento degli Orazi*, niente *Madame Recamier*, niente *Bagno Turco*. Non è un caso che gli esempi citati siano tutti francesi, e non è un caso che non ci sia un paesaggio tra loro. Sono temi storici o storicizzanti, che hanno fatto grande la pittura francese, e che forniscono in modo affidabile i motivi anche dove predomina il paesaggio.

I tedeschi e la storia, d'altra parte, specialmente la grande storia eroica, non erano mai stati una combinazione convincente. Quando i tedeschi dipingevano la storia – almeno fino al 1870 – era sempre un po' come quando i francesi si cimentavano nella pittura di genere, dove, per inciso, anche i tedeschi non brillavano. Paesaggio dunque, senza eroi, figure antiche o santi. Questo era ciò su cui i pittori tedeschi si erano concentrati da Hackert in poi, non solo ma soprattutto in Italia, ciò che avevano praticato più e più volte e infine sviluppato qualcosa come uno stile di paesaggio "tedesco" inconfondibile.

Naturalmente, era piuttosto lo *stile* collettivo ad essere inconfondibile, non il lavoro individuale. Questo stile collettivo è nato principalmente attraverso lo stare insieme a Roma, il che può essere comprensibile da un punto di vista umano-sociologico, ma non necessariamente è stata la cosa migliore per espandere l'orizzonte ispirativo. Si potrebbe parlare di uno *stile Caffè Greco*, in riferimento all'omonimo stabilimento, dove gli artisti in fuga dalla Germania, appena scappati dalla loro patria e arrivati a Roma, si trovavano alla ricerca di un contesto famigliare, si prendevano cura l'uno dell'altro, si fornivano non solo alloggio, ma anche quei cinque motivi da disegnare a Roma e dintorni. Il Caffè Greco ha fatto più danni all'arte tedesca che tutte le guerre del XIX secolo messe insieme.

Finché si trattava di vendere quadri per poter vivere della vendita dei quadri, questo non era un problema, anzi. Più famosa è una veduta, maggiore è la richiesta di essa. Ma quando si trattava di soddisfare l'ambizione artistica, era probabilmente il contrario. Ci si era davvero recati a Roma per dipingere di

3 Noack, 1927, 1, p. 461.

4 Noack, 1927, 1, pp 339–375 e 592–657.

nuovo sul posto gli stessi quadri, che forse si erano già visti da qualche parte prima del viaggio, per poi venderli ai viaggiatori, in modo da poter rimanere a Roma un po' più a lungo e produrre altri quadri di questo tipo con il ricavato?

Oltre ai paesaggi che sono stati dipinti innumerevoli volte da prospettive simili, ci sono anche quelli che non sono quasi mai il soggetto di un dipinto. Parlo di un paesaggio che, sebbene noto, persino famigerato, può essere considerato un esempio primario di un pezzo d'Italia sconosciuto, le cosiddette Paludi Pontine a sud di Roma. Fino agli anni Trenta del Novecento, questa pianura paludosa tra il mare e la catena montuosa di Velletri era famigerata fin dall'antichità per il suo clima malsano, una zona proibita soprattutto per gli stranieri, eppure dovevano passarci regolarmente quando percorrevano la Via Appia da Roma a Napoli. Le finestre delle carrozze sembrano essere state chiuse particolarmente bene qui, e il fenomeno che ciò che non è stato ancora descritto non può essere descritto è dimostrato in modo impressionante anche qui. Tuttavia, le idee su questo luogo indescrivibile sembrano essersi radicate, circolando tra i viaggiatori e gli amanti dell'Italia – idee che, per mancanza di informazioni concrete, operavano con quelle generalità visive con cui il tema della "palude" era solitamente occupato, e dalla prospettiva dell'esperienza nordica. Un'osservazione dell'architetto Johann Daniel Wilhelm Eduard Engelhard (1788–1856) nella sua *Instruction* für *junge Architekten zu Reisen in Italien* (Istruzioni per giovani architetti in viaggio in Italia) del 1838, un'opera estremamente interessante che rompe ripetutamente le abitudini di ricezione dei "normali" viaggiatori in Italia, è rivelatrice: "Al nord, si ha di solito un'idea sbagliata delle paludi pontine, pensandole come un pantano inaccessibile, pieno di muffa e sporcizia. Il viaggiatore non vede niente del genere: al contrario, si vede una prateria freschissima e lussureggiante, intersecata da molti canali e da una magnifica chaussée, e delimitata da un lato dal mare, dall'altro da un anfiteatro di montagne".[5] Un passaggio interessante, poiché ritrae le Paludi Pontine come un oggetto dell'immaginazione turistica e offre una breve ma accurata descrizione del suo stato "reale". Le fantasie nordiche di torbiere malsane e fumanti si scontrano con la realtà di una pianura agraria organizzata in modo mirato. Goethe aveva già visto le Paludi Pontine in questo modo, e nel primo volume del suo *Viaggio in Italia*, pubblicato nel 1816, attestò che la zona "non ha un aspetto così brutto come viene comunemente descritto a Roma."[6]

Visto alla luce del giorno, nulla qui corrisponde alla fatale reputazione della regione come luogo mortale, dove bisognava tirarsi su continuamente per non addormentarsi in carrozza, il che era generalmente ritenuto pericoloso per la vita. Ancora Goethe: "E così andammo avanti, chiacchierando animatamente, ben consapevoli dell'avvertimento di non addormentarsi su questa strada, e naturalmente la foschia blu che aleggiava a una certa altezza dal suolo anche in questo periodo dell'anno ci ricordava uno strato d'aria pericoloso."[7] Ma questo pericolo non era veramente visibile: "Non si sente nessun odore di palude", scrive Engelhard, "non si vede nessuna nebbia, e non si sente niente di particolarmente umido. D'altra parte, si è colti da una sonnolenza quasi indomabile; ma è considerato molto pericoloso abbandonarsi al sonno: Si dice che il risultato sia la febbre e persino la morte. Più la stagione è calda, più è forte questo male. Ho camminato attraverso le paludi in settembre, quando la temperatura era abbastanza mite; tuttavia, a mezzogiorno non potevo evitare la sciarpa. Arrivando a una sola locanda, alcune delle quali si trovano sulla strada da Cisterna a Terracina, vi entrai per riposare. Ma siccome non potevo fare a meno di dormire nella stanza, mi feci portare dei rinfreschi all'aria aperta, dove ebbi il tempo di osservare la sonnolenza di tutte le persone e degli animali che erano lì. Ho notato un cavallo che portava un cavaliere addormentato, che si avvicinava lentamente alla locanda sulla chaussée, quasi addormentato

5 Engelhard, 1838, p. 119.
6 Johann Wolfgang von Goethe, Italienische Reise (*Viaggio in Italia*); Fondi, 23. Febraio 1787.
7 Idem.

lui stesso. Il cavallo si fermò davanti alla porta e si addormentò. Il cavaliere si addormentò, si tirò su a fatica e si trascinò nella locanda, mormorando tra sé: Mi sono addormentato con il cavallo. Era il locandiere stesso."[8]

Si crede di essere in una fiaba dei fratelli Grimm, in qualche valle incantata, in cui un malefico incantesimo ha lanciato la malattia del sonno, contro la quale il viaggiatore che si avventura al di fuori delle città deve difendersi con trucchi e violenza. Nel corso degli anni, le Paludi Pontine sono diventate un'attrazione turistica proprio a causa di questi pericoli infidi e tuttavia completamente invisibili. Dove c'era poco da vedere per l'occhio, gli altri sensi erano tanto più occupati.

Philipp Christian Benedikt Schlegel, pastore reale bavarese della parrocchia protestante di Pfäfflingen vicino a Nördlingen (a Roma tra il 1803 e il 1807), riporta nel suo diario di viaggio "Italiens reizendste Gefilde" – per inciso una delle opere più originali di questo genere, piena di osservazioni ed esperienze inedite – di aver attraversato la pianura in carrozza sulla strada per Napoli. All'inizio, anche lui non vede nulla, almeno nulla che corrisponda in qualche modo alla reputazione delle Paludi Pontine. Invece, si dispiega un sottofondo acustico, originato all'inizio dalle zanzare di palude non sorprendentemente abbondanti: "Il sole si stava già inclinando verso il mare. [...] Ora iniziò un concerto poco melodioso tra il popolo". Niente di strano, si potrebbe pensare, eppure la volontà di percepire qualcosa del pericolo altrettanto spettrale e invisibile qui sembra abbastanza forte da trasformare il concerto delle zanzare in una trascendente sinfonia di spiriti: "Le voci monotone, quando risuonano nella solitudine, sembrano suoni di regioni lontane. Sono voci spettrali inviate da una terra sconosciuta. [...] Esse agitano anche in noi una delle corde più profonde, così che essa risponde piagnucolosamente alla voce familiare, che sembra non aver sentito da molto tempo". Non solo lo straniero del nord sembra pensarla così, ma anche il vetturino, che è abituato al luogo, e che ora si unisce al concerto della zanzara: "In una regione così incantevolmente tranquilla, questo concerto non dovrebbe cullarci in una malinconia da sogno, se un sensibile Vetturino vi fondesse pienamente i bei suoni della sua gola italiana? Che canzone! Che ricchezza di espressioni! Come sono rigogliose le modulazioni! Che altezza e profondità di sentimenti! Che puro senso della melodia in queste strofe! Anche il più piccolo accento tradisce il talento naturale e stupisce. [...] Forse in tutta la mia vita, niente ha scosso e rovesciato così violentemente tutta la massa della mia mente come questa sera, questa terra silenziosa, questi suoni, questo cielo, tutta la forma di queste ore." Zanzare e aurighi, con il loro canto elettivo, aprono finalmente gli occhi del valoroso sacerdote su un paesaggio fino ad allora inedito e non descritto: "Tutto il paesaggio era toccato nei miei occhi dalla bacchetta magica, lo vedevo sorgere in un mare colorato di immagini incantevoli. (...) Nel frattempo, il mio sguardo rimaneva immobile su una montagna rocciosa blu la cui forma sembrava tagliata dappertutto. Si pensa che sia un'isola in mezzo alle paludi, che uno spirito maligno ha messo lì come punizione per tutti gli esseri che ci vivono. L'eterno sprofondamento nelle insondabili profondità del fango sarebbe l'espiazione del sacrilegio di un tentativo di ritorno dai fratelli. Siccome non si vede il mare, ma si vede la pianura acquosa nei paludi, si pensa che sia un'isola di paludi, cosa che non è." Si tratta di un paesaggio reale, appena visto, e di una regione che non è mai esistita prima come genere nel campo del paesaggio italiano. Il piccolo malinteso che ora si verifica può rappresentare la novità dell'esperienza: "Come si chiama la montagna solitaria con le sue masse di pietra bianca? chiedo. Santa Felicita, rispose il cantante appassionato (...)".[9] Il vetturino ovviamente non può immaginare che qualcuno sia interessato al nome della montagna e menziona il villaggio sulle sue pendici, San Felice Circeo, che il viaggiatore capisce come "Santa Felicita".

Ora si potrebbe pensare che tali immagini dell'-Italia, viste quasi in stato di ebbrezza, possano essere

8 Engelhard, 1838, p. 120.

9 Schlegel, 1814, vol. 1, p. 325–327.

descritte, ma difficilmente dipinte. Questo è anche vero, o meglio, sarebbe vero se non ci fosse stato un pittore del tutto eccezionale che ha dimostrato più di una volta di poter effettivamente dipingere l'irrappresentabile, e in un modo così sorprendente che sono i suoi quadri, a loro volta, a presentare alla perizia critico-artistica dei compiti quasi impossibili da risolvere. Stiamo parlando di August Kopisch, il grande sconosciuto tra i più noti pittori tedeschi in Italia, il cui nome tutti hanno sentito e il cui quadro "La grotta azzurra di Capri" tutti hanno visto.[10] Forse i bambini tedeschi dei decenni passati lo conoscevano meglio, attraverso il classico libro per bambini "Die Heinzelmännchen" (I folletti), da lui illustrato.[11] Le paludi pontine, si può dire, erano praticamente fatte su misura come soggetto per Kopisch, poiché egli era attratto proprio da simili motivi, che non si vedevano affatto o si potevano difficilmente dipingere: Per esempio, la Grotta Azzurra di Capri, che aveva scoperto a nuoto nel 1826, insieme a Ernst Fries, la cui incomprensibile azzurrità era prodotta dalla luce del sole che entrava nella stretta apertura sott'acqua. O il Vesuvio. Le sue eruzioni sono tra i motivi più frequenti nei dipinti souvenir di Napoli, ma non si vede quasi nulla di più di una fontana giallo-arancione. Kopisch, invece, mostra esplosioni ed eruzioni differenziate in primo piano, tra cui bombe di lava e deflagrazioni di gas. O una scena che sembra uscita direttamente dall'Odissea: un gozzo che naviga dolcemente nelle acque perlate del Golfo di Napoli all'alba (non al tramonto, come si dice sempre), circondato in un ampio semicerchio da una processione di decine di delfini. O ha inventato (o scoperto) il luogo della rappresentazione, la prospettiva o il soggetto. I quadri di Kopisch sono sempre nuovi, e questo nel genere della pittura tedesca dei motivi italiani, che è così povero di innovazioni.

Forse il suo quadro più sorprendente – sia nel giudizio dei suoi contemporanei che dal punto di vista odierno – è la veduta delle "Pompitinischen (sic) Sümpfe bei Sonnenuntergang" (Paludi Pompitine (sic) al tramonto), dipinta nel 1839 in un pronunciato formato orizzontale e conservata in una replica del 1848.[12] "Si vedono le Paludi Pompitine nel Mar Tirreno, in cui il disco del sole sta per affondare", scriveva l'artista stesso in una descrizione del quadro [13] Nel suo desiderio di affondare, questo sole – che sembra venire da una galassia lontana – bagna il cielo e il paesaggio di un rosso che si ritroverà solo nella bandiera luminosa dell'Unione Sovietica. "Il sole è un'ulcera che si è aperta", fu il verdetto del poeta e medico Julius Leopold Klein quando vide il quadro alla mostra dell'Accademia di Berlino nel 1839, "il cielo è infiammato tutto intorno, il rossore nettamente separato dal verde suppurante; ai bordi delle rocce un flusso basso violaceo. La superficie paludosa epatico-giallastra come lobi di ferite diffuse".[14] Con questa descrizione pittorica – in realtà è una diagnosi – il medico mette il dito nella piaga con intuizione sicura. Nella sua visione febbrile, che esplora i limiti della pittura, Kopisch rende visibile ciò che i viaggiatori hanno finora endemicamente temuto, ma mai visto: infezione e febbre fredda, paesaggio primordiale e visione della fine dei tempi. Che questa non sia solo un'interpretazione proiettata su questo quadro dall'esterno, ma la piena intenzione dell'artista, è dimostrato da una poesia scritta in esametri da Kopisch – era anche un poeta capace – che recita:

> "(...)
> Ins Gewog' sinkt flammend die Sonne:
> Während Sciroccogewölk, durchleuchtetes,
> purpurgefährbtes,
> Steiget und Blut ausgießt in den Glanz
> allspiegelnder Wasser,
> die, den Gebirgen entströmt, irr laufen im
> schrecklichen Sumpfe,
> (...)

10 Kittelmann, 2016, p. 12–17. Verwiebe, 2016. Florian Illies, Malerei als Rausch. Die Farbexzesse des August Kopisch, conferenza, Berlino, Alte Nationalgalerie, 26.05.2016.

11 Platthaus, 2016.

12 Olio su tela, 62 x 111 cm, Berlino, Nationalgalerie; Kittelmann, Verwiebe (a cura di), 2016, Kat. Nr. 7. Cfr. l'illustrazione nel contributo di Michael Matheus in questo volume.

13 Kittelmann, Verwiebe (a cura di), 2016, Kat. Nr. 6.

14 Verwiebe 2016, p. 19.

(...) der schädlichen Dunst aussendet,
Fieber und Pest, und wenig bewohnt ist rings die Gegend,
Außer von Schlangengezücht und brüllenden Heerden der Büffel."[15]

Eppure questo paesaggio apocalittico offre anche uno sguardo alla primavera dell'umanità, "là le montagne di Circe, là Ponza,/ Lontano nel Tirreno".[16] Il mito di Ulisse, il mondo insulare omerico brilla nel bagliore della sera tanto quanto quelle "piaghe dilaganti" delle paludi stesse, che gli sforzi sovrani di prosciugamento e bonifica di vari millenni hanno inghiottito quasi senza lasciare traccia: "Perché il signore Nettuno non vuole qui opere d'uomo".[17] Un paesaggio in rovina, per così dire, in cui le rovine dell'uomo affondano, invisibili all'occhio come la pestilenza evaporante che si posa come un incantesimo intorno alla montagna omerica.

Così il quadro di August Kopisch rappresenta una sorta di isola, che si alza come il Monte Soratte dal mare monotono della pittura di paesaggio tedesca in Italia. Come per alcune vedute di Carl Blechen e Carl Rottmann, questo dimostra ancora una volta che spesso è solo rompendo con i motivi canonici che è possibile aprire un nuovo terreno. Così, le Paludi Pontine, dove la maggior parte dei viaggiatori non vedeva altro che campi e fossati, sono, nella visione di Kopisch, un diorama storico che riunisce la storia della costa laziale dalla preistoria omerica attraverso l'epoca romana fino al Medioevo.[18] A differenza di quanto accade solitamente, qui è il pittore che precede lo scrittore: solo un decennio più tardi Ferdinand Gregorovius raggiungerà qualcosa di paragonabile nei suoi diari di viaggio.[19]

Bibliografia

Rudolf Borchardt, Villa (1907), in: Die römische Villa, a cura di Fridolin Reutti (Wege der Forschung 182), Darmstadt 1920, p. 365–388.

Frank Büttner, Herbert W. Rott (a cura di), Kennst Du das Land – Italienbilder der Goethezeit, Monaco 2005.

Johann Daniel Wilhelm Eduard Engelhard, Instruction für junge Architekten zu Reisen in Italien, Berlino 1838.

Udo Kittelmann, "Fliegt, Geister, fliegt... Wer bitte? August Kopisch", in: Udo Kittelmann, Birgit Verwiebe (a cura di), August Kopisch – Maler, Dichter, Entdecker, Erfinder (Ausstellungskatalog), Berlino 2016, p. 12–17.

Udo Kittelmann, Birgit Verwiebe (a cura di), August Kopisch – Maler, Dichter, Entdecker, Erfinder (Ausstellungskatalog), Berlino 2016.

Golo Maurer, Italien als Erlebnis und Vorstellung. Landschaftswahrnehmung italienischer Künstler und Reisender 1780–1870, Ratisbona 2015.

Golo Maurer, Arkadien? Italiensehnsucht – Facetten einer deutschen Fixierung, Francoforte 2019.

Friedrich Noack, Das Deutschtum in Rom seit dem Ausgang des Mittelalters, 2 vol., Berlino, Lipzia 1927.

Andreas Platthaus, "Die Heinzelmännchen sind des Teufels – Sagenhaft/unsäglich: Anschaulichkeit als Prinzip bei August Kopisch", in: Udo Kittelmann, Birgit Verwiebe (a cura di), August Kopisch – Maler, Dichter, Entdecker, Erfinder (Ausstellungskatalog), Berlino 2016, p. 55–66.

Philipp Christian Benedikt Schlegel, Italiens reizendste Gefilde empfindsam durchwandert, 2 Bde., Nördlingen s.a. [1814].

Johann Wolfgang von Goethe, Italienische Reise, a cura di Andreas Beyer e Norbert Miller in in collaborazione con Christof Thoenes (Münchner Ausgabe, vol. 15), Monaco 1992.

Brigitte Verwiebe, "Farbmagie – Der Maler August Kopisch", in: Udo Kittelmann, Birgit Verwiebe (a cura di) August Kopisch – Maler, Dichter, Entdecker, Erfinder (Ausstellungskatalog), Berlin 2016, S. 19–30.

15 Kittelmann, Verwiebe (a cura di), 2016, Kat. Nr. 8.
16 Ibid.
17 Ibid.
18 Cfr. il contributo di Michael Matheus nel presente volume.
19 Maurer, 2015, p. 323–336.

NORBERT MILLER

La storia dischiusa dalla poesia

Le *Passeggiate per l'Italia* di Ferdinand Gregorovius e la sua poesia sul giardino di Ninfa.[1]

I

Né dai diarî, né dagli accenni sparsi nelle lettere siamo in grado di ricavare quando Gregorovius fu ammaliato per la prima volta dal paesaggio incantato di Ninfa. Il saggio *I Monti Volsci* fu terminato il 23 giugno 1860, il progetto di scrivere una poesia su Ninfa risale all'incirca al periodo natalizio del 1859. Non sappiamo se la breve cavalcata col giovane acquarellista Rudolf Müller (1802–1885),[2] con il quale egli visitò le antichissime città volsche di Segni, Norma e Cori tra l'11 ed il 13 settembre 1859, lo abbia veramente portato anche a Ninfa, come sostiene nel saggio.[3] L'evocazione del paesaggio, che si estende lungo molte pagine di questo articolo, appare – anche nel contrasto tra lo scenario fiabesco da Bella Addormentata nel Bosco e le mura ciclopiche di quei paesi montani, trionfanti, nella loro immobilità, sulla storia – come un'inserzione, al tempo stesso artificiale ed artistica, da un altro contesto. A favore di questa tesi è il passo in cui Gregorovius paragona la città sprofondata nella palude e sepolta sotto un fitto strato di edera alla città dissepolta di Pompei:

Il suo aspetto è più incantevole di quello di Pompei, le cui case sembrano spettri o mummie sventrate, faticosamente strappate alla lava vulcanica. Sopra Ninfa invece si muove, al soffio del vento, un mare di fiori; ogni muro, ogni chiesa, ogni casa è rivestita d'edera, e su tutte quelle rovine oscillano i purpurei stendardi del dio trionfante della primavera.[4]

Questa mitologizzazione del contrasto ovvio tra la città fiorente d'edera e la città mummificata di Pompei non è forse un'allusione ad una precedente visita fatta in altra stagione? Può darsi che a questa visita ne siano seguite altre, mentre il poeta Gregorovius era intento al suo componimento poetico, che si avvicinò alla sua conclusione solo durante l'estate del 1861. Egli lo datò al 1863, ma venne pubblicato solo due anni dopo, nel 1865, nello *Stuttgarter Morgenblatt*.[5] Allora il saggio sui Monti Volsci era stato pubblicato già da quattro anni in una rivista, e da un anno anche come un capitolo nel secondo volume della raccolta *Passeggiate per l'Italia* (*Wanderjahre in Italien*) intitolato *Estati latine* (*Lateinischer Sommer*).

1 Questo saggio si basa sul testo di una conferenza tenuta il 16 ottobre 2015 presso l'Istituto Storico Germanico di Roma, del quale si è mantenuto lo stile. La versione italiana di questo contributo è di Anna Maria Voci.

2 Vedi il saggio di Michael Matheus nel presente volume.

3 Il 14 settembre 1859 Gregorovius annotò nel suo diario: "Addì 11 feci una cavalcata col pittore Müller a Segni; il 13 da Norma a Cori. Alle 8 di sera rediemmo a Roma." Gregorovius, Diari romani, 1895, p. 78.

4 Gregorovius, I Monti Volsci (1860), 1906, p. 176.

5 Secondo i diarî il progetto risale al Natale del 1859, la sua esecuzione in gran parte all'estate successiva. Non abbiamo notizie sulle ragioni di un così grande ritardo nella pubblicazione.

L'esperienza romantica della natura è sottesa, come se guardasse al passato, a quest'ultima cavalcata per i monti che circondano Roma, sui quali Gregorovius, ormai divenuto romano di adozione, si rassicura della sua nuova patria. Quell'escursione fu intrapresa durante il suo soggiorno estivo a Genazzano, come le sue gite estive nella Campagna romana, sui Monti Ernici e sulle rive del Liri. Solo che l'incontro avventuroso con i paesi dei Monti Volsci, trincerati dietro le loro caparbie mura pelasgiche, si svolge in una sorta di esaltato autoincantesimo, ancor prima che Gregorovius, come una volta i principi delle fiabe, si faccia irretire dalla selva del regno delle Ninfe. Lo sguardo sulla pianura classica del Lazio, "severa e bella, disseminata di colline e di castelli e limitata all'orizzonte dalle azzurre vette dell'Appennino, e più in là, verso il Napoletano, da altre montagne, dalle bianche cime",[6] risveglia in lui un sentimento quasi di commozione natìa per l'impressione così forte della Campagna romana e laziale:

Quando poi me ne allontano, provo ardente il desiderio di rivederle. Non ho mai potuto contemplare da Monte Mario la valle che si apre fra Palestrina e Colonna verso la campagna latina, senza sentirmici attratto come da un'imperiosa seduzione. È possibile che questo paesaggio debba ai ricordi storici gran parte del fascino irresistibile che esercita sul visitatore, ma anche senza di quelli son persuaso che sedurrebbe per il carattere nobile e grandioso che la natura gli ha impresso. Alcuni luoghi hanno un aspetto del tutto mitologico, come, per esempio, la pineta di Castel Fusano, presso Ostia, con i suoi alberi giganteschi che si stendono fino al mare, e la larga foce del Tevere, che la fantasia si sente portata a popolare di figure leggendarie e favolose. Altre regioni invece hanno un carattere del tutto lirico, altre ancora epico, omerico, come Astura e il capo Circeo. Nessuna regione però ha un carattere storico, solennemente tragico, al pari della campagna di Roma. Essa appare come il teatro più grande della storia, come la scena dell'universo. Nessuna descrizione poetica, nessun pennello di genio, per quanto molti artisti di valore vi si siano provati, saprebbe dare un'idea della bellezza grandiosa e superba della campagna del Lazio a chi non l'abbia veduta e sentita. Là nulla vi è di romantico, nulla di fantastico; tutto è silenzioso, grandioso, di una bellezza imponente e severa; dinanzi a quello spettacolo della natura lo spettatore intelligente si sente penetrato dall'impressione profonda e grave che proverebbe davanti alla statua di Giunone di Policlete.[7]

È quasi naturale che la vista indimenticabile di questa natura meridionale, che si presenta agli occhi di ogni viaggiatore intelligente, si traduca in una visione dell'antichità classica. Ed è una sensazione toccante che rammenta, forse, il suolo natìo, poiché anche sulle rive della Penisola della Sambia sul Mar Baltico si può evocare l'Antichità! E tuttavia solo qui, in questo luogo mitico e storico, il paesaggio dispiega la sua verità ideale a colui che sa reggere alla sua vista senza essere condizionato dalla parola del poeta, e meno ancora dal tratto di pennello, "per quanto molti artisti di valore lo abbiano dipinto". La battuta finale, diretta contro se stesso e contro l'esaltazione epidemica di quegli amanti dell'arte che furono i *Deutsch-Römer*, i Tedeschi Romani, esige da ogni osservatore iniziato, e anche da Gregorovius, lo spogliarsi da ogni Romanticismo e l'immersione nell'ideale classico e nella tragicità della storia antica. Solo che colui il quale, da artista, capitola davanti alla vista del paesaggio, da storico e da poeta si sente sfidato a impegnare tutta la sua superiore "arte dei nervi" dell'empiria per rintracciare ed esprimere in parole l'idealità che, a differenza della storia, fondata su fatti e documenti, è attingibile solo con l'esperienza,

In questo inno Gregorovius ha fatto del tutto consapevolmente riferimento alle sue ricerche sulla storia di Roma nel Medioevo, pur facendo un chiaro cenno al fatto che la città e i suoi dintorni rimasero per lui sempre nuovi e grandi, ed esigessero imperiosamente che egli tornasse sotto il loro incantesimo. Per la sua opera di scrittore che risvegliò il Medioevo lo storico aveva ovviamente bisogno delle fonti

6 Gregorovius, I Monti Volsci (1860), 1906, p. 150.

7 Ibidem, pp. 150–152.

sparse, che era tenuto a rintracciare faticosamente in archivi ecclesiastici, comunali e privati, ove giacevano nascoste. Nell'osservare la quotidianità, egli dovette anche cercare le tracce sparite della quotidianità del passato. A differenza della storia politica o delle biografie di eminenti statisti dell'età moderna, le relazioni di rappresentanti diplomatici di principi e città potevano aiutarlo poco. Al posto loro toccava all'immaginazione, all'elemento poetico, guardato con scetticismo, venire in aiuto all'attento studioso delle fonti ed al cronista, se costui non voleva rimanere indietro rispetto al suo sforzo di conoscenza. Gregorovius si espresse solo occasionalmente, soprattutto in lettere su questo tema, quando volle polemicamente prendere le distanze rispetto ai grandi e più famosi storici del suo tempo. E la corporazione degli storici, compresi Ranke e Mommsen, non ha risparmiato sarcasmi nei confronti dell'autonominatosi storico di Roma, privo di una posizione universitaria.[8] Già la datazione delle mura ciclopiche in alcuni paesi sulle montagne vicino a Roma, Valmontone, Segni, Alatri o Cori, che si erano sottratte alla concezione del tempo degli storici romani, rappresentò una tale sfida per l'immaginazione di Gregorovius, come, prima di lui, per la fantasia, costruttrice di miti, dell'architetto e vedutista Giovanni Battista Piranesi e della sua scuola. L'*invenzione* rimane la musa del vero storico, cosciente della propria missione.

Ora, però, ecco la meraviglia fiabesca, lo stupore davanti alla natura selvaggia e in fiore, che sembra aver da sempre portato il nome di "Ninfa". Secondo Plinio il Giovane ivi era, proprio come presso il boschetto ed il tempio di Clitunno, ancor oggi esistenti, un santuario o luogo sacro dedicato alle ninfe delle sorgenti e dei fiumi, che, assieme ad altri spiriti elementari, durante l'Antichità dominavano questa regione popolata di eroi classici, finché dovettero nascondersi nella natura all'inizio dell'èra cristiana. I documenti storici risalgono fino al secolo VIII. Dal secolo X al XII l'insediamento crebbe, malgrado tutte le faide delle famiglie romane, e divenne una cittadina di provincia opulenta sulla Via Appia, con due chiese, un municipio ed un castello fortificato. A Santa Maria Maggiore, il 20 settembre 1159 venne incoronato papa Alessandro III, che in quell'occasione promise al consiglio comunale importanti privilegi, Alessandro era fuggito da Roma, dalle truppe di Federico Barbarossa e dell'antipapa Vittore IV, superiori alle sue. La vendetta dell'Imperatore colpì la città solo poche settimane dopo. Al termine di un breve assedio essa fu distrutta assieme al vicino monastero di Santa Maria delle Marmore. Nel 1298 il papa Caetani, Bonifacio VIII, concesse al nipote Pietro Caetani il territorio di Ninfa, Sermoneta, Bassiano e Cisterna, a lungo conteso con i Colonna. In tal modo egli diede inizio ad un secondo periodo di splendore che durò quasi cento anni. Nel 1382 la cittadina fu vittima di una battaglia sanguinosa fra le truppe mercenarie di due rami avversari della famiglia Caetani e cadde per sempre in oblìo.[9]

Quando Gregorovius, allora non del tutto padrone delle fonti medievali del Lazio, si trovò per la prima volta davanti a questa testimonianza, due volte distrutta, di un passato risalente ad origine mitiche, la natura selvaggia aveva cancellato, dietro i resti della cinta muraria difensiva e tra le poche torri e i muri di chiese ancora in piedi, tutte le tracce della vita di un tempo. Egli deve essersi sentito come quel principe della fiaba *La Bella Addormentata nel bosco* di Charles Perrault, che invano tenta di Salvare Rosaspina nel bosco folto e impenetrabile. Quasi volesse competere con Gustave Doré, che più o meno in quel periodo era intento alla serie di incisioni sulle favole di Perrault, Gregorovius non riesce a frenarsi nell'evocare sempre nuovi dettagli di questa meraviglia visibile, anzi accessibile:

---

8 Gregorovius non reagì pubblicamente a tali critiche. Nei diarî del periodo post-romano, invece, manifestò la coscienza che egli aveva di sé come storico, la cui missione era quella di combinare in sé rigore scientifico e talento artistico: "Sono contento di aver composto un epos romano basato saldamente su studi archivistici ampi e solidi. Forse esso dimostrerà la verità della sentenza di Wilhelm von Humboldt, che solo colui che possiede la dote poetica può scrivere un'opera storica viva." (cit. da Hönig, 1921, p. 155).

9 Gregorovius, I Monti Volsci (1860), 1906, pp. 183 sgg. Sulla storia dei Caetani, duchi di Sermoneta, e sui destini di Ninfa cfr. Ninfa. Una città, un giardino 1990 e **Il Giardino di Ninfa, 1997.**

> Si prova un'inesprimibile emozione nel penetrare in questa città d'edera, nel percorrere le sue vie deserte, nascoste quasi sotto l'erba e i fiori e nell'errare fra quelle mura dove il vento scherza fra le foglie. Non un rumore turba l'alta sua pace, all'infuori del grido del corvo che ha posto dimora sulla torre del castello, del mormorio delle limpide acque del Ninfeo, del sussurro dei giunchi in riva allo stagno e del canto melodioso e dolce dell'erbe, agitate dalla brezza.[10]

E poi, nell'immaginario del visitatore nordico questo mondo si anima fino a trasformarsi in un sogno di un giorno d'estate:

> I fiori coprono le vie e vanno, come in processione, salgono sulle chiese in rovina, si arrampicano ridendo sulle finestre cadenti, barricano tutte le porte, invadono le case, dentro le quali dimorano gli Elfi, le Fate, le Naiadi, le Ninfe e tutto il mondo incantato della favola.[11]

Quando la storia non gli è di sufficiente appoggio, la fantasia rischia davvero di sopraffare Gregorovius, come constatò, infastidito, Burckhardt![12] Secondo lui, nelle grotte del monastero di Subiaco vive ancora Benedetto da Norcia; ogni monumento della Campagna romana, delineato con precisione nei suoi contorni, emerge dal passato e trapassa nel presente. L'immagine fiabesca esige, come la leggenda, la metamorfosi nel favoloso, l'annullamento del presente nella fiaba. Non vi è da meravigliarsi che Gregorovius si sentisse stimolato ad essere contemporaneamente scrittore di viaggi e poeta. Per i lettori della *Augsburger Allgemeine Zeitung* inserì quell'idillio fiabesco tra le descrizioni avvincenti di quel tempo eroico in cui le costruzioni ciclopiche rivaleggiavano con le montagne; per i posteri, e per infondere un più profondo significato alla sua poesia giambica il poeta modificò poi la prospettiva. Ora non lo commuove più quel senso di stupore sopraffatto davanti ad un mondo fiabesco ormai senza tempo. Più meditabondo, e riflettendo a posteriori, riprendendo coscienza della sua origine nordica, questa Fata Morgana gli appare come un'allegoria della caducità che un giorno spazzerà via tutti gli edifici di pensiero o sistemi religiosi, come pure il dissidio tra Papato e Impero nel Medioevo.[13] Un soggiorno nella sua vecchia patria potrebbe averlo ricondotto a tali riflessioni di carattere protestante-illuministico. In ogni caso, la poesia su Ninfa, l'ultimo e forse il più bello dei suoi componimenti poetici, si trasforma in un commiato luminoso. Non senza qualche difficoltà per lo storico della Roma cristiano-cattolica dei Papi:

> Ninfa, città sommersa, cripta avvolta dal verde primaverile,
> Dimora, oggi, ai figli dell'aria,
> Che ti coprono tutta di un velo d'edera,
> Con selve di fiori riempiono le tue rovine,
> E su di esse distendono arpe di foglie,
> Sulle quali la mano maestra del vento emette
> Suoni meravigliosi: potessi dipingerti,
> Come ti dipinge la sera di raggi purpurei,

---

10 Gregorovius, I Monti Volsci (1860), 1906, p. 177.

11 Ibidem, p. 177.

12 Nel 1895 Ludwig von Pastor constatava: "Il mio cenno al giudizio sull'Italia moderna nei diarî di Gregorovius diede a Burckhardt l'occasione di pronunciarsi sullo storico di Roma. Non ne ha una grande opinione. 'Gregorovius ha i suoi meriti, ma lascia troppo spazio alla fantasia'.", Pastor, 1950, p. 276.

13 Peraltro il lettore potrebbe comprendere l'allusione nei versi della poesia solo se ponesse in rapporto l'indicazione laconica del saggio sui Monti Volsci (1860), 1906: "Nel 1216 Ugolino Conti, il futuro Gregorio IX, fondò qui la chiesa di Santa Maria del Mirteto, così chiamata dal boschetto di mirti", alla narrazione del conflitto tra il Papa e l'imperatore Federico II nella *Storia della città di Roma nel Medioevo* (IX, 4). La poesia si limita al lamento chiliastico sulla paventata decadenza del Cristianesimo e delle altre religioni. Qui la primavera, che sboccia di nuovo ogni anno, e il suo esercito sempre crescente di fiori, sono ingegnosamente equiparati ai partiti in lotta nel Medioevo ed alla furia distruttrice del tempo (cfr. versi 23–32):
"Questa è Ninfa! In passato una città splendida,
Ora abbandonata e deserta, una ghirlanda appassita,
Che un tempo la vita operosa intrecciò,
E poi il tempo gettò via.
Nemica le fu la primavera, che l'ha assalita e devastata;
I fiori, infatti, hanno distrutto questa città.
I tralci offuscano persino il giorno luminoso,
Stormiscono e tremolano in un incessante bisbiglio;
Qui ogni foglia è lingua di profeta,
Delle campanule risuona tutta la città."

Che alita il suo fantastico rosso incandescente
Sulle tue torri, orribili e selvagge!
Brughiere Pontine qui, ove laghi scuri
Ristagnano esalando vapori in flutti piani,
E le paludi gorgogliano, nere e rosse come ruggine,
Al pari di calderoni, nei quali preparano veleni mortali
Le streghe disgustevoli, peste e febbre putrida.
Quasi nessun uccello sfiora quel pantano,
E quasi nessun suono ne infrange la profonda quiete.
Qui, affinché non ne sgorgasse più nulla, gettò il giorno,
Disperato, la sua urna nella palude.
Qui scorrono i secoli così cupamente
Come ore di veglia; al tempo solo erigono
Piramidi da strati di mota.[14]

Lo sguardo si volge dal mare di edera e fiori, che trasforma morte e rovina in vita perennemente rinnovantesi, alla palude immobile e ovunque in agguato, i cui miasmi portano inesorabilmente malattia e morte. Notturno in pieno giorno, in questi versi neanche la croce marcia del figlio di Dio, con ai due lati le tristi figure dei due ladroni, richiama alla redenzione da lui promessa:

Le croci si piegano, declinano lievemente,
Cadranno al prossimo vento.
O Cristianesimo, ti estinguerai come tutte
Le religioni che prima di te sono scomparse,
E sopravvivono solo in scritti e nomi,
Nel muto marmo e nella parola esanime,
Solo memoria?[15]

Gli sguardi che si volgono a Roma, la memoria che si volge indietro all'Antichità e risale sino alle origini dell'umanità, trova per il presente solo il silenzio della creazione come risposta ad ogni domanda muta. Nella seconda parte di questo poema di quasi 400 versi la riflessione del viandante si perde sempre più in voci immaginarie, il gesto narrativo dei giambi, mantenuto fino a quel momento, trapassa in canti strofici: con la loro presenza rifiorente di anno in anno gli spiriti dell'edera esprimono la loro immortalità, condivisa con le Parche, e dalla loro visione limitata si stacca, quasi fosse un gesto, l'immagine più estrema che, forse, sia mai riuscita a Gregorovius:

Come i merli delle mura di Ninfa,
E come le sue torri, come questa tomba,
Così potessimo avvolgere con le nostre foglie il globo terrestre!
Che cos'è esso nel rapido corso del tempo?
Nelle infinità dello spazio
Solo una foglia d'edera nell'universo![16]

Ai lunghi discorsi dei due ladroni, ai quali la tradizione biblica assegna contenuti contrastanti, rispondono due voci non identificabili, e tuttavia probabilmente vicine al cielo, che tirano come le somme dalla loro esperienza e dalla riflessione poetica.

Pur trattando magistralmente, e in un modo che si avvicina all'italiano, le strofe eptastiche, esse tuttavia sono insufficienti come contrappeso, concepito come tale sin dall'inizio, al panorama della vuota caducità. Se la divinità non continua a vivere nelle gocce che scorrono, lo spirito della terra non può lanciarsi in alto nella smisurata infinità contemplando una rosa secca e con il suo sapere accumulato, e così, forse, liberare anche dall'anatema che pesa su Caino. Troppo facilmente solubile è l'immagine, rivolta contro il Papato, coagulantesi poi dall'eternità nella troppo vicina caducità, della liberazione dalla maledizione di Caino, quando la rete di bugie e l'inganno, che riduce in schiavitù, della Chiesa degenerata saranno aboliti in un futuro felice:

Per l'alta porta del sapere
Protenditi in alto, o spirito della terra,
Nelle vastità sconfinate!

14 Versi 1–4, 7–22.
15 Versi 52–56.
16 Versi 107–112.
17 Versi 255–268.

Quando verranno annientati la menzogna
E l'inganno che rende schiavi,
Allora eliminerai in tempi felici
Anche la maledizione fratricida di Caino.
Un giorno, un cielo radioso risplenderà
Sui popoli che, uniti,
Si adorneranno, lieti, di rami di palme;
Ed il loro volto splendido
Non verrà rabbuiato dall'odio –
No! La terra deve rifulgere
D'amore, che è la sua luce![17]

Già nel periodo in cui era vissuto a Königsberg Gregorovius si era esercitato nell'arte del racconto di viaggio del Romanticismo, forse già allora con lo sguardo rivolto all'Italia. Gli *Idillî estivi sulle rive della Sambia* (*Sommeridyllen vom Samländischen Ufer*), pubblicati nella rivista *Deutsches Museum* nel 1852, possono, anche nel modo superiore in cui maneggia il suo mestiere, essere considerati del tutto come un valido saggio preliminare alle sue *Passeggiate per l'Italia*. E in effetti egli concepì una delle sue prime descrizioni del paesaggio dei dintorni di Roma come un *pendant* a quegli *Idillî estivi*, e vi allude esplicitamente anche nel titolo: *Idillî delle spiagge romane* (*Idyllen vom lateinischen Ufer*).[18] Le più belle ore della sua vita e le escursioni più serene, così egli si rassicura, sarebbero quelle trascorse sulla spiaggia e sulle onde del mare. Ma ora, davanti alle porte di Roma? Egli confessa che la spiaggia del mare latino e la piccola città di Anzio mi hanno prodotto una penosa impressione. Per quanto abbia spinto l'occhio dalla parte di Ostia, non mi è riuscito vedere che macchie deserte, una spiaggia depressa di argilla e di sabbia, alcuni spazi chiusi da palizzate, dove pascolavano alcune mandrie.[19]

Nella piccola locanda palesa la sua delusione ad un pittore paesaggista pieno di talento, seduto davanti al suo cavalletto:

> ma egli mi ha portato alla finestra e mi ha fatto osservare il mare che scintillava di luce e all'orizzonte i monti che si profilavano in una tinta azzurrina. Non era trascorsa una giornata che io non pensava più a tutte le amene riviere che conoscevo ed ero completamente conquistato dal nuovo fascino di questa solitaria spiaggia di Anzio. Essa mi ha ricordato quelle del mio mar Baltico, meno belle e pittoresche, e più d'una volta alla vista di queste gialle coste senza rocce, ho esclamato: Ma questo è proprio Neukuhren, Wangen, Sassau! La spiaggia del mar Baltico e quella del mare latino si somigliano fra loro, come un'ingenua canzone popolare ricorda i classici idilli di Teocrito.[20]

Se, agli inizi, in talune locuzioni si avvertiva, inconfondibile, l'influsso dei *Reisebilder* di Heine – così come dello stile narrativo di Jean Paul – più in là si afferma sempre più nella profonda serietà del suo amore per la natura un tratto tedesco-settentrionale-protestante del suo Romanticismo. Come altri *Deutsch-Römer*, nel suo intimo egli mantenne una certa distanza verso la realtà meridionale, dietro la quale ognuno di quegli artisti e poeti sperava di trovare la sua Arcadia. Quanto più quel viaggiatore, carico di entusiasmo, si immergeva nella realtà esperica, tanto più si ridimensionava l'influsso di Heine. In seguito egli lo considerò – non senza conferire a questo suo giudizio una sfumatura antisemitica – un poeta molto dotato, che avrebbe sperperato il proprio talento dedicandosi al giornalismo. Tuttavia, nei suoi saggi Gregorovius continuò a voler dischiudersi il mondo meridionale con il mito, la storia e la realtà sociale di allora, della quale egli fece un'esperienza diretta. Nelle sue escursioni in Corsica e nelle miniature storiche che ne elaborò, pubblicandole in due volumi nel 1854 (opera che conobbe tre edizioni fino al 1878!) egli trovò la sua forma: cogliere la fisionomia del paesaggio con lunghe e attente passeggiate, durante le quali egli osservava con cura ogni particolare, e con il ricordo della multiformità della storia i cui effetti perdurano nel presente, così come la storia stessa è plasmata dal paesaggio – que-

18 Pubbl. in: *Morgenblatt*, quindi inseriti, con la data "1854", come terzo saggio nella prima raccolta delle *Passeggiate per l'Italia*.

19 Gregorovius, Idilli, 1906, p. 196.

20 Ibidem, p. 197.

sto reciproco riflettersi è la sfida alla sua produttività creatrice e diventerà il programma di vita del poeta e scrittore.

Rinuncia, invece, ad un'altra pretesa enciclopedica, che fino ad allora aveva sempre perseguito nei suoi scritti. Nel suo ruolo di viandante rinuncia, almeno temporaneamente, all'idea di cambiare il mondo mediante la conoscenza di esso, come invece aveva fatto nei suoi lavori precedenti. Che fosse l'estetica di Plotino, l'oggetto della sua tesi di dottorato del 1843, o il romanzo che risente dell'influenza del movimento letterario *Junges Deutschland* (Giovane Germania), *Werdomar und Wadislaw. Aus der Wüste Romantik* (1845), oppure lo scritto *Idee des Polentums. Zwei Bücher polnischer Leidensgeschichte* (1848), o *Die Geschichte des römischen Kaisers Hadrian in seiner Zeit* (1851) – quasi per un decennio ogni pubblicazione, in ossequio all'esempio fornitogli dai maestri del *Junges Deutschland*, aveva mirato alla grande opera ed al suo grande effetto. Con gli articoli per la *Augsburger Allgemeine Zeitung*, mediante i quali finanziò per molti anni il suo soggiorno romano, Gregorovius non ritrattò in linea di principio quella pretesa, ma la trasferì temporaneamente nel metodo dei suoi scritti culturali, *feuilletons*, prese di posizione su avvenimenti del tempo. Ciò rispondeva del tutto alla concezione letteraria di un tempo in cui l'ordine dei rapporti non si era ancora ben ristabilito, né in Prussia o in Austria, né in Francia e in Italia. A Parigi, Alexandre Dumas e Théophile Gautier procedettero non diversamente da Heinrich Laube o Gustav Freytag o del giovane Theodor Fontane.

II

Quando, il 3 ottobre 1854, Gregorovius menziona per la prima volta nei diarî il progetto al quale avrebbe dedicato la sua vita, ne parla come un mistico sul punto di varcare la breccia che lo avrebbe separato per sempre dal resto del mondo: "Ho intenzione di scrivere la storia di Roma nel medio evo", così recita l'annotazione scritta a Genzano:

> Per un tal lavoro si richiede, così parmi, un'altissima inclinazione, anzi persino un incarico dato dallo stesso Giove Capitolino. Me ne venne l'idea, colpito dalla vista della città come essa si presenta dal ponte dell'isola S. Bartolomeo. Devo intraprendere qualcosa di grande che dia consistenza alla mia vita. Comunicai il mio divisamento al Dott. Braun, segretario dell'Istituto archeologico. Prestò attenzione e poi disse: "Questo è un tentativo nel quale ognuno deve naufragare." Posdomani ritorno a Roma.[21]

Come poteva configurarsi una tale "altissima inclinazione", autorizzata dall'Olimpo, se la storia della città eterna, e della realtà che nel senso più ampio la circondava, doveva essere adeguatamente ricostruita lungo un percorso millenario di un passato oscuro, difficilmente illuminabile mediante nuove fonti? Ricostruire la storia greca o romana dalle scarse fonti antiche e dai reperti archeologici, per la Francia e l'Inghilterra consultare, oltre agli archivi statali, le relazioni diplomatiche ben ordinate – ciò non poteva bastare per la storia medievale di Roma, dissolventesi in migliaia di dettagli disparati, e per la storia dei potentati europei che la influenzarono!

Due lunghi saggi dell'anno precedente avevano fatto emergere due di questi problemi legati alla storia di Roma, dei quali la storia universale e gli studi sui rapporti reciproci di Stati e territori non si erano fino ad allora occupati, o lo avevano fatto solo incidentalmente. Nel saggio *Figure romane* (*Römische Figuren*) – Gregorovius diede in seguito (1856) alla prima raccolta delle sue *Passeggiate* il titolo: *Figure. Storia, vita e scenari italiani* (*Figuren. Geschichte, Leben und Scenerien aus Italien*) – rintracciò in cento osservazioni sorprendenti il perdurare ininterrotto di riti funebri dell'Antichità e mostrò parallelamente la sopravvivenza del mimo nel teatro d'improvvisazione. Anno liturgico e stagione teatrale come presente vivente della vecchia e della nuova Roma. Nell'altro

21 Gregorovius, Diari romani, 1895, pp. 19–20.

quadro, *Il Ghetto e gli Ebrei di Roma* (*Der Ghetto und die Juden in Rom*), un paradosso del presente lo sfida a mostrare in quello scenario il rapporto tra storia e presente. Il Ghetto degli Ebrei, che fino al 1870 era situato vicino al Portico di Ottavia – un tempo il primo edificio marmoreo della Roma augustea – ove essi erano ammassati in un angolo cupo e triste della città, ospitava dalla sua istituzione, voluta nel 1556 da Paolo IV, gli Ebrei che sin dall'Antichità si erano stabiliti a Roma. Durante le sue passeggiate romane Gregorovius vide qui una "singolare, anzi l'unica rovina dell'Antichità ancora vivente e degna di essere attentamente osservata." Così egli scrive nella prima pagina del suo articolo per l'*Augsburger Allgemeine Zeitung* dell'editore Cotta, allorché la questione della continuità in una metropoli esistente sin dall'Antichità lo aveva in un primo momento indotto ad osservazioni apparentemente così remote. Ed egli sottolinea questa provocazione quando, nella frase successiva, si volge al forestiero che visita Roma conoscendone la storia, il quale si reca dal Foro all'Arco di Tito e, arrivato lì, ammira o piange la rovina del popolo ebraico raffigurata sui rilievi dell'apoteosi di Tito:

Ma se ci si dirige dall'arco di Tito verso il Tevere e si percorre il Ghetto, si vede qua e là, su qualche casa, il candelabro a sette braccia scolpito nel muro. È la stessa immagine che si è veduta sull'arco di trionfo; ma essa sta qui come testimonianza vivente della religione d'Israele, poiché ancor oggi abitano qui i discendenti di quegli Ebrei che Tito portò seco a Roma. Entrando nella Sinagoga ebraica si scorgono sulle mura le stesse sculture, le tavole della legge, la tavola d'oro del Tempio, le trombe del giubileo. Il popolo ebreo, tuttora esistente, e non distrutto, innalza oggi le sue preghiere all'antico Jehova, dinnanzi alle stesse immagini che un giorno Tito portò a Roma. Jehova dura ancora, dopo scomparso Giove Capitolino.[22]

Entrambi i saggi attingono a guide ed alla letteratura di viaggio, forse anche al tenore di singole fonti, e integrano queste letture con l'osservazione dell'autore, inevitabilmente ancora superficiale, la cui importanza è agli occhi degli storici inammissibile, indebita, in quanto basata su semplici illazioni. Certamente, per ricostruire la storia del dominio papale, anche degli alterni problemi dell'amministrazione e dei mille diversi conflitti nell'ambito del *Patrimonium Petri*, vi erano non solo gli archivi pontifici, ma anche una moltitudine di altri archivi. In parte erano già stati consultati, in parte vennero aperti al tempo di Gregorovius per nuove ricerche, sebbene con una certa riluttanza nei confronti dei Protestanti. Ma ad una ricerca così vasta non era proprio possibile pensare in questa prima fase di esplorazione della città e dei suoi dintorni. Il nuovo arrivato si dovette accontentare, come in generale alla sua prima conquista dei paesaggi storici italiani, di far ricorso alla sua cultura nel recepire le diverse impressioni di città e paesaggi, mentre tentava di esercitarsi come artista-scrittore nella percezione di tutto quanto lo colpiva. La storia della città di Roma nel Medioevo, però, non poteva assolutamente essere colta in questo modo! Esigeva conoscenze di storia sociale, per le quali quasi non vi erano approcci metodici nelle discipline storiche. In seguito Gregorovius, distanziandosi con un certo tono rassegnato da Ranke e da altri esponenti meno prominenti delle scienze storiche, dichiarò che non si può ricostruire il popolo, né gli strati inferiori di una società, e neanche le loro idee e mentalità dalle corrispondenze politiche di diplomatici, né dai retroscena dinastici dei trattati internazionali. Proprio nei centri urbani la continuità nei conflitti interminabili dei ceti sociali e delle classi dirigenti si può rintracciare in parte solo grazie a riflessioni prolisse, spesso basantesi su illazioni. Per fare ciò, tuttavia, è necessaria la fantasia creatrice. Ma proprio questo era quanto la corporazione gli rimproverava come un peccato mortale contro la pretesa di verità, mano a mano che venivano stampati i volumi della sua storia di Roma. La lettura delle tracce nel presente diviene per Gregorovius, lo storico detective, una sfida alla sua capacità immaginativa: per il poeta la dissolvenza di culto dei morti in rappresentazione,

22 Gregorovius, Il Ghetto, 1907, p. 118.

di mimo in commedia, quali figure, e figure basilari della storia romana era, per quanto contestabile nel dettaglio, raggiungibile al poeta solo al prezzo di una suggestione di realtà che si serviva di tali mezzi poetici. Nell'Oratorio della morte presso Ponte Sisto egli vede tutte le pareti ed i soffitti rivestiti dei rilievi più singolari:

> Tutte le pareti, tutti i soffitti sono ricoperti di rilievi, di rabeschi e di mosaici fantastici. Sono fiori, rose, stelle, quadrati, croci, ornamenti di ogni maniera, quali soltanto un'immaginazione orientale può concepire, e tutto è combinato nel modo più ingegnoso, soltanto con ossa umane. Si dura fatica a prestare fede ai propri sensi. S'immagini una cappella sotterranea, riccamente illuminata, costrutta tutta di teschi, di scheletri, colle pareti formate di ogni maniera di ossami, e la si popoli di una folla di creature viventi, donne per la maggior parte e ragazze, signore in abiti di seta, dalle belle e vivaci fisionomie, che ridono e cinguettano in mezzo a tutto quell'apparato di morte, in quell'atmosfera impregnata di effluvi cadaverici, avviluppate nei vortici del fumo degli incensi.
>
> Presi posto a lato di una ragazza seduta precisamente sotto uno scheletro che sghignazzava; ella stava chiacchierando allegramente colla sua vicina di cose che avevano a che fare con tutt'altro che con la morte: pensoso e quasi atterrito, stavo contemplando lo scheletro e la sua giovane preda, sulla quale stendeva le mani, poiché la ragazza era seduta in modo che sembrava caduta tra le braccia dello scheletro. Era proprio la danza dei morti del nostro Holbein rappresentata al vero.[23]

Con umore macabro Gregorovius fa partecipare gli scheletri a questo puzzle e trasforma così il peso della quotidianità della morte in una fantasia e in un notturno alla maniera di Callot.

Per lui, un protestante che confida nella parola, capitato in questo mondo di immagini e segni, tale ovvia presenza della morte in tutte le piazze e nelle chiese di Roma preserva in modo ostentato la coscienza della persecuzione e del trionfo della cristianità cattolica, ad esempio nelle sculture barocche di Bernini e della sua scuola, o negli affreschi di Santo Stefano Rotondo con le varie specie di supplizi dei martiri, che egli avvertì come particolarmente repellenti.[24] Non vi è da meravigliarsi che la danza macabra di Holbein sia stata la prima associazione a venirgli in mente! A grande distanza il passato continua ad esercitare il suo potere su un presente che cerca di sottrarsi ad ogni lume. Ciò vale per le *Rappresentazioni*, nelle quali figure di cera rammentano scene bibliche o storie di santi, come la comparsa, inscenata in modo patetico, della santa romana Agnese davanti ai membri riuniti della sua famiglia,[25] oppure a Santa Maria in Trastevere l'incontro di Mosé con Jetro nel deserto, "un vero idillio campestre, con accessori di rupi, di palme e di un branco di pecore"![26] Le due opere di Gian Lorenzo Bernini, l'estasi di santa Teresa nella Cappella Cornaro di Santa Maria della Vittoria, e la posteriore rappresentazione della beata Lodovica Albertoni, in atto di morire, sono i due più noti riflessi nell'arte, non ricordati qui da Gregorovius, di tali *Rappresentazioni*!

Scuotendo la testa, Gregorovius non si pronuncia su ciò che, in questo piacere di evocazione pittoresca del momento nella pittura cristiana e nel teatro, era eredità dei Romani antichi, accesosi, nel suo senso di compiacimento barbaro, al tormento di animali e di esseri umani morenti, crede però, almeno allora, al potere dell'attimo, teatralmente intensificato, sulla fantasia:

> Il gusto dei Romani per le figure, per i gruppi, per ogni rappresentazione scenica è generale e pronunciato in modo meraviglioso. Non vi è festa, in cui non si possa riconoscere. In parecchie chiese si possono vedere raffigurate scene bibliche, leggende, la nascita, la passione di Cristo. Si può osservare questo senso nelle botteghe stesse dei venditori di commestibili e nei banchi, dove si fanno cuocere cibi sulla pubblica strada.[27]

23 Gregorovius, Macchiette romane, 1907, pp. 203–204.
24 Ibidem, p. 214.
25 Ibidem, pp. 211–212.
26 Ibidem, p. 212.
27 Ibidem, p. 214.

Durante le prime settimane a Roma, inondate dall'entusiasmo – "l'etere di Roma agisce su me come vino di Sciampagna. Quest'aprica aria celeste penetra in me come se venisse da beati luoghi", scrive il 21 maggio 1853 nel suo diario,[28] appena dopo aver finito di scrivere il libro sulla Corsica – Gregorovius credette di aver trovato il concetto chiave in grado di dischiudergli fenomeni che da tutte le parti lo assillavano: "Figure". Assieme al lettore Gregorovius vuole scomparire nel mondo avventuroso e chiazzato dei due teatri rivali di marionette, che, alla maniera di una xilografia, presentavano ad un pubblico composito le strane e misteriose storie ricavate dal racconto popolare dei "Reali di Francia" e dall'Orlando furioso dell'Ariosto, come si poteva vedere, almeno ancora fino a qualche anno fa, nella siciliana opera dei pupi. E nella sua esuberanza democratica, che aveva conservato vivendo al Sud, parla con entusiasmo della coesistenza di teatro romantico delle meraviglie e mondo di Pulcinella e delle altre figure della Commedia dell'Arte. Questo era il vero e popolare teatro delle meraviglie, che abbracciava e trasfigurava l'intera realtà, come egli se lo immaginava per il presente, ma anche per il passato, e al quale egli, allora ancora vagamente, voleva dedicarsi come al compito della sua vita:

La piazza Montanara, [...] posta ai piedi della rupe Tarpea, fra questa ed il Tevere, è punto abituale di ritrovo per il popolo di Roma e particolarmente per le classi inferiori, e per gli abitanti della campagna, che vengono in città. [...] Il teatro dei burattini ha trovato in quella strada sede adatta: lo frequentano monelli di strada, mendicanti, operai, giornalieri, che hanno diritto di rallegrarsi, di ricrearsi la sera colle favole dell'Ariosto.[29]

Questo è ancora tutto il primo Gregorovius, seguace del movimento letterario *Junges Deutschland* e osservatore attento dei ceti svantaggiati. Lo era, certo, alla stessa maniera, misurata e borghese, come il suo "fratello minore in Apollo",[30] che egli incontrò per la prima volta durante queste prime settimane romane: Paul Heyse. Lo stesso giorno, il 17 giugno 1853, in cui il suo amico di Detmold, Friedrich Althaus, il futuro editore dei suoi *Diarî romani*, lo venne a trovare, pare che egli abbia incontrato anche Heyse: "Fu a Roma il poeta Paolo Heyse, giovane di bellezza quasi femminea. In così giovane età sembra sia giunto alla perfezione."[31] Al pari di Gregorovius, anche Heyse, che aveva allora 23 anni ed era già un acclamato genio della lirica nella cerchia di Franz Kugler, era venuto a Roma munito di due requisiti: era uno studioso che applicava il metodo storico alle ricerche di filologia romanza e si proponeva di studiare nella Biblioteca Vaticana alcuni manoscritti provenzali per un libro col quale conseguire la libera docenza, ed era inoltre un poeta convinto della propria missione. E, come Gregorovius, anch'egli era persuaso che solo uno studio molto intenso del mondo italico in tutte le sue sfaccettature, che andasse oltre i pregiudizi, potesse aprire lo sguardo alla realtà – anche alla realtà del passato e dell'ideale. Mentre allora i pittori paesaggisti, che venivano dalla Svizzera o da regioni più nordiche, quando riproducevano scenari dei Monti Albani, pensavano alle Alpi o al Mare del Nord, mentre Victor von Scheffel, volgendo lo sguardo a Capri, lavorava a *Il trombettiere di Säckingen* (*Der Trompeter von Säckingen*) e sognava del gatto Hiddigeigei, e mentre – non bisogna dimenticarlo – Felix Mendelssohn a Roma musicava *La prima notte di Valpurga* (*Die erste Walpurgisnacht*) e componeva l'ouverture *Le Ebridi* (*Die Hebriden*), Paul Heyse scriveva nello stesso albergo del suo amico Scheffel le prime delle sue *Novelle italiane* (*Italienische Novellen*), quadri di momenti, attentamente osservati, come *L'Arrabbiata* e *Sulla riva del Tevere* (*Am Tiberufer*), giocanti con la differenza della percezione. Con lui Gregorovius condivideva lo sforzo appassionato di essere tutt'uno con il paesaggio e la vita, con lo spirito creativo e la storia di Esperia. Paul Heyse tornò poi a Monaco, ove il re Massimiliano II gli aveva conferito un posto che gli avrebbe garantito una posizione sicura per tutta la vita, mentre Gregorovius, destinato a seguirlo a Mo-

28 Gregorovius, Diari romani, 1895, p. 5.
29 Gregorovius, Macchiette romane, 1907, p. 218.
30 L'espressione è di **Heine, Geständnisse, 1854.**
31 Gregorovius, Diari romani, 1895, p. 6.

naco due decenni dopo, decise di rimanere a Roma per svolgere il suo lavoro, e pertanto dovette provvedere da sé per tutta la vita a guadagnarsi quel poco che gli serviva a vivere ed a terminare la sua opera monumentale, che a quell'epoca non era affatto ben definita nella sua mente.

Se Paul Heyse era andato da Berlino al Sud per attendere ai suoi studi di filologia romanza e, al tempo stesso, per arricchire il suo talento poetico nella terra dei poeti, anche Gregorovius si era messo in cammino per attraversare le Alpi con animo di artista e di letterato, provvisto di cultura filosofica e storica. Due magnifiche descrizioni di paesaggi furono le prime prove, in sé compiute, del suo singolare talento: la breve monografia sull'Isola d'Elba e quella prosa lirica, proprio la cosa più perfetta uscita dalla sua penna, che è l'evocazione dello spirito e della storia dell'isola di Capri, conferirono una cornice splendida alla prima edizione della raccolta delle *Passeggiate* (1856). Il saggio su Capri fu concepito quando egli si trovava sull'isola. Ivi Gregorovius, che, obbedendo ad un impulso imperioso, aveva lasciato Roma per recarsi al Sud, si trattenne per quattro settimane (dal 22 luglio al 22 agosto 1854) e percorse a piedi l'isola, per così dire, scrivendo. Le diverse e sempre nuove prospettive del paesaggio, che gli si dischiudevano quotidianamente, gli fissavano nella mente, in tutto il loro splendore mitico, anche le reminiscenze degli anni cupi dell'imperatore Tiberio. Nessun imperatore romano, tranne Adriano, occupò la mente di Gregorovius, poeta lirico e drammatico, al pari di Tiberio, dalla cui villa, situata su ripide rocce e ormai ridotta in macerie, si può scorgere il Vesuvio. Per ciò queste evocazioni, intrise di sole, del paradiso di un'isola mai perduto sin dall'Antichità, hanno un carattere romano, ma anche ellenico, e non è un caso che Gregorovius, allorché, venti anni dopo (il 31 maggio 1874) ritornò a Capri con una barca, provò, a questo suo nuovo incontro con l'isola, quasi la sensazione di essere Ulisse che torna a casa.[32]

Gregorovius, che ancora ondeggiava indeciso tra l'attività pubblicistica e quella poetica, ma già si proponeva, per quanto in maniera non ancora definita, di scrivere una grande opera che avrebbe dato senso alla sua vita, si mette in viaggio verso il Sud per dischiudersi il mondo della *Magna Graecia*, tra la Campania e la Sicilia, che era anche il mondo dei Normanni e dello svevo Federico II. La stessa Napoli, la capitale del Regno delle Due Sicilie, stracolma del presente, per quanto il suo popolo vivace deliziasse una parte della sua fantasia, deve averlo, durante il suo soggiorno di quattro settimane, talmente infastidito per l'esuberanza avventurosa del Barocco di chiese e facciate di edifici, per le profonde forre nelle strade e per quella che egli avvertiva come una mancanza di gusto degli obelischi e delle colonne commemorative, da indurlo ad interrompere più di una volta i suoi studi per compiere lunghe escursioni nella *Campania felix*. Allora essa era ancora un paradiso terrestre, situato sulla costa più bella d'Europa! Il mondo dei Campi Flegrei e le Ville Vesuviane, la tomba di Virgilio e Posillipo lo affascinavano ogni volta a nuovo, e quando fece la gita, divenuta nel frattempo obbligatoria, ai templi dorici di Paestum, che egli ripeté, sulle orme di Goethe, ebbe come accompagnatore, oltre all'amico Althaus, anche Jacob Burckhardt: "I tre templi magnifici e grandi come una trilogia d'Eschilo. Tutt'intorno un solenne paesaggio ed il mare d'un turchino purpureo. Con Althaus poi ad Amalfi e Sorrento a piedi."[33]

A Napoli assistette ad alcune feste religiose, ammirò la folla accalcata a Chiaia e nella Villa Reale, mentre visitò solo alcune delle chiese principali, come Santa Maria Incoronata, per vedere gli affreschi attribuiti a Giotto, e la Certosa di San Martino, per ammirare nella Cappella del Tesoro Nuovo la *De-*

32 Gregorovius, Diari romani, p. 539: „Toccai quell'isola dopo 21 anni come la mia patria in cui ritornai dopo una così lunga assenza. Mi ricevette Pagano, invecchiato come me. Qui è rimasto tutto al suo posto e la natura del luogo esercitò in me lo stesso antico incanto. Soltanto che una nuova generazione è cresciuta [...]. Un po' di cultura è penetrata in questo mondo feerico senza distruggerlo. Girammo attorno all'isola; vi è un faro ed io mi tuffai come allora nella grotta turchina di quel voluttuoso bagno di onde." Per un attimo di illusione mitica Ulisse fa ritorno dal suo Eumete!

33 Ibidem, p. 8.

posizione dello Spagnoletto, la famosa *Pietà* di Jusepe de Ribera del 1637.

Il 30 agosto 1853 scrive con un certo sollievo: "Domani salpo per Palermo sul *Polifemo*. Vedrò tosto Siracusa e mi rallegro come un fanciullo di respirare aria greca."[34] Come Goethe, che anche qui egli cerca almeno in parte inconsapevolmente di eguagliare, Gregorovius è attirato al Sud dalla vicinanza della Grecia; come Goethe, è convinto che senza la Sicilia non sia possibile farsi un quadro completo dell'Italia. Già sotto la data del 1° settembre la traversata a Palermo e la prima impressione di questa città sono annotate nel diario con ricchezza di particolari e con un'attenzione carica di ansia curiosa e di attesa:

L'impressione di Palermo veduta dal mare è inferiore all'aspettativa, poiché Genova e Napoli sono più grandiose; ma qui le forme delle montagne sono di molto superiori. Il Capo Gallo ha la forma d'una conchiglia e il classico Pellegrino mi ricordò Capri [...] Palermo mi sorprese per la sua originale architettura moresca o piuttosto per lo stile arabo-normanno dei palazzi e delle chiese. Tutto qui è strano e favolosamente bello; vi predomina la grazia. I dintorni d'una bellezza classica; i bruni monti all'ingiro d'un perfetto stile dorico. Vi si scorge la predilezione che i Dori dovettero avere per questa natura.[35]

L'aspettativa plasma la percezione: rispetto a quanto aveva visto a Napoli, l'architettura originale dei palazzi palermitani assurge al rango di massima espressione artistica e si trasfigura magicamente. Sotto la formula paradossale di "grandezza classica" le montagne e i primi colonizzatori greci possono incontrarsi, nel segno di un'affinità elettiva, nello stile dorico.

Il cielo d'un azzurro dolcissimo, il rosseggiar del tramonto nelle montagne più sfumato e più lungo che a Napoli, le forme più corrette. Qui la riva si presenta a gruppi, in figure separate facenti parte a sé, tutte belle e di potente efficacia; non così a Napoli.[36]

Nell'annotare la prima impressione il diario aspira alla spontaneità della scrittura, come Gregorovius aveva provato a fare poco prima a Capri. Così, durante il suo viaggio in Sicilia, egli annota nel diario, oltre all'itinerario, taluni appunti dettagliati sulle tappe del viaggio, ai quali egli intendeva ricorrere in seguito quando avrebbe scritto un saggio. Gli appunti più estesi messi per iscritto a Siracusa, ove soggiornò per quattordici giorni, sono andati perduti. Friedrich Althaus li omise nella sua edizione dei *Diarî*, osservando che Gregorovius riportò completamente nel suo articolo le impressioni avute sul luogo. Tale osservazione indica che anche queste annotazioni, come quelle su Palermo, erano strutturate pensando già alla successiva rielaborazione. Nel corso del viaggio, durante il quale egli si confermò sempre più nel suo scopo, gli deve essere venuto in mente di affiancare ai primi saggi su Roma una raccolta ben più ambiziosa di *Frammenti culturali dalla Sicilia* (*Kulturfragmente aus Sizilien*), alla cui stesura egli si proponeva di applicarsi all'inizio del 1854, un momento decisivo quanto ai suoi progetti di vita. Ai famosi resoconti di viaggio e incisioni del Settecento e del primo Ottocento[37] occorreva contrapporre, nello spirito di Winckelmann, ma anche alla luce del classicismo di Weimar, un'opera che sapesse al tempo stesso assicurare il rango dovuto alle testimonianze dell'Alto Medioevo. Gregorovius non buttò giù solo annotazioni, ma, come a Capri, procedette alla stesura del suo articolo già durante il viaggio. Le due prime note scritte sul diario in quell'anno liquidano tutto quanto è provvisorio nell'indirizzo da dare alla sua vita:

Il 16 gennaio cominciai la dissertazione: «I Sepolcri dei papi romani».
Roma, 31 gennaio.
Ho cominciato in questo tempo a scrivere una novella pompeiana: "Il candelabro di bronzo", al qual argomento fui eccitato alla vista che ne ebbi nel museo di Napoli.
Domani comincio a porre in bella copia i "Frammenti di coltura della Sicilia".[38]

34 Ibidem, p. 9.
35 Ibidem, p. 10.
36 Ibidem, pp. 10–11.
37 Brydone, 1773–1774; Borch,1782; Saint-Non, 1781–1786, Houel, 1782.
38 Gregorovius, Diari romani, 1895, p. 18.

Con l'inizio della stesura de *Le tombe dei Papi* (*Die Grabmäler der römischen Päpste*) Gregorovius trovò il tema della sua vita, la storia della città dei papi, Roma, nel Medioevo, e con il progetto di una storia culturale della Sicilia in più volumi, che convogliasse tutti i frammenti sparsi in un nuovo contesto tematico, si estingueva anche il suo non stretto legame con i momenti poetici della serie da lui immaginata col titolo *Figuren. Geschichte, Leben und Scenerien aus Italien*, ancor prima che, nel 1856, uscisse sotto questo nome il primo e più popolare dei volumi di saggi destinati a diventare in seguito le *Passeggiate per l'Italia*. Oltre all'incipiente fatica di Sisifo, la ricostruzione storica sulla base di fonti da reperire in cento archivi, non era possibile pensare ad una seconda opera di questo tipo. Per i *feuilletons* scritti dall'Italia, che gli diedero una crescente notorietà in Germania e finanziarono in gran parte la sua temeraria impresa, la cui realizzazione avrebbe richiesto decenni, egli doveva col tempo trovare una forma organizzativa in grado di dare allo scrittore una seconda gamba d'appoggio davanti all'opinione pubblica. Non era necessario toccare i sogni poetici. Non perdette mai la fiducia nella sua vocazione, pur se ogni tanto dovette ammettere che la tensione di tutte le sue energie a dare forma a ciò che egli occasionalmente era incline a chiamare i suoi "paesaggi storici" – cioè il dischiudersi della storia alla visione del paesaggio di Esperia, e la sua interpretazione dalle alterne sorti di esso – lasciava sempre meno spazio alla poesia. Dal racconto di cui fa menzione nel diario, *Il candelabro di bronzo* (*Der bronzene Kandelaber*), ricavò il poema in esametri *Euphorion*, diviso in quattro canti, un idillio sulla fine di Pompei. Esso risente dell'influenza di Johann Heinrich Voss e Teocrito e ricorda lontanamente *Ermanno e Dorotea* di Goethe. Nel secondo canto, *Amore e Psiche*, al momento di parossismo prima della catastrofe il poeta evoca il panorama attorno al golfo di Napoli, illuminato dal riverbero delle prime fiamme, così come lo aveva visto nel 1853 facendolo proprio con la sua immaginazione:

Già la notte avvolgea il mare e gli ombrosi monti della Campania che mollemente s'innalzano intorno al golfo di Napoli, ricingendolo come ghirlanda, placidi riflettendo le cime nelle acque eternamente azzurre. Sempre tremola l'onda al bacio di Elio durante il giorno, sempre nella tiepida notte al bacio ardente degli astri. Risplendeva ora un'intensa luce rossastra sul Vesuvio, nuvole di fuoco aleggiavano attorno alla cresta del monte rumoroso, lontano se ne accendeva al riflesso l'aria e lo specchio del mare, lontano nella campagna guizzava anche un chiarore sulle terre di Nola, dove sempre Flora ricopre i prati e i colli di olezzanti germogli come di vampe, e l'albero di granato di Persefone dai rossi bocciuoli arde dei riflessi del vermiglio fiore vulcanico. E come se di nuovo fosse emersa dal mare la sera, dappertutto il cielo e la terra divennero purpurei per il bagliore del Vesuvio.

Ma Euforione passeggiava lungo la sponda del mare, solitario ed anelante, con trepido piede, e spesso tratteneva il passo ad ammirare estatico l'incantevole quadro notturno di Pompei. Scintillanti risplendevano i templi e nitido il grandioso foro; rossicci i pinnacoli della città, i teatri e i portici marmorei. Le case, allineate nei vicoli che si dilungano per diritto, eleganti e piccole, come ville e palazzine d'estate, sembravano davvero costrutte dalle divinità marine del golfo, perché vi abitasse una felice genia di uomini che passa oziosa i giorni nel piacere e nel sollazzo.[39]

Per quell'entusiasta viaggiatore la prosa non era sufficiente a unire in una visione adeguata lo splendore di questo paradiso perduto, che arte e fede facevano credere essere ancora legato alle divinità greche, al presente luminoso. Ispirandosi liberamente a Goethe, Gregorovius congiunge una partecipazione moderna a quell'evento tragico ad un'obiettività dei rapporti naturali e della vita, tipica dell'Antichità e serbata in frasi fatte, e conduce il lettore fino al limite della catastrofe. Per la descrizione di quest'ultima in una nota posta alla fine del poema egli rimanda il lettore all'opera di Bulwer Lytton *Gli ultimi giorni di Pompei* (*The Last Days of Pompeii*) del 1834, per poi, con una mossa ardita, attribuire alla Musa la propria decisione:

39 Gregorovius, Euphorion, 1906, pp. 23–24.

> Una estesa descrizione di questa catastrofe non fu toccata in questo poemetto, ed io ho lasciato alla Musa d'imitare quasi l'esempio di quegl'infelici nella cripta della casa di Arrio Diomede; poiché, incominciando a cadere la spaventevole pioggia di cenere, essa si copre il volto presso il rovesciato candelabro ovvero le lampade di Euforione, probabilmente per timore di essere soffocata, o almeno per una disperazione e rassegnazione più moderna che antica.[40]

Quegli infelici si erano coperti il volto con l'abito per poter respirare ancora un momento. L'idea di attribuire questo gesto alla Musa, che era lì vicino e osservava con serenità olimpica l'impatto immediato della catastrofe e, in questa posa moderna e sentimentale, farla anche ringraziare il suo discepolo per la sua discrezione, tutto ciò dovrebbe aver irritato il lettore di allora! Questa confusione delle prospettive, che è caratteristica di Gregorovius e che egli predilige nella sua prosa e non sempre evita nei suoi grandi affreschi storici, non si estende alla poesia. Il lieto fine di una salvezza dal caos, quasi insperata, della coppia di amanti giustifica la forma scelta dell'idillio. Così, terminato tempestivamente e in modo da essere sottratto, ancora prima di iniziare a lavorare alla storia di Roma, alla sua riflessione e limatura, questo poema fu pubblicato nel 1858. E l'una e l'altra elegia poté, anche in seguito, interrompere per un paio di giorni o di settimane il lavoro d'archivio, talvolta persino la redazione dell'*opus maximum*, la storia di Roma.

III

Ma come doveva procedere Gregorovius con gli altri saggi dall'Italia che, nel loro complesso, gli consentivano di vivere a Roma e di portare avanti i suoi studi storici? Il proposito, espresso in modo così sicuro nel diario il 1° febbraio 1854, di scrivere i *Kulturfragmente aus Sizilien*, e i progetti di un lungo viaggio nel Meridione furono rimandati e poi abbandonati del tutto. Solo nelle traduzioni delle poesie dell'autore siciliano Giovanni Meli (pubblicate nel 1856, come il volume *Figuren. Geschichte, Leben und Scenerien aus Italien!*) rimase vivo il sogno della Sicilia. Onde conferire una coerenza interna ai saggi già scritti sulla storia culturale, ed a quelli futuri, Gregorovius aveva bisogno di un titolo che rendesse chiara all'attento lettore l'idea che era dietro quei quadri di vita e paesaggi. Troppo discrezionale era la sua combinazione di "Storia, vita e scenari" sotto la voce "Figure", troppo facile da liquidare come memorie di viaggio, se si voleva assicurare per lungo tempo a questi saggi, di grande intensità compositiva, un rango scientifico e poetico. Non sappiamo quando di preciso venne in mente a Gregorovius il titolo *Wanderjahre in Italien* (*Passeggiate per l'Italia*), sotto il quale egli, a partire dal 1864, riunì i cinque volumi dei suoi saggi. "Al Sud si dirigono ora tutti i nostri passi...", si è indotti a pensare a Ludwig Tieck e ad Eichendorff, agli artisti della *Lega di san Luca* che dipingevano nella *Casa Bartholdy*, ma anche a Joseph Anton Koch ed a Karl Blechen, per riassumere in un motto il proprio entusiasmo, l'impulso verso l'Arcadia e l'oblìo di se stessi in Arcadia. Così vennero letti per decenni quei volumi, dai quali dalla storia e dal presente, dall'impressione visiva e dalla riflessione si ricavava un quadro complessivo dell'Italia, vario, ma in sé consolidato. Uno dei libri di viaggio sull'Italia più letti del secolo XIX e del primo secolo XX, esso fu recepito in Francia non meno che in Italia!

Certamente, per Gregorovius la formula *Wanderjahre in Italien* evocava un'associazione antica e al tempo stesso ne implicava una più ampia. Nello scritto, pubblicato su suggerimento del suo professore di filosofia, Karl Rosenkranz, nel 1849, per il centenario goethiano, presso l'editore Wilhelm Bornträger, *Göthe's Wilhelm Meister in seinen sozialistischen Elementen entwickelt* (*Il Wilhelm Meister di Goethe ed i suoi elementi socialisti*), egli fu uno dei primi critici a riconoscere il valore dei *Wilhelm Meisters Wanderjahre* (*Gli anni di pellegrinaggio di Wilhelm Mei-*

40 Ibidem, pp. 86–87.

ster) e, rispetto ai *Lehrjahre* (*Gli anni di apprendistato di Wilhelm Meister*), nei quali l'elemento artistico e propriamente romanzesco predomina in maniera così felice, a individuare nell'ampia configurazione dell'"idea di società" presente nei *Wanderjahre* il più alto contributo del poeta e pensatore.

L'arte di Goethe valorizza tutti i singoli aspetti della stessa [idea di società], i concetti di personalità, cultura, matrimonio, famiglia, educazione, proprietà, lavoro, contratto sociale ecc., e li presenta come membra di un organismo.[41]

L'ardito parallelo fatto allora da Gregorovius tra i due capolavori poetici di Goethe, il *Wilhelm Meister* ed il *Faust*, ai quali Goethe aveva fatto seguire ad una distanza temporale quasi insuperabile di trenta anni una seconda parte, ancor più ambiziosa, divenne ora per Gregorovius in Italia l'àncora di salvezza per affiancare all'opera principale sulla storia di Roma i suoi impegnativi e magnifici ritratti di città e paesaggi. Come Goethe durante l'ultimo decennio della sua vita era riuscito con sommo sforzo ad ampliare il mito di Faust oltre la tragedia fino a farlo assurgere ad una parabola del mondo e dell'umanità, così gli era riuscito in quegli stessi anni, grazie ad una tensione oggi inconcepibile di tutte le sue forze, di colmare anche le altre lacune della sua vita: con grande risolutezza scrisse la quarta ed ultima parte di *Dichtung und Wahrheit* (*Poesia e verità*), il *Secondo soggiorno romano* (*Zweiter römischer Aufenthalt*), e, in due riprese, i *Wanderjahre*, romanzo in cui delineava una società ed una forma di Stato. A parere di Gregorovius, il vecchio Goethe non poteva più rifarsi alla tragedia ed al romanzo. La sensazione di disagio dei lettori, che credettero di non riconoscere più, in questo romanzo della rinuncia, le loro antiche figure predilette, o di percepirle solo in contorni deformati, doveva trasformarsi in un'aperta attenzione verso i pensieri di Goethe, sia, in generale, sull'attività umana e sul mondo intero, sia, in particolare, su temi singoli, come la ben nota visione geognostica della natura che aveva Goethe e che nei *Wanderjahre* Jarno è chiamato a difendere. L'elemento materiale e quello intellettuale dominano la seconda parte del Faust, come i *Wanderjahre*. Varrebbe la pena di studiare più a fondo la relazione di affinità tra il Faust ed il Wilhelm Meister.[42]

Da tale concezione dell'idea goethiana di società è possibile comprendere i *Wanderjahre*, cioè le perlustrazioni, effettuate per anni, dei paesaggi italiani e della vita italiana. Ciò lascia all'autore la libertà di catturare nelle sue impressioni e nei paesaggi storici anche i mutevoli eventi quotidiani dell'occupazione francese e delle prime guerre di liberazione.[43] Rispecchiandosi reciprocamente, di fronte alla natura ed alla storia compaiono le speranze per il futuro e gli ammonimenti – un appello alla società ricavato dall'impressione visiva. Al di là dell'universo compiuto della storia di Roma medievale, nei *Wanderjahre* Gregorovius vuole, secondo il modello di Goethe, continuare ad operare nel presente e nel futuro. Questi saggi non sono semplicemente studî preliminari, nel loro insieme organico vogliono essere letti come contributi e ammonimenti utopici e critici della società in un'epoca di cambiamento. Anche a tal fine per lui era importante l'impegno per l'oggi ed il domani, e non poteva essere diversamente. Per più riguardi la Fata Morgana della città di Ninfa, sommersa nei suoi giardini ed evocata dalla storia, rimase per Gregorovius l'ideale della sua fantasia creatrice. Come Heinrich Heine nei suoi *Nordseebilder* (*Il Mare del Nord*) riesce non a salvare, ma almeno a conservare in versi la memoria di Vineta, la città sprofondata nel mare, così il paesaggio incantato si schiude a Gregorovius al tempo stesso in una

41 Gregorovius, 1855, p. 12.
42 Ibidem, p. 86.
43 Nei volumi II e III dei *Wanderjahre* Gregorovius si limita a contributi concisi sui poeti romani del suo tempo e sui canti popolari siciliani, che si giustificano tenendo conto di un certo Romanticismo sotteso ad essi. Nei *Siciliana*, però, (vol. III) aggiunge un saggio a carattere politico: *Neapel und Sicilien vom Jahre 1830 bis 1852* (*Napoli e la Sicilia dal 1830 al 1852*). Nel IV volume, invece, i saggi di attualità politica sono equiparati alle descrizioni dei paesaggi del viandante: *Das Reich, Rom und Deutschland* (*L'Impero, Roma e la Germania*), ispirato dal libro di Bryce, *The Holy Roman Empire*, 1866, e la cronaca della situazione romana, lunga quasi quanto un libro, *Der Krieg der Freischaaren um Rom* (*La guerra per Roma dei corpi di volontari*) (entrambi gli articoli sono del 1867), il cui tenore e tendenza sono riecheggiati nella prefazione del 1876 e nel titolo al libro *Von Ravenna bis Mentana*.

preistoria indeterminata e in una fiaba vivente. Allorché, venendo da Sermoneta, egli capitò nel parco, lo storico e poeta sapeva di trovarsi in un labirinto e, al tempo stesso, a casa. Per divenire e restare libero aveva bisogno di tutte e due le cose: della fantasia creatrice dell'artista e dello sguardo indagatore del passato del grande storico. Nei diarî successivi al periodo romano egli inquadra il suo lavoro entro questi due lati della sua natura:

Il materiale scientifico ha per me importanza solo come sostanza utile a dare forma ad un'idea. Il mio rapporto con l'immane tema chiamato *Roma nel Medioevo* era in tutto lo stesso di quello con Pompei in relazione alla poesia *Euphorion*. Essa nacque perché il candelabro pompeiano si rifletté nella mia anima con la forza di un ideale; e così anche la *Storia della città di Roma nel Medioevo* non sarebbe stata scritta se, un giorno, trovandomi sul Ponte dei Quattro Capi non si fosse riflettuto nel mio animo l'incantevole quadro ideale di Roma. Tali eventi sono di natura artistica. In Germania i pedanti, tra i quali posso annoverare molti rinomati professori universitari, anche Ranke, Mommsen e Giesebrecht, se ne sono ben accorti.[44]

Per Gregorovius questa sua visione aveva un'importanza esistenziale già prima, già al tempo del suo primo incontro con l'Italia, ed essa rimase per tutta la sua vita legata al giardino dell'antica stirpe dei Caetani. Il loro archivio fu uno dei primi archivi delle famiglie romane ad aprirsi al forestiero. A Michelangelo Caetani, duca di Sermoneta, e proprietario del giardino, lo legò un'amicizia che durò fino alla morte del Duca. Con la figlia di questi, Ersilia Caetani Lovatelli, Gregorovius intrattenne un cordiale rapporto epistolare dopo che si trasferì a Monaco. E così il nesso inscindibile tra visione storica e missione artistica lo congiunse a Ninfa in modo più stretto che a qualsiasi altro luogo.

44 Cfr. le lettere ad Albrecht Pancritius, amico degli anni universitari, pubbl. da Houben, 1916, pp. 42–58. La citazione è tratta da Hönig, 1921, p. 155.

Bibliografia citata

Michel Jean de Borch, Lettres sur la Sicile et sur l'Île de Malte, 2 voll., Torino 1782.

James Bryce, The holy Roman empire, London 1866.

Patrick Brydone, A Tour through Sicily and Malta, 2 voll., London 1773–1774.

Il Giardino di Ninfa. Testi di Marella Caracciolo e Giuppi Pietromarchi, Torino 1997 (e successive edizioni).

Ferdinand Gregorovius, Göthe's Wilhelm Meister in seinen sozialistischen Elementen entwickelt, ²Schwäb. Hall 1855.

Ferdinando Gregorovius, Diari romani. Con prefazione di Federico Althaus e tradotti da Romeo Lovera, Milano 1895.

Ferdinand Gregorovius, Euphorion. Poemetto pompejano. Traduzione e note di Marco Galdi, Salerno 1906.

Ferdinand Gregorovius, I Monti Volsci (1860), in: Idem, Passeggiate per l'Italia. Versione dal tedesco di Mario Corsi, 5 voll., Roma 1906–1909, vol. I, Roma 1906, pp. 143–189.

Ferdinand Gregorovius, Idilli delle spiagge romane, in: Idem, Passeggiate per l'Italia, vol. I, Roma 1906, pp. 191–245.

Ferdinand Gregorovius, Il Ghetto e gli Ebrei di Roma, in: Idem, Passeggiate per l'Italia, vol. II, Roma 1907, pp. 115–198.

Ferdinand Gregorovius, Macchiette romane, in: Idem, Passeggiate per l'Italia, vol. II, Roma 1907, pp. 199–288.

Johannes Hönig, Ferdinand Gregorovius, der Geschichtsschreiber der Stadt Rom, Stuttgart-Berlin 1921.

Heinrich Hubert Houben, Freundesbriefe von Ferdinand Gregorovius, in: Deutsche Rundschau 167,1916, pp. 42–58.

Jean Houel, Voyages pittoresques des Isles de Sicile, de Malte et de Lipari, 2 voll., Paris 1782.

Ninfa. Una città, un giardino. Atti del Colloquio della Fondazione Camillo Caetani. Roma, Sermoneta, Ninfa, 7–9 ottobre 1988, (Pubblicazioni della Fondazione Camillo Caetani, Studi e documenti d'archivio 2), a cura di Luigi Fiorani, Rom 1990.

Ludwig von Pastor, Tagebücher – Briefe – Erinnerungen, herausgegeben von Wilhelm Wühr, Heidelberg 1950.

Jean Claude Richard de Saint-Non, Voyage pittoresque ou Description des royaumes de Naples et de Sicile, 4 voll., Paris 1781–1786.

ANGELA STEINSIEK

Ferdinand Gregorovius e la famiglia Caetani[1]

"Così giungemmo a Ninfa, la leggendaria città rovinata, mezzo sepolta nella palude, con le sue mura, le sue torri, le sue chiese, i suoi chiostri e le sue case coperte di edera. Il suo aspetto è più incantevole di quello di Pompei, le cui case sembrano spettri o mummie sventrate, faticosamente strappate alla lava vulcanica. Sopra Ninfa invece si muove, al soffio del vento, un mare di fiori; ogni muro, ogni chiesa, ogni casa è rivestita d'edera, e su tutte quelle rovine oscillano i purpurei stendardi del dio trionfante della primavera."[2]

Questo suggestivo inchino davanti al luogo suggestivo dove siamo anche noi oggi fu fatto da Ferdinand Gregorovius (fig. 1) nel 1864 nel suo saggio "I Monti Volsci", da lui inserito nel secondo volume delle "Passeggiate per l'Italia". Non è l'unica testimonianza di una sua visita a Ninfa. Durante un'escursione sui Monti Volsci, compiuta nel settembre del 1859 insieme al paesaggista ed acquarellista Rudolf Müller (1802–1885), oriundo di Basilea e da tempo residente a Roma, Gregorovius fece a Ninfa tre disegni[3]. Mesi dopo iniziò una poesia su Ninfa, alla quale lavorò per quasi tre anni, prima di darla alle stampe nel 1863 (fig. 2, 3, 4).[4] A quanto pare, Roma era priva di "quell'atmosfera lirica" dalla quale egli invece si sentiva circondato in luoghi quali Ninfa, Nettuno e Genazzano.[5] Peraltro, nel caso di questa poesia egli trovò l'ispirazione poetica presso le cascate del Reno, vicino Schaffhausen. Nei suoi diari leggiamo infatti sotto la data del 23 luglio 1863: "Ho trascorso qui otto giorni in splendida tranquillità. Ne sono nate otto poesie liriche [tra le quali era 'Ninfa']. Il Reno, i vigneti, i pacifici villaggi con i loro gentili abitanti, tutto questo ha creato un'atmosfera poetica nella mia anima."[6]

Già anni prima che, nel settembre 1859, all'indomani della conclusione della Seconda guerra d'indipendenza italiana, Gregorovius godesse dell'idillio di Ninfa, egli aveva iniziato ad apprezzare il suo rapporto erudito e stimolante con Michelangelo Caetani, duca di Sermoneta (1804–1882). Di certo sin dai primi anni cinquanta Gregorovius frequentò il palazzo dei Caetani in Via delle Botteghe Oscure. In seguito egli strinse legami di amicizia anche con i

1 La versione italiana di questo contributo è di Anna Maria Voci. A lei si devono anche le traduzioni italiane dei passi tratti da lettere di Gregorovius scritte in tedesco. Per le citazioni dalle opere e dai diari di Gregorovius si è fatto ricorso alle traduzioni italiane pubblicate in passato.

2 Gregorovius, I Monti Volsci, 1906, p. 176 (per il testo originale in tedesco vedi Gregorovius: Aus den Bergen der Volsker, 1864, p. 211).

3 Bayerische Staatsbibliothek München, Nachlass Ferdinand Gregorovius, Gregoroviusiana 12, fol. 6–8.

4 Morgenblatt für gebildete Leser, a. 57, n. 41, Stoccarda 8.10.1863. pp. 957–960. Abbreviata di una strofa e modificata, questa poesia venne ripubblicata in: Gregorovius, Gedichte, 1892, pp. 45–57. – Cfr. Miller, Poetisch erschlossene Geschichte, 2017 e il contributo di Miller nel presente volume.

5 Vedi la lettera di Gregorovius a Hermann von Thile del 17 marzo 1861 (in: Gregorovius, Gesammelte Briefe, 2017–2023, URL: https://gregorovius-edition.dhi-roma.it/letters/G000132).

6 Gregorovius, Diari romani, 1969, 23 luglio 1863, p. 244.

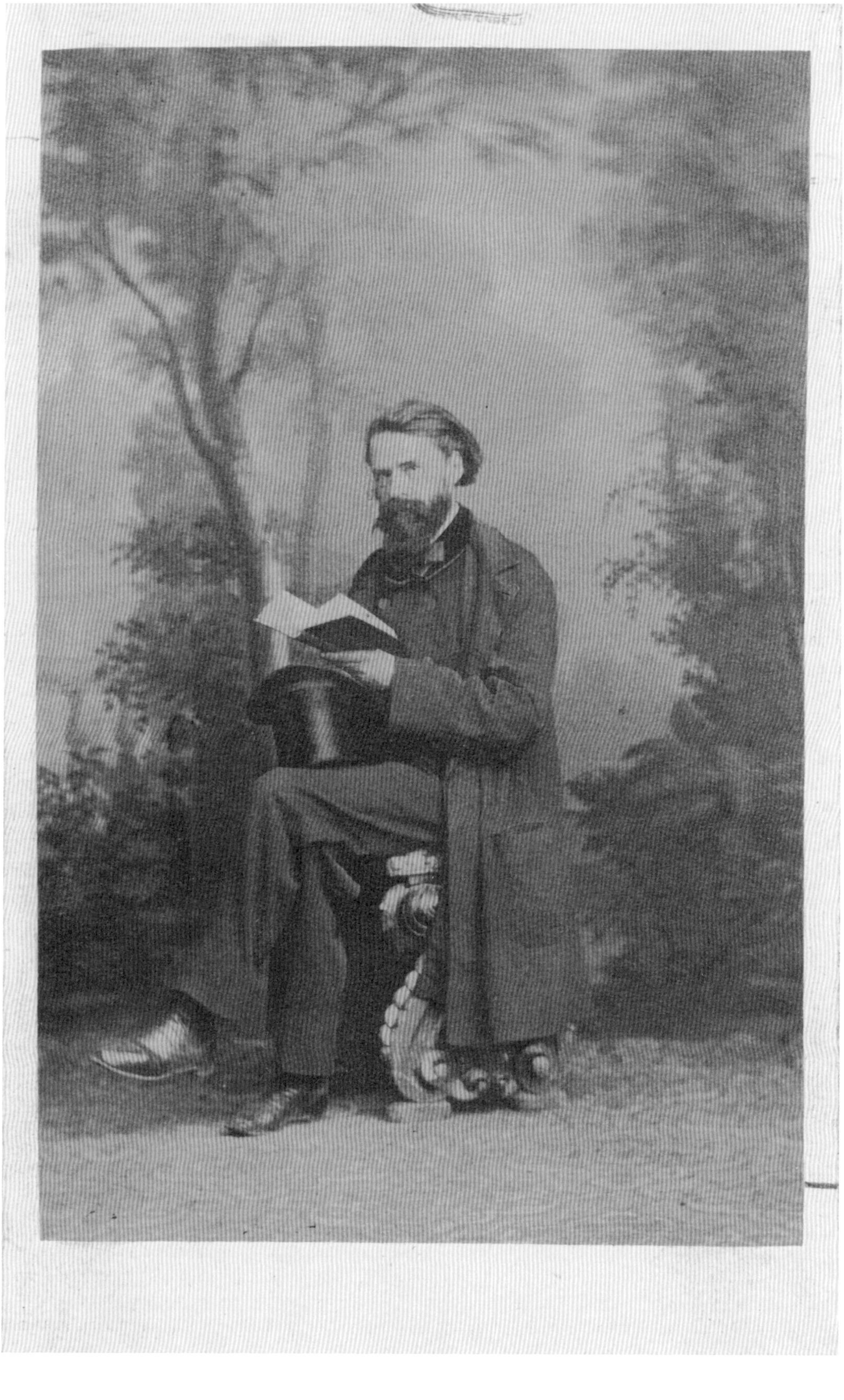

1 Fotografia di Gregorovius in età giovanile, presumibilmente degli anni 1860, Sächsisches Staatsarchiv Leipzig, fondo 21083, numero 224.

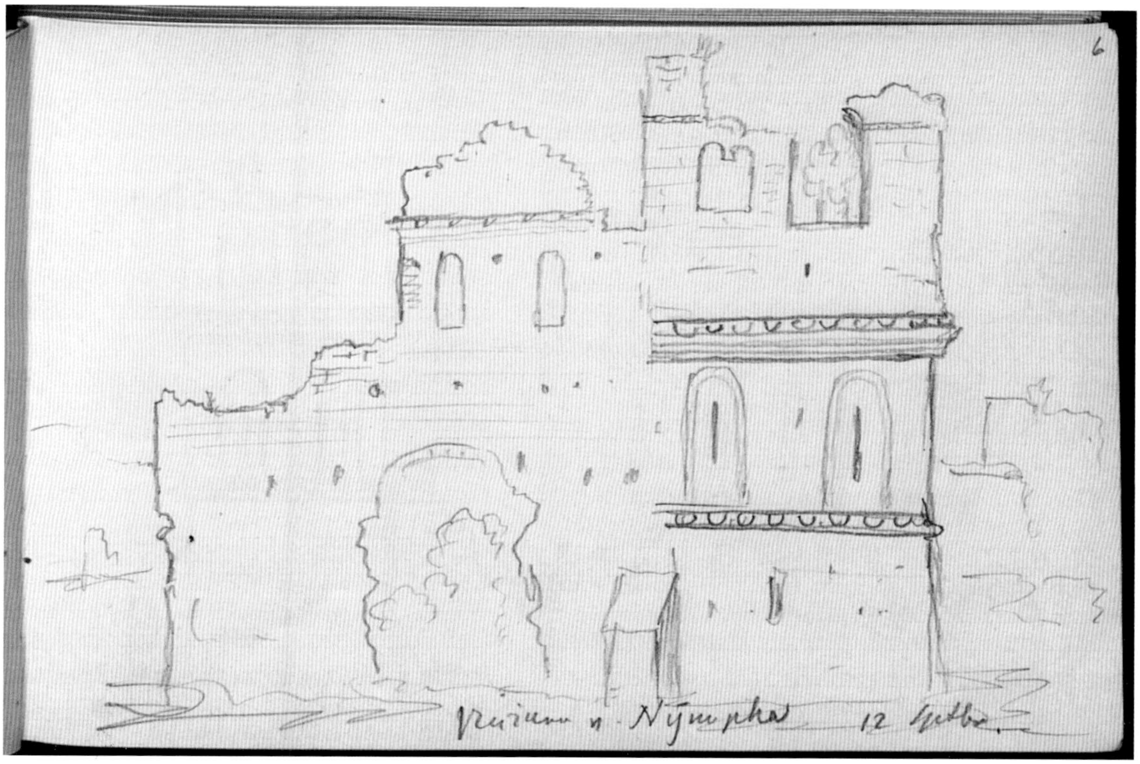

2 Disegno fatto da Gregorovius a Ninfa, Bayerische Staatsbibliothek München, lascito Gregorovius, Gregoroviusiana 12, foglio 6r.

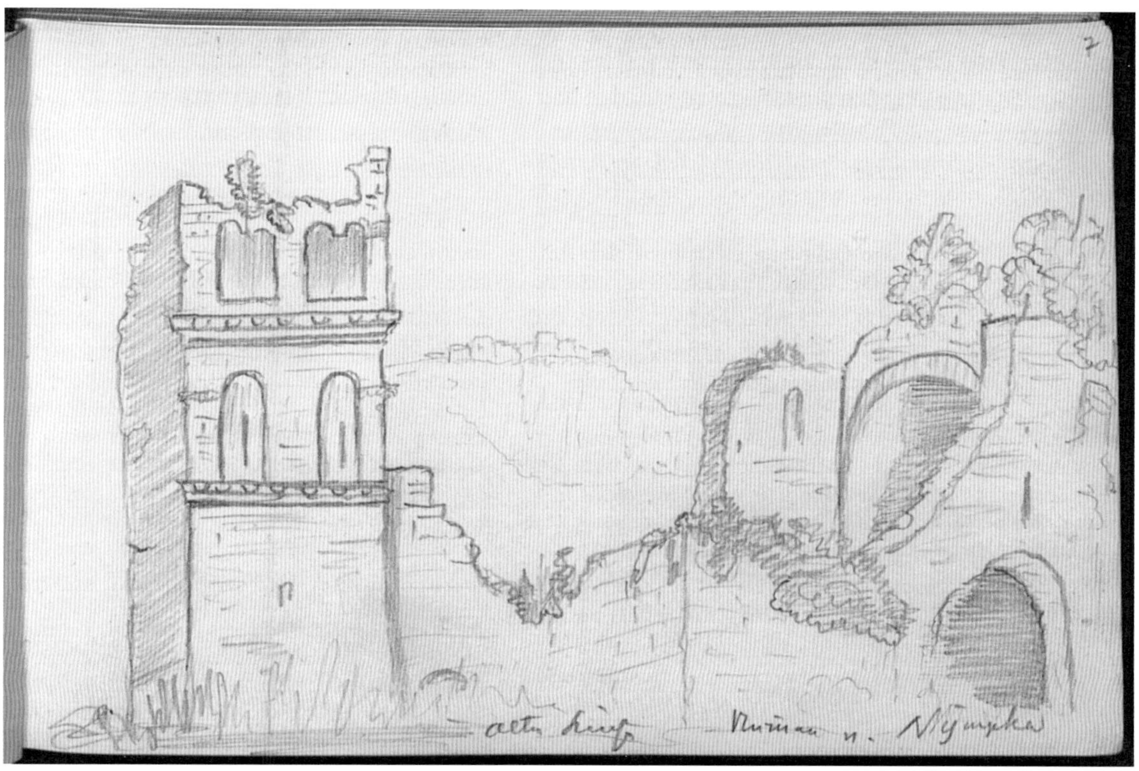

3 Disegno fatto da Gregorovius a Ninfa, Bayerische Staatsbibliothek München, lascito Gregorovius, Gregoroviusiana 12, foglio 7r.

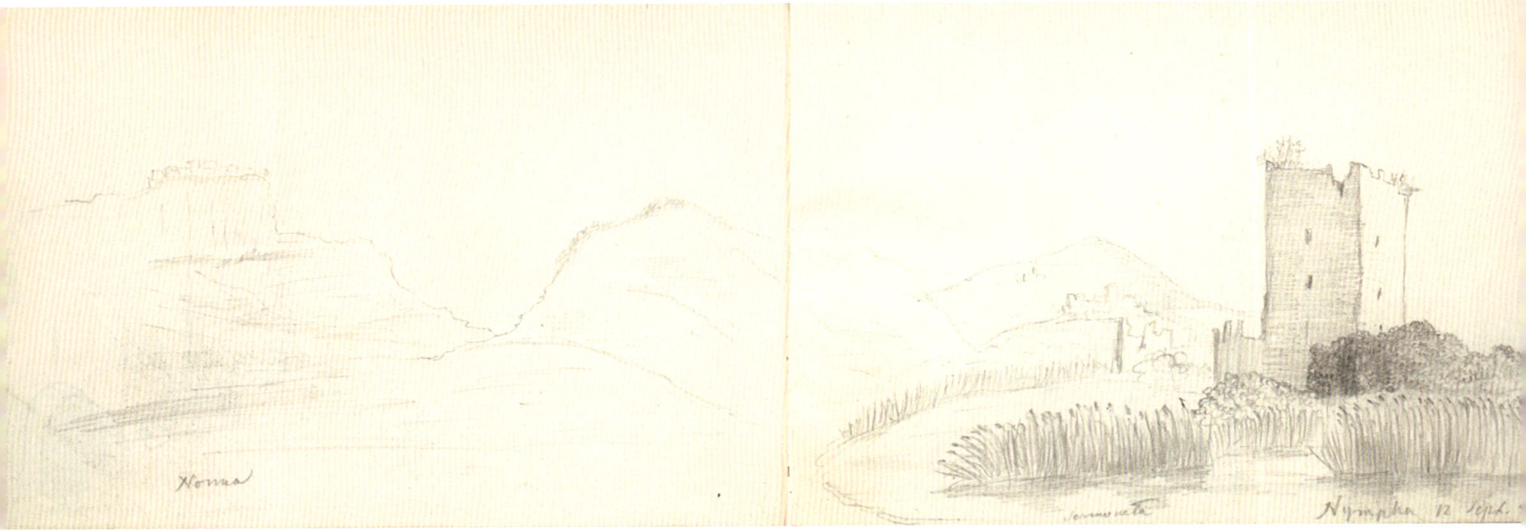

4 Disegno fatto da Gregorovius a Ninfa, Bayerische Staatsbibliothek München, lascito Gregorovius, Gregoroviusiana 12, foglio 7v–8r.

figli del Duca, Ersilia (1840–1925) e Onorato (1842–1917), e le loro relazioni rimasero amichevoli fino alla morte dello storico.

Michelangelo Caetani fu uno dei primi contatti italiani di Gregorovius a Roma. In un primo tempo egli frequentò regolarmente il salotto erudito di Palazzo Caetani; seguirono poi ricerche nell'archivio di famiglia per la sua "Storia della città di Roma nel Medioevo" (1859–1872), quindi per la sua biografia su Lucrezia Borgia (1874), da lui dedicata al Duca. Nella dedica si legge: "Devo a Lei e alla liberale Casa sua l'esser rimasto per sì gran tempo nel più vivo contatto con la storia di Roma. E di tutte le relazioni, che ebbi l'onore di stabilire con insigni famiglie d'Italia, quelle che alla sua mi legano, sono, senza dubbio, le più antiche e le più personali."[7] (fig. 5)

Tanto più sorprende lo stato problematico e lacunoso delle fonti. Della famiglia Caetani è giunta a noi solo una scarsa dozzina di lettere, scritte da diversi suoi membri a Gregorovius e conservate nel lascito delle carte dello studioso, conservato a Monaco di Baviera, poiché egli distrusse quasi tutte le lettere a lui indirizzate. Chiese inoltre ai suoi corrispondenti di distruggere a loro volta le lettere da lui inviate. Nel caso della famiglia Caetani questa richiesta ebbe un certo successo. Un'eccezione è data solo dalle lettere di Gregorovius ad Ersilia Caetani Lovatelli, delle quali si sono conservate circa cento missive che vanno dal 1866 al 1891. Peraltro anche questa è solo una parte della loro corrispondenza. Dopo la morte di Gregorovius, infatti, Ersilia comunicò allo scrittore e bibliotecario romano Domenico Gnoli (1838–1915) di aver distrutto parecchie sue lettere nel corso degli anni.[8]

Purtroppo lo stato delle fonti è problematico persino per le lettere a noi pervenute, dato che ne possediamo solo la versione tedesca di Sigmund Münz (1859–1934). Dopo la morte di Gregorovius Ersilia affidò le lettere a lei scritte da Gregorovius al pubblicista e storico viennese Sigmund Münz, affinché le pubblicasse. Costui era stato in rapporti di amicizia con entrambi ed aveva vissuto in Italia dal 1885 al 1891 come scrittore e corrispondente della "Neue Freie Presse" di Vienna. Dopo una prima pubblica-

7 Gregorovius, Lucrezia Borgia, 1874.

8 Ersilia Caetani Lovatelli comunicò a Gnoli il 29 maggio 1891: "Ho messo in ordine tutte le lettere del nostro caro e compianto Gregorovius, le quali sono cento e una, e maggiore anche ne sarebbe il numero se per l'addietro non ne avessi distrutte parecchie." (Roma, Biblioteca Angelica, Carteggio Gnoli, Lovatelli, n. 26). Ho tratto questa citazione dal libro di Forni, La questione di Roma medievale, 1985, p. 2, nota 12.

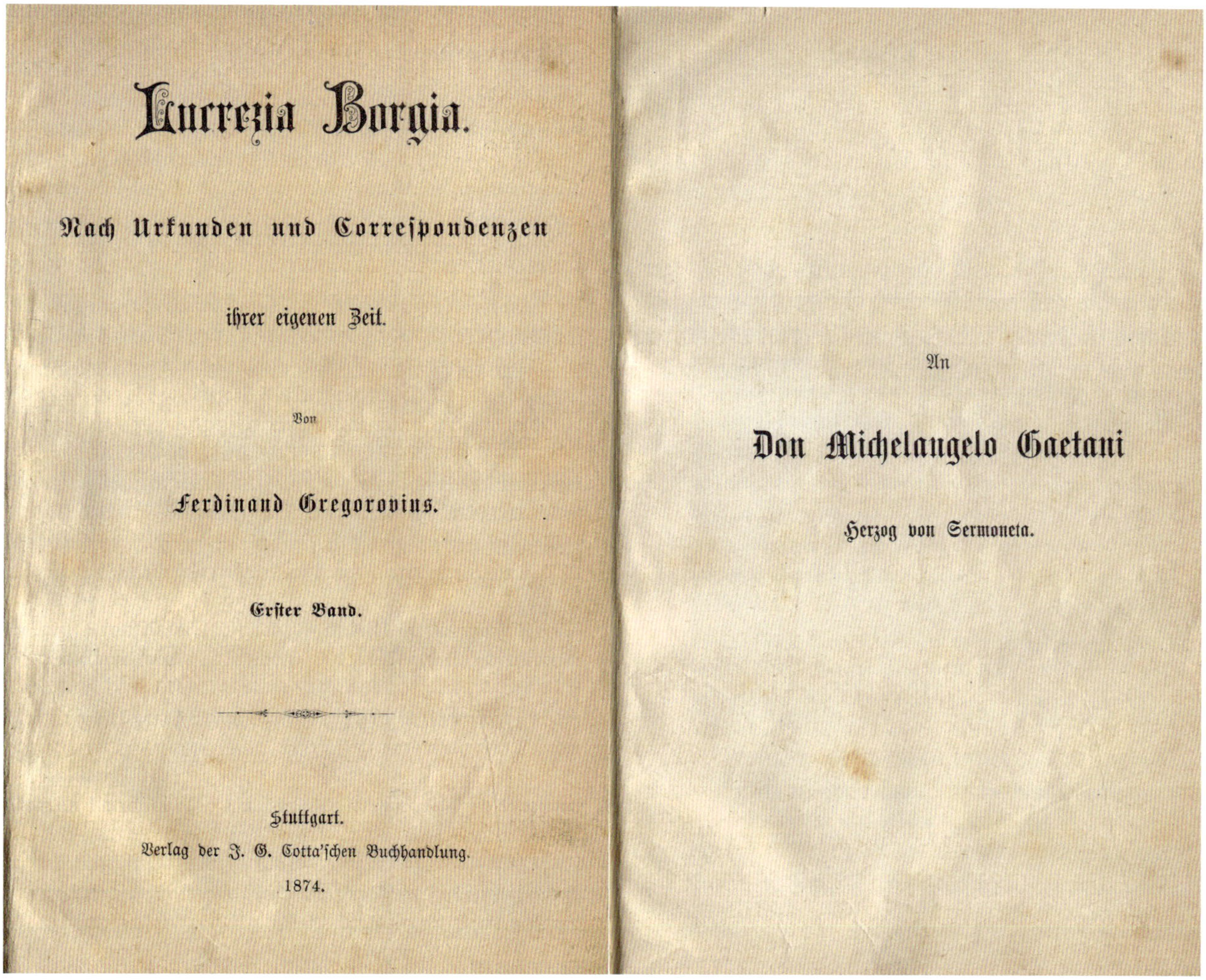
Lucrezia Borgia.

Nach Urkunden und Correspondenzen

ihrer eigenen Zeit.

Von

Ferdinand Gregorovius.

Erster Band.

Stuttgart.

Verlag der J. G. Cotta'schen Buchhandlung.

1874.

An

Don Michelangelo Gaetani

Herzog von Sermoneta.

5 Frontespizio dell'edizione originale di "Lucrezia Borgia" di Gregorovius (1874) con la dedica a Michelangelo Caetani.

zione di singole missive nel suo giornale[9], nel 1896 Münz diede alle stampe una traduzione tedesca delle lettere a lui consegnate da Ersilia, ma la sua edizione fu incompleta e, in taluni casi, le lettere vennero pubblicate in forma abbreviata.[10] Con questa sua edizione egli intendeva offrire una parziale biografia di Gregorovius. Abbiamo poi testimonianza certa che egli restituì ad Ersilia Caetani Lovatelli gli originali italiani, ma questi non sono stati ancora rintracciati, nonostante ricerche ad ampio raggio.

L'occasione per queste intense ricerche, finora vane, degli originali italiani è stata un progetto di edizione dell'Istituto Storico Germanico di Roma delle lettere tedesche ed italiane di Gregorovius (https://gregorovius-edition.dhi-roma.it/). Scopo di tale progetto, avviato da Martin Baumeister, alla cui esecuzione tecnica collabora l'Accademia delle Scienze di Berlino e del Brandeburgo, è quello di pubblicare una scelta rappresentativa di circa 1.000 lettere in un'edizione critica digitale, nella lingua originale, con regesti in due lingue ed ampi apparati critici. Nel complesso il *team* di collaboratori da me guidato ha finora rintracciato circa 3.300 missive di ed a Gregorovius in circa novanta archivi in Germania ed all'

9 Münz, Einige Briefe, 1895.

10 Gregorovius an Ersilia Caetani Lovatelli, 1896.

estero (luglio 2022), delle quali solo una parte molto esigua è stata pubblicata. Dato che le prime lettere in italiano che di lui ci sono giunte risalgono solo al 1856, le missive italiane costituiscono il gruppo di gran lunga minore della sua corrispondenza, del quale circa due terzi è finora rimasto del tutto ignoto. Le missive a eruditi, scrittori, artisti, editori, personalità di alto rango, amici e familiari consentono di gettare uno sguardo sulla rete di contatti epistolari da lui intrattenuti e sull'officina di questo scrittore dalla produttività quasi incredibile e di un'ampiezza sorprendente.

Le lettere ci danno un'idea precisa del progredire del suo lavoro agli otto volumi della "Storia della città di Roma nel Medioevo". Quando Gregorovius giunse in Italia nella primavera del 1852, egli era un laureato in filosofia privo di mezzi, ed un esponente deluso dei democratici radicali di Königsberg. A Roma egli mise piede nell'autunno di quell'anno. Ben presto, sin dall'autunno del 1854, prese corpo il piano di scrivere una "Cronaca di Roma" in un volume.[11] In un primo tempo, però, egli lavorò come corrispondente per quotidiani tedeschi (questi testi sono oggi difficilmente rintracciabili) e scrisse per riviste articoli con descrizioni storiche di paesaggi, destinati in seguito a renderlo famoso, quando usciranno in forma di libro nelle sue "Passeggiate per l'Italia". Queste descrizioni, tra le quali figura anche il suo scritto sui Monti Volsci con la visita a Ninfa, rientrano nella tradizione della letteratura di viaggio. Partendo dalle sue impressioni visive, però, Gregorovius elaborò una forma letteraria tutta sua del racconto storico. Durante le sue escursioni da Roma nell'Italia centrale e meridionale portava con sé dei quadernetti, nei quali fissava quelle impressioni. Era, questo, il primo passo verso una produzione letteraria più compiuta. Ci sono giunti circa quattrocento di questi disegni in otto quaderni risalenti agli anni 1852–1882, ordinati secondo diverse destinazioni.

Da tali impressioni visive e dagli schizzi prodotti sul luogo nacquero quelle descrizioni storico-letterarie di paesaggi e scene popolari, di antiche rovine e monumenti medievali, che rendono le "Passeggiate per l'Italia" così particolari. Gregorovius sviluppò una poetica del racconto storico che unisce l'esperienza visiva al sapere, il relitto alle fonti scritte. Egli riteneva che solo il talento dello scrittore consentisse di aggregare tali elementi in una storia culturale, che prende sul serio anche i monumenti del più diverso tipo, considerandoli come fonti, appunto al fine di generare sapere storico dalle impressioni visive, di tradurre tali impressioni in lingua e di mettere per così dire in scena il quadro lacunoso risultante da quel materiale disparato. Ponendosi nel paesaggio, preferibilmente su un punto alto di osservazione, Gregorovius si creò per così dire un dipinto suo proprio, che egli trasportò con la sua prosa in un panorama storico. Ciò, tuttavia, non ha nulla a che fare con una libera invenzione poetica della storia, visto che egli cercò e studiò le fonti storiche in modo meticoloso e quasi maniacale.

Per i primi volumi della sua "Storia della città di Roma nel Medioevo" la scarsezza delle fonti medievali e la difficoltà di avere accesso ai luoghi della loro conservazione costituirono in un primo tempo un grande ostacolo. Oltre all'opera monumentale dell'archivista e bibliotecario modenese Lodovico Antonio Muratori (1672–1750) egli attinse agli archivi comunali, dato che l'Archivio Vaticano e, all'inizio, anche gli archivi delle famiglie nobili romane gli furono inaccessibili. Il primo di questi archivi messo a sua disposizione fu quello di Casa Caetani, nel quale erano conservati ricchi materiali sulla storia dei papi tra il secolo XIII ed il XVI. Lo storico vi fa riferimento nella dedica a Michelangelo Caetani del suo libro su Lucrezia Borgia: "I Colonna, gli Orsini e i Gaetani si mostraron meco sempre benevoli. E sempre queste tre celeberrime famiglie mi furono larghe di ogni desiderabile agevolezza."[12]

Nel dicembre 1857 Gregorovius ottenne libero accesso all'archivio della famiglia Caetani.[13] Ancora nel 1864, scrivendo a Malwida von Meysenbug

11 Gregorovius, Diari romani, 1969, 23 ottobre 1854, pp. 22–23.
12 Gregorovius, Lucrezia Borgia, 1874. Dedica a Michelangelo Caetani.
13 Gregorovius, Diari romani, 1969, 17 settembre 1857, p. 52.

(1816–1903), egli esprime la propria gioia e soddisfazione di poter utilizzare la ricca raccolta di documenti di Casa Caetani per la sua storia di Roma. Le scrive infatti di lavorare ogni giorno nell'archivio dei Caetani per concludere il quinto volume della sua "Storia di Roma nel Medioevo" (uscito nel 1865)[14]; dagli atti di tale archivio egli poté ad esempio ricavare con quali mezzi Bonifacio VIII (1230–1303) aveva consolidato la sua posizione all'interno della Chiesa e ampliato la potenza dinastico-territoriale della sua casata contro la famiglia rivale dei Colonna, che era in competizione con i Caetani su entrambi quei piani, e come questa politica alla fine provocò la sua caduta.[15] Peraltro anche il Duca avrà avuto a cuore di dare una sistemazione al materiale dell'archivio di famiglia, nel quale Gregorovius lavorava regolarmente, ordinandolo per materie.

Non solo l'archivio, bensì anche le riunioni nel salotto del "Duca di Sermoneta, un uomo originale e pieno di spirito", come lo chiama una volta Gregorovius in una lettera del 1858,[16] erano occasioni atte ad aprirgli in tutti i sensi diverse porte. La sua frequentazione del salotto di casa Caetani gli consentì di allacciare contatti con illustri visitatori di Roma e gli spianò la strada alla società romana. Ivi Gregorovius fece la conoscenza del pioniere dell'archeologia cristiana e dell'epigrafia paleocristiana, Giovanni Battista De Rossi (1822–1894), un amico del Duca. De Rossi, bibliotecario della Biblioteca Vaticana, scoprì numerose catacombe, tra le quali quelle di san Callisto sulla Via Appia Antica, che Gregorovius visitò assieme a lui nel 1857.[17] Grazie a De Rossi gli fu più facile ottenere accesso alla Biblioteca Vaticana.[18]

Michelangelo Caetani deve essere stato una personalità poliedrica e carismatica. Prima che Don Michele, come lo chiamavano i contemporanei, divenisse nel 1850 il tredicesimo Duca di Sermoneta e capo della famiglia, egli era stato per breve tempo ministro di polizia durante il governo del cardinale Bofondi (1846–1848) e presidente del Circolo Romano, frequentato da nobili, dotti e artisti di diverse nazioni e di tendenze liberali, che si riuniva nel Palazzo Bernini, vicino a Via del Corso, e discuteva di riforme politiche. Dopo la morte del padre, Enrico Caetani (1780–1850), Don Michele si dedicò tutto, oltre che al consolidamento delle finanze familiari, ai suoi interessi personali, rivolti all'arte ed alla storia. Come già sua madre, anche il Duca aveva acquisito solide conoscenze archeologiche e disegnò monili e oggetti decorativi su modelli etruschi, che furono eseguiti da orafi della famiglia Caetani, tra i migliori a livello internazionale. Come studioso si fece un nome grazie ai suoi studi danteschi, tra i quali figura anche un volume in-folio con sei carte topografiche a illustrazione della "Divina Commedia". In un'annotazione del maggio 1856 dei diari di Gregorovius si legge: "Il duca di Sermoneta, don Michele Gaetani, ha disegnato una pianta dell'Inferno di Dante e ha anche rappresentato su una carta il sistema planetario o delle sfere. Quest'uomo di spirito è un ottimo disegnatore." [19] A Palazzo Caetani si incontravano regolarmente i più famosi letterati, artisti ed eruditi, e l'alta società di Roma. Quasi non vi fu personalità famosa, in Italia o all'estero, che non sia stata inserita, nel corso di numerosi decenni, nella lista degli invitati del Duca. Dei ritratti di Walter Scott (1771–1832), disegnati da Michelangelo Caetani pochi mesi prima della morte dello scrittore, si sono conservate quattro versioni.[20] Stendhal (1783–1843) fu uno dei suoi amici, come si ricava dalle lettere dello scrittore, e sembra che dall'archivio Caetani abbia tratto qualche idea per la sua raccolta di novelle "Chroniques

14 Lettera di Gregorovius a Malwida von Meysenbug del 23 giugno 1864 (in: Gregorovius, Gesammelte Briefe, 2017–2023, URL: https://gregorovius-edition.dhi-roma.it/letters/G000204).

15 Gregorovius, Storia della città di Roma, 1874, pp. 657–658.

16 Lettera di Gregorovius a Hermann von Thile del 12 gennaio 1858 (in: Gregorovius, Gesammelte Briefe, 2017–2023, URL: https://gregorovius-edition.dhi-roma.it/letters/G000067).

17 Insieme alla poetessa e attrice Giannina Milli (1825–1888) e a Teresa Gnoli Gualandi (1833–1886), Gregorovius visitò le catacombe il 14 maggio 1857, accompagnato da De Rossi (Gregorovius, Diari romani. 1969, 14 giugno 1857, p. 48).

18 Vedi la lettera di Gregorovius a Hermann von Thile del 12 Gennaio 1858, come nota 16.

19 Gregorovius, Diari romani, 1969, 10 giugno 1856, pp. 38–39. – Caetani, La materia della Divina Commedia, 1855.

20 Scottish National Portrait Gallery, Edimburgo, Inv-Nro. PG 1105 A–C, 1204.

italiennes".[21] Stendhal fu dunque un predecessore di Gregorovius. Tramite la cugina della sua prima moglie Michelangelo Caetani era imparentato con Honoré de Balzac (1799–1850), che gli dedicò il romanzo "La cousine Bette" (1846). Ospiti del Duca di Sermoneta furono anche Henry Wadsworth Longfellow (1807–1882), Franz Liszt (1811–1886), Hippolyte Taine (1828–1893) e Jean-Jacques Ampère (1800–1864). Quest'ultimo divenne ben presto un grande amico di Gregorovius. Dopo la conquista di Roma da parte delle truppe italiane nel settembre 1870, Michelangelo Caetani guidò una deputazione della popolazione romana che venne ricevuta dal Re a Firenze. Fu presidente del comitato governativo che organizzò il plebiscito sull'annessione di Roma al Regno d'Italia. Due volte fu eletto deputato del quinto collegio di Roma (Trastevere). Nella dedica del suo libro su Lucrezia Borgia Gregorovius elogiò questa adesione al nuovo Regno d'Italia.

Il legame del Duca con lo storico si fece col passare degli anni così personale che nel 1871 quest'ultimo è menzionato quale teste nel testamento di Michelangelo Caetani. "La prego di dire al Duca, Suo padre" – scrive ad Ersilia Caetani –"che il pensiero di figurare quale testimone del suo testamento mi riempie di orgoglio."[22] Nei suoi diari commenta: "Fu così che ho messo il mio nome sotto questo documento dei Caetani."[23] Quando Gregorovius apprese della scomparsa del Duca, scrisse il 26 dicembre 1882 una lettera commossa alla figlia Ersilia:

> "Per così tanti anni ho goduto della sua benevolenza. Più di tanti altri non Italiani, forse, ho potuto conoscerlo da vicino ed ammirare le grandi qualità di Suo padre. Certamente, né a Roma, né in Italia ho incontrato una persona a lui pari per ricchezza di talento. Egli era così versatile che avrebbe potuto ricevere i massimi premi in molti campi dell'attività umana, se avesse aspirato di più agli onori terreni e disdegnato meno la fama. Il suo nome rimane però annotato in maniera indelebile nei fogli della storia di Roma e impresso nella memoria di tanti che lo amarono. Se deploro la scomparsa dei monumenti del passato romano, cosa proverà il mio animo quando tornerò a Roma e avvertirò il gran vuoto lasciato dalla morte di colui, che ai giorni nostri è stato il vero tipo della virtù romana!"[24]

Al suo vecchio amico e fautore Hermann von Thile[25] Gregorovius scriveva di avere la sensazione che la morte di Michelangelo Caetani, il più "singolare romano [...], che questo secolo ha prodotto", avesse "causato un vuoto più grande di quello che si sarebbe creato se si fosse abbattuto l'intero Campo Marzio", e tuttavia "la visione sarcastica del mondo che egli aveva, la sua peculiare personalità e la sua incapacità di essere una persona comune" gli avrebbero impedito "di brillare in molti campi della vita pubblica".[26] In maniera decisamente più critica nei confronti del Duca, ma temperata dal ricordo malinconico degli anni vissuti a Roma, si era espresso Gregorovius poco tempo prima in una lettera all'amico Wolfgang Erhardt:

> "S[ermoneta] era il più geniale tra tutti gli Italiani che ho conosciuto. Egli era di una stupefacente originalità di idee nella conversazione; ma tutto questo suo ingegno si riduceva all'improvvisazione di un momento. Egli esprimeva commenti su ogni cosa, ma non portava a termine nulla; e così non conseguì alcuna posizione pubblica nella vita della sua nazione. Per me, con lui muore l'esponente dell'aristocrazia romana con il quale ho intrattenuto il rapporto più lungo, ed anche il più interes-

21 Martineau, Le cœur de Stendhal, 1953, pp. 234–235.

22 Lettera di Ferdinand Gregorovius a Ersilia Caetani Lovatelli del 6 settembre 1871 (in: Gregorovius, Gesammelte Briefe, 2017–2023, URL: https://gregorovius-edition.dhi-roma.it/letters/G000451).

23 Gregorovius, Diari romani, 1969, 28 luglio 1871, pp. 38–39.

24 Lettera di Ferdinand Gregorovius a Ersilia Caetani Lovatelli del 26 dicembre 1882 (in: Gregorovius, Gesammelte Briefe, 2017–2023, URL: https://gregorovius-edition.dhi-roma.it/letters/ed_xqf_zzv_54b).

25 Hermann von Thile (1812–1889) fu ambasciatore prussiano presso la Santa Sede dal dicembre 1854 al luglio 1858 e segretario di Stato del Ministero degli Esteri prussiano dal 1871 al 1872.

26 Lettera di Ferdinand Gregorovius a Hermann von Thile del 24 dicembre 1882, per il testo originale in tedesco vedi Briefe von Gregorovius an Thile, 1894, pp. 138.

sante; con lui si estingue ora il rappresentante più singolare della vecchia Roma dei Papi."[27]

Tanto più irritò pertanto Gregorovius il comportamento della figlia del Duca, Ersilia Caetani Lovatelli. È vero che nell'ottobre 1882 ella lo aveva informato circa le gravi condizioni di salute del padre[28], ma Gregorovius apprese solo dalla stampa del decesso del Duca, avvenuto il 12 dicembre seguente, e subito inviò alla famiglia un telegramma.[29] Il 7 gennaio 1883, poi, Gregorovius scrisse ad Alfred von Reumont (1808–1887), che, anch'egli, per molti anni era stato legato alla famiglia Caetani (fig. 6):

> "Solo di sfuggita si è parlato nei quotidiani italiani di lui [della morte di Michelangelo Caetani], in quelli tedeschi, per quanto so, non se ne è parlato affatto. [...] Non mi meraviglio che Lei non abbia ricevuto dalla famiglia l'annuncio del decesso del Duca, dato che Don Onorato ha ereditato solo una parte della mente di suo padre, e molto poco della sua gentilezza. Anche io, nonostante la mia lunga frequentazione di casa Caetani, non avrei ricevuto quell'annuncio se non avessi scritto un telegramma a Donna Ersilia; almeno questo è ciò che suppongo."[30]

Ersilia Caetani Lovatelli e suo fratello Onorato, il successore del duca[31], erano i figli nati dal primo matrimonio di Michelangelo Caetani con Calixta Rzewuska, la figlia di una scrittrice polacca, che viaggiò molto, e di un rinomato orientalista.[32] Nove mesi dopo il matrimonio partorì due gemelli, dei quali solo Ersilia sopravvisse. Calixta morì di tubercolosi a 32 anni, sei mesi dopo la nascita di Onorato. I due bambini non ebbero pertanto ricordi personali della madre. Il Duca vedovo si preoccupò di far impartire loro un'istruzione completa, che rifletteva anche i suoi ampi interessi intellettuali e le sue relazioni illustri.

Ersilia Caetani mostrò inclinazione alle lingue (conosceva bene, oltre alle principali lingue moderne, anche il latino, il greco antico ed il sanscrito) ed all'archeologia, della quale si era già occupata sua nonna, Teresa de' Rossi (1781–1842). Già da fanciulla accompagnava suo padre alle sedute dell'Instituto di Corrispondenza Archeologica sul Campidoglio. Quando Gregorovius divenne ospite regolare di casa Caetani e, poi, assiduo frequentatore dell'archivio di famiglia, Ersilia era ancora una ragazza. Nel 1859 sposò Giacomo Lovatelli (1832–1879), di nobile famiglia originaria della provincia di Ravenna. Alla sua prematura morte per difterite egli la lasciò con

---

27 Lettera di Ferdinand Gregorovius a Wolfgang Erhardt del 14 dicembre 1882 (in: Gregorovius, Gesammelte Briefe, 2017–2023, URL: https://gregorovius-edition.dhi-roma.it/letters/ed_r43_yyq_gpb). Wolfgang Erhardt (1819–1906) dirigeva l'ospedale tedesco a Roma ed era il medico dell'ambasciata tedesca presso la Santa Sede. Assieme al pittore di paesaggi Karl Lindemann-Frommel (1819–1891) Erhardt era tra gli amici più stretti di Gregorovius a Roma.

28 Lettera di Ferdinand Gregorovius a Ersilia Caetani Lovatelli dell'8 ottobre 1882 (in: Gregorovius an Ersilia Caetani Lovatelli, 1896, p. 115).

29 Cfr. anche le lettere di condoglianze di Gregorovius a Ersilia Caetani Lovatelli e a suo fratello Onorato Caetani del 26 dicembre 1882 (in: Gregorovius, Gesammelte Briefe, 2017–2023, URL: https://gregorovius-edition.dhi-roma.it/letters/ed_xqf_zzv_54b e https://gregorovius-edition.dhi-roma.it/letters/ed_xhw_14j_4pb).

30 Lettera di Ferdinand Gregorovius a Alfred von Reumont del 7 gennaio 1883 (testo originale in tedesco in: Gregorovius, Gesammelte Briefe, 2017–2023, URL: https://gregorovius-edition.dhi-roma.it/letters/ed_mg3_wqt_cqb). Nella medesima missiva egli chiede a Reumont di scrivere un necrologio per il Duca, da pubblicare nella "Allgemeine Zeitung". Ivi, nella "Beilage" ai nn. 44–45 del 13–14 febbraio 1883, pp. 633–634 e pp. 649–650, esso apparve con il titolo "Don Michelangelo Caetani", e venne poi ripubbl. in: von Reumont, Charakterbilder, 1886, pp. 133–167.

31 Dopo aver conseguito nel 1863 la laurea in giurisprudenza a Roma, alla Sapienza, Onorato Caetani trascorse diversi anni all'estero, in particolare in Gran Bretagna. Nel 1867, a Londra, sposò Ada Bootle-Wilbraham (1846–1934), originaria del Middlesex, e con lei tornò a Roma, dove ben presto entrambi fecero la conoscenza di Gregorovius (Gregorovius, Diari romani 1969, 27 ottobre 1867, pp. 396–397). Nel 1880 Onorato Caetani venne eletto consigliere comunale a Roma. Tra le competenze del Consiglio comunale capitolino rientravano anche le deliberazioni sulle modifiche urbanistiche e architettoniche della città.

32 Callista Rzewuska (1810–1842) era la figlia dell'orientalista polacco Wenceslas Severyn Rzewuski (1785–1831) e della scrittrice, viaggiatrice e nobile polacca Alexandra, nata Lubomirska (1788–1865). Nel 1854 Michelangelo Caetani sposò la figlia di un aristocratico britannico, Margarethe Knight (1810–1872), la cui sorella dal 1860 fu coniugata con Karl Friedrich Ernst Freiherr von Canitz und Dallwitz (1812–1894), inviato straordinario e ministro plenipotenziario prussiano a Napoli. Nel 1875, in terze nozze, Michelangelo Caetani sposò Harriet Ellis (1831–1906), detta Enrichetta, la figlia di un ricco barone e diplomatico londinese.

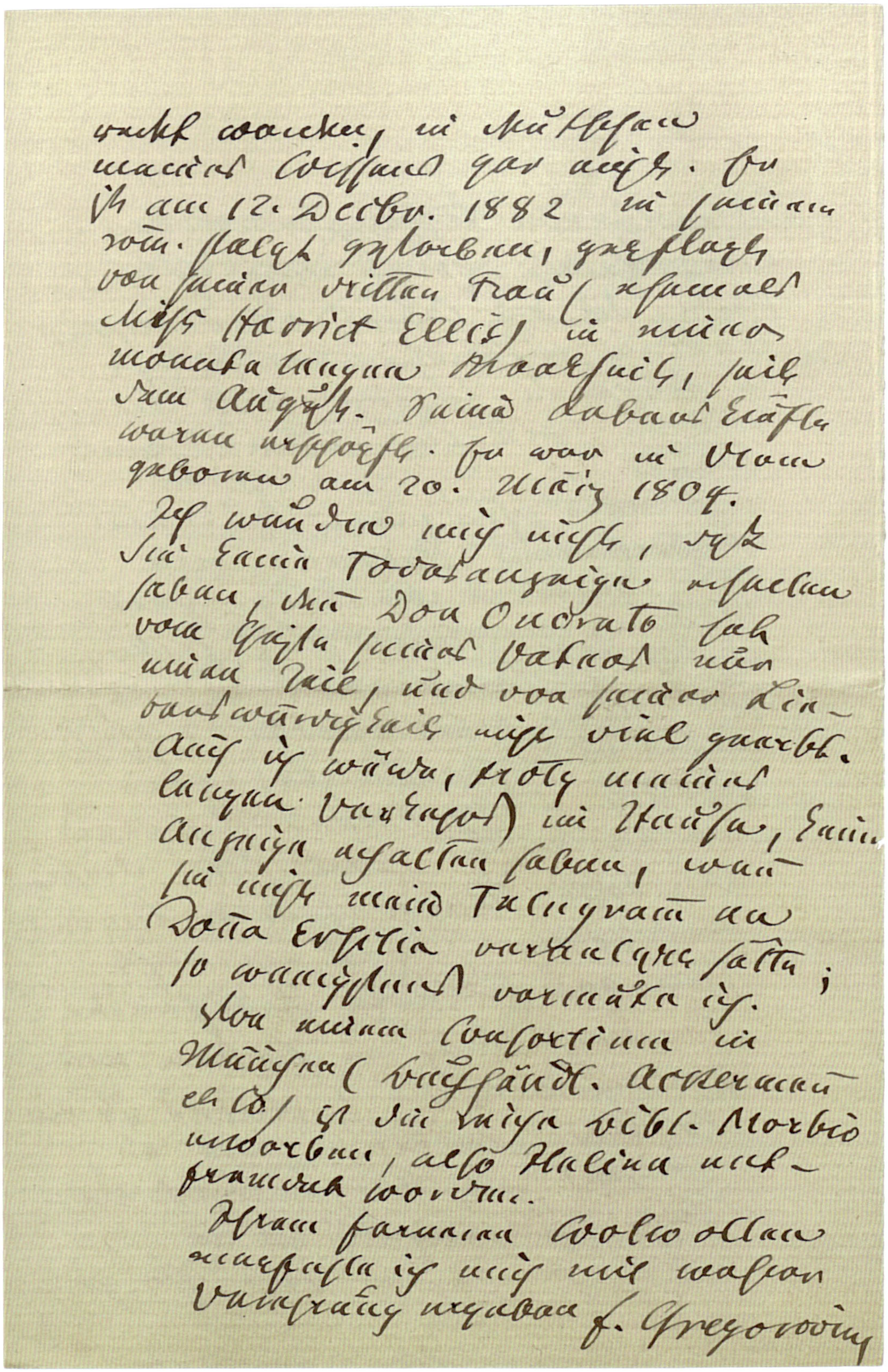

6 Lettera die Ferdinand Gregorovius a Alfred von Reumont del 7 gennaio 1893, Universitäts- und Landesbibliothek Bonn, lascito Reumont, S. 1061, 298c, 2v.

sei figli. Dopo che suo padre aveva perduto la vista, Ersilia prese ad organizzare riunioni nel suo salotto a Palazzo Lovatelli. Due volte a settimana riceveva personalità del mondo politico, scientifico e della cultura, indipendentemente dalle loro opinioni politiche o filosofiche. Alle sue riunioni non vi era alcun ordine nella distribuzione dei posti, né vigeva un codice di abbigliamento. Invitava i suoi ospiti mediante carte da visita, sulle quali talvolta aggiungeva qualche comunicazione personale. Da uno scritto non datato di Gregorovius si ricava che ospiti fissi del suo salotto potevano a loro volta raccomandarle qualche altra persona da invitare. In questa lettera egli le presenta Adolf Friedrich Graf von Schack (1815–1894).[33] Fino al 1915 ella riceveva il giovedì e la domenica. Uno studio ha documentato i nomi di trecento persone, ospiti del suo salotto, appartenenti a numerose nazioni e a tutti i ceti sociali.[34] Il salotto di Ersilia Lovatelli non era l'unico punto di ritrovo. Anche la cognata, Ada Bootle Wilbraham, coniugata dal 1867 col fratello di Ersilia, Onorato Caetani, e dama di corte della regina Margherita (1851–1926), aveva un salotto, del quale pure Gregorovius fu in seguito ospite gradito.[35]

I rapporti di Gregorovius con Ersilia Caetani Lovatelli, la "donna più erudita di Roma e forse d'Italia", come egli la chiama in una nota dei suoi diari del 1874[36], andavano, però, ben oltre quelli di una *salonnière* con un suo ospite stimato, anche se non furono privi di attriti. A Raffaele Mariano (1840–1912), egli scrive il 29 novembre 1877:

> "Lei si è comportato da mio amico, quale Lei è, nei confronti di Donna Ersilia. Quest'ultima avrà compreso chiaramente dai Suoi discorsi perché non le scrivo più. Le si era presentata l'occasione di [esprimere quello che pensa veramente e] di scrivermi una parola finale di disapprovazione. Non lo ha fatto, e con ciò ha anche dimostrato che tutte le assicurazioni dei suoi sensi di amicizia, formulate in passato con frasi esagerate, non erano altro, appunto, che frasi vuote. D'ora in poi mi restringerò entro i limiti di un rapporto personale affatto distante, quale è prescritto dalla più fredda cortesia."[37]

Le nuvole che periodicamente si riaffacciavano sull'orizzonte dei loro rapporti scomparivano poi per lo più molto presto: un anno prima della sua morte, dopo l'ultimo soggiorno a Roma, egli scrive ad Ersilia Lovatelli il 17 aprile 1890:

> "Basterà dire che non passa giorno senza che io torni a Roma con i miei pensieri ed entri nella Sua casa, che per così tanti mesi mi fu una vera Palmira, anzi un'isola dei beati. Ma alla fine ogni felicità si allontana da noi, poveri mortali, e perfino Atlante scompare nel mare."[38]

A 24 anni, per iniziativa di Theodor Mommsen (1817–1903), Wilhelm Henzen (1816–1887) e di Eduard Gerhard (1795–1867), la "donna più erudita di Roma e forse d'Italia" era stata nominata socia onoraria dell'Instituto di Corrispondenza Archeologica di Roma. Nel 1879 fu la prima donna cooptata nell'Accademia dei Lincei.[39] Nel suo salotto, frequentato da Theodor Mommsen, poco stimato da Gregorovius, si coltivavano contatti scientifici; ivi, però, potevano generarsi anche risentimenti reciproci. Lo storico dell'arte italiano Antonio Muñoz (1884–1960) scrive sul salotto di Ersilia Lovatelli:

> "Credo che l'opera più utile per gli studi donna Ersilia la svolgesse nel suo salotto. Nelle riunioni,

33 Lettera non datata di Gregorovius a Ersilia Caetani Lovatelli, in: Gregorovius an Ersilia Caetani Lovatelli, 1896, p. 82.
34 Meens, How to Approach Salons?, 2018.
35 Gregorovius, Römische Tagebücher, 1991, 7 aprile 1878, p. 400.
36 Gregorovius, Diari romani, 1969, 1874, p. 597.
37 Gregorovius, Gesammelte Briefe, 2017–2023, URL: https://gregorovius-edition.dhiroma.it/letters/G000247. Vedi anche la lettera di Ferdinand Gregorovius a Raffaele Mariano del 6 novembre 1877 (URL: https://gregorovius-edition.dhi-roma.it/letters/G000231).
38 Lettera di Ferdinand Gregorovius a Ersilia Caetani Lovatelli del. 17 aprile 1890, in: Gregorovius an Ersilia Caetani Lovatelli, 1896, p. 176.
39 Gregorovius: Römische Tagebücher, 1991, p. 416.

continuate per vari decenni nelle sere di giovedì e di domenica dopo il pranzo, la contessa Lovatelli sapeva adunare intorno a sé gli studiosi romani e quegli di ogni paese di passaggio per Roma. E si può dire che da quei contatti inaspettati, dalle amicizie che si stringevano sotto il suo auspicio e dalle inimicizie che si placavano innanzi al suo sorriso, sia venuto un gran bene agli studi."[40]

Nelle memorie dello storico dell'arte modenese Adolfo Venturi (1856–1941) si riporta l'episodio di una osservazione offensiva rivolta da Theodor Mommsen a Gregorovius nel salotto di Ersilia Caetani Lovatelli:

"Nel salotto di Donna Ersilia, incontrai il Mommsen e il Gregorovius, che già mi era stato compagno di ricerche negli archivi modenesi; quegli, sempre caustico, disse allo storico di Roma nel medioevo: 'Che bel libro ci sarebbe da fare!' 'Quale?' chiese il Gregorovius. 'La storia', rispose crudamente, 'di Roma nel Medioevo'."[41]

Solo nel 1878 Ersilia Caetani Lovatelli compare come autrice di studi archeologici nel "Bullettino" della Commissione Archeologica della Città di Roma, ove pubblicò un saggio su un'iscrizione apposta su una stele funeraria rinvenuta nel 1872 nel corso di scavi in Via della Pace a Roma.[42] Ben presto fu invitata a partecipare ad alcuni scavi, sulle cui scoperte ella poi diede alle stampe studi molto apprezzati, che analizzano e descrivono il mondo che è dietro l'oggetto. Sulla base di analisi tipologiche e tenuto conto del luogo di ritrovamento degli artefatti, rinvenuti nel medesimo strato e nello stesso sito, ella datava e contestualizzava i reperti. Pare che il riconoscimento delle sue ricerche da parte del mondo degli studi le abbia dato col tempo la libertà di rivolgersi con i suoi scritti ad un più vasto pubblico. Nel 1894 la "Philosophische Fakultät" dell'Università di Halle le conferì il dottorato *honoris causa*.

Forti interessi legarono Gregorovius a questa donna erudita, come si evince dalle lettere. Assieme alla famiglia del consorte di Ersilia, Giacomo, essi visitarono nel 1867 il campo della battaglia di Mentana, dove poco prima il corpo dei volontari garibaldini era stato battuto dalle truppe francesi. In una lettera scritta da Gregorovius dopo quella gita, e datata erroneamente da Münz al 1880, quando la madre di Giacomo Lovatelli[43], che era con loro a Mentana, era già defunta da un anno, si legge:

"[...] fui costretto a trascurare il mio dovere di venire da Lei ieri sera, come mi ero proposto, per sapere se Sua suocera, la signora Contessa, e tutti Voi stavate bene dopo la bella escursione a Mentana. Ma ieri mattina e la sera dovetti rimanere a casa per via di un raffreddore che presi durante il viaggio. Ho il collo ed un braccio rigidi. In Germania chiamiamo questo male reumatico 'colpo della strega'. Dunque, credo che a Mentana vi fosse una qualche strega che abbia voluto stregarmi."[44]

Non fu l'unica escursione. In un'altra occasione Gregorovius fece appello alla competenza archeologica di Ersilia. In una lettera le rammenta la gita alle Catacombe di santa Domitilla, proposta da Ersilia Lovatelli ed effettuata poi insieme a lei nel giugno

40 Muñoz, Il salotto, 1926, pp. 12–13.

41 Venturi, Memorie, 1911, pp 157–158. Il medesimo episodio è raccontato anche da von Bülow, Denkwürdigkeiten, 1931, pp. 327–328. Proprio per l'arte narrativa, che Mommsen rimprovera qui a Gregorovius di non possedere, Mommsen ricevette nel 1902 il Premio Nobel. Dal canto suo Gregorovius scrisse nel suo diario, in occasione di una cena nel marzo 1873: "Mommsen è venuto a Roma, dove si trattiene ancora. Fu solo per caso che lo incontrai ad una cena. Sembra soffrire, come Riccardo Wagner, di megalomania. I professori di cattedra non mi accettano, perché svolgo un'attività libera, perché non occupo un posto di funzionario e perché posseggo persino, horribile dictu, qualche talento [di] poeta", in: Gregorovius, Diari romani, 1969, 30 marzo 1873, p. 585.

42 La iscrizione di Crescente auriga circense (in: Bullettino Archeologico Comunale. Anno. 6., Ser. 2. Nro. 3. Roma 1878, pp. 164–176).

43 Contessa Costanza Lovatelli, nata Chigi Albani della Rovere (1807–1879).

44 Lettera di Ferdinand Gregorovius a Ersilia Caetani Lovatelli dopo il 10 novembre 1867 (in: Gregorovius, Gesammelte Briefe, 2017–2023, URL: https://gregorovius-edition.dhi-roma.it/letters/ed_yj5_nry_4lb; vedi anche Gregorovius, Diari romani, 1869, 6 novembre 1867, p. 404).

1875, poco dopo del suo trasferimento definitivo a Monaco: "Lei mi invitò con somma gentilezza a fare un'altra bella escursione fuori Roma."[45] Nei diari annotò poi: "Andai con Donna Ersilia alla basilica, recentemente scavata, nel cimitero dei santi Nereo e Achilleo sulla Via Ardeatina."[46]

Gregorovius ammirava in Ersilia Caetani Lovatelli soprattutto la donna erudita; il 26 novembre 1876 le scrive:

> "Con la Sua attività Lei si acquista il nome di virago di Roma nell'accezione più elevata del termine, in quanto donna di questo secolo, che è grande nei fatti e mediocre nel pensiero. Per dire la verità, è difficile rinvenire una esistenza più degna e compiuta di quella che Lei conduce. Ella riunisce in sé due cose che raramente si trovano congiunte: i doveri di una madre felice e l'educazione intellettuale, che giova non solo al Suo spirito, ma La rende anche degna di ammirazione ai Suoi figli."[47]

All'invio del suo scritto "Amore e Psiche"[48] egli reagisce entusiasta il 1° luglio 1883: "Ho letto e riletto il Suo scritto 'Amore e Psiche'. È una vera gemma e lo dico con grande soddisfazione. Continui così e ci regali altre simili pietre preziose. L'una dopo l'altra formeranno un bel monile che adornerà il collo della Sua Musa."[49] E dopo l'invio di un saggio su un vaso greco la lusinga scrivendole il 15 marzo 1885: "Lei sa come riunire in sé tre cose rare: erudizione, spirito e grazia."[50]

L'approccio di Ersilia Lovatelli alla storia culturale si distingueva tuttavia per molti versi da quello di Gregorovius. È vero che il titolo delle sue "Passeggiate nella Roma antica"[51], pubblicate oltre venti anni dopo la morte dello storico (e dedicate a Christian Hülsen), riprende il titolo italiano dei "Wanderjahre in Italien", la cui traduzione italiana in cinque volumi uscì tra il 1906 ed il 1909 con il titolo "Passeggiate per l'Italia".[52] È altresì vero che le frasi iniziali di quell'opera di Ersilia, dove è descritto il chiostro di San Paolo Fuori le Mura ricorrendo ad un aneddoto sulla vita di Dante, sarebbero potuto venire in mente anche a Gregorovius.

> "Si vuole che Dante, oppresso dalle pubbliche calamità e forse più ancora dall'interno ed amaro conflitto, traversasse un giorno le rupi della Lunigiana, e che giunto al monastero di Santa Croce del Corvo, mentre sostava sotto le arcate del chiostro, un monaco, tòcco dall'aria mesta e pensosa dell'estranio visitatore, gli dimandasse che cosa cercava. Al che Dante lentamente rispose: la pace!"[53] (fig. 7)

Gli studi di Ersilia, però, che si attenevano sempre meticolosamente alle testimonianze scritte, si distinguono chiaramente dai saggi di Gregorovius, il quale poneva il talento narrativo sopra ogni cosa.

E tuttavia Gregorovius non esitò a prometterle che avrebbe lasciato un monumento alla loro amicizia sotto forma di una prefazione, che intendeva premettere ad una raccolta di saggi di Ersilia destinati al pubblico tedesco. La traduttrice, Therese Hoepfner, si era rivolta a lui, ma Gregorovius indugiò, perché voleva prima accertarsi della qualità della traduzione. Il 17 gennaio 1891 scrisse ad Ersilia:

> "[...] adesso che gli editori si sono liberati di tutti gli impegni legati alle feste per l'anno nuovo e sono abbastanza liberi di dedicarsi a nuove imprese, mi

45 Lettera di Ferdinand Gregorovius a Ersilia Caetani Lovatelli del 20 giugno 1875 (in: Gregorovius, Gesammelte Briefe, 2017–2023, URL: https://gregorovius-edition.dhi-roma.it/letters/ed_ihq_tps_rlb).

46 Gregorovius, Römische Tagebücher, 1991, 27 giugno 1875, p. 358.

47 Lettera di Ferdinand Gregorovius a Ersilia Caetani Lovatelli del 26 novembre 1876 (in: Gregorovius, Gesammelte Briefe, 2017–2023, URL: https://gregorovius-edition.dhi-roma.it/letters/G067872).

48 Caetani Lovatelli, Amore e Psiche, 1883.

49 Lettera di Ferdinand Gregorovius a Ersilia Caetani Lovatelli del 1 luglio 1883 (in: Gregorovius, Gesammelte Briefe, 2017–2023, URL: https://gregorovius-edition.dhi-roma.it/letters/ed_jpv_qdh_dqb).

50 Lettera di Ferdinand Gregorovius a Ersilia Caetani Lovatelli del 15 marzo 1885, in: Gregorovius an Ersilia Caetani Lovatelli, 1896, p. 135.

51 Caetani Lovatelli 1909.

52 Gregorovius, Passeggiate per l'Italia, 1906–1909.

53 Caetani Lovatelli, Chiostro di S. Paolo, 1909, p. 3.

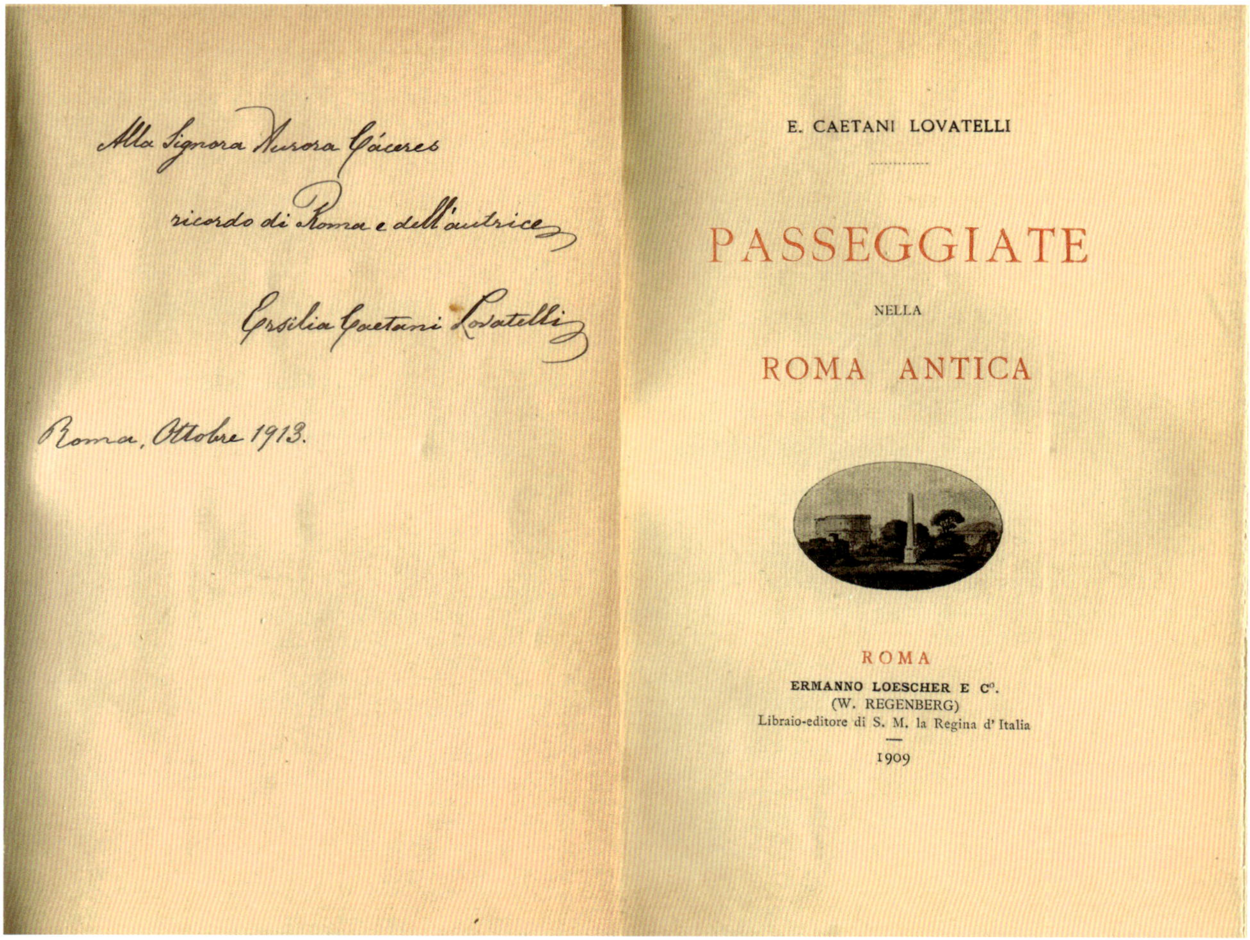

Alla Signora Aurora Cáceres
ricordo di Roma e dell'autrice
Ersilia Caetani Lovatelli
Roma, Ottobre 1913.

E. CAETANI LOVATELLI

PASSEGGIATE
NELLA
ROMA ANTICA

ROMA
ERMANNO LOESCHER E C°.
(W. REGENBERG)
Libraio-editore di S. M. la Regina d' Italia
1909

7 Frontespizio dell'edizione delle "Passegiate nella Roma antica" di Ersilia Caetani Lovatelli (1909) con una dedica autografa alla scrittrice peruviana Aurora Cáceres.

prenderò cura seriamente della traduzione tedesca dei suoi scritti, così pieni di grazia [...] Tutte le traduzioni perdono la fragranza dello stile e della lingua originale, e il traduttore dovrebbe rimediare a questa perdita con la propria arte. Temo però che la signorina Höpfner non disponga dei mezzi per scrivere non solo in uno stile elegante, ma anche conciso e robusto, e che ella possa deturpare i Suoi bei scritti per troppa omeopatia. Se il suo lavoro è carente, recherei a Lei un danno, invece che prestarLe un servizio. [...] Se tutto ciò si congiungesse nel migliore dei modi, sarei veramente ben lieto di provare a scrivere una premessa, soffermandomi soprattutto sul ruolo avuto nella letteratura italiana dalle donne romane, da Vittoria Colonna fino a Donna Ersilia. A tal fine attenderei di ricevere alcuni cenni da Lei, carissima signora Contessa."[54]

Questa prefazione non venne poi scritta perché Gregorovius morì a Monaco il 1° maggio 1891.

54 Lettera di Ferdinand Gregorovius a Ersilia Caetani Lovatelli del 17 gennaio 1891, in: Gregorovius an Ersilia Caetani Lovatelli, 1896, pp. 184–185.

Bibliografie

Michelangelo Caetani, La materia della Divina Commedia di Dante Allighieri: dichiarata in 6. tavole, Roma 1855.

Ersilia Caetani Lovatelli, Amore e Psiche. Roma 1883.

Ersilia Caetani Lovatelli, Passeggiate nella Roma antica, Roma 1909.

Ersilia Caetani Lovatelli, Nel Chiostro di S. Paolo, in: Passeggiate nella Roma antica, Roma 1909, pp. 1–27.

Alberto Forni, La questione di Roma medievale. Una polemica tra Gregorovius e Reumont, Roma 1985.

Ferdinand Gregorovius, Aus den Bergen der Volsker, Wanderjahre in Italien, vol. 2: Lateinische Sommer, Lipsia 1864.

Ferdinand Gregorovius, Lucrezia Borgia. Secondo documenti e carteggi del tempo. Traduzione dal tedesco per Raffaele Mariano, Firenze 1874.

Ferdinand Gregorovius, Storia della città di Roma nel Medio Evo dal secolo V al XVI, vol 5, Venezia 1874.

Ferdinand Gregorovius, Gedichte, a cura di Adolf Friedrich Graf von Schack, Lipsia 1892.

Briefe von Ferdinand Gregorovius an den Staatssekretär Hermann von Thile, a cura di Herman von Petersdorff, Berlino 1894.

Ferdinand Gregorovius und seine Briefe an Gräfin Ersilia Caetani Lovatelli, a cura di Sigmund Münz, Berlino 1896.

Ferdinand Gregorovius, I Monti Volsci, in: Passeggiate per l'Italia. Versione dal tedesco di Mario Corsi, Vol. 1, Roma 1906.

Ferdinand Gregorovius, Passeggiate per l'Italia. Versione dal tedesco di Mario Corsi. 5 Vol., Roma 1906–1909.

Ferdinand Gregorovius, Diari romani 1852–1874. Traduzione di Edita T. Imperatori. Roma 1969.

Ferdinand Gregorovius, Römische Tagebücher 1852–1889, a cura di Hanno-Walter Kruft e Markus Völkel, Monaco 1991.

Ferdinand Gregorovius, Poesie und Wissenschaft. Gesammelte deutsche und italienische Briefe (edizione digitale), a cura di Angela Steinsiek, Istituto Storico Germanico di Roma 2017–2023 (URL: https://gregorovius-edition.dhi-roma.it).

Henri Martineau, Le cœur de Stendhal, vol. 2, Parigi 1953.

Floris Meens, How to Approach Salons? A Fin-de-siècle Italian Case Study, in: Cultural and Social History. The Journal of the Social History Society 2018 (DOI: 10.1080/14780038.2018.1427356; ultima consultazione: 9 luglio 2021).

Norbert Miller, Poetisch erschlossene Geschichte. Ferdinand Gregorovius' "Wanderjahre in Italien" und seine Dichtung über den Garten von Ninfa, in: Quellen und Forschungen aus italienischen Archiven und Bibliotheken (QFIAB), vol. 96, Berlino et al. 2017, pp. 389–414.

S[igmund] M[ün]z, Einige Briefe von Ferdinand Gregorovius, in: Neue Freie Presse, n. 11092, Vienna 13.7.1895, pp. 1–4 (Morgenblatt).

Antonio Muñoz, Il salotto di una gentildonna romana: la contessa Lovatelli, in: Il Marzocco, Firenze 17.01.1926, pp. 12–13.

Bernhard von Bülow, Denkwürdigkeiten, Vol. 4: Jugend- und Diplomatenjahre, Berlino 1931.

Alfred von Reumont, Charakterbilder aus der neueren Geschichte Italiens, Lipsia 1886.

Adolfo Venturi, Memorie autobiografiche, Milano 1911.

AXEL BEHNE

"Romam pervagantibus facem praetulit"

Hermann Allmers a Ninfa nel 1859. In appendice i libri sull'Italia nel lascito di Allmers

Nel giorno di Natale del 1787, durante il suo secondo soggiorno romano, Goethe annota, introspettivo, di essere "insofferente verso chi passeggia … eppure vorrebbe essere preso per un messo o un viaggiatore."[1] – Hermann Allmers (1821–1902) faceva proprio questo: non soltanto passeggiava per Roma e dintorni, ma era arrivato persino a dichiarare la passeggiata la forma ideale per un'esperienza romana – affermazione che gli fruttò un successo letterario solo di poco inferiore a quello di cui godette, a suo tempo, il *Viaggio in Italia* di Goethe.

Ad Allmers non sarà certo sfuggita l'istantanea autobiografica del suo predecessore, visto che Goethe esercitò su di lui un'influenza tale[2] che, se nel settembre 1858 non si fossero messe di traverso la prima *Mostra tedesca d'arte generale e storica* nel Glaspalast di Monaco[3] e più in generale le celebrazioni per il settecentesimo anniversario della fondazione della metropoli bavarese, egli avrebbe volentieri ripreso dall'illustre predecessore persino la data d'arrivo a Roma. Ma i due eventi lo trattennero più a lungo del previsto e lo stesso fece l'incontro con Detlef Detlefsen che, come lui, proveniva dalle fertilissime pianure lungo la costa del Mare del Nord.[4]

Provenienti entrambi dal nord della Germania, si erano conosciuti nell'autunno del 1856 a Vienna, dove Allmers, dopo un viaggio nelle Alpi, era ospite della cugina Dora e del marito Max von Gagern. Detlefsen, essendo venuto a conoscenza dell'intenzione di Allmers di intraprendere un lungo viaggio in Italia, il 21 agosto 1858 gli scrisse proponendogli di "fare parte del viaggio insieme".[5] Allmers non ricevette la proposta in tempo prima di partire ma, in ottobre, i due si incontrarono per caso a Bologna per poi proseguire assieme, condividendo anche una lunga tappa fiorentina. E così Allmers, come prima di lui Winckelmann e Goethe, raggiunse Roma in una giornata piovosa di fine autunno, il 13 novembre 1858.[6]

---

1 Goethes Werke 11, 1982, p. 447. Allmers possedeva l'ultima edizione integrale curata dall'autore stesso e pubblicata da Cotta nel 1827–35; essa è conservata tutt'ora nel lascito di Casa Allmers a Rechtenfleth, con l'eccezione dei volumi XVII e XVIII (Inv. 9.3.456a-z).

2 Dieter Richter, 1994, sopravvaluta l'influenza esercitata da Goethe su Allmers a livello di contenuti.

3 Cfr. la contemporanea pubblicazione di Julius Grosse, amico di Allmers, nel 1859 (conservata nel lascito di Casa Allmers, Inv. 9.3.354).

4 Cfr. Behne 2014.

5 Allmers 2014 (Corrispondenza II), p. 85 s.

6 Laddove non sia specificato diversamente le citazioni delle *Römische Schlendertage* di Allmers (in seguito abbreviato RS) saranno tratte dalla prima edizione dell'opera: Allmers 1869, qui p. 9. Per l'arrivo a Roma di Winckelmann e Goethe si veda Behrmann 1996, pp. 14 e 28: Winckelmann arrivò a Roma il 18 novembre 1755, Goethe invece il 29 ottobre 1786.

Detlefsen aveva già preso accordi per alloggiare presso la *Casa Tarpea* sul Campidoglio e con lui fu accolto anche Allmers, che ricevette un caloroso benvenuto tanto più che il padrone di casa, Wilhelm Henzen (1816–1887) era cittadino di Brema.[7]

Questi antefatti ci proiettano già nell'incontro di Allmers con Ninfa, avvenuto il 13 novembre del 1859, ad un anno esatto dal suo arrivo a Roma, e che costituisce il capitolo conclusivo delle *Römische Schlendertage* (letteralmente: Giornate trascorse passeggiando per Roma), opera di Allmers "altamente soggettiva" su Roma, la cui prima edizione risale al 1869 e oggi è reperibile solo in forma antiquaria. Questo rende ancor più legittimo domandarsi chi fosse effettivamente il suo autore.

Chi era Allmers?

Hermann Ludwig Allmers nacque l'11 febbraio 1821 a Rechtenfleth, villaggio sulle sponde orientali del basso Weser, che oggi conta 300 abitanti.[8] La madre, Sophie Dorothea Biedenweg (1781–1855), era figlia di un pastore protestante, mentre il padre, Wirich Allmers (1781–1849) era "Erfex" (libero proprietario terriero rappresentato nel tribunale della Marca), "Erbgesessener" (erede di un fondo agricolo), "Hausmann" (contadino proprietario), "Hofbesitzer" (proprietario di possedimenti agricoli) o comunque preferisse definirsi allora un membro dell'élite dei proprietari terrieri delle paludi di Osterstade.[9]

Ad essere determinanti per Allmers furono innanzitutto le convinzioni paterne, che sembravano mescolare ricordi nostalgici del Sacro Romano Impero, dissoltosi nel 1806, con una concezione moderna di uno stato nazionale e liberale e uno spiccato desiderio di viaggiare.[10]

Ad impartire lezioni al figlio furono diversi precettori; in seguito Allmers riuscì a colmare da autodidatta le lacune di questa educazione. Tuttavia, proprio lui che per tutta la vita si impegnò per favorire i percorsi scolastici altrui,[11] non conseguì mai un regolare diploma e abbandonò il proprio desiderio di gioventù – studiare botanica tropicale e viaggiare in Indocina e nell'America del sud.[12] La consacrazione accademica arrivò soltanto per il suo ottantesimo compleanno, un anno prima della sua dipartita, quando l'università di Heidelberg gli conferì il dottorato ad honorem. A motivo di un tale onore, secondo i cattedratici, c'era anche il fatto che Allmers – come recita testualmente la pergamena ripresa nel titolo di questo saggio – avesse "guidato, portando la fiac-

7 Cfr. le *Jubiläumsschriften* dell'Istituto di corrispondenza archeologica o Istituto Archeologico Tedesco, curate nel 1879 dall' amico di Allmers Adolf Michaelis (conservate in casa Allmers, Inv. 9.3.474), nel 1929 da Gerhart Rodenwaldt, nel 1984 da Kolbe e nel 2005 da Maurer.

8 Manca una biografia moderna di Allmers e perciò ci riferiamo ancora oggi all'opera di Theodor Siebs, "nipote d'elezione" di Allmers, poi germanista medievista (ordinario a Breslavia dal 1902) e mentore della *Deutsche Bühnenaussprache*. Dell'opera di Siebs, pubblicata nel 1915, è ormai irreperibile anche la ristampa del 1982.

9 Manca anche una storia delle "Marschgesellschaften", "società delle paludi" (Norbert Fischer) fondate sull'agricoltura ma caratterizzate da relazioni economiche di tipo urbano e situate lungo la costa del Mare del Nord. Pertanto possono considerarsi tuttora rilevanti le descrizioni che dedica loro lo stesso Allmers, Marschenbuch 1858, 1875, pp. 175–185 (*Zur besonderen Charakteristik des Marschlebens*).

10 Cfr. Siebs (1915) 1982, p. 43 s., che riporta le esternazioni dello stesso Allmers: "Sotto l'albero di Natale del 1826 c'era ... una giacca di taglio bizzarro. [...] 'Ne porta una uguale anche il prode Ypsilanti, eroe e liberatore dei nobili greci dal giogo turco. E dunque aspira anche tu a divenire così nobile e prode.' [...] pochi anni dopo le cose sarebbero andate diversamente. Al posto delle giacche alla Ypsilanti a cingere il mio petto ora vi era una bekeshe ornata di nastri, a coprire un cuore che anziché per il risorto popolo ellenico batteva ancor più forte per la nobile Polonia." Cfr. in proposito il *Manifesto di Hambach* del 1832, ove si legge: "... il popolo tedesco si compiace ... che di questi nobili ed inestimabili beni [ovvero: libertà, illuminismo, nazionalità e sovranità del popolo] beneficino anche i suoi fratelli di Polonia, Ungheria, Italia e Spagna." (cit. da Schmidt-Bergmann 1991, p. 57).

11 Su intercessione di Allmers, Rudolf Jürgens (1843–1903) ad esempio, dal 1873 assistente di Rudolf Virchow a Berlino, poté accedere da privatista agli esami di maturità (Allmers, Corrispondenza I, 2010, B 107).

12 Cfr. Keller 1970 e Krauße 1996, p. 45: ad 80 anni Allmers ebbe ancora il piacere di ricevere un resoconto di prima mano del viaggio dell'amico Ernst Haeckel in Indonesia: "Per il suo 80esimo compleanno, Haeckel, nella lontana Sumatra, pensò all'amico Allmers. [...] Una volta tornato, nel 1901, gli inviò, quale regalo di compleanno tardivo, le sue lettere di viaggio dal titolo *Aus Insulinde*".

cola, la schiera di coloro che avrebbero passeggiato per Roma".[13]

In confronto alle sue origini e alla sua formazione in gran parte autodidatta, fu invece poco determinante la palatoschisi con cui Allmers venne al mondo e che, neppure in età più avanzata, gli impedì mai di parlare in pubblico né, come ha ricordato Elisabeth Haeckel, "di raccontare le sue esperienze ovunque si trovasse, in quel suo linguaggio dalle strane sonorità, privo di suoni palatali e accompagnato da un'ampia gestualità".[14] Il suo talento mimico riscosse ammirazione anche dopo la sua morte,[15] così come le sue prime poesie, pubblicate dal 1840 su vari giornali di Brema, forniscono testimonianza del suo talento poetico.[16]

Nel luglio del 1845, in compagnia di Theodor Menke (1819–1892), che in seguito divenne famoso come cartografo storico presso l'editore Perthes a Gotha, Allmers intraprese un primo lungo viaggio che lo condusse fin sulla tomba di Winckelmann a Trieste. Al suo ritorno si occupò con poco entusiasmo delle campagne paterne, mentre considerava fondamentale dedicarsi all'istruzione del popolo,[17] attraverso la quale diffondere il suo "bisogno urgente di cambiamenti profondi".[18] Soltanto in seguito alla morte di entrambi i genitori e alla liberazione dai suoi doveri di balivo e sovrintendente alle dighe, Allmers cominciò a condurre un'esistenza da viaggiatore, dividendosi tra le native campagne e le metropoli. All'inizio del 1856 soggiornò a Berlino per diverse settimane e vi conobbe, tra gli altri, Carl Ritter,

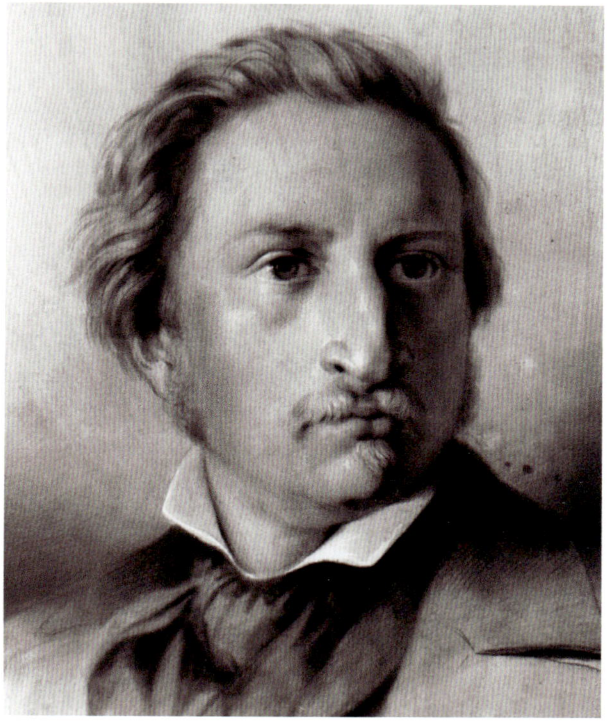

1 Hermann Brücke, ritratto di Hermann Allmers all'epoca del suo soggiorno berlinese nel 1856, disegno a carboncino lumeggiato di bianco, 40 x 47,5 cm, Casa Allmers a Rechtenfleth 6.2.002

13 La pergamena di laurea della Facoltà di Filosofia dell'Università Ruperto-Carola, firmata dall'allora decano Alfred von Domaszewski e dai dodici titolari cattedratici, si può vedere ancora oggi in Casa Allmers a Rechtenfleth (Inv. 8.2.002). Il conferimento della laurea fu sollecitato da Johannes Hoops (1865–1949), "nipote d'elezione" di Allmers, anglista e primo editore del *Reallexikon der Germanischen Altertumskunde*. Sembra che ad intervenire in maniera determinante a sostegno di Hoops sia stato lo storico Bernhard Erdmannsdörffer, membro della *Colonna* romana che conosceva personalmente Allmers dal 1867 e che morì poco dopo la redazione della pergamena.

14 Cit. da Krauße 1996, p. 44. Da quando fece la sua conoscenza a Napoli nell'estate del 1859, Haeckel considerò Allmers uno dei suoi amici più intimi e infatti spesso lui e la sua famiglia lo ospitarono a Jena. Avendo però un atteggiamento critico rispetto all'ortodossa dottrina luterana, Allmers rifiutò di fare da padrino a Walter, il figlio di Haeckel.

15 Cfr. Wiebalck 1914/16, p. 60: "Il suo talento mimico era di tale portata che sarebbe certo potuto diventare un attore straordinario se non fosse diventato, appunto, Hermann Allmers".

16 Stando all'originale autografo, *Feldeinsamkeit*, la più nota delle poesie di Allmers – perché musicata attorno al 1880 da Johannes Brahms (op. 86,2) –, vide la luce soltanto nel settembre 1852 (Archiv des Landkreises Cuxhaven, NHA 1300, volumetto verde).

17 Com'era tipico all'epoca in Germania, Allmers riteneva che il canto fosse lo strumento ideale per educare la gente modesta, motivo per il quale nel 1843 fondò un coro. Per quanto riguarda la costanza con cui si occupò dell'argomento si vedano il suo scritto *Die Pflege des Volksgesangs im deutschen Nordwesten*, Brema [1878], nonché i suoi versi *Auf der Rudelsburg*, che musicò egli stesso e che raggiunsero la popolarità come canzone studentesca. Nel 1846, con il placet delle autorità, Allmers riuscì a fondare una biblioteca popolare; anche la fondazione di due associazioni storico-culturali sulle due rive del basso Weser (rispettivamente nel 1882 e 1892) possiamo interpretarla come una fase tardiva del suo programma di istruzione del popolo.

18 Siebs (1915) 1982, p. 34.

Franz Kugler e i membri del circolo di poeti 'Tunnel über der Spree'. Nella primavera del 1857 a Monaco strinse amicizia con Wilhelm Heinrich Riehl e Paul Heyse, che lo introdussero anche alla tavola rotonda di Re Massimiliano II di Baviera. "È rivelatore il fatto che molti legami, che durarono per tutta la vita, furono stretti già nel 1856 e 1857 ... quando la sua opera prima, il *Marschenbuch*, non era ancora stata pubblicata. Allmers non aveva bisogno di dare prova delle sue capacità. Perché agli occhi degli altri non erano determinanti le sue opere bensì la sua personalità".[19]

Poiché il *Marschenbuch* fu, nelle aree di lingua tedesca, una delle prime opere dedicate a storia, geografia e folclore locali, esso costituì da molti punti di vista una novità assoluta. Recensendolo nella *Allgemeine Zeitung* di Augusta, Riehl lo lodò profusamente, scrivendo tra l'altro:

> "Cresciuto nella palude di Osterstade sui terreni da tempo immemore in possesso della famiglia, terre libere che dovette amministrare da solo dopo la morte dei genitori, ... detentore di una conoscenza e di un'istruzione che, eccezion fatta per poche lezioni impartitegli in casa, deve interamente alla sua natura talentuosa, con questa sua opera Allmers consegna ai lettori tedeschi il prodotto, ben riuscito, dei suoi sforzi e di una gioventù trascorsa nelle patrie campagne, proprio mentre è in procinto di intraprendere un terzo viaggio verso e attraverso l'Italia, viaggio che dovrebbe durare un anno e mezzo e dal quale ci possiamo ripromettere frutti nuovi e più maturi."[20]

Grazie a questo accenno contenuto nella recensione, il giovane Detlefsen venne a conoscenza dei progetti di viaggio di Allmers. Quando però si rivolse a lui, questi, come dicevamo all'inizio, si trovava già a Monaco. Appena giunto nell'Urbe, già durante le prime settimane del suo soggiorno, Allmers cominciò a riunire attorno a sé un circolo, divenendo fondatore e protagonista della Società Colonna, ultimo circolo di artisti tedeschi a Roma.[21] La quintessenza letteraria in cui si condensò il suo lungo viaggio, a conclusione del quale visitò Cori, Norma e Ninfa, è la sua seconda opera in prosa, *Römische Schlendertage*, nel cui capitolo conclusivo, *Eine vergessene Stadt* (*Una città dimenticata*), descrive la visita a Ninfa. Con queste brevi note speriamo di aver tratteggiato con sufficiente chiarezza la persona e l'opera di Allmers fino al suo viaggio in Italia del 1858/59.

Nel 1923 il critico letterario austriaco Hermann Bahr rievocò un incontro a Berlino con "quel sessantenne alto", sottolineando che "... emanava da lui qualcosa di affascinante. Si trattava di Hermann Allmers. All'epoca, sentendone pronunziare il nome, chiunque rispondeva automaticamente: il poeta delle *canzoni della palude*". Bahr ammise che Allmers "aveva quel tipo di fama che ciascuno accetta senza andare a verificarla leggendone l'opera. Io stesso non conoscevo neppure uno dei suoi versi, ma nessun altro poeta ha mai più avuto su di me un effetto così poetico."[22] Se il *Marschenbuch* rese Allmers famoso in tutta la Germania per il resto dei suoi giorni, le *Schlendertage*, ristampate dodici volte, ne fecero un autore di best-seller. Tuttavia, dopo la sua morte, sopraggiunta il 9 marzo 1902, egli venne spesso sottovalutato, persino nella sua terra d'origine; e, al di fuori di questa, dopo la prima guerra mondiale andò semplicemente a finire nel dimenticatoio. Recentemente però ne è di nuovo emerso, tornando ad essere elevato al rango di *lieu de mémoire* per la Bassa Sassonia e la città di Brema.[23]

Echi di passeggiate romane

Alla Vigilia di Natale del 1859, verso le ore 21, Allmers, dopo quasi un anno e mezzo di assenza, fece

19 Hans Gerhard Steimer nell'introduzione ad Allmers 2017 (Corrispondenza III/1), p. 15: "... nicht, was er produziert, sondern was er ist"..

20 Riehl 1858.

21 Sulla Società Colonna, finora poco studiata, si veda Kammerer-Grothaus 2002.

22 Bahr 1923, p. 197.

23 Cfr. Behne 2021.

ritorno nella sua casa di Rechtenfleth e, trascorse appena quattro settimane, a fine gennaio 1860, già comunicava ad alcuni amici[24] di avere in mente un libro che avrebbe voluto intitolare *Römische Schlendereien* (*Passeggiando per Roma*). Ad inizio febbraio scrisse a Detlefsen, che ancora si tratteneva a Roma, di essere in contatto per la pubblicazione con "non meno di quattro validi editori".[25]

Sembra perciò plausibile che, una volta tornato a casa, Allmers si sia dedicato senza indugio all'esame del materiale a sua disposizione. Dei diari che scrisse in quel periodo ce n'è però pervenuto uno solo nel quale Allmers volle fissare gli avvenimenti dei giorni trascorsi viaggiando per l'Italia. Fatti ed impressioni relativi al soggiorno romano non vanno oltre il 22 novembre 1858, data di una gita in campagna e presso il Ninfeo di Egeria. Il resto del volumetto riguarda invece il viaggio nel Meridione, intrapreso il 23 maggio 1859 e conclusosi a Civitavecchia il 18 ottobre 1859, e, dopo una serie di pagine vuote, il viaggio di ritorno a Rechtenfleth, intrapreso il 22 novembre 1859.[26] Senza dubbio Allmers tenne un diario anche durante i suoi soggiorni romani, poiché già la prima edizione delle *Schlendertage* conteneva un capitolo intitolato *Dal diario*, che va dal 20 novembre 1858 al 18 maggio 1859.[27] Oggi dobbiamo purtroppo dare per persi gli originali da cui queste annotazioni furono tratte. Come si evince chiaramente dal capitolo *Ein Tag in Rom* (*Una giornata a Roma*), nella stesura del suo libro Allmers si servì anche delle lettere che scriveva a casa.

Nonostante l'abbondanza di materiali a sua disposizione, Allmers impiegò quasi nove anni per avere in mano, nel dicembre del 1868, le prime copie stampate della sua opera. Se per completare le *Schlendertage* fu necessario un periodo così lungo, lo si dovette anche al rispetto che lo stesso Allmers provava per il suo progetto. Se infatti il *Marschenbuch* era stato il primo nel suo genere, un libro dedicato a Roma non si inoltrava di certo in un terreno vergine. Con Goethe la letteratura sull'Italia era divenuta quasi un genere letterario a sé stante ed Allmers ne era fin troppo consapevole. "Andare a Roma oggi giorno non può certo più definirsi un'avventura, ma scriverne", ammette nell'incipit delle sue *Schlendertage* "richiede sicuramente una certa dose di coraggio". Tanto più che l'opera, confessa, non apporta "grandi novità", né offre "punti di vista mai assunti in precedenza" (RS 3).

Rivolgendosi però con estrema chiarezza ai destinatari del suo libro, Allmers ridimensiona immediatamente i limiti dell'opera da lui stesso dichiarati. Dando loro confidenzialmente del tu si rivolge ai suoi lettori e, si badi, anche alle sue lettrici – che abbiano già o non abbiano ancora avuto il privilegio di vedere quella "meta tanto anelata." In tal modo Allmers ha tracciato il quadro entro il quale la sua opera letteralmente ‚si muove': non aspira ad elencare dei fatti cui dedicare ‚capitoli' articolati secondo una sequenza spaziale o temporale; piuttosto punta a riprodurre le immagini recepite nel suo girovagare, fornendo alla fantasia dei lettori un oggetto da ricordare o da vagheggiare. "E perciò il mio libro rimarrà autenticamente soggettivo", prosegue Allmers continuando a spiegarne il titolo, "a riempirne le pagine non saranno lunghe descrizioni ... quelle le lascio interamente a storici, archeologi e ad altri uomini di immane cultura" (RS 6).

Da queste spensierate giornate nascono diversi vivaci bozzetti di vita romana e ne consegue una disposizione episodica dei contenuti, così come lascia intendere il titolo del libro. Allmers tratteggia quadri

24 Si veda tra l'altro Allmers 2010 (Corrispondenza I), B 59 a Theodor Menke, 20 gennaio 1860: "Sto pensando di scrivere un libricino: *Passeggiando per Roma*, così vorrei chiamarlo ... [...]. A Roma sono avvenute in me alcune metamorfosi, per molti aspetti le mie capacità di osservazione e comprensione si sono affinate e, senza perciò diventare più credente, ho raggiunto per quanto riguarda il mio rapporto con la religione e con la Chiesa, un'armonia interiore che in precedenza, purtroppo, avevo perduto del tutto ...".

25 Kopp 1959, lettera del 9 febbraio 1860, p. 39.

26 Archiv des Lk. Cuxhaven, NHA 1100 *Materiale biografico e autobiografico*, Diario con titolo di copertina ‚1858'.

27 Nelle edizioni successive, al più tardi a partire dalla sesta (che è nella disponibilità, come anche la prima, dell'autore di questo scritto) fa la sua comparsa un secondo brano del diario, intitolato questa volta *Pagine di diario*, e che va dal 20 al 31 ottobre 1859.

delle attività cui si dedica a Roma e della natura che lì lo circonda: "È plausibile che ogni viandante che arrivi dal Nord" in Italia, scrive nell'incipit del paragrafo *Vegetationsbilder* (*Immagini della vegetazione*), di fronte alla pienezza della natura, venga colto "da una gioia fino a quell'istante sconosciuta". Tutto ciò che a casa fiorisce sì, ma "mutilato", inclusa la natura umana di chi scrive, qui prospera senza sforzo alcuno. La forza della natura circostante si comunica immediatamente all'uomo che la abita, ed "egli stesso si sente liberato... tira un sospiro di sollievo, esulta, sente il cuore battere colmo di gioia anticipatrice" (RS 195). E ogni volta di nuovo, Allmers, da "romano pro tempore", intreccia la sua commozione ad una esperienza profonda della natura, suscitata ora dalle palme davanti a San Pietro in Vincoli o nel giardino del Monastero di San Bonaventura (RS 201), ora dai pini, "tipici alberi della Città Eterna" (RS 201) di Villa Pamphilij o di Villa Borghese.

Anche i 16 capitoli delle *Schlendertage* sono concepiti come fossero bozzetti ed è significativo che due di essi si intitolino rispettivamente *Weihnachtsbilder* (*Immagini natalizie*) e *Vegetationsbilder* (*Immagini della vegetazione*). Come se si stesse mettendo nuovamente in marcia col suo quadernetto da disegno, Allmers si guarda indietro e mette sulla carta impressioni e ricordi e spiega il passeggiare in sé e la corrispondenza tra titolo e contenuto della sua opera come segue:

> "L'ha inventato lo Yankee d'America il ‚Time is money'. Il tempo è danaro!, grida, preferendo travolgere dozzine di ... concorrenti in lizza per la conquista del tempo piuttosto che perdere un quarto d'ora. A Roma gli direbbero: il tempo è piacere, è benessere ... A Roma basta passeggiare in gioioso silenzio, contemplare, ricevere e godere dimenticando il caos lontano del mondo là fuori, le liti di partito e tutte le meschine preoccupazioni quotidiane, con l'animo aperto soltanto ad un passato grandioso e ad un'eterna bellezza ... A Roma passeggia ogni cosa, l'uomo e il somaro, chi è di casa e chi viene da fuori... Sono anni che qui passeggiano tranquillamente commerci e trasformazioni, che qui si attarda la storia stessa del mondo, ricevendo solo di tanto in tanto, quando rimane troppo indietro nel suo languore, una scossa o una spinta dall' esterno. E anche io, passeggiando onestamente, ho attraversato Roma... Adesso la ripercorro con la mente, i vecchi vicoli e le piazze ben noti. E tu, caro lettore, la percorrerai con me e con me godrai di queste giornate trascorse passeggiando per Roma" (RS 8 s.).

La ricchezza di dettagli con cui Allmers spiega, se non addirittura giustifica, la sua rappresentazione di Roma (e con essa anche il titolo della sua opera) va messa in relazione alla citazione di Goethe in esergo. Per molti tedeschi, infatti, l'esperienza di Goethe e la serietà del suo anelito romano conservavano un ruolo canonico: questo valeva anche per Diedrich Kropp, scultore di Brema, che nell'agosto del 1860 dimostrò di apprezzare ben poco il 'coraggio di passeggiare' di Allmers. All'epoca anch'egli si trovava a Roma e rispondeva così ad Allmers che gli esponeva i suoi progetti:

> "Il titolo che vuoi dare alla tua prossima opera, *Passeggiando in Italia* o *per l'Italia*, non mi piace affatto. Non è bello, è così ordinario e non corrisponde neppure al vero: in Italia non si passeggia, anzi, non è affatto possibile passeggiarvi, poiché quel che ha da offrire è di natura fin troppo seria ed elevata; e avrei pensato che tu, meno di ogni altro, vi avessi passeggiato. Non lasciare che un capriccio momentaneo ti induca ad una tale banalità. Chiamalo semplicemente Viaggio in Italia. Non è che ogni cosa debba ad ogni costo essere un'insolita novità."[28]

Sembra proprio che lo scultore Kropp, forse per via del suo mestiere, fosse ancora sotto l'influenza di quella concezione classica dell'Italia dominante sino agli albori del XIX secolo, che si è stemperata solo con l'affermazione del romanticismo.[29] Dal canto suo invece, Allmers aveva recepito le correnti d'ispi-

28 Allmers 2010 (Corrispondenza I), 30 agosto 1860, B 67, p. 229 s.

29 Cfr. il capitolo *Die romantische Reise: auf den Spuren des Mittelalters* in Oswald 1985, pp. 80–87.

razione romantica, ad esempio quelle rappresentate dalla pittura dei Nazareni. A testimonianza della sua ricezione del Medioevo cristiano tedesco vi sono i dipinti di grandi dimensioni di Carlo Magno e di San Villeado, della cui realizzazione per la sua casa incaricò l'amico Heinrich von Dörnberg proprio nel periodo in cui si dedicava alla stesura delle *Schlendertage*.[30]

A Kropp era sfuggito anche quello sguardo nuovo che Seume era stato il primo a gettare sul presente dell'Italia.[31] "A riprova dei fatti bisognerebbe affiancare loro sempre luoghi, persone, nomi e circostanze, affinché tutto sia messo, quanto più possibile, agli atti. La storia alla fin fine altro non è che il registro di quel che c'è in noi di buono e di cattivo", osservava Seume, indirizzandosi ai lettori, nel suo *Spaziergang nach Syrakus im Jahre 1802* (Passeggiata a Siracusa nell'anno 1802).[32] Tra gli epigoni di Seume figura nel 1820 Wilhelm Müller, con la sua raccolta epistolare *Rom, Römer und Römerinnen*, (Roma, i Romani e le Romane), "rappresentazione di un popolo vivo".[33] La sua percezione dell'Italia è anche quella di una realtà geografica, storica, umana e, ma soltanto in misura molto minore, politica.[34]

Benché anche Allmers nel suo libro sfiori solo marginalmente il presente politico italiano,[35] è probabile che ne avesse percezione, proprio come era consapevole di quanto nella letteratura che lo aveva preceduto la visione dell'Italia si fosse ampliata. E, anche se tra i libri che ha lasciato non se ne trova neppure un esemplare (cfr. appendice), è impensabile che non conoscesse la *Passeggiata a Siracusa* poiché adorava talmente Seume – la cui fuga al ritorno dall'America, dove lo aveva condotto l'arruolamento coatto, era stata facilitata dai cittadini di Brema – che, nel luglio del 1864, fece erigere un monumento in suo onore e in memoria "del nostro ignominioso passato".[36]

Ma torniamo alla critica di Kropp sul titolo ipotizzato da Allmers per l'opera che progettava di scrivere su Roma. Alle critiche, l'autore rispose così:

> "Non capisco cosa tu abbia contro il termine 'passeggiare'... non saprei davvero trovarne uno più bello, poetico e adeguato a definire ciò che desidero esprimere. [...] A Roma ... non ho '*camminato*', termine che implica fin troppo sforzo fisico ed evoca nel lettore un avanzare più veloce ed energico – no, io ho *passeggiato* [...] e il ritmo lento e piacevole di questo mio bighellonare voglio mantenerlo anche nello stile della mia scrittura."[37]

Così intese le passeggiate di Allmers si distinguono dalla passeggiata di Seume, che fu in effetti una camminata assai faticosa, avvicinandosi ben di più alle *Promenades dans Rome*, intraprese a partire dal 1802 –

30 Casa Allmers a Rechtenfleth, *Die Wilhadus-Predigt* (*Die Einführung des Christentums in den Marschen*, 1864), 6.1.004 e *Karl der Große* (1867), 6.1.001. Il programma iconografico proseguiva con un monumento a Carlo Magno edificato a Rechtenfleth (1899) e una scultura di San Villeado realizzata guarda caso da Kropp e apposta sulla facciata di casa sua l'anno successivo.

31 Cfr. Behrmann 1996, p. 15.

32 Seume 1994, p. VII.

33 Müller 1820, p. 5.

34 Müller 1978, p. 75: „...sembra che nessun paese sia meno adatto ad essere governato come una provincia, da lontano. Ma con queste osservazioni approdo nel campo della politica moderna, che disprezzo troppo per lasciare che faccia il suo ingresso su questi fogli".

35 Allmers accenna alla politica, ad esempio parlando *en passant* di quella "grande stalla di Augia che è l'invecchiato Stato della Chiesa" (RS 208) e apostrofando il suo esercito "la feccia papalina" (RS 106). Nelle lettere si fa più esplicito, ad esempio quando, il 5 agosto 1859, scrive da Napoli: "Nessuno di voi ha idea delle condizioni che vigono qui e dell'immagine di un regime dispotico, di uno stato militare e di polizia che ci si fa incontro per ogni dove [...] È tutto marcio, sopra e sotto, nel regno dello spirito e in quello delle cose terrene, marcio in tutto e per tutto, marce le fondamenta e marcia la superficie. E se ai miei occhi giorno dopo giorno si palesano centinaia di segni di tutto ciò, pensate cosa verrà a scoprire chi vive qui più a lungo, chi osserva con più acume ed è addentro a maggiori segreti", Allmers 2014 (Corrispondenza II), B 31, p. 223. Per quanto riguarda le osservazioni politiche di Allmers cfr. Biehusen 2008.

36 Questa la ragione per cui Allmers fece erigere il monumento, parafrasata da Otto Benndorf in una lettera del 6 luglio 1864, in: Allmers 2017 (Corrispondenza III/1), B 98, p. 315: "Lei ha perfettamente ragione, ai nostri contemporanei va ricordato Seume e va ricordato loro il nostro ignominioso passato". È significativo che il medaglione di bronzo col ritratto di Seume, apposto sul monumento, non fosse opera di Kropp, bensì dell'allora ancora sconosciuto scultore svizzero Victor von Meyenburg (1834–1893); oggi si trova non lontano dalla sede originaria, nel parco ‚Am Werderufer' sulla penisola del fiume Weser a Brema. Sulle ripercussioni avute dal progetto di Allmers su Seume cfr. Szemethy 2015.

37 Allmers 2010 (Corrispondenza I), B 69, p. 236 s.

in realtà dopo il 1811 – da Stendhal (1783–1842). Anch'egli, che Allmers con tutta probabilità non conosceva, nel trattare Roma premise, nel suo *Avertissement* introduttivo: "Cet itinéraire n'aura donc point le pédantisme nécessaire. [...] Chaque article est le résultat d'une promenade, il fut écrit sur les lieux ou le soir en rentrant."[38] Ovviamente Stendhal non si attiene qui alla verità dei fatti, poiché sappiamo che si dedicò alla faticosa stesura della sua opera a Parigi e che buona parte delle impressioni e delle esperienze che vi descrive le inventò di sana pianta, studiando in maniera piuttosto pedante la letteratura in materia per cercare di risultare credibile.[39] Chiedersi in che misura ciascun autore abbia fatto uso della propria libertà poetica non è poi così rilevante. Ben più importante è il fatto che entrambi rielaborarono l'esperienza romana in forma ugualmente peripatetica.

E se fu proprio questa forma a deludere lo scultore Kropp, essa suscitò l'immediata approvazione del pittore Hermann Brücke, amico berlinese di Allmers, che accolse con favore lui e il suo progetto in una lettera del 25 gennaio 1860:

> "A mio parere il libro ... dovrebbe contenere soltanto i paragoni strettamente necessari alla comprensione e trasmettere dall'inizio alla fine quella beatitudine che lì ci colmava il cuore. Per passeggiare laggiù non servono stivali stretti ma scarpe comode. – Guai a chi contemplasse il Colosseo attraverso un pince-nez! Più ci penso, più mi sembra che sarai capace di trovare il tono giusto, poiché hai saputo tenere aperti gli occhi ed il cuore. Lesto, Allmers, mettiti al lavoro!, finché le impressioni sono ancora fresche: più passa il tempo e più sarà difficile dedicarvisi."[40]

Eppure, già durante il primo anno dal suo ritorno, il lavoro di Allmers procedette a rilento. Così scriveva a Kropp il 4 agosto 1860: "Le mie 'Römische Schlendereien' sono giunte soltanto al quarto capitolo ma, se Dio vuole, le porterò a termine nel corso del prossimo inverno."[41]

Ma non se ne fece nulla. Per un Allmers ormai famoso, gli anni Sessanta del XIX secolo furono un decennio movimentato. Il lavoro alle *Schlendertage* si interruppe già nel corso del 1860, e questo da un lato a causa dei progetti di ristrutturazione e ampliamento della sua casa a Rechtenfleth, dall'altro invece perché Allmers si trovò a curare una selezione delle sue poesie che venne pubblicata nello stesso anno.[42] A seguito di critiche da parte di amici, residenti nei dintorni, che gli rimproveravano il ritiro ad una vita privata d'artista, nella primavera del 1862 Allmers si fece rieleggere per sei anni balivo comunale; inoltre riprese in mano l'amministrazione dei suoi terreni. Tutto questo lo teneva molto impegnato e quando, nell'estate 1863, fu eletto membro del proto-sinodo nella cosiddetta lite sul catechismo nel Regno di Hannover, anche la sua attività politica si intensificò. A cavallo tra il 1863 e il 1864 scriveva così a Ernst Willers, pittore originario di Oldenburg, che a Roma era stato decano della società Colonna:

> "Sembra che passerò tutto l'inverno tranquillo in casa e che finalmente riuscirò a portare a termine le mie *Schlendertage* – ho deciso di chiamarle così, è meglio di *Passeggiando per Roma* – che ho intenzione di dedicare agli amici della Colonna. Se non si fosse messa di traverso questa guerra dei preti, voglio dire il venerabile sinodo, il libricino sarebbe uscito già per Natale, perché in realtà manca soltanto la ricopiatura in bella."[43]

---

38 Stendhal [alias Henri Beyle], Promenades dans Rome, in: Œuvres complètes, V, Parigi 1953, p. 6 s.

39 Cfr. Henri Martineau nella prefazione all'edizione delle *Promenades* da lui curata, Parigi 1931, p. III s.: "Ce livre est donc le fruit d'un labeur assidu. ... les Promenades n'ont d'un journal que les apparences. Elles furent entièrement composées à Paris, en utilisant de façon méthodique dix mois de recherches bibliographiques. Cependant Henri Beyle y a mis tant de vraisemblance, un mouvement si naturel, une telle bonhomie dans la manière de s'inventer des compagnons de voyage et de nous montrer des hommes spirituels ou des femmes aimables, que sur le lecteur non prévenu l'ouvrage fait illusion et paraît rédigé sur les lieux mêmes au jour le jour".

40 Allmers 2017 (Corrispondenza III/1), B 35, p. 123.

41 Allmers 2010 (Corrispondenza I), B 65, p. 221.

42 Allmers 1860.

43 Allmers 2017 (Corrispondenze III/1), B 89, p. 300.

A tenere impegnato Allmers erano un ciclo di affreschi con cui stava decorando la sua dimora, i suoi numerosi affari, ma anche i grandi eventi politici: innanzitutto vi fu, all'inizio del 1864, la guerra contro la "confusione danese"[44] nello Schleswig e nello Holstein, della quale gli parlò sconcertato l'amico Detlefsen, originario appunto dello Holstein. Passarono altri due anni e Allmers rimandò la pubblicazione dell'opera, ormai ultimata, proprio per riguardo alla situazione politica. L'8 luglio 1866, pochi giorni dopo la battaglia di Sadowa (Königgrätz), scriveva con una certa ironia a Haeckel:

> "Ero giustappunto impegnato nell'ultima revisione, dopo la quale le mie ‚Römische Schlendertage' sarebbero state pronte per andare in stampa, quando la Storia ha avuto un nuovo scossone e i prussiani trionfanti hanno invaso la nostra amata Hannover. Ed ecco che scrivere mi è divenuto impensabile: chi vorrà mai, adesso, leggere fogli tanto spensierati; eppure sono lieto che l'opera sia lì, pronta."[45]

Come abbiamo già avuto modo di menzionare, prima che le *Römische Schlendertage* potessero finalmente andare in stampa, sarebbero dovuti passare altri due anni. Ma ai suoi lettori Allmers aveva già fornito molteplici assaggi dell'opera finita, stampandone singoli paragrafi in anteprima.

Ninfa

Prima di lasciare Roma il 22 novembre 1859 assieme all'architetto Ludwig Diemer, sodale della Società Colonna, Allmers intraprese una gita a Ninfa che pianificava da tempo – e non "in un limpido mattino del mese d'ottobre", come si legge nelle *Schlendertage* (RS 331), bensì nel secondo fine settimana di novembre del 1859, dal 12 al 14.[46] Grazie alla data riportata su un disegno a matita realizzato da Allmers sul posto e raffigurante quel luogo abbandonato visto da Ovest (fig. 2), sappiamo che egli vi trascorse per intero e "in profondissima solitudine" una lunga domenica, quella del 13 novembre 1859. "Alla sera del giorno successivo mi trovavo di nuovo a Roma" (RS 346).

Già sei mesi prima, il 22 maggio, in procinto di partire per l'Italia meridionale, Allmers scriveva così agli amici di Rechtenfleth:

> "Pensate un po', per oltre una settimana mi sono trastullato con l'idea di partire per Napoli a piedi. Alcuni miei conoscenti di Monaco, che in passato avevano affrontato questa marcia, mi avevano parlato estasiati di quelle giornate di cammino e sapete bene quanto io sia incline all'avventura. A motivarmi era in effetti il desiderio ... di vedere la città di Ninfa, abbandonata dai suoi abitanti... L'aveva visitata anche Hermann Brücke e fu proprio lui ad accendere in me questo desiderio".[47]

Vista la pericolosità delle strade, però, Allmers abbandonò l'idea, ingaggiò un vetturino e rimandò la visita a Ninfa. Neanche una volta tornato volle "passeggiare" verso Ninfa a piedi, ma decise di prendere prima il treno per Albano, come ci riferisce nelle sue *Schlendertage*, e da lì l'*omnibus* per Velletri. E' solo a Velletri che s'incamminò, a piedi, lungo la via che passando per Cori conduceva a Norma e da lì in discesa alla "città dimenticata".

Quell'amico menzionato nelle *Schlendertage*, che aveva già visitato e raccomandato Ninfa (RS 330), era il pittore berlinese Hermann Brücke (1830–1871), che Allmers aveva conosciuto nel 1856, durante quel suo prolungato soggiorno a Berlino che abbiamo menzionato in precedenza. Nello

44 Allmers 2014 (Corrispondenza II), B 49 di Detlefsen, 9 ottobre 1864, p. 308: "Dänenwirtschaft".

45 Allmers 2019 (Corrispondenza III/1), B 122, p. 362. Allmers nutriva infatti poca simpatia per il Regno di Hannover.

46 Allmers, 2017 (Corrispondenza III/1), B 33 a Haeckel, 6 gennaio 1860, p. 110: "Nell'ultima settimana ho persino messo in atto il progetto a lungo meditato di andare alla scoperta di Ninfa, spingendomi a questo scopo fin sugli isolati e poco battuti monti Lepini ...".

47 Allmers 2014 (Corrispondenza II), B 28 a Martin Achgelis pp., 22 maggio 1859, p. 193.

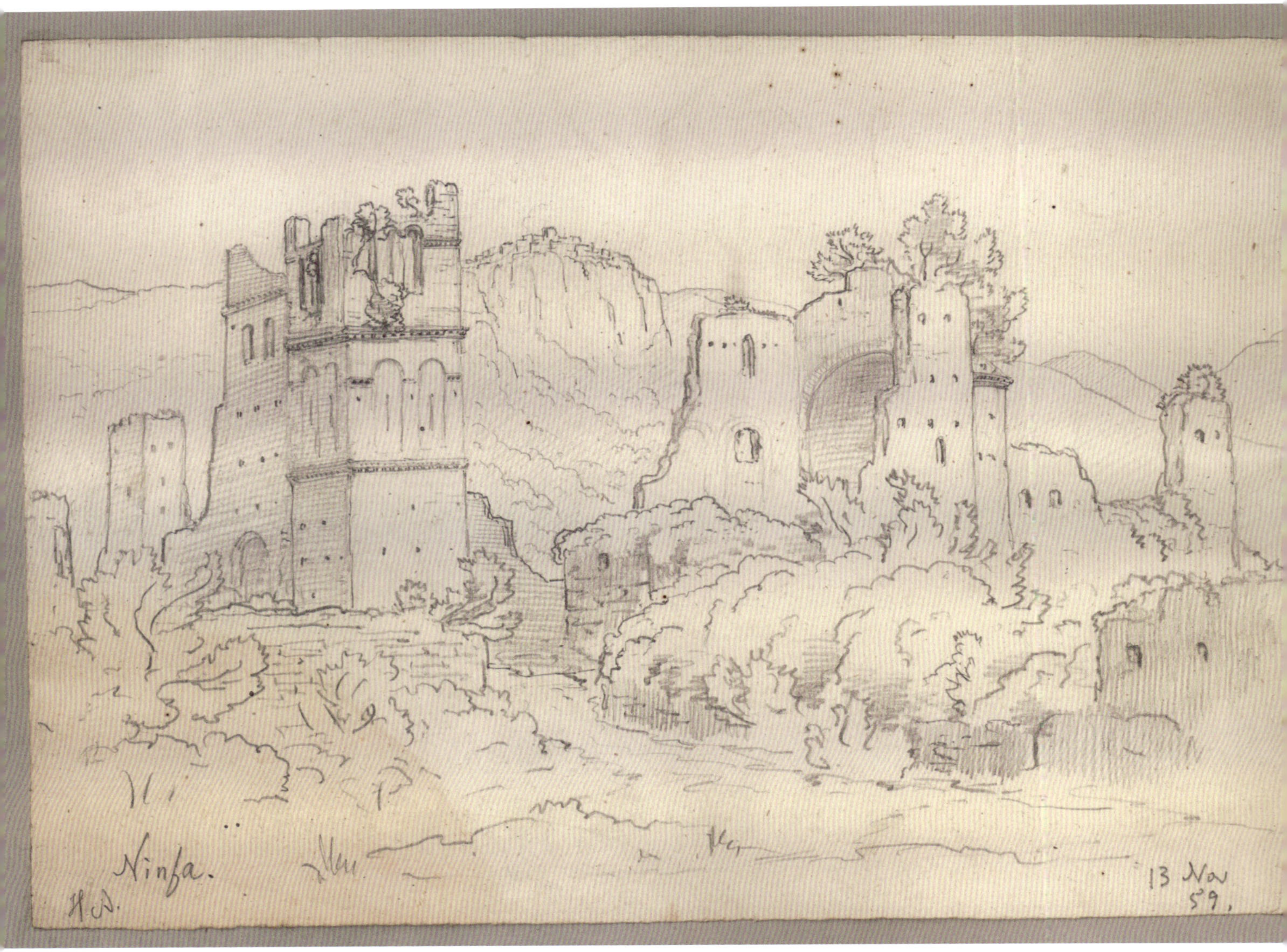

2 Hermann Allmers, Ninfa, dat. 13 Nov 59., matita 19,8 x 27,5 cm, Allmers-Haus Rechtenfleth 6.2.085

stesso anno, Brücke intraprese un lungo viaggio in Italia dal quale fece ritorno nel 1857. Attorno al 21 maggio 1858 si recò per qualche giorno a Rechtenfleth, e dev'essere stato proprio in quei giorni che seppe "evocare potentemente" in Allmers "il desiderio di vedere quella cosa meravigliosa" (RS 330). In casa Allmers a Rechtenfleth sono ancor oggi conservati un ritratto a carboncino di Allmers realizzato da Brücke nel 1856 (cfr. fig. 1 all'inizio del presente saggio) e il calco in gesso di un medaglione con ritratto di Brücke realizzato dalla bottega dello scultore berlinese Louis Castan (fig. 3). Non è chiaro dove lo stesso Brücke avesse sentito parlare di Ninfa, che però, benché "praticamente ignorata dalle guide di viaggio" (RS 330), era ben nota, e non soltanto ai tedeschi di Roma.[48]

48 Sulla notorietà di Ninfa e sulla ricezione artistica del luogo si veda il contributo di Michael Matheus al presente volume.

Come consigliatogli da Brücke a fine gennaio 1860,[49] una volta tornato a casa Allmers si mise all'opera con solerzia. A Haeckel aveva già scritto il 6 gennaio: "Soltanto a febbraio potrò cominciare a dedicarmi alle mie 'Schlendertage', poiché prima dovrò fare alcune letture preliminari".[50] E infatti il 10 marzo 1860 raccontò a quello stesso amico di aver cominciato in febbraio a scrivere le *Schlendertage*, senza però riuscire a procedere così come avrebbe desiderato. Ciononostante poté riferire a Haeckel di avere completato almeno una delle descrizioni, ovvero quella della "meravigliosa città di Ninfa".[51] Questo primo "frutto letterario esotico", come Allmers ribattezzò per gli amici il primo assaggio delle sue *Schlendertage*, uscì una settimana dopo, nelle giornate del 18 e del 20 marzo 1860, sulla *Weser-Zeitung* di Brema, con il titolo *Eine vergessene Stadt* (*Una città dimenticata*).[52] Con questo "bozzetto di un'escursione" Allmers ottenne un nuovo successo letterario e ne trasse lo stimolo che gli serviva per la realizzazione del suo progetto. Il 4 agosto 1860 annunciò a Kropp a Roma:

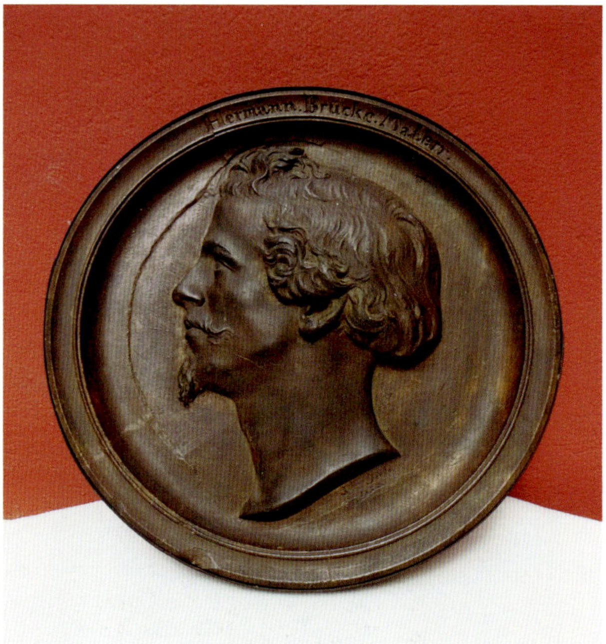

3 Louis Castan: Ritratto di Hermann Brücke, 3 luglio 1852; Medaglione ø 30 cm, gesso bronzato (Allmers-Haus Rechtenfleth, 6.6.027)

> "Per quanto mi riguarda, è chiaro che molto di quanto assorbito ancora non l'ho restituito alla pagina scritta. Le mie ‚Römische Schlendereien' sono soltanto al quarto capitolo ma, se Dio vuole, le porterò a termine durante il prossimo inverno. L'unico frutto letterario esotico che è riuscito a maturare qui è il bozzetto dell'escursione a Ninfa, redatto per la Weserzeitung e accolto, con mia grande soddisfazione, da un plauso che nessun'altra delle mie opere ha mai saputo riscuotere. Subito dopo questo successo, non meno di cinque editori si sono offerti per la pubblicazione delle mie memorie italiane, promettendomi un buon compenso".[53]

Negli stessi giorni o poco prima, Allmers aveva inviato agli amici sparsi in tutta la Germania e in Italia copie dell'articolo, che varcava così i confini dell'area di diffusione del giornale di Brema; costoro a loro volta lo inviarono ad amici e conoscenti.[54] A quanto pare Allmers ci mise tanto di quello zelo da

49 Allmers 2017 (Corrispondenza III/1), B 35, p. 123.

50 Ibidem, B 33 a Haeckel, 6 gennaio 1860, p. 113.

51 Ibidem, B 38 a Haeckel, 10 marzo 1860, p. 139.

52 La prima parte, fino all'incirca alla metà del testo riportato anche nelle *Schlendertage*, venne pubblicata nel n. 5068 della Weser-Zeitung, in data domenica 18 marzo 1860, edizione del mattino; la *Conclusione*, invece (a partire dal passo che recita: "Prima di proseguire con la mia descrizione sarà bene che il lettore riceva alcune notizie storiche...", RS 337 in basso) nel n. 5069, edizione della sera, in data martedì 20 marzo 1860.

53 Allmers 2010 (Corrispondenza I), B 65 a Kropp, 4 agosto 1860, p. 221.

54 Cfr. Allmers 2017 (Corrispondenza III/1), B 41 di Haeckel, 13 luglio 1860, p. 153: "Di settimana in settimana sperai che il balivo di Rechtenfleth facesse risuonare la sua voce potente, ma le mie speranze rimasero vane. Anche del saggio su Ninfa che mi promettesti non vidi traccia finché a farmelo recapitare non fu Hermann Brücke..."; Id. 2014 (Corrispondenza II), B 36 a Meta e suo marito, lo scultore Christian Carl Magnussen, a Roma, 16 luglio 1860, p. 259: "Bozzetto di un'escursione dal titolo ‚Una città dimenticata' ... come materiale a stampa"; Id., 2017 (Corrispondenza III/1), B 42, 27 luglio 1860 a Haeckel a Berlino, p. 162: "L'unico frutto letterario esotico che è riuscito a maturare qui è il racconto di Ninfa – benché tu l'abbia già letto te lo invio con la presente come materiale a stampa ..."; ibidem, 15 agosto 1860 di Hermann Brücke da Berlino, p. 169: "Ed ora, mio caro Allmers, il più caloroso dei ringraziamenti per avermi inviato il tuo bel lavoro *Ninfa*. Non hai reso felice soltanto me, ma moltissime altre persone."

esaurire ben presto tutte le copie dell'articolo a sua disposizione. Kropp, che ad agosto non aveva ricevuto nulla, nel gennaio 1861 dovette accontentarsi di qualche parola di conforto: "Ti farò recapitare una copia della descrizione di Ninfa non appena riesco a metterci le mani."[55]

I resoconti che Allmers fece di Ninfa, a voce e per iscritto, riscossero un successo tale da far sì che, nel maggio del 1860, l'amico Detlefsen, rimasto a Roma dopo la sua partenza e da lui fatto nominare "segretario generale" della Società Colonna, che rischiava l'abbandono, si recasse a Ninfa sulle sue orme. Di questo viaggio, fatto in compagnia di un conoscente americano cui a Roma impartiva lezioni di tedesco, Detlefsen riferì a settembre, chiedendo al contempo che Allmers gli facesse recapitare un esemplare del saggio su Ninfa, a beneficio di tutti gli amici rimasti a Roma – visto che neppure Kropp ne possedeva uno.[56] Gli amici erano ansiosi di leggere il resoconto di Allmers, ritenendo giustamente che egli avrebbe saputo descrivere Ninfa con la stessa perizia con la quale l'anno precedente aveva saputo passeggiare per una Roma a lui ancora sconosciuta. E in effetti Allmers percorse l'ancora sconosciuta Ninfa andandosene "di qua e di là, lasciando innanzitutto che l'insieme di quel luogo dispiegasse i suoi effetti su di me. Solo dopo cominciai a rivolgere il mio sguardo ai particolari, ad indagarne il dettaglio" (RS 339).

Tra i dettagli che gli si impressero stabilmente nella memoria vanno annoverati soprattutto i resti di un affresco in una basilica in rovina, "appartata e solitaria, ad una certa distanza dalle mura cittadine": si trattava di San Pietro fuori le mura. Allmers trovò che questi affreschi fossero caratterizzati da un "realismo che, almeno in parte, toccava quasi il naturalismo", e che si distingue tanto "dal bizantinismo dei mosaici, rigido, freddamente cerimoniale e simbolico" quanto "dalla devozione umile, morbida e quieta dell'autentica arte medievale" (RS 343). Rifacendosi al *Cicerone* di Jacob Burckhardt (riportando nel testo l'esatto riferimento a pagina e volume: "Vol. III, p. 740"), Allmers ritenne che le pitture che vide a Ninfa fossero un ulteriore esempio di quel che Burckhardt chiamava stile "longobardo antico" e al quale, nel passo citato da Allmers, attribuiva, quale occorrenza più antica, il ciclo d'affreschi del Tempio di Bacco, alias Sant'Urbano alla Caffarella.[57]

Quando, dietro un fitto cespuglio di more, scovò una raffigurazione della decapitazione del Battista, Allmers restò a tutti gli effetti scioccato dal suo naturalismo: "Scostando i rovi si offrì all'improvviso ai miei occhi una rappresentazione così raccapricciante e vivida come mai ho veduto" (RS 345). L'immagine, descritta poi fin nei minimi dettagli nel seguito del bozzetto dell'escursione a Ninfa, affascinò talmente tanto Allmers da spingerlo a farne un calco a matita, ancor oggi conservato nel suo lascito, su uno dei fogli portati con sé. Al termine del 1868, dunque più o meno quando la prima edizione delle *Schlendertage* era stata ultimata ma non era ancora approdata nelle librerie, Allmers ricevette una richiesta di Herman Grimm (1828–1901), che purtroppo non è arrivata fino a noi. Pertanto possiamo soltanto immaginare che, attraverso gli amici berlinesi di Allmers, a Grimm fosse giunta notizia della prima pubblicazione sulla Weser-Zeitung nel marzo del 1860 del bozzetto su Ninfa. Evidentemente Grimm si interessava in particolar modo a quella scena della decapitazione descritta con tanta precisione da Allmers che, il 3 gennaio 1869, gli inviò una copia del proprio calco originale, accompagnandola con le seguenti parole:

> "Le invio la copia desiderata, che ho realizzato per Lei quanto più fedelmente possibile e con grandissimo piacere, affinché fosse del tutto simile al

---

55 Allmers 2010 (Corrispondenza I), B 73 a Kropp, 15 gennaio 1861, p. 247.

56 Allmers 2014 (Corrispondenza II), B 37 di Detlefsen, 25 settembre 1860, p. 268 s.: "A maggio, col mio americano, H. Greeves, intrapresi un viaggio a piedi che rimarrà per me indimenticabile. La politica ancora taceva, o perlomeno qui ancora non si pensava alla guerra ... oltre a noi quasi non c'erano altri viaggiatori... Partimmo da Velletri alla volta di Cori, Norma, Ninfa (la cui descrizione dalla Sua penna tutti noi vorremmo tanto leggere)...".

57 Nell'edizione monovolume del *Cicerone* in tre parti di Jacob Burckhardt in possesso di Allmers – Basilea: Schweighauser, 1855 (Inv. 9.3.299a), p. 740 – inaspettatamente non vi sono né note a margine né sottolineature.

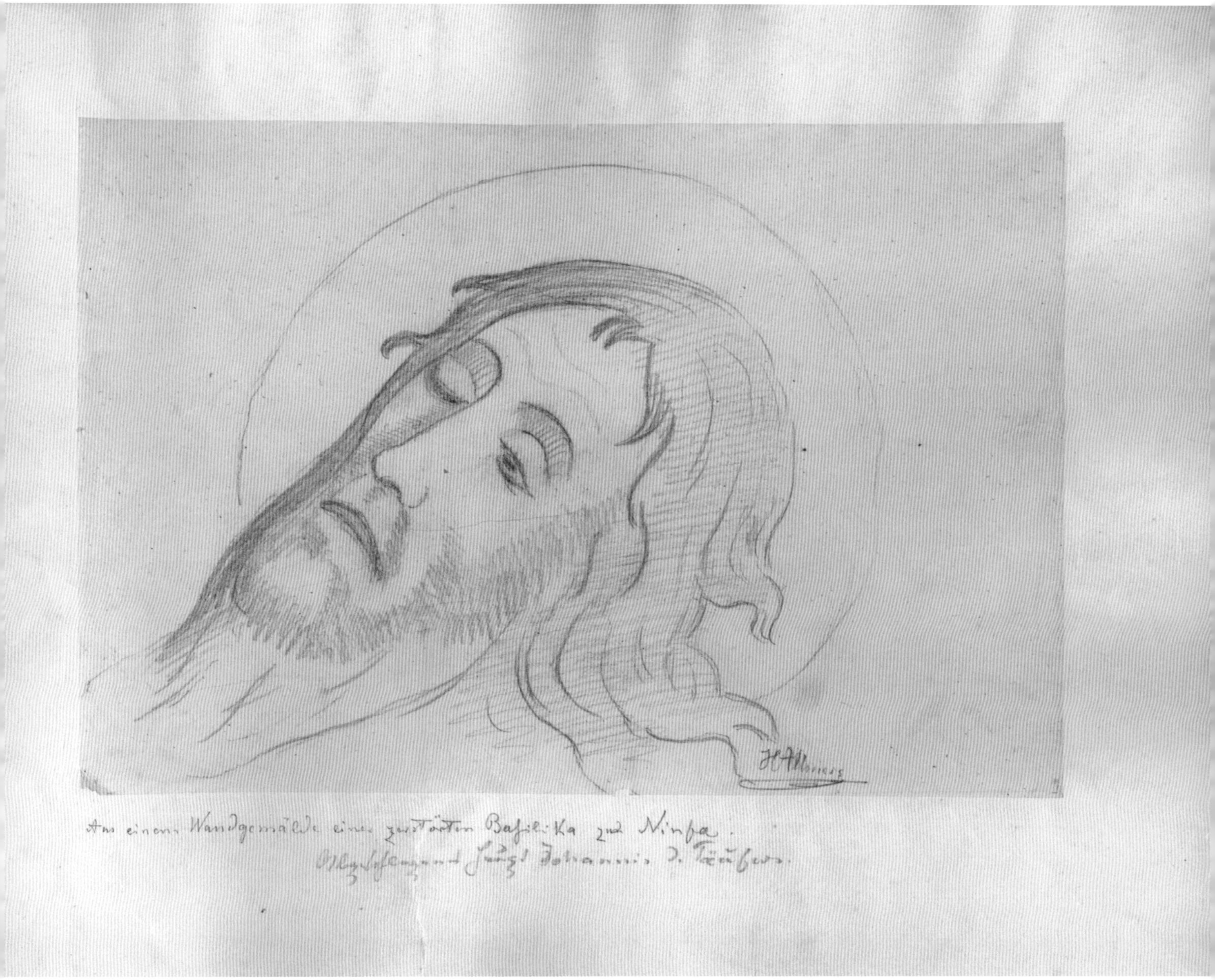

4 Hermann Allmers, Testa di Giovanni Battista, da un affresco nel rudere di S. Pietro fuori le mura presso Ninfa, calco a matita 21 x 29 cm, Allmers-Haus Rechtenfleth 6.2.084

calco originale a matita da me eseguito. S'intende ch'io gliela cedo a due condizioni, anche se preferisco chiamarle preghiere. Innanzitutto La prego di non diffondere questo foglio, affinché non se ne abusi, poiché intendo utilizzarlo per abbellire una seconda edizione delle mie *Römische Schlendertage*; in secondo luogo La prego di farmi sapere quanto prima l'impressione che Le ha fatto, cosa ne pensa e se Le vengono in mente opere simili o affini, risalenti a quello stesso periodo. – Mi pare infatti che gli affreschi ancora così poco noti di quella meravigliosa città incantata e deserta d'abitanti rappresentino uno dei fenomeni più originali e significativi nel campo dello sviluppo artistico, ammesso, naturalmente, che risalgano davvero alla stessa epoca degli edifici. Attendo con ansia di conoscere le Sue opinioni in merito."[58]

Purtroppo la risposta di Grimm e con essa il giudizio che Allmers gli richiedeva non sono giunti sino a noi. E' tipico di Allmers nutrire per la classificazione storico-artistica dell'opera da lui "scoperta" un interesse tanto grande quanto grande fu il fascino esercitato su di lui dall'opera stessa, dal suo contenuto artistico e dalla sua espressività. Dopo aver scritto della sua scoperta in quell'articolo di giornale del marzo 1860, Allmers si cimentò in ottobre anche nella scultura della terribile visione dell'affresco di Ninfa servendosi del calco a matita che ne aveva riportato. Nel dicembre dello stesso anno, così raccontava alla già menzionata Meta Magnussen, moglie di Christian Carl Magnussen, scultore ancora residente a Roma, e tanto più propensa a scrivere quanto il marito era poco portato alla comunicazione:

> "In ottobre ho realizzato una testa di San Giovanni Battista che, con mia grande soddisfazione, mi è valsa a Brema un inaspettato plauso. Ispirato dal commovente affresco di Ninfa (avrà ricevuto la descrizione che feci di questa città abbandonata) ne ricavai l'idea di scolpire questa testa. Evitai l'orrore e il forte naturalismo di quell'immagine, proponendomi piuttosto di rappresentare rettamente la santa beatitudine e la dignità di un nobile defunto. Soltanto che, come ebbi subito a capire, mi avvicinai fin troppo al tipo del Cristo; probabilmente avrei fatto meglio a mantenere tratti e forme del volto più marcati e duri, l'intera testa più ossuta, anche ad indicare la vita di privazioni che il Battista aveva condotto nel deserto. Forse ne farò ancora un'altra."[59]

E dunque proprio come nella sua poesia *Beim sterbenden Fechter* (RS 155 s., il riferimento è al *Galata morente* dei Musei Capitolini) dal punto di vista artistico, ciò che premeva ad Allmers era riprodurre la "dignità di un nobile defunto". Purtroppo questa riproduzione, molto probabilmente in gesso, non è arrivata fino a noi – diversamente dal modello in gesso del Vesuvio che Allmers realizzò per Ernst Haeckel. È in ogni caso degno di nota che Allmers, illustrando le edizioni successive delle sue *Schlendertage* con la copia dell'affresco e realizzando una replica della testa del Battista – con tutta probabilità temporaneamente esposta a Brema – abbia dato il suo contributo alla notorietà di Ninfa non solo con la penna ma anche con gli strumenti propri di altre discipline artistiche.

Il grande successo che Allmers ottenne in Germania con il suo "bozzetto di un'escursione", dal quale trasse incoraggiamento per l'opera più ampia costituita dalle *Schlendertage*, non era dovuto esclusivamente alla collocazione di Ninfa al di fuori delle "grandi rotte turistiche tracciate da Murray e Förster e ampiamente battute" (RS 329).[60] Ben più determinante fu il fatto che Allmers l'avesse "scritto col cuore", come scriveva col cuore tutto ciò che metteva su carta. Fu questa la formula scelta in seguito e in un altro contesto – quello dell'ottantesimo compleanno di Allmers –, da Wilhelm von Bippen, medievista e archivista del Senato di Brema.[61] Ma il più profondo riconoscimento del suo stile e la miglior lode della sua affascinante trattazione di Ninfa, Allmers li ottenne, a stretto giro di posta, dall'amico e compagno di viaggi in Italia Ernst Haeckel. E più ancora delle sue parole di apprezzamento, contava il fatto che Haeckel avesse letto il bozzetto di Ninfa assieme alla sua sposa – come Paolo e Francesca nel quadro di Feuerbach del 1864. Nella stessa lettera, Haeckel pregava l'amico di far recapitare alla fi-

58 Allmers 2017 (Corrispondenza III/1), B 158 a H. Grimm, 3 gennaio 1869, p. 431; in realtà soltanto la settima edizione delle *Schlendertage*, quella del 1891, sarebbe stata illustrata.

59 Allmers 2014 (Corrispondenza II), B 39 a Meta Magnussen, 13 dicembre 1860, p. 281.

60 Le due opere citate, e di certo anche utilizzate, da Allmers – Murray 1843 e Förster 1840 – oggi non si trovano più tra i libri del suo lascito.

61 Allmers 2010 (Corrispondenza I), B 286, 10 febbraio 1901, p. 623.

danzata Anna Sethe, nella residenza estiva dei due sull'isola di Usedom, un esemplare delle sue poesie appena pubblicate:

> "Un particolare ringraziamento da parte del mio tesoro per l'affascinante descrizione di Ninfa, che leggemmo assieme più volte e con grandissimo interesse. Nel frattempo avrai ricevuto anche i miei appunti di viaggio, che però con tutta probabilità non avranno soddisfatto le tue aspettative. Io stesso sento molto chiaramente quanto questi tentativi di descrivere la natura in maniera semplice subiscano l'influenza – risultandone impediti e costretti – del nostro tono professorale, reso rigido da una pedante educazione scolastica; nel mio caso, temo di avervi aderito sin troppo. Per ogni dove sentiamo che la coscienziosità scientifica ci costringe, facendo di ogni descrizione un'immagine anatomica, come tu giustamente rimproverasti ai miei disegni. Siamo troppo poco liberi, troppo diffidenti nei confronti della nostra stessa penna, per esser capaci di produrre qualcosa di così fresco e naturale, come ne sei capace tu."[62]

È però proprio per quanto riguardava lo stile di Allmers che le opinioni potevano divergere. Infatti, oltre ai successi della ricezione del resoconto su Ninfa, come anche delle *Schlendertage* nel loro complesso, vi fu anche un insuccesso, riconducibile appunto allo stile narrativo di Allmers. Fu però soltanto all'inizio degli anni Ottanta del XIX secolo ed oltretutto in Inghilterra. Nell'ottobre del 1881, Percy Andreae (1858–1924), londinese di madre inglese e di padre commerciante tedesco trasferitosi sull'isola, si rivolse per lettera ad Allmers proponendogli una traduzione inglese delle *Schlendertage*.[63] Siccome aveva già giudicato positivamente le "prime opere drammatiche" di Andreae, Allmers acconsentì, pregando però il traduttore, come scrisse Andreae un mese dopo, "di riprodurre quanto più fedelmente possibile lo stile così bello, del quale ebbe correttamente a dire che in esso risiede il fascino principale dell'opera".[64] Dopo un iniziale tentennamento, Andreae scelse infine il capitolo su Ninfa come saggio della traduzione che progettava, con l'intenzione di pubblicarlo in anteprima sul *Magazine of Art*. Prima però sottopose la sua prova di traduzione dell'esperienza di Allmers a Ninfa all'attenzione di Henry Morley, studioso di letteratura e professore presso lo University College di Londra di sua conoscenza. L'impresa si infranse contro il giudizio di Morley. Lo scritto non arrivò mai alla redazione della rivista poiché, secondo quanto riferito da Andreae, Morley si espresse così:

> "Purtroppo non posso comunicarLe le notizie positive che speravo di avere in serbo. La settimana scorsa ho ultimato il capitolo su Ninfa, che avevo cominciato a tradurre non appena ricevuta la sua lettera. In seguito ne ho discusso con il Professor Morley. [...] Anche il Prof. Morley, che ha colto l'elemento autenticamente tedesco del Suo linguaggio e al contempo ne ha ammirato la verve, ha ritenuto che sarebbe stato assai problematico rendere quanto da Lei descritto con pittoresco entusiasmo nell'inglese pratico e sobrio che corrisponde al gusto di oggi."[65]

Morley ammetteva quantomeno che "per nulla al mondo" si sarebbe fatto sfuggire lo scritto se si fosse trattato di pubblicarlo sulla rivista *Household Words*, "che un tempo curava assieme a Dickens". Dickens era deceduto nel 1870 ed è probabile che quella di Morley fosse una valutazione corretta. Nella seconda metà del XIX secolo nella letteratura anglosassone si era diffusa dall'America una visione dell'abbondanza di storia dell'Europa diametralmente opposta alla percezione che se n'era avuta sino ad allora. A cominciare da *Il Fauno di Marmo* di Nathaniel Hawthorne (1860), che soggiornò a Roma contemporaneamente al nostro Allmers,[66] le rovine del vecchio mondo ed

---

62 Allmers 2017 (Corrispondenza III/1), B 45, 5 settembre 1860, p. 175.

63 Allmers 2019 (Corrispondenza III/2), B 26, 18 ottobre 1881, p. 79 s.

64 Ibidem, B 28, 21 novembre 1881, p. 85.

65 Ibidem., p. 85 s.

66 Per un confronto diretto tra la percezione di Roma di Allmers e quella di Hawthorne si veda Steimer 2008.

in particolare quelle italiane cominciarono sempre più ad essere percepite come un eccesso di storia. È perciò dubbio che il progetto di una certa Martha A. Hardaker potesse avere maggior fortuna della traduzione che Andreae eseguì del bozzetto di Ninfa. Il 18 dicembre 1874 ella inviò ad Allmers il suo adattamento inglese della poesia *Italia*, che precedeva le *Schlendertage*, manifestando l'intenzione di pubblicarla sulla rivista *Boston Commonwealth*.[67] L'idea le era venuta nell'antica città anseatica di Brema, ove l'americana si era stabilita da qualche settimana. Nella Germania storicista, infatti, il senso della bellezza romantica delle rovine sopravvisse ben più a lungo,[68] finché poi il malessere non si diffuse anche lì, per culminare infine nella *Morte a Venezia* di Thomas Mann (1911/12) e nel desiderio di un grande purgatorio.

Gustav Pauli (1866–1938), algido storico dell'arte e in seguito direttore delle gallerie d'arte di Brema ed Amburgo, incontrò Allmers per la prima volta nel 1900. Nelle sue *Memorie* diede un giudizio sbagliato di un Allmers segnato dall'età e, con accenti tipici degli anni Trenta del Novecento, lo descrisse così:

> "Già allora il suo entusiasmo per l'Italia risultava antiquato. Vedeva Roma come poteva vederla un tardo epigono dei Nazareni ... E altrettanto anacronistici erano il suo entusiasmo così facile da accendere, eco di un romanticismo ormai scomparso ..., il suo ottimismo e il suo culto dell'amicizia. Non era neppure possibile immaginarselo disperato, intimamente lacerato o abbattuto".[69]

La testimonianza di Pauli illustra il profondo legame tra giudizio e temperamento, quello del giudicato e quello del giudicante. Solo l'ultima delle sue affermazioni può dirsi corretta: certamente Allmers era ben lontano dall'essere un *poète maudit*, ma non per questo, ovviamente, era un passatista. Già nel suo *Marschenbuch* aveva sottolineato il fatto, comprovato dai dati statistici sulla criminalità, che i traguardi della modernità – "nella misura in cui crescevano il lusso e le mode" – avevano contribuito in maniera decisiva a risollevare la "condizione morale" della sua rurale regione d'origine.[70] Inoltre Allmers non insisteva affatto su faticose marce a piedi o cavalcate a dorso di mulo, ma anzi, sfruttava con naturalezza gli agi della vita moderna, ad esempio prendendo il vaporetto quando dal Passo dello Spluga si spingeva fino al Lago di Como o quando, come abbiamo già avuto modo di menzionare, diretto a Ninfa montava sul treno per Albano.

Proprio per questo anche nelle *Schlendertage* di Allmers si possono cogliere momenti di esplicito malessere nei confronti di un ‚eccesso di storia'. Già nella prima edizione del 1869 tale malessere si esprime nel giudizio sulle realtà politico-sociali e, in maniera più evidente, nella convinzione che Pio IX sia troppo vecchio per "ripulire la grande stalla di Augia che è il vecchio Stato della Chiesa" (RS 208). Allmers si fa ancor più esplicito nel capitolo *Nachblicke und Nachklänge* (*Eco di suoni e di sguardi*), epilogo aggiunto alle successive edizioni delle *Schlendertage*. Allmers vi descrive la tempesta che investe il Vaticano il 18 luglio 1870, giorno in cui fu proclamato il *Pastor Aeternus*, dogma dell'infallibilità, come un fatidico presagio del tuonare del cannone in settembre, quando "l'ultimo residuo decrepito e rattrappito del dominio secolare dei papi" sarebbe crollato "sotto il peso degli anni come sotto quello dei peccati".[71] Che a fronte di una politica e di una società inadeguate, la stessa presenza estetica del passato potesse nuocere all'Italia e "all'Europa, rendendola polverosa e cattiva"[72] – questo lui, figlio della prima metà del secolo e romantico dichiarato,[73] non lo avrebbe ammesso mai. Al contrario, Allmers sosteneva un punto di

67 Archiv des Lk. Cuxhaven, NHA 2100 Hardaker.

68 Anche se vi erano voci come quella dello storico dell'arte Hermann Riegel, che nel 1868 osservò: "Nessuno, vivendo nel presente, può vivere a Roma", cit. da Bauer 1991, p. 305.

69 Pauli 1936, citato da: *Jahrbuch der Männer vom Morgenstern* 30, 1940, p. 141 s.

70 Allmers, Marschenbuch (1858) 1979, p. 132.

71 Cit. da RS, 6. ediz., Oldenburg e Lipsia 1888, p. 446.

72 Cfr. Nacci 2002, p. 55 s.: "...le rovine si fanno leggere come un eccesso di storia che fa male all'Europa, rendendola polverosa e cattiva...".

73 "In queste giornate fiorentine ho ... visto, quanto io sia, in arte, un autentico romantico", cit. da Siebs (1915) 1982, p.181.

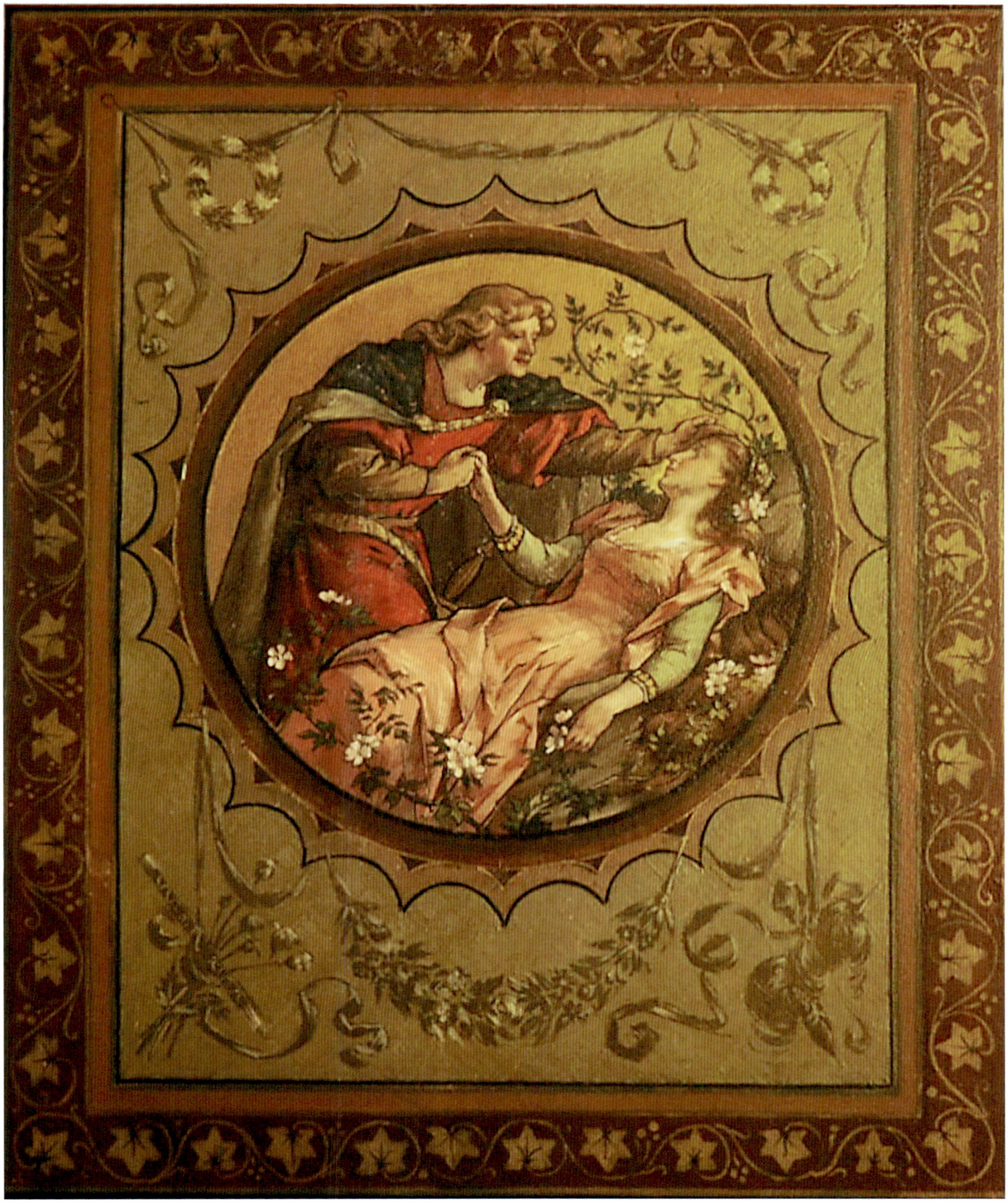

5 Erwin Küsthardt: La Bella Addormentata nel Bosco (1891; Decorazione per il programma iconografico della cosiddetta Marschensaal in casa Allmers a Rechtenfleth, Affresco su fondo oro ø 48 cm, 6.1.034)

vista diametralmente opposto: "pur intimamente soddisfatto per la vittoria finale dell'Italia",[74] egli definisce la conquista di Roma per mano di Cadorna "l'infausto evento",[75] spiegandone anche la ragione:

> "... doversi, d'ora in poi, figurare Roma come una moderna capitale. Che incredibile trasformazione! Quella sua tranquillità maestosa e incantevole che, promanando dalle sublimi vestigia dell'antico passato ... ci proietta in uno stato d'animo che nessun altro luogo sa trasmetterci, come ... quest'impressione unica e meravigliosa si dovrà dissolvere per sempre a fronte del clangore di spade dei regni moderni."[76]

Come Gregorovius (*Der Umbau Roms*, 1886/88) e Herman Grimm (il cui memoriale *La distruzione di Roma* fu pubblicato in traduzione italiana già nel 1886), anche Allmers rientra in quella schiera di tedeschi che levarono grida d'allarme temendo che il paesaggio urbano di Roma potesse riportare danni quando la città fosse divenuta metropoli e capitale del regno. Eppure, nel 1889, Allmers dichiarò la sua ferma volontà, se avesse dato un seguito alle sue *Schlendertage* – e in effetti per qualche tempo si trastullò con l'idea di comporre delle *Neurömische Schlendertage* – di "accogliere il governo, al contrario di quanto fanno Gregorovius e Grimm ... il più caldamente possibile".[77] Ancora una volta, questo fa di lui un realista politico.

Ma torniamo a Ninfa e ad Allmers. Emblema della sua incantevole descrizione del luogo è il motivo della Bella Addormentata, che utilizzò già nelle lettere agli amici per caratterizzare non soltanto la magia di Ninfa, ma anche l'esperienza interiore che quel luogo gli aveva ispirato. Già nella prima lettera che inviò ad Haeckel dopo il suo ritorno il 6 gennaio 1860, Allmers ricordava che „...in queste strade e su queste piazze ci si [sente] quasi sotto incantesimo; mi pareva sempre che da qualche parte dovessi scovare, dormiente, la Bella Addormentata ...".[78] Poco dopo, il motivo fece la sua comparsa anche in due lettere, molto simili, indirizzate rispettivamente a Theodor Menke, vecchio compagno di viaggi, e a Christian Carl Magnussen, conoscente tedesco-romano.[79] Allmers integrò il motivo anche nello scritto su Ninfa, descrivendosi come un "biondo viandante ..., perso in profonde meditazioni, contagiato anch'egli dal meraviglioso silenzio che lo circondava, forse memore di una fiaba quasi dimenticata, udita nei lontani anni della gioventù, il grazioso racconto della Bella Addormentata nel Bosco" (RS 339). Questa Bella Addormentata la ritroviamo anche nella sua casa di Rechtenfleth (fig. 5). Erwin Küsthardt (1867–1901), giovane pittore amico di Allmers, la incluse, con il consenso *amusé* del padrone di casa, nel programma iconografico della cosiddetta *Marschensaal*, conferendo anche ad essa – proprio come al vicino *Barbarossa nella catena montuosa del Kyffhäuser* di Arthur Fitger, pittore di Brema – connotazioni politiche:

---

74 RS, 6. ediz., p. 446.

75 Ibidem, p. 445.

76 Ibidem, p. 446 s..

77 Allmers, 2014 (Corrispondenza II), B 186 alla cugina Doris Biedenweg, 15 maggio 1889, p. 573. Nell'agosto 1889, scrivendo all'amico berlinese August Tiede, architetto e membro della Società Colonna, Allmers precisa così il suo punto di vista: "Soprattutto mentre ero a Roma mi sono sentito chiamato in causa dal ringiovanimento della città eterna. Ovunque mi voltassi vedevo dispiegarsi, sane e fresche, la vita e la volontà, vedevo tutti indaffarati a riordinare, pulire, creare. Certo, alcune cose le si vede sparire con rammarico, ad esempio certi antichi scorci pittoreschi che deliziavano gli artisti, certi panorami meravigliosi impietosamente cancellati da alte palazzine. Tutto ciò che è d'importanza storica e conta davvero, però, viene tutelato e manutenuto dall'amministrazione con una cura e un'abnegazione tali per cui non si merita affato di essere ricoperta di improperi, di insulti persino, da Herman Grimm, Gregorovius e da altri stranieri, come accade ancor oggi. Vi sono stati poi abbellimenti e miglioramenti che lasciano a bocca aperta. Penso di poter spezzare una lancia a favore del governo italiano anche per quanto riguarda questo aspetto", Allmers, 2019 (Corrispondenza III/2), B 119, p. 255 s.

78 Allmers 2017 (Corrispondenza III/1), B 33, 6 gennaio 1860, p. 110.

79 Allmers 2010 (Corrispondenza I), B 59 a Menke, 20 gennaio 1860, p. 204: "Solo tutto il giorno, passeggiai per questi vicoli, per queste piazze silenziose, ricoperte di rovi di more e di cardi. Mi sentivo quasi sotto incantesimo. Conosce la fiaba della Bella Addormentata nel Bosco?"; Id., 2014, B 34 a C. C. Magnussen, 26 gennaio 1860, p. 251: "Vi trascorsi, in profondissima solitudine, un'intera giornata. Mi sentivo quasi come fossi anch'io sotto incantesimo. Conosce la bella fiaba antica della Bella Addormentata nel Bosco? Continuava a venirmi in mente."

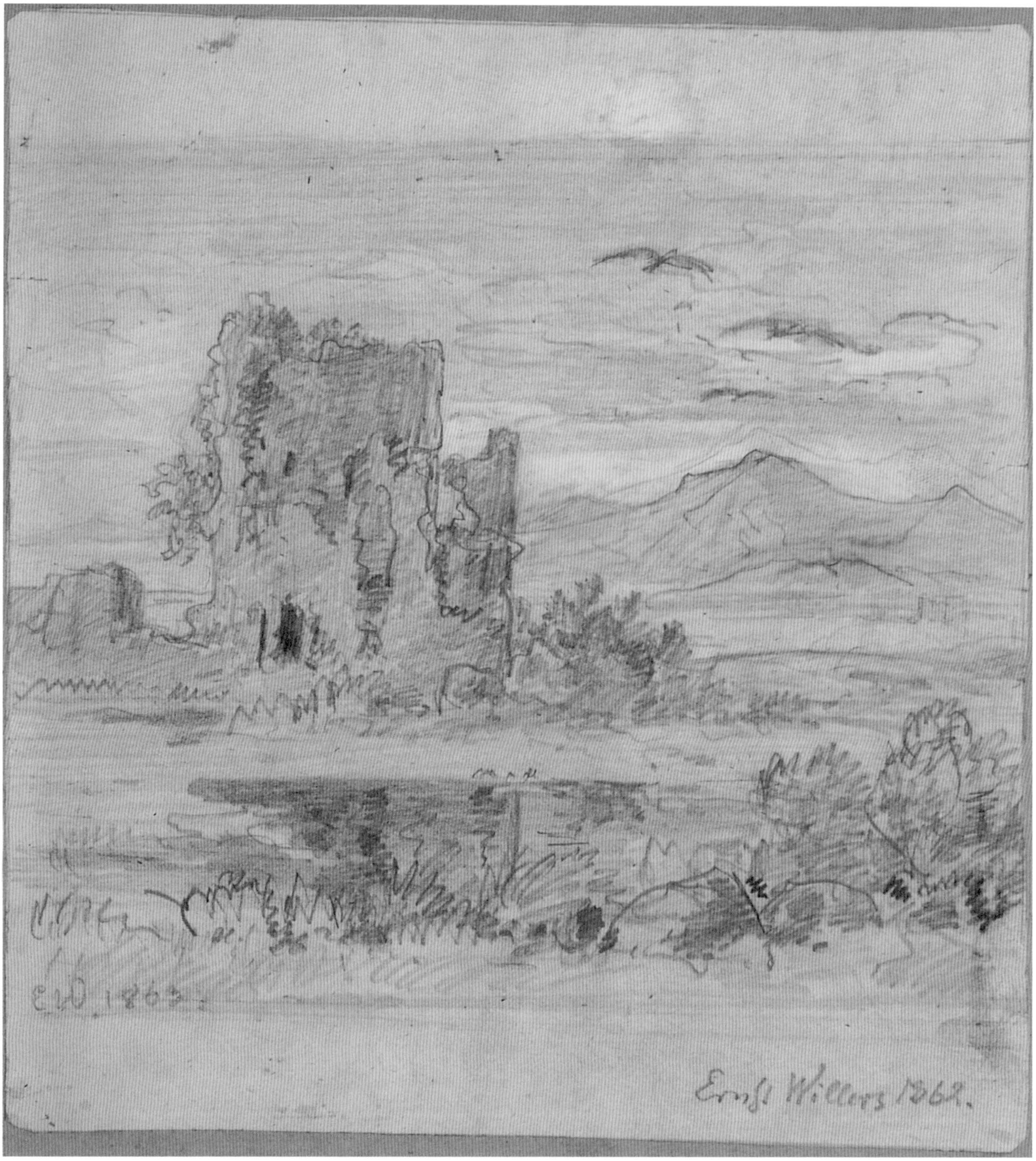

6 Ernst Willers, La Sedia del Diavolo, matita 22 x 19,8, scritta in basso a sinistra: EW 1863 e a destra per mano di Allmers: Ernst Willers 1862.

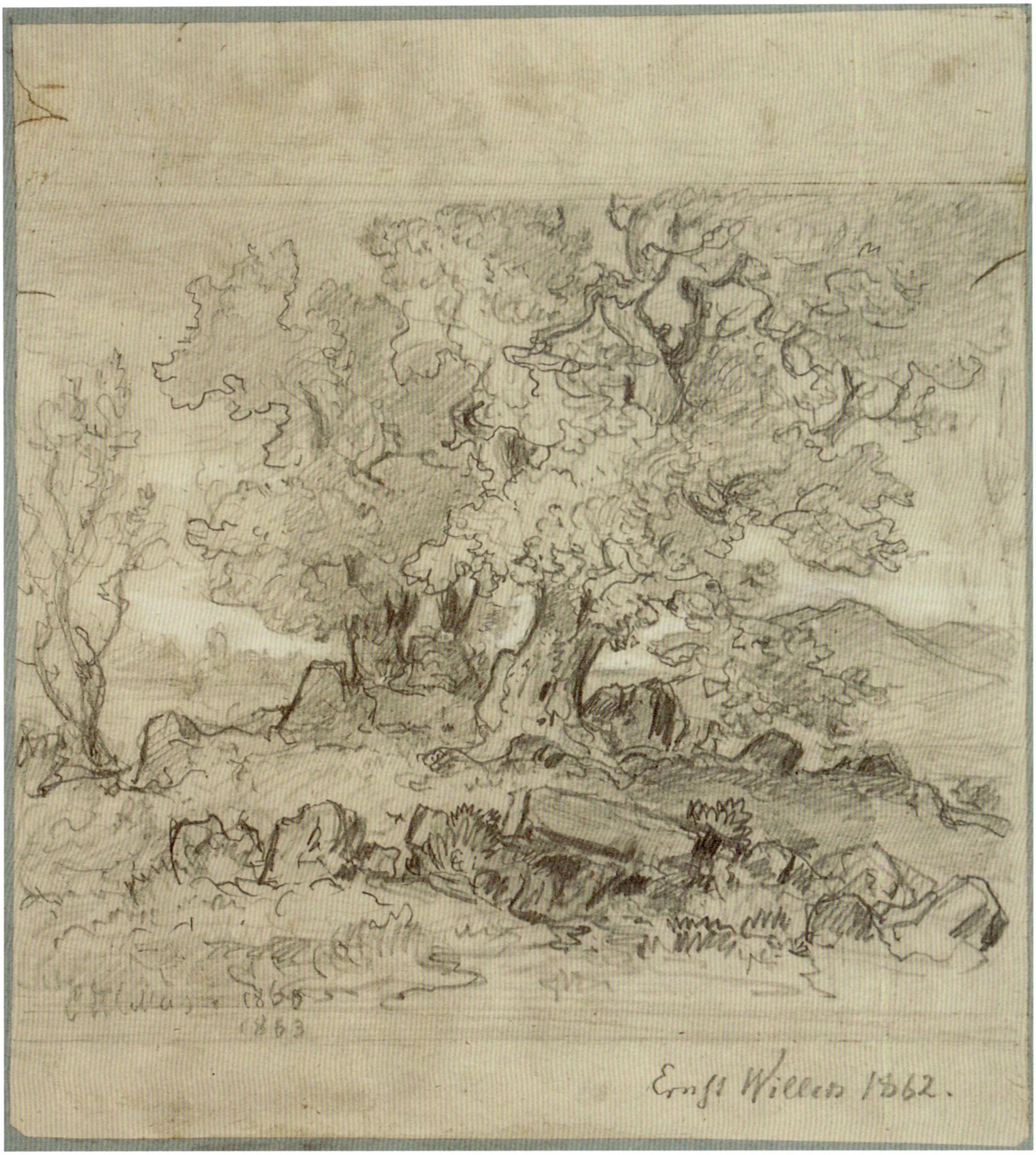

7 Ernst Willers, Tomba megalitica nella brughiera, matita 22,2 x 19,7, iscrizione in basso a sinistra: E. Willers 1863; in basso a destra per mano di Allmers: Ernst Willers 1862; scritta per mano di Allmers sul retro: Ernst Willers da Oldenburg, progetto di tomba megalitica nella brughiera per il dipinto murale a Rechtenfleth 62.

"Solo le due piccole pareti (quella tra la porta e il camino e quella di fronte) non sono state ancora completate; l'estate prossima vi saranno rappresentate due fiabe, ovvero quelle di Cenerentola e della Bella Addormentata nel Bosco; il principe, che la risveglia con un bacio, avrà, per volontà di Erwin, le fattezze del giovane Bismarck".[80]

A determinare il successo di Allmers presso un pubblico assai vasto non fu però soltanto l'immediatezza con cui seppe descrivere i luoghi, con la loro natura e la loro storia; più ancora fu l'apparente naturalezza con cui, sia nel bozzetto di Ninfa del 1860 sia, dieci anni dopo, nella più esaustiva raccolta di bozzetti delle *Schlendertage*, seppe raccontare la sua esperienza. A ciò si aggiungeva poi la sua abilità didattica nel trasmettere al pubblico ciò che ad esso era estraneo. Evocando in maniera così poco artificiosa quanto era noto a tutti, il motivo della Bella Addormentata nel Bosco, ad esempio, egli compiva in realtà un gesto di mirabile maestria. A guidarlo era infatti l'intenzione di ricondurre ciò che era estraneo a concetti noti: lasciare che il noto rendesse possibile l'esperienza dell'ignoto, tradurre l'estraneo nel familiare, nell'intimo. E fu proprio questo procedimento di traduzione, nel senso più letterale del termine, dell'estraneo nel familiare che Allmers applicò anche quando si trattò di descrivere la Campagna romana. In questo contesto, fu lui stesso ad adoperare il termine 'traduzione':

"Hanno un'atmosfera in una certa qual misura simile a questa alcune zone della nostra brughiera, qui nel nord della Germania, con i loro grovigli di sterpi e le loro colline, con le tombe megalitiche e gli altari sacrificali in granito. Soltanto che qui tutto possiede un accento ancor più cupo e profondo. La brughiera bruna è l'elegia della Campagna tradotta in un linguaggio epicamente nordico" (RS 289).

I lettori di Allmers conoscono bene il mormorio 'epico' della brughiera – non da ultimo grazie al componimento *Haidenacht (Notte in brughiera)* che, a partire dalla seconda edizione, figura in tutte le raccolte delle sue poesie:[81] la capacità evocativa e suggestiva di questi versi supera, anche nella percezione di noi contemporanei, l'aspetto wagneriano dell'immagine. Le impressioni della natura nei dintorni di Roma – Ninfa compresa – riportate da Allmers sono e restano infatti magistrali, perché il poeta, consapevolmente, esce dalla città e descrive al suo lettore un percorso, come quello verso Ninfa appunto, e nella descrizione include la percezione che, nella natura, ha di sé stesso.[82]

Proprio per questa ragione, il ritrovamento del familiare nel non-noto non costituisce un mancato riconoscimento di ciò che è estraneo ma, anzi, un riconoscimento reminiscente dell'io lirico.[83] Allmers non applicò questo metodo di traduzione solo nella sua prosa, ma anche nelle raffigurazioni in cui accosta immagini della patria a quelle di terre straniere. Per il progetto di una pittura murale nella sua casa di Rechtenfleth, egli ottenne la collaborazione del già menzionato Ernst Willers, che gli fornì due studi a matita che dovevano servire per alcuni soggetti italiani e tedeschi in parallelo per dipinti murali ad olio, che poi però non furono mai realizzati. In precedenza, Willers aveva già dipinto ad olio il motivo

80 Allmers 2014 (Corrispondenza II), B 199 a Doris Biedenweg, 15 dicembre 1890; a proposito dell'inserimento del motivo della Bella Addormentata nella *Marschensaal* a Rechtenfleth si veda Freyberger 2009, p. 273 ss.

81 "Auf die braune Heide nieder" recita l'incipit di *Haidebild*, poesia mai pubblicata e conservata nel lascito di Allmers (Archiv des Lk. Cuxhaven, NHA 1300 volumetto di poesie verde, p. 15). Idealmente si tratta del precursore della *Haidenacht*, pubblicata nella seconda edizione, molto più ampia della prima, delle *Dichtungen*, Oldenburg s. a. [1878].

82 Cfr. Goethe, *Betrachtungen im Sinne der Wanderer*, n. 154: "Bei Betrachtung der Natur im großen wie im kleinen hab' ich unausgesetzt die Frage gestellt: Ist es der Gegenstand oder bist du es, der sich hier ausspricht?" (Goethes Werke 8, p. 306); si veda anche il commento di Ritter del 1980 alla poesia *La passeggiata* di Schiller (1795), 1980, p. 159: la natura "solo per chi esce diviene paesaggio, appartenente dunque alla città che si leva turrita dal suo zoccolo roccioso".

83 Richter 1994, p. 119, commette quest'errore chiedendosi perché il "poeta delle paludi" si sia spinto tanto lontano da casa sua per poi ritrovarla sempre in terra straniera.

della Campagna;[84] gli studi a matita sono ancora conservati nel lascito di Allmers (fig. 6 e 7).

Nel descrivere Ninfa, perlomeno nella versione a stampa del capitolo *Una città dimenticata* contenuto nella prima edizione delle *Schlendertage* (1869), oltre al paragone con la 'Bella Addormentata nel Bosco' Allmers adopera anche l'epiteto ‚Pompei del medioevo' (RS 346). La metafora però fa la sua comparsa solo sul finire della descrizione, in quello che è sostanzialmente un riepilogo delle impressioni della giornata fatto poco prima di lasciarsi alle spalle quel luogo fiabesco:

> "E ancora indugiavo in quella meravigliosa città, quella Pompei del medioevo, il cui incanto mi tratteneva come mille invisibili braccia. E qualche minuto dopo tramontò il sole – spegnendo d'un tratto tutto quello splendore fiammeggiante e incandescente. [...] Solo a quel punto lasciai Ninfa e mi inerpicai nuovamente sul pendio roccioso per raggiungere l'ospitale locanda" (RS 346).

Nel passo citato, il carattere appositivo è sufficiente a far sì che il motivo appaia quasi un'aggiunta posticcia e non certo il frutto di un'improvvisa ispirazione, una definizione calzante venuta in mente al narratore proprio lì sul momento. E quest'impressione non inganna, poiché nella versione originale del bozzetto dell'escursione, quella che Allmers, come già menzionato, pubblicò sulla *Weser-Zeitung* di Brema nel marzo 1860 e che è in gran parte coincidente con questa, l'espressione è assente. Per quanto a me noto, essa fa la sua prima comparsa nei testi di Allmers a noi accessibili il 3 settembre del 1866, allorquando Allmers raccomanda all'amico Haeckel: "E se ne avrai la possibilità, dedica qualche giorno di cammino... ad un'escursione a Norma e alla sottostante Ninfa, meravigliosa, che... se ne sta lì come il castello della Bella Addormentata nel Bosco ... una meravigliosa Pompei del medioevo."[85]

Questa circostanza depone fortemente a favore dell'ipotesi per cui Allmers avrebbe inserito tale metafora nella sua opera soltanto dopo aver letto la descrizione che fece di Ninfa Ferdinand Gregorovius (1821–1891). *Lateinische Sommer*, il secondo volume dei suoi *Wanderjahre in Italien*, che conteneva anche il testo su Ninfa, uscì nel 1864 per l'editore Brockhaus di Lipsia. Esso si trova tutt'ora tra i libri conservati nello studio di Allmers a Rechtenfleth – affianco al terzo volume, *Siciliana* (Inv. 9.3.400). A farci propendere per l'idea che sia stata la lettura di Gregorovius a spingere Allmers ad adottare l'espressione, vi sono anche alcune analogie tra i due autori per quanto riguarda il modo di percepire e di sentire.

Sembra probabile che Allmers e Gregorovius condividessero soprattutto la pronunciata predilezione per la Campagna romana e la visione intima e profonda che ne avevano. Se nel brano delle *Schlendertage* citato in precedenza Allmers parlava di una "elegia della Campagna", Gregorovius vi ritrovava "la calma solenne del tragico".[86] Gregorovius, che scrive per una cerchia di lettori di formazione classica – contrariamente ad Allmers – non traduce l'atmosfera della Campagna in un immaginario "epicamente nordico", accostandola, come avrebbe potuto fare, alle brughiere della sua Prussia orientale, ma la mantiene invece "nella sublimata bellezza epica del Lazio".[87] Eppure i sentimenti dei due e la maniera di rappresentarli si somigliano in maniera impressionante.

Anche Ninfa è descritta da entrambi come un' esperienza carica di suggestioni quanto quella della Campagna e da rendere con il medesimo trasporto. Con la sua maturità stilistica e la sua carica poetica, la descrizione di Gregorovius non è da meno di quella di Allmers. Ma, ad una lettura attenta, anche dal testo di Gregorovius emerge come egli restituisca il primo impatto con Ninfa come se si trattasse del primo incontro a tu per tu con qualcosa che, fino a

84 Ernst Willers, paesaggio di campagna con Sedia del diavolo, sullo sfondo il Monte Soratte,1841; olio su tela, 71 x 105 cm; Kunsthalle Bremen.

85 Allmers 2017 (Corrispondenza III/1), B 127 a Haeckel, 3 settembre 1866, p. 372.

86 Gregorovius 1864, p. 184.

87 Ibidem, p. 185.

quel momento, aveva solo sentito nominare – benché di frequente e con abbondanza di dettagli:

> "Allorché entrammo nell'albergo di Norma l'albergatore ci condusse nella nostra stanza, mi affacciai alla finestra e tutta la superba bellezza della pianura marittima si offerse ai miei occhi. Subito sotto di me, ai piedi del monte, scorsi una cerchia di mura coperte di edera in mezzo alle quali si levavano delle curiose collinette, che sembravano fatte di fiori. Qua e là sorgevano pure antiche torri rovinate, rivestite tutte di musco, ed in mezzo a questa bizzarra cerchia di mura sbucava fuori un argenteo ruscello che attraversava poi le paludi pontine e, quasi striscia di luce, si perdeva in un lago presso il mare. Attonito domandai all'albergatore che cosa fossero quella strana cerchia e quelle collinette in fiore. "Ninfa, Ninfa", mi rispose. Ninfa! Era, dunque, la Pompei del medioevo, la città dei sogni, immersa nelle paludi pontine! Decidemmo di andarvi la sera, allorché la dolce Selene sarebbe sorta dietro i ruderi ciclopici dell'antica Norba."[88]

Questo brano può spingerci a concludere che sia stato Gregorovius il primo ad attribuire a Ninfa questo suo epiteto? Nasce un dubbio. Il contesto nel quale Gregorovius colloca l'espressione – "Ninfa! Era, dunque, la Pompei del medioevo" – suggerisce che, prima ancora di vederla per la prima volta, egli l'avesse già "etichettata" in questo modo. Forse, allora, fu un terzo autore ad attribuirle l'epiteto; e a corroborare l'ipotesi vi è anche il fatto che lo stesso Gregorovius abbia in realtà cautamente messo in dubbio la metafora:

> "Il suo aspetto è più incantevole di quello di Pompei, le cui case sembrano spettri o mummie sventrate, faticosamente strappate alla lava vulcanica. Sopra Ninfa invece si muove, al soffio del vento, un mare di fiori; ogni muro, ogni chiesa, ogni casa è rivestita d'edera, e su tutte quelle rovine oscillano i purpurei stendardi del dio trionfante della primavera."[89]

Ma torniamo a Gregorovius e Allmers. Proprio perché i loro punti di vista si rassomigliano tanto, sembra che in relazione alla rappresentazione di Ninfa si sia svolta, tra il camminatore Gregorovius e il passeggiatore Allmers, una velata competizione.[90] Come riportato nel suo scritto, Gregorovius visitò Ninfa già nel settembre 1859, quindi prima di Allmers, ma questi lo precedette quando si trattò di mettere per iscritto l'esperienza e pubblicarla. Fu solo nel giugno 1860, infatti, che Gregorovius terminò la stesura del suo resoconto di viaggio *Aus den Bergen der Volsker* (*Dai Monti Lepini*) ove troviamo anche la sua descrizione di Ninfa.[91] Allora dalla pubblicazione sulla *Weser-Zeitung* di Brema di *Una città dimenticata*, "bozzetto di un'escursione" di Allmers, erano passati già tre mesi ed Allmers era impegnatissimo a spedire per ogni dove copie del testo. Insomma, il primo a 'pubblicare' Ninfa fu Allmers.

Non v'è traccia di frequentazioni tra Allmers e Gregorovius durante il periodo che trascorsero a Roma, né è nota o conservata nel lascito di Allmers un'eventuale corrispondenza, che pure occasionalmente dev'esservi stata, tra questi due interpreti della Campagna e di Ninfa. Ci è stata però trasmessa notizia di un episodio dell'autunno del 1859, quando

88 Ibidem, p. 204.

89 Ibidem., p. 211. Cfr. anche il contributo di Norbert Miller al presente volume.

90 Sulla ‚competizione' tra Allmers e Gregorovius si veda anche l'introduzione di Michael Matheus al presente volume. Cfr. inoltre la voce di Wikipedia su Gregorovius, che riporta: "Con Alfred von Reumont, che nel 1857 pubblicò il primo volume di una storia di Roma in tre volumi, egli sviluppò un rapporto di competizione ..." (https://de.wikipedia.org/wiki/Ferdinand_Gregorovius, ultima consultazione: 21/07/2021). È degna di nota anche l'osservazione fatta en passant da Detlefsen sulla descrizione che Gregorovius fa del Pozzo d'Antullo, una grotta carsica presso Collepardo: "Proseguimmo per Trisulti, ... passando il Pozzo d'Italia, di cui forse ricorda ancora la descrizione fin troppo fantastica, che ne fece Gregorovius sulla [Augsburger] Allgemeine", Allmers 2014 (Corrispondenza II), p. 269, B 37, 25 settembre 1860); la suddetta "descrizione fantastica" si trova in Gregorovius 1864, p. 154 ss.

91 Secondo Miller 2016, p. 390.

Gregorovius e Allmers entrarono in aperta competizione sul tema e per i favori del pubblico. Allmers lo menziona nel febbraio 1873 all'amico Arthur Fitger (1840–1909), poeta e pittore di Brema che all'epoca si riprometteva di scrivere una "novella pompeiana" per la sua raccolta *Fahrendes Volk*. Quando Fitger gli comunicò di aver "accantonato" il progetto "dopo aver letto l'Euforione di Gregorovius",[92] il 'poeta delle paludi' lo esortò a non demordere, rievocando il suo ultimo incontro con Gregorovius presso l'associazione degli artisti tedeschi a Roma. Il 10 novembre 1859, poco prima della visita di Allmers a Ninfa (il 13 novembre), presso l'associazione degli artisti si celebrò infatti il centenario della nascita di Friedrich Schiller. In quell'occasione, Gregorovius, lesto nel prendere parola, mise in ombra Allmers. Rispondendo punto per punto alla lettera di Fitger, Allmers rievocò quella serata romana occorsa quindici anni prima e, per quanto riguarda Gregorovius, esclamò tra l'ironico e il risentito:

> "Settimo: Gregorovius, quell'infame, quel mascalzone impertinente. Fa sempre così. Già a Roma, in occasione della festa per il centenario di Schiller, mi soffiò il brindisi migliore. Sarebbe proprio una vergogna se per questa ragione dovesse andar perduta una poesia tanto affascinante e significativa. Che ti importa, tu l'hai composta senza che lui ti influenzasse, non lo hai mica imitato, no?"[93]

Sembra quasi che Allmers, dopo quella sera in cui fu defraudato dei suoi applausi, abbia avuto fretta di arrivare a Ninfa. La vicinanza temporale tra l'episodio, la visita di Allmers a Ninfa avvenuta tre giorni dopo e la cavalcata di Gregorovius sui Monti Lepini, intrapresa tra l'undici e il tredici settembre 1859, potrebbe indurci a credere che quella sera presso l'associazione degli artisti di Roma si fosse parlato anche di Ninfa. Questo spiegherebbe anche perché, tornato da Roma, Allmers si sia occupato innanzitutto di rielaborare il bozzetto di Ninfa che pubblicò con sorprendente anticipo rispetto alle restanti parti delle sue *Schlendertage*, la cui stesura fu ben più laboriosa. Forse l'irritazione che, a più di dieci anni da quella serata dedicata a Schiller, ancora traspare dalle parole di Allmers, è dovuta al fatto che prima o durante la festa Allmers e Gregorovius devono aver parlato del breve discorso per il brindisi che ciascuno di loro avrebbe tenuto.

Sia come sia... Allmers era ancora risentito, ma non rimase permanentemente turbato, poiché la stima che aveva di Gregorovius era tale che raccomandò a Haeckel la lettura dei *Siciliana*, il terzo volume dei suoi *Wanderjahre*, dedicandole un caloroso apprezzamento: "Se ti capiterà di voler evocare dei ricordi assai vividi della Sicilia, leggi la meravigliosa opera ‚Siciliana' di Gregorovius. Ne sono estasiato e vorrei che anche tu ne potessi godere."[94] E perciò vent'anni dopo, curando la pubblicazione del *Römischer Wandkalender deutscher Nation*, Allmers invitò Gregorovius a contribuirvi. L'edizione del 1884 è l'unica testimonianza oggi nota di una collaborazione diretta dei due rivali di Ninfa. A questo progetto di breve durata, che suscitava qualche perplessità tra gli amici di Allmers, Gregorovius contribuì con un monito in prosa, che Allmers collocò su una pagina aggiuntiva inserita dopo quella di dicembre:

> "Gli Italiani hanno preso in consegna Roma, la più venerabile eredità della storia, la quale non sembra aver mai conferito ad altro popolo sede sì sublime, né al contempo aver mai attribuito compito più arduo e dovere più grave di questo: ergersi a difensore e innovatore della città di Roma, tornare di nuovo grande nella sua grandezza e porre fine, con una riforma morale, alla terribile spaccatura tra la Chiesa e la Nazione."[95]

92 Allmers 2010 (Corrispondenza I), p. 372, commento ad un passo della B 135. Ovviamente *Euphorion. Eine Dichtung aus Pompeji in vier Gesängen* di Gregorovius era uscito molto tempo prima, nel 1858.

93 Ibidem, p. 370, B 135 a Arthur Fitger, 26 febbraio 1873.

94 Allmers 2017 (Corrispondenza III,1), B 81 a Ernst Haeckel, 25 aprile 1863, p. 284.

95 Cfr. Allmers 2019 (Corrispondenza III/2), B 34 p. 99 ss.: nel giugno 1882, su richiesta del concittadino Eduard Müller, libraio residente a Roma ma originario di Brake sul basso Weser, All-

L'università di Heidelberg conferì ad Allmers la laurea ad honorem anche in ragione del fatto ch'egli avesse "guidato, portando la fiaccola, la schiera di coloro che avrebbero passeggiato per Roma", come recitano la pergamena conservata a Rechtenfleth e il titolo del presente saggio. Anche con il progetto del *Römischer Wandkalender*, che Arthur Fitger, poco dopo che Allmers aveva accettato di curarne l'edizione, definì con disprezzo "orpello letterario" e "grazioso foglio da toilette", Allmers stava portando la fiaccola.[96]

L'operato di Allmers conserva il suo valore: mentre nasceva il turismo di massa, sia questo calendario che le dodici edizioni delle sue *Schlendertage* indicarono ad un pubblico molto vasto la strada di un'esperienza autonoma e perciò autenticamente feconda dell'incontro con una terra straniera.

Appendice: letteratura sull'Italia nella biblioteca di Allmers

Stando ai suoi appunti, a Roma Allmers legge la *Storia di Roma* di Mommsen e le opere di Winckelmann e Vasari. Nei suoi scritti, oltre a questi autori, fa riferimenti espliciti a: Goethe, *Viaggio in Italia*; Jacob Burckhardt, *Cicerone*; Adolf Stahr, *Ein Jahr in Italien*, I–III, Oldenburg 1847–1850; Otto Speyer, *Bilder italienischen Landes und Lebens*, Berlino 1859; Theodor Fournier, *Rom und die Campagna. Neuer Führer für Reisende*, Lipsia 1862; Bunsen e Platner: *Beschreibung der Stadt Rom*, 1830; Karl Julius Ferdinand Schnaase, *Geschichte der bildenden Künste*, I, 1843; James Spencer Northcote, *The Roman Catacombs or Some Account of the Burial-Places of the Early Christians in Rome*, seconda edizione, Londra 1859.

Di seguito riportiamo la lista dei titoli con riferimento all'Italia ancor oggi presenti nella biblioteca di Allmers (tra parentesi la loro collocazione nel fondo di Casa Allmers). Nella consultazione va tenuto conto del fatto che, soprattutto a causa delle difficoltà economiche affrontate dai proprietari negli anni Venti del '900 e dei passaggi di proprietà di Casa Allmers nei 120 anni trascorsi dalla morte dell'autore, alcuni testi potrebbero essere andati persi o essere stati venduti.

Hans Barth: Est! Est! Est! Italienischer Schenkenführer von Dr. Hans Barth in Rom. Venedig, Mailand, Turin, Genua, Bologna, Florenz, Rom und Castelli Romani, Neapel, Capri, Oldenburg / Lipsia: Schulze (A. Schwartz), s. d.; 68 pp. (9.3.101)

Joseph Bühlmann / Alexander Wagner: Rom mit dem Triumphzuge Constantins im Jahre 312, Rundgemälde von Prof. J. Bühlmann und Prof. Alex. Wagner. Mit einer Orientierungstafel, Monaco: Panorama-Gesellschaft, 1888; 35 pp. (9.3.117)

Jacob Burckhardt: Der Cicerone. Eine Anleitung zum Genuss der Kunstwerke Italiens, Basilea: Schweighauser, 1855 [2 esemplari] (9.3.299a/b)

Id.: Die Cultur der Renaissance in Italien. Ein Versuch, Basilea: Schweighauser, 1860 (9.3.291)

Vincenzo Craveri: Wegweiser durch die Städte Riva, Arco und Umgebungen mit Notizen über den Garda See und über die Kur Anstalten im Trentino (Italienisch-Tirol), prima parte, Rovereto 1875 (9.3.120)

Johannes Friedrich Delius: Reisebriefe aus Italien. Als Manuscript für Freunde gedruckt, Brema: Heyse, 1854 (9.3.353)

Lionel von Donop: Die Wandgemälde der Casa Bartholdy in der National-Galerie von Prof. Dr. Lionel von Donop, Berlino: Kunst- und Buchdruckerei Otto von Holten, 1889; 48 pp. (9.3.121)

Gustav Floerke: Sommerfäden. Hundstage in Italien, Lipsia: C. G. Naumann, 1896 (Kennst du das Land? Bücherslg. für die Freunde Italiens, 6) (9.3.341)

Theodor Fournier: Rom und die Campagna. Neuer Führer für Reisende. Nebst allgemeinen Bemerkungen für Patienten von Dr. Felix Kunde, pract. Arzt in Rom. Prima parte (Rom. Mit zwei Plänen), Seconda parte (Die Campagna. Mit einer Karte), Lipsia: E. A. Seemann, 1862 (9.3.325)

Johann Wolfgang von Goethe: Tagebücher und Briefe Goethes aus Italien an Frau von Stein und Herber. Mit Beilagen, Weimar: Goethe-Gesellschaft, 1886 (Schr. der Goethe-Gesellschaft, 2) (9.3.501/02)

mers si incaricò di dirigere il *Römischer Wandkalender deutscher Nation. Eine Weihnachts- und Neujahrsgabe deutscher Dichter der Gegenwart, herausgegeben und zunächst deutschen Romfahrern gewidmet von Hermann Allmers*, pubblicato dalla casa editrice che faceva capo alla Libreria Centrale di Roma di Müller, che ebbe vita breve.

96 Cfr. Allmers, 2010 (Corrispondenza I), B 192–195, p. 473 ss.

Ferdinand Gregorovius, Wanderjahre in Italien, Vol. 2 (Lateinische Sommer), Lipsia 1864; Vol. 3 (Siciliana. Wanderungen in Neapel und Sicilien), Lipsia 1865 (9.3.400)

Id.: Geschichte der Stadt Rom im Mittelalter vom fünften Jahrhundert bis zum sechzehnten Jahrhundert, Stoccarda: J. G. Cotta, Vol. I + II, 1859; Vol. III, 1860; Vol. IV, terza edizione, 1877; Band V + VI, seconda edizione, 1871; Vol. VII, seconda edizione, 1873; Vol. VIII, seconda edizione, 1874 (9.3.407 a-h)

Theodor Gsell-Fels: Rom und Mittel-Italien. Mit 49 Plänen von L. Ravenstein, 16 Ansichten in Stahlstich, 1 Panorama von Plato Ahrens und 39 Ansichten in Holzschnitt, Hildburghausen: Bibliographisches Institut, 1871 (9.3.435a)

Id.: Ober-Italien. Mit 10 Karten, 31 Plänen und Grundrissen..., 20 Ansichten..., 1 Panorama... und 69 Ansichten im Holzschnitt, ibidem 1872 (9.3.435b)

Id.: Unter-Italien. Mit 6 Karten, 24 Plänen und Grundrissen, 11 Ansichten in Stahlstich und 61 in Holzstich, ibidem 1873 (Meyer's Reisebücher) (9.3.435c)

Id.: Römische Ausgrabungen im letzten Decenium. Die Callistus-Katakomben. Der Palatin. Die Unterkirche San Clemente. Mit 3 Plänen und 2 Ansichten, Hildburghausen: Bibliographisches Institut (M. Meyer), 1870 (9.3.261)

Julius R. Haarhaus: Auf Goethes Spuren in Italien, I (Ober-Italien), Lipsia: C. G. Naumann, 1896 (Kennst du das Land? Büchersl g. für die Freunde Italiens, 1) (9.3.406)

Otto Harnack (a cura di), Zur Nachgeschichte der italienischen Reise. Goethes Briefwechsel mit Freunden und Kunstgenossen in Italien 1788–1790, Weimar: Goethe-Gesellschaft, 1890 (Schr. der Goethe-Gesellschaft, 5) (9.3.501/04)

Woldemar Kaden: Italienische Gyps-Figuren, terza edizione, Oldenburg / Lipsia: Schulze (A. Schwartz), s. d. (9.3.352)

Id. / Hermann Nestel: Die Riviera. Wanderziele und Winterasyle der ligurischen Küste von Nizza bis Spezia, Berlino / Stoccarda: W. Spemann, s. d. (9.3.393)

August Wilhelm Kephalides: Reise durch Italien und Sicilien, Lipsia: Gerhard Fleische, 1818, Erster Theil mit zwey Karten, Zweiter und letzter Theil mit drei Karten und Plänen (9.3.370)

Eduard von Lossow: Handbuch zur Reise nach und in Italien. Mit vielen Karten und Plänen, terza edizione, Berlino: J. Remak, 1857 (9.3.351)

Wilhelm Lübke: Über einige mittelalterliche Kunstwerke in Italien (Mit 109 Holzschnitten), Vienna: k. k. Hof- und Staatsdruckerei, 1860, 51 pp. (9.3.183)

Karl August Mayer: Neapel und die Neapolitaner oder Briefe aus Neapel in die Heimat, Oldenburg: Schulze (W. Berndt), I (1840), II (1842) [in un'unica rilegatura] (9.3.385)

[Adolf Michaelis:] Geschichte des Deutschen Archäologischen Instituts 1829–1879. Festschrift zum einundzwanzigsten April 1879, a cura della Direzione Centrale dell'Istituto Archeologico, Berlino: A. Asher & Co., 1879 (9.3.474)

Gustav Adolf Müller: Die Tempel zu Tivoli bei Rom und das altchristliche Privathaus auf dem Monte Celio. Mit 3 Lichtdrucktafeln und Abbildungen im Text, Lipsia: M. v. Metzsch, 1899; 55 pp. (con dedica dell'autore; 9.3.178)

[Anon.] Ob Sanct Petrus in Rom gewesen ist oder nicht? Nach den stenographischen Berichten über die in Rom mit Genehmigung Sr. Heiligkeit des Papstes Pius IX. in Betreff dieses Themas abgehaltenen Disputationen, copia del 'Magdeburger Correspondent', Magdeburgo: Emil Baensch, 1872; 16 pp. (9.3.164)

Max Nohl: Tagebuch einer italienischen Reise, a cura di Wilhelm Lübke. Mit zahlr. Illustrationen nach Original-Zeichnungen, Stoccarda: Ebner & Seubert, 1866 (9.3.275)

James Spencer Northcote: Die Römischen Katakomben. Die Begräbnisplätze der ersten Christen in Rom, terza edizione, Colonia: J. P. Bachem, 1860 (Slg. von klassischen Werken der neuern katholischen Literatur Englands in dt. Übersetzung, 10) (9.3.470)

Hermann Oelschläger: Plaudereien aus Rom. Copia separata per gli amici dell'autore tratta dalla 'Gartenlaube', Lipsia 1875; 71 pp. (9.3.210)

Albert Orth: Reiseskizzen aus Italien. Vortrag gehalten im Klub der Landwirthe zu Berlin am 19. Februar 1889 von Albert Orth, Dr. phil., Professor an der landwirthschaftl. Hochschule und Friedrich-Wilhelms-Universität zu Berlin, Berlino 1889; 47 pp. (9.3.114)

Id.: Reiseskizzen aus Italien. Vortrag gehalten im Klub der Landwirthe zu Berlin am 22. März 1898..., Berlino 1899; 32 pp. (9.3.111)

Eduard Paulus: Ein Ausflug nach Rom. Vortrag gehalten von Eduard Paulus zum Besten der Olga-Heilanstalt, Stoccarda: Paul Neff, 1870; 47 pp. (9.3.188)

Ernst Platner / Carl Bunsen / Eduard Gerhard / Wilhelm Röstell: Beschreibung der Stadt Rom. Mit Beiträgen von B. G. Niebuhr und einer geognostischen Abhandlung von F. Hoffmann. Erläutert durch Pläne, Aufrisse und Ansichten von den Architekten Knapp und Stier und begleitet von einem besondern Urkunden- und Inschriftenbuch von Eduard Gerhard und Emiliano Sarti, Vol. 1, Stoccarda / Tubinga: Cotta, 1830 (9.3.408)

Johannes Proelß: Deutsch Capri in Kunst, Dichtung, Leben, Oldenburg / Lipsia: Schulze (A. Schwartz), s. d. (9.3.430)

Wilhelm Roßmann: Vom Gestade der Cyklopen und Sirenen. Briefe von W. Roßmann, Breslavia: Schottlaender, 1869; 29 pp. (9.3.175; sec. esemplare 9.3.187)

Ludwig Salomon: Spaziergänge in Süd-Italien. Mit vielen Illustrationen, Oldenburg / Lipsia: Schulze (A. Schwartz), [1895] (9.3.390)

Frida Schanz[-Soyaux]: Lacertola. Eine Campagna-Novelle. Illustrationen von Georg Schöbel. [fogli sparsi da: Velhagen & Klasings Neue Monatshefte, V anno (1890/91), Vol. 1, pp. 473–486] (9.3.202)

R. Schlüter: Aus und über Italien. Briefe an eine Freundin, seconda edizione, Hannover: Carl Rümpler, 1853. Volumi I–II (9.3.205 a/b)

Otto Hermann Friedrich Schmeding: Rom. Zwei Vorträge, gehalten im literarisch-geselligen Verein zu Oldenburg..., Oldenburg: stampa di B. Scharf, 1867; 183 pp. (9.3.112)

Richard Schmidtlein: Leitfaden für das Aquarium der zoologischen Station zu Neapel, seconda edizione, Lipsia: Wilhelm Engelmann, 1884 (9.3.047)

L. Schücking (a cura di), Italia. Deutsche Dichter als Führer jenseits der Alpen. Testi scelti e curati da L. Schücking. Nuova edizione migliorata, Francoforte sul Meno: Carl Jügel, 1857 (9.3.329)

Robert Schweichel: Italienische Blätter, terza edizione, Berlino: Otto Janke, 1880 (9.3.275)

Bernhard Sehring: Ideal-Projekt für ein Deutsches Künstlerheim und -Werkstatt in Rom (im Park Strohl-Fern, vormals Villa Poniatowsky). Manoscritto stampato, Berlino 1886; 14 pp. (9.3.252)

Peter Sirius: Kennst Du das Land? Wander- und Wundertage in Italien und Sicilien, Monaco: Verlag der Illustrierten Reiseblätter, s.d. (9.3.209)

Otto Speyer: Bilder Italienischen Landes und Lebens. Beiträge zur Physiognomik Italiens und seiner Bewohner. In due volumi. Primo volume, Berlino: E. S. Mittler & Sohn, 1859 (9.3.204)

Adolf Stahr: Ein Jahr in Italien, Oldenburg: Schulze (W. Berndt), Vol. I 1847, Vol. II 1848, Vol. III (seconda edizione) 1854 (9.3.270 a-c)

Id.: Ein Jahr in Italien, quarta edizione ampliata, Oldenburg / Lipsia: Schulze (A. Schwartz), 1873; Parti 1–5 [in due rilegature] (9.3.399 a/b)

Id.: Herbstmonate in Oberitalien. Supplement zu des Verfassers 'Ein Jahr in Italien', Oldenburg: Schulze (W. Berndt), 1860 (9.3.327)

Ludwig Steub: Lyrische Reisen, Stoccarda: Adolf Bonz & Co., 1878 (9.3.189; bozzetti di viaggio dal Vorarlberg al Welschtirol)

Friedrich Wilhelm Thiersch / Ludwig Schorn / Eduard Gerhardt / Leo von Klenze: Reisen in Italien seit 1822, Lipsia: Gerhard Fleischer, 1826 (prima parte) (9.3.386)

Karl Woermann: Zu Zwei'n im Süden. Dichtungen von Karl Woermann, Dresda: L. Ehlermann, 1892 (9.3.023)

Id.: Neapel. Elegien und Oden von Karl Woermann, Monaco: Theodor Ackermann, 1877 (9.3.087)

[G. P.] Beschreibung des Inneren und der Fassade des Domes von Mailand. VI edizione migliorata e ampliata, Milano: Stamperia Pirola, s. d.

Opere in italiano (da consultazione); vocabolari e grammatiche

Arturo Enenkel: Nuovo dizionario italiano–tedesco e tedesco–italiano composto sul Vocabolario degli Accademici della Crusca ..., Parigi: Garnier, 1892 (9.3.468)

Friedrich Ernst Feller: Nuovo Dizionario Portatile Italiano–Tedesco, Tedesco–Italiano. Arricchito d'una gran quantità di vocaboli relativi al commercio, alle strade ferrate e ai vapori, Vol. I (Italiano–Tedesco), terza edizione, Lipsia: B. G. Teubner, s. d. (9.3.168)

Pietro Coccoluto Ferrigni: Yorick figlio di Yorick (Avv. P. C. Ferrigni). Il gran re al Pantheon. Sesto anniversario della morte di Vittorio Emanuele II (9 gennaio 1884), Roma: Ed. Müller, 1884 (9.3.096)

Il Parnasso Italiano ovvero Quattro Poeti Celeberrimi Italiani (Dante: La divina commedia, Petrarca: Le rime, Ariosto: L'Orlando furioso, Tasso: Gerusalemme liberata), Lipsia: Ernst Fleischer, 1826 (9.3.418)

Versi e Prose per Nozze Kayser-Gasperini (XVII Aprile MDCCCLXXX), Verona: Stab. Tipogr. G. Civelli, 1880 (9.3.176; evidentemente una pubblicazione nuziale in occasione di una festa in casa del libraio ed editore veronese Carl Kayser-Gasperini)

Richard Lotze: Girolamo dai Libri e Francesco Morone di Riccardo Lotze. Verona: G. Franchini, 1875; 30 pp. (9.3.139)

Alessandro Manzoni: Tragedie e Poesie di Alessandro Manzoni, Milano: G. Redaelli (Fratelli Ferrario), 1858 (9.3.207)

Carl Marquard Sauer: Italienische Konversations-Grammatik zum Schul- und Privatunterricht. Methode Caspey-Otto-Sauer. Rivista da G. Cattaneo, nona edizione migliorata, Heidelberg: Julius Groos, 1891 (allegato quadernetto con annotazioni di una nipote di Allmers) (9.3.319)

Giacinto Stiavelli: Vita di Giordano Bruno. Narrata al popolo da Giacinto Stiavelli, Roma: Edoardo Perino, 1889 (9.3.118)

CHRISTIANE BAUMANN

Ninfa

Luogo del desiderio nostalgico, del peccato e della morte[1]

La pittrice, scrittrice, femminista e viaggiatrice Hermi(o)ne von Preuschen (1854–1918) pubblicò nel 1895, nella sua raccolta di liriche "Via Passionis", una poesia su Ninfa che traccia un quadro ambiguo della "Pompei del Medioevo", come la chiamò Ferdinand Gregorovius.[2] Nei versi iniziali si avverte una polarità carica di tensione. Ninfa appare dapprima come un luogo "di gioiosa vita estiva", di ardore amoroso e di una magica forza di attrazione, in seguito invece come un luogo letale. L'ambivalenza si manifesta soprattutto nella metafora dell'ardore e del sangue. Concetti e attributi rinviano al mito. Spicca l'uso del termine "Eppich" (= apium, apio), che può indicare il sedano, ma anche il prezzemolo e l'edera.[3] Nella credenza popolare e nella mitologia il sedano è considerato un afrodisiaco.[4] Le forme verbali "umlaubt" ("avvolta dal fogliame, dalla vegetazione") e "umstricken" ("impigliato, irretito") fanno pensare all'edera, una pianta rampicante, e simboleggiano qualcosa in quel luogo che incanta, si impossessa, avvince. Ma, col calare del sole, si alza la febbre "con i suoi grandi occhi e solitaria". La personificazione della malaria rende il pericolo fisicamente percepibile. Il passaggio dal giorno alla notte, dal luogo magico al luogo mortifero è sottolineato dalla rottura del verso. I versi giambici a quattro arsi e non rimati sono interrotti da due trochei rimati. Si genera in tal modo, per via dell'allitterazione, una dinamica ("sucht", "seine", "sie", "saugt") che si acquieta con "l'ultimo battito del cuore". I versi successivi descrivono il "regno" della febbre malarica, nel quale domina l'edera "con bacche, così nere, come la belladonna". L'edera, quale simbolo di vita eterna, diventa emblema di morte assieme alla velenosissima belladonna.[5] Nell'iconografia cristiana le ciliegie sono più volte interpretate come un'"allusione erotica".[6] Nella poesia di von Preuschen la carica erotica aumenta: "E sempre più roventi ardono i fiori rossi,/E ondeggiano le foglie dei fichi, che fanno ombra,/E i loro frutti, scuri e dolci, come il peccato." Dall'ebbrezza stordente della belladonna, che potenzia l'ardore infuocato in combinazione con i fiori rossi, si passa ai fichi ed ai loro frutti, ai quali si collega un significato magico e, inteso come gesto, leggermente osceno. Il fico rappresenta il peccato originale.[7] Nei versi di von Preuschen i fichi sono "dolci, come il peccato". Il peccato originale peraltro non è collocato in Paradiso, ma nel "labirinto". L'accentuazione dell'eros si accompagna ad un crescente pericolo di morte. Il labirinto si trasforma in "giardini della morte", nel quali il "vampiro", cioè il peccato, succhia al soggetto lirico il sangue, la linfa vitale, cosa che richiama il

1 Traduzione: Anna Maria Voci
2 Gregorovius, 1925, p. 500.
3 Weigand, 1909, vol. I, pp. 403 e 453.
4 Murr, 1890, p. 172.
5 Sull'edera cfr. Sachs/Badstübner/Neumann, 1973, p. 278.
6 Wörterbuch, 1985, p. 354.
7 Sachs/Badstübner/Neumann, 1973, pp. 130–131.

dipinto simbolistico di Hermione von Preuschen "Vampyr Sehnsucht" ("Desiderio vampiresco"), che risale agli anni '90 dell''800. Nei versi finali il "noi" include il lettore. Il soggetto lirico generalizza in tal modo la propria esperienza, che contiene anche un ammonimento. La città delle rovine, Ninfa, si rivela una metafora dell'appagamento sessuale, che può viversi solo nel momento dell'ebbrezza in piaceri selvaggi, e si paga con la morte. È una poesia notevole della von Preuschen, che da un punto di vista formale si muove al di fuori delle forme consuete e condensa in versi poetici il desiderio di soddisfacimento sessuale, di un "amore libero" quale parte dello sviluppo della personalità femminile. Se si vive appieno questa esigenza, punita dalla società come una trasgressione morale e stigmatizzata come "peccato", l'esito è immancabilmente letale. Nel 1911, nel suo saggio su "Die sexuelle Moral der Frau" ("La morale sessuale della donna"), questa scrittrice si espresse apertamente a favore dell'amore libero e ribadì: "Ritengo che la maggior parte delle donne siano 'in segreto' peccatrici in un senso banale, solo che il livello della loro cultura è definito dal modo in cui si pongono nei confronti di questo 'peccato' o di questo 'vivere fino in fondo' della loro personalità."[8] Von Preuschen polemizzava contro la doppia morale della società e definiva "l'abbandono del proprio corpo, anche senza la sanzione del matrimonio, se preceduto però da una dedizione dell'anima, una delle più sublimi ricchezze di questa terra."[9] Nella sua poesia, Ninfa assurge a simbolo del proibito, della sessualità e della corporeità represse della donna, e al tempo stesso ad emblema di autoaffermazione sessuale.

"Ninfa.
Si erge dalla calura estiva della Campagna
Da mura e torri in rovina,
Avvolta dalla vegetazione e da fiori rossi,
Che con il loro proliferare selvaggio si impigliano al piede,
Il quale si avventura sul terreno silenzioso, incantato,
Ove guizzano serpentelli luccicanti e dai riflessi verdi cangianti
Lungo affreschi scoloriti, rovinati dalle intemperie,
E sciami di grilli, l'urodelio e il rospo
Tirano a campare e si godono l'estate
Negli stagni fangosi, nelle paludi, nei canneti.
Il sole tramonta ed i calori si disperdono,
Ma sulle acque si leva un soffio un po' afoso, un po' gelido,
Come zolfo e piante acquatiche putrescenti,
E la febbre striscia, con i suoi grandi occhi e solitaria,
Cerca le sue vittime e le atterra,
Succhia loro, selvaggia e ardente,
Il rosso sangue, l'ultimo battito del cuore. –

Già da secoli striscia lungo questa landa deserta
Il suo regno si fa sempre più rigoglioso e bello.
Lungo le alte e ammuffite aule delle chiese
Si avvolge l'edera, che salendo sempre più in alto si fa più verde,
Con bacche così nere, come la belladonna.
E sempre più roventi ardono i fiori rossi,
E ondeggiano le foglie dei fichi, che fanno ombra,
E i loro frutti, scuri e dolci, come il peccato.
È come se i piedi esitanti finissero in un labirinto
Nei giardini segreti in perenne fioritura,
Che coprono tutte le cappelle ed i castelli
E il pantano e la palude ingannevole.
... Come è soffocante il calore del sole, quanto esso paralizza le membra
E dissecca i pensieri al povero sedotto,
Che qui si sofferma, nei giardini della morte,
Avvolto dall'alito della febbre, baciato dalla febbre!

Così risplende anche la Ninfa della campagna della vita,
Dell'arido deserto nell'estate dei sensi,
Che, ridendo e salutando i cuori caldi
Illude nelle notti afose

8 Preuschen, 1911, p. 145

9 Ibid., p. 147.

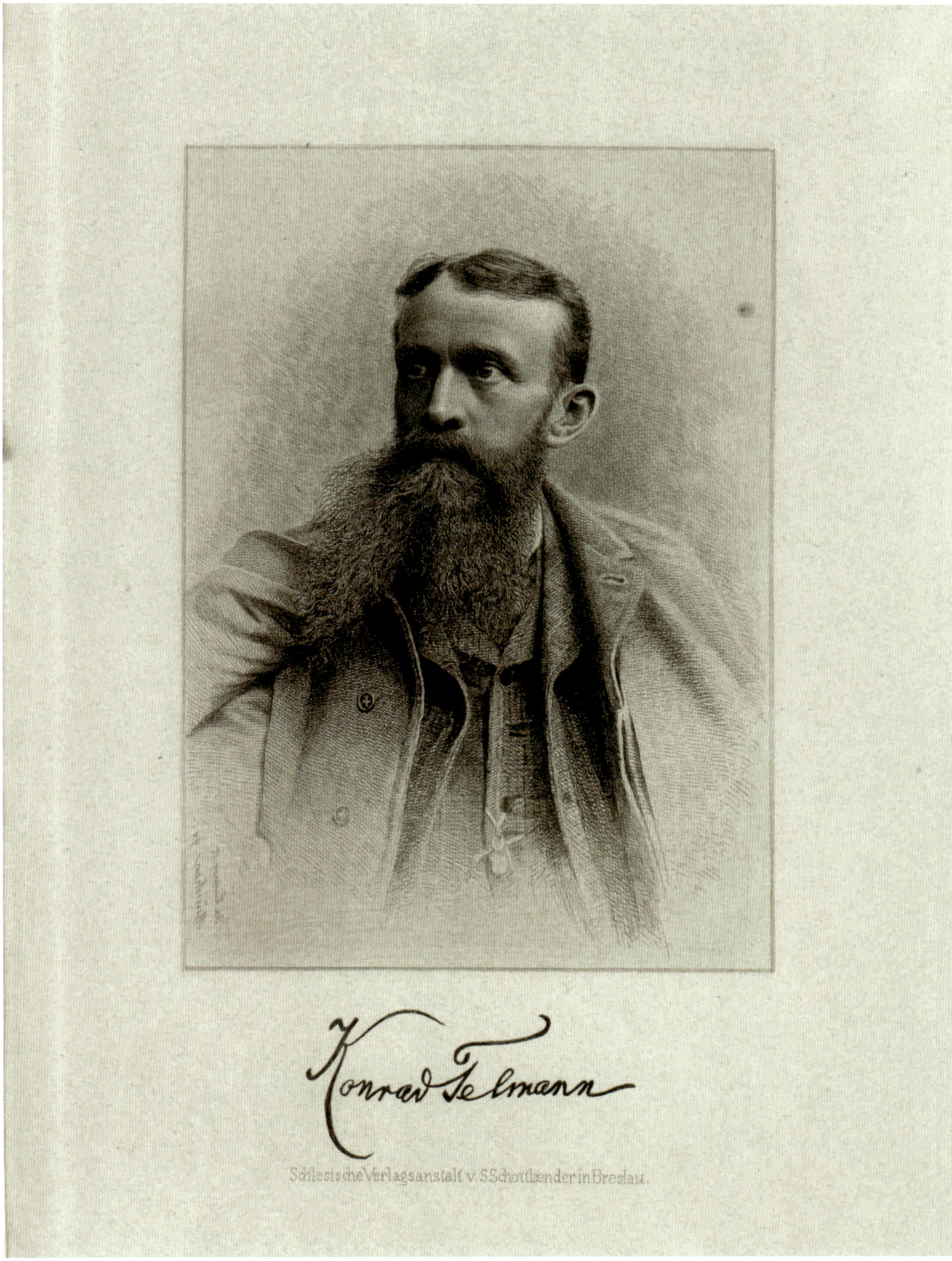

1 Konrad Telmann

E splende e luccica e adesca e confonde.
Ma se seguiamo l'immagine infuocata,
Essa ci bacia coi suoi grandi occhi con piacere selvaggio,
Ci succhia il sangue il vampiro: il peccato!"[10]

Von Preuschen dedicò alla città delle rovine, Ninfa, non solo questa poesia. Nello stesso periodo scrisse il racconto "Perniciosa", ambientato a Ninfa. Ci torneremo sopra. Molto probabilmente l'autrice elaborò l'esperienza di Ninfa anche nei suoi quadri, pur se non è possibile dimostrarlo, dato che la maggior parte dei suoi dipinti è andata perduta. Tuttavia la trattazione di un tema in diverse forme di espressione artistica era la "cifra" di von Preuschen ed è possibile dimostrarlo più volte nelle sue opere.[11]

Entrambi i testi di von Preuschen su Ninfa furono scritti dopo una visita alla città delle rovine, avvenuta all'inizio degli anni '90 del secolo XIX. Von Preuschen aveva girato per Ninfa assieme al marito, lo scrittore Konrad Telmann (1854–1897) ed alla scrittrice Ida Boy-Ed (1852–1928), attiva a Lubecca. Traendo ispirazione dall'incanto della città decaduta, abbandonata alla natura, ognuno di loro scrisse una novella, che poi pubblicarono insieme in un volume uscito nel 1895. Nella sua premessa, Ida Boy-Ed informa il lettore sull'origine di questo libro. Ella parla di una "società peregrinante", che una primavera, partendo da Roma, esplorò la "fiabesca città delle rovine".[12] Non sappiamo se con loro vi fossero anche altri artisti. Uno scrittore che dal 1878 visse una parte dell'anno a Roma e conobbe Ninfa fu Richard Voß (1850–1918). Per molti anni egli fu legato a Telmann da sentimenti di amicizia. È probabile che Telmann e von Preuschen gli abbiano fatto visita nel 1894 a Frascati, nella celebre Villa Falconieri,[13] che per decenni fu il domicilio romano di Voß. Nei testi di quest'ultimo si trova menzione di Ninfa per la prima volta negli anni '80. Ad esempio egli cita il paragone con Pompei di Gregorovius nella sua novella rusticana "Die neue Circe" ("La nuova Circe", 1886),[14] nella quale egli elabora letterariamente la sua escursione nel 1873 lungo le coste del Lazio portando con sé il volume di Gregorovius "Lateinische Sommer" ("Estati latine"). Poco dopo, nel suo volume "Erlebtes und Geschautes" ("Vissuto e visto", 1888), egli chiamò Ninfa "l'antica città fiabesca, sepolta sotto l'edera e i fiori".[15] Quando Voß, nel 1910, pubblicò "Du mein Italien" ("Italia mia"), una raccolta di scenari e paesaggi italiani da lui ritenuti rappresentativi, non mancò un riferimento a Ninfa.[16] Nel suo testo in prosa, uscito nel medesimo anno, "Campagna di Roma", la città delle rovine fu per lui il parametro per Santa Maria di Galeria, "quella Ninfa della Campagna romana settentrionale, avvolta di edera",[17] che egli visitò spesso. Il paragone non era casuale, dato che nel 1899 Voß aveva pubblicato la storia "Santa Maria di Galera",[18] nella quale trovò posto anche la sua esperienza a Ninfa. Ninfa, luogo nel quale abita la "fantasia",[19] stimolò la creatività artistica di Boy-Ed, von Preuschen, Telmann e Voß. Il quadro della città medievale in rovina e la sua importanza come soggetto letterario saranno qui di seguito esaminati sulla base dei testi sopra citati.

Innanzitutto sorprende che i quattro autori, nati tutti nella prima metà degli anni '50 dell'Ottocento, sono legati tra loro da elementi che vanno ben oltre l'appartenenza ad una generazione e l'interesse per Ninfa, la città delle rovine. Le loro biografie presentano coincidenze vistose. Ad esempio tutti furono assai produttivi e dovettero rassegnarsi ad essere considerati dei grafomani. Popolari mentre erano in vita, attentamente seguiti dalla critica e molto letti, oggi sono quasi sconosciuti e ignorati dal mondo degli

10 Preuschen, 1895, pp. 16–17.
11 Fischer sminuisce questa "cifra" definendola un "riciclo di idee", ma non ne discute i contenuti. Fischer 2019, p. 88. Hauschild accenna ai motivi di fondo di tale specificità nell'unico saggio sulla pittrice von Preuschen finora pubblicato. Hauschild, 2016.
12 Ninfa, 1895, pp. V-VI.
13 Preuschen, 1926, p. 101. Su Voß e la Villa Falconieri cfr. Baumann, 2018b, pp. 287–309.
14 Voß, s.a., p. 150.
15 Voß, 1888, p. 320.
16 Voß, 1920, p. 108.
17 Voß, 1910, p. 268.
18 Nei testi letterari tedeschi, ad es. in Gregorovius, Voß, Franz von Reber, Werner Sombart, si incontra la forma "Santa Maria di Galera".
19 Ninfa, 1895, p. VI.

studi.[20] Nella sua autobiografia Boy-Ed scrisse queste parole quasi profetiche: "Vivere il successo è bello e confortante, e risarcisce di tante cose. Ma è qualcosa di molto effimero."[21] Voß, Telmann, von Preuschen e Boy-Ed erano considerati dai loro contemporanei come degli emarginati. Ciò non da ultimo per via di taluni scandali che impressero un certo carattere alle loro biografie, cosa che si ripercosse sulla loro produzione artistica.

Hermione (in realtà il suo nome di battesimo era Hermine), baronessa von Preuschen, rifiutò di adeguarsi alle aspettative tradizionalmente riposte in una ragazza di origini nobili.[22] Dato che nel secolo XIX alle donne era precluso l'accesso alle Accademie d'arte, ella riuscì ad ottenere, grazie alla sua ostinazione, lezioni private di pittura. Già alla fine degli anni '70 i suoi quadri ebbero un certo successo. Contro il desiderio dei genitori sposò nel 1882 un borghese, dal quale però si separò già nel 1889. Pagò il divorzio, che suscitò scalpore, con la rinuncia ai due bambini nati da quell'unione. Nel 1891 sposò Telmann. La macchia della donna divorziata continuò a rimanerle attaccata e fu sempre una comoda scusa per svalutare i suoi quadri ed i suoi testi letterari. In quel medesimo periodo lo scandalo sorto a causa del suo quadro simbolista "Mors Imperator" le diede una notorietà internazionale, bollandola però contemporaneamente come una *outsider*. Quel dipinto, che raffigurava la morte come re dei re, non fu esposto all'esposizione d'arte di Berlino in quanto ritenuto lesivo della maestà dell'Imperatore. Allora von Preuschen lo espose ad una mostra privata ottenendo un successo straordinario. Ella, che scriveva poesie già negli anni '70, ma che pubblicò il suo primo volume di liriche solo nel 1888, si impegnò per l'emancipazione femminile e chiese l'apertura delle Accademie d'arte ai talenti femminili.[23] Visse a Roma assieme a Telmann. Dopo la morte di quest'ultimo si guadagnò da vivere col suo lavoro artistico, fece viaggi in terre lontane e costruì a Berlino-Lichtenrade il "Tempio Hermione", che comprendeva una casa ed una sala per esposizioni e serviva alla presentazione dei suoi quadri ed alla organizzazione di feste stravaganti, con musica, danze e letture.

Konrad Telmann (in realtà il cognome era Zitelmann) proveniva da un'antica famiglia di giuristi di Stettino. Obbedendo al desiderio del padre studiò giurisprudenza, ma nel 1878 si dimise dal suo posto statale, a lui inviso, a causa di una malattia polmonare. Visse quindi prevalentemente nell'Europa meridionale dedicandosi alla scrittura. Prese pubblicamente le distanze dalla sua famiglia, di sentimenti conservatori, cambiando il cognome Zitelmann, che per lui equivaleva a "convenzione e tradizione".[24] Non solo il suo matrimonio con la divorziata von Preuschen incontrò una generale incomprensione, ma egli finì sui giornali anche per un altro motivo. Il romanzo "Unter römischem Himmel" ("Sotto il cielo di Roma", 1896) suscitò una tale irritazione in una parte della colonia romana di artisti tedeschi che all'autore fu negata l'affiliazione al "Deutscher Künstlerverein" ("Circolo degli artisti tedeschi"). In reazione a questo rifiuto i membri di tale Circolo che erano scrittori ne fuoriuscirono per protesta, e ciò fece scalpore. Accusandolo di vilipendio della religione, le gerarchie cattoliche della Vestfalia denunciarono il suo romanzo di maggior successo "Unter

20 A prescindere da singoli saggi, vi sono solo pochi lavori ampi su questi quattro autori. Su Boy-Ed esiste una tesi di laurea ("Dissertation") che, sulla base dell'analisi dei romanzi, tratta della formazione di una scrittura femminile (Wagner-Zereini, 2000). A tale lavoro si rifà Löchel (2016). Una "biografia poetica" (Fischer, 2019) descrive la vita della von Preuschen. Manca uno studio scientifico che renda giustizia alla sua attività di pittrice e scrittrice. Taluni spunti a questo riguardo si trovano in Eberhardt (2005). Non vi sono studi recenti su Telmann. L'unico lavoro scientifico apparve nel 1936, ed è dedicato esclusivamente alla sua lirica (Heidemann, 1936). È, però, la sua attività di romanziere quella veramente rilevante. Su Voß esistono monografie fino agli anni '40 del Novecento. Un lavoro scientifico recente, partendo dallo stato degli studi e dal lascito delle carte di Voß, ha ad oggetto la sua vita e l'opera (Baumann, 2018a).

21 Boy-Ed, 2014, p. 2.

22 Von Preuschen iniziò dopo il 1900 a firmare i suoi quadri col nome "Hermione". Questa modifica del suo nome di battesimo, ispirata all'omonima figura de "Il racconto d'inverno" ("The Winter's Tale") di Shakespeare, si ritrova anche nelle sue opere letterarie di quel tempo.

23 Preuschen, 1897.

24 Fränkel, 1900, p. 361; Telmann, 1911, p. 16.

den Dolomiten" ("Sotto le Dolomiti", 1893) all'autorità giudiziaria, che ne perseguì l'autore. Nel marzo 1897 fu interdetta una traduzione di questo libro, annunciata nel quotidiano socialista romano "Avanti". Dopo la morte di Telmann nel gennaio 1897 l'*Oberkonsistorium* di Berlino proibì in un primo momento la sua sepoltura religiosa nel Cimitero degli Acattolici di Roma presso la Piramide Cestia. Il "poeta di tendenza",[25] le cui poesie furono pubblicate in antologie socialdemocratiche,[26] era uno spirito libero, che realizzò soprattutto in Italia il suo desiderio di vivere da artista indipendente.

Richard Voß, un precoce naturalista, rampollo di una famiglia di possidenti della Pomerania, dovette subire in Germania non solo la proibizione di una delle sue prime opere, "Visionen eines deutschen Patrioten" ("Visioni di un patriota tedesco" 1874), un libro di critica della società e della Chiesa, ma il suo legame con una facoltosa donna svizzera, la sua futura consorte, che finì in un divorzio ed in uno scandalo senza precedenti, distrusse nel 1878 la sua esistenza borghese e lo indusse a prendere in considerazione un trasferimento permanente in Italia. La Villa Falconieri a Frascati divenne il suo rifugio, che gli consentì di sfuggire alle costrizioni della società e al tempo stesso di vivere la sua omosessualità che in Germania, dove era reato, aveva dovuto reprimere. Negli anni '80 Voß si affermò in Germania come un autore drammatico di gran successo e, soprattutto col suo dramma "Alexandra" (1886), influenzato da Henrik Ibsen, ottenne un certo riconoscimento negli ambienti naturalistici. Parallelamente scrisse schizzi e racconti naturalistici sull'Italia e fu il caposcuola dell'immagine naturalistica dell'Italia nella letteratura tedesca, ma ciò è caduto in oblìo.[27] Negli anni '90 Voß abbandonò progressivamente le sue posizioni critiche della società e si affermò come un popolare scrittore di letteratura amena, il cui romanzo "Zwei Menschen" ("Due persone") del 1911 divenne un *bestseller*.

Anche la vita di Ida Boy, nata Ed, fu segnata da scandali. Sposata molto giovane ad un uomo di un'antica famiglia patrizia di Lubecca, nel 1878 divenne insofferente dell'angustia intellettuale e dei vincoli a lei imposti. Madre di quattro bambini, per distinguersi dalla famiglia del marito aggiunse il suo cognome da ragazza, Ed, abbandonò Lubecca col figlio maggiore e andò a Berlino per affermarsi come scrittrice. Il suo rifiuto del ruolo femminile tradizionale, la sua ribellione contro l'inconciliabilità, imposta dalla società, tra mestiere di scrittrice e destino femminile di moglie e madre, la rese persona non grata nella città anseatica. Non ottenne il divorzio desiderato, dato che lo avrebbe potuto ottenere solo al prezzo di rinunciare ai figli, come aveva dovuto fare Hermione von Preuschen. Non essendo disposta a ciò, nel 1880 Ida Boy-Ed tornò ai suoi obblighi domestici, ma condusse da allora in poi una vita relativamente autonoma, compiendo lunghi viaggi e iniziando un intenso rapporto amoroso con il portavoce dei naturalisti di Monaco, Michael Georg Conrad, nella cui rivista "Die Gesellschaft" ("La società") ella pubblicò nel 1887.[28] A Lubecca Boy-Ed, che fu amica di Thomas Mann,[29] superò tutti gli ostacoli e divenne un'istituzione culturale, il cui salotto era frequentato da artisti rinomati come lo scultore Fritz Behn o il direttore d'orchestra Wilhelm Furtwängler.[30]

Il percorso artistico di questi quattro autori si svolse nel contesto del movimento naturalistico, allora in via di evoluzione in Germania. Voß e Telmann ebbero con esso vivaci contatti. Se intorno al 1880 Voß, soprattutto per via del suo volume di schizzi "Scherben" ("Cocci", 1878), che lo rese famoso da un giorno all'altro, era considerato una speranza dai primi naturalisti, venne paragonato a Victor Hugo e, in quanto seguace dell'indirizzo di Zola, subì discriminazioni da parte dell'apparato statale prussiano, così nei romanzi di Telmann "Unterm Strohdach" ("Sotto il tetto di paglia", 1892) e "Un-

25 Heidemann, 1936, p. 27.

26 Beißwanger, 1900, pp. 691–692.

27 Vgl. Baumann, 2019b.

28 Boy-Ed, 1887. Lo schizzo naturalistico "Zuletzt gelacht" ("Ride ultimo") può ritenersi uno dei suoi testi migliori.

29 La corrispondenza inizia nel 1903, ma entrambi si conoscevano bene già da prima. Mann, 1975.

30 Cfr. le lettere ed i documenti pubbl. a: Boy-Ed, 1975, pp. 21–22 e 198.

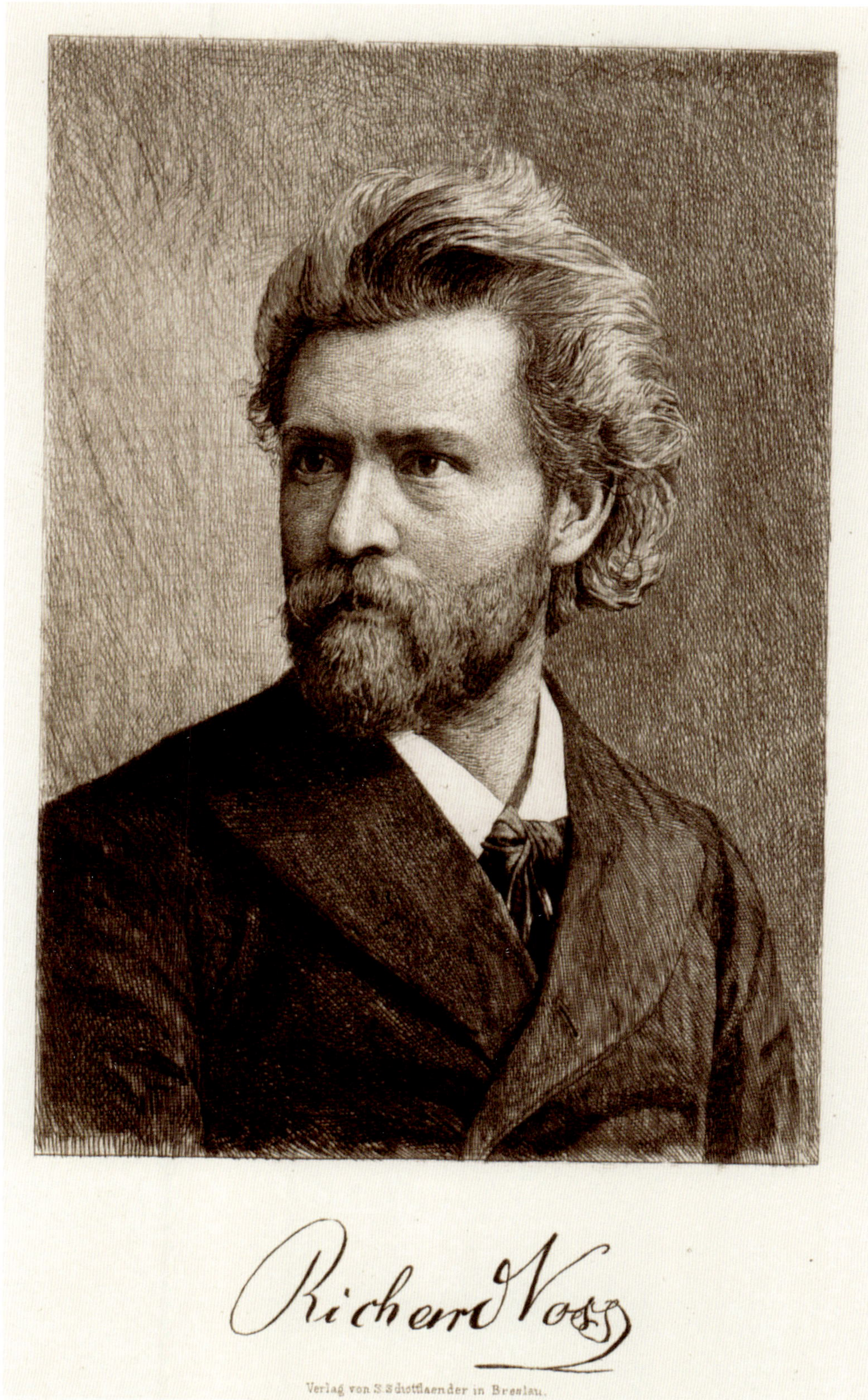

2 Richard Voß

ter römischem Himmel" ("Sotto il cielo di Roma") la critica lo mise a confronto con Zola e vide in lui il "riformatore sociale".[31] Se il naturalismo fece assurgere l'emancipazione della donna a tema letterario, non da ultimo in conseguenza del movimento femminista affermatosi negli anni '70, gli scritti di von Preuschen e Boy-Ed ruotano attorno al tema dell'autorealizzazione della donna. Nel suo progetto di femminilità von Preuschen era più determinata di Boy-Ed a non accettare compromessi e si mise sul mercato artistico seguendo strategie moderne. Di contro, Boy-Ed apparteneva piuttosto alla fazione moderata.[32] Allorché nel 1911 entrambe presero posizione nel volume "Ehe? Zur Reform der sexuellen Moral" ("Matrimonio? Sulla riforma della morale sessuale"), queste differenze vennero alla luce, quantunque entrambe si guadagnassero da vivere con il loro artistico ed avessero rotto i ponti con i modelli tradizionali di femminilità.

Ciò che soprattutto univa questi quattro autori era il loro amore per l'Italia. Voß soggiornò in Italia già all'inizio degli anni '70. Dal 1878 trascorse quasi tutti gli inverni a Frascati. Era considerato un eccellente conoscitore del Lazio. La Campagna romana, soprattutto le Paludi Pontine, divennero un tema prediletto dei suoi numerosi testi sull'Italia. Von Preuschen fece il suo primo viaggio in Italia nel 1877; esso trovò espressione nella sua raccolta in prosa "Tollkraut" ("Atropa belladonna", 1893). Vi rimase più di un anno e trovò in Gregorovius una guida eccellente.[33] Poco dopo aver contratto il primo matrimonio si stabilì a Roma per qualche tempo. Assieme a Telmann, che passava l'inverno al Sud per via della sua malattia, dal 1891 elesse Roma a suo domicilio. Dai contemporanei Telmann era ritenuto "un conoscitore molto attento dell'Italia",[34] che egli aveva più volte percorso. Anche il primo viaggio all'estero del 1880 di Ida Boy-Ed ebbe come destinazione l'Italia. In seguito spesso le venne voglia di "mettersi in viaggio verso l'Italia".[35] Durante i suoi prolungati soggiorni si fermò, tra l'altro, a Firenze, Roma e Napoli e confessò: "Dunque, io amai l'Italia e imparai a conoscerla in modo molto più intimo di molti viaggiatori."[36] Le si riconosceva di essere "di casa" in Italia.[37] Questi quattro scrittori sono accomunati dal fatto che esplorarono l'Italia lontano dai percorsi turistici e familiarizzarono con il paese e la sua gente.

La prima pubblicazione della novella "Die Letzten" ("Gli ultimi") di Ida Boy-Ed, che apre il volume del 1895 su Ninfa, avvenne nel 1894, nella rivista "Nord und Süd",[38] e provocò una reazione irritata di Hermione von Preuschen per via del ritratto dell'autrice scritto da Heinrich Teweles e stampato in calce al racconto.[39] La novella di Boy-Ed conduce il lettore alla città medievale di Ninfa al momento della sua decadenza. Quest'ultima è situata vagamente durante il periodo del Grande Scisma d'Occidente (1378–1417) e le lotte tra i due papi di Roma e di Avignone. L'impianto del testo, la sua struttura lineare e drammatica ricordano la concezione di Theodor Storm della novella come "sorella del dramma".[40] L'azione si svolge dal mezzogiorno alla sera di una giornata. All'introduzione seguono scene con episodi che, passando per "momenti d'eccitazione", acuiscono il conflitto fino alla peripezia, per poi sfociare, passando per momenti ritardanti, nella risoluzione. Il *tableau* di figure è, anche qui analogamente al dramma, limitato a quattro persone: Pio, sua madre, Rita ed il padre Benedetto. Nell'introduzione è tracciato un quadro di minaccia mortale. Lungo la costa, ai piedi dei Monti Volsci, si stende "la quiete mortale della calura africana dell'ora meridiana."[41] Le "onde

31 Fränkel, 1900, p. 365; Petri, 1892, p. 812.
32 Wagner-Zereini suppone simpatie di Boy-Ed per "l'ala radicale del movimento femminista", cosa che non si rispecchia né nella sua vita, né nelle sue opere. Wagner-Zereini, 2000, p. 128. Cfr. Boy-Ed, 1911.
33 Preuschen, 1926, pp. 46–53.
34 Johannes Proelß, Introduzione a: Telmann, [1900], p. 9. Cfr. gli schizzi letterari sull'Italia a: Telmann, 1889.
35 Boy-Ed, 2014, p. 105.
36 Ibid., p. 106.
37 Teweles, 1894, p. 156.
38 Boy-Ed, 1894, pp. 139–153; Teweles, 1894, pp. 154–161.
39 Fischer, 2019, p. 105.
40 Storm, 1923, p. 122.
41 Boy-Ed. Die Letzten, a: Ninfa, 1895, p. 4. Qui di seguito, i riferimenti alle pagine da questo racconto saranno collocati nel testo tra parentesi tonde.

di calore" (4) del sole, che annientano flora e fauna, segnalano un pericolo di morte. La trama comincia con il cambio della prospettiva narrativa su Pio, che dall'alto di una roccia guarda in basso verso la sua città natale, Ninfa, e cerca invano una "traccia di vita" (6). L'elemento che fa scattare l'azione è una notizia sconvolgente. La "nuova" (7) che a Ninfa "la febbre percorra le vie come un assassino strisciante" e che "sia cominciata una grande morìa" (6) ha indotto Pio a partire da Roma ed a mettersi in cammino verso casa attraversando la pericolosa Campagna. Giunto quasi alla sua mèta, stando sopra l'abisso e scorgendo Ninfa sotto di sé, Pio si rende conto del pericolo mortale ed esita a proseguire. Davanti a questa minaccia letale richiama alla mente la sua storia. Erede dell'oreficeria paterna a Ninfa, due anni prima aveva avuto un alterco con la madre e l'aveva abbandonata, perché costei rifiutava di acconsentire al suo matrimonio con Rita, una discendente illegittima dei Frangipane, antichi signori di Ninfa. A Roma Pio si era messo a lavorare per guadagnarsi il denaro per sposare Rita, che da un lato era emarginata dalla società a causa della sua origine illegittima, e dall'altro, essendo una donna dalla personalità cosciente del proprio valore, contraddiceva al canone di femminilità imperante. La notizia della diffusione della malaria a Ninfa aveva spinto Pio a partire per salvare entrambe le donne dal pericolo di morte e per implorare la benedizione materna. Il motivo del cammino fa scattare i ricordi, e il racconto recepisce in tal modo il tema biblico del ritorno del figliol prodigo contrapposto al motivo della fuga. Il reduce Pio cammina verso Ninfa, città della morte, vagando contro il flusso di profughi che la abbandonano. Taluni ricordi di questi ultimi accrescono la tensione. Sembra che le due donne siano ancora vive, ma di Rita, risparmiata dalla febbre, si dice che possegga "poteri magici segreti" (13). L'accusa di essersi alleata col diavolo "affinché questi tenga la malaria lontana da lei" (13) la stigmatizza come una strega e la rimette all'Inquisizione, affinché proceda contro di lei. Tali informazioni rendono insicuro Pio, il cui nome "parlante" lo caratterizza come una persona devota e accetta a Dio.[42] Il rintocco della campana della chiesa di Santa Maria Liberatrice, un segno di vita umana a Ninfa, distoglie Pio dai suoi pensieri e lo induce ad avventurarsi nella "città della morte" (14). Ivi, nella chiesa vuota, incontra padre Benedetto. Pio apprende che il sacerdote, sua madre e Rita sono gli ultimi esseri viventi di Ninfa. Benedetto attribuisce il fatto di essere sopravvissuto ad un "miracolo divino" (20) ed accusa anch'egli Rita di essersi votata a Satana. Egli esorta Pio ad andare via con la madre e di affidargli Rita, la cui anima egli vorrebbe salvare. Nella casa paterna Pio incontra l'amata che assiste la madre moribonda. Con lei Rita si è riconciliata e in lei ha trovato protezione. Rita, il cui nome è garanzia di veridicità,[43] smaschera le bugie di padre Benedetto. La "pozione diabolica" (28) che l'avrebbe protetta dalla febbre è una tisana di foglie di eucalipto, portata tempo prima da suo zio dall'India, che anche Benedetto ha bevuto di nascosto. Non era stata la protezione divina a preservarlo dalla morte, ma il "furto" (35). Accusando Rita di stregoneria egli aveva sperato di renderla acquiescente ai suoi "desideri peccaminosi" (35). È la madre di Pio ad attestare tutto ciò. Ella benedice la coppia e muore. Dopo aver chiamato padre Benedetto per la benedizione della defunta, la novella culmina nella scena svoltasi a Santa Maria Liberatrice. Benedetto rifiuta alla coppia la benedizione della Chiesa. Allorché egli, sopraffatto dalla sua passione, si getta su Rita, viene ferito da Pio con la spada. In questo momento di bisogno gli amanti pregano la Madonna Liberatrice affinché li assista, e "dal mantello blu si alzò la mano benedicente" (46). La santa Vergine diventa il *Deus ex machina*. Sposatisi grazie al "miracolo" (46), Pio e Rita escono dalla città, alla quale volgono un ultimo sguardo dall'alto, e così il cerchio si chiude: "La mano del sacerdote, dell'ultimo essere vivente a Ninfa, aveva suonato la campana a morto" (52). L'amore ed il coraggio – questa la conclusione di Pio – sono in grado di "superare per-

42 Pio è la forma italiana del latino "Pius", un nome spesso scelto dai papi. Kohlheim, 2007, p. 299.

43 Kohlheim, 2007, p. 311.

fino la morte" (52). Con questa morale si chiude la classica storia triangolare che, con la sua conclusione conciliante, ricorre a modelli triviali. Boy-Ed, che da Gregorovius riprese i pochi dati sulla storia di Ninfa, riempì la lacuna della tradizione storica sulla decadenza della città con un racconto che presenta tratti leggendari ed elementi mitici. Il numero tre struttura il racconto in quanto espressione della somma divinità.[44] La "nuova" raggiunge Pio tre volte. Giunto davanti alla casa paterna, tre volte egli chiede di poter entrare. Tre volte risuona la campana della chiesa. I "tre" (40) accompagnano la madre alla sua estrema dimora. Tre volte si invoca la Madonna Liberatrice, la cui benedizione è il terzo degli atti di benedizione del racconto. L'"inaudito", che Goethe esigeva dalla novella, risulta dalla depravazione morale e dalla bigotteria del sacerdote. A giudicare dal suo nome, egli è il "benedetto", colui che è "lodato",[45] che agisce dispensando benefici, cosa che è in contrasto con le sue azioni. Benedetto si rivela una persona spinta dalle sue pulsioni erotiche represse, che abusa del suo potere approfittando dell'ignoranza e della superstizione della gente. Sotto il pretesto della devozione, che finge preoccupazione per la salute dell'anima di Rita, le sue azioni sono volte al soddisfacimento dei suoi desideri sessuali. Consapevole delle proprietà curative dell'eucalipto, egli tenta di impossessarsi di Rita servendosi dell'accusa di magia. Questo sacerdote è l'emblema della doppia morale della Chiesa cattolica. La scrittrice traccia un parallelo tra la decadenza morale di quest'ultima e la decadenza di Ninfa ricordando l'evento storico della consacrazione di Papa Alessandro III, avvenuta nel 1159 proprio a Ninfa. Secondo la leggenda diffusa dal clero, il Papa, nel benedire la città, associò il benessere di Ninfa allo splendore e "al potere della Sede papale" (13). La decadenza del Papato, manifestatasi con il Grande Scisma d'Occidente, è interpretata dal clero come "una maledizione" (13) che si compie con l'epidemia di malaria. La fine di Ninfa appare così come un giudizio di Dio. Sia sul piano individuale, sia su quello sociale ciò che sembra inspiegabile è demonizzato dai dignitari ecclesiastici e messo al servizio della conservazione del potere. La novella, che illustra le cause naturali e sociali degli eventi, contrappone l'azione dell'individuo, guidato dalla ragione, dall'amore e dall'integrità morale, al potere ecclesiastico che si è allontanato dalla fede cristiana. Ninfa assurge a simbolo della decadenza morale dell'istituzione Chiesa, della cui benedizione i due amanti non hanno più bisogno. Santa Maria Liberatrice, anche in questo caso si tratta di un nome "parlante", diventa la liberatrice. Maledizione e benedizione della Chiesa, il motivo centrale del racconto, hanno perduto il loro potere su di essi. Rita, sicura di sé e coraggiosa, si oppone al padre Benedetto quale rappresentante della Chiesa; ella è libera, e tuttavia è legata da costrizioni sociali, e questa sua condizione si rispecchia nel motivo della finestra usato da Ida Boy-Ed.[46] La sua unica possibilità di comunicazione col mondo esterno è, in un primo momento, la vista limitata dalla finestra. Al richiamo di Pio si apre solo "una fessura minuscola dell'imposta" (24). Vicina alla poltrona della madre, Rita veglia alla finestra "chiusa dalle ante esterne" (32). L'esperienza che questa donna ha del mondo è limitata alla sfera domestica. Dopo la morte della madre, Pio apre l'imposta della finestra (37). Al terzo comparire di questo motivo, a Rita, grazie all'iniziativa di Pio, si apre l'accesso alla sfera sociale. Tuttavia, al momento del suo ingresso nel mondo ella ritratta la rivendicazione attribuitale di autoaffermazione femminile, ricadendo nella condizione, adeguata alla norma sociale allora vigente, della donna debole che si salva tra le braccia del marito. Così la donna rientra nel suo ruolo tradizionale, nella sua posizione di inferiorità. Se da un lato Boy-Ed contrappone "l'amore libero" alle barriere sociali ed alle costrizioni normative, dall'altro in questa chiusa, tipica dei suoi scritti, ella, nel venire a patti con i codificati rapporti patriarcali tra i sue sessi, mostra il suo scetticismo circa la loro modificabilità nella società borghese.

44 Sachs/Badstübner/Neumann, 1973, p. 359.

45 Kohlheim, 2007, p. 69.

46 Su questo motivo, usato spesso da Boy-Ed, si è soffermata Wagner-Zereini, 2000, pp. 160 sgg.

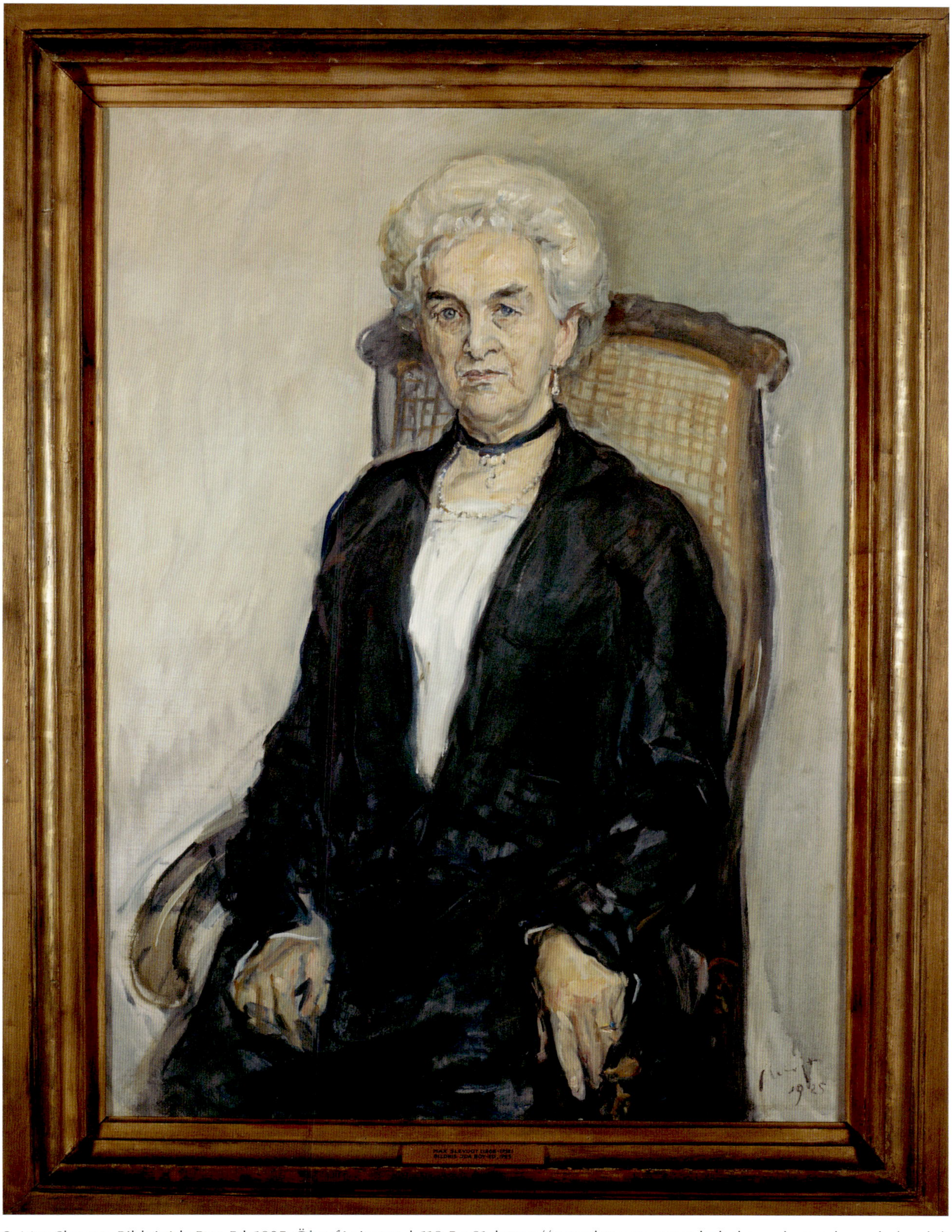

3 Max Slevogt, Bildnis Ida Boy-Ed, 1925, Öl auf Leinwand, 110,5 x 81, https://sammlung.museum-behnhaus-draegerhaus.de/werk/bildnis-ida-boy-ed-72 von Preuschen, 1926.

Tale ritorno al ruolo stereotipo della subordinazione è impensabile nei testi di Hermione von Preuschen, la quale presumibilmente proprio per questo fece rientrare la prosa di Ida Boy-Ed nella categoria del "kitsch".[47] L'incapacità di accettare compromessi, percepibile nella sua poesia su Ninfa, permea anche il suo racconto "Perniciosa", la cui protagonista è una pittrice. Nel volume su Ninfa tale novella segue a quella di Boy-Ed. La storia è ambientata a Ninfa e si svolge nel luglio del 1890. La forma scelta del racconto diaristico riduce il mondo esterno alla percezione dell'io narrante. La trama si incentra sul mondo interiore, su un'autoanalisi angustiante. Apprendiamo ciò che accade dalla prospettiva dell'artista, Ina, che ha trenta anni e definisce il suo agire una "pazzia"; di lei la gente parla come di una "mezza pazza".[48] L'io narrante, che non ha praticamente alcuna distanza dagli eventi dato che nel momento del narrare soggiace all'impressione del vissuto, assomiglia nelle sue rivendicazioni e nel suo habitus alla trentaseienne pittrice ed autrice von Preuschen. Ina agisce quasi come l'immagine speculare di quest'ultima. Per legittimare l'"inaudito" della storia, l'io narrante è presentato al lettore come una "folle", un'insana di mente. Ina, che non ha né famiglia, né amici, si reca a Ninfa a luglio, nel mese delle febbri, per creare qualcosa di ineguagliato in quel "giardino delle febbri" (55). Ella vuole dipingere "la mortale calura estiva, l'ala della febbre che è sospesa, pesante, opprimente, su questo angolo di mondo, ormai scomparso" (59–60). Ina rischia la vita per conseguire "fama" di artista (55). A Ninfa ella incontra inaspettatamente l'amore nella persona dell'ingegnere Cino Belloni, il cui nome ricorda l'amore infelice di von Preuschen per l'italiano Cino Coggia. Belloni, che è sposato ed ha tre figli, ricambia l'affetto di Ina. Ma il suo senso dell'onore e del dovere lo spingono a lasciarla dopo un attimo di appagamento. La perdita dell'amato distrugge Ina. Ella muore di febbre perniciosa, di malaria tropica, il cui decorso di solito è letale. Il suo destino è adombrato nel suo quadro incompiuto "Tod in Ninfa" ("Morte a Ninfa"). Nel momento di morire ella si mostra riconciliata con la vita, dato che a Ninfa ha conosciuto l'amore. La sua lotta per conseguire la fama è da lei considerata come un surrogato dell'amore. La caratteristica essenziale della trama è tuttavia ambigua. In effetti, nel racconto di von Preuschen il successo artistico e l'esaudimento del desiderio amoroso si escludono nel progetto di vita di una donna. Come donna, Ina è diventata un'emarginata sociale nella sua lotta per realizzarsi come artista e conseguire un riconoscimento sociale. Ella è isolata e ripiegata su se stessa. Il suo soggiorno a Ninfa è il segno di una situazione critica. Il luogo le serve da rifugio nella sua ricerca di un'identità artistica che le consenta di imporsi nella vita culturale improntata al patriarcalismo. Ella vuole liberarsi da modelli maschili, come Arnold Böcklin (61) o Ernest Hébert, il cui famoso quadro "Malaria" ella menziona (59). Anche il tema della novelletta di von Preuschen "Ruhm" ("Fama"), che risale a quello stesso periodo, è la posizione della donna e dell'artista.[49] Ivi, Wilma, la scrittrice di successo, che presenta evidenti rispondenze biografiche con Ida Boy-Ed, fugge dapprima dal matrimonio, per cui si suppone che sia "pazza".[50] Per poter avere successo come artista ella però deve anche "uccidere tutto il resto dentro di sé"[51] e rinunciare all'amore. Wilma sceglie questa strada, alla quale Ina non è disposta, per cui quest'ultima è destinata a fallire come artista. E tuttavia la sua pretesa di vivere un "amore smisurato", un "amore che viene come una febbre, una follia" (75), non può affermarsi in una società borghese che sanziona il matrimonio come un'istituzione e riduce la sessualità femminile alla maternità. Conseguentemente Cino torna alla moglie ed i figli. La devianza di una forma di vita femminile dalla norma sociale, che in quell'epoca era rappresentata da un eccessivo soddisfacimento

47 Fischer, 2019, p. 105. Sembra che anche Boy-Ed si sia espressa in modo sprezzante su von Preuschen. Mann, 1975, p. 145.

48 Preuschen, Perniciosa, a: Ninfa, 1895, pp. 55 e 61. Qui di seguito, i riferimenti alle pagine da questo racconto saranno collocati nel testo tra parentesi tonde.

49 Variazioni su questo tema si trovano in novellette come "Schmirius" o "Capriccio", a: Preuschen, 1893, e "Ruhm und Liebe" ("Fama e amore"), a: Preuschen, 1895, p. 67.

50 Preuschen, 1893, p. 148.

51 Ibid., p. 149.

delle ambizioni artistiche e dall'ostinazione a vivere un "amore senza barriere" e l'appagamento sessuale, è inconciliabile con i modelli tradizionali di unione matrimoniale. Con la fuga a Ninfa l'io femminile spera di realizzare se stessa nella sua produzione artistica e si scopre invece un oggetto di desiderio sessuale, che non può vivere fino in fondo, al di fuori di un'esistenza su un'isola, il suo desiderio di amore e di erotismo in quanto parte della sua personalità. La "Morte a Ninfa", tema del bozzetto artistico, rinvia all'indissolubilità del doppio conflitto identitario della donna e dell'artista. L'autoaffermazione femminile ricaccia la donna in un ruolo di emarginata che la società dell'epoca chiamava "folle". La situazione disperata dell'io femminile, risultante dalla rottura del tabù sociale, si risolve sul piano artistico solo nella pazzia e nella morte. La prosa e la lirica di Hermione von Preuschen assegna a tale costellazione un ruolo centrale. Nel suo racconto "Perniciosa" la città delle rovine, Ninfa, resta, come luogo, in ampia misura amorfa. Quasi sembrerebbe che quel posto sia sufficientemente descritto citando l'immagine di Gregorovius di Ninfa "Pompei del Medioevo" (57). Ninfa come area insulare, "luogo selvaggio, focolaio di febbri malariche" (73), crea nel racconto un'atmosfera di surriscaldamento, di eccesso e di eccezionalità. Se si pensa al luogo, il titolo "Perniciosa" risulta ambivalente. Dapprima si impone l'accezione di una località pericolosa. L'impianto narrativo, però, consente anche un'altra valutazione. La narrazione diaristica, fortemente influenzata dalla simbologia numerica cristiana, in particolare dai numeri tre e sette, consta di sette annotazioni. Il sette sta per il mondo, per la "totalità della creazione divina",[52] e domina nella Bibbia, soprattutto nel libro dell'Apocalisse. L'annotazione al centro del diario, con la quale Cino entra in scena come "araldo da un paese straniero", suddivide l'azione in una prima parte, nella quale l'artista si pronuncia sul suo rapporto col mondo, e in una seconda parte, nella quale la storia d'amore porta alla rovina della donna. Con Cino, l'ingegnere, fa irruzione la modernità, sotto forma di progresso scientifico, nell'esistenza insulare di Ninfa. Cino misura l'area per il progetto di ferrovia a Terracina, che Ina avverte come una minaccia e che "priva" il luogo "della sua atmosfera" (62). Ninfa, il rifugio, con la sua natura incontaminata, fonte di ispirazione artistica, appare minacciata. È il mondo alternativo della sfera sociale, dominata dalle leggi economiche e dalla tecnica, il cui irrompere è distruttivo.

Anche nella novella "Malaria" di Konrad Telmann, che chiude il volume del 1895 su Ninfa, il personaggio centrale è un artista. Nel suo impianto, con una trama centrale ed una cornice, e con il suo ampio flusso narrativo, ricco di dettagliate descrizioni della natura e riflessioni, il testo tende al racconto. La cornice narrativa prende avvio un giorno di maggio con il viaggio per la strada da Velletri a Ninfa del giovane pittore tedesco Georg Wehlen, accompagnato da Cäcilie, più anziana di lui. Il veicolo con il quale viaggiano, un *landau*, è indizio di uno status sociale elevato dei viaggiatori, dato che a quel tempo tale mezzo di trasporto era riservato a persone benestanti. Il rapporto conflittuale tra il moto esterno del *landau* da un lato, e la calma dei viaggiatori e della natura dall'altro, caratterizza il viaggio, che costituisce la prima parte della cornice narrativa e termina con l'arrivo al mulino di Ninfa. Sullo scenario si stende una "aria infuocata, immobile",[53] che si rispecchia nel motivo dello scirocco con la sua "aria soffocante" (103), la sua "afa cupa" e la sua "polvere" (94). L'aria è "ferma" (93) e paralizza (103) le membra. Georg sedeva "immobile" (96) e "non si muoveva affatto" (107). L'atmosfera è altamente esplosiva. Ogni cosa "reclama a gran voce un temporale, una abluzione, una redenzione" (103). Questa situazione paralizzante e al tempo stesso carica di tensione, che si esprime nella descrizione della natura, simboleggia l'irrigidimento interiore di Georg, che definisce la sua situazione personale come simile allo "scirocco" (108), all'aria ferma che gli impedisce di lavorare.

52 Sachs/Badstübner/Neumann, 1973, p. 360.
53 Telmann, Malaria, a: Ninfa, 1895, p. 102. Qui di seguito, i riferimenti alle pagine da questo racconto saranno collocati nel testo tra parentesi tonde.

Georg e Cäcilie sono in segreto amanti. Agli occhi del mondo Cäcilie, sposata ad un uomo infermo, ma ricco, il cui patrimonio ella desidera ereditare, recita il ruolo di *protegé*. Con in testa un "cappello alla Rembrandt" (95), un accessorio popolare intorno al 1870, che ella esibisce con disinvoltura e superiorità, Cäcilie si cala nel ruolo di mecenate, che assicura al pittore un'esistenza priva di preoccupazioni, mentre egli, dal canto suo, in questo loro viaggio in Italia recita la parte dell'accompagnatore esperto dei luoghi.

In effetti sotto tale mecenatismo ella cela il rapporto extraconiugale, che le serve da passatempo e soddisfa il suo desiderio sessuale, legalizzando la violazione della norma sociale. La relazione è tutt'altro che un'unione tra pari. Essa riduce l'uomo a uno "schiavo" (122) e lo priva della sua identità. Già nel dialogo iniziale si profilano contrasti inconciliabili. Sebbene Georg tenti di comunicare a Cäcilie le immagini dell' "incomparabile Ninfa" (101), che egli attinge da Gregorovius, ella considera il viaggio un' "idea abominevole" (99), "assurda", un "puro capriccio" (101) ed una "escursione folle" (112). Per Georg, invece, già il viaggio è di un "incanto particolare" (100). Poco prima dell'arrivo a Ninfa il conflitto sembra sedato. Il temporale in lontananza allenta un po' la tensione. Georg è sensibile alle invocazioni di Circe da parte di Cäcilie, un'allusione al leggendario Monte Circeo, situato lì vicino. E tuttavia, nell'anticipazione di abbandonare "la malia di Circe" (116), della maga che attira gli uomini col suo richiamo erotico e li corrompe, risuona già una certa distanza. Il tentativo di Cäcilie alla vista di Ninfa, che secondo lei è solo un "aggregato di case in rovina" (118), ed un focolaio di malaria, di indurre Georg a tornare indietro, si scontra con la decisa opposizione di questi. Tre volte, il numero tre rinvia anche qui alla sfera del mito, Georg respinge la richiesta di Cäcilie di andare via da quel luogo. Invece, egli le consiglia di fermarsi al mulino e le preannuncia un giro tra le rovine della "città della morte" (118). Con l'arrivo al mulino l'agitazione esterna si acquieta ed è trasferita nella figura. Passeggiando per Ninfa Georg inizia la ricerca della propria identità, durante la quale egli si libera dapprima della presenza di Cäcilie. Ma anche nella solitudine non gli riesce alcuna attività creativa. Si avventura sempre più dentro "quel luogo selvaggio di rovine" (140), nel quale alla fine si smarrisce. Questo perdersi simboleggia il disorientamento intellettuale di Georg e la sua perdita d'identità. Per poter continuare a camminare deve azzardare il salto nel terreno insicuro della palude. Alla vista della morte trae una conclusione spietata: "Per qualche secondo il suo animo sussultò: una giovane vita sciupata, distrutta – una vita che un tempo aveva suscitato speranze orgogliose e sogni ambiziosi, per poi affondare nella palude – Ebbene: sia come sia!" (142). Di nuovo si intrecciano specularmente descrizione del paesaggio e stato d'animo. Poco prima del salto compare un soccorritore nella persona del padrone del mulino. Costui salva la vita a Georg in senso fisico e psichico. Da un lato lo tira fuori dalla palude. Dall'altro, dopo aver visitato insieme la chiesetta di San Giovanni con gli affreschi, ancora conservati, delle storie della vita di Giovanni Battista, predicatore di penitenza, egli narra a Georg la sua storia, che lo "salva" (205) sul piano intellettuale.[54] Così inizia la trama centrale del racconto. Un giorno il mugnaio, sotto l'influsso della febbre e surriscaldato dallo scirocco e dalla malaria, tradì se stesso ed i suoi principî. Non tenne fede alla parola data ad un amico e commise adulterio con la moglie di questi. Nella bella Santina, descritta dal mugnaio come una strega demoniaca, riappare il motivo della donna corruttrice degli uomini. Santina si suicida nella palude dopo che il mugnaio ha respinto il suo amore. Consapevole di averla uccisa, egli giura di espiare per tutta la vita nella palude di Ninfa i suoi peccati e la sua colpa. La sua vita lì dovrà essere la sua "punizione" (201), dalla quale solo la morte potrà liberarlo. Questa trama centrale, con il suo carattere allegorico, consente a Georg di acquisire conoscenza di se stesso. Il suo pensiero si mette in movimento, il suo irrigidimento svanisce.

54 Probabilmente Telmann conosceva la descrizione di Ninfa di Hermann Allmers, nella quale si dà particolare rilievo a questi affreschi. Allmers, 1869, p. 343.

Egli comprende che solo mediante il lavoro può dare un senso ed un fondamento alla sua vita, basata fino ad allora "su un terreno paludoso" (205). Anche sul piano sociale si risveglia in lui tale consapevolezza, dato che Georg concepisce il prosciugamento delle Paludi Pontine come un dovere sociale volto al bene della popolazione povera. Tale opera potrà far risorgere Ninfa "dal suo sonno di morte alla vita ed al lavoro" (150). In futuro egli darà un senso alla sua vita "vivendo in povertà, lavorando e cogliendo soddisfazioni ottenute grazie al proprio impegno" (212). In tal modo Georg riscopre la sua identità di artista. La cornice narrativa si chiude con la separazione da Cäcilie, che – conformemente al suo nome – assiste alla metamorfosi di Georg come una cieca,[55] cioè senza comprenderla, come si nota dai suoi "grandi occhi, ardenti, asciutti" (215). Georg si è liberato del suo status di oggetto e, avendo davanti ai suoi occhi il modello di Raffaello, "con la cassetta di colori sulle spalle e l'andatura vigorosa, dall'aria paludosa del bassopiano sale all'altezza di Norba" (215). Da compagno di viaggio passivo egli si è trasformato in un viaggiatore attivo, metafora della sua emancipazione dal ruolo di amante e favorito a quello di persona che si assume le responsabilità delle proprie azioni. Il paesaggio paludoso di Ninfa, luogo di morte, funge da parabola della vita di Georg. Esso assurge a luogo della conoscenza, che rivendica il diritto di dare in autonomia un senso ed una forma alla propria vita, e anticipa la possibilità di un cambiamento sociale.

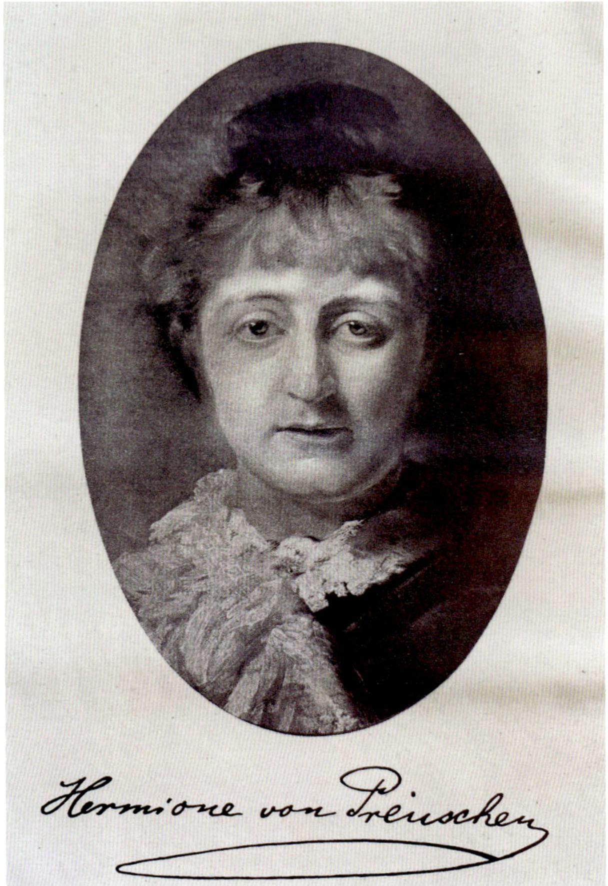

4 Hermione von Preuschen

La novella di Voß "Santa Maria di Galera" presenta evidenti riferimenti al racconto "Die Letzten" ("Gli ultimi") di Boy-Ed. Essi sono riconoscibili nell'analogia di contenuti e temi. Al centro della trama è il racconto del monaco Generoso da Frascati sulla "Storia degli ultimi di Galera".[56] Al pari di Boy-Ed, Voß incentra il racconto sulla decadenza di Galeria, che è attribuita alla maledizione divina della malaria. Ad essa collegata è la leggenda attorno alla fondazione del monastero di Santa Maria di Galeria. Anche il motivo della campana, che nella cornice narrativa è il segno della salvezza dell'io narrante, ricorda un motivo di Boy-Ed. È probabile che, grazie alla sua amicizia con Telmann, Voß conoscesse il volume su Ninfa dei tre autori, uscito nel 1895. In ogni caso egli può aver letto la novella di Boy-Ed quando fu pubblicata nel 1894 sulla rivista "Nord und Süd" di Paul Lindau, che egli conosceva bene, e potrebbe averne tratto ispirazione. Tuttavia, rilevanti impulsi gli vennero probabilmente dalla lettura di Gregorovius, che aveva definito le rovine di Santa Maria di Galeria "il singolare *pendant* alla fiabesca città di Ninfa"[57] e la cui storia egli tratteggiò. Non è un caso che in alcuni

55 Kohlheim, 2007, p. 83.
56 Voß, 1899, p. 140. Qui di seguito, i riferimenti alle pagine da questo racconto saranno collocati nel testo tra parentesi tonde.
57 Gregorovius, 1925, p. 194.

scritti autobiografici Voß abbia associato Santa Maria di Galeria a Ninfa. All'inizio della sua novella si trova l'esplicito riferimento da parte dell'io narrante maschile alla lettura di Gregorovius (122), confermata dalla citazione del "panione" (128).[58] Questo io narrante, un tedesco, vive a Roma l'esperienza dello scirocco, che lo fa quasi impazzire e che, a suo giudizio, sarebbe un motivo comprensibile per suicidarsi (127). Affiora l'idea di trascorrere un "giorno piovoso in Germania" (127), ma viene scartata. Invece, l'io narrante parte da Roma per una cavalcata notturna nella Campagna, durante la quale è assalito dalla malaria che lo riduce in fin di vita. Trova aiuto nel monastero di Santa Maria di Galeria, dove tre monaci lo curano e lo fanno guarire. La cornice narrativa crea un'atmosfera spettrale. L'io narrante, che nel comportamento somiglia all'autore, reputato un eccellente cavallerizzo, fa l'esperienza di una "cavalcata fantasma" (129) per la Campagna. La malaria genera "fantasie febbrili" (130), che legittimano l'avvenimento straordinario, la situazione eccezionale. Nella "notte estiva arroventata" l'aria si fa "ancor più satanica" divenendo un "vapore infernale" (129). Al narratore lo scirocco appare come uno "spettro", "una donna enorme con occhi ardenti e labbra bianche" (129) e come "l'eterno demonio" (130) di Roma. Durante quella sfrenata cavalcata notturna si materializza la crisi dell'io narrante, che definisce se stesso "matto" (129). La demonizzazione dello scirocco sotto forma di una donna spettrale segnala una minaccia. Fa pensare al contempo ad una mimetizzazione letteraria, quale si trova nelle opere tarde di Voß in numerose varianti. La crisi dell'io narrante è di natura erotica. Egli fugge dallo scirocco, che lo funesta sotto forma di una femmina demoniaca e simboleggia lo scatenarsi dei suoi desideri erotici, che premono per essere appagati. Egli abbandona la città, luogo delle norme e costrizioni sociali (131), e si rifugia nel "deserto e in un luogo selvaggio" (131), cioè in quello spazio al di fuori della società, nel quale "la natura selvaggia" domina "quale unica padrona" (136). Il ritmo della cavalcata, un motivo carico di erotismo, si accresce fino all'estasi, che si seda solo nella reclusione del monastero, in uno spazio insulare e omosociale. Lo scirocco camuffa il conflitto d'identità sessuale dell'io narrante, che si risolve nella sfera claustrale dominata da uomini. Questa lettura trova conferma nella trama centrale, che espone la leggenda della fondazione del monastero di Santa Maria di Galeria. Dio mandò la maledizione della malaria agli abitanti di Galeria poiché costoro amavano la loro patria terrena più della patria divina. Uno degli ultimi di Galeria, Astorre D'Anunzio, che in realtà avrebbe voluto farsi monaco, si rassegna al suo destino, si prende una donna e, con lei ed il loro figlio, abbandona Galeria per assicurare un futuro alla sua stirpe. Ma, dopo aver assolto questo compito e dopo la morte della moglie, egli segue la sua vocazione. "Lasciò la casa, nella quale era stato tanto felice, e tuttavia si era sentito sempre e solo uno straniero" (204). Durante una "notte di maggio" (204), nell'opera di Voß un simbolo dell'amore, Astorre fugge dalle costrizioni sociali per tornare nella natura selvaggia attorno a Roma, nella sua terra natia di Galeria. Ivi, da monaco, fratello Felice da Galera, egli fonda un monastero.[59] La terra natia, e qui si toccano cornice narrativa e trama centrale del racconto, non è connotata né geograficamente, né come nazione, piuttosto è un luogo nel quale l'individuo può riconoscersi nella sua identità sessuale e realizzare se stesso. Pertanto, l'io narrante non prende neanche in considerazione l'idea di tornare in Germania, dove il paragrafo 175 del codice penale proibiva rapporti sessuali tra uomini.[60] La trama centrale riafferma l'insistenza dell'individuo sulla realizzazione di se stesso, poiché permane la maledizione divina, quantunque Astorre sia il fondatore del monastero di Galeria. Egli infatti non esaudisce la richiesta di Dio, ma ubbidisce alla sua vocazione, cosa che gli è possibile solo in mezzo alla natura selvaggia, cioè al di fuori dello spazio sociale. Nella novella di Voß "Santa Maria di Galera", questa "Ninfa della Campagna a Nord di Roma, avvolta di

58 Gregorovius scrisse del "panione" Roma, nel quale egli si trovava imprigionato. Gregorovius, 2013, p. 59.

59 Sul motivo del monaco cfr. Baumann, 2019a.

60 In Italia l'omosessualità non era più un reato dal 1887.

edera" è una metafora per la ricerca dell'identità e l'autodeterminazione, che l'individuo può realizzare solo su un'isola e solo sotto la spada di Damocle della malaria letale. È "la città dell'edera, un sito fiabesco" e al contempo "un fantasma con lo sguardo assassino", poiché colui "verso il quale allunga le braccia, colui che avvinghia è perduto: viene strangolato dalla malaria".[61] Così Voß, nel suo testo sulla Campagna del 1910, riconfermava l'ambivalenza attribuita a quel luogo.

I testi su Ninfa di Boy-Ed, von Preuschen, Telmann e Voß sono una testimonianza della persuasività e popolarità degli scritti di Ferdinand Gregorovius, al quale Ninfa diede ispirazione oltre che per le sue riflessioni storico-saggistiche, anche per un poema. Il poeta, questa la sua profezia, coprirà volentieri il "mistero" di Ninfa con i tralci d'edera.[62] La città medievale delle rovine traeva il suo fascino di luogo poetico dal fatto di costituire un'isola e, come tale, un contrappunto alla società con le sue norme e costrizioni che addomesticano e distruggono l'individuo. Gli scenari di Ninfa descritti da quei quattro autori non sono tuttavia una trasformazione romantica della città. Ninfa, superficie di proiezione di un'esistenza individuale carica di conflitti e con implicazioni in parte fortemente autobiografiche, si rivela un luogo bifronte, ambiguo, in cui è iscritta la polarità di bellezza originaria e minaccia mortale, e che problematizza il pericolo dell'individuo nella società. Nei testi di Boy-Ed e Telmann il soggiorno a Ninfa, sito di morte, dà luogo ad una svolta nella vita dei protagonisti. Essi si sollevano dalla "palude" dell'esistenza fino ad allora condotta e, nella consapevolezza del loro diritto alla vita, si mettono in cammino per lottare e guadagnarsi il loro posto nella società. Nei testi di von Preuschen, Telmann e Voß Ninfa e Santa Maria di Galeria sono rifugi, nei quali l'individuo può sottrarsi alle costrizioni sociali e assicurarsi della propria identità. Ninfa assurge a luogo del desiderio nostalgico, dato che nell'isolamento e nella solitudine si placa brevemente il conflitto dell'individuo con la società. Ma appagamento sessuale, amore e autorealizzazione creativa non sono duraturi nella "natura selvaggia". Il rifugio lontano dalla civiltà umana si trasforma in un luogo che mette in pericolo la vita. In von Preuschen e Telmann risuona già il pericolo incombente sullo spazio naturale originario da parte del progresso tecnico-scientifico, sotto forma della costruzione della ferrovia da Velletri a Terracina. Il luogo fonte di attività e creatività artistica diviene un polo, da preservare, opposto al mondo moderno, che sta per appropriarsi di questo rifugio. Pertanto, questi testi si collocano sulla soglia di una nuova fase della ricezione di Ninfa, segnata dal termine della costruzione della ferrovia e, con esso, dall'irrompere della modernità.

Bibliografia

Hermann Allmers, Römische Schlendertage, Oldenburg 1869.

Christiane Baumann, Richard Voß. Revoluzzer, Männerfreund, Bestsellerautor, Paderborn 2018. (Baumann 2018a)

Christiane Baumann, "Mein leuchtendes Haus!" Richard Voß' Italien: Frascati und die Villa Falconieri, in: Studi Germanici, 14 (2018), pp. 287–309. (Baumann 2018b)

Christiane Baumann, Faszination "Monk". Richard Voß' Novelle "Der Mönch von Berchtesgaden" (1891) in ihren Beziehungen zu Matthew Gregory Lewis' Roman "The Monk" (1796) und Ambrose Bierce' Erzählung "The Monk and the Hangman's Daughter" (1892), in: Orbis Linguarum 53 (2019), pp. 5–25. (Baumann 2019a)

Christiane Baumann, "La perduta gente". Richard Voß' naturalistische Italienbilder und der Einfluss des Historikers und Essayisten Ferdinand Gregorovius, in: QFIAB 99 (2019), pp. 340–366. (Baumann 2019b)

Konrad Beißwanger (Ed.), Stimmen der Freiheit. Blüthenlese der hervorragendsten Schöpfungen unserer Arbeiter und Volksdichter, Nürnberg 1900.

Ida Boy-Ed, Autobiographie 1926/27, Berlin-Zehlendorf 2014.

Ida Boy-Ed, Die Letzten. Novelle, in: Nord und Süd 70 (1894), Heft 209, pp. 139–153.

Ida Boy-Ed, Eine Auswahl von Peter de Mendelssohn, Lübeck 1975.

Ida Boy-Ed, Zuletzt gelacht. Eine Skizze aus Vierlanden, in: Die Gesellschaft 2 (1887), pp. 740–747.

61 Voß, 1910, pp. 268–269.

62 Gregorovius, 1925, p. 502.

Ida Boy-Ed, Zwischen Scylla und Charybdis, in: Hedwig Dohm (Ed.), Ehe? Zur Reform der sexuellen Moral, Berlin 1911, p.p 111–123.

Muriel Eberhardt, Hermione von Preuschen. Eine Künstlerin um die Jahrhundertwende, in: Zeitschrift für Museum und Bildung 63 (2005), pp. 8–27.

Bernd Erhard Fischer, Hermione. Die Flucht ins Leben. Eine poetische Biografie, Berlin 2019.

Ludwig Julius Fränkel, Konrad Zitelmann, in: Allgemeine Deutsche Biographie 45 (1900), pp. 361–368.

Ferdinand Gregorovius, Briefe nach Königsberg, hg. v. Dominik Fugger u. Nina Schlüter, München 2013.

Ferdinand Gregorovius, Wanderjahre in Italien, Dresden 1925.

Stephanie Hauschild, Im Atelier von Hermione von Preuschen, in: Stephanie Hauschild, Eine Blumenmalerin sollt' ich sein. Künstlerinnen von Maria Sibylla Merian bis Georgia O'Keeffe, Ostfildern 2016, pp. 95–105.

Gerhard Heidemann, Konrad Telmann. Ein Lebensbild des Dichters aus seinem lyrischen Schaffen als Beitrag zur pommerschen Literaturgeschichte des 19. Jahrhunderts, Diss., Greifswald 1936.

Rosa und Volker Kohlheim, Lexikon der Vornamen, Mannheim/Leipzig/Wien/Zürich 2007.

Rolf Löchel, Hekubas Töchter mögen keine Opferschalen. Die Frauenfiguren und Weiblichkeitskonstruktionen in (Anti-) Kriegsromanen von Ida Boy-Ed und Clara Viebig, in: Aibe-Marlene Gerdes/Michael Fischer (Ed.), Der Krieg und die Frauen. Geschlecht und populäre Literatur im Ersten Weltkrieg, Münster/New York 2016, pp. 73–93.

Thomas Mann, Briefe an Otto Grautoff 1894–1901 und Ida Boy-Ed 1903–1928, hg. von Peter de Mendelssohn, Frankfurt am Main 1975.

Josef F. Murr, Die Pflanzenwelt in der Griechischen Mythologie, Innsbruck 1890.

Ninfa. Drei Novellen v. Ida Boy-Ed, Hermine von Preuschen und Konrad Telmann, Dresden/Leipzig 1895.

Julius Petri, Unterm Strohdach, in: Das Magazin 50 (1892), p. 812.

Hermione v. Preuschen, Der Roman meines Lebens. Ein Frauenleben um die Jahrhundertwende, Berlin/Leipzig 1926.

Hermione v. Preuschen, Die sexuelle Moral der Frau, in: Hedwig Dohm, (Ed.), Ehe? Zur Reform der sexuellen Moral, Berlin 1911, pp. 145–151.

Hermine v. Preuschen, Tollkraut. Novelletten, Leipzig 1893.

Hermine v. Preuschen-Telmann, Über das künstlerische Studium der Frau, in: Der Internationale Kongress für Frauenwerke und Frauenbestrebungen in Berlin 19. bis 26. September 1896. Eine Sammlung der auf dem Kongress gehaltenen Vorträge und Ansprachen, Berlin 1897, pp. 148–151.

Hermine v. Preuschen, Via Passionis. Lebenslieder, Dresden/Leipzig 1895.

Hannelore Sachs, Ernst Badstübner, Helga Neumann, Christliche Ikonographie in Stichworten, München 1975.

Theodor Storm, Eine zurückgezogene Vorrede aus dem Jahre 1881, in: Theodor Storm, Sämtliche Werke, hg. v. Albert Köster, vol. 8, Leipzig 1923, pp. 122–123.

Konrad Telmann, Aus der Fremde. Gedichte, Minden i. Westfalen 1889.

Konrad Telmann, Briefe an Hermione von Preuschen, Berlin 1911.

Konrad Telmann, Gerichtet. Novelle, Stuttgart/Berlin/Leipzig [1900].

Heinrich Teweles, Ida Boy-Ed, in: Nord und Süd 70 (1894), Heft 209, pp. 154–161.

Richard Voß, Campagna di Roma. Eine Romfahrt, in: Deutsche Rundschau, 142 (1910), pp. 263–269.

Richard Voß, Die neue Circe. Eine italienische Dorfgeschichte, Berlin s. a.

Richard Voß, Du mein Italien! Aus meinem römischen Leben, Stuttgart/Berlin 1920.

Richard Voß, Erlebtes und Geschautes. Bilder aus Italien, Jena 1888.

Richard Voß, Santa Maria di Galera, in: Die Rächerin und andere römische Novellen, 3a ed., Stuttgart 1899, p. 123–207

Gabriele Wagner-Zereini, Die Frau am Fenster. Zur Entwicklung einer weiblichen Schreibweise am Beispiel der Lübecker Schriftstellerin Ida Boy-Ed (1852–1928), Diss., Frankfurt am Main 2000.

Fr. L. K. Weigand, Deutsches Wörterbuch, 5a ed., vol. 1, Gießen 1909.

Wörterbuch der Symbolik, hg. v. Manfred Lurker, Stuttgart 1985.

ALMUT GOLDHAHN

Ninfa in Posa

La scoperta della città "addormentata" attraverso la fotografia di fine Ottocento/inizio Novecento

Il "lungo XIX secolo"[1] fu contrassegnato da numerosi sconvolgimenti politici e da una moltitudine di invenzioni e progressi in campo tecnico. Tra questi si annoverano l'inizio del traffico su rotaia e la scoperta della fotografia come nuovo processo di creazione di immagini, due eventi di grande impatto che avrebbero avuto conseguenze di vasta portata. Mentre i treni e l'espansione della rete ferroviaria contribuirono allo sviluppo di una cultura borghese del viaggio,[2] la fotografia rese possibile una rappresentazione visiva del mondo che si distingueva in modo sostanziale dai mezzi di creazione dell'immagine fino ad allora conosciuti come la pittura, il disegno e la stampa per incisione. Se in precedenza erano stati gli esponenti delle arti figurative a riprodurre il mondo nelle sue infinite sfaccettature con i loro dipinti e disegni, ma anche a interpretarlo in modo soggettivo, ora c'era la possibilità di catturare la "realtà" in un'immagine con l'aiuto di un apparecchio tecnico. La produzione di immagini non dipendeva più da una mano con una formazione artistica, ma si basava su un processo fotochimico che generava riproduzioni fedeli e apparentemente oggettive. Con lo sviluppo del processo negativo-positivo divenne presto possibile anche ricavare dai negativi con le tecniche di stampa innumerevoli copie, circostanza che non solo consentiva di ottenere molteplici riproduzioni delle singole fotografie, ma anche di diffonderle in contesti molto diversi.[3]

Per quanto fosse ben lontana dal sostituire pittura, disegno e incisioni, la fotografia era entrata tuttavia in competizione con questi generi artistici per la grande velocità con cui andarono evolvendosi le sue tecniche a partire dal 1839.[4] La tanto citata esclamazione "Da oggi la pittura è morta – viva la fotografia!", che il pittore francese Paul Delaroche avrebbe pronunciato dopo aver visto i primi dagherrotipi a Parigi proprio nel 1839, si è rivelato in realtà una leggenda creata ad arte in un periodo successivo,[5] in cui già si manifesta tuttavia l'atteggiamento competitivo che avrebbe caratterizzato il rapporto tra pittura e fotografia e i dibattiti sulla fotografia, soprattutto nei primi decenni della loro coesistenza.[6] Una concorrenza tra medium diversi che contrassegna anche la storia della ricezione dell'immagine di Ninfa, oggetto di questo studio. Situata ai margini delle Paludi Pontine (ora Agro Pontino), questo piccolo abitato in rovina nel Lazio meridionale aveva già destato l'interesse di pittori e viaggiatori durante il periodo romantico ed era stato da loro ritratto in opere let-

1 Il concetto di "lungo XIX secolo" fu coniato dallo storico britannico Hobsbawm, 1962–87.

2 Cfr. Gyr, 2010.

3 Gernsheim, 1983, pp. 66–76.

4 Il 1839 è generalmente considerato "l'anno di nascita" della fotografia. Fu in quell'anno che il francese Joseph Nicéphore Niépce registrò la fotografia come brevetto in Francia.

5 Pohlmann, 2004, p. 9.

6 Cfr. Pohlmann / Hohenzollern 2004; Beiersdorf 2018.

terarie o raffigurato con le tecniche dell'incisione o con l'uso di pennelli da diverse prospettive. Uno dei primi fu l'archeologo americano John Izard Middleton (1785–1849) che viaggiò attraverso l'Italia nel 1808/09 e al suo ritorno immortalò nella litografia *Ruins of the Town of Ninfa* (1812) il borgo incastonato nel paesaggio. Dopo di lui vi furono pittori come Edward Lear (1812–1888), Karl Lindemann Frommel (1819–1891) e Carl Ferdinand Sprosse (1819–1874), nelle cui opere si possono rinvenire tracce di Ninfa.[7] Quando i fotografi iniziarono a esplorare l'Italia nella seconda metà del XIX secolo con la macchina fotografica, il "motivo Ninfa" non fu certo una scoperta. Al contrario: furono proprio i fotografi di professione ad attingere spesso per le loro riproduzioni, che mettevano in vendita, a motivi che erano già stati raffigurati in precedenza su dipinti e disegni. Non di rado gli stessi fotografi si erano formati come pittori prima di rimpiazzare il pennello con la macchina fotografica, talora probabilmente anche per motivi economici.[8] La campagna romana con i suoi paesaggi ancora incontaminati, le tracce della storia e dei monumenti dell'Antichità, ma anche con i suoi abitati in panorami pittoreschi, era sempre stata una meta per chi viaggiava alla volta di Roma. Le illustrazioni di quel territorio promettevano dunque anche un buon ritorno economico. Nella seconda metà del XIX secolo anche archeologi e medievisti iniziarono però ad occuparsi in modo sempre più sistematico della topografia del territorio attorno a Roma. Dal 1879 lo storico Giuseppe Tomassetti iniziò a pubblicare il suo imponente studio *Della Campagna romana nel Medieoevo* apparso a puntate nell'*Archivio della R. Società romana di storia patria.* L'archeologo Rodolfo Lanciani, spesso accompagnato da colleghi e amici, intraprese scrupolose escursioni alla scoperta di tracce dell'Antichità nella campagna romana.[9] Portavano di frequente con sé la macchina fotografica, che alla fine del secolo cominciò progressivamente ad essere usata anche da non professionisti per effetto dei rapidissimi sviluppi tecnici nel campo della fotografia.

Il presente contributo approfondisce le tracce iconografiche che Ninfa ha lasciato nella fotografia. Segue in particolare quegli aspetti della produzione di immagini che sono stati centrali nella ricezione fotografica del borgo in rovina nel periodo che va dal 1860 al 1910 circa e in cui Ninfa come motivo iconografico si trasformò da riproduzione pittorica romantica "dipinta con la luce" a soggetto addirittura a carattere commerciale. Naturalmente senza pretesa di completezza dal momento che sia il collegamento di Ninfa alla rete ferroviaria nel 1892, che rendeva il luogo facilmente accessibile a tutti, sia l'inizio della diffusione della fotografia verso la fine del XIX secolo, grazie ad attrezzature sempre più facili da maneggiare, avevano favorito il fatto che Ninfa si trasformasse in soggetto riprodotto all'infinito dall'obiettivo fotografico. Lo studio si concentra soprattutto sulle tappe principali che hanno contribuito a fissare la località ai margini delle Paludi Pontine nella memoria (visiva) collettiva non soltanto dell'Italia, ma anche oltre i suoi confini.

Un commiato: la pittoresca veduta di Ninfa di Robert Macpherson

Intorno al 1863 lo scozzese Robert Macpherson (1814/15–1872), parente lontano di James Macpherson, l'autore della raccolta di Ossian scomparso nel 1876,[10] aveva sistemato la sua macchina fotografica sulla riva orientale del laghetto per immortalare Ninfa in una delle prime, se non addirittura la prima, raffigurazione fotografica.[11] (fig. 1) Il formato

7 Una prima panoramica dell'iconografia di Ninfa nelle arti figurative si trova in Trabucco, 2019, pp. 27–48, qui pp. 31ss. Vedi anche gli altri contributi in questo volume.

8 Cfr. Zannier, 1986, pp. 60–63; Ritter, 2005.

9 Cfr. Impiglia, 2017.

10 Crawford, 2008, p. 32. James Macpherson (1736–1796) è considerato uno dei capostipiti del Romanticismo inglese.

11 Becchetti/Pietrangeli, 1987, p. 163. La fotografia è inserita nel catalogo di vendita di Robert Macpherson del 1863 al n. 206 con il titolo *The deserted city of Ninfa, in the Pontine Marshes.* Stampe di questa fotografia sono conservate nell'Archivio Fotografico del Museo di Roma a Roma, nel Victoria & Albert Museum di Londra e nel Canadian Centre for Architecture di Montreal.

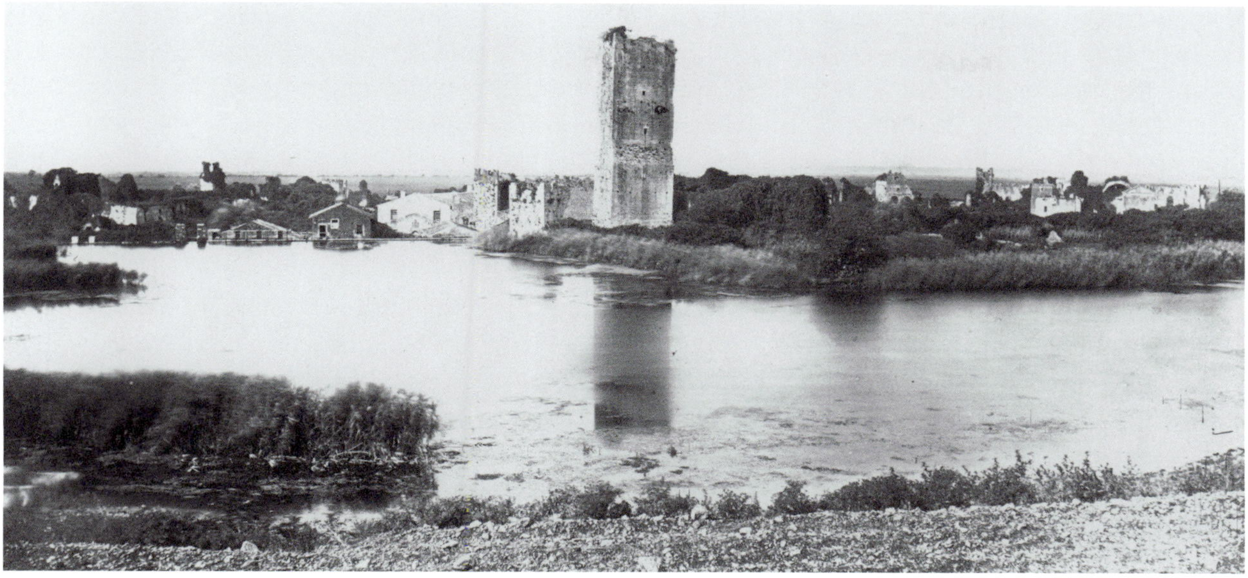

1 Robert Macpherson, *Veduta di Ninfa,* intorno al 1863, stampa all'albume, 19,7 cm x 40,1 cm, London, Victoria & Albert Museum, inv. PH. 28-1983

orizzontale, ancora alquanto insolito per le fotografie dell'epoca, mostra la vista sulle rovine dell'abitato abbandonato, al centro delle quali la medievale Torre dei Caetani, simbolo dell'autoaffermazione del casato baronale, risalta nitida contro un cielo bianco e lattiginoso e i suoi contorni si riflettono nell'acqua del lago. Dalla vegetazione che si estende tutt'attorno emergono con un effetto di contrasto elevato resti di mura, tracce della civiltà passata, che lasciano intuire al contempo l'estensione topografica di un tempo. Solamente a sinistra della torre, con la Casa Comunale e il mulino costruito direttamente sull'acqua, si possono individuare edifici che hanno resistito alla natura e sembrano indicare che la città tra le mura non fosse stata completamente abbandonata. Sullo sfondo si estende la piana delle Paludi Pontine che sembra fondersi con il cielo e desta l'impressione di una vastità infinita, quasi trascendente.

All'epoca di questa fotografia Macpherson era già uno dei fotografi più riconosciuti a Roma. Come la maggioranza dei suoi colleghi egli aveva iniziato il proprio percorso artistico come pittore,[12] ma al suo arrivo nella Città Eterna era entrato in contatto con la fotografia, alla quale si sarebbe poi dedicato in via esclusiva. Tale scelta fu condizionata non solo dal fascino esercitato dal nuovo mezzo, ma anche da una sicura intuizione sui meccanismi di mercato, come ipotizza Alan Crawford.[13] Vi era in effetti una grande richiesta di immagini di qualità, che i viaggiatori avrebbero potuto portare con sé a casa, e tale circostanza aveva contribuito allo stabilirsi di tanti fotografi a Roma.[14] Tra i visitatori stranieri della Città Eterna Macpherson si era fatto un nome non solo con le sue vedute, ma anche grazie alle fotografie di sculture dell'Antichità conservate ai Musei Vaticani. La guida turistica inglese *A Handbook of Rome and its Environs* (1856) lo indica, insieme all'italiano Tomaso Cuccioni e allo scozzese James Anderson, anch'egli residente in zona, come "one of the three principal artists in photography in Rome".[15] Non si

12 Crawford, 1999, p. 357. Pare che della produzione pittorica di Macpherson si sia conservata solo una veduta della campagna romana, ma anche questa attribuzione del dipinto è contestata.
13 Crawford, 1999, p. 362.
14 Zannier,1986, p. 19; Ritter, 2005, p. 14.
15 J. Murray, *A Handbook for Travellers in Central Italy. Vol. II: Rome and its Environs*, London 1856, p. XIX. Cit. da Crawford, 1999, p. 360.

fa cenno però al fatto che, tra questi tre, egli fosse di gran lunga il più costoso.[16] Gli acquirenti, che davano un'occhiata al suo studio di Via di Ripetta e successivamente in Via del Babuino, trovavano comunque un'offerta molto ampia e in continua espansione. I cataloghi di vendita di Macpherson, che per uno storico della fotografia rappresentano oggi una sorta di catalogo autorizzato della produzione del fotografo,[17] rispecchiano, con i luoghi e le opere che vi sono elencati, le tappe canoniche di un viaggio a Roma che era diventato di prammatica per i viaggiatori del Grand Tour. La campagna romana divenne ben presto un centro dell'attenzione di Macpherson.[18] Le sue ricognizioni fotografiche nei dintorni meno esplorati di Roma, che comprendevano anche l'area dei Monti Lepini, furono facilitate dall'uso del processo di lastra asciutta al collodio, brevettato nel 1856. Questa tecnica aveva il vantaggio che le lastre di vetro utilizzate come supporto per i negativi non dovevano essere sviluppate immediatamente dopo lo scatto, come invece accadeva con le lastre umide al collodio, all'epoca di uso più comune, e ciò le rendeva particolarmente adatte alle riprese paesaggistiche.[19] La preparazione di queste lastre era però complessa e laboriosa e gli "errori" che ne derivavano, visibili poi sulle stampe, procurarono a Macpherson qualche critica.[20] È probabilmente riferibile proprio a quel processo l'effetto di mancanza di nitidezza, soprattutto ai bordi, che contraddistingue molte delle sue fotografie. Eppure questa peculiarità assieme ai forti contrasti di chiaroscuro, che divennero un marchio di fabbrica dello scozzese, conferirono alle sue stampe persino una certa qualità pittorica. E Macpherson stesso si considerava un artista, come scrisse nel 1863, ovvero all'epoca della fotografia di Ninfa, nella prefazione al catalogo delle sculture in Vaticano: "I remain a photographer to this day, without any feeling that by so doing I have abandoned art, or have in any way forfeited my claim to the title of artist.".[21]

Questo approccio artistico di Macpherson si riflette anche nella sua raffigurazione fotografica di Ninfa. L'inquadratura si presenta come un dipinto impostato con cura: primo piano, piano medio e sfondo, passaggi chiari e scuri, a fuoco e sfocati. A differenza però della maggior parte delle raffigurazioni pittoriche e grafiche del Romanticismo Macpherson aveva cambiato la prospettiva su Ninfa. Vero protagonista della rappresentazione non è più il paesaggio, bensì proprio l'abitato di Ninfa: grazie al cielo uniformemente piatto, dall'effetto quasi irreale, senza alcuna nuvola, la silhouette della città viene messa di fatto in evidenza – un effetto che si basava anche su un'imperfezione tecnica della fotografia degli inizi, ma che al contempo veniva sfruttato come espediente artistico.[22] Ninfa si presenta qui all'osser-

16 Crawford, 2008, p. 362. Una fotografia di Macpherson costava all'incirca cinque volte quella del suo conterraneo scozzese James Anderson.

17 I cataloghi del 1858, 1865 ca., 1868 e 1871 sono stampati in Becchetti/Pietrangeli, 1987, pp. 42–52. Nel 1867 Macpherson pubblicò un altro catalogo, illustrato (ma poco nitido e quindi illeggibile) in Fanelli, 2017, p. 229.

18 Il catalogo del 1858 elenca già vedute della campagna romana, ad es. *View of the Campagna 4 miles from the Lateran gate, on the Naples road* (n. 101), *Acqueduct near Castle Madama* (n. 124) o anche *Valley of Egeria* (n. 155). Becchetti/Pietrangeli, 1987, p. 43.

19 Crawford, 1999, p. 360; Antonetto, 2015, p. 88. Il fotografo si poteva ora spostare con un "bagaglio leggero" e non doveva più portare con sé una camera oscura portatile e i prodotti chimici necessari per lo sviluppo. Questo metodo veniva usato tuttavia piuttosto di rado dai fotografi perché più soggetto a errori. La vera svolta avvenne con il lancio sul mercato nel 1878 della lastra alla gelatina a secco.

20 Crawford, 1999, p. 364.

21 "Resto tuttora un fotografo, senza avere la sensazione di aver abbandonato l'arte o di aver rinunciato in qualche modo al titolo di artista." *Robert Macpherson, Vatican Sculptures, selected, and arranged in order in which they are found in the Galleries*, Rome 1863, *Introduction* (senza paginazione).

22 Su questo effetto, noto come solarizzazione, entra più in dettaglio Keultjes, 2018, pp. 94–98. "Solo a partire dagli anni Ottanta del XIX secolo le esposizioni brevi divennero possibili grazie alle istantanee, prima invece erano necessari tempi lunghi di esposizione per fotografare la maggior parte degli oggetti, soprattutto con luce naturale. A causa dell'alta sensibilità al blu dei primi materiali fotografici, il cielo blu risultava inevitabilmente sovraesposto. [...] L'area nell'immagine appariva così come una superficie scura e imprecisa in stampa se non si sottoponeva a ulteriori trattamenti il negativo." (*ivi*, p. 94). Tale trattamento poteva consistere nel mascherare con un diaframma di carta le superfici interessate o coprendole con una vernice speciale. Il risultato era un'area chiara dal tono uniforme che metteva al contempo in risalto il soggetto principale.

vatore come ancora oggi si presenta all'escursionista che l'ha raggiunta lungo il sentiero sassoso che da Norba scende alla piana dell'Agro Pontino. L'immagine sembra una risposta visiva alle parole d'introduzione di Ferdinand Gregorovius, con le quali inizia più o meno nello stesso periodo la sua incursione letteraria a Ninfa: "Ecco Ninfa, la fiabesca rovina di una città, con le sue mura, le torri, le chiese, i monasteri e le abitazioni quasi inghiottite dalla palude e sepolte sotto una fittissima edera."[23] Non è certo che Macpherson avesse conosciuto lo storico, scrittore e giornalista tedesco che trascorse molti anni a Roma e che grazie alla sua descrizione enfatica di Ninfa contribuì in modo determinante a far "scoprire" quel luogo. Ma forse non è un caso che anche il primo fotografo di Ninfa a noi noto fosse uno straniero che non era riuscito a sottrarsi al fascino del posto. Forse Macpherson ha realizzato qui non solo il primo ritratto fotografico di Ninfa, ma anche uno degli ultimi quadri romantici, questa volta "dipinto con la luce". La prospettiva che lui scelse diverrà la veduta quasi canonica del luogo.

L'alba di una nuova era: i Fratelli D'Alessandri e l'inaugurazione della tratta ferroviaria Velletri–Terracina come evento mediatico

Sono quasi 30 gli anni che intercorrono tra la veduta romantica di Ninfa firmata da Macpherson e la ripresa fotografica dei Fratelli D'Alessandri. Dopo tre anni di lavori il 27 maggio 1892 fu inaugurata la tratta ferroviaria Velletri–Terracina, lunga 79 chilometri. Questo evento risvegliò in un certo senso Ninfa dal suo letargo perché il percorso toccava la riva orientale del lago, là dove Macpherson aveva già collocato la sua macchina fotografica. La quiete del luogo ora veniva interrotta più volte al giorno dagli sbuffi delle locomotive. La presenza del treno significava che Ninfa era dunque collegata alla capitale e poteva essere facilmente raggiunta da Roma in poche ore di viaggio,[24] grazie a una "fermata a richiesta". Per quei viaggiatori che non avevano Ninfa come destinazione si presentava almeno l'opportunità di lanciare durante il viaggio un'occhiata al lago e alla silhouette delle rovine dal finestrino dello scompartimento.

I lavori di costruzione di questo collegamento così importante per il Lazio meridionale furono accompagnati da una campagna fotografica, che la Società Italiana per le Strade Ferrate del Mediterraneo, responsabile della costruzione della linea, aveva commissionato ai fotografi romani Fratelli D'Alessandri.[25] La loro documentazione fotografica della tratta ferroviaria, costituì la base per un sontuoso album pubblicato in occasione dell'inaugurazione della nuova linea e del quale è conservata una copia presso l'Archivio Storico Capitolino di Roma.[26] (fig. 2) La cartella rilegata in lino blu con impressioni in oro porta la scritta *Società Italiana per le Strade Ferrate del Mediterraneo: Linea Velletri – Terracina, Maggio 1892.* Contiene 20 stampe all'albumina sciolte, montate su cartoncino e riportanti il nome del fotografo, che ritraggono edifici di stazioni ferroviarie, strutture di ponti e gallerie, così come alcuni punti di riferi-

23 "Da ist Nympha, die märchenhafte Ruine einer Stadt, mit ihren Mauern, Türmen, Kirchen, Klöstern und Wohnungen halb versunken im Sumpf und begraben unter dichtestem Efeu." Gregorovius, ed. 1997, p. 386. Su Gregorovius si veda il contributo di Angela Steinsiek in questo volume.

24 La tratta Roma–Velletri era stata completata già nel 1862.

25 Non fu certo un caso se la scelta cadde sullo studio fotografico fondato a Roma nel 1856 dall'ecclesiastico originario dell'Aquila don Antonio D'Alessandri (1884–1893). Assieme al fratello Francesco Paolo (1827–1889) e più avanti al nipote Tito (1864–1942) Antonio D'Alessandri si era fatto un nome non solo con ritratti di papi e come fotografo alla corte pontificia. Insignite di numerosi premi, erano già stati incaricati dal Genio Civile nel 1886 di collaborare alla documentazione fotografica di quei monumenti di Roma che venivano sacrificati nei lavori di arginatura del Tevere. Cfr. Becchetti, 1983, pp. 294–295; Becchetti 1996; Koenig 2009.

26 Roma, Archivio Storico Capitolino, Archivio Fotografico, coll. 30bis. Come evidenzia Becchetti, 1996, p. 201, la Società Italiana per le Strade Ferrate incaricò gli stessi fotografi di documentare anche i lavori della tratta Roma–Viterbo, che fu poi inaugurata nel 1894 alla presenza di re Umberto I. In quest'occasione fu realizzato un altro album "che venne distribuito alle autorità presenti all'inaugurazione".

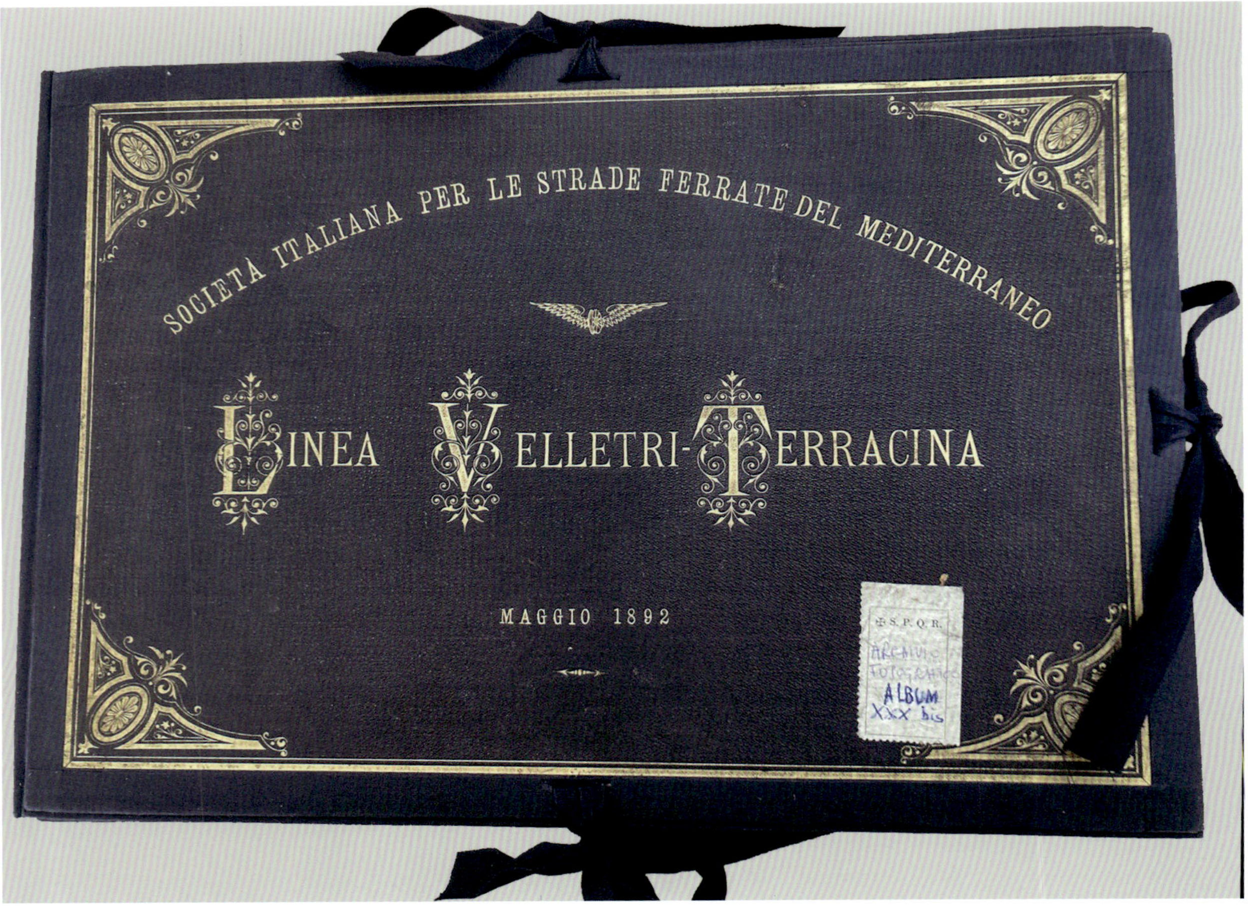

2 *Società Italiana per le Strade Ferrate del Mediterraneo. Linea Velletri – Terracina,* copertina dell'album fotografico, Roma, Archivio Capitolino, Coll. 30bis

mento storici, artistici e naturalisti lungo il percorso.[27] Tra questi ultimi, oltre all'Abbazia di Fossanova e alla baia di Terracina, compare anche Ninfa ripresa in una prospettiva dall'alto.[28] (fig. 3) Per realizzarla il fotografo aveva posto la macchina fotografica a metà altitudine sulle falde dei Monti Lepini documentando così non solo l'estensione urbanistica di Ninfa, ma anche parte dei binari della ferrovia, che rendevano ormai il luogo una meta attraente per una gita giornaliera. La prospettiva fotografica qui adottata, mostra una veduta complessiva del territorio e al contempo rimandi alla prima fotografia aerea. L'amicizia tra Antonio D'Alessandri e il francese Nadar, pioniere della fotografia aerea, è documentata.[29] La posizione geografica di Ninfa con i Monti Lepini alle sue spalle permise comunque di ottenere risultati molto simili senza impiegare una mongolfiera. Sebbene sembri piuttosto improbabile che Antonio D'A-

27 I dati relativi al fotografo e alla località si trovano sul cartoncino sotto la fotografia.

28 Solamente dieci delle immagini contenute nell'album riguardano comunque la tratta Velletri–Terracina. L'altra metà presenta vedute della linea Roma–Segna, inaugurata già nel 1862. Nell'ambito delle mie ricerche per questo contributo non è stato possibile verificare se la Società Italiana per le Strade Ferrate, fondata appena nel 1885, avesse rilevato tratte già esistenti.

29 Bechetti, 1983, p. 294; Margiotta, 2002, p. 397. Antonio D'Alessandri fece parte dal 1864 della Société française de photographie. I fratelli vendevano le loro fotografie a Parigi in un proprio punto vendita. Su Nadar cfr. Stiegler, 2019.

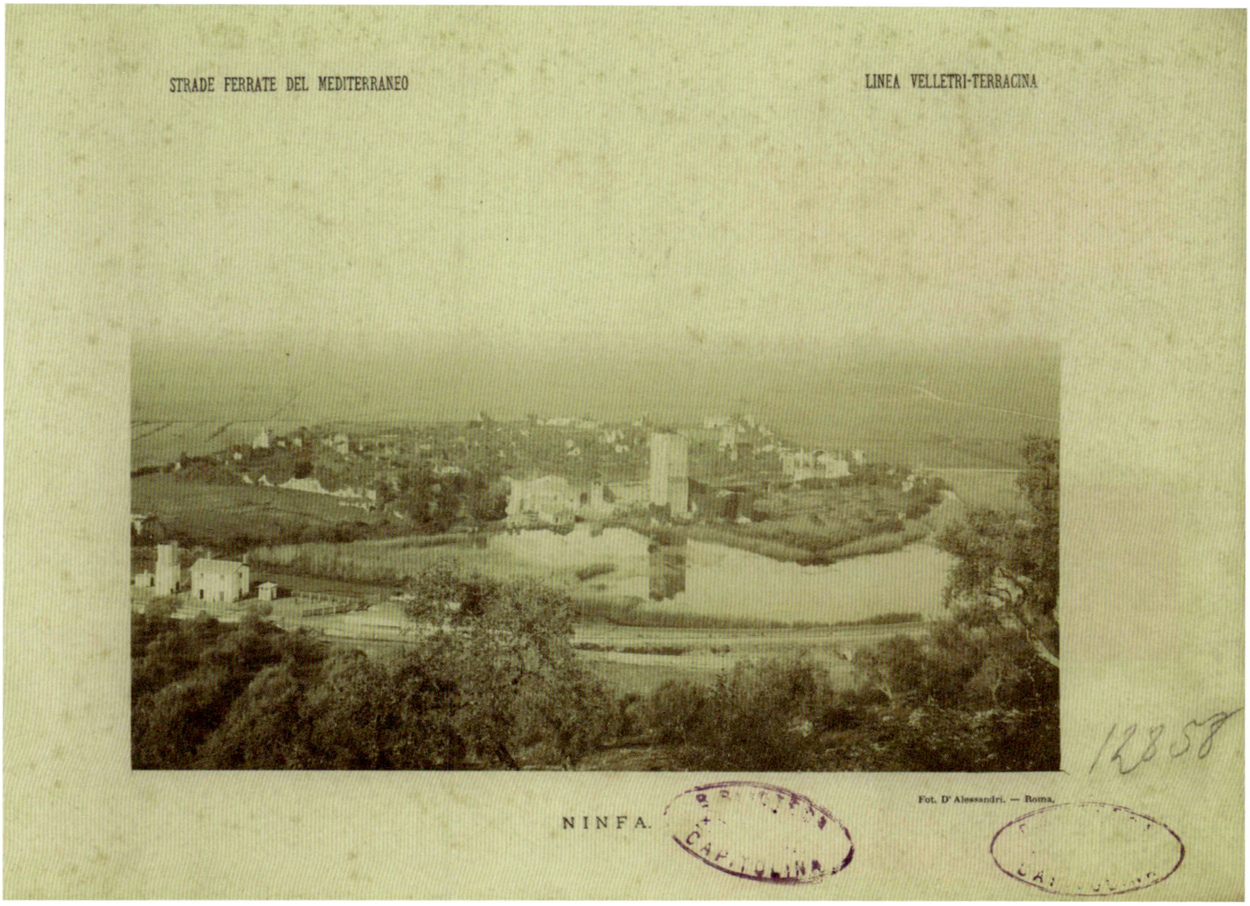

3 Fratelli D'Allessandri, *Veduta di Ninfa,* 1892, stampa all'albume, 22 x 30,9 cm, Roma, Archivio Capitolino, Coll. 30bis

lessandri sia l'autore di questo scatto, vista la sua età ormai avanzata, e che sia piuttosto opera del nipote Tito o di un altro collaboratore dello studio,[30] gli svariati esperimenti per immortalare il mondo dall'alto con una macchina fotografica furono argomento di discussione anche a Roma, trovando probabilmente in questa immagine una sua espressione.

L'immagine di Ninfa dei Fratelli D'Alessandri non trovò tuttavia posto solamente nell'album della Società Italiana per le Strade Ferrate. Era destinata a circolare moltissimo e a portare Ninfa letteralmente dentro i salotti della borghesia italiana. Il settimanale *L'Illustrazione Italiana*, fondato nel 1873 a Milano, intratteneva i suoi lettori con argomenti di arte e letteratura e informava su eventi in Italia e all'estero, anche se non sempre con tempestività.[31] Il numero del 25 febbraio 1893 dedicò alla linea ferroviaria Velletri – Terracina, inaugurata nove mesi prima, non solo un breve articolo, ma anche due pagine interamente illustrate che attinsero alle fotografie dei Fratelli D'Alessandri, tra cui – a mezza pagina e sopra la veduta di Fossanova – quella di

30 Va escluso come autore anche il fratello Francesco Paolo, dato che morì nel 1889. Dal 1888 Tito fu direttore artistico dello studio, cfr. Becchetti, 1996, p. 13. Non è noto se i Fratelli D'Alessandri affidassero lavori ad altri fotografi che però firmavano con il loro nome. Non è un'eventualità da escludere se si considera l'organizzazione di altri studi fotografici.

31 Cfr. Simonetti, 1963. Il settimanale fu pubblicato dalla casa editrice dei Fratelli Treves fino al 1962 senza interruzioni.

Ninfa.[32] (fig. 4) La grande popolarità della rivista si doveva infatti, come allude già il nome, soprattutto al suo ricco apparato iconografico che prometteva ai lettori una lettura varia e attraente. Allo scopo si impiegavano disegnatori e caricaturisti, ma si utilizzavano anche fotografie come modelli. Benché il procedimento dei mezzi toni fosse disponibile già dagli anni Ottanta del XIX secolo con lo sviluppo dell'autotipo da parte del tipografo e imprenditore tedesco Georg Meisenbach, un procedimento che permetteva di riprodurre fotografie a stampa, queste venivano tuttavia spesso ridisegnate per la stampa tramite la xilografia, poiché in questa caso potevano essere a volte realizzate più rapidamente che non gli originali fotografici per autotipia.[33] Fu quello che avvenne con le fotografie dei Fratelli D'Alessandri. Lo xilografo che trasferì fin nel minimo dettaglio i loro originali fotografici per la stampa sulla rivista fu il milanese Ernesto Mancastroppa (1857–1909).[34] Sul bordo inferiore destro dell'immagine di Ninfa firmò il suo lavoro con l'abbreviazione "Manca", affiancandosi così ai Fratelli D'Alessandri, che compaiono nella didascalia come autori delle fotografie. Questa immagine di Ninfa, quindi, non fece solo conoscere il luogo a un vasto pubblico, ma divenne anche esemplificazione della competizione tra media, tra la fotografia e le espressioni artistiche basate sul lavoro artigianale.[35]

"Alla lunga fila dei dilettanti": il dilettante fotografo alla scoperta di Ninfa

Nel periodo in cui Ninfa fu collegata alla rete ferroviaria si era affermata, sia in Italia sia all'estero, una cultura fotografica molto evoluta che comprendeva non solo fotografi professionisti, tra cui i Fratelli D'Alessandri, ma anche un'ampia schiera di appassionati. Poco meno di dieci anni prima erano già sorte anche in Italia, su modello di quelle di Londra, Parigi, Vienna e Berlino, diverse associazioni fotografiche quali l'Associazione degli Amatori di Fotografia fondata a Roma nel 1888, la Società Fotografica Italiana a Firenze nel 1889 e, nello stesso anno, il Circolo Fotografico Lombardo a Milano.[36] Fecero la loro comparsa riviste fotografiche che presentavano e analizzavano gli sviluppi più recenti sia in Italia sia all'estero,[37] si tenevano concorsi di fotografia e le grandi esposizioni nazionali e internazionali di Roma, Parigi e Londra dedicarono intere sezioni unicamente alla fotografia. Il grande interesse per questo mezzo espressivo si manifestò inoltre nella pubblicazione di numerosi manuali, con i quali i fotografi professionisti, ma anche i dilettanti più ambiziosi, potevano approfondire le loro conoscenze o acquisire le nozioni di base necessarie.[38] Uno dei manuali di fotografia più popolari in Italia fu *Come il sole dipinge. Manuale di fotografia per i dilettanti*, pubblicato nel 1887 a Milano dal piemontese Giovanni Muffone,[39] che nell'introduzione scriveva: "Alla lunga fila dei dilettanti si è aggiunto in questi tempi un nuovo essere: genere anfibio tra il pittore, il viag-

32 *L'Illustrazione Italiana*, n. 9, 1893, pp. 143–145.

33 Bucher, 2016, p. 44. Bucher vede però al contempo in questo processo un effetto del dibattito sui media tra fotografia e illustrazioni realizzate a mano, dibattito che si svolse anche nell'ambiente delle riviste illustrate. La fotografia non veniva qui valutata "secondo i criteri di un mezzo di comunicazione visivo, ma secondo quelli estetici dell'arte".

34 Mancastroppa, che lavorava per la casa editrice dei Fratelli Treves dal 1882, fu nominato responsabile del reparto incisori nel 1887. Contrassegnò i suoi lavori con firme diverse, tra le quali l'abbreviazione del suo cognome "Manca". Gorza, 2011, pp. 359–371.

35 Bucher, 2016, pp. 44 ss.

36 Zannier, 1986, pp. 106–110; Roubert, 2014.

37 Zannier, 1986, pp. 110–113.

38 Cfr. Wolf, 2018.

39 Giovanni Muffone, *Come il sole dipinge*, Milano, Hoepli 1886. Subito dopo la pubblicazione, il manuale, che conobbe nove edizioni, fu premiato all'Esposizione Internazionale di Fotografia del 1887 a Firenze. Il libro fu tradotto anche in spagnolo. Settimelli, 2012, p. 390.

144 L' ILLUSTRAZIONE ITALIANA

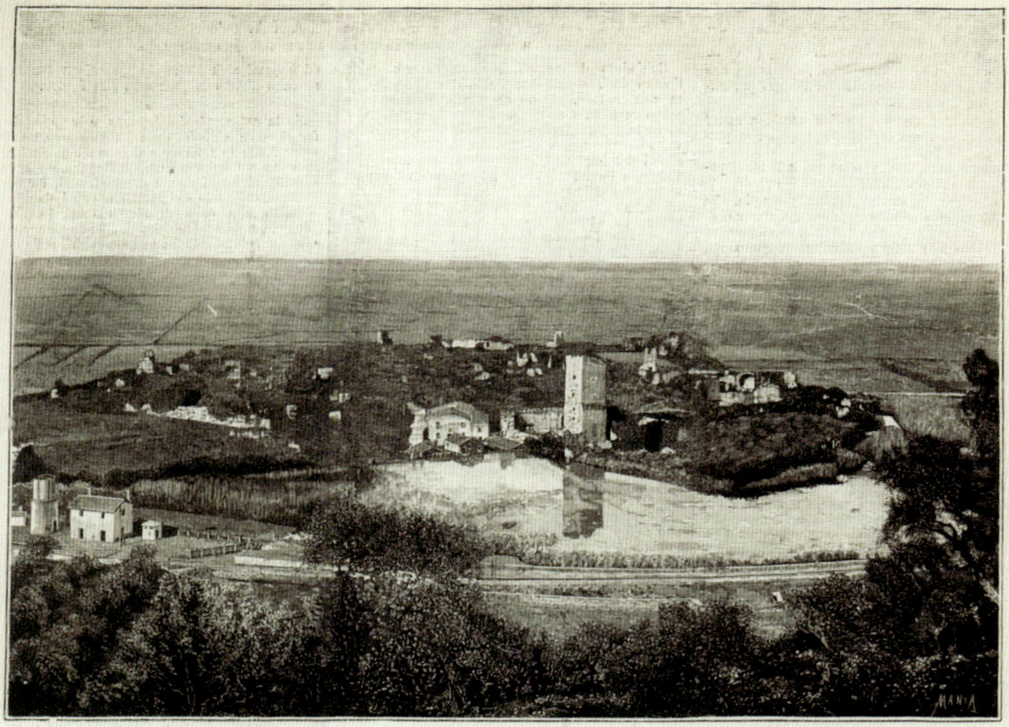

Veduta di Ninfa.

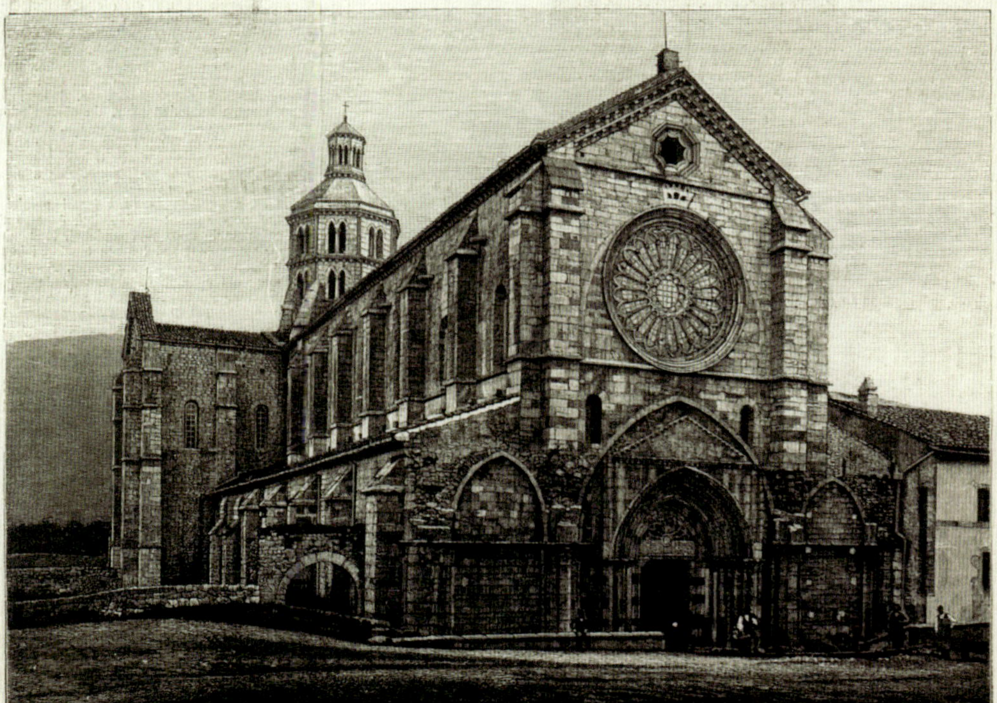

La nuova Ferrovia Velletri-Terracina. — Abbazia di Fossanova (fotografie dei F.lli D'Alessandri, di Roma).

4 *L'Illustrazione Italiana*, nr. 9, 1893, p. 144

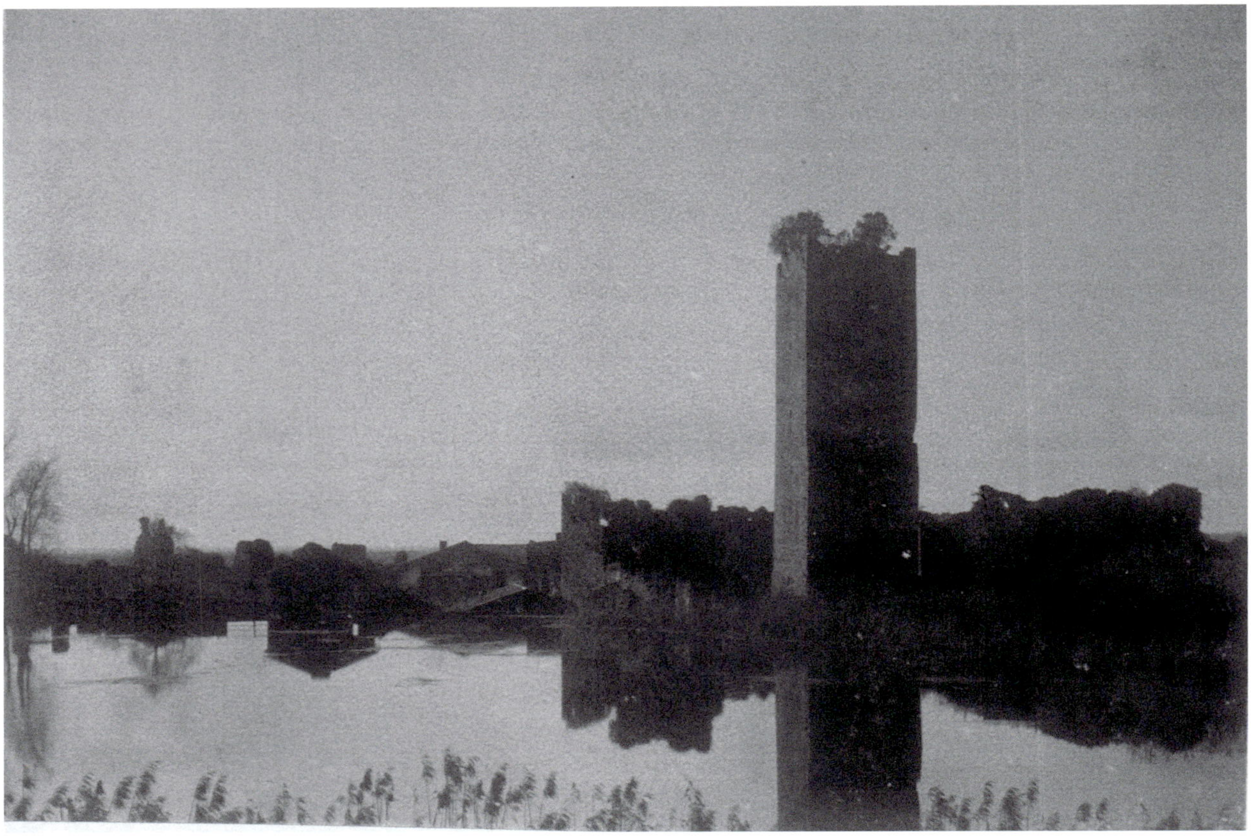

5 Fotografo non identificato, *Veduta di Ninfa con Torre Caetani,* intorno al 1900, stampa al collodio (?), 11,2 x 15,9 cm, Archivio fotografico della Fondazione Roffredo Caetani di Sermoneta ONLUS, Album 04, p. 53

giatore impressionista, e il fannullone. Esso è il dilettante fotografo."[40] Dopo questa caratterizzazione umoristica dei fotografi dilettanti, tra i quali includeva anche se stesso, l'autore fornisce ai suoi lettori una rassegna dei procedimenti fotografici principali, dei tipi di macchine fotografiche e illustra l'utilizzo dei vari obiettivi, nonché la composizione chimica dei bagni di sviluppo. Descrive inoltre i diversi tipi di lastre fotografiche in vetro disponibili sul mercato, che fungevano da supporto del negativo, e dà indicazioni sulla gestione della luce nella fotografia al chiuso e all'aperto.[41] Allo stesso tempo dal contenuto di questo e di altri manuali[42] emerge però l'evidenza che malgrado tutto la fotografia richiedeva comunque molte abilità manuali e conoscenze pratiche. Per poter realizzare fotografie di qualità e possibilmente in grado di competere sul mercato e nei concorsi, era inoltre necessaria un'attrezzatura adeguata e a volte costosa. Non sorprende quindi che la fotografia divenne un'attività apprezzata soprattutto

40 Giovanni Muffone, op.cit., p. 8.

41 Un capitolo è dedicato anche al cinematografo e alla riproduzione del movimento.

42 Tra i vari manuali, usciti in gran numero anche in Italia e destinati ai fotografi dilettanti, figuravano ad esempio G. Santoponte, *Il primo passo del dilettante fotografo*, Livorno 1897 e P. Paolozzi, *Manualetto di fotografia per i principianti*, Albano Laziale 1898. Questi manuali erano anche recensiti nelle riviste delle associazioni fotografiche, come ad esempio quello di Paolozzi, che si poteva acquistare per 0,30 lire e di cui un critico tessé le lodi nel "Bullettino della Società fotografica italiana": "Sono poche e chiare parole rivolte a quelli che sono completamente ignari dell'arte fotografica. Le più primitive operazioni fotografiche sono scritte con brevità e precisione senza confondere il principiante colle descrizione di vari processi analoghi per la medesima operazione; opuscoletto che può dirigere i primi passi dei dilettanti ad aprirgli la via a studi più importanti." *Ivi*, 4, 1898, p. 117.

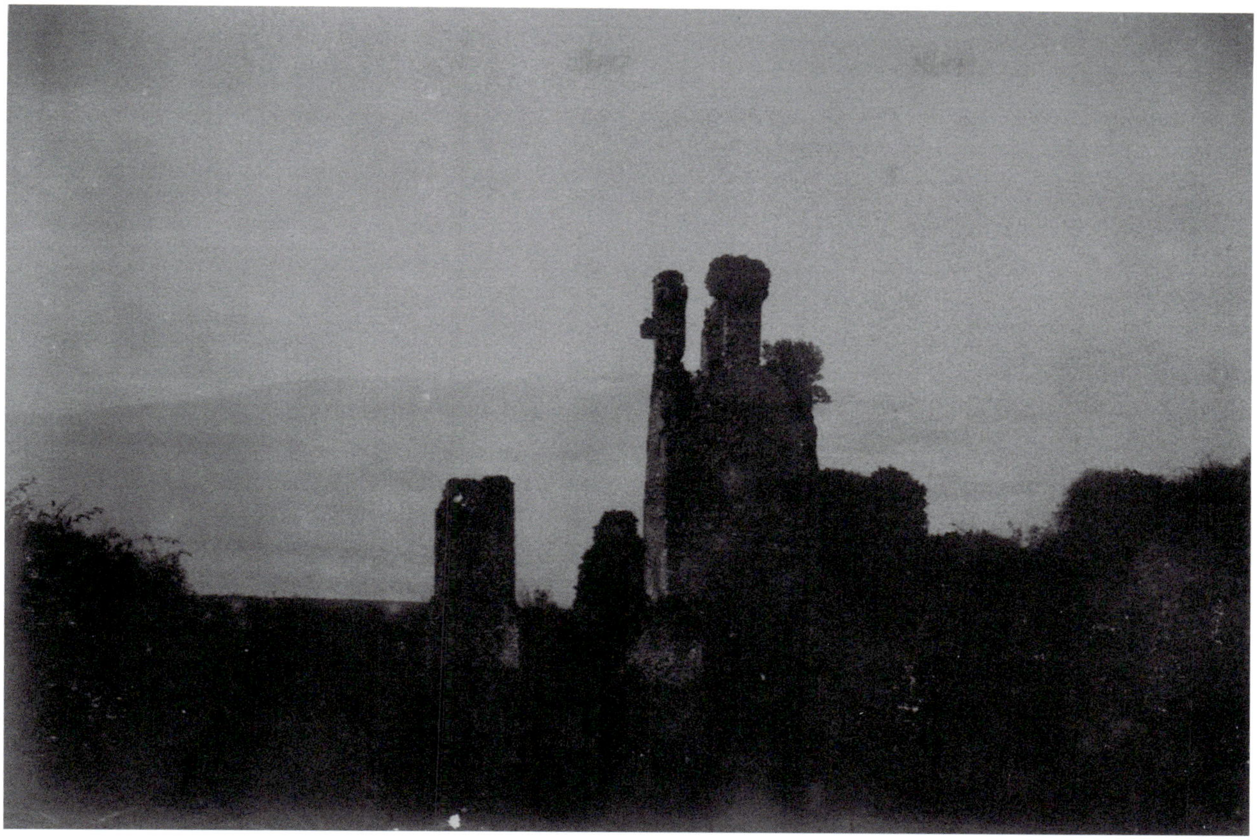

6 Fotografo non identificato, *Veduta di Ninfa,* intorno al 1900, stampa al collodio (?), 11,2 x 16 cm, Archivio fotografico della Fondazione Roffredo Caetani di Sermoneta ONLUS, Album 03, p. 44

dai nobili e dagli appartenenti all'alta borghesia, che potevano permettersi l'apparecchiatura e i materiali necessari.[43] L'introduzione delle lastre fotografiche al bromuro d'argento fabbricate con procedimenti industriali e poco più tardi della pellicola a rullino, che dispensavano i fotografi dal costoso processo di preparazione del supporto, nonché la realizzazione di fotocamere sempre più piccole, compatte ed economiche gettarono le basi del futuro sviluppo della fotografia quale mezzo di comunicazione di massa. Queste invenzioni riducevano al minimo i costi per la realizzazione di una fotografia e anche gli amatori, che avevano poca dimestichezza con le varie tecniche, potevano produrre delle immagini soddisfacenti.[44] In questo senso è passato alla storia lo slogan con cui nel 1889 l'azienda statunitense Kodak pubblicizzò la fotocamera Kodak No 1, una delle prime macchine con rullino appena lanciata sul mercato: "You press the button, we do the rest."[45]

Le immagini fotografiche di Ninfa nel periodo a cavallo tra il XIX e il XX secolo sono profondamente influenzate da questi sviluppi nella fotografia. Tutti quelli che visitavano Ninfa muniti di fotocamera testimoniavano con i loro scatti l'interesse per un

43 Amendola, 1978, p. 21.

44 Sullo sviluppo della fotografia amatoriale in ambito privato cfr. Starl, 1995.

45 Zannier, 1986, p. 101. La macchina fotografica pesava 990 grammi e grazie alle sue dimensioni di 16,5 x 9 x 9 centimetri aveva un formato particolarmente maneggevole. Un rullino consentiva di scattare 100 fotografie e, una volta terminato il rullino, la fotocamera veniva inviata a un laboratorio, che la restituiva al proprietario con un nuovo rullino insieme alle fotografie sviluppate. Gernsheim, 1983, pp. 542–543.

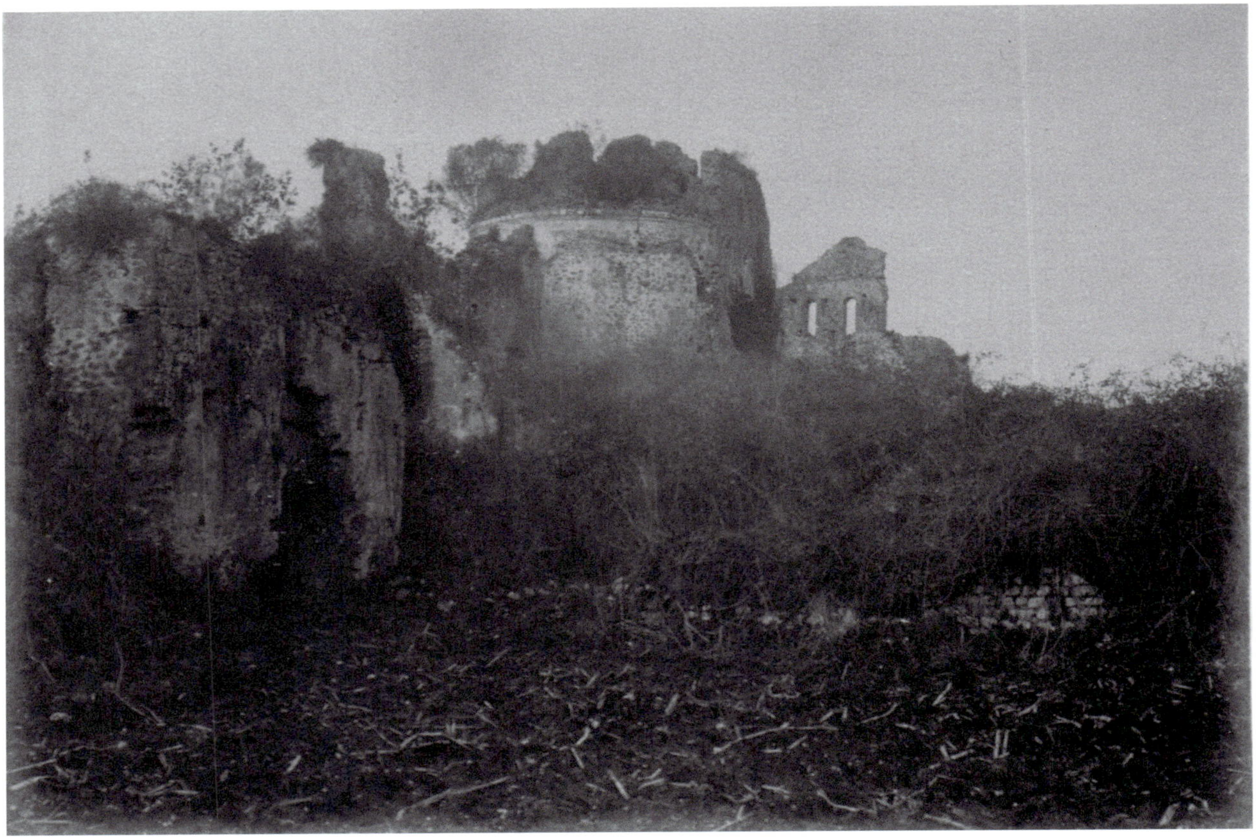

7 Fotografo non identificato, *Ninfa, rudere della chiesa di San Pietro,* intorno al 1900, stampa al collodio (?), 11,1 x 16,3 cm, Archivio fotografico della Fondazione Roffredo Caetani di Sermoneta ONLUS, Album 03, p. 43

luogo che fino ad allora era stato al centro dell'attenzione prevalentemente di artisti e letterati. Le immagini ancora conservate in varie collezioni pubbliche o private sotto forma di stampe o negativi sono tanto diverse tra loro quanto i loro autori, dei quali spesso non si conosce nemmeno il nome. Differiscono infatti per i soggetti scelti e il formato, nonché per il tipo e la qualità della stampa, ma tutte sono accomunate da un'evidente attrazione per un luogo pittoresco e ricco di storia che da secoli continuava ad esistere pressoché incontaminato nel suo paesaggio.

Queste vedute, spesso destinate al solo uso privato, comprendono una serie di fotografie scattate intorno al 1900, e comunque non oltre il 1910, conservate nell'archivio dei Caetani. Il fotografo sconosciuto, probabilmente un membro della famiglia Caetani, che era entrata in possesso di Ninfa nel 1297, immortalò le rovine da prospettive molto diverse. (figg. 5–8) Naturalmente non poteva mancare la vista sul profilo dell'abitato dalla riva opposta del lago, la stessa che Macpherson aveva scelto 40 anni prima, ma il fotografo sconosciuto si addentrò anche tra le mura del borgo e catturò con la macchina fotografica il ponte medievale, le mura di Santa Maria Maggiore e San Pietro ricoperte di vegetazione e anche il castello con la torre che sovrasta il paesaggio. Il fogliame rado degli alberi e degli arbusti fa intuire che le fotografie furono scattate in inverno, che insieme alla primavera e all'autunno era la stagione migliore per visitare Ninfa, visto che in estate la zona era colpita dalla malaria. Questi scatti hanno un indubbio valore documentale, perché mostrano come doveva apparire Ninfa agli occhi di un visitatore a cavallo del XX secolo. E tuttavia lo sguardo selettivo del fotografo, che si riflette nelle singole immagini, è guidato dalla sua soggettività analogamente a quello di un disegnatore o di un pittore.

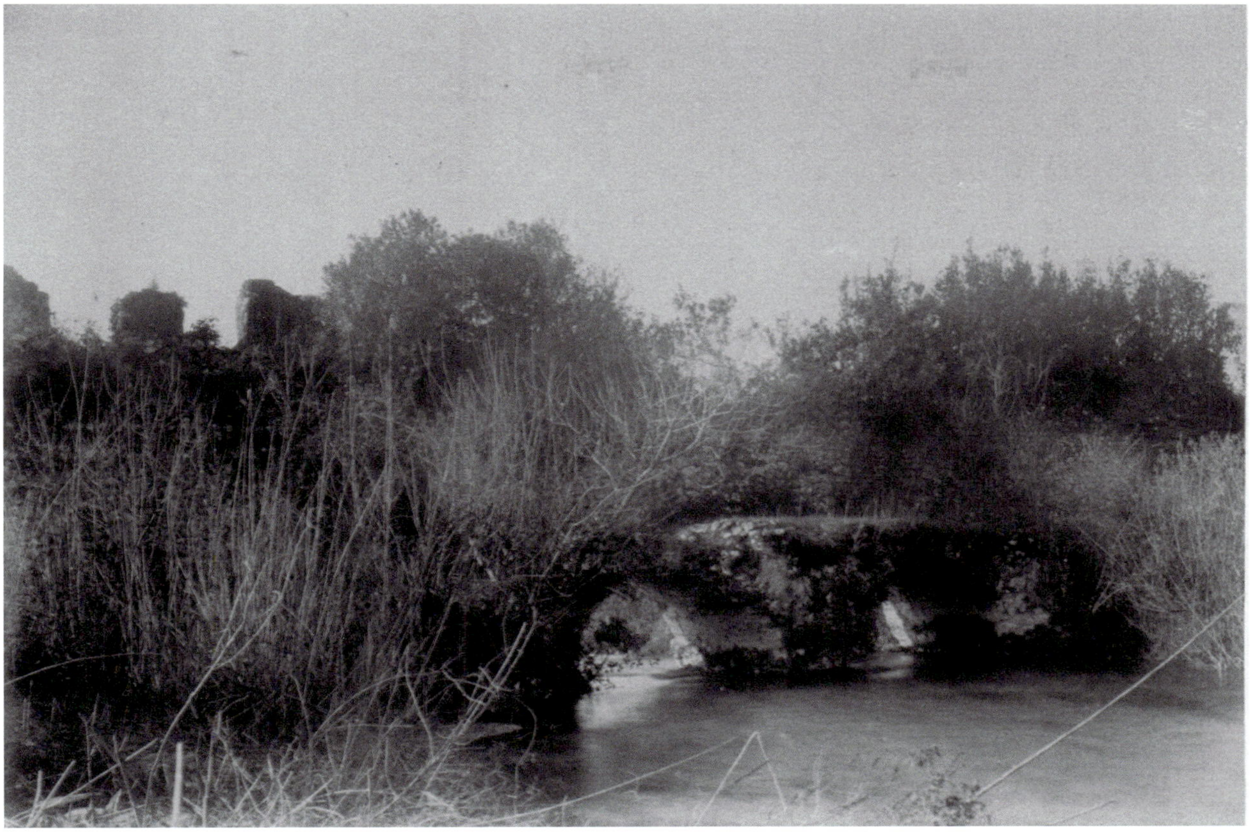

8 Fotografo non identificato, *Ninfa, ponte medievale,* intorno al 1900, stampa al collodio (?), 11 x 16,2 cm, Archivio fotografico della Fondazione Roffredo Caetani di Sermoneta ONLUS, Album 04, p. 50

Nella Österreichische Nationalbibliothek di Vienna[46] si trova una serie analoga di immagini (figg. 9–12), che si può considerare una passeggiata fotografica a Ninfa e dintorni, intrapresa dal suo autore pressappoco nello stesso periodo a cui risalgono le immagini nell'archivio della famiglia Caetani. Anche in questo caso non si conosce l'autore del piccolo plico, ma si deve supporre che fosse uno dei molti viaggiatori che intorno al 1900 visitavano Roma e la campagna romana. Grazie alla ferrovia Ninfa era divenuta una meta raggiungibile comodamente, cosicché la zona trovò posto non solo nelle guide Baedeker, divenute ormai quasi obbligatorie per chi viaggiava nella penisola italiana, ma anche in quelle pubblicate dal Touring Club, fondato in Italia nel 1894.[47] Ad appena 70 chilometri a sud di Roma, dove in quel periodo numerosi monumenti di epoca medievale furono sacrificati a favore di vasti interventi urbanistici nel contesto della riorganizzazione della capitale,[48] il viaggiatore trovava uno scenario

46 Ringrazio Michael Matheus per avermi segnalato questo fondo.

47 L'edizione tedesca della guida Baedecker del 1895 raggruppava in un capitolo a parte le località lungo la nuova linea ferroviaria, ma conteneva solo un breve accenno a Ninfa con il suggerimento di evitare la zona in estate a causa della malaria. *Italien. Handbuch für Reisende. Dritter Teil: Unter-Italien und Sizilien*, Leipzig, Verlag Karl Baedecker 1895, pp. 11–12. L'edizione francese del 1900 dedicava una voce un po' più particolareggiata e menzionava il castello, il convento e le chiese con i loro affreschi. *Italie Central y compris Rome et ses evirons*, Leipzig, Paris, Verlag Karl Baedecker 1900, p. 413. Il testo dell'edizione francese fu ripreso nell'edizione tedesca del 1903, p. 461. Nel 1902 Ninfa era menzionata nella *Guida turistica delle strade di grande comunicazione italiane* del Touring Club Ciclistico Italiano. Cfr. Trabucco, 2019, p. 49.

48 Cfr. Cilli, 2020; Sciolari 2020.

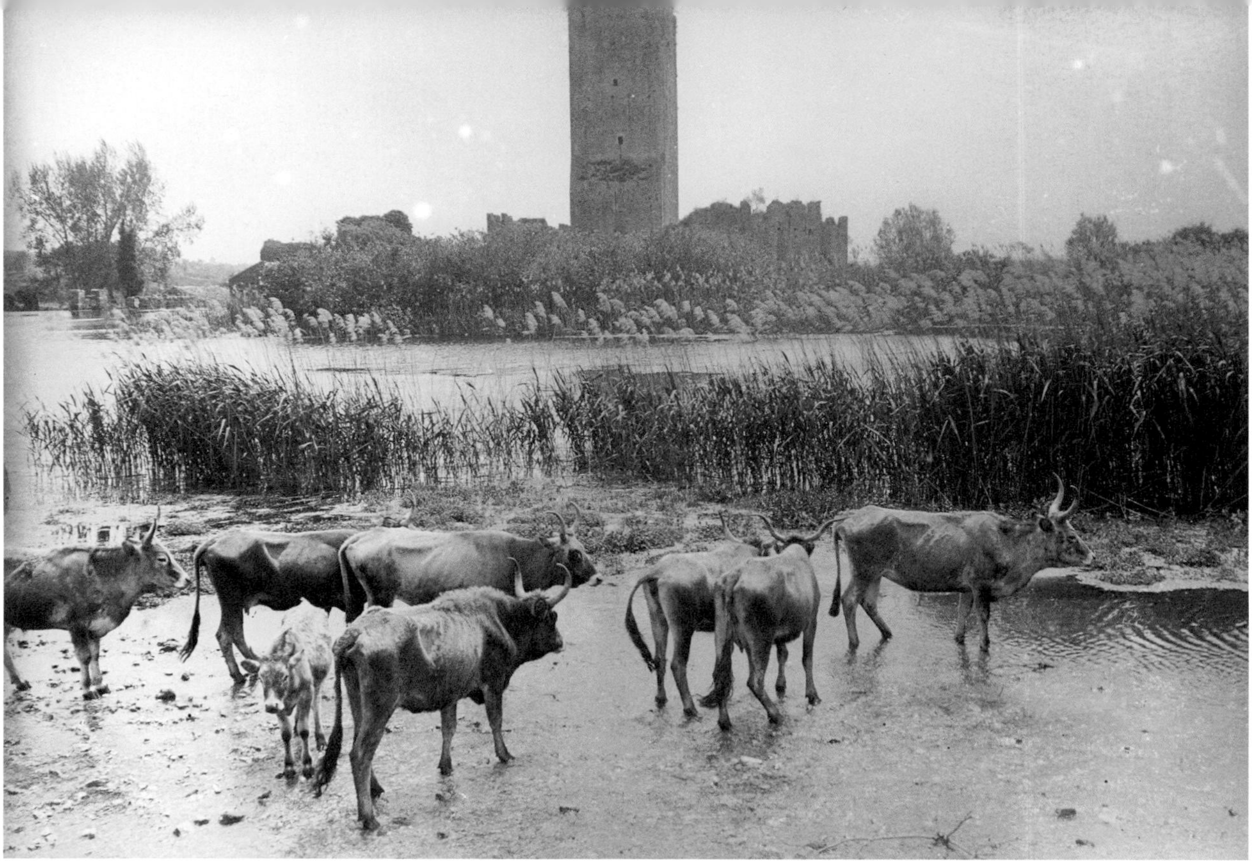

9 Fotografo non identificato, *Veduta di Ninfa,* ante 1910, negativo di vetro, 9 x 12 cm, Vienna, Österreichische Nationalbibliothek, nr. inv. L21584-B

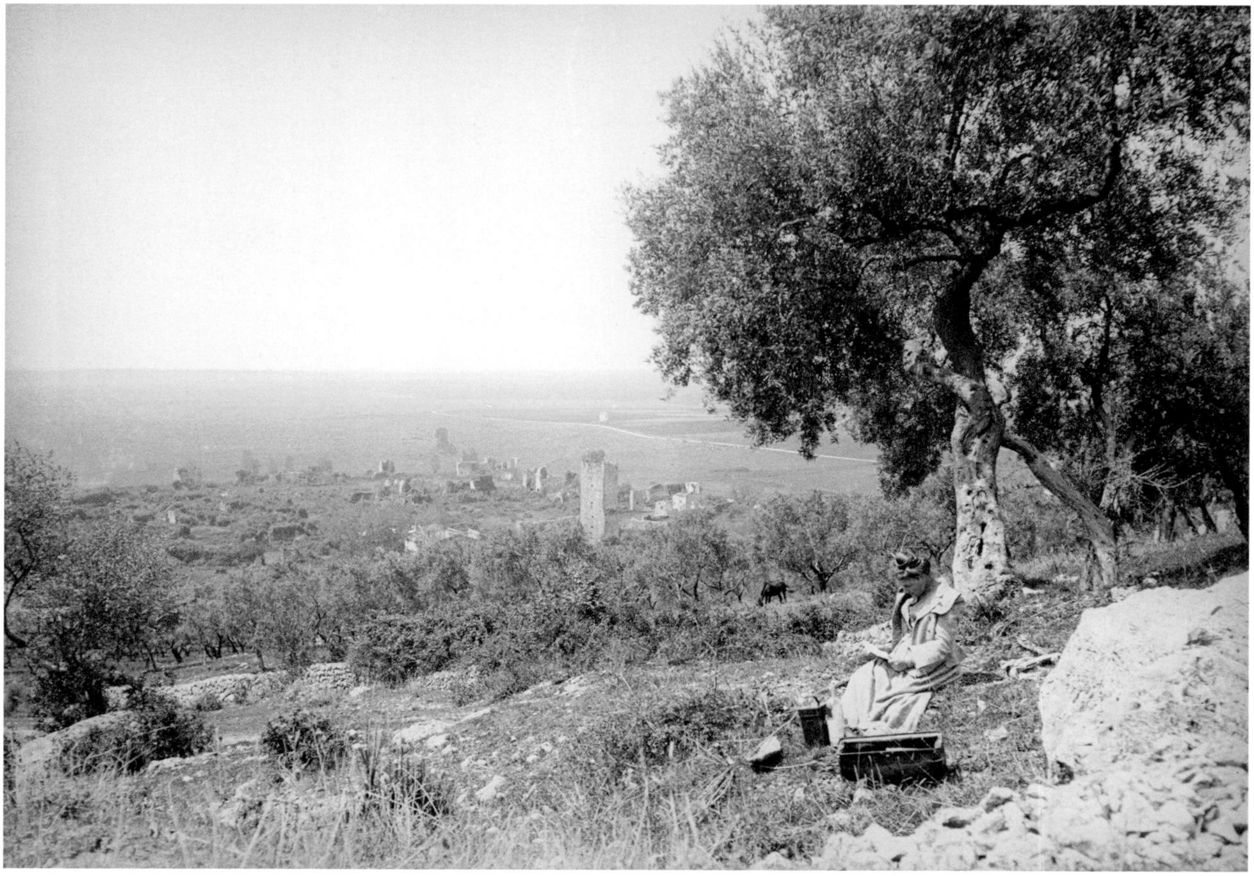

10 Fotografo non identificato, *Veduta di Ninfa,* ante 1910, negativo di vetro, 9 x 12 cm, Vienna, Österreichische Nationalbibliothek, nr. inv. L 24468 - B

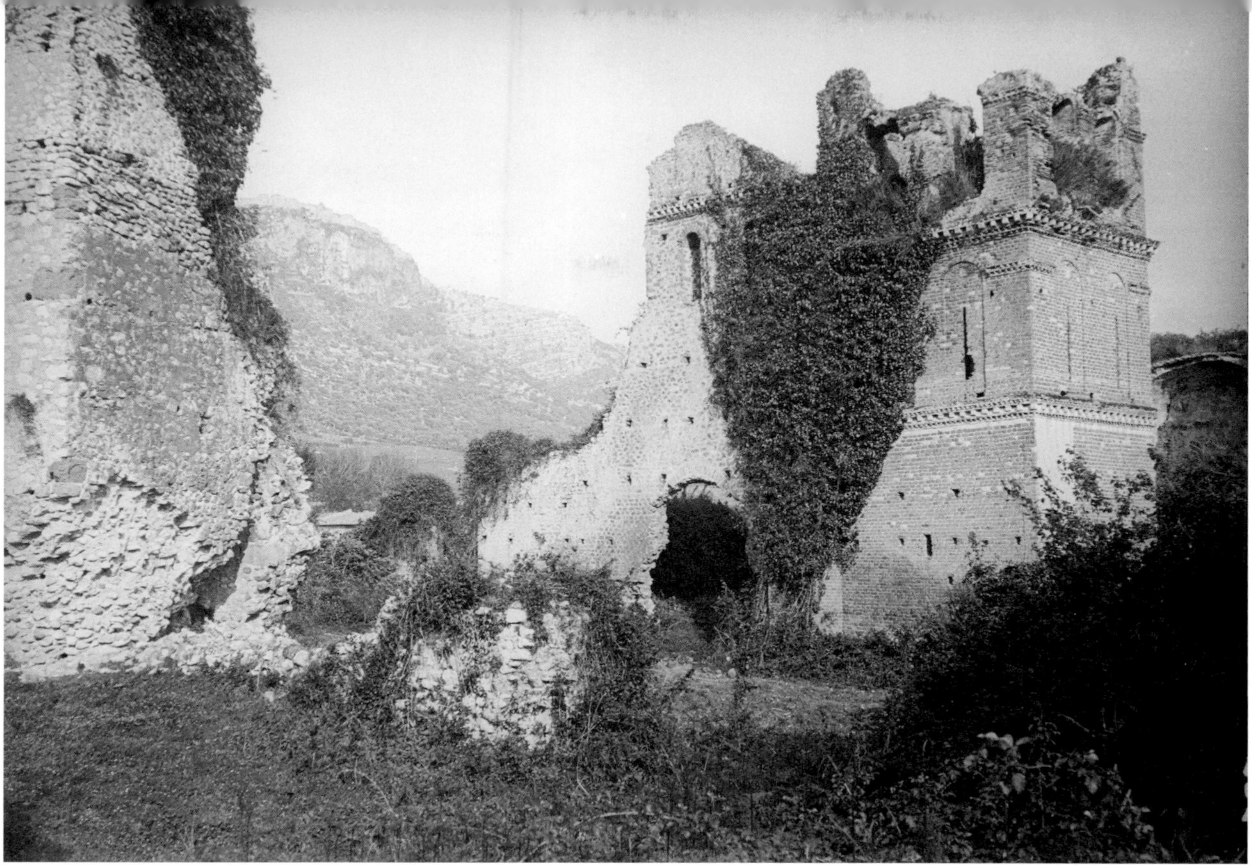

11 Fotografo non identificato, *Ninfa, rudere della chiesa di San Pietro,* ante 1910, negativo di vetro, 9 x 12 cm, Vienna, Österreichische Nationalbibliothek, nr. inv. L 21586 - B

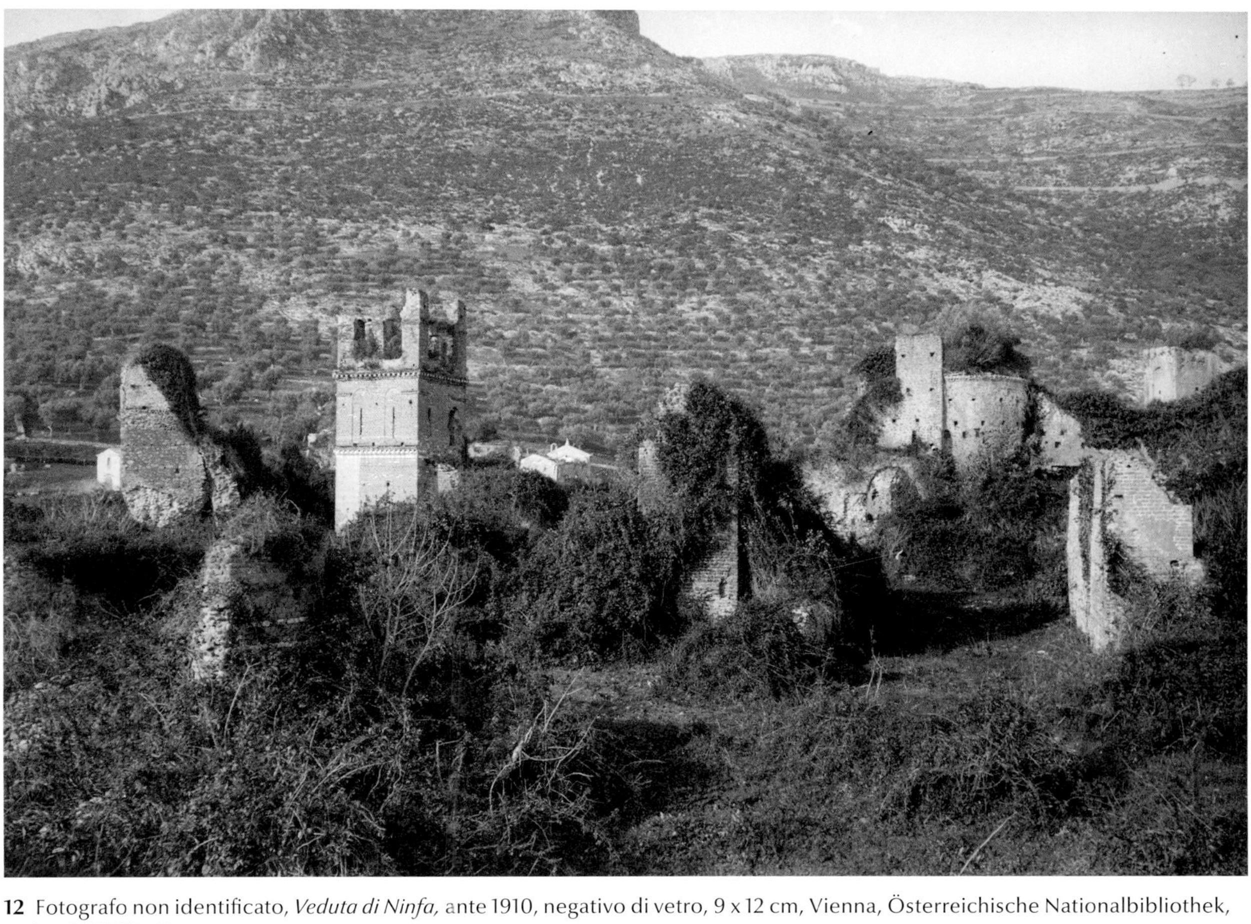

12 Fotografo non identificato, *Veduta di Ninfa,* ante 1910, negativo di vetro, 9 x 12 cm, Vienna, Österreichische Nationalbibliothek, nr. inv. L 21585 - B

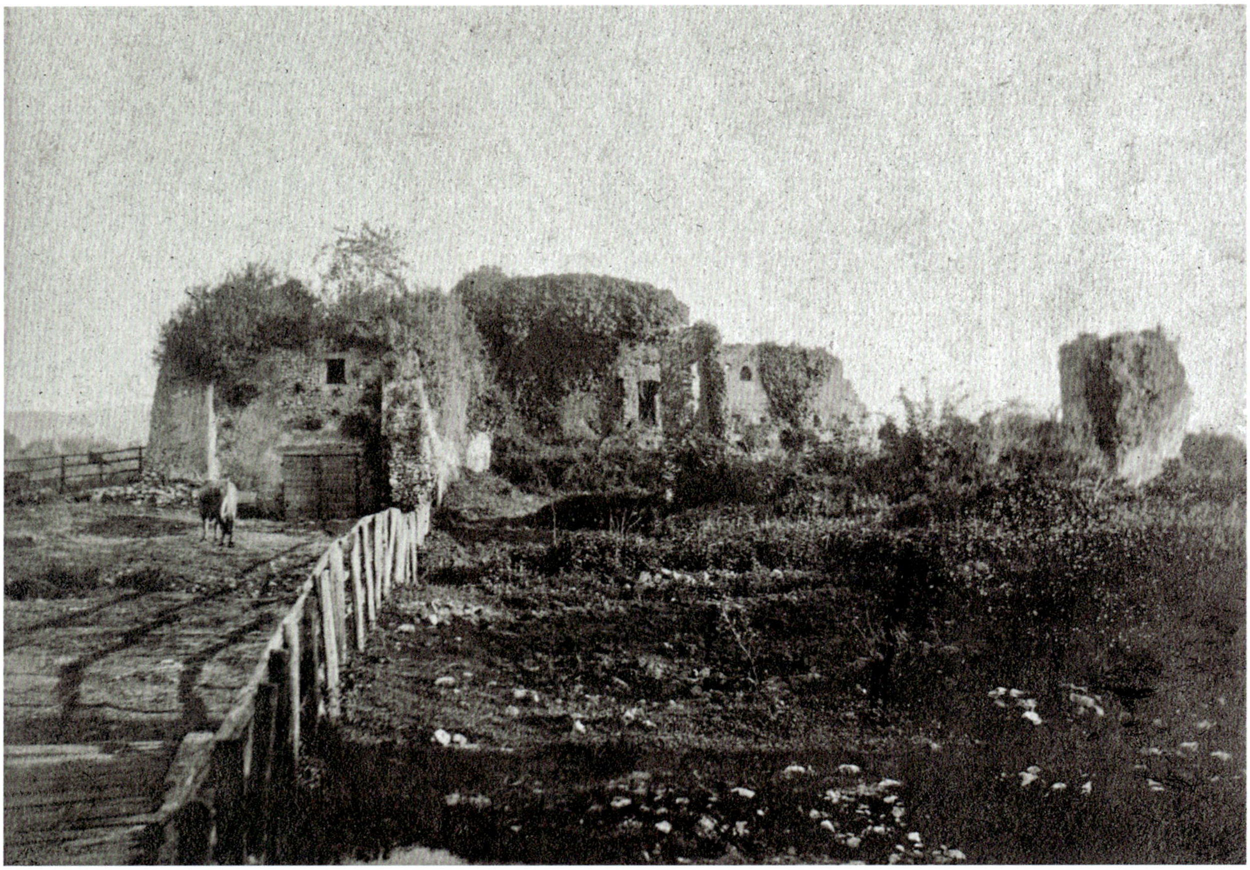

13 Fotografo non identificato, *Rudere a Ninfa*, intorno al 1900, stampa all'albume, 9 x 12 cm, collezione privata

apparentemente immutato da secoli. Anche le fotografie conservate a Vienna ritraggono da punti di vista diversi le rovine incastonate nel paesaggio e invase dalla vegetazione, ma immortalano altresì una viandante intenta a leggere sotto un olivo durante una sosta a metà strada tra Ninfa e Norba e dietro la quale si distingue chiaramente nella piana i resti della piccola città scomparsa. Un altro soggetto fotografico che andò diffondendosi, peraltro già presente nei dipinti e nelle stampe raffiguranti Ninfa,[49] era quello dei bovini di passaggio davanti al lago sullo sfondo del profilo di Ninfa. Queste fotografie sono in realtà molto di più che non il solo ricordo personale di una gita in quella che circa quarant'anni prima Ferdinand Gregorovius aveva dichiarata la "Pompei del Medioevo". Con i suoi scatti, che testimoniano le condizioni del luogo all'epoca, il fotografo aveva fissato un frammento di un paesaggio arcadico la cui ricerca era la meta per molti viaggiatori in Italia.[50] Altre fotografie di Ninfa consentono di fare considerazioni analoghe. Una stampa all'albumina su cartoncino, che faceva parte di un lascito a Praga e oggi è conservata in una collezione privata, mostra una costruzione in rovina ricoperta di arbusti, davanti alla quale pascola tranquillamente un bovino. (fig. 13) Sarebbe difficile riconoscere il luogo se sul

49 Ad esempio un acquerello dell'architetto e archeologo britannico Francis Cramer Penrose (1817–1903), che visitò la zona nel 1845. L'acquerello si trova oggi al British Museum di Londra.

50 Cfr. in merito nel dettaglio Maurer, 2019.

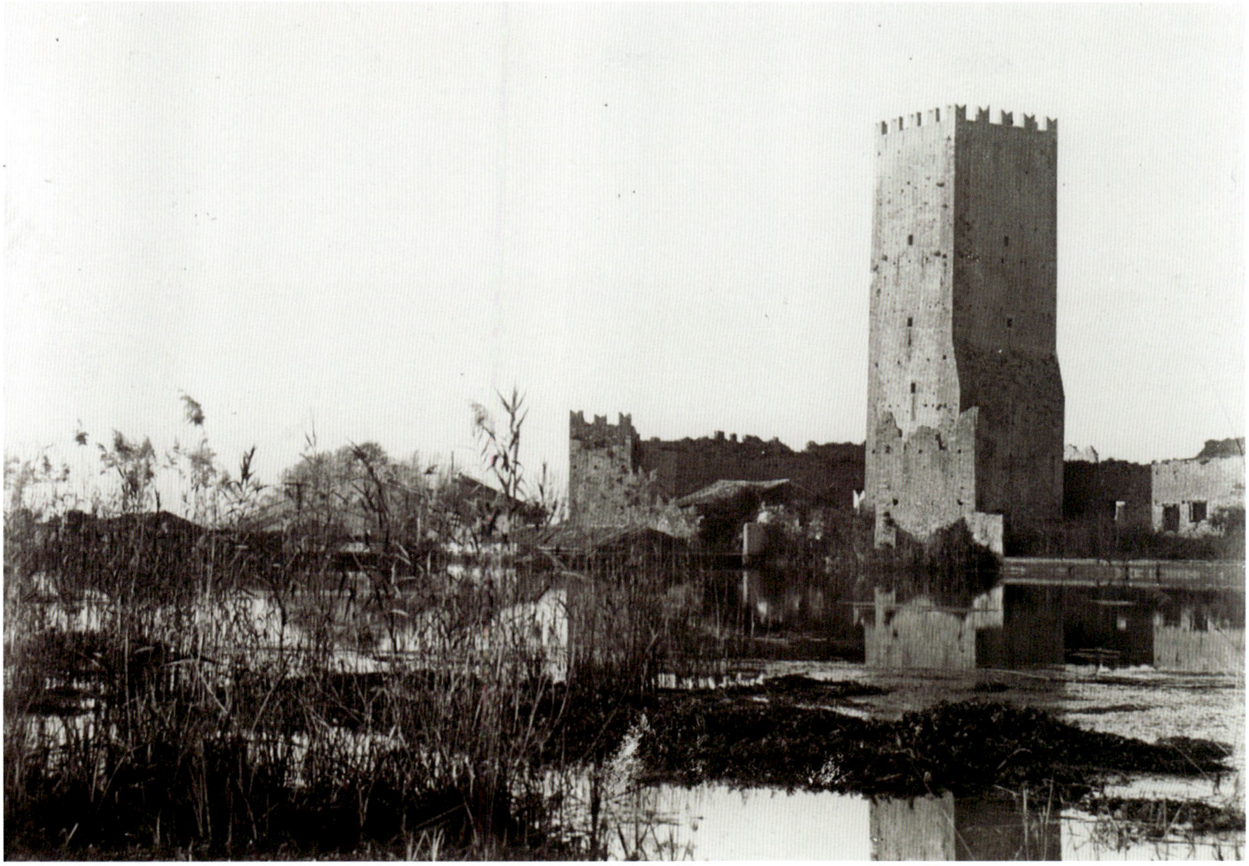

14 Francesco Chigi, *Veduta di Ninfa con Torre Caetani,* post 1910, negativo di vetro, 4,5 x 6 cm, Roma, ICCD, Fondo Chigi, nr. inv. P000511

cartoncino non fosse scritto a mano "Ninfa". Anche in questo caso un fotografo anonimo ha voluto in primo luogo documentare con toni malinconici le condizioni di un luogo minacciato gravemente da quel processo di modernizzazione che aveva investito anche l'Italia.

Uno sguardo un po' diverso su Ninfa, che in qualche modo anticipa l'imminente momento di passaggio nella storia del luogo, si trova invece nelle fotografie di Francesco Chigi (1881–1953). Chigi, originario di un'antica famiglia della nobiltà romana, aveva scoperto la passione per la fotografia in giovane età e divenne un fotografo non professionista estremamente capace, che per di più disponeva di un'attrezzatura tecnica di ottima qualità.[51] Il suo lascito fotografico contiene anche nove negativi su lastra di vetro con vedute di Ninfa, tra cui alcune immagini stereoscopiche, realizzate però dopo il 1910.[52] Nei negativi sono infatti visibili i lavori di modernizzazione avviati dalla famiglia Caetani

51 "L'attrezzatura del dilettante Francesco Chigi [...] supera largamente, per qualità e grado di sofisticazione, le esigenze di qualsiasi professionista dell'epoca." Amendola, 1978, p. 38.

52 Roma, Istituto Centrale per il Catalogo e la Documentazione, GFN, n. inv. F078310, F078309, P000511, P000757, P000661, P000677, P000766, P000882, P000883. Il lascito di Francesco Chigi, composto di oltre 6000 immagini e dell'attrezzatura fotografica, fu donato al Gabinetto Fotografico Nazionale (GFN) nel 1970. Le fotografie del Chigi rivelano una particolare attenzione alla sua cerchia familiare; ritrasse infatti i membri della famiglia e lasciò testimonianza delle tenute familiari, di eventi sociali, ma anche dei suoi viaggi. Nutriva inoltre un particolare interesse per le piante e gli animali. Cfr. Amendola, 1978.

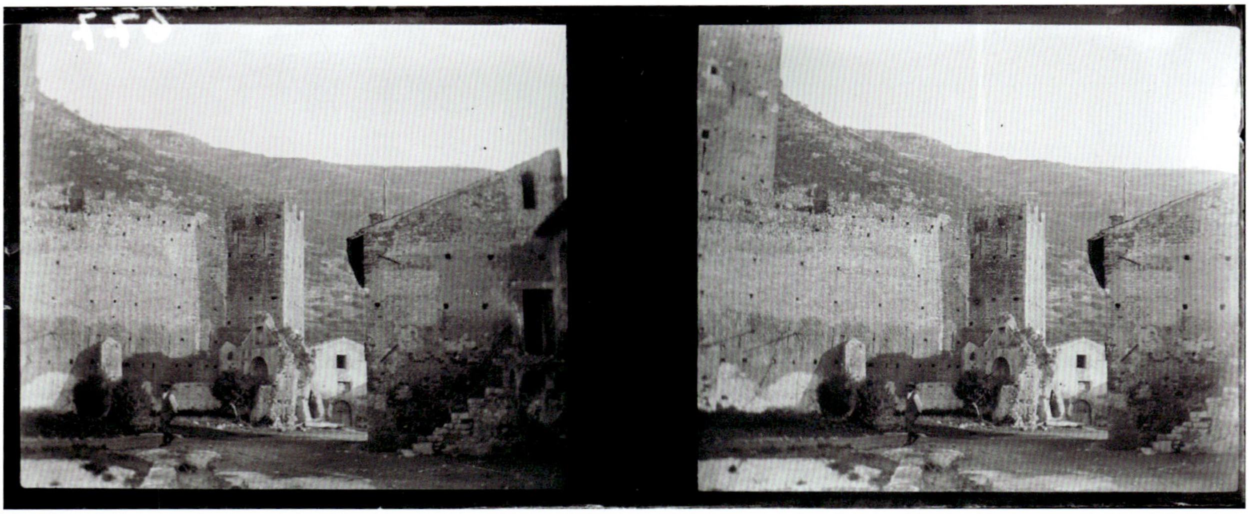

15 Francesco Chigi, *Ninfa*, post 1910, negativo di vetro, ciascuno 4,5 x 6 cm, Roma, ICCD, Fondo Chigi, nr. inv. P000677

nel 1908: sulla torre non si scorgono più gli alberi, mentre si vede l'intera merlatura aggiunta nel 1910. (fig. 14) Il castello non è più invaso dalla vegetazione e anche i resti di altri edifici sono stati liberati dai cespugli di more, dall'edera e da altra verzura simile. In questo contesto sono particolarmente interessanti le riprese stereoscopiche, che era possibile accostare a formare immagini tridimensionali, visibili posizionando uno stereoscopio davanti agli occhi.[53] (fig. 15) Nel farsi testimonianza dei primi interventi in un luogo dall'aspetto rimasto immutato per secoli, queste immagini, che per di più tramite una sorta di tecnica tridimensionale ante litteram simulavano un nuovo livello della realtà, fanno già intuire l'inizio di una nuova epoca, che nella zona a sud di Roma si sarebbe inaugurata nel 1927 con l'avvio della bonifica delle paludi pontine.[54] Chigi, la cui famiglia possedeva grandi appezzamenti di terra proprio nel Lazio meridionale e che, come è lecito supporre, aveva rapporti con i Caetani,[55] seguì certamente con interesse gli interventi promossi dai proprietari di Ninfa. Non è inoltre da escludere che la gita a Ninfa, alla quale risalgono i suoi scatti, gli fosse servita per farsi un'idea del progredire dei lavori. Una delle immagini di Chigi, che peraltro riporta l'indicazione della data, offre tuttavia una vista piuttosto insolita della località. (fig. 16) Per questa fotografia, scattata nel luglio del 1912, il fotografo posizionò la macchina dietro un buco in un muro e immortalò Ninfa da una certa distanza includendo anche l'apertura nel muro, che quindi fa come da cornice alla fotografia. Quello della cornice era un elemento che aveva una lunga tradizione nella fotografia d'architettura, apprezzata soprattutto dai turisti, e serviva a dare particolare rilievo al monumento raffigurato all'interno dell'immagine.[56] Nella fotografia di Chigi Ninfa sembra essere irrigidita come un'immagine dentro un'altra immagine, come se l'autore volesse catturare uno stato di cose che si stava già dissolvendo.

53 Per vedere le immagini stereoscopiche sono necessarie coppie di fotografie con differenze minime. Sugli aspetti tecnici della stereoscopia cfr. Gernsheim, 1983, pp. 304–315; in merito alla questione della stereoscopia quale forma d'arte cfr. Stiegler, 2012.

54 Trabucco, 2019, pp. 71–104.

55 Sicuramente ulteriori indagini negli archivi dei Chigi e dei Caetani fornirebbero nuove conoscenze in merito.

56 Come la fotografia di piazza San Marco a Venezia realizzata da Carlo Naya dopo il 1868 (KHI, Fototeca, n. inv. 464799) oppure quella di Domenico Anderson scattata prima del 1913 con una vista di Siena (KHI, Fototeca, n. inv. 137403).

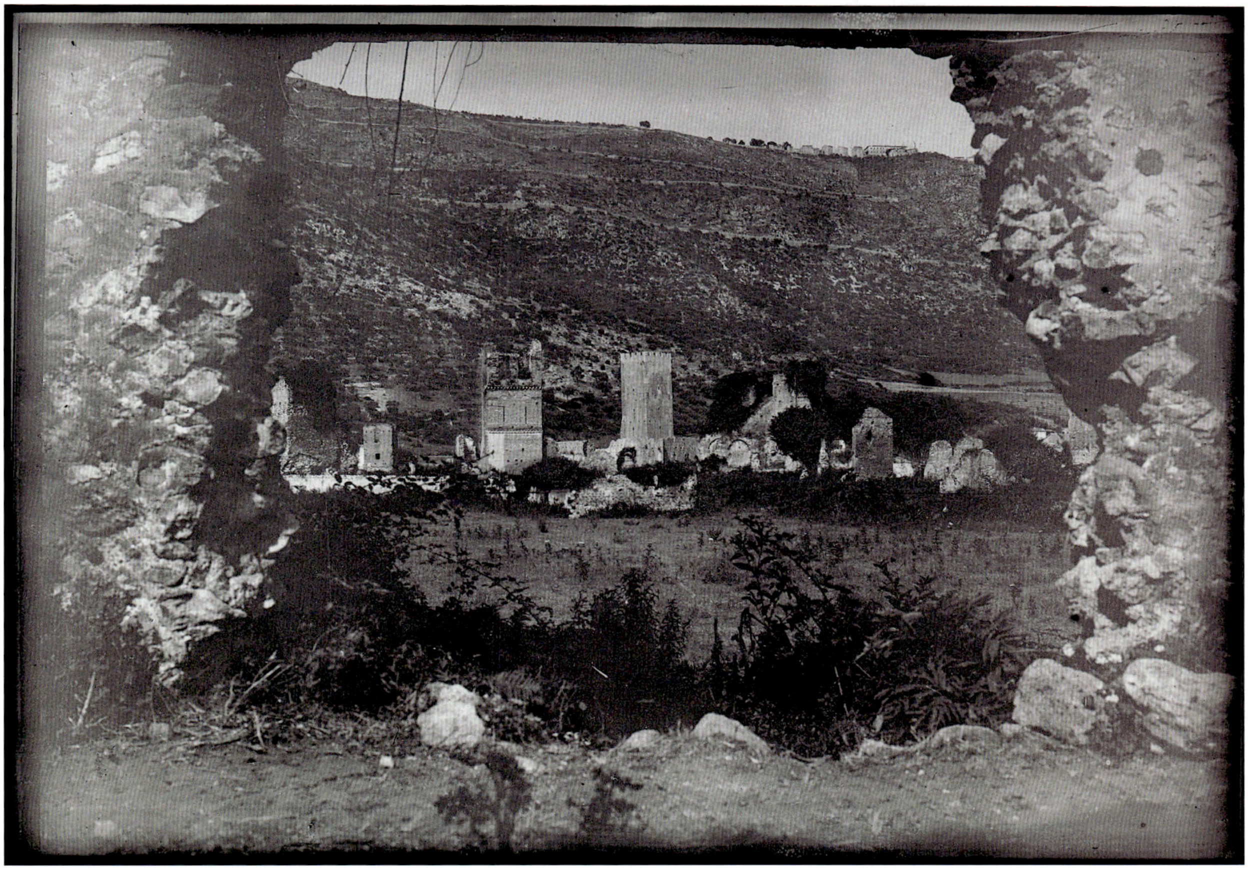

16 Francesco Chigi, *Veduta di Ninfa,* luglio 1912, negativo di vetro, 13 x 18 cm, Roma, ICCD, Fondo Chigi, nr. inv. P000677

La macchina fotografica al servizio degli studiosi

Non poche delle fotografie amatoriali di Ninfa ancora conservate sono opera di archeologi o appassionati di archeologia. L'interesse degli archeologi per la fotografia è cosa abbastanza nota; per loro, come pure per gli studiosi di discipline affini, soprattutto la storia dell'arte, le immagini fotografiche erano divenute uno strumento irrinunciabile che aveva trasformato in misura determinante i metodi del lavoro di ricerca.[57] Rispetto al disegno la fotografia non solo consentiva di documentare in modo più rapido e preciso le singole opere o lo stato di conservazione di determinati luoghi, ma le fotografie permettevano anche di comparare opere molto distanti tra loro o luoghi diversi. Sempre più studiosi iniziarono così non solo ad avvalersi degli scatti di fotografi professionisti, ma anche a scattare loro stessi diverse fotografie durante scavi archeologici, viaggi ed escursioni allo scopo di creare raccolte fotografiche sistematiche.[58]

Alla fine del XIX secolo Ninfa divenne così sempre più spesso l'oggetto delle fotografie di archeologi e appassionati di archeologia anche per la sua posizione nelle immediate vicinanze di Norba, che con i

57 Cfr. Caraffa, 2009; Peters, 2016; Klamm, 2017.

58 A titolo di esempio si rimanda qui all'archeologo inglese John Henry Parker (1806–1884) e allo storico dell'arte francese Camille Enlart (1862–1927). In merito a Parker cfr. Margiotta, 1989a, 1989b; Leone, 2010. Su Enlart cfr. Debussche, 1993.

resti delle mura di fortificazione poligonali risalenti al IV secolo era già da tempo meta di escursioni archeologiche e non solo.[59] Un impulso importante in questo senso venne senza dubbio da Rodolfo Lanciani (1845–1929),[60] che non solo condusse studi fondamentali sulla topografia di Roma antica, ma si dedicò anche a ricerche approfondite sui sistemi idrici antichi, che rafforzarono il suo interesse per un'indagine sistematica della campagna romana.[61] In quanto stimato esperto della sua materia e titolare di una cattedra all'Università di Roma, Lanciani frequentò i circoli anglo-americani della capitale e fu anche membro della British and American Archeological Society. Le escursioni ai siti archeologici nei dintorni di Roma, che si tenevano a intervalli regolari, talvolta settimanalmente ed erano guidate dallo stesso Lanciani, erano però riservate a un ristretto gruppo di persone. Alcuni dei partecipanti abituali a queste cosiddette *wandering lecture* erano l'archeologo Thomas Ashby (1874–1931), futuro direttore della British School at Rome (a partire dal 1906) e autore dell'opera monumentale del 1927 *The Roman Campagna in Classical Times* (trad. it.: La campagna romana nell'età classica), Peter Paul Mackey (1851–1935), padre domenicano ed esperto di Tommaso d'Aquino, e la fotografa inglese Dora Bulwer (1864–1948).[62] Nei vasti lasciti fotografici di queste tre personalità, che si trovano nella British School at Rome (BSR), sono conservate fotografie di Ninfa realizzate tra il 1890 e il 1908.[63] Non è possibile stabilire se tutte queste immagini risalgono alle *wandering lecture* con Lanciani, circostanza che tuttavia ha importanza secondaria; Lanciani può infatti essere considerato senza dubbio il mentore del gruppo anche durante le varie escursioni a Ninfa.

Un album fotografico di Lanciani[64] documenta però un'escursione a Norba il 3 maggio 1895, alla quale partecipò anche Dora Buwler. Durante questa gita il gruppo passò nei dintorni di Ninfa, come rivela la prima delle otto fotografie nell'album che mostra la ormai iconica veduta della località al di là del lago.[65] (fig. 17) La vista catturata nella fotografia era la stessa che si offriva ai visitatori che arrivavano in treno, indipendentemente dal fatto che dalla stazione si dirigessero verso Ninfa o proseguissero verso Norba. L'autrice di questo scatto non sembra però Dora Buwler; il suo nome, insieme alla data, si trova infatti solo sul retro della vista pittoresca di un sentiero incastonato in un oliveto e al margine del quale pascola un asino cavalcato da una persona. Sullo sfondo si distingue Sermoneta, adagiata in un paesaggio ancora incontaminato.[66] (fig. 18) Questo tema suggestivo, che avrebbe potuto essere anche il soggetto di una raffigurazione pittorica, lascia intuire inoltre la nota malinconica che accompagnava le escursioni nella campagna romana, non sempre finalizzate esclusivamente a scopo di studio. Questa impressione trova conferma nelle parole di apprezzamento nei confronti dell'opera di Lanciani scritte da Ashby e pubblicate nel 1929 nella rivista della *Società Romana di Storia Patria*, di cui l'archeologo romano era stato cofondatore: "Ma egli ha girato tantissimo, in ogni verso, in compagnia specialmente degli amici inglesi, della defunta Contessa Gaultier e della Signorina D.E. Bulwer valente fotografa, e del mio defunto padre e di me. Quei giorni di escursioni frequenti nella vecchia Campagna Romana, ancora abbandonata, triste e melancolica dal punto di vista del riformatore sociale, ma tanto caro all'artista e all'archeologo, sono e saranno per me indimentica-

59 Anche Gregorovius, come scrive nelle sue *Wanderungen* (trad. it.: *Passeggiate per l'Italia*), aveva iniziato l'esplorazione di Ninfa partendo da Norba. Gregorovius, ed. 1997, p. 386.

60 Su Lanciani cfr. Palombi, 2006.

61 Rifacendosi alla sua stessa carta dell'antica Roma, pubblicata tra il 1893 e il 1901 con il titolo *Forma Urbis Romae* e ancora oggi una delle opere principali sulla topografia romana, Lanciani progettò anche la realizzazione di una carta archeologica della campagna romana, che rimase tuttavia incompleta. Cfr. Impiglia, 2017, pp. 292–298.

62 Impiglia, 2017, p. 300.

63 Cfr. Bucci, 1987; Giovenco, 2007 e Idem, 2017.

64 Roma, Biblioteca di Archeologia e Storia dell'Arte (BiASA), Archivio Lanciani, Ms. Lanciani 91/3, IV, fol. 34–37. Cfr. anche Muzzioli/Pellegrino, 1994, pp. 262–266. Sulla fotografa inglese nata a Napoli cfr. Bucci, 1987.

65 Roma, BiASA, Archivio Lanciani, Ms. Lanciani 91/3, IV, fol. 34.

66 *Ivi*, fol. 35.

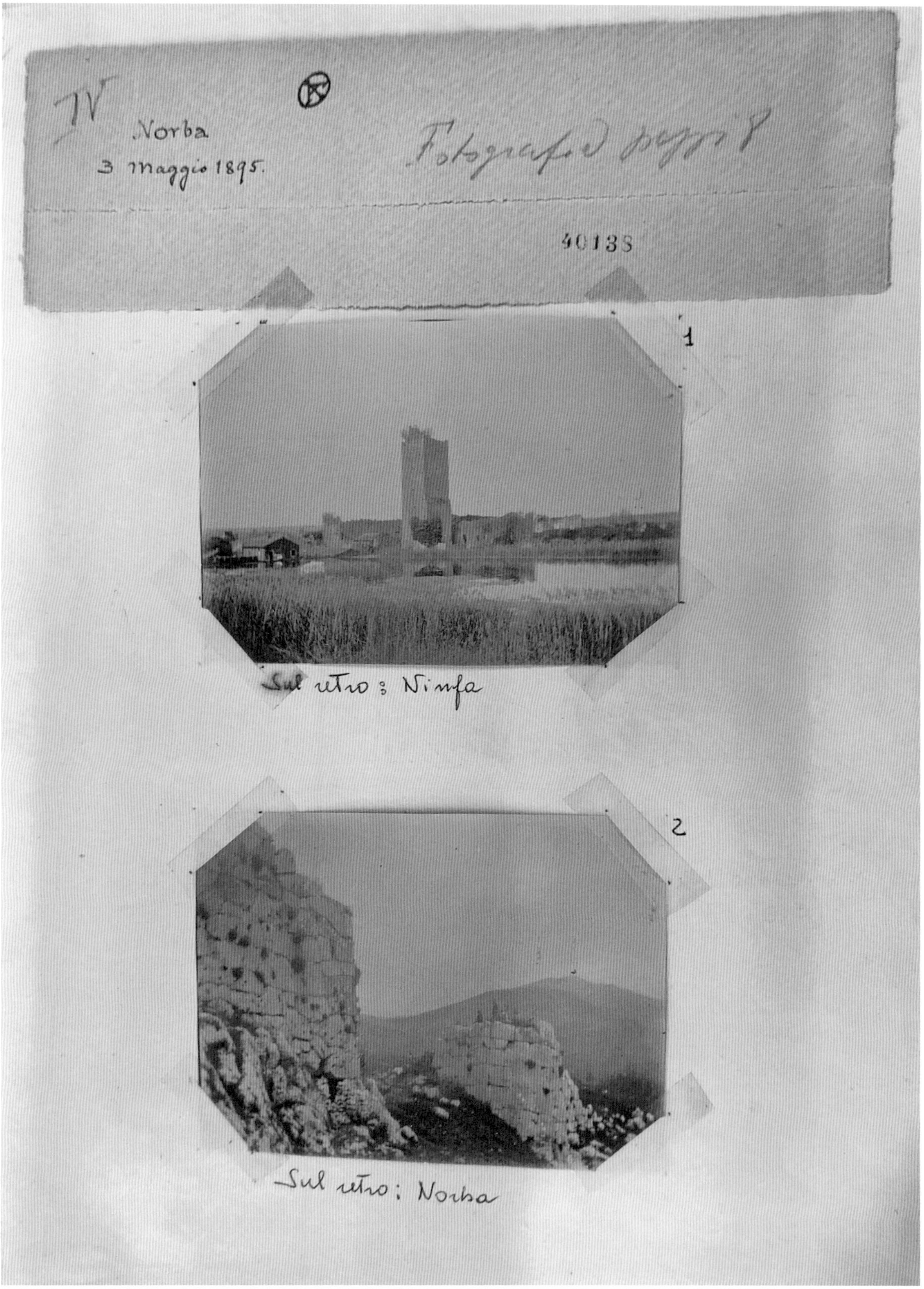

17 *Album fotografico con veduta di Ninfa,* fotografo non identificato, 3.5.1895, stampa al collodio, 7,5 x 10,1 cm, Roma, BASA, Archivio Lanciani, Ms. Lanciani 91/3, IV, fol. 34

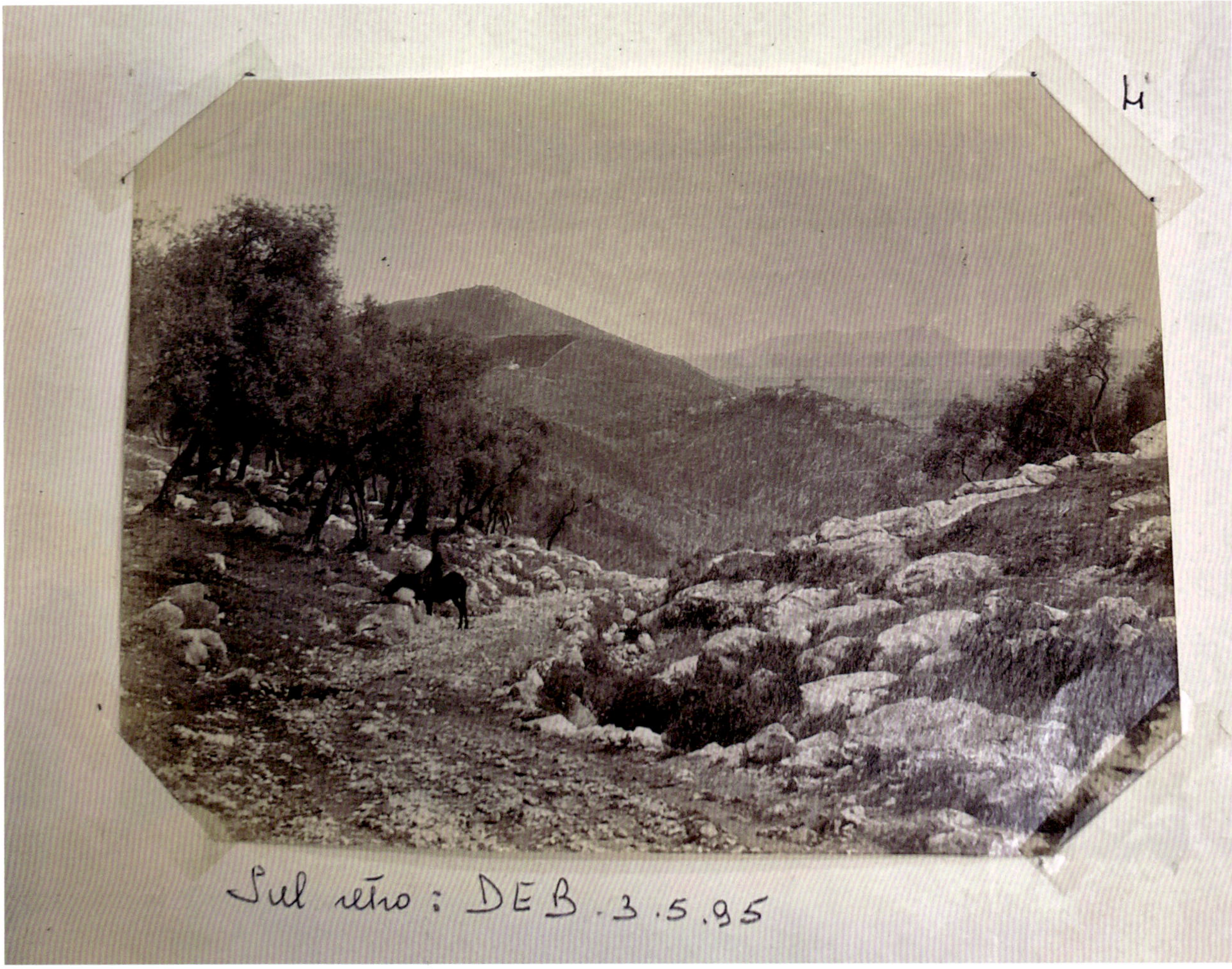

18 Dora Buwler, *Sentiero tra Norba e Ninfa,* 3.5.1895, stampa all'albume, 9,5 x 12,7 cm, Roma, BASA, Archivio Lanciani, Ms. Lanciani 91/3, IV, fol. 35

bile. [...] Almeno una o due volte la settimana si andava fuori, in treno o in vettura. L'automobile non c'era ancora e si aveva agio di osservare ciò che stava al lato della strada. Non si coprivano delle distanze tanto grandi, ma ciò che si vedeva si vedeva senza fretta. Ma il Lanciani ammoniva sempre, e con tanta giustezza 'noi siamo gli ultimi che la vedremo, la Campagna Romana di un dì'."[67]

Se si circoscrive l'ultima frase di Ashby al caso specifico di Ninfa, è evidente che anche le fotografie di Buwler, Mackey e Ashby sono tra le ultime vedute dell'area così come era un tempo. Mentre Dora Buwler o la sorella Agnes[68], anche lei fotografa, e Peter Paul Mackey[69] catturarono nei loro scatti soprattutto angoli pittoreschi e prospettive suggestive (figg. 19/20), durante le gite a Ninfa Thomas Ashby

67 Ashby, 1928, p. 126.

68 British School at Rome (BSR), Photographic Archive, Dora & Agnes Bulwer Collection, Bulwer(a).XI.57–59; Thomas Ashby Collection, dab-II.055-056. È difficile stabilire se le fotografie sono opera di Agnes o di Dora Bulwer, perché nella British School at Rome è conservato il lascito di entrambe e non sempre le immagini sono contrassegnate in modo chiaro. Sembra tuttavia che tra le due Dora fosse la fotografa più produttiva. Cfr. Bucci, 1987, pp. 104–109.

69 BSR, Photographic Archive, Peter Paul Mackey Collection, ppm-0670-0672. Su Mackey cfr. Colaiacomo/Kay, 2017; Crawford, 2000.

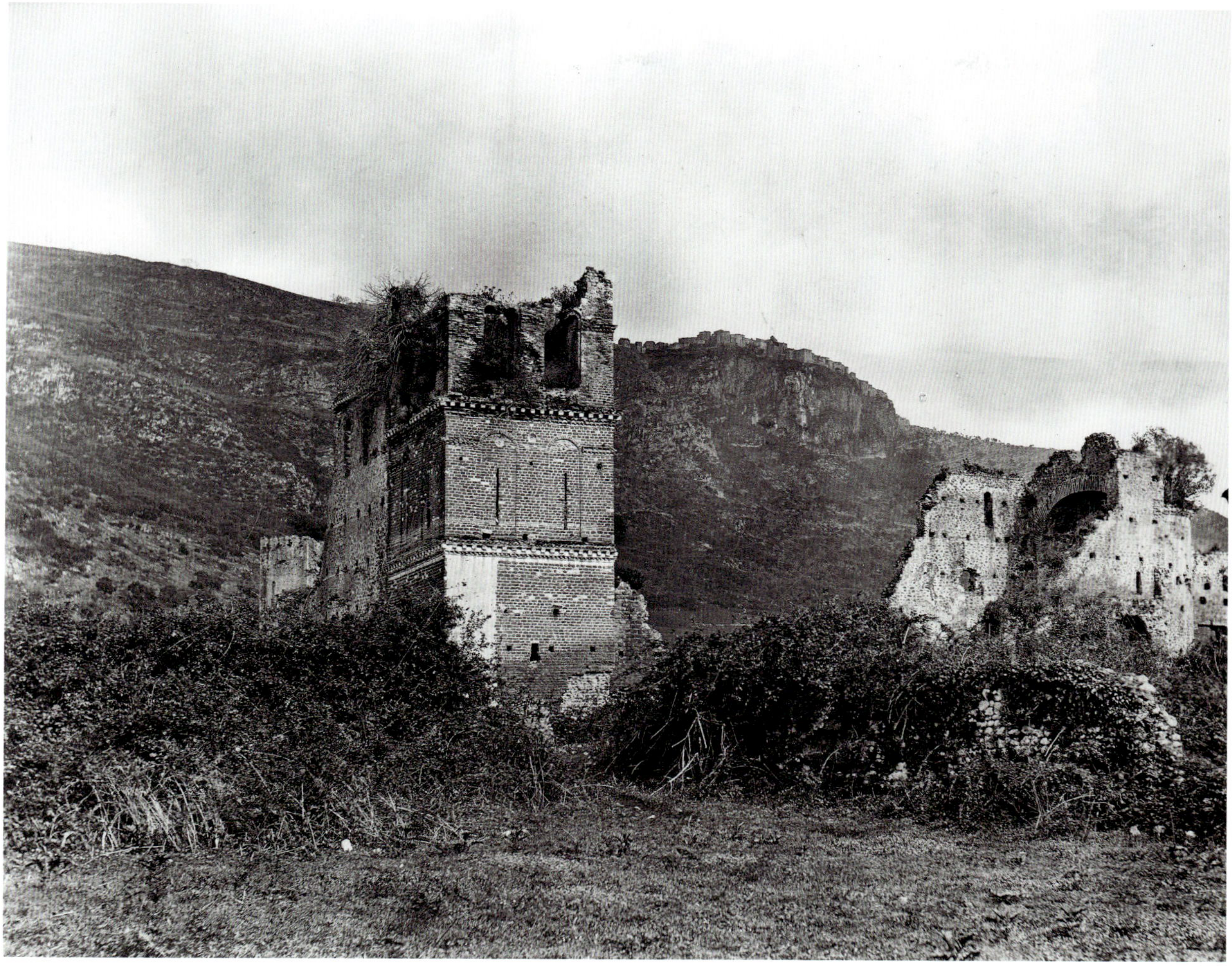

19 Agnes o Dora Buwler, *Ninfa, rudere di Santa Maria Maggiore,* 1890, stampa alla gelatina ai sali d'argento (?), 17 x 22,5 cm, BSR Photographic Archive, Dora & Agnes Bulwer Collection, dab-XI.58

esplorò l'area anche con l'occhio dell'archeologo. Come scrisse nell'introduzione a *The Roman Campagna in Classical Times*, Ashby doveva a Lanciani quell'interesse per la campagna romana e la sua topografia antica che lo avrebbe accompagnato per tutta la vita;[70] ma anche le sue ricerche sui sistemi idrici e stradali antichi furono ispirate in misura determinante da Lanciani, il cui studio fondamentale sugli acquedotti romani era stato pubblicato nel 1880.[71] Pur non essendo opere architettoniche antiche, i ponti e le strutture di rinforzo dei canali di Ninfa erano quindi destinati ad attirare l'obiettivo della fotocamera di Ashby.[72] (fig. 21) Il suo interesse andava tuttavia ben oltre l'epoca antica; il

70 "To Lanciani and to my father (the best of companions while he lived) I owe my first introduction to the delights of the exploration of the Campagna; and to our mutual friends, the Misses Bulwer and the Rev. Father P.P Mackey, O.P. – the latter an untiring investigator of its remotest corners – a number of the photographs which illustrate the present work are due." Cit. da Bucci, 1987, p. 102.

71 *Topografia di Roma antica: I commentarii di Frontino intorno le acque e gli acquedotti, silloge epigrafica aquaria. Memoria di Rodolfo Lanciani*, Roma 1880.

72 BSR, Photographic Archive, Thomas Ashby Collection, ta-XXV.002-004.

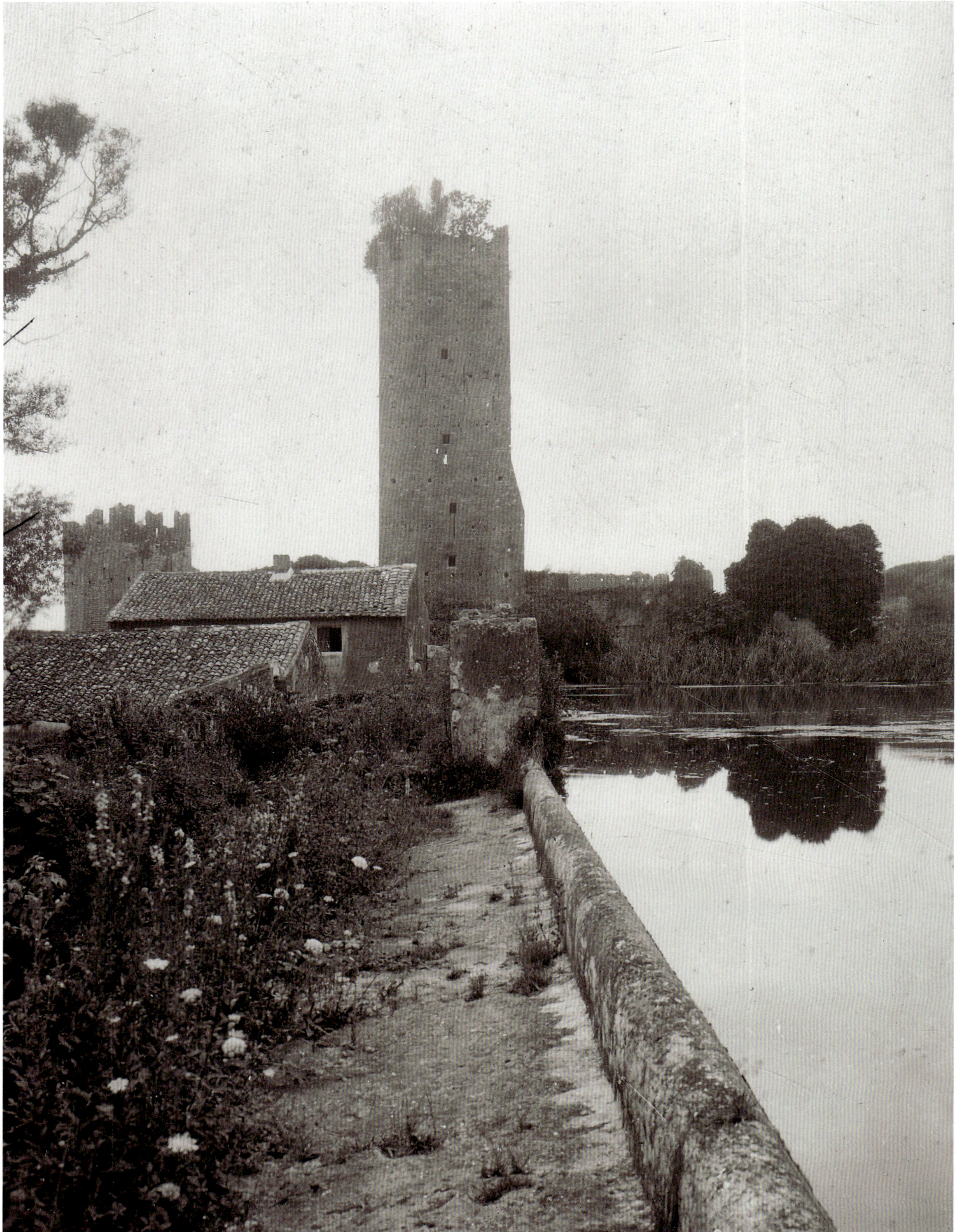

20 Paul Mackey, *Ninfa, Torre Caetani,* 1900, stampa alla gelatina ai sali d'argento, 18 x 13 cm, BSR Photographic Archive, Peter Paul Mackey Collection, ppm-06-0672

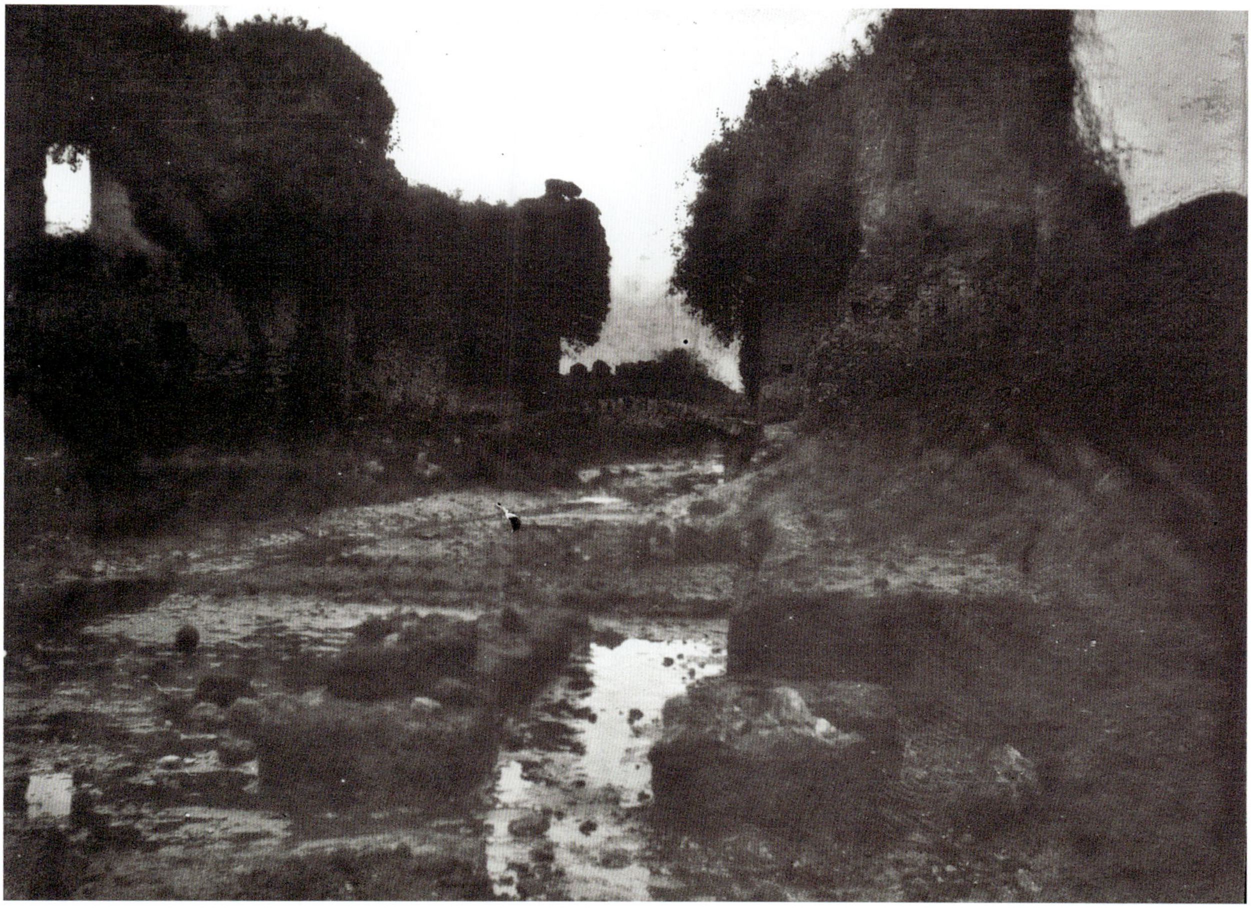

21 Thomas Ashby, *Ninfa, Drenaggio del corso d'acqua,* 1908 (?), stampa alla gelatina ai sali d'argento, 7,5 x 10 cm, BSR Photographic Archive, Thomas Ashby Collection, ta- XXV.003

paesaggio (articolato) della campagna romana, che indagò sistematicamente in occasione di numerose escursioni e anche gite in bicicletta,[73] rappresentava per l'archeologo inglese un continuum storico che giungeva fino al presente.[74] Ashby guardava però le rovine di Ninfa anche con l'occhio dei paesaggisti inglesi, in particolare di William Turner, del quale si era occupato a fondo più volte,[75] cosicché le fotografie delle chiese diroccate, un altro soggetto trattato da Ashby, appaiono vaghe reminiscenze dei suoi connazionali.[76] (fig. 22) Anche nella voce su Norba scritta per l'*Encyclopaedia Britannica* l'archeologo inglese non mancò di menzionare la città abbandonata ai piedi dei Monti Lepini mettendone in rilievo il suo carattere pittoresco.[77]

Ashby non era però un fotografo di grande talento, forse perché troppo impaziente, e preferiva fotografare senza treppiede perché lo riteneva un

73 Cfr. Romano, 1994, pp. 15 ss.

74 Smith, 2017, p. 64.

75 Nel 1911 Ashby curò il padiglione britannico all'Esposizione Universale di Roma e dedicò una sezione a parte alla pittura paesaggistica inglese. Nel 1914 pubblicò due articoli su Turner in Italia nella rivista "Burlington Magazine". In occasione del X Congresso internazionale di storia dell'arte in Roma nel 1922 affrontò di nuovo questo tema con l'intervento *Turner ed i suoi predecessori a Roma*. Mazzi, 1994, p. 21.

76 BSR Photographic Archive, Thomas Ashby Collection, ta-XXV.005-006; ta-XXIX.049.

77 "At the foot of the cliff are the picturesque ruins of the medieval town of Ninfa (12th–13th centuries) abandoned owing to the malaria." *Enciclopedia Britannica*, 1911, vol. 19, p. 738.

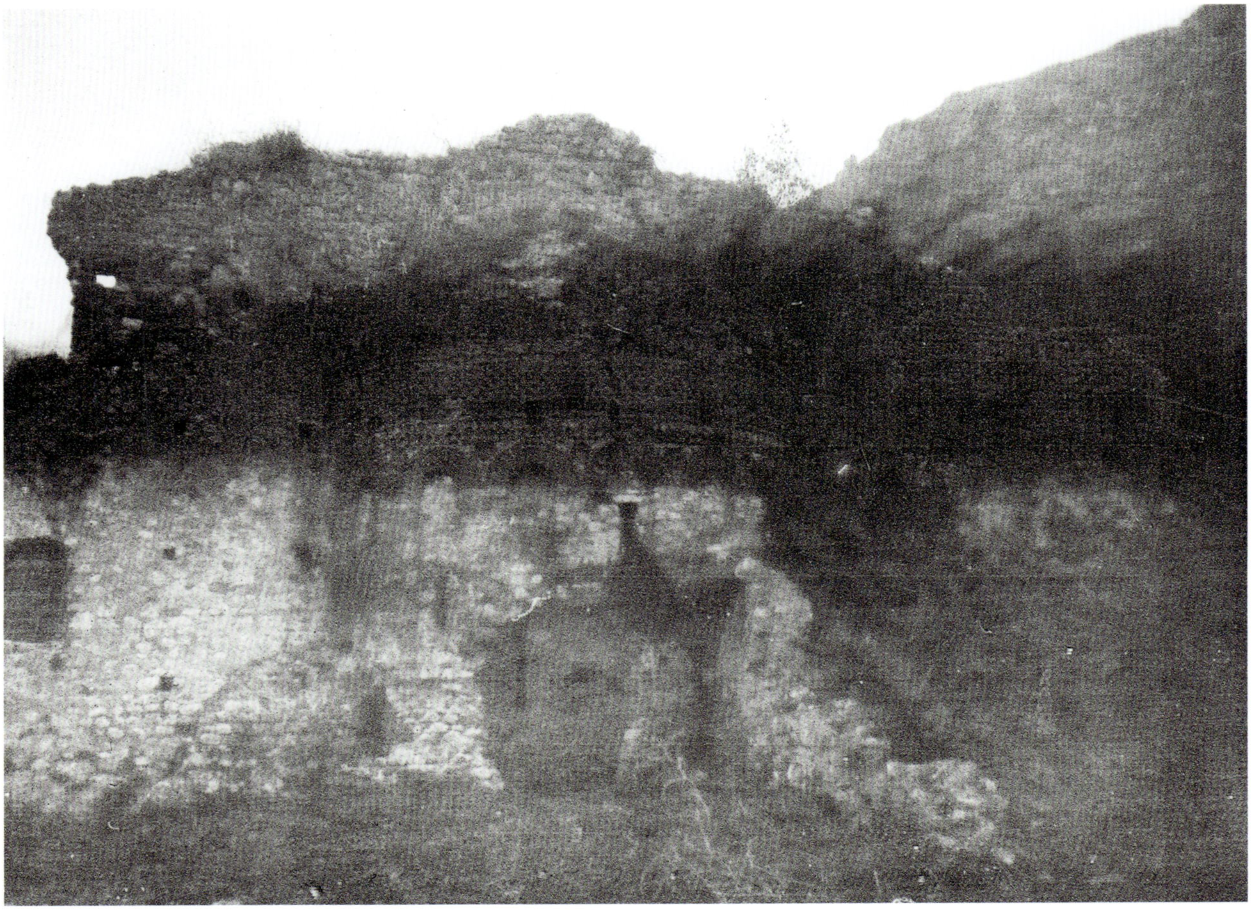

22 Thomas Ashby, *Ninfa, chiesa di San Pietro fuori le Mura,* 1908 (?), stampa alla gelatina ai sali d'argento, 7,5 x 10 cm, BSR Photographic Archive, Thomas Ashby Collection, ta-XXV.005

impedimento durante le escursioni.[78] Come ha fatto notare Maria Cecilia Mazzi, Ashby considerava le sue fotografie degli "appunti visivi", con cui fissava le sue (ri)scoperte, per poterli consultare in un secondo momento.[79] Completamente diverso era l'approccio di Peter Paul Mackey: il padre domenicano, che durante i suoi viaggi e le sue lunghe escursioni portava quasi sempre con sé la fotocamera, era persino solito tenere un registro in cui annotava con precisione il tipo di macchina e gli obiettivi utilizzati per i singoli scatti.[80] Anche le fotografie di Dora Buwler, che Ashby definì una "valente fotografa", erano immagini dalla composizione equilibrata e studiata attentamente, e l'archeologo inglese si avvaleva spesso delle sue fotografie quando necessitava di immagini per le sue pubblicazioni.[81]

78 Colaiacomo/Kay, 2017, p. 58.
79 Mazzi, 1994, p. 31.
80 Mackey tenne un registro di questo tipo durante i suoi viaggi in Sardegna nel 1888 e nel 1889. Crawford, 2000, p. 37.
81 Bucci, 1987, p. 103.

Ninfa in mostra: un'immagine (scomparsa) di Andrea Vochieri

Le fotografie di Ninfa a opera di Ashby, Buwler e Mackey non ottennero mai una grande visibilità, per quanto è dato ad oggi sapere, il luogo invece attira l'attenzione del pubblico grazie alle fotografie di un altro dilettante. Nell'aprile 1905 si inaugurò a Palazzetto Le Roy di Roma, fresco di restauro, una *Esposizione fotografica* promossa dall'Associazione Artistica fra i Cultori d'Architettura.[82] (fig. 23) Di questa associazione fondata nel 1890 facevano parte, come riassume Alessandro Del Bufalo, "uomini ragguardevoli di preparazione diversa, o tecnica o artistica o letteraria, sempre qualificati, laureati nella maggior parte dei casi, con un comune spiccato interesse per l'architettura". Il loro obiettivo comune era quello di contribuire all'indagine e alla conservazione del patrimonio monumentale italiano attraverso uno studio intensivo.[83] L'esposizione era quasi un evento promozionale perché l'intento era quello di mostrare, come si legge nella prefazione al catalogo, "con quanta cura noi studiamo i monumenti del passato, fonti di ogni sana ispirazione artistica"[84] attraverso le fotografie dei membri ordinari e di quelli aggregati.

Tra i membri aggregati compariva anche il piemontese Andrea Vochieri, residente a Roma e presente con numerose fotografie.[85] Secondo quanto riportato nel catalogo vi erano anche due immagini di Ninfa: la raffigurazione in piccolo formato di una "opera baronale", presentata insieme ad altre fotografie all'interno di una cornice dal titolo *Storia della costruzione del Lazio*, e una veduta della "Torre di Ninfa", indicata come grande formato e appesa quindi come opera singola.[86] Sembra che questa fotografia di Ninfa in formato cm 50 x 60 avesse particolarmente colpito sia il pubblico che gli organizzatori. Uno di questi,

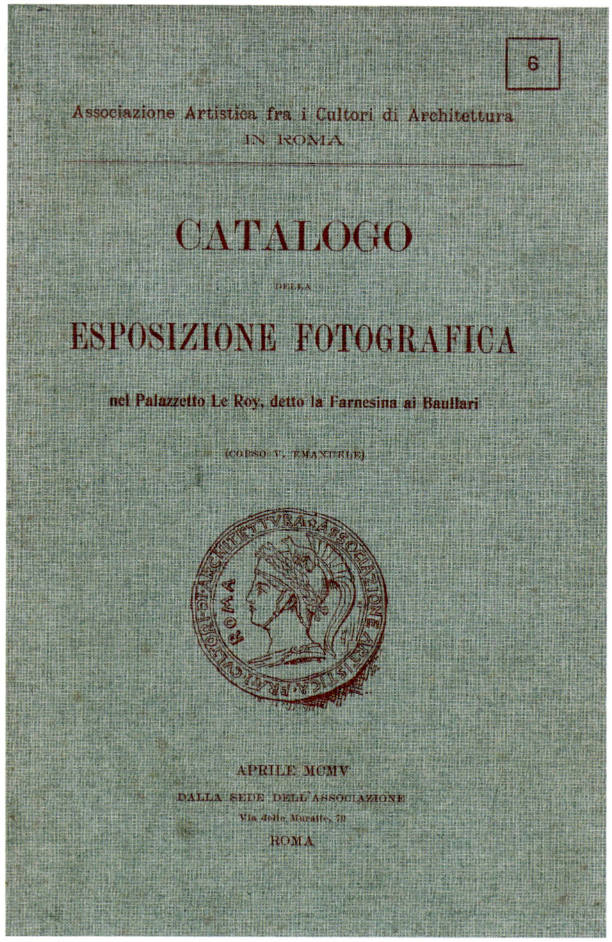

23 *Catalogo della Esposizione Fotografica nel Palazzetto Le Roy, detto la Farnesina ai Baulari,* Roma 1905

l'architetto e storico dell'architettura Gustavo Giovannoni, membro dell'Associazione dal 1903, dedicò ampio spazio ai lavori di Vochieri in una recensione della mostra che apparve sulla celebre rivista *L'Arte*. L'architetto non solo elogiò la qualità delle fotografie di Vochieri, ma mise espressamente in risalto la veduta di Ninfa che per lui era uno dei fiori all'occhiello della mostra, insieme a tre vedute di Assisi sempre di grande formato: "[...] segue la notevole collezione di

82 Sulla storia e gli scopi dell'Associazione Artistica fra i Cultori d'Architettura cfr. Turco, 2015. Da tale associazione nacque nel 1938 il Centro di Studi per la Storia dell'Architettura.

83 Del Bufalo, 1982, p. 9.

84 Associazione Artistica fra i Cultori di Architettura in Roma, *Catalogo della Esposizione Fotografica nel Palazzetto Le Roy, detto la Farnesina ai Baullari*, Roma, Aprile MCMV, p. VI.

85 Alcune informazioni su Vochieri riporta Becchetti, 1983, p. 357.

86 *Ivi*, pp. 9, 11.

Andrea Vochieri che ha riunito le sue nitide fotografie in quadri, ciascuno dei quali ispirato ad un unico concetto o riferentisi ad una sola regione; [...] ed infine gl'ingrandimenti bellissimi delle fotografie di San Francesco in Assisi e della torre di Ninfa, la città abbandonata nelle paludi Pontine."[87] Anche altri recensori ne tesserono le lodi. Per lo storico dell'arte Federico Hermanin, che scriveva della mostra nella rivista *Kunstchronik*, pubblicata in Germania, le fotografie di Vochieri erano state uno degli oggetti d'attrazione. Citò il fotografo amatoriale che nel 1900 era stato premiato con la medaglia d'argento all'*Esposizione Fotografica* di Torino,[88] insieme a Giovanni Gargiolli (1838–1913), fondatore sia della Società degli Amatori di Fotografia a Roma (1888), sia del Gabinetto fotografico nazionale (1892), anch'egli presente in mostra con numerose fotografie.[89] Tutto ciò non solo documenta la qualità degli scatti di Vochieri, ma dimostra anche quanto fosse apprezzato il suo contributo alla documentazione dei monumenti del giovane Stato. Le sue fotografie erano molto richieste da studiosi e da autori, come confermano le illustrazioni in numerose pubblicazioni.[90]

Ma come si presentavano esattamente le vedute di Ninfa realizzate da Vochieri? Il catalogo della mostra contiene solo degli elenchi, ma nessuna immagine. Eppure potrebbe essersi conservata una traccia: Vochieri prese parte infatti nel 1903 al Congresso Internazionale di Scienze Storiche che si tenne a Roma dal 1° al 9 aprile.[91] Al termine del congresso vero e proprio vennero organizzate delle escursioni per i partecipanti, tra cui quella dell'11 aprile (Sabato Santo) a Ninfa, Norba e Sermoneta per la quale la Società Italiana per le Strade Ferrate del Mediterraneo predispose un treno speciale.[92] Il primo volume degli atti del congresso, pubblicato quattro anni dopo, contiene quattro scatti di Vochieri messi a disposizione dal fotografo per il volume come ricordo di quella escursione:[93] due vedute di Norba e anche due di Ninfa. (figg. 24/25) Non è da escludere che il negativo della veduta generale di Ninfa qui riprodotto fosse stato utilizzato, seppur stampando in formato più grande, per la fotografia destinata all'*Esposizione fotografica*. Sia il catalogo che Giovannoni nella sua recensione fanno espresso riferimenti a un "ingrandimento" dal negativo. Ci si potrebbe anche chiedere perché Vochieri (accanto agli scatti di Assisi) avesse voluto presentare proprio la fotografia di Ninfa in stampa di grande formato, dandole un notevole risalto all'interno della mostra che occupava comunque otto sale. Come "monografia figurativa", espressione usata da un altro recensore per le fotografie di Vochieri,[94] l'immagine di Ninfa divenne però particolarmente funzionale al fascino che continuavano ad esercitare le "poetiche reminiscenze di Ninfa", che anche Giuseppe Tomassetti evidenzierà ancora una volta qualche anno dopo nella prefazione al secondo volume della sua opera monumentale *La Campagna Romana antica, medioevale e moderna*.[95] Per illustrare la parte dedicata a Ninfa, Tomassetti si rifece per la veduta generale alla fotografia del suo "egregio amico cav. Andrea Vochieri".[96]

87 Gustavo Giovannoni, *La Farnesina ai Baullari e l'esposizione fotografica*, in "L'Arte", VIII, 1905, pp. 219–224, qui p. 222.

88 "Bullettino della Società Fotografica Italiana", XII, 1900, disp. 6, p. 232.

89 "Unter den Ausstellern haben vielleicht den allerersten Rang Andrea Vochieri und der Ingenieur Giovanni Gargiolli [...]." [Tra gli espositori Andrea Vochieri e l'ingegnere Giovanni Gargiolli occupano forse il primissimo posto [...], in "Kunstchronik", 5 maggio 1905, s.f., anno XVI, 1904/05, n. 24, p. 381.

90 Si incontrano fotografie di Vochieri in pubblicazioni ad esempio di Rodolfo Lanciani, Giuseppe Tomassetti, Hartmann Grisar o Giacomo Burzeletto. Il volume di Umberto Leoni e Giovanni Staderini *Sulla Appia Antica*, uscito prima del 1907, è illustrato con 50 immagini tutte di Andrea Vochieri, che viene citato come fotografo nel sottotitolo.

91 Vochieri compare nell'elenco dei partecipanti. *Atti del Congresso Internazionale di Scienze Storiche* (Roma 1–9 Aprile 1903), Roma, 1907, vol. I, p. 62.

92 "La prima interessantissima escursione (archeologico-artistica) avrà luogo, tempo permettendo, il giorno 11 aprile a Ninfa, Norma, scavi di Norba [...] e Sermoneta." *Ivi*, p. 144.

93 "Le fotografie sono opera del congressista cav. Andrea Vochieri, il quale ne fece cortese dono alla Presidenza." *Ivi*, p. 11.

94 "Di Andrea Vochieri tutti conoscono quelle che si possono dire monografie figurative [...]", in "La Fotografia artistica. Rivista internazionale", anno II/1905, n. IV, pp. 15–16, qui p. 16.

95 Giuseppe Tomassetti, *La Campagna Romana antica, medioevale e moderna*, vol. II, Roma 1910, p. 5.

96 Così Vochieri venne nominato da Giuseppe Tomassetti in Idem, *Una villa di Giulio Cesare*, in *Nuova Antologia*, 188, 1903, p. 382. Anche per questa pubblicazione ha utilizzato uno scatto del fotografo piemontese.

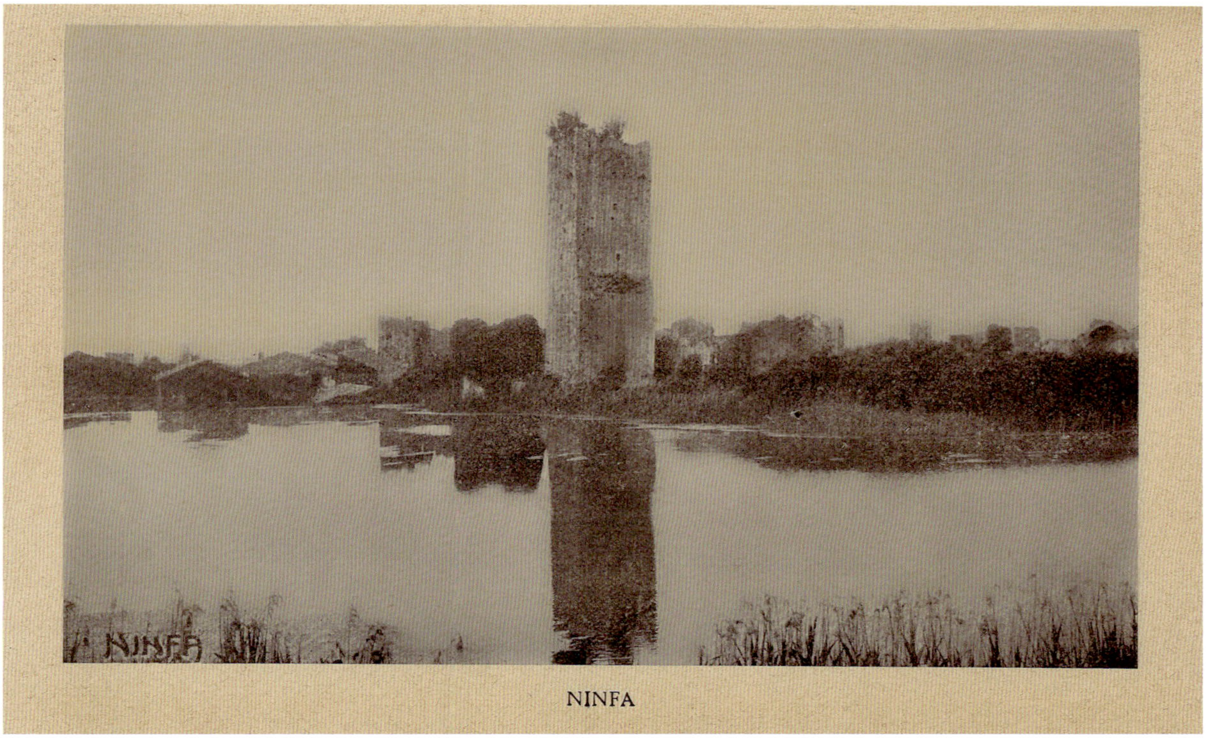

24 Andrea Vochieri, *Veduta di Ninfa*, 1903 (?), pubblicata in: Atti del Congresso Internazionale di Scienze Storiche (Roma 1–9 Aprile 1903), Roma 1907, vol. I, p. 147

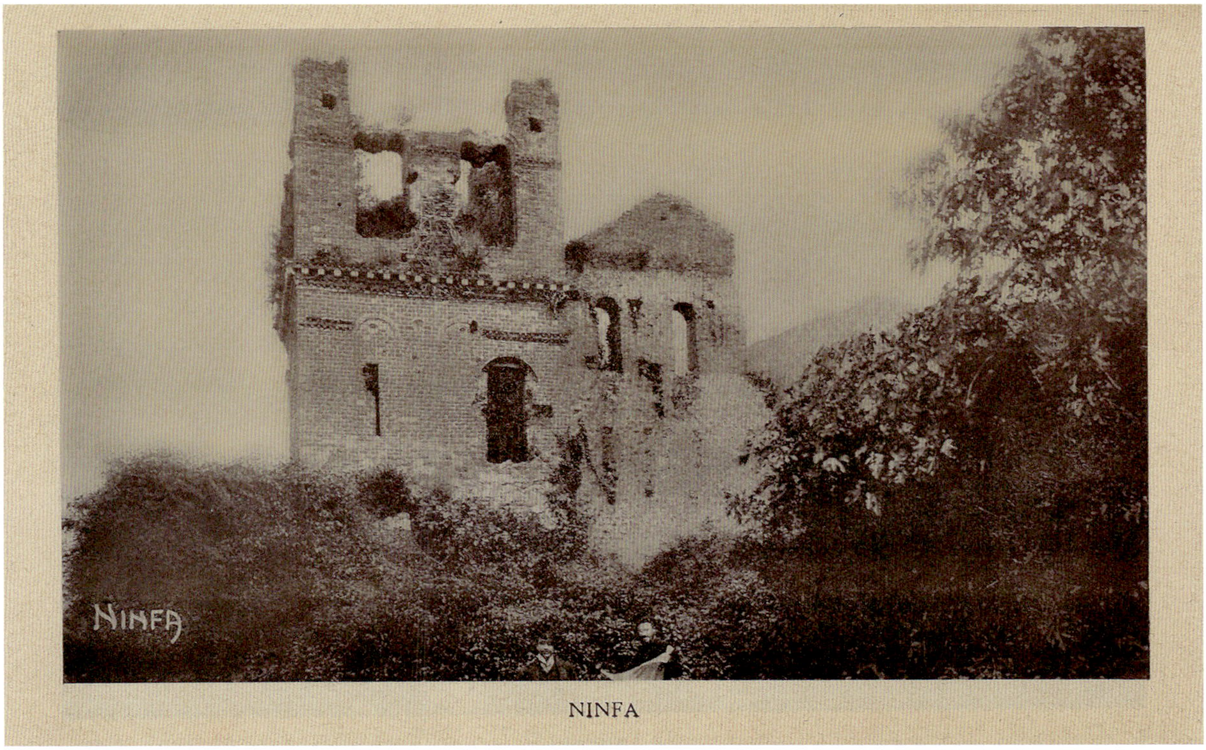

25 Andrea Vochieri, *Veduta di Ninfa*, 1903 (?), pubblicata in: Atti del Congresso Internazionale di Scienze Storiche (Roma 1–9 Aprile 1903), Roma 1907, vol. I, p. 149

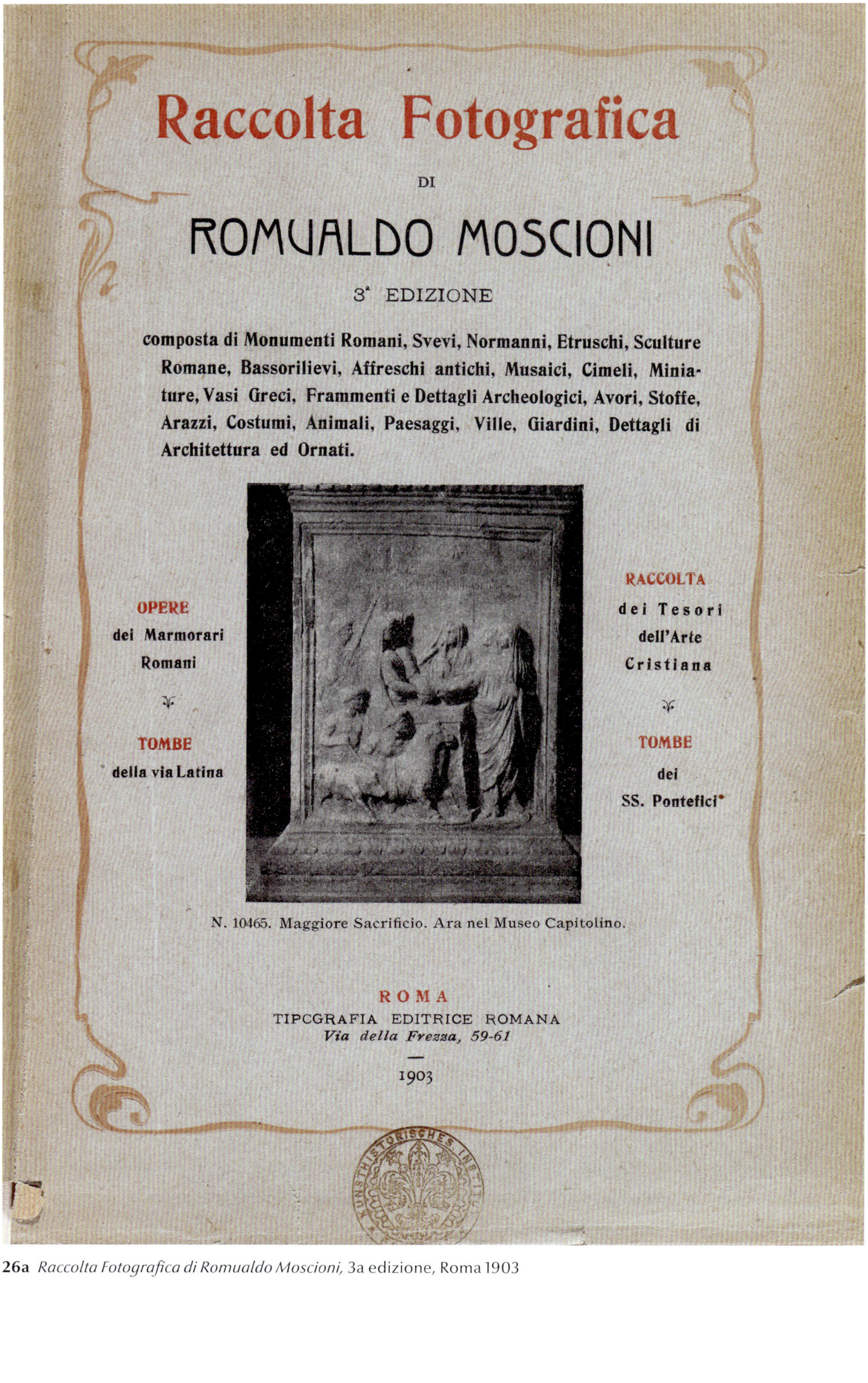

Raccolta Fotografica

DI

ROMUALDO MOSCIONI

3ª EDIZIONE

composta di Monumenti Romani, Svevi, Normanni, Etruschi, Sculture Romane, Bassorilievi, Affreschi antichi, Musaici, Cimeli, Miniature, Vasi Greci, Frammenti e Dettagli Archeologici, Avori, Stoffe, Arazzi, Costumi, Animali, Paesaggi, Ville, Giardini, Dettagli di Architettura ed Ornati.

OPERE dei Marmorari Romani

TOMBE della via Latina

RACCOLTA dei Tesori dell'Arte Cristiana

TOMBE dei SS. Pontefici

N. 10465. Maggiore Sacrificio. Ara nel Museo Capitolino.

ROMA
TIPCGRAFIA EDITRICE ROMANA
Via della Frezza, 59-61

1903

26a *Raccolta Fotografica di Romualdo Moscioni,* 3a edizione, Roma 1903

"Bisogna però rompere questa tradizione": la raffigurazione di Ninfa nelle fotografie di Romualdo Moscioni, dei Fratelli Alinari e dello Stabilimento Brogi

Il fatto però che Ninfa fosse collegata alla rete ferroviaria destò l'interesse per il "motivo Ninfa" non solo di studiosi e dilettanti, ma anche di affermati studi fotografici professionali. Primo fra tutti quello di Romualdo Moscioni (1849–1925), che già nel 1868 aveva costituito a Roma uno Stabilimento Fotografico Artistico Commerciale che porterà avanti fino alla morte, cambiando talora indirizzo ma sempre nelle vicinanze di Piazza di Spagna.[97] Sul finire del secolo era uno dei fotografi più richiesti a Roma nel campo della fotografia documentaria della storia dell'arte. Qualche anno prima Moscioni si era fatto conoscere con la grande campagna fotografica dei monumenti svevo-normanni in Puglia, commissionata dal Ministero della Pubblica Istruzione.[98] Nella terza edizione ampliata del suo catalogo di vendita, uscito nel 1903, Ninfa compare otto volte tra le 15.000 fotografie proposte e le sue immagini in formato standard cm 21 x 27 potevano essere acquistate per 50 centesimi l'una. (fig. 26) Queste raffigurano (in ordine per numero di negativo): *Panorama di Ninfa*, due *Panorama e albero di olivo*, una veduta di *Lago di Ninfa e Torre Gaetani*, tre *Vedute della mola e resti della Torre Caetani*, e una veduta del *Lago di Ninfa e Monti Lepini*.[99]

Due dei tre panorami proposti richiamano la veduta di Ninfa con cui i Fratelli D'Alessandri avevano già attirato l'attenzione su quella località e che era probabilmente nota ad almeno una parte dei clienti italiani di Moscioni per aver letto *L'Illustrazione Italiana*: la veduta di Ninfa dalle pendici dei Monti Lepini che abbracciava il sito nella sua intera estensione e includeva anche la vista dei binari della ferrovia. L'unica novità era l'ulivo che spuntava in primo piano a destra e che accentuava ancora una volta il carattere pittoresco della veduta.[100] (fig. 27)

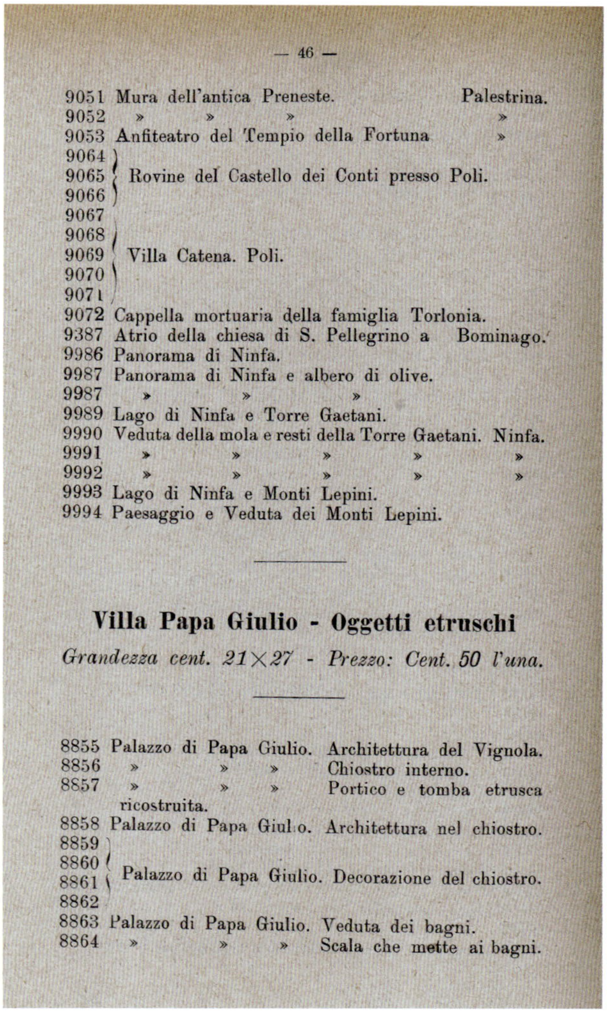

— 46 —

9051 Mura dell'antica Preneste. Palestrina.
9052 » » » »
9053 Anfiteatro del Tempio della Fortuna »
9064
9065 Rovine del Castello dei Conti presso Poli.
9066
9067
9068
9069 Villa Catena. Poli.
9070
9071
9072 Cappella mortuaria della famiglia Torlonia.
9387 Atrio della chiesa di S. Pellegrino a Bominago.
9986 Panorama di Ninfa.
9987 Panorama di Ninfa e albero di olive.
9987 » » »
9989 Lago di Ninfa e Torre Gaetani.
9990 Veduta della mola e resti della Torre Gaetani. Ninfa.
9991 » » » » »
9992 » » » » »
9993 Lago di Ninfa e Monti Lepini.
9994 Paesaggio e Veduta dei Monti Lepini.

Villa Papa Giulio - Oggetti etruschi

Grandezza cent. 21×27 - Prezzo: Cent. 50 l'una.

8855 Palazzo di Papa Giulio. Architettura del Vignola.
8856 » » » Chiostro interno.
8857 » » » Portico e tomba etrusca ricostruita.
8858 Palazzo di Papa Giulio. Architettura nel chiostro.
8859
8860
8861 Palazzo di Papa Giulio. Decorazione del chiostro.
8862
8863 Palazzo di Papa Giulio. Veduta dei bagni.
8864 » » » Scala che mette ai bagni.

26b *Raccolta Fotografica di Romualdo Moscioni,* 3a edizione, Roma 1903, p. 46

97 Su Moscioni cfr. Goldhahn/Gründig, 2017.

98 Nel 1891 Moscioni aveva vinto la gara d'appalto per la campagna fotografica imponendosi su diversi concorrenti, tra i quali i rinomati Fratelli Alinari, Giorgio Sommer e Giovanni Battista Brusa. La campagna, che comprendeva 258 fotografie in grande formato, divenne il suo fiore all'occhiello con il titolo *Apulia Monumentale*. Cfr. Cassanelli, 1999; Goldhahn/Gründig, 2017, p. 20.

99 *Raccolta delle Fotografie esistenti nello Stabilimento Fotografico Artistico Commerciale di Romualdo Moscioni*, 3° ed., Roma 1903, p. 46, n. neg. 9986–9993.

100 Moscioni riprese così un topos abbastanza frequente nelle vedute fotografiche dal tardo XIX secolo: l'albero solitario contro un paesaggio urbano. L'esempio più celebre è il pino solitario sullo sfondo di Napoli e del Vesuvio firmato dai Fratelli Alinari.

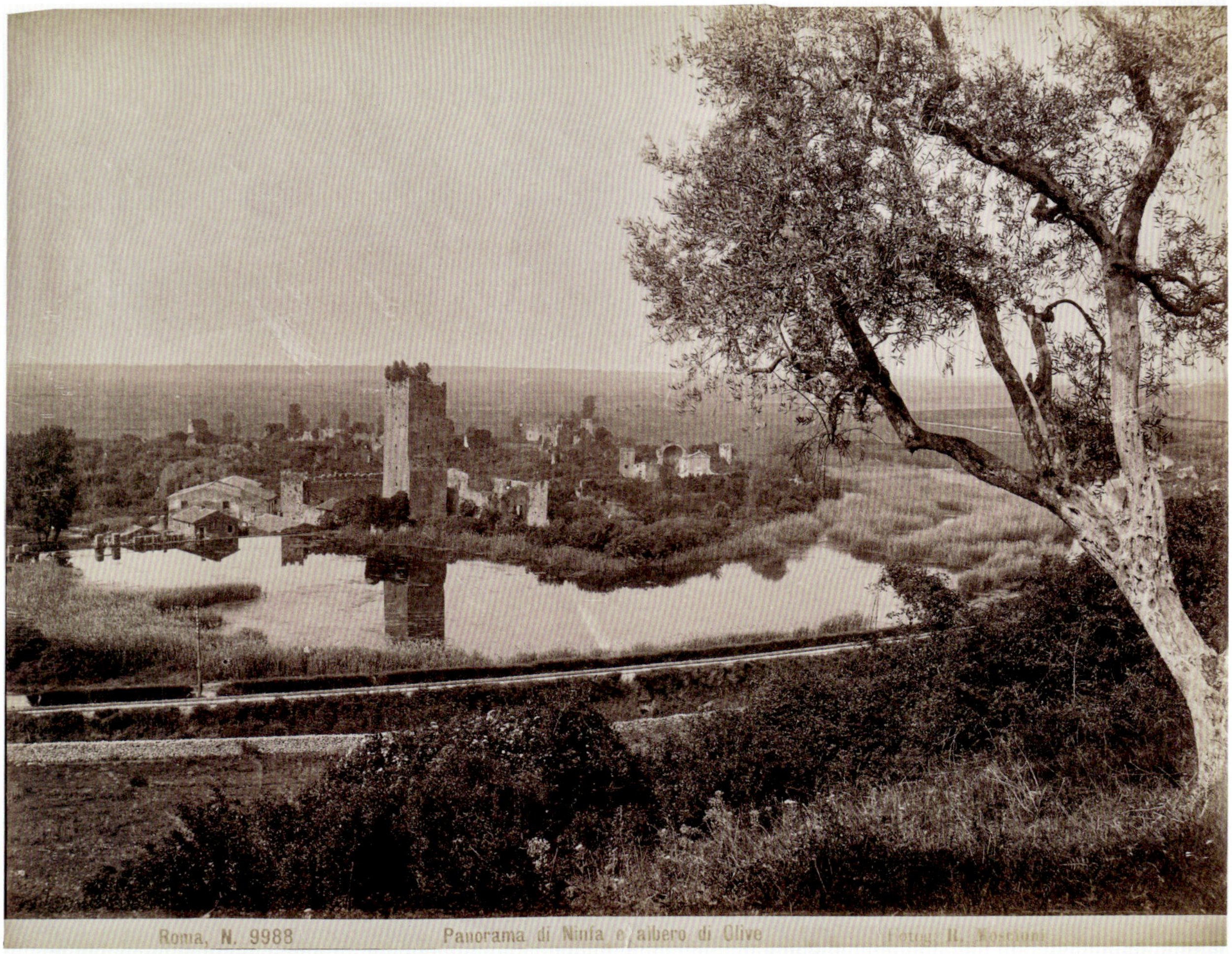

27 Romualdo Moscioni, *Panorama di Ninfa e albero di Olivo,* nr. neg. 9988, ante 1903, stampa all'albume, 20 x 25,2 cm, collezione privata

Moscioni aggiunse però alla sua offerta anche la veduta di Ninfa considerata canonica già dai tempi di Macpherson, che anche i fotografi dilettanti avevano immortalato più volte e che era, per così dire, il "primo approccio" a Ninfa: la vista dalla riva con canneto attraverso il lago verso la Torre Caetani, la cui sagoma si rifletteva nell'acqua. Per un secondo scatto Moscioni posizionò la macchina un po' più a sud, così da presentare la torre da una prospettiva leggermente sfalsata e far sì che i cardi, che crescevano alti sulla riva, formassero una sorta di filtro visivo tra osservatore e soggetto. (fig. 28) Questa fotografia evoca così il momento di una vera e propria "scoperta" del luogo e attraverso i cardi offre all'osservatore anche quegli elementi accessori che gli sarebbero stati familiari se avesse letto la descrizione di Ninfa da parte di Gregorovius (1860) o la *Guida della Provincia di Roma* di Enrico Abbate, pubblicata nel 1894. Gregorovius parla infatti (accanto ad altre descrizioni botaniche convertite in favola) di "cardi dalla barba grigia che un tempo erano vissuti qui da monaci", mentre Abbate si riferisce in modo molto più prosaico ai cardi che avrebbero invaso i sentieri per Ninfa impedendo il cammino ai visitatori.[101] La campagna fotografica di Moscioni a Ninfa va vista comunque in relazione con la scoperta del luogo da parte di un turismo più diffuso che cominciò a profilarsi dall'inaugurazione della linea ferroviaria. Nel numero dell'ottobre 1901 del mensile per i soci del Touring Club Ciclistico Italiano (TCCI) i let-

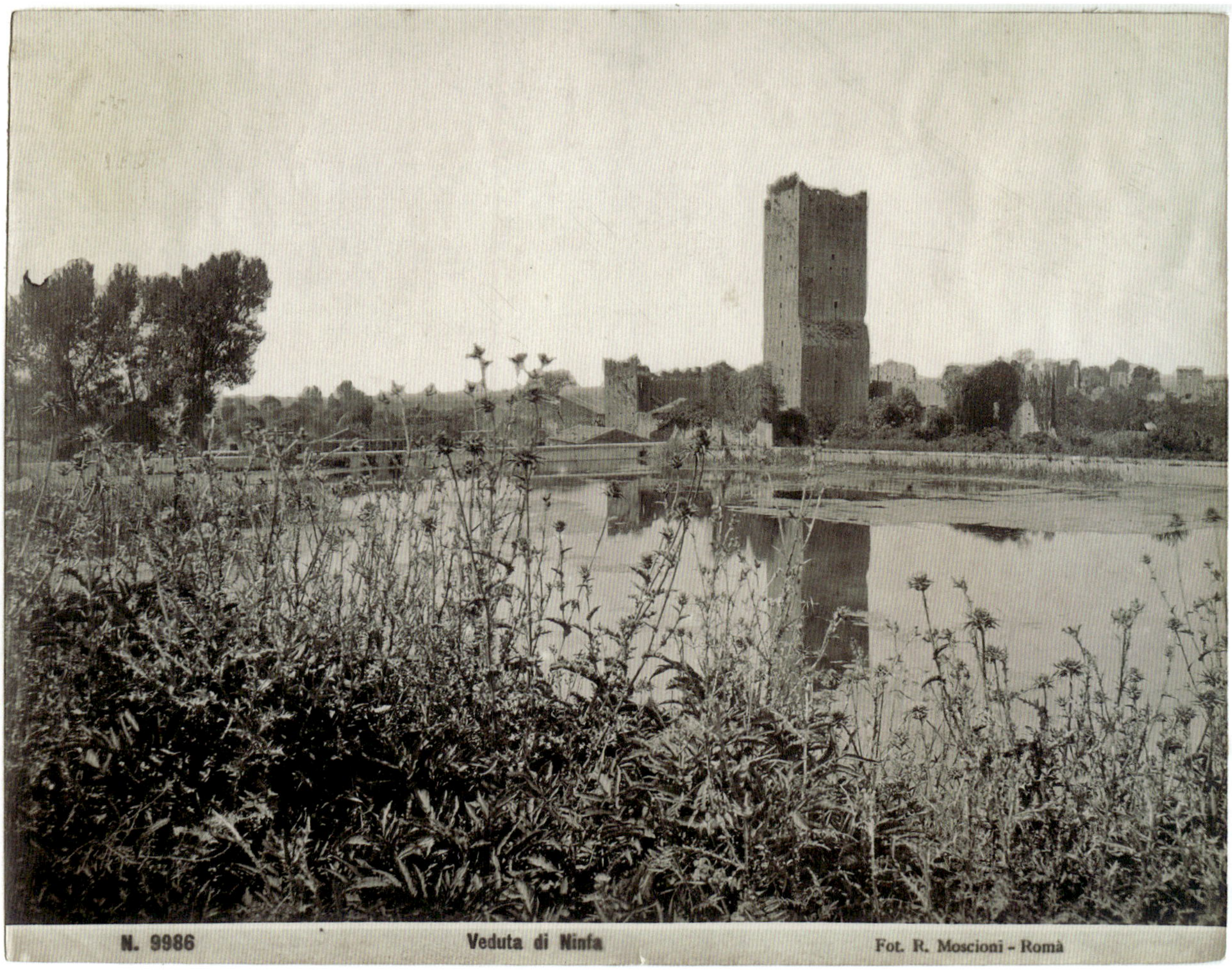

28 Romualdo Moscioni, *Veduta di Ninfa*, nr. neg. 9986, ante 1903, stampa alla gelatina ai sali d'argento, 21 x 27 cm, Roma, ICCD, nr. inv. MPI300524

tori trovarono una breve e suggestiva descrizione, nella quale non si possono non riconoscere rimandi a Gregorovius: "E eccoci alla stazione di Ninfa, la città morta, la Pompei medievale, colle sue rovine sepolte nelle paludi, e coronate di edera. È una delle scene più curiose, più strane, più suggestive, più meste che si possano immaginare; o tutte quelle mura merlate, quelle torri cadenti, quelle chiese squarciate, quelle case sommerse, in quella distesa d'acqua ferma e di giunchi tremolanti, sembrano un sogno, una fantasmagoria."[102] Nella *Guida Turistica delle Strade di Grande Comunicazione* pubblicata l'anno seguente dal TCCI (futuro TCI) si legge infine con tono programmatico "Quanti tra i soci del Touring conoscono Ninfa? Alla maggior parte certo questo nome riesce nuovo, ed è purtroppo negli stranieri, in Gregorovius soprattutto, che noi dobbiamo cercare la ragione turistica di una visita a Ninfa. Del

101 "[...] graubärtige Disteln, die hier einst als Mönche gelebt hatten, [...]." Gregorovius, ed. 1997, p. 387; Per Abbate cfr. Trabucco, 2019, p. 46.

102 Brentari Ottone, *Due Trasbordi*, in: "Rivista Mensile del Touring Club Italia", anno VII, n. 10, 10.1901, pp. 289–291, qui p. 289. La descrizione di Ninfa è parte della descrizione dei luoghi di interesse lungo la tratta ferroviaria Roma-Piperno.

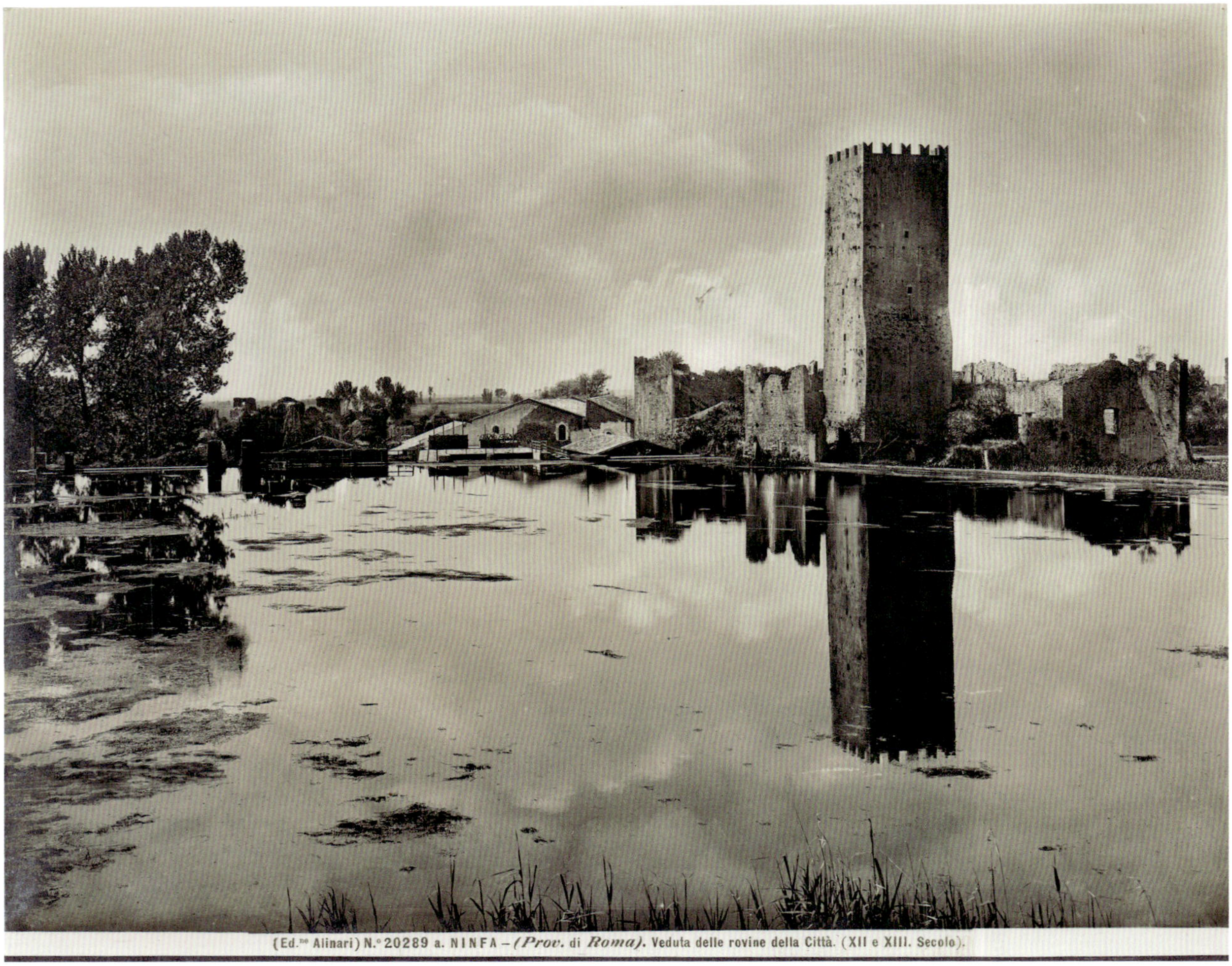

29 Fratelli Alinari, *Ninfa. Vedute delle rovine della Città,* nr. neg. 20289, tra il 1910 e il 1912, stampa alla gelatina ai sali d'argento, 20 x 25 cm, Roma, ICCD, nr. inv. CB000739

resto stupirci della nazionale ignoranza di una rarità unica qual è Ninfa sarebbe da ingenuo: nessuno quanto il viaggiatore italiano è straniero in questi paesi Lepini che solo vedono inglesi e tedeschi. .... Bisogna però rompere questa tradizione che non ci fa onore. Adesso che Ninfa è congiunta ferroviariamente a Roma, per quanto con treni d'orario scomodissimo, dovrebbe essere frequentata, meta di passeggiata domenicali di intelligenti propagandisti. Comitive, carovane di scolari debbono venire a Ninfa: nulla è più istruttivo di questa visita."[103] Le fotografie di Moscioni pubblicate nel 1903, tra le quali anche "vedute interne" di Ninfa,[104] sembrano essere la risposta a quel "Bisogna però rompere que-

103 Cit. da Trabucco, 2019, p. 49.

104 Di queste vedute citate nel catalogo sono riuscita a identificare solo la *Veduta della Mola* (neg. n. 9990) nell'Istituto Centrale per il Catalogo e la Documentazione di Roma. Le stampe dei negativi nn. 9991 e 9992 che vi sono conservate non sono invece vedute della Torre Caetani, come descritto nel catalogo, bensì delle strutture del ponte medievale. Si può ipotizzare che Moscioni abbia sostituito in seguito i negativi originali, mantenendo tuttavia i numeri, cosa che corrispondeva a una pratica comune negli studi fotografici all'epoca. Depone a favore di questa tesi anche il fatto che il negativo n. 9992 mostra le opere di risanamento dei corsi d'acqua, iniziati però solo dopo la pubblicazione del catalogo (1903).

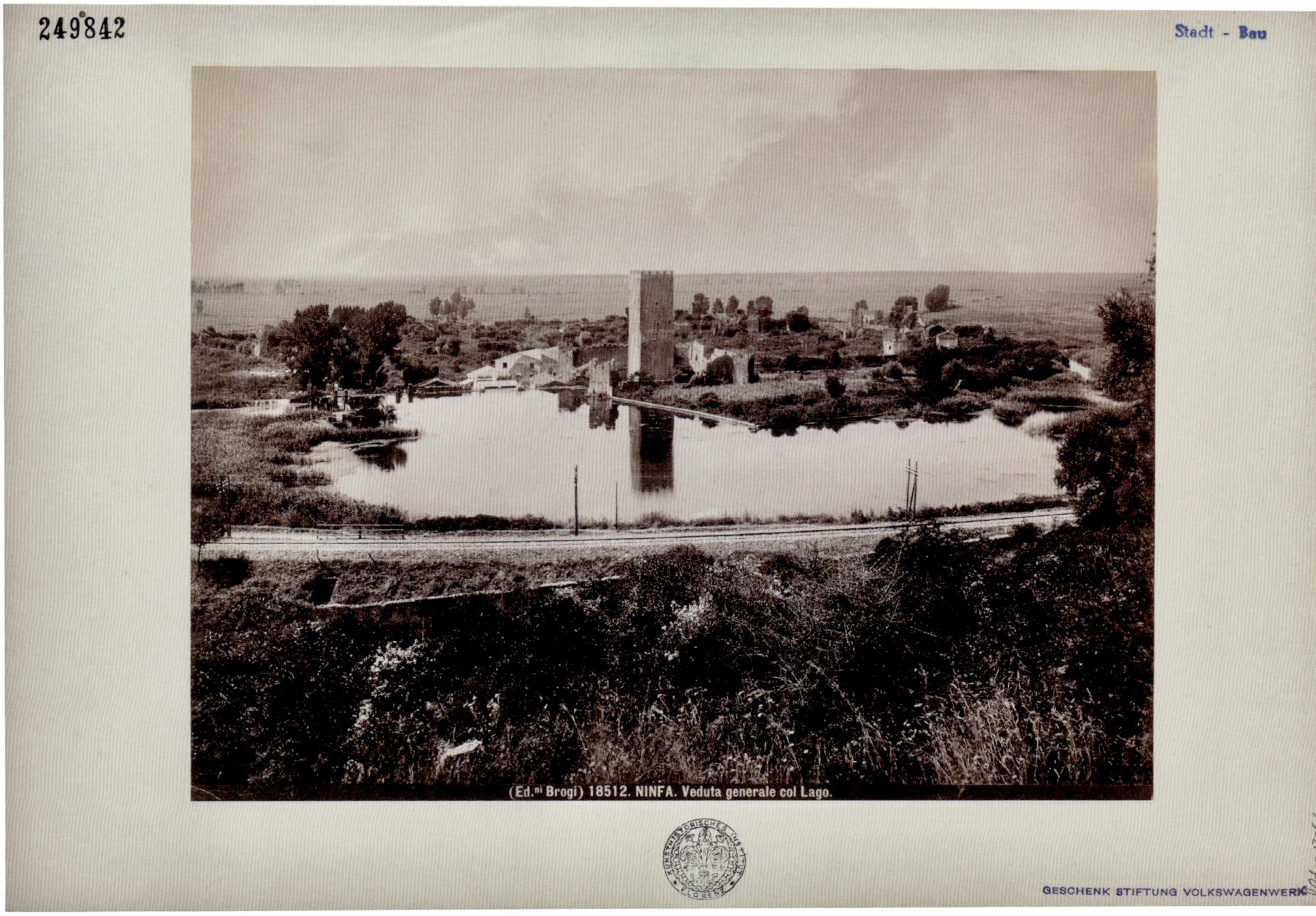

30 Stabilimento Fotografico Brogi, *Ninfa. Vedute generale col Lago,* nr. neg. 18512, tra il 1910 e il 1912, stampa all'albume, 19,4 x 24,8 cm, Kunsthistorisches Institut in Florenz – Max-Planck-Institut, Photothek, nr. inv. 249842

sta tradizione" reclamato un anno prima. Eppure anche lui adotta all'inizio l'immagine consolidata principalmente da stranieri e la trasferisce nelle sue fotografie. In alcune di esse Ninfa continua a essere un prodotto pittoresco di una fantasia onirica che pare riposare fuori dal tempo. Ma la presenza dei binari della ferrovia, che compaiono in due fotografie e che sembrano cingere il lago, rende evidente per lo spettatore l'esordio di una nuova era.

Ci sarebbero però voluti ancora alcuni anni prima che i grandi studi fotografici, alcuni dei quali operavano anche oltre i confini nazionali, come i Fratelli Alinari[105] o lo Stabilimento Fotografico Brogi[106] iniziassero a interessarsi a Ninfa. Come emerge dai rispettivi cataloghi di vendita ambedue gli studi introdussero scatti di Ninfa nel proprio ventaglio di proposte solo nel 1912: Alinari ne inserì tre, Brogi cinque.[107] I due studi hanno in comune l'aver immor-

105 Su Alinari cfr. Sesti, 1989; Quintavalle/Maffioli, 2003.

106 Cfr. Zannier, 1986, pp. 52–54; Silvestri, 1995. Giacomo Brogi aveva iniziato a lavorare come fotografo a Firenze intorno al 1864 e si era affermato come uno tra i più importanti studi nel settore della fotografia documentaria della storia dell'arte.

107 Fratelli Alinari, *Provincia di Roma. Riproduzioni Fotografiche,* Firenze, Tipografia Barbera, 1912, p. 13 (nn. neg. 20289/89a, 20290); Giacomo Brogi, *Catalogo delle Fotografie. Pitture, Vedute, Sculture, ecc., Napoli e Campania, Roma e Lazio, Sicilia, Bologna, Rimini, ecc.,* Firenze 1912, pp. 127–128 (nn. neg. 18509–18513)

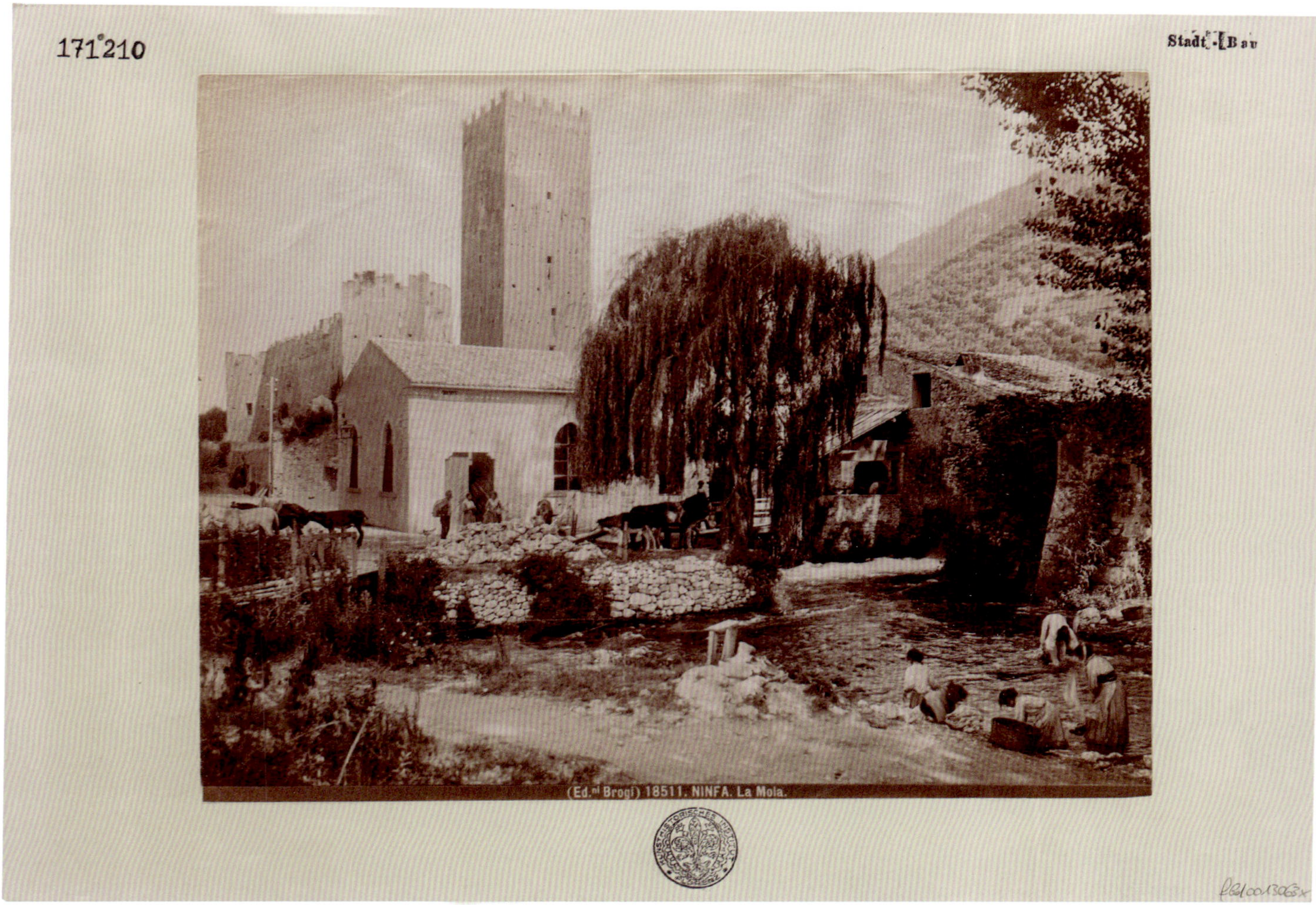

31 Stabilimento Fotografico Brogi, *Ninfa. La Mola,* nr. neg. 18511, tra il 1910 e il 1912, stampa all'albume, 19,4 x 24,8 cm, Kunsthistorisches Institut in Florenz – Max-Planck-Institut, Photothek, nr. inv. 171210

talato questo luogo nel momento in cui risultavano già completati i primi lavori di ammodernamento avviati dalla famiglia Caetani.[108] Come si poteva già vedere nelle fotografie di Francesco Chigi, nel 1910 l'aspetto della torre era decisamente cambiato vista l'aggiunta della merlatura. Il fatto che l'aspetto pittoresco della torre fosse andato perduto attraverso tali interventi, venne segnalato ai lettori nello stesso anno dal tedesco Bruno Schrader nelle sue escursioni attraverso *Die römische Campagna.*[109] Le foto panoramiche di Alinari e Brogi, scattate dal poggio o dalla riva del lago, avevano perduto così parte del loro carattere pittoresco, ma documentavano i primi cambiamenti che si potevano ora notare anche a Ninfa. (figg. 29/30) Brogi andò in tal senso ancora oltre: nelle sue "vedute interne" di Ninfa tralasciò le rovine, che fino ad allora avevano dominato la documentazione fotografica, e si concentrò invece con

108 Trabucco, 2019, pp. 52 ss.

109 "[...], dessen mächtiger, viereckiger Turm jüngst des malerischen, aber seiner Erhaltung keineswegs förderlichen Pflanzenbewuchses beraubt wurde." [..., la cui imponente torre quadrata è stata recentemente privata della sua pittoresca vegetazione, certo tutt'altro che favorevole alla sua conservazione.] Bruno Schrader, *Die römische Campagna* (= Berühmte Kunststätten, vol. 49), Leipzig, Seemann Verlag, 1910, p. 243.

la sua macchina fotografica su motivi del presente, quali la diga di recente costruzione con la cascata o la centrale elettrica all'interno delle mura, appena completata. (fig. 31) È in particolare quest'ultimo scatto di Brogi a evidenziare le due realtà che coesistevano a Ninfa a partire dal 1908: l'atmosfera rurale con le lavandaie al fiume e lo spirito del progresso che si riflette nella costruzione della nuova centrale elettrica, primo segno della nascente industrializzazione nel Lazio meridionale.

I cataloghi di Moscioni, Alinari o Brogi, nei quali Ninfa era stata accolta attraverso queste fotografie, erano però ben più di un semplice strumento di comunicazione tra i fotografi e la loro clientela. Si presentavano in realtà come veri e propri repertori di monumenti e opere d'arte, che venivano continuamente ampliati grazie a nuove serie di fotografie o a singoli scatti.[110] L'occasione erano non di rado le ricerche più recenti o un generale interesse del pubblico. I cataloghi di Alinari e Brogi richiamano in particolare nella loro struttura delle guide di viaggio, aggiornate con regolarità e organizzate in modo chiaro sotto il profilo topografico, che presentano al lettore interessato le attrazioni delle diverse città o regioni.[111] L'accesso a immagini fotografiche di Ninfa era stato dunque notevolmente facilitato dai cataloghi come mezzi di comunicazione.

Ninfa all'origine del libro fotografico, ovvero: immagini per le masse

Al definitivo affermarsi di Ninfa nella memoria iconografica collettiva contribuirono anche alcune pubblicazioni, in prevalenza a carattere scientifico divulgativo, apparse in Italia e all'estero all'inizio del XX secolo, che fecero conoscere la campagna romana ai lettori sotto molti punti di vista. Il lettore poteva farsi qui un quadro del territorio nel vero senso della parola perché, come già ricordato parlando dei Fratelli D'Alessandri, dalla fine dell'Ottocento era diventato tecnicamente possibile non solo trasformare le fotografie con il procedimento dell'autotipia e prepararle così per la stampa su libri o riviste, ma anche stampare contemporaneamente su una stessa pagina illustrazione e testo. Nasceva così il libro illustrato e di lì a non molto un nuovo tipo di libro, il libro fotografico.[112]

Per quanto riguarda Ninfa vi sono due pubblicazioni che paiono di particolare interesse perché documentano in modo esemplare la circolazione delle immagini veicolata dalla pubblicistica e perché apparirono inoltre a breve distanza di tempo in due contesti nazionali differenti, Italia e Germania: *La Campagna Romana* (1904) di Ugo Fleres e il volume fotografico *Bilder aus Italien* pubblicato nel 1909 dall'editore Karl Robert Langewiesche. L'opera di Fleres *La Campagna Romana* apparve come settimo volume della collana *Italia Artistica*, diretta dal 1901 da Corrado Ricci, storico dell'arte ed esperto in tutela dei beni culturali. L'obiettivo dichiarato della collana era quello di rendere familiare a un vasto pubblico l'immenso patrimonio culturale, artistico e monumentale italiano e offrire comunque al lettore un valido compromesso tra le guide popolari e le pubblicazioni scientifiche. Ricci, figlio di un fotografo e interessato ben presto alla fotografia come strumento documentario nell'ambito della storia dell'arte e dell'architettura,[113] diede ampio spazio agli scatti fotografici all'interno dell'opera.[114] Nella sua prefazione programmatica al primo volume della collana Ricci parla del lettore assetato di sapere che vuole familiarizzare nel più breve tempo possibile con i singoli ambiti tematici e con i relativi esiti di lavori di ricerca riconosciuti, senza doversi però confrontare con tutti i dettagli delle diverse argomentazioni scientifiche.[115] Le singole fotografie si

110 Cfr. Cavanna/Mambelli, 2019.

111 Tomassini, 2003, p. 164.

112 Cfr. Peters, 1998; 2007; 2014.

113 Cfr. Leoni, 1998; Benedetti, 2010; Serena 2021. Nell'anno in cui apparve la pubblicazione di Fleres, Ricci creò il Gabinetto Fotografico degli Uffizi, di cui era all'epoca direttore.

114 Cfr. Domenicali, 2003, pp. 15 ss.

115 "Tutti vogliono apprendere, ma per le vie più rapide. Al lettore affrettato poco importa di sapere quali le fonti e le ricerche, in cui intere generazioni di eruditi esaurirono le forze e la vita; gli importa bensì di conoscere quali siano i risultati ben noti e accertati, urgendogli di imparare molte cose nel minor tempo

assumevano dunque il doppio compito di una "illustrazione-documento" che doveva supportare le considerazioni nel testo come "citazioni visive".[116]

Come si deduce già dal sottotitolo della pubblicazione di Fleres, il volume conteneva anche un ricco apparato fotografico con 112 illustrazioni, che accompagnavano le descrizioni del giornalista e scrittore Ugo Fleres (1857–1939) sulla "campagna romana".[117] Le fotografie erano in parte stampate a pagina intera, in parte inserite nel testo e anche solo sfogliando il volume si può ricavare un quadro molto sfaccettato dal punto di vista storico-culturale del territorio circostante Roma. La rilevanza attribuita all'apparato fotografico appare evidente (come in altre edizioni della collana *Italia Artistica*) fin dalla prima pagina del volume: il testo è preceduto non solo da un sommario, ma anche da un elenco dettagliato delle illustrazioni, citate in ordine alfabetico e con i corrispondenti numeri di pagina (e fra loro tre fotografie di Ninfa), facilitando così anche la ricerca di specifiche illustrazioni nel libro. Nel testo poi Ninfa viene citata brevemente in due punti: proprio all'inizio e in relazione a come fu recepita nell'arte la campagna romana, viene descritto un dipinto di Giulio Aristide Sartorio con una veduta di Ninfa, anche se l'illustrazione non è riprodotta.[118] È solo con il capitolo *La traversata* che il lettore si forma un'idea più concreta di quale tipo di luogo siano le paludi pontine: "Da Cori a Ninfa la gita ora è facile, quantunque non breve, poichè la recente ferrovia che taglia le paludi Pontine, sembra non aver preso ancora l'abitudine di correre. Qui il paesaggio è straordinariamente pittoresco. ... e`giù sull'acqua sparsa di cespugli e ciuffi di canne, la torretta di Ninfa, tra ruderi minori, sembra un' abitazione non morta bensì assopita, ma da anni e anni, da cento, come la Bella addormentata del Bosco, lei che è la Bella malata del Palude."[119] Dopo queste parole Fleres passa già alla località successiva; il testo però è affiancato da un'illustrazione subito sotto. Non è uno di quegli scatti stereotipati di Ninfa che ben conosciamo, ma contiene tutte le caratteristiche scenografiche ormai note: il lago, il canneto, le rovine del muro avvolte dall'edera nonché, forse anche per l'orientamento, i Monti Lepini sullo sfondo. (fig. 32) Sulla pagina seguente si trova invece una veduta canonica a tutta pagina con torre, lago e canneto ad opera di Romualdo Moscioni, inserita dal fotografo nel proprio catalogo un anno prima. (fig. 33) Un altro suo scatto della serie Ninfa (*Lago di Ninfa e Monti Lepini*) aveva trovato posto in questa pubblicazione di Fleres, ma poiché raffigurava una mandria di bovini dentro il lago e mancavano riferimenti alle rovine riconquistate dalla natura, sembrava probabilmente meno adatto a dare supporto all'immagine, ancora una volta qui evocata della "Bella Addormentata". Questo potrebbe essere il motivo per cui la fotografia venne inserita nel capitolo che precede *La traversata* ed è dedicato ad Anzio e ai suoi dintorni.

Cinque anni dopo la pubblicazione di Fleres arrivò il volume fotografico *Bilder aus Italien. Landschaft/Baukunst, Leben*. Come già *La Campagna Romana* di Fleres anche questa pubblicazione faceva parte di una collana destinata a un vasto pubblico. Con i suoi *Blaue Bücher*, il cui primo volume era stato pubblicato tre anni dopo l'uscita dell'opera di Fleres, Karl Robert Langewiesche (1874–1931) aveva diffuso in area germanofona il genere del libro fotografico popolare.[120] Come già nel caso di Corrado Ricci, il progetto prendeva le mosse da un'impostazione dai forti connotati nazionali che vedeva nell'ampia divulgazione dell'arte e della cultura una forza in grado

possibile." Corrado Ricci in *Ravenna. Collezione di monografie illustrate. Serie prima. Italia Artistica*. Bergamo, Istituto di Arti Grafiche Editore, 1903, pagine di presentazione non numerate. Cit. da Domenicali, 2003, p. 15.

116 Domenicali, 2003, p. 15.

117 Ugo Fleres, *La Campagna Romana. Con 112 Illustrazioni*, Bergamo, Istituto Italiano di Arti Grafiche, 1904. Su Fleres cfr. Russo, 2012.

118 Il dipinto di Sartorio si trova nella Galleria d'Arte Moderna di Roma.

119 Ugo Fleres, *La Campagna Romana*, op. cit., pp. 51 s.

120 Ponstingl, 2003, p. 207. Il primo volume di questo tipo fu *Griechische Bildwerke*, a cura dello storico dell'arte Willibald Sauerländer, che apparve nel 1907 e si componeva di un testo introduttivo e di una parte autonoma di illustrazioni, composti da 140 fotografie.

58 ITALIA ARTISTICA

gliata Sermoneta, dall'altro, immediatamente sullo stagno, alzasi Norma, la vetusta Norba, ove da tempo il governo à iniziato scavi finora quasi infruttiferi; e giù sull'acqua sparsa di cespugli e ciuffi di canne, la torretta di Ninfa, tra ruderi minori, sembra un'abitazione non morta bensì assopita, ma da anni e anni, da cento, come la Bella addormentata del Bosco, lei che è la Bella malata del Padule.

Retrocediamo in fretta, non tanto per paura della malaria, quanto perchè, sten-

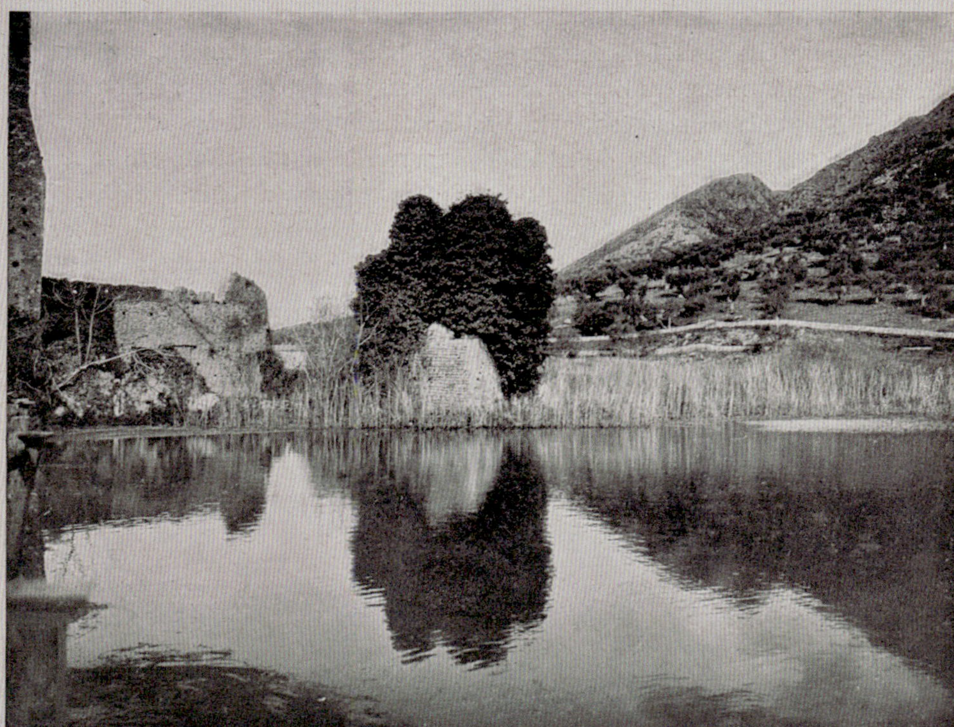

LAGO DI NINFA.

dendo ancora un poco il significato di Campagna Romana, questo giro d'artista non ozioso dovrebbe divenire un viaggio di scienziato o, meno difficilmente, la lucubrazione d'uno scrittore che, avendo sul tavolino i volumi del Nibby, del Mommsen e in ispecie quelli del Tomassetti, si contentasse di scegliere e copiare.

Da Cori dunque, tornando verso Roma, ritraversiamo la Fajola, salutiamo da lungi, in una radura, le capanne delle Falasche, credo affatto disabitate per la stagione ormai calda, sì che non una manda fumo, nè si vede anima viva nei dintorni. Solo più oltre, in un prato basso tutto verde, troppo verde, ove certo corron vene

32 Fotografo non identificato, *Lago di Ninfa con rudere,* pubblicato in: Ugo Fleres, *La Campagna Romana,* Roma 1904, p. 58

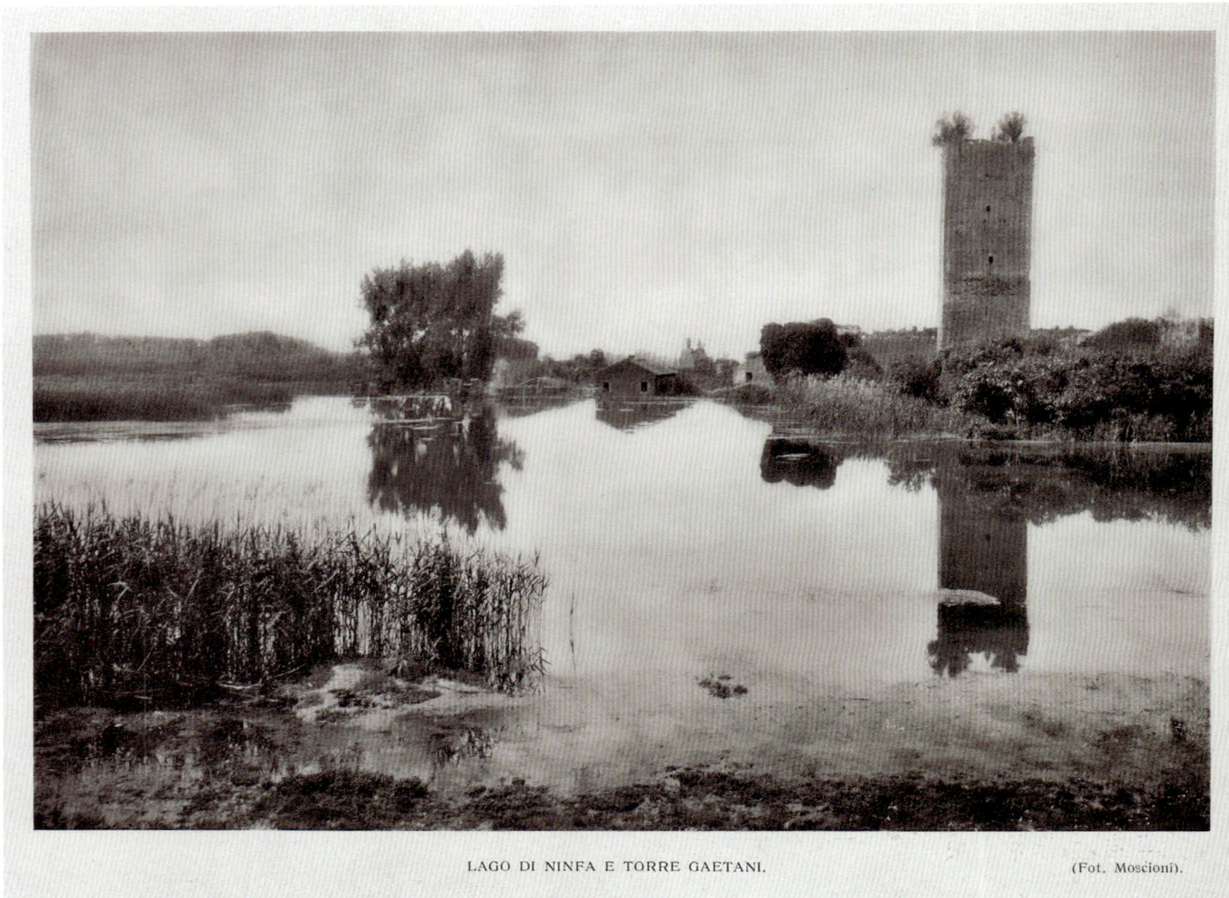

33 Romualdo Moscioni, *Veduta di Ninfa,* ante 1903, pubblicata in: Ugo Fleres, La Campagna Romana, Roma 1904, tavola dopo p. 60.

di unificare il popolo.[121] Diversamente da quanto avviene nell'*Italia Artistica* di Ricci la quantità di testo presente nei *Blaue Bücher* è invece ridotta al minimo; l'attenzione è concentrata piuttosto sull'efficacia espressiva delle immagini fotografiche, come si nota facilmente osservando il volume dedicato all'Italia. L'editore tematizza qui il paese come luogo della nostalgia per i tedeschi che, da Goethe in poi, era stato interpretato come dimensione in cui proiettarsi e fonte di ispirazione per l'atto creativo e artistico.[122] Questa in effetti è l'unica spiegazione del fatto che le fotografie di monumenti architettonici e artistici, indubbio oggetto dell'interesse di ogni persona che viaggiasse in Italia all'inizio del XX secolo, siano relativamente poco presenti in questo volume. L'obiettivo si concentra piuttosto su vedute di paesaggi pittoreschi o di architetture integrate nel paesaggio, su monumenti antichi o su scene di quotidianità dall'effetto pittoresco, in prevalenza di vita rurale, tutti motivi che erano già comparsi in molteplici espressioni nella ricezione artistica dell'Italia. Le 174 fotografie furono scattate tutte solo da fotografi non professionisti, come si legge sul frontespizio della pubblicazione e come viene anche descritto detta-

121 *Ivi*, p. 215. Erano state poste così le basi perché la collana diventasse uno strumento di propaganda culturale nazionalsocialista tra il 1933 e il 1945.

122 Cfr. Maurer, 2015; 2019; 2021.

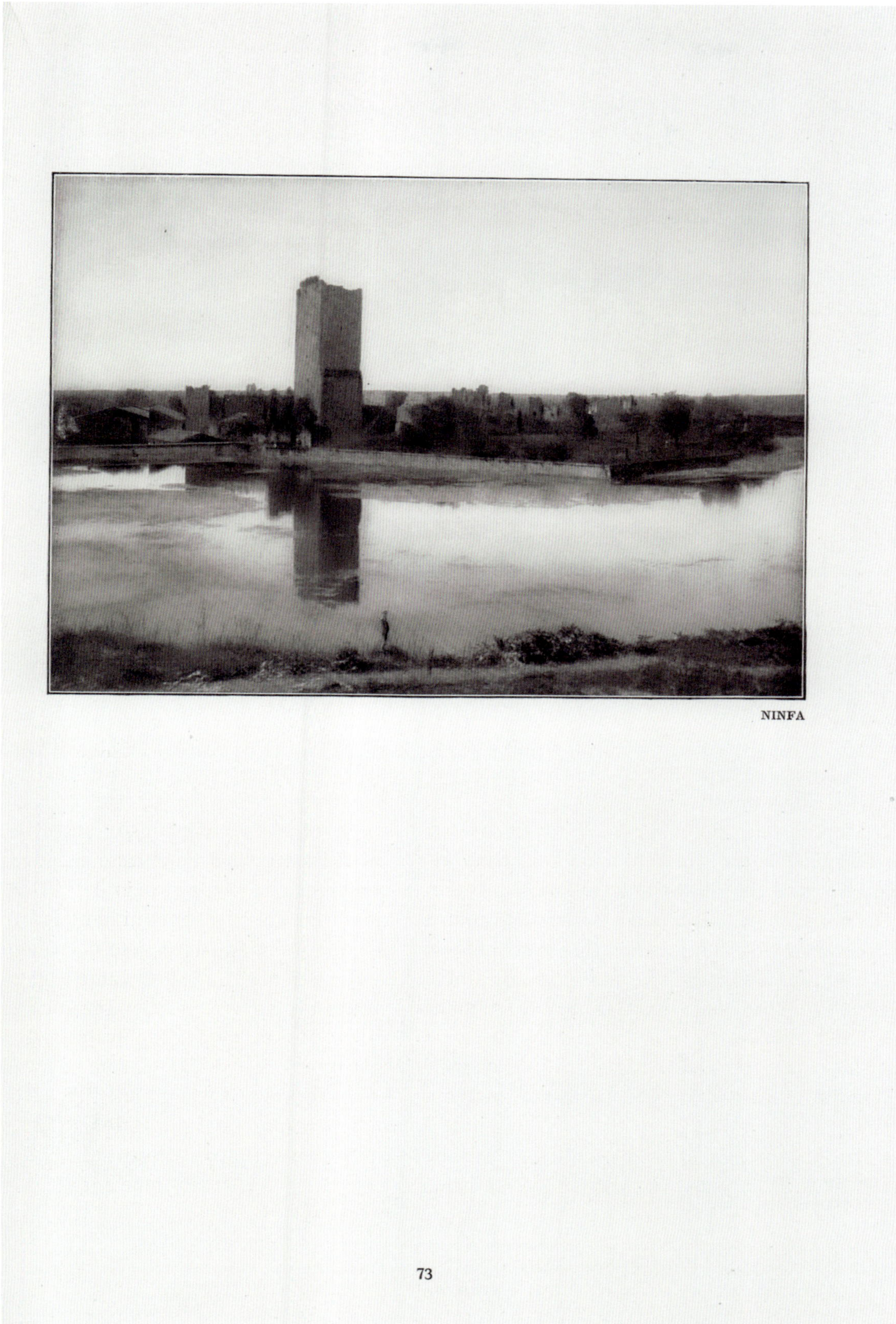
NINFA

73

34 Karl Prechter, *Ninfa,* ante 1909, pubblicata in: *Bilder aus Italien. Landschaft/Baukunst, Leben.* Düsseldorf, Leipzig 1909, p. 73.

gliatamente alla fine del volume, dove si illustrano ai lettori i criteri per la selezione delle immagini: "La selezione è stata dettata dal desiderio di non inserire alcuna immagine che andasse oltre il concetto di pura veduta, ovvero nessuna che non esercitasse una certa forte attrazione come immagine in sè."[123] Una veduta di Ninfa era quindi praticamente predestinata ad essere inclusa in questo volume, tanto più che la "Pompei del Medioevo" poteva essere considerata anche una "scoperta tedesca" grazie al contributo letterario di Gregorovius. (fig. 34) Un tale scatto era stato presentato dal tedesco Karl Prechter, che viveva a Roma. Un anno dopo, lui contribuì anche con diverse fotografie, tra le quali un'immagine di Ninfa, all'opera di Friedrich Noack *Die Römische Campagna*.[124] Fino ad oggi si sa poco di questo fotografo dilettante, se non che nel 1905 era segretario del Deutscher Kegelverein (l'associazione tedesca di un gioco con birilli) a Roma e che abitava in Piazza San Silvestro 74.[125] Anche Prechter nella sua veduta di Ninfa pubblicata nel volume dei *Blaue Bücher* riprende la prospettiva ormai canonica con la vista dal lago sulla silhouette dell'abitato in rovina, su cui si erge maestosa Torre Caetani. Questa volta la scena è un po' più vivace perché c'è una presenza maschile sulla riva del lago – si potrebbe dire una figura di staffage se si trattasse di pittura –, particolare che consolida il carattere pittorico di questa fotografia.

Sebbene le due pubblicazioni qui presentate fossero diverse tra loro, ambedue puntavano sul mezzo visivo per veicolare contenuti a un'ampia cerchia di lettori. L'approccio poetico-letterario a Ninfa espresso da Fleres si rispecchia sotto il profilo delle illustrazioni nella selezione di fotografie di Moscioni, mentre nella pubblicazione tedesca, che apparve senza testo, era determinante solo quella "certa forte attrazione" dell'immagine. Ma entrambe contribuirono alla circolazione delle vedute di Ninfa. La grande risonanza di cui godettero i volumi tra i loro lettori è dimostrata dall'elevata tiratura con cui furono pubblicati in diverse edizioni.[126]

"Giustificando l'assenza [,] saluti cordiali": conclusione

Come abbiamo visto, Ninfa come motivo fotografico trovò una propria collocazione stabile nella ricezione visiva della campagna romana intorno al 1900 e contribuì a trasformare il borgo medievale abbandonato non solo nell'oggetto dell'interesse di artisti e studiosi, ma anche in un punto di attrazione per un pubblico più vasto. Il primo scatto di Robert Macpherson aveva posto in qualche modo le basi per questa evoluzione e aveva però messo altrettanto in evidenza quanto le rappresentazioni pittoriche e letterarie di Ninfa influenzassero anche la loro riproduzione con la macchina fotografica. Sebbene il fotografo scozzese per primo avesse distinto la fotografia dalla pittura, perché "non poteva inventare nulla, bensì solo riprodurre ciò che esisteva lì"[127], diede anche lui una propria interpretazione di Ninfa, come faranno poi altri fotografi successivamente. La selezione dei motivi da fotografare, le relative inquadrature, ma anche le prospettive e la nascita di vedute stereotipate contribuirono a perpetuare la narrazione di Ninfa come "Pompei del Medioevo", "Bella Addormentata" o anche "Bella malata della palude". All'interno della "marea di immagini" che si verificò

123 "Die Auswahl wurde durch den Wunsch bestimmt, kein Bild aufzunehmen, das nicht über das rein vedutenhafte durchaus hinausginge, keines also, dem nicht als Bild an sich ein starker und gewisser Riz eignete." *Italien. Landschaft/Baukunst, Leben*. Stuttgart, Leipzig, Karl Robert Langewiesche, 1909, p. 97.

124 Friedrich Noack, *Die Römische Campagna*, Roma, Verlag von Frank & Co, 1910. Venti scatti sono di Prechter, come si legge nei crediti fotografici. La fotografia di Ninfa che mostra la vegetazione selvaggia intorno alle mura di Santa Maria Maggiore si trova a p. 58.

125 Guida – Monaci. *Guida Commerciale di Roma e Provincia*. Roma 1905, p. 546.

126 Il volume di Ugo Fleres apparve in seconda edizione nel 1910 e in terza edizione ampliata nel 1930. *Italien. Landschaft/Baukunst, Leben* fu pubblicato in seconda edizione nel 1910 e in terza nel 1912. La terza edizione fu decurtata di 39 fotografie, ma Ninfa era comunque ancora presente.

127 "[...] to those who speak of photography as injuring art. Photography cannot invent, it can therefore never injure art". Lettera di Macpherson a C.G.H. Kinnear, 16.4.1857. Cit. da Crawford, 1999, p. 363.

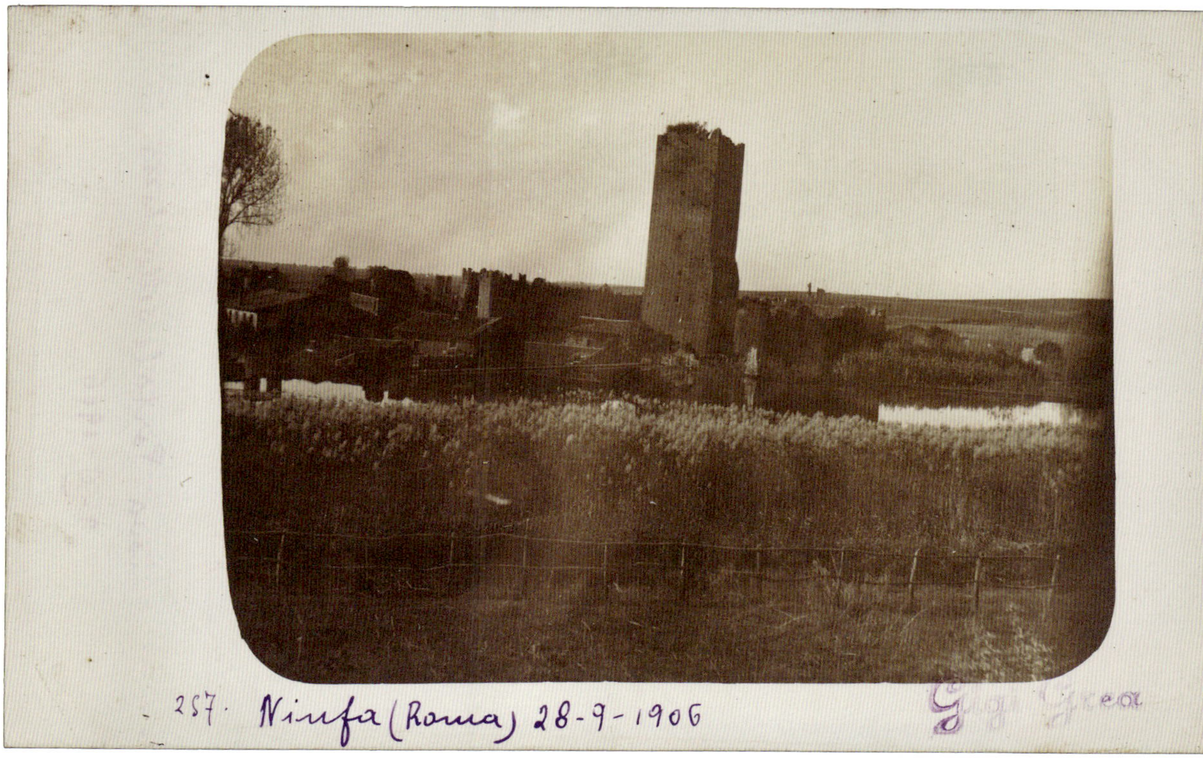

35 Gigi Grea, *Veduta di Ninfa,* cartolina, edizione privata, nr. 257, 28.9.1906, collezione privata

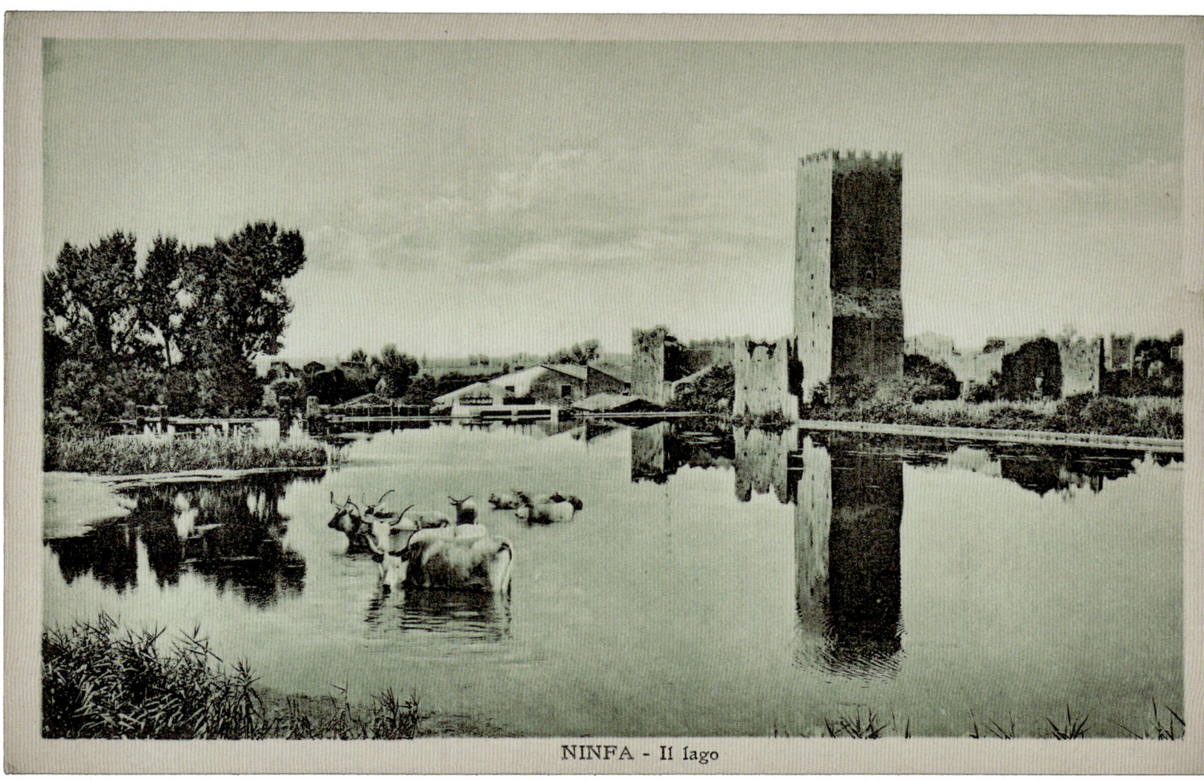

36 *Ninfa. Il lago,* cartolina, edizione Brunner & C., Como, serie 3, nr. 18622, post 1910, collezione privata

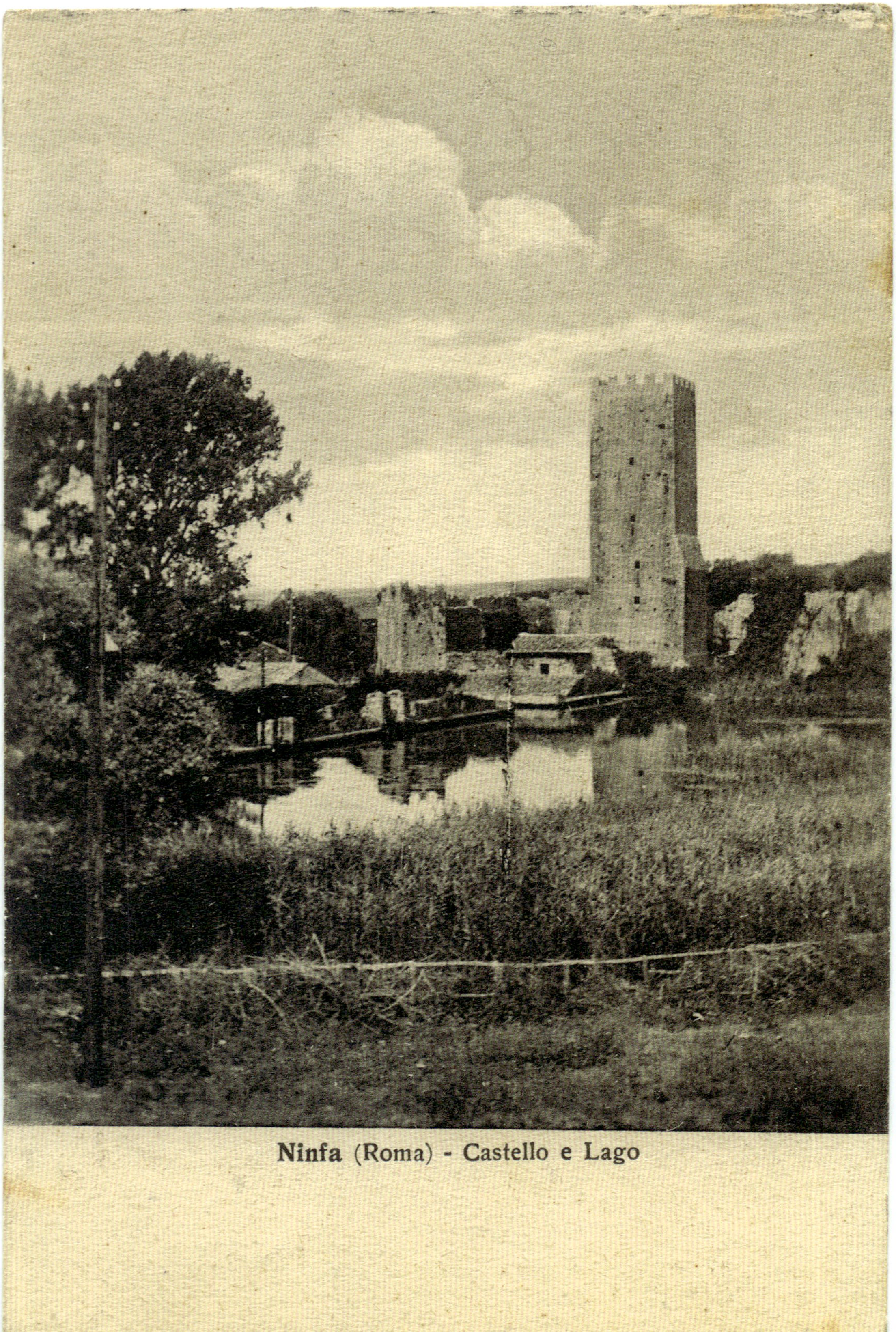

37a *Ninfa. Castello e Lago,* cartolina, edizione Cataldi – Tassoni, Sermoneta, nr. 102325, post 1910, Roma, ICCD, nr. FFC9645

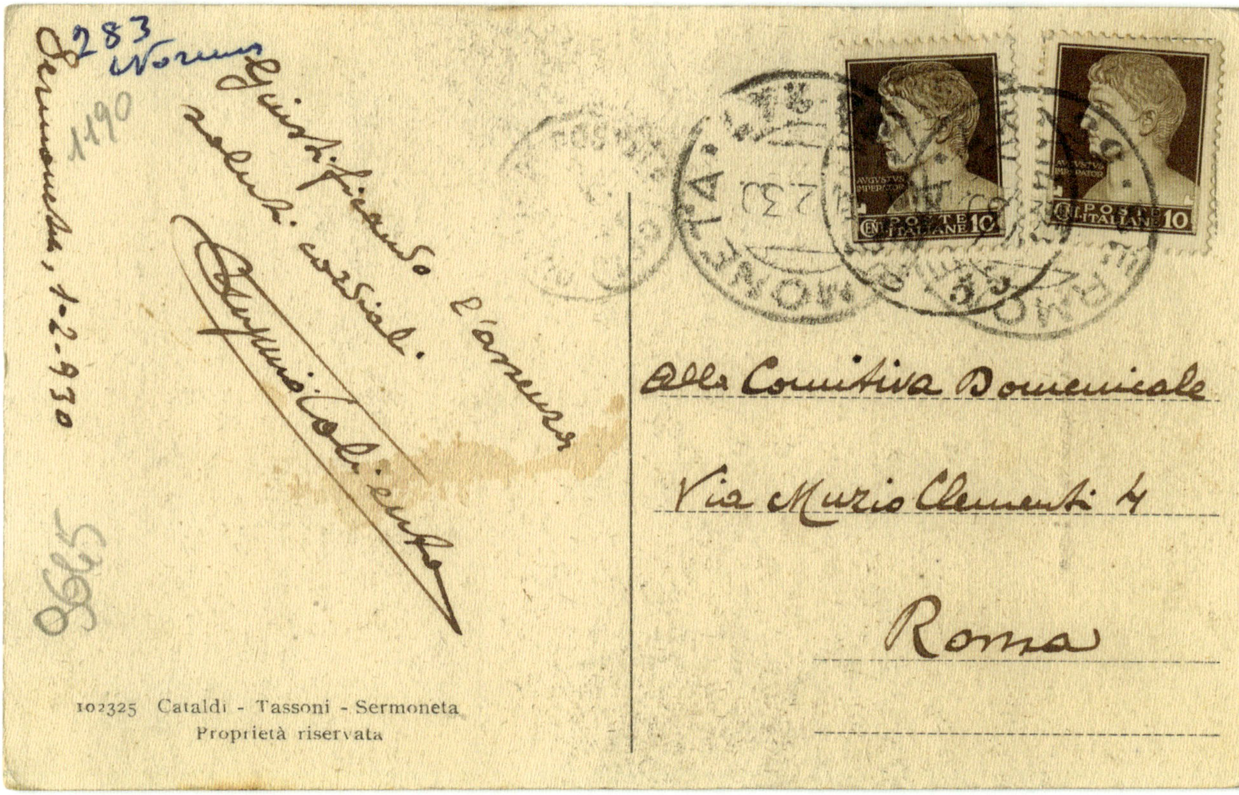

37b *Ninfa. Castello e Lago,* verso della cartolina, Roma, ICCD, nr. FFC9645

alla fine dell'Ottocento con la possibilità di scoprire il Lazio meridionale e quindi anche Ninfa grazie alle infrastrutture di trasporto e che fu alimentata da fotografi dilettanti e professionisti in egual misura, si può distinguere tuttavia un modo sempre più differenziato di osservare Ninfa. Nelle fotografie di Thomas Ashby la scelta del motivo rispecchia l'interesse degli studiosi e la esibita presentazione della veduta di Ninfa da parte di Andrea Vochieri alla mostra fotografica organizzata dall'*Associazione Artistica fra i Cultori d'Architettura* evidenzia come Ninfa avesse avuto accesso come nucleo urbanistico al canone dei monumenti della nazione italiana. Lo testimoniano anche gli scatti di Romualdo Moscioni e degli studi fotografici fiorentini Fratelli Alinari e Brogi i cui cataloghi si erano trasformati in veri e propri registri di monumenti all'inizio del XX secolo.

L'ampia diffusione delle differenti vedute di Ninfa non è però da ricondurre solo al loro ripetuto inserimento in svariate pubblicazioni; anche le cartoline con immagini di Ninfa contribuirono a far conoscere questa località al di là dei confini regionali e nazionali. All'inizio del secolo scorso le cartoline erano un souvenir a buon mercato e al contempo si erano affermate come mezzo di comunicazione molto amato soprattutto dalla borghesia.[128] Anche in quest'ambito l'offerta per quanto riguarda Ninfa era molto ampia e nel corso del tempo passò dai malinconici panorami pittorici alle vedute di fascino e quiete. (figg. 35/36) All'*Istituto Centrale per il Catalogo e la Documentazione* di Roma è conservata una di queste cartoline con la Torre Caetani. Il messaggio sintetico del mittente sul retro, seppure scritto nel 1930, fa intuire quanto Ninfa fosse ormai saldamente presente nella memoria (visiva) del Paese: "Giustificando l'assenza [,] saluti cordiali". (fig. 37)

128 Cfr. Sturani, 1997, pp. 15 ss.

Bibliografia

Amendola 1978 Eva Paola Amendola (a cura di), *Uno sguardo privato. Memorie fotografiche di Francesco Chigi*, Torino, Einaudi, 1978.

Antonetto 2015 Marco Antonetto, *Tecniche e procedimenti fotografici nei primi anni della fotografia a Roma*, in *Con la luce di Roma. Fotografie dal 1840 al 1870 nella collezione Marco Antonetto*, a cura di Gianna A. Mina, catalogo della mostra, Milano, 5 Continents, 2015, pp. 78–92 e 93–103.

Ashby, 1928 Thomas Ashby, *Scrittori contemporanei di cose romane*, in *Archivio della R. Società Romana di Storia Patria*, vol. LI, fasc. I-II, 1928, pp. 103–143.

Becchetti 1983 Piero Becchetti, *La fotografia a Roma dalle origini al 1915*. Roma, Colombo,1983.

Becchetti / Pietrangeli 1987 Piero Becchetti / Carlo Pietrangeli, *Un inglese fotografo a Roma. Robert Macpherson*, Roma, Quasar, 1987.

Becchetti 1996 Piero Becchetti, *Roma nelle fotografie dei fratelli D'Alessandri. 1858–1930*, Roma, Colombo, 1996.

Beiersdorf 2018 Leonie Beiersdorf (a cura di), *Licht und Leinwand. Malerei und Fotografie im 19. Jahrhundert*, catalogo della mostra, Nürnberg, Verlag des Germanischen Nationalmuseums, 2018.

Benedetti 2010 Amedeo Benedetti, *Corrado Ricci e il Gabinetto Fotografico Nazionale*, in *Atti e memorie. Deputazione di Storia Patria per le Province di Romagna*, vol. 60, 2010, pp. 225–248.

Bucci 1987 Antonella Bucci, *La Collezione fotografica Bulwer e i manoscritti Lanciani*, in *Miscellanea Bibliothecae Apostolicae Vaticanea*, vol. XIV, 1987, pp. 95–118.

Bucher 2016 Hans-Jürgen Bucher, *Mehr als Text mit Bild. Zur Multimodalität der Illustrierten Zeitungen und Zeitschriften im 19. Jahrhundert*, in *Illustrierte Zeitschriften um 1900. Mediale Eigenlogik, Multimodalität und Metaisierung*, a cura di Natalia Igl / Julia Menzel, Bielefeld, transcript, 2016, pp. 25–73.

Caraffa 2009 Costanza Caraffa (a cura di), *Fotografie als Instrument und Medium der Kunstgeschichte*, Berlin / München, Deutscher Kunstverlag, 2009 (= *Italienische Forschungen des Kunsthistorischen Instituts in Florenz, I Mandorli*, vol. 9).

Cassanelli 1999 Roberto Cassanelli, *"Apulia Monumentale". Fotografia e fortuna visiva dei monumenti medievali di Puglia*, in *Castelli e Cattedrali di Puglia. A cent'anni dall'Esposizione Nazionale di Torino*, a cura di Clara Gelao / Gian Marco Jacobitti, catalogo della mostra, Bari, Adda, 1999, pp. 57–63.

Cavanna / Mambelli 2019 Pierangelo Cavanna / Francesca Mambelli (a cura di), *Un patrimonio da ordinare. I cataloghi a stampa dei fotografi*, Bologna, Fondazione Federico Zeri / Università di Bologna, 2019 (= Nuovi diari di lavoro, vol. 6).

Cilli 2020 Fiorenza Cilli, *E Roma diventò capitale. La trasformazione dell'Urbe tra Ottocento e Novecento*, Roma, Olmata, 2020.

Colaiacomo / Kay 2017 Federica Colaiacomo / Stephen Kay, *Mackey e la prima fotografia archeologica*, in *Dalla camera oscura alla prima fotografia. Architetti e archeologi a Segni da Dodwell ad Ashby e Mackey*, a cura di Francesco Maria Cifarelli / Federica Colaiacomo, catalogo della mostra, Roma, Quasar, 2017, pp. 57–60.

Crawford 1999 Alistair Crawford, *Robert Macpherson 1814–72, the foremost photographer of Rome*, in *Papers of the British School at Rome*, vol. 67, 1999, pp. 353–403.

Crawford 2000 Alistair Crawford, *Padre Paul Peter Mackey O.P. fotografo*, in *Immagini del passato. La Sardegna archeologica di fine Ottocento nelle fotografie inedite del padre domenicano inglese Peter Paul Mackey*, a cura di Patricia Olivo, catalogo della mostra, Sassari, Carlo Delfino, 2000, pp. 23–55.

Crawford 2008 Alistair Crawford, *Robert Macpherson 1814–1872. The Final Proof*, in *JUBILEE – 30 Years ESHPh. Congress of Photography in Vienna*, a cura di Anna Auer / Uwe Schlögl, atti del convegno, Salzburg, Fotohof-Edition, 2008, pp. 32–37.

Debussche 1993 Frédéric Debussche, *Camille Enlart et la photographie*, in *Bononia. Bulletin de l'Association des Amis des Musées de Boulogne-sur-Mer*, n. 23, 1993, pp. 8–15.

Del Bufalo 1982 Alessandro Del Bufalo, *Gustavo Giovannoni. Note e osservazioni integrate dalla consultazione dell'Archivio presso il Centro di Studi di Storia dell'Architettura*, Roma, Kappa, 1982.

Domenicali 2003 Marcella Domenicali, *Corrado Ricci e lo studio del paesaggio italiano. Dalla "Guida di Ravenna" all' "Italia Artistica"*, in *Classense*, vol. II, 2003, pp. 14–45.

Fanelli 2017 Giovanni Fanelli, *Catalogo ragionato delle fotografie edite da Robert Macpherson*, edizione online 2017, http://www.historyphotography.org/doc/MACPHERSON_FANELLI_HISTORYPHOTOGRAPHY.pdf [consultato il 05.11.2021].

Gernsheim 1983 Helmut Gernsheim, *Geschichte der Photographie. Die ersten hundert Jahre*, Frankfurt a.M. / Berlin / Wien, Propyläen, 1983.

Giovenco 2007 Alessandra Giovenco, *Thomas Ashby e i fondi fotografici storici dell'Archivio della British School at Rome*, in *I giganti dell'acqua. Acquedotti romani del Lazio nelle fotografie di Thomas Ashby (1892–1925)*, a cura di Susanna Le Pera / Rita Turchetti, catalogo della mostra, Roma, Palombi, 2007, pp. 49–52.

Giovenco 2017 Alessandra Giovenco, *Peter Paul Mackey e Thomas Ashby negli archive della BSR*, in *Dalla camera oscura alla prima fotografia. Architetti e archeologi a Segni da Dodwell ad Ashby e Mackey*, a cura di Francesco Maria Cifarelli / Federica Colaiacomo, catalogo della mostra, Roma, Quasar, 2017, pp. 51–56.

Goldhahn / Gründig 2017 Almut Goldhahn / Matthias Gründig, *Apulia Monumentale. Romualdo Moscioni und die Entdeckung des Südens*, in *Fotogeschichte. Beiträge zur Geschichte und Ästhetik der Fotografie*, 37/2017, fasc. 144, pp. 17–26.

Gorza 2011 Erico Gorza, *La moderna xilografia in Italia 1808–1897*, Annone Brianza (LC), Grafiche Riga, 2011.

Gregorovius (1852–1889) 1997[5] Ferdinand Gregorovius, *Wanderjahre in Italien*, a cura di Hanno-Walter Kruft, Monaco di Baviera, Beck, 1997[5].

Gyr 2010 Ueli Gyr, *Geschichte des Tourismus: Strukturen auf dem Weg zur Moderne*, in *Europäische Geschichte Online (EGO)*, a cura dell'Institut für Europäische Geschichte, Mainz, edizione online 2010, http://www.ieg-ego.eu/gyru–2010-de [consultato il 23.11.2021].

Hobsbawm (1962–1987) 2017 Eric J. Hobsbawm, *Das lange 19. Jahrhundert*, 3 voll., Darmstadt, Theiss, 2017.

Impiglia 2017 Claudio Impiglia, *Rodolfo Lanciani e la Rappresentazione dell'Antica Campagna Romana. Ricerca Archeologica tra Passeggiate e Collezionismo*, in *Roma e la campagna romana nella Raccolta Lanciani*, a cura di Elisa Debenedetti, *Rivista dell'Istituto Nazionale D'Archeologia e Storia Dell'Arte*, n. 72, Pisa / Roma, Serra, 2017, pp. 291–318 (= Rivista dell'Istituto Nazionale D'Archeologia e Storia Dell'Arte, 72/2017).

Keultjes 2018 Dagmar Keultjes, *Praktiken und Diskursivierung der fotografischen Retusche von 1839–1900*, Dissertation, Universität zu Köln, 2018, edizione online, http://kups.ub.uni-koeln.de/id/eprint/37326 [consultato il 05.01.2022].

Klamm 2017 Stefanie Klamm, *Bilder des Vergangenen. Visualisierung in der Archäologie im 19. Jahrhundert – Fotografie, Zeichnung und Abguss*, Berlin, Gebr. Mann, 2017 (= Humboldt-Schriften zur Kunst- und Bildgeschichte, vol. 20).

Koenig 2009 Thilo Koenig, *D'Alessandri, Antonio*, in *Allgemeines Künstlerlexikon Online / Artists of the World Online*, a cura di Wolf Tegethoff / Bénédicte Savoy / Andreas Beyer, Berlin / New York, De Gruyter, 2009, https://www.degruyter.com/database/AKL/entry/_10178946/html [consultato il 15.12.2021].

Leone 2010 Rossella Leone, *L'Aventino nelle fotografie di John Henry Parker. L'evidenza materiale del passato*, in *L'Aventino dal Rinascimento a oggi. Arte e Architettura*, a cura di Mario Bevilacqua / Daniela Gallavotti Cavallero, Roma, Artemide, 2010, pp. 232–241.

Leoni 1998 Eugenio Leoni, *Corrado Ricci e la fotografia. Tra documento e sensazione*, in *Quaderni di storia dell'architettura e restauro*, vol. 19, 1998, pp. 71–80.

Le Pera / Turchetti 2007 Susanna Le Pera / Rita Turchetti, *Scrittori di acquedotti romani*, in *I giganti dell'acqua. Acquedotti romani del Lazio nelle fotografie di Thomas Ashby (1892–1925)*, a cura di Susanna Le Pera / Rita Turchetti, catalogo della mostra, Roma, Palombi, 2007, pp. 15–24.

Margiotta 1989[a] Anita Margiotta, *John Henry Parker: la fotografia e l'archeologia*, in *La fotografia a Roma nel secolo XIX. La veduta, il ritratto, l'archeologia*, a cura dell'Archivio Fotografico Comunale di Roma, atti del convegno, Roma, Artemide, 1989, pp. 13–17.

Margiotta 1989[b] Anita Margiotta, *John Henry Parker e la sua campagna fotografica*, in *Un inglese a Roma 1864–1877. La raccolta Parker nell'Archivio Fotografico Comunale*, a cura dell'Assessorato alla Cultura e dell'Archivio Fotografico Comunale di Roma, Roma, Artemide, 1989, pp. 12–16.

Margiotta 2002 Anita Margiotta, *Paolo Francesco D'Alessandri*, in *Il Museo di Roma racconta la città*, a cura di Rossella Leone / Federica Pirani, catalogo della mostra, Roma, Gangemi, 2002, p. 397.

Maurer 2015 Golo Maurer, *Italien als Erlebnis und Vorstellung. Landschaftswahrnehmung deutscher Künstler und Reisender 1760–1870*, Regensburg, Schnell & Steiner, 2015.

Maurer 2019 Golo Maurer, *Arkadien? Italiensehnsucht – Facetten einer deutschen Fixierung*, Frankfurt a.M., Fichter, 2019.

Maurer 2021 Golo Maurer, *Heimreisen. Goethe, Italien und die Suche der Deutschen nach sich selbst*, Hamburg, Rowohlt, 2021.

Mazzi 1994 Maria Cecilia Mazzi, *Sulle orme di Thomas Ashby: piccole storie di grandi collezioni*, in *Il Lazio di Thomas Ashby 1891–1930*, a cura della British School at Rome, Ministero per i Beni Culturali e Ambientali / Istituto Centrale per il Catalogo e la Documentazione / Regione Lazio – Assessorato alla Cultura / Centro per la Documentazione dei Beni Culturali e Ambientali, vol. I, Roma, Palombi, 1994, pp. 17–31.

Muzzioli / Pellegrino 1994 Maria Pia Muzzioli / Paolo Pellegrino, Schede dei manoscritti Lanciani, in *Rivista dell'Istituto Nazionale d'Archeologia e Storia dell'Arte*, 3. serie, 17/1994, pp. 225–311.

Palombi 2006 Domenico Palombi: *Rodolfo Lanciani. L'archeologia a Roma tra Ottocento e Novecento*, Roma, L'Erma di Bretschneider, 2006 (= Problemi e ricerche di storia antica, vol. 25).

Peters 1998 Dorothea Peters, *Ein Bild sagt mehr als 1000 Punkte. Zu Geschichte, Technik und Ästhetik der Autotypie*, in *Rundbrief Fotografie: Fotografie gedruckt*, fasc. speciale 4, 1998, pp. 23–30.

Peters 2007 Dorothea Peters, *Die Welt im Raster. Georg Meisenbach und der lange Weg zur gedruckten Fotografie*, in *Konstruieren, kommunizieren, präsentieren. Bilder von Wissenschaft und Technik*, a cura di Alexander Gall, Göttingen, Wallstein, 2007, pp. 179–244.

Peters 2014 Dorothea Peters, *Bilder für die Massen. Fotografie und (Drucker-)Presse, in Geburt der Massenkultur*, a cura di Roland Prügel, atti del convegno, Nürnberg, Verlag des Germanischen Nationalmuseums, 2014, pp. 52–67.

Peters 2016 Dorothea Peters, *Auf Spurensuche. Giovanni Morelli und die Fotografie*, in *Zeigen und/oder beweisen?*, a cura di Hertha Wolf, Berlin / Boston, De Gruyter, 2016, pp. 15–43 (= Studies in Theory and History of Photography, vol. 7).

Pohlmann / Hohenzollern 2004 Ulrich Pohlmann / Johann Georg Prinz von Hohenzollern (a cura di): *Eine Neue Kunst? Eine andere Natur! Fotografie und Malerei im 19. Jahrhundert*, catalogo della mostra, München, Schirmer / Mosel, 2004.

Pohlmann 2004 Ulrich Pohlmann, *Vera Icon oder Die Wahrheit der Fotografie*, in *Eine Neue Kunst? Eine andere Natur! Fotografie und Malerei im 19. Jahrhundert*, a cura di Ulrich Pohlmann / Georg Prinz von Hohenzollern, catalogo della mostra, München, Schirmer / Mosel, 2004, pp. 9–14.

Ponstingl 2003 Michael Ponstingl, *Heimatschutz und Kunsterziehung. Die Bildbandreihen des Verlages Karl Robert Langewiesche (1904–1960)*, in *Das Auge und der Apparat. Eine Geschichte der Fotografie aus den Sammlungen der Albertina*, a cura di Monika Faber / Klaus Albrecht Schröder, catalogo della mostra, Paris / Wien, Le Seuil, 2003, pp. 202–223.

Ponstingl 2005 Michael Ponstingl, *Re/Touché, Herr Langewiesche!*, in *Fotogeschichte. Beiträge zur Geschichte und Ästhetik der Fotografie*, 25/2005, fasc. 98, pp. 93–96.

Quintavalle / Maffioli 2003 Arturo Carlo Quintavalle / Monica Maffioli (a cura di), *Fratelli Alinari. Fotografi a Firenze. 150 anni che illustrarono il mondo: 1852–2002*, catalogo della mostra, Firenze, Alinari, 2003.

Ritter 2005 Dorothea Ritter, *Rom 1846–1870. James Anderson und die Maler-Fotografen*, catalogo della mostra, Heidelberg, Braus, 2005.

Romano 1994 Simona Romano, *Le esplorazioni di Ashby and Gargiolli, in Il Lazio di Thomas Ashby 1891–1930*, a cura della British School at Rome / Ministero per i Beni Culturali e Ambientali / Istituto Centrale per il Catalogo e la Documentazione / Regione Lazio -Assessorato alla Cultura / Centro per la Documentazione dei Beni Culturali e Ambientali, vol. I, Roma, Palombi, 1994, pp. 15–16.

Roubert 2014 Paul-Louis Roubert, *Tra orgoglio e pregiudizi. La fotografia nei Saloni*, in *Photoshow. Le mostre che hanno segnato la storia della fotografia*, a cura di Alessandra Mauro, Roma, Contrasto, 2014, pp. 61–77.

Russo 2012 Teresa Russo, *Ugo Fleres. Gli scritti d'arte, tra edito e inedito*, Catania, Maimone, 2012.

Sciolari 2020 Andrea Sciolari, *I lavori di sistemazione del Tevere nelle Fotografie dei Fratelli D'Allesandri*, edizione online 2020, http://www.historyphotography.org/doc/SCIOLARI_Tevere.pdf [consultato il 11.05.2022].

Serena 2021 Tiziana Serena, *Corrado Ricci e l'idea di archivio fotografico. Il museo d'arte e i dilettanti fra XIX e XX secolo*, in *Lo specchio delle notizie differenti. Memoria, fotografia, arti visive: studi per Marina Miraglia*, a cura di Marai Francesca Bonetti / Francesco Faeta / Monica Maffioli, Roma, Campisano, 2021, pp. 219–236.

Sesti 1989 Emanuela Sesti, *Gli Alinari e le origini della fotografia a Firenze*, in *Alle origini della fotografia. Un itinerario toscano 1839–1880*, a cura di Michele Falzone del Barbarò, catalogo della mostra, Firenze, Alinari, 1989, pp. 59–80.

Settimelli 2012 Wladimiro Settimelli, *Muffone, Giovanni*, in *DBI*, vol. 77, edizione online 2012, https://www.treccani.it/enciclopedia/giovanni-muffone_(Dizionario-Biografico)/ [consultato il 08.01.2022].

Silvestri 1995 Silvia Silvestri, *Lo Studio Brogi a Firenze. Da Giacomo Brogi a Giorgio Laurati*, in *Archivio Fotografico Toscano*, 10/1995, fasc. 20, pp. 9–32.

Simonetti 1963 Flavio Simonetti (a cura di), *L'Illustrazione Italiana. 90 anni di storia*, Milano, Garzanti, 1963.

Smith 2017 Christopher Smith, *Thomas Ashby e la topografia della Campagna Romana*, in *Dalla camera oscura alla prima fotografia. Architetti e archeologi a Segni da Dodwell ad Ashby e Mackey*, a cura di Francesco Maria Cifarelli / Federica Colaiacomo, catalogo della mostra, Roma, Quasar, 2017, pp. 61–68.

Starl 1995 Timm Starl, *Knipser. Die Bildgeschichte der privaten Fotografie in Deutschland und Österreich von 1880 bis 1980*, catalogo della mostra, München / Berlin , Koehler & Amelang, 1995.

Stiegler 2012 Bernd Stiegler, *Das doppelte Sehen. Die Stereoskopie*, in *Pendant Plus. Praktiken der Bildkombinatorik*, a cura di Gerd Blum / Steffen Bogen / David Ganz / Marius Rimmele, Berlin, Reimer, 2012, pp. 325–342.

Stiegler 2019 Bernd Stiegler, *Nadar. Bilder der Moderne*, London, Walther König, 2019.

Sturani 1997 Enrico Sturani, *La cartolina illustrata: editori, autori, utenti*, in *L'Italia in posa. Cento anni di cartoline illustrate*, a cura di Paola Callegari / Enrico Sturani, catalogo della mostra, Napoli, Electa, 1997, pp. 15–24.

Tomassini 2003 Luigi Tomassini, *L'Italia nei cataloghi Alinari dell'Ottocento. Gerarchie della rappresentazione del "bel paese" fra cultura e mercato*, in *Fratelli Alinari. Fotografi a Firenze. 150 anni che illustrarono il mondo. 1852–2002*, a cura di Arturo Carlo Quintavalle / Monica Maffioli, catalogo della mostra, Firenze, Alinari, 2003, pp. 147–215.

Trabucco 2019 Marcello Trabucco, *Ninfa nella campagna romana da città dei ruderi a splendido giardino*, Roma, Gangemi, 2019.

Turco 2015 Maria Grazia Turco, *L'Associazione Artistica fra i Cultori di Architettura a Roma. Battaglie, iniziative, proposte*, in *La Casa dei Crescenzi, Storia e Restauri*, a cura di Marina Docci / Maria Grazia Turco, Roma, Gangemi, 2015, pp. 165–197 (= Bollettino del Centro di Studi per la Storia dell'Architettura, fasc. 45–52).

Wolf 2018 Herta Wolf (a cura di), *Polytechnisches Wissen. Fotografische Handbücher 1839–1918*, Kromsdorf, Jonas, 2018 (= *Fotogeschichte. Beiträge zur Geschichte und Ästhetik der Fotografie*, 38/2018, fasc. 150).

Zannier 1986 Italo Zannier, *Storia della fotografia italiana*, Roma / Bari, Laterza, 1986.

Referenze fotografiche

Fig. 1: Victoria and Albert Museum, London; Fig. 2, 3: su concessione della Sovrintendenza – Archivio Capitolino; Fig. 5–8: Archivio fotografico della Fondazione Roffredo Caetani di Sermoneta ONLUS; Fig. 9–12: Vienna, Österreichische Nationalbibliothek; Fig. 14–16, 28, 29, 37a/b: Roma, ICCD; Fig. 17, 18: Roma, BASA; Fig. 19–22: BSR Photographic Archive; Fig. 23, 26a/b, 30, 31: Kunsthistorisches Institut in Florenz – Max-Planck-Institut

MICHAEL SCHULTE

Sul pulvis jesuiticus e la lotta contro l'epidemia di malaria nell'Agro Pontino fino all'inizio del XX secolo

1. Pulvis Jesuiticus: dalla scoperta a Roma dei suoi effetti alla sua diffusione

Per secoli la Campagna Romana e in special modo l'Agro Pontino vissero sotto la minaccia del manifestarsi epidemico della malaria: le prime descrizioni delle sue febbri intermittenti risalgono all'antichità. Sembra che la colonizzazione dell'Italia da parte della zanzara anofele, vettore della malaria, abbia avuto luogo in tre ondate. La prima attestazione riguarda la Sicilia del V secolo a.C.: si ipotizza che, durante guerra del Peloponneso, la malaria abbia indebolito l'armata ateniese ferma alle porte di Siracusa facendo sì che la spedizione siciliana (415–413 a.C.) si concludesse in un fallimento. Tra il 400 e il 100 a.C. fu invece l'Italia centrale ad essere conquistata dal vettore della malaria. Asclepiade di Bitinia, che visse a Roma ai tempi di Pompeo (106 – 48 a.C.), descrive le gravi febbri intermittenti con sintomi cerebrali tipici della malaria falciforme; lo stesso fa Celso attorno al 50 d.C.[1]

Oggi ci sono note varie forme di malaria e ne conosciamo le diverse caratteristiche e modalità di diffusione. Si tratta di conoscenze acquisite nel corso dei secoli e le più recenti non risalgono che a pochi decenni orsono. Ma benché quel che sappiamo non sia poco, ancora non è stato possibile opporre alla malaria un vaccino che garantisca sufficiente protezione e che sia al contempo facile da conservare e da maneggiare. Pertanto la malaria, assieme a tubercolosi e AIDS, rimane una delle tre malattie epidemiche cui ancor oggi si paga un alto tributo di morti, soprattutto in Africa; per combatterle, nel 2001 l'OMS ha istituito un fondo dedicato e in seguito l'obiettivo di debellarle entro il 2030 è stato inserito nell'Agenda 2030 per lo sviluppo sostenibile.[2] Per chi, come noi, vive nell'Europa Centrale, la malaria non sembra altro che un fenomeno d'interesse storico. Eppure, in Italia e nell'Agro Pontino essa è stata sconfitta soltanto 50 anni fa.

A provocare la malaria è un parassita unicellulare del genere *plasmodium* che ha bisogno di due ospiti: l'uomo, nel cui organismo avviene la ripro-

1 Celso

2 The Global Fund to Fight Aids, Tuberculosis and Malaria https://www.theglobalfund.org/en/ ultima visita: 11/01/2022.

duzione asessuata del parassita, e la zanzara del genere anofele, nel cui organismo avviene invece la riproduzione sessuata. La malaria non costituisce dunque una pandemia a trasmissione aerea, come ad esempio l'influenza, la tubercolosi, la peste o anche il coronavirus Sars-Cov2, ma segue una catena di trasmissione ben più complessa, che richiede la coesistenza di esseri umani, di diverse specie di *plasmodium* e di zanzare in una nicchia ecologica adatta a tutte queste forme di vita.

Nelle zone settentrionali della penisola italiana prevalgono le forme più lievi di malaria, la terzana e la quartana (provocate rispettivamente dal *plasmodium vivax* e dal *plasmodium malariae*), mentre nelle zone meridionali, dalla Maremma in giù, prevale la forma "perniciosa", oggi nota come malaria tropicale, provocata dal *plasmodium falciparum*. A trasmettere le diverse specie di *plasmodium* sono diverse specie di zanzare anofele. La distribuzione geografica della malaria nel nord e nel sud del Paese e la diversa gravità con cui la malattia vi si manifesta hanno contribuito in maniera fondamentale al diverso sviluppo economico di quelle zone.[3]

Quando una zanzara anofele infetta punge un essere umano, essa inocula nel circolo ematico gli sporozoiti che, una volta insediatisi nel fegato, attraversano un periodo di incubazione di alcuni giorni fino a diventare merozoiti mononucleati, dotati di movimenti ameboidi. Sciamando nel circolo ematico, i merozoiti penetrano nei globuli rossi e vi si riproducono massicciamente, fino a procurarne la rottura. Rompendosi, i globuli rossi liberano grandi quantità di merozoiti.

Ripetendosi a intervalli regolari e caratteristici di ciascuna variante, questo processo determina gli episodi febbrili ricorrenti delle febbri intermittenti della malaria: ogni giorno (malaria quotidiana), a distanza di 48 ore nel caso della malaria terzana e di 72 in quello della malaria quartana. La variante nella quale le febbri sopraggiungono ogni due giorni (tipicamente nel pomeriggio) è chiamata terzana e quella in cui sopraggiungono ogni tre è chiamata quartana, perché gli antichi includevano anche il primo giorno di febbre nel conteggio. La variante più pericolosa, malaria tropicale o *malaria falciparum*, non si attiene invece a nessuno schema che alterni episodi febbrili e periodi di latenza, ma ha invece un andamento estremamente irregolare.

Una vivida descrizione dell'andamento di un attacco di malaria ce la fornisce nel 1924 il medico scozzese Andrew Balfour:

> "All'improvviso il paziente può ritrovarsi nelle grinfie della febbre, scosso da crampi e poi da brividi tali che tremerà e batterà i denti come fossero nacchere. Strisciando raggiungerà il letto e si coprirà con vestiti pesanti, continuando a tremare fin nelle ossa nonostante la temperatura elevata. Dopo un'ora circa comincia la fase dell'ipertermia (...). La pelle si fa secca e bruciante, il paziente sente

3 Corbellini, 2006, p.77. Corbellini descrive le diverse conseguenze della malaria nell'Italia settentrionale e in quella meridionale: "Nel 1879–80 la Commissione d'Inchiesta per l'Esercizio Ferroviario, presieduta dal Senatore Luigi Torelli, analizzava direttamente le condizioni igieniche lungo le linee ferroviarie al fine di intervenire nella protezione dei dipendenti delle ferrovie, constatando che su 8313 km di strade ferrate (al 1° gennaio 1879), ben 3762 si trovavano in zone malariche e di questi 1231 in zone di malaria grave. Pubblicando nel 1882 la prima "carta della malaria d'Italia", basata anche sui dati dei 259 Consigli di Sanità e delle amministrazioni locali, Torelli richiamava per primo l'attenzione sul fatto che la malaria fotografava due Italie, quella settentrionale dove (a esclusione del litorale veneto) prevaleva la malaria lieve, e quella meridionale (incluse la Maremma e il litorale laziale) dove infieriva la malaria grave. La prima statistica sanitaria del Regno veniva pubblicata nel 1887. La malaria risultava essere ancora diffusa su circa un terzo del territorio italiano; i morti in un anno erano oltre 20.000 ed il numero totale dei casi poteva essere stimato nell'ordine di circa 2 milioni, su una popolazione complessiva di circa 30 milioni di persone. La malattia colpiva in modo diverso le Province del Regno, essendo diffusa maggiormente nel centro, nel sud e nelle isole. A livello nazionale era circa il 10% la popolazione che viveva stabilmente in zona malarica, e più del triplo vi si stabiliva stagionalmente per lavoro; ma nel Mezzogiorno, su una popolazione di circa 11 milioni, 8 erano a rischio di contrarre l'infezione. Degli oltre 20.000 morti ufficiali, circa 18.000 erano concentrati nell'Italia meridionale e insulare. Gravi erano le ricadute sulla situazione economica del paese, dal momento che la malaria impediva la coltivazione di oltre 2 milioni di ettari, colpendo in modo pesante i lavoratori agricoli. La malattia era, nel centro e sud Italia, strettamente collegata, in un circolo vizioso, agli assetti economico-demografici e fondiari, quali il latifondo, i tipi di coltivazione, le migrazioni stagionali dei contadini, la concentrazione delle popolazioni nei paesi collinari e montani, lo spopolamento estivo delle pianure lungo i litorali"

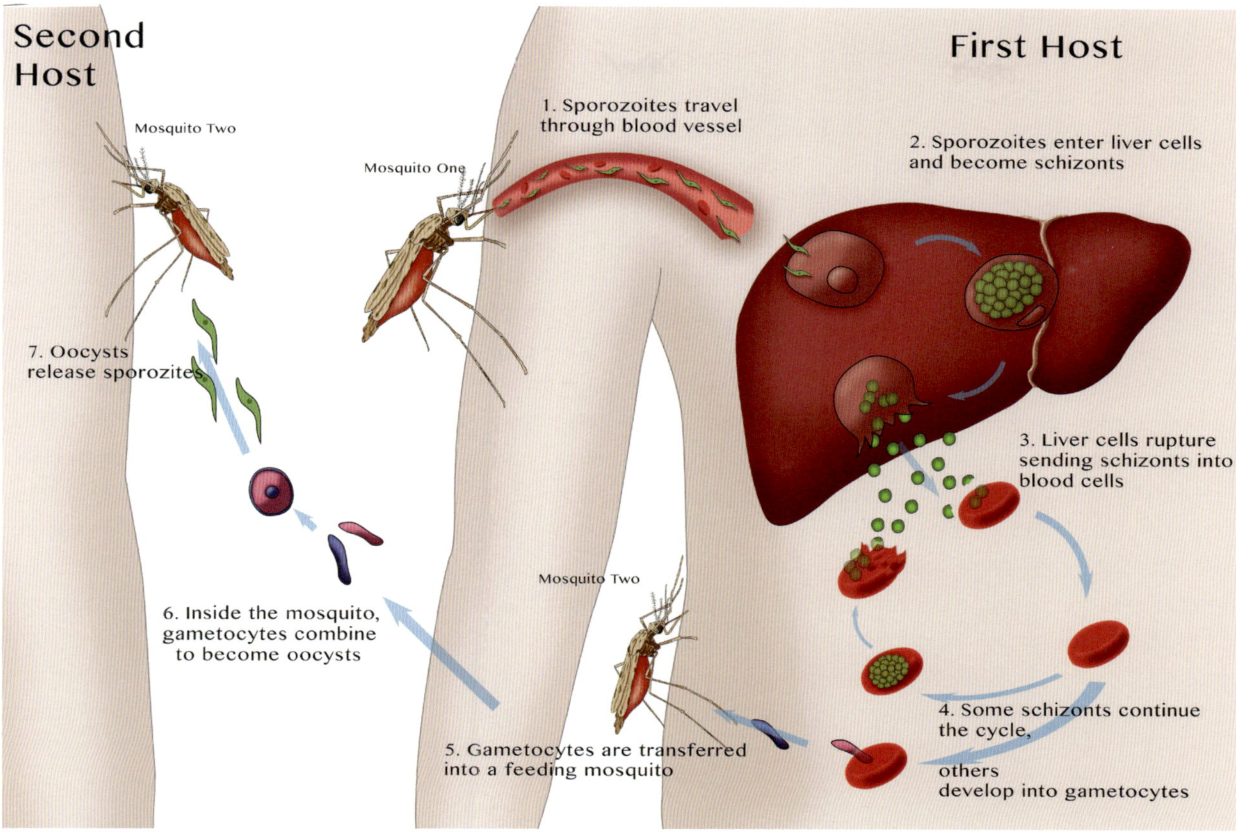

1 ciclo della Malaria

un forte mal di testa, poi vomita ripetutamente. Se l'attacco è grave, lo stress è fortissimo e la febbre supera i 40°C. Impaziente il malato si libera delle coperte e facilmente perde la testa (...). Segue la fase della sudorazione, con il sudore che scorre copioso, inzuppando il malato, i suoi vestiti e le lenzuola."[4]

Se il paziente non pratica terapie, dopo diversi attacchi di febbre i plasmodi si sviluppano fino a diventare microgametociti maschili e macrogametociti femminili immobili. Se una zanzara punge il paziente in questa fase della malattia, essa ingerisce i gametociti, che si uniscono nel suo stomaco e s'incistano nella parete cellulare diventando un'oocisti, un ovulo. Rompendosi, l'oocisti libera numerosi sporozoiti che migrano nella ghiandola salivare della zanzara e nel caso in cui la zanzara punga un altro essere umano il ciclo della malaria ricomincia.

Dal punto di vista clinico sussistono notevoli differenze tra le varie forme di malaria. La forma più pericolosa è quella della malaria tropicale o *malaria falciparum*, il cui tasso di mortalità si aggira tra il 20 % e il 50 % circa. La *malaria falciparum* ha effetti sul sistema nervoso centrale, tra cui crisi convulsive e disturbi cerebrali fino allo stato comatoso cui segue il decesso del paziente. Inoltre, è caratteristico della malaria cronica l'ingrossamento della milza (splenomegalia). Dall'eccessiva distruzione di globuli rossi deriva la colorazione itterica di occhi e pelle; tra un attacco di febbre e l'altro i pazienti risultano apatici e fortemente astenici.

Il *plasmodium falciparum* prolifera a partire da una temperatura di 16°C, mentre la zanzara anofele che

4 Balfour, 1924 p. 227.

gli fa da vettore sopporta temperature fino ai 40°C.[5] All'interno di questo intervallo di temperatura, se presenti acque stagnanti in cui le zanzare depongono le proprie uova, il numero di zanzare infette aumenta drasticamente. Di conseguenza la loro diffusione avviene soprattutto nelle zone paludose o nelle aree soggette a inondazioni che d'estate lasciano dietro di sé pozze d'acqua stagnante. L'Agro Pontino con le sue paludi e Roma, con le frequenti esondazioni del Tevere, costituiscono dunque ambienti di cova ideali per la zanzara anofele. A succhiarne il sangue trasmettendo i plasmodi all'essere umano è esclusivamente la zanzara femmina, attiva soprattutto all'imbrunire e durante la notte e con un raggio d'azione piuttosto limitato: non supera i 6 metri da terra e soffre le forti correnti d'aria, motivo per cui le colline con regolare ventilazione costituiscono ambienti sicuri.

Questo spiega per quale motivo, a Roma, le zone residenziali predilette siano state per secoli i colli, mentre le regioni situate più in basso, come il Campo di Marte, il Foro o Borgo, abbiano presentato un'incidenza di malaria particolarmente alta, soprattutto quando ad una primavera umida seguiva un'estate calda.

A cavallo tra il XVI e il XVII secolo, si ebbero a Roma vari importanti focolai di malaria. Durante la calda estate del 1590, il 27 agosto, in Vaticano morì Sisto V. Il 15 settembre fu eletto il suo successore, Urbano VII, che si ammalò durante il conclave e morì anch'egli di malaria dopo soli 12 giorni. La morte reclamò maggiori tributi in occasione del famigerato conclave della malaria, che si tenne dal 19 luglio al 6 agosto del 1623 e che sancì l'elezione di Urbano VIII. In quell'occasione cardinali e conclavisti si ammalarono in gran numero e tra il 12 agosto del 1623 e il 13 marzo del 1624 perirono otto dei cardinali che avevano contratto la malattia durante il conclave. Il 17 marzo 1624 morì di malaria, forse contratta durante il conclave dell'anno precedente, anche il cardinal Antonio Caetani, sepolto nella sua chiesa di Santa Pudenziana.

Nel XVII secolo si riteneva che la causa della malaria fossero appunto i miasmi delle paludi. Perciò in quell'epoca venne intensificata l'attività di bonifica, seppur con successi limitati. Le terapie farmacologiche non sortivano effetti e dunque si ricorreva soprattutto ai metodi della teoria umorale formulata nel II secolo da Galeno di Pergamo. Secondo questa dottrina un uomo è sano quando sono in equilibrio i suoi quattro fluidi corporei – sangue, flemma, bile nera e bile gialla. In caso di malattia, l'equilibrio va ripristinato ricorrendo innanzitutto a diete, salassi, scarificazioni, clisteri lassativi e cure di essudazione.

Nella drammatica situazione del XVII secolo, dai regni del Nuovo Mondo una corteccia miracolosa raggiunse l'Europa attraverso la rete globale dei Gesuiti, otto dei quali erano arrivati a Lima il primo aprile del 1568 per fondare il monastero di San Paolo, che sarebbe diventato il centro spirituale del Perù. Poco dopo il loro arrivo avviarono un fiorente commercio con le loro sedi in Spagna e a Roma. Tutte le merci provenienti dalle Indie dovevano transitare per Siviglia sbarcando dunque prima di tutto in Spagna. Tra i primi rimedi erboristici arrivati dal Nuovo Mondo e sino ad allora ignoti v'erano cacao, coca, ipecacuana e anche un preparato chiamato corteccia o balsamo peruviano. Spesso le merci più rare e preziose venivano trasportate dai procuratori gesuiti delle Indie che si recavano a Roma in visita o per partecipare alle congregazioni generali. Il 22 novembre 1604 Agostino Salumbrino (1561–1642) raggiunse il monastero di S. Paolo a Lima; ne avrebbe presieduto la farmacia per i successivi 38 anni, sino alla morte, sopraggiunta nel 1642. Salumbrino, nato a Forlì in Emilia-Romagna, venne ammesso al Collegio dei Gesuiti di Brera a Milano. Dal 1582 al 1584 fece il noviziato a Roma dove poté osservare la piaga della malaria e probabilmente costruì una rete di contatti all'interno delle farmacie romane della Compagnia di Gesù. Arrivato a Lima, esplorò la fauna andina e osservò con attenzione la popolazione locale. A Roma aveva imparato che le febbri intermittenti sono precedute da forti brividi. È perciò plausibilissimo che facesse parte anche lui di quel gruppo di gesuiti che osservò un episodio, che in seguito il medico spagnolo Gaspar Caldera de Heredia, in una

5 Beck-Johnson, 2013.

lettera del 1663, riferì al medico romano Girolamo Bardi (1603–1667):

> *"In sull'ultimo confine di quella terra, nella provincia di Quito, presso il Rio delle Amazzoni, vi sono alcuni indiani che, spontaneamente o dietro compenso, sono condotti in una miniera d'oro (...). Lungo il tragitto verso la miniera gli indiani sono costretti a guadare un fiume (...) cosicché la maggior parte di loro, arrivando sull'altra sponda, gela, trema di freddo e si lamenta terribilmente. Immediatamente, per porre rimedio ai brividi e al freddo, prendono la corteccia di un albero che conoscono, ridotta in polvere dopo essere stata sminuzzata, macinata e sciolta nell'acqua calda. All'istante vedono cessare completamente il freddo ed i tremori e sono nuovamente in grado di proseguire senza alcun fastidio. Assistendo ad un tale spettacolo, i padri della Compagnia di Gesù chiesero loro da quale albero provenisse tale corteccia"*[6]

Una prima attestazione dell'invio in Europa della corteccia di questo albero la troviamo negli archivi del convento di S. Paolo a Lima: Agostino Salumbrini la affidò ai procuratori Alonso Messia Venegas (1557–1649) e Hernando de Leon Garavito (1591–1679) perché la portassero a Roma, allo scopo di esaminarne l'efficacia contro la malaria. Durante il viaggio i procuratori fecero naufragio, circostanza ben documentata, e, passando da Siviglia, nel 1632 raggiunsero finalmente Roma dove, con tutta probabilità, consegnarono il prezioso carico al farmacista del Collegio Romano. La farmacia del Collegio Romano era all'epoca il centro farmaceutico della città di Roma. Nel primo trentennio del XVII secolo, era stata ricollocata all'interno di cinque locali, siti nell'ala di nordest del Collegio Romano, e, dopo il suo completamento nell'aprile del 1631, venne visitata persino da papa Urbano VIII. Nelle immediate vicinanze si trovavano i locali dove il gesuita e genio universale Athanasius Kircher, convocato a Roma nel 1633, allestì la sua famosa wunderkammer.

È a Roma che devono dunque essersi svolte le verifiche atte ad accertare l'ipotesi di Salumbrino che, vedendo che la corteccia sudamericana poneva fine ai brividi, aveva immaginato che potesse dimostrarsi efficace anche come antimalarico. Quanto osservato in Sudamerica – l'effetto della radice sulle contrazioni muscolari – non è però in alcun modo correlato all'efficacia del chinino, la sostanza contenuta nella corteccia, nel trattamento della malaria. Il chinino, agendo direttamente sulla muscolatura e rendendola meno sensibile alla trasmissione degli stimoli, seda le contrazioni muscolari; perciò fino a qualche anno fa trovava impiego terapeutico nel caso di crampi notturni. Contro il *plasmodium*, agente patogeno della malaria, agisce invece con un altro meccanismo che disturba il processo di eliminazione di una certa proteina contenuta nei globuli rossi facendo sì che tale proteina si accumuli, uccidendo i plasmodi. Il chinino dispiega i suoi effetti con la massima efficacia proprio nel momento in cui la febbre comincia a salire (ovvero quando si manifestano i brividi). Questo meccanismo costituisce un unicum tra tutti i rimedi per la malaria fino ad allora sviluppati e il fatto che una sostanza che agisce in modo così specifico contro una delle grandi malattie dell'umanità sia stata scoperta in questa maniera è tra gli avvenimenti più stupefacenti nella storia della medicina. Il secondo farmaco che agisce miratamente contro una malattia contagiosa (il Salvarsan, composto dell'arsenico, sviluppato da Paul Ehrlich (1854–1915) contro la sifilide) arrivò soltanto nel 1906 annunciando l'era degli antibiotici.

Per quanto riguarda gli anni immediatamente successivi al 1632, abbiamo a disposizione ben poche fonti relative a ricerche e tentativi terapeutici. Anche gli esperimenti condotti nel 1643 con grande successo da Gabriele Fonseca, medico personale di Innocenzo X, ci sono noti solo da fonti secondarie.[7] Senza dubbio è però attestato l'intervento del cardinale spagnolo Juan de Lugo y de Quiroga, che dal 1621 insegnò teologia a Roma e che, secondo il medico genovese Sebastiano Bado, era entrato in contatto con la polvere della corteccia di China tramite il prete genovese Federico Conti.[8]

---

6 López, 1992, pp. 34–35.
7 Conygius (Honoré Fabri), citato in Melippus Protimus (Vopiscus Fortunatus Plempius) 1655.
8 Bado, 1663.

Una volta assunta una carica direttiva nell'-Ospedale S. Spirito in Sassia, de Lugo fece distribuire il chinino ai malati. Un disegno di tal dottor Carlo Rossi, realizzato nell'ambito della mostra per i 300 anni del chinino presso la Wellcome Foundation a Londra, raffigura un frantoio per farmaci a spinta idraulica, del diametro di 75 cm circa, che sembra venisse impiegato nell'Ospedale S. Spirito in Sassia nel 1640. Se fosse vero, all'epoca doveva esservi un regolare approvvigionamento di corteccia di China per l'impiego terapeutico su larga scala della sua polvere, perlomeno a Roma. Sorprendentemente, un ulteriore indizio di quanto velocemente venne impiegata la corteccia di China si trova nello stemma cardinalizio di Juan de Lugo. Nel 1642, costui completò il quarto volume del suo trattato "De Justitia et Jure" e, su ordine del suo preposito generale, lo dedicò al papa, presentandoglielo di persona. La reazione di Urbano VIII fu talmente entusiasta che il 14 dicembre 1643 nominò De Lugo cardinale. Egli scelse allora un nuovo stemma cardinalizio, che più eloquente non poteva essere e che figura sul suo monumento sepolcrale nella Chiesa del Gesù: al di sotto del cappello cardinalizio e oltre il mare si vedono tre ripide montagne, sulle cui cime arrotondate crescono piante dalla fillotassi tipica delle foglie dell'albero di China che si trova soltanto nelle zone montane del Sudamerica, ovvero al di là dell'Oceano. Quindi, quando de Lugo venne nominato cardinale la fama del nuovo farmaco doveva essere tale da costruirvi attorno il suo stemma che, nelle sue numerose pubblicazioni, fa la sua prima comparsa in copertina nel 1646; sul "De Justitia et Jure", del 1642, è invece riprodotto lo stemma precedente.

Negli anni Quaranta del XVII secolo fu Pietro Paolo Pucceriani, dal 1647 al 1660 direttore della farmacia del Collegio Romano, a promuovere lo studio e la diffusione della polvere della corteccia di China, che acquisiva sempre maggiore notorietà col nome di *pulvis jesuiticus* o polvere del cardinale, in riferimento a Juan de Lugo. Sembra che durante l'ottava Congregazione Generale della Compagnia di Gesù, tenutasi a Roma nel 1645, Pietro Paolo Pucceriani, assieme al cardinal de Lugo, abbia illustrato con abbondanza di dettagli i pregi della corteccia di China.

Nel suo trattato "*Anastasis cortices Peruviani*", Sebastiano Bado (–1676), che soggiornò a Roma nel 1651/52 ed ebbe stretti contatti con de Lugo e Pucceriani, riportò che dal 1647 Pucceriani spediva la polvere della corteccia ad una serie di ospedali romani nonché a Genova, Firenze e in altre città toscane. Dobbiamo presumere che Pucceriani inviasse la corteccia o la polvere assieme a istruzioni su dosaggio e modalità d'assunzione. Di tali istruzioni, note col nome di *Schedula Romana*, sono conservate una copia del 1649 in lingua italiana ed una copia del 1651 in lingua latina.

> *"Questa Corteccia si porta dal Regno del Perù, e si chiama China, o vero China della febre, laquale si adopra per la febre di quartana, e terzana, che venga con freddo: s'adopra in questo modo, cioè:*
> *Se ne piglia dramme due, e si pista fina, con passarla per setaccio; e tre hore prima incirca, che debba venir la febre, si mette in infusione in un bicchiero di vino bianco gagliardissimo, e quando il freddo comincia a venire, ò si sente qualche minimo principio, si prende tutta la presa preparata, e si mette il paziente in letto.*
> *Avertasi, si potrà dare detta Corteccia nel modo suddetto, nella febre terzana, quando quella sia fermata in stato di molti giorni. L'esperienza continua, hà liberata quasi tutti quelli, che l'hanno presa, purgato prima bene il corpo, e per quattro giorni doppo non pigliar' niuna sorte di medicamento, ma avvertasi di non darla se non con licenza delli Signori Medici, acciò giudicato se sia tempo à proposito di pigliarla."*[9]

Dal punto di vista farmaceutico questa "ricetta" contiene alcuni elementi degni di nota:

- Il preparato viene macinato finemente e macerato per tre ore nel vino "gagliardissimo" – ottimo metodo per far sì che le sostanze contenute nella corteccia vengano rilasciate nel vino.

9 Traduzione tedesca di Paul Kämpf, 1931. ITA: https://wellcomecollection.org/works/e85br57c/items?canvas=3

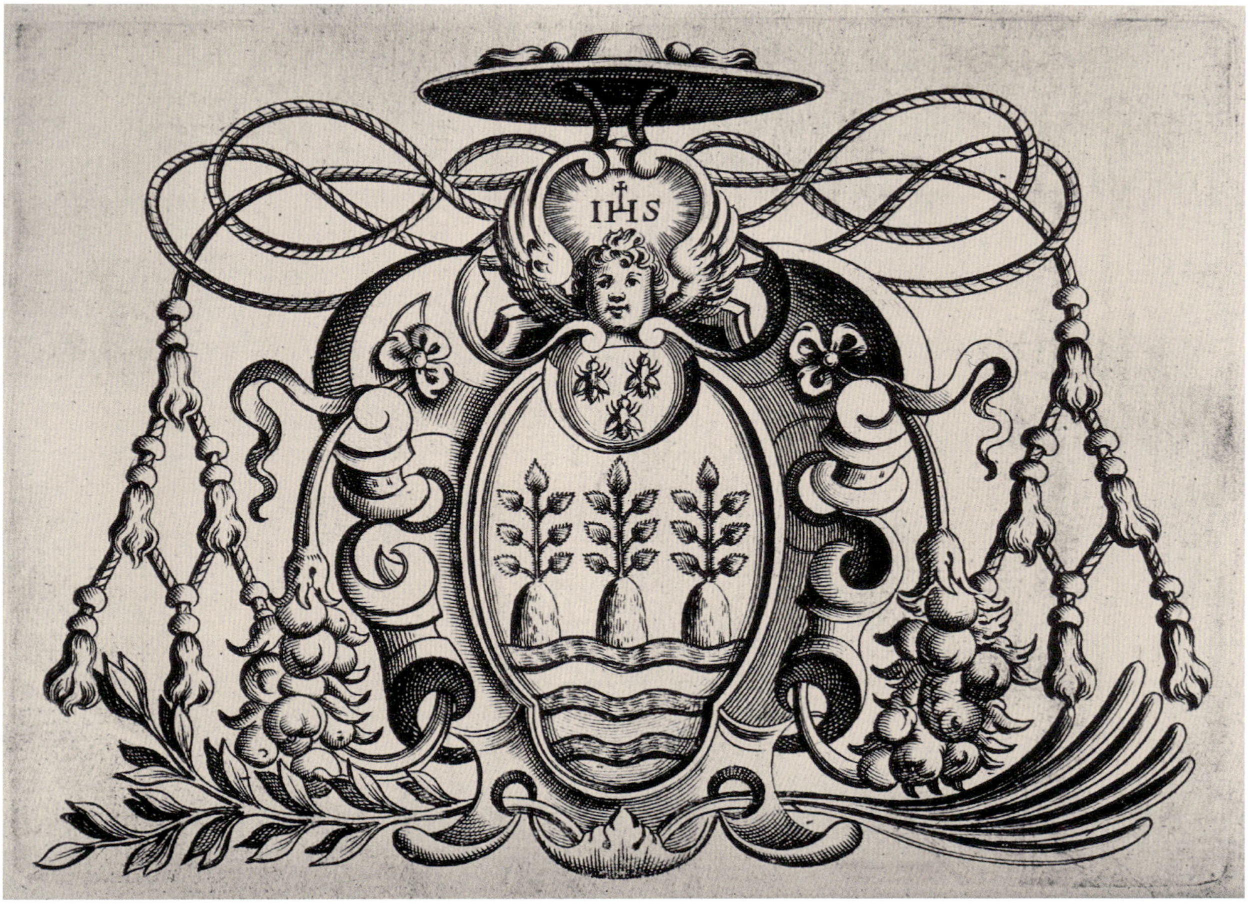

2 Copertine o sepolcro

- La corteccia non va assunta insieme ad altri farmaci: perciò la polvere descritta non è uno di quei rimedi contro la febbre composti dalle più disparate sostanze d'origine minerale e vegetale, né uno di quei farmaci miracolosi che curano tutto e niente, come la teriaca o il diascordio.
- Il dosaggio è di 2 dracme, ovvero 7,5 g di polvere di corteccia. Ipotizzando un contenuto medio di chinino pari al 10 %, questo dosaggio equivarrebbe a 750 mg. Considerando che dalla corteccia vengono estratti anche gli altri tre alcaloidi della China, di cui alcuni sono ancor più efficaci nel contrastare il patogeno della malaria, possiamo supporre che ogni somministrazione di questo preparato equivalesse all'incirca alla somministrazione di 1 g di chinino.
- Ad essere particolarmente interessante è però il fatto che il preparato vada assunto *quando il freddo comincia a venire*, ossia all'incirca un'ora prima che sopraggiunga la febbre. E' in questo momento che gli eritrociti si rompono rilasciando i merozoiti di *plasmodium*, particolarmente vulnerabili proprio nel momento del loro rilascio. Il chinino disturba il processo di eliminazione dell'emozoina, una proteina dei globuli rossi che, di conseguenza, si accumula nei merozoiti, avvelenandoli. Si tratta perciò del momento più favorevole per la terapia. Stando alle istruzioni di Pucceriani, il regime terapeutico prevedeva soltanto 4 g di chinino in un periodo di 7 giorni contro gli 8,4 g della terapia moderna standard che prevede l'assunzione di 600 mg ogni 12 ore. Nel 1898, in una conferenza presso la Società Coloniale Tedesca, Robert Koch ancora si opponeva alla "terapia selvaggia a base di chinino", fondata sulla massima "più ce n'è meglio è", richiedendo

> invece che il farmaco fosse adoperato in maniera mirata appena prima dell'insorgere dell'attacco malarico: "Sappiamo per esperienza che il chinino va somministrato soltanto in momenti ben precisi, quando l'attacco è imminente. Per quanto riguarda la malaria tropicale non disponevamo di un tale punto di riferimento e perciò non restava altra scelta che somministrare il chinino alla cieca. Fatte salve alcune lodevoli eccezioni, ho visto medici specializzati in medicina tropicale somministrare il chinino a pazienti con sospetta malaria al mattino, a pranzo e sera, di solito in dosi di un grammo, per poi ripetere la somministrazione il giorno successivo e via dicendo. Spero bene che questa terapia selvaggia con il chinino trovi fine! Adesso sappiamo con esattezza qual è il punto debole del parassita nel caso della malaria tropicale: va colpito nel momento in cui si vedono comparire nel sangue dei grandi anelli."[10]

La *Schedula Romana* ci mostra che, al più tardi nel 1651, erano note precise modalità d'assunzione del *pulvis jesuiticus*. Possiamo ipotizzare un primo impiego sperimentale della nuova terapia contro le febbri malariche nelle comunità gesuitiche e nelle capitali europee, seguito da un impiego su scala più vasta. Ma fu soprattutto tra i medici laureati che la corteccia di China si scontrò con un grande scetticismo, non essendo classificabile nei termini della teoria galenica degli umori, secondo la quale le sostanze della *materia medica* (piante e minerali) non erano che elementi coadiuvanti di altre terapie. Da quando Paracelso, attorno al 1530, basandosi sulle sue conoscenze empiriche si era battuto per una somministrazione del mercurio contro la sifilide, la polemica imperversava furibonda tra i seguaci degli insegnamenti galenici e i propugnatori di una medicina illuminata che adoperasse le sostanze della materia medica secondo un empirico criterio d'efficacia. Ritenendo che le sole sostanze vegetali con azione antipiretica fossero quelle dal carattere "rinfrescante", come ad esempio la menta o la camomilla, i seguaci di Galeno rifiutavano la corteccia di China perché, col suo sapore amaro e astringente, era considerata un farmaco "caldo". Nel corso della polemica con i galenisti cadde in disgrazia anche Gabriele Fonseca, licenziato nel 1654 da Innocenzo X dopo dieci anni di servizio come medico personale in seguito ad una lite con un barbiere che, contro il suo parere, voleva sottoporre ad un salasso il papa già indebolito.[11]

Nell'autunno del 1652 la corteccia di China venne somministrata, secondo le istruzioni della *Schedula Romana*, al duca austriaco Leopoldo Guglielmo, governatore dei Paesi Bassi e fratello dell'imperatore Ferdinando III. La terapia non convinceva il suo medico personale, Jean-Jacques Chifflet (1588–1660), ma gli altri membri della corte, che avevano sentito parlare dei grandi successi riscossi dalla nuova terapia a Roma, lo scavalcarono. In un primo momento la corteccia sembrò in effetti guarire il duca che però, dopo un mese, fu colto da un nuovo attacco di *malaria quartana* e perciò rifiutò di proseguire con la terapia. Nel 1653 Chifflet, il suo medico, pubblicò un libro dal titolo *Pulvis febrifugis orbis Americani*, presentando svariati argomenti contro la corteccia di China.[12] Secondo Chifflet, per effetto della corteccia marcirebbero i succhi di cistifellea, milza (che infatti subisce un evidente ingrandimento per effetto della malaria), stomaco e intestino, procurando la liquefazione di tali organi che si diffonde poi a quelli vicini. Questo processo porterebbe la malattia a prolungarsi fino a condurre alla morte. Il trattato di Chifflet fu oggetto di intenso dibattito e riscosse successo soprattutto tra i protestanti. I Gesuiti corsero ai ripari con un altro libro, il *Pulvis Peruvianus Vindicatus de Ventilatore Ejusdemaque Suspecta Defensio*, pubblicato nel 1655 da Antimus Conygius,[13] pseudonimo del matematico e filosofo gesuita Honoré Fabri (1608–1688), che oppose alle riflessioni accademiche di Chifflet il principio secondo il quale *ha ragione chi guarisce*. Fabri

10 Conferenza di Prof. Dr. R. Koch, tenuta il 9 giugno 1898 presso la sezione di Berlino-Charlottenburg della Società Coloniale Tedesca, Ärztliche Beobachtungen in den Tropen, 1897, pp. 326–343.

11 Nelson-Novoa, 2013, pp. 213–232.

12 Chifflet, 1653.

13 Antimus Conygius, Honoré Fabri, 1655.

riteneva che soltanto nel 1653 e soltanto a Roma i guariti per opera della corteccia di China fossero stati migliaia e aggiungeva che, se Chifflet lo desiderava, avrebbe potuto citargli per nome oltre 100 persone, tra cui cardinali, principi e alti ufficiali. Questo non servì certo a spegnere la polemica: infatti è dello stesso anno l'intervento di Vopiscus Fortunatus Plempius (1601–1671), rettore dell'università di Lovanio convertitosi al cattolicesimo: avendo studiato l'opera di Galeno, Ippocrate e Avicenna, Plempius osservava che non vi si faceva parola alcuna di polveri capaci di curare le febbri[14] e che da ciò si sarebbe dovuta concludere l'inutilità della corteccia.

Per quanto riguarda gli anni Cinquanta del XVII secolo, pochi sono i casi notti in cui la corteccia di China è stata espressamente impiegata a scopi terapeutici. In una lettera del 6 marzo 1654 Guy Patin (1601–1672), dal 1650 al 1651 decano della Facoltà di Medicina di Parigi, riferiva all'amico Charles Spon (1609–1684) a Lione quanto segue: "Ieri mattina M. de Gorris trovò sua moglie morta nel letto: aveva 60 anni e per tutto l'inverno aveva sofferto di Triple-Quarte, assumendo perciò la corteccia di China, che credeva l'avesse guarita; io credo che questa polvere loyolita abbia piuttosto accorciato i suoi giorni, *ex nimio fervore*".[15]

Nel 1655 nel suo Medical Case Book, John Metford, medico di Northampton, riportava una prescrizione per Grace Bennet, moglie di Simon Bennet of Beachampton in Buckinghamshire.[16] Nel 1657, invece, a contrarre la malaria fu il nipote di papa Alessandro VII, cardinale Flavio Chigi (1631–1693). Rispetto alla giusta terapia da somministrargli si scatenarono controversie furibonde, dalle quali risultarono finalmente vincitori i sostenitori della nuova terapia con il *pulvis jesuiticus*. Trattato con la corteccia, il cardinale guarì. Nel 1658, viste le origini gesuite del farmaco, Oliver Cromwell rifiutò di assumere la "polvere papista" per non risultarne gesuitizzato; morì quindi di malaria associata a calcoli renali il 3 settembre 1658.

In Italia la conoscenza del nuovo farmaco si diffuse attraverso le reti di medici, farmacisti e chierici. Tra i primissimi c'è il medico genovese Sebastiano Bado, che visse a Roma nel 1651/52 e vi conobbe Pietro Paolo Pucceriani, il farmacista del Collegio Romano, con il quale rimase in contatto anche in seguito. Del cardinal de Lugo invece sappiamo che ebbe uno scambio a proposito della polvere con il medico napoletano Vincenzo Protospatario. Sempre a Napoli operò il medico Giovanni Battista Capucci, membro dell'Accademia degli Investiganti e in contatto con Bado a Genova. Infine, il farmaco arrivò a Modena, ad Antonio Frassoni (1607–1680), che fu maestro di Francesco Torti (1658–1741), colui che nel 1709 coniò il termine malária e che nel 1712, ovvero quando se ne era gradualmente affermato l'utilizzo, scrisse il *Therapeutice specialis ad Febres quasdam Perniciosas*, opera fondamentale per quanto riguarda la terapia con la corteccia di China. In una lettera del 5 novembre 1656, Frassoni riferisce a Sebastiano Bado di aver ricevuto la polvere da somministrare al Conte Alessandro Facchinetti dal fratello del suo paziente, il cardinale Cesare Facchinetti (1608–1683), che a sua volta l'aveva ottenuta a Roma dal cardinale de Lugo. Cesare Facchinetti fu nominato cardinale da Urbano VIII il 13 luglio 1643, ovvero sei mesi prima di Juan de Lugo, con il quale partecipò al conclave del 1644 che elesse al soglio pontificio Giovanni Battista Pamphili, con il nome di Papa Innocenzo X. Neppure a Modena la terapia fu somministrata senza polemiche: vista la disapprovazione della stragrande maggioranza dei medici, Frassoni fu costretto a nascondere la sua polvere di corteccia di China a Modena in un convento di suore, dal quale la prelevava quando doveva procedere alle terapie.[17] In *Anastasis cortices Peruviani* pubblicato da Sebastiano Bado nel 1663, si trovano riferimenti a 40 casi di impiego con esito positivo della corteccia di China tra il 1654 e il 1662, a Parigi e Lione, ma anche a Genova, Piacenza, Savona, Napoli, Firenze, Modena, Parma, Milano, Padova e Bologna.[18]

14 Plempius, 1655.
15 Patin, 2006.
16 Metford, 1655.
17 di Pietro, 1952, pp. 688–692.
18 Lopiccoli, 2019, pp. 71–74.

Le prime attestazioni del libero commercio del *pulvis jesuiticus* risalgono agli anni 1658 e 1659. Il 21 ottobre 1658 uscì sul *Mercurius Politicus*, settimanale di Londra, un annuncio di James Thompson, mercante di stoffe cattolico tornato dopo diversi anni da Anversa a Londra. Nell'annuncio Thompson magnificava "that excellent Powder known by the name of the Jesuits Powder, which cureth all manner of Agues, Quotidian, Tertian or Quartan". La polvere si poteva ottenere da Mr. Wilfords ad Angel-Court oppure dal libraio John Crook presso il cimitero della cattedrale di St. Paul. Che un commerciante cattolico di Anversa, uno dei centri del potere gesuita, pubblicasse un tale annuncio su un giornale che aveva ottenuto proprio da Oliver Cromwell il monopolio della diffusione delle notizie, è più che sorprendente, considerando oltretutto che era passato soltanto un mese dalla morte di Cromwell per malaria. Forse però fu proprio la sua morte, seguita al suo rifiuto di assumere la polvere dei gesuiti, a fare una buona pubblicità all'antimalarico.

Sin dall'inizio, un aspetto importante fu quello della conservazione della corteccia e della polvere. Gli estratti alcolici consentivano certamente una più lunga conservazione. Il primo elisir di cui abbiamo notizia venne prodotto nel 1659, nel convento domenicano fiorentino di S. Maria Novella che, ancora oggi, lo vende col nome di Elisir di China. Lo attesta la corrispondenza, del 16 ottobre 1659, tra Michele Mariani, priore di S. Maria Novella, e Sebastiano Bado a Genova. La creazione dell'elisir di corteccia di China viene attribuita al frate Gian Domenico Cavalieri, a capo della farmacia dal 1659 al 1684. Già dal 1542 la farmacia del convento vendeva al pubblico farmaci ed elisir e si andava trasformando via via in una sorta di profumeria, un'officina ancor oggi in attività.[19] In occasione di una visita del 1822, Lady Sydney Morgan (1778–1859) commentò mordace: "Spesso, a questo scopo, costoro (i monaci) si dedicavano a confezionare medicinali cui l'ignoranza del tempo attribuiva poteri miracolosi. Anche i monaci domenicani del convento di Santa Maria avranno avviato attività con storte e alambicchi ispirati da analoghe intenzioni filantropiche. Ma il perfido nemico, che ha ovunque le mani in pasta, ha impresso al naturale evolversi degli eventi un'altra direzione: adesso i loro sforzi finiscono per solleticare l'olfatto piuttosto che alleviare le sofferenze dei malati; e ormai la loro Fonderia è più che altro ricca fonte di profitti.[20]"

Attorno all'anno 1700 la corteccia di China si era ormai affermata, tanto che nel 1705, in occasione dell'epidemia di malaria a Roma, Giovanni Maria Lancisi (1654–1720), medico personale di tre papi, si entusiasmava così: "Sono incredibili i successi ottenuti grazie alla corteccia di China, come fossero i dardi di Ercole, nella lotta contro la terribile Idra che infesta la palude leonina."[21] Tuttavia è improbabile che la popolazione delle campagne intorno a Roma avesse accesso alla corteccia di China; al più potrebbero averla distribuita le farmacie e le elemosinerie dei conventi, ma è difficile stabilire quanto fosse diffusa sul territorio, considerata l'esigua presenza di conventi nell'Agro Pontino.

Il già menzionato Giovanni Maria Lancisi non si occupava soltanto di curare chi aveva la febbre, ma tentava anche di indagare le cause della malattia. Ipotizzando una correlazione tra la febbre e la presenza di sciami di zanzare, tentò di soffocarne le larve: versò in una fiala l'acqua di palude che le conteneva e la sigillò con cera spagnola, una cera da sigillo a base di gommalacca. Ben presto le larve smisero di muoversi. Ripetendo esattamente lo stesso esperimento, Angelo Celli constatò che, in assenza d'aria, larve e crisalidi muoiono dopo 10 o 12 ore.[22] Nel XX secolo questo stesso metodo fu impiegato nell'Agro Pontino su vasta scala, con l'ausilio di petrolio o combustibile pesante.

Oltre a ritenere che le zanzare fossero vettori della malattia, Lancisi credeva anche alla dottrina dei miasmi, secondo la quale i boschi potevano fare da baluardo contro il miasma contagioso proveniente dalle paludi. Perciò, quando nel 1714 i Caetani, indebitati, manifestarono l'intenzione di ven-

---

19 https://eu.smnovella.com/pages/story ultima visita 11/01/2022.
20 Morgan, 1822, Volume 2, p. 318.
21 Winkle, 2021 p. 763.
22 Celli, 1913, p. 113.

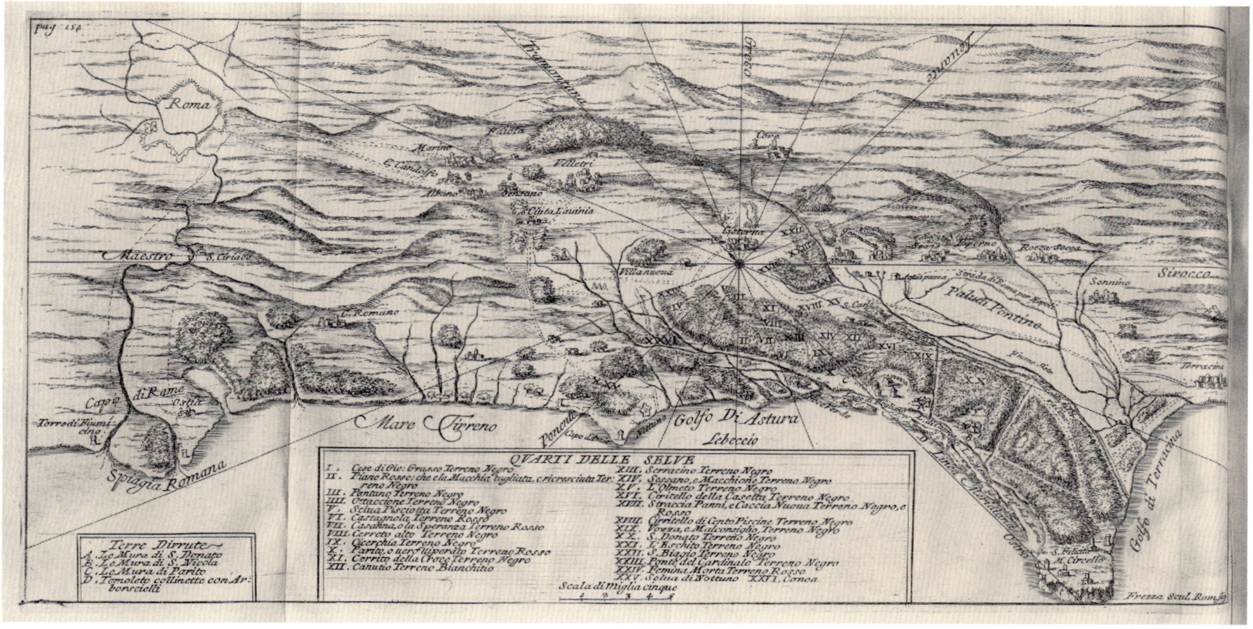

3 Mappa di Lancisi

dere una loro tenuta boschiva presso Cisterna ad un imprenditore toscano che voleva ricavarne legname, Lancisi si adoperò con insistenza presso il papa per impedire il disboscamento.[23]

Lancisi era convinto che i boschi, agendo come una sorta di filtro, impedissero il passaggio dei miasmi mefitici delle paludi pontine, in particolare in presenza dello scirocco, vento caldo che spirando verso il basso ripulisce la campagna portando via con sé i miasmi. Nel 1717 Lancisi pubblicò il *De noxiis paludum effluviis eorumque remediis*, esponendovi dettagliatamente le proprie teorie. Al volume è allegata una mappa delle paludi pontine che oltre alle più importanti zone boschive dell'Agro Pontino riporta anche i venti maggiormente presenti, tracciati a partire da Cisterna. È molto probabile che Lancisi avesse ultimato questa mappa tre anni prima, durante la vertenza relativa al disboscamento della tenuta Caetani.

Nel XVIII secolo l'unica opera di bonifica di ampia portata fu quella commissionata nel 1777 da Pio VI ed eseguita dall'ingegnere bolognese Gaetano Rappini (1734–1796). Nel 1929 Angelo Celli riferisce delle conseguenze fatali dei lavori di Rappini per Sermoneta: "L'errore di Rappini consisteva nel fatto ch'egli voleva far confluire tutte queste acque pontine nella Linea Pia. Dovette far esondare la Teppia dal suo alveo. In tal modo sotto Sermoneta si formò una palude maligna; la mortalità vi raggiunse ben presto l'80%, con le morti che superavano di un terzo le nascite; la desolazione era a dir poco spaventosa. Prima della bonifica di Pio VI, Sermoneta aveva 8000 abitanti, alla fine del XIX secolo soltanto 900"[24]

Nel XVIII secolo l'Agro Pontino continuò ad essere un posto da evitare: ai viaggiatori impegnati nel Grand Tour e diretti da Roma a Napoli si consigliava di lasciarsi alle spalle quelle zone pericolose prima dell'imbrunire, ovvero prima che le femmine di zanzara anofele uscissero per il loro pasto di sangue. Anche Ferdinand Gregorovius, in occasione di una visita a Ninfa nel 1859, seguì il consiglio, andandosene prima dell'imbrunire. "E se al campo santo, presso la vecchia chiesa, si contemplano le tombe silenziose, a mettere i brividi è un duplice mondo di

23 Celli, 1913, p. 43.

24 Celli, 1929, p. 52.

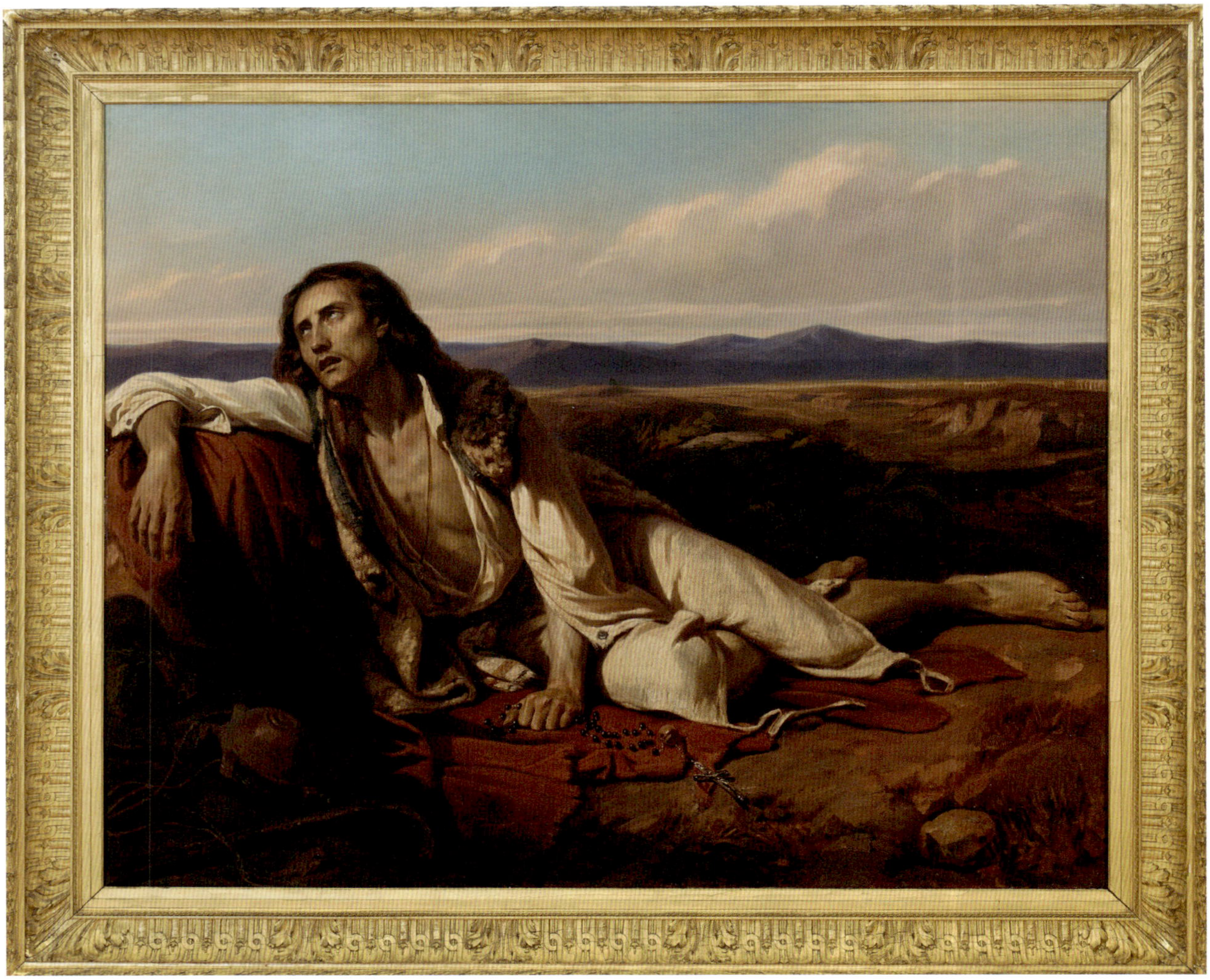

4 P.F.E. Giraud, Febbricitante della Campagna Romana 1845

morte. Quel luogo pericoloso bisogna lasciarselo alle spalle prima ancora che cominci ad imbrunire, perché allora la palude esala i fatali miasmi."[25]

Diversamente dai viaggiatori benestanti provenienti dall'Europa settentrionale, i braccianti difficilmente potevano sottrarsi alle zanzare. Nel periodo del raccolto quello di contrarre la malaria e di morire in mezzo ai campi, senza il conforto dei familiari, era un rischio sempre presente. Nel 1845 il francese Pierre-Francois-Eugène Giraud (1806–1881) dipinse uno di questi febbricitanti che muore in aperta campagna.

Ad occuparsi di questi morti senza nome era la Confraternita dell'Orazione e Morte, una delle poche istituzioni di tal genere presenti a Roma. Alla metà del XVI secolo, come atto di misericordia, la confraternita cominciò a recuperare i morti della Campagna Romana per poi seppellirli sul posto o lungo la strada per la città. E se non s'incontravano cimiteri, i morti venivano seppelliti in Via Giulia, nella chiesa della Confraternita, che continuò a rendere questo servizio fino al XIX secolo inoltrato, seppellendo, secondo i suoi registri, più di 8.600 cadaveri nel corso di 344 anni.[26] Per poter svolgere tale compito, racco-

25 Winkle, 2021 p. 766.

26 Lumbroso, 1963, p. 256.

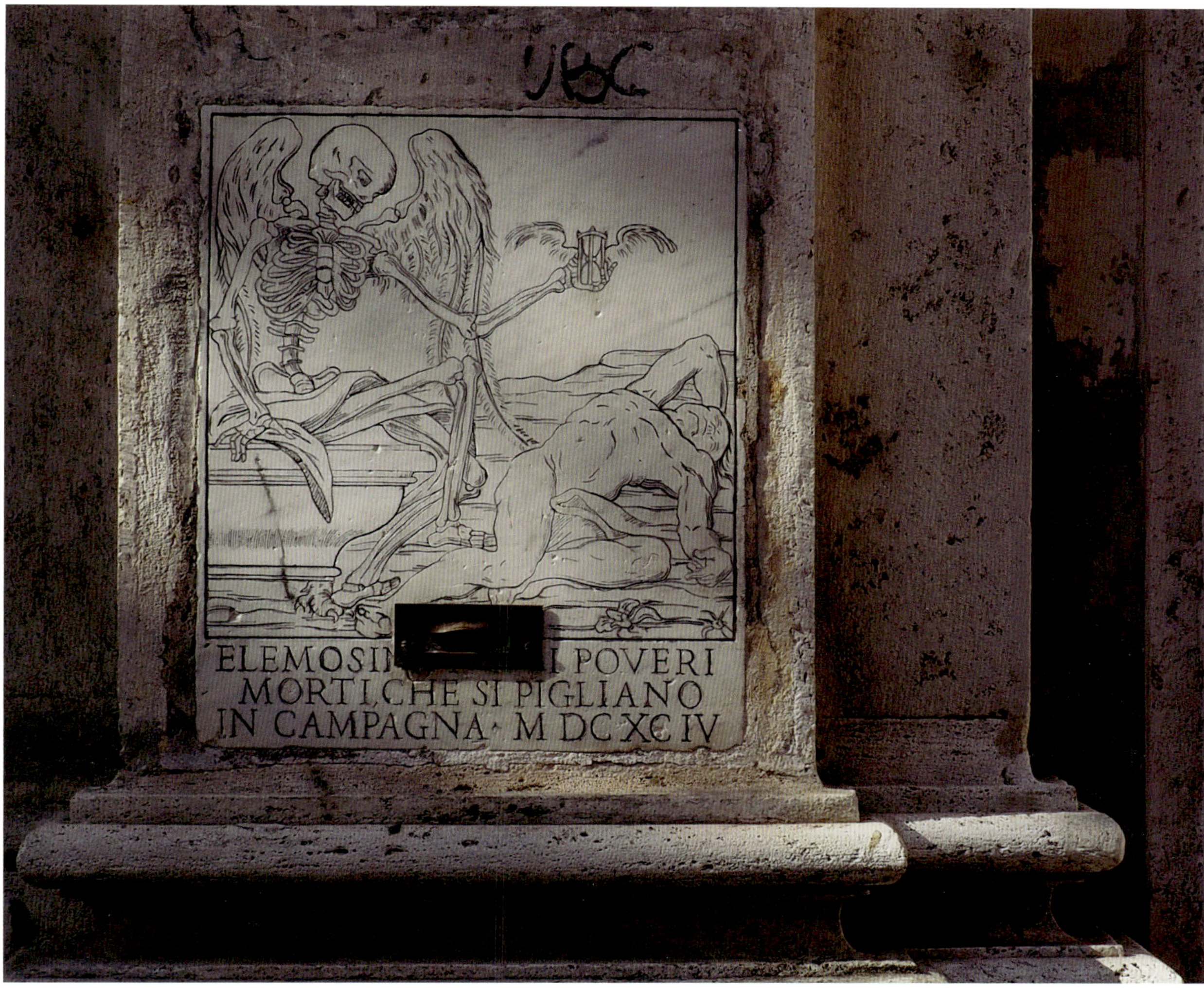

5 Cassetta per le elemosine a Via Giulia

glievano le elemosine in una cassetta ancor oggi presente all'ingresso della loro chiesa, S. Maria dell'Orazione e Morte, ed effettuavano questue anche nelle taverne e nelle osterie di Roma e della Campagna Romana: per alcuni anni ci sono note anche le cifre così raccolte.[27]

Lady Sydney Morgan, viaggiatrice inglese, descrisse il disincanto che le procurò l'incontro, avvenuto sulla strada per l'urbe durante la sua prima visita a Roma nel 1822, con uno di questi gruppi che attraversavano la Campagna Romana con un carro funebre: "A Baccano (stazione di posta ad est del Lago di Bracciano) la monotonia della zona subisce una trasformazione; qui e là si vedono persone sporche, gonfie e pallide uscire strisciando dalle capanne di paglia o lavorare nelle paludi; hanno l'aspetto di fantasmi e, oltre alla consapevolezza della loro condizione, non conservano alcunché di umano. Per loro la vita non è altro che malattia, il dolore la loro unica passione. Roma, un tempo la più grande al mondo, non si annuncia con nessuno di quei segnali che normalmente preludono ad una grande città.

27 Bevignani, 1910. p. 139 per l'anno 1782, p. 145 per l'anno 1807, p. 160 per l'anno 1832.

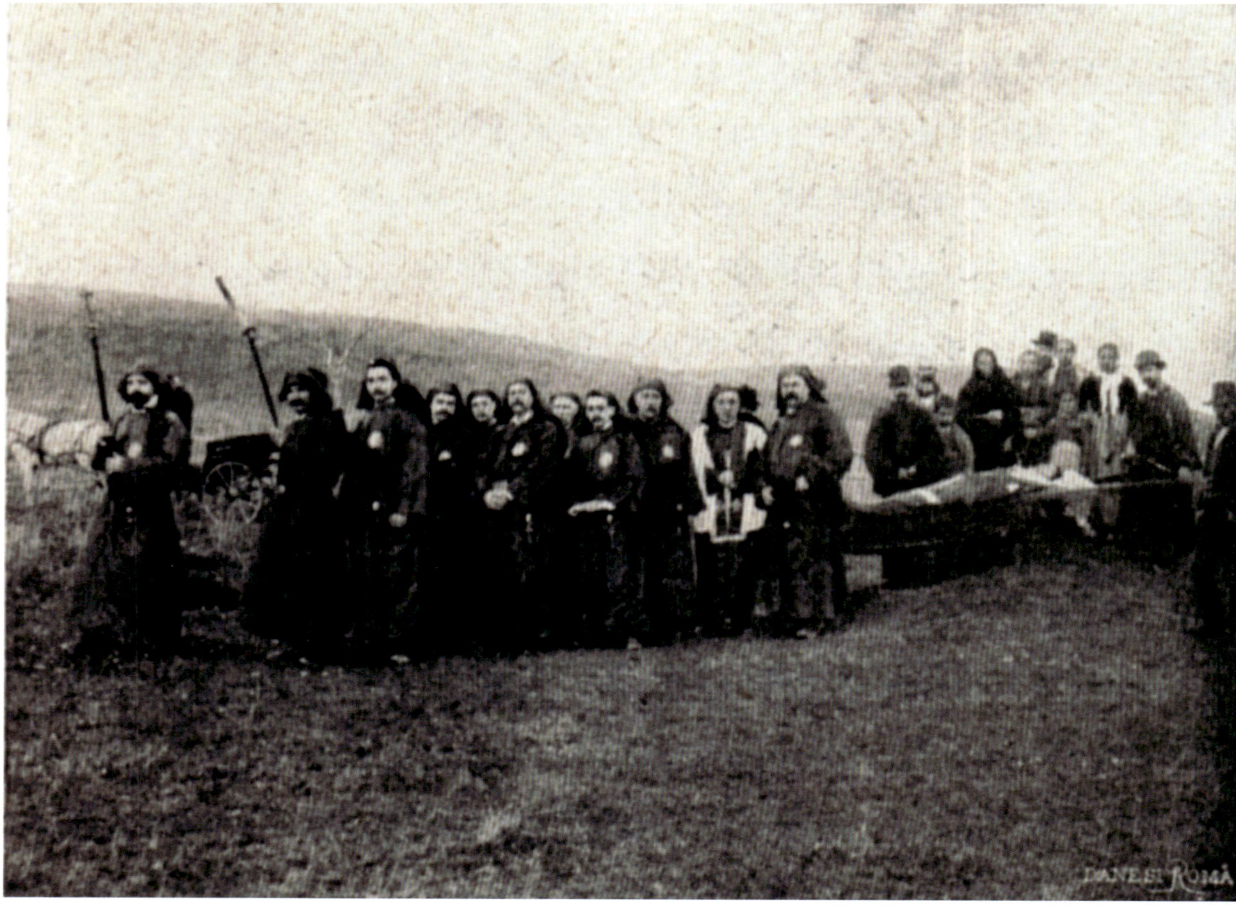

6 Confraternita con Banozza

La banozza, sorta di barella per moribondi, incontrata sulla via dell'ospedale, fu l'unico carro che vedemmo avvicinandoci alla città dai sette colli lungo una strada un tempo gremita di carri di trionfo e portantine di senatori."[28]

Nel 1925, da Fiumicino, Giovanni Battista Grassi (1854–1925) descrive in una lettera le condizioni che ancora imperavano nella Campagna Romana al principio del XX secolo.[29] "Ancora un quarto di secolo fa chiunque viaggiasse per la Campagna Romana nella stagione malarica, dopo il raccolto, ad ogni passo si imbatteva in individui stesi in terra a tremare di febbre avvolti nei propri mantelli. Talvolta, mosso a compassione, li avrebbe portati all'ospedale; altrimenti morivano sul posto. Questo triste spettacolo che avrò per sempre davanti agli occhi, ormai non avviene più."

2. Il ruolo svolto dal chinino – come profilassi e terapia di stato – nella vittoria dell'Italia post-unitaria sulla malaria

Con la fondazione del Regno d'Italia nel 1861 ripresero i tentativi di affrontare il grande problema della malaria endemica. L'urgenza della questione emerse con grande evidenza quando, tre mesi dopo la fondazione del Regno, morì in circostanze drammatiche

28 Morgan, 1823, p. 164.

Camillo Benso, Conte di Cavour (1810–1861). A cinquantun anni, quando subì quello che presumibilmente fu un attacco di *malaria tertiana*, il Presidente del Consiglio dei ministri era all'apice del suo potere politico. Le sue condizioni peggiorarono drasticamente in seguito al trattamento antiquato ed erroneo cui lo sottopose il suo medico, Francesco Rossi, che gli prescrisse innanzitutto tre salassi e soltanto poi gli somministrò il chinino, che il paziente non riuscì però a ritenere. Rossi proseguì con i salassi e dovettero passare sei giorni prima che, su insistenza di Alessandra Riberi, nipote di Cavour, venisse convocato il medico personale del re. Neanch'egli riuscì però ad impedire che il 6 giugno Cavour spirasse.[30] Quando furono rese note le circostanze della morte, sulle più rinomate riviste mediche si scatenò un dibattito sull'arretratezza della medicina italiana, non solo ma anche in relazione al trattamento della malaria. Il dibattito culminò nella lettera che il medico Robert Wollaston il 13 luglio 1861 indirizzò al British Medical Journal: "Sir – leggendo i resoconti sulla morte del Conte Cavour, grande patriota e illuminatissimo statista, a qualsiasi medico inglese dev'esser chiaro che ad assassinarlo furono i non meno di sette salassi."[31]

Fu però soltanto con la costruzione delle linee ferroviarie che attraversavano le zone malariche, che le dimensioni del problema risultarono evidenti a tutto il Regno d'Italia. I lavori, infatti, arrancavano a tal punto che nel 1878 il Parlamento italiano istituì una commissione guidata dal Senatore Luigi Torelli (1810–1887). Costui, attraversando l'Italia intera, constatò che un numero allarmante di lavoratori ferroviari contraeva la malaria e ne moriva. La costruzione della ferrovia stava provocando nuovi impaludamenti perché, ad esempio, per seguire i percorsi più brevi possibili, le linee ferroviarie tagliavano importanti canali di drenaggio; e inoltre perché per fabbricare le traversine si abbattevano gli alberi. Nel 1880, in una relazione intermedia al Parlamento, Torelli spiegò che il 45 percento delle linee ferroviarie italiane attraversava zone malariche, che però non

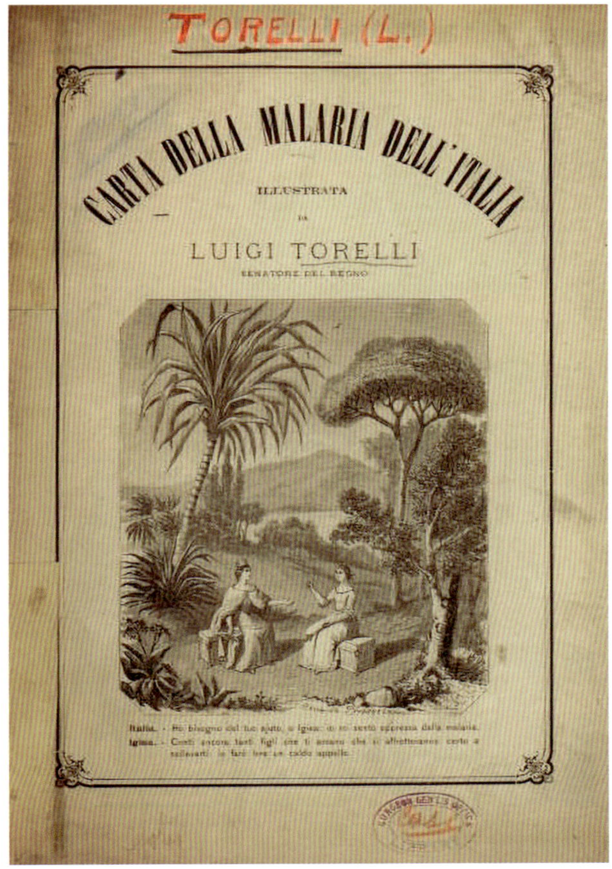

7a Mappa Torelli

erano ancora state mappate. Pertanto Torelli si mise all'opera e il 30 giugno 1882 consegnò al Parlamento una mappa che mostrava l'incidenza della malaria nei vari territori della penisola.[32] Sul frontespizio siedono, immerse in un paesaggio arcadico, Italia ed Igea. In cerca d'aiuto, Italia si rivolge ad Igea: "Ho bisogno del tuo ajuto, o Igiea, io mi sento oppressa dalla malaria." Igea la rincuora: "Conti ancora tanti figli che ti amano che si affretteranno certo a sollevarti; io farò loro un caldo appello." L'opera di Torelli giunge a conclusioni corrette per quanto riguarda i fattori ambientali che favoriscono la malaria: "Nessuna malattia epidemica è tanto strettamente connessa alle condizioni ambientali quanto la malaria. La malaria in Italia riconosce come causa: le acque

29 Grassi, 1925a.
30 Remuzzi, 2012, p. 1068.
31 Wollaston, 1861, p. 48.
32 Torelli, 1882.

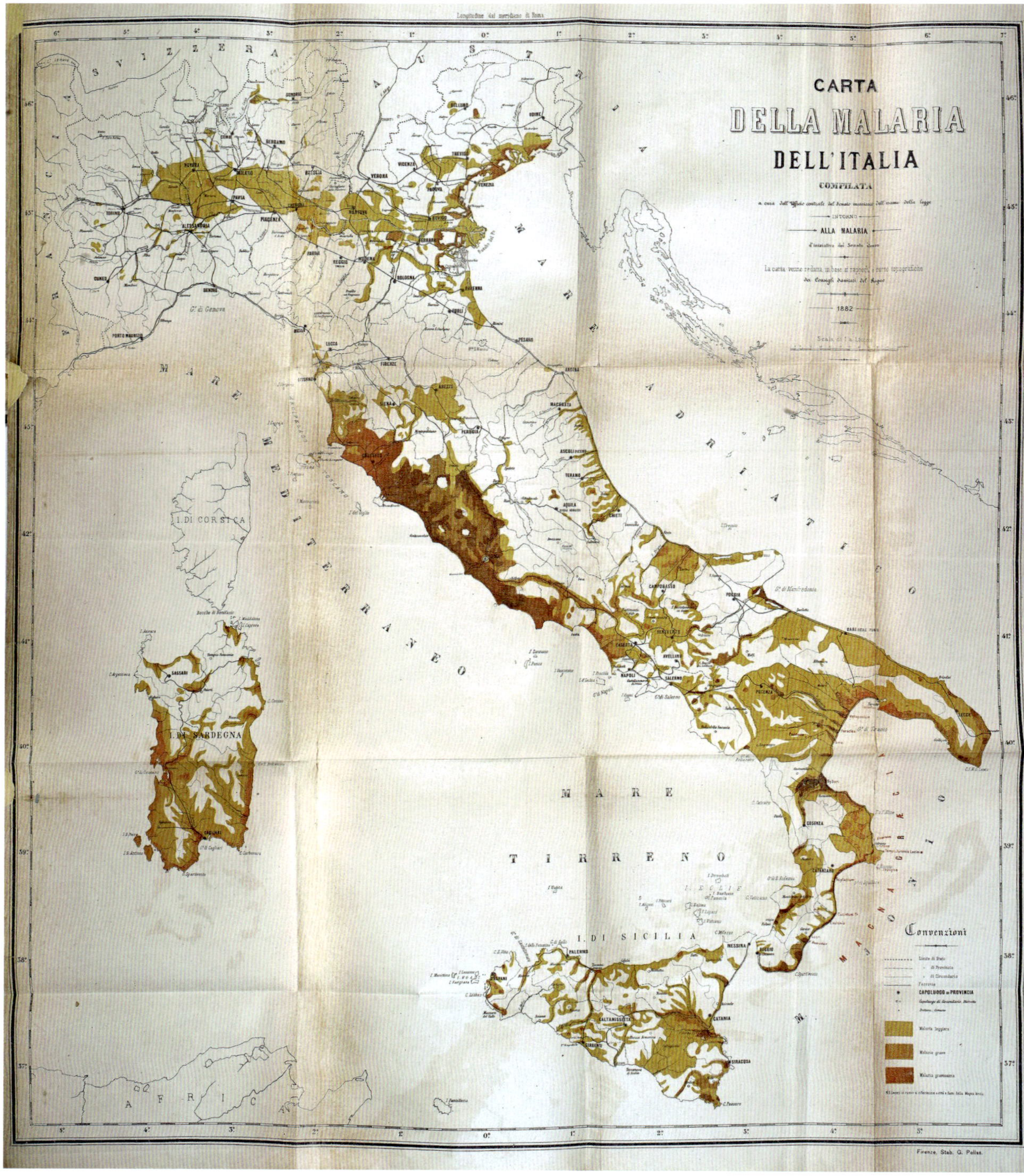

7b Mappa Torelli

stagnanti, la natura del suolo, la miscela delle acque salse colle acque dolci."

Basta uno sguardo per capire che il più vasto territorio italiano senza soluzione di continuità ad essere colpito dalla malaria era la costa del Mar Tirreno, dalla Maremma fino a Napoli. Nel 1883 il Parlamento promulgò una prima legge sulla bonifica della Campagna Romana. A conferma della sua urgenza citiamo il fatto che nel 1884, quando vi furono inaugurati i lavori, ad Ostia rimanevano solo 3 abitanti, mentre nell'antichità ne contava ben 80.000.

Mentre le attività di bonifica riacquistavano slancio, si verificò anche un miglioramento delle tecnologie ottiche che inaugurò l'epoca della microbiologia. Nel settembre del 1876, Robert Koch (1843–1910) ricevette dalle officine ottiche di Carl Zeiss un apparecchio fotomicrografico con il quale riuscì a scattare per la prima volta una fotografia di batteri colorati consentendo così un ampliamento del dibattito. Cominciarono allora gli anni d'oro dei cacciatori di microbi: in rapida successione furono identificati i patogeni di antrace (1876), colera aviare (1880), tubercolosi (1882), colera (1883) e difterite (1884). Per costoro era di grande interesse anche il patogeno della malaria: e infatti, nel 1879, il patologo tedesco Edwin Klebs (1834–1913) e Corrado Tommasi-Crudeli (1834–1900), direttore dell'Istituto di Fisiologia e Patologia dell'Università di Roma, fondato nel 1870, scoprirono, in uno stagno fangoso della Campagna Romana, un batterio di forma bastoncellare; vi identificarono il patogeno della malaria, ipotizzando che venisse ingerito per inalazione e battezzandolo *Bacillus malariae*.[33] Alla scoperta seguì un'accesa polemica, poiché i tentativi di infettare animali con il bacillo della malaria non diedero risultati univoci. Benché, secondo le indicazioni di Klebs, il bacillo venisse ucciso dal chinino, nel 1882 Tommasi-Crudeli raccomandava per fortificare il fisico anche l'assunzione di arsenico, terapia che aveva alle spalle una lunga tradizione. Chi si avvicinò di più a scoprire l'effettivo ciclo di riproduzione della malaria fu però, nel 1880, Alphonse Laveran (1845–1922), titolare della cattedra di malattie militari ed epidemie presso l'École de Val-de-Grace di Parigi. Nella città algerina Constantine, Laveran individuò nel sangue dei soldati che avevano contratto la malaria dei microrganismi dotati di movimenti ameboidi. Nell'estate del 1882 proseguì le sue ricerche presso l'Ospedale Santo Spirito di Roma, mentre nella Campagna Romana imperversava una grave epidemia di malaria. Gli assistenti di Guido Baccelli (1830–1916), allora ministro dell'istruzione, supportarono il lavoro sperimentale di Laveran, che proprio a Roma trovò una prima conferma della sua ipotesi.[34]

Negli anni successivi, grazie ad un migliore dotazione tecnica e ad una migliore tecnica di colorazione con il blu di metilene e la vesuvina, Marchiafava e Celli riuscirono a dimostrare la presenza del patogeno nel sangue di molti pazienti. In una pubblicazione del 1885 proposero per la prima volta di chiamare il parassita *Plasmodium Malariae*:[35] "Se pensiamo all'intimo legame tra i loro effetti e la patologia dell'infezione malarica nonché alla loro presenza esclusiva e costante nel sangue malarico, che senza dubbio ha la capacità di trasmettere la malattia, non ci pare azzardato definirli organismi parassitari e attribuir loro il nome di *Plasmodium Malariae*. Non crediamo che questo nome sia perfettamente adeguato e che non possa essere sottoposto a critica, ma siamo costretti ad ammettere di non averne trovati di migliori."

Nel 1884, Friedrich Löffler (1852–1915) sintetizzò i postulati dei suoi maestri Henle e Koch sull'identificazione certa dei patogeni delle malattie trasmissibili:

1. Lo stesso microorganismo deve essere regolarmente presente in associazione alla malattia in questione e alle sue lesioni caratteristiche.
2. I microorganismi devono essere isolati e fatti crescere in coltura pura.
3. La coltura pura deve consentire la riproduzione sperimentale della malattia.

33 Cox, 2010, p. 5.
34 Borghi, 2015, p. 208.
35 Marchiafava, 1885, p. 787.

Marchiafava e Angelo Celli (1857–1914) avevano dimostrato la presenza di plasmodi in tutti i pazienti malarici nonché la possibilità di trasmettere la malaria da un soggetto malato ad un soggetto sano iniettando a quest'ultimo il sangue del primo. Tuttavia fallì ogni tentativo di far crescere il patogeno della malaria in coltura.

Ispirato anch'egli dai lavori di Laveran, a Pavia l'istologo Camillo Golgi (1843–1926) cominciò a studiare il ciclo dei parassiti della malaria, scoprendo che gli episodi febbrili caratteristici della malattia sopraggiungono in concomitanza alla rottura degli eritrociti. Nel 1886 Golgi e Marchiafava pubblicavano un lavoro sulle differenze tra la *malaria tertiana*, provocata dal *plasmodium vivax*, e la *tertiana maligna* (oggi nota come *malaria tropicalis*), provocata dal *plasmodium falciparum*.

Alla fine degli anni Ottanta del XIX secolo erano dunque noti i patogeni della malaria, mentre rimaneva oscuro il meccanismo della sua trasmissione. Una semplice trasmissione per via acquatica o aerea era da escludere, poiché Celli aveva dimostrato "che nelle località dall'aria molto cattiva chi beve sempre la miglior acqua di fonte si ammala ciononostante e senza differenze di febbre, mentre grandi quantità d'acqua (1–3 litri) proveniente dalle paludi Pontine o da altre acque stagnanti dei dintorni di Roma, bevute in un arco di più giorni (8–16), da sei persone d'ogni ceto ed età, trovantisi in una località salubre, non provocarono alcun accenno d'infezione malarica."

Come si trasmetteva allora la mal'aria? La corsa a scoprirne i meccanismi di trasmissione fu causa di grandi discordie tra ricercatori italiani e britannici. Ancor oggi il conferimento del Nobel per la medicina del 1902 al solo Ronald Ross (1857–1932) è da ritenere una delle più grandi ingiustizie nella storia del premio.[36] Venne taciuta, in quel contesto, la scoperta di Giovanni Battista Grassi, zoologo dell'Università di Roma che nel 1895 cominciò a collaborare con Angelo Celli, Amico Bignami (1862–1929), Giuseppe Bastianelli (1862–1959) (entrambi attivi presso l'Ospedale Santo Spirito) ed Ettore Marchiafava. Grassi descrisse il ciclo di sviluppo della malaria aviare nei gufi, nei piccioni e nei passeri e, nel 1891, riuscì a riprodurre sperimentalmente la malaria trasmettendola da un uccello ad un altro constatando che ogni specie avicola necessitava di una determinata specie di zanzara come vettore. Nelle aree malariche sono diffuse specie diverse di zanzare e Grassi decise di concentrarsi sull'*Anopheles claviger* e su due diverse specie del genere *Culex*. Nel 1894, basandosi sull'esperienza fatta con la trasmissione delle filariasi per tramite delle zanzare, come ad esempio nell'elefantiasi, il medico scozzese Patrick Manson (1844–1922) ipotizzò che, anche nel caso della malaria, a fare da vettore potesse essere una specie di zanzara. Per verificare la propria ipotesi, Manson indirizzò numerose lettere a Ronald Ross, collega britannico nato in India, chiedendogli di cercare i plasmodi nelle zanzare. Il 20 agosto 1897, in seguito ribattezzato malaria-day, Ross poté finalmente cantare vittoria: in una "zanzara grigia, una zanzara pezzata e alata" aveva individuato delle oocisti (ovuli) del parassita della malaria. Ma, al contrario dello zoologo Grassi, Ross non fu in grado di fornire una descrizione più dettagliata della zanzara. Inizialmente il gruppo di ricerca britannico e quello italiano si aggiornavano a vicenda sullo stato dei rispettivi studi. Il medico inglese Thomas Edmonston Charles (1834–1906) fece visita a Grassi nel suo laboratorio di Via Agostino Depretis a Roma e riferì a Ross quanto vi aveva potuto osservare. Poi, nella primavera del 1898, vi fu a Grosseto un importante incontro tra Robert Koch e Grassi. Da allora Koch si sarebbe occupato anche di malaria. A Grosseto Grassi criticò alcuni metodi analitici e alcune conclusioni cui era giunto Koch che in seguito gli avrebbe sempre preferito Ronald Ross, con conseguenze di considerevole portata: quando nel 1902 si trattò di stabilire chi dovesse ricevere il premio Nobel per la medicina per la scoperta del ciclo infettivo della malaria, il comitato del Nobel si rivolse a Koch in veste di esperto neutrale e Koch si espresse con nettezza a favore di un conferimento del premio al solo Ross.

36 Capanna, 2006, p. 69.

L'ipotesi di una trasmissione tramite le zanzare anofele richiedeva però una prova definitiva affinché fosse rispettato anche il terzo postulato di Koch: doveva essere possibile riprodurre sperimentalmente la malattia in coltura pura (in questo caso isolandone il vettore). Il 6 novembre 1898 Grassi riferì all'Accademia Nazionale de Lincei che assieme ai colleghi Bignami e Bastianelli aveva esposto un volontario alle punture di tre zanzare, una anofele e due appartenenti a diverse specie del genere *Culex*. Secondo i tre ricercatori il 28 novembre il volontario sano aveva sviluppato la malaria terzana in seguito alla puntura di zanzara anofele infettata sperimentalmente con plasmodi.[37] Gli esperimenti furono ulteriormente ampliati tra il 19 e il 20 ottobre 1899 nell'Ospedale Santo Spirito, dove Grassi e colleghi fecero entrare in contatto zanzare anofele non infette con pazienti malarici. Pungendoli, le zanzare ingerirono il patogeno; vennero poi messe a contatto con soggetti sani che, punti a loro volta, il primo novembre ebbero un primo attacco di malaria.

Tuttavia mancava ancora la prova del meccanismo di trasmissione della malaria tropicale, che arrivò soltanto con gli esperimenti sul campo condotti nella pineta di Castelfusano a Ostia da una spedizione italo-britannica nella primavera-estate del 1900. La spedizione inviò alcune zanzare infettate con *P. falciparum* a Patrick Manson a Londra (dove non era presente la *malaria falciparum*). Manson infettò suo figlio, Patrick Thurburn Manson, e un collega: entrambi svilupparono la malattia. Con questo esperimento era stato soddisfatto anche il terzo postulato di Koch e il meccanismo di trasmissione della malattia era definitivamente chiarito.

Nel 1898 nacque a Roma la Società per gli studi della Malaria, iniziativa privata di alcuni tra i ricercatori più noti, alla quale parteciparono però anche le società ferroviarie e alcune importanti aziende agrarie. Parallelamente ai tentativi di dimostrare il meccanismo del ciclo della malaria, negli anni 1899 e 1900 vennero avviati importanti esperimenti volti a meglio proteggere gli abitanti delle regioni malariche. Oltre al prosciugamento delle paludi, portato avanti da secoli e del quale si sapeva ormai che impediva la diffusione delle zanzare-vettore, a rivestire particolare importanza furono soprattutto due misure: la protezione della popolazione dalle punture della femmina di zanzara anofele, soprattutto dall'imbrunire all'alba, e l'impiego profilattico del chinino.

Le barriere fisiche contro le punture vennero sperimentate per la prima volta nel 1899, sull'isola carceraria dell'Asinara, a largo di Sassari in Sardegna. Il programma, battezzato *Piccola Bonifica*, fu elaborato da Fermi e Tonsini e prevedeva di sterminare le larve di zanzara col petrolio, la disinfestazione dalle zanzare con un miscuglio di piretro e crisantemo e, come primissime misure, l'apposizione di mussolina alle finestre e la formazione intensiva di prigionieri, secondini e personale sanitario.

Lungo le linee ferroviarie che attraversavano le zone malariche si poterono invece sperimentare agevolmente soluzioni costruttive: il 27 maggio 1892, ad esempio, entrò in funzione la linea Velletri-Terracina, che attraversava l'Agro Pontino, zona particolarmente pericolosa. Lungo la tratta si collocavano a intervalli regolari le case cantoniere. Nel 1899, nel corso di una di due campagne parallele, se ne mise alla prova la struttura architettonica in funzione di barriera antizanzara. Angelo Celli operò presso la prima stazione aperta dalla Società per gli studi della Malaria a Cervellata, ad est di Roma, mentre Giovanni Grassi fece i suoi esperimenti a Capaccio sul il fiume Sele, presso Salerno. Al termine della campagna, secondo Grassi avevano contratto la malaria solo 5 dei 112 lavoratori protetti e tutti i 415 lavoratori non protetti. Celli intanto lavorava sulle linee ferroviarie di Prenestina-Cervara e Pontegalera, cercando di tener lontane le zanzare con pomate, saponi ed essenze odorose. Ben presto però dovette riconoscerne come insufficienti gli effetti, passando a costruire barriere meccaniche a protezione delle case e delle parti del corpo esposte. Le finestre di otto case cantoniere lungo le due tratte

37 Per una sintesi degli esperimenti dal 1896 al 1899 si veda Grassi, 1901.

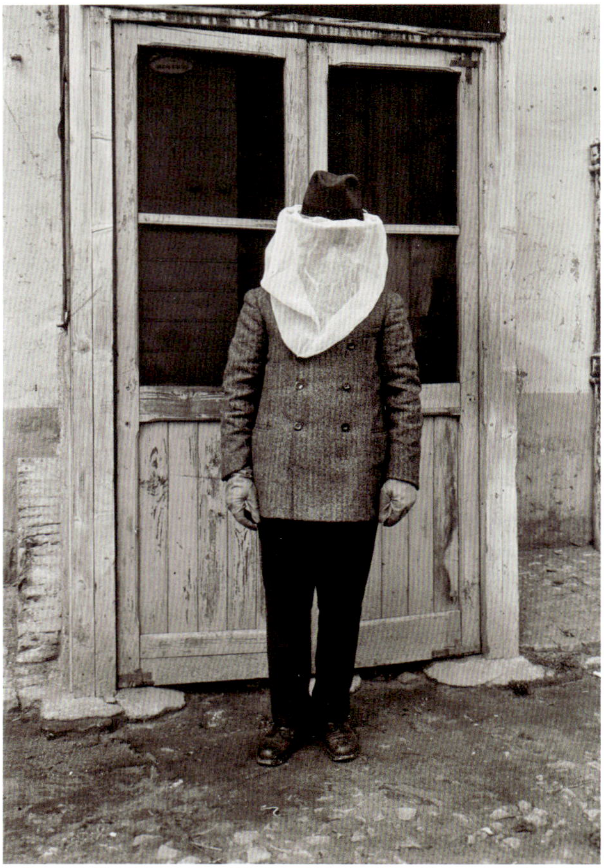

8 lavoratori ferroviari con indumenti protettivi

furono coperte di tulle. Sul pianerottolo del primo piano, dove si trovavano le camere da letto, venne installata una porta a chiusura automatica provvista di un pannello di garza a maglie strette, mentre le porte di ingresso e le finestre erano protette da garze a maglie più larghe. Gli abitanti vennero esortati a tenere le finestre aperte di notte e a fidarsi della protezione offerta dalle zanzariere. Ai lavoratori ferroviari vennero distribuiti cappelli simili a quelli degli apicoltori. Sotto il mantello avevano un velo di garza le cui estremità terminavano in ampi guanti di camoscio. Le stazioni di Cervara e Pontegalera non vennero protette e funsero da stazioni di controllo. In quella di Cervara, nota per l'elevato tasso di malaria, tutti e 24 gli abitanti contrassero la malattia. Nelle case protette, invece, la contrassero solo 4 abitanti su 24, e questi quattro però erano stati negligenti, anche durante il turno di notte, nell'utilizzo dell'equipaggiamento di protezione personale.[38]

Quando fece visita a Celli presso Cervara, Patrick Manson rimase impressionato dai risultati del suo lavoro. Cominciarono le trattative con le singole società ferroviarie e nell'anno successivo, il 1900, Celli, Grassi e una spedizione italo-britannica inviata da Manson operarono presso diverse linee ferroviarie del Lazio. Celli si occupò tra l'altro della linea di Terracina, ottenendo notevoli successi tra le stazioni di Frasso e di Terracina stessa: in questa regione fortemente colpita dalla malaria soltanto 30 persone contrassero la malattia. Nella campagna del 1900, per scacciare le zanzare venne utilizzato anche il piretro della Dalmazia polverizzato (*Tanacetum cinerariifolium*). A questo scopo, si avviò a Ceprano una coltivazione di questa pianta molto diffusa sulla costa dalmata. Che il fumo della pianta essiccata e bruciata servisse a scacciare le zanzare era un fatto noto sin dagli anni 40 del XIX secolo.

La spedizione inviata da Manson montò una casa, prefabbricata in Inghilterra, nella tenuta di caccia di Umberto I a Castel Fusano. La spedizione era diretta da Louis Westenra Sambon (1865–1931) e, oltre al britannico George Carmichael Low (1872–1952), vi partecipò anche il disegnatore italiano Amedeo John Engel Terzi (1872–1956), che realizzò numerosi disegni delle zanzare nonché un disegno molto particolare della spedizione nella Campagna Romana; vi era raffigurato l'interessante dettaglio di una bottiglia tenuta in mano dal partecipante al centro della composizione, che conteneva Ferro China Bisleri, un amaro a base di chinino e di un composto a base di ferro, prodotto per la prima volta da Felice Bisleri (1851–1921) a Milano, nel 1894.

Un ulteriore pilastro nella lotta alla malaria si aggiunse a partire dal 1900: la protezione dell'intera popolazione attraverso la somministrazione profilattica del chinino. L'impiego del chinino come profilassi era stato proposto per la prima volta nel 1757 dal medico di bordo britannico James Lind (1716–1794). Pur non impedendo l'infezione da parte dei

38 Celli, 1900 p. 1603.

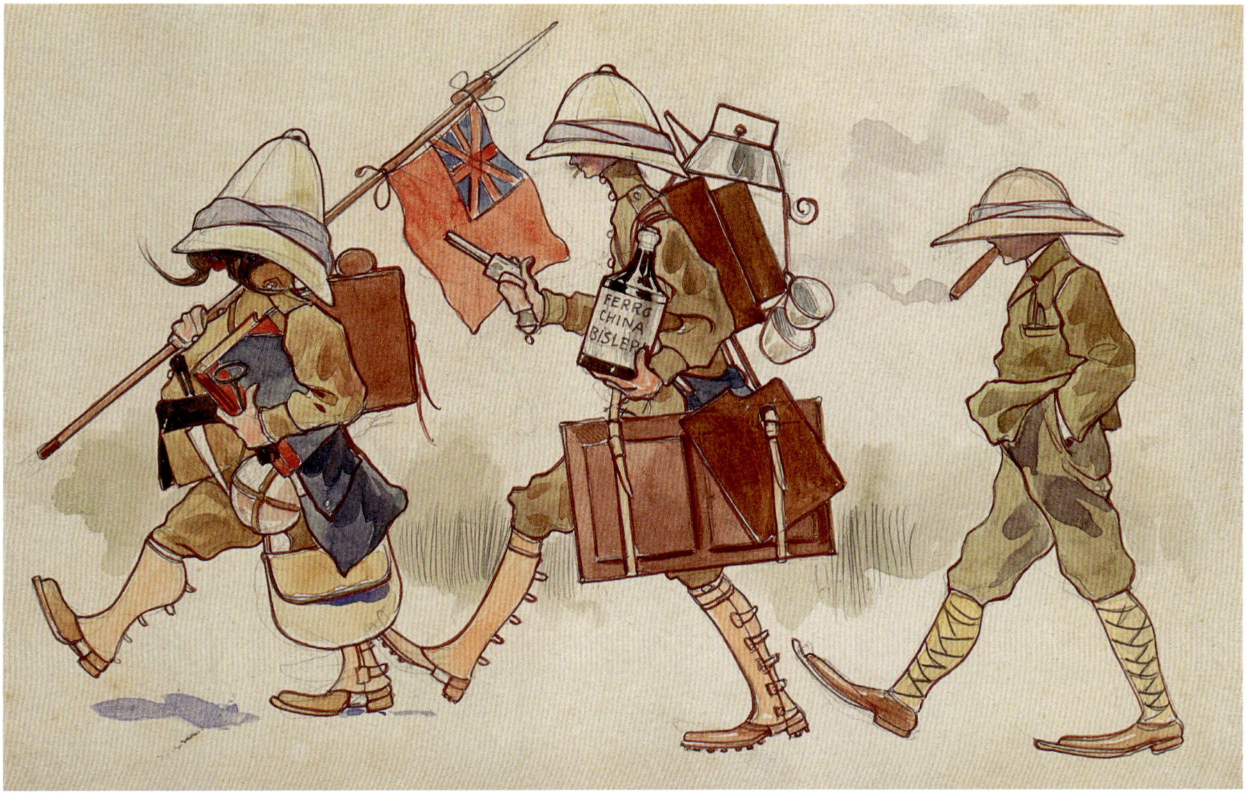

9 Spedizione inglese per lo studio della malaria a Ostia, 1900

plasmodi, il chinino, stabilizzandone i livelli ematici, può contrastare i merozoiti presenti nel sangue prima che si riproducano massicciamente. Nel 1856, durante una spedizione lungo il Binue, affluente del Niger, William Balfour Baikie, medico della marina scozzese, dimostrò che l'assunzione profilattica giornaliera di 300–600 mg di chinino è efficace nell'impedire gli attacchi di malaria.

Perché potesse essere somministrato come profilassi, però, il chinino doveva essere disponibile in gran quantità e a buon prezzo. Una tale disponibilità fu possibile a partire dal 1820 quando i due chimici francesi Pierre-Joseph Pelletier (1788–1842) e Joseph Bientaimé Caventou (1795–1877) isolarono l'alcaloide chinino dalla corteccia di China. Dopo qualche anno già sorgevano aziende capaci di produrre grandi quantità di chinino di qualità purissima grazie all'estrazione dell'olio e alla cristallizzazione. Una delle produzioni di maggior successo fu quella avviata ad Oppenheim dal farmacista Friedrich Koch (1786–1865). La sua fabbrica fu attiva dal 1823 al 1888 e in alcuni periodi fornì al mercato mondiale il 60 % dei vari sali di chinino.

Su iniziativa di Angelo Celli e Giovanni Battista Grassi e su spinta della Società per gli studi della Malaria, il 23 dicembre 1900 venne promulgata una legge che prevedeva la distribuzione del chinino da parte dello stato.

Nella campagna di Ostia del 1901, Grassi sperimentò la profilassi con il chinino e riferì che su 293 soggetti 239 non avevano sviluppato alcun sintomo e 54 soltanto sintomi lievi. Nello stesso anno, di ritorno dalla Nuova-Guinea, Robert Koch tenne una conferenza molto acclamata presso il British Medical Congress di Eastbourne. Nel suo discorso espose quattro punti, il più importante dei quali era la profilassi con il chinino. Seguivano zanzariere per letti e finestre, il trattamento delle zone di cova delle zanzare e l'allontanamento dei malati dalle zone malariche per interrompere il ciclo riproduttivo dell'agente patogeno. Il governo italiano decise allora di seguire la strada indicata da Koch e, il primo luglio

1902, diede inizio alla vendita del chinino sovvenzionato, prodotto a partire dal marzo 1903 nel Laboratorio del Chinino di Stato presso la farmacia militare centrale di Torino e venduto, in alcune province, nei negozi di Sali e Tabacchi concessionari dello stato. Inoltre, il chinino di stato veniva ceduto a prezzi ancor più favorevoli ad istituzioni pubbliche e private che provvedevano poi a distribuirlo gratuitamente. Agli adulti il chinino veniva somministrato in forma di confetti, in dosi giornaliere di 600–800 mg, mentre ai bambini era riservata la somministrazione in forma di piccole tavolette di cioccolato, di cui ciascuna conteneva 120 mg di chinino. Durante il primo anno di distribuzione furono vendute più di 2,2 tonnellate di chinino che, con un dosaggio giornaliero di 600 mg, sarebbero state sufficienti per 3,5 milioni di dosi giornaliere. La quantità aumentò costantemente e nell'esercizio 1907–1908 ne furono vendute più di 24 tonnellate, di cui 7,6 a prezzo pieno e 14 per la distribuzione gratuita.[39]

Visti i successi ottenuti già nei primi due anni della campagna, il 19 maggio 1904 il Parlamento italiano promulgò la legge nr. 209, estendendo la distribuzione del chinino a tutto il Paese e rendendo gratuita la dose profilattica per tutti i cittadini esposti alla malaria.

Nel giro di dodici anni di campagna i successi furono strepitosi: il numero dei morti di malaria per milione di abitanti calò da quasi 500 nel 1900 a soli 50 nel 1914. Siccome la Prima Guerra mondiale, soprattutto dal 1916 in poi, impedì il proseguimento sistematico delle misure, nel 1918 i morti erano tornati a superare quota 300.[40]

Riallacciandosi ai successi della campagna d'anteguerra e basandosi sulla legge di bonifica del 1883, negli anni dal 1918 al 1923 il Ministero della Salute stabilì nuove misure, definite prima *Grande Bonifica* e poi *Grande integrale Bonifica*. Nel frattempo, erano sopraggiunte nuove armi con cui contrastare le larve di zanzara anofele: nel 1919, ad esempio, si cominciarono ad introdurre nell'Agro Pontino i pesci del genere *Gambusia* che si nutrivano appunto di larve. Inoltre, nel 1921 M. A. Barber[41] scoprì che il Verde di Parigi, pigmento a base di arsenico, è velenosissimo per le larve di zanzara. Il pigmento venne mescolato alla polvere della strada con una proporzione di 1:100 e sospeso nel petrolio o nella benzina leggera. La miscela venne introdotta nei luoghi di cova della zanzara anofele con l'ausilio di soffietti manuali o rovesciandola dalle imbarcazioni. Per un certo lasso di tempo, il pigmento galleggia sul pelo dell'acqua dove le larve lo ingeriscono; poi affonda e l'acqua torna potabile per uomini e bestie. In una conferenza alla Royal Society of Medicine, il medico britannico J. G. Thomson riferì della sua visita a Roma nel 1929 e dei grandi successi ottenuti a Ninfa a partire dal 1925 grazie all'irrorazione del Verde di Parigi:[42]

> "Nella piana sottostante Sermoneta, attorno al piccolo borgo di Ninfa, sorgono vaste aree di cova, coscienziosamente irrorate di verde di Parigi. In seguito al trattamento, i casi di malaria a Sermoneta si sono ridotti in maniera straordinaria. Su una popolazione di 1920 persone nel 1929 i casi di malaria acuta furono soltanto 87. Chi conosce le condizioni che vigevano prima della campagna contro le larve con il verde di Parigi sa bene cosa significhi e gli abitanti già convengono sulla sua utilità. A Sermoneta il laboratorio per lo studio della malaria sorge in un ben conservato castello medievale; dalla torre e dai bastioni si gode di una vista spettacolare sulle paludi pontine, che si estendono a perdita d'occhio sino al mare. Subito sotto, ai piedi delle colline, sorge Ninfa, con il lago formato dalla limpida acqua di sorgente del fiume. Secondo una leggenda, attorno al 1400 uno spirito malvagio, abitante del lago, salì come una nebbia notturna avvelenando i bambini di Ninfa, costringendo l'intera popolazione a trasferirsi a Sermoneta, in cima alla collina."

39 Einaudi, 1959, pp. 762–768.
40 Martini, 2001, p. 215.
41 Barber, 1921, p. 3027.
42 Thomson, 1930 p. 1011.
43 Legge Mussolini del 1928 (n. 3134 *legge sulla bonifica integrale*)

Già nel 1918 il Ministero della Salute fondò a Nettuno la Scuola di Malariologia, proseguendo il lavoro cominciato con le Scuole per Contadini, fondate nel 1904 da Angelo Celli e dalla moglie Anna Fraenzel-Celli (1878–1958). Nel 1917 se ne contavano 90, sovvenzionate dalla Croce Rossa; nel 1924 nell'Italia centrale ve ne erano ormai 2000. Sensibilizzando la popolazione rurale e fornendole una migliore alimentazione e migliori alloggi si realizzavano misure antimalariche fondamentali. Tutte le misure vennero poi riunite nella *Grande Integrale Bonifica*: screening della popolazione, controllo delle larve, profilassi con il chinino, costruzione di case-modello e grandi opere di drenaggio, nonché il controllo degli spostamenti della popolazione. Il Ministero della Salute aveva elaborato queste misure già prima della presa del potere da parte del fascismo, ma fu quest'ultimo a farne una legge nel 1923. Nel 1927 Mussolini proclamò la lotta contro la malaria nelle Paludi Pontine[43] e fino al 1939 le organizzazioni fasciste la condussero con mezzi brutali e senza tenere in conto la salute dei lavoratori. Nella sua ultima pubblicazione, risalente al 1925, Giovanni Battista Grassi aveva messo in guardia da una bonifica di questo genere, che pretendeva sacrifici eccessivi da parte di operai "che non tengono nella giusta considerazione la propria salute. Sono profondamente amareggiato dal fatto che un tale sacrificio possa essere tollerato, richiesto persino, da un paese che come il nostro giustamente ambisce ad un ruolo guida sulla strada del progresso."[44]

Post scriptum: prima che l'OMS dichiari l'Italia "libera dalla malaria" bisognerà attendere il 1970. Benché quanto delineato fin qui abbia contribuito ad un notevole miglioramento delle condizioni di vita della popolazione rurale italiana, questo definitivo successo fu dovuto anche all'impiego massiccio e a dire il vero non esente da problemi, del DDT a partire dal 1946.

44 Grassi, 1925b.

Bibliografia

Gilberto Corbellini, La Lotta alla Malaria in Italia: Conflicti scientifici e politica istituzionale Medicina nei secoli arte e scienza, 18/1 (2006) 75–96.

Lindsay M Beck-Johnson et al, The effect of temperature on Anopheles mosquito population dynamics and the potential for malaria transmission. *PLoS One.* 2013;8(11):e79276. 6.

José Maria López Pinero, Francisco Calero (a cura di), De pulvere febrifugo Occidentalis Indiae (1663) de Gaspar Caldera de Heredia y la introduccion de quina en Europa (Valencia: CSIC, 1992) pp. 34–5.

Melippus Protimus (Vopiscus Fortunatus Plempius), Antimus Conygius Peruviani pulveris febrifuge denesor, repulsus 1655.

Sebastiano Bado, Anastasis Corticis Peruviae seu Chinae Chinae Defensio, Genova 1663.

Paul Kämpf, Separat-Abdruck aus der Schweizerischen Apothekerzeitung, Nr. 26, 1931.

Robert Koch, Ärztliche Beobachtungen in den Tropen, 1897, pp. 326–343 Deutsche Kolonial-Gesellschaft, Abteilung Berlin-Charlottenburg, Verhandlungen 1897/98, Heft 7, 326–343 Verlag Dietrich Reimer Berlin.

James Nelson Novoa, "Medicine, learning and self representation in seventeenth century Italy. Rodrigo and Gabriel da Fonseca" in Antonio Andrade et al. Humanismo, Diaspora e Ciencia (seculos XVI e XVII): estudos, catalogo, exposicao, Porto, CMP-BPMP; UA-CLC, 2013, pp. 213–232.

Jean-Jacques Chifflet, Pulvis Febrifugus Orbis Americani 1653.

Antimus Conygius, (Honoré Fabri) Pulvis Peruvianus vindicatus de ventilatore ejusdemque suscepta defensio, Roma 1655.

Guy Patin, Les Lettres de Guy Patin a Charles Spon (Janvier 1649 – Fevrier 1655), Etude et édition critique par Laure Jestaz, Ed.H.Champion, Parigi 2006.

John Metford, Medical case book, medical prescription for Grace Bennet, wife of Simon Bennet of Beachampton of Buckinghamshire, 1655 BL, Sloane Ms. 2812, s.50 di Pietro, Pericle Il maestro di Francesco Torti, Antonio Frassoni, Minerva Medica 1952 XLIII(): 688–692.

Fiorella Lopiccoli, Medicina teorica e medicina pratica nel primo Settecento: Francesco Torti (1658–1741) e il dibattito sull'uso terapeutico della china-china contro le febbri intermittenti. Thèse de doctorat : Univ. Genève, 2019, no. L. 776, pp. 71–74.

Sydney Morgan, Reisen der Lady Morgan: II. Italien; 2 parte, vol. 2, II edizione, Lipsia 1822.

Sydney Morgan, Reisen der Lady Morgan: II. Italien; 2 parte, vol. 3, Lipsia 1823.

Stefan Winkle, Die Geschichte der Seuchen Monaco 2021.

Angelo Celli, Die Malaria nach den neuesten Forschungen, Urban und Schwarzenberg, Berlino, 1913.

Angelo Celli, Die Malaria in ihrer Bedeutung für die Geschichte Roms und der römischen Campagna, Georg Thieme Verlag Leipzig, 1929, p.52.

Francis Cox, History of the discovery of the malaria parasites and their vectors, Parasites & Vectors, 2010,3:5.

Giuseppe Remuzzi, Ethical disputes still beset Italian medicine 150 years after Count Cavour's death. The Lancet Vol 379, Issue 9820, P1068–1073, 17/3/2012.

Robert Wollaston, Count Cavour and Blood Letting, British Medical Journal, 1861, 28 (13.7.1861), 48.

Luigi Torelli, Carta della malaria dell'Italia, Florenz, Guiseppe Pellas, 1882.

Luca Borghi, Il medico di Roma. Vita, morte e miracoli di Guido Baccelli (1830–1916), Rom, Armando 2015.

Ettore Marchiafava, Angelo Celli, Weitere Untersuchungen über die Malariainfection. Fortschritte der Medicin, 1885, Vol. 3, n. 24, pp. 787–806.

Ernesto Capanna, Grassi versus Ross: who solved the riddle of malaria?, International Microbiology, 2006, 9:69–74.

Giovanni Battista Grassi, Studi di uno zoologo sulla malaria Roma: R. Accademia dei Lincei, 1901.

Angelo Celli, The new prophylaxis against Malaria: an account of experiments in Latium, The Lancet 1900b;156:1603–61.

Mariano Martini et al, Fifty years after the eradication of Malaria in Italy. Pathogens and Global Health, 2021, 115:4 215–223.

Marshall Albert Barber, Theodore Brevard Hayne, Arsenic as a Larvicide for Anopheline Larvæ *Public Health Reports (1896–1970)* Vol. 36, No. 49 (9 dicembre 1921), pp. 3027–3034.

J. Gordon Thomson, Observations on the Antimalaria Campaign in Italy. Proceedings of the Royal Society of Medicine, vol. 23, 7: pp. 1011–1017. First Published May 1, 1930.

Giovanni Battista Grassi, 1925b La malaria nell'Agro Pontino e l'opera dell'istituto Antimalarico Pontino, 21 febbraio 1925, ASL Consorzio della Bonifica di Littoria, Comitato Antimalarico: Relazioni mediche, b. 18 (1), fasc. Relazioni attività IAP, 1923–1926 citazione tratta da Frank M Snowden, The Conquest of Malaria, Italy 1900–1962, Yale University Press, 2008.

Aurelius Cornelius Celsus, De Medicina III, 13,–14–20, IV, 16.

Matizia Maroni Lumbroso, Antonio Martini, Le Confraternite Romane nelle Loro Chiese, Fondazione Marco Besso 1963.

Andrew Balfour, Henry Harold Scott, Health Problems of the Empire, Past, Present and Future W. Collins Sons & Company, Limited, 1924.

Giovanni Battista Grassi, 1925a Risultati della lotta antimalarica in seguito alle nuove scoperte, 25 marzo 1925, Università degli Studi di Roma "La Sapienza", Dipartimento di Biologia Animale e dell'Uomo, Archivio Grassi, b.17, fasc. 17,6.

Augusto Bevignani, L'arciconfraternita di S.Maria dell'orazione e morte in Roma e le sue rappressentazioni sacre, Archivio della R. Societa Romana di Storia Patria, Volume XXXIII, pp. 5–176, 1910.

Luigi Einaudi, Cronache Economiche e Politiche di un Trentennio (1893–1909) Vol. II, 1903–1909.

Referenze fotografiche

Fig. 1: Illustration Science History Images / Alamy Stock Photo
Fig. 2: Wellcome Collection, Public Domain Mark
Fig. 3:Wellcome Collection, Public Domain Mark
Fig. 4: Clermont-Ferrand, MARQ / Photo Florent Giffard
Fig. 5: Foto privat (M.Schulte)
Fig. 6: Società romana di storia patria, https://archive.org/details/archivio33sociuoft/page/52/mode/2up
Fig. 7: US National Library of Medicine. Public Domain Mark
Fig. 8: Wellcome Collection, Public Domaine Mark
Fig. 9: Welcome Collection, Public Domain Mark

Brech, Ninfa, Paesaggio fluviale, 2011. Cfr. il contributo di Machael Matheus in questo volume, nota 693. © VG Bild-Kunst

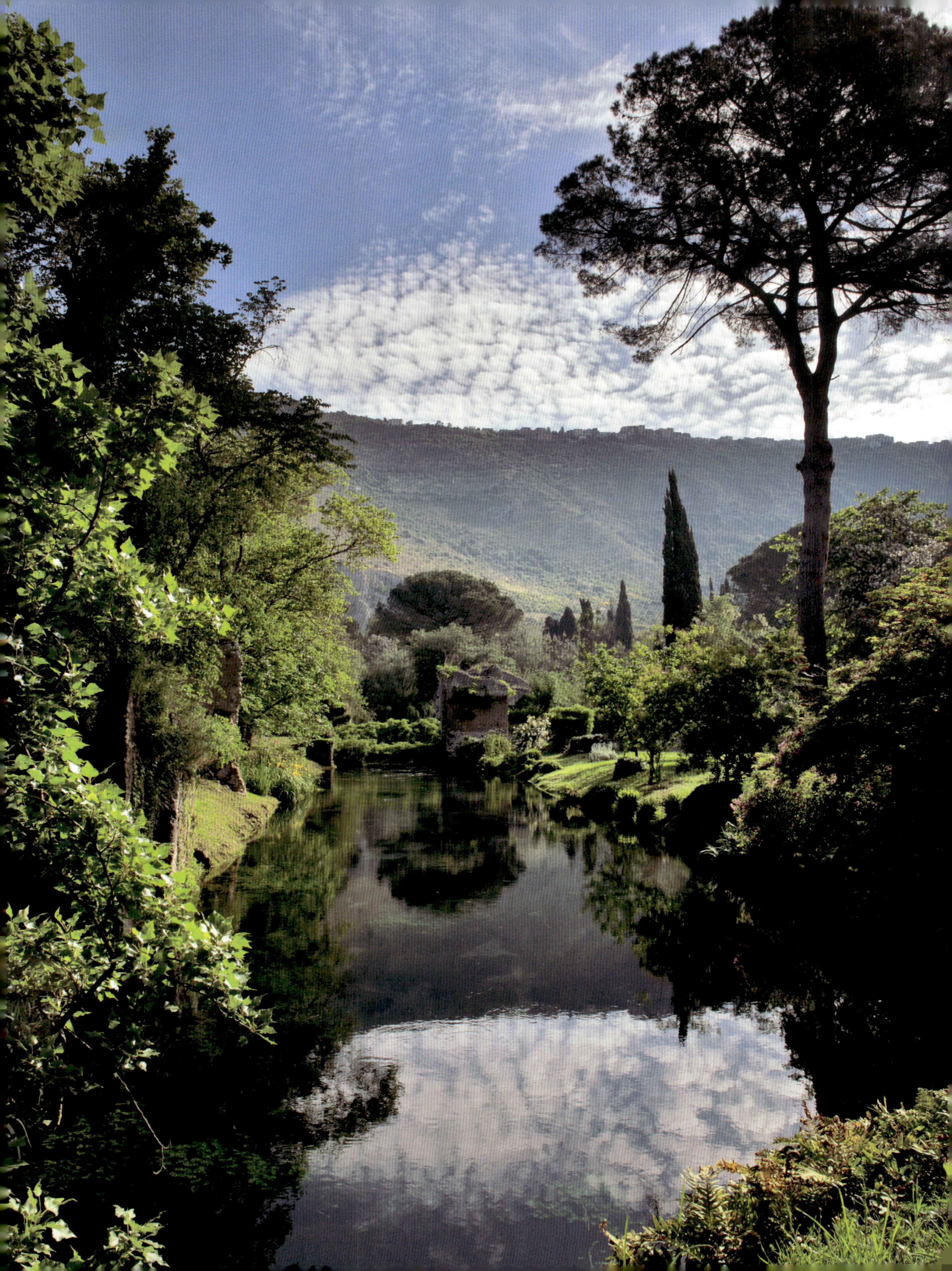

Immagine di copertina:
Alexander Kanoldt, Alte und neue Welt. Illustriertes katholisches Familienblatt für Unterhaltung und Belehrung 19, 1881

Frontespizio:
Karl Lindemann-Frommel, "*Sermoneta* e Ninfa nelle palude pontine" (1846)

Informazioni bibliografiche della Biblioteca Nazionale Tedesca:
La Biblioteca Nazionale Tedesca elenca questa pubblicazione nella Bibliografia Nazionale Tedesca; i dati bibliografici dettagliati sono disponibili su Internet all'indirizzo https://dnb.de.

1a edizione 2022

Design di copertina: Anna Braungart, Tübingen
Tipografia: typegerecht berlin
Stampa: Gutenberg Beuys Feindruckerei GmbH, Langenhagen

ISBN 978-3-7954-3740-4

Per ulteriori informazioni sul programma dell'editore, visitare il sito:
www.schnell-und-steiner.de